DIE HOCHMOLEKULAREN ORGANISCHEN VERBINDUNGEN

– KAUTSCHUK UND CELLULOSE –

VON

HERMANN STAUDINGER

DR. PHIL. · O. PROFESSOR · DIREKTOR DES CHEMISCHEN LABORATORIUMS
DER UNIVERSITÄT FREIBURG I. BR.

MIT 113 ABBILDUNGEN

BERLIN

VERLAG VON JULIUS SPRINGER

1932

ISBN-13:978-3-642-90427-1   e-ISBN-13:978-3-642-92284-8

DOI: 10.1007/978-3-642-92284-8

Vorwort.

In den Lehrbüchern der organischen Chemie werden bisher die hochmolekularen Naturstoffe, z. B. der Kautschuk und die Cellulose, wie auch die synthetischen Hochmolekularen, die Polyoxymethylene, Polystyrole, Polyvinylacetate usw., mit einer großen Zurückhaltung behandelt. Dabei handelt es sich um ein Gebiet, das für die Weiterentwicklung der organischen Chemie, ebenso für die Biologie und die Kolloidchemie von der größten Bedeutung ist. Die hochmolekularen Verbindungen haben weiter auch für die Technik ein hervorragendes Interesse, da wichtige Kunstprodukte, die künstlichen Faserstoffe, ebenso Lacke, Harze hierher gehören.

Diese Zurückhaltung mag daran liegen, daß die Verfasser der betreffenden Lehrbücher den Standpunkt vertreten, man dürfe die Studierenden und ebenso den im Beruf stehenden Chemiker nicht mit Fragen belasten und ihnen Anschauungen übermitteln, die noch nicht völlig geklärt und in starkem Wandel begriffen seien. Wenn man die Literatur des letzten Jahrzehnts auf dem Gebiet der hochmolekularen Naturstoffe durchblättert, so sieht man in der Tat eine Fülle verschiedenartiger Anschauungen über ihren Aufbau. Es sind vielleicht auf keinem Gebiet der Chemie so divergierende Auffassungen geäußert worden, wie gerade in diesem so bedeutungsvollen Abschnitt der organischen Chemie. Dies ist darauf zurückzuführen, daß die hochmolekularen Verbindungen der Bearbeitung nach den gewöhnlichen Methoden der organischen Chemie besondere Schwierigkeiten entgegensetzen, hauptsächlich deshalb, weil sie kolloide Lösungen bilden. Aus diesem Grund hat man bei ihnen ein besonderes, von dem der übrigen organischen Verbindungen abweichendes Bauprinzip vermutet. Unter dem Einfluß der Kolloidchemie fand im letzten Jahrzehnt die Auffassung eine weite Verbreitung, daß die kolloiden Lösungen dieser hochmolekularen Stoffe micellar gebaute Kolloidteilchen ähnlich denjenigen der Seifen enthielten, und daß darauf die Kolloidphänomene zurückzuführen seien. So schien es mehr eine Aufgabe der Kolloidchemie als der organischen Chemie zu sein, über diese Stoffe und die Natur ihrer kolloiden Lösungen Aufklärung zu verschaffen.

Die Zurückhaltung der organischen Chemie gegenüber diesem Gebiet ist allerdings nicht verständlich, wenn man bedenkt, daß bereits vor einer Reihe von Jahren an einfachen synthetischen Verbindungen der Aufbau der hochmolekularen Stoffe geklärt worden ist. Es ist auffallend, daß auch in neueren Lehrbüchern der organischen Chemie und der Kolloidchemie die Bedeutung dieser Untersuchungen für die Aufklärung der Konstitution der Naturstoffe übersehen und unrichtige Vorstellungen über den Bau derselben vertreten werden. Der am besten untersuchte synthetische hochpolymere Körper ist das Polyoxymethylen. Gerade an diesem Beispiel ist der Aufbau eines hochmolekularen Stoffes aus

Fadenmolekülen klar erkannt und festgestellt worden, daß letztere sich in gleicher Weise zu einem Krystall zusammenlagern, wie die Moleküle der Paraffine und Fettsäuren nach den grundlegenden Arbeiten der BRAGGschen Schule. Die neuen Erkenntnisse über die Konstitution der hochmolekularen Verbindungen bedürfen in Zukunft einer ihrer Bedeutung angemessenen Behandlung in den Lehrbüchern, hauptsächlich nachdem es sich ergeben hat, daß die Viscosität von Lösungen dieser Stoffe durch die Gestalt ihrer Moleküle bedingt ist und daß Viscositätsuntersuchungen eine einfache neue Methode zur Bestimmung der Molekülgröße sind.

Da bis jetzt von uns über die experimentellen Resultate auf diesem Gebiet nur in ca. 100 Einzelarbeiten berichtet wurde und eine zusammenfassende Darstellung der Methoden der Konstitutionsaufklärung fehlte, so war anfangs gemeinsam mit dem Verlag beabsichtigt, die sämtlichen früheren Arbeiten mit einer Reihe von neueren Untersuchungen zum Abdruck zu bringen, um so zu zeigen, welche experimentellen Untersuchungen notwendig waren, um die Konstitution der hochmolekularen Naturstoffe im Sinne der KÉKULÉschen Strukturlehre aufzuklären. Es sollten dabei in Anmerkungen frühere Vorstellungen über den Bau der Hochmolekularen, sofern es sich als notwendig erwies, berichtigt werden, so daß der Leser hätte beurteilen können, wieweit die experimentellen Ergebnisse früher eine richtige Deutung erfuhren. Die Zeitumstände verhinderten aber vorläufig die Herausgabe eines solchen umfangreichen Werkes, und so sind in vorliegendem Buch einstweilen nur eine größere Reihe neuer, bisher noch nicht publizierter Arbeiten zusammengestellt. Sie behandeln die Konstitutionsaufklärung von einigen synthetischen Produkten als Modelle von wichtigen Naturstoffen und weiter die Konstitutionsaufklärung von Kautschuk, Balata und Cellulose. Nur eine ältere Arbeit, die in der Kautschukzeitschrift im Jahre 1925 erschien, kommt dabei vollständig mit zum Abdruck, weil an dieser als Beispiel gezeigt werden kann, welche Änderungen in den früheren Anschauungen über die Hochpolymeren auf Grund neuerer Untersuchungen vorgenommen werden mußten. Diesen experimentellen Arbeiten ist eine Zusammenfassung vorangestellt, welche die Methoden der Konstitutionsaufklärung und ihre wichtigsten Ergebnisse behandelt. Durch diese zusammenfassende Publikation hoffe ich zeigen zu können, daß hier ein Gebiet vorliegt, in dem sichere Aussagen sehr wohl möglich und die grundlegenden Fragen aufgeklärt sind.

Eine abschließende Darstellung des gesamten Gebietes ist hingegen noch nicht gegeben. So wurde der wichtigste Abschnitt der Chemie der Hochpolymeren, die Eiweißstoffe, noch nicht behandelt. Denn gerade auf diesem Gebiet muß man sich vor Verallgemeinerungen hüten und die Konstitutionsaufklärung eines jeden hochmolekularen Stoffes mit allen seinen komplizierten Eigenschaften für sich durchführen. Aus dieser Notwendigkeit ergab sich auch die Disposition des vorliegenden Buches, die Beschreibung der Stoffe und ihres Verhaltens in Einzeldarstellungen zu geben.

Diese Untersuchungen kamen zu Ergebnissen über Gestalt und Größe der Moleküle, die durch ihre Neuartigkeit überraschen; denn die Moleküle der hochmolekularen Stoffe sind lange, faden- oder stabförmige Gebilde, die in der einen Dimension 1000 mal länger sind als in den beiden anderen. Diese Gestalt der Moleküle bestimmt ihr ganzes Verhalten, hauptsächlich die Natur ihrer kolloiden Lösungen. So sind die neuen Ergebnisse auch bedeutungsvoll für die Kolloidchemie und fordern eine grundlegend neue Einteilung der kolloiden Systeme, da die bisherige Klassifikation derselben in Suspensoide und Emulsoide, lyophobe und lyophile nicht mehr ausreicht. Die Gruppe der hochmolekularen Stoffe, der Molekülkolloide, verlangt eine Abtrennung von den anderen Kolloiden und eine gesonderte Behandlung.

Durch den Nachweis, daß Moleküle von einer solchen Größe existieren, erfährt das Gebiet der organischen Chemie eine bedeutende Erweiterung. Die ungeheuere Bindefähigkeit des Kohlenstoffs macht die Existenz einer unendlichen Zahl von verschiedenartigen Molekülen möglich, die mit komplizierten, festgefügten Bauwerken zu vergleichen sind. Zum Verständnis der Lebensvorgänge fordert auch die biologische Chemie eine solche unendliche Zahl von organischen Stoffen und somit Reaktionsmöglichkeiten. Die organische Chemie, die man vor kurzem in ihren wesentlichen Teilen für abgeschlossen ansah, steht somit erst am Anfang ihrer eigentlichen Entwicklung.

Die bisherigen Ergebnisse über den Bau der Hochmolekularen sind das Resultat einer gemeinsamen Arbeit, zu der eine Reihe von Forschern Beiträge geliefert haben und an der eine große Zahl von Mitarbeitern sich in unermüdlicher Tätigkeit jahrelang beteiligt hat. Aus der am Schluß angefügten Zusammenstellung sämtlicher bisheriger Arbeiten geht der Anteil der einzelnen Mitarbeiter hervor. An der Bearbeitung des vorliegenden Buches haben sich die Herren Dr. H. FREUDENBERGER, Dr. W. HEUER, Dr. W. KERN, Dr. E. O. LEUPOLD, Dr. H. LOHMANN, Dr. H. SCHOLZ, Dr. E. TROMMSDORFF, ferner Herr cand. chem. H. HAAS beteiligt. Dieselben Herren haben mich auch in wertvoller Weise bei den Arbeiten zur Fertigstellung des Buches, bei der Durchsicht der Korrekturen und der Anlegung des Inhalts- und Sachverzeichnisses unterstützt. Für diese Mitarbeit bei der Herausgabe des Buches wie auch an den jahrelangen experimentellen Untersuchungen danke ich den genannten Herren auf das herzlichste. Ebenso möchte ich an dieser Stelle allen anderen Herren meinen wärmsten Dank aussprechen, die sich an diesen Untersuchungen beteiligt haben, vor allem Herrn Privatdozenten Dr. R. SIGNER, der seit Jahren an diesen Arbeiten mitgewirkt und wertvolle Beiträge geliefert hat.

Auch dem Verlag Julius Springer bin ich zu großem Dank verpflichtet, daß er in dieser ungünstigen Zeit die Drucklegung dieser Untersuchungen übernommen hat.

Die Untersuchungen wären nicht durchzuführen gewesen, wenn nicht mannigfaltige Unterstützungen denselben gewährt worden wären: der Notgemeinschaft der deutschen Wissenschaften, der Justus Liebig-Gesellschaft und den verschiedenen Werken der I. G. Farbenindustrie, vor allem der Direktion der I. G. Farbenindustrie, Werk Leverkusen, möchte ich für die mannigfaltige Förderung meinen verbindlichsten Dank aussprechen.

Freiburg i. Br., 14. Mai 1932. **H. STAUDINGER.**

Diesem Buch liegen zugrunde die 1.—69. Mitteilung über hochpolymere Verbindungen und 1.—39. Mitteilung über Isopren und Kautschuk.

Zu diesen Untersuchungen haben Beiträge geliefert die Herren Geheimrat Prof. Dr. G. Mie, Freiburg, und Prof. Dr. P. Schläpfer, Zürich, die Privatdozenten Dr. H. W. Kohlschütter und Dr. R. Signer, Dr. G. Boehm, Dr. J. Hengstenberg, Dr. E. Konrad und Dr. E. Sauter.

Als Mitarbeiter beteiligten sich in den Jahren 1920—1926 an der Eidgenössischen Technischen Hochschule in Zürich die Herren Dr. A. A. Ashdown, Dr. M. Brunner, Dr. H. A. Bruson, Dr. K. Frey, Dr. J. Fritschi, Dr. E. Geiger, Dr. E. Huber, Dr. H. Johner, Dr. M. Lüthy, Dr. E. W. Reuss, Dr. A. Rheiner, Dr. G. Schiemann, Dr. J. R. Senior, Dr. R. Signer, Dr. E. Urech, Dr. S. Wehrli, Dr. G. Widmer, Dr. W. Widmer und Prof. S. Yamashita.

In den Jahren 1926—1932 beteiligten sich an den Arbeiten im chemischen Universitätslaboratorium in Freiburg i. Br. die Herren Prof. Dr. M. Asano, Dr. O. Bächle, Dr. H. F. Bondy, Dr. F. Breusch, Dr. W. Feisst, Dr. Th. Fleitmann, Dr. H. Freudenberger, Dr. K. Frey, Dr. W. Frost, Dr. P. Garbsch, Dr. H. Gross, cand. chem. H. Haas, Dr. W. Heuer, Dr. H. Joseph, Dr. W. Kern, Privatdozent Dr. H. W. Kohlschütter, Dr. E. O. Leupold, Dr. H. Lohmann, Dr. H. Machemer, Prof. Dr. R. Nodzu, Prof. Dr. E. Ochiai, Dr. D. Russidis, Dr. W. Schaal, Dr. H. Scholz, Dr. A. Schwalbach, Dr. O. Schweitzer, Privatdozent Dr. R. Signer, Dr. W. Stark, Dr. H. Thron, Prof. Dr. N. J. Toivonen, Dr. E. Trommsdorff und Dr. V. Wiedersheim.

Inhaltsverzeichnis.

Erster Teil.

Die Konstitutionsaufklärung der hochmolekularen organischen Verbindungen (Kautschuk und Cellulose).

Inhaltsverzeichnis. IX

Zweiter Teil.

Über synthetische hochmolekulare Stoffe.

Inhaltsverzeichnis.   **XIII**

Vierter Teil.

Über hochmolekulare Naturprodukte II.
Cellulose.

Erster Teil.

Die Konstitutionsaufklärung der hochmolekularen organischen Verbindungen (Kautschuk und Cellulose).

A. Grundlegende Begriffe.

I. Bedeutung der hochmolekularen Verbindungen.

Eine der wesentlichsten Fragen der organischen Chemie ist die nach dem Bau der hochmolekularen Verbindungen, denn es gehören zu diesen eine Reihe der wichtigsten Naturprodukte, wie Cellulose, Stärke und andere Polysaccharide, Kautschuk und Balata, ferner die Eiweißstoffe. Auch eine Reihe synthetischer Produkte gehören hierher, so z. B. Polyoxymethylene, Polystyrole, Polyvinylacetate, Bakelite, die Harnstoff-Formaldehyd-Kondensationsprodukte und viele andere, die durch Polymerisation oder Kondensation von niedermolekularen Stoffen erhalten werden.

Die Bildung, den Bau und die Eigenschaften von hochmolekularen Verbindungen kennenzulernen, hat für den Biologen die größte Bedeutung; diese Fragen sind aber auch für die Technik von erheblichem Interesse; es sei nur auf die Industrie der Kunstseide, des Kautschuks, der synthetischen Harze und Lacke hingewiesen[1]. Deshalb ist die wissenschaftliche Bearbeitung dieses Gebietes in den letzten Jahrzehnten eine sehr intensive geworden, nachdem lange Zeit der organische Chemiker vor einer genaueren Untersuchung dieser kolloidlöslichen Verbindungen zurückgeschreckt ist, da die normalen Methoden der organischen Chemie zur Konstitutionsaufklärung hier scheinbar versagten. Dagegen liegen zahlreiche ältere und neuere Untersuchungen von seiten der Kolloidchemiker über die kolloiden Lösungen dieser Stoffe vor, da ein erhebliches biologisches und technisches Interesse für die Bearbeitung derselben vorhanden war. Über das Wesen dieser kolloiden Lösungen und somit über den Aufbau der hochmolekularen Verbindungen sind früher die verschiedenartigsten Anschauungen geäußert worden. Die Natur der kolloiden Lösungen ließ sich aber erst aufklären, nachdem die Konstitution dieser hochmolekularen Produkte im Sinne der organischen Chemie bekannt war.

II. Hochmolekulare und hochpolymere Verbindungen.

In der älteren organischen Chemie bezeichnete man die im ersten Abschnitt genannten Stoffe als hochmolekular, ohne über das Molekulargewicht

---

[1] Vgl. z. B. C. ELLIS: Synthetic Resins and their Plastics. New York 1923. — SCHEIBER-SÄNDIG: Die künstlichen Harze. Stuttgart 1929.

derselben irgendeine Aussage machen zu können. Die Annahme, daß hochmolekulare Produkte vorliegen, stützte sich darauf, daß diese Stoffe ganz andere Eigenschaften haben wie ähnlich gebaute mit niederem Molekulargewicht. Sie sind zum Unterschied von diesen unlöslich oder kolloidlöslich und ferner nicht flüchtig. Aus diesen Eigenschaften schloß man auf ein hohes Molekulargewicht der Verbindungen, denn man wußte aus dem reichen Erfahrungsmaterial der organischen Chemie, daß die Löslichkeit organischer Verbindungen mit zunehmendem Molekulargewicht abnimmt und ihre Flüchtigkeit sich verringert.

Eine spezielle Gruppe hochmolekularer Verbindungen sind dabei die hochpolymeren Stoffe. Dies sind *solche Verbindungen, deren Moleküle aus einer großen Zahl von gleichen niedermolekularen Bausteinen, den Grundmolekülen, aufgebaut sind.* Solche hochpolymeren Verbindungen kommen in der Natur vor; Beispiele sind Cellulose, Stärke, Kautschuk. Synthetisch entstehen sie durch Polymerisation von niedermolekularen ungesättigten Verbindungen, z. B. die Polyoxymethylene aus dem Formaldehyd, Polystyrol aus dem Styrol.

In der ersten Periode der Arbeiten über hochmolekulare Produkte wurden die hochpolymeren Verbindungen folgendermaßen formuliert:

$(C_5H_8)_x$ Kautschuk, Balata,

$(C_6H_{10}O_5)_x$ Cellulose, Stärke,

$(H_2CO)_x$ Polyoxymethylene,

$(C_6H_5CH—CH_2)_x$ Polystyrol.

Aber über die Größe des x, also über den Polymerisationsgrad und somit über die Molekülgröße, konnte man keine Angaben machen; man wußte nicht, ob x die Größe 10 oder 100 oder 1000 hat.

Bei einer derartigen Formulierung wird angenommen, daß Kautschuk gleichartig aus *Isoprengruppen* aufgebaut ist, Cellulose gleichartig aus *Glukoseresten*, Polyoxymethylene aus *Formaldehydgruppen*. Nach neuen Untersuchungen ist dies aber nicht der Fall[1]. Es ergab sich nämlich, daß alle diese hochpolymeren Stoffe aus langen faden- oder kettenförmigen Molekülen bestehen, in denen zahlreiche Grundmoleküle aneinandergereiht sind, bis schließlich am Ende der Ketten Absättigung durch andersartige Endgruppen erfolgt; denn sonst müßten sich ungesättigte Atome am Ende der Moleküle befinden, oder hochmolekulare Ringe vorliegen[2]. Bei den meisten hochpolymeren Produkten, vor allem bei den hochmolekularen Naturstoffen, ist die Art dieser Endgruppen noch nicht bestimmt. Es gelang jedoch, bei einer Reihe von Verbindungen, z. B. den Polyoxymethylenen den Bau des polymeren Moleküls bis in alle Einzelheiten aufzuklären und festzustellen, daß Hydroxylgruppen oder andere Gruppen als Endgruppen vorhanden sind, so daß z. B. das α-Polyoxymethylen folgendermaßen formuliert werden muß[3]:

$$HO—CH_2—O—(CH_2—O)_x—CH_2—OH\,.$$

Da der Anteil der Endgruppen im Verhältnis zum Gesamtmolekül ein sehr geringer ist und da man in den meisten Fällen diese Endgruppen nicht kennt,

---

[1] Bei diesen hochpolymeren Verbindungen wird weiter angenommen, daß in den langen Fadenmolekülen sämtliche Grundmoleküle gleichartig gebunden sind; aber es fehlt hier der exakte Nachweis, vgl. Erster Teil, H. I. Vgl. H. BRINTZINGER: Ztschr. f. anorg. u. allg. Ch. **196**, 50 (1931).

[2] Vgl. Zweiter Teil, B. III.

[3] STAUDINGER, H., u. M. LÜTHY: Helv. chim. Acta **8**, 41 (1925).

so wird dies bei Benennung der Verbindungen in der Regel nicht berücksichtigt, und es wird einfach von polymeren Verbindungen gesprochen, wenn dies auch streng genommen, im Hinblick auf die Endgruppen, nicht ganz richtig ist[1].

Hochpolymere Verbindungen entstehen nicht nur durch Polymerisation eines ungesättigten Grundmoleküls, sondern es können auch zwei oder mehrere verschiedenartige Grundmoleküle sich zu einem polymeren Molekül zusammenfügen. Für derartige Polymerisate wurde von Th. Wagner-Jauregg die Bezeichnung *Heteropolymerisate* vorgeschlagen[2]. Solche Produkte sind in der letzten Zeit vielfach in der Technik hergestellt worden[3]. Eine wichtige Gruppe derartiger Polymerisate[4] sind die hochpolymeren Moloxyde, die bei der Autoxydation ungesättigter Verbindungen entstehen können[5]. Hierher gehört z. B. das Peroxyd des asymmetrischen Diphenyläthylens:

$$(C_6H_5)_2C\!-\!CH_2 \qquad (C_6H_5)_2C\!-\!CH_2 \qquad (C_6H_5)_2C\!-\!CH_2$$
$$\cdots O \quad O\!-\!\!\!-\!\!\!-\!\!\!- O \quad O\!-\!\!\!-\!\!\!-\!\!\!- O \quad O \cdots$$

Auch die hochpolymeren Ozonide haben wahrscheinlich den gleichen Bau[6]. Solche hochpolymeren Heteropolymerisate wurden früher auch aus Dimethylketen mit Iso-cyanaten resp. Schwefelkohlenstoff erhalten, während aus Dimethylketen und Kohlendioxyd niedermolekulare Verbindungen entsprechender Zusammensetzung entstehen[7].

Tabelle 1. Zusammensetzung der Dimethylketenderivate.

$O\!=\!C\!=\!O$	2 Mol. Keten + 1 Mol. CO_2; 3 Mol. Keten + 2 Mol. CO_2; 4 Mol. Keten + 3 Mol. CO_2	niedermolekulare Verbindungen, 6- und 10-Ringe
$O\!=\!C\!=\!N \cdot C_6H_5$	2 Mol. Keten + 3 Mol. Isocyanat; 1 Mol. Keten + 4 Mol. Isocyanat	
$O\!=\!C\!=\!N \cdot C_{10}H_7\,\alpha$	3 Mol. Keten + 2 Mol. Isocyanat	hochmolekulare Heteropolymerisate
$O\!=\!C\!=\!N \cdot C_6H_4 \cdot NO_2\,p\text{-}$	3 Mol. Keten + 2 Mol. Isocyanat	
$O\!=\!C\!=\!S$	5 Mol. Keten + 2 Mol. COS	
$S\!=\!C\!=\!S$	5 Mol. Keten + 2 Mol. CS_2	

[1] Vgl. dazu W. H. Carothers: Journ. Amer. Chem. Soc. **51**, 2548 (1929).

[2] Wagner-Jauregg, Th.: Ber. Dtsch. Chem. Ges. **63**, 3213 (1930).

[3] Vgl. I.G. Farbenindustrie DRP. 540101 — Chem. Zentralblatt **1932 I**, 1448. Vgl. ferner Chem. Zentralblatt **1932 I**, 594.

[4] Hochmolekulare Heteropolymerisate entstehen weiter bei der Einwirkung von Schwefeldioxyd auf ungesättigte Verbindungen, wie Äthylen, Isopren. Das Polyäthylensulfon hat z. B. folgende Formel:

$$\cdots CH_2\!-\!CH_2 \quad CH_2\!-\!CH_2 \quad CH_2\!-\!CH_2 \quad CH_2\!-\!CH_2$$
$$\searrow\!\!\swarrow \qquad \searrow\!\!\swarrow \qquad \searrow\!\!\swarrow \qquad \searrow\!\!\swarrow$$
$$SO_2 \qquad\quad SO_2 \qquad\quad SO_2 \qquad\quad SO_2$$

Diese polymeren Sulfone sind außerordentlich hochmolekular. (Versuche von B. Ritzen-thaler.)

[5] Staudinger, H.: Ber. Dtsch. Chem. Ges. **58**, 1075 (1925). — Staudinger, H., K. Dyckerhoff, H. W. Klever u. L. Ruzicka: Ber. Dtsch. Chem. Ges. **58**, 1079 (1925).

[6] Staudinger, H.: Ber. Dtsch. Chem. Ges. **58**, 1088 (1925). Evtl. leiden sich auch polymere Ozonide von den Isozoniden ab; vgl. A. Rieche, Alkylperoxyde und Ozonide, 1931, S. 149.

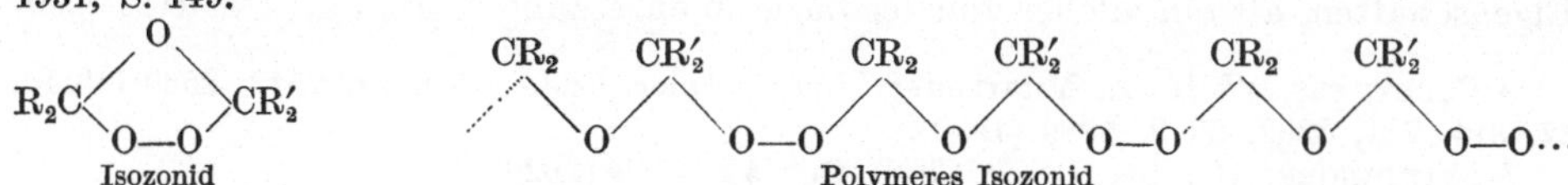

[7] Staudinger, H.: Helv. chim. Acta **8**, 306 (1925).

Hochmolekulare Produkte können auch aus kleinen Grundmolekülen durch gleichartige Kondensationsprozesse, z. B. durch Austritt von Wasser, entstehen. Es liegen dann *Polykondensationsprodukte* vor; bei diesen kann man zwei Gruppen unterscheiden, *Iso- und Hetero-Polykondensationsprodukte*, je nachdem ein oder mehrere Bausteine an dem Aufbau des polymeren Moleküls sich beteiligen. Ein Iso-Polykondensationsprodukt ist z. B. das polymere Dimethylmalonsäureanhydrid, das sich aus dem gemischten Dimethylmalonsäure-essigsäure-anhydrid unter Austritt von Essigsäureanhydrid bildet. Hierbei entsteht kein reines polymeres Anhydrid, sondern am Ende der langen Kette dürften Acetylgruppen vorhanden sein.

$$(x + 2)\,CH_3 \cdot CO \cdot O \cdot CO \cdot CR_2 \cdot CO \cdot O \cdot CO \cdot CH_3 \rightarrow$$

$$CH_3 \cdot CO \cdot O \cdot CO \cdot CR_2 \cdot CO \cdot [O \cdot CO \cdot CR_2 \cdot CO]_x \cdot O \cdot CO \cdot CR_2 \cdot CO \cdot O \cdot CO \cdot CH_3$$

Solche Polykondensationsprodukte sind in großer Zahl in den letzten Jahren durch die Untersuchungen von CAROTHERS bekanntgeworden[1]. Der Zusammensetzung nach sind die Iso-Kondensationsprodukte ebenfalls hochpolymere Körper, da sich ihre Fadenmoleküle aus gleichartigen kleinen Bausteinen zusammensetzen. Natürlich gilt auch hier die Einschränkung, daß die Endgruppen dabei außer acht gelassen werden. Hetero-Polykondensationsprodukte sind die Polypeptide und die Eiweißstoffe.

Wenn man den Aufbau hochmolekularer Stoffe kennenlernen will, so ist es am einfachsten, zuerst den Aufbau der hochpolymeren Körper zu untersuchen, da hier der Bau der Kette ein sehr einfacher ist. Ganz besonders übersichtlich sind die Verhältnisse bei der Untersuchung synthetischer hochpolymerer Stoffe, da hier das Grundmolekül bekannt ist und der Übergang desselben in den polymeren Stoff verfolgt und durch Formeln wiedergegeben werden kann.

Dabei ergab sich als erstes wesentliches Ergebnis, daß bei der Polymerisation eines Grundmoleküls unter wechselnden Bedingungen nicht ein einziger, sondern eine ganze Reihe von hochpolymeren Stoffen entstehen kann, die sich in der Viscosität ihrer Lösungen, in der Zähigkeit der festen Substanz usw. unterscheiden[2]. Solche Unterschiede zwischen polymeren Körpern hatte man allerdings schon früher beobachtet, aber meist kein besonderes Gewicht darauf gelegt, weil man diese Unterschiede auf verschiedenartige Aggregation von Kolloidteilchen, auf Unterschiede der Micellbildung usw. zurückführte. Diese Unterschiede zwischen polymeren Stoffen, die bei der Polymerisation eines Grundmoleküls entstehen, beruhen aber tatsächlich auf Unterschieden in der Molekülgröße, also auf einer Abstufung des Polymerisationsgrades x. Solche polymeren Stoffe, die sich aus dem gleichen Grundmolekül aufbauen, sich aber im Polymerisationsgrad unterscheiden, werden als *polymerhomolog*[3] bezeichnet. Wie bei homologen Verbindungen, so ist auch bei den polymerhomologen die Größe des Moleküls für die physikalischen Eigenschaften bestimmend. Wie sich z. B. die Kohlenwasserstoffe $(C_5H_8)_2$ und $(C_5H_8)_3$ in ihren Eigenschaften ganz wesentlich unterscheiden, so zeigt auch das Polyterpen $(C_5H_8)_{100}$ ganz andere physikalische Eigenschaften, als ein solches von der Zusammensetzung $(C_5H_8)_{1000}$. *Um die Eigen-*

---

[1] CAROTHERS, W. H., u. Mitarbeiter: Journ. Amer. Chem. Soc. **51**, 2548, 2560 (1929); **52**, 314, 711, 3292, 5279, 5289 (1930).

[2] STAUDINGER, H.: Ber. Dtsch. Chem. Ges. **59**, 3019 (1926).

[3] STAUDINGER, H.: Ztschr. f. angew. Ch. **42**, 69 (1929).

schaften der hochpolymeren Verbindungen zu verstehen, ist es also die wichtigste Aufgabe, den Polymerisationsgrad x festzustellen und damit die Molekülgröße zu bestimmen; denn die hochmolekularen Eigenschaften, z. B. die Festigkeit, die Quellung, die Eigenschaften der kolloiden Lösung ändern sich stark mit dem Polymerisationsgrad. Die Kenntnis der Molekülgröße ist deshalb von der größten Bedeutung sowohl für die Beurteilung der in der Natur vorkommenden hochmolekularen Produkte wie auch der vielen hochmolekularen Stoffe, die in der Technik verarbeitet werden.

Nachdem die Molekülgröße bestimmt ist, ist es eine weitere Aufgabe, die genaue Anordnung sämtlicher Atome, vor allem die Endgruppen der langen Fadenmoleküle, festzustellen, da gerade die Endgruppen für die Reaktionen des Moleküls bestimmend sein können[1]. Diese letztere, schwierige Aufgabe ist bisher nur in wenigen Fällen gelöst worden. Die vorliegenden Untersuchungen beschäftigen sich hauptsächlich mit der Frage der Bestimmung des Polymerisationsgrades, also der Größe des Wertes x.

III. Definition des Molekülbegriffs bei homöopolaren, heteropolaren und koordinativen organischen Verbindungen.

Da die wichtigste Frage bei der Konstitutionsaufklärung der hochmolekularen Verbindungen darin besteht, deren Molekulargewicht zu ermitteln, so ist es vor allem notwendig, genau zu definieren, was unter dem Molekulargewicht einer hochmolekularen Verbindung verstanden werden soll. Viele Diskussionen und Meinungsverschiedenheiten über den Bau der hochmolekularen Verbindungen sind dadurch entstanden, daß dieser grundlegende Begriff nicht richtig formuliert wurde.

Die organischen Verbindungen kann man in 3 Gruppen einteilen: 1. die homöopolaren, 2. die heteropolaren und 3. die koordinativen Verbindungen. Bei den homöopolaren Stoffen *umfaßt das Molekül alle Atome, die durch normale Kovalenzen gebunden sind*[2]. Die Summe der Gewichte der so gebundenen Atome ist das normale Molekulargewicht der homöopolaren Verbindungen. So enthält z. B. Kautschuk Moleküle von der Zusammensetzung $(C_5H_8)_{1000}$, es sind also in einem solchen Molekül 13000 Atome durch normale Kovalenzen gebunden; das normale Molekulargewicht dieses Kautschuks ist 68000. Das größte Molekül, das bis jetzt erhalten worden ist, ist dasjenige eines Polystyrols von der Zusammensetzung $(C_8H_8)_{6000}$; das Molekulargewicht beträgt hier 600000, und es sind in diesem Molekül rund 100000 Atome durch normale Kovalenzen gebunden. Auch ein Diamant stellt nach dieser Definition ein sehr großes Molekül dar, da in ihm alle Kohlenstoffatome durch normale Kovalenzen gebunden sind [3].

In den heteropolaren organischen Verbindungen sind im Anion und Kation die Atome durch normale Kovalenzen gebunden, während Anion und Kation unter sich durch Elektrovalenzen in Verbindung stehen. Das Molekül solcher Stoffe stellt also die Summe der durch normale Kovalenzen und Elektrovalenzen gebundenen Atome dar, also sämtlicher Atome, die durch Hauptvalenzen verbunden sind.

---

[1] Vgl. Erster Teil, H. II.

[2] Vgl. H. STAUDINGER: Liebigs Ann. **474**, 149 (1929).

[3] Vgl. über Fehler im Krystallbau A. SMEKAL: Ztschr. Physik **55**, 289 (1929); Ztschr. angew. Chem. **42**, 489 (1929); Ztschr. f. Elektrochem. **35**, 567 (1929).

Dieser Molekülbegriff läßt sich sowohl auf die niedermolekularen wie auf die höchstmolekularen Verbindungen anwenden: gerade so wie das essigsaure Natron das Molekulargewicht 82 hat, so hat ein polyacrylsaures Natron vom Polymerisationsgrad x das Molekulargewicht

$$\left[\begin{array}{c} -CH_2-CH- \\ | \\ COONa \end{array}\right]_x = 94 \cdot x$$

Ein polyacrylsaures Natron vom Polymerisationsgrad 200 hat also das Molekulargewicht 18800. Es enthält ein.200wertiges Anion. Diese hochwertigen Anionen und Kationen hochmolekularer Verbindungen werden als *Polyanionen* und *Polykationen* bezeichnet.

Organische koordinative Verbindungen (organische Molekülverbindungen) sind vor allem in den letzten zwei Jahrzehnten genauer untersucht worden[1]. Sie entstehen durch Vereinigung von normalen Molekülen durch koordinative Kovalenzen (Nebenvalenzen). Bei diesen koordinativen Verbindungen kann man 2 Gruppen unterscheiden. Es gibt Nebenvalenzverbindungen, in denen gleiche, normale Moleküle koordinativ gebunden sind. Beispiele dafür sind das Wasser, die Alkohole, die Amine, die organischen Säuren und Säureamide. Diese Verbindungen sollen als *isokoordinative Verbindungen* bezeichnet werden. Es können aber Nebenvalenzverbindungen auch dadurch entstehen, daß sich zwei ungleiche, normale Moleküle vereinigen; so sind z. B. Pikrate, Oxonium- und Ammoniumsalze konstituiert. Diese Verbindungen sollen als *heterokoordinative Verbindungen*[2] bezeichnet werden. Diese heterokoordinativen Verbindungen hat man bisher immer als Nebenvalenzverbindungen angesprochen, während die isokoordinativen Verbindungen auch als Assoziate bezeichnet wurden. So sprach man z. B. von der Assoziation des Wassers. Nach der hier vorgeschlagenen Nomenklatur ist das flüssige Wasser eine isokoordinative Verbindung.

Der Grund dafür, daß die Bezeichnung nicht einheitlich ist, liegt darin, daß die Zusammensetzung der koordinativen Moleküle eine unterschiedliche ist. Bei einer ganzen Reihe von heterokoordinativen wie auch von isokoordinativen Verbindungen treten die normalen Moleküle in einem einfachen Zahlenverhältnis zusammen. Bei den Alkoholen und Säuren sind die koordinativen Moleküle aus zwei normalen Molekülen gebildet. Z. B. sind die koordinativen Moleküle der Säuren so beständig, daß sie auch unverändert in Lösung gehen. Durch kryoskopische Bestimmungen ermittelt man hier nicht das normale Molekulargewicht, sondern das koordinative[3]. Ebenso lassen Viscositätsmessungen das Vorliegen von koordinativen Molekülen erkennen[4]. Die isokoordinativen Moleküle des Wassers sind aber labiler und komplizierter gebaut, als die der Säuren, und werden deshalb als Assoziate bezeichnet.

Die andersartigen Verhältnisse beim Wasser lassen sich folgendermaßen verstehen. Die einfachen Äther liefern keine isokoordinativen Verbindungen,

---

[1] Vgl. P. Pfeiffer: Organische Molekülverbindungen. 2. Aufl. Verlag Ferdinand Enke 1927.

[2] Vgl. auch die heterokoordinativen Verbindungen aus Desoxycholsäure und Fettsäuren, H. Wieland und H. Sorge: Ztschr. f. physiol. Ch. **97**, 1 (1916); Reinboldt, H.: Liebigs Ann. **451**, 256 (1927); **473**, 249 (1929) — Ztschr. f. physiol. Ch. **180**, 180 (1929).

[3] Trautz, M., u. W. Moschel: Ztschr. f. anorg. u. allg. Ch. **155**, 13 (1926).

[4] Staudinger, H., u. E. Ochiai: Ztschr. f. physik. Ch. (A) **158**, 45 (1931).

Alkohole und Säuren, also Verbindungen mit einem Wasserstoffatom am Sauerstoffatom, liefern koordinative Verbindungen aus zwei normalen Molekülen. Es ist darum wahrscheinlich, daß das Wasser, das zwei Wasserstoffatome an einem Sauerstoffatom gebunden hat, zu beiden Seiten ein weiteres Wassermolekül koordinativ binden kann. Da diese Wassermoleküle wieder weitere Wassermoleküle koordinativ binden können, so kommt es zur Ausbildung eines *polymeren, isokoordinativen Wassermoleküls*[1, 2].

Bei organischen Verbindungen, die mehrere Hydroxylgruppen tragen, kann jede Hydroxylgruppe eine koordinative Bindung betätigen. So kann es bei den Polyhydroxylverbindungen, Polycarbonsäuren und Oxycarbonsäuren zu kompliziert gebauten Verbindungen kommen. Über die Zusammensetzung dieser koordinativen Moleküle und ihr Verhalten in Lösung ist bis jetzt nichts bekannt. Wahrscheinlich werden Viscositätsuntersuchungen auch hier einen Einblick geben.

Man hat also besonders bei hochmolekularen Stoffen zu beachten, daß verschiedene Arten von Molekülen zu unterscheiden sind: normale Moleküle, bei denen alle Atome durch Hauptvalenzen gebunden sind und koordinative Moleküle, an deren Aufbau sich Hauptvalenzen und Nebenvalenzen beteiligen.

IV. Hochmolekulare Stoffe sind Gemische von Polymerhomologen.

Es existiert ein prinzipieller Unterschied zwischen hoch- und niedermolekularen Verbindungen in bezug auf Bearbeitung und Charakterisierung. Ein niedermolekularer Stoff läßt sich durch chemische Umsetzungen als reine und einheitliche Verbindung gewinnen, so daß alle Moleküle gleichen Bau und gleiche Größe haben. Gemische von niedermolekularen Stoffen lassen sich durch chemische Methoden trennen, wenn die einzelnen Bestandteile ganz verschiedene Eigenschaften haben. Liegt ein Gemisch homologer Verbindungen vor, also ein Gemisch von Verbindungen mit gleichen chemischen Eigenschaften, aber Unterschieden in der Molekülgröße, so läßt sich ein solches Gemisch durch Destillation oder Krystallisation oder fraktionierendes Behandeln mit Lösungsmitteln ebenfalls in einzelne chemische Individuen zerlegen. Diese physikalischen Methoden sind allerdings nur dann erfolgreich, wenn die Unterschiede im Gewicht der Moleküle eines Gemisches genügend groß sind. Deshalb sind Gemische von homologen Verbindungen bekanntlich um so schwerer zu trennen, je höhermolekular diese Verbindungen sind; denn die Gewichtsunterschiede zweier benachbarter Vertreter werden mit steigendem Molekulargewicht immer geringer. In der folgenden Tabelle 2 sind die Gewichtsunterschiede zwischen benachbarten Paraffinen bezogen auf das Gewicht des niedrigermolekularen Produktes, in Prozenten angegeben. Da sich das Gewicht des Paraffinmoleküls $C_{100}H_{202}$ von dem des folgenden nur um 1% unterscheidet, so ist die Trennung eines Gemisches dieser beiden kaum zu erreichen, während ein Gemisch von Äthan und Propan sich sehr leicht durch fraktionierte Destillation trennen läßt.

---

[1] Auch die hohe Viscosität des Wassers; ebenso ist die große Temperaturabhängigkeit der Viscosität durch den leichten Zerfall der polymeren Wassermoleküle bedingt.

[2] Über polymere Wassermoleküle vgl. z. B. M. P. APPLEBEY, Journ. chem. Soc. London **97**, 2000 (1910); W. R. BOUSFIELD, Journ. chem. Soc. London **107**, 1781 (1915); ferner W. MADELUNG, Liebigs Ann. **427**, 72 (1922).

Tabelle 2.

Die Trennungsmöglichkeit in der homologen Reihe der Paraffine.

$\dfrac{CH_4}{C_2H_6}$	$\dfrac{C_2H_6}{C_3H_8}$	$\dfrac{C_3H_8}{C_4H_{10}}$	$\dfrac{C_4H_{10}}{C_5H_{12}}$	$\dfrac{C_5H_{12}}{C_6H_{14}}$	$\dfrac{C_{10}H_{22}}{C_{11}H_{24}}$	$\dfrac{C_{50}H_{102}}{C_{51}H_{104}}$	$\dfrac{C_{100}H_{202}}{C_{101}H_{204}}$
87,5%	47%	32%	24%	19,5%	9,8%	2,0%	1,0%

Ganz ähnliche Verhältnisse wie bei hochmolekularen Paraffinen und überhaupt bei Gemischen homologer Substanzen liegen auch bei den Hochpolymeren vor[1]. Bei der Synthese von Hochpolymeren durch Polymerisation von niedermolekularen Verbindungen entstehen nicht einheitliche Substanzen, sondern Gemische Polymerhomologer. Wenn man also die Polymerisationsbedingungen so wählt, daß ein Produkt vom Polymerisationsgrad 100 entsteht, so bilden sich dabei auch die Produkte vom Polymerisationsgrad 101, 102 usw. resp. 99, 98 usw., da die Unterschiede in den Bildungsbedingungen sehr gering sind. Ebenso erhält man bei der Spaltung der hochmolekularen Stoffe stets Gemische von polymerhomologen Abbauprodukten. Wenn man z. B. Kautschuk vom Polymerisationsgrad 1000 durch Erhitzen spaltet und die Temperatur so hoch wählt, daß sich ein Polypren vom Polymerisationsgrad 100 bildet, dann entsteht dieses nicht allein, sondern auch die nächsthöheren und -niederen Polymerhomologen. Aus solchen Gemischen Polymerhomologer lassen sich keine einheitlichen Stoffe herstellen; denn infolge der Größe der Moleküle sind die Gewichtsunterschiede zwischen den einzelnen Molekülen zu gering, als daß sich darauf eine Trennung durch physikalische Methoden begründen ließe. Ein Polypren vom Molekulargewicht 6800 ist von einem solchen mit dem Molekulargewicht 6868 natürlich außerordentlich wenig unterschieden.

Moleküle einer solchen Größe, bei der benachbarte homologe oder polymerhomologe Glieder sich in ihrem Gewicht so wenig unterscheiden, daß die Trennung des Gemisches nicht durchführbar ist, werden als *Makromoleküle* bezeichnet. Bei Stoffen, die aus Makromolekülen aufgebaut sind, kann man infolgedessen nicht von einem Molekulargewicht sprechen, sondern nur von einem *Durchschnittsmolekulargewicht*. Trotzdem kann man Gemische solcher polymerhomologer Stoffe als einheitliche Stoffe bezeichnen, und zwar als *polymereinheitliche*[2], weil die einzelnen Moleküle das gleiche Bauprinzip und nur eine verschiedene Kettenlänge haben. Geradeso spricht man auch von einem reinen Paraffin, wenn das Produkt aus einem Gemisch von normalen Paraffinkohlenwasserstoffen, also Kohlenwasserstoffen gleichen Baues, aber verschiedener Kettenlänge, besteht. Der Übergang zwischen Makromolekülen und gewöhnlichen Molekülen ist natürlich kein scharfer, da sie ja gleich gebaut sind und es bei Gemischen relativ niedermolekularer, homologer wie polymerhomologer Stoffe nur auf die analytische Sorgfalt ankommt, ob man solche Gemische in Produkte mit völlig einheitlichen Molekülen zerlegen kann oder nicht.

Da die hochpolymeren Stoffe aus einem Gemisch von Polymerhomologen bestehen, so resultiert eine Schwierigkeit in der Bearbeitung und Charakterisierung dieser Produkte. Bei einheitlichen niedermolekularen Stoffen sind die physikalischen Eigenschaften und ihr chemisches Verhalten reproduzierbar; denn alle

---

[1] Vgl. H. STAUDINGER: Ber. Dtsch. Chem. Ges. **59**, 3022 (1926).
[2] STAUDINGER, H.: Liebigs Ann. **474**, 155 (1929).

Moleküle haben gleichen Bau und müssen daher auch gleiches Verhalten zeigen. Allerdings ist diese ideale Forderung praktisch schwer zu erfüllen. Häufig sind in einer scheinbar reinen Verbindung geringe Mengen von Fremdsubstanzen vorhanden, die gewisse physikalische und chemische Eigenschaften des Stoffes beeinflussen. Bei den gewöhnlichen chemischen Untersuchungen macht sich ein solcher Anteil von Fremdmolekülen in der Regel nicht bemerkbar, aber gewisse Umsetzungen wie z. B. Polymerisationsprozesse, ebenso Autoxydationsprozesse können durch solche Verunreinigungen katalytisch beschleunigt oder gehemmt werden. So ist z. B. die Polymerisationsgeschwindigkeit scheinbar reiner Styrolpräparate eine ganz verschiedene, je nach dem Sauerstoffgehalt, wenn derselbe sich analytisch auch nicht direkt nachweisen läßt[1]. Für die gewöhnlichen Umsetzungen eines reinen Stoffes sind, wie gesagt, solche geringen Beimengungen ohne Einfluß, ebenso werden die meisten physikalischen Eigenschaften dadurch nicht merklich verändert. So kann man einen niedermolekularen einheitlichen Stoff reproduzierbar charakterisieren, und es gilt für diese einheitlichen Stoffe der Satz von W. Ostwald[2]: „Stimmen zwei Stoffe in einigen Eigenschaften überein, so tun sie dies in bezug auf alle anderen Eigenschaften gleichfalls." Diese Erfahrung ist grundlegend für die ganze analytische Chemie.

Ganz andere Verhältnisse liegen bei der Charakterisierung und Identifizierung von hochmolekularen Verbindungen vor. Es ist praktisch wohl kaum möglich, daß man ein solches Gemisch von Polymerhomologen, in dem 10, 100 oder noch mehr Molekülarten, die sich durch ihre Länge unterscheiden, enthalten sind, bei einer Wiederholung des Versuches völlig gleichartig herstellen kann. Die Eigenschaften eines solchen Gemisches ändern sich aber sehr stark, je nach dem Gehalt an hoch- und niedermolekularen Produkten. Wenn z. B. zwei Abbauprodukte des Kautschuks genau den gleichen Durchschnittspolymerisationsgrad 100, also das Molekulargewicht 6800 haben, so brauchen damit die sonstigen Eigenschaften der beiden Stoffe noch nicht übereinzustimmen. So kann z. B. die Viscosität von gleichkonzentrierten Lösungen dieser Stoffe sich sehr erheblich unterscheiden, da sie von der Moleküllänge der einzelnen Komponenten des Gemisches abhängt. Wenn also der Gehalt an hoch- und niedermolekularen Stoffen in zwei Produkten ein verschiedener ist, so ist es möglich, daß sie in anderen Eigenschaften erhebliche Differenzen aufweisen, trotzdem sie in ihrem Durchschnittsmolekulargewicht[3] übereinstimmen. Versuche an Hochpolymeren sind deshalb nicht genau reproduzierbar. Man beobachtet schon bei relativ einfach gebauten hochmolekularen Körpern, wie z. B. dem Polyoxymethylen, eine Fülle von verschiedenartigen Erscheinungen, die durch kleine Unterschiede im Stoffgemisch bedingt sind. Ein noch viel mannigfaltiger wechselndes Verhalten wird man demnach bei den kompliziert gebauten hochmolekularen Naturstoffen erwarten können. Diese Schwierigkeit der Identifizierung der hochmolekularen Stoffe hat vielfach von der Untersuchung derselben abgeschreckt, da der Chemiker gewohnt war, mit reinen und einheitlichen Stoffen zu arbeiten.

Die Aussage, daß die hochpolymeren Verbindungen Gemische von Polymerhomologen darstellen, gilt allerdings nur für die synthetischen Polymeren und

---

[1] Unveröffentlichte Versuche von W. Frost.

[2] Ostwald, W.: Wissenschaftliche Grundlagen der analytischen Chemie. 2. Aufl. S. 3.

[3] Gemeint ist hier das kryoskopische resp. osmotische Durchschnittsmolekulargewicht.

die Abbauprodukte der hochmolekularen Naturprodukte. Es ist nicht ausgeschlossen, daß die Natur große Moleküle einer ganz bestimmten Länge herstellen kann. So baut möglicherweise jede Pflanze Cellulosemoleküle einer einheitlichen Größe, die sich von Cellulosemolekülen einer anderen Pflanzenart evtl. in der Länge unterscheiden können. Ebenso ist es möglich, daß der natürliche Kautschuk und die Balata völlig einheitliche Stoffe sind[1]. Synthetisch sind hochmolekulare Stoffe mit einheitlich langen Molekülen bisher nicht zugänglich. Alle reinen Cellulosepräparate des Laboratoriums, ebenso der gereinigte Kautschuk und die gereinigte Balata sind Gemische von Polymerhomologen, da beim Aufarbeiten und Reinigen der Naturstoffe ein Abbau dieser empfindlichen Moleküle nicht zu vermeiden ist; die teilweise abgebauten Moleküle lassen sich von den ursprünglichen natürlich nicht trennen. Also auch beim Arbeiten mit den Naturprodukten hat man es immer mit einem Gemisch von Polymerhomologen zu tun.

V. Polymerisation, Assoziation, Micellbildung, Aggregation, Schwarmbildung.

In der Literatur der hochmolekularen Stoffe werden diese Begriffe häufig von den einzelnen Autoren in verschiedener Weise gebraucht, z. B. wurde von Aggregation und Desaggregation, Polymerisation und Depolymerisation des Kautschuks gesprochen, ohne daß damit genau bezeichnet wurde, was unter diesen Begriffen verstanden werden soll. Es ist darum wichtig, dieselben genau zu definieren.

1. Polymerisation.

Der Begriff Polymerisation wurde früher in der Chemie häufig nicht richtig verwandt; so bezeichnete z. B. HOLLEMANN[2] als Polymerisation solche Vorgänge, bei denen zwei oder mehrere Moleküle eines Stoffes in der Weise verkettet werden, daß diese wieder daraus regeneriert werden können. Gerade dieses Kriterium ist für den Polymerisationsprozeß nicht wesentlich. Die Polymerisationsprodukte können je nach ihrer Konstitution einen ganz verschiedenen Grad der Zersetzlichkeit aufweisen, ohne daß glatte Depolymerisation zu den monomolekularen Körpern eintritt. Letzteres wird nicht nur von der Beständigkeit des Polymerisationsproduktes abhängig sein, sondern auch von der Stabilität der monomeren Verbindung. *Als Polymerisation bezeichnet man die Vereinigung zweier oder mehrerer Moleküle einer Verbindung zu einem Produkt von gleichprozentiger Zusammensetzung*, also einem Vielfachen ihres Molekulargewichtes[3]. Dabei kann man zwei Arten von Polymerisation unterscheiden, je nachdem die Bindung der einzelnen Moleküle durch normale oder durch koordinative Kovalenzen erfolgt. Ein normales Polymerisationsprodukt entsteht aus einem monomeren Körper dadurch, daß die Moleküle desselben durch normale Kovalenzen gebunden werden; bei einem koordinativen Polymerisationsprodukt werden dagegen die Grundmoleküle durch koordinative Kovalenzen verkettet. *Depolymerisation ist die Zerlegung polymerer Moleküle in die monomeren.* Die Depolymerisation normaler Polymerisationsprodukte verläuft, wie gesagt, ganz verschieden, je nach der Beständigkeit des Polymerisationsproduktes und der

---

[1] Vgl. H. STAUDINGER u. H. F. BONDY: Ber. Dtsch. Chem. Ges. **63**, 727 (1930).

[2] HOLLEMANN: Lehrbuch der organischen Chemie. 13. Aufl. S. 115. 1918.

[3] Vgl. H. STAUDINGER: Ber. Dtsch. Chem. Ges. **53**, 1074 (1920) — Kautschuk **1**, 8 (1925).

monomeren Verbindung, und ist in manchen Fällen, wie z. B. beim Polyvinylbromid und Polyäthylenoxyd nicht durchführbar.

Koordinative Polymerisationsprodukte sind in allen Fällen leicht zu depoly-
merisieren, da ja die Bindung der einzelnen Grundmoleküle durch koordinative
Kovalenzen lange nicht so fest ist wie die durch normale Kovalenzen.

Bei den normalen Polymerisationsprozessen lassen sich zwei verschiedene
Gruppen unterscheiden.

a) Es gibt normale Polymerisationsprozesse, bei denen das entstehende
Polymerisationsprodukt die gleiche Bindungsart der Atome wie das Grundmolekül hat. Beispiele hierfür sind die Bildung des Hexaphenylaethans aus
Triphenylmethyl, des Trioxymethylens aus Formaldehyd, der Cyclobutandion-
derivate aus Ketenen. Hierher gehören ferner die Bildung des Eupolyoxy-
methylens aus Formaldehyd[1], die Bildung des Eupolystyrols aus Styrol[2]. Diese
Polymerisationsprozesse sollen als *echte Polymerisationsprozesse* bezeichnet
werden, die entstehenden Polymerisationsprodukte als echte Polymerisationsprodukte.

b) Bei einer zweiten Gruppe von Polymerisationsprozessen tritt bei der
Bildung des polymeren Körpers aus dem Monomeren eine Atomverschiebung
ein, in der Regel eine Wasserstoffwanderung. Das Polymerisationsprodukt
weist nicht mehr die ursprüngliche Bindungsart der Atome des monomeren
Körpers auf. Hierher gehört die Polymerisation des Formaldehyds zu Glykol-
aldehyd und den Zuckern, die Aldolpolymerisation, die Bildung von Distyrol[3]
aus Styrol, von Diacrylester[4] aus Acrylester. Diese Polymerisationsarten sollen
als *kondensierende Polymerisationsprozesse* bezeichnet werden[5]. Sie verlaufen
analog den eigentlichen Kondensationsprozessen, bei denen Moleküle verschiedener Zusammensetzung in ähnlicher Weise vereinigt werden. Polymerisationsprodukte, bei denen im polymerisierten Körper nicht mehr die ursprüngliche Bindung der Atome des Monomeren erhalten ist, stellen konden-
sierte Polymerisationsprodukte dar. So kann die Polymerisation des Acetal-
dehyds zu Aldol mit der Kondensation von Acetaldehyd mit Aceton verglichen werden.

Dabei ist interessant, daß durch einen kondensierenden Polymerisationsprozeß, also durch Polymerisation unter Wasserstoffwanderung, auch echte Polymerisationsprodukte erhalten werden können; z. B. entsteht das α-Polyoxy-
methylen dadurch, daß sich an ein Molekül Methylenglykol in fortlaufender
Reihe monomere Formaldehydmoleküle anlagern (vgl. zweiter Teil, B. IV. 1 b).

Sowohl bei den echten wie bei den kondensierenden Polymerisationsprozessen
entstehen je nach dem Charakter der Monomeren und je nach den Polymerisa-

---

[1] Vgl. Zweiter Teil, B. IV. 3a.

[2] Auf diese letzteren Polymerisationsprozesse wird noch später eingegangen, vgl. Erster
Teil, H. III. 3.; denn es ist die Einschränkung zu machen, daß bei der Endgruppenbildung
der langen Fadenmoleküle eine Atomverschiebung eintritt.

[3] STOBBE, H., u. POSNJAK: Liebigs Ann. **371**, 287 (1909).

[4] H. v. PECHMANN u. O. RÖHM: Ber. Dtsch. Chem. Ges. **34**, 427 (1901).

[5] Vgl. dazu auch W. H. CAROTHERS: Journ. Amer. Chem. Soc. **51**, 2548 (1929), der
zwischen Additionspolymeren = echten Polymerisationsprodukten und Kondensations-
polymeren unterscheidet. Ferner TH. WAGNER-JAUREGG: Ber. Dtsch. Chem. Ges. **63**, 3213
(1930). Vgl. dazu H. STAUDINGER: Ber. Dtsch. Chem. Ges. **53**, 1074 (1920).

tionsbedingungen dimolekulare, trimolekulare oder höhermolekulare Stoffe. Die
sehr hochmolekularen Stoffe, bei denen 1000 und mehr Grundmoleküle im
Polymeren durch normale Kovalenzen gebunden sind, entstehen synthetisch nur
durch echte Polymerisationsprozesse, nicht aber durch kondensierende; denn die
Kondensationsfähigkeit nimmt mit wachsender Molekülgröße ab und hört schließlich ganz auf, so daß hierbei nur relativ niedermolekulare Polymere sich bilden
können.

$$
CH_2{=}O \left\langle
\begin{array}{l}
O{\diagup}^{CH_2}{\diagdown}O \diagdown CH_2 \\[2pt]
\quad CH_2{-}O{-}(O{-}CH_2)_x{-}O{-}CH_2{-}
\end{array}
\right\} \quad \text{echte Polymeri-}\ \text{sationsprozesse}
$$

$$CH_2{=}O \rightarrow \underset{\underset{OH}{|}}{CH_2}{-}C{\diagdown}^O_{H} \quad \text{usw.} \Big\}$$

kondensiertes Polymerisationsprodukt

$$
\left.
\begin{array}{c}
CH_2{=}O \\
+ \\
HO{-}CH_2{-}OH
\end{array}
\right\} \quad
HO{-}CH_2{-}(O{-}CH_2)_x{-}O{-}CH_2{-}OH
$$

echtes Polymerisationsprodukt

kondensierende
Polymerisations-
prozesse

Über koordinative Polymerisationsprodukte ist relativ wenig bekannt; sie
können dimolekular und höhermolekular sein. Genau bekannt sind nur die
dimolekularen Polymerisationsprodukte der Monocarbonsäuren, deren Moleküle
in organischen Lösungsmitteln nicht als normale Moleküle, sondern als koordinative Moleküle gelöst sind[1]. Ob Polyhydroxylverbindungen (in gleicher Weise
Polyamine) höhermolekulare koordinative Polymerisationsprodukte bilden, ist
noch nicht untersucht. Dagegen stellt das flüssige Wasser ein höhermolekulares
koordinatives Polymerisationsprodukt dar[2].

Es sei hier bemerkt, daß in den letzten Jahren die verschiedensten Auffassungen
über die Konstitution der Hochpolymeren geäußert wurden. Einige Forscher wie
Karrer, Bergmann, Hess, Pummerer glaubten, daß sie aus kleinen Bausteinen
aufgebaut seien, während sie tatsächlich Makromoleküle enthalten. Wenn man
auf Grund der gegebenen Nomenklatur die verschiedenen Ansichten unterscheiden soll, so glaubten die genannten Forscher, die Hochpolymeren seien koordinative Polymerisationsprodukte, während sie tatsächlich normale Polymerisationsprodukte sind. Für die Beurteilung des Baues und der Eigenschaften
der hochpolymeren Stoffe ist natürlich diese Unterscheidung eine sehr wesentliche,
da sich beide Gruppen weitgehend in der Beständigkeit unterscheiden. Denn
die Energiebeträge, die bei einer koordinativen Bindung zweier Atome frei
werden, sind viel geringer als diejenigen, die bei einer Bindung der Atome
durch Hauptvalenzen frei werden.

---

[1] Vgl. A. J. Langmuir: Journ. Amer. Chem. Soc. **39**, 1848 (1917). — Trillat, J.:
C. r. d. l'Acad. des sciences **180**, 1329, 1838 (1925). — Trautz, M., u. W. Moschel: Anorg.
Chemie **155**, 13 (1926). — Staudinger, H., u. E. Ochiai: Ztschr. f. physik. Ch. (A) **158**, 45
(1931).

[2] Vgl. Erster Teil, A. III.

2. Assoziation.

Bei der Bildung von koordinativen Polymerisationsprodukten treten die normalen Moleküle in einfachem stöchiometrischem Verhältnis zusammen, wenn in denselben nur ein Atom enthalten ist, das zur Bildung koordinativer Moleküle Anlaß gibt. Sind natürlich, wie es bei den Hochpolymeren der Fall sein kann, im Molekül viele Atome vorhanden, die zu koordinativen Bindungen fähig sind, liegt also eine Polyhydroxylverbindung vor, eine Polycarbonsäure oder ein Polyamin, so kann das koordinative Molekül auch viel komplizierter zusammengesetzt und durch Zusammenlagern zahlreicher Einzelmoleküle entstanden sein. Normale Moleküle ohne solche Gruppen, die zu koordinativen Bindungen befähigt sind, können sich auch durch VAN DER WAALSsche Kräfte in konzentrierter Lösung zu größeren „Molekülhaufen" vereinigen. Da die Kräfte, die die Moleküle in einem „Molekülhaufen" zusammenhalten, sehr gering sind, so wird eine solche Molekülvereinigung sehr unbeständig sein, und es werden sich keine einfachen stöchiometrischen Verhältnisse bei der Bildung erkennen lassen. In einfachen stöchiometrischen Verhältnissen vereinigen sich nur solche Moleküle, bei denen ein oder mehrere Atome vor den anderen durch starke Dipolmomente ausgezeichnet sind.

Die Molekülvereinigungen, die in den konzentrierten Lösungen eines jeden homöopolaren Körpers vorliegen, sollen als *Assoziationen* bezeichnet werden. Über die Größe dieser „Molekülhaufen" hat man heute noch keine Kenntnis. Man weiß z. B. nicht, ob bei einem bestimmten Stoff in konzentrierten Lösungen „Molekülhaufen" einer bestimmten Größe entstehen, und ob dieselben stets gleiche Größe besitzen[1], oder ob sie sich mit der Konzentration einer Lösung kontinuierlich ändern.

Da die Kräfte, die solche „Molekülhaufen" zusammenhalten, sehr gering sind, so werden diese Assoziationen durch Temperaturerhöhung leicht zerstört. Wie später gezeigt werden soll, lassen sich Assoziationen an Viscositätsänderungen der Lösungen bei Temperaturerhöhung leicht erkennen.

Die Tendenz zu Assoziationen nimmt mit steigender Größe des Moleküls zu, wie man aus zahlreichen Erfahrungen in der organischen Chemie weiß.

3. Micellbildung.

Eine besondere Art der Assoziation kleiner Moleküle stellt die Micellbildung dar. Sie tritt ein, wenn heteropolare organische Verbindungen mit einem höhermolekularen Kation resp. Anion in Wasser gelöst werden[2]. Die relativ hochmolekularen organischen Reste sind lyophob, die Ionen dagegen lyophil. Durch die Micellbildung werden die lyophoben organischen Reste vor dem Wasserzutritt geschützt. Es lagern sich z. B. bei der Bildung der Seifenmicellen die langen Ketten der Fettsäuren derart zusammen, daß im Innern der Micellen die organischen Reste vorhanden sind, während an den Oberflächen sich die lyophilen

---

[1] Dafür könnten eine Reihe von Erfahrungen sprechen, vgl. z. B. J. TRAUBE: Ztschr. f. physik. Ch. (A) **138**, 85 (1928) — Ztschr. f. Elektrochem. **35**, 626 (1929).

[2] Dabei darf das höhermolekulare Ion nur eine oder wenige Ionenladungen haben. Die Seifen unterscheiden sich so von dem polyacrylsauren Natrium, das ein Polyanion besitzt.

Ionen befinden[1]. Die Löslichkeit der Micelle in Wasser wird also durch die Ionen an der Oberfläche bedingt. Die Größe der Micellen hängt ab von der Länge der Ketten, z. B. der der Fettsäurereste, und der Größe der VAN DER WAALSschen Kräfte, die zwischen diesen Ketten herrschen. Zur Micellbildung sind aber nicht nur die langen Ketten, sondern vor allem auch die Ionenladungen notwendig. Die Micellen sind also elektrisch geladene Kolloidteilchen, die polywertige Anionen oder Kationen haben. Damit es zur Micellbildung kommt, ist ein gewisses Verhältnis der langen Kette zu der Ionenladung notwendig. Sind die Ketten noch kurz, so sind die Salze normal löslich, wie es bei den niederen Fettsäuren der Fall ist. Sind dagegen die Ketten sehr lang, wie es bei hochmolekularen Säuren der Fall ist, dann kann es zu einer Micellbildung nicht mehr kommen, da die Säuren zu schwach sind und ihre Salze hydrolysiert werden. Trägt eine lange Kette sehr viele Ionenladungen, wie es beim polyacrylsauren Natron der Fall ist, dann löst sich ein solches Salz normal, wie eine niedermolekulare Verbindung, ohne daß Micellbildung eintritt.

4. Aggregation.

Micellen, ebenso Kolloidteilchen von Suspensoiden und Emulsoiden können sich zu größeren Komplexen zusammenlagern. Dies hat man z. B. beim Vanadinpentoxyd beobachtet. Eine Zusammenlagerung derartiger Kolloidteilchen zu größeren Komplexen soll als *Aggregation* bezeichnet werden, die Zerstörung von solchen Komplexen als *Desaggregation*.

Lagern sich dagegen die Kolloidteilchen von Molekülkolloiden zusammen, so ist dies eine Assoziation, da ja hier die Kolloidteilchen Makromoleküle sind.

Die Vereinigung der Kolloidteilchen zu Aggregaten kann durch koordinative Kovalenzen oder durch Oberflächenkräfte bewirkt werden. Sie erfolgt *nicht* durch Hauptvalenzen, denn eine solche Vereinigung würde ja eine Polymerisation darstellen und führte von kleineren Molekülen zu größeren.

5. Schwarmbildung.

In der Lösung einer heteropolaren Verbindung bilden sich Ionenhaufen derart, daß sich ein Anion mit Kationen umgibt und umgekehrt. Diese Ionenhaufen sollen als *Schwarmbildung* bezeichnet werden. Bei hochmolekularen heteropolaren Verbindungen treten durch die interionischen Kräfte zwischen den polywertigen Ionen besonders komplizierte Verhältnisse ein[2], die beim polyacrylsauren Natron genauer untersucht sind.

VI. Definition der hochmolekularen Verbindungen.

Früher bezeichnete man eine Reihe von unlöslichen oder kolloidlöslichen Naturprodukten oder synthetischen Stoffen als hochmolekular, da analog gebaute niedermolekulare Stoffe sich normal lösen. Die Unlöslichkeit bzw. die Kolloidlöslichkeit sind aber keine einwandfreien Kriterien für die hochmolekulare Natur

---

[1] Vgl. die Arbeiten von P. A. THIESSEN u. Mitarbeiter: Ztschr. f. physik. Ch. (A) **156**, 309, 435, 457 (1931). Vgl. vor allem die zahlreichen Arbeiten von MC BAIN, ferner A. S. C. LAWRENCE: Kolloid-Ztschr. **50**, 12 (1930).

[2] Vgl. Zweiter Teil, D. I. 3.

eines Stoffes. Ein kolloidlöslicher Stoff kann auch aus kleinen Molekülen aufgebaut sein, wie z. B. die Seifen zeigen. Zudem braucht eine unlösliche Verbindung nicht hochmolekular zu sein; so hat z. B. das unlösliche Polycyclopentadien[1] nur den Polymerisationsgrad 6, ist also ein niedermolekularer Stoff, der nur infolge der blättchenförmigen Gestalt seiner Moleküle unlöslich ist.

Die Moleküle der hochmolekularen Verbindungen, sowohl der Naturprodukte wie der synthetischen Hochpolymeren, haben, soweit ihre Konstitution aufgeklärt ist, ein gemeinsames Bauprinzip: es sind lange Fadenmoleküle[2]. Solche Moleküle besitzen auch die Paraffine und ihre Derivate; aber deren Fadenmoleküle sind relativ kurz, sie sind nur 20—50 oder höchstens 100 mal länger als breit. Beträgt aber die Länge der Fadenmoleküle das Mehrhundertfache ihres Durchmessers, dann besitzen sie in einer Dimension die Größe von Kolloidteilchen und können die Wellenlänge des sichtbaren Lichtes übertreffen, während ihre beiden anderen Dimensionen niedermolekulare Größenordnung haben. Stoffe mit so gestalteten Molekülen liefern kolloide Lösungen. Sie werden deshalb auch als *„Molekülkolloide"*[3] bezeichnet, da die Kolloidteilchen mit den Molekülen identisch sind. Makromoleküle kolloider Dimensionen können deshalb auch *„Kolloidmoleküle"* genannt werden. Die „hochmolekularen" Eigenschaften von Kautschuk und Cellulose und die Natur ihrer kolloiden Lösungen hängen einmal von der Größe ihrer Moleküle ab, weiter aber auch von deren Gestalt..

Die Makromoleküle von Kautschuk und Cellulose erreichen eine Länge von 4000—8000 Å bei einem Durchmesser von 3 bzw. 7,5 Å. Sie sind also dünnen Stäben zu vergleichen, die bei einem Durchmesser von 1 cm eine Länge von 5—20 m haben. Die längsten Fadenmoleküle, die bei synthetischen Stoffen beobachtet worden sind, sind die des Polystyrols. Diese haben eine Länge von ca. 1,5 μ bei einem Durchmesser von ungefähr 15 Å.

Wo. OSTWALD[4] teilt die dispersen Systeme nach ihrer Größe folgendermaßen ein:

Grobe Dispersionen	Kolloide	Molekulardispersoide
Perioden größer als 0,1 μ können mikroskopisch aufgelöst werden	Perioden 0,1 μ bis 1 $\mu\mu$ können nicht mikroskopisch aufgelöst werden	Perioden kleiner als 1 $\mu\mu$ können nicht mikroskopisch aufgelöst werden

Diese Größenordnungen gelten für Suspensoide und Emulsoide, also für annähernd kugelförmige Kolloidteilchen. Die Dimensionen der fadenförmigen Kolloidmoleküle liegen zwischen 50 $\mu\mu$ und 1 μ. Fadenmoleküle, die kürzer als 50 $\mu\mu$ sind, rufen in Lösung noch keine charakteristischen, kolloiden Eigenschaften hervor. Stoffe mit Fadenmolekülen dieser Länge sind noch relativ niedermolekular. In einem Suspensoid sind Teilchen vom Durchmesser 1 μ mikroskopisch sichtbar, während ebenso lange Kolloidmoleküle infolge ihres

---

[1] Vgl. H. STAUDINGER, H. A. BRUSON: 7. Mitt. über hochpolymere Verbindungen. Liebigs Ann. **447**, 97 (1926). Die dort angegebene Formel des Polycyclopentadiens ist nach der neueren Arbeit von K. ALDER u. G. STEIN: Liebigs Ann. **485**, 223 (1931) abzuändern; die früheren Ausführungen über das Verhalten dieser Stoffe werden dadurch nicht berührt.

[2] Man kann auch von langen Ketten- oder Stabmolekülen sprechen.

[3] Vgl. A. LUMIÈRE: Chem. Zentralblatt **1926 I**, 1779. — STAUDINGER, H.: Ber. Dtsch. Chem. Ges. **62**, 2893 (1929). — Ferner Bull. Soc. Chim. de France (4) **49**, 1267 (1931).

[4] Welt der vernachlässigten Dimensionen. 9. u. 10. Auflage, S. 20. 1927.

geringen Durchmessers sich der Beobachtung entziehen. Dadurch unterscheiden sich auch die höchstmolekularen Molekülkolloide von den Suspensoiden und den Emulsoiden. In der älteren Literatur über Kautschuk und Cellulose finden sich eine Reihe von Angaben, nach denen die Kolloidteilchen von Lösungen dieser Stoffe ultramikroskopisch sichtbar sein sollen. Diese Angaben sind irrig. Die ultramikroskopisch sichtbaren Teilchen sind Verunreinigungen der hochmolekularen Naturprodukte, die sich natürlich besonders schwer entfernen lassen. Stellt man dagegen hochmolekulare Produkte durch Polymerisation von niedermolekularen Stoffen her, so lassen sich solche Verunreinigungen fernhalten. Ein aus monomerem Styrol gewonnenes hochmolekulares Polystyrol, ebenso ein synthetischer Kautschuk geben optisch völlig leere Lösungen[1]; es ist heute nicht mehr auffallend, daß die Molekülkolloide sich der ultramikroskopischen Beobachtung entziehen, nachdem ihr Bau bekannt ist.

VII. Hochmolekulare Verbindungen mit ein-, zwei- und dreidimensionalen Makromolekülen.

Es ist möglich, daß außer den Hochmolekularen, deren Moleküle Fadenform haben, auch solche existieren, deren Moleküle blättchen- oder kugelförmig sind, die also nicht nur in der Länge, sondern auch in der Breite resp. allen drei Dimensionen gleiche Größe haben. Man kann so von ein-, zwei- und dreidimensionalen Makromolekülen sprechen. Dreidimensionale Makromoleküle können in manchen Eiweißstoffen vorliegen, doch sind sie bisher noch nicht erforscht.

Stoffe mit sehr großen dreidimensionalen Molekülen sind unlöslich, da die Oberfläche solcher dreidimensionaler Makromoleküle im Verhältnis zu ihrer Größe zu gering ist und nur eine ungenügende Solvatation durch das Lösungsmittel eintreten kann. Stoffe mit dreidimensionalen Makromolekülen entstehen vielfach aus solchen mit Fadenmolekülen, und zwar durch eine Verkettung derselben durch chemische Reaktionen; ist die Verkettung zwischen den Fadenmolekülen nur an wenigen Stellen erfolgt, dann können die Lösungsmittelmoleküle noch in den Stoff eindringen und ihn zum Quellen bringen. Ist dagegen eine starke Verkettung zwischen Fadenmolekülen zu dreidimensionalen Molekülen eingetreten, dann sind diese Stoffe vollständig unlöslich und quellen nicht.

Auf der Ausbildung solcher dreidimensionaler Makromoleküle beruhen die Eigenschaften vieler unlöslicher Kunstharze, z. B. der Bakelite, ferner der Vulkanisate des Kautschuks[2].

Die Tendenz zur Bildung solcher Verkettungen nimmt bei Kohlenwasserstoffen mit der Zahl der Doppelbindungen zu. Das Molekül eines hochmolekularen Paraffins ist der Typus eines beständigen Fadenmoleküls, aus dem sich keine dreidimensionalen Moleküle bilden können (I). Beim Kautschukmolekül ist dagegen infolge der Doppelbindungen eine Verknüpfung der Makromoleküle möglich (II). Ein fadenförmiges Polyacetylen, wie es bei der Polymerisation des Acetylens entstehen sollte, ist nicht bekannt (III); es entsteht dabei das beständige

---

[1] Versuche von M. BRUNNER u. R. SIGNER. Vgl. H. STAUDINGER: Ber. Dtsch. Chem. Ges. **62**, 2906 (1929).

[2] Über die Anlagerung von Schwefelchlorür an Kautschuk vgl. H. STAUDINGER u. J. FRITSCHI: Helv. chim. Acta **5**, 793 (1922); ferner K. H. MEYER u. H. MARK: Ber. Dtsch. Chem. Ges. **61**, 1947 (1928).

Cupren mit Molekülen vom Typus eines dreidimensionalen Moleküls. Kohlenstoffketten mit Acetylen- oder Allenbindung (IV) sind bisher nicht erhalten worden, da diese bei den Versuchen zu ihrer Herstellung in das zweidimensionale Makromolekül, den Graphit, oder in den amorphen Kohlenstoff, übergehen[1].

I. $-CH_2-CH_2-CH_2-CH_2-CH_2-CH_2-$
Paraffinkette

II. $-CH_2-CH=CH-CH_2-CH_2-CH=CH-CH_2-$
Polybutadien

III. $-CH=CH-CH=CH-CH=CH-CH=CH-$
Polyacetylen

IV. $=C=C=C=C=C=C=C=C=C=$
$-C≡C-C≡C-C≡C-C≡C-$
polymerer Kohlenstoff

Bei diesen zwei- und dreidimensionalen Makromolekülen verliert der Molekülbegriff an Bedeutung, da man zur Bestimmung der Größe des Moleküls und seiner Endgruppen um so weniger Möglichkeiten hat, je komplizierter es gebaut ist. Mit zunehmender Größe des Moleküls treten die Endgruppen in ihrer Bedeutung gegen die Gesamtausdehnung des Moleküls zurück. Bei solchen zwei- und dreidimensionalen Makromolekülen wird man deshalb auch andere Ausdrucksweisen wählen können. Die Bezeichnung des Diamanten und des Quarzes als Krystalle mit normalen Kovalenzgittern ist eine treffende Bezeichnung, um dieselben von Krystallen mit Molekülgittern und Ionengittern zu unterscheiden. Als dreidimensionale Makromoleküle wird man diese Krystalle nur dann bezeichnen, wenn man sie mit den organischen Stoffen in Beziehung bringen will.

Dreidimensionale Makromoleküle können auch dadurch aus Fadenmolekülen entstehen, daß die einzelnen Fadenmoleküle durch koordinative Kovalenzen gebunden werden. Solche Nebenvalenzverbindungen können z. B. durch Zinntetrachlorid und andere Stoffe, die mit den organischen Produkten Molekülverbindungen bilden, herbeigeführt werden. Geradeso wie Zinntetrachlorid mit niedermolekularen Estern Molekülverbindungen liefert, so auch mit den hochmolekularen Celluloseacetaten. Dadurch werden die einzelnen Fadenmoleküle verkettet, und es entsteht aus der Acetylcellulose eine unlösliche Gallerte, die koordinative dreidimensionale Makromoleküle enthält[2].

VIII. Einteilung der hochmolekularen Verbindungen.

Die Auffassung über die Konstitution der hochmolekularen Verbindungen, die in diesem Buch und seit langen Jahren in einer ganzen Reihe von Arbeiten experimentell belegt ist, geht von dem Gedanken aus, daß in der organischen Chemie infolge der Bindefähigkeit des Kohlenstoffs außerordentlich große Moleküle existieren können und daß die hochmolekularen Stoffe entsprechend dieser Anschauung aus solchen großen Molekülen aufgebaut sind, wodurch ihre besonderen physikalischen und chemischen Eigenschaften bedingt sind. Solche allgemeinen Betrachtungen über den Aufbau der organischen Verbindungen

---

[1] Über Versuche zur Herstellung von Kohlenstoffketten aus Poly-dichloräthylen siehe H. STAUDINGER u. W. FEISST: Helv. chim. Acta **13**, 837 (1930).

[2] Versuche von K. FREY.

ergeben, daß eine große Gruppe von organischen Stoffen, die der hochmolekularen Stoffe, lange Zeit nicht im Sinne der organischen Strukturlehre bearbeitet worden ist. Es ist dies eine Gruppe von Verbindungen, bei denen man durch physikalische Trennungsmethoden keine einheitlichen Stoffe herstellen kann, sondern bei denen es unter günstigen Bedingungen nur gelingt, polymereinheitliche Stoffe zu gewinnen.

Diese hochmolekularen Verbindungen reihen sich zwischen die niedermolekularen und die höchstmolekularen Kohlenstoffverbindungen in regelmäßiger Folge ein. Zwischen der einfachsten organischen Verbindung, dem Methan, das leicht völlig einheitlich zu erhalten ist, und dem Diamanten, dem höchstmolekularen Stoff, gibt es eine unendliche Reihe organischer Verbindungen. Die 300000 Verbindungen, die bisher in RICHTERS Lexikon registriert sind, sind fast alle niedermolekular[1]. Ihr Molekulargewicht übersteigt nicht 500; sie enthalten 1 bis ca. 30 und nur selten mehr Kohlenstoffatome. Höhermolekulare Verbindungen sind relativ wenig bekannt, da die Reindarstellung erschwert ist. In die Gruppe der höhermolekularen Stoffe, in deren Makromolekülen 1000 bis 50000 Kohlenstoffatome[2] gebunden sind, gehören die organischen Molekülkolloide; an diese schließen sich noch höhermolekulare Stoffe an, die völlig unlöslich sind und die deshalb der Untersuchung die größten Schwierigkeiten bereiten, da eine aussichtsreiche chemische Untersuchung nur im gelösten Zustand erfolgen kann. Hierher gehören gewisse unlösliche Bestandteile der Kohlen, die die Übergänge zum reinen Kohlenstoff bilden.

Die Tabelle 3 stellt eine Einteilung der organischen Verbindungen dar und zeigt, daß der größte Teil der organischen Verbindungen bisher nicht untersucht ist, da entsprechende Arbeitsmethoden zur Aufklärung dieser Verbindungen fehlten.

Tabelle 3.

Substanz	Molekulargewicht	Zahl der C-Atome im Molekül
Methan	16	1
Niedermolekulare organische Verbindungen, völlig einheitliche Stoffe	16—5000	1—500
Die „Welt der vernachlässigten Moleküle", polymer- oder konstitutiv-homologe Stoffe:		
Hemikolloide	1000—10000	100—1000
Eukolloide	10^4—10^6	10^3—10^5
Hochmolekulare unlösliche Stoffe	10^4—10^x	10^3—10^{x-1}
Diamant, 1 g	$6{,}06 \cdot 10^{23}$	$5 \cdot 10^{22}$

Die organischen Stoffe kann man also in niedermolekulare und hochmolekulare einteilen. Niedermolekulare Stoffe sind solche, die rein und einheitlich hergestellt werden können; hochmolekulare Stoffe sind solche, die aus Makromolekülen aufgebaut sind; diese sind nur polymereinheitlich herzustellen.

---

[1] Eine der höchstmolekularen einheitlichen Verbindungen, die synthetisch hergestellt sind, ist das Hepta-(tribenzoyl-galloyl-)p-jodphenyl-maltosazon, $C_{220}H_{141}O_{58}N_4I_2$, dessen Molekulargewicht 4021 beträgt. Vgl. E. FISCHER: Ber. Dtsch. chem. Ges. **46**, 1119 (1913). Das Molekulargewicht ist aber im Vergleich zu den eigentlichen Hochmolekularen, die ein Molekulargewicht von 100000 und mehr besitzen, immer noch gering.

[2] Resp. Sauerstoff- und Stickstoffatome.

Die Grenze zwischen Niedermolekularen und Hochmolekularen ist nicht scharf; in der Regel werden Moleküle mit einem Molekulargewicht über 1000 den Charakter von Makromolekülen besitzen, sie werden also von den nächsthöheren homologen oder polymerhomologen Molekülen keine zu einer Trennung verwertbaren Unterschiede aufweisen.

Die Hochmolekularen, soweit sie löslich sind, also *Molekülkolloide* darstellen, kann man einteilen in *Hemikolloide und Eukolloide*. Als Hemikolloide werden diejenigen Produkte bezeichnet, deren Molekulargewicht sich nach der kryoskopischen oder der chemischen Methode der Endgruppenbestimmung noch ermitteln läßt. Beide Methoden liefern bis zu einem Molekulargewicht von 10000 noch zuverlässige Resultate. Die Hemikolloide zeigen noch keine „hochmolekularen" Eigenschaften. Es sind pulvrige Produkte, die sich ohne zu quellen lösen. Ihre verdünnten Lösungen sind niederviscos und gehorchen dem HAGEN-POISEUILLEschen Gesetz.

Erst viel höhermolekulare Verbindungen geben in geringer Konzentration hochviscose Lösungen, die anormale Strömungsverhältnisse zeigen. Es sind zähe, harte Stoffe, die sich unter starkem Quellen lösen. Die Produkte werden als *Eukolloide*[1] bezeichnet. Bei homöopolaren Molekülkolloiden müssen die Fadenmoleküle eine Länge von über 3000 Å besitzen, damit „eukolloide Eigenschaften" auftreten. So zeigt erst ein Polystyrol vom Polymerisationsgrad 1500 eukolloide Eigenschaften, ebenso Balata vom Polymerisationsgrad 750. Beide Produkte besitzen 3000 Kettenkohlenstoffatome, also eine Kettenlänge von 3400 Å. Solche langen Fadenmoleküle sind in Lösung sehr zerbrechlich. Durch ein Verkracken der Moleküle wird die Viscosität vermindert. Diese Empfindlichkeit ist ein weiteres Charakteristikum der Eukolloide, das sie von den Hemikolloiden unterscheidet. Bei heteropolaren Molekülkolloiden zeigen Stoffe mit weit kürzeren Molekülen „eukolloides Verhalten", z. B. gibt ein polyacrylsaures Natron vom Polymerisationsgrad 200 schon hochviscose Lösungen, die starke Abweichungen vom HAGEN-POISEUILLEschen Gesetz zeigen. Die Moleküle haben dabei nur eine Länge von 500 Å.

Die hochmolekularen Stoffe lassen sich in dieselben Gruppen wie die niedermolekularen einteilen, *in homöopolare, heteropolare und koordinative*. Zu den ersteren gehören Kautschuk und Polystyrol, ebenso die Celluloseacetate. Koordinative Molekülkolloide sind Polyvinylalkohol, Polyacrylsäure, Cellulose, Stärke und Lichenin; heteropolare Molekülkolloide mit einem hochmolekularen Kation sind die Kautschukphosphoniumsalze; ein hochmolekulares Anion enthält das polyacrylsaure Natron, ebenso die Komplexverbindung von Cellulose mit Kupferammoniak in Schweizerlösung[2]. Amphotere Molekülkolloide sind die Eiweißstoffe[3].

---

[1] Dieser Ausdruck stammt von Wo. OSTWALD, wird aber hier in etwas anderem Sinne als von diesem angewandt. Vgl. Kolloid-Ztschr. **32**, 3 (1923).

[2] TRAUBE, W.: Ber. Dtsch. Chem. Ges. **54**, 3220 (1921); **56**, 268 (1923). Vgl. ferner K. HESS u. Mitarbeiter: **54**, 834 (1921); Liebigs Ann. **435**, 1 (1923).

[3] Ganz besonders interessant müssen Molekülkolloide sein, die ein polywertiges Kation und Anion besitzen.

B. Die verschiedenen Auffassungen über die Konstitution der hochmolekularen Verbindungen.

I. Bedeutung der röntgenographischen Untersuchungen für die Konstitutionsaufklärung.

Die ursprüngliche Annahme, daß die hochmolekularen Stoffe ein sehr hohes Molekulargewicht haben, wurde durch die Bestimmung der Teilchengröße gestützt, die man bei verschiedenen hochmolekularen Produkten, wie Kautschuk[1], Stärke[2], Cellulosederivaten[3] und Eiweißstoffen, meist auf osmotischem Wege, durchführte.

Im letzten Jahrzehnt entstanden aber Zweifel, ob die so ermittelten Teilchengrößen wirklich die Molekulargewichte der Verbindungen wiedergeben; denn man fand z. B. bei Seifen und Farbstoffen, daß relativ niedermolekulare Verbindungen in Lösung Kolloidteilchen beträchtlicher Größe bilden können. Da nach den üblichen Methoden es nicht möglich erschien, einen Entscheid über die Größe des Molekulargewichts bei obigen Stoffen zu treffen, so suchte man in den letzten 10 Jahren neue Wege, um den Bau dieser Stoffe aufzuklären. Diese schienen sich zu öffnen, als Röntgenuntersuchungen der Cellulose durch P. SCHERRER[4] und weiter durch R. O. HERZOG und W. JANCKE[5] zeigten, daß die Cellulosefaser krystallisiert ist und man auch bei den gedehnten Kautschuken[6] das gleiche beobachtete. Man hoffte, durch Auswertung der Röntgendiagramme vom Bau der hochmolekularen Verbindungen Kenntnis bekommen zu können und vor allem auch die Molekülgröße derselben bestimmen zu können, da man bei anderen Stoffen, z. B. bei Graphit und Diamant, durch diese Methode neuen Einblick in ihren Aufbau erhalten hatte.

Die Auswertung der Röntgendiagramme der hochmolekularen Faserstoffe führte zu dem zunächst auffallenden Ergebnis, daß die Elementarzelle größenordnungsmäßig klein ist[7]. Da bei niedermolekularen organischen Verbindungen zwischen der Größe der Elementarzelle und der des Moleküls einfache arithmetische Beziehungen bestehen, so schlossen einige der Forscher auch bei den Naturprodukten auf ein kleines Molekulargewicht und nahmen an, daß die älteren Anschauungen, nach denen hochmolekulare Körper vorliegen, irrig seien; denn man glaubte, daß ein Molekül nie größer als der Elementarkörper sein könne, so daß durch die Bestimmung der Elementarzelle das höchstmögliche Molekulargewicht festgestellt sei. So sagt z. B. E. OTT auf Grund röntgenographischer Untersuchungen: „Kautschuk hat die maximale Formel $(C_5H_8)_6$, die maximale Formel für die Guttapercha ist $(C_5H_8)_{12}$“; er war der Ansicht, „daß die Annahme eines enorm hohen Polymerisationsgrades auch in der Chemie des Kautschuks nicht halt-

---

[1] CASPARI, W. A.: Journ. Chem. Soc. London **105**, 2139 (1914) — Chem. Zentralblatt **1914 I**, 1194.

[2] BILTZ, W.: Ber. Dtsch. Chem. Ges. **46**, 1532 (1913) — Ztschr. f. physik. Ch. **83**, 703 (1913).

[3] DUCLAUX u. WOLLMANN: Bull. Soc. Chim. de France (4) **27**, 414 (1920).

[4] SCHERRER, P., vgl. ZSIGMONDY: Kolloidchemie. 3. Aufl. S. 408. 1920.

[5] HERZOG, R. O., u. W. JANCKE: Ber. Dtsch. Chem. Ges. **53**, 2162 (1920). Über die Geschichte dieser Entdeckung Ztschr. f. physik. Ch. **139**, 235 (1928).

[6] KATZ, J. R.: Chem.-Ztg. **49**, 353 (1925) — Ztschr. f. angew. Ch. **38**, 439 (1925).

[7] MARK, H.: Ber. Dtsch. Chem. Ges. **59**, 2996 (1926).

bar ist"[1]. Für die Cellulose und Stärke gab er als Formel in Übereinstimmung mit den Versuchen von R. O. Herzog und W. Jancke $(C_6H_{10}O_5)_3$ und $(C_6H_{10}O_5)_2$ an, in Bestätigung der Anschauungen von P. Karrer über den Aufbau dieser polymeren Kohlehydrate.

Diese Auffassungen ließen sich mit den älteren Anschauungen über die Konstitution der Cellulose und anderer Naturprodukte nicht in Einklang bringen, da man auf Grund des physikalischen Verhaltens und chemischer Erfahrungen diese Stoffe für hochmolekular ansehen mußte. Die Beobachtung, daß diese Stoffe krystallisiert sind und kleine Elementarzellen haben, schien damit in Widerspruch zu stehen, da man nicht verstehen konnte, wie aus großen Molekülen ein Krystallgitter mit kleinen Elementarzellen entstehen konnte[2]. Endlich war es auch noch eine allgemeine Erfahrungstatsache der präparativen organischen Chemie, daß organische Körper um so schwerer krystallisieren, je höhermolekular sie sind[3]. Man hielt deshalb vielfach hochmolekulare Körper für amorph, und es finden sich darüber auch heute noch irrige Angaben in der Literatur[4].

Zur Klärung dieser Widersprüche nahm M. Bergmann an[5], daß diese hochmolekularen Stoffe ein ganz anderes Bauprinzip hätten als die einfachen niedermolekularen Verbindungen, die unzersetzt löslich und flüchtig sind[6]. Nur bei letzteren könne man von Molekülen sprechen. Die hochmolekularen Stoffe seien dagegen aus kleinen Individualgruppen aufgebaut, die durch starke Gitterkräfte zusammengehalten werden. Dadurch sei die Flüchtigkeit und die Unlöslichkeit bzw. die Kolloidlöslichkeit dieser Stoffe bedingt, also die Eigenschaften, aus deren Vorhandensein man früher auf die hochmolekulare Natur dieser Stoffe geschlossen hatte. Bergmann bezeichnete damals diese Stoffe als pseudo-hochmolekular. Diese Auffassung wurde gleichzeitig durch interessante experimentelle Beweise gestützt[7].

---

[1] Ott, E.: Naturwissenschaften **14**, 320 (1926) — Physik. Ztschr. **27**, 174, 3028 (1926) — Chem. Zentralblatt **1926 I**, 3028. Man vergleiche dazu die Darstellung dieses Gebietes bei E. Ott: Ztschr. f. physik. Ch. (B) **9**, 378 (1930), wo sich E. Ott völlig unseren Anschauungen anschließt.

[2] Allerdings wurde auf diesen Widerspruch von seiten der Röntgenforscher nicht genügend hingewiesen.

[3] Vgl. die Äußerung von E. Fischer: Ber. Dtsch. Chem. Ges. **46**, 1119 (1913): „Dieses (ein Osazon) ist zwar wie alle diese hochmolekularen Stoffe amorph."

[4] Vgl. z. B. P. Karrer: Lehrbuch der organischen Chemie, S. 161. 1928. Dort ist Paraformaldehyd noch als amorph bezeichnet, obwohl der Krystallbau der Polyoxymethylene damals schon geklärt war.

[5] Vgl. Vortrag auf der Düsseldorfer Naturforscherversammlung, Ber. Dtsch. Chem. Ges. **59**, 2973 (1926).

[6] Vgl. dazu auch P. Karrer: Lehrbuch der organischen Chemie, 2. Aufl. S. 349, Leipzig 1930: „Daneben wurde aber auch von anderer Seite die Ansicht entwickelt, daß der Stärke und der Cellulose relativ einfach gebaute Anhydride von Zuckern zugrunde liegen, die im Stärkeprimärteilchen, im Cellulosekrystallit, in ähnlicher Weise und durch analoge Kräfte zusammengehalten werden wie die Silberatome im Silberkrystall oder die Kohlenstoffatome im Graphit." Vgl. dazu P. Karrer u. C. Nägeli: Helv. chim. Acta **4**, 185 (1921).

[7] Vgl. z. B. M. Bergmann u. H. Ensslin: Liebigs Ann. **448**, 38 (1926). — Bergmann, M.: Liebigs Ann. **445**, 1 (1925). — Bergmann, M., u. E. Knehe: Liebigs Ann. **448**, 76 (1926). Über den neueren Standpunkt von M. Bergmann vgl. Ber. Dtsch. Chem. Ges. **63**, 316 (1930).

Auch H. MARK[1] äußerte auf der Düsseldorfer Naturforscherversammlung 1926 Ansichten über den Bau der Cellulose, die mit denen von M. BERGMANN auf das beste in Übereinstimmung standen; er sagte dabei folgendes: „Ob man die *Mikrobausteine* einer Substanz nach der Zerstörung des Krystallgitters, also bei einem Wechsel des Aggregatzustandes, als abgeschlossene Gruppen wiedererkennen kann, hängt davon ab, ob man Einwirkungen findet, die bloß die Gitterkräfte auflösen, ohne die Mikrobausteine selbst anzugreifen. Dies wird um so wahrscheinlicher gelingen, je verschiedener die Kräfte, die den Mikrobaustein in sich zusammenhalten, gegenüber den Krystallisationskräften sind. Beim Hexamethylentetramin geht es sehr leicht: durch Auflösen in Wasser zerlegt man den Krystall glatt in seine Mikrobausteine. Daß es bei den hochmolekularen Substanzen bisher noch nicht gelang, deutet darauf hin, daß die Gitterkräfte in ihnen nach Größe und Art den innermolekularen Kräften vergleichbar sind: *der ganze Krystallit erscheint als großes Molekül.*" Weiter sagt H. MARK: „Da man außerdem nachweisen konnte[2], daß die Teilchen kolloiddisperser (gelöster) Cellulose eine ähnliche Größe besitzen, scheint die Auffassung nahegelegt, daß der hochmolekulare Charakter durch das Vorhandensein der kleinen Krystallite von bestimmter Größe bedingt ist."

Ganz andere Gesichtspunkte über den Bau dieser Stoffe hatten sich ergeben durch die Untersuchungen an den Polyoxymethylenen[3]. Es zeigte sich bei chemischen Umsetzungen, daß diese Stoffe aus langen Fadenmolekülen aufgebaut sind, bei denen ca. 100 Grundmoleküle durch normale Kovalenzen vereinigt sind[4]. Die Polyoxymethylene krystallisieren, und ihre Elementarzelle ist ebenfalls klein; hieraus ergab sich, daß aus der Größe der Elementarzelle keine Rückschlüsse auf die Molekülgröße gezogen werden dürfen[5]. Mit dieser Beobachtung waren alle Rückschlüsse über den Bau der Hochmolekularen auf Grund der Bestimmung der Elementarzelle hinfällig. Am Beispiel der Polyoxymethylene ließ sich zeigen, daß eine hochmolekulare Substanz entgegen der damaligen Auffassung sehr gut krystallisieren kann, wenn ihre Fadenmoleküle regelmäßig gebaut sind; eine gittermäßige Anordnung der Atome entsteht dadurch, daß sich diese regelmäßig gebauten Fadenmoleküle parallel lagern. Der Krystallbau von Hochmolekularen kann veranschaulicht werden mit der Zusammenfassung langer dünner Hölzer zu einem Bündel. Dabei ist nicht notwendig, daß alle Moleküle gleich lang sind; auch bei ungleicher Länge kann eine gitterförmige Anordnung der Atome resultieren: es bildet sich ein Makromolekülgitter[6].

Nachdem so in prinzipieller Hinsicht der Krystallbau der Hochmolekularen aufgeklärt war, versuchten K. H. MEYER und H. MARK, auf andere Weise im festen Zustand die Molekülgröße der krystallisierten, hochmolekularen Natur-

---

[1] Ber. Dtsch. Chem. Ges. **59**, 2998 (1926).

[2] HERZOG, R. O.: Ber. Dtsch. Chem. Ges. **58**, 1254 (1925).

[3] STAUDINGER, H., u. M. LÜTHY: Helv. chim. Acta 8, 41 u. 65 (1925). — STAUDINGER, H.: Helv. chim. Acta 8, 67 (1925) — Ber. Dtsch. Chem. Ges. **59**, 3019 (1926). — STAUDINGER, H., H. JOHNER u. R. SIGNER, G. MIE u. J. HENGSTENBERG: Ztschr. f. physik. Ch. **126**, 425 (1927).

[4] STAUDINGER, H., u. M. LÜTHY: Helv. chim. Acta **8**, 41 (1925).

[5] STAUDINGER, H., H. JOHNER, R. SIGNER, G. MIE u. J. HENGSTENBERG: Ztschr. f. physik. Ch. **126**, 425 (1927).

[6] Vgl. H. STAUDINGER u. R. SIGNER: Über den Krystallbau der hochmolekularen organischen Verbindungen. Ztschr. f. Krystallogr. **70**, 193 (1929).

stoffe zu ermitteln[1], nämlich durch Bestimmung der Krystallitgröße aus der Verbreiterung der Röntgeninterferenzen[2]. Diese Methode ist von P. SCHERRER[3] zur Ermittlung der Teilchengröße von kolloidem Gold angewandt worden. Ob sie auch zur Ermittlung der Größe sehr langgestreckter Teilchen, wie sie in den organischen Naturstoffen vorliegen, brauchbar ist, muß erst an Objekten von bekanntem Bau nachgeprüft werden. K. H. MEYER und H. MARK machten außerdem die Annahme, daß die Hauptvalenzketten einen Krystallit durchziehen; die Richtigkeit dieser Voraussetzung kann natürlich röntgenographisch nicht nachgeprüft werden. Die Moleküllängen, die die Autoren für Kautschuk und für Cellulose auf Grund dieser Untersuchungen angeben, stehen mit anderen Befunden in Widerspruch. Sie geben z. B. an, daß in der Kette des Kautschuks ca. 100 Isoprenreste gebunden sind. Aber die Konstitution solcher Produkte ist bekannt; sie haben hemikolloiden Charakter[4]. Ebenso sind im Cellulosemolekül weit mehr als 30—50 Glucosereste[5] in der Kette gebunden; denn Stoffe mit so kleinen Molekülen sind stark abgebaute Produkte mit ganz anderen Eigenschaften.

Die Röntgenmethode kann somit die Frage nach der Molekülgröße dieser Stoffe nicht beantworten; die Schlüsse, die man aus Röntgenuntersuchungen auf die Molekülgröße der Hochmolekularen zog, sind unrichtig; durch diese Untersuchungen kann lediglich der Krystallbau der Hochmolekularen erforscht werden. In dieser Hinsicht sind sie von wissenschaftlicher und technischer Bedeutung.

II. Konstitutionsaufklärung durch Untersuchung der Teilchen der kolloiden Lösung.

Die Konstitutionsaufklärung der Hochmolekularen, also die Bestimmung ihres Molekulargewichts, ist im festen Zustand in der Regel nicht möglich[6]. Sie läßt sich nur durchführen, wenn die Stoffe gelöst werden können, oder bei unlöslichen Stoffen, wenn sie durch einfache und übersichtliche Umsetzungen in lösliche Derivate überzuführen sind. Es wird dann Größe und Bau der gelösten Teilchen festgestellt und so die Konstitution der löslichen Verbindungen aufgeklärt. In geeigneten Fällen kann man dann Rückschlüsse auf die Konstitution der unlöslichen Verbindungen ziehen.

Bei den Lösungen von hochmolekularen Produkten handelt es sich in allen Fällen um kolloide Lösungen[7]. Die Konstitutionsaufklärung des hochmolekularen Stoffes bedeutet somit die Aufklärung des Baues der Kolloidteilchen und der Natur der kolloiden Lösungen.

---

[1] Vgl. K. H. MEYER u. H. MARK: Bau der krystallisierten Anteile der Cellulose. Ber. Dtsch. Chem. Ges. **61**, 593 (1928) — Aufbau des Seiden-Fibroins. Ber. Dtsch. Chem. Ges. **61**, 1932 (1928) — Aufbau des Chitins. Ber. Dtsch. Chem. Ges. **63**, 1936 (1928) — Aufbau des Kautschuks. Ber. Dtsch. Chem. Ges. **63**, 1939 (1929).

[2] Vgl. R. O. HERZOG: Ber. Dtsch. Chem. Ges. **58**, 1257 (1925).

[3] Vgl. R. ZSIGMONDY: Kolloidchemie. 3. Aufl. Leipzig 1920. S. 387.

[4] STAUDINGER, H., u. H. F. BONDY: Liebigs Ann. **468**, 1 (1929).

[5] Ber. Dtsch. Chem. Ges. **61**, 1939 (1928). In einer späteren Arbeit, Ztschr. f. physik. Ch. (B) **2**, 128 (1929), wird auf Grund neuer Bestimmungen der Krystallitgröße angenommen, daß 60—100 Glucosereste in der Kette gebunden sind.

[6] Vgl. darüber Erster Teil, C. VI.

[7] „Niedermolekulare" Lösungen können aus den „hochmolekularen" nur durch Abbau entstehen.

Es ist deshalb hier notwendig, einige Bemerkungen über die Entwicklung der Kolloidchemie zu machen; denn die verschiedenen Auffassungen über die kolloiden Lösungen der Hochmolekularen änderten sich je nach dem Stand der kolloidchemischen Erfahrungen.

1. Ältere Auffassungen.

Schon TH. GRAHAM, der Begründer der Kolloidchemie, teilte die Stoffe auf Grund ihres Baues in Kolloide und Krystalloide ein. Denn zu Beginn der Kolloidchemie waren es hauptsächlich die hochmolekularen Körper, deren Eigenschaften auffallend waren und die bei einer Einteilung der Stoffe eine besondere Behandlung zu fordern schienen. GRAHAM sagt in seiner bekannten Abhandlung über den kolloiden Zustand folgendes[1]: „Es mag erlaubt sein, noch einmal auf den radikalen Unterschied zurückzukommen, welcher in dieser Abhandlung als zwischen Kolloid- und Krystalloidsubstanzen bezüglich ihrer innersten Molekularkonstitution bestehend angenommen wurde. Jede physikalische und chemische Eigenschaft ist in jeder dieser Klassen in charakteristischer Weise modifiziert. Sie erscheinen wie verschiedene Welten der Materie und geben Anlaß zu einer entsprechenden Einteilung der Chemie. Der Unterschied zwischen diesen beiden Arten von Materie ist der, welcher zwischen dem Material eines Minerals und dem einer organisierten Masse besteht."

Weiter findet sich in derselben Abhandlung folgende Stelle: „Die Frage bietet sich als eine naheliegende von selbst dar, ob das Molekül einer Kolloidsubstanz nicht durch das Zusammentreten einer Anzahl kleinerer krystalloider Moleküle gebildet sein möge und ob die Grundlage des Kolloidalzustandes nicht in Wirklichkeit der zusammengesetzte Charakter des Moleküls sein möge."

Diese Ausführungen GRAHAMS haben für die organischen Molekülkolloide[2] Geltung. Als Prototyp dieser neuen Körperklasse hat GRAHAM den Leim, auch ein Molekülkolloid, angesehen; er bezeichnete diese Verbindungen deshalb als leimartige.

Diese GRAHAMSchen Gedanken traten in einer späteren Periode der Kolloidforschung zurück; denn es gelang bei dem damaligen Stand der organischen Chemie nicht, in den Bau dieser Kolloidteilchen einzudringen. Erst mußte die KÉKULÉsche Strukturlehre sich an einfachen Beispielen entwickeln, bevor die Konstitution solcher kompliziert gebauten, kolloidlöslichen, organischen Verbindungen definitiv aufgeklärt werden konnte. Dies ist erst in letzter Zeit geschehen.

2. Suspensoide.

Lange Zeit hatte man keine Vorstellung über die Beschaffenheit einer kolloiden Lösung, bis man bei einer Gruppe von Kolloiden, bei den kolloiden Metallen, durch die Entdeckung des Ultramikroskops von SIEDENTOPF und ZSIGMONDY[3] in die Natur einer kolloiden Lösung eindringen konnte. Es ließ sich nachweisen, daß in diesen Lösungen Teilchen von einer bestimmten Größenordnung vorhanden sind, die zwar mikroskopisch nicht mehr sichtbar, jedoch weit größer sind als die

---

[1] GRAHAM, TH.: Liebigs Ann. **121**, 68 und 71 (1862).

[2] STAUDINGER, H.: Ber. Dtsch. Chem. Ges. **59**, 3019 (1926); **62**, 2893 (1929); vgl. A. LUMIÈRE: La Science Moderne **3**, 7 (1925) — Chem. Zentralblatt **1926 I**, 1779.

[3] Vgl. R. ZSIGMONDY: Kolloidchemie. Leipzig.

Moleküle, die in einer normalen Lösung enthalten sind. Es ist vor allem das Verdienst von Wo. Ostwald, in seinen zahlreichen Schriften darauf hingewiesen zu haben, daß zwischen dem Gebiet der molekularen Verteilung, in dem der Durchmesser der Teilchen kleiner als $1\,\mu\mu$ ist, und dem der groben, mikroskopisch sichtbaren Suspensionen, in denen die Teilchen größer als $0,1\,\mu$ sind, ein Gebiet existieren muß, in dem die Teilchen zwar nicht mehr direkt sichtbar zu machen sind, aber weit größere Dimensionen haben als bei molekularer Verteilung. Es ist die „Welt der vernachlässigten Dimensionen". Es wurde vor allem von diesem Autor darauf hingewiesen, daß jeder Stoff in einem geeigneten Suspensionsmittel in kolloide Verteilung gebracht werden kann: „Die Kolloidchemie ist in erster Linie nicht die Lehre von den Eigenschaften einer speziellen Gruppe von Stoffen, sondern sie ist vielmehr die Lehre von einem physikalisch-chemischen Zustand, den grundsätzlich alle Stoffe zeigen können[1]."

Dieser Satz hat nur Gültigkeit für eine Gruppe von Kolloiden, für die Suspensoide, also für die lyophoben Kolloide. Diese wurden auch in der Folgezeit von den Kolloidforschern ganz besonders berücksichtigt. Die ultramikroskopische Untersuchung einer solchen Lösung ließ die Zahl und Größe der Teilchen erkennen, und man konnte erforschen, wie die kolloiden Eigenschaften von diesen Faktoren abhängen.

Daß solche kolloiden Suspensionen (Körnchenkolloide nach Wo. Ostwald) zertrümmerte Krystalle von bestimmten kleinen Dimensionen darstellen können, bestätigten schließlich die Untersuchungen P. Scherrers[2], der zeigen konnte, daß kolloide Goldteilchen dasselbe Debye-Scherrer-Diagramm geben wie Goldpulver. Die kolloiden Goldteilchen haben also denselben Aufbau wie die mikroskopisch sichtbaren Krystalle.

Auch Flüssigkeiten können in einem geeigneten Dispersionsmittel kolloid verteilt werden. Solche kolloiden Systeme werden als Emulsionen bezeichnet. Solange man den Bau der Molekülkolloide nicht kannte, hat man auch diese zu den Emulsoiden (Tröpfchenkolloiden) gerechnet[3], also auch kolloide Lösungen von Leim, Stärke, Kautschuk, Viscose, deren Teilchen einen ganz anderen Bau haben[4].

3. Micellkolloide.

Durch die Erkenntnis, daß jeder Stoff in einem geeigneten Dispersionsmittel in den kolloiden Zustand gebracht werden kann, ist die Natur der wichtigen organischen Kolloide nicht geklärt. Zu diesen gehören außer den hochmolekularen Substanzen auch die Seifen. Der Aufbau ihrer Kolloidteilchen wurde durch die Untersuchungen von Kraft, McBain, Zsigmondy und anderen Forschern erkannt. Sie entstehen dadurch, daß in wässerigen Lösungen von Salzen hochmolekularer Fettsäuren eine große Anzahl der relativ langen Ketten sich zu einem Kolloidteilchen zusammenlagert. Derartige Kolloide können nur aus organischen Stoffen mit heteropolarem Charakter entstehen, bei denen entweder das Anion oder das Kation höhermolekular ist. Die Seifen sind lyophile Kolloide; ihre Lösungen sind zum Unterschied von denen der Suspensoide und Emulsoide

---

[1] Ostwald, Wo.: Die Welt der vernachlässigten Dimensionen. 9. Aufl. S. 73. 1927.
[2] Vgl. den Aufsatz von P. Scherrer in Zsigmondys Kolloidchemie 3. Aufl., S. 387, 1920.
[3] Vgl. Wo. Ostwald: l. c. S. 33.
[4] Vgl. über die Einteilung der Kolloide: Colloids, a textbook, H. R. Kruyt, New York 1930.

hochviscos infolge der fadenförmigen Gestalt der Micellen [1]. Die hohe Viscosität dieser Lösungen beruht also auf der Micellbildung. Dies geht auch daraus hervor, daß die Lösungen von Seifen in Alkoholen molekulardispers und niederviscos sind.

Wichtig ist die Erkenntnis, daß relativ niedermolekulare Stoffe, wie die Seifen, in bestimmten Lösungsmitteln kolloide Lösungen bilden können. Diese Kolloide können als *Assoziationskolloide* bezeichnet werden, da die Kolloidteilchen dadurch entstehen, daß organische Ionen mit größeren Resten infolge der zwischenmolekularen Kräfte sich zu Kolloidteilchen assoziieren. Sie werden im folgenden *Micellkolloide* genannt, da ihre Teilchen einen micellaren Aufbau haben.

III. Micellarer Aufbau der Kolloidteilchen nach KARRER[2], HESS[3], PUMMERER[4] und McBAIN[5].

Es ist selbstverständlich, daß von den kolloiden Systemen zuerst die Suspensoide aufgeklärt wurden, da hierbei das Ultramikroskop ein Hilfsmittel war, und daß dann die Aufklärung des Baues der Assoziationskolloide, z. B. der Seifen, erfolgte, da man hier die relativ kleinen Moleküle, die das Kolloidteilchen aufbauen, kannte. Dabei ist bemerkenswert, daß bei fettsauren Salzen die niederen Glieder in Wasser normal löslich sind und erst von einer bestimmten Molekülgröße ab ziemlich rasch die normale Löslichkeit in kolloide Löslichkeit übergeht. Ähnliche Erfahrungen machte man auch bei den Farbstoffen. Niedermolekulare Farbstoffe lösen sich normal, höhermolekulare kolloid.

Es war nun naheliegend, auf Grund der Kenntnis dieser Tatsachen zu folgern, daß alle organischen Kolloide einen ähnlichen Aufbau wie die Seifen besäßen[5]. Denn die Lösungen der Hochmolekularen zeigen manche Analogien zu denen der Micellkolloide. In beiden Gruppen sind die kolloiden Lösungen hochviscos. Die Viscosität der Lösungen ist Veränderungen unterworfen; die Lösungen altern, wobei die Viscosität zu- oder abnehmen kann[6]. Endlich zeigen die Lösungen anormale Strömungsverhältnisse: sie gehorchen nicht dem HAGEN-POISEUILLEschen Gesetz. Infolge dieses analogen Verhaltens von Micellkolloiden und Molekülkolloiden, das auf einer analogen Form der Kolloidteilchen beruht, ist es verständlich, daß früher, bevor der innere Aufbau der Kolloidteilchen bekannt war, zahlreiche Bearbeiter dieses Gebietes, vor allem Kolloidforscher, den hochmolekularen Verbindungen ebenfalls einen micellaren Bau zuschrieben. Es wurde deshalb im letzten Jahrzehnt die auf osmotischem Wege ermittelte Teilchengröße der Hochmolekularen fast allgemein nicht als Molekulargewicht, sondern als deren *Micellgewicht* bezeichnet[7].

---

[1] Vgl. über die Gestalt der Fadenmicellen A. S. C. LAWRENCE: Kolloid-Ztschr. **50**, 12 (1930); ferner R. ZSIGMONDY u. BACHMANN: Kolloid-Ztschr. **11**, 145 (1912); **12**, 16 (1913); ferner A. THIESSEN u. R. SPYCHALSKI: Ztschr. f. physik. Ch. (A) **156**, 435 (1931).

[2] KARRER, P.: Polymere Kohlehydrate. Leipzig 1925.

[3] HESS, K.: Chemie der Cellulose. Leipzig 1928.

[4] PUMMERER, R., H. NIELSEN u. W. GÜNDEL: Ber. Dtsch. Chem. Ges. **60**, 2167 (1927). — PUMMERER, R., u. W. GÜNDEL: Ber. Dtsch. Chem. Ges. **61**, 1595 (1928).

[5] McBAIN: Journ. Physikal. Chem. **30**, 239 (1926); Kolloid-Ztschr. **40**, 1 (1926).

[6] Vgl. z. B. die Ausführungen WO. OSTWALDS über die zeitliche Unbeständigkeit von Emulsoiden. Grundriß der Kolloidchemie, 7. Aufl., S. 191.

[7] Vgl. z. B. folgende Stelle im Lehrbuch der organischen Chemie von P. KARRER, Leipzig, 2. Aufl. S. 348: „Alle zuckerunähnlichen Polysaccharide sind in den gebräuchlichen Lösungs-

Allerdings wurde dabei der Begriff der Micelle nicht mehr in seiner ursprünglichen Bedeutung als elektrisch geladenes Kolloidteilchen gebraucht, sondern es wurden unter Micellen ganz allgemein Kolloidteilchen verstanden, die sich durch Zusammenlagerung kleiner Moleküle bilden, wobei diese kleinen Moleküle unter sich durch VAN DER WAALSsche Kräfte oder koordinative Kovalenzen (Nebenvalenzen), also nicht durch normale Kovalenzen, gebunden sind. Man beachtete dabei nicht, daß die Kolloidteilchen von homöopolaren hochmolekularen Kohlenwasserstoffen einen ganz anderen Aufbau haben müssen wie die Micellen heteropolarer Seifen[1].

Beim Kautschuk hat z. B. C. HARRIES angenommen, daß ein relativ kleines Molekül sich zum Kolloidteilchen assoziiere; bekanntlich hat R. PUMMERER[2] diesen HARRIESschen Gedanken aufgegriffen und versucht, durch geeignete Wahl des Lösungsmittels „molekulare" Lösungen des Kautschuks herzustellen, also Lösungen zu erhalten, in denen die Kautschukmicellen aufgespalten sind und die „eigentlichen" Kautschukmoleküle in normaler Lösung vorliegen.

Bei den Polysacchariden verfocht vor allem P. KARRER[3] denselben Standpunkt. Es ist nicht zufällig, daß P. KARRER, ein Schüler A. WERNERS, als erster auf die Möglichkeit eines solchen Aufbaues hochmolekularer Stoffe hinwies. Wie WERNER durch seine Koordinationsformeln bei den Metallammoniakaten die Kettenformeln von BLOMSTRAND, WÜRTZ und JÖRGENSEN verdrängte und deren richtiges Aufbauprinzip fand[4], so hoffte P. KARRER durch ein ähnliches Aufbauprinzip eine einfache Erklärung für das Verhalten der hochmolekularen Naturprodukte geben zu können. Wie das Buch von P. PFEIFFER[5] zeigt, ist in der organischen Chemie tatsächlich eine Fülle von Koordinationsverbindungen bekannt; besonders beachtenswerte Beispiele sind die Koordinationsverbindungen von Desoxycholsäure und Fettsäuren[6]. So sind nach KARRER Bioseanhydride, die durch Nebenvalenzen zu Micellen gebunden sind, die Grundmoleküle von Cellulose und Stärke. Ganz ähnliche Auffassungen vertreten K. HESS[7] und M. BERGMANN[8], wenn auch geringe Unterschiede in der Ausdrucksweise und in untergeordneten Fragen bestehen. K. HESS nimmt an, daß die Cellulose ein

---

mitteln unlöslich, d. h. kein Lösungsmittel vermag sie molekular zu dispergieren. Der Verteilungsgrad in einer kolloidalen Stärkelösung, in einer kolloidalen Nitrocelluloselösung reicht nur bis zu krystallinen Molekülaggregaten, sog. Primärteilchen oder Micellen. Mit den üblichen Methoden der Molekulargewichtsbestimmung gelingt es daher nur, die Micellargewichte, nicht die eigentlichen Molekulargewichte, die stets viel kleiner als erstere sind, zu messen."

[1] Vgl. R. ZSIGMONDY: Kolloidchemie 5. Aufl. **1**, 170; ferner H. STAUDINGER: Ztschr. f. angew. Ch. **42**, 70 (1929).

[2] PUMMERER, R., H. NIELSEN u. W. GÜNDEL: Ber. Dtsch. Chem. Ges. **60**, 2167 (1927).

[3] KARRER, P.: Polymere Kohlehydrate. Leipzig 1925. — KARRER, P., u. C. NÄGELI: Helv. chim. Acta **4**, 185 (1921).

[4] WERNER, A.: Neuere Anschauungen auf dem Gebiet der anorganischen Chemie. Braunschweig 1913.

[5] PFEIFFER, P.: Organische Molekülverbindungen. 2. Aufl. Stuttgart 1927.

[6] WIELAND, H., u. H. SORGE: Ztschr. f. physiol. Ch. **97**, 1 (1916). Vgl. H. REINBOLDT: Ztschr. f. physiol. Ch. **180**, 180; **182**, 251 (1929) — Liebigs Ann. **473**, 249 (1929).

[7] HESS, K.: Chemie der Cellulose. Leipzig 1928.

[8] BERGMANN, M.: Ber. Dtsch. Chem. Ges. **59**, 2973 (1926).

Glykoseanhydrid sei, aus dem sich die Micellen aufbauen[1]. M. Bergmann will den Molekülbegriff auf diesem Gebiet völlig vermeiden. Er spricht von Individualgruppen, die sich analog den Wernerschen Vorstellungen zu Verbindungen höherer Ordnung aggregieren.

Ihre Hauptstütze haben diese Auffassungen außer durch die kolloidchemischen Beobachtungen durch die oben skizzierte Deutung der ersten Röntgenuntersuchungen an Hochpolymeren erhalten.

Wenn diese Auffassung richtig wäre, müßte die Tätigkeit des organischen Chemikers in erster Linie darauf hinzielen, das Molekül, das die Micellen aufbaut, zu isolieren und vielleicht durch den Vergleich verschiedener Moleküle ähnlicher Bauart eine Erklärung zu finden, warum Moleküle einer bestimmten Konstitution sich zu Micellen zusammenlagern, andere dagegen nicht. Um den betreffenden, nur scheinbar hochmolekularen Stoff molekular zu lösen, müßte das Lösungsmittel variiert werden, damit ein solches gefunden werden könnte, in dem der Stoff sich normal und nicht kolloid löst. Solche Versuche schienen bei den Polysacchariden Erfolg zu haben, denn Hess[2] glaubte im Eisessig ein Lösungsmittel gefunden zu haben, in dem sich Cellulosederivate, wie Acetylcellulose, niedermolekular lösen. Ebenso betrachteten Pummerer und seine Mitarbeiter[3] Campher und Menthol als diejenigen Lösungmittel, in denen die Micellen des Kautschuks in Moleküle zerlegt werden, so daß in diesen Lösungsmitteln die wahre Größe des Moleküls bestimmt werden könnte. Beide Beobachtungen müssen aber in anderer Weise gedeutet werden und können nicht mehr als Stütze für die Auffassung eines micellaren Aufbaues dienen[4].

IV. Unterscheidung von Micellkolloiden und Molekülkolloiden [5].

Die Auffassungen über einen micellaren Aufbau der hochmolekularen organischen Stoffe sind nicht befriedigend; denn bei diesen Produkten ist der kolloide Zustand nicht wie bei den Seifen ein zufälliger Verteilungsgrad, der mit der Natur des Lösungsmittels wechseln kann. Die wichtigsten Naturstoffe, wie Kautschuk, Polysaccharide, Eiweißstoffe, ferner die synthetischen hochmolekularen Stoffe, wie die Polystyrole und Polyvinylacetate, lösen sich stets kolloid; sie tun dies nicht nur in geeigneten Lösungsmitteln. Es sind also *kolloide Stoffe*, worauf Wo. Ostwald[6] hinwies; sie bilden nicht nur unter gewissen Bedingungen

---

[1] In neueren Arbeiten führt K. Hess die „hochmolekularen Eigenschaften" der Cellulose auf eine Fremdhaut zurück; vgl. K. Hess, Trogus, Akim u. Sakurada: Ber. Dtsch. Chem. Ges. **64**, 408 (1931).

[2] Vgl. K. Hess: Chemie der Cellulose. Leipzig 1928. — Ferner M. Bergmann: Ber. Dtsch. Chem. Ges. **59**, 2973 (1926). — Vgl. dazu K. Freudenberg, E. Bruch u. H. R. Rau: Ber. Dtsch. Chem. Ges. **62**, 3078 (1929). — Ferner K. Hess: Ber. Dtsch. Chem. Ges. **63**, 518 (1930). — K. Freudenberg u. E. Bruch: Ber. Dtsch. Chem. Ges. **63**, 535 (1930). — H. Staudinger, K. Frey, R. Signer, W. Stark u. G. Widmer: Ber. Dtsch. Chem. Ges. **63**, 2308 (1930).

[3] Vgl. R. Pummerer, H. Nielsen u. W. Gündel: Ber. Dtsch. Chem. Ges. **60**, 2167 (1927). Vgl. auch Kautschuk **1927**, 233.

[4] Vgl. H. Staudinger, M. Asano, H. F. Bondy, R. Signer: Ber. Dtsch. Chem. Ges. **61**, 2575 (1928). — Vgl. dazu R. Pummerer u. Mitarbeiter: Ber. Dtsch. Chem. Ges. **62**, 2628 (1929).

[5] Staudinger, H.: Ber. Dtsch. Chem. Ges. **59**, 3038 (1926).

[6] Ostwald, Wo.: Kolloid-Ztschr. **32**, 2 (1923).

kolloide Systeme. Die hochmolekularen Stoffe können also zum Unterschied von den Micellkolloiden nie niedermolekular gelöst werden. Wenn „niedermolekulare" Lösungen aus hochmolekularen Stoffen erhalten werden, so sind beim Lösungsvorgang deren Moleküle abgebaut worden. Ein so behandelter ursprünglich hochmolekularer Stoff, dessen Lösung keine kolloiden Eigenschaften mehr zeigt, kann nicht mehr durch Änderung des Lösungsmittels in eine eukolloide, hochviscose Lösung übergeführt werden[1]. Hierin besteht ein wesentlicher Unterschied gegenüber den Seifen, die einmal kolloid, einmal normal gelöst werden können.

Um diesen wesentlichen Unterschied zwischen Seifen und den eigentlichen hochmolekularen Stoffen zu erklären, genügen die alten Vorstellungen über den Bau dieser Verbindungen, wenn man sie in der folgenden Weise weiterentwickelt: die primären Kolloidteilchen in Lösungen dieser Stoffe, also die Teilchen, die in sehr verdünnter Lösung auftreten, sind die Moleküle selbst, nämlich Makromoleküle[2].

Die Molekülkolloide und die Micellkolloide haben infolge dieses verschiedenen Baues ihrer Kolloidteilchen in chemischer Hinsicht verschiedene Eigenschaften, obwohl sie ähnliche kolloide Lösungen geben; es gibt eine Reihe von Kriterien, auf Grund deren man entscheiden kann, ob ein Micellkolloid oder ein Molekülkolloid vorliegt[3].

1. Die Hochpolymeren lösen sich in den Lösungsmitteln kolloid auf, in denen die Monomeren normal löslich sind. Hochmolekulare Kohlenwasserstoffe sind also in Kohlenwasserstoffen löslich, hochmolekulare Ester lösen sich in Essigester oder Aceton, hochmolekulare Hydroxylverbindungen, wie z. B. die Stärke, in Wasser oder Formamid[4]. Salze hochmolekularer Säuren mit polywertigem Anion sind in Wasser kolloidlöslich. Dabei ist zu beachten, daß die Löslichkeit der hochmolekularen Verbindungen in allen Fällen eine beschränktere ist als die der niedermolekularen. So vermögen nur die besten Lösungsmittel der niedermolekularen Stoffe auch die entsprechend gebauten hochmolekularen Stoffe zu lösen. Es sind z. B. die hochmolekularen Kohlenwasserstoffe, Polystyrol und Kautschuk, in Alkohol und Aceton unlöslich, während die entsprechenden niedermolekularen Kohlenwasserstoffe sich auch in diesen Lösungsmitteln leicht auflösen. In der polymerhomologen Reihe der Polyprene, Polyprane[5] und Polystyrole nimmt danach die Löslichkeit der Kohlenwasserstoffe in Alkohol, Aceton und Essigester mit steigendem Molekulargewicht ab. In Benzol, Tetralin, Chloroform und Tetrachlorkohlenstoff, den guten Lösungsmitteln für Kohlenwasserstoffe, sind dagegen hoch- und niedermolekulare Kohlenwasserstoffe löslich, erstere natürlich kolloidal. Ester, wie Polyvinylacetate und Celluloseacetate, lösen sich nicht in Kohlenwasserstoffen wie Benzol und Tetralin, während die Monomeren sich in diesen Lösungsmitteln auflösen. Die gut lösenden Lösungsmittel sind in allen Fällen auch die besten Quellungsmittel für den hochpolymeren Stoff.

---

[1] Vgl. H. Staudinger u. H. F. Bondy: Über den irreversiblen Vorgang des Verkrackens des Kautschuks. Liebigs Ann. **468**, 4 (1929).

[2] Staudinger, H., u. J. Fritschi: Helv. chim. Acta **5**, 788 (1922).

[3] Vgl. H. Staudinger: Ber. Dtsch. Chem. Ges. **59**, 3038 (1926).

[4] Vgl. K. Frey: Inaug.-Diss. E.T.H. Zürich 1926.

[5] Staudinger, H., u. E. O. Leupold: Helv. chim. Acta **15**, 221 (1932).

2. Wenn man beurteilen will, ob ein kolloidlöslicher Stoff ein Micellkolloid oder ein Molekülkolloid ist, dann sind chemische Umwandlungen mit demselben vorzunehmen. Bei einem Molekülkolloid bleiben dabei die kolloiden Eigenschaften erhalten, sofern nicht ein Abbau eingetreten ist. Dagegen werden bei einem Micellkolloid durch Umwandlungen die Micellen in der Regel zerstört, so daß Derivate des Micellkolloids normal löslich sind. So sind z. B. die Ester der Seifen normal und nicht kolloid löslich, während die Ester des hochmolekularen polyacrylsauren Natrons kolloide Lösungen bilden und zwar z. B. in Butylacetat, einem Lösungsmittel für niedermolekulare Ester[1]. Da bei den hochmolekularen Naturprodukten, Cellulose und Kautschuk, bei vielen chemischen Reaktionen die kolloide Natur erhalten bleibt, spricht schon diese Beobachtung dafür, daß Molekülkolloide und nicht Micellkolloide vorliegen. Die nicht oder wenig abgebauten Derivate der Cellulose sind kolloidlöslich. Dabei zeigen die Ester der Cellulose ähnliche Löslichkeitsverhältnisse wie entsprechende niedermolekulare Ester, wobei wieder nur gut lösende Lösungsmittel auch die Celluloseester lösen. Die Trimethylcellulose ist wie andere niedermolekulare Methyläther in Wasser und in organischen Lösungsmitteln löslich, während die höheren Äther sich nur in organischen Lösungsmitteln auflösen. Die Cellulosexanthogenate (die Viscose) sind als Salze in Wasser kolloidlöslich.

Umwandlungsprodukte des Kautschuks sind ebenfalls kolloid löslich, so z. B. der Hydrokautschuk[2] und der Äthylhydrokautschuk[3]. Diese Beobachtungen waren wichtig, weil damit festgestellt war, daß auch ein gesättigter Kohlenwasserstoff kolloide Lösungen geben kann. Denn HARRIES und PUMMERER[4] nahmen beim Kautschuk an, daß ein niedermolekularer ungesättigter Kohlenwasserstoff auf Grund der Restvalenzen der Doppelbindungen zu Micellen assoziiere, und daß dadurch die kolloide Natur der Kautschuklösungen bedingt sei. Wenn letztere Anschauung richtig wäre, hätte der gesättigte Hydrokautschuk normal und nicht kolloid löslich sein müssen. Es gelang weiter auch, Kautschukderivate herzustellen, die in Wasser quellen und dann kolloid in Lösung gehen; es sind

Tabelle 4. Kautschuk und Derivate.

Struktur	Eigenschaften
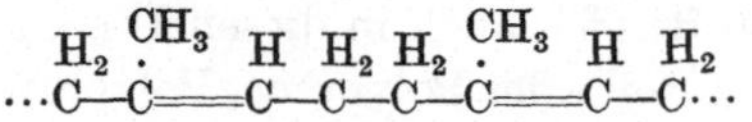 H₂ / CH₃, H, H₂, H₂ / CH₃, H, H₂ ···C—C═══C—C—C—C═══C—C···	Kautschuk; in organischen Lösungsmitteln kolloidlöslich, in Wasser unlöslich.
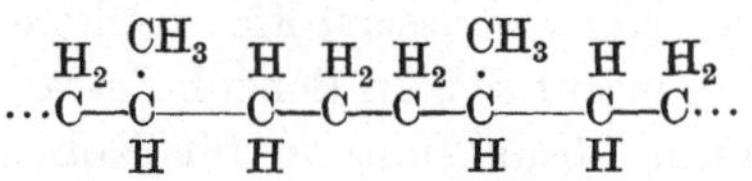 H₂ / CH₃, H, H₂, H₂ / CH₃, H, H₂ ···C—C———C—C—C—C———C—C··· H, H, H, H	Hydrokautschuk; hochmolekularer Paraffinkohlenwasserstoff mit verzweigter Kette; in organischen Lösungsmitteln kolloidlöslich, in Wasser unlöslich.
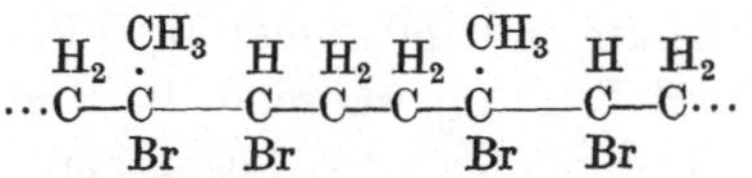 H₂ / CH₃, H, H₂, H₂ / CH₃, H, H₂ ···C—C———C—C—C—C———C—C··· Br, Br, Br, Br	Kautschuk-dibromid; in Chloroform schwer löslich.
H₂ / CH₃, H, H₂, H₂ / CH₂, H, H₂ ···C—C———C—C—C—C———C—C··· Br′··· P(C₂H₅)₃ | Br′··· P(C₂H₅)₃	Kautschuk-phosphoniumsalz; in Wasser kolloidlöslich, in organischen Lösungsmitteln unlöslich.

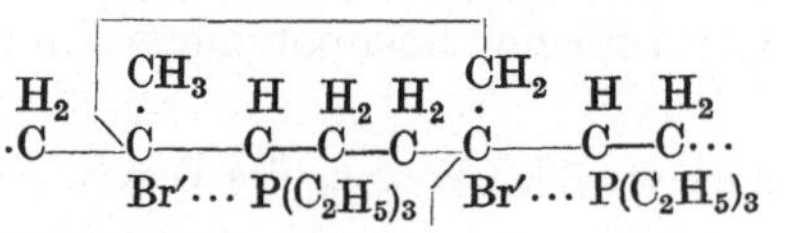

[1] STAUDINGER, H., u. E. URECH: Helv. chim. Acta 12, 1107 (1929).
[2] STAUDINGER, H., u. J. FRITSCHI: Helv. chim. Acta 5, 785 (1922).
[3] STAUDINGER, H., u. W. WIDMER: Helv. chim. Acta 7, 842 (1924).
[4] PUMMERER, R., u. Mitarbeiter: Ber. Dtsch. Chem. Ges. 64, 2167 (1927).

dies die Kautschukphosphoniumsalze, die durch Einwirkung von Triäthylphosphin auf Kautschukdibromid erhalten werden[1].

Die Beispiele (Tabelle 4) zeigen, daß mit den Molekülkolloiden entsprechende chemische Umwandlungen wie mit niedermolekularen Verbindungen vorgenommen werden können. Allerdings wird bei den meisten dieser Reaktionen die kolloide Natur der Lösungen stark verändert. Die Lösungen der Umsetzungsprodukte sind in der Regel nicht so viscos als die des Ausgangsmaterials. Zur Erklärung dieser Beobachtung wurde anfangs angenommen, daß bei den Umsetzungen Sekundärteilchen z. B. in Lösungen des Kautschuks zu Primärteilchen aufgeteilt werden[2]. Die Auffindung der Hemikolloide und die Darstellung der polymerhomologen Reihen zeigte später die Unhaltbarkeit dieser Auffassung und führte zu der Erkenntnis, daß die Viscositätsänderungen bei den chemischen Umsetzungen mit einem Verkracken von langen, sehr empfindlichen Molekülen in Zusammenhang stehen.

Zu derselben Zeit waren aber auch an Naturprodukten, speziell an Cellulose, bemerkenswerte Beobachtungen gemacht worden, die im Gegensatz zu diesen Resultaten eine wesentliche Stütze für die Auffassung eines micellaren Baues der Kolloidteilchen von Hochmolekularen zu geben schienen. Es waren dies die Untersuchungen von R. O. Herzog[3].

V. Micellarer Bau der Cellulose nach R. O. Herzog.

R. O. Herzog war zu dem auffallenden Resultat gekommen, daß die Cellulosekrystallite (die Micellen im Sinne Nägelis) als Kolloidteilchen (die Micellen im Sinne der Kolloidchemiker) unverändert in Lösung gehen. Danach schien den hochmolekularen Naturstoffen, speziell der Cellulose, ein besonderes Bauprinzip, ein micellarer Aufbau, eigen zu sein. Die Micellen waren also scheinbar, wie H. Mark annahm[4], eine Zwischengröße zwischen den Molekülen und den makroskopisch sichtbaren Teilchen. Da die Beobachtungen R. O. Herzogs für die weitere Entwicklung der Micellartheorie durch K. H. Meyer grundlegende Bedeutung haben, so seien die entsprechenden Sätze der Herzogschen Arbeit[5] angeführt:

„Scherrer hat eine Methode angegeben, um die mittlere Größe von Krystalliten durch Feststellung der Halbwertsbreiten[6] der Interferenzschwärzungen zu bestimmen. Unter besonderer Berücksichtigung der Komplikationen, die bei Cellulosediagrammen vorliegen, hat W. Jancke[7] aus einer größeren Anzahl photometrierter Röntgenaufnahmen von Bastfasern die Dimensionen der Krystallite in zwei Richtungen ermittelt, und zwar zu $112 \cdot 10^{-8}$ cm und $66 \cdot 10^{-8}$ cm. Aus dem Intensitätsverhältnis der Interferenzflecken untereinander kann geschlossen werden, daß der Wert in der dritten Achse nicht wesentlich abweicht. Diese Maße sind als Maximallängen zu betrachten.

---

[1] Reuss, E.: Inaug.-Diss. Zürich 1926. — Ferner Kautschuk **1927**, 66.

[2] Staudinger, H.: Ber. Dtsch. Chem. Ges. **57**, 1207, Anm. 11 (1924).

[3] Ber. Dtsch. Chem. Ges. **58**, 1254 (1925).

[4] Naturwissenschaften **1928**, 892.

[5] Ber. Dtsch. Chem. Ges. **58**, 1256 (1925).

[6] In Zsigmondy: Kolloidchemie, 3. Aufl. 1920. — Siehe auch N. Seljakow: Chem. Zentralblatt **1925 I**, 1843.

[7] Inaug.-Diss. in Berlin 1925. Daselbst die eingehendere Diskussion.

Um eine Orientierung über die Micellengröße zu gewinnen, hat Frl. D. KRÜGER seit einiger Zeit Diffusionsversuche an Auflösungen von Cellulose und ihren Umwandlungsprodukten angestellt. Aus röntgen-spektrographischen Untersuchungen durch vorsichtige Behandlung gewonnener Nitro- oder Acetylcellulose geht hervor, daß ein merklicher Unterschied in der Größe der Krystallite zwischen solcher Nitro- oder Acetylcellulose und der in der ursprünglichen Faser vorhandenen Cellulosekrystallite nicht besteht.

Vergleicht man die oben mitgeteilten Werte für die Krystallitdimensionen mit dem Durchmesser der Micelle, wie er sich aus dem Diffusionskoeffizienten berechnet, so findet man in erster Annäherung, *daß die Micellgröße von der Größenordnung des Krystalliten ist.*

Die Diffusionskoeffizienten einer ganzen Reihe von Cellulosearten verschiedener Herkunft, bzw. ihrer Abkömmlinge, schwanken innerhalb relativ enger Grenzen (über die Versuchsergebnisse wird später berichtet werden). Wenn auch die Berechnung der Micellgröße gewisse Unsicherheiten in sich birgt[1], besteht doch über die Größenordnung der Zahlen, insbesondere nach Vergleich mit anderen Stoffen, kein Zweifel.

So kann man sagen: *was bei der Cellulose als Krystall zusammengefaßt ist, hält auch als Micell zusammen, wenn nicht ein gewaltsamer Eingriff stattfindet.*

Damit ist zugleich *ein weiteres Glied für das Verständnis der topochemischen Vorgänge gegeben: die Erhaltung der Aggregatteilchen.*"

Über den Bau dieser Krystallite bzw. Micellen, d. h. über die Bindung der Glykose-anhydridmoleküle in denselben spricht sich HERZOG nicht aus.

Diese Befunde ließen sich später nicht bestätigen. Es läßt sich einmal, wie ausgeführt[2], die Krystallitgröße auf dem angegebenen Weg nicht einwandfrei bestimmen; ebenso führt die Bestimmung der Teilchengröße durch Diffusionsmessungen zu keinem richtigen Ergebnis[3].

VI. Micellartheorie von K. H. MEYER[4].

Mittlerweile ist an zahlreichen synthetischen Produkten[5], wie z. B. an Polyoxymethylenen[6] und Polystyrolen der Nachweis geführt worden, daß in den Molekülen Hochpolymerer 100 und mehr Einzelmoleküle zu langen Ketten gebunden sind. Es ist weiter am Beispiel des Polyoxymethylens der Krystallbau der hochmolekularen Verbindungen aufgeklärt und gezeigt worden, daß sich

---

[1] ÖHOLM, L. W.: Medd. f. K. Vetenskapsack. Nobel-Institut **2**, Nr 23 (1912).

[2] Vgl. S. 20.

[3] Über neuere Auffassungen R O. HERZOGs vgl. Cellulosechemie **13**, 25 (1932).

[4] MEYER, K.H.: Ztschr. f. angew. Ch. **41**, 935 (1928). In dem Buch „Der Aufbau der hochpolymeren organischen Naturstoffe", Leipzig 1930, von K. H. MEYER u. H. MARK, sind nicht mehr die ursprünglichen Ansichten vertreten wie in der ersten Arbeit in der Ztschr. f. angew. Ch., sondern K. H. MEYER hat sich in vielen Punkten den Erfahrungen, die bei den synthetischen hochmolekularen Stoffen gemacht worden sind, angeschlossen. Vgl. dazu H. STAUDINGER: Ztschr. f. angew. Ch. **42**, 37, 67 (1929). — Ferner die weitere Diskussion K. H. MEYER u. H. MARK: Ber. Dtsch. Chem. Ges. **64**, 1999 u. 2913 (1931). — Ferner H. STAUDINGER: Ber. Dtsch. Chem. Ges. **64**, 2721 (1931). In obigen Ausführungen wird nur auf die ursprüngliche Fassung der Micellartheorie Bezug genommen, denn dies war der neue Gesichtspunkt, den K. H. MEYER in dieses Gebiet hereinbrachte.

[5] Vgl. die Zusammenfassung H. STAUDINGER: Ber. Dtsch. Chem. Ges. **59**, 3019 (1926).

[6] STAUDINGER, H., u. M. LÜTHY: Helv. chim. Acta **8**, 41 (1925).

die langen Fadenmoleküle im Krystall wie lange dünne Stäbe in einem Bündel[1] parallel lagern. Diese Erfahrungen über den Bau der Hochmolekularen glaubte K. H. Meyer in sehr einfacher Weise mit den Anschauungen der Kolloidchemiker und mit den Beobachtungen von R. O. Herzog vereinigen zu können, und zwar durch die Annahme eines micellaren Baues der Kolloidteilchen, wobei die Micellen ein Bündel langer Hauptvalenzketten darstellen sollten.

Um den neuen Gesichtspunkt, den dieser Autor in das Gebiet hereinbrachte, zu verstehen, ist es am besten, ihn selbst sprechen zu lassen. Nach seiner Ansicht[2] „sind die Hauptvalenzketten von bestimmter Länge an fest miteinander durch Kohäsion verbunden, so daß *sie in Lösung sich nicht voneinander trennen, sondern Micellen bilden*[3]. Solche höheren Kohäsionskräfte wollen wir als Micellarkräfte bezeichnen. Die Micellarkraft (Molkohäsion) einer Kette von 60 Glykoseresten, wie wir sie in der Cellulosemicelle annehmen müssen, berechnet sich zu $60 \cdot 24000 =$ etwa $1\,500\,000$ cal. Einer Kette von 100 Isoprenresten entspricht eine Micellarkraft von etwa $500\,000$ cal.“

Für die langen Fadenmoleküle schlägt K. H. Meyer den Namen Hauptvalenzketten statt Makromoleküle vor. Eine neue Bezeichnung für diese Ketten hatte damals Berechtigung; denn nach K. H. Meyer können ja solche Hauptvalenzketten nicht einzeln als Moleküle in Lösung auftreten, sondern nur vereinigt als Micellen. Sie unterscheiden sich dadurch wesentlich von den Molekülen gewöhnlicher organischer Verbindungen, die isoliert in Lösung vorkommen können. Über die Länge der Hauptvalenzketten erhält man nach K. H. Meyer durch Krystallitgrößenbestimmung Kenntnis[4]; „*über die Größe der Krystallite geben zwei Befunde Aufschluß: der Diffusionskoeffizient*[5] *und die Breite der Röntgeninterferenzen*“[6]. Die auffallend hohe Viscosität der kolloiden Lösungen findet durch diese Theorie scheinbar eine Erklärung. Über eine Kautschuklösung sagen K. H. Meyer und H. Mark folgendes[7]:

„Die hohe Viscosität dieser Lösungen, z. B. in Benzol, läßt wohl darauf schließen, daß in diesem Lösungsmittel sehr große, stark solvatisierte Micellen vorliegen. Andererseits deuten die bekannten Versuche von Pummerer über das „Molekulargewicht“ des Kautschuks in Campher und Menthol darauf hin, daß unter dem Einfluß gewisser Solvenzien die Micellen zerfallen, sei es in kleinere Aggregate von Hauptvalenzketten, sei es in die Hauptvalenzketten selbst. Unter diesem Gesichtspunkt würde der Kautschuk eine Mittelstellung einnehmen zwischen den Seifenlösungen, deren Micellen sich in einem dauernden Gleichgewicht mit freien Fettsäuremolekeln befinden, und der Cellulose oder Stärke, wo die Micellen durch keinerlei Lösungsmittel reversibel aufgespalten werden können[8].“

---

[1] Ztschr. f. physik. Ch. **126**, 435 (1927).

[2] Zitiert aus Ztschr. f. angew. Ch. **41**, 943 (1928).

[3] Durch Kursivdruck von mir hervorgehoben.

[4] Ztschr. f. angew. Ch. **41**, 941 (1928). Im Original gesperrt.

[5] Diese Methode ist vor allem von R. O. Herzog bei Cellulosederivaten benutzt worden. Vgl. Ber. Dtsch. Chem. Ges. **58**, 1257 (1925) — Kolloid-Ztschr. **39**, 250 (1926).

[6] Vgl. dazu Erster Teil, B. I.

[7] Ber. Dtsch. Chem. Ges. **61**, 1945 (1928).

[8] Tatsächlich findet beim Lösen von Kautschuk in geschmolzenem Campher ein starker Abbau des Kautschuks statt. Vgl. H. Staudinger u. H. F. Bondy: Ber. Dtsch. Chem. Ges. **63**, 2900 (1930).

Diese Micellen, die in Lösung auftreten, bilden nach K. H. Meyer auch die Bausteine der krystallisierten hochmolekularen Produkte[1], wie es R. O. Herzog glaubte nachgewiesen zu haben: es ist

„... die Teilchengröße, die man in der Lösung oder genauer in der Dispersion der Cellulose bzw. ihrer verschiedenen Derivate durch die Messung der Viscosität, der Diffusion und ähnlicher kinetischer Größen bestimmen kann (Micellengröße). Sie steht, soweit die bisherige Erfahrung reicht, in naher Übereinstimmung mit der Krystallitgröße, die sich aus der Breite der Röntgeninterferenzen abschätzen läßt."

So kam er gemeinsam mit H. Mark zu der Vorstellung, daß in der Cellulose Hauptvalenzketten vorliegen, in denen 30—50 Glykosen gebunden sind; 40—60 solcher Ketten sollten einen Krystallit, d. h. ein Micell[2], in der Größe identisch mit dem Kolloidteilchen in Lösung, der Micelle, bilden.

Nach K. H. Meyer werden also durch die osmotische Methode Micellgewichte bestimmt. Die Gewichte der Hauptvalenzketten, also der Moleküle, sind viel kleiner als die der Micellen; zu einer Bestimmung der Größe derselben gelangt man nach obigem nur dann, wenn man durch ein günstiges Lösungsmittel die Micellen zum Zerfall bringt[3]. Danach sollten die Kolloidteilchen hochmolekularer Produkte ein ähnliches Aufbauprinzip wie die Seifenmicelle besitzen[4].

Diese neue Auffassung der Micellartheorie fand nach dem Erscheinen in weiten Kreisen Beachtung; denn der Begriff „Micell" war den Biologen durch die Arbeit von Nägeli und Ambronn[5] geläufig, während die Kolloidchemie den Begriff „Micelle" zur Bezeichnung für lyophil gelöste Kolloidteilchen gebrauchte[6].

VII. Gesetz der Additivität der Molekularkohäsion [7].

Vor allem stützte K. H. Meyer seine Micellartheorie durch Berechnungen der *Molkohäsionen*, welche zwischen langen Ketten herrschen und die er als Micellarkräfte bezeichnete. Diese Begründung stellt eine unrichtige Anwendung des Dunkelschen Gesetzes der Additivität der Molkohäsion dar[8]. Denn die Dunkelschen Berechnungen gelten nur für den Übergang vom festen oder flüssigen Zustand in den gasförmigen, nicht aber in den gelösten. Wenn also K. H. Meyer die Micellarkräfte einer Cellulosekette von 60 Glykoseresten auf 1500 Cal, einer Kautschukkette von 100 Isoprengruppen auf 500 Cal berechnet[9], so gibt er damit die Kräfte an, die beim Überführen der Hauptvalenzketten der betreffenden Stoffe in den Gaszustand zu überwinden wären.

Die Beständigkeit von Micellen in Lösung kann aber dadurch nicht erklärt werden. Man darf nicht die falsche Übertragung machen, daß infolge der großen Micellarkräfte die langen Hauptvalenzketten auch in Lösung fest miteinander

---

[1] Ber. Dtsch. Chem. Ges. **61**, 607 (1928).

[2] Das Micell im Sinne Nägelis.

[3] Vgl. K. H. Meyer u. H. Mark: Ber. Dtsch. Chem. Ges. **61**, 1945 (1928).

[4] McBain: Journ. Physical. Chem. **30**, 239 (1926).

[5] Vgl. die Zusammenfassung von A. Frey über den heutigen Stand der Micellartheorie: Ber. Dtsch. Botan. Ges. **44**, 564 (1926).

[6] Vgl. dazu R. Zsigmondy: Kolloidchemie. 5. Aufl. S. 169. 1925.

[7] Meyer, K. H.: Ztschr. f. angew. Ch. **41**, 943 (1928).

[8] Dunkel, W.: Ztschr. f. physik. Ch. (A) **138**, 42 (1928).

[9] K. H. Meyer gibt die Micellarkräfte in kleinen Calorien an. Bei der Unsicherheit der Berechnungen sind die Angaben in großen Calorien völlig ausreichend.

verbunden, und deshalb die Micellen in Lösung beständig seien. Denn beim Lösen können auch beträchtliche Molkohäsionen langer Ketten durch eine entsprechende Solvatationsenergie überwunden werden. Diese wächst mit zunehmender Kettenlänge. Jedes Molekül umgibt sich bei der Solvatation mit einer monomolekularen Schicht von Lösungsmittelmolekülen[1]. So können außerordentlich große Moleküle, die nicht flüchtig sind, noch in Lösung gehen.

Die Solvatationsenergie nimmt dabei nicht proportional der Moleküllänge zu, denn sonst müßten hoch- und niedermolekulare Stoffe der gleichen homologen oder polymerhomologen Reihe sich gleich leicht lösen[2]. Dies ist aber nicht der Fall, da man Gemische von Homologen wie Polymerhomologen durch fraktionierendes Lösen oder Ausfällen trennen kann. In homologen und polymerhomologen Reihen nimmt die Löslichkeit mit steigendem Molekulargewicht ab.

Diese Erfahrung gilt nur für Vertreter der gleichen Reihe; sie läßt sich aber nicht auf Verbindungen von verschiedenem Bautypus übertragen. Stoffe von ungefähr gleicher Molekülgröße, aber mit Unterschieden im Bau können bedeutende Unterschiede in der Löslichkeit haben; z. B. ist Anthracen (Molekulargewicht 178) vom Siedepunkt 351° schwer löslich, während Tetradecane (Molekulargewicht 198) vom Siedepunkt ca. 250° sich leicht lösen. Besonders schwer löslich sind allgemein Verbindungen, deren Moleküle eine regelmäßige blättchenförmige Gestalt[3] haben (aromatische Verbindungen), ferner Verbindungen mit regelmäßig fadenförmigen Molekülen ohne Seitenketten, normale Paraffine und normale Paraffinderivate.

Besonders instruktiv ist ein Vergleich der Löslichkeit und des Siedepunktes von Paraffinen mit normaler und verzweigter Kette[4], wie er in Tabelle 5 durchgeführt ist.

Tabelle 5.

Paraffine mit normaler Kette	Schmelzpunkt	Siedepunkt	Löslichkeit in Benzol
$C_{20}H_{42}$	38°	$Sdp._{15} = 205°$	leicht löslich
$C_{30}H_{62}$	66°	$Sdp._1 = 235°$	löslich
$C_{60}H_{122}$	100°	$> 300°$	schwer löslich
ca. $C_{100}H_{202}$*	$> 100°$		unlöslich
$C_{2000}H_{4002}$	unbekannt	—	—
Paraffine mit verzweigter Kette			
$C_{20}H_{42}$, 2, 6, 11, 15-Tetramethylhexadecan	flüssig	$Sdp._{11} = 172°$	mischbar
$C_{30}H_{62}$, Perhydro-squalen	flüssig	$Sdp._{10} = 274°$	mischbar
ca. $C_{60}H_{122}$, Tetrabixan	dickflüssig	$> 300°$	mischbar
ca. $H_{114}H_{230}$, niedermolekularer Hydrokautschuk	zähflüssig	verkrackt beim	leicht löslich
ca. $C_{2100}H_{4202}$, hochmolekularer Hydrokautschuk	zäh, fest	Destillieren	löslich

[1] Vgl. H. STAUDINGER u. W. HEUER: Ber. Dtsch. Chem. Ges. **62**, 2933 (1929).

[2] FIKENTSCHER, H., u. H. MARK: Kolloid-Ztschr. **49**, 137 (1929).

[3] Seitenketten vergrößern auch hier die Löslichkeit bedeutend. Vgl. z. B. die Löslichkeit von Methylanthracen mit der des Anthracens.

[4] STAUDINGER, H., u. E. O. LEUPOLD: Helv. chim. Acta **15**, 225 (1932).

* Über hochmolekulare Paraffine vgl.: FISCHER, F., u. H. TROPSCH: Ber. Dtsch. Chem. Ges. **60**, 1330 (1927). — STAUDINGER, H., u. W. FEISST: Helv. chim. Acta **13**, 818 (1930). — CAROTHERS, W., u. Mitarbeiter: Journ. Amer. Chem. Soc. **52**, 5279 (1930).

Danach ist z. B. Perhydrosqualen $C_{30}H_{62}$ vom Siedepunkt 274° (10 mm Druck) ein in organischen Lösungsmitteln (außer Alkohol) leicht lösliches Öl; Triacontan vom Siedepunkt 235° (1 mm Druck) krystallisiert in Blättchen vom Schmelzpunkt 66°, die sich in organischen Lösungsmitteln relativ schwer lösen. Infolge der Seitenketten können auch die langen Moleküle des Hydrokautschuks und selbst Kautschukmoleküle, die ca. 5000 Kohlenstoffatome in der Kette enthalten, ebenso diejenigen von Celluloseacetaten infolge ihrer unregelmäßigen Gestalt in Lösung gehen. Relativ niedermolekulare Paraffine und Polyoxymethylene mit 100—200 Atomen in der Kette sind dagegen wegen des regelmäßigen Baues ihrer Moleküle unlöslich oder schwerlöslich[1]. Es ist also nicht nötig, auf Grund der leichten Löslichkeit vieler hochmolekularer Verbindungen einen micellaren Bau ihrer Kolloidteilchen anzunehmen, vielmehr können auch Moleküle beträchtlicher Länge sich lösen.

Die Löslichkeit von organischen Verbindungen hängt nicht so sehr von der Molekülgröße wie von dem Molekülbau ab. Die Flüchtigkeit ist dagegen im wesentlichen bei homöopolaren Verbindungen eine Funktion der Molekülgröße. Bei zwei Verbindungen, deren Isomerie nur auf einem Unterschied des Kohlenstoffgerüstes beruht, ist die höherschmelzende, also die mit den regelmäßiger gebauten Molekülen, auch die schwerer flüchtige; aber die Unterschiede im Siedepunkt isomerer Verbindungen sind lange nicht so bedeutend wie die Unterschiede in der Löslichkeit.

VIII. Micellen oder Moleküle in Lösungen der Hemikolloide.

Die Micellartheorie K. H. MEYERS stand bei ihrem Erscheinen mit einer Reihe von wesentlichen Ergebnissen der früheren Arbeiten in Widerspruch[2]. *Die Untersuchung synthetischer Hochpolymerer führte zu dem Resultat, daß die primären Kolloidteilchen ihrer Lösungen die Moleküle selbst sind; nach K. H. MEYER haben sie, übereinstimmend mit den damaligen Vorstellungen vieler Kolloidchemiker, einen micellaren Bau.*

Die Entscheidung dieser Frage ist für den Bau der hochpolymeren Stoffe wie für die Natur der kolloiden Lösungen von grundsätzlicher Bedeutung. Es ist darum wichtig, die Stellungnahme K. H. MEYERS zu den Ergebnissen an den synthetischen Polymeren kennenzulernen. Er sagt dazu in einer Diskussion folgendes[3]:

„Wir sind der Meinung, daß in den Dispersionen der hochmolekularen Substanzen Gruppen oder Bündel von solchen Ketten vorhanden sind. Man hat viele Anzeichen dafür, daß diese Gruppen keine einheitliche Größe besitzen, sondern daß meist ein Aggregationsgleichgewicht vorliegt, so daß Micellen von verschiedener Größe bis herab zu den isolierten Hauptvalenzketten auftreten können. Was man durch osmotische Messungen bestimmen kann, ist aber nicht ohne weiteres als freie Hauptvalenzkette, sondern als ein mehr oder weniger kompliziertes Gemisch aggregierter Fäden anzusprechen. Durch diese Anschauung ist gleichzeitig einer der wichtigsten Punkte in der Beweisführung STAUDINGERS über die Struktur seiner synthetischen hochmolekularen Verbindungen in Frage gestellt: seine an

---

[1] Vgl. Zweiter Teil, C. III. 2.
[2] STAUDINGER, H.: Ztschr. f. angew. Ch. **42**, 37 (1929).
[3] MEYER, K. H.: Ztschr. f. angew. Ch. **42**, 77 (1929).

polymeren Produkten ermittelten „Molekulargewichte" sind möglicherweise um ein Mehrfaches zu hoch."

Und an anderer Stelle[1]: „Schwere Bedenken haben wir gegen die von STAU-DINGER bei seinen Arbeiten über Polymere als beweiskräftig angewandte Methode der Molekulargewichtsbestimmung. Weder hat er die Solvatation berücksichtigt, noch bedacht, daß das osmotisch gemessene ‚Molekulargewicht' durchaus nicht die Größe der durch Kovalenzen zusammengehaltenen Einheit (STAUDINGERS Begriff „Molekül") zu haben braucht."

K. H. MEYER gibt also den für die Konstitutionsaufklärung der hochmolekularen Stoffe grundlegenden Ergebnissen über den Bau der Hemikolloide auf Grund seiner Micellartheorie eine andere theoretische Deutung. Er übersah dabei, daß die Konstitution der Hemikolloide schon damals durch chemische Untersuchungen feststand, und zwar vor allem durch die Kenntnis der polymerhomologen Reihen. Daß die auf kryoskopischem Wege ermittelten Teilchengrößen der hemikolloiden Produkte ihre normalen Molekulargewichte darstellen, war dadurch bewiesen, daß bei der Reduktion der Polyindene[2] und Polystyrole[3] in die entsprechenden Hexahydroderivate die Teilchengröße sich nicht änderte. *„Durch die Umwandlung von Polyindenen von einem bestimmten Durchschnittsmolekulargewicht in Polyhexahydroindene der gleichen Größenordnung ist der Beweis geliefert, daß die Moleküle ohne Veränderung der Größe in Reaktion treten. Es sind also in diesen Polymeren die Monomeren durch Hauptvalenzen gebunden[4]."* Die Größe von Micellen hätte bei einem so tiefgreifenden chemischen Prozeß, wie die Reduktion es ist, eine Änderung erfahren müssen. Durch ähnliche Untersuchungen an Hochpolymeren ist an zahlreichen Beispielen nachgewiesen worden, daß ihre Teilchen mit den normalen Molekülen identisch sind.

IX. Konstitutionsaufklärung der organischen Verbindungen.

Viele der irrtümlichen Auffassungen der letzten Jahre über den Bau der Hochmolekularen beruhen darauf, daß man glaubte, durch neue physikalische Methoden den Bau der Hochmolekularen aufklären zu können. Dabei hat man außer acht gelassen, daß nur durch eine Verbindung physikalischer mit chemischen Methoden die Konstitution dieser Stoffe wie die der übrigen organischen Verbindungen ermittelt werden kann. Neue physikalische Methoden sind wichtige Hilfsmittel, aber nur in Verbindung mit chemischen Untersuchungen.

Bei der Diskussion über den Bau der Hochmolekularen handelte es sich im Grunde immer um die Frage, ob sie sich micellar oder molekular lösen. Es muß also der Bau der Kolloidteilchen aufgeklärt werden. Dies geschieht im wesentlichen nach denselben Methoden wie die Aufklärung der Teilchen niedermolekularer Stoffe. Es sei darum auf die einfachen und übersichtlichen Verhältnisse bei der Aufklärung des Baues der Teilchen niedermolekularer Verbindungen eingegangen.

---

[1] MEYER, K. H.: Naturwissenschaften **1929**, 255.
[2] Helv. chim. Acta **12**, 962 (1929) — Vorläufige Mitt. Ber. Dtsch. Chem. Ges. **59**, 3033 (1926).
[3] Ber. Dtsch. Chem. Ges. **62**, 2406 (1929).
[4] Zitiert aus Ber. Dtsch. Chem. Ges. **59**, 3033 (1926). Im Original gesperrt.

Um das normale Molekulargewicht einer organischen Verbindung festzustellen, bedient man sich der üblichen Methoden zur Bestimmung der Teilchengröße. Man bestimmt also die Teilchengröße entweder durch Dampfdichtebestimmung oder in Lösung durch die Gefrierpunktserniedrigung oder Siedepunktserhöhung. Es wird dann durch chemische Untersuchungen festgestellt, ob die so ermittelte Teilchengröße das normale Molekulargewicht ist, also ob sämtliche Atome, die in dem Teilchen enthalten sind, durch normale Kovalenzen gebunden sind. Man geht dabei von der Erfahrung aus, daß bei Umsetzungen von organischen Stoffen die Veränderung in der Regel nur an einer oder wenigen reaktionsfähigen Stellen des Moleküls stattfindet und daß der Hauptteil des organischen Moleküls, das Kohlenstoffskelett, unverändert bleibt. Nicht nur die Existenz der zahlreichen organischen Verbindungen, sondern auch die Möglichkeit, ihren Bau aufzuklären, hängt mit der Stabilität der C—C-Bindung zusammen.

Es ist wichtig, zu betonen, daß nur *die Vereinigung von physikalischen mit chemischen Methoden zur Auffindung des normalen Molekulargewichtes einer organischen Verbindung führen kann*. Eine Methode für sich angewandt kann zu falschen Ergebnissen führen. So findet man z. B. bei den Fettsäuren durch Molekulargewichtsbestimmung auf kryoskopischem Wege[1] oder durch Bestimmung der Kettenlänge mittels Viscositätsmessungen[2] die doppelte Größe des durch chemische Untersuchungen gefundenen Molekulargewichts. Die chemische Untersuchung der Stearinsäure ergibt die Formel $C_{18}H_{36}O_2$ und nicht $C_{36}H_{72}O_4$; denn nur das Kohlenstoffgerüst, das 18 Kohlenstoffatome enthält, erscheint in den Umsetzungsprodukten der Stearinsäure unverändert wieder, also in den Estern, den Säurechloriden usw. Die Teilchen in Lösungen der Fettsäuren sind also nicht normale, sondern koordinative Moleküle.

Die Ermittlung der Teilchengröße hochmolekularer Stoffe erfolgt in der kolloiden Lösung durch osmotische Bestimmungen[3], Diffusionsmessungen[4] oder mit der Ultrazentrifuge[5] und vor allem, wie die folgenden Untersuchungen zeigen, durch Viscositätsmessungen. Alle diese Methoden führen zu dem Ergebnis, daß die Teilchengröße der Hochmolekularen sehr erheblich ist. Man hat so bei Kautschuk[6] und Cellulosederivaten[7], vor allem auch bei Eiweißstoffen, Teilchen vom Gewicht 50000—100000 und mehr festgestellt.

Damit ist aber noch nicht entschieden, ob die so ermittelte Größe eines Teilchens wirklich das normale Molekulargewicht des Stoffes ist, ob also alle das Teilchen aufbauenden Atome durch normale Kovalenzen zusammengehalten werden, oder ob das Teilchen aus kleineren Molekülen besteht, die unter sich durch andere Kräfte gebunden sind. Es ist also zu entscheiden, ob die gefundene

---

[1] TRAUTZ, M., u. W. MOSCHEL: Ztschr. f. anorg. u. allg. Ch. **155**, 13 (1926). — BRIEGLEB: Ztschr. f. physik. Ch. (B) **10**, 205 (1930).

[2] STAUDINGER, H., u. E. OCHIAI: Ztschr. f. physik. Ch. **158**, 38 (1931). Vgl. Erster Teil, D. IV. 3.

[3] Vgl. dazu Wo. OSTWALD: Kolloid-Ztschr. **49**, 60 (1929). — SCHULZ, G. V.: Ztschr. f. physik. Ch. (A) **158**, 237 (1932).

[4] Vgl. R. O. HERZOG: Ber. Dtsch. Chem. Ges. **58**, 1257 (1925) — Kolloid-Ztschr. **39**, 250 (1926). — D. KRÜGER u. H. GRUNSKY: Ztschr. f. physik. Ch. (A) **150**, 115 (1930).

[5] THE SVEDBERG: Kolloid-Ztschr. **51**, 10 (1930).

[6] CASPARI, W. A.: Journ. Chem. Soc. London **105**, 2139 (1914).

[7] STAMM, A. J.: Journ. Amer. Chem. Soc. **52**, 3047 (1930).

Teilchengröße das normale oder das koordinative Molekulargewicht oder ein Micellgewicht darstellt.

Diese Frage nach dem Aufbau des Kolloidteilchens ist bei hochmolekularen Stoffen genau so wie die nach dem Bau gelöster Teilchen von niedermolekularen Stoffen nur *durch Verbindung physikalischer und chemischer Methoden zu beantworten*. Auch bei hochmolekularen Stoffen geben erst die chemischen Reaktionen Aufschluß über die Länge der Kette, also über das Gerüst von Atomen, welches bei chemischen Umsetzungen erhalten bleibt. Nur so läßt sich entscheiden, wieviel Atome durch normale Kovalenzen gebunden sind.

X. Synthetische Produkte als Modelle der Naturprodukte.

Es war nicht möglich, an den hochpolymeren Naturstoffen (Kautschuk, Cellulose, Eiweiß u. a.) die grundlegenden Fragen des Aufbaues und der Molekülgröße ohne weiteres zu klären, wie die verschiedenartigen Vorschläge über den Aufbau dieser Stoffe in den vergangenen Jahren zeigen. Die Moleküle der Naturstoffe sind infolge ihres komplizierten Baues und ihrer Größe sehr empfindlich. Dies hat zu manchen Irrtümern Anlaß gegeben; so hat z. B. P. KARRER[1] das Maltoseanhydrid $C_{12}H_{20}O_{10}$ als Molekül der Stärke bezeichnet, da es die kleinste Einheit ist, die bei vielen chemischen Reaktionen auftritt. R. PUMMERER sah in der Überführung des Kautschuks in das Isokautschuknitron einen Beweis für die von ihm angenommene Konstitution des Kautschuks als $(C_5H_8)_8$[2]. Solche Angaben waren methodisch richtig; denn es wurden damit die kleinsten Einheiten angegeben, die bei einfachen chemischen Umsetzungen unverändert in Reaktion traten. Diese mußten als Moleküle bezeichnet werden, weil scheinbar nur in dieser kleinen Gruppe die Atome durch Hauptvalenzen in Verbindung standen. Es ließ sich damals noch nicht übersehen, daß bei diesen Umsetzungen die kleinen Moleküle durch Spaltung langer zerbrechlicher Fadenmoleküle entstehen[3].

Die Existenz der Makromoleküle wurde zuerst bei synthetischen, hochpolymeren Stoffen nachgewiesen und hier ihre Eigenschaften untersucht. Unter diesen synthetischen Stoffen wurden solche ausgewählt, die ähnliche Eigenschaften wie die Naturstoffe haben, z. B. kolloide Lösungen bilden, und so Modelle für letztere abgeben.

Man kann sehr einfach gebaute synthetische hochpolymere Stoffe herstellen, die viel übersichtlichere Reaktionen als die Naturprodukte zeigen. Die Erfahrungen, die man bei der Konstitutionsaufklärung der synthetischen Hochpolymeren machte, zeigten dann den Weg zur Erforschung der Naturstoffe.

Für die grundlegenden Untersuchungen an synthetischen Produkten wurden nur solche Beispiele gewählt, wo *durch Polymerisation eines ungesättigten Körpers sich Fadenmoleküle* bilden. Als Modell eines unlöslichen Körpers wie der Cellulose wurden die Polyoxymethylene[4] gewählt, als Modell von kolloidlöslichen

---

[1] Vgl. P. KARRER: Polymere Kohlehydrate. Leipzig 1925. — Ferner P. KARRER u. C. NÄGELI: Helv. chim. Acta **4**, 185 (1921).

[2] PUMMERER, R., u. W. GÜNDEL: Ber. Dtsch. Chem. Ges. **61**, 1591 (1928).

[3] STAUDINGER, H., u. H. JOSEPH: Ber. Dtsch. Chem. Ges. **63**, 2888 (1930).

[4] Vgl. H. STAUDINGER u. M. LÜTHY: Helv. chim. Acta **8**, 41 (1925). Die Cellulose wird als unlöslich bezeichnet, weil sie sich nicht in Wasser löst, wie die niederen Kohlehydrate.

Stoffen wie Kautschuk die Polystyrole[1], als Modell für Polysaccharide und Polysaccharidester Polyvinylalkohole und Polyvinylacetate[2], schließlich die Polyacrylsäuren[3], die Einblick in den Bau der Eiweißkörper liefern sollten usw. Es wurden also Repräsentanten homöopolarer, heteropolarer und koordinativer Molekülkolloide untersucht[4].

Typen von Fadenmolekülen.

CH_2O $\cdots\ -CH_2-O-(CH_2-O)_x-CH_2-O-\ \cdots$	Polyoxymethylene: Hochmolekulare unlösliche Stoffe.
$\underset{\displaystyle CH=CH_2}{\overset{\displaystyle C_6H_5}{\vert}}\ \cdots\ \underset{\displaystyle -CH-CH_2}{\overset{\displaystyle C_6H_5}{\vert}}\!-\!\underset{\displaystyle (CH-CH_2)_x}{\overset{\displaystyle C_6H_5}{\vert}}\!-\!\underset{\displaystyle -CH-CH_2}{\overset{\displaystyle C_6H_5}{\vert}}-\ \cdots$	Polystyrole: Homöopolare Molekülkolloide
$\underset{\displaystyle CH=CH_2}{\overset{\displaystyle OH}{\vert}}\ \cdots\ \underset{\displaystyle -CH-CH_2}{\overset{\displaystyle OH}{\vert}}\!-\!\underset{\displaystyle (CH-CH_2)_x}{\overset{\displaystyle OH}{\vert}}\!-\!\underset{\displaystyle -CH-CH_2}{\overset{\displaystyle OH}{\vert}}-\ \cdots$	Polyvinylalkohole: Molekülkolloide mit koordinativen Kovalenzen.
$\underset{\displaystyle CH=CH_2}{\overset{\displaystyle COO'Na^{\cdot}}{\vert}}\ \cdots\ \underset{\displaystyle -CH-CH_2}{\overset{\displaystyle COO'Na^{\cdot}}{\vert}}\!-\!\underset{\displaystyle (CH-CH_2)_x}{\overset{\displaystyle COO'Na^{\cdot}}{\vert}}\!-\!\underset{\displaystyle -CH-CH_2}{\overset{\displaystyle COO'Na^{\cdot}}{\vert}}-\ \cdots$	Polyacrylsaure Natriumsalze: Heteropolare Molekülkolloide.

Eine Verkettung von Einzelmolekülen kann auch nach verschiedenen Richtungen erfolgen. Sie kann eintreten, wenn mehrere reaktionsfähige Gruppen im Grundmolekül vorhanden sind, z. B. erfolgt sie wahrscheinlich bei der Polymerisation des Acroleins. Ein solcher Polymerisationsprozeß führt zu *dreidimensionalen Makromolekülen*, die unlöslich sind[5]. Solche Beispiele wurden wegen ihres komplizierten Baues noch nicht eingehend erforscht; *die folgenden Darlegungen beziehen sich fast ausschließlich auf die Konstitution von hochmolekularen Stoffen, die aus Fadenmolekülen aufgebaut sind, deren Konstitutionsaufklärung im Prinzip sehr einfach ist.* Man untersucht ihren Bau, indem man das lange Molekül in kürzere Bruchstücke bekannter Konstitution zerlegt.

Auch durch Kondensation können, wie gesagt, hochpolymere Verbindungen mit Fadenmolekülen entstehen, wie besonders die Untersuchungen von W. H. Carothers[6] zeigen. Doch hierbei bilden sich in der Regel nur Produkte von hemikolloidem Charakter[7], so daß deren Studium zum eigentlichen Problem der Konstitutionsaufklärung der eukolloiden Naturprodukte, der Cellulose und des Kautschuks, wenig beitragen kann. Die Herstellung synthetischer eukolloider Produkte ist bisher nur in wenigen Fällen geglückt. Sehr hochmolekulare Produkte bilden sich nur bei Polymerisation ungesättigter Verbindungen ohne Katalysatoren. Die wichtigsten Beispiele dafür sind Polystyrol und Polyacrylsäure.

---

[1] Vgl. H. Staudinger, M. Brunner, K. Frey, P. Garbsch, R. Signer, S. Wehrli: Über das Polystyrol, ein Modell des Kautschuks. Ber. Dtsch. Chem. Ges. **62**, 241 (1929).

[2] Vgl. H. Staudinger, K. Frey, W. Starck: Ber. Dtsch. Chem. Ges. **60**, 1782 (1927).

[3] Vgl. H. Staudinger u. E. Urech: Helv. chim. Acta **12**, 1107 (1929).

[4] Staudinger, H.: Ber. Dtsch. Chem. Ges. **62**, 2898 (1929).

[5] Staudinger, H.: Ztschr. f. angew. Ch. **42**, 72 (1929).

[6] Vgl. W. H. Carothers u. Arvin: Journ. Amer. Chem. Soc. **51**, 2560 (1929). — Carothers, W. H., u. G. L. Dorough: Journ. Amer. Chem. Soc. **52**, 711 (1930).

[7] Vgl. G. Walter u. M. Gewing: Kolloidchem. Beihefte **34**, 191 (1932), Über das Molekulargewicht von Formaldehyd-Harnstoff-Kondensationprodukten.

XI. Bedeutung der polymerhomologen Reihen für die Konstitutionsaufklärung der hochmolekularen Verbindungen.

Die Konstitutionsaufklärung eines hochmolekularen synthetischen Produktes ist möglich, wenn es gelingt, eine polymerhomologe Reihe von Verbindungen herzustellen. Solche Reihen sind bei synthetischen Produkten dadurch zugänglich, daß man den monomeren Grundkörper unter verschiedenen Bedingungen polymerisiert. Die eukolloiden Produkte entstehen bei spontaner Polymerisation in der Kälte, die hemikolloiden in der Hitze oder noch besser mit Katalysatoren. Es konnten so z. B. die polymerhomologen Polystyrole, Polyindene, Polyäthylen-

Tabelle 6. Übersicht über die bisher untersuchten polymerhomologen Reihen.

Polymerhomologe Reihe	Bekannter Polymerisationsgrad von — bis	Herstellungsbedingungen	Literatur
Polyoxymethylendihydrate	2—100	Polymerisation von Formaldehydlösung	Liebigs Ann. **474**, 238 (1929)
Polyoxymethylendiacetate	2—50	Abbau von Polyoxymethylenen unter Einwirkung von Essigsäureanhydrid	Helv. chim. Acta 8, 43 (1925)
Polyoxymethylendimethyl-äther	2—100	Abbau von Polyoxymethylenen mit Methylalkohol und Schwefelsäure	Liebigs Ann. **474**, 205 (1929)
Polyäthylenoxyddihydrate	2—300	Polymerisation unter verschiedenen Bedingungen	Ber. Dtsch. Chem. Ges. **62**, 2395 (1929).
Polyäthylenoxyddiacetate .	2—300	Hergestellt aus Hydraten	Vgl. Zweiter Teil, C. VII. 3.
Polyindene	2—60	Polymerisation mit Katalysatoren	Helv. chim. Acta **12**, 934 (1929)
Polystyrole	2—6000	Polymerisation beim Stehen oder mit Katalysatoren	Ber. Dtsch. Chem. Ges. **62**, 241 (1929) ferner **62**, 2921 (1929)
Polyprane	2—750	Reduktion von Polyprenen	Helv. chim. Acta **5**, 785 (1925); **13**, 1324 (1930)
Polyprene, Kautschukreihe	2—1500	Fraktionierung und Abbau des Kautschuks	Liebigs Ann. **468**, 1 (1929)
Polyprene, Balatareihe . .	2—750	Fraktionierung und Abbau von Balata und Guttapercha	Liebigs Ann. **468**, 1 (1929)
Polycelloglucan-dihydrate (Cellulosen und Abbauprodukte)	2—750	Reinigung und Abbau der Cellulose, ferner aus Celluloseacetaten durch Verseifung	Ber. Dtsch. Chem. Ges. **63**, 3132 (1930)
Polytriacetylcelloglucan-diacetate (Celluloseacetate)	2—250	Abbau der Cellulose mit Essigsäureanhydrid	Ber. Dtsch. Chem. Ges. **63**, 2331 (1930)
Polyvinylacetate	17—900	Polymerisation von Vinylacetat unter verschiedenen Bedingungen	Ber. Dtsch. Chem. Ges. **60**, 1782 (1927) — Liebigs Ann. **488**, 8 (1931)
Polyvinylalkohole	35—300	Aus Polyvinylacetaten durch Verseifung	Liebigs Ann. **488**, 42 (1931)
Polyacrylsäuren	10—200	Polymerisation unter verschiedenen Bedingungen	Helv. chim. Acta **12**, 1107 (1929)

oxyde, Polyacrylsäuren hergestellt werden. In anderen Fällen kann man durch Spaltung der hochmolekularen Verbindungen unter verschiedenen Bedingungen zu einer polymerhomologen Reihe von Spaltprodukten kommen. So wurden z. B. aus hochmolekularen Polyoxymethylenen die polymerhomologen Polyoxymethylen-diacetate und Polyoxymethylen-dimethyläther erhalten.

In derselben Weise kann man aus hochmolekularen Naturprodukten durch Spaltung unter verschiedenen Bedingungen Reihen von polymerhomologen Verbindungen gewinnen. So ist z. B. eine polymerhomologe Reihe von Polyprenen durch Erhitzen von Lösungen von Kautschuk oder Balata zugänglich. Eine polymerhomologe Reihe von Celluloseacetaten wurde aus Cellulose durch mehr oder weniger intensive Einwirkung von Essigsäureanhydrid bei Gegenwart von Chlorzink oder Schwefelsäure als Katalysatoren gewonnen. In der Tabelle 6 sind die bisher hergestellten polymerhomologen Reihen angeführt und angegeben, welchen Polymerisationsgrad die dargestellten Verbindungen besitzen.

Die hochmolekularen Naturprodukte *Kautschuk und Cellulose* stellen die *Endglieder* der betreffenden polymerhomologen Reihen dar. Sie sind die Produkte, deren Konstitution aufgeklärt werden soll. Sie liefern Lösungen hoher Viscosität, wenn sie sich überhaupt lösen. Zu ihrer Konstitutionsaufklärung ist notwendig, daß man bei den hemikolloiden Gliedern der betreffenden polymerhomologen Reihen den Bau und das Molekulargewicht bestimmt; dabei benutzt man dieselben Methoden wie zur Konstitutionsaufklärung der niedermolekularen Stoffe. Bei diesen Verbindungen werden dann weiter Zusammenhänge zwischen Molekulargewicht und physikalischen Eigenschaften, vor allem der Viscosität der Lösungen ermittelt. Nun sind die Hemikolloide durch Übergänge kontinuierlich mit den Eukolloiden verbunden. Durch Vergleich der physikalischen und chemischen Eigenschaften der einzelnen Vertreter der polymerhomologen Reihen und durch Berücksichtigung der Darstellungsbedingungen derselben erhält man Kenntnis vom Bau der Eukolloide und kann deren Molekülgröße bestimmen.

Wenn solche polymerhomologen Reihen nicht hergestellt sind, dann läßt sich über den Bau und die Molekülgröße des betreffenden hochmolekularen Produktes nichts aussagen. Dies ist bei vielen Naturprodukten, z. B. den Eiweißstoffen, der Fall. Hier ist also die Frage noch nicht gelöst, ob die Teilchengewichte, die nach verschiedenen Methoden bestimmt sind, normale oder koordinative Molekulargewichte wiedergeben, oder ob sie Micellgewichte sind.

C. Konstitutionsaufklärung der Hemikolloide.

I. Darstellung und Eigenschaften der Hemikolloide.

Eine der wichtigsten Beobachtungen bei der Konstitutionsaufklärung der hochmolekularen Naturprodukte wie der synthetischen Produkte war die Auffindung der Hemikolloide. Diese Produkte vom Molekulargewicht 1000—10000 stehen den gewöhnlichen niedermolekularen Stoffen nahe, haben auch ähnliche Eigenschaften und ein ähnliches Verhalten wie diese; es sind in der Regel pulvrige Körper, die sich ohne zu quellen leicht lösen und dabei niederviscose Lösungen liefern.

Synthetisch kann man diese Hemikolloide durch Polymerisation von ungesättigten Verbindungen mit Katalysatoren oder bei höherer Temperatur erhalten. So entstehen durch Polymerisation von Styrol in Gegenwart von Zinntetrachlorid[1] und ähnlichen Metallhalogeniden oder mit Floridaerde[2] hemikolloide Produkte, während ohne Katalysatoren bei tiefer Temperatur sich das eukolloide Produkt bildet. Da sehr viele ungesättigte Verbindungen nur in Gegenwart von Katalysatoren polymerisieren, z. B. das Isobutylen[3], das Inden[4], das Anethol[5], so sind von diesen nur hemikolloide Polymerisationsprodukte bekannt, während die Eukolloide fehlen. Aus den hochmolekularen Naturprodukten, wie Kautschuk, Balata, Cellulose und Stärke, werden Hemikolloide durch Abbau erhalten. Kautschuk und Balata können durch Erhitzen in hochsiedenden Lösungsmitteln je nach der Temperatur zu mehr oder weniger großen Bruchstücken abgebaut werden[6].

Hemikolloide Acetylcellulosen[7], die Polytriacetylcelloglucan-diacetate[8], vom Polymerisationsgrad 3—30 kann man leicht dadurch herstellen, daß man das Acetylierungsgemisch, also Essigsäureanhydrid und Essigsäure bei Gegenwart von Schwefelsäure resp. Chlorzink als Katalysatoren genügend lange auf Cellulose einwirken läßt. Beim Acetylieren tritt ein starker Abbau der Cellulose ein, der schließlich zu hemikolloiden Produkten führt. Durch Verseifen dieser hemikolloiden Acetylcellulosen kann man hemikolloide Cellulosen[9] erhalten (Cellodextrine oder Polycelloglucan-dihydrate). Hemikolloide Nitrocellulosen (Polytrinitrocelloglucan-dinitrate) kann man nicht durch längere Einwirkung des Nitrierungsgemisches auf Cellulose erhalten, da merkwürdigerweise kein Abbau eintritt. Die hemikolloiden Nitrocellulosen werden durch Nitrieren der hemikolloiden Cellulosen gewonnen[10].

Es ließ sich bei diesen hemikolloiden Produkten zeigen, daß sie langgestreckte Kettenmoleküle besitzen und daß 10, 100 und mehr Grundmoleküle in der Kette gebunden sind. Zum erstenmal gelang die einwandfreie Konstitutionsaufklärung eines Hemikolloids bei den Polyoxymethylenen[11], da bei diesen besonders einfache Verhältnisse vorliegen.

II. Molekulargewichtsbestimmungen bei Hemikolloiden[12].

Als Hemikolloide werden Produkte bis zu einem Molekulargewicht von ca. 10000 bezeichnet, weil man Teilchengrößenbestimmungen bis zu dieser

---

[1] Vgl. Ber. Dtsch. Chem. Ges. **62**, 241 (1929).

[2] Vgl. LEBEDEW u. E. P. FILONENKO: Ber. Dtsch. Chem. Ges. **58**, 163 (1925).

[3] Vgl. H. STAUDINGER u. M. BRUNNER: Helv. chim. Acta **13**, 1375 (1930).

[4] Vgl. H. STAUDINGER, A. ASHDOWN, M. BRUNNER, H. A. BRUSON u. S. WEHRLI: Helv. chim. Acta **12**, 934 (1929).

[5] Vgl. H. STAUDINGER u. M. BRUNNER: Helv. chim. Acta **12**, 972 (1929).

[6] Vgl. H. STAUDINGER u. H. F. BONDY: Liebigs Ann. **468**, 1 (1929).

[7] Vgl. H. STAUDINGER u. H. FREUDENBERGER: Ber. Dtsch. Chem. Ges. **63**, 2331 (1930). Vgl. auch Vierter Teil, A. III. 1.

[8] Über die Nomenklatur vgl. Ber. Dtsch. Chem. Ges. **63**, 2316 (1930).

[9] Vgl. H. STAUDINGER u. O. SCHWEITZER: Ber. Dtsch. Chem. Ges. **63**, 3132 (1930). Vgl. auch Vierter Teil, B. II.

[10] Vgl. Vierter Teil, D. III.

[11] Vgl. H. STAUDINGER u. M. LÜTHY: Helv. chim. Acta **8**, 41 (1925).

[12] Für die Molekulargewichtsbestimmung müssen die Stoffe durch häufiges Umfällen aus reinen Lösungsmitteln gereinigt und dann Proben von 1—3 g im Hochvakuum bis zur

Größe nach der kryoskopischen Methode oder auch nach der chemischen Methode durch Endgruppenbestimmung durchführen kann. Man könnte fragen, ob die kryoskopische Methode bei der langgestreckten Gestalt der Moleküle noch einwandfrei ist, denn z. B. Polyprene vom Molekulargewicht 10000 haben einen Polymerisationsgrad von 150 und damit eine Kettenlänge von ca. 670 Å bei einem Durchmesser der Moleküle von 3 Å. Jedoch wurde bei einigen Produkten nachgewiesen, z. B. bei Polyoxymethylen-dimethyläthern[1] vom Polymerisationsgrad 100 (Molekulargewicht 3000) und bei Polyäthylenoxyd-diacetaten[2] vom Polymerisationsgrad 230 (Molekulargewicht 10000), daß die Feststellung des Molekulargewichts nach der kryoskopischen Methode und auf chemischem Wege durch Bestimmung der Endgruppen zu übereinstimmenden Ergebnissen führt.

Als obere Grenze für die Hemikolloide wurde, wie schon ausgeführt, das Molekulargewicht ca. 10000 angenommen, weil man höhere Molekulargewichte nach der kryoskopischen Methode nicht mehr einwandfrei bestimmen kann; die Schmelzpunktsdepressionen werden bei zu hohen Molekulargewichten zu gering. Unter der Annahme, daß der Gefrierpunkt von höchstens 3 proz. Lösungen bestimmt wird, ergeben sich für einige wichtige Lösungsmittel folgende Depressionen (Tabelle 7).

Tabelle 7. Gefrierpunktsdepressionen bei Molekulargewicht 1000 und 10000.

Mol.-Gew.	Wasser Grad	Benzol Grad	Campher Grad
1000	0,056	0,154	1,2
10000	0,0056	0,0154	0,12

Die Depressionen bei einem Molekulargewicht von 10000 sind also genügend groß, so daß man hauptsächlich dann, wenn man das Mittel mehrerer Bestimmungen nimmt, zuverlässige Werte erhält.

Man könnte nun daran denken, die Genauigkeit der Messungen dadurch zu erhöhen, daß man den Gefrierpunkt von konzentrierteren Lösungen bestimmt. Aber solche konzentrierteren Lösungen darf man gerade bei den höhermolekularen Produkten nicht anwenden, da dann nicht mehr Sollösungen vorliegen, sondern Gellösungen[3]. Folgende Tabelle 8 zeigt die Grenzkonzentration für eine Reihe von Produkten vom Molekulargewicht 1000 und 10000.

Daraus ersieht man, daß man gerade bei Stoffen mit sehr langen Fadenmolekülen, wie z. B. bei den Polyprenen, richtige Molekulargewichtsbestimmungen nur in verdünnten Lösungen ausführen kann, und daß man in um so verdünnterer Lösung arbeiten muß, je länger die Moleküle des betreffenden Stoffes sind. Hierin besteht eine prinzipielle Schwierigkeit für die Teilchengrößenbestimmung von Hochmolekularen, die auch für die Diffusionsmethode und die osmotische Methode gilt. Beide Methoden wurden bisher nicht angewandt, weil die Hemikolloide Gemische von Polymerhomologen sind. Für Messungen nach der kryoskopischen Methode spielt dieser Umstand keine Rolle, da man die Durchschnitts-

---

Gewichtskonstanz getrocknet werden. Es empfiehlt sich, mit möglichst kleinen Mengen zu arbeiten; denn nur solche kann man leicht und zuverlässig reinigen und trocknen. Vgl. H. STAUDINGER u. A. A. ASHDOWN: Ber. Dtsch. Chem. Ges. **63**, 717 (1930).

[1] Vgl. Zweiter Teil, B. II. 1.
[2] Vgl. Zweiter Teil, C. IV. 3.
[3] Vgl. Erster Teil, G. IV.

Tabelle 8. Grenzkonzentrationen für Molekulargewichtsbestimmungen.

Substanz	Durchschnittsmolekulargewicht	Durchschnittspolymerisationsgrad	Kettenlänge in Å	Grenzkonzentration, Übergang einer echten Lösung in eine Gellösung in Proz.
Polypren:				
Länge des Grundmoleküls 4,5 Å,	1000	15	67	16
Durchmesser 3,0 Å	10000	150	670	1,6
Polystyrol:				
Länge des Grundmoleküls 2,5 Å,	1000	10	25	23
Durchmesser 15,0 Å	10000	100	250	2,3
Polycelloglucan-dihydrat:				
Länge des Grundmoleküls 5,2 Å,	1000	6	31	29
Durchmesser 7,5 Å	10000	60	312	2,9
Poly-triacetylcelloglucan-diacetat:				
Länge des Grundmoleküls 5,2 Å,	1000	3,5	18	65
Durchmesser 10,0 Å	10000	35	180	6,5

molekulargewichte danach bestimmen kann. Mit Hilfe der Diffusionsmethode werden aber keine brauchbaren Werte erhalten; denn die kleinen Moleküle des Gemisches diffundieren rascher als die großen[1]. Auch nach der osmotischen Methode kann man die Teilchengröße der Hemikolloide nicht ermitteln, da dünne, fadenförmige Moleküle auch beträchtlicher Länge durch die feinen Poren einer Membran hindurchdiffundieren können. Für osmotische Versuche liegen hier ganz andere Verhältnisse vor als bei Suspensoiden mit kugelförmigen Kolloidteilchen, die von einer bestimmten Größe ab durch Membranen nicht mehr diffundieren können.

Die wichtigste Frage für die Konstitutionsaufklärung der Hemikolloide ist die Entscheidung, ob die auf kryoskopischem Wege ermittelten Teilchengewichte tatsächlich Molekulargewichte oder aber Micellgewichte darstellen, oder ob sie Gewichte koordinativer Moleküle sind. Diese Entscheidung kann nach den früheren Ausführungen[2] nur auf chemischem Wege erfolgen. Die im folgenden beschriebenen Untersuchungen zeigen, daß bei homöopolaren Verbindungen Molekulargewichte und nicht Micellgewichte festgestellt worden sind.

III. Überführung der Hemikolloide in Verbindungen bekannter Konstitution.

Die unbekannte Konstitution eines Stoffes läßt sich am leichtesten dadurch aufklären, daß man ihn durch übersichtliche Reaktionen in einen anderen bekannter Konstitution überführt. So gelingt es z. B., Polyvinylchlorid und Polyvinylbromid[3] in hochmolekulare Paraffine vom Durchschnittsmolekulargewicht ca. 2000 überzuführen. Ein solches Paraffin enthält ca. 140 Kohlenstoffatome in der Kette; dadurch ist erwiesen, daß in den genannten hochmolekularen Produkten mindestens 70 Grundmoleküle in einer langen Kette gebunden sind. Diese Überführung von Polymeren in hochmolekulare Paraffine ist der einfachste und

---

[1] Vgl. dazu H. Brintzinger u. W. Brintzinger: Ztschr. f. anorg. u. allg. Ch. **196**, 50 (1931).

[2] Vgl. S. 37.

[3] Staudinger, H., M. Brunner u. W. Feisst: Helv. chim. Acta **13**, 805 (1930).

übersichtlichste Nachweis dafür, daß eine Verkettung sehr zahlreicher Einzelmoleküle zu langen Molekülen stattgefunden hat. Da beim Erhitzen der hochmolekularen Produkte neben der Reduktion zu Kohlenwasserstoffen in der Regel auch ein Abbau eintritt, so ist daraus noch nicht ersichtlich, ob die Kolloidteilchen mit den Molekülen identisch sind. Denn es müßte dann das Reduktionsprodukt eine dem Ausgangsprodukt entsprechende Molekülgröße besitzen.

Bei einem relativ niedermolekularen Polyvinylacetat vom Polymerisationsgrad 30 (60 Kettenkohlenstoffatome) wurden bei der Reduktion mit Jodwasserstoff und rotem Phosphor Paraffine erhalten, deren höchstmolekulare Fraktionen ein Molekulargewicht von 930 haben. Ein solches Paraffin enthält 66 Kohlenstoffatome. Daraus kann man schließen, daß in dem Polyvinylacetat Produkte enthalten sind, deren Fadenmoleküle aus 33 Grundmolekülen aufgebaut sind[1]. Die Konstitution dieser hochmolekularen Paraffine ist dabei durch einen Vergleich mit dem Dimyricyl, also einem hochmolekularen Paraffin bekannter Zusammensetzung, gesichert[2]. Hier ist also die Reduktion unter Erhaltung der Kettenlänge gelungen.

Analog sollte man auch Einblick in die Konstitution von hemikolloiden Abbauprodukten des Nor-Kautschuks erhalten, denn auch hier müßten hochmolekulare Paraffine bei der Reduktion gewonnen werden. Dies ließ sich aber noch nicht realisieren. Wahrscheinlich ist der Nor-Kautschuk nicht aus einfachen Fadenmolekülen mit regelmäßiger Anordnung der Doppelbindung in der Kette aufgebaut, sondern die Polymerisation von Butadien führt zu komplizierter gebauten Polymeren[3].

IV. Umwandlung der Hemikolloide unter Erhaltung der Kettenlänge.

Ein Teilchen, dessen Größe man durch physikalische Methoden ermittelt hat, ist mit dem Molekül identisch, wenn nachgewiesen werden kann, daß die Größe dieses Teilchens bei chemischen Reaktionen sich in der der Reaktion entsprechenden Weise ändert. Ganz besonders günstige Untersuchungsverhältnisse liegen bei ungesättigten Verbindungen vor. Wenn z. B. bei der Reduktion eines ungesättigten Kohlenwasserstoffes das Kohlenstoffgerüst des Reduktionsproduktes gleich geblieben ist, so ist die zuvor ermittelte Teilchengröße ihr Molekulargewicht. Bei den hemikolloiden Kohlenwasserstoffen, den Polystyrolen[4] und den Polyindenen[5], gelingt es, diese durch katalytische Hydrierung in die entsprechenden Hexahydroderivate überzuführen, so daß die Teilchengröße des Reduktionsproduktes dieselbe ist wie die des Ausgangsproduktes[6]. Dies wurde kryoskopisch festgestellt, ferner durch Bestimmung der Viscosität des reduzierten und des unreduzierten Produktes. Da die Viscosität beider Produkte

---

[1] Vgl. H. STAUDINGER u. A. SCHWALBACH: Liebigs Ann. **488**, 11 (1931).

[2] Vgl. auch die röntgenographischen Untersuchungen dieser Paraffine von J. HENGSTENBERG: Ztschr. f. Krystallogr. **67**, 583 (1928).

[3] Möglicherweise treten dabei Verkettungen zwischen den einzelnen Fadenmolekülen ein unter Bildung von dreidimensionalen Makromolekülen.

[4] STAUDINGER, H., u. V. WIEDERSHEIM: Ber. Dtsch. Chem. Ges. **62**, 2406 (1929).

[5] Vgl. H. STAUDINGER, H. JOHNER, G. SCHIEMANN u. V. WIEDERSHEIM: Helv. chim. Acta **12**, 962 (1929).

[6] Die Vergrößerung des Molekulargewichts durch die Anlagerung von Wasserstoff ist so unbedeutend, daß sie sich der Beobachtung entzieht.

in gleicher Konzentration ungefähr die gleiche ist, so ist dies ein Zeichen, daß die Moleküllänge sich bei der Reduktion nicht geändert hat; denn Moleküle gleicher Kettenlänge zeigen nach den Viscositätsgesetzen[1] in gleicher Konzentration die gleiche spez. Viscosität, unabhängig davon, ob gesättigte oder ungesättigte Gruppen im Molekül vorhanden sind (vgl. Tabelle 9).

Tabelle 9. Hydrierung von Poly-styrolen in Methyl-cyclohexan-Lösung mit Nickel bei 200°[2].

| Durchschnittsmolekulargewicht | | Ausflußzeiten einer 2 gd-mol. Benzollösung im OSTWALDschen Viscosimeter in Sekunden bei 20° (Benzol = 20,8 sec) | | | |
| | | | Poly-hexahydro-styrole | | |
Poly-styrole	Poly-hexahydro-styrole	Poly-styrole	1 mal umgefällt	2 mal umgefällt	3 mal umgefällt
1800	1800 1 mal umgefällt	70,3	71,8	—	—
1800	1800 1 mal umgefällt	70,3	70,6	—	—
3000	3300 3 mal umgefällt	96,8	—	—	114,3
5000	4500 2 mal umgefällt	143,0	128,9	142,2	—
5000	4500 2 mal umgefällt	143,0	123,4	139,7	—
5000	4100 3 mal umgefällt	143,0	123,4	133,5	146,2

Die Umwandlung von Polystyrolen und Polyindenen mit einem bestimmten Durchschnittsmolekulargewicht in Hexahydroderivate, die das entsprechende Durchschnittsmolekulargewicht haben, zeigt, daß die Teilchen ohne Veränderung der Größe in Reaktion getreten sind. Die Teilchengewichte stellen mit anderen Worten die wirklichen Molekulargewichte und nicht etwa Micellgewichte dar. Bei einem micellaren Bau der Teilchen hätte man erwarten sollen, daß sich die Teilchengröße bei der Reduktion ändert; denn die micellbildenden Nebenvalenzkräfte, die von einem ungesättigten Molekül ausgehen, sind andere als die von einem gesättigten Molekül. Dies ist einer der ersten und wichtigsten Beweise für die Konstitution der hemikolloiden Kohlenwasserstoffe.

V. Konstitutionsbeweis durch Endgruppenbestimmung.

In homologen Reihen, z. B. bei Paraffinderivaten, wird die charakteristische Gruppe im Molekül, wie die Hydroxylgruppe bei Alkoholen oder die Carboxylgruppe bei Säuren, zur Molekulargewichtsbestimmung benützt. So wird die Molekülgröße der Monocarbonsäuren am einfachsten aus dem Silbergehalt der Silbersalze berechnet. Der Anteil dieser Gruppe am Molekül wird in homologen Reihen mit steigendem Molekulargewicht immer geringer. Gerade der Umstand, daß bei zahlreichen homologen organischen Verbindungen die Molekülgröße, die sich chemisch durch Bestimmung einer charakteristischen Endgruppe des Moleküls ergab, mit der auf physikalischem Wege gefundenen übereinstimmte, führte früher zu der Erkenntnis, daß die kleinsten Teile der organischen Verbindungen Moleküle einer wohldefinierten Größe und einer bestimmten Bauart sind.

Die hochmolekularen Substanzen besitzen, soweit sie untersucht sind, Fadenmoleküle. Die Endgruppen dieser Fadenmoleküle sind in den meisten Fällen,

---

[1] Vgl. Erster Teil, D. VII.

[2] Bei der hohen Reduktionstemperatur ist ein kleiner Teil der Moleküle verkrackt worden, der dann durch Fraktionierung entfernt wird. Deshalb ist die Viscosität nach mehrmaligem Umfällen höher als nach einmaligem.

hauptsächlich in den Naturprodukten, noch nicht bekannt[1]. Bei synthetischen Polymeren gelingt es, Stoffe herzustellen, deren Endgruppen analytisch nachweisbar sind. So können z. B. durch Spaltung von hochpolymeren Polyoxymethylenen mit Essigsäureanhydrid resp. mit Methylalkohol und Schwefelsäure Polyoxymethylen-diacetate resp. Polyoxymethylen-dimethyläther hergestellt werden. Bei diesen kann die charakteristische Endgruppe, die Acetylgruppe bzw. die Methoxylgruppe, bestimmt werden. Es ergibt sich dabei, daß das kryoskopisch ermittelte Molekulargewicht bei diesen Verbindungen mit dem durch Bestimmung der Endgruppen ermittelten identisch ist. Es konnte auf diesem Wege zum erstenmal nachgewiesen werden, daß in hochmolekularen Verbindungen zahlreiche — bis 100 — Einzelmoleküle zu langen Fadenmolekülen vereinigt sind[2] (vgl. Tabelle 10a und 10b).

Tabelle 10a. Polyoxymethylen-diacetate.

Polymeri-sationsgrad a	Formaldehydgehalt		Essigsäure-anhydrid-gehalt		Mol.-Gew.	
	berechnet%	gefunden%	berechnet%	gefunden%	chemisch	kryoskopisch
5	59,5	59,4	40,5	40,4	252	248
11	76,4	76,6	23,6	23,1	432	—
16	82,5	82,3	17,5	17,2	582	570
20	85,5	85,2	14,5	14,5	702	—
25	88,1	87,6	11,9	10,0	852	—
35	91,3	91,0	8,7	9,1	1152	1170

Tabelle 10b. Polyoxymethylen-dimethyläther.

Polymeri-sationsgrad	Formaldehydgehalt		Methyläthergehalt		Mol.-Gew.	
	berechnet %	gefunden %	berechnet %	gefunden %	chemisch gefunden	kryoskopisch gefunden
6	79,6	79,2	20,4	18,5	226	240
11	87,8	86,9	12,2	12,4	376	360
13	89,5	89,7	10,5	10,7	436	445
23	93,7	92,7	6,3	5,5	736	650
33	95,5	94,8	4,5	4,1	1036	1010
50	97,0	97,1	3,0	2,9	1546	1610
80	98,1	98,0	1,9	1,9	2446	2490
90	98,3	98,2	1,7	1,8	2746	2830
100	98,5	98,4	1,5	1,6	3046	2950

Durch Polymerisation von Äthylenoxyd[3] kann man eine polymerhomologe Reihe von Polyäthylenoxyd-dihydraten erhalten. Das Molekulargewicht dieser Produkte läßt sich in Benzol oder Dioxan bestimmen. Durch Acetylieren der Dihydrate werden Polyäthylenoxyd-diacetate erhalten, die am Ende der Kette Acetylgruppen tragen. Letztere können nach normalen Methoden bestimmt werden, und so ergibt sich eine Methode der Molekulargewichtsbestimmung auf chemischem Wege. Die kryoskopisch und die durch Endgruppenbestimmung ermittelten Molekulargewichte stimmen überein. So hat man auch hier einen

---

[1] Bei den von W. N. HAWORTH, Ber. Dtsch. Chem. Ges. **65**, A. 43 (1932), untersuchten Methylcellulosen, deren Endgruppen bestimmt worden waren, handelt es sich um abgebaute Produkte.

[2] Vgl. Zweiter Teil, B. II. 1.   [3] Vgl. Zweiter Teil, C. IV.

Beweis, daß die kryoskopisch festgestellte Teilchengröße das tatsächliche Molekulargewicht dieser Verbindung ist. Man kann nachweisen, daß bei den Polyäthylenoxyden bis zu 300 Grundmoleküle in einer Kette gebunden sein können[1].

Bei Polytriacetylcelloglucan-diacetaten (abgebaute Triacetylcellulosen) kann man die Endgruppe nach der BERGMANN-MACHEMERschen Methode durch Titration mit Jod bestimmen[2]. Niedermolekulare Celluloseacetate bis zu einem Molekulargewicht von ca. 3500 sind in Dioxan löslich; bei diesen läßt sich das Molekulargewicht kryoskopisch bestimmen. Folgende Tabelle 12 zeigt, daß das nach der physikalischen Methode bestimmte Molekulargewicht auch hier mit dem auf chemischem Wege ermittelten übereinstimmt[3]. Mit anderen Worten: es sind abgebaute Triacetylcellulosen in verdünnter Lösung molekulardispers gelöst.

Tabelle 11. Polyäthylenoxyde.

| Kryoskopisches Mol.-Gew. | | Acetylgehalt | Mol.-Gew. aus Acetylgehalt berechnet |
Dihydrate	Diacetate	%	
410	—	17,6	400
900	860	8,4	940
1210	1550	4,6	1750
3000	—	2,6	3200
5900	5500	1,3	6500
—	9200	0,9	9300
11800	—	0,62	13800

Tabelle 12. Poly-triacetylcelloglucan-diacetate.

| Kryoskopische Bestimmung | | Titrimetrische Bestimmung nach BERGMANN-MACHEMER | | |
Mol.-Gew.	K_m	Jodzahl	Mol.-Gew.	K_m
2890	$12{,}8 \cdot 10^{-4}$	5,01	4000	$9{,}3 \cdot 10^{-4}$
2490	11,0 „	7,08	2820	9,7 „
2390	12,2 „	7,08	2820	10,3 „
1810	11,0 „	9,41	2120	9,4 „
1520	12,0 „	11,58	1730	10,4 „
1420	10,3 „	14,60	1370	10,7 „
1290	12,2 „	14,06	1420	11,0 „
1150	11,7 „	20,03	1000	13,4 „
Mittelwerte	$11{,}6 \cdot 10^{-4}$			$10{,}5 \cdot 10^{-4}$

Wenn man nach dieser Methode durch Endgruppenbestimmung das Molekulargewicht eines hochmolekularen Stoffes feststellen will, dann muß natürlich nachgewiesen sein, daß die Fremdgruppe im Molekül wirklich die Endgruppe ist; das ist in der Regel nur möglich, wenn eine polymerhomologe Reihe von Verbindungen vorliegt. Weiter muß der Nachweis geführt sein, daß der Stoff polymereinheitlich ist, d. h. daß sämtliche Moleküle des vorliegenden polymerhomologen Gemisches dieselben Endgruppen tragen. Ist dies nicht der Fall, so wird das Molekulargewicht infolge der zu geringen Menge der Endgruppen höher berechnet, als es in Wirklichkeit ist.

Die Ermittlung des Molekulargewichts durch Bestimmung der Endgruppen ist bisher nur in wenigen, besonders günstigen Fällen möglich gewesen; sie versagt

---

[1] Vgl. Zweiter Teil, C. IV.

[2] BERGMANN, M., u. H. MACHEMER: Ber. Dtsch. Chem. Ges. **63**, 316 (1930).

[3] Versuche von H. FREUDENBERGER.

z. B. bei Kohlenwasserstoffen wie den Polystyrolen[1], Polyindenen[2], Polyprenen[3], weil sich an den Fadenmolekülen dieser Verbindungen bisher keine charakteristischen Endgruppen nachweisen ließen.

VI. Konstitutionsaufklärung hochmolekularer unlöslicher Verbindungen[4].

Es gibt eine Reihe hochpolymerer Stoffe, die unlöslich sind und die bei dem Versuch, eine Lösung herzustellen oder lösliche Derivate zu gewinnen, weitgehend zersetzt und abgebaut werden, z. B. die hochmolekularen Polyoxymethylene. Solche Stoffe sind als *ein-aggregatige* Stoffe bezeichnet worden, da sie nur im festen Zustand existenzfähig sind[5]. Man sollte annehmen, daß bei krystallisierten hochmolekularen Verbindungen durch röntgenographische Untersuchung die Molekülgröße ermittelt werden könnte; denn die Abstände der Atome, die durch „Hauptvalenzgitterkräfte"[6] gebunden sind, sind wesentlich geringer als die Abstände der Atome, die durch „Molekülgitterkräfte" in Verbindung stehen. Die Abstände der Atomschwerpunkte der Kohlenstoff-, Sauerstoff-, Stickstoffatome vom Schwerpunkt des Nachbaratoms betragen bei chemischer Bindung ungefähr 1,5 Å, während die Abstände der Atome, die im Krystall durch Molekülgitterkräfte in Beziehung stehen, ca. 4—5 Å betragen. Die Röntgenuntersuchung kann aber, wie oben ausgeführt, gerade über die wichtigste Frage, die Molekülgröße, keinen Entscheid bringen; denn die Moleküle der hochmolekularen Naturstoffe, wie des Kautschuks und der Cellulose, sind viel zu lang, als daß man ihre Größe, auch wenn sie alle einheitlich lang wären, durch Röntgenuntersuchungen bestimmen könnte. Eine weitere Schwierigkeit besteht darin, daß die hochmolekularen Stoffe nicht einheitlich lange Moleküle besitzen, sondern Gemische von Polymerhomologen darstellen; sie bilden kein Molekülgitter, sondern ein *Makromolekülgitter*[7]; es sind also keine Reflexionsebenen, die den Moleküllängen entsprechen, vorhanden.

In manchen Fällen hat man aber die Möglichkeit, den Durchschnittspolymerisationsgrad auch von unlöslichen Stoffen zu bestimmen, nämlich dann, wenn polymerhomologe Reihen von Verbindungen vorliegen, von denen die niederen Glieder löslich sind. Bei den löslichen Verbindungen bestimmt man das Molekulargewicht; man kann dann die Änderung der physikalischen Eigenschaften wie Schmelzpunkt, Löslichkeit, spez. Gewicht von einem Glied zum andern ver-

---

[1] Vgl. Zweiter Teil, A. V. 4. 5. 6.

[2] WHITBY u. KATZ: Journ. Amer. Chem. Soc. **50**, 1160 (1928) [vgl. auch W. GALLAY: Kolloid-Ztschr. **57**, 1 (1931)] nehmen an, daß die Polyindene am Ende der Kette eine Doppelbindung haben, da sie der Meinung sind, daß bei der Polymerisation 1 Molekül unter Wasserstoffwanderung sich an ein anderes anlagere usw. Diese Annahme über die Bildung von Polymeren ist unrichtig; ein der Moleküllänge entsprechender Gehalt an Doppelbindungen am Ende der Kette konnte nicht mit Sicherheit nachgewiesen werden (vgl. Zweiter Teil, A. V. 6.).

[3] Vgl. die Arbeiten von R. PUMMERER: Kolloid-Ztschr. **53**, 75 (1930) — Ber. Dtsch. Chem. Ges. **64**, 809 (1931) und die Entgegnungen. — STAUDINGER, H.: Kolloid-Ztschr. **54**, 129 (1931) — Ber. Dtsch. Chem. Ges. **64**, 1407 (1931).

[4] Die Konstitutionsaufklärung der unlöslichen Polymeren wird hier behandelt, weil sie in allen Fällen so erfolgt, daß diese Stoffe mit relativ niedermolekularen löslichen Produkten der gleichen Reihe verglichen werden.

[5] STAUDINGER, H.: Liebigs Ann. **474**, 168 (1929).

[6] Vgl. H. STAUDINGER: Ber. Dtsch. Chem. Ges. **59**, 3027 (1926).

[7] Vgl. H. STAUDINGER u. R. SIGNER: Ztschr. f. Krystallogr. **70**, 202 (1929).

gleichen[1]. Infolge der Zunahme der zwischenmolekularen Kräfte mit zunehmender Kettenlänge steigt nach den allgemeinen Erfahrungen der organischen Chemie der Schmelzpunkt, während die Löslichkeit abnimmt. Ferner nimmt das spez. Gewicht mit zunehmendem Polymerisationsgrad zu, da die Zahl der größeren zwischenmolekularen Abstände der Molekülenden zugunsten der dichteren Hauptvalenzbindungen abnimmt. Aus den physikalischen Eigenschaften eines unlöslichen Hochpolymeren läßt sich der ungefähre Durchschnittspolymerisationsgrad desselben abschätzen, wenn man die Änderung der physikalischen Eigenschaften mit zunehmendem Polymerisationsgrad vergleicht, z. B. dadurch, daß man den Schmelzpunkt in Abhängigkeit vom Polymerisationsgrad graphisch darstellt.

Bei den Polyoxymethylenen kommt man so durch einen Vergleich der physikalischen Eigenschaften der niederen Glieder der polymerhomologen Reihe, deren Molekulargewicht bestimmt werden kann, mit denen der unlöslichen Produkte zu dem Resultat, daß in letzteren im Durchschnitt 100 Formaldehydgruppen im Molekül gebunden sind[2].

Daß ein unlösliches Polymeres aber auch einen niederen Polymerisationsgrad haben kann, zeigt folgendes Beispiel. Bei einem unlöslichen Polycyclopentadien ergibt sich der Polymerisationsgrad 6 durch Vergleich seiner physikalischen Eigenschaften mit denen der löslichen Verbindungen[3] vom Polymerisationsgrad 2—5, bei denen dieser nach der kryoskopischen Methode bestimmt werden konnte[4] (vgl. Tabelle 13).

Tabelle 13. Die Polycyclopentadiene.

Formel	Mol.-Gew. ber.	Mol.-Gew. gef.	Schmelzpunkt Grad	Siedepunkt	Löslichkeit in organischen Lösungsmitteln	Reaktionsfähigkeit
Cyclopentadien $[C_5H_6]$ . . .	66		—85	40°, 760 mm	Mischbar	Sehr reaktionsfähig
Di-cyclopentadien $[C_5H_6]_2$ . .	132		32	69°, 12 mm	Sehr leicht	
Tri-cyclopentadien $[C_5H_6]_3$.	198	198	66*	110°, 3 mm	Leicht	
Tetra-cyclopentadien $[C_5H_6]_4$	264	268	190	160°, 1 mm	Schwer	
Penta-cyclopentadien $[C_5H_6]_5$	330	322	270	Sublimiert bei 1 mm	Sehr schwer	
Poly-cyclopentadien $[C_5H_6]_x$. ($x = 6$)	—	—	373	Zersetzt	Unlöslich	Sehr reaktionsträg

Ganz besonders günstig schien sich die Bestimmung des Molekulargewichts in den Fällen zu gestalten, in denen die langen Fadenmoleküle der unlöslichen Verbindungen charakteristische Gruppen[5] an ihrem Ende besitzen, wie es bei den unlöslichen Polyoxymethylendimethyläthern (γ-Polyoxymethylen) der Fall ist. Bei den löslichen, niederen Gliedern der entsprechenden polymerhomologen

[1] Vgl. H. Staudinger u. R. Signer: Liebigs Ann. **474**, 172 (1929).

[2] Vgl. H. Staudinger u. M. Lüthy: Helv. chim. Acta 8, 41 (1925). — Vgl. Liebigs Ann. **474**, 145 (1929), ferner Zweiter Teil, B. III. 3.

[3] Über die Konstitution der Polycyclopentadiene vgl. K. Alder u. G. Stein: Liebigs Ann. **485**, 223 (1931).

[4] Vgl. H. Staudinger u. H. A. Bruson: Liebigs Ann. **447**, 97 (1926).

* Vgl. K. Alder u. G. Stein: l. c.

[5] Vgl. Zweiter Teil, B. II. 1.

Reihe kann man feststellen, daß Methoxylgruppen am Ende der Ketten gebunden sind; es wurde dann aus dem Methoxylgehalt der unlöslichen Produkte auf deren Polymerisationsgrad geschlossen, mit dem Resultat, daß bei diesen ca. 150 Formaldehydgruppen in einer Kette vereinigt sind[1].

Aber gerade die eingehenden Untersuchungen des γ-Polyoxymethylens zeigen[2], wie vorsichtig man bei solchen Schlüssen sein muß; denn es ist keine Sicherheit gegeben, daß ein unlöslicher Stoff wie das γ-Polyoxymethylen wirklich polymereinheitlich ist.

Wenn ein Vergleich einer unlöslichen hochpolymeren Verbindung mit einer löslichen von gleicher Bauart nicht möglich ist, so läßt sich über das Molekulargewicht und die Bauart der ersteren nichts aussagen; dies ist z. B. beim Cupren und beim Polyacrolein der Fall. Bei Stoffen, die *nur* in festem Zustand bekannt sind, ist also eine Konstitutionsaufklärung im Sinne der KÉKULÉschen Strukturlehre nach den heutigen Erfahrungen nicht möglich.

D. Viscositätsuntersuchungen.

I. Bedeutung der Viscositätsuntersuchungen.

Bei der Konstitutionsaufklärung der hochmolekularen Naturprodukte, des Kautschuks und der Cellulose, spielen Viscositätsuntersuchungen eine große Rolle. Es kann dadurch der Bau der Kolloidteilchen aufgeklärt werden, und es läßt sich auf diesem Weg entscheiden, ob die Kolloidteilchen der Hochmolekularen Micellen oder Makromoleküle sind. Ferner ergeben sich bei niedermolekularen Verbindungen mit Fadenmolekülen und bei Hemikolloiden einfache gesetzmäßige Zusammenhänge zwischen der Länge der Fadenmoleküle und der Viscosität ihrer Lösungen[3]. Da bei polymerhomologen Fadenmolekülen das Molekulargewicht proportional ihrer Länge ansteigt, so läßt sich das Molekulargewicht von Stoffen mit Fadenmolekülen, wie von Kautschuk und Cellulose, durch Viscositätsuntersuchungen bestimmen. Diese einfachen Zusammenhänge ergeben sich nur bei Viscositätsmessungen in sehr niederviscosen Lösungen.

In der Literatur sind sehr zahlreiche Viscositätsmessungen an kolloiden Lösungen beschrieben. Aber diese früheren Messungen wurden fast alle mit mehr oder weniger hochviscosen Lösungen ausgeführt, die gerade den Kolloidforschern besonders interessant schienen. Bei solchen Lösungen ergeben sich aber keine einfachen Zusammenhänge zwischen Viscosität und Molekulargewicht; denn so hochviscose Lösungen sind Gellösungen, in denen die langen Fadenmoleküle sich gegenseitig stören und auch assoziiert sein können. Weiter waren die früheren Vorstellungen über den micellaren Bau der hochmolekularen Stoffe hinderlich für eine Erforschung solcher Zusammenhänge, denn man nahm an, daß die hohe Viscosität der Lösung durch das Vorliegen von solvatisierten Micellen bedingt sei[4]. Vor allem sind die kolloiden Lösungen der Naturprodukte und ihrer Derivate, die

---

[1] Liebigs Ann. **474**, 216 (1929).

[2] Vgl. Zweiter Teil, B. II.

[3] Vgl. H. STAUDINGER u. W. HEUER: Ber. **63**, 222 (1930). — STAUDINGER, H.: Kolloid-Ztschr. **51**, 71 (1930) — Ztschr. f. physik. Ch. (A) **153**, 391 (1931).

[4] Vgl. z. B. K. H. MEYER u. H. MARK: Ber. Dtsch. Chem. Ges. **61**, 1945 (1928). — McBAIN: Journ. Physikal Chem. **30**, 239 (1926).

man früher untersucht hat, nicht geeignet für die Erforschung gesetzmäßiger Beziehungen; denn fast alle diese Lösungen sind sehr empfindlich und werden beim Stehen durch Einwirkung von Luftsauerstoff verändert, wie z. B. Lösungen von Cellulose in SCHWEIZERS Reagens oder Kautschuklösungen in Benzol. Dabei kann die Viscosität sinken infolge des Abbaues von Molekülen, oder ansteigen dadurch, daß Fadenmoleküle z. B. durch Sauerstoffatome zu größeren Gebilden verknüpft werden. Es können aber auch noch andere Veränderungen, besonders bei kompliziert gebauten Molekülen der Naturprodukte vor sich gehen, z. B. ein Abbau durch Spuren von Säuren. Bevor man diese Verhältnisse kannte, sprach man vom „Altern der kolloiden Lösungen" und brachte dies mit Veränderungen an Micellen in Zusammenhang. Wie wenig übersichtlich noch vor 10 Jahren diese Viscositätsphänomene waren, zeigt sich aus der Zusammenstellung im „Grundriß der Kolloidchemie" von Wo. OSTWALD[1], wo für die zeitliche Unbeständigkeit von „Emulsoiden" noch keine Erklärung gegeben werden konnte[2].

Erst Viscositätsuntersuchungen an synthetischen Polymeren, vor allem an Polystyrolen[3], Polyvinylacetaten[4], Polyäthylenoxyden[5], Polyacrylsäuren[6], u. a. brachten Aufklärung über den Bau der Kolloidteilchen als Makromoleküle[7] und über die Natur der kolloiden Lösung. Danach sind in verdünnten niederviscosen Lösungen die langen Fadenmoleküle frei beweglich; nur derartige Sollösungen können mit den Lösungen niedermolekularer Stoffe verglichen werden. In höherviscosen Lösungen stören sich die langen Fadenmoleküle; es liegen Gellösungen vor[8].

Die gesetzmäßigen Beziehungen zwischen Viscosität und Moleküllänge, die sich an den Hemikolloiden ergaben, wurden durch Viscositätsmessungen an Lösungen von einheitlichen niedermolekularen Stoffen mit Fadenmolekülen bestätigt. Merkwürdigerweise hat man früher relativ wenig Viscositätsuntersuchungen an Lösungen solcher organischen Stoffe durchgeführt. Man hat sich früher meist mit der Viscosität von reinen Flüssigkeiten oder Flüssigkeitsgemischen beschäftigt. Es wurden dabei eine Reihe von Zusammenhängen zwischen Viscosität und Molekülgröße gefunden; doch sind die Gesetzmäßigkeiten keine einfachen, da die Viscosität einer Flüssigkeit durch eine ganze Reihe von

---

[1] 7. Aufl. S. 179. 1923.

[2] Vgl. l. c. S. 191.

[3] STAUDINGER, H., u. W. HEUER: Ber. Dtsch. Chem. Ges. **62**, 2933 (1929); **63**, 222 (1930).

[4] STAUDINGER, H., u. A. SCHWALBACH: Liebigs Ann. **488**, 8 (1931).

[5] STAUDINGER, H., u. O. SCHWEITZER: Ber. Dtsch. Chem. Ges. **62**, 2395 (1929). — Vgl. weiter Zweiter Teil, C. V.

[6] STAUDINGER, H., u. E. URECH: Helv. chim. Acta **12**, 1107 (1929). — STAUDINGER, H., u. H. W. KOHLSCHÜTTER: Ber. Dtsch. Chem. Ges. **64**, 2091 (1931). — Vgl. weiter Zweiter Teil, D. II.

[7] FIKENTSCHER H., u. H. MARK [Kolloid-Ztschr. **49**, 135 (1929)] haben solche Zusammenhänge bei verschiedenen Kautschuksorten, ferner bei Acetyl- und Nitrocellulose zu erforschen versucht. Sofort nach Erscheinen dieser Arbeit bemerkte ich dazu folgendes [Ber. Dtsch. Chem. Ges. **62**, 2943 (1929)]: „H. MARK hat in grundlegenden Fragen seine Ansichten (früher Micellen, jetzt Hauptvalenzketten = Fadenmoleküle in Lösung) geändert und in wesentlichen Punkten (Hochpolymere = Gemische von Polymerhomologen, polymerhomologe Reihen usw.) sich den von mir experimentell begründeten Ansichten angeschlossen." Diese Bemerkung erfolgte nicht aus Prioritätsgründen, sondern aus folgendem methodisch wichtigen Gesichtspunkt: es läßt sich ohne Kenntnis des Verhaltens der synthetischen Polymeren nicht entscheiden, ob in Lösungen der Naturprodukte Moleküle oder Micellen vorliegen.

[8] STAUDINGER, H.: Ber. Dtsch. Chem. Ges. **63**, 929 (1930). Vgl. Erster Teil, G. IV.

Faktoren bestimmt wird. Es ist hauptsächlich schwierig, zu entscheiden, unter welchen Bedingungen die Viscosität von verschiedenen Flüssigkeiten miteinander verglichen werden kann; denn Viscositätsmessungen bei gleicher Temperatur, z. B. 20°, sind nicht unter vergleichbaren Zuständen ausgeführt[1].

Viel einfachere Verhältnisse liegen bei ganz verdünnten Lösungen vor. Dort sind die Einzelmoleküle des gelösten Stoffes durch die Moleküle des Lösungsmittels voneinander getrennt. Viscositätsmessungen bei ein und derselben Temperatur von gleichkonzentrierten Lösungen verschiedener Stoffe lassen sich untereinander vergleichen, gerade so wie die osmotischen Drucke von verdünnten Lösungen verschiedener Substanzen bei gleicher Temperatur und Konzentration miteinander in gesetzmäßiger Beziehung stehen, weil hier die Viscosität nur eine Funktion der Länge ist.

II. Ältere Viscositätsuntersuchungen.

Viscositätsuntersuchungen an Lösungen hochmolekularer Stoffe wie Kautschuk, Cellulose, Cellulosederivaten und Eiweißstoffen sind in der Literatur sehr zahlreich beschrieben. Es war dabei von jeher auffallend, daß gleichkonzentrierte Lösungen scheinbar desselben Stoffes je nach der Vorbehandlung desselben außerordentlich große Unterschiede in der Viscosität zeigen; z. B. ist eine Lösung von mastiziertem Kautschuk weit weniger viscos als eine solche von unmastiziertem. Diese Beobachtung hat je nach dem Standpunkt der Autoren in bezug auf die Natur der kolloiden Lösung eine verschiedene Deutung erfahren. Manche Autoren, wie z. B. Ost[2], Berl[3], haben die Unterschiede in der Viscosität der Lösungen von Cellulosen in Schweizers Reagens oder von Nitrocellulose oder Acetylcellulose in organischen Lösungsmitteln mit Unterschieden in der Molekülgröße der betreffenden Präparate in Zusammenhang gebracht. H. Ost spricht, wie viele Cellulosechemiker, z. B. von mehr oder weniger abgebauten Cellulosen und beurteilt den Abbau der Cellulose nach der Viscosität der Lösungen, während die meisten Forscher in den vergangenen Jahren derartige Rückschlüsse ablehnten und die Viscositätsphänomene auf Micelländerungen oder andere sekundäre Erscheinungen zurückführten[4].

Eingehende Untersuchungen über den Zusammenhang zwischen Viscosität und Teilchengröße liegen vor allem von W. Biltz vor. Derselbe hat bei verschiedenen Stärkepräparaten[5], die durch diastatischen Abbau gewonnen wurden, weiter bei einer Reihe von Gelatinesorten[6] und endlich auch bei kolloidlöslichen Farbstoffen, wie Nachtblaulösungen[7], die Teilchengröße ermittelt und Beziehungen zwischen Viscosität der Lösungen und Teilchengröße festgestellt.

---

[1] Vgl. R. Kremann: Mechanische Eigenschaften flüssiger Stoffe. Handbuch der allgemeinen Chemie 5, 273. Leipzig 1928.

[2] Ost, H.: Ztschr. f. angew. Ch. 32, 66 (1919).

[3] Berl, E., u. Büttler: Ztschr. f. Schieß- u. Sprengstoffwesen 5, 42 (1910).

[4] K. Hess führt z. B. die Unterschiede in der Viscosität von Celluloselösungen darauf zurück, daß bei den verschiedenen Präparaten durch den Reinigungsprozeß eine „Fremdhaut" mehr oder weniger entfernt wird, vgl. K. Hess u. Mitarbeiter: Ber. Dtsch. Chem. Ges. 64, 427 (1931). Vgl. dazu H. Staudinger: Ber. Dtsch. Chem. Ges. 64, 1688 (1931).

[5] Ber. Dtsch. Chem. Ges. 46, 1532 (1913) — Ztschr. f. physik. Ch. 83, 703 (1910).

[6] Ztschr. f. physik. Ch. 91, 717 (1916).

[7] Ztschr. f. physik. Ch. 73, 507 (1910).

Das Ergebnis faßt W. Biltz in folgendem Satz zusammen[1]: „wir können die Regel nunmehr als. recht allgemein und speziell von uns als für einige Farbstoffe, Dextrine und Gelatinesorten erwiesen aussprechen, daß innerhalb dieser hochdispersen Kolloide die Zähigkeit mit zunehmender Teilchengröße wächst." Die Ergebnisse der Biltzschen Versuche lassen sich in folgender Tabelle 14 zusammenfassen.

Tabelle 14.

Stoffklasse	Grenzen der gemessenen Teilchengrößen	Grenzen der relativen Viscosität
Dextrine	1200—22 000	1,034—1,545
Gelatine	5650—18 500	1,04 —1,68
Nachtblau	3600—11 000	1,12 — >2

Nach den Biltzschen Versuchen bestehen also bei den Kolloidteilchen von ganz verschiedenem Bautypus Zusammenhänge zwischen Teilchengröße und Viscosität. Bei den Dextrinen kann man aus Analogie mit anderen Polysaccharidderivaten annehmen, daß die Kolloidteilchen mit den Molekülen identisch sind. Bei der Gelatine wie bei allen Eiweißstoffen ist der Bau der Kolloidteilchen noch nicht sicher geklärt[2]. Die Kolloidteilchen des Nachtblaus endlich haben einen micellaren Bau. Hier bildet ein und dasselbe Molekül unter verschiedenen Bedingungen Micellen verschiedener Größe. Das Nachtblau ist also ähnlich wie die Seifen ein Assoziationskolloid[3]. Die hier beobachteten Viscositätsunterschiede beruhen also auf Unterschieden in der Micellgröße und nicht der Molekülgröße.

Nach diesen Resultaten ist das Bedenken mancher Forscher[4] berechtigt, daß man aus Viscositätsunterschieden von Lösungen kolloider Stoffe nicht auf Unterschiede in der Molekülgröße schließen darf. Die Unterschiede in der Viscosität von Lösungen der Cellulosesorten in Schweizers Reagens oder von verschiedenen Celluloseacetaten in organischen Lösungsmitteln könnten auch auf Unterschieden in der Größe von Micellen zurückzuführen sein. Es muß also durch chemische Untersuchungen festgestellt werden, ob die Kolloidteilchen Micellen oder Moleküle sind. Erst wenn Erfahrungen hierüber vorliegen, lassen sich Beziehungen zwischen der Viscosität und der Molekülgröße erforschen. Dabei muß besonders die Gestalt der Moleküle beachtet werden. Sind die Moleküle kugelförmig[5], so ist bei ähnlichem Bau derselben die Viscosität gleichkonzentrierter Lösungen unabhängig vom Verteilungsgrad, also unabhängig von der Größe der Moleküle. Bei einer fadenförmigen Gestalt der Moleküle ergeben sich dagegen andere, ganz einfache Beziehungen zwischen der Viscosität und der Molekülgröße, also der Kettenlänge der Moleküle.

---

[1] Zitiert aus Ztschr. f. physik. Ch. **91**, 719 (1916).

[2] Vgl. G. Boehm u. R. Signer: Helv. chim. Acta **14**, 1370 (1931).

[3] Vgl. die Einteilung der Kolloide H. Staudinger: Ber. Dtsch. Chem. Ges. **62**, 2893 (1929).

[4] Vgl. P. Karrer: Helv. chim. Acta **12**, 1148 (1929). — Hess, K., u. J. Sakurada: Ber. Dtsch. Chem. Ges. **64**, 1183 (1931). — Vgl. dazu H. Staudinger: Ber. Dtsch. Chem. Ges. **64**, 1688 (1931).

[5] Staudinger, H., u. W. Heuer: Ber. Dtsch. Chem. Ges. **63**, 222 (1930).

III. Das Viscositätsgesetz $\frac{\eta_{sp}}{c} = K_m \cdot M$.

Bei Viscositätsmessungen an Lösungen hochmolekularer Stoffe wurden nur niederviscose Lösungen untersucht, und zwar solche, die nur wenig höherviscos als das Lösungsmittel sind. Viele kolloide Lösungen hochmolekularer Substanzen sind schon in 1proz. Lösung sehr hochviscos. Sie können eine relative Viscosität von 100 und mehr haben. Man muß also in diesen Fällen mit sehr stark verdünnten Lösungen arbeiten. Bei hochmolekularen Substanzen wurden deshalb 0,01proz. oder noch verdünntere Lösungen untersucht. Steigt nämlich die relative Viscosität einer Lösung über einen bestimmten Betrag, so liegen keine Sollösungen, sondern Gellösungen vor, in denen die Moleküle sich gegenseitig behindern. Bei niedermolekularen Verbindungen hat man in höherer Konzentration noch niederviscose Lösungen, aber man darf auch hier nicht in allzu konzentrierter Lösung messen, weil sich sonst die Moleküle assoziieren können. Brauchbare Viscositätsmessungen von solchen Stoffen dürfen höchstens an 5proz. Lösungen ausgeführt werden.

Für die Viscositätsbestimmungen wurde ein Grundmolekül resp. Bruchteile oder Vielfache desselben pro 1 l gelöst und die Viscosität solcher Lösungen verglichen. Eine solche grundmolare[1] Lösung ist also in ein und derselben polymerhomologen Reihe gleichkonzentriert. Bei Paraffinen und Paraffinderivaten wurde als Grundmolekül die CH_2-Gruppe angenommen. Dort ist also eine 1,4proz. Lösung grundmolar.

Weiter wurden nicht, wie es früher geschah, die relativen Viscositäten der Stoffe untereinander verglichen, sondern die spez. Viscositäten $\eta_{sp} = \eta_r - 1$. *Die spezifische Viscosität ist die Viscositätserhöhung, die ein gelöster Stoff in einem Lösungsmittel hervorbringt*[2].

Zwischen den spez. Viscositäten verschiedener Stoffe bestehen besonders einfache Zusammenhänge. Es ergab sich, daß die spez. Viscosität gleichkonzentrierter Lösungen polymerhomologer Produkte sehr stark mit deren Molekulargewicht variiert, und zwar rufen *wenige lange Moleküle eine viel höhere Viscosität hervor als zahlreiche kurze*. Bei hemikolloiden Produkten[3], ebenso bei normalen Paraffinen[4] mit bekanntem Molekulargewicht M besteht folgende einfache Beziehung:

$$\frac{\eta_{sp}}{c} = K_m \cdot M. \tag{1}$$

Dabei ist c die Konzentration der Lösung in Grundmolaritäten; sie ist also in verschiedenen polymerhomologen Reihen verschieden. K_m ist eine für jede polymerhomologe Reihe charakteristische Konstante. Diese Gleichung hat nur Gültigkeit, wenn im Gebiet verdünnter Lösungen gearbeitet wird, so daß die Moleküle sich gegenseitig nicht stören. Jeder Stoff mit Fadenmolekülen hat in verdünnter Lösung einen bestimmten η_{sp}/c-Wert, der für denselben charak-

---

[1] Abgekürzt 1 gd-mol.

[2] Im folgenden wird kurz von der „Viscosität einer Verbindung" gesprochen; gemeint ist damit ihre spezifische Viscosität in verdünnter Lösung.

[3] STAUDINGER, H., u. W. HEUER: Ber. Dtsch. Chem. Ges. **63**, 222 (1930). — STAUDINGER, H.: Kolloid-Ztschr. **51**, 71 (1930).

[4] STAUDINGER, H., u. R. NODZU: Ber. Dtsch. Chem. Ges. **63**, 721 (1930).

teristisch ist und wesentlich von der Moleküllänge abhängt; er ändert sich nicht oder nur wenig mit der Art des Lösungsmittels[1].

Die gefundene Gesetzmäßigkeit ist sehr auffallend; denn nach dem EINSTEINschen Gesetz[2] sollte man erwarten, daß die Viscosität unabhängig vom Verteilungsgrad ist, daß es also einerlei ist, ob man wenige große oder viele kleine Moleküle löst, solange man gleichkonzentrierte Lösungen untersucht. Bei einigen Suspensoiden ist der Verteilungsgrad tatsächlich ohne Einfluß auf die Viscosität, wie M. BANCELIN[3] bei Gummiguttsuspensionen fand. Auch bei eigentlichen Lösungen findet man das gleiche Ergebnis, wenn die Moleküle annähernd kugelförmige Gestalt haben[4]: gleichkonzentrierte Lösungen von Mono- und Disacchariden haben ungefähr die gleiche spezifische Viscosität, obwohl die Lösungen des Monosaccharids fast doppelt so viele Moleküle enthalten wie die des Disaccharids.

Tabelle 15*.

	η_{sp} in 1 proz. Lösung
Glykose . . .	0,027
Galactose . .	0,027
Maltose . . .	0,034
Lactose . . .	0,029
Saccharose . .	0,026

Die Abweichungen vom EINSTEINschen Gesetz, die die Lösungen von Paraffinen und Molekülkolloiden zeigen, hängen mit der fadenförmigen Gestalt ihrer Moleküle zusammen. Deshalb muß man unter Berücksichtigung dieser andersartigen Molekülform die EINSTEINsche Gleichung umformen. Nach derselben ist die spezifische Viscosität ($\eta_r - 1$) proportional der Zahl der Teilchen N, wenn das Eigenvolumen v derselben gleich ist ($V =$ Volumen der Lösung):

$$\eta_r - 1 = \eta_{sp} = K \frac{N \cdot v}{V}. \tag{2}$$

Da $N = \dfrac{a \cdot N_L}{M}$ ist, wobei a die angewandte Menge Substanz, N_L die LOSCHMIDTsche Zahl, M das Molekulargewicht ist, so ergibt sich:

$$\eta_{sp} = K \frac{a \cdot N_L}{V \cdot M} v, \tag{3}$$

oder, da a/V die Konzentration c ist:

$$\eta_{sp} = K \frac{c \cdot N_L}{M} v. \tag{4}$$

Das Eigenvolumen v eines Fadenmoleküls kann dem eines langen Zylinders vom Durchmesser d und der Höhe L gleichgesetzt werden. Die EINSTEINsche Formel (4) läßt sich dann in folgender Weise schreiben:

$$\eta_{sp} = K \frac{c \cdot N_L}{M} \cdot \left(\frac{d}{2}\right)^2 \cdot \pi \cdot L. \tag{5}$$

---

[1] Vgl. Zweiter Teil, A. III, 5.   [2] Ann. der Physik (A) **19**, 301 (1906).

[3] BANCELIN, M.: C. r. d. l'Acad. des sciences **152**, 1382 (1911). Bei Schwefelsolen zeigte dagegen S. ODÉN: Ztschr. f. physik. Ch. **80**, 709 (1912), daß die Viscosität nicht unabhängig vom Verteilungsgrad ist, sondern daß das Schwefelsol mit höherem Dispersitätsgrad höherviscose Lösungen liefert als dasjenige mit größeren Teilchen. Vgl. dazu Wo. OSTWALD: Grundriß der Kolloidchemie, 7. Aufl. S. 217.

[4] STAUDINGER, H., u. W. HEUER: Ber. Dtsch. Chem. Ges. **63**, 222 (1929). Vgl. analoge Ergebnisse bei Lösungen niedermolekularer Dicarbonsäuren, H. STAUDINGER u. E. OCHIAI: Ztschr. physik. Ch. (A) **158**, 51 (1931).

* Für die Tabelle sind die von O. PULVERMACHER: Ztschr. f. anorg. Ch. **113**, 146 (1920), angegebenen Werte entsprechend umgerechnet worden.

In einer homologen wie in einer polymerhomologen Reihe ist der Durchmesser d der Moleküle konstant und L wächst proportional dem Molekulargewicht. So vereinfacht sich die Formel, da auch N_L und $(d/2)^2\pi$ in eine neue Konstante K' einbezogen werden können:

$$\eta_{sp} = K' \cdot c. \tag{6}$$

Auch nach der umgeformten Gleichung sollte bei Fadenmolekülen die spez. Viscosität nur von der Konzentration abhängig sein, aber unabhängig von der Kettenlänge L. So sollte z. B. eine grundmolare Lösung von verschiedenen polymerhomologen Polystyrolen die gleiche Viscosität aufweisen, einerlei ob viele kleine oder wenige große Moleküle darin gelöst sind.

Da aber *die spezifische Viscosität gleichkonzentrierter Lösungen proportional dem Molekulargewicht*, also proportional der Kettenlänge steigt, so zeigt dieses Ergebnis, daß *ein gelöstes Fadenmolekül* ein größeres Volumen beansprucht, als seinem Eigenvolumen entspricht; und zwar ergeben die Viscositätsmessungen, daß *dieses beanspruchte Volumen, der „Wirkungsbereich" der Fadenmoleküle mit dem Quadrat der Moleküllänge wächst*. Dieses wirksame Volumen φ, welches ein Fadenmolekül beansprucht, wird also wiedergegeben durch das Volumen eines flachen Zylinders, der als Höhe den Durchmesser d des Moleküls hat und dessen Grundfläche $(L/2)^2 \cdot \pi$ ist[1]. Danach läßt sich die Formel (4) wie folgt schreiben:

$$\eta_{sp} = K\,\frac{c \cdot N_L}{M}\left(\frac{L}{2}\right)^2 \cdot \pi \cdot d. \tag{7}$$

Da L bei Fadenmolekülen proportional M wächst, so ergibt sich:

$$\eta_{sp} = K''\,\frac{c \cdot N_L}{4}\,M \cdot \pi \cdot d. \tag{8}$$

$K''\dfrac{N_L}{4}\pi \cdot d$ kann als neue Konstante K_m, die Viscositätsmolekulargewichtskonstante, zusammengefaßt werden. Danach wird:

$$\eta_{sp} = K_m \cdot c \cdot M. \tag{1}$$

Die Gültigkeit dieses Gesetzes konnte bei einer großen Zahl von hemikolloiden Produkten vom Molekulargewicht 1000—10000, ferner bei Paraffinen erwiesen werden, also bei Molekülen, die eine Länge von ca. 30—500 Å haben, die also ca. 10—100mal länger als breit sind.

Voraussetzung für die Gültigkeit dieser Gesetzmäßigkeit ist, daß die spez. Viscosität proportional mit der Konzentration zunimmt. Dies ist im Gebiet der Sollösungen der Fall, so daß man dort unabhängig von der Konzentration ist, in der man gerade mißt. Das Gebiet der Sollösung besteht unterhalb einer „Grenzviscosität"[2], die für jede polymerhomologe Reihe einen konstanten Wert besitzt, aber von Reihe zu Reihe wechselt. Die Grenzviscositäten der verschiedenen Reihen schwanken zwischen spezifischen Viscositäten 0,4—3,0; man darf also nur Messungen an entsprechend niederviscosen Lösungen benutzen, um Zusammenhänge zwischen Viscosität und Molekulargewicht zu ermitteln.

---

[1] Damit wird nicht die Anschauung verbunden, daß das Fadenmolekül um eine Mittelachse rotiert, sondern die Wirkungssphäre umfaßt die Gesamtsumme der Schwingungen, welche das Fadenmolekül ausführt.

[2] Vgl. dazu Erster Teil, G. V.

In höherviscosen Lösungen liegen Gellösungen vor; für diese gilt in erster Annäherung die Beziehung:

$$\eta_r = 10^{c \cdot K_c}, \qquad \text{also} \qquad \frac{\log \eta_r}{c} = K_c *. \tag{9}$$

K_c ist dabei die *Viscositäts-Konzentrationskonstante*. Die Gültigkeit dieser Formel ist von ARRHENIUS [1] bei Salzlösungen, von BERL und BÜTTLER [2] und später von DUCLAUX und WOLLMANN [3] an Nitrocelluloselösungen nachgewiesen worden. In sehr konzentrierten Lösungen gelten keine einfachen Beziehungen mehr, da dann noch Assoziation eintritt, die von der Natur des Lösungsmittels abhängig ist.

Die Viscositätsbestimmungen wurden bei konstanter Temperatur, bei 20°, ausgeführt. Zum Unterschied von Flüssigkeiten, bei denen gleiche Temperaturen keine „korrespondierenden Temperaturen"[4] darstellen, ist dies bei Lösungen der Fall. Denn die spez. Viscosität vermindert sich nur wenig bei Temperaturerhöhung; in letzterem Fall ist die „Temperaturabhängigkeit"[5] der spez. Viscosität in verschiedenen Konzentrationen annähernd gleich, solange man im Gebiet der Sollösung mißt; weiter ist die Temperaturabhängigkeit bei höher- und niedermolekularen Vertretern einer polymerhomologen Reihe ungefähr dieselbe[6]. Die Verminderung der spez. Viscosität bei Erwärmen auf 60°, die ungefähr 10—20% der Viscosität bei 20° betragen kann, rührt daher, daß bei höherer Temperatur der Abstand zwischen den Molekülen, also auch zwischen den gelösten und den Lösungsmittelmolekülen vergrößert wird. Aus gleicher Ursache wird auch die absolute Viscosität von Flüssigkeiten bei höherer Temperatur kleiner.

Voraussetzung für diese Viscositätsmessungen ist weiterhin, daß die absolute Viscosität des gelösten Stoffes im Vergleich zu der des Lösungsmittels sehr groß ist. Dann spielt die Natur des Lösungsmittels keine Rolle, falls nicht koordinative Bindungen zwischen Lösungsmittelmolekülen und gelösten Molekülen eintreten. Ist dagegen der gelöste Stoff nur wenig höherviscos als das Lösungsmittel selbst, dann wird die spez. Viscosität des gelösten Stoffes in den verschiedenen Lösungsmitteln stark variieren[7].

---

* Zwischen der K_c-Konstante und dem Molekulargewicht besteht folgende einfache Beziehung:
$$M = K_{cm} \cdot K_c.$$
Dabei ist K_{cm} eine neue Konstante, die *Molekulargewichts-Konzentrationskonstante*. Man kann auch auf diese Weise das Molekulargewicht von Stoffen mit Fadenmolekülen bestimmen, vgl. H. STAUDINGER: Ztschr. f. phys. Ch. (A) **153**, 410 (1931), doch sind die Zusammenhänge in verdünnter Lösung übersichtlicher; deshalb wird auf diese Beziehung hier nicht weiter eingegangen.

[1] ARRHENIUS: Ztschr. f. physik. Ch. **1**, 285 (1887).
[2] BERL u. BÜTTLER: Ztschr. f. Schieß- u. Sprengstoffwesen **5**, 82 (1910).
[3] DUCLAUX u. WOLLMANN: Bull. Soc. chim. de France (4) **27**, 417 (1920), haben durch die K_c-Werte die verschiedenen Nitrocellulosen charakterisiert und deshalb diese Konstante als spezifische Viscosität bezeichnet.
[4] Vgl. R. KREMANN: l. c. S. 273.
[5] Als Temperaturabhängigkeit wird die Änderung der spezifischen Viscosität bei Temperaturänderung bezeichnet.
[6] Über die Temperaturabhängigkeit des eukolloiden Polystyrols vgl. Zweiter Teil, A. IV. 5 b.
[7] Z. B. hat Squalen in hochviscosen Lösungsmitteln eine geringere spezifische Viscosität als in niederviscosen. (Unveröffentlichte Versuche von E. O. LEUPOLD.)

Daß sich bei homöopolaren Stoffen in bezug auf die spez. Viscosität so einfache Beziehungen ergeben, liegt daran, daß die Viscosität nur durch die Länge der Moleküle und durch ihre Zahl bedingt ist, daß aber die chemische Natur der gelösten Moleküle nur eine untergeordnete Rolle spielt.

IV. Viscositätsuntersuchungen an Lösungen niedermolekularer Verbindungen.

Bei der grundlegenden Bedeutung solcher Viscositätsbeziehungen in verdünnten Lösungen für die Konstitutionsaufklärung und Molekulargewichtsbestimmung der hochmolekularen Substanzen wurden Viscositätsmessungen auch an Lösungen von Stoffen mit bekanntem Bau ausgeführt, und zwar vor allem an normalen Paraffinen und Derivaten derselben.

An diesen einfachen Verbindungen wohlbekannter Konstitution zeigte es sich, wie mannigfaltig die Beziehungen zwischen der Viscosität und der Teilchengröße in Lösung sein können.

Man kann folgende Fälle unterscheiden:

1. Bei *normalen Paraffinen* gilt das Gesetz:

$$\frac{\eta_{sp}}{c} = K_m \cdot M. \tag{1}$$

Die untersuchten normalen Paraffine werden dabei als Polymere des Methylens aufgefaßt; die beiden Wasserstoffatome am Ende der Fadenmoleküle können unberücksichtigt bleiben. Eine grundmolare (1 gd-mol.) Lösung ist hier eine solche, die 14 g im Liter gelöst enthält.

Die Konstante K_m für Paraffine in Tetrachlorkohlenstofflösung beträgt im Mittel $1{,}14 \cdot 10^{-4}$*.

Tabelle 16. Die K_m-Konstante der Paraffine.

Paraffine	Kryoskop. Mol.-Gew. in Benzol	η_{sp}/c gemessen in 1,4 proz. Lösung bei 20°	$K_m = \dfrac{\eta_{sp}}{c \cdot M}$
I. Fraktion, Schmelzpunkt 48—50°. . . .	336	0,039	$1{,}16 \cdot 10^{-4}$
II. Fraktion, Schmelzpunkt 54—62°. . . .	435	0,046	1,06 „
III. Fraktion, Schmelzpunkt 63—71°. . . .	521	0,058	1,11 „
IV. Fraktion, Schmelzpunkt 73—78°. . . .	744	0,079	1,06 „
Dotriacontan, Schmelzpunkt 70—71°. . . .	450	0,056	1,24 „
Pentatriacontan, Schmelzpunkt 73—74°. . . .	492	0,059	1,20 „

Bei Pentatriacontan wurde die Viscosität bei verschiedenen Konzentrationen und Temperaturen bestimmt; die η_{sp}/c-Werte sind, wie Tabelle 17 zeigt, annähernd konstant.

Tabelle 17. Viscositätsmessungen an Pentatriacontan (Mol.-Gew. = 492) in CCl_4**.

Konzentration %	Grundmolarität	$\dfrac{\eta_{sp}}{c} = \eta_{sp}$ (1,4 %)			
		25°	35°	45°	55°
1,4	1	0,055	0,059	0,050	0,051
2,1	1,5	0,055	0,057	0,057	0,057
2,8	2,0	0,059	0,062	0,060	0,055

* Staudinger, H., u. R. Nodzu: Ber. Dtsch. Chem. Ges. **63**, 721 (1930).
** Staudinger, H., u. E. Ochiai: Ztschr. f. physik. Ch. (A) **158**, 35 (1931).

Mittels der K_m-Konstante läßt sich aus der Viscosität von Paraffinlösungen deren Molekulargewicht berechnen und umgekehrt bei bekanntem Molekulargewicht die Viscosität einer verdünnten Lösung.

Die spez. Viscosität eines normalen Kohlenwasserstoffes setzt sich also nach dieser Formel additiv aus der spez. Viscosität der einzelnen CH_2-Gruppen zusammen. Der η_{sp}-Wert einer grundmolaren Lösung ist für die CH_2-Gruppe demnach:

$$\eta_{sp}\,(1,4\%) = K_m \cdot 14 = 0,0016\,* = y\,.$$

In 1,4proz. Tetrachlorkohlenstofflösung ist also die spez. Viscosität eines beliebigen normalen Paraffinkohlenwasserstoffes:

$$\eta_{sp}\,(1,4\%) = 1,6 \cdot 10^{-3} \cdot n = n \cdot y, \qquad (10)$$

wobei n die Zahl der Kettenglieder ist. Daraus ergibt sich die spez. Viscosität in jeder beliebigen Konzentration, solange verdünnte Lösungen vorliegen, also die Moleküle frei beweglich und nicht assoziiert sind.

2. Bei *Derivaten der normalen Paraffine*[1], *wie Estern und Ketonen*, die eine Fremdgruppe im Molekül haben, setzt sich die Viscosität additiv zusammen aus der Viscosität x der Fremdgruppe, die bei den verschiedenen homologen Vertretern den gleichen Betrag hat, und der Viscosität der Paraffinketten. Letztere hat den Betrag $n \cdot y$, wobei y den Viscositätsbetrag einer CH_2-Gruppe in 1,4proz. Lösung darstellt und n die Zahl der Kettenkohlenstoffatome im Fadenmolekül ist:

$$\frac{\eta_{sp}}{c} = \eta_{sp}\,(1,4\%) = n \cdot y + x\,. \qquad (11)$$

Dabei ist y, wie für Paraffine, $1,6 \cdot 10^{-3}$ in CCl_4-Lösung; x beträgt bei Estern $3 \cdot 10^{-3}$, bei Ketonen $4 \cdot 10^{-3}$.

3. *In Lösungen der normalen Fettsäuren* liegen nicht Einzelmoleküle vor, sondern koordinative Moleküle, und zwar langgestreckte Doppelmoleküle[2]. Die Viscosität dieser Säuren ist in 1,4proz. Lösung also doppelt so hoch als die von Estern mit gleicher Ketten-C-Atomzahl. Die spez. Viscosität einer normalen Fettsäure läßt sich nach folgender Formel berechnen:

$$\frac{\eta_{sp}}{c} = \eta_{sp}\,(1,4\%) = 2ny + x\,, \qquad (12)$$

wobei n die Zahl der Kohlenstoffatome im normalen Molekül ist, $y = 1,6 \cdot 10^{-3}$, $x = 4 \cdot 10^{-3}$.

4. Lösungen der *normalen Alkohole* enthalten je nach dem Lösungsmittel entweder einfache Fadenmoleküle (z. B. in Dioxanlösung) oder ein Gemisch von normalen und koordinativen Molekülen (z. B. in Tetrachlorkohlenstofflösung). Das Verhältnis zwischen koordinativen und normalen Molekülen läßt sich aus Viscositätsmessungen berechnen. Man kann durch diese Methode den Zustand der Teilchen in verdünnter Lösung bei einer bestimmten Temperatur ermitteln, was mit den bisher bekannten Methoden der Teilchengrößenbestimmung nicht möglich ist[3].

---

* In Benzollösung beträgt dieser Wert $1,2 \cdot 10^{-3}$.

[1] STAUDINGER, H., u. E. OCHIAI: Ztschr. f. physik. Ch. (A) **158**, 35 (1931).

[2] Vgl. dazu MÜLLER u. SHEARER: Journ. Chem. Soc. London **123**, 3156 (1923). — TRAUTZ, M., u. W. MOSCHEL: Ztschr. f. anorg. u. allg. Ch. **155**, 13 (1926).

[3] Versuche von R. BAUER.

Da die koordinativen Moleküle der Alkohole sehr unbeständig sind, so genügt schon eine geringe Temperaturerhöhung, um diese koordinativen Moleküle in die halb so langen normalen Moleküle zu zerlegen. Dadurch wird die Viscosität der Lösung beträchtlich vermindert; die η_{sp}/c-Werte sind bei 60° wesentlich niedriger als bei 20°, zum Unterschied von den Paraffinen.

5. *Pyridinsalze der Fettsäuren.* In Pyridinlösung sind die normalen Fettsäuren infolge der Salzbildung nicht als koordinative, sondern als normale Moleküle gelöst. Die spez. Viscosität in 1,4proz. Lösung berechnet sich also nach der gleichen Formel wie die der Ester und Ketone:

$$\frac{\eta_{sp}}{c} = \eta_{sp}\,(1{,}4\%) = n \cdot y + x. \tag{11}$$

Nur hat hier das x, der Betrag für den Pyridinrest, einen besonders hohen Wert und beträgt $16 \cdot 10^{-3}$.

6. *Graphische Ermittlung von x.* Aus den Gleichungen, nach denen sich die Viscosität der verschiedenen Paraffine und Paraffinderivate berechnen läßt, geht hervor, daß sich die Beziehungen zwischen Viscosität und Kettenlänge in den verschiedenen homologen Reihen durch parallele Geraden wiedergeben lassen. Die Abschnitte auf der Ordinate geben die Beträge für die Fremdgruppen wieder, die so ermittelt worden sind. Bei den Alkoholen ergibt sich für x ein negativer Wert, da in Tetrachlorkohlenstoff ein Gemisch von normalen und koordinativen Molekülen vorliegt. Bei den Säuren und Alkoholen ist dabei die Zahl der C-Atome des koordinativen Moleküls eingesetzt (vgl. Abb. 1).

7. Viel komplizierter sind die Verhältnisse bei wässerigen Lösungen von *mono- und dicarbonsauren Salzen*. Bei den niederen Gliedern, die sich normal lösen, ließen sich bisher Beziehungen zwischen Viscosität und Kettenlänge nicht errechnen[1], da sich in Lösung nicht Moleküle, sondern Ionen befinden. Die Viscosität wird hier außer durch die Kettenlänge der Ionen noch durch deren Solvatation und vor allem durch die Schwarmbildung, die zwischen Ionen eintritt, beeinflußt. Relativ einfache Verhältnisse liegen vor, wenn die Viscosität der Salze in Natronlauge oder Kochsalzlösung verglichen wird. Dann wird durch die hohe Elektrolytkonzentration die Schwarmbildung der Ionen verhindert[2].

8. Wässerige Lösungen von *Dicarbonsäuren* zeigen ebenfalls ein kompliziertes Verhalten, denn hier liegen wahrscheinlich koordinative Moleküle vor. Dabei kann die koordinative Bindung der COOH-Gruppen unter sich eintreten, aber auch mit Wassermolekülen erfolgen.

9. Bei *Salzen höhermolekularer Mono- oder Dicarbonsäuren* tritt in wässeriger Lösung Micellbildung ein. Die entstehenden langgestreckten Micellen bewirken eine abnorm hohe Viscosität der Lösung. Die Tendenz zur Micellbildung nimmt mit steigender Kettenlänge des Fettsäurerestes zu. Deshalb wächst auch die Viscosität gleichkonzentrierter Lösungen sehr stark an. Bei der Empfindlichkeit der Micellen z. B. gegen Temperaturschwankungen und bei der Ab-

---

[1] C. F. Müller von Blumenkron: Ztschr. f. Öl- u. Fettindustrie **1922**, 102, hat die Viscosität von verdünnten Lösungen der Natriumsalze niedermolekularer Fettsäuren gemessen. Man sieht daraus, daß mit steigendem Molekulargewicht die Viscosität der Lösungen zunimmt, ohne daß sich jedoch einfache, gesetzmäßige Beziehungen zwischen beiden Größen ergeben.

[2] Vgl. Zweiter Teil, D. II. 3g.

hängigkeit ihrer Größe von der Wasserstoffionenkonzentration[1] der Lösung ist es nicht möglich, einfache gesetzmäßige Beziehungen zwischen der Viscosität der wässerigen Salzlösungen und dem Molekulargewicht der Fettsäuren zu finden.

10. *Verbindungen mit Ringen in der Kette.* Aliphatisch-aromatische Säuren oder Phenyl- und Cyclohexylester von normalen aliphatischen Säuren haben eine höhere spez. Viscosität, als sich nach der Länge der Moleküle berechnet. Es

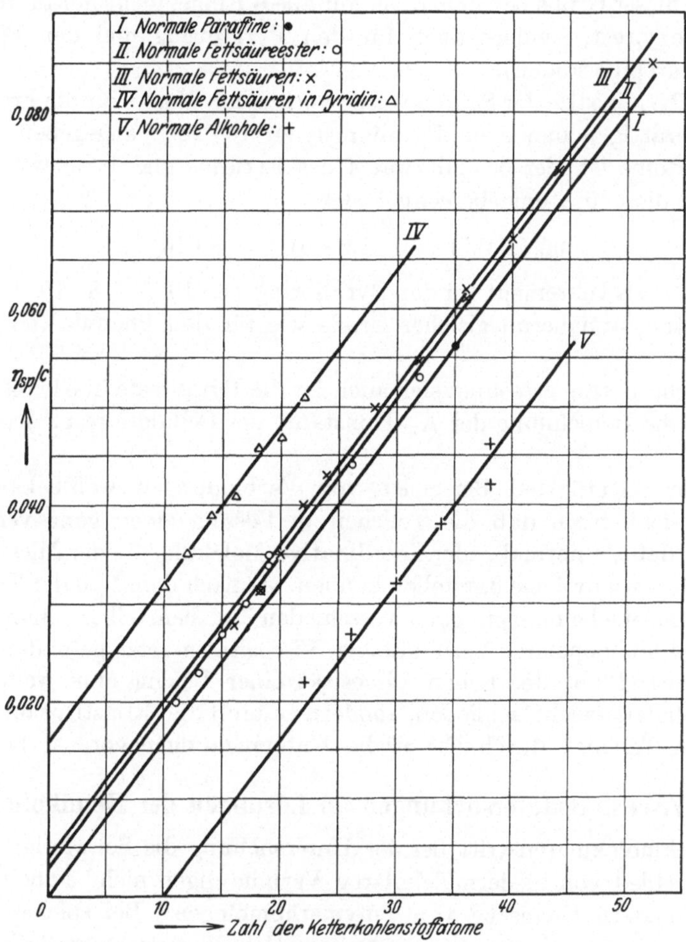

Abb. 1. Beziehungen zwischen Viscosität und Kettenlänge bei Paraffinen und Paraffinderivaten in 1,4% Tetrachlorkohlenstofflösung.

kommt ein Inkrement für den Ring hinzu[2], das in 1,4proz. Lösung für den Phenylrest $z = 7 \cdot 10^{-3}$, für den Cyclohexylrest $z = 9 \cdot 10^{-3}$ beträgt. Die Viscosität eines aliphatisch-aromatischen Esters berechnet sich also nach folgender Formel:

$$\eta_{sp}\,(1,4\%) = ny + x + z. \tag{13}$$

---

[1] Vgl. Farrow: Journ. Chem. Soc. London **101**, 347 (1912) — Kolloid-Ztschr. **11**, 305 (1912).

[2] Versuche von R. Bauer.

n ist die Zahl der Ketten-C-Atome; dabei sind für die Phenylgruppe 4 Ketten-Atome eingesetzt worden. x ist das Inkrement für die Estersauerstoffatome $= 3 \cdot 10^{-3}$. Für Palmitinsäurephenylester mit 20 Kettenatomen berechnet sich also

$$\eta_{sp}\,(1{,}4\%) = 1{,}6 \cdot 10^{-3} \cdot 20 + 3{,}0 \cdot 10^{-3} + 7 \cdot 10^{-3},$$

$$\eta_{sp}\,(1{,}4\%) = 0{,}042; \quad \text{gefunden:} \quad \eta_{sp}(1{,}4\%) = 0{,}041*.$$

Inkremente dieser Größe berechnen sich für alle 6 Ringe, nicht nur für den Phenyl- und Cyclohexylrest, sondern auch für den Pyridinring und den Piperidinrest (z. B. in Säurepiperididen).

Für die Pyridinsalze der Säuren wurde vorhin der Wert x für die Fremdgruppe, also den salzartig gebundenen Pyridinrest, zu $16 \cdot 10^{-3}$ angegeben. Die Zahl der Kettenatome ist hier 5, und zwar 4 des Pyridins und 1 Sauerstoffatom der Säure. Für diese 5 Atome berechnet sich

$$\eta_{sp}\,(1{,}4\%) = 5 \cdot 1{,}6 \cdot 10^{-3} = 8 \cdot 10^{-3}.$$

Danach bleibt als Inkrement für den Pyridinring $16 \cdot 10^{-3} - 8 \cdot 10^{-3} = 8 \cdot 10^{-3}$, also ein Betrag annähernd gleicher Größe wie für den Phenyl- und den Cyclohexylrest.

Der gleiche Betrag errechnet sich auch für die Pyranreste in Glykosederivaten. Dies ist für die Berechnung der K_m-Konstante der Cellulose resp. Acetylcellulose wichtig[1].

Aus den angeführten Beispielen von Verbindungen wohlbekannter Konstitution ersieht man, daß die Teilchen in Lösung einen ganz verschiedenen Bau haben, daß sie normale oder koordinative Moleküle — oder Micellen — oder Ionen und Ionenschwärme darstellen können. Je nach dem Bau der Teilchen sind die Viscositätserscheinungen ganz verschieden zu beurteilen. Man kann also, nachdem bei homöopolaren Verbindungen Viscositätsgesetze gefunden sind, nicht verallgemeinernd aus der hohen Viscosität einer Lösung ohne weiteres auf ein hohes Molekulargewicht schließen, sondern es muß die Konstitutionsaufklärung der gelösten Teilchen durch chemische Untersuchungen vorausgehen.

V. Viscositätsuntersuchungen an Lösungen der Hemikolloide.

Bei Hochmolekularen tritt bei der Untersuchung die Schwierigkeit auf, daß zum Unterschied von niedermolekularen Verbindungen nicht einheitliche Stoffe vorliegen, sondern Gemische von Polymerhomologen. Bei solchen Gemischen wird das osmotisch bestimmte Durchschnittsmolekulargewicht durch einen geringen Gehalt an höhermolekularen Anteilen relativ wenig beeinflußt, während dadurch die Viscosität der Lösung erheblich erhöht wird. So ist z. B. die Gegenwart von 1% eines Polymeren vom Molekulargewicht 100000 in einem Produkt vom Molekulargewicht 1000 durch eine Molekulargewichtsbestimmung auf kryoskopischem Wege nicht nachweisbar. Eine einfache Rechnung zeigt aber, daß die spez. Viscosität der Lösung durch diesen geringen Zusatz des hochpolymeren Produktes auf das Doppelte erhöht wird. Es können also Gemische von Polymerhomologen, welche gleiches Durchschnittsmolekulargewicht haben, sich in der

---

* Versuche von R. Bauer.
[1] Vgl. Vierter Teil, A. V. 3 u. C. III.

spez. Viscosität ihrer Lösungen erheblich unterscheiden[1], so daß sich scheinbar kein einfacher Zusammenhang zwischen spez. Viscosität und Kettenlänge ergibt.

Es müssen deshalb zu diesen Untersuchungen polymerhomologe Stoffe von möglichst einheitlicher Zusammensetzung, also Fraktionen mit Molekülen gleicher Größenordnung, durch häufiges Fraktionieren hergestellt werden. Erst dann können Zusammenhänge zwischen spez. Viscosität und Molekulargewicht in jeder einzelnen polymerhomologen Reihe erhalten werden.

Bei Hochmolekularen kann dieselbe Mannigfaltigkeit im Bau der Teilchen vorliegen wie bei niedermolekularen Stoffen. Es können also in Lösung vorhanden sein: normale Moleküle, koordinative Moleküle, Gemische von beiden, solvatisierte Ionen und Ionenschwärme und endlich Micellen. Man muß also den Bau der Teilchen durch chemische Untersuchungen erst festgestellt haben, wenn man Beziehungen zwischen Viscosität und Kettenlänge ermitteln will.

Die einfachsten Verhältnisse liegen bei homöopolaren Verbindungen vor, vor allem bei gesättigten Kohlenwasserstoffen. Dort wurden die Gesetzmäßigkeiten auch zuerst ermittelt. Bei den besonders eingehend untersuchten Polystyrolen sind die K_m-Werte nur konstant, wenn man relativ hochmolekulare Verbindungen mit einem Polymerisationsgrad über 50 (Durchschnittsmolekulargewicht 5000) vergleicht; denn erst bei diesem Polymerisationsgrad haben die Polystyrolmoleküle, die einen Durchmesser von ca. 15 Å haben, ausgesprochen fadenförmige Gestalt und der Einfluß der Endgruppen wird im Verhältnis zu dem des Gesamtmoleküls klein. Bei diesen höhermolekularen Verbindungen sind aber genaue Molekulargewichtsbestimmungen wieder sehr erschwert. Bei niedermolekularen Vertretern der Reihe sind die K_m-Werte um so größer, je geringer das Molekulargewicht ist. Es hat dies seinen Grund darin, daß die Polystyrolmoleküle nicht nach Formel I, sondern nach Formel II gebaut sind[2].

$$\text{I} \qquad \underset{\displaystyle \underset{\text{C}_6\text{H}_5}{|}}{\text{CH}_2}\text{—CH}_2\text{—}\left[\underset{\displaystyle \underset{\text{C}_6\text{H}_5}{|}}{\text{CH}}\text{—CH}_2\right]_a\underset{\displaystyle \underset{\text{C}_6\text{H}_5}{|}}{\text{—C}}\text{=CH}_2$$

$$\text{II} \qquad \bigcirc\text{—CH}_2\text{—CH}_2\text{—}\left[\underset{\displaystyle \underset{\text{C}_6\text{H}_5}{|}}{\text{CH}}\text{—CH}_2\right]_a\overset{\displaystyle \overset{\text{CH}_2}{\|}}{\text{—C}}\text{—}\bigcirc$$

Die Moleküle sind danach um zwei Phenylgruppen länger, als ihrer Länge auf Grund des Polymerisationsgrades a entspricht. Die Viscosität einer Polystyrollösung setzt sich danach additiv zusammen aus der konstanten Viscosität der endständigen Phenylgruppen x und derjenigen der Paraffinkohlenwasserstoffkette $n \cdot y$, die mit dem Polymerisationsgrad wächst[3]. Die Viscosität einer Benzollösung von Polystyrol kann also nach der folgenden Formel berechnet werden:

$$\eta_{sp}(1{,}4\%) = n \cdot y + x. \tag{11}$$

Dabei ist n die Zahl der Ketten-C-Atome der Polystyrolkette und y der Viscositätsbetrag für ein Ketten-C-Atom. Dieser letztere hat die gleiche Größe wie

---

[1] Vgl. z. B. H. Staudinger u. A. A. Ashdown, H. A. Bruson, S. Wehrli: Helv. chim. Acta **12**, 942 (1929).

[2] Die Endgruppe ist unbekannt; es wird der Einfachheit halber angenommen, daß eine Doppelbindung als Endgruppe vorhanden ist.

[3] Vgl. Erster Teil, D. IV.

bei Paraffinen, ist also in Benzollösung $1,2 \cdot 10^{-3}$. Einen relativ hohen Wert hat dagegen x mit $27 \cdot 10^{-3}$, da die Phenylgruppe als Kettenglied ein hohes Inkrement hat. Nach dieser Formel läßt sich die Viscosität von nieder- und hochmolekularen Polystyrolen berechnen.

Diese gesetzmäßige Beziehung zwischen Viscosität und Molekulargewicht wurde außer bei Kohlenwasserstoffen[1] wie Polyprenen[2], Polyindenen[3] und Polypranen[4] auch bei sauerstoffhaltigen Verbindungen, so z. B. bei Polyoxymethylenen[5], Polyäthylenoxyden[6] und schließlich Celluloseacetaten[7], gefunden.

Der Zusammenhang zwischen Viscosität und Teilchengröße ist ein weiterer Beweis dafür, daß die durch kryoskopische Methoden ermittelten Teilchengrößen die Molekulargewichte der untersuchten Stoffe sind. *Denn solche einfachen Zusammenhänge zwischen Viscosität und Molekulargewicht können nur dann bestehen, wenn die Teilchen in Lösung Fadenmoleküle sind.*

Viel kompliziertere Verhältnisse liegen bei heteropolaren Molekülkolloiden vor, wie aus den Untersuchungen am polyacrylsauren Natron[8] hervorgeht. Die Viscosität der Lösung ein und derselben Substanz kann dort in weiten Grenzen mit Änderungen der Wasserstoffionenkonzentration und des Elektrolytgehaltes variieren. Die Schwarmbildung ist stark von diesen Faktoren abhängig. Es ist deshalb nicht möglich, hier ohne weiteres Beziehungen zwischen Viscosität und Moleküllänge zu ermitteln.

Die Abneigung mancher Kolloidforscher vor der Auswertung von Viscositätsmessungen zur Teilchengrößenbestimmung mag auf solchen Erfahrungen beruhen; denn die besonders eingehend untersuchten Eiweißstoffe zeigen ähnlich komplizierte Verhältnisse.

Die störenden Einflüsse kann man aber zurückdrängen, wenn man die Viscosität von heteropolaren Molekülkolloiden bei Gegenwart von einem Überschuß von niedermolekularen Elektrolyten bestimmt. Das hochmolekulare Polyanion oder Polykation wird dann von niedermolekularen Ionen umgeben. So wird die störende Schwarmbildung verhindert. Unter diesen Bedingungen ergeben sich ähnliche Beziehungen zwischen Viscosität und Kettenlänge wie bei homöopolaren Molekülkolloiden. So konnte bei dem polyacrylsauren Natron die K_m-Konstante bestimmt werden[8].

Bei der Bestimmung der K_m-Konstante der Cellulose kann man ganz ähnlich verfahren dadurch, daß man diese in einem Überschuß von SCHWEIZERS Reagens löst[9]. Die Cellulose geht dann als polywertiges komplexes Anion in Lösung. Die einzelnen Fadenionen werden in Lösung durch den Überschuß von komplexem Kupfersalz voneinander getrennt.

Bei koordinativen Molekülkolloiden, wie z. B. der Polyacrylsäure selbst, wurden bisher keine einfachen Beziehungen zwischen Viscosität und Molekular-

---

[1] Auch bei Polyhydroindenen und Polyhydrostyrolen wurde der gleiche Zusammenhang gefunden.

[2] STAUDINGER, H., u. H. F. BONDY: Ber. Dtsch. Chem. Ges. **63**, 734 (1930).

[3] Helv. chim. Acta **12**, 934 (1929) — Kolloid-Ztschr. **51**, 71 (1930).

[4] STAUDINGER, H., u. R. NODZU: Helv. chim. Acta **13**, 1350 (1930).

[5] Vgl. Zweiter Teil, B. II. 3.   [6] Vgl. Zweiter Teil, C. V. und VI.

[7] STAUDINGER, H., u. H. FREUDENBERGER: Ber. Dtsch. Chem. Ges. **63**, 2331 (1930).

[8] Vgl. Zweiter Teil, D. II. 3. u. 4.

[9] STAUDINGER, H., u. O. SCHWEITZER: Ber. Dtsch. Chem. Ges. **63**, 3132 (1930).

gewicht gefunden. Aus dem chemischen Verhalten kann man auf das Vorliegen eines hochpolymeren Stoffes schließen. Die Viscositätserscheinungen sprechen dafür, daß die Kolloidteilchen langgestreckte fadenförmige Gestalt haben, ohne daß man bestimmen kann, ob diese Teilchen normale oder koordinative Moleküle sind. Infolge der COOH-Gruppen sind natürlich hier, ähnlich wie bei den Monocarbonsäuren, koordinative Bindungen zwischen den einzelnen Fadenmolekülen möglich. Schließlich sind die Moleküle, wenn auch nur schwach, ionisiert; so können polywertige Fadenionen entstehen, die zu einer Schwarmbildung Anlaß geben. Das gegenseitige Verhältnis dieser verschiedenen Teilchen wird je nach der Verdünnung ein anderes sein und kann auch z. B. durch Zusätze von Elektrolyten geändert werden. So sind polywertige Säuren ein besonders kompliziertes Beispiel, um Zusammenhänge zwischen Viscosität und Molekulargewicht zu erforschen[1].

Ganz ähnlich liegen die Verhältnisse bei den Kieselsäuren. In deren kolloiden Lösungen liegen hochpolymere Kieselsäuren vor, wie man aus dem chemischen Verhalten schließen kann. Die Viscositätserscheinungen zeigen auch hier, daß die Kolloidteilchen langgestreckte Gebilde sind. Es läßt sich aber nicht entscheiden, ob diese normale oder koordinative Moleküle darstellen. Viel einfachere Beziehungen ergeben sich wiederum bei den homöopolaren Kieselsäureestern, da diese als isolierte Moleküle gelöst sind[2].

VI. Konstante für kettenäquivalente Lösungen bei Kohlenwasserstoffen.

Nachdem an einer größeren Zahl von homologen und polymerhomologen Reihen die K_m-Konstante bestimmt worden ist, ergeben sich überraschend einfache Beziehungen zwischen den K_m-Konstanten dieser Reihen von verschiedenen Stoffen und der Kettengliederzahl ihrer Grundmoleküle. Zunächst seien diese Zusammenhänge an polymeren Kohlenwasserstoffen als dem einfachsten Beispiel erläutert.

Bisher wurden nur Produkte der gleichen polymerhomologen Reihe miteinander verglichen. Bei diesen wächst das Molekulargewicht proportional mit der Kettenlänge. Jetzt sollen Produkte aus verschiedenen polymerhomologen Reihen miteinander verglichen werden, die bei gleichem Molekulargewicht verschiedene Kettenlänge haben können, je nachdem Seitenketten vorliegen oder nicht.

Die K_m-Konstanten der untersuchten Kohlenwasserstoffreihen sind verschieden. Verschieden ist aber auch die Zahl der C-Atome, die in den Grundmolekülen dieser Stoffe am Aufbau der Ketten unmittelbar beteiligt sind. Betrachtet man in den einzelnen Grundmolekülen nur diejenigen C-Atome, welche solche Ketten-C-Atome sind und dividiert das Gewicht des Grundmoleküls durch die Zahl dieser C-Atome, so wird damit eine gleichmäßige Verteilung des Grundmolekulargewichts auf die einzelnen Ketten-C-Atome erreicht. Das sich so ergebende „Gewicht" eines Ketten-C-Atoms soll im folgenden als *Kettenäquivalentgewicht* bezeichnet werden. Dieses ist um so größer, je mehr C-Atome in den Seitenketten

---

[1] Vgl. Zweiter Teil, D. II. 3. u. 4.

[2] Vgl. E. Konrad, O. Bächle u. R. Signer: Liebigs Ann. **474**, 276 (1929). — Ferner R. Signer u. H. Gross: Liebigs Ann. **488**, 56 (1931).

des langen Moleküls stehen. Deshalb haben Moleküle aus verschiedenen polymer-homologen Reihen bei gleicher Länge, also gleicher Zahl der Ketten-C-Atome, ein verschiedenes Molekulargewicht und umgekehrt bei gleichem Molekular-gewicht eine verschiedene Länge; je größer bei einem gegebenen Molekulargewicht das Kettenäquivalentgewicht ist, um so kürzer ist das Molekül. Die Ketten-länge von verschiedenen Kohlenwasserstoffen mit gleichem Molekulargewicht ist indirekt proportional dem Kettenäquivalentgewicht. Es ist also

$$\text{Zahl der Ketten-C-Atome (Moleküllänge)} = \frac{\text{Molekulargewicht}}{\text{Kettenäquivalentgewicht}}.$$

Man berechnet nun für die Reihen der genannten Kohlenwasserstoffe die Kon-stante nicht für grundmolare, sondern für solche kettenäquivalente Lösungen. Diese Konstante für kettenäquivalente Lösungen soll als $K_{\text{äqu}}$-*Konstante* be-zeichnet werden; sie hat in den verschiedenen Reihen annähernd die gleiche Größe von $0{,}85 \cdot 10^{-4}$.

Tabelle 18. Die $K_{\text{äqu}}$-Konstante für polymere Kohlenwasserstoffe.

	Grund-moleküle	Gehalt der 1 gd-mol. Lösung %	K_m	Zahl der Ketten-C-Atome im Grund-molekül	Gehalt der kettenäqui-valenten Lösung %	$K_{\text{äqu}}$
Paraffine . . .	CH_2	1,4	$0{,}8 \cdot 10^{-4}$	1	1,4	$0{,}8 \cdot 10^{-4}$
Polyprene . .	C_5H_8	6,8	3 „	4	1,7	0,75 „
Polyprane. . .	C_5H_{10}	7,0	3 „	4	1,75	0,75 „
Polyisobutylene	C_4H_8	5,6	1,75 „	2	2,8	0,88 „
Polystyrole . .	C_8H_8	10,4	1,8 „	2	5,2	0,9 „
Polyindene . .	C_9H_8	11,6	1,8 „	2	5,8	0,9 „

Die Übereinstimmung der $K_{\text{äqu}}$-Konstanten bedeutet folgendes: *Kohlenwasser-stoffe mit fadenförmigen Molekülen von gleichem Molekulargewicht haben in ketten-äquivalenten Lösungen die gleiche spez. Viscosität*, einerlei, ob sich die C-Atome in der Haupt- oder in der Seitenkette des Moleküls befinden, also ob die Kette kürzer oder länger ist, vorausgesetzt, daß verdünnte Lösungen vorliegen. In der Ta-belle 20 sind in Spalte 4 die spez. Viscositäten von kettenäquivalenten Lösungen für ein Molekulargewicht 10000 berechnet. Sie sind, wie aus dem Gesagten hervorgeht, bei den verschiedenen Kohlenwasserstoffen annähernd gleich.

Bei Kohlenwasserstoffketten ganz verschiedener Bauart besteht also eine überraschend einfache Beziehung zwischen ihrem Molekulargewicht und der spez. Viscosität ihrer kettenäquivalenten Lösungen. Auf Grund dieses Zusammen-hanges kann man die spez. Viscosität eines aus Fadenmolekülen bestehenden Kohlenwasserstoffes von bekanntem Molekulargewicht in verdünnter Tetralin-lösung berechnen. Es ist nämlich:

$$\eta_{\text{sp(äqu)}} = K_{\text{äqu}} \cdot M = 0{,}85 \cdot 10^{-4} \cdot M, \tag{14}$$

wobei $\eta_{\text{sp(äqu)}}$ die spez. Viscosität einer kettenäquivalenten Lösung bedeutet. Daraus ergibt sich die spez. Viscosität für andere Konzentrationen, selbstver-ständlich nur für Viscositäten unterhalb der Grenzviscosität[1].

---

[1] Vgl. Erster Teil, G. IV.

Um ein Beispiel anzuführen, berechnet sich für eine kettenäquivalente Lösung (1,7%) von Squalen[1] $C_{30}H_{50}$ (Molekulargewicht 410) die spez. Viscosität zu $0,85 \cdot 10^{-4} \cdot 410 = 0,0349$. Eine grundmolare (6,8%) Lösung sollte danach die spez. Viscosität 0,139 besitzen. Gefunden wurde von E. O. LEUPOLD in Tetralinlösung bei 20° $\eta_{sp}/c = 0,135$.

Durch diesen allgemeinen Zusammenhang ist weiter eine Kontrolle dafür gegeben, daß in jeder einzelnen polymerhomologen Reihe die Beziehungen zwischen spez. Viscosität und Kettenlänge richtig bestimmt sind[2].

VII. Das Viscositätsgesetz: Gleiche Kettenlänge der Fadenmoleküle bei gleicher Konzentration und gleicher spezifischer Viscosität der Lösung.

Zusammenhänge zwischen Viscosität und Kettenlänge ergeben sich weiter auch, wenn die genannten Kohlenwasserstoffe als Polymere des Methylens betrachtet werden. Es enthalten Moleküle von gleicher Größe der verschiedenen Kohlenwasserstoffe annähernd die gleiche Zahl von Kohlenstoffatomen: das Molekül eines Paraffins vom Molekulargewicht 10000 enthält 714 C-Atome, dasjenige eines Polystyrols vom gleichen Molekulargewicht 770. Diese Differenz soll vorläufig vernachlässigt werden. Wir nehmen also an, daß in einer 1,4proz. Lösung verschiedener Kohlenwasserstoffe vom gleichen Molekulargewicht die gleiche Zahl von Kohlenstoffatomen resp. von Methylengruppen enthalten ist. Berechnet man die spez. Viscositäten von solchen 1,4proz. Lösungen der verschiedenen Kohlenwasserstoffe vom Molekulargwicht 10000, also von Lösungen, die ungefähr die gleiche Zahl von CH_2-Gruppen enthalten, so sind diese verschieden (vgl. Spalte 5 in Tabelle 20). Das Verhältnis dieser spez. Viscositäten ist aber dasselbe wie das Verhältnis der Kettenlängen der verschiedenen Kohlenwasserstoffe (vgl. Spalte 7 und 8 in Tabelle 20). Danach ist *also die spez. Viscosität gleichkonzentrierter Lösungen von Kohlenwasserstoffen mit gleichem Molekulargewicht proportional der Kettenlänge der Moleküle.*

Aus den in Spalte 5 in Tabelle 20 angegebenen η_{sp}-Werten für die 1,4proz. Lösungen der verschiedenen Kohlenwasserstoffe vom gleichen Molekulargewicht 10000, aber verschiedener Kettenlänge, wird nun weiter die spez. Viscosität von 1,4proz. Lösungen solcher polymerhomologer Kohlenwasserstoffe berechnet, die die gleiche Kettenlänge haben. So ist in Spalte 9 von Tabelle 20 die spez. Viscosität für 1,4proz. Lösungen solcher Kohlenwasserstoffe berechnet, die 714 Kohlenstoffatome in der Kette enthalten, also die gleiche Zahl von Kohlenstoffatomen

---

[1] Dieses Präparat wurde in liebenswürdiger Weise von Prof. J. M. HEILBRON zur Verfügung gestellt.

[2] Darauf sei hier hingewiesen, weil in der letzten Zeit eine Reihe von Forschern, die andere theoretische Ansichten über den Bau der Hochmolekularen und die Natur der kolloiden Lösungen vertreten, die gefundenen Zusammenhänge zwischen Viscosität und Molekulargewicht in Zweifel setzten. Vgl. z. B. K. HESS, C. TROGUS, L. AKIM u. J. SAKURADA: Ber. Dtsch. Chem. Ges. **64**, 408 (1931). — SAKURADA, J.: Ber. Dtsch. Chem. Ges. **63**, 2027 (1930). — SAKURADA, J., u. K. HESS: Ber. Dtsch. Chem. Ges. **64**, 1174, 1183 (1931). — Vgl. weiter die Arbeiten aus dem HESSschen Institut; MAX ULMANN: Ztschr. f. physik. Ch. (A) **156**, 419 (1931). — Vgl. auch R. EISENSCHITZ u. B. RABINOWITSCH: Ber. Dtsch. Chem. Ges. **64**, 2522 (1931). — MEYER, K. H., u. H. MARK: Ber. Dtsch. Chem. Ges. **64**, 1999 (1931). — FREUNDLICH, H.: Ztschr. f. angew. Ch. **44**, 523 (1931). — KRÜGER, D., u. H. GRUNSKY: Ztschr. f. physik. Ch. (A) **150**, 115 (1930). — BÜCHNER, E. A., u. P. J. P. SAMWELL: Proc. Acad. Amsterdam **33**, 749 (1930).

wie ein Paraffin vom Molekulargewicht 10000. Die Molekulargewichte dieser Kohlenwasserstoffe sind natürlich verschieden (vgl. Spalte 10 in Tabelle 20). Die spez. Viscosität dieser verschiedenen Kohlenwasserstoffe mit 714 Kohlenstoffatomen in der Kette ist in gleichkonzentrierter Lösung annähernd gleich (vgl. Spalte 9 von Tabelle 20). Sie stimmt ferner überein mit derjenigen von kettenäquivalenten Lösungen verschiedener Kohlenwasserstoffe vom Molekulargewicht 10000, in denen also die gleich schweren Moleküle ungleicher Länge enthalten sind (vgl. Spalte 4 in Tabelle 20), da Kettenlänge und Kettenäquivalentgewicht umgekehrt proportional sind. Die Umrechnungen und Beziehungen der verschiedenen Größen lassen sich in Tabelle 19 verfolgen.

Tabelle 19. Zusammenhang zwischen Viscosität, Molekulargewicht und Zahl der Moleküle in Lösung.

η_{sp}	Mol.-Gew.	Kettengliederzahl	Konzentration	Zahl der Moleküle in 1 Liter Lösung bei den verschiedenen Kohlenwasserstoffen
$0,85$	10000	$\dfrac{10000}{\text{Äqu}}$	kettenäquivalente Lösung	$\dfrac{N \cdot \text{Äqu}}{14}$
$\dfrac{0,85 \cdot 14}{\text{Äqu}}$	10000	$\dfrac{10000}{\text{Äqu}}$	$1,4\%$	N
$0,85$	$\dfrac{10000 \cdot \text{Äqu}}{14}$	714	$1,4\%$	$\dfrac{N \cdot 14}{\text{Äqu}}$

Äqu = Abkürzung für Kettenäquivalentgewicht. $N = 8,5 \cdot 10^{20}$.

Es ergibt sich also folgendes einfache Gesetz für Kohlenwasserstoffe mit Fadenmolekülen in Tetralin-(Benzol-)Lösung: *Äquiviscose Lösungen gleicher Konzentration von Kohlenwasserstoffen enthalten Fadenmoleküle ungefähr gleicher Kettenlänge.* Die Molekulargewichte dieser Kohlenwasserstoffe gleicher Kettenlänge stehen im Verhältnis der Kettenäquivalentgewichte (vgl. Spalte 10, Tabelle 20). Daraus folgt weiter: *Zeigen verschiedene Kohlenwasserstoffe in gleicher Konzentration die gleiche spez. Viscosität, so stehen ihre Molekulargewichte im Verhältnis der Kettenäquivalentgewichte.*

Es läßt sich danach die spez. Viscosität eines Kohlenwasserstoffes in verdünnter Lösung berechnen, wenn die Gesamtkettenlänge desselben bekannt ist, ohne Kenntnis des Kettenäquivalentgewichtes, wie es bei Formel (14) nötig ist. Ein normaler Paraffinkohlenwasserstoff mit n CH_2-Gruppen hat in 1,4proz. Tetralinlösung die spez. Viscosität:

$$\eta_{sp}(1,4\%) = K_{\text{äqu}} \cdot 14 \cdot n = 0,85 \cdot 10^{-4} \cdot 14 \cdot n = 1,19 \cdot 10^{-3} \cdot n. \qquad (15)$$

Die gleiche spez. Viscosität besitzt jeder Kohlenwasserstoff mit beliebigem Kettenäquivalentgewicht — also beliebigen Seitenketten —, wenn die Kohlenstoffkette die gleiche Gliederzahl n besitzt. Gl. (15) ergibt sich dabei aus Gl. (14) durch folgende Umrechnung:

$$\frac{\eta_{sp\,(\text{äqu})} \cdot 14}{\text{Äqu}} = \frac{K_{\text{äqu}} \cdot M \cdot 14}{\text{Äqu}}. \qquad (16)$$

Da $\dfrac{\eta_{sp\,(\text{äqu})} \cdot 14}{\text{Äqu}} = \eta_{sp}\,(1,4\%)$ und $\dfrac{M}{\text{Äqu}} = n =$ der Zahl der Ketten-C-Atome ist, so ist diese Gleichung (16) identisch mit Gl. (15).

Für Squalen $C_{30}H_{50}$ mit 24 Ketten-C-Atomen berechnet sich für eine 1,4proz. Lösung:

$$\eta_{sp}(1{,}4\%) = 1{,}19 \cdot 10^{-3} \cdot 24 = 0{,}0286,$$

also für eine gd-mol. (6,8proz.) Lösung 0,139; gefunden wurde von E. O. Leupold in Tetralinlösung 0,135.

Aus diesen Zusammenhängen ergibt sich eine andere Berechnungsweise des Molekulargewichtes von Fadenmolekülen bei Kohlenwasserstoffen.

Da

$$\frac{\eta_{sp}(1{,}4\%)}{1{,}19 \cdot 10^{-3}} = n \qquad (17)$$

ist, so kann nach dieser Formel die Kettenlänge n von hochmolekularen Kohlenwasserstoffen aus der spez. Viscosität errechnet werden. Das Molekulargewicht ergibt sich dann als Produkt dieser Gliederzahl n mit dem Kettenäquivalentgewicht.

Um das Viscositätsgesetz an einem Beispiel praktisch zu erläutern, sei Tabelle 21 angeführt. Es sind darin die kryoskopischen Molekulargewichtsbestimmungen von verschiedenen Kohlenwasserstoffen verzeichnet (Spalte 2). In Spalte 3 sind die gemessenen Viscositäten angegeben in der in Spalte 4 angegebenen Konzentration. Daraus ist in Spalte 5 die Viscosität in 1,4proz. Lösung berechnet. Spalte 6 enthält das Kettenäquivalentgewicht der Kohlenwasserstoffe und Spalte 7 die Zahl der Ketten-C-Atome. In Spalte 8 ist endlich die spez. Viscosität einer 1,4proz. Lösung von Kohlenwasserstoffen berechnet, die 1000 Ketten-C-Atome im Molekül enthalten. Die spez. Viscosität ist bei den verschiedenen Verbindungen annähernd die gleiche; die Differenzen rühren z. T. von Meßfehlern her, vor allem sind sie aber dadurch bedingt, daß die Zahl der C-Atome in einer 1,4proz. Lösung bei den angeführten Verbindungen nicht völlig die gleiche ist. Bei den gesättigten Kohlenwasserstoffen ist sie etwas kleiner als bei den ungesättigten. Daher ist bei den Polystyrolen und Polyindenen die Viscosität einer 1,4proz. Lösung zu hoch.

Tabelle 20. Beziehungen zwischen spez. Viscosität und Kettenlänge der Moleküle bei Kohlenwasserstoffen.

1	2	3	4	5	6	7	8	9	10	11
	Grundmoleküle	Kettenäquivalentgewichte	η_{sp} bei Mol.-Gew. 10000 in kettenäquivalenten Lösungen	η_{sp} bei Mol.-Gew. 10000 in 1,4proz. Lösung	10000/Kettenäquivalentgewicht = Zahl der C-Atome bei Molekulargewicht 10000 = n	Verhältnis der C-Atome in der Kette	Verhältnis der $\eta_{sp}(1{,}4\%)$-Werte	$\eta_{sp}(1{,}4\%)$ bei 714 C-Atomen in der Kette	Mol.-Gew. bei 714 Ketten-C-Atomen = Kettenäquivalentgewicht×714	Verhältnis der Zahl der Moleküle in 1,4proz. Lösung (Mol.-Gew. Spalte 10)
Paraffine	CH_2	14	0,8	0,8	714	100	100	0,80	10000	100
Polyprene	C_5H_8	17	0,75	0,62	588	82	78	0,75	12000	82
Polyprane	C_5H_{10}	17,5	0,75	0,60	572	80	75	0,75	12500	80
Polyisobutylene	C_4H_8	28	0,88	0,44	357	50	55	0,88	20000	50
Polystyrole	C_8H_8	52	0,9	0,24	192	27	30	0,89	37000	27
Polyindene	C_9H_8	58	0,9	0,22	172	24	28	0,91	41500	24

Tabelle 21.

1	2	3	4	5	6	7	8
	Mol.-Gew.	η_{sp} *	Gehalt der Lösung	η_{sp} von 1,4 proz. Lösungen	Ketten-äquivalent-gewicht	Zahl der Ketten-C-Atome	η_{sp} von 1,4 proz. Lösungen bei Ketten-C-Atomzahl 1000
		gefunden	%	berechnet			
Paraffine. . . .	492	0,043	1,4	0,043	14	35	1,23
Polyprane . . .	5500	0,41	1,75	0,328	17,5	314	1,04
Polyprene . . .	6400	0,507	1,7	0,418	17	376	1,11
Polyisobutylene .	1500	0,13	2,8	0,065	28	54	1,20
Polystyrole. . .	7600	0,353	2,6	0,190	52	146	1,30 **
Polyindene . .	6000	0,59	5,8	0,143	58	103	1,39 **·

Die spez. Viscosität von Kohlenwasserstoffen mit 1000 Kohlenstoffatomen in der Kette in 1,4 proz. Lösung ist also im Durchschnitt 1,2. Deshalb ist die spez. Viscosität eines Kohlenwasserstoffes mit n Kettengliedern in 1,4 proz. Lösung:

$$\eta_{sp}(1,4\%) = 1,2 \cdot 10^{-3} \cdot n. \tag{15}$$

Es ergibt sich also aus diesem Beispiel die oben abgeleitete Formel (15).

VIII. Beziehungen zwischen Viscosität und Kettenlänge bei sauerstoffhaltigen Verbindungen.

1. Polyoxymethylene und Polyäthylenoxyde.

Die Viscositätsgesetze gelten nicht nur für Verbindungen mit Kohlenstoffketten, sondern auch für solche, die Sauerstoffatome in den Kohlenstoffketten enthalten. Letztere können bei der Berechnung den CH_2-Gruppen gleichgesetzt werden, da die Gewichte annähernd gleich sind und ein Sauerstoffatom ungefähr den gleichen Raum in der Kette wie eine CH_2-Gruppe beansprucht.

Bei Polyoxymethylenen[1] wurde in Chloroform eine K_m-Konstante von $2,4 \cdot 10^{-4}$ gefunden; die $K_{äqu}$-Konstante ist demnach $1,2 \cdot 10^{-4}$. Sie ist also so groß wie die $K_{äqu}$-Konstante von Paraffinen in Tetrachlorkohlenstoff, die den Wert $1,14 \cdot 10^{-4}$ hat. Die spez. Viscosität von Paraffinketten und Polyoxymethylenketten gleicher Länge ist bei derselben Konzentration also gleich. Dies ist darin begründet, daß die Form der Moleküle in beiden Stoffklassen, wie sie sich aus der Röntgenuntersuchung der Krystalle ergibt, sehr ähnlich ist[2]. Deshalb ist auch das physikalische Verhalten beider Verbindungen ähnlich. So sind wegen der regelmäßigen Form beider Moleküle die Molekülgitterkräfte besonders wirksam; deshalb haben die höhermolekularen Polyoxymethylene und Paraffine einen relativ hohen Schmelzpunkt und sind schwer löslich[3].

Auffallend ist, daß die K_m-Konstante der Polyäthylenoxyde in Benzol dagegen sehr niedrig ist: sie beträgt $1,8 \cdot 10^{-4}$; die $K_{äqu}$-Konstante ist in Benzol

---

* Die Messungen wurden in Tetralin oder Benzol ausgeführt.

** Da Polystyrole und Polyindene kohlenstoffreicher sind als gesättigte Kohlenwasserstoffe, so ist dort die Viscosität in 1,4 proz. Lösung etwas größer als bei den kohlenstoffärmeren Verbindungen.

[1] Vgl. Zweiter Teil, B. II. 3.

[2] Vgl. Ztschr. f. physik. Ch. **126**, 425 (1927).

[3] Vgl. Zweiter Teil, C. III. 2.

demnach $0,6 \cdot 10^{-4}$ statt $0,85 \cdot 10^{-4}$. Das bedeutet, daß die Polyäthylenoxyde, deren Moleküle die gleiche Zahl von Kettenatomen besitzen wie entsprechende Polyoxymethylene von gleichem Molekulargewicht, eine sehr viel geringere spez. Viscosität als die Polyoxymethylene haben. Dieses Verhalten der Polyäthylenoxyde fiel von Anfang an auf; früher wurde vermutet, daß diese geringe Viscosität durch die besonders regelmäßige Form der Moleküle bedingt sei[1]. Die Sachlage ist aber gerade umgekehrt: die Viscosität von Polyäthylenoxyden ist im Vergleich zu anderen Stoffen nicht deshalb so gering, weil sie besonders regelmäßig gebaut sind und keine Seitenketten haben, sondern gerade diese Moleküle besitzen Unregelmäßigkeiten im Bau, die eine Verkürzung der Kette hervorrufen. Letzteres ist nur möglich, wenn die Atome nicht, wie in den Fadenmolekülen der Polyoxymethylene in langgestreckter Form angeordnet sind, sondern in einer „Mäanderform"[2].

Eine solche Form kann dadurch zustande kommen, daß die Sauerstoffatome des langen Moleküls sich gegenseitig durch Nebenvalenzen beeinflussen. Infolge der dadurch bedingten „sperrigen" Form der Moleküle sind die Polyäthylenoxyde viel leichter löslich als die Polyoxymethylene; ebenso besitzen sie einen tieferen Schmelzpunkt. Die merkwürdigen Unterschiede zwischen diesen beiden, scheinbar so nahe verwandten Stoffen, die sehr auffallend sind, finden dadurch eine befriedigende Erklärung.

Da bei dieser Mäanderform der Moleküle in einem Grundmolekül Äthylenoxyd nur 2 Atome statt 3 die Längendimension des Moleküls bestimmen, so ist zur Berechnung der $K_{\text{äqu}}$-Konstante die K_m-Konstante nicht durch 3, sondern nur durch 2 zu dividieren. Die K_m-Konstante ist $1,8 \cdot 10^{-4}$; danach ist die $K_{\text{äqu}}$-Konstante $0,9 \cdot 10^{-4}$, also ungefähr von gleicher Größe wie die von Paraffinen in Benzol.

<h2 align="center">2. Cellulose und Celluloseacetate.</h2>

Die K_m-Konstante für Lösungen von Celluloseacetaten in m-Kresol ist $11 \cdot 10^{-4}$. Fast die gleiche Konstante ($10 \cdot 10^{-4}$) wurde auch für Lösungen von Cellulose in SCHWEIZERS Reagens gefunden. In dem Fadenmolekül der Cellulose sind 5 Atome des Grundmoleküls Kettenatome, also für die Länge der Kette bestimmend. Die $K_{\text{äqu}}$-Konstante hat demnach den Wert $2,0 \cdot 10^{-4}$ statt $0,85 \cdot 10^{-4}$, wie bei den Stoffen mit einfachen Fadenmolekülen.

Tabelle 22.

	Grundmolekül	Lösungsmittel	K_m	$K_{\text{äqu}}$
Triacetyl-cellulosen . . .	$C_{12}H_{16}O_8$	m-Kresol	$11 \cdot 10^{-4}$	$2,2 \cdot 10^{-4}$
Cellulosen	$C_6H_{10}O_5$	Schweizer-Lösung	10 „	2,0 „

In den Fadenmolekülen der Cellulose sind aber 6-Ringe als Kettenglieder enthalten, und Ringe, die in einer Kette eingebaut sind, bedingen eine Viscositätserhöhung[3]. Für den Cyclohexylrest wurde als Inkrement in einer 1,4 proz. Lösung $9 \cdot 10^{-4}$ ermittelt. Setzt man dieses Inkrement in die Rechnung ein, so ergibt

---

[1] Vgl. H. STAUDINGER u. O. SCHWEITZER: Ber. Dtsch. Chem. Ges. **62**, 2399 (1929).

[2] Vgl. G. WITTIG: Stereochemie, S. 319, Leipzig 1930; ferner Zweiter Teil, C. III. 2.

[3] Vgl. Erster Teil, D. IV. 10.

sich ein K_m-Wert aus den allgemeinen Viscositätsgesetzen, der mit dem experimentell gefundenen übereinstimmt:

Ein Grundmolekül der Cellulose enthält 5 Kettenatome und einen gesättigten Ring. Die spez. Viscosität für ein Grundmolekül in 1,4proz. Lösung ist demnach:

$$\eta_{sp}(1,4\%) = 5 \cdot 1,2 \cdot 10^{-3} + 9 \cdot 10^{-3} = 1,5 \cdot 10^{-2}.$$

Dabei wird als η_{sp}-Wert für ein Kettenglied in 1,4proz. Lösung wie bei Paraffinen in Benzol $1,2 \cdot 10^{-3}$ angenommen. Eine grundmolare Lösung von Celluloseacetaten (eine 28,8proz.) hat daher folgende spez. Viscosität für ein Grundmolekül:

$$\eta_{sp}(28,8\%) = 1,5 \cdot 10^{-2} \cdot \frac{28,8}{1,4} = 0,31.$$

Die K_m-Konstante ist der η_{sp}-Wert für das Molekulargewicht 1. Um die K_m-Konstante zu erhalten, muß man demnach den Viscositätswert für eine grundmolare Lösung durch das Gewicht eines Grundmoleküls dividieren. So berechnet sich für die Triacetylcellulose

$$K_m = \frac{0,31}{288} = 10,7 \cdot 10^{-4}.$$

Gefunden wurde in guter Übereinstimmung $K_m = 11 \cdot 10^{-4}$. *Man kann also die K_m-Konstante der Triacetylcellulose und der Cellulose aus Viscositätsmessungen eines Paraffins und eines Cyclohexylderivates errechnen,* nachdem die Viscositätsbeziehungen zwischen den verschiedenen hochmolekularen Stoffen bekannt sind. Auf Grund der so errechneten Konstante läßt sich das Molekulargewicht von Cellulosen und Celluloseacetaten bestimmen.

3. Stärke[1].

Es ist möglich, daß in der Stärkelösung sehr empfindliche Makromoleküle vorhanden sind, daß also die Kolloidteilchen keine Micellen darstellen, wie dies z. B. P. KARRER[2], M. SAMEC[3] u. a. bisher angenommen haben. Aus Analogieschlüssen mit anderen hochpolymeren Stoffen von bekanntem Bau kann man diese Annahme begründen. W. BILTZ[4] hat bei einer größeren Reihe von Stärkepräparaten Beziehungen zwischen der Teilchengröße und der Viscosität ihrer Lösungen festgestellt. Wenn man diese Versuche umrechnet und die K_m-Konstante ermittelt, so schwankt dieselbe um einen Mittelwert von $2 \cdot 10^{-4}$*.

Auffallend ist der geringe Wert der Konstante. Aus den für ein Grundmolekül der Cellulose im vorigen Abschnitt durchgeführten Berechnungen sollte die

---

[1] Die Stärke gehört nicht zu den Hemikolloiden, sondern zu den Eukolloiden, da ihre Lösungen nicht dem HAGEN-POISEUILLEschen Gesetze gehorchen; dies ist auffallend, da bei Molekülkolloiden erst bei sehr großer Kettenlänge Abweichungen vom HAGEN-POISEUILLEschen Gesetze eintreten; ob hier in Lösung koordinative Bindungen von einzelnen Fadenmolekülen erfolgen, also ob ähnliche Verhältnisse vorliegen wie bei den Polyacrylsäurelösungen, die ebenfalls anormale Strömungsverhältnisse zeigen, muß noch untersucht werden. — Es wird die Stärke hier behandelt, weil eine polymerhomologe Reihe vorliegt und die Teilchengröße der einzelnen Glieder auf osmotischem Wege bestimmt ist.

[2] KARRER, P.: Polymere Kohlehydrate. Leipzig 1925.

[3] SAMEC, M.: Kolloidchemie der Stärke. Verlag Th. Steinkopff 1927.

[4] Ber. Dtsch. Chem. Ges. **46**, 1532 (1913) — Ztschr. f. physik. Ch. **83**, 703 (1913).

* Die Schwankungen der K_m-Konstante können durch die erheblichen experimentellen Schwierigkeiten verursacht sein.

Tabelle 23. Umrechnung der BILTZschen Versuche über den Zusammenhang zwischen Teilchengröße und Viscosität bei Stärkepräparaten. $c=$ Konzentration der grundmolaren (16,2proz.) Lösung.

Substanz	Mol.-Gew. osmotisch	η_{sp} in 2proz. Lösung (0,1235 gd-mol.)	η_{sp}/c	K_m
Amylodextrin a	22 200	0,545	4,42	$2,0 \cdot 10^{-4}$
Amylodextrin b	20 500	0,485	3,93	1,9 „
Diastasedextrin aus Würze	11 700	0,214	1,73	1,5 „
Achrodextrin (Meyer)	10 200	0,173	1,40	1,4 „
Diastasedextrin aus Bier	8 200	0,283	2,29	2,8 „
Erythrodextrin III	6 800	0,081	0,65	0,9 „
Dextrin Merck dialysiert	6 200	0,114	0,92	1,5 „
Dextrin Kahlbaum	6 000	0,105	0,85	1,4 „
Dextrin Merck	5 000	0,108	0,87	1,7 „
Erythrodextrin III	4 100	0,081	0,65	1,6 „
Säuredextrin	4 000	0,094	0,76	1,9 „
Erythrodextrin II α	3 000	0,081	0,65	2,1 „
Achroodextrin 1	1 800	0,070	0,56	3,1 „
Achroodextrin 2	1 200	0,034	0,27	2,3 „

Konstante ca. $10 \cdot 10^{-4}$ betragen, wenn man annimmt, daß Fadenmoleküle vorliegen. Die Stärke hat also im Vergleich zur Cellulose eine abnorm niedere Viscosität. Stärke vom Molekulargewicht 10000 hat einen η_{sp}/c-Wert von ca. 2, während Cellulose vom gleichen Molekulargewicht, also der gleichen Zahl von Glykoseresten im Molekül einen η_{sp}/c-Wert von 10 hat (in SCHWEIZERS Reagens). Dieser Unterschied ist nur so zu erklären, daß das Stärkemolekül nicht die gestreckte Form besitzt wie das Cellulosemolekül, sondern daß die Glykosemoleküle in einer Mäanderform angeordnet sind. Vorausgesetzt, daß die K_m-Konstante auf Grund der BILTZschen Versuche richtig bestimmt ist, muß die Länge des Fadenmoleküls pro 5 Glykosereste in der Kette nur um die Länge eines Glykoserestes wachsen[1]. Dies bedingt eine sehr unregelmäßige Form der Stärkemoleküle[2].

Diese unregelmäßige Form des Moleküls der Stärke im Vergleich zu dem der Cellulose macht die bedeutenden Unterschiede in der Löslichkeit beider

Tabelle 24. Vergleich zwischen Cellulose und Polyoxymethylenen einerseits und Stärke und Polyäthylenoxyden andererseits.

	Cellulose	Polyoxymethylene	Stärke	Polyäthylenoxyde
Molekülform	Gestreckte Zickzackkette		Mäanderförmige Ketten	
Löslichkeit	Schwer löslich		Leicht löslich	
K_m	$10 \cdot 10^{-4}$	$2,4 \cdot 10^{-4}$	$2 \cdot 10^{-4}$	$1,8 \cdot 10^{-4}$

[1] Es ist nicht wahrscheinlich, daß die K_m-Konstante der Stärke richtig bestimmt ist, denn wenn, wie oben berechnet, auf 6 Glykosereste die Kette sich nur um 1 Glykoserest verlängert, so hätte das Stärkemolekül eine sehr stark gewundene Form. Es ist möglich, daß die K_m-Konstante nicht stimmt, oder daß die Teilchen nicht normale, sondern koordinative Moleküle sind.

[2] K. H. MEYER, H. HOPFF u. H. MARK haben in Ber. Dtsch. Chem. Ges. **62**, 1103 (1929) darauf hingewiesen, daß die Stärkemoleküle eine viel unregelmäßigere Gestalt haben als die Moleküle der Cellulose.

polymeren Kohlehydrate verständlich. Die Moleküle der Stärke und der Cellulose weisen ähnliche Unterschiede in der Form auf wie die Moleküle der Polyäthylenoxyde und der Polyoxymethylene. Die Molekülform bedingt in beiden Fällen Löslichkeit und Viscosität.

IX. Vergleich der spezifischen Viscosität gleichkonzentrierter Lösungen.

Bisher wurde die spezifische Viscosität von grundmolaren oder kettenäquivalenten Lösungen der verschiedenen polymerhomologen Reihen untereinander verglichen und so die Viscositätsgesetze abgeleitet. Es ist interessant, auch die Viscosität von gleichkonzentrierten Lösungen von Stoffen des gleichen Molekulargewichts der verschiedenen Reihen unter Einschluß der sauerstoffhaltigen Verbindungen zu vergleichen.

In Tabelle 25 ist dazu die Viscosität einer 1,4 proz. Lösung benutzt; eine solche Lösung ist, wie gesagt, grundmolar in bezug auf eine CH_2-Gruppe. Da das Gewicht

Tabelle 25.
Vergleich der spezifischen Viscositäten gleichkonzentrierter Lösungen.

1	2	3	4	5	6	7	8	9
Polymerhomologe Reihe	Gehalt der grundmolaren Lösung %	K_m	$K_{(1,4\%)}$	$\eta_{sp}(1,4\%)$ für Mol.-Gew. 10000	Kettenatome eines Moleküls vom Mol.-Gew. 10000	Verhältnis der Kettenatome	Verhältnis der $\eta_{sp}(1,4\%)$	$\eta_{sp}(1,4\%)$ bei 1000 Kettenatomen
Paraffine	1,4	$0,8 \cdot 10^{-4}$	$0,8 \cdot 10^{-4}$	0,8	714	100	100	1,12
Polyprene	6,8	3,0 ,,	0,62 ,,	0,62	588	82	78	1,05
Polyprane	7,0	3,0 ,,	0,60 ,,	0,60	572	80	75	1,05
Polyisobutylene .	5,6	1,75 ,,	0,44 ,,	0,44	357	50	55	1,23
Polystyrole . . .	10,4	1,8 ,,	0,24 ,,	0,24	192	27	30	1,25
Polyindene . . .	11,6	1,8 ,,	0,22 ,,	0,22	172	24	28	1,28
Polyvinylacetate .	8,6	2,6 ,,	0,42 ,,	0,42	233	33	53	1,80
Polyoxymethylene	3,0	2,4 ,,	1,12 ,,	1,12	667	93	140	1,68
Polyäthylenoxyde	4,4	1,8 ,,	0,57 ,,	0,57	455	64	71	1,25
Triacetylcellulosen	28,8	11 ,,	0,53 ,,	0,53	174	24	66	3,05
Cellulosen	16,2	10 ,,	0,86 ,,	0,86	309	43	107	2,78

des Sauerstoffatoms und des Stickstoffatoms wenig von dem der CH_2-Gruppe abweicht, so kann man in erster Annäherung annehmen, daß eine 1,4 proz. Lösung die gleiche Zahl von schweren Atomen enthält, also die gleiche Zahl von Kohlenstoff-, Sauerstoff- und Stickstoffatomen, während die Zahl der Wasserstoffatome eine wechselnde sein kann. In Tabelle 25 ist für die verschiedenen Reihen die Konstante für eine 1,4 proz. Lösung $= K_{(1,4\%)}$ ausgerechnet durch Umrechnung der K_m-Konstante der grundmolaren Lösung

$$\eta_{sp}(1,4\%) = K_{(1,4\%)} \cdot M. \tag{18}$$

Aus dieser Konstante für eine 1,4 proz. Lösung ergeben sich die spezifischen Viscositäten für die 1,4 proz. Lösung der verschiedenen Stoffe bei gleichem Molekulargewicht 10000 (Tabelle 25, Spalte 5). Es wurde dann die Zahl der Kettenatome berechnet (Spalte 6). Spalte 7 enthält das Verhältnis der Kettenatome bezogen auf Paraffine $= 100$, Spalte 8 das Verhältnis der spezifischen Viscositäten

1,4proz. Lösung, bezogen auf Paraffine = 100. In Spalte 9 ist dann weiter die spezifische Viscosität einer 1,4proz. Lösung von Stoffen mit 1000 Kettenatomen angegeben; sie ist nach den Viscositätsgesetzen bei den Kohlenwasserstoffen annähernd gleich, bei Cellulose und Triacetylcellulose infolge des viscositätserhöhenden Einflusses der Ringe weit höher. Bei den Polyäthylenoxyden wird auch hier angenommen, daß nur 2 von den 3 Kettenatomen des Grundmoleküls zur Länge des Fadenmoleküls beitragen.

X. Bedeutung der Länge und des Durchmessers der Moleküle für die Viscosität.

Gleichkonzentrierte Lösungen von polymeren Verbindungen, welche gleiche spezifische Viscosität aufweisen, enthalten nach Vorstehendem Moleküle gleicher Kettenlänge[1]. Das Molekulargewicht dieser gleich langen Moleküle ist aber nicht gleich, sondern es nimmt proportional mit dem Kettenäquivalentgewicht zu. Die Moleküle gleicher Länge haben nämlich einen verschiedenen Durchmesser. Danach ist die Zahl solcher gleich langen Moleküle in Lösungen gleicher Konzentration bei den einzelnen polymeren Verbindungen eine verschiedene, und zwar nimmt ihre Anzahl umgekehrt proportional mit ihrem Kettenäquivalentgewicht ab. Aus Tabelle 19 ersieht man, daß N Moleküle eines Paraffins mit dem Kettenäquivalentgewicht 14 in gleichkonzentrierter Lösung die gleiche Viscosität hervorrufen wie $\dfrac{N \cdot 14}{\text{Äqu}}$ Moleküle vom Kettenäquivalentgewicht Äqu, falls ihre Fadenmoleküle gleiche Länge haben. Mit anderen Worten: *homöopolare polymere Verbindungen gleicher Kettenlänge haben in gleichkonzentrierter Lösung dieselbe spezifische Viscosität unabhängig von der Zahl der Moleküle, falls keine Ringe als Kettenglieder vorhanden sind.*

Nach der EINSTEINschen Formel ist die spezifische Viscosität unabhängig vom Verteilungsgrad, wie dieses auch für kugelförmige Moleküle nachgewiesen ist[2]. Hier gilt also die Beziehung $\dfrac{\eta_{sp}}{c} = K$. Bei langen Molekülen gilt diese Formel nur in bezug auf ihren Durchmesser, d. h. gleichprozentige Lösungen, welche Moleküle verschiedenen Durchmessers, aber gleicher Kettenlänge enthalten, haben dieselbe spezifische Viscosität. Dagegen gilt die EINSTEINsche Formel nicht mehr, wenn bei gleicher Konzentration Moleküle verschiedener Länge vorliegen. Dann ist die neue Beziehung $\dfrac{\eta_{sp}}{c} = K_m \cdot M$ gültig; die spezifische Viscosität einer Lösung nimmt also bei gleicher Konzentration und gleichem Durchmesser der Moleküle proportional mit der Kettenlänge zu.

An den seit langem benutzten Modellen[3] für hochmolekulare Verbindungen läßt sich diese Gesetzmäßigkeit bequem veranschaulichen. Eine bestimmte Zahl gleich langer dünner Holzstäbe ruft in „Lösung" die gleiche spezifische Viscosität hervor, einerlei, ob diese Stäbe einzeln in Lösung sind oder ob je zwei oder drei zu einem Stab größeren Durchmessers zusammengefaßt sind. Die Verringerung der Zahl dieser Moleküle auf die Hälfte oder ein Drittel durch Zu-

---

[1] Eine Ausnahme bilden Verbindungen mit Ringen in der Kette, wie die Cellulosen.

[2] Vgl. H. STAUDINGER u. W. HEUER: Ber. Dtsch. Chem. Ges. **63**, 230 (1930); ferner H. STAUDINGER u. E. OCHIAI: Ztschr. f. physik. Ch. (A) **158**, 35 (1931).

[3] Vgl. H. STAUDINGER: Ztschr. f. angew. Ch. **42**, 71 (1929). Vgl. ferner Ztschr. f. physik. Ch. **126**, 435 (1927).

sammenfassen zu Bündeln hat also auf die spezifische Viscosität keinen Einfluß. Macht man dagegen aus je zwei dieser Holzstäbe ein doppelt so langes „Fadenmolekül", so ist, trotzdem jetzt die Zahl dieser „Fadenmoleküle" in Lösung auf die Hälfte gesunken ist, bei gleichbleibender Konzentration die spezifische Viscosität doppelt so hoch wie die der Ausgangslösung, da der Wirkungsbereich eines Moleküls im Quadrat mit der Moleküllänge wächst, wie sich als Konsequenz der Beziehungen zwischen Viscosität und Kettenlänge ergibt.

Der Wirkungsbereich[1] eines Fadenmoleküls kann entsprechend den früheren Darlegungen[2] rechnerisch dem Inhalt eines flachen Zylinders gleichgesetzt werden, dessen Durchmesser die Moleküllänge L ist und dessen Höhe gleich dem Durchmesser d des Moleküls ist. Verringert man die Zahl der Moleküle N um die Hälfte dadurch, daß je zwei Moleküle ein Fadenmolekül von doppeltem Durchmesser geben, so ist der Gesamtwirkungsbereich entsprechend nachstehender Formel unverändert, und damit ist auch die spezifische Viscosität die gleiche:

$$\text{Gesamtwirkungsbereich} = N \cdot \left(\frac{L}{2}\right)^2 \cdot \pi \cdot d = \frac{N}{2} \cdot \left(\frac{L}{2}\right)^2 \cdot \pi \cdot 2d \, . \tag{19}$$

Verringert man dagegen die Zahl der Moleküle dadurch auf die Hälfte, daß je zwei Moleküle ein Fadenmolekül doppelter Länge geben, so ist der Gesamtwirkungsbereich doppelt so groß, und die spezifische Viscosität hat hier den doppelten Betrag:

$$\text{Gesamtwirkungsbereich} = \frac{N}{2}\left(\frac{2L}{2}\right)^2 \cdot \pi \cdot d = 2N \cdot \left(\frac{L}{2}\right)^2 \cdot \pi \cdot d \, . \tag{20}$$

XI. Viscositätsgesetze und osmotische Gesetze.

Die gefundenen Gesetzmäßigkeiten lassen erkennen, daß die Viscosität der Lösungen wesentlich von der Zahl der Kettenmoleküle und ihrer Länge abhängt. Weitere Viscositätsuntersuchungen an einheitlichen, aus Fadenmolekülen aufgebauten Stoffen[3] können erst eine Entscheidung geben, wieweit noch andere Faktoren, z. B. konstitutive, die Viscosität der Lösungen beeinflussen. Wenn solche Einflüsse wirksam sind, können sie jedoch bei Lösungen hochmolekularer Kohlenwasserstoffe in Kohlenwasserstoffen nur von untergeordneter Bedeutung sein. So haben z. B. ungesättigte Gruppen im Molekül, die für andere physikalische Konstanten von Bedeutung sind, auf die spezifische Viscosität keinen oder nur untergeordneten Einfluß. Polyprene und Polyprane haben deshalb fast dieselbe Konstante[4], ebenso zeigen cis-trans-isomere Verbindungen gleicher Kettenlänge die gleiche Viscosität, z. B. Guttapercha und Kautschuk[5], ebenso Ölsäure[6] und Elaidinsäure.

Die Viscositätsgesetze sind in dieser Hinsicht mit anderen Gesetzen der Lösungen zu vergleichen. Der osmotische Druck ist eine Funktion der Zahl resp. der

---

[1] Ber. Dtsch. Chem. Ges. **63**, 929 (1930).

[2] Zusammengefaßt in Ztschr. f. physik. Ch. (A) **153**, 418 (1931). Vgl. auch S. 58, ferner Erster Teil, G. III.

[3] STAUDINGER, H., u. E. OCHIAI: Ztschr. f. physik. Ch. (A) **158**, 35 (1931).

[4] STAUDINGER, H., u. R. NODZU: Helv. chim. Acta **13**, 1350 (1930).

[5] STAUDINGER, H., u. H. F. BONDY: Ber. Dtsch. Chem. Ges. **63**, 734 (1930).

[6] STAUDINGER, H., u. E. OCHIAI: Ztschr. f. physik. Ch. (A) **158**, 49 (1931).

Größe der Moleküle[1] und ist unabhängig von der chemischen Natur derselben. Der Vergleich kann noch weiter geführt werden: die osmotischen Gesetze gelten nur in verdünnter Lösung. Nur dort wächst die Gefrierpunktserniedrigung proportional mit der Konzentration. Ebenso ist η_{sp}/c nur in verdünnter Lösung konstant[2]. Ferner gelten die osmotischen Gesetze nur dann, wenn der Dampfdruck des gelösten Stoffes unendlich klein ist im Vergleich zu dem des Lösungsmittels. Ebenso sind die Viscositätsgesetze nur gültig, wenn der gelöste Stoff sehr viel höherviscos ist als das Lösungsmittel. Die spezifische Viscosität eines gelösten Stoffes ist dabei weitgehend unabhängig von der Art des Lösungsmittels[3].

Die Methode der Bestimmung des Molekulargewichts durch Viscositätsmessungen ist gerade für die höchstmolekularen Verbindungen besonders geeignet. Da die spezifische Viscosität proportional mit dem Molekulargewicht wächst, so bekommt man bei den Stoffen mit dem höchsten Molekulargewicht die größten Effekte. Mit allen anderen Methoden erhält man dagegen bei steigendem Molekulargewicht geringere Effekte. Die osmotische Methode und die Diffusionsmethode sind bei hochmolekularen Verbindungen schon aus diesem Grund wenig genau, während Viscositätsmessungen, wie schon GRAHAM[4] voraussah, für die Erforschung der hochmolekularen Verbindungen von grundlegender Bedeutung sind.

XII. Über die Form der Fadenmoleküle.

Ein Fadenmolekül ist als ein starres, elastisches Gebilde zu betrachten[5]. Die gefundenen Zusammenhänge zwischen Viscosität und Kettenlänge sind nur durch eine starre Form der Fadenmoleküle zu verstehen, nicht aber bei der Annahme, daß diese Fadenmoleküle in Lösung sich krümmen oder schlängeln können[6] oder spiralig aufgewunden sind, wie man dies für Kautschukmoleküle öfters angenommen hat[7]. Ein Fadenmolekül ist also eher mit einem starren elastischen Glasfaden zu vergleichen als mit einem lockeren Wollfaden, der beliebige Formen annehmen kann. Das Fadenmolekül hat in Lösung in der Mittel-

---

[1] Die spezifische Viscosität nimmt zum Unterschied vom osmotischen Druck bei steigender Temperatur nicht zu, sondern bleibt bei Kohlenwasserstoffen annähernd konstant oder nimmt etwas ab.

[2] Darauf habe ich häufig aufmerksam gemacht, vgl. Ztschr. f. physik. Ch. (A) **153**, 408 (1931); Kolloid-Ztschr. **51**, 75 (1930). Vgl. dazu R. EISENSCHITZ u. B. RABINOWITSCH: Ber. Dtsch. Chem. Ges. **64**, 2522 (1931).

[3] Dies gilt allerdings nur für sehr hochmolekulare Stoffe, vgl. Zweiter Teil, A III 5. Bei den relativ niedermolekularen Paraffinen wurde in Tetrachlorkohlenstoff ein $\eta_{sp\,(1,4\%)}$-Wert von $1,6 \cdot 10^{-3}$, in Benzol ein solcher von $1,2 \cdot 10^{-3}$ gefunden. Über den Einfluß des Lösungsmittels sind noch weitere Untersuchungen zu machen.

[4] TH. GRAHAM bezeichnete das Viscosimeter als Kolloidoskop, vgl. H. SCHWARZ: Kolloid-Ztschr. **12**, 42 (1913). Vgl. auch Wo. OSTWALD: Kolloid-Ztschr. **12**, 222 (1913).

[5] In den Kohlenstoffketten der verschiedenen polymeren Kohlenwasserstoffe muß der Winkel der Kohlenstoffvalenzen auch bei verschiedener Substitution ungefähr der gleiche sein, also der Abstand eines 3. vom 1. Kohlenstoffatom annähernd derselbe sein, denn sonst könnten Fadenmoleküle gleicher Atomzahl nicht fast gleiche spezifische Viscosität aufweisen. Vgl. dazu C. K. INGOLD u. R. GANE: Journ. Chem. Soc. London **1928**, 2267.

[6] Vgl. W. HALLER: Kolloid-Ztschr. **49**, 77 (1929).

[7] Vgl. spiralige Modelle des Kautschuks, F. KIRCHHOF: Kolloid-Ztschr. **30**, 176 (1922); ferner H. FIKENTSCHER u. H. MARK: Kautschuk-Ztschr. **6**, 2 (1930).

lage dieselbe Gestalt wie im Krystall. Auf dieser Eigenschaft der Fadenmoleküle beruht auch die Krystallisationsfähigkeit hochmolekularer Substanzen aus ihrer Lösung[1]. Die langen Fadenmoleküle werden dabei wie ein Bündel langer Glasfäden zusammengefaßt und bauen ein Makromolekülgitter auf.

Die langgestreckten Fadenmoleküle besitzen dieselbe Starrheit, wie wir sie bei allen organischen Molekülen annehmen müssen[2]; ohne dieselbe wären kompliziert gebaute organische Verbindungen nicht möglich. Auf eine langgestreckte Form der Moleküle weisen heute eine ganze Reihe anderer Beobachtungen hin, z. B. die Untersuchungen von R. SIGNER[3] über die Strömungsdoppelbrechung der Molekülkolloide, ferner Untersuchungen über Oberflächenfilme[4]. Die Oberflächenfilme von hochmolekularen Substanzen haben die Dicke des Durchmessers der Moleküle[5]; auch diese Beobachtung zeigt, daß in Lösung keine Micellen, also keine Molekülpakete vorhanden sein können.

Bei Stoffen, deren Moleküle Verzweigungen in der Kette aufweisen und die deshalb verschiedene Gestalt besitzen können, läßt sich durch Viscositätsuntersuchungen feststellen, daß diese Moleküle die Tendenz haben, eine möglichst langgestreckte Form anzunehmen. Das Molekül des Dioctylessigsäureesters z. B. kann nach folgenden beiden Formeln gebaut sein:

$$\text{(I)}$$

$$\text{(II)}$$

Nach Viscositätsuntersuchungen ist das Molekül nach Formel (I) gebaut; es hat also die langgestreckte Gestalt; denn wenn der Molekülbau der Formel (II) entspräche, so wäre die Lösung weniger viscos.

Dagegen ist das Pyridinsalz der Dioctylessigsäure entsprechend Formel (II) gebaut und nicht nach Formel (I). Denn das Pyridinsalz einer Säure, das entsprechend Formel (II) gebaut ist, ruft eine höhere Viscosität in Lösung hervor als das Pyridinsalz der Säure nach Formel (I). Dies hängt damit zusammen, daß das Pyridin als Kettenglied ein hohes Inkrement hat, in der Seitenkette

[1] STAUDINGER, H., u. R. SIGNER: Ztschr. f. Krystallogr. **70**, 193 (1929). — STAUDINGER, H., u. O. SCHWEITZER: Ber. Dtsch. Chem. Ges. **62**, 2400 (1929). Vgl. Erster Teil, F. VI.

[2] Vgl. dazu auch die Arbeiten von GANE u. INGOLD: Journ. Chem. Soc. London **1931**, 2153.

[3] Ztschr. f. physik. Ch. (A) **150**, 257 (1930).

[4] LANGMUIR, J.: Journ. Amer. Chem. Soc. **38**, 2221 (1916); **39**, 1848 (1917). — ADAM, N. K.: The Physik and Chemistry of surfaces, Clarendon Press 1930 — Kolloid-Ztschr. **57**, 125 (1931).

[5] KATZ, J. R., u. P. J. P. SAMWELL: Naturwissenschaften **16**, 592 (1928) — Liebigs Ann. **474**, 296 (1929).

dagegen nicht viscositätserhöhend wirken kann, da es dort nur den Durchmesser des Moleküls vergrößert, was für die Viscosität gleichkonzentrierter Lösungen keine Rolle spielt:

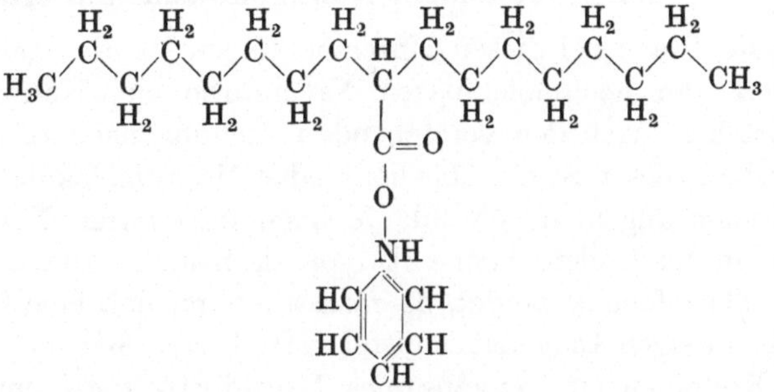

$$H_3C-CH_2-CH_2-CH_2-CH_2-CH(COONH-C_6H_5)-CH_2-CH_2-CH_2-CH_3 \qquad (I)$$

$$(\text{Dioctylessigsäure-anilid, verzweigte Form}) \qquad (II)$$

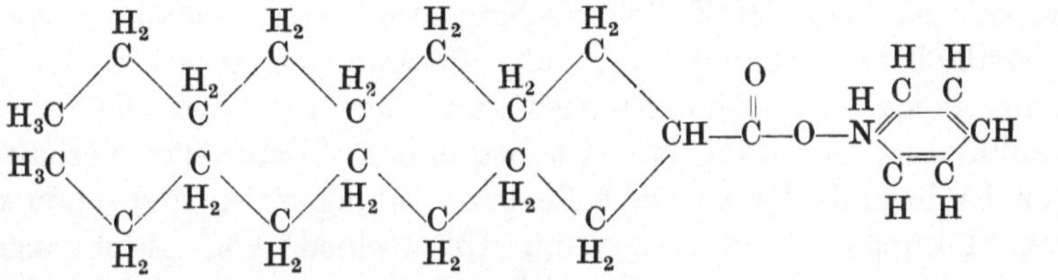

Dies geht aus folgender Berechnung hervor:

Dioctylessigsäuremethylester in CCl_4-Lösung:

η_{sp} (1,4%) ber. für Formel (I) $= 17 \cdot 1,6 \cdot 10^{-3} = 2,7 \cdot 10^{-2}$,

η_{sp} (1,4%) ber. für Formel (II) $= 11 \cdot 1,6 \cdot 10^{-3} + 3 \cdot 10^{-3} = 2,06 \cdot 10^{-2}$.

$3 \cdot 10^{-3} = \eta_{sp}$ (1,4%)-Wert für die O-Atome der Estergruppe,

$1,6 \cdot 10^{-3} = \eta_{sp}$(1,4%)-Wert für die CH_2-Gruppe.

Gefunden wurde: η_{sp} (1,4%) $= 2,9 \cdot 10^{-2}$.

Dioctylessigsäure, Pyridinsalz in Pyridin:

η_{sp} (1,4%) ber. für Formel (I) $= 17 \cdot 1,6 \cdot 10^{-3} = 2,7 \cdot 10^{-2}$,

η_{sp} (1,4%) ber. für Formel (II) $= 10 \cdot 1,6 \cdot 10^{-3} + 16 \cdot 10^{-3} = 3,2 \cdot 10^{-2}$.

$16 \cdot 10^{-3} = \eta_{sp}$ (1,4%)-Wert für die Pyridingruppe.

η_{sp} (1,4%) gefunden $3,3 \cdot 10^{-2}$.

Es bildet sich also hier diejenige Molekülform aus, die in Lösung die höchste Viscosität verursacht.

Die Tendenz der Moleküle, eine langgestreckte Form anzunehmen, besteht allgemein; denn die Moleküle der Paraffine und Paraffinderivate haben im Krystall, wie durch röntgenographische Untersuchungen bekannt ist[1], und ebenso in Lösung, wie die Viscositätsuntersuchungen[2] und die Ergebnisse über die Dicke der Oberflächenfilme[3] zeigen, eine langgestreckte fadenförmige Gestalt.

Das Ergebnis, daß *die Moleküle in Lösung eine möglichst langgestreckte Gestalt annehmen, ist für die Konstitutionsaufklärung der hochmolekularen Naturstoffe, die aus Fadenmolekülen bestehen, von großer Bedeutung; denn dadurch läßt sich das Molekulargewicht derselben durch Viscositätsbestimmungen ermitteln.*

---

[1] SHEARER, G.: Journ. Chem. Soc. London 123, 3152 (1923). — MÜLLER, A., u. G. SHEARER: Journ. Chem. Soc. London 123, 3156 (1923).

[2] STAUDINGER, H., u. R. NODZU: Ber. Dtsch. Chem. Ges. 63, 721 (1930).

[3] LANGMUIR, A. J.: Journ. Amer. Chem. Soc. 39, 1848 (1917). — TRILLAT, J.: C. r. d. l'Acad. des sciences 180, 1329, 1838 (1915). Vgl. N. K. ADAM: Kolloid-Ztschr. 57, 125 (1931).

E. Die Konstitution der Eukolloide.

I. Vergleich zwischen Eukolloiden, Hemikolloiden und Micellkolloiden.

Die wichtigste Frage bei diesen Untersuchungen ist die nach dem Bau und der Molekülgröße der hochmolekularen Naturstoffe, des Kautschuks und der Cellulose. Es ist hier nach den vorstehenden Ausführungen zu entscheiden, ob die Kolloidteilchen dieser Stoffe Micellen[1] oder Makromoleküle darstellen.

Man hat früher allgemein sowohl die hochmolekularen Naturprodukte als auch die Seifen in der Kolloidchemie als lyophile Kolloide[2] bezeichnet oder auch als Emulsoide[3] (Tröpfchenkolloide), da man annahm, daß eine flüssige disperse Phase in einem flüssigen Dispersionsmittel verteilt sei. Man hat also bei beiden Gruppen von Kolloiden ein gemeinsames Bauprinzip angenommen, und zwar einen micellaren Bau der Kolloidteilchen. Daß man deshalb, bevor der Bau der Molekülkolloide bekannt war, nahe Beziehungen zwischen den Lösungen der Micellkolloide, z. B. Seifenlösungen, und denen der Eukolloide, z. B. einer Kautschuklösung, vermutet hat, ist begreiflich. Denn das Verhalten dieser Lösungen ist in kolloider Hinsicht ein ganz ähnliches: so sind schon verdünnte 1—3proz. Lösungen hochviscos zum Unterschied von gleichkonzentrierten Lösungen der Suspensoide; ihre Viscosität steigt enorm[4] mit zunehmender Konzentration. Die hochviscosen Lösungen gehorchen nicht dem HAGEN-POISEUILLE-schen Gesetz[5]: sie zeigen, wie Wo. OSTWALD[6] sagt, Strukturviscosität. M. REINER[7] bezeichnet diese Lösungen deshalb als „nicht-NEWTONsche" Flüssigkeiten. Außerdem ändert sich die Viscosität der Lösungen der Eukolloide wie auch der Micellkolloide sehr leicht, und zwar kann sie zu- oder abnehmen: die kolloiden Lösungen altern[8].

Diese Ähnlichkeit im kolloiden Verhalten der Micellkolloide und der Eukolloide ist aber nicht darauf zurückzuführen, daß der innere Bau der Teilchen der gleiche ist; derselbe ist vielmehr grundverschieden. Die Seifen lösen sich micellar; in den Kautschuk- und Celluloselösungen sind dagegen Makromoleküle vorhanden. Daß diese Lösungen sich ähnlich verhalten, hängt damit zusammen, daß die

---

[1] Vgl. K. H. MEYER: Ztschr. f. angew. Ch. **41**, 935 (1928).

[2] Vgl. z. B. die Einteilung der Kolloide in der Capillarchemie von H. FREUNDLICH, 4. Aufl. Leipzig 1932, in lyophobe und lyophile Kolloide. Dort ist die wichtige Einteilung in Micellkolloide und Molekülkolloide nicht berücksichtigt. Vgl. weiter R. ZSIGMONDY: Kolloidchemie, 5. Aufl., S. 32 (1925).

[3] H. R. KRUYT: Colloids, englische Übersetzung von H. S. VAN KLOOSTER (1930), teilt die Kolloide ein in Suspensoide und Emulsoide und behandelt bei letzteren die Eiweißstoffe und Seifen. Vgl. weiter bei Wo. OSTWALD: Welt der vernachlässigten Dimensionen, 9. Aufl. (1927), die Einteilung der Kolloide in Suspensoide (Körnchenkolloide) und Emulsoide (Tröpfchenkolloide), zu welch letzteren er Kautschuklösungen, Eiweißstoffe, Stärke zählt, u. a. m. Vgl. ferner Kolloid-Ztschr. **11**, 230 (1912).

[4] Dieser starke Anstieg der Viscosität mit zunehmender Konzentration findet nur im Gebiet der Gellösung statt.

[5] Über die Viscosität und Elastizität von Seifenlösungen vgl. H. FREUNDLICH u. H. J. KORES: Kolloid-Ztschr. **36**, 241 (1925).

[6] OSTWALD, Wo.: Kolloid-Ztschr. **36**, 99, 157, 248 (1925).

[7] REINER, M.: Kolloid-Ztschr. **54**, 175 (1931).

[8] Vgl. dazu Wo. OSTWALD: Grundriß der Kolloidchemie, 7. Aufl., S. 191; hauptsächlich wird in der Kautschukliteratur häufig vom Altern des Kautschuks gesprochen.

Form der Kolloidteilchen eine ähnliche ist, und zwar sind die Kolloidteilchen sowohl der Micellkolloide wie der Molekülkolloide langgestreckte fadenförmige Gebilde[1]. Die Kolloidteilchen der Seifen sind aber Fadenmicellen[2], die der hochmolekularen Verbindungen dagegen Fadenmoleküle. Die hohe Viscosität der kolloiden Lösungen beider Stoffe ist durch diese Teilchenform und nicht durch eine Gleichheit des inneren Aufbaues der Teilchen bedingt. Infolge dieser Teilchenform gehorchen diese Lösungen auch nicht dem HAGEN-POISEUILLEschen Gesetz, denn beim Strömen der Lösung tritt in beiden Fällen eine Orientierung der Teilchen ein, wie man durch Strömungsdoppelbrechung nachweisen kann[3], wodurch die Viscosität verringert wird. Die Strömungsdoppelbrechung ist sowohl bei Seifenlösungen[4] wie auch bei Lösungen hochmolekularer Naturprodukte[5] zu beobachten.

Die Auffassung, daß die Kolloidteilchen der Eukolloide, der hochmolekularen Naturprodukte micellar gebaut sind, konnte jedoch weiter scheinbar dadurch begründet werden, daß die Lösungen der abgebauten Naturstoffe, also z. B. Lösungen von stark abgebautem Kautschuk, von stark abgebauter Cellulose oder Cellulosederivaten sich ganz anders wie die Lösungen der Naturstoffe selbst verhalten[6]. Sie sind wie die Lösungen synthetischer Hemikolloide, z. B. von hemikolloidem Polystyrol, niederviscos und zeigen keine anormalen Strömungsverhältnisse. Die Lösungen der Hemikolloide verhalten sich also wie die Lösungen niedermolekularer Stoffe, während die der Eukolloide sich, wie gesagt, ähnlich wie die der Micellkolloide verhalten.

Bei diesen Analogien zwischen Micellkolloiden und Eukolloiden und dem großen Unterschied zwischen den Lösungen letzterer und den von Hemikolloiden war es naheliegend, einen micellaren Bau der Kolloidteilchen der Eukolloide anzunehmen. So ist der Gedankengang von K. H. MEYER[7] verständlich, der in seiner Micellartheorie annahm, daß die kolloiden Eigenschaften der hochmolekularen Naturstoffe mit dem micellaren Bau ihrer Teilchen zusammenhängen.

Tatsächlich haben aber *die Kolloidteilchen der Eukolloide den gleichen Bau wie die der Hemikolloide: sie sind Makromoleküle. Zu diesem Ergebnis kommt man durch Untersuchung der polymerhomologen Reihen.* Durch Vergleich der einzelnen Glieder einer polymerhomologen Reihe, nämlich der Hemikolloide vom Molekulargewicht 1000—10000, deren Konstitution bekannt ist, und der Zwischenglieder, deren Moleküle bis 3000 Kettenglieder besitzen, mit den Eukolloiden kann man feststellen, daß die Eukolloide mit den Hemikolloiden kontinuierlich durch Übergänge verbunden sind; deshalb müssen die Eukolloide die höchst-

---

[1] Über die Form der Seifenmicellen vgl. P. A. THIESSEN u. R. SPYCHALSKI: Ztschr. f. physik. Ch. (A) **156**, 435 (1931); über die Gestalt sichtbarer Teilchen in Seifengelen vgl. R. ZSIGMONDY u. W. BACHMANN: Kolloid-Ztschr. **11**, 145 (1912); A. S. C. LAWRENCE: Kolloid-Ztschr. **50**, 12 (1930).

[2] STAUDINGER, H.: Helv. chim. Acta **15**, 221 (1932).

[3] Über Strömungsdoppelbrechung in Solen mit nichtkugeligen Teilchen vgl. H. FREUNDLICH, H. NEUKIRCHER u. H. ZOCHER: Kolloid-Ztschr. **38**, 43 (1926).

[4] Vgl. P. A. THIESSEN u. E. TRIEBEL: Ztschr. f. physik. Ch. (A) **156**, 309 (1931).

[5] Vgl. R. SIGNER: Ztschr. f. physik. Ch. (A) **150**, 257 (1930).

[6] K. HESS führt die Viscositätsänderungen der Lösungen von Cellulose und Cellulosederivaten beim Reinigen auf eine Entfernung von Fremdhautsubstanz zurück, vgl. K. HESS, TROGUS, AKIM u. SAKURADA: Ber. Dtsch. Chem. Ges. **64**, 427 (1931); vgl. dazu H. STAUDINGER: Ber. Dtsch. Chem. Ges. **64**, 1696 (1931).

[7] MEYER, K. H.: Ztschr. f. angew. Ch. **41**, 939 (1928).

molekularen Endglieder dieser Reihen sein. Sie sind also wie die Hemikolloide aus Fadenmolekülen aufgebaut. *Die Viscosität der Lösungen der verschiedenen Vertreter einer polymerhomologen Reihe ist also lediglich eine Funktion der Kettenlänge.* Die anormalen kolloiden Eigenschaften der hochmolekularen Substanzen treten bei einer bestimmten Größe der Fadenmoleküle auf und nehmen mit wachsender Länge derselben immer stärker zu. Ebenso werden die Moleküle in einer polymerhomologen Reihe mit zunehmender Länge immer zerbrechlicher und unbeständiger gegenüber Molekülen anderer Stoffe. Damit hängen die Viscositätsänderungen der Lösungen hochmolekularer Stoffe zusammen. Deshalb zeigen diese Lösungen „Alterungserscheinungen" ähnlich wie die der Micellkolloide. In einem Fall ändert sich aber die Länge von Fadenmolekülen, im anderen Fall die Größe von Fadenmicellen. Der Unterschied zwischen Hemikolloiden und Eukolloiden besteht also lediglich in der Länge der Makromoleküle, während der Unterschied zwischen Eukolloiden und Micellkolloiden, wie gesagt, im inneren Aufbau der Teilchen begründet ist.

Auf diesen gleichen Aufbau der Teilchen von Hemikolloiden und Eukolloiden kann man bei synthetischen Polymeren schon aus der Darstellung dieser Produkte schließen. Die hemikolloiden Polymeren, z. B. die hemikolloiden Polystyrole[1] und die hemikolloiden Polyvinylacetate[2], bilden sich bei rascher Polymerisation in der Wärme oder mit Katalysatoren. Je langsamer die Polymerisation vor sich geht, um so längere Moleküle entstehen dabei. Die längsten Moleküle werden also durch langsame Polymerisation bei möglichst tiefer Temperatur erhalten. So konnten bei der Polymerisation des Styrols durch Ausschaltung aller störenden Einflüsse Polymerisationsprodukte erhalten werden, die ca. 6000 Grundmoleküle in der Kette gebunden enthalten. Wie der Polymerisationsgrad des Polystyrols von den Darstellungsbedingungen abhängt, zeigt folgende Tabelle.

Tabelle 26. Physikalische Eigenschaften einiger Polystyrole.

Darstellung	Aussehen		Löslichkeit in Äther	η_{sp}/c bei 20° in Tetralin	Durchschnitts- Mol.-Gew.	Polymerisationsgrad a
	vor dem Umfällen	nach dem Umfällen				
Mit SnCl$_4$ . . .	. —	Weißes Pulver, staubförmig	Leicht löslich	0,9	3 000	30
260° unter N$_2$.	Sprödes Glas, leicht pulveris.	Weißes Pulver	Leicht löslich	5	28 000	280
210° unter N$_2$.	Sprödes Glas, leicht pulveris.	Weißes Pulver	Löslich	7	39 000	390
150° unter N$_2$.	Zähes Glas, noch pulveris.	Weißes Pulver	Teilweise löslich	12	70 000	700
100° unter N$_2$.	Zähes Glas, nicht zerreibbar	Weiß, faserig	Unlöslich	25	140 000	1400
65° unter N$_2$. Zimmertemp.	Zähes Glas, nicht zerreibbar	Weiß, faserig	Unlöslich	35	190 000	1900
unter Luft . .	Zähes Glas, nicht zerreibbar	Weiß, faserig	Unlöslich	35	190 000	1900
Höchstmolekulare Fraktion	Zähes Glas, nicht zerreibbar	Weiß, faserig	Unlöslich	110	600 000	6000

[1] Vgl. Ber. Dtsch. Chem. Ges. **62**, 241, 2921 (1929).
[2] STAUDINGER, H., u. A. SCHWALBACH: Liebigs Ann. **488**, 8 (1931).

Bei den Naturprodukten Kautschuk und Cellulose ist eine solche Versuchsreihe nicht durchzuführen, da die Synthese der Cellulose noch nicht gelungen ist; der synthetische Kautschuk ist mit dem natürlichen Kautschuk nicht vollständig identisch. Aber man kann eine polymerhomologe Reihe durch Abbau der Naturprodukte herstellen. Viscositätsuntersuchungen liefern hier den sicheren Nachweis, daß die Kolloidteilchen der eukolloiden Naturstoffe gleich gebaut sind, wie die ihrer hemikolloiden Abbauprodukte und sich von denen der Micellkolloide grundlegend unterscheiden. Man muß dazu allerdings vergleichende Viscositätsmessungen mit annähernd gleichviscosen Lösungen vornehmen und nicht etwa mit Lösungen gleicher Konzentration. Vergleicht man gleichkonzentrierte Lösungen eines Hemikolloids und eines Eukolloids, z. B. eine 1 proz. Lösung eines abgebauten Kautschuks mit einer 1 proz. Lösung eines nicht abgebauten Kautschuks, so fallen nur die enormen Unterschiede auf, nämlich daß die Lösung des Hemikolloids niederviscos und die des Eukolloids sehr hochviscos ist. Die Analogien zwischen den beiden Lösungen entgehen in diesem Fall der Beobachtung und zeigen sich erst dann, wenn man ungefähr äquiviscose Lösungen vergleicht. Hierzu muß man natürlich bei den verschiedenen Gliedern der polymerhomologen Reihe in ganz verschiedenen Konzentrationen arbeiten.

II. Viscositätsmessungen an Eukolloiden bei verschiedener Konzentration und Temperatur.

Wenn man die Beziehungen zwischen Hemikolloiden und Eukolloiden und die Unterschiede letzterer von den Micellkolloiden feststellen will, dann dürfen nicht die abnormen Viscositätserscheinungen, also die Abweichungen vom HAGEN-POISEUILLEschen Gesetz, in erster Linie betrachtet werden, sondern es müssen Viscositätsuntersuchungen vorgenommen werden, die Aufschluß über den inneren Bau der Teilchen geben; dies sind Viscositätsmessungen bei wechselnder Konzentration und Temperatur.

Nach der früher angegebenen Umformung[1] kann man das EINSTEINsche Gesetz folgendermaßen schreiben:

$$\eta_{sp} = K \cdot \frac{c \cdot N_L}{M} \cdot \varphi; \qquad \frac{\eta_{sp}}{c} = K'. \tag{6}$$

φ ist das wirksame Volumen des gelösten Teilchens, c die Konzentration der Lösung. Danach ist η_{sp}/c konstant, wenn ein und dieselbe Substanz in verschiedenen Konzentrationen gelöst wird; denn das Volumen der Kolloidteilchen darf sich nicht ändern, wenn dieselben beständige Moleküle sind. Bei Lösungen von Molekülkolloiden ist dies auch der Fall; es wurde festgestellt bei Lösungen von Polystyrolen[2], Polyvinylacetaten[3], Kautschuk[4], Balata[5] und Cellulosenitraten[6] in

<hr>

[1] Vgl. Erster Teil, D. III.
[2] Ber. Dtsch. Chem. Ges. **62**, 2933 (1929); vgl. auch Zweiter Teil, A. III. 3.
[3] STAUDINGER, H., u. A. SCHWALBACH: Liebigs Ann. **488**, 8 (1931).
[4] STAUDINGER, H., u. H. F. BONDY: Liebigs Ann. **488**, 127 (1931).
[5] Vgl. Dritter Teil, C. III. 2.
[6] Vgl. Vierter Teil, D. VII. 2.

organischen Lösungsmitteln und bei solchen von Cellulose in SCHWEIZERS Reagens[1].

Diese Konstanz der η_{sp}/c-Werte beobachtet man bei allen Gliedern einer polymerhomologen Reihe, vorausgesetzt, daß man im Gebiet der Sollösungen arbeitet; die spez. Viscosität der Lösung darf also die „Grenzviscosität"[2] nicht überschreiten, da man sonst Gellösungen mißt, bei denen kompliziertere Verhältnisse vorliegen.

Daraus, daß die η_{sp}/c-Werte bei hoch- und niedermolekularen Stoffen im Gebiet der Sollösung unabhängig von der Konzentration sind, ist zu schließen, daß die Kolloidteilchen in den ganzen polymerhomologen Reihen den gleichen Bau haben und Moleküle darstellen; denn bei Micellkolloiden sind die η_{sp}/c-Werte in verschiedenen Konzentrationen nicht gleich.

Wenn die Kolloidteilchen der Eukolloide Moleküle darstellen, so darf sich weiter die spez. Viscosität der Lösung bei Temperaturerhöhung nicht oder nur wenig ändern. In der Regel ist die spez. Viscosität der Lösungen der Hemikolloide bei 60° um 10—20% geringer als bei 20°. Diese Temperaturabhängigkeit ist aber bei hoch- und niedermolekularen Vertretern einer polymerhomologen Reihe ungefähr die gleiche[3], resp. sie ändert sich beim Übergang von den Hemikolloiden zu den Eukolloiden in einer gesetzmäßigen Weise, die in der verschiedenen Länge der Moleküle ihre Erklärung findet[4]. Aus diesem gesetzmäßigen Verhalten der Lösungen von Hemikolloiden und Eukolloiden bei verschiedenen Temperaturen geht ebenfalls hervor, daß ihre Kolloidteilchen den gleichen Bau haben, also Makromoleküle sind.

III. Viscositätsmessungen an Micellkolloiden bei verschiedener Konzentration und Temperatur.

Ein ganz anderes Verhalten zeigen die Micellkolloide. Bei diesen sind die η_{sp}/c-Werte weder in verschiedenen Konzentrationen noch bei verschiedenen Temperaturen konstant, sondern sie variieren sehr beträchtlich, und zwar nehmen sie bei zunehmender Konzentration stark zu, während sie beim Erwärmen sehr viel kleiner werden. Diese Änderungen der η_{sp}/c-Werte zeigen, daß das Volumen der gelösten Teilchen je nach den Meßbedingungen außerordentlich stark variiert, daß also die Kolloidteilchen hier nicht beständig sind. Dies liegt daran, daß die einzelnen kleineren Moleküle resp. Ionen, z. B. die Ionen der Fettsäuren oder der Farbstoffe, aus denen sich die Micellen bilden, nur durch schwache zwischenmolekulare Kräfte in denselben zusammengehalten werden.

Nach dem EINSTEINschen Gesetz sollte allerdings die spez. Viscosität unabhängig vom Verteilungsgrad sein und nur vom Gesamtvolumen Φ der gelösten

---

[1] STAUDINGER, H., u. O. SCHWEITZER: Ber. Dtsch. Chem. Ges. **63**, 3132 (1930). In diesen Lösungen ist Cellulose als polywertiges Anion gelöst. Sie verhalten sich aber in einem Überschuß von SCHWEIZERS Reagens wie die Fadenmoleküle eines homöopolaren Molekülkolloids, da die Schwarmbildung unter den Fadenionen durch einen großen Überschuß des niedermolekularen Elektrolyten verhindert wird. Vgl. Vierter Teil, B. III.

[2] Vgl. Erster Teil, G. V.

[3] Vgl. das Verhalten der Triacetylcellulosen. Vierter Teil, A. VI. 2.

[4] Vgl. Viscositätsmessungen an Polystyrolen. Zweiter Teil, A. IV. 5 b.

Phase abhängen. Es sollte also η_{sp}/c konstant sein, auch wenn die Micellen zerfallen — aber nur dann, wenn dieselben kugelförmig wären. Die starke Abnahme der η_{sp}/c-Werte beim Verdünnen einer Seifenlösung beweist, daß die dadurch zerfallenen Micellen langgestreckte Teilchen mit großem Wirkungsbereich gewesen sind. Denn die Viscosität von gleichkonzentrierten Lösungen mit fadenförmigen Teilchen ist je nach der Länge derselben verschieden.

Mit zunehmender Konzentration der Lösung wächst die Tendenz zur Micellbildung; deshalb nehmen die η_{sp}/c-Werte stark zu. Beim Erwärmen werden die Fadenmicellen weitgehend abgebaut, daher sind die η_{sp}/c-Werte bei 60° weit geringer als bei 20°. Diese Viscositätsänderungen sind reversibel, da sich beim Abkühlen die Micellen in ihrer ursprünglichen Größe zurückbilden.

Die Rückbildung findet häufig nicht momentan statt, sondern die Micellen vergrößern sich erst beim Stehen der Lösung; die Viscosität nimmt deshalb beim Stehen zu: die Lösung altert. Diese Verhältnisse sind von W. BILTZ[1] an Nachtblaulösungen eingehend studiert worden. Die Änderung der η_{sp}/c-Werte bei verschiedenen Temperaturen und verschiedenen Konzentrationen zeigt folgende Tabelle.

Tabelle 27.

Viscosität von Nachtblaulösungen bei verschiedenen Temperaturen.

Gehalt der Lösungen %	η_{sp} bei 0°	η_{sp}/c bei 0° *	η_{sp} bei 50°	η_{sp}/c bei 50°
0,45	0,026	0,026	0,019	0,019
0,90	0,068	0,034	0,041	0,020
1,35	0,132	0,044	0,071	0,024
1,575	0,176	0,050	0,090	0,026
1,80	0,807	0,202	0,097	0,024

Gesetzmäßige Zusammenhänge zwischen Viscosität und Teilchengröße ergeben sich, wie aus der Tabelle hervorgeht, bei einem solchen Micellkolloid nicht, da die Viscosität einer Lösung je nach den Bedingungen, unter denen gemessen wird, stark variiert. Die η_{sp}/c-Werte sind hier auch in verdünnter Lösung nicht konstant. Gleiche Erfahrungen wie an Nachtblaulösungen wurden auch bei Viscositätsmessungen an Seifenlösungen gemacht. Es liegt zahlreiches Versuchsmaterial darüber vor, daß die Viscosität einer Seifenlösung mit der Konzentration und mit der Temperatur sehr stark schwankt[2]. Die Tabelle 28 zeigt das starke Ansteigen der η_{sp}/c-Werte mit zunehmender Konzentration und abnehmender Temperatur bei Lösungen von Ölsäure in Kalilauge; sie zeigt weiter, daß diese Lösungen, wie schon bekannt ist[3], starke Abweichungen vom HAGEN-POISEUILLEschen Gesetz aufweisen.

---

[1] BILTZ, W.: Ztschr. f physik. Ch. **73**, 481 (1910).

* Für eine 0,45proz. Lösung ist $c = 1$ gesetzt.

[2] Vgl. z. B. F. GOLDSCHMIDT u. L. WEISSMANN: Ztschr. f. Elektrochemie **18**, 382 (1912) — Chem. Zentralblatt **1912 II**, 293 — Kolloid-Ztschr. **12**, 18 (1913). — KURZMANN, J.: Kolloidchem. Beihefte **5**, 433 (1914). — ARNDT, K., u. P. SCHIFF: Kolloidchem. Beihefte **6**, 201 (1914). — JAJNIK, N. A., u. K. S. MALIK: Kolloid-Ztschr. **36**. 322 (1925).

[3] Vgl. H. FREUNDLICH u. Mitarbeiter: Kolloid-Ztschr. **36**, 241 (1925) — Ztschr. f. physik. Ch. **104**, 233 (1923); **108**, 153 (1923). — OSTWALD, Wo.: Kolloid-Ztschr. **36**, 99, 157 (1925).

Tabelle 28. η_{sp}/c-Werte von Ölsäure mit dem doppelten Äquivalent Kalilauge
versetzt bei 20 und 60°.
(Messungen im UBBELOHDEschen Viscosimeter[1].)

Grundmolarität der Lösung (1 Gd-Mol. = 14 g)	Gehalt der Lösung %	η_{sp}/c bei 20° und einem Gf.[2] von			η_{sp}/c bei 60° und einem Gf. von		
		100	500	1000	100	500	1000
2	2,8	0,09	0,09	0,09	0,07	0,07	0,07
3	4,2	0,86	0,75	0,62	0,14	0,14	0,15
4	5,6	5,9	—	—	0,75	0,45	0,50
5	7,0	8,5	3,0	—	0,62	0,64	0,62

Die außerordentlich starke Temperaturabhängigkeit wird nochmals in folgender Tabelle 29 dargestellt, in der die Viscosität bei verschiedenen Temperaturen auf die Viscosität bei 20° bezogen wird.

Tabelle 29. Temperaturabhängigkeit von Ölsäure mit dem doppelten Äquivalent Kalilauge versetzt.
(Messungen im UBBELOHDEschen Viscosimeter.)

Grundmolarität der Lösung (1 Gd-Mol.=14 g)	Gehalt der Lösung %	Temperaturabhängigkeit bei dem, Gf. 100		
		20°	40°	60°
2	2,8	100	78	78
3	4,2	100	42	17
4	5,6	100	—	13
5	7,0	100	38	7,5

Das anormale Verhalten der Seifenlösungen, also die Inkonstanz der η_{sp}/c-Werte, weiter die starken Abweichungen vom HAGEN-POISEUILLEschen Gesetz treten vor allem bei hochviscosen Lösungen hervor. Nur dort sind die langen, sehr empfindlichen Fadenmicellen ausgebildet, die durch Temperaturerhöhung so leicht zerfallen, da die normale Löslichkeit der fettsauren Salze bei höherer Temperatur steigt. Diese Micellen sind in verdünnter Lösung weitgehend aufgeteilt; in dieser sind die Salze normal gelöst; deshalb sind hier die η_{sp}/c-Werte niedrig, und die Temperaturabhängigkeit ist gering. Sie beträgt ca. 20% wie bei Molekülkolloiden (vgl. Tabelle 28 u. 29).

Weitere Viscositätsmessungen wurden an Lösungen von Ölsäure in 1n-Kalilauge gemacht. Eine solche Lösung enthält einen sehr großen Überschuß von Kalilauge, da eine molare Lösung von Ölsäure etwa 20 gd-mol. ist. Auch hier sieht man wieder die Inkonstanz der η_{sp}/c-Werte bei verschiedenen Temperaturen und Konzentrationen.

Tabelle 30. η_{sp}/c von Ölsäure in 1n-Kalilauge gelöst bei 25 und 55°.
(Messungen im UBBELOHDEschen Viscosimeter[1].)

Grundmolarität der Lösung (1 Gd-Mol.=14 g)	Gehalt der Lösung %	η_{sp}/c bei 25° und einem Gf. von			η_{sp}/c bei 55° und einem Gf. von		
		100	500	1000	100	500	1000
0,1	0,14	—	—	2,9	—	—	2,5
0,25	0,35	10	6	4,8	—	5,6	4
0,5	0,7	15	8	6,6	10	5,6	4,4
1,0	1,4	30	—	—	19	8	—

[1] Messungen von E. OCHIAI.   [2] Gf. = mittleres Geschwindigkeitsgefälle.

Durch einen großen Überschuß von Kalilauge wird die normale Löslichkeit der fettsauren Salze stark herabgesetzt und die Micellbildung begünstigt. Deshalb ist die Viscosität der stark alkalischen Seifenlösung bei gleicher Konzentration weit höher als die der schwach alkalischen. Bei Gegenwart eines großen Überschusses von Alkali bleiben die Micellen daher auch bei Temperatursteigerung erhalten; ihre Beständigkeit ist also unter diesen Bedingungen ähnlich derjenigen von Fadenmolekülen. Man ersieht aus diesem Beispiel, wie kompliziert die Unterscheidung von Micellkolloiden und Eukolloiden ist, wenn man sich auf die Kolloidphänomene beschränkt und chemische Gesichtspunkte nicht berücksichtigt.

Wenn man also den Unterschied eines Micellkolloids und eines Eukolloids feststellen will, so müssen beide Lösungen hochviscos und die des Micellkolloids schwach alkalisch sein. Macht man mit solchen ungefähr äquiviscosen Lösungen von hoher Viscosität einer Seife und eines Polystyrols Viscositätsmessungen bei verschiedenen Temperaturen, so fällt der enorme Unterschied zwischen dem Micellkolloid und dem Molekülkolloid deutlich auf. Die Seifenlösung hat nur bei 20° die hohe Viscosität, und nur bei dieser Temperatur zeigt die Lösung anormale Viscositätserscheinungen. Bei 60° ist die Seifenlösung niederviscos und verhält sich annähernd normal. Die Lösung des eukolloiden Polystyrols zeigt dagegen bei 60° annähernd das gleiche Verhalten wie bei 20°; die Viscosität ändert sich nicht, und die Lösung zeigt die gleichen Abweichungen vom HAGEN-POISEUILLEschen Gesetz. Dies ist ein klarer Beweis für den ganz andersartigen Bau der Kolloidteilchen der Eukolloide und der Micellkolloide (vgl. Abb. 2 u. 3).

Stellt man endlich eine alkoholische Seifenlösung her, so ist diese niederviscos und gehorcht dem HAGEN-POISEUILLEschen Gesetz. Eine 7proz. Seifenlösung in Alkohol hat bei 20° einen η_{sp}/c-Wert von 0,048, während die wässerige 7proz. Seifenlösung einen η_{sp}/c-Wert von 8,5 besitzt (c ist die Konzentration einer Lösung in Grundmolaritäten). Die Temperaturabhängigkeit ersterer Lösung ist gering, ähnlich

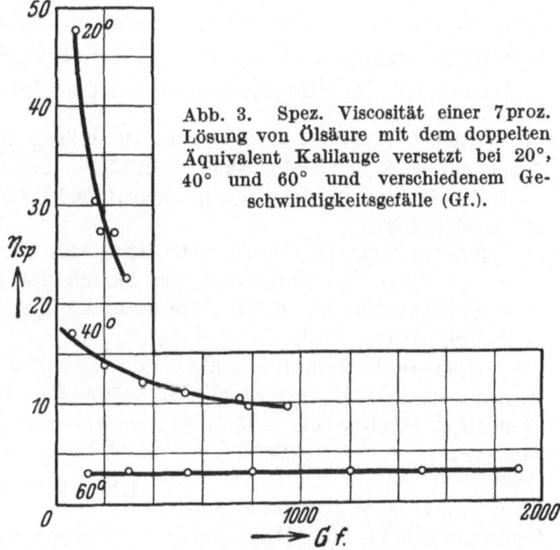

Abb. 2. Spez. Viscosität einer 0,1 gd-mol. Lösung von eukolloidem Polystyrol (Mol.-Gew. 440000) in Tetralin bei verschiedenem Geschwindigkeitsgefälle und 20° und 60°.

Abb. 3. Spez. Viscosität einer 7proz. Lösung von Ölsäure mit dem doppelten Äquivalent Kalilauge versetzt bei 20°, 40° und 60° und verschiedenem Geschwindigkeitsgefälle (Gf.).

Tabelle 31[1]. 7proz. Ölsäure (5 gd-molar) in alkoholischer Lösung mit dem doppelten Äquivalent Kalilauge versetzt.
(Messungen im UBBELOHDEschen Viscosimeter.)

Temperatur	Druck in cm Hg	Gf.	η_{sp}
20°	80,1	1265	0,24
	45	715	0,24
	15,8	249	0,24
	9,4	150	0,24
60°	47,4	2120	0,21
	33,5	1485	0,21
	7,6	338	0,21
	4,2	188	0,21

wie die einer Lösung eines Molekülkolloids. In dieser Lösung ist also das fettsaure Salz nicht micellar, sondern molekular gelöst[2].

Bei den Molekülkolloiden ist es dagegen nicht möglich, durch Variation des Lösungsmittels niedermolekulare Lösungen herzustellen[3]; infolge der Größe ihrer Moleküle können sie sich nicht anders als kolloid lösen, es sei denn, daß die Moleküle einen Abbau erleiden und in niedermolekulare Bruchstücke zerlegt werden.

IV. „Alterungserscheinungen" und Viscositätsänderungen durch Zusätze bei Eukolloiden und Micellkolloiden.

Die Konstanz der η_{sp}/c-Werte bei verschiedenen Konzentrationen und Temperaturen kann man bei Eukolloiden nur beobachten, wenn die Moleküle des gelösten hochmolekularen Stoffes beständig sind. Dies ist beim Polystyrol der Fall, da dieser Kohlenwasserstoff ein Paraffinderivat ist. Darum sind die Viscositätsmessungen an Polystyrolen von so grundlegender Bedeutung für die Konstitutionsaufklärung der Eukolloide und für die Erkenntnis, daß deren Kolloidteilchen Moleküle sind[4].

Ganz andere Verhältnisse liegen vor, wenn man Lösungen von Kautschuk[5] oder Balata[6] in organischen Lösungsmitteln untersucht, oder solche von Cellulose in SCHWEIZERS Reagens[7]. Diese Lösungen sind sehr empfindlich und verändern sich beim Stehen. Sie altern geradeso wie Lösungen eines Micellkolloids[8].

---

[1] Über Viscositätsmessungen an alkoholischen Seifenlösungen vgl. L. L. BIRCUMSHAW: Journ. Chem. Soc. London **123**, 91 (1923). — PRASAD: Journ. Physical Chem. **28**, 636 (1924).

[2] Vgl. F. KRAFFT: Ber. Dtsch. Chem. Ges. **27**, 1747 (1894); **28**, 2566 (1895); **29**, 1328 (1896); **32**, 1584 (1899).

[3] STAUDINGER, H.: Ber. Dtsch. Chem. Ges. **59**, 3038 (1926); vgl. Erster Teil, B. IV.

[4] Vgl. Über das Polystyrol, ein Modell des Kautschuks. Zweiter Teil, A.

[5] STAUDINGER, H., u. H. F. BONDY: Liebigs Ann. **488**, 157 (1931).

[6] Vgl. Dritter Teil, C.

[7] Über die Luftempfindlichkeit von Lösungen der Cellulose in SCHWEIZERS Reagens vgl. E. BERL u. A. G. INNES: Ztschr. f. angew. Ch. **23**, 987 (1910). — JOYNER, R. A.: Journ. Chem. Soc. London **121**, 2395 (1922). — Vgl. auch K. HESS u. Mitarbeiter: Liebigs Ann. **444**, 316 (1925). — STAUDINGER, H., u. O. SCHWEITZER: Ber. Dtsch. Chem. Ges. **63**, 3141 (1930).

[8] Vgl. z. B. W. BILTZ: Ztschr. f. physik. Ch. **73**, 508 (1910) über das Altern von Nachtblaulösungen (s. nebenstehende Tabelle). Über die zeitliche Unbeständigkeit von Emulsoiden vgl. Wo. OSTWALD: Grundriß der Kolloidchemie. 7. Aufl. S. 191. 1923.

Relative Viscosität von Nachtblaulösungen beim Altern.

Gehalt %	Sofort nach Herstellung	Nach 1 Tag	Nach 6 Tagen
0,90	1,044	1,061	1,062
1,35	1,074	1,110	1,105
2,25	1,156	1,239	1,390
2,70	1,226	1,600	1,525

Ferner wird die Viscosität einer Kautschuklösung beim Erhitzen geringer; aber zwischen dieser Viscositätsänderung und der einer Seifenlösung besteht ein wesentlicher Unterschied. Die Viscositätsabnahme einer Kautschuklösung ist irreversibel[1] und kann deshalb nicht mit einem Zerfall von Micellen oder einer Desaggregierung von komplex gebauten Kolloidteilchen zusammenhängen. Die Viscositätsverminderung einer Seifenlösung beim Erwärmen ist dagegen reversibel, da die durch die Wärme zerstörten Micellen sich wieder zurückbilden können.

Die Unbeständigkeit von Kautschuk- und Balatalösungen rührt daher, daß diese hochmolekularen ungesättigten Kohlenwasserstoffe außerordentlich leicht oxydiert werden, und zwar können schon Spuren von Sauerstoff, wie sie in den gewöhnlichen organischen Lösungsmitteln gelöst sind, die langen Moleküle des Kautschuks und der Balata abbauen und eine erhebliche Viscositätsveränderung hervorrufen. Umgekehrt beobachtet man beim Stehen von Kautschuk- und Balatalösungen unter bestimmten Bedingungen auch Viscositätserhöhungen. In diesem Fall werden die langen Fadenmoleküle untereinander verknüpft, sei es durch Sauerstoffatome, sei es durch Kohlenstoffbindungen[2]. Bevor durch Modellversuche am Polystyrol der Aufbau der Eukolloide geklärt war, konnte diese Unbeständigkeit einer Kautschuklösung für einen micellaren Bau der Kolloidteilchen sprechen. Es konnte aber nachgewiesen werden, daß in der Kautschuklösung Moleküle gelöst sind, denn wenn man alle störenden Einflüsse — vor allem Sauerstoff — ausschließt, verhält sich eine Kautschuklösung wie eine Polystyrollösung.

Es besteht aber eine weitere wesentliche Analogie zwischen Seifenlösungen und Lösungen einer Reihe von heteropolaren Molekülkolloiden. Die Viscosität einer Seifenlösung ist sehr stark abhängig von der Wasserstoffionenkonzentration der Lösung[3]. Bei Zusatz von Alkali zu einer Lösung von Seifen wird die Viscosität[4] verändert, ebenso bei Elektrolytzusatz[5]. Sie wird bei geringem Zusatz zuerst erniedrigt, um bei wachsendem Zusatz wieder anzusteigen. Eine ähnliche Abhängigkeit der Viscosität von der Wasserstoffionenkonzentration und dem Elektrolytzusatz beobachtet man bei heteropolaren Molekülkolloiden, wie bei Lösungen von polyacrylsaurem Natron und bei Eiweißstoffen. Der Unterschied zwischen den Lösungen der Seifen und denen des polyacrylsauren Natrons und des Eiweißes besteht aber darin, daß die ersteren leicht normal gelöst werden können, z. B. in Alkohol, während dies bei den letzteren nicht möglich ist. Die

---

[1] Vgl. H. Staudinger u. H. F. Bondy: Liebis Ann. **468**, 3 (1929).

[2] Vgl. Dritter Teil, D. III.

[3] Viscositätsänderungen bei Zusatz von Säuren beobachtet man bei einer ganzen Reihe von homöopolaren Molekülkolloiden; z. B. wird die Viscosität einer Kautschuklösung durch Säurezusatz erniedrigt. Man nahm zur Erklärung an, daß durch die Bindung und Absorption z. B. von Chlorwasserstoff und Schwefelchlorür Micellarkräfte der Kautschukmoleküle in Anspruch genommen würden. Vgl. Handbuch der Kautschukwissenschaften, L. Hock: S. 536. Leipzig 1930. Tatsächlich werden durch diese Reagenzien die langen, sehr empfindlichen Kautschukmoleküle abgebaut, vgl. H. Staudinger u. H. Joseph: Ber. Dtsch. Chem. Ges. **63**, 2888 (1930).

[4] Goldschmidt, F., u. L. Weissmann: Ztschr. f. Elektrochem. **18**, 382 (1922) — Kolloid-Ztschr. **12**, 18 (1913). — Farrow, F. D.: Journ. Chem. Soc. London **101**, 347 (1912) — Kolloid-Ztschr. **11**, 305 (1912).

[5] Leimdörfer, J.: Seifensieder-Ztg. **37**, 985 (1910).

Konstitution der polyacrylsauren Salze wurde dadurch aufgeklärt, daß eine polymerhomologe Reihe von Verbindungen hergestellt werden konnte. Dadurch konnte gezeigt werden, daß die obenerwähnten Viscositätserscheinungen mit wachsender Länge der polywertigen Ionen immer stärker hervortreten. Es ist also auch hier nicht ein micellarer Bau der Kolloidteilchen an dem besonderen Verhalten schuld, sondern die Länge der Moleküle resp. der Fadenionen[1] und vor allem durch die Schwarmbildung zwischen denselben. Diese wird durch den Elektrolytzusatz gestört, und dadurch wird die Viscosität erniedrigt[2].

Bei den Seifenlösungen liegen die Verhältnisse komplizierter. Auch hier wird die Schwarmbildung zwischen den Fadenmicellen durch den Elektrolytzusatz verhindert, und deshalb erfolgt auch hier zunächst eine Viscositätserniedrigung. Das Ansteigen der Viscosität einer Seifenlösung nach weiterem Zusatz von Laugen beruht, wie gesagt, darauf, daß die normale Löslichkeit der fettsauren Salze herabgesetzt und so die Micellbildung begünstigt wird.

V. Abweichungen vom HAGEN-POISEUILLEschen Gesetz bei Eukolloiden und Micellkolloiden.

Die Eukolloide sind unter anderem dadurch charakterisiert, daß ihre hochviscosen Lösungen dem HAGEN-POISEUILLEschen Gesetz nicht gehorchen[3]. Es ändert sich also die spez. Viscosität einer Lösung, je nachdem sie in Viscosimetern mit engeren oder weiteren, kürzeren oder längeren Capillaren bestimmt wird. Deshalb erscheinen Rückschlüsse aus der Viscosität der Lösung auf das Molekulargewicht nicht möglich, da die Viscosität je nach den Meßbedingungen verschiedene Werte annehmen kann. Darauf beruhen auch zum Teil die Zweifel mancher Forscher, ob man aus Viscositätsmessungen das Molekulargewicht der hochmolekularen Naturprodukte, des Kautschuks und der Cellulose ermitteln kann, da diese solche eukolloide Lösungen liefern. Deshalb soll hier besprochen werden, inwieweit diese anormalen Viscositätserscheinungen die Gültigkeit des Viscositätsgesetzes $\dfrac{\eta_{sp}}{c} = K_m \cdot M$ bei den Eukolloiden beeinflussen.

1. Die anormalen Strömungsverhältnisse hängen nicht mit der hohen Viscosität der Lösung zusammen; denn Lösungen von Hemikolloiden, die die gleiche spez. Viscosität haben wie solche von Eukolloiden, zeigen normale Strömungsverhältnisse. Allerdings sind solche Lösungen von Hemikolloiden weit konzentrierter als

Tabelle 32. Vergleich der spezifischen Viscositäten von äquiviscosen Lösungen von hemikolloidem und eukolloidem Polystyrol bei verschiedenen Drucken (in cm Hg). (Messungen im UBBELOHDEschen Viscosimeter.)

η_{sp} einer 30 proz. Lösung von hemikolloidem Polystyrol in Tetralin				η_{sp} einer 2 proz. Lösung von eukolloidem Polystyrol in Tetralin		
Temperatur	$p=10$ cm	$p=30$ cm	$p=60$ cm	Temperatur	$p=10$ cm	$p=30$ cm	$p=60$ cm
20°	25,2	24,7	24,2	20°	25,4	16,4	11,1
40°	15,8	15,5	15,5	40°	23,2	14,9	10,7
60°	10,9	10,6	10,5	60°	21,6	13,6	9,6

---

[1] Über den Bau der Kolloidteilchen der Eiweißstoffe lassen sich keine Aussagen machen, bevor nicht polymerhomologe Reihen untersucht sind. Vgl. G. BOEHM u. R. SIGNER: Helv. chim. Acta **14**, 1370 (1931).

[2] Vgl. Zweiter Teil, D. I. 3.   [3] HESS, W. R.: Kolloid-Ztschr. **27**, 154 (1920).

die äquiviscosen der Eukolloide. Zum Vergleich seien die spez. Viscositäten einer ca. 30proz. Lösung von hemikolloidem Polystyrol (Durchschnittsmolekulargewicht 3000) und einer ca. 2proz. Lösung von hochmolekularem Polystyrol (Durchschnittsmolekulargewicht 200000) angeführt; die Lösungen sind ungefähr äquiviscos[1] (Tabelle 32).

2. Die anormalen Strömungsverhältnisse werden bei Lösungen[2] zahlreicher hochmolekularer Verbindungen wie auch bei solchen von Micellkolloiden beobachtet. Wo. OSTWALD bezeichnet sie als Strukturviscosität[3], während H. FREUNDLICH diese Erscheinungen auf Fließelastizität zurückführt und die Annahme macht, daß durch die ganze Lösung ein gewisser Zusammenhang der Teilchen besteht[4]. Die weitere Untersuchung zeigt, daß diese anormalen Viscositätserscheinungen je nach dem Bau der Kolloidteilchen verschiedenartig gedeutet werden müssen. Relativ einfach ist die Erklärung bei homöopolaren Molekülkolloiden. Die niedermolekularen Verbindungen, die Hemikolloide, gehorchen dem HAGEN-POISEUILLEschen Gesetz. Nach der Untersuchung von R. SIGNER[5] stellen sich deren relativ kurze Fadenmoleküle bei der Strömung in 45°-Richtung ein. Ob das mittlere Geschwindigkeitsgefälle größer oder kleiner ist, also ob mehr oder weniger Teilchen orientiert sind, hat auf die Viscosität der Lösung keinen Einfluß; denn die nichtorientierten Teilchen, die längs und quer zur Strömungsrichtung gelagert sind, verhalten sich in ihrer Gesamtheit so, als ob sie die 45°-Stellung einnehmen würden. Darum tritt bei Lösungen solcher Stoffe keine Abweichung vom HAGEN-POISEUILLEschen Gesetz ein; die Viscosität bleibt gleich, ob die Flüssigkeit rascher oder langsamer strömt.

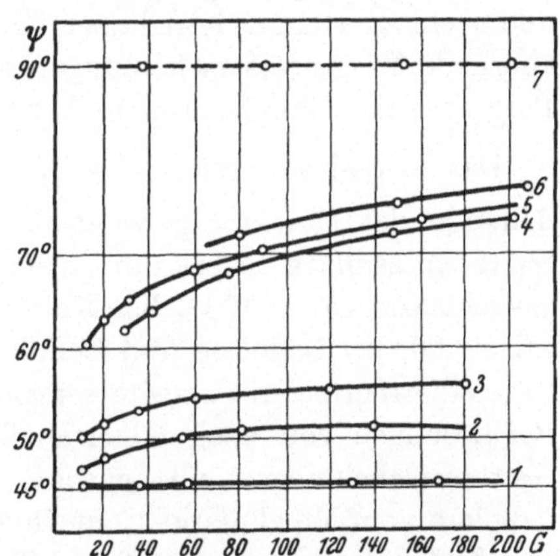

Abb. 4. Abhängigkeit des Einstellwinkels von Fadenmolekeln von der mechanischen Beanspruchung und der Fadenlänge, Abhängigkeit von der Fadenlänge allein von einem bestimmten Gefälle ab.

1. Polyäthylenoxyd, Mol.-Gew.   3500
2. Polystyrol,   „   „   35000
3. Polystyrol,   „   „   90000
4./5. Polystyrol, Mol.-Gew. 200000 in zwei Konzentrationen
6. Polystyrol, Mol.-Gew. 440000
7. Ovoglobulin und höchstpolymeres Polystyrol

Dagegen stellen sich nach den Untersuchungen von R. SIGNER die sehr langen Moleküle der Eukolloide nicht in der 45°-Stellung ein, sondern sie werden stärker in der Strömungsrichtung abgelenkt. Der Einstellwinkel ist 70° und mehr, je nach der Länge der Teilchen und der Größe des mittleren Geschwindigkeitsgefälles, wie aus obiger Abbildung hervorgeht[6].

[1] STAUDINGER, H., u. W. HEUER: Ber. Dtsch. Chem. Ges. **62**, 2933 (1929).

[2] STAUDINGER, H., u. H. MACHEMER: Ber. Dtsch. Chem. Ges. **62**, 2921 (1929).

[3] OSTWALD, Wo.: Kolloid-Ztschr. **36**, 99 (1925); **47**, 176 (1929) — Ztschr. f. physik. Ch. **111**, 62 (1924).

[4] FREUNDLICH, H., H. NEUKIRCHER u. H. ZOCHER: Kolloid-Ztschr. **38**, 46 (1926).

[5] SIGNER, R.: Über die Strömungsdoppelbrechung von Molekülkolloiden. Ztschr. f. physik. Ch. (A) **150**, 257 (1930).

[6] BOEHM, G., u. R. SIGNER: Helv. chim. Acta **14**, 1375 (1931).

Bei langsamer Strömung werden weniger Teilchen orientiert als bei rascher. Da die unorientierten Teilchen die Viscosität der Lösung stärker erhöhen als die orientierten Teilchen, so nimmt mit zunehmender Strömung die Viscosität der Lösung ab; sie wird immer geringer, je größer das Geschwindigkeitsgefälle ist, je mehr Teilchen also orientiert sind. Die anormalen Viscositätserscheinungen stehen also mit der Orientierung sehr langer Teilchen beim Strömen im Zusammenhang; sie werden als *makromolekulare Viscositätserscheinungen* bezeichnet; denn sie werden von den Makromolekülen in der Lösung hervorgerufen und hängen ganz wesentlich von der Länge derselben ab; die Beobachtungen zeigen bei allen homöopolaren Molekülkolloiden, daß Stoffe, die Moleküle mit 3000 und mehr Kettengliedern haben, deren Kettenlänge also über 3700 Å beträgt, anormale Viscositätserscheinungen aufweisen. Solche wurden bei Polyprenen[1], Polystyrolen[2], Polyisopropenylketonen[3] beobachtet[4].

Das Viscositätsgesetz $\frac{\eta_{sp}}{c} = K_m \cdot M$ kann also ohne Bedenken benutzt werden, um das Molekulargewicht von Teilchen erheblicher Kettenlänge aus Viscositätsmessungen zu bestimmen; denn beim Polystyrol bis zu einem Molekulargewicht von ca. 150000, bei Kautschuk und Balata bis zu einem solchen von ca. 50000, bei Cellulose und Celluloseacetaten bis ungefähr zu derselben Größe treten die anormalen Viscositätserscheinungen in verdünnter Lösung kaum hervor. Bei Lösungen von noch höhermolekularen Stoffen bringen die anormalen Viscositätserscheinungen eine gewisse Unsicherheit in die Berechnung, z. B. bei Cellulose vom Molekulargewicht 75000, bei den höchstmolekularen Kautschuken vom Molekulargewicht 120000—150000 und hauptsächlich beim Polystyrol von einem Molekulargewicht 500000—600000. Diese Unsicherheit fällt aber bei der Größe der Moleküle nicht stark ins Gewicht; denn in sehr niederviscosen Sollösungen sind die Abweichungen vom HAGEN-POISEUILLEschen Gesetz gering und betragen ca. 10—20%[5]. Um bei verschiedenen Vertretern einer polymerhomologen Reihe unter sich vergleichbare η_{sp}/c-Werte und so vergleichbare Molekulargewichte zu erhalten, rechnet man die Messungen auf gleiches mittleres Geschwindigkeitsgefälle[6] um; dabei ergeben sich die zuverlässigsten Molekulargewichte, wenn man die spez. Viscosität bei möglichst geringem Geschwindigkeitsgefälle bestimmt, weil das Verhalten einer langsam strömenden Lösung eines Eukolloids am meisten dem Verhalten einer strömenden Lösung von Hemikolloiden entspricht[7]. Wenn man dagegen bei einem zu hohen Geschwindigkeitsgefälle die spez. Viscosität mißt und daraus das Molekular-

---

[1] STAUDINGER, H., u. H. F. BONDY: Liebigs Ann. **488**, 127 (1931).

[2] Vgl. Zweiter Teil, A. IV. 3.

[3] Unveröffentlichte Versuche von B. RITZENTHALER.

[4] Auch bei Cellulose und Cellulosederivaten treten die anormalen Viscositätserscheinungen erst bei Stoffen mit hohem Molekulargewicht auf; doch ist hier die Kettenlänge der Moleküle, die diese hervorrufen, noch nicht genau bestimmt.

[5] Ausgenommen sind die höchstmolekularen Produkte, wie das Polystyrol vom Molekulargewicht 600000 und die Nitrocellulosen, bei denen die Abweichungen vom HAGEN-POISEUILLEschen Gesetz auch in verdünnter Lösung sehr beträchtlich sind, vgl. Vierter Teil, D. VII. 1.

[6] Das Gefälle wurde dabei nach der Formel von H. KROEPELIN: Ber. Dtsch. Chem. Ges. **62**, 3056 (1929) berechnet.

[7] Vgl. Zweiter Teil, A. IV. 3.

gewicht berechnet, so sind die sich so ergebenden Werte voraussichtlich zu klein[1].

Diesen anormalen Viscositätserscheinungen legte man früher viel zu große Bedeutung bei, weil man sie in der Regel an hochviscosen Lösungen studierte. An solchen Lösungen treten sie sehr stark in Erscheinung; die Viscosität kann bei verschiedenem Geschwindigkeitsgefälle sehr stark differierende Werte annehmen (vgl. Abb. 2, S. 89). Solche hochviscosen Lösungen sind Gellösungen; in diesen behindern sich die langen Fadenmoleküle gegenseitig; bei zunehmender Strömung werden aber diese Störungen durch die Orientierung der Moleküle verringert. Jedoch sind Viscositätsmessungen an solchen hochviscosen Lösungen für die Berechnung des Molekulargewichts nicht brauchbar.

3. Viel kompliziertere Verhältnisse, *polyionische Viscositätserscheinungen*[2], treten bei heteropolaren Molekülkolloiden auf. Durch die Schwarmbildung, d. h. durch interionische Bindung, kann eine Festlegung der Fadenionen erfolgen; dadurch zeigen solche Lösungen Abweichungen vom Hagen-Poiseuilleschen Gesetz; denn bei rascher Strömung wird diese Schwarmbildung stärker gestört als bei langsamer Strömung. Da die interionischen Kräfte von einem Fadenion auf das nächste usf. wirken, so kann man annehmen, daß bei genügender Länge der Polyionen sämtliche Fadenmoleküle durch interionische Kräfte untereinander festgelegt sind. Hier sind also die Vorstellungen von H. Freundlich[3] über die Ursachen der anormalen Viscositätserscheinungen zutreffend: er nahm an, daß durch die ganze Lösung ein Zusammenhang der Teilchen bestehe.

Durch Elektrolytzusatz wird die Schwarmbildung gestört und endlich aufgehoben. Damit verschwinden die anormalen Viscositätserscheinungen, soweit sie auf der durch interionische Kräfte bewirkten Schwarmbildung beruhen und nicht durch die Länge der eukolloiden Fadenmoleküle bedingt sind. Das Verhalten der heteropolaren Molekülkolloide ist also ein ganz anderes als das der homöopolaren, wo Zusätze die anormalen Viscositätserscheinungen nicht beeinflussen, sofern die Moleküle nicht gespalten werden.

Verdünnte Lösungen von polyacrylsaurem Natron vom Polymerisationsgrad 190 in Wasser zeigen außerordentlich starke Abweichungen vom Hagen-Poiseuilleschen Gesetz, die die der höchstmolekularen homöopolaren Molekülkolloide in äquiviscosen Lösungen weit übertreffen. Wenn durch Zusatz von Lauge oder Elektrolyten die Schwarmbildung gestört ist und die Fadenionen voneinander isoliert sind, dann zeigen solche Lösungen normales Verhalten wie die eines homöopolaren Molekülkolloids, da die Fadenmoleküle dieses

---

[1] Man könnte daran denken, alle Viscositätsmessungen bei so hohem Geschwindigkeitsgefälle auszuführen, daß sämtliche Teilchen orientiert sind, um die so sich ergebenden Werte zu vergleichen; vgl. dazu W. R. Hess: Kolloid-Ztschr. **27**, 154 (1920). — Rothlin: Biochem. Ztschr. **98**, 34 (1919). Aber gerade in diesem Zustand ließe sich die Viscosität eines Eukolloids nicht mit der eines Hemikolloids vergleichen, da die Teilchen der Eukolloide einen anderen Einstellwinkel zur Strömungsrichtung haben als die der Hemikolloide; vgl. R. Signer: l. c.; die K_m-Konstante, die bei den Hemikolloiden ermittelt ist, ließe sich nicht zur Berechnung des Molekulargewichts der eukolloiden Verbindungen benutzen, denn die sich so ergebenden Molekulargewichte wären zu niedrig.

[2] Vgl. Zweiter Teil, D. IV. 4.

[3] Freundlich, H., u. Mitarbeiter: Kolloid-Ztschr. **38**, 46 (1926). Vgl. dazu G. Boehm u. R. Signer: Helv. chim. Acta **14**, 1373 (1931).

Produktes relativ kurz sind. Das polyacrylsaure Natron verhält sich also in neutraler Lösung wie ein Eukolloid, in stark alkalischer Lösung oder nach Elektrolytzusatz wie ein Hemikolloid; der eukolloide Charakter hängt also hier von der Elektrolytkonzentration ab.

Nahe Beziehungen bestehen in bezug auf die anormale Viscosität zwischen dem polyacrylsauren Natron und dem Eiweiß, weiter den Seifen; denn bei allen diesen Stoffgruppen liegen in wässeriger Lösung polywertige Fadenionen vor. Bei dem polyacrylsauren Natron handelt es sich um ein polywertiges Fadenion eines Molekülkolloids, bei den Seifen um ein polywertiges Fadenion eines Micellkolloids[1]. Bei den fadenförmigen Seifenmicellen kann ebenfalls eine Schwarmbildung erfolgen; deshalb treten auch hier starke Abweichungen vom HAGEN-POISEUILLEschen Gesetz auf, die durch Elektrolytzusätze beeinflußt werden. Doch hier liegen die Verhältnisse noch weit komplizierter als beim polyacrylsauren Natron; denn durch den Elektrolytzusatz wird hier nicht nur die Schwarmbildung gestört, sondern es verändert sich dadurch, wie gesagt, auch die Micellgröße, und zwar wird das Wachstum der Micelle begünstigt, da die normale Löslichkeit der Fettsäuren durch den Elektrolytzusatz herabgesetzt wird. Diese Micellvergrößerung hat eine Viscositätserhöhung zur Folge. So können bei Seifen umgekehrt wie beim polyacrylsauren Natron die Abweichungen vom HAGEN-POISEUILLEschen Gesetz durch Zusätze von viel Alkalilauge größer werden.

VI. Konstitutionsaufkläruug der Eukolloide durch chemische Untersuchungen.

Das Vorliegen von Molekülen in Lösungen von Eukolloiden sollte wie bei den Hemikolloiden durch chemische Untersuchungen festgestellt werden können. Dies ist bei besonders günstigen Objekten möglich.

In einer Reihe von Fällen konnte bei Hemikolloiden das Molekulargewicht durch Bestimmung der charakteristischen Endgruppen der Moleküle festgestellt und dadurch die Konstitutionsaufklärung durchgeführt werden. Diese Methode ist bei Eukolloiden nicht brauchbar; denn bei sehr hochmolekularen Produkten ist das Gewicht der Endgruppe im Vergleich zu dem des Gesamtmoleküls so gering, daß eine genaue analytische Bestimmung der Endgruppe nicht möglich ist. Hat z. B. die Endgruppe das Gewicht ca. 100, so macht das bei einem Molekulargewicht von 10000 nur 1% desselben aus; bei einem Molekulargewicht von 100000, wie es die höchstmolekularen Stoffe besitzen, betragen die charakteristischen Endgruppen nur 0,1% des Moleküls. Sie sind also in so geringer Menge vorhanden, daß man meistens nicht entscheiden kann, ob der analytisch nachgewiesene Anteil an Fremdgruppen im hochpolymeren Stoff wirklich die Endgruppe des Moleküls darstellt oder ob die Fremdgruppen eine zufällige Verunreinigung sind; denn die hochmolekularen Substanzen absorbieren sehr stark, und Verunreinigungen sind deshalb sehr schwer zu entfernen.

Fadenförmige Teilchen, deren Größe man nach irgendeiner Methode bestimmt hat, stellen Moleküle dar, wenn sich bei chemischen Umsetzungen die Länge derselben, also die Zahl der Kettenatome, nicht ändert; dabei wird das Teilchen-

---

[1] Der Bau der Eiweißteilchen ist ganz verschieden, vgl. G. BOEHM u. R. SIGNER: Helv. chim. Acta **14**, 1370 (1931).

gewicht entsprechend der chemischen Reaktion zu- oder abnehmen. Da nach den Viscositätsgesetzen Lösungen von Fadenmolekülen gleicher Länge unabhängig von deren Bau in gleicher Konzentration gleiche Viscosität haben, so kann man durch Viscositätsmessungen entscheiden, ob bei chemischen Umsetzungen Änderungen der Teilchengröße eintreten oder nicht; in letzterem Fall stellen die gelösten Kolloidteilchen Moleküle dar; denn bei einem micellaren Bau der Kolloidteilchen müßte nach chemischen Umsetzungen an den Micellbausteinen die Größe der Micelle und damit die Viscosität der Lösung sich ändern.

Dieses Vorgehen begegnet aber der Schwierigkeit, daß die Moleküle mit zunehmender Länge reaktionsträger werden. Umsetzungen, die sich bei niedermolekularen Körpern leicht vollziehen, treten bei analog gebauten hochmolekularen nur sehr schwer ein. Polyacrylester sind z. B. nur schwer verseifbar und Polyacrylsäuren nur schwer zu verestern[1]. Weiter werden die Fadenmoleküle bei zunehmender Länge immer zerbrechlicher. Will man also chemische Reaktionen an Fadenmolekülen vornehmen, so kann ein Abbau eintreten. So lassen sich z. B. im eukolloiden Polystyrol die Wasserstoffatome wohl durch Brom substituieren, aber es erfolgt bei der Einwirkung von Brom gleichzeitig ein Abbau unter Spaltung in kleinere Moleküle. Die Lösungen solcher Abbauprodukte sind natürlich weniger viscos als die des Ausgangsmaterials[2].

Trotz dieser Schwierigkeiten ergab sich aber bei der Balata und ebenfalls bei der Cellulose durch chemische Umsetzungen, daß in deren Lösungen Moleküle vorhanden sind. Es wurde Balata vom Molekulargewicht 50000, deren Moleküle 750 Grundmoleküle zu einer langen Kette gebunden enthalten, und weiter eine abgebaute Balata vom Molekulargewicht 7500, die noch 110 Grundmoleküle in der Kette besitzt, zu Hydrobalata reduziert. Diese beiden Reduktionsprodukte besitzen in gleichkonzentrierten Lösungen die gleiche spez. Viscosität wie die unreduzierten Kohlenwasserstoffe. Allerdings gelingt dieser Versuch nur dann, wenn Luftsauerstoff, welcher Balata abbaut, sorgfältig ausgeschlossen wird[3]. Bei einem micellaren Bau der Kolloidteilchen in einer Balatalösung müßte die Größe dieser

Tabelle 33. Vergleich der Viscositäten und Molekulargewichte von Balata und Hydrobalata.

	$\eta_{sp}\,(1{,}4^0/_0)$	$M = \dfrac{\eta_{sp}\,(1{,}4^0/_0)}{K_{\,1{,}4^0/_0}}$ *
Hemikolloide Balata	0,52	8 400
Hemikolloide Hydrobalata	0,45	7 500
Eukolloide Balata	3,08	50 000
Eukolloide Hydrobalata	3,06	51 000

[1] Für Reaktionen an Hochpolymeren ist die Stellung der reaktionsfähigen Gruppe von Bedeutung. Polyacrylester werden nur schwer verseift, leicht dagegen Celluloseacetate und Polyvinylacetate; die Estergruppe ist also reaktionsträger, wenn die Carbonylgruppe in der Kette substituiert ist, reaktionsfähig dagegen, wenn sie der Seitengruppe angehört. Vgl. H. STAUDINGER u. E. URECH: Helv. chim. Acta 12, 1107 (1929). Auch die Halogenatome im Polyvinylbromid und in den Kautschukhalogeniden sind reaktionsträg, vgl. H. STAUDINGER, M. BRUNNER, W. FEISST: Helv. chim. Acta 13, 805 (1930).

[2] STAUDINGER, H., K. FREY, P. GARBSCH u. S. WEHRLI: Ber. Dtsch. Chem. Ges. 62, 2912 (1929); vgl. ferner Zweiter Teil, A. V. 5.

[3] Vgl. Dritter Teil, C. IV. 2.

* $K_{1{,}4\%}$ vgl. Erster Teil, D. IX. S. 76.

Micellen nach der Reduktion stark abnehmen, da die nebenvalenzbildenden Kräfte eines ungesättigten Moleküls, die evtl. zu einer Micellbildung Anlaß geben könnten, größer sind als die eines gesättigten. Durch diese Überführung von Balata in Hydrobalata ohne Veränderung der Kettenlänge ist die Existenz von außerordentlich langen Molekülen mit ca. 3000 Kettenatomen und einer Kettenlänge von 3400 Å chemisch erwiesen (Tabelle 33).

Es sollte einfach sein, nach demselben Verfahren wie bei der Balata auch beim Kautschuk nachzuweisen, daß die Kolloidteilchen in seinen Lösungen mit den Molekülen identisch sind. Man müßte also durch Reduktion des Kautschuks einen Hydrokautschuk gewinnen, der den gleichen η_{sp}/c-Wert wie das Ausgangsmaterial besitzt. Aber infolge der Unbeständigkeit der Kautschukmoleküle ist dieser Versuch noch nicht gelungen. Der bis jetzt gewonnene Hydrokautschuk hat ein wesentlich niedrigeres Molekulargewicht als der Kautschuk selbst; die Durchführung dieses Versuches stößt bei der Empfindlichkeit der Kautschukmoleküle auf große Schwierigkeiten.

Durch Viscositätsuntersuchungen kann man ebenfalls nachweisen, daß die Kettenlänge von Polytriacetylcelloglucan-diacetaten bei der Verseifung zu Polycelloglucan-dihydraten die gleiche bleibt. Damit ist auch für die abgebaute Cellulose chemisch nachgewiesen, daß die Teilchen in Lösung die Moleküle selbst sind. Die früheren Anschauungen eines micellaren Baues dieser Kolloidteilchen sind durch folgenden Versuch widerlegt.

Die K_m-Konstante von Cellulose in SCHWEIZERS Reagens ist ungefähr gleich groß wie die von Triacetylcellulose in m-Kresol. Eine Cellulose vom Molekulargewicht 10000 hat also in grundmolarer Lösung ungefähr die gleiche Viscosität wie eine grundmolare Lösung von Triacetylcellulose vom gleichen Molekulargewicht

$$\left.\begin{array}{ll} \text{Triacetylcellulose} & \eta_{sp}\,(28{,}8\%) = 11 \\ \text{Cellulose} \ \ldots\ldots & \eta_{sp}\,(16{,}2\%) = 10 \end{array}\right\} \text{bei Mol.-Gew. } 10000.$$

Die Kettenlänge dieser beiden Produkte von gleichem Molekulargewicht ist verschieden, und zwar ist sie umgekehrt proportional dem Grundmolekulargewicht. Die Viscosität von gleichkonzentrierten Lösungen (1,4%) dieser Produkte ist danach verschieden und ist umgekehrt proportional den Grundmolekulargewichten.

$$\left.\begin{array}{ll} \text{Triacetylcellulose} & \eta_{sp}\,(1{,}4\%) = \dfrac{11\cdot14}{288} \\[2ex] \text{Cellulose} \ \ldots\ldots & \eta_{sp}\,(1{,}4\%) = \dfrac{10\cdot14}{162} \end{array}\right\} \text{bei Mol.-Gew. } 10000.$$

Berechnet man daraus die spez. Viscosität von Produkten gleicher Kettenlänge, z. B. vom Polymerisationsgrad 100, so ist diese wieder annähernd gleich, da die Viscositäten von Produkten gleichen Polymerisationsgrades (also verschiedenen Molekulargewichts) zu den Viscositäten von Produkten gleichen Molekulargewichts, aber verschiedenen Polymerisationsgrades im Verhältnis der Grundmolekulargewichte stehen.

$$\left.\begin{array}{ll} \text{Triacetylcellulose} & \eta_{sp}\,(1{,}4\%) = \dfrac{11\cdot14}{288}\cdot2{,}88 = 1{,}5 \\[2ex] \text{Cellulose} \ \ldots\ldots & \eta_{sp}\,(1{,}4\%) = \dfrac{10\cdot14}{162}\cdot1{,}62 = 1{,}4 \end{array}\right\} \begin{array}{l} \text{bei gleicher Kettenlänge} \\ \text{(Polymerisations-} \\ \text{grad 100).} \end{array}$$

Gefunden wurden folgende Werte:

Tabelle 34. Vergleich der spezifischen Viscosität von Polytriacetylcelloglucan-diacetaten (Triacetylcellulosen) und Polycelloglucan-dihydraten (abgebaute Cellulose).

Poly-merisationsgrad	η_{sp} der Acetate in 1,4 proz. m-Kresollösung bei 20°	η_{sp} der Cellulose in 1,4% Schweizer-Lösung bei 20°	Daraus berechnet $\eta_{sp}(1,4\%)$ für Polymerisationsgrad 100	
			Celluloseacetate	Cellulosen
178	2,7	2,1	1,52	1,18
138	2,1	1,6	1,52	1,16
127	2,0	1,7	1,57	1,34
105	1,6	1,4	1,52	1,33
87	1,3	1,1	1,49	1,26
76	1,2	1,1	1,58	1,45
47	0,73	0,86	1,55	1,83
29	0,45	0,43	1,55	1,48

Die Viscosität einer Cellulose ist also in einer 1,4 proz. Lösung ungefähr die-selbe wie die der Triacetylcellulose gleicher Kettenlänge, und sie stimmt auch un-gefähr mit den berechneten Werten überein. Es ist also durch diese Untersuchung der Bau der Kolloidteilchen der Celluloseacetate und der Cellulose entschieden: es ist nachgewiesen, daß sie Moleküle darstellen, da sich die Kettenlänge der Teilchen beim Verseifen nicht ändert. Denn die micellbildenden Kräfte eines Celluloseesters müßten ganz andere sein als die der freien Cellulose. Wenn daher die Celluloseteilchen micellaren Bau besäßen, dann hätte sich beim Ver-seifen des Esters die Teilchengröße ändern müssen. Dadurch ist außerdem das Molekulargewicht dieser abgebauten Cellulose mit Sicherheit bestimmt. Da die nicht abgebaute Cellulose sich in Schweizer-Lösung ganz gleich verhält wie die abgebaute, so ist für sie derselbe Bau der Teilchen anzunehmen. In einer Lösung von Cellulose in SCHWEIZERS Reagens sind also Fadenmoleküle, die bis zu 750 Grundmoleküle in der Kette gebunden enthalten, vorhanden.

VII. Bestimmung des Molekulargewichts der Eukolloide.
(Kautschuk und Cellulose.)

Durch Herstellung von polymerhomologen Reihen und durch vergleichende Viscositätsuntersuchungen der Eukolloide und der Hemikolloide, endlich durch chemische Umsetzungen an Makromolekülen ist nachgewiesen, daß die Kolloidteilchen in Lösungen der Eukolloide Fadenmoleküle sind. Die weitere Aufgabe ist, das Molekulargewicht der hochmolekularen Produkte, also die Länge der Fadenmoleküle zu bestimmen.

Es wurden früher zur Bestimmung der Teilchengewichte in Lösungen von Kautschuk und Cellulosederivaten vielfach die osmotischen Methoden be-nutzt[1]; es wurde auch durch Diffusionsmessungen die Größe der Teilchen zu

---

[1] CASPARI, W. A.: Journ. Chem. Soc. London **105**, 2139 (1914). — OSTWALD, Wo.: Kolloid-Ztschr. **49**, 60 (1929). — KROEPELIN, H., u. W. BRUMSHAGEN: Ber. Dtsch. Chem. Ges. **61**, 2441 (1929) — Kolloid-Ztschr. **47**, 294 (1929). — DUCLAUX, J., u. E. WOLLMAN: C. r. d. l'Acad. des sciences **152**, 1580 (1911). — SCHULZ, G. V.: Ztschr. f. physik. Ch. (A) **158**, 237 (1931).

ermitteln versucht[1]. Diese Messungen wurden aber in viel zu konzentrierten Lösungen vorgenommen. Man hat zwar osmotische Bestimmungen mit einer 0,5proz. oder 1proz. Lösung vorgenommen; aber solche Lösungen sind bei diesen hochmolekularen Produkten immer noch Gellösungen, in denen sich die langen Fadenmoleküle gegenseitig stören. Darum ergaben auch alle bisherigen Arbeiten, daß keine einfachen Beziehungen zwischen osmotischen Drucken und Teilchengrößen vorliegen.

Das Bemühen zahlreicher Forscher auf diesem Gebiet ging nun dahin, den Grund für diese Komplikationen aufzufinden und zu ermitteln, warum die einfachen osmotischen Gesetze für die Lösungen der Hochmolekularen nicht gelten. So wurde eine Reihe von Gleichungen aufgestellt, die die Beziehungen zwischen dem osmotischen Druck und der Konzentration wiedergeben sollen[2]. Als den störenden Faktor[3], der die Übertragung der einfachen osmotischen Gesetze auf die kolloiden Systeme hinderte, sah man dabei eine starke Solvatation im Sinne einer Bildung großer Lösungsmittelhüllen um die Kolloidteilchen der hochmolekularen Stoffe an. Unter Solvatation sind aber hier andere Vorgänge zu verstehen, nämlich solche, die mit dem Lösungsvorgang eines Stoffes in Beziehung stehen, worauf noch eingegangen wird[4]. Das störende Element bei diesen osmotischen Bestimmungen ist nicht diese „Solvatation", sondern in Wirklichkeit der große Wirkungsbereich der Fadenmoleküle, welcher verursacht, daß schon verdünnte Lösungen Gellösungen sind, in denen die Moleküle nicht mehr frei beweglich sind. Wenn man bei diesen hochmolekularen Stoffen osmotische Messungen unter Verhältnissen machen wollte, die mit denen niedermolekularer Stoffe vergleichbar sind, dann müßten dieselben im Gebiet der Sollösungen ausgeführt werden, in dem die langen Moleküle sich gegenseitig nicht behindern. In solcher Konzentration dürften die osmotischen Gesetze ähnlich wie bei verdünnten Lösungen niedermolekularer Stoffe anwendbar sein. Aber man muß dann bei hochmolekularen Stoffen in so großer Verdünnung arbeiten, daß sich die osmotischen Drucke nicht mehr genau bestimmen lassen. In folgender Tabelle sind die Grenzkonzentrationen von Lösungen einiger hochmolekularer Naturstoffe angegeben, und zwar der Prozentgehalt derselben und ihre Grundmolarität.

---

[1] Vgl. R. O. Herzog: Ztschr. f. Elektrochem. **13**, 533 (1907). — Herzog, R. O., u. A. Polotzky: Ztschr. f. physik. Ch. **87**, 449 (1914). — Brintzinger, H. u. W.: Ztschr. f. anorg. u. allg. Ch. **196**, 33, 50 (1931). — Krüger, D., u. H. Grunsky: Ztschr. f. physik. Ch. **150**, 115 (1930).

[2] Vgl z. B. die allgemeine Solvatationsgleichung kolloider Systeme von Wo. Ostwald: Kolloid-Ztschr. **49**, 60 (1929). — Schulz, G. V.: Das Solvatationsgleichgewicht in kolloiden Systemen. Ztschr. f. physik. Ch. (A) **158**, 237 (1931).

[3] Vielfach wurden zur Aufstellung von Solvatationsgleichungen Messungen an Kautschuklösungen benutzt. Aber Lösungen von reinem Kautschuk sind so überaus luftempfindlich, daß sie schon durch den im Lösungsmittel gelösten Sauerstoff abgebaut werden, vgl. Dritter Teil, C. IV. 2. Die von Wo. Ostwald: Kolloid-Ztschr. **49**, 60 (1929), als Limes-Werte errechneten „Molekulargewichte" für Kautschuk und Balata stimmen in der Größenordnung mit den durch Viscositätsmessungen erhaltenen überein. Diese Übereinstimmung läßt aber keine weiteren Schlüsse zu; denn voraussichtlich handelt es sich bei den Casparischen Versuchen, die diesen Berechnungen zugrunde liegen, vgl. Journ. Chem. Soc. London **105**, 2139 (1914), um Messungen an abgebauten Produkten, da nicht unter Luftabschluß gearbeitet wurde. Vgl. H. Staudinger u. H. F. Bondy: Ber. Dtsch. Chem. Ges. **63**, 734 (1930). — Staudinger, H., u. E. O. Leupold: Ber. Dtsch. Chem. Ges. **63**, 730 (1930).

[4] Vgl. Erster Teil. G. II.

Daraus ist dann die wirkliche Molarität der hochmolekularen Stoffe bei der Grenzkonzentration berechnet und die außerordentlich geringen osmotischen Drucke, die eine solche Lösung zeigen sollte.

Tabelle 35.

Osmotische Drucke einiger Eukolloide bei ihrer Grenzkonzentration.

Substanz	Mol.-Gew.	Polymerisationsgrad	Grenzkonzentration in		Wirkliche Molarität bei der Grenzkonzentration	Osmotische Drucke bei Grenzkonzentration in Atmosphären
			gd-mol.	%		
Polystyrol	100000	1000	0,023	0,24	$2,3 \cdot 10^{-5}$	$5,2 \cdot 10^{-4}$
	500000	5000	0,0046	0,048	$9,1 \cdot 10^{-7}$	$2,0 \cdot 10^{-5}$
Polypren (Kautschuk)	68000	1000	0,035	0,24	$3,5 \cdot 10^{-5}$	$7,9 \cdot 10^{-4}$
	136000	2000	0,018	0,12	$9,0 \cdot 10^{-6}$	$2,0 \cdot 10^{-4}$
Cellulosetriacetat . .	87000	300	0,026	0,76	$8,7 \cdot 10^{-5}$	$2,0 \cdot 10^{-3}$
Cellulosetrinitrat . .	223000	750	0,0105	0,31	$1,4 \cdot 10^{-5}$	$3,1 \cdot 10^{-4}$
Cellulose	122000	750	0,014	0,23	$1,9 \cdot 10^{-5}$	$4,3 \cdot 10^{-4}$

Wenn man in „verdünnten Lösungen" arbeiten wollte, in denen die Moleküle weit voneinander entfernt sind, also in einer Lösung, die einer 10proz. Lösung eines niedermolekularen Stoffes entspricht, dann würden sich noch 10fach geringere osmotische Drucke ergeben. Deshalb ist die osmotische Methode zur Molekulargewichtsbestimmung dieser hochmolekularen Produkte nicht geeignet.

Die osmotischen Gesetze gelten weiter für Stoffe mit kugelförmigen Teilchen. Auch bei relativ niedermolekularen Stoffen mit Fadenmolekülen sind keine Abweichungen von den osmotischen Gesetzen beobachtet[1]. Es ist aber noch fraglich, ob die osmotische Methode auch bei so abnormer Gestalt der Moleküle, wie sie die Fadenmoleküle der hochmolekularen Naturprodukte haben, gültig ist.

Gleiches gilt auch für die Bestimmung des Molekulargewichts durch Diffusionsmessungen; die Methode von SVEDBERG[2], die Teilchengröße von Kolloiden mittels der Ultrazentrifuge zu bestimmen. dürfte zur Bestimmung des Molekulargewichts hochmolekularer Stoffe, deren Teilchen Fadenmoleküle sind, ebenfalls nur mit Vorsicht angewandt werden.

Im Gegensatz zu diesen Methoden sind die Voraussetzungen für die Bestimmung des Molekulargewichts von Eukolloiden durch Viscositätsmessungen an ihren Lösungen besonders günstig. Dazu zeichnet sich diese Methode durch große Einfachheit aus. Während bei osmotischen Messungen mit steigendem Molekulargewicht des gelösten Stoffes die erhaltenen Effekte geringer werden, wird die Viscosität einer Lösung mit wachsendem Molekulargewicht des gelösten Stoffes immer höher, wenn Stoffe mit Fadenmolekülen vorliegen. Die Viscositätsmethode ist also gerade zur Bestimmung des Molekulargewichts sehr hochmolekularer Verbindungen, die aus Fadenmolekülen aufgebaut sind, besonders geeignet.

---

[1] HERZOG, R. O., u. A. DERIPASKO: Cellulosechemie **13**, 25 (1932), haben gezeigt, daß die durch osmotische Methoden bestimmten Molekulargewichte von Acetylcellulosen mit den aus Viscositätsmessungen errechneten übereinstimmen.

[2] SVEDBERG, THE: Kolloid-Ztschr. **51**, 10 (1930); vgl. Messungen von A. STAMM an Cellulosepräparaten: Journ. Amer. Chem. Soc. **52**, 3047, 3062 (1930). SVEDBERG hat vor allem Eiweißstoffe untersucht; Teilchen derselben haben verschiedene Formen, vgl. G. BOEHM u. R. SIGNER: Helv. chim. Acta **14**, 1370 (1931).

Um ganz sicher zu gehen, müßte man die Molekulargewichte noch nach anderen Methoden bestimmen können. Dies ist bisher nicht möglich, denn wenn z. B. Bestimmungen der Teilchengröße nach der osmotischen Methode zu anderen Molekulargewichten führen würden, so wäre damit nicht erwiesen, daß die Viscositätsgesetze für die Eukolloide nicht gültig sind; denn es könnte ja auch die osmotische Methode bei diesen Stoffen versagen[1]. Die beste Kontrolle der Molekulargewichte würde sich ergeben, wenn man die Teilchen direkt auszählen könnte. Dies ist aber trotz der Größe der Teilchen infolge ihres geringen Durchmessers nicht möglich. So sind bisher die geschilderten Viscositätsmessungen die einzig zuverlässige Methode zur Bestimmung des Molekulargewichtes der Eukolloide.

Die Gültigkeit der Viscositätsgesetze wurde bei Fadenmolekülen ganz verschiedener Dimensionen bewiesen. Sie gelten bei niedermolekularen Paraffinen und Paraffinderivaten, deren Moleküle nur 20 bis 30 Å lang sind[2], wie bei den relativ hochmolekularen Hemikolloiden vom Molekulargewicht 10000, z. B. bei Polyäthylenoxyden vom Polymerisationsgrad 230, die eine Länge von ca. 500 Å besitzen[3]. Da die Gültigkeit dieser Gesetzmäßigkeiten in einem so großen Intervall bewiesen ist, ist anzunehmen, daß sie auch in einem noch größeren Gebiet gelten und daß man sie benutzen kann, um die Größe von noch längeren Molekülen zu bestimmen, also von denen der Eukolloide, deren Moleküle eine Länge von 3500 Å bis 1 μ haben, die also 10—20mal länger sind als die längsten Hemikolloidmoleküle.

Um die Molekulargewichte der Eukolloide aus Viscositätsmessungen zu bestimmen, muß man diese im Gebiet der Sollösung vornehmen, also unterhalb der Grenzviscosität, die sich aus den Viscositätsgesetzen berechnen läßt[4]. Diese Grenzviscositäten liegen je nach der polymerhomologen Reihe zwischen 0,4 und 3,0. Die Viscositätsmessungen werden dabei zweckmäßig in noch niedrigerviscosen Lösungen ausgeführt, da dann verdünnte Sollösungen vorliegen, in denen die Moleküle weit voneinander entfernt sind. Man bestimmt also spez. Viscositäten von ca. 0,03 bis ca. 0,3* in mehreren Konzentrationen und überzeugt sich, ob die η_{sp}/c-Werte konstant bleiben.

Tabelle 36. **Konzentration in Grundmolarität und Prozent bei** $\eta_{sp} = 0,1$ **bei verschiedenem Molekulargewicht.**

Substanz	Mol.-Gew. 1000		Mol.-Gew. 10000		Mol.-Gew. 100000	
	gd-mol.	%	gd-mol.	%	gd-mol.	%
Polystyrole in Benzol	0,56	5,8	0,056	0,58	0,0056	0,058
Polyprene in Benzol	0,33	2,2	0,033	0,22	0,0033	0,022
Polyvinylacetate in Benzol . .	0,38	3,3	0,038	0,33	0,0038	0,033
Cellulose in Schweizer-Lösung .	0,10	1,6	0,010	0,16	0,0010	0,016
Cellulosetriacetate in m-Kresol	0,091	2,6	0,0091	0,26	0,00091	0,026
Cellulosetrinitrate in n-Butylacetat	0,077	2,3	0,0077	0,23	0,00077	0,023

[1] Gleiches gilt auch für andere Methoden.

[2] STAUDINGER, H., u. E. OCHIAI: Ztschr. f. physik. Ch. (A) **158**, 49 (1931).

[3] Vgl. Zweiter Teil, C. VI. 1 u. 2.   [4] Vgl. Erster Teil, G. V.

* Bei Lösungen, die noch geringere spezifische Viscosität haben als 0,03, werden die Messungen zu ungenau.

Dabei muß bei hochmolekularen Substanzen in sehr stark verdünnter Lösung gearbeitet werden. Als Beispiel werden in der Tabelle 36 die Konzentrationen von Lösungen verschiedener hochmolekularer Substanzen angeführt, deren spez. Viscosität 0,1 ist. Man sieht daraus, in wie geringen Konzentrationen die Viscositätsmessungen bei den Eukolloiden (Molekulargewicht 100000) im Vergleich zu den angeführten Hemikolloiden (Molekulargewicht 1000 und 10000) vorzunehmen sind.

Die Viscositätsmessungen werden auch bei verschiedenen Temperaturen ausgeführt, um die Temperaturabhängigkeit, die bei Molekülkolloiden nur gering sein darf, und die Temperaturempfindlichkeit[1] festzustellen. Wenn die η_{sp}/c-Werte nach dem Abkühlen der Lösung auf 20° wieder den Ausgangswert haben, so ergibt sich daraus, daß eine Veränderung der empfindlichen Moleküle bei der Messung nicht stattgefunden hat. Bei Molekulargewichtsbestimmungen der hochmolekularen Naturprodukte ergibt sich eine Schwierigkeit: da die Fadenmoleküle derselben außerordentlich empfindlich sind, so ist die Herstellung der Lösungen und die Messungen selbst unter peinlichem Ausschluß von Luftsauerstoff unter Verwendung von sauerstofffreien Lösungsmitteln vorzunehmen. Die Konstanz der η_{sp}/c-Werte beweist, wie oben geschildert, das Vorliegen von Molekülen und deren Beständigkeit unter den Meßbedingungen. Die ermittelten η_{sp}/c-Werte dienen zur Berechnung des Molekulargewichts.

Tabelle 37. η_{sp} von gereinigter Baumwolle in Schweizer-Lösung bei verschiedener Konzentration und Temperatur.

Temperatur	0,01 gd-mol. =0,16 proz. Lösung	0,005 gd-mol. =0,08 proz. Lösung	0,0033 gd-mol. =0,053 proz. Lösung
0,2°	0,93	0,50	0,32
10°	0,91	0,44	0,31
20°	0,94	0,42	0,32
30°	0,92	0,40	0,29
0,2°	0,85	0,27	0,25

Es sei an einem Beispiel gezeigt, wie bei derartigen Messungen vorgegangen wird. In der Tabelle 37 sind die η_{sp}-Werte von Lösungen gereinigter Baumwolle in Schweizers Reagens angegeben, in der Tabelle 38 die dazugehörigen η_{sp}/c-Werte[2].

Tabelle 38. η_{sp}/c von gereinigter Baumwolle in Schweizer-Lösung bei verschiedener Konzentration und Temperatur.

Temperatur	0,01 gd-mol. =0,16 proz. Lösung	0,005 gd-mol =0,08 proz. Lösung	0,0033 gd-mol. =0,053 proz. Lösung
0,2°	93	100	96
10°	91	88	93
20°	94	84	96
30°	92	80	87
0,2°	85	54*	75

In gleicher Weise wurden die η_{sp}/c-Werte bei eukolloidem Polystyrol[3], Kautschuk[4], Balata[5], Celluloseacetaten[6], Cellulosenitraten[7] bestimmt. Daraus be-

---

[1] Dieselbe ist ein Abbau beim Erwärmen und tritt nur bei den höchstmolekularen Stoffen in geringem Maße ein, vorausgesetzt, daß Sauerstoff ausgeschlossen ist.

* Ein Abbau der Cellulose tritt beim Erwärmen bei Gegenwart von Licht ein, vgl. Vierter Teil, C. VII.

[2] Messungen von O. Schweitzer; vgl. H. Staudinger u. O. Schweitzer: Ber. Dtsch. Chem. Ges. **63**, 3142 (1930). Vgl. Vierter Teil, B. III.

[3] Vgl. Zweiter Teil, A. IV. 4., 5. u. 6.

[4] Staudinger, H., u. H. F. Bondy: Liebigs Ann. **488**, 127 (1931).

[5] Vgl. Dritter Teil, C. III. 2.   [6] Vgl. Vierter Teil, A. VI.   [7] Vgl. Vierter Teil, D. VII. u. VIII.

rechnen sich dann mittels der K_m-Konstanten, die an den hemikolloiden Vertretern der polymerhomologen Reihen bestimmt worden sind, die Molekulargewichte und Kettenlängen für diese höchstmolekularen Produkte, wie sie in folgender Tabelle angegeben sind.

Tabelle 39. Molekulargewicht und Kettenlänge der höchstmolekularen Produkte.

Substanz	η_{sp}	Konz. in Gd-mol.	Gehalt %	η_{sp}/c	K_m	Durchschnitts-Mol.-Gew.	Durchschnitts-Polym.-Grad a	Zahl der Kettenatome n	Kettenlänge in Å
Polystyrol . . .	0,11	0,001	0,01	110	$1,8 \cdot 10^{-4}$	600000	6000	12000	15000
Polyvinylacetat .	0,26	0,0125	0,108	20,8	2,6 · „	80000	900	1800	2200
Kautschuk . . .	0,380	0,010	0,068	38,0	3,0 · .,	125000	1800	7200	8100
Balata	0,386	0,025	0,17	15,0	3,0 · „	50000	750	3000	3400
Cellulose	0,307	0,0025	0,040	121,4	10 · „	120000	750	3800	3900
Triacetylcellulose	0,284	0,0025	0,072	113,6	11 · „	103000	360	1800	1900

Es ist dabei nicht notwendig, für jede Reihe die Konstante getrennt zu bestimmen, sondern auf Grund der Viscositätsgesetze kann man diese Konstanten aus allgemeinen Zusammenhängen berechnen. Man kann weiter die Zahl der Kettenatome eines Fadenmoleküls bestimmen, und zwar durch folgende Formel:

$$\frac{\eta_{sp}(1,4\%)}{1,2 \cdot 10^{-3}} = n^*. \tag{17}$$

Dabei ist n die Zahl der Kettenatome, $1,2 \cdot 10^{-3}$ der Viscositätsbetrag eines Kettenatoms in 1,4proz. Lösung. Natürlich muß man dazu die Gestalt der Fadenmoleküle kennen und wissen, daß die Kettenatome in einer bestimmten Form, z. B. der Zickzackform, angeordnet sind; denn nur unter dieser Bedingung wirken alle Kettenatome kettenverlängernd, im Gegensatz z. B. zu einer Mäanderform. Das Molekulargewicht ergibt sich dann als Produkt der Zahl der Kettenatome n mit dem Kettenäquivalentgewicht. Für Kautschuk und Balata ergeben sich folgende Werte, die mit den mittels der K_m-Konstante berechneten Werten ungefähr übereinstimmen[1]:

Tabelle 40. Berechnung des Molekulargewichts von Kautschuk und Balata aus den Viscositätsgesetzen.

	$\dfrac{\eta_{sp}}{c} = \eta_{sp}(6,8\%)$	$\eta_{sp}(1,4\%)$	n	Mol.-Gew. $= n \cdot 17^{**}$	Mol.-Gew. $= \dfrac{\eta_{sp}}{c \cdot K_m}$
Balata	15,0	3,1	2600	46000	50000
Gereinigter Kautschuk . .	21,8	4,5	3800	64000	73000

Man kann also das Molekulargewicht des Kautschuks und der Balata bestimmen, ohne die K_m-Konstante der Polyprene zu kennen. Die Werte für das

---

* Vgl. H. STAUDINGER: Ber. Dtsch. Chem. Ges. **65**, 272 (1932); ferner Erster Teil, D. VII.

[1] Die Differenzen rühren daher, daß die K_m-Konstante gerade in der Reihe der Polyprene nicht sehr genau bestimmt werden konnte. Wahrscheinlich ist das nach den Viscositätsgesetzen errechnete Molekulargewicht das richtigere, weil der Viscositätsbetrag für ein Kettenatom sich an wohldefinierten Verbindungen genau bestimmen läßt.

** $17 = $ Kettenäquivalentgewicht der Polyprene $= \dfrac{\text{Grundmolekulargewicht}}{\text{Ketten-C-Atome im Grundmolekül}} = \dfrac{68}{4}$.

Molekulargewicht dieser Kohlenwasserstoffe in Tabelle 40 lassen sich durch Bestimmung des Viscositätsbetrages für ein Kettenatom an Lösungen von Paraffinen berechnen.

Nach diesen Messungen sind in den Lösungen von hochmolekularen Substanzen außerordentlich große Moleküle vorhanden, von einer Länge, wie man sie bisher nicht gekannt hat. Die Länge dieser Moleküle kann bis $1\,\mu$ betragen, also die Wellenlänge des sichtbaren Lichtes erreichen; der Durchmesser der Moleküle beträgt dagegen nur 3—15 Å. *Diese Fadenmoleküle haben also nur in einer Dimension die Größe von Kolloidteilchen, in den beiden anderen Dimensionen aber die Größe gewöhnlicher kleiner Moleküle.*

Dabei ist zu beachten, daß diese *Makromoleküle*, die so außerordentlich merkwürdige Gebilde darstellen, *die Endglieder einer Reihe von polymerhomologen Molekülen sind, die alle gleiche Bauart und nur Unterschiede in der Kettenlänge haben. Sie sind also durch eine ganze Reihe von Molekülen kontinuierlich verbunden mit den kleinsten Molekülen, die die Eigenschaften einfacher organischer Moleküle haben.*

Es wird in Abschnitt F und G gezeigt werden, daß durch diese Gestalt der Makromoleküle die physikalischen Eigenschaften der Hochmolekularen im festen Zustand wie auch die Natur der kolloiden Lösung erklärt werden kann. Ebenso wird dadurch auch die merkwürdige Veränderlichkeit hochmolekularer Substanzen verständlich.

Es ist somit das Molekulargewicht der hochmolekularen Naturstoffe, des Kautschuks und der Cellulose bestimmt, allerdings nur das Gewicht der gelösten Teilchen. Es ist möglich, daß die Moleküle der nativen Cellulose noch länger sind, denn bei der großen Empfindlichkeit der langen Fadenmoleküle ist es nicht ausgeschlossen, daß das Auflösen von Cellulose in SCHWEIZERS Reagens schon mit einem Zerfall von noch längeren Molekülen verbunden ist.

Dafür spricht, daß die Nitrocellulosen, die man durch Nitrieren von nativer Baumwolle herstellt, ein noch höheres Molekulargewicht haben als die Cellulosemoleküle in SCHWEIZERS Reagens[1]. Letztere enthalten bis 750 Grundmoleküle in der Kette gebunden. Bei der Nitrocellulose aus nativer Cellulose sind dagegen nach Viscositätsmessungen bis zu 1500 Grundmoleküle zu einem Fadenmolekül vereinigt. Die Cellulosemoleküle hätten danach die doppelte Kettenlänge. Über das Molekulargewicht der nativen Cellulose kann also noch nicht entschieden werden, und es ist auch fraglich, ob es gelingt, die Größe dieser Makromoleküle zu ermitteln; denn mit den heutigen Methoden der Molekulargewichtsbestimmung kann nur etwas über die Größe von Molekülen ausgesagt werden, wenn sie gelöst werden können.

F. Die Hochmolekularen im festen Zustand.

I. Der Krystallbau hochmolekularer Verbindungen[2].

Grundlegend für die Aufklärung des Krystallbaues der hochmolekularen Verbindungen sind die Arbeiten der BRAGGschen Schule[3], so die von MÜLLER und

---

[1] Vgl. Vierter Teil, D. IX.

[2] Vgl. H. STAUDINGER u. R. SIGNER: Über den Krystallbau hochmolekularer Verbindungen. Ztschr. f. Krystallogr. **70**, 193 (1929)..

[3] Vgl. die Zusammenfassung von W. H. BRAGG: Ber. des 2. Solvay-Kongresses, Brüssel 1925, S. 21. Paris: Gauthiers-Villars 1926.

SHEARER[1], die durch Röntgenuntersuchungen nachwiesen, daß die Moleküle der normalen Fettsäuren und ihrer Derivate im krystallisierten Zustand fadenförmige Gestalt haben. Die Anordnung von einfachen Fadenmolekülen in einem Krystallgitter war damit zum erstenmal klargestellt. MÜLLER und SHEARER benutzten dabei zur Veranschaulichung des Krystallbaues die BRAGGschen Atommodelle; sie zogen verschiedene Anordnungen der Kohlenstoffatome in Erwägung (Abb. 5)[2],

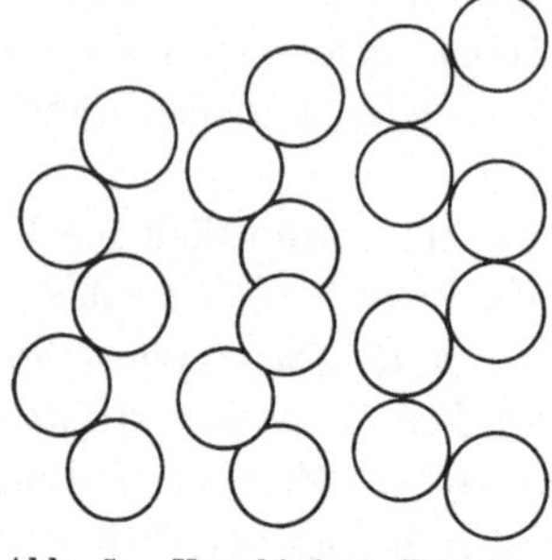

wobei der Zickzackkette der Vorzug gegeben wurde (Abb. 6)[3].

Gestützt auf diese Arbeiten stellten O. L. SPONSLER und W. H. DORE[4] im Jahre 1926 eine Formel der Cellulose auf, unter der Annahme, daß ihre Moleküle lange Ketten darstellen, die zu der Faserrichtung parallel angeordnet sind. Sie kamen zu folgender Vorstellung (Abb. 7) über die Dimensionen der Glykosereste im Cellulosemolekül, die mit den röntgenographischen Befunden in Übereinstimmung standen.

Abb. 5. Verschiedene Formen der Kohlenstoffkette.

In diesen Ketten sind nach den Autoren die Glykoseeinheiten durch glykosidische Kondensation, also durch Hauptvalenzen vereinigt. Die einzelnen Ketten stehen untereinander durch die Nebenvalenzen der Sauerstoffatome in Verbindung, wie es Abb. 8 veranschaulicht.

Allerdings machten SPONSLER und DORE unrichtige Annahmen über die Bindung der Glykoseeinheiten in den Fadenmolekülen der Cellulose. Durch die

HAWORTHSchen Arbeiten[5] wurde die Konstitution der Cellobiose und ihre Bindung in der Cellulosekette aufgeklärt; die Cellobiose war von K. FREUDENBERG[6] als Baustein der langen Celluloseketten erkannt worden. Auf Grund

Abb. 6. Zickzackkette von Kohlenstoffatomen. (A. MÜLLER 1927.)

dieser Untersuchungen haben dann K. H. MEYER und H. MARK die SPONSLERsche Formel abgeändert und folgendes Modell entworfen (Abb. 9).

Die letzteren Autoren machten die weitere Annahme, daß 30—50 Glykosereste zu einem Fadenmolekül vereinigt sind und 40—60 solcher Fäden in paralleler Orientierung die Krystallite der Cellulose darstellen[7]. Diese Angaben über die Größe der Krystallite sind nicht haltbar, ebensowenig wie die weitere Annahme

---

[1] MÜLLER, A.: Journ. Chem. Soc. London **123**, 2043 (1923). — MÜLLER, A., u. G. SHEARER: Journ. Chem. Soc. London **123**, 3156 (1923). — SHEARER, G.: Journ. Chem. Soc. London **123**, 3152 (1923).

[2] MÜLLER, ALEX, u. G. SHEARER: Journ. Chem. Soc. London **123**, 3159 (1923).

[3] Vgl. A. MÜLLER: Proc. Royal Soc. London (A) **114**, 542 (1927).

[4] SPONSLER, O. L., u. W. H. DORE: Colloid Symposium Monograph **1926**, 174; vgl. die Übersetzung dieser Arbeit: Cellulosechemie **11**, 186 (1930).

[5] Vgl. die zusammenfassenden Arbeiten von W. N. HAWORTH: Helv. chim. Acta **11**, 534 (1928) — Ber. Dtsch. Chem. Ges. **65**, A. 43 (1932).

[6] Vgl. K. FREUDENBERG: Ber. Dtsch. Chem. Ges. **54**, 767 (1921), welcher nachwies, daß die Cellulose zu etwa 60% aus Cellobiose aufgebaut ist; vgl. auch weiter K. FREUDENBERG u. BRAUN: Liebigs Ann. **460**, 288 (1928).

[7] Vgl. Ber. Dtsch. Chem. Ges. **61**, 593 (1928) — Ztschr. f. physik. Ch. (B) **2**, 115 (1929).

eines micellaren Aufbaues der Celluloseteilchen in Lösung. Die Teilchen der in SCHWEIZERS Reagens gelösten Cellulose sind lange Fadenmoleküle, die bis zu 750 Grundmoleküle glykosidisch gebunden enthalten. Die Vorstellung über den Krystallbau der Cellulose, wie sie Abb. 9 wiedergibt, ist aber auch mit diesem neuen Befund vereinbar. Die langen Cellulosemoleküle sind in den Krystallen der Cellulose wie ein Bündel langer dünner Stäbe zusammen gelagert.

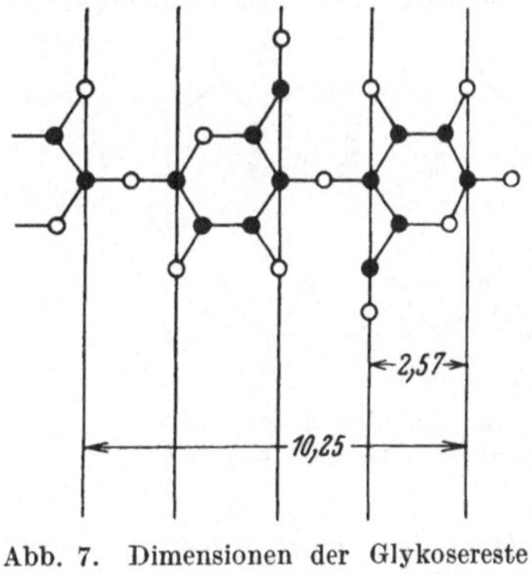

Als SPONSLER und DORE ihr Modell der krystallisierten Cellulose aufstellten, war eine Reihe von Fragen über den Bau der hochmolekularen Verbindungen noch strittig. Es war darum von Bedeutung, daß an einem krystallisierten hochmolekularen Stoff von genau bekannter Konstitution, nämlich dem Polyoxymethylen, diese Fragen aufgeklärt werden konnten.

Daß man die Ergebnisse der BRAGGschen Schule über den Krystallbau von einheitlichen aliphatischen Verbindungen nicht ohne weiteres benutzt hat, um durch eine analoge Anordnung von langen Kettenmolekülen den Krystallbau von Hochmolekularen zu erklären, lag daran, daß man bei niedermolekularen Stoffen die Erfahrung machte, daß das Molekül einer Verbindung nie größer als der Elementarbereich ist. Da der Elementarkörper der Cellulose, des Seidenfibroins und des Kautschuks, also der krystallisierten Naturkörper klein ist, so schlossen einige Forscher auf ein niederes Molekulargewicht dieser Stoffe, was mit chemischen Erfahrungen zu übereinstimmen schien[1], andere schrieben den Hochmolekularen ein ganz neues Bauprinzip zu[2].

Es bestand außerdem noch folgende Schwierigkeit, um den Krystallbau hochmolekularer Verbindungen zu verstehen. Die chemischen Befunde zeigten, daß die Hochpolymeren nicht einheitliche Verbindungen

---

[1] Vgl. P. KARRER: Polymere Kohlehydrate. Leipzig 1925.

[2] Vgl. M. BERGMANN: Ber. Dtsch. Chem. Ges. **59**, 2973 (1926). — MARK, H.: Ber. Dtsch. Chem. Ges. **59**, 2982 (1926).

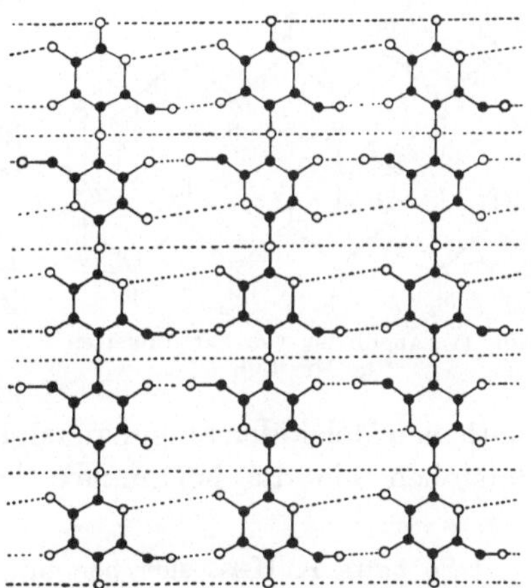

Abb. 7. Dimensionen der Glykosereste im Cellulosemolekül. (SPONSLER und DORE 1926.)

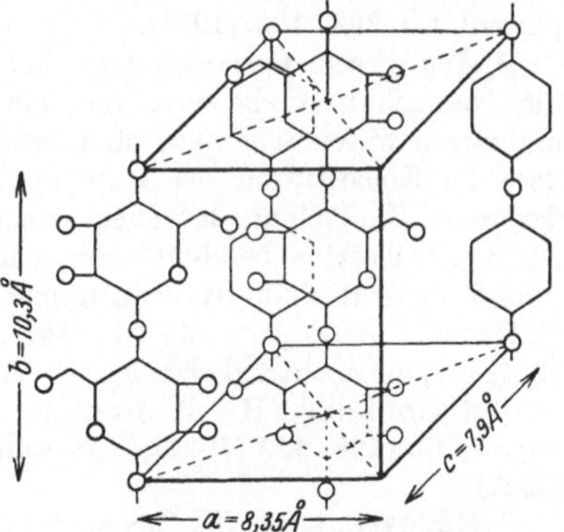

Abb. 8. Tangentialschnitt durch eine Ramiefaser. Ausgezogene Linien stellen primäre Valenzbrücken dar; punktierte Linien zeigen die wahrscheinliche Richtung der Sekundärvalenzkräfte. (SPONSLER und DORE 1926.)

Abb. 9. Elementarkörper der nativen Cellulose. (K. H. MEYER und H. MARK 1928.)

sind, sondern daß sie aus einem Gemisch von Polymerhomologen bestehen. Bei der Darstellung niedermolekularer Verbindungen machte die präparative Chemie die Erfahrung, daß Gemische von Substanzen häufig nicht krystallisieren. Man ging deshalb in der Regel so vor, durch Reinigung einen möglichst einheitlichen Stoff aus dem Gemisch zu isolieren[1], der dann in der Tat vielfach zum Krystallisieren zu bringen war[2]. Man konnte sich aber nicht vorstellen, wie ein Gemisch verschieden langer Moleküle krystallisieren könne.

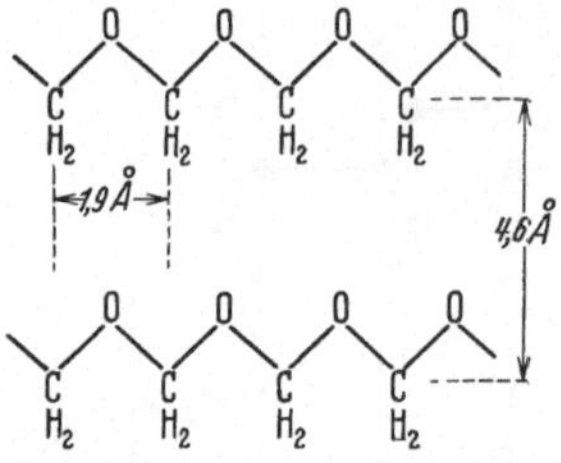

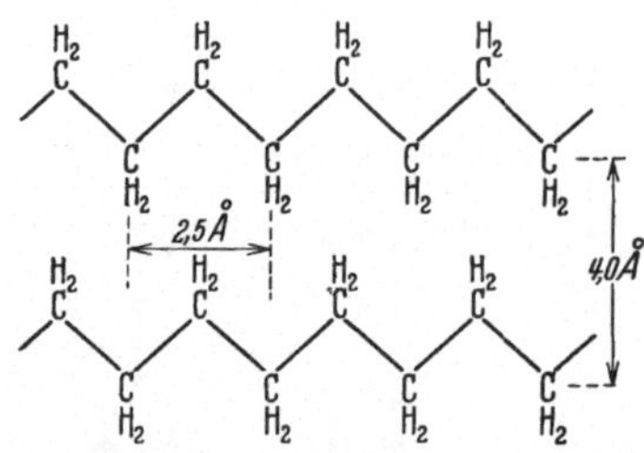

Abb. 10. Anordnung der Polyoxymethylenketten im Krystall.

Diese Fragen wurden durch die Untersuchung des Krystallbaues der Polyoxymethylene von G. Mie und J. Hengstenberg[3] und von hochmolekularen Paraffinen von J. Hengstenberg[4] aufgeklärt.

Bei der röntgenographischen Untersuchung der verschiedenen Polyoxymethylene, sei es, daß dieselben aus relativ kleinen einheitlichen Molekülen aufgebaut sind, sei es, daß dieselben aus großen ungleich langen Molekülen bestehen, ergab sich, daß das Bauprinzip des Krystallgitters, abgesehen von kleinen Abweichungen, das gleiche ist. Das Gitter entsteht dadurch, daß sich Polyoxymethylenketten unabhängig von der Kettenlänge in bestimmten Abständen parallel lagern (Abb. 10).

Abb. 11. Anordnung von Paraffinketten im Krystall.

Auch die verschiedenen Paraffine haben das gleiche Bauprinzip, gleichgültig, ob sie aus einheitlichen Molekülen aufgebaut sind wie das Pentatriacontan oder Molekülgemische darstellen wie die hochmolekularen Paraffine (Abb. 11). Hier wird das Kry-

---

[1] So hatte K. Hess sich bemüht, Cellulose und Cellulosederivate zu reinigen, um sie dann zum Krystallisieren zu bringen, und es sind von ihm auch in der Tat krystallisierte Cellulosederivate erhalten worden. Sehr merkwürdig ist das Verhalten der Triacetylcellulose. Die höhermolekularen Produkte krystallisieren aus Lösung nicht, dagegen ist das „Biosanacetat" krystallisiert. Im Biosanacetat liegt ein Gemisch von Celluloseacetaten vom Polymerisationsgrad 20—30 vor. M. Bergmann u. H. Machemer: Ber. Dtsch. Chem. Ges. **63**, 316 (1930); vgl. dazu die Ausführungen von K. Freudenberg u. W. Dirscherl: Ztschr. f. physiol. Ch. **202**, 192 (1931).

[2] Aus diesem Gedankengang heraus hat auch R. Pummerer die Reinigungsmethode für Kautschuk verbessert, um ein krystallisiertes Produkt zu erhalten. Diese Bemühungen waren scheinbar auch erfolgreich. Bei der damaligen Auffassung R. Pummerers über die Konstitution des Kautschuks konnte dieses Resultat so gedeutet werden, daß der reine Kautschuk, der nach seiner Ansicht aus den Molekülen $(C_5H_8)_8$ bestehen sollte, zur Krystallisation befähigt wäre, nachdem die Verunreinigungen durch einen Reinigungsprozeß entfernt sind. R. Pummerer u. A. Koch: Liebigs Ann. **438**, 294 (1924); vgl. auch R. Gross: Liebigs Ann. **438**, 311 (1924). Vgl. dazu R. Pummerer u. G. v. Susich: Kautschuk **1931**, 117, die nachträglich zeigten, daß in dem krystallisierten Kautschuk Guttapercha vorlag.

[3] Staudinger, H., H. Johner, R. Signer, G. Mie u. J. Hengstenberg: Ztschr. f. physik. Ch. **126**, 425 (1927); vgl. weiter J. Hengstenberg: Ann. d. Physik IV. F. **84**, 245 (1927).

[4] Hengstenberg, J.: Ztschr. f. Krystallogr. **67**, 583 (1928). — Müller, A.: Proc. Roy. Soc. London **114**, 542 (1927). — Trillat, I. I.: C. r. d. l'Acad. des sciences **180**, 1329 (1925). — Saville, W. B., u. G. Shearer: Journ. Chem. Soc. London **127**, 591 (1925).

stallgitter durch Parallellagerung der Kohlenwasserstoffketten gebildet, und zwar ergibt sich aus den röntgenographischen Untersuchungen, daß auch im krystallisierten Stoff die Moleküle als solche noch vorhanden sind. Bei den Polyoxymethylenen ist die Länge einer $-CH_2-O-$-Gruppe in der Kette 1,9 Å; die Atome einer Polyoxymethylenkette sind im Krystall durch Hauptvalenzgitterkräfte gebunden. Zwei Polyoxymethylenketten haben einen Abstand von 4,5 Å; zwischen ihnen betätigen sich Molekülgitterkräfte[1] (Abb. 10).

Für die Paraffinketten ergibt sich eine analoge Anordnung; die Länge einer $-CH_2-CH_2-$-Gruppe in der Kette ist 2,5 Å, der Abstand zweier Ketten beträgt ca. 4,0 Å (Abb. 11).

II. Über die Molekülgitter von niedermolekularen Polyoxymethylen-diacetaten.

Die krystallisierten höhermolekularen Polyoxymethylen-diacetate, die aus einheitlich langen, relativ kleinen Molekülen aufgebaut sind, bilden Molekülgitter; die Molekülenden liegen in Ebenen senkrecht zur Längsrichtung der Kettenmoleküle. Gleiches ist bei den einheitlichen Paraffinen der Fall, also z. B. bei dem Pentatriacontan. Die durch die Molekülenden bedingte Schichtung, die im Röntgenbild besondere Linien nahe dem Primärfleck ergibt, rückt von einem Polyoxymethylen-diacetat zum andern um 1,9 Å auseinander, während die Basisdimensionen des Gitters annähernd gleichbleiben.

Aus den Netzebenenabständen, die sich aus der Lage dieser Interferenzen ergeben, lassen sich bei einheitlichen Produkten die Moleküllängen der verschiedenen Polyoxymethylen-diacetate bestimmen, ähnlich wie es MÜLLER und SHEARER bei den Fettsäuren gezeigt haben. Der Längenzuwachs für eine Formaldehydgruppe ist dabei von einem Glied der polymerhomologen Reihe zum nächsten 1,9 Å; er ist, wie folgende Tabelle zeigt, ziemlich konstant.

Tabelle 41.

Moleküllängen der niedermolekularen Polyoxymethylen-diacetate.

	4	5	8	9	10	14	15	16	17	19
Zahl der CH_2O-Gruppen	4	5	8	9	10	14	15	16	17	19
Länge der Moleküle in Å	14,6	16,9	23,7	25,2	27,2	34,6	36,8	38,5	40,4	43,7
Länge der CH_2O-Gruppen $n \cdot 1{,}9$ Å	7,6	9,5	15,2	17,1	19,0	26,6	28,5	30,4	32,3	36,1
Länge der beiden Endgruppen (Essigsäureanhydrid) und der Zwischenräume in Å	7,0	7,4	8,5	8,1	8,2	8,0	8,3	8,1	8,1	7,6 wenig einheitlich, schwer zu reinigen
	Abweichungen von allen Gitterdimensionen									

Zieht man bei den verschiedenen Polyoxymethylen-diacetaten die Kettenlänge der Formaldehydgruppen von der Moleküllänge ab, so ergeben sich für das Essig-

---

[1] In der ersten Arbeit wurden die Molekülgitterkräfte als Krystallvalenzgitterkräfte bezeichnet, vgl. H. STAUDINGER: Ber. Dtsch. Chem. Ges. **59**, 3027 (1926).

säureanhydrid, das die Endvalenzen besetzt, Werte von 8,0—8,5 Å, im Durchschnitt 8,2 Å.

Für die beiden Reste $CH_3\overset{O}{\overset{\|}{C}}$—O— und $CH_3\overset{O}{\overset{\|}{C}}$— dürfte eine Länge von 6 Å in Rechnung zu setzen sein, so daß für die Molekülzwischenräume etwa 2 Å bleiben oder für die Abstände zwischen den Atomschwerpunkten etwa 4 Å, eine ähnliche Distanz wie zwischen den einzelnen Ketten.

Danach kann man sich eine Vorstellung über die Anordnung der Moleküle in dem krystallisierten Polyoxymethylen-diacetat und über den Krystallbau machen. An dem Beispiel des Octooxymethylen-diacetats sei dies wiedergegeben.

Die Längenbestimmung der Kette nach der röntgenographischen Methode ist dabei sehr genau, wenn polymere Stoffe, die aus einheitlich langen Molekülen bestehen, vorliegen. Man kann bei diesen die Molekülgröße ebenso exakt bestimmen wie bei niedermolekularen Stoffen, z. B. den Fettsäuren und Fettsäurederivaten.

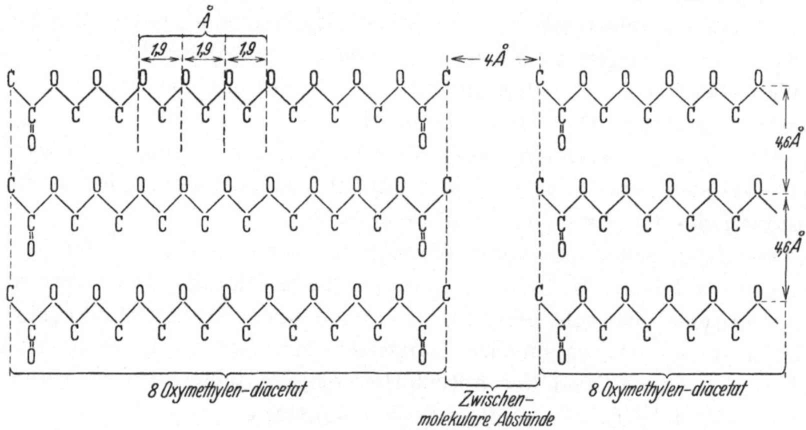

Abb. 12. Die Anordnung der Moleküle im Octooxymethylen-diacetat.

Diese Bestimmung, die genauer ist als andere Methoden, kann aber nur durchgeführt werden, wenn die Moleküle nicht zu lang sind, denn sonst versagt auch bei einheitlich langen Molekülen die röntgenographische Methode.

Das Wachstum der Krystalle solcher Verbindungen aus Lösung oder aus dem Schmelzfluß geht so vor sich, daß die gleich langen Fadenmoleküle regelmäßig nebeneinander gelagert werden. Das Wachstum ist deshalb in den beiden Richtungen senkrecht zur Molekülachse sehr stark begünstigt. Die Produkte können deshalb in Blättchen krystallisieren, wie dies von SHEARER und MÜLLER[1] bei den Fettsäuren festgestellt worden ist.

III. Über das Makromolekülgitter der hochmolekularen Polyoxymethylene.

Während bei den einheitlichen niedermolekularen Polyoxymethylenderivaten die Moleküllänge röntgenographisch festgestellt werden kann, läßt sich bei den hochmolekularen Produkten, also bei den unlöslichen Polyoxymethylenen, nur die Parallellagerung der Ketten und die kurze Periode in der Kettenrichtung erkennen. Gleiches ist bei einem Paraffingemisch im Gegensatz zum einheitlichen Pentatriacontan der Fall.

[1] SHEARER und MÜLLER: Journ. Chem. Soc. London **123**, 3156 (1923).

Die hochmolekularen Polyoxymethylene sind genau so wie das Paraffin-gemisch krystallisierte Substanzen, obwohl sie aus ungleich langen Molekülen bestehen. Die Endgruppen der langen Moleküle, die chemisch von Bedeutung sind, sind im Krystallaufbau röntgenographisch nicht mehr zu erkennen, und deshalb läßt sich die Molekülgröße auf diese Weise nicht feststellen. Die End-gruppen verhalten sich wie kleine Unregelmäßigkeiten im Gitter, wie sie auch

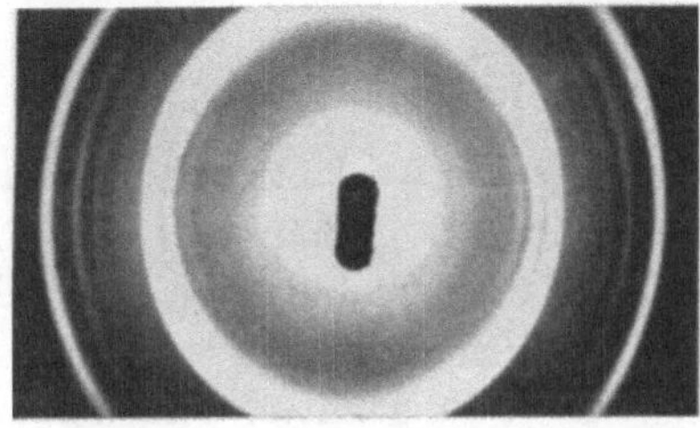
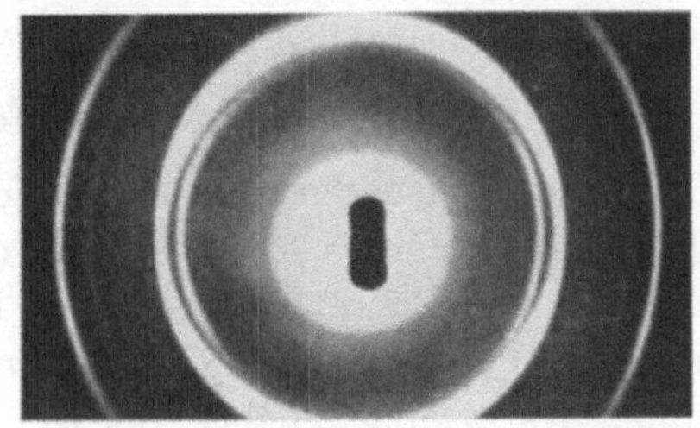

Abb. 13.   Polyoxymethylen-dihydrat.   Abb. 14.   Polyoxymethylen-dimethyläther.
(Nach Aufnahmen von J. HENGSTENBERG.)

bei anderen Krystallen vorhanden sind. Sie haben für den Krystallbau keine Bedeutung, während sie dagegen den Chemismus der Stoffe sehr wesentlich beeinflussen. So sind z. B. hochmolekulare Polyoxymethylen-dihydrate und Polyoxymethylen-dimethyläther chemisch ganz verschiedene Substanzen, geben aber dasselbe DEBYE-SCHERRER-Diagramm (vgl. Abb. 13 u. 14)[1].

Es ist also hier das interessante Ergebnis zu verzeichnen, daß die Röntgen-untersuchungen in dieser Beziehung trotz ihrer Feinheit weniger leisten können als eine chemische Untersuchung.

Der Krystallaufbau aus kleinen Elementarzellen kommt bei diesen krystalli-sierten hochpolymeren Substanzen dadurch zustande, daß schon kleine Bruch-stücke der Fadenmoleküle das Prinzip des Krystalls aufweisen, indem sie eine periodisch wiederkehrende regelmäßige Anordnung kleiner Atomgruppen zeigen.

Abb. 15.   Molekulgitter (z. B. Octo-   Abb. 16.   Makromolekulgitter (z. B. hochmolekulare
oxymethylen-diacetat).   Polyoxymethylene).

Die beiden Gittertypen kann man durch obige Zeichnungen veranschau-lichen, und zwar das Molekülgitter aus gleich langen Molekülen durch Abb. 15, ein Gitter dagegen, das aus ungleich langen, sehr großen Molekülen, also aus Makromolekülen aufgebaut ist und deshalb als Makromolekülgitter bezeichnet wird, durch Abb. 16.

---

[1] Die Abbildungen sind der Arbeit von H. STAUDINGER u. R. SIGNER: Ztschr. f. Krystallogr. **70**, 208 (1929) entnommen.

Der Krystallbau der hochmolekularen Verbindungen wie auch viele Eigenschaften derselben lassen sich leicht durch Modelle veranschaulichen[1]. Die Fadenmoleküle verschiedener Länge können durch lange dünne Holzstäbe wiedergegeben werden[2]. Ein Paket kurzer gleich langer Hölzer veranschaulicht den Krystallbau der niedermolekularen, einheitlichen Polyoxymethylen-diacetate; durch Bündel sehr langer Hölzer ungleicher Größe kann man die Bildung eines Makromolekülgitters und die Unebenheit der Oberfläche eines Krystallits demonstrieren.

IV. Bildungsarten der festen hochpolymeren Stoffe.

Die Bildung einer festen hochmolekularen Substanz verläuft verschieden, je nachdem es sich um einen löslichen oder unlöslichen Stoff handelt. Bei einem löslichen hochpolymeren Stoff liegen in Lösung Makromoleküle vor. Sie bilden sich bei der Polymerisation des Monomeren in der Lösung fertig aus. Durch Abdampfen des Lösungsmittels oder durch geeignete Fällungsmittel wird der hochpolymere Stoff ausgeschieden. Es kommt dann auf die Ausscheidungsbedingungen[3], hauptsächlich aber auf die Gestalt der Makromoleküle an, ob der gebildete feste Stoff amorph oder krystallisiert ist. Von der Größe der Moleküle hängt weiter ab, ob das feste Produkt pulverig oder faserig ausfällt. Die hemikolloiden Stoffe werden pulverig erhalten, die eukolloiden faserig oder in Form von zähen elastischen Filmen. Die Härte der festen hochmolekularen Produkte variiert ganz wesentlich mit der Molekülgröße.

Ist der hochpolymere Stoff vollständig unlöslich, wie z. B. das Cupren, das Polyacrolein, gewisse Modifikationen der Polyacrylsäure, die hochmolekularen Polyoxymethylene, die polymere Blausäure und die Cellulose, so ist anzunehmen, daß die Bildung der endgültigen Makromoleküle erst im festen Zustand erfolgt, und zwar dadurch, daß in dem sich ausbildenden festen hochpolymeren Körper neue monomere Moleküle durch Hauptvalenzbindung eingefügt werden. Genauer untersuchte Beispiele für die beiden Arten der Bildung einer hochmolekularen Substanz sind das lösliche Polystyrol und die unlösliche Polyacrylsäure. Bei dem Übergang von Styrol in Polystyrol wird das Monomere allmählich höherviscos und erstarrt schließlich zu einer Gallerte, die, wie STOBBE nachwies[4], eine Quellung von Polystyrol im Monomeren darstellt. Schließlich erhält man, wenn der Polymerisationsprozeß beendet ist, eine glasharte Masse. Ganz anders verläuft die Polymerisation von reiner Acrylsäure: die Flüssigkeit wird zuerst trüb, und es scheidet sich das Polymere als feste Masse ab, da es in der monomeren Acrylsäure unlöslich ist. Dabei können in der monomeren Acrylsäure nicht etwa zuerst größere Moleküle polymerer Säure entstanden sein, die allmählich zur Ausscheidung kommen, denn gelöste Fadenmoleküle würden eine Viscositätserhöhung der Acrylsäure hervorrufen. Aber auch wenn der Polymerisationsprozeß fortgeschritten ist, ist die neben der unlöslichen polymeren Acrylsäure noch vorhandene monomere Acrylsäure niederviscos. Sie kann also

---

[1] STAUDINGER, H.: Ztschr. f. angew. Ch. **42**, 70 (1929).

[2] Vgl. Ztschr. f. physik. Ch. **126**, 435 (1927).

[3] HABER, F.: Über die Abhängigkeit der Krystallisation von der Häufungs- und Ordnungsgeschwindigkeit. Ber. Dtsch. Chem. Ges. **55**, 1717 (1922).

[4] STOBBE, H., u. G. POSNJACK: Liebigs Ann. **371**, 259 (1909); **409**, 1 (1915).

keine langen Fadenmoleküle enthalten, denn bereits ein Gehalt von 0,01 % dieser sehr langen Moleküle würde an einer Viscositätserhöhung der Acrylsäure zu erkennen sein[1].

M. KRONSTEIN[2] hat zuerst auf diese zwei verschiedenen Arten der Polymerisation aufmerksam gemacht. Er teilt die Polymeren ein in mesomorphe und euthymorphe. Die mesomorphen Polymerisationsprozesse sind solche, bei denen der monomere Stoff allmählich viscos wird, um schließlich in den hochpolymeren Körper überzugehen. KRONSTEIN verbindet allerdings damit die unrichtige Vorstellung, daß bei der Polymerisation des Styrols Zwischenprodukte entstehen, die allmählich in das glasharte Polystyrol sich umwandeln. Dies ist nicht der Fall, sondern bei der Polymerisation des Styrols entstehen schon bei Beginn des Polymerisationsprozesses Moleküle derselben Länge wie am Ende desselben[3], nur bleibt das Polymere in dem Monomeren gelöst; infolge der Länge der auftretenden Fadenmoleküle wird aber die Lösung viscos, geht in eine hochviscose Gellösung, schließlich in eine Gallerte und endlich in das Polystyrolglas über.

Die euthymorphen Polymerisationsvorgänge sind solche, bei denen der monomere Stoff polymerisiert, ohne seine Konsistenz zu ändern, unter Ausscheidung des polymeren Körpers. Auf diese Weise bildet sich Polyacrylsäure aus Acrylsäure, Cyamelid (Polycyansäure) aus Cyansäure, polymere Blausäure aus Blausäure.

Die Konstitution dieser euthymorphen Polymerisationsprodukte ist natürlich sehr viel schwerer aufzuklären als die der mesomorphen, da sie unlöslich sind. Bei der unlöslichen Polyacrylsäure wurde die Konstitutionsaufklärung so weit durchgeführt, daß man den Nachweis für die Art der Verkettung der Grundmoleküle zu einem Fadenmolekül führen konnte; dies ist hier möglich, weil neben der unlöslichen Polyacrylsäure durch Variation der Polymerisationsbedingungen auch lösliche Polymere von geringem Durchschnittsmolekulargewicht erhalten werden können[4].

V. Die Krystallisationsfähigkeit hochpolymerer Stoffe.

Die Krystallisationsfähigkeit von löslichen hochpolymeren Verbindungen wurde zum erstenmal bei den Polyäthylenoxyden nachgewiesen. Hier zeigt die chemische Untersuchung, daß ein Gemisch von Fadenmolekülen verschiedener Länge vorliegt, deren Polymerisationsgrad zwischen 100 und 300 schwanken kann. Trotzdem scheidet sich dieses Produkt aus seiner Lösung krystallisiert aus[5].

Damit eine gelöste hochmolekulare Substanz aus der Lösung sich krystallisiert ausscheidet, kommt es also nicht darauf an, daß die Moleküle gleiche Länge haben, sondern die Krystallisationsfähigkeit hängt vom Bau dieser Fadenmoleküle ab. Sehr regelmäßig gebaute Moleküle, wie z. B. die der Paraffine und der Polyoxymethylene, ebenso Polyäthylenoxyde, ordnen sich immer gittermäßig an. Ein

---

[1] Vgl. H. STAUDINGER u. E. URECH: Helv. chim. Acta **12**, 1107 (1929). — STAUDINGER, H., u. H. W. KOHLSCHÜTTER: Ber. Dtsch. Chem. Ges. **64**, 2091 (1931).

[2] KRONSTEIN, M.: Ber. Dtsch. Chem. Ges. **35**, 4150 (1902).

[3] Unveröffentlichte Versuche von W. FROST. W. FROST hat die Polymerisation von Styrol bei 60° zu verschiedenen Zeiten unterbrochen und das Molekulargewicht der Polymeren durch Viscositätsbestimmungen festgestellt. Dabei ergab sich das oben angeführte Resultat.

[4] Vgl. Zweiter Teil, D. II. 1.

[5] STAUDINGER, H., u. O. SCHWEITZER: Ber. Dtsch. Chem. Ges. **62**, 2395 (1929). Vgl. auch Zweiter Teil, C. III. 4.

amorphes normales Paraffin[1] und ein amorphes Polyoxymethylen wurden bisher noch nicht beobachtet. Auch ein sehr hochmolekulares Polyoxymethylen (ein Eupolyoxymethylen), das ein ähnliches glasartiges Aussehen hat wie Polystyrol, ist krystallisiert[2].

Dagegen konnten Polystyrole[3], Polyvinylacetate[4] und Polyindene[5] bisher nicht in krystallisiertem Zustand erhalten werden. Die gittermäßige Anordnung der Atome in den Fadenmolekülen letzterer Stoffe ist dadurch erschwert, daß die Produkte unregelmäßig gebaute Moleküle besitzen; denn bei der Polymerisation der Äthylenderivate können eine große Zahl von Diastereoisomeren entstehen, dadurch, daß sich die Seitenketten verschiedenartig anordnen. Dies bedingt eine unregelmäßige Molekülform, und es ist verständlich, daß darum keine Krystallisation erfolgt.

Ob diese Vorstellung, daß nur Stoffe mit regelmäßig gebauten Molekülen krystallisieren, allgemeingültig ist, ist noch nicht sicher. Das Polydichloräthylen (II), bei dem keine Diastereoisomeren vorhanden sein können, ist nach Röntgenuntersuchungen auch gut krystallisiert[6]. Aber auch das Polyvinylbromid (III), das ein Gemisch von diastereoisomeren Molekülen enthalten sollte, also dessen unregelmäßig gebaute Moleküle nicht zur Krystallisation befähigt sein sollten, krystallisiert, wenn auch wesentlich schlechter als das Polydichloräthylen[7]; das Poly-trans-dichloräthylen (IV) ist dagegen nach Untersuchungen von L. EBERT entsprechend den oben entwickelten Anschauungen völlig amorph[8].

I $\cdots CH_2-O-CH_2-O-CH_2-O-CH_2-O\cdots$ Polyoxymethylene

$$\text{II} \quad \cdots CH_2-\overset{\overset{\textstyle Cl}{|}}{\underset{\underset{\textstyle Cl}{|}}{C}}-CH_2-\overset{\overset{\textstyle Cl}{|}}{\underset{\underset{\textstyle Cl}{|}}{C}}-CH_2-\overset{\overset{\textstyle Cl}{|}}{\underset{\underset{\textstyle Cl}{|}}{C}}-CH_2-\overset{\overset{\textstyle Cl}{|}}{\underset{\underset{\textstyle Cl}{|}}{C}}\cdots \left\{ \begin{array}{l}\text{Polydichloräthylen aus asym.}\\ \quad\text{Dichloräthylen}\end{array}\right.$$

Regelmäßig gebaute Fadenmoleküle: krystallisieren gut.

$$\text{III} \quad \cdots CH_2-\overset{\overset{\textstyle Br}{|}}{\underset{\underset{\textstyle H}{|}}{C}}-CH_2-\overset{\overset{\textstyle Br}{|}}{\underset{\underset{\textstyle H}{|}}{C}}-CH_2-\overset{\overset{\textstyle H}{|}}{\underset{\underset{\textstyle Br}{|}}{C}}-CH_2-\overset{\overset{\textstyle Br}{|}}{\underset{\underset{\textstyle H}{|}}{C}}\cdots \text{ Polyvinylbromid}$$

$$\text{IV} \quad \cdots \overset{\overset{\textstyle Cl}{|}}{\underset{\underset{\textstyle Cl}{|}}{CH}}-CH-\overset{\overset{\textstyle Cl}{|}}{\underset{\underset{\textstyle Cl}{|}}{CH}}-CH-CH-\overset{\overset{\textstyle Cl}{|}}{\underset{\underset{\textstyle Cl}{|}}{CH}}-\overset{\overset{\textstyle Cl}{|}}{CH}-CH\cdots \left\{ \begin{array}{l}\text{Polydichloräthylen aus}\\ \text{trans-Dichloräthylen}\end{array}\right.$$

$$\text{V} \quad \cdots CH_2-\overset{\overset{\textstyle C_6H_5}{|}}{\underset{\underset{\textstyle H}{|}}{C}}-CH_2-\overset{\overset{\textstyle C_6H_5}{|}}{\underset{\underset{\textstyle H}{|}}{C}}-CH_2-\overset{\overset{\textstyle H}{|}}{\underset{\underset{\textstyle C_6H_5}{|}}{C}}-CH_2-\overset{\overset{\textstyle C_6H_5}{|}}{\underset{\underset{\textstyle H}{|}}{C}}\cdots \text{ Polystyrol}$$

Unregelmäßig gebaute Fadenmoleküle: krystallisieren nicht oder schlecht.

---

[1] Das Reduktionsprodukt des Butadienkautschuks sollte ein hochmolekulares Paraffin und als solches schwer löslich und krystallisiert sein. Es wurde aber ein amorphes lösliches Produkt erhalten, das kein normales Paraffin ist; denn der Butadienkautschuk besitzt nicht den regelmäßigen Bau der Moleküle wie der Naturkautschuk.

[2] Vgl. Zweiter Teil, B. IV. 5.   [3] Vgl. Zweiter Teil, A. II. 4.

[4] STAUDINGER, H., u. A. SCHWALBACH: Liebigs Ann. **488**, 8 (1931).

[5] Helv. chim. Acta **12**, 934 (1929).

[6] Nach Untersuchungen von E. SAUTER, vgl. Helv. chim. Acta **13**, 832 (1930).

[7] Nach Röntgenaufnahmen von E. SAUTER.

[8] Nach freundlicher Privatmitteilung von Herrn Prof. L. EBERT, Würzburg; cis-Dichloräthylen krystallisiert nicht.

Krystallisationsfähigkeit hochpolymerer Stoffe [Erster Teil, F. V.]. 115

Auffallend ist der Unterschied in der Krystallisationsfähigkeit zwischen Kautschuk einerseits und Balata und Guttapercha andererseits; die beiden letzteren Kohlenwasserstoffe sind identisch[1]. Guttapercha und Balata scheiden sich aus ihren Lösungen krystallisiert ab[2] und können durch Abkühlen konzentrierter Lösungen umkrystallisiert werden, während Kautschuk sich amorph ausscheidet. Die Bindungsart der Grundmoleküle in den Guttapercha-, Balata- und Kautschukmolekülen ist nach den chemischen Untersuchungen die gleiche: beim Ozonabbau werden die gleichen Spaltstücke erhalten, und die Hydrierungsprodukte — Hydrokautschuk, Hydrobalata und Hydroguttapercha — lassen keine Unterschiede erkennen[3]. Die Viscositätsuntersuchungen ergeben, daß alle diese Stoffe aus langgestreckten Fadenmolekülen bestehen, denn die K_m-Konstanten für die hemikolloiden Abbauprodukte von Kautschuk, Balata und Guttapercha sind die gleichen[4]. Die Unterschiede zwischen Kautschuk und Balata können auch nicht darauf beruhen, daß Balata etwas kürzere Moleküle hat wie Kautschuk, denn dann müßte man beim Abbau des Kautschuks balataähnliche Produkte erhalten[5]. Der Unterschied beider Stoffe ist auf eine Stereoisomerie zurückzuführen, und zwar wurde für Balata die cis-Form, für Kautschuk die trans-Form vorgeschlagen[6], weil bei der cis-Form sich die Kohlenstoffatome regelmäßiger anordnen lassen als bei der trans-Form[7].

```
              H₃C    H       H₃C    H       H₃C    H       H₃C
cis-Form         \C=C/          \C=C/          \C=C/          \C=
              -CH₂   CH₂—CH₂    CH₂—CH₂    CH₂—CH₂

              H₃C    CH₂—CH₂    H       H₃C    CH₂—CH₂    C=
trans-Form       \C=C          \C=C/          \C=C
              -CH₂   H       H₃C    CH₂—CH₂    H       H₃C
```

Beim Kautschuk tritt nach den Beobachtungen von J. R. Katz beim Dehnen Krystallisation ein[8]. Eine Erklärung dieses Phänomens, das viel diskutiert worden ist, soll hier nicht gegeben werden[9].

---

[1] Ob diese Kohlenwasserstoffe genau die gleiche Moleküllänge besitzen, ist noch nicht untersucht. Beide Kohlenwasserstoffe zeigen aber den gleichen Krystallbau, vgl. E. A. Hauser u. G. v. Susich: Kautschuk **1931**, 120.

[2] Kirchhof, F.: Kautschuk **1929**, 175. — Staudinger, H., u. H. F. Bondy: Ber. Dtsch. Chem. Ges. **63**, 726 (1930).

[3] Staudinger, H., E. Geiger, E. Huber, W. Schaal u. A. Schwalbach: Helv. chim. Acta **13**, 1334 (1930).

[4] Staudinger, H., u. H. F. Bondy: Ber. Dtsch. Chem. Ges. **63**, 734 (1930).

[5] Es wurde früher erwogen, ob der Unterschied in der Krystallisationsfähigkeit zwischen Kautschuk und Balata darauf beruht, daß Balata Fadenmoleküle besitzt, während die Moleküle des Kautschuks hochmolekulare Ringe darstellen, vgl. H. Staudinger u. R. Signer: Ztschr. f. Krystallogr. **70**, 205 (1929). Diese älteren Annahmen sind aber unrichtig. Der Unterschied zwischen Balata und Kautschuk beruht auf einer Stereoisomerie dieser beiden Produkte.

[6] Staudinger, H.: Ber. Dtsch. Chem. Ges. **63**, 927 (1930). Auf die Möglichkeit der Stereoisomerie machte in einer Diskussion 1926 A. Haanen aufmerksam.

[7] K. H. Meyer u. H. Mark: Der Aufbau der hochpolymeren organischen Naturstoffe, S. 205, Leipzig 1930, kamen zu der umgekehrten Auffassung und begründeten dies durch einen Vergleich mit niedermolekularen cis-trans-Isomeren. Bei niedermolekularen Stoffen schmilzt die trans-Modifikation höher als die cis-Modifikation. Deshalb sollte auch die höherschmelzende Balata die trans-Form besitzen. Es ist aber möglich, daß diese Regel nur auf niedermolekulare Stoffe beschränkt ist und für höhermolekulare keine Gültigkeit mehr hat, z. B. ist es möglich, daß Ölsäure die trans-Form und Elaidinsäure die cis-Form ist. Vgl. dazu H. Staudinger u. E. Ochiai: Ztschr. f. physik. Ch. (A) **158**, 49 (1931).

[8] Katz, J. R., u. K. Bing: Ztschr. f. angew. Ch. **38**, 439 (1925).

[9] Vgl. dazu M. Kröger u. M. Le Blanc: Ergebn. d. angew. physikal. Chem. **1**, 289 (1931).

VI. Die Krystallisation gelöster hochmolekularer Verbindungen.

Die krystallisierten Gebilde, die sich aus Lösungen hochmolekularer Stoffe ausscheiden, wie die krystallisierte Balata, die Polyäthylenoxyde und die Polyoxymethylene[1], sind nicht aus einheitlich langen Molekülen aufgebaut, sondern aus solchen verschiedener Länge; deshalb können sich hier nicht, wie bei Stoffen aus gleich langen Molekülen, ebene Begrenzungsflächen der Krystalle ausbilden, sondern einzelne Makromoleküle werden über die Oberfläche herausragen, andere werden zu kurz sein. Mit dieser Unregelmäßigkeit der Oberfläche bringen wir die starken Absorptionskräfte in Zusammenhang, die man bei diesen Stoffen beobachtet. Solche Gebilde sind vielleicht die Krystallite der Cellulose, die von NÄGELI als Micell[2] bezeichnet wurden. Wir schlagen vor, als Krystallite in Zukunft nur solche krystallisierte Gebilde zu bezeichnen, die sich aus Makromolekülen aufbauen. Krystalle bilden sich aus Molekülen einheitlicher Größe, gleichgültig, ob diese klein oder groß sind.

Bei den Polyoxymethylen-diacetaten und -dimethyläthern vom Polymerisationsgrad 8—20 kann man die Krystallisation von Polymeren mit einheitlichen Molekülen sowie von Gemischen Polymerhomologer verfolgen.

Die Größe der Krystalle bei der Krystallisation von Polyoxymethylen-diacetaten wurde von J. HENGSTENBERG[3] und R. SIGNER[4] untersucht, mit dem Ergebnis, daß mit zunehmender Molekülgröße deren Dimensionen abnehmen (s. Tabelle 42). Je länger die Moleküle sind, die sich in einer Lösung befinden,

Tabelle 42.
Tabelle der Krystallgröße[3] der einzelnen Polyoxymethylen-diacetate.

Anzahl der CH_2O-Gruppen des Polymeren	8	9	10	12	14	17	19
Ungefähre Krystallgröße in μ	70	50	25	15	10	2	1
Anzahl der Moleküle im Krystall	$9 \cdot 10^{14}$	$3 \cdot 10^{14}$	$3 \cdot 10^{13}$	$5 \cdot 10^{12}$	$2 \cdot 10^{12}$	$1 \cdot 10^{10}$	$1 \cdot 10^9$

desto kleiner sind die sich abscheidenden Krystalle, und zwar einmal infolge der geringeren Beweglichkeit größerer Moleküle im Vergleich zu kleineren, ferner weil die Krystallkeime, die durch Zusammenlagern von wenigen Molekülen entstehen, infolge der größeren Gitterkräfte um so beständiger sind, je größer diese Moleküle sind. So entstehen mit wachsender Moleküllänge des auskrystallisierenden Stoffes zahlreichere, aber kleinere Krystalle.

Noch viel deutlicher wird der Unterschied in der Krystallisationstendenz verschieden langer Moleküle, wenn man die Zahl der in den Krystallen vorhandenen Moleküle berechnet. Unter der einfachsten Annahme, daß die Krystalle kubische Teilchen sind, ist nach vorstehender Tabelle die Zahl der Moleküle im Krystall des 19-Oxymethylen-diacetats ungefähr 10^6 mal kleiner als die Anzahl der Moleküle im 8-Oxymethylen-diacetatkrystall.

---

[1] Vgl. Zweiter Teil, B. II. 5.

[2] Die Micellen NÄGELIs haben einen anderen Aufbau als die Seifenmicellen und dürfen mit diesen nicht verwechselt werden.

[3] HENGSTENBERG, J.: Ann. der Physik (IV) **84**, 245 (1927).

[4] SIGNER, R.: Liebigs Ann. **474**, 187 (1929).

Hat man ein Gemisch der verschiedenen Polyoxymethylen-diacetate in Lösung und läßt dieses krystallisieren, so ist es wahrscheinlich, daß nur Moleküle annähernd gleicher Länge zu einem Krystall zusammentreten, so daß nach der Krystallisation ein Gemisch von Krystallen verschiedener Größe vorhanden ist. Beim Abkühlen werden zuerst die großen Moleküle zu Krystallen zusammentreten und erst dann die kleineren; denn sonst wäre es nicht möglich, Gemische der Polyoxymethylen-diacetate zu trennen.

Die Wachstumsbedingungen eines Krystalls sind in Lösungen solcher Gemische nicht so günstig wie bei reinen Substanzen. Deshalb kommt es zur Ausscheidung immer kleinerer Krystalle, je mehr verschiedene Polyoxymethylendiacetatmoleküle in der Lösung vorliegen. Bei einer sehr großen Zahl von Polymerhomologen bilden sich bei der Krystallisation aus Lösung Krystalle von Kolloiddimensionen mit der für solche Systeme charakteristischen Fähigkeit der Adsorption des Lösungsmittels. Man hat in diesem Fall den Eindruck der Ausscheidung einer kolloiden Substanz. Lösungsmittel und ausgeschiedene Substanz bilden eine nicht filtrierbare Gallerte. Je weiter das polymerhomologe Gemisch in einheitliche Substanzen getrennt wird, um so pulveriger wird die Ausscheidung, da die Krystallgröße zunimmt. Krystallisiert man statt der relativ niedermolekularen Polyoxymethylenderivate vom Polymerisationsgrad 10—20 den 100-Oxymethylen-dimethyläther um, so ist bei den geringen Löslichkeitsunterschieden benachbarter Polymerhomologer die Bildung einheitlicher Krystalle unmöglich: an einen Krystallkeim werden sich nicht nur Moleküle genau der gleichen Länge anlagern, sondern auch andere ähnlicher Größe; so entstehen Krystallite mit unregelmäßiger Oberfläche und starkem Adsorptionsvermögen. Da das Krystallwachstum hier ähnlich wie bei der Bildung der Seifenmicellen[1] einseitig begünstigt ist, so sind diese Krystallite langgestreckt. Die langen Moleküle stehen quer[2] zum Längsdurchmesser des Krystallits und nicht parallel dazu, wie dies in den natürlichen Fasern der Fall ist.

VII. Amorphe, hochmolekulare, lösliche Produkte.

Die Bildung von festen amorphen Massen aus Lösung, sei es durch Eindampfen derselben, sei es durch Ausscheidung infolge Zusatz von Fällungsmitteln, erfolgt prinzipiell nicht anders wie die Bildung von krystallisierten hochmolekularen Produkten. Die langen Fadenmoleküle, die sich in Lösung befinden, lagern sich parallel, und es hängt lediglich, wie schon gesagt, vom Bau der Fadenmoleküle ab, ob die Bildung eines Krystallgitters erfolgt oder nicht, nicht dagegen von der Einheitlichkeit dieser Produkte. In den amorphen Substanzen, z. B. den amorphen Polystyrolen, sind also die Moleküle nicht völlig ungeordnet, sondern parallel gelagert; auch in flüssigen organischen Stoffen, die kurze Fadenmoleküle enthalten, z. B. in den normalen Alkoholen, ist eine solche Parallellagerung der Moleküle in der Flüssigkeit durch die Arbeiten von G. W. STEWART und J. R. KATZ[3] nachgewiesen worden. Für eine derartige An-

---

[1] LAWRENCE, A. S. C.: Kolloid-Ztschr. **50**, 12 (1930). — THIESSEN, P. A., u. R. SPYCHALSKI: Ztschr. f. physik. Ch. (A), **156**, 435 (1931).

[2] Vgl. Zweiter Teil, B. II. 5.

[3] STEWART, G. W.: Chem. Zentralblatt **1928 I**, 639; **1928 II**, 1740. — KATZ, J. R.: Ztschr. f. physik. Ch. **45**, 97 (1927) — Chem. Zentralblatt **1928 I**, 154.

ordnung der langen Moleküle im amorphen Zustand spricht schon die Tatsache, daß der Unterschied der spez. Gewichte des amorphen und des krystallisierten Stoffes nicht sehr groß ist, wie z. B. beim Kautschuk. Der amorphe Kautschuk hat das spez. Gewicht ca. 0,92 [*]; das des krystallisierten, gedehnten Kautschuks ist nach FEUCHTER 0,953 [**]. Bei einer völlig regellosen Lagerung der Moleküle im amorphen Zustand müßten sehr große zwischenmolekulare Lücken vorhanden sein und daher sich ein relativ kleines spez. Gewicht ergeben.

Der amorphe Zustand dieser hochmolekularen Stoffe ist also nicht prinzipiell von dem krystallisierten unterschieden, da auch hier eine gewisse Anordnung der Moleküle vorhanden ist und nur die gittermäßige Ordnung der Atome fehlt. Die amorphen Polystyrole sind also wie die krystallisierten Körper als feste Stoffe anzusprechen, da die langen Fadenmoleküle infolge der starken zwischenmolekularen Kräfte im amorphen Stoff fast geradeso unbeweglich sind wie im krystallisierten. Diese amorphen Stoffe sind also keinesfalls Flüssigkeiten von besonders hoher Viscosität, wie man häufig angenommen hat. In einer polymerhomologen Reihe, z. B. bei den Polystyrolen und Polyindenen, wird die Verflüssigungstemperatur mit zunehmendem Polymerisationsgrad immer höher, denn mit zunehmender Molekülgröße wird die Beweglichkeit der Moleküle immer geringer. So sind die niederen Glieder der Reihe der polymerhomologen Polystyrole hochviscose Flüssigkeiten, die höheren feste amorphe Produkte. Dieser Übergang von Flüssigkeiten in amorphe, feste Körper mit zunehmender Kettenlänge kann gerade in dieser Reihe gut verfolgt werden[1].

Da alle diese Stoffe aus Gemischen von Polymerhomologen zusammengesetzt sind, so ist der Temperaturpunkt, bei dem die zwischenmolekularen Kräfte derart gelockert sind, daß die Moleküle beweglich werden, nicht scharf. Denn bei den kleineren Molekülen sind die zwischenmolekularen Kräfte geringer als bei den großen, und deshalb verflüssigen sich diese Gemische nicht bei einer ganz bestimmten Temperatur wie die festen Stoffe, die aus einheitlich großen Molekülen aufgebaut sind, sondern in einem Intervall[2].

VIII. Die Krystallisation von unlöslichen hochmolekularen Verbindungen.

Auch völlig unlösliche Stoffe können krystallisiert sein. Hierher gehört die krystallisierte Cellulose. Ein Verständnis der Bildung derselben können die Polyoxymethylene vermitteln.

Zum Studium der Krystallisation hochmolekularer unlöslicher Substanzen kann speziell die Bildung des β-Polyoxymethylens dienen, da dessen Konstitution in chemischer Hinsicht aufgeklärt ist. Es ist ein sehr hochmolekulares Polyoxymethylen-dihydrat. Dieser Stoff ist von AUERBACH und BARSCHALL[3] in gut ausgebildeten hexagonalen Prismen erhalten worden. O. SCHWEITZER[4]

---

[*] MACALLUM u. WHITBY: Chem. Zentralblatt **1925 I**, 1295. — STAUDINGER, H., u. E. GEIGER: Kautschuk **1925**, Septemberheft, 9.

[**] Kautschuk **1925**, 35.

[1] Vgl. S. 163.

[2] Wir bezeichnen diesen Vorgang des Überganges eines festen amorphen Körpers in eine Flüssigkeit als Verflüssigung und nicht als Schmelzen, um ihn vom Schmelzen der Krystalle zu unterscheiden.

[3] AUERBACH, F., u. H. BARSCHALL: Arbb. Kais. Gesundh.-Amt **27**, 183 (1907).

[4] Vgl. O. SCHWEITZER: Inaug.-Diss. Freiburg i. Br. 1930.

hat durch sehr langsame Krystallisation hexagonale Prismen, wie sie Abb. 17 zeigt, hergestellt[1]. Die langen Fadenmoleküle, die den Krystall aufbauen, entstehen nicht primär in Lösung und scheiden sich dann ab, sondern in Lösung befinden sich Moleküle des monomeren Formaldehyds. Mit der Bindung dieser Formaldehydmoleküle im Polyoxymethylenkrystall tritt in einer Richtung eine Verknüpfung der Atome durch normale Co-Valenzen unter Bildung eines Fadenmoleküls ein. In den beiden dazu senkrechten Richtungen erfolgt die Bindung durch Molekülgitterkräfte.

Ob ein einziges Makromolekül den ganzen Krystall von einer Basisfläche zur anderen durchzieht oder ob die Länge der Krystalle mehreren kürzeren Makromolekülen entspricht, läßt sich hier weder chemisch noch röntgenographisch entscheiden, weil die Zahl der Endgruppen so gering ist, daß sie sich dem genauen Nachweis entzieht.

Die in Abb. 17 abgebildeten Krystalle haben eine Größe von etwa 0,05 mm*. Wenn die Polyoxymethylenmoleküle als Fäden den ganzen Krystall durchziehen, so müßten der Größenordnung nach 10^5 Formaldehydgruppen durch normale Co-Valenzen zu einem großen Molekül gebunden sein. Die Endgruppen, nämlich die Hydroxylgruppen, wären in diesem Fall auf der Oberfläche angeordnet.

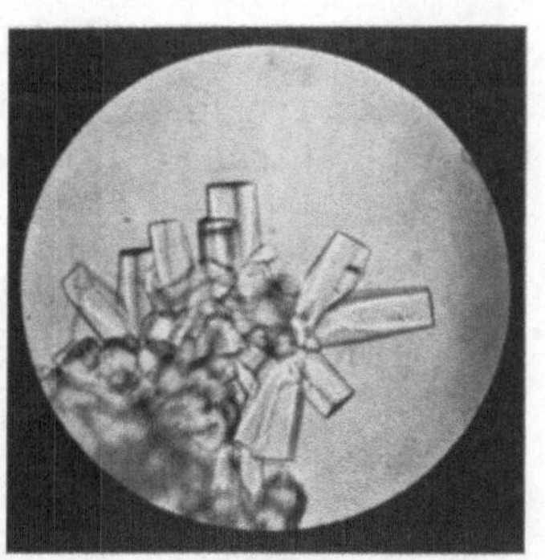

Abb. 17.
Krystalle des β-Polyoxymethylens.

Diese Hypothese über die Länge der Moleküle in den Krystallen ist nach dem physikalischen und chemischen Verhalten des β-Polyoxymethylens nicht wahrscheinlich. Man weiß aus zahlreichen Erfahrungen bei anderen Stoffen, daß sehr hochmolekulare Produkte sich nicht pulverisieren lassen, sondern sehr zäh sind. In der Tat ist auch das Eupolyoxymethylen, das durch Polymerisation von flüssigem Formaldehyd erhalten wird[2], hart und zäh. Da das β-Polyoxymethylen leicht pulverisierbar ist, sich also wie ein Hemikolloid verhält, sollten in ihm nur Ketten vom Polymerisationsgrad 100—150 vorhanden sein.

Für eine geringe Molekülgröße sprechen auch die chemischen Eigenschaften. Die β-Polyoxymethylenkrystalle werden rasch von Laugen gelöst und beim Kochen mit heißem Wasser angegriffen. Der Abbau der Polyoxymethylenkette erfolgt dabei nur an den endständigen Hydroxylgruppen. Wenn das β-Polyoxymethylen aus sehr langen Fadenmolekülen aufgebaut wäre, so müßte es bei der geringen Zahl der Angriffsstellen nur sehr langsam reagieren. Der rasche Abbau des β-Polyoxymethylens läßt darauf schließen, daß die regelmäßigen β-Polyoxymethylenkrystalle nicht aus sehr langen, den Krystall durchziehenden Fadenmolekülen aufgebaut sind, sondern aus kürzeren Ketten.

---

[1] Vgl. dazu auch H. W. KOHLSCHÜTTER: Zur Morphologie hochmolekularer Stoffe. Liebigs Ann. **482**, 75 (1930); **484**, 155 (1930).

* An solchen Krystallen wurden von E. SAUTER Drehkrystallaufnahmen gemacht und dadurch die Richtigkeit der von J. HENGSTENBERG durchgeführten Indizierung des Polyoxymethylendiagramms bestätigt.

[2] Vgl. Zweiter Teil, F. IV. 3a.

Der regelmäßige Bau der Krystalle kommt dabei dadurch zustande, daß das Krystallwachstum durch Anlagerung von Einzelmolekülen aus Lösung vor sich geht, also ähnlich erfolgt wie das Wachstum eines Kochsalzkrystalls, allerdings mit dem wesentlichen Unterschied, daß mit dem Krystallwachstum die Bildung der polymeren Moleküle eintritt. Wenn bei dieser Molekülbildung Teile davon über die Krystalloberfläche herausragen, so werden diese abgebaut. An der Oberfläche des Krystalls gehen also Polymerisations- und Entpolymerisationsprozesse vor sich, erstere durch Einbauen, letztere durch Ablösen von Formaldehydmolekülen.

Eine ganz ähnliche Bildung der Krystallite kann man auch bei der Cellulose annehmen: auch dort wachsen die Cellulosefäden dadurch, daß Glykosemoleküle in das Krystallgitter eingelagert werden, derart, daß gleichzeitig eine Bindung des Glykoserestes durch normale Co-Valenzen erfolgt, so daß ein Fadenmolekül entsteht. Das Krystallwachstum geht also auch hier mit dem Wachstum der Makromoleküle Hand in Hand[1].

IX. Die Bildung der Polyoxymethylenfaser.

Durch einen ganz ähnlichen Vorgang wie die Bildung des β-Polyoxymethylenkrystalls in Lösung findet auch die Bildung des krystallisierten Polyoxymethylens aus Formaldehydgas statt. Aus feuchtem Formaldehydgas entstehen krystallisierte Polyoxymethylenderivate derart, daß sich Formaldehydmoleküle im

Abb. 18. Polyoxymethylenfasern.
Vergr. 10fach.

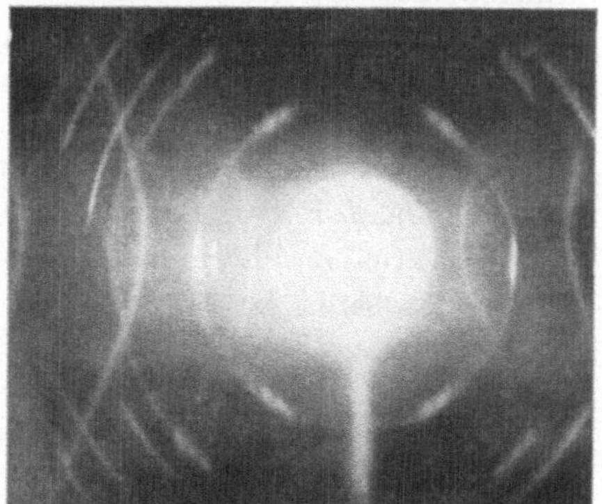

Abb. 19. Diagramm der Polyoxymethylenfaser.
Aufnahme von J. HENGSTENBERG.

Dampfzustand an Krystallkeime von Polyoxymethylen-dihydrat anlagern; so entstehen Krystalle, indem die Formaldehydgruppen sich gleichzeitig ins Gitter und durch Co-Valenzen in die Polyoxymethylenketten einlagern. Meistens erfolgt dabei die Bildung zahlreicher kleiner Krystalle, so daß man von solchen Produkten nur ein DEBYE-SCHERRER-Diagramm erhält. Unter besonderen Bedingungen gelingt es aber auch, dieses Polyoxymethylen in Form von Fasern zu

---

[1] STAUDINGER, H., u. R. SIGNER: Liebigs Ann. **474**, 267 (1929).

erhalten (Abb. 18)[1]; diese Fasern geben, wie die Cellulosefaser, bei der Röntgen-untersuchung ein Faserdiagramm (Abb. 19)[1]. Es ist das die erste, aus kleinen Bausteinen synthetisch hergestellte organische Faser.

Danach sind hier einzelne Krystallite parallel zu einer Faserachse angeordnet. Die Polyoxymethylenfasern wurden von H. W. KOHLSCHÜTTER genauer untersucht, der zu dem auffallenden Ergebnis kam, daß ihre Bildung mit dem Entstehen von Trioxymethylen, welches in langen Nadeln krystallisiert, verknüpft ist[2].

X. Ein-, zwei-, dreidimensionale Makromolekülgitter.

Wie früher ausgeführt[3], müssen in konsequenter Anwendung des Molekül-begriffs nicht nur solche Gebilde als Makromoleküle bezeichnet werden, bei denen sehr viele Atome in einer Dimension durch normale Co-Valenzen gebunden sind, sondern auch solche Moleküle, bei denen die Bindung der Atome durch normale Co-Valenzen in zwei oder drei Dimensionen erfolgt ist. Man kann also von ein-dimensionalen Molekülen oder Fadenmolekülen, von zweidimensionalen oder Flächenmolekülen und dreidimensionalen oder Raummolekülen sprechen. Ein-dimensionale Makromoleküle sind als Bausteine von hochpolymeren Substanzen in großer Zahl bekannt, zweidimensionale Makromoleküle[4] weniger, dagegen ent-halten sehr viele unlösliche Verbindungen dreidimensionale Makromoleküle. Die meisten Stoffe mit dreidimensionalen Molekülen sind amorph, da die gittermäßige Anordnung der Atome um so mehr erschwert ist, je komplizierter die Moleküle sind.

Krystallisierte organische Stoffe mit zwei- und dreidimensionalen Makro-molekülen sind bisher nur im Graphit und im Diamant bekannt. Vom Graphit sagt P. P. EWALD[5]: „Im Graphit ist die Verbindung der Basisebenen so gering, daß nicht viel daran fehlt, daß der Graphit in ein Haufwerk von zweidimensionalen Krystallen zerfällt." Die Bindungen der Kohlenstoffatome im Graphit entsprechen in zwei Richtungen den Co-Valenzgitterkräften, in der dritten Richtung den Molekülgitterkräften. Beim Diamant sind die Kohlenstoffatome in drei Rich-tungen durch Co-Valenzgitterkräfte gebunden.

Es sind also drei Typen von Makromolekülgittern möglich: eindimensionale Makromolekülgitter, wie sie in den Paraffinen, den Polyoxymethylenen, der Cellu-lose und dem krystallisierten Kautschuk vorliegen, ein zweidimensionales Makro-molekülgitter im Graphit, ein dreidimensionales Makromolekülgitter im Diamant[6].

XI. Elastizität fester hochmolekularer Stoffe.

Um die Elastizität des Kautschuks zu erklären, haben verschiedene Forscher die Annahme gemacht, daß seine langen Moleküle Spiralen darstellen, und zwar sei die Spiralform des Moleküls durch die Doppelbindungen begünstigt, da sich

---

[1] Entnommen der Arbeit von H. STAUDINGER u. R. SIGNER: Ztschr. f. Krystallogr. 70, 193 (1929).

[2] KOHLSCHÜTTER, H. W.: Liebigs Ann. 482, 75 (1930). — KOHLSCHÜTTER, H. W., u. L. SPRENGER: Ztschr. f. physik. Ch. (B) 16, 284 (1932).

[3] Vgl. Erster Teil, A. VII.

[4] Die Siloxene von H. KAUTSKY können als zweidimensionale Makromoleküle bezeichnet werden.

[5] EWALD, P. P.: Krystalle und Röntgenstrahlen, S. 136. Berlin 1923.

[6] Vgl. WEISSENBERG: Ber. Dtsch. Chem. Ges. 59, 1526 (1926) — Ztschr. f. physik. Ch. 139, 529 (1928) über Mikroketten, Mikronetz und Mikroraumbausteine.

bei dieser Anordnung die Nebenvalenzen dieser Doppelbindungen absättigen können. Auf der Dehnbarkeit solcher Spiralen soll die Elastizität des Kautschuks beruhen. Diese Anordnung der Atome im Molekül konnte scheinbar auch erklären, warum die Krystallisation des Kautschuks beim Dehnen erfolgt: denn erst wenn die Moleküle aus der Spiralform durch Zug in die gestreckte Form gebracht werden, sollte eine gittermäßige Anordnung der Atome möglich sein[1] (vgl. Abb. 20).

Diese Auffassung schien dadurch experimentell gestützt, daß die elastischen Eigenschaften des Kautschuks verschwinden, wenn man seine Doppelbindungen aufhebt. Kautschukhalogenide, ebenso Hydrokautschuke sind nicht elastisch[2].

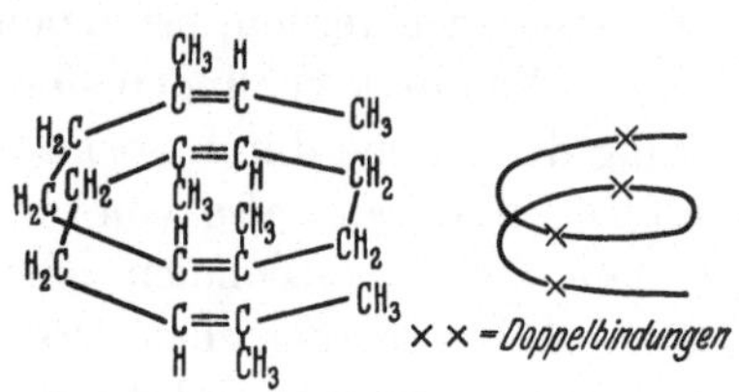

Abb. 20. Schema eines Rohkautschukmoleküls. [Nach F. KIRCHHOF: Kautschuk **6**, 31 (1930).]

Es stellte sich jedoch heraus, daß es sich bei diesen Hydrokautschuken um Hemikolloide, also stark abgebaute Produkte vom Durchschnittsmolekulargewicht 2000—10000 handelte, während der Kautschuk selbst ein Molekulargewicht von über 100000 besitzt[3]. Hochmolekulare Hydrokautschuke vom Durchschnittsmolekulargewicht 30000 sind schon etwas elastisch, wenn auch nicht in dem Maße wie Kautschuk selbst[4].

Aber auch eine große Reihe anderer Beobachtungen spricht dagegen, daß die Elastizität des Kautschuks mit einer Spiralform der Moleküle in Zusammenhang steht, so vor allem die Viscositätsuntersuchungen; nach diesen müssen die Moleküle des Kautschuks und der Balata so wie die der Paraffine langgestreckte Fadenmoleküle sein. Denn bei den Polyprenen besteht derselbe Zusammenhang zwischen Viscosität und Molekulargewicht wie bei Paraffinen. Weiter treten elastische Eigenschaften auch bei anderen Hochpolymeren auf, deren Moleküle keine Doppelbindungen besitzen. Es wird z. B. das hochmolekulare gesättigte Polystyrol, das in der Kälte ein hartes zähes Glas darstellt, beim Erwärmen auf 100—120° elastisch[5]. Das bei Zimmertemperatur harte Polystyrol ist also mit einem auf tiefe Temperatur gekühlten Kautschuk zu vergleichen, der dann ebenfalls sehr hart und spröde ist. Das polymere Styrol wird durch geringe Zusätze von monomerem schon bei gewöhnlicher Temperatur elastisch. Den gleichen Effekt bewirken auch andere Quellungsmittel, z. B. Tetralin.

Man gewinnt aus diesen Versuchen den Eindruck, daß nicht die reinen Stoffe elastisch sind, sondern nur Gemische, z. B. Gemische von Polymerhomologen. Es gehört weiter eine bestimmte Mindesttemperatur dazu, um einen Stoff elastisch werden zu lassen. Für die Elastizität[6] ist endlich ein Aufbau der Stoffe aus Makro-

---

[1] Vgl. F. KIRCHHOF: Kolloid-Ztschr. **30**, 176 (1922). — MEYER, K. H., u. H. MARK: Ber. Dtsch. Chem. Ges. **61**, 1944 (1928). — FIKENTSCHER, H., u. H. MARK: Kautschuk **1930**, 2. — Ferner F. KIRCHHOF: Kautschuk **1930**, 31.

[2] STAUDINGER, H., u. J. FRITSCHI: Helv. chim. Acta **5**, 789 (1922). — Vgl. ferner K. H. MEYER u. H. MARK: Der Aufbau der hochpolymeren organischen Naturstoffe, S. 1. Leipzig 1930.

[3] STAUDINGER, H.: Helv. chim. Acta **13**, 1324 (1930).

[4] STAUDINGER, H., u. W. FEISST: Helv. chim. Acta **13**, 1361 (1930).

[5] STAUDINGER, H.: Ber. Dtsch. Chem. Ges. **59**, 3036 (1926).

[6] Vgl. H. STAUDINGER: Ber. Dtsch. Chem. Ges. **63**, 929 (1930); ferner die ähnlichen Ausführungen K. H. MEYERS: Kolloid-Ztschr. **49**, 212 (1932).

molekülen wichtig. Bei tiefer Temperatur sind die intermolekularen Kräfte zwischen den Makromolekülen so groß, daß die Produkte starr sind und gewöhnlichen festen Körpern gleichen. Bei Erhöhung der Temperatur auf einen bestimmten Punkt werden die zwischenmolekularen Kräfte so weit überwunden, daß die Moleküle beweglich werden; deshalb erhalten die Produkte elastische Eigenschaften, wie sie in wenig Lösungsmittel quellenden, hochmolekularen Stoffen eigentümlich sind.

Die Versuche am synthetischen Material zeigen weiter, daß ein Zusammenhang zwischen Elastizität und Molekülgröße besteht. In der polymerhomologen Reihe der Polystyrole nehmen die elastischen Eigenschaften mit zunehmender Molekülgröße zu[1]. Auch beim Polyoxymethylen macht man dieselbe Erfahrung: ein sehr hochmolekulares Polyoxymethylen, das Eupolyoxymethylen, ist in der Wärme elastisch, während α-, β- und γ-Polyoxymethylen, die hemikolloiden Charakter haben, nicht elastisch sind[2].

Nach den bisherigen Beobachtungen bedingen also die Doppelbindungen in den Kautschukmolekülen nicht seine Elastizität; vielmehr besitzen viele hochmolekulare Substanzen Elastizität, allerdings nur in bestimmten Temperaturintervallen.

G. Die Natur der kolloiden Lösungen.

I. Frühere Auffassungen.

Die am meisten in die Augen fallende Eigenschaft hochmolekularer Stoffe ist die Viscosität ihrer Lösungen, die schon in niederprozentiger Lösung außerordentlich hoch sein kann. 1—2proz. Kautschuklösungen in Benzol besitzen eine relative Viscosität von etwa 100 und mehr, sind also 100mal so viscos wie das Lösungsmittel, während gleichkonzentrierte Lösungen von niedermolekularen Terpenen in Benzol fast die gleiche Viscosität wie das Lösungsmittel haben. Ebenso zeichnen sich 1—2proz. Lösungen von Celluloseacetaten in m-Kresol und solche von Cellulose in SCHWEIZERS Reagens durch eine enorm hohe Viscosität aus.

In der Kolloidliteratur finden sich die verschiedensten Annahmen, um diese hohe Viscosität der Lösungen zu erklären. Dabei ging man in der Regel von dem Gedankengang von A. EINSTEIN aus, der festgestellt hatte, daß die Raumbeanspruchung z. B. eines Moleküls des Zuckers in Lösung größer ist als im Krystall. Er kommt dabei zu der Annahme[3], „daß das in Lösung befindliche Zuckermolekül die Beweglichkeit des unmittelbar angrenzenden Wassers hemme, so daß ein Quantum Wasser, dessen Volumen ungefähr das Dreifache[4] des Volumens des Zuckermoleküls ist, an das Zuckermolekül gekettet ist".

Auf Grund der EINSTEINschen Beobachtung kam man dann bei hochmolekularen Stoffen zu der Vorstellung, daß die gelösten Teilchen eine besonders starke Raumbeanspruchung haben müssen, und führte die hohe Viscosität der

---

[1] STAUDINGER, H., u. H. MACHEMER: Ber. Dtsch. Chem. Ges. **62**, 2922 (1929).
[2] Vgl. Zweiter Teil, B. IV. 4.
[3] EINSTEIN, A.: Ann. der Physik **19**, 289 (1906). Zitiert von S. 301.
[4] Später korrigiert zu $^5/_3$. — EINSTEIN, A.: Ann. der Physik **34**, 591 (1911) — Kolloid-Ztschr. **27**, 137 (1920).

Lösung darauf zurück[1]. Da weiter bei Ionen eine starke Bindung von Wassermolekülen, also Solvatation, nachgewiesen war, so nahm man auch eine starke Solvatation z. B. der Micellen der Seifen an und brachte damit die hohe Viscosität ihrer Lösungen in Zusammenhang. Da man endlich den Molekülkolloiden, wie Kautschuk, Cellulose und den Eiweißstoffen einen micellaren Bau zuschrieb, so führte man die hohe Viscosität ihrer Lösungen analog auf eine starke Solvatation der gelösten Micellen zurück. So sagen z. B. K. H. MEYER und H. MARK über den Kautschuk: ,,Die hohe Viscosität dieser Lösung, z. B. in Benzol, läßt wohl darauf schließen, daß in diesem Lösungsmittel sehr große, stark solvatisierte Micellen vorliegen[2]." Eine richtige Auffassung der Natur der kolloiden Lösungen und der Solvatationserscheinungen war natürlich früher nicht möglich, da der Bau der gelösten Kolloidteilchen der hochmolekularen Substanzen nicht bekannt war; es mußte erst durch die geschilderten chemischen Untersuchungen die Konstitution der hochmolekularen Naturstoffe, ihre Molekülgröße und ihre Molekülform aufgeklärt sein, bevor man sichere Aussagen über die Natur ihrer kolloiden Lösungen machen konnte.

Nachdem an einer Reihe von Beispielen, hauptsächlich an synthetischen Polymeren, nachgewiesen war, daß die früheren Ansichten eines micellaren Baues der Kolloidteilchen der hochmolekularen Stoffe unrichtig sind und daß die Kolloidteilchen Fadenmoleküle darstellen, die sich bei den verschiedenen Stoffen durch ihre Länge unterscheiden, versuchten H. FIKENTSCHER und H. MARK[3] die hohe Viscosität der Lösungen von Molekülkolloiden auf eine starke Solvatation der gelösten Fadenmoleküle zurückzuführen, und nahmen an, daß die Größe der Solvathülle eines Fadenmoleküls durch das Volumen eines Rotationsellipsoids wiedergegeben werden kann.

Nach den Autoren[4] ,,ist das Volumen eines solchen Teilchens im solvatisierten Zustande

$$\varphi' = \frac{4}{3}\,\pi\,\frac{l}{2}\cdot\left(\frac{m}{2}\right)^2.$$

Der große Durchmesser l des Ellipsoides fällt mit der Länge des Kettenmoleküls zusammen, während der kleine Durchmesser m noch eine Funktion dieser Länge ist. In dem Verhältnis der beiden Durchmesser drückt sich schematisch die spezifische Affinität des Kolloids zum Lösungsmittel in dem Sinne aus, daß sich bei großer Affinität das Ellipsoid etwa der Kugelgestalt nähert, bei geringer Affinität eine langgestreckte Form annimmt. Deshalb wird im allgemeinen das Verhältnis der beiden Durchmesser — also auch das Maß der Immobilisierung — bei verschiedenen Substanzen gleicher Kettenlänge verschieden sein. Aus der Gesamtheit des experimentellen Materials gewinnt man aber den Eindruck, daß *in polymerhomologen Reihen dieses Verhältnis von Glied zu Glied konstant bleibt.* Dies bedeutet physikalisch, daß sich beim Übergang von einem Glied einer solchen Reihe zu einem anderen zwar das Maß, nicht aber die Art der Wechselwirkung zwischen dem Kettenmolekül und dem Lösungsmittel ändert". Und weiter: ,,Die Solvat-

---

[1] Vgl. E. HATSCHEK: Kolloid-Ztschr. **7**, 301 (1910); **8**, 34 (1911); **11**, 280, 284 (1912). Vgl. auch N. v. SMOLUCHOWSKY: Kolloid-Ztschr. **18**, 190 (1916). — HESS, W. R.: Kolloid-Ztschr. **27**, 1 (1920).

[2] Zitiert aus Ber. Dtsch. Chem. Ges. **61**, 1945 (1928).

[3] Kolloid-Ztschr. **49**, 135 (1929).   [4] Zitiert aus Kolloid-Ztschr. **49**, 137, 148 (1929).

hüllen sind in polymerhomologen Reihen auch unabhängig von der Temperatur, während natürlich die absoluten b-Werte sowohl mit dem Lösungsmittel variieren als auch mit steigender Temperatur abnehmen. Je größer die b-Werte in verschiedenen Lösungsmitteln sind und je steiler ihre Temperaturkurve verläuft, desto größer ist die spezifische Affinität zum Lösungsmittel."

Wenn auch H. FIKENTSCHER und H. MARK in dieser Arbeit dieselbe Auffassung über den Aufbau der hochmolekularen Substanzen vertreten, wie sie sich durch das Studium der synthetischen Hochpolymeren ergeben hat, und wenn sie in Übereinstimmung damit annehmen, daß die Unterschiede in der Viscosität von Lösungen von Kautschuk oder Cellulosepräparaten verschiedener Vorbehandlung auf Unterschieden in der Kettenlänge beruhen[1], so sind doch ihre Folgerungen über die Natur der kolloiden Lösungen unrichtig; denn die Annahme einer starken Solvatation der langen Moleküle, die mit der Natur der Lösung wechselt, trifft nicht zu. Solche Solvathüllen, die um so größer sein müßten, je größer die Affinität des gelösten Stoffes zum Lösungsmittel ist, besitzen die gelösten Makromoleküle nicht. Wenn dieses der Fall wäre, so müßte die Größe der Solvathüllen sich bei Temperaturerhöhung sehr stark ändern, denn die Lösungsmittelmoleküle könnten in solchen Solvathüllen nur durch ganz schwache Kräfte gebunden sein, und bei Temperaturerhöhung würde der Umfang dieser Solvathüllen stark abnehmen. Eine solche Veränderung der Solvathüllen bei höherer Temperatur müßte sich durch eine starke Änderung der spezifischen Viscosität der gelösten Makromoleküle bei Temperaturerhöhung zu erkennen geben. Die spezifische Viscosität einer Lösung von hochmolekularen Stoffen ist aber bei 20 und 60° annähernd gleich[2]; die Änderung beträgt nur selten mehr als 10—20%.

Auch der Einfluß des Lösungsmittels auf die Viscosität ist nicht so stark, wie die Autoren annehmen. Wenn die langen Moleküle viele Schichten von Lösungsmittelmolekülen binden würden, dann müßte natürlich die Solvatation und damit auch die Viscosität um so größer sein, je größer die spezifische Affinität des Stoffes zum Lösungsmittel ist. In verdünnter Lösung ist aber die spezifische Viscosität eines gelösten Stoffes nahezu unabhängig vom Lösungsmittel, vorausgesetzt, daß die absolute Viscosität des gelösten Stoffes im Vergleich zu derjenigen des Lösungsmittels sehr groß ist[3]; so ist z. B. die spezifische Viscosität des Polystyrols in den verschiedensten Lösungsmitteln annähernd dieselbe[4].

Da der Begriff Solvatation von den verschiedenen Autoren nicht in der gleichen Weise gebraucht wird[5], da ferner auch noch der Begriff der Immobili-

---

[1] Im Gegensatz zu der älteren Auffassung von H. MARK, der früher annahm, daß Viscositätsuntersuchungen „wertvolle Aufschlüsse über die Struktur der solvatisierten Micelle" geben könnten, versuchen die Autoren hier, durch Viscositätsmessungen die Größe von Molekülen zu ermitteln. Vgl. H. MARK: Naturwissenschaften **1928**, 900. Vgl. dazu S. 53. Anm. 8.

[2] STAUDINGER, H., u. W. HEUER: Ber. Dtsch. Chem. Ges. **62**, 2933 (1929).

[3] Vgl. S. 59; ferner Zweiter Teil, A. III. 5.

[4] Paraffine und Paraffinderivate sind in Tetrachlorkohlenstofflösung etwas viscoser als in Benzol, vermutlich deshalb, weil hier der Unterschied der absoluten Viscositäten des Lösungsmittels und der relativ niedermolekularen gelösten Stoffe nicht genügend groß ist. Vgl. dazu S. 79.

[5] Vgl. z. B. die Ausführungen von Wo. OSTWALD: Kolloid-Ztschr. **9**, 189 (1911). Vgl. H. LÜERS u. M. SCHNEIDER: Zur Messung der Solvatation (Quellung) in kolloiden Lösungen. Kolloid-Ztschr. **28**, 1 (1921); vgl. ferner die Arbeiten von E. HATSCHEK u. N. v. SMOLUCHOWSKY.

sierung[1] von Lösungsmittelmolekülen eingeführt ist, um die Natur der kolloiden Lösungen zu erklären, sei im folgenden der Begriff „Solvatation" definiert.

II. Solvatation.

Solvatation tritt ein, wenn sich irgendein Stoff in einem Lösungsmittel löst. Dabei werden nur solche Lösungsvorgänge betrachtet, in deren Verlauf keine Veränderungen der gelösten Moleküle vor sich gehen. In den Lösungsmitteln müssen also die normalen Moleküle gelöst sein, wie sie im festen Stoff vorliegen. Durch Entfernung des Lösungsmittels, durch Verdunsten oder Ausfällen muß das Produkt wieder unverändert zurückerhalten werden können[2]. Die Solvatationserscheinungen sind je nach der Konstitution der Moleküle des gelösten Stoffes und des Lösungsmittels verschieden.

1. Besonders einfache Verhältnisse liegen vor, wenn *homöopolare Stoffe* in Lösungsmitteln homöopolaren Charakters gelöst werden. In dem festen oder flüssigen homöopolaren Stoff betätigen sich VAN DER WAALSsche Kräfte zwischen den einzelnen gleichartigen Molekülen. Fügt man nun das Lösungsmittel, also in diesem Fall einen Stoff mit ähnlich gebauten Molekülen dazu, so tritt eine Bindung durch VAN DER WAALSsche Kräfte[3] zwischen den Lösungsmittelmolekülen und den Molekülen des zu lösenden Stoffes ein. Den Lösungsprozeß kann man mit einem chemischen Prozeß vergleichen: die Bindung durch VAN DER WAALSsche Kräfte[3] zwischen den gleichen Molekülen des festen Stoffes wird aufgehoben und durch die neue Bindung zwischen den gelösten Molekülen und den Lösungsmittelmolekülen ersetzt; da die zwischenmolekularen Kräfte sehr schwach sind, so treten bei dieser „Umsetzung" nur sehr geringe Energieänderungen ein.

Bei dem Lösungsvorgang bildet sich um die gelösten Moleküle eine monomolekulare Solvatschicht, denn die schwachen Kräfte, die zwischen den Molekülen wirken, reichen nur aus, um eine einzige Schicht von Lösungsmittelmolekülen an das gelöste Molekül zu binden. Entferntere Moleküle des Lösungsmittels stehen zu dieser ersten gebundenen Molekülschicht in derselben Beziehung wie die anderen Flüssigkeitsmoleküle unter sich. Bei dieser Auffassung der Solvatation sollte man annehmen, daß mit wachsender Größe der Moleküle die Solvatationsenergie proportional anwächst. Man sollte also erwarten, daß in einer homologen resp. polymerhomologen Reihe die Löslichkeit unabhängig von der Kettenlänge ist. Tatsächlich ist dies nicht der Fall, sondern die Löslichkeit nimmt mit der Länge der Moleküle ab[4].

---

[1] Vgl. Wo. OSTWALD: Kolloid-Ztschr. **46**, 248 (1928). Vgl. z. B. S. 255: „Im ganzen erscheint als das gemeinsame äußere Kennzeichen aller Gelatinierungsvorgänge die Immobilisierung des flüssigen Anteils bzw. des ganzen dispersen Systems gegenüber den Einflüssen von Schwerkraft und Oberflächenspannung. Eine Gallerte oder ein Lyogel fließt und tropft nicht mehr, im Gegensatz zu ihrem flüssigen Vorstadium."

[2] Die Lösung von α-Polyoxymethylen (Paraformaldehyd) in heißem Wasser ist in diesem Sinne keine Lösung, da eine Zersetzung des festen Stoffes beim Lösen eintritt. Die gelösten Moleküle haben nicht mehr die gleiche Größe wie die Moleküle, die den Krystall aufbauen. Allerdings kann hier nach dem Vertreiben des Lösungsmittels durch Eindampfen der polymere Stoff zum Teil zurückerhalten werden, da beim Eindampfen wieder Polymerisation eintritt.

[3] Der Abstand zwischen den gelösten Molekülen und den Molekülen des Lösungsmittels ist dabei ungefähr der gleiche wie derjenige zwischen den Molekülen des festen Stoffes.

[4] H. FIKENTSCHER u. H. MARK sind der Auffassung, daß es sich bei der verschiedenen Löslichkeit der polymerhomologen Stoffe nicht um Unterschiede der Löslichkeit, sondern

Von ausschlaggebender Bedeutung für die Löslichkeit ist der Bau der Moleküle. Moleküle gleichen Gewichtes mit geringen Unterschieden im Bau können sehr beträchtliche Unterschiede in der Löslichkeit aufweisen. Allgemein erhöht ein unregelmäßiger Bau der Moleküle die Löslichkeit der Stoffe[1].

2. Kompliziertere Verhältnisse liegen vor, wenn *koordinative organische Stoffe*, also Verbindungen mit Hydroxyl- resp. Aminogruppen gelöst werden. Wenn das Lösungsmittel ebenfalls ein koordinativer Stoff ist, also wenn z. B. ein hydroxylhaltiger Stoff in Wasser oder Alkohol gelöst wird, dann werden die koordinativen Gruppen im Molekül des zu lösenden Stoffes mit den Lösungsmittelmolekülen koordinative Bindungen eingehen; erst die so entstandenen koordinativen Moleküle werden in Lösung gehen. Bei den Lösungen von Alkoholen und Säuren in Wasser und Alkohol werden die koordinativen Moleküle dieser Stoffe, die im festen Zustand vorhanden sind, ganz oder teilweise gespalten unter Bildung von neuen koordinativen Molekülen mit den Lösungsmittelmolekülen. Erst diese neugebildeten Moleküle gehen unter Solvatation in Lösung. Es ist also wichtig, zwischen den koordinativen Bindungen der gelösten Stoffe mit den Lösungsmittelmolekülen und der Solvatation dieser koordinativen Moleküle zu unterscheiden.

Man kann dies am Beispiel der Methylcellulose[2] deutlich erkennen. Diese ist in Wasser in der Kälte löslich, da sich ein koordinatives Molekül aus den Molekülen der Methylcellulose und Wassermolekülen bildet[3]. Diese koordinativen Moleküle können durch weitere Wassermoleküle solvatisiert und so gelöst werden[4]. Beim Erwärmen werden die labilen koordinativen Bindungen zwischen Methylcellulose und Wasser gesprengt. Die Methylcellulose selbst ist als homöopolarer organischer Stoff in Wasser unlöslich, und deshalb fällt Methylcellulose beim Erwärmen der wässerigen Lösung aus[5]. Dagegen ist Methylcellulose in organischen Lösungsmitteln, wie z. B. Butylacetat, in der Kälte und in der Wärme löslich: denn mit organischen homöopolaren Lösungsmitteln entstehen keine koordinativen Moleküle, sondern dort werden die Moleküle der Methylcellulose durch die Lösungsmittelmoleküle wie andere homöopolare Moleküle solvatisiert[6].

3. Ganz besonders kompliziert sind die Verhältnisse bei wässerigen Lösungen; denn im flüssigen Wasser sind nicht einfache Wassermoleküle vorhanden, sondern

---

der Lösungsgeschwindigkeit handelt. Kolloid-Ztschr. **49**, 137 (1929). Es nimmt aber nicht nur die Lösungsgeschwindigkeit mit wachsender Moleküllänge ab, sondern es verringert sich auch die Löslichkeit, denn die Summe der VAN DER WAALSschen Kräfte der kleinen Lösungsmittelmoleküle, die ein gelöstes Fadenmolekül umgeben, ist geringer als die VAN DER WAALSschen Kräfte zwischen den langen Molekülen.

[1] Vgl. S. 35 u. 75.

[2] Es handelt sich um abgebaute, nicht völlig methylierte Produkte. Nicht abgebaute Trimethylcellulose ist in Wasser unlöslich, vgl. K. FREUDENBERG u. E. BRAUN: Liebigs Ann. **460**, 288 (1928). — HEUSER, E.: Cellulosechemie **6**, 106 (1925).

[3] Es bildet sich dabei eine Oxonium-hydroxyd-Verbindung.

[4] Dabei werden die Wassermoleküle durch VAN DER WAALSsche Kräfte gebunden.

[5] Vgl. H. STAUDINGER u. O. SCHWEITZER: Ber. Dtsch. Chem. Ges. **63**, 2327 (1930).

[6] Die Bindung von Molekülen durch VAN DER WAALSsche Kräfte und durch koordinative Co-Valenzen unterscheidet sich energetisch. Bei der Bindung von Molekülen durch koordinative Co-Valenzen werden größere Energiebeträge frei als bei der Bindung durch VAN DER WAALSsche Kräfte. Der Abstand der Moleküle voneinander wird im letzteren Fall auch ein größerer sein als im ersteren.

koordinativpolymere. Beim Lösen von hydroxylhaltigen Substanzen in Wasser, also z. B. von Alkoholen und Säuren, treten koordinative Bindungen nicht nur mit einzelnen Wassermolekülen ein, sondern auch mit diesen polymeren Molekülen. Es ist deshalb möglich, daß beim Lösen hydroxylhaltiger Substanzen in Wasser eine beträchtliche Molekülvergrößerung erfolgt, weil das normale Molekül des Wassers zur Bildung von solchen höherpolymeren koordinativen Molekülen neigt. Aber diese Verhältnisse sind noch wenig untersucht. Gerade die Viscositätserscheinungen dürften über die koordinativen Bindungen von gelösten Stoffen mit polymeren Wassermolekülen und über die Solvatation mit denselben genaueren Aufschluß geben[1].

III. Über den Wirkungsbereich der Fadenmoleküle[2].

Aus dem Viscositätsgesetz $\eta_{sp}/c = K_m \cdot M$ resp. $\eta_{sp}(1,4\%) = K_{(1,4\%)} \cdot M$ ergibt sich eine Erklärung für die Natur der viscosen Lösungen von homöopolaren Molekülkolloiden, also von Lösungen des Polystyrols, des Kautschuks, der Celluloseacetate in organischen Lösungsmitteln, ferner von Lösungen der Cellulose in einem Überschuß von SCHWEIZERS Reagens, die sich wie die eines homöopolaren Molekülkolloids verhalten.

Nach dem EINSTEINschen Gesetz ist:

$$\eta_r = 1 + K \cdot \Phi \qquad \text{oder} \qquad \eta_{sp} = K \cdot \Phi. \tag{2}$$

Dabei ist K eine Konstante und Φ das Gesamtvolumen des gelösten Stoffes. Das Gesetz sagt also aus, daß die spez. Viscosität in gleichkonzentrierten Lösungen unabhängig von der Zahl (N) und der Größe φ der gelösten Teilchen ist, also

$$\eta_{sp(1,4\%)} = K \cdot \varphi_1 \cdot N_1 = K \cdot \varphi_2 \cdot N_2 = K \cdot \varphi_3 \cdot N_3 \ \text{usw.}, \tag{21}$$

wobei $\Phi = \varphi_1 \cdot N_1 = \varphi_2 \cdot N_2 = \varphi_3 \cdot N_3$ ist.

Voraussetzung bei der Ableitung der EINSTEINschen Gleichung ist die kugelige Gestalt der gelösten Teilchen. Wenn diese Bedingung erfüllt ist, so gilt auch diese Beziehung; deshalb ist sie für Suspensionen gültig, wie M. BANCELIN[3] an Mastixsuspensionen zeigen konnte. Das Gesetz gilt auch für Lösungen von Stoffen mit annähernd kugelförmigen Molekülen. So zeigen 1,4proz. wässerige Lösungen von Glykose, Galaktose, Lactose und Saccharose ungefähr dieselbe spez. Viscosität von ca. 0,038, obwohl die Zahl der Teilchen in der Lösung der Monosen zu der in Lösungen der Biosen sich wie 100 : 53 verhält[4]. Auch

---

[1] Die starke Solvatation der Ionen beim Lösen von heteropolaren Stoffen in Wasser ist auch darauf zurückzuführen, daß solche polymeren Wassermoleküle von den Ionen gebunden werden. Bei den polywertigen Ionen hochmolekularer heteropolarer organischer Stoffe kann sie eine erhebliche Größe annehmen, da das fadenförmige Ion sehr viele Ionenladungen trägt. So kann bei hochmolekularen heteropolaren Stoffen die hohe Viscosität der Lösung wenigstens teilweise mit einer starken Solvatation in Zusammenhang stehen; bei homöopolaren Stoffen ist dies aber nicht der Fall. Bei der Unbeständigkeit der polymeren Wassermoleküle wird natürlich die Solvatation außerordentlich leicht durch Zusätze und durch Temperaturerhöhung beeinflußt. Deshalb sind die Viscositätsverhältnisse der heteropolaren Molekülkolloide besonders kompliziert.

[2] Ztschr. f. physik. Ch. (A) **153**, 406 (1931).

[3] BANCELIN, M.: C. r. d. l'Acad. des sciences **152**, 1382 (1911).

[4] Vgl. S. 57.

1,4 proz. Lösungen von Bernsteinsäure, Adipinsäure und Korksäure in Pyridin haben die gleiche spez. Viscosität von 0,065; die Zahl der gelösten Moleküle steht dabei im Verhältnis von $100 : 81 : 68$*. Das Gesamtvolumen der gelösten Phase ist in diesen Fällen trotz des verschiedenen Verteilungsgrades gleich, wie sich aus der Gültigkeit des EINSTEINschen Gesetzes hier ergibt.

Das EINSTEINsche Gesetz gilt nicht mehr für Lösungen von Fadenmolekülen, also für Lösungen von homologen und polymerhomologen Stoffen. Die Teilchen in Lösungen derselben erfüllen nicht mehr — wie schon früher ausgeführt — eine wesentliche Voraussetzung der Ableitung der EINSTEINschen Gleichung: sie sind nicht kugelförmig. Bei kugelförmigen Molekülen wie auch bei Fadenmolekülen kann das Eigenvolumen v eines Moleküls dem Molekulargewicht proportional gesetzt werden:

$$\Phi = \frac{v_1}{M_1} = \frac{v_2}{M_2} = \frac{v_3}{M_3}. \tag{22}$$

Dieses Eigenvolumen v entspricht dem wirksamen Volumen φ eines Teilchens, wenn kugelförmige Moleküle vorliegen. In diesem Fall wäre also:

$$\Phi = \frac{\varphi_1}{M_1} = \frac{\varphi_2}{M_2} = \frac{\varphi_3}{M_3}. \tag{23}$$

Bei Fadenmolekülen kann aber das Eigenvolumen v derselben nicht dem wirksamen Volumen φ der Teilchen gleichgesetzt werden, denn wenn dies der Fall wäre, so müßte nach Gleichung (21) auch für Fadenmoleküle das EINSTEINsche Gesetz gelten. Das experimentell gefundene Viscositätsgesetz für Fadenmoleküle lautet aber:

$$\eta_{\text{sp (1,4\%)}} = K_{1,4\%} \cdot M. \tag{18}$$

Durch Vergleich mit der EINSTEINschen Gleichung (2) folgt deshalb, daß für Fadenmoleküle das nach dem EINSTEINschen Gesetz wirksame Gesamtvolumen Φ in gleichkonzentrierten Lösungen nicht konstant ist, sondern proportional mit dem Molekulargewicht ansteigt; es gilt also für verschiedene Molekulargewichte:

$$\frac{\Phi_1}{M_1} = \frac{\Phi_2}{M_2} = \frac{\Phi_3}{M_3}. \tag{24}$$

Für das wirksame Volumen *eines* Fadenmoleküls in Lösung gelten die Gleichungen:

$$\Phi_1 = \varphi_1 \cdot N_1 ; \quad \Phi_2 = \varphi_2 \cdot N_2 ; \quad \Phi_3 = \varphi_3 \cdot N_3 . \tag{25}$$

Die Anzahl der Moleküle (N) ist aber in gleichkonzentrierten Lösungen sowohl von kugelförmigen als auch von Fadenmolekülen umgekehrt proportional dem Molekulargewicht:

$$N_1 \cdot M_1 = N_2 \cdot M_2 = N_3 \cdot M_3 . \tag{26}$$

Also gilt für Fadenmoleküle:

$$\Phi_1 = \frac{\varphi_1}{M_1} ; \quad \Phi_2 = \frac{\varphi_2}{M_2} ; \quad \Phi_3 = \frac{\varphi_3}{M_3}. \tag{27}$$

Es ergibt sich also folgende Beziehung zwischen dem für die Viscosität wirksamen Volumen der Fadenmoleküle φ_1, φ_2, φ_3 und ihrem Molekulargewicht M_1, M_2, M_3:

$$\frac{\varphi_1}{(M_1)^2} = \frac{\varphi_2}{(M_2)^2} = \frac{\varphi_3}{(M_3)^2} \quad \text{usw.} \tag{28}$$

---

* STAUDINGER, H., u. E. OCHIAI: Ztschr. f. physik. Ch. (A) **158**, 51 (1931).

Für die Viscosität ist also hier nicht das Eigenvolumen v eines Teilchens maßgebend, sondern ein Volumen, das proportional mit dem Quadrat der Kettenlänge anwächst. *Dieses in Lösung wirksame Volumen eines Fadenmoleküls, wie es sich auf Grund der Viscositätsgesetze ergibt, wird als sein Wirkungsbereich bezeichnet.*

Da Molekulargewicht und Kettenlänge in polymerhomologen Reihen proportional sind, so kann dieser Wirkungsbereich in erster Annäherung dargestellt werden durch das Volumen eines flachen Zylinders, dessen Höhe dem Durchmesser des Fadenmoleküls d entspricht und dessen Grundfläche $(L/2)^2 \cdot \pi$ ist, wenn L die Moleküllänge ist. Der Wirkungsbereich ist also, wie bereits ausgeführt[1],

$$\varphi = \left(\frac{L}{2}\right)^2 \cdot \pi \cdot d \quad \text{oder} \quad \left(\frac{a \cdot l}{2}\right)^2 \cdot \pi \cdot d, \tag{29}$$

wobei a der Polymerisationsgrad, l die Länge eines Grundmoleküls ist.

Mit dieser Berechnung des Wirkungsbereiches wird nicht die Anschauung verbunden, daß das Fadenmolekül um eine Mittelachse rotiert, sondern der Wirkungsbereich resultiert als Gesamtsumme der Schwingungen, die das Fadenmolekül ausführt. Ob es sich dabei um Schwingungen handelt, die das Fadenmolekül infolge der freien Drehbarkeit der Kohlenstoffatome ausführt[2], also ob Teile des Fadenmoleküls infolge derselben aus der Mittellage abgelenkt werden und gewissermaßen rotierende Bewegungen ausführen[3], oder ob das Fadenmolekül wie ein starres Gebilde sich im Lösungsmittel bewegt und infolge seiner Länge die normalen Bewegungen der Flüssigkeitsmoleküle hemmt[4], bleibt vorläufig dahingestellt.

Die Wirkungsbereiche der Fadenmoleküle φ verschiedener Größe wachsen im Verhältnis des Quadrats ihrer Kettenlänge, also im Verhältnis des Quadrats ihrer Molekulargewichte. Folgende Tabelle zeigt das Anwachsen des Eigenvolumens v und des Wirkungsbereiches φ von Fadenmolekülen bei gleichbleibendem Durchmesser mit zunehmender Kettenlänge.

Tabelle 43. Fadenmoleküle vom Durchmesser $d = 5$ Å.

Länge der Moleküle Å	Eigenvolumen eines Moleküls v in Å³	Wirkungsbereich eines Moleküls φ in Å³	Zahl der Moleküle in 1 ccm	
			berechnet für Eigenvolumen	berechnet für Wirkungsbereich
5	10^2	10^2	10^{22}	10^{22}
50	10^3	10^4	10^{21}	10^{20}
500	10^4	10^6	10^{20}	10^{18}
5000	10^5	10^8	10^{19}	10^{16}

Bei einem Fadenmolekül, das 1000mal länger als breit ist, ist also der Wirkungsbereich 1000mal größer als sein Eigenvolumen. Unter der Annahme,

---

[1] Vgl. S. 58 u. 78, Formel (19).

[2] Die Annahme, daß ein solches Fadenmolekül infolge der freien Drehbarkeit Schwingungen ausführt, stammt aus der Beobachtung, daß die Fadenmoleküle mit wachsender Länge immer unbeständiger werden. Man kann annehmen daß die Schwingungen bei sehr langen Fadenmolekülen zu einem Zerreißen der Kette führen. Vgl. Ber. Dtsch. Chem. Ges. **63**, 3152 (1930).

[3] Vgl. dazu H. STAUDINGER u. O. SCHWEITZER: Ber. Dtsch. Chem. Ges. **63**, 3146 (1930); ferner W. HALLER: Kolloid-Ztschr. **49**, 74 (1929); **56**, 257 (1931).

[4] Vgl. R. EISENSCHITZ: Über die Viscosität von Suspensionen langgestreckter Teilchen. Ztschr. f. physik. Ch. (A) **158**, 78 (1931).

daß die Wirkungsbereiche der einzelnen Moleküle sich nicht stören sollen, kann man in einem bestimmten Volumen 1000 mal weniger Moleküle unterbringen, als wenn dieses Volumen nur mit den Molekülen selbst erfüllt wäre. Ist also ein Fadenmolekül n fach länger als breit, so hat eine n fach geringere Zahl von Fadenmolekülen in einem Volumen Platz, da der Wirkungsbereich eines Moleküls n mal größer ist als sein Eigenvolumen. Bei kugelförmigen Molekülen ist dagegen der Wirkungsbereich gleich dem Eigenvolumen, und es kann deshalb eine viel größere Zahl von Molekülen in ein bestimmtes Volumen gebracht werden, ohne daß sie sich gegenseitig stören.

IV. Sollösungen, Gellösungen, Grenzkonzentrationen.

Eine verdünnte Lösung, in der der Gesamtwirkungsbereich Φ der gelösten Moleküle kleiner ist als das Volumen der Lösung, in der also die Moleküle frei beweglich sind, wird als *Sollösung* bezeichnet. In einer solchen Lösung befinden sich die Fadenmoleküle in demselben normalen Lösungszustand wie jede niedermolekulare Substanz in verdünnter Lösung.

Infolge des großen Wirkungsbereiches der langen Fadenmoleküle sind bereits sehr verdünnte Lösungen hochmolekularer Stoffe keine gewöhnlichen Lösungen mehr. Denn der *Gesamtwirkungsbereich der gelösten Fadenmoleküle ist größer als das zur Verfügung stehende Volumen. So resultiert ein eigentümlicher Lösungszustand, der sich bei niedermolekularen Stoffen, bei denen die Moleküle annähernd kugelförmige Gestalt haben, nicht vorfindet, da bei diesen Eigenvolumen und Wirkungsbereich identisch sind.* Eine solche Lösung, in der der Gesamtwirkungsbereich der langen Moleküle größer ist als das Volumen der Lösung, wird als *Gellösung* bezeichnet. Die Gellösungen sind kontinuierlich verbunden mit den Gelen, in denen die Beweglichkeit der langen Moleküle vollständig unterbunden ist. Die Konzentration, bei der eine Sollösung in eine Gellösung übergeht, ist die *Grenzkonzentration* des betreffenden Stoffes. Die Grenzkonzentrationen für Lösungen von Polystyrol und Polypren, von Triacetylcellulose und von Cellulose sind für verschiedene Vertreter dieser Reihen in den folgenden Tabellen 44—47 angegeben, und zwar ist einmal die Grenzkonzentration in Grundmolarität berechnet und in einer weiteren Spalte in Prozenten angegeben.

Aus diesen Tabellen ersieht man, daß bei den höchstmolekularen Substanzen nur sehr verdünnte Lösungen Sollösungen sind. Bei niedermolekularen Substanzen kann man dagegen relativ konzentrierte Lösungen herstellen, ohne in das Gebiet der Gellösung zu kommen. Aus den angegebenen Werten der Grenzkonzentrationen hochmolekularer Verbindungen geht hervor, daß die meisten früheren Viscositätsmessungen an Lösungen derselben nicht im Gebiet der Sollösung, sondern im Gebiet der Gellösungen durchgeführt worden sind. Ebenso sind fast alle osmotischen Messungen sowie Diffusionsmessungen nicht in einem Verdünnungszustand durchgeführt, der dem Zustand der Moleküle in einer verdünnten Lösung niedermolekularer Stoffe entsprechen würde. Darum hat sich bei allen diesen Untersuchungen hochmolekularer Stoffe kein einfacher Zusammenhang zwischen der Molekülgröße und den physikalischen Eigenschaften der Lösungen ergeben. Es ist für die Untersuchung von Lösungen hochmolekularer Stoffe wichtig, die jeweilige Grenzkonzentration der betreffenden Ver-

Tabelle 44. Grenzkonzentration für Lösungen von Polystyrolen verschiedenen Molekulargewichts (Lösungsmittel: Benzol).

Substanz	Durchschnittsmolekulargewicht	Durchschnittspolymerisationsgrad a	Zahl der Moleküle in 1 cm³ einer 0,1 gd-mol. Lösung	Wirkungsbereich eines Moleküls * $Å^3$	Wirkungsbereich aller Moleküle in 1 cm³ einer 0,1 gd-mol. Lösung $Å^3$	Wirkungsbereich als Prozent des Gesamtvolumens	Grenzkonzentration, Übergang einer echten Lösung in eine Gellösung bei Konzentrationen gd-mol.	%
Höchstmolekulares, durch Fraktionierung erhalt. Produkt	600 000	6000	$1,0 \cdot 10^{16}$	$2,7 \cdot 10^{9}$	$2,7 \cdot 10^{25}$	2700	0,004	0,04
Polymerisiert bei: Zimmertemp. unter Luft	190 000	1900	$3,2 \cdot 10^{16}$	$2,7 \cdot 10^{8}$	$8,6 \cdot 10^{24}$	860	0,012	0,12
65°, 17 Tage . . .	170 000	1700	$3,5 \cdot 10^{16}$	$2,1 \cdot 10^{8}$	$7,4 \cdot 10^{24}$	740	0,014	0,14
100°, 50 Tage . .	140 000	1400	$4,3 \cdot 10^{16}$	$1,4 \cdot 10^{8}$	$6,0 \cdot 10^{24}$	600	0,017	0,17
150°, 12 Stunden .	70 000	700	$8,6 \cdot 10^{16}$	$3,6 \cdot 10^{7}$	$3,1 \cdot 10^{24}$	310	0,032	0,34
260°, 6 Stunden .	28 000	280	$2,1 \cdot 10^{17}$	$5,8 \cdot 10^{6}$	$1,2 \cdot 10^{24}$	120	0,083	0,87
Hemikolloid mit SnCl₄ polymerisiert	3000	30	$2,0 \cdot 10^{18}$	$7,9 \cdot 10^{4}$ **	$1,6 \cdot 10^{23}$	16	0,63	6,5

* Länge des Grundmoleküls = 2,5 Å, Durchmesser = 15,0 Å.
** Länge des Fadenmoleküls = $(a \cdot 2,5 + 7)$ Å.

Tabelle 45. Grenzkonzentration für Lösungen von Polyprenen verschiedenen Molekulargewichts (Lösungsmittel: Benzol).

Substanz	Durchschnittsmolekulargewicht	Durchschnittspolymerisationsgrad	Zahl der Moleküle in 1 cm³ einer 0,1 gd-mol. Lösung	Wirkungsbereich eines Moleküls * $Å^3$	Wirkungsbereich aller Moleküle in 1 cm³ einer 0,1 gd-mol. Lösung $Å^3$	Wirkungsbereich als Prozent des Gesamtvolumens	Grenzkonzentration, Übergang einer echten Lösung in eine Gellösung bei Konzentrationen gd-mol.	%
Roher Hevea-Kautschuk	170 000	2500	$2,4 \cdot 10^{16}$	$3,0 \cdot 10^{8}$	$7,2 \cdot 10^{24}$	720	0,014	0,095
Nach Pummerer ger. Kautschuk, schwer löslich . .	68 000	1000	$6,0 \cdot 10^{16}$	$4,8 \cdot 10^{7}$	$2,9 \cdot 10^{24}$	290	0,035	0,24
Nach Pummerer ger. Kautschuk, leicht löslich . .	54 000	800	$7,5 \cdot 10^{16}$	$3,1 \cdot 10^{7}$	$2,3 \cdot 10^{24}$	230	0,044	0,30
Balata	50 000	750	$8,0 \cdot 10^{16}$	$2,7 \cdot 10^{7}$	$2,2 \cdot 10^{24}$	220	0,046	0,31
Mastizierter Kautschuk	27 000	400	$1,5 \cdot 10^{17}$	$7,6 \cdot 10^{6}$	$1,1 \cdot 10^{24}$	110	0,091	0,62
Hemikolloide Polyprene	6800	100	$6,0 \cdot 10^{17}$	$4,8 \cdot 10^{5}$	$2,9 \cdot 10^{23}$	29	0,35	2,4
Abgebauter Kautschuk	3400	50	$1,2 \cdot 10^{18}$	$1,2 \cdot 10^{5}$	$1,4 \cdot 10^{23}$	14	0,71	4,8
Niedermolekulares Polypren	680	10	$6,0 \cdot 10^{18}$	$4,8 \cdot 10^{3}$	$2,9 \cdot 10^{22}$	2,9	3,5	24

* Länge des Isoprenrestes = 4,5 Å, Durchmesser = 3,0 Å.

Tabelle 46. Grenzkonzentration für Lösungen von Triacetylcellulosen verschiedenen Molekulargewichts (Lösungsmittel: m-Kresol).

Substanz	Durchschnittsmolekulargewicht abgerundet	Durchschnittspolymerisationsgrad abgerundet	Zahl der Moleküle in 1 cm³ einer 0,1 gd-mol. Lösung	Wirkungsbereich eines Moleküls * Å³	Wirkungsbereich aller Moleküle in 1 cm³ einer 0,1 gd-mol. Lösung Å³	Wirkungsbereich als Prozent des Gesamtvolumens	Grenzkonzentration, Übergang einer echten Lösung in eine Gellösung bei Konzentrationen gd-mol.	%
Unbekannte Acetate der nativen Cellulose	290000	1000	$6,0 \cdot 10^{16}$	$2,1 \cdot 10^8$	$1,3 \cdot 10^{25}$	1300	0,008	0,22
	145000	500	$1,2 \cdot 10^{17}$	$5,3 \cdot 10^7$	$6,4 \cdot 10^{24}$	640	0,016	0,45
Acetat nach Ost: Gew. Temp., 4 Monate	75000	250	$2,4 \cdot 10^{17}$	$1,3 \cdot 10^7$	$3,1 \cdot 10^{24}$	310	0,032	0,92
Techn. Acetate u. Acetat nach Ost: 30°, 10 Tage . .	45000	150	$4,0 \cdot 10^{17}$	$4,7 \cdot 10^6$	$1,9 \cdot 10^{24}$	190	0,053	1,5
Acetat nach Ost: 60°, 6 Stunden .	30000	100	$6,0 \cdot 10^{17}$	$2,1 \cdot 10^6$	$1,3 \cdot 10^{24}$	130	0,077	2,2
Acetat nach Ost: 60°, 16 Stunden .	15000	50	$1,2 \cdot 10^{18}$	$5,3 \cdot 10^5$	$6,4 \cdot 10^{23}$	64	0,16	4,5
Acetat nach Ost: 80°, 6,25 Stunden	2700	10	$6,0 \cdot 10^{18}$	$2,1 \cdot 10^4$	$1,3 \cdot 10^{23}$	13	0,77	22

* Länge des Glykoserestes = 5,2 Å, Durchmesser = 10,0 Å.

Tabelle 47. Grenzkonzentration für Lösungen von Cellulosen verschiedenen Molekulargewichts (Lösungsmittel: Schweizers Reagens).

Substanz	Durchschnittsmolekulargewicht	Durchschnittspolymerisationsgrad	Zahl der Moleküle in 1 cm³ einer 0,1 gd-mol. Lösung	Wirkungsbereich eines Moleküls * Å³	Wirkungsbereich aller Moleküle in 1 cm³ einer 0,1 gd-mol. Lösung Å³	Wirkungsbereich als Prozent des Gesamtvolumens	Grenzkonzentration, Übergang einer echten Lösung in eine Gellösung bei Konzentrationen gd-mol.	%
Gereinigte Baumwolle	112000	700	$8,6 \cdot 10^{16}$	$7,8 \cdot 10^7$	$6,7 \cdot 10^{24}$	670	0,015	0,24
Mercerisierte Baumwolle	80000	500	$1,2 \cdot 10^{17}$	$4,0 \cdot 10^7$	$4,8 \cdot 10^{24}$	480	0,02	0,34
Abgebaute Cellulose	16200	100	$6,0 \cdot 10^{17}$	$1,6 \cdot 10^6$	$9,6 \cdot 10^{23}$	96	0,10	1,7
Cellodextrin, hochmolekular	8100	50	$1,2 \cdot 10^{18}$	$4,0 \cdot 10^5$	$4,8 \cdot 10^{23}$	48	0,21	3,4
Cellodextrin, niedermolekular .	1620	10	$6,0 \cdot 10^{18}$	$1,6 \cdot 10^4$	$9,6 \cdot 10^{22}$	9,6	1,04	16,9

* Länge des Glykoserestes = 5,2 Å, Durchmesser = 7,5 Å, nach den Arbeiten von O. L. Sponsler und W. H. Dore [Kolloid Symposium monograph **4**, 174 (1926); Übersetzung dieser Arbeiten in Cellulosechemie **11**, 186 (1930)]; K. H. Meyer und H. Mark [Ber. Dtsch. Chem. Ges. **61**, 593 (1928)]. Bei der obigen Berechnung wird außer acht gelassen, daß sich bei der Lösung von Cellulose in Schweizers Reagens ein komplexes Kupfersalz bildet. Der Wirkungsbereich dieser Moleküle ist noch größer als der oben berechnete [vgl. H. Staudinger u. O. Schweitzer: Ber. Dtsch. Chem. Ges. **63**, 3132 (1930)]. Vgl. Vierter Teil, B.

bindungen zu kennen, damit man die Untersuchungen im Gebiet der Sollösungen ausführen kann.

Beim Übergang einer Sollösung in eine Gellösung, also beim Überschreiten der Grenzkonzentration, ändern sich die physikalischen Eigenschaften natürlich nicht sprunghaft, sondern allmählich; denn bereits in einer „hochkonzentrierten Sollösung", also in einer solchen, in der der Gesamtwirkungsbereich der gelösten Moleküle annähernd dem Gesamtvolumen der Lösung entspricht, treten Störungen der langen Moleküle ein, die im Gebiet der Gellösung allmählich stärker werden. Der Übergang der Sollösung in die Gellösung ist also ein kontinuierlicher. Sollösungen, die der Grenzkonzentration nahe sind, und Gellösungen, bei denen die Grenzkonzentration gerade überschritten ist, sind also in ihren Eigenschaften kaum unterschieden[1].

V. Grenzviscosität.

Berechnet man für die Lösung eines Polymerhomologen die Grenzkonzentration c, so kann man nach der Formel $\eta_{sp} = K_m \cdot M \cdot c$ die Viscosität bestimmen, die die Lösung bei dieser Grenzkonzentration besitzt. Nach dieser Formel ist bei gleicher Viscosität das Molekulargewicht von verschiedenen Vertretern einer polymerhomologen Reihe und die Konzentration ihrer Lösungen umgekehrt proportional. Daraus folgt, daß diese Grenzviscosität unabhängig vom Molekulargewicht ist. Wenn man also in einer polymerhomologen Reihe bei einem Vertreter mit bekanntem Molekulargewicht die Viscosität bei der Grenzkonzentration bestimmt hat, so gilt danach diese *Grenzviscosität für die Grenzkonzentrationen der Lösungen aller anderen Vertreter dieser Reihe.* Bei einer gegebenen Grenzviscosität ist also die Grenzkonzentration der Hemikolloide viel größer als die der Eukolloide (vgl. Tabelle 44—47).

Die *Grenzviscosität* ist für alle Viscositätsmessungen an Lösungen von hochmolekularen Stoffen eine sehr wichtige Größe[2]; denn nur Lösungen, deren Viscosität kleiner als die Grenzviscosität ist, sind Sollösungen. Nur in solchen Lösungen dürfen Viscositätsmessungen zur Bestimmung des Molekulargewichts ausgeführt werden. Da man durch Viscositätsbestimmungen sehr leicht feststellen kann,

Tabelle 48.   Grenzviscosität und Grenzkonzentration verschiedener Hochpolymerer berechnet für ein Molekulargewicht 100000.

Substanz und Lösungsmittel	Grenzviscosität	Grenzkonzentration $= \dfrac{\text{Grenzviscosität}}{K_m \cdot M}$	
		gd-mol.	%
Polystyrol in Benzol	0,42	0,023	0,24
Polypren in Benzol	0,71	0,024	0,16
Polyvinylacetat in Benzol	0,95	0,037	0,32
Cellulosen in SCHWEIZERS Lösung	1,70	0,017	0,28
Triacetylcellulosen in m-Kresol	2,50	0,023	0,66
Trinitrocellulosen in n-Butylacetat	3,05	0,023	0,68

---

[1] Auf diesen allmählichen Übergang von Sollösung in Gellösung soll hier nochmals hingewiesen werden, weil die Bedeutung der Grenzkonzentration mißverständlich aufgefaßt worden ist. Vgl. K. HESS u. J. SAKURADA: Ber. Dtsch. Chem. Ges. **64**, 1183 (1931).

[2] Grenzviscosität abgekürzt $\eta_{sp\,(G)}$. Abkürzung für Grenzkonzentration $c_{(G)}$.

Tabelle 49. Berechnung der Grenzviscositäten.

Stoff	Grundmolekül	Länge des Grund-moleküls Å	Durch-messer des Grund-moleküls Å	Mol.-Gew. des Grund-moleküls	Lösungsmittel	K_m	(Gültig für Polymerisationsgrad 100)					Grenzviscosität, berechnet aus $\eta_{sp} = K_m \cdot M \cdot c$
							Wirkungs-bereich eines Moleküls vom Poly-merisations-grad 100 $\mathrm{Å}^3$	Zahl der Moleküle vom Poly-merisa-tionsgrad 100 in 1 ccm einer 0,1 gd-mol. Lösung	Wirkungs-bereich aller Moleküle vom Polymeri-sationsgrad 100 in 1 ccm einer 0,1 gd-mol. Lösung	Grenzkonzen-tration für Moleküle vom Polymerisations-grad 100 gd-mol.	%	
Paraffine	CH_2 .	1,25	2,5	14	Benzol	$0,8 \cdot 10^{-4}$	$3,07 \cdot 10^4$	$6 \cdot 10^{17}$	$1,84 \cdot 10^{22}$	5,44	7,62	0,61
Polyprane	C_5H_{10}	5,0	3,0	70	Benzol	$3,0 \cdot 10^{-4}$	$5,89 \cdot 10^5$	$6 \cdot 10^{17}$	$3,54 \cdot 10^{23}$	0,282	1,98	0,59
Polyprene	C_5H_8	4,5	3,0	68	Benzol	$3,0 \cdot 10^{-4}$	$4,77 \cdot 10^5$	$6 \cdot 10^{17}$	$2,86 \cdot 10^{23}$	0,350	2,38	0,71
Polystyrole	C_8H_8	2,5	15,0	104	Tetralin	$1,8 \cdot 10^{-4}$	$7,36 \cdot 10^5$	$6 \cdot 10^{17}$	$4,42 \cdot 10^{23}$	0,226	2,35	0,42
Polyoxymethylene	CH_2O	1,9	2,5	30	Chloroform	$2,4 \cdot 10^{-4}$	$7,09 \cdot 10^4$	$6 \cdot 10^{17}$	$4,26 \cdot 10^{22}$	2,35	7,05	1,69
Polyäthylenoxyde	C_2H_4O	1,9*	4,0*	44	Benzol	$1,8 \cdot 10^{-4}$	$1,13 \cdot 10^5$	$6 \cdot 10^{17}$	$6,78 \cdot 10^{22}$	1,47	6,49	1,17*
Polyvinylacetate	$C_4H_6O_2$	2,5	8,0	86	Benzol	$2,6 \cdot 10^{-4}$	$3,93 \cdot 10^5$	$6 \cdot 10^{17}$	$2,35 \cdot 10^{23}$	0,425	3,66	0,95
Polycelloglucan-dihydrate .	$C_6H_{10}O_5$	5,2	7,5	162	Schweizer Lösung	$10 \cdot 10^{-4}$	$1,59 \cdot 10^6$	$6 \cdot 10^{17}$	$9,54 \cdot 10^{23}$	0,105	1,70	1,70
Polytriacetylcelloglucan-diacetate	$C_6H_7O_5(CH_3CO)_3$	5,2	10,0	288	m-Kresol	$11 \cdot 10^{-4}$	$2,12 \cdot 10^6$	$6 \cdot 10^{17}$	$1,27 \cdot 10^{24}$	0,0788	2,27	2,50
Polytrinitrocelloglucan-dinitrate	$C_6H_7O_5(NO_2)_3$	5,2	10,0	297	n-Butylacetat	$13 \cdot 10^{-4}$	$2,12 \cdot 10^6$	$6 \cdot 10^{17}$	$1,27 \cdot 10^{24}$	0,0788	2,34	3,05

* Der Berechnung liegt die Mäanderform des Polyäthylenoxyds zugrunde. Für die Zickzackform berechnet sich die Grenzviscosität zu 0,55.

ob die Viscosität einer Lösung oberhalb oder unterhalb der Grenzviscosität liegt, so kann man leicht bestimmen, ob eine Sollösung oder eine Gellösung vorliegt. In Tabelle 48 sind die Grenzviscositäten der verschiedenen Reihen angegeben und gleichzeitig die Grenzkonzentrationen für hochpolymere Produkte vom Molekulargewicht 100000 angeführt, um zu zeigen, bei welch geringen Konzentrationen man solche hochmolekularen Stoffe untersuchen muß, wenn man im Gebiet der Sollösung arbeiten will.

Die Größe der Grenzviscosität wie die der Grenzkonzentration hängt von den Dimensionen des Grundmoleküls der betreffenden Stoffe ab. Über den Durchmesser der gelösten Moleküle lassen sich bisher keine genauen Angaben machen, deshalb haben die angegebenen Werte nur die Bedeutung von Vergleichszahlen; sie können etwas größer oder geringer werden, wenn man den Durchmesser der Moleküle, den sie in Lösung beanspruchen, kennt. In Tabelle 49 sind die Werte, die den Berechnungen zugrunde liegen, angeführt[1].

VI. Die Natur der hochviscosen Lösungen.

Die hohe Viscosität von relativ niederprozentigen, also 1—3proz. Lösungen hochmolekularer Stoffe ist bei homöopolaren Molekülkolloiden darauf zurückzuführen, daß solche Lösungen Gellösungen sind. In allen Lösungen, deren spez. Viscosität größer als die Grenzviscosität des betreffenden Stoffes ist, sind die Moleküle nicht frei beweglich, sondern behindern sich gegenseitig. In hoher Konzentration erfolgen weiter Assoziationen, die ebenfalls viscositätserhöhend wirken.

Diese gegenseitige Störung der großen Moleküle, ferner ihre Assoziation bewirken, daß die Viscosität nicht proportional mit der Konzentration ansteigt, sondern viel rascher wächst, wenn die Grenzkonzentration überschritten ist. Bei Lösungen niedermolekularer Stoffe sind die η_{sp}/c-Werte in einem viel größeren Konzentrationsbereich als bei solchen hochmolekularer Stoffe konstant. In allen Fällen hört die Konstanz der η_{sp}/c-Werte auf, sobald die Grenzviscosität erreicht oder überschritten wird. In konzentrierten Gellösungen sind die Abweichungen

Tabelle 50. Prozentuale Abweichungen der η_{sp}/c-Werte der Gellösungen von den η_{sp}/c-Werten der Sollösungen bei verschiedenen Konzentrationen (Triacetylcellulose).

Polym. Grad	Grenzkonzentration	Abweichung von η_{sp}/c in Proz., bezogen auf η_{sp}/c einer 0,01 gd-mol. Lösung bei der Grundmolarität			
	gd-mol.	0,025	0,05	0,075	0,1
265	0,030	36	130	274	479
220	0,036	34	127	235	424
165	0,048	29	85	181	255
140	0,056	26	57	105	170
115	0,068	12	49	85	137
60	0,13	5	21	37	61
10	0,79	0	6	17	21

---

[1] Beim Polystyrolmolekül wurde ein Durchmesser von 15 Å angenommen, weil die aus diesem Wert berechnete Grenzkonzentration mit der gefundenen am besten übereinstimmt.

der η_{sp}/c-Werte von den in einer Sollösung gefundenen außerordentlich groß. In der Tabelle 50 sind die prozentualen Abweichungen der η_{sp}/c-Werte für verschiedene Triacetylcellulosen bei verschiedenen Konzentrationen eingetragen. Daraus sieht man, daß die η_{sp}/c-Werte ungefähr um 50% höher sind als die in verdünnten Sollösungen erhaltenen, sobald die Grenzkonzentration erreicht ist, und daß sie im Gebiet der Gellösung noch weit höher werden.

Im Gebiet der Gellösung wird der Zusammenhang zwischen Konzentration und Viscosität durch die ARRHENIUSsche Formel wiedergegeben:

$$\eta_r = 10^{c \cdot K_c}; \qquad K_c = \frac{\log \eta_r}{c}. \tag{9}$$

Diese gilt allerdings nur dann, wenn keine Komplikationen eintreten. Solche sind aber in Lösungen von Eukolloiden z. B. in Gestalt von Abweichungen vom HAGEN-POISEUILLEschen Gesetz vorhanden. Diese Abweichungen werden immer stärker, je höhermolekular die Verbindungen sind und je konzentriertere Gellösungen vorliegen[1].

Ein weiterer Grund für die Ungültigkeit dieser Beziehung in höher konzentrierter Lösung sind die in solchen erfolgenden Assoziationen. Diese brauchen nicht viscositätserhöhend zu wirken; es wird dies von der Form der gebildeten Assoziate abhängen. Wenn durch Assoziation sich „Molekülpakete" fadenförmiger Gestalt bilden, dann kann die Viscosität einer Lösung beträchtlich erhöht werden. Den Eintritt von Assoziation in einer Lösung kann man in allen Fällen daran erkennen, daß die Assoziate sehr unbeständig sind und beim Erwärmen verändert werden, denn die einzelnen Moleküle sind darin nur durch sehr schwache zwischenmolekulare Kräfte zusammengehalten. Beim Erwärmen tritt also eine Viscositätsänderung ein, und zwar sinkt die Viscosität in der Regel, ein Zeichen, daß die in der Kälte gebildeten Assoziate längliche Teilchen sind[2]. Solche in der Wärme zerstörten Assoziate bilden sich beim Abkühlen der Lösung wieder zurück; man sieht es daran, daß die Viscosität wieder auf den ursprünglichen Wert steigt[3]. Die Assoziate sind gewissermaßen den Micellen vergleichbar; sie unterscheiden sich von diesen aber dadurch, daß sie keine Ionenladungen tragen, während Micellen elektrisch geladene Molekülpakete sind.

Aus der hohen Viscosität einer Lösung läßt sich also noch keineswegs auf das Vorliegen von Assoziaten schließen. In einer hochviscosen Lösung eines Hemikolloids sind die Moleküle infolge der hohen Konzentration derselben weitgehend assoziiert. In einer äquiviscosen Lösung eines Eukolloids ist dagegen die Assoziation geringfügig, weil die Konzentration der Lösung noch niedrig ist. Die verschiedene Temperaturabhängigkeit solcher Lösungen zeigt Tabelle 51 am Beispiel zweier Polystyrole. Man ersieht daraus, daß die hochviscose Lösung des Hemikolloids infolge der darin aufgetretenen Assoziationen stark temperaturempfindlich ist im Gegensatz zu der äquiviscosen, aber weniger konzentrierten Lösung des Eukolloids[4].

---

[1] Vgl. Zweiter Teil, A. IV. 4 b.

[2] Durch Viscositätsmessungen kann man eventuell die Form der Assoziate bestimmen.

[3] Bei den Seifen steigt die Viscosität nicht sofort auf den ursprünglichen Wert, da die Micellen sich nur langsam zurückbilden. Die für die Micellbildung bestimmenden Faktoren sind nicht nur die zwischenmolekularen Kräfte, sondern auch die Ionenladungen am Ende der Kette.

[4] Vgl. H. STAUDINGER u. W. HEUER: Ber. Dtsch. Chem. Ges. **62**, 2933 (1929).

Tabelle 51. Temperaturabhängigkeit von äquiviscosen Lösungen eines hemikolloiden und eines eukolloiden Polystyrols (in Tetralin).
(Messungen im UBBELOHDEschen Viscosimeter.)

Hemikolloides Polystyrol vom Durchschnittsmolekulargewicht 3000				Eukolloides Polystyrol vom Durchschnittsmolekulargewicht 150000			
Konzentration gd-mol.	η_{sp} bei 20°	η_{sp} bei 60°	$\dfrac{\eta_{sp}\ 60°}{\eta_{sp}\ 20°}$	Konzentration gd-mol.	η_{sp} bei 20°	η_{sp} bei 60°	$\dfrac{\eta_{sp}\ 60°}{\eta_{sp}\ 20°}$
1	1,19	0,91	0,76	0,05	3,7	3,6	0,97
ca. 3,1	26	13	0,50	0,2	25,4	21,6	0,85
ca. 4,8	316	73	0,23	0,4	236	184	0,78

Um zu untersuchen, ob im Gebiet der Gellösung Assoziation erfolgt ist, macht man Viscositätsmessungen in verschiedenen Konzentrationen und bei verschiedenen Temperaturen. Wenn die Temperaturabhängigkeit der Gellösung eine größere ist als diejenige der Sollösung, so liegen Assoziationen vor. Die Tabelle 52 zeigt, daß in Lösungen eines Polystyrols vom Durchschnittsmolekulargewicht 3000 noch keine Assoziation erfolgt, wenn die Grenzkonzentration überschritten ist, sondern daß diese erst in einer konzentrierteren Gellösung in Erscheinung tritt. Diese Erfahrung, die man allgemein bei Lösungen von Molekülkolloiden macht, zeigt, daß die hohe Viscosität einer Lösung nicht allein die Folge von Assoziationen der gelösten Moleküle ist.

Tabelle 52. Temperaturabhängigkeit und η_{sp}/c-Werte eines Hemipolystyrols vom Durchschnittsmolekulargewicht ca. 3000 in verschiedenen Konzentrationen in Tetralin (Grenzviscosität des Polystyrols = 0,42).

Grundmolarität	η_{sp}		$\dfrac{\eta_{sp}\ (60°)}{\eta_{sp}\ (20°)}$	η_{sp}/c bei 20°	Abweichung vom konst. η_{sp}/c-Wert=0,78 in %	
	20°	60°				
0,1	0,079	0,057	0,72	0,79	—	Sollösung
0,25	0,193	0,172	0,89	0,77	—	
0,5	0,469	0,385	0,82	0,94	20	
0,75	0,789	0,631	0,80	1,05	35	
1,0	1,19	0,91	0,76	1,19	53	Gellösung
ca. 2,8	16	9	0,56	5,7	630	
ca. 3,1	26	13	0,50	8,4	ca. 1000	
ca. 4,8	316	73	0,23	66	ca. 8000	

(Bei $\dfrac{\eta_{sp}\ (60°)}{\eta_{sp}\ (20°)}$: Werte 0,72 bis 0,76 — keine Assoziation; Werte 0,56 bis 0,23 — Assoziation.)

Diese Erklärung für das Wesen der kolloiden Lösungen durch die gegenseitigen Störungen der fadenförmigen Moleküle gilt nur für homöopolare Molekülkolloide. In Lösungen heteropolarer Molekülkolloide liegen andere Verhältnisse vor. Dort wird die hohe Viscosität nicht nur durch die Länge der Fadenionen, sondern vor allem auch durch die Schwarmbildung derselben hervorgerufen. Da diese Schwarmbildung durch Elektrolytzusätze außerordentlich stark beeinflußt wird, ändert sich die Viscosität bei gleicher Konzentration und gleicher Länge der Fadenionen sehr wesentlich mit solchen Zusätzen.

VII. Über die Quellung hochmolekularer Verbindungen[1].

Der Aufbau der hochmolekularen Produkte aus Makromolekülen gibt eine einfache Erklärung für ihre Quellungsfähigkeit. Diese hängt mit der Molekül-

---

[1] STAUDINGER, H.: Kolloid-Ztschr. **54**, 135 (1931).

größe zusammen; denn in polymerhomologen Reihen, z. B. bei Polyprenen (also bei verschiedenen Kautschuksorten), ebenso bei Polystyrolen[1] und Acetylcellulosen beobachtet man je nach dem Molekulargewicht des zur Untersuchung vorliegenden Polymerhomologen große Unterschiede im Quellungsvermögen: die hemikolloiden Produkte, die ein Molekulargewicht von 1000—10000 haben, lösen sich, ohne zu quellen. Mit wachsender Moleküllänge treten beim Lösungsvorgang in zunehmendem Maß Quellungserscheinungen auf, die bei den höchstmolekularen Produkten vom Durchschnittsmolekulargewicht 100000 und mehr sehr beträchtlich sind.

Diese Beobachtungen lassen sich in folgender Weise erklären: bei hemikolloiden Produkten werden die relativ kleinen Moleküle rasch gelöst, bevor das Lösungsmittel in das Innere des Stoffes eindringen kann. Bei den eukolloiden Produkten gehen die Makromoleküle sehr langsam in Lösung; so kann das Lösungsmittel zwischen die langen Moleküle eindringen, bevor die äußeren Moleküle gelöst sind. Dies verschiedene Verhalten beruht auf dem Zusammenwirken einer Reihe von Faktoren. Die zwischenmolekularen Kräfte sind bei hochmolekularen Substanzen größer als bei niedermolekularen. Dadurch sind erstere schwerer löslich als letztere. Bei Lösung sehr langer Moleküle kann ein Teil eines Fadenmoleküls schon solvatisiert, also mit einer monomolekularen Schicht von Lösungsmittelmolekülen umgeben sein, während ein anderer Teil desselben Moleküls noch nicht solvatisiert und mit den nächsten Molekülen durch zwischenmolekulare Kräfte in Verbindung steht.

Weiter wird die Geschwindigkeit, mit der völlig solvatisierte Moleküle in das Lösungsmittel diffundieren, mit wachsender Moleküllänge immer geringer. Bei hemikolloiden Substanzen wandert das solvatisierte Molekül rasch weg; so kann der Lösungsvorgang rasch weiter gehen. Bei Eukolloiden diffundieren die solvatisierten Makromoleküle dagegen sehr langsam, und so bildet sich um den quellenden hochmolekularen Stoff eine Schicht hochkonzentrierter Lösung, aus der die Moleküle nur langsam herausdiffundieren.

Ganz besonders wird dieser Diffusionsvorgang dadurch behindert, daß konzentriertere Lösungen, z. B. 5proz., von makromolekularen Substanzen Gellösungen sind, während sie bei hemikolloiden Produkten Sollösungen sind. In einer Gellösung ist die freie Beweglichkeit der Moleküle behindert und die Diffusion verlangsamt. Die verschiedenen Faktoren, die Zunahme der zwischenmolekularen Kräfte bei wachsendem Molekulargewicht, die Abnahme der Diffusionsgeschwindigkeit, der größere Wirkungsbereich und damit die Behinderung der Moleküle, verlangsamen den Lösungsvorgang, so daß die Lösungsmittelmoleküle Zeit finden, zwischen die Moleküle der hochmolekularen Substanz einzudringen, also eine Quellung hervorzurufen. Im ersten Stadium der Quellung ist dabei die Parallelorientierung der Moleküle noch nicht völlig verlorengegangen. Es liegt dann noch ein festes Gel vor, das erst allmählich in eine Gellösung übergeht, in der die Moleküle Beweglichkeit haben, aber sich noch gegenseitig stören, da der Wirkungsbereich der Moleküle größer ist als das zur Verfügung stehende Volumen der Lösung. Erst nach sehr starker Verdünnung entstehen wahre Lösungen, Sollösungen.

---

[1] Ber. Dtsch. Chem. Ges. **62**, 241 (1929).

Der Lösungsvorgang von hemikolloidem und eukolloidem Kautschuk kann durch die Abb. 21 und 22 schematisch veranschaulicht werden.

Die Quellung der hochmolekularen Verbindungen ist also ein zwischenmolekularer Vorgang, wie schon von KATZ[1] in seinen bekannten Arbeiten über die Quellungen angenommen wurde. Die Quellung ist keineswegs ein Beweis dafür, daß hochmolekulare Stoffe micellar gebaut sind, wie man vielfach angenommen hat.

Diese Betrachtungen gelten nur für homöopolare Molekülkolloide, die unbegrenzt quellen, wie der Kautschuk. Bei begrenzt quellbaren Stoffen sind die Verhältnisse komplizierter als bei ersteren. Wenn ein solcher Stoff homöopolar ist, wie z. B. der unlösliche Kautschuk (der β-Kautschuk)[2], so kann derselbe aus dreidimensionalen Makromolekülen bestehen, die durch Verkettung von Fadenmolekülen entstanden sind. In die Zwischenräume vermag das Lösungsmittel einzudringen, ohne jedoch Fadenmoleküle herauslösen zu können, da ja dieselben unter sich durch normale Co-Valenzen verknüpft sind. Die Quellungsfähigkeit der begrenzt quellenden Produkte variiert daher sehr mit der Häufigkeit solcher Verknüpfungen[3]. Die Form des quellenden Produktes bleibt dabei erhalten, nur vergrößert sich das Volumen; bei unbegrenzt quellenden Stoffen lösen sich dagegen die Moleküle von deren Oberfläche ab, bis schließlich völlige Lösung erfolgt ist.

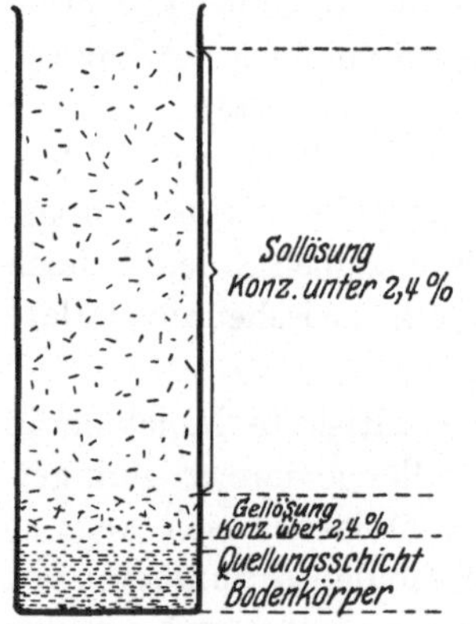

Abb. 21. Lösungsvorgang bei einem 100-Polypren. Hemikolloides Produkt. Lösungsgeschwindigkeit groß. Grenzkonzentration 2,4%.

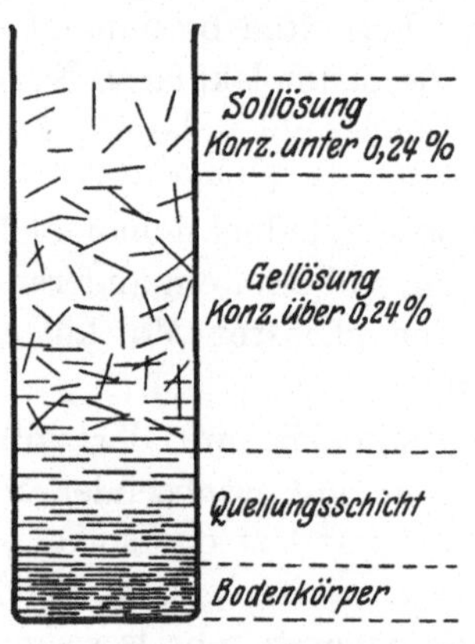

Abb. 22. Lösungsvorgang bei einem 1000-Polypren. Eukolloides Produkt. Lösungsgeschwindigkeit klein. Grenzkonzentration 0,24%.

Eine Systematik der Gele[4] muß daher vor allem die Konstitution der Molekülkolloide berücksichtigen. Dann ergibt sich ohne weiteres, mit welchen Lösungsmitteln die hochmolekularen Stoffe Gele bilden: es sind dieselben, in denen sich die Fadenmoleküle lösen.

VIII. Einteilung der Kolloide.

Auf Grund der neuen Erfahrungen über den Aufbau der hochmolekularen Verbindungen und über die Größe und Gestalt der Kolloidmoleküle in Lösungen dieser Stoffe ist der Kolloidbegriff in der bisherigen Form nicht mehr haltbar.

---

[1] KATZ, J. R.: Kolloidchem. Beihefte 9, 1 (1917) — Ergebnisse der exakten Naturwissenschaften 3 u. 4, 1924/25.

[2] Über dessen Konstitution vgl. H. STAUDINGER u. H. F. BONDY: Liebigs Ann. 488, 153 (1931).

[3] Solche Verknüpfungen können auch durch koordinative Co-Valenzen erfolgen. Z. B. wird Acetylcellulose durch Zinntetrachlorid in ein begrenzt quellendes Produkt übergeführt.

[4] OSTWALD, Wo.: Kolloid-Ztschr. 46, 248 (1928).

Früher bezeichnete man als Kolloide Stoffe mit solchen Teilchen, die einen Durchmesser von $0,1\,\mu$ bis $1\,\mu\mu$ haben[1], und nahm dabei an, daß die Kolloidteilchen annähernd kugelförmig sind. Nun haben gerade die Teilchen der wichtigsten Kolloide, der Molekülkolloide, nicht kugelförmige Gestalt, sondern sind langgestreckte fadenförmige Gebilde. Die Dimensionen der Kolloidteilchen solcher Molekülkolloide sind andere, als man früher bei Kolloiden annahm. Stoffe mit Fadenmolekülen von $1\,\mu\mu$ Länge sind noch niedermolekular, während Fadenmoleküle von einer Länge von $100\,\mu\mu$ in Lösung „kolloide" Eigenschaften hervorrufen. Die charakteristischen eukolloiden Eigenschaften treten aber erst bei einer Länge von $300\,\mu\mu$ und mehr auf. Die längsten Fadenmoleküle haben eine Länge von $1,5\,\mu$, also viel größere Dimensionen als die Kolloidteilchen nach der OSTWALDschen Definition. Es ist nicht ausgeschlossen, daß fadenförmige Gebilde, sowohl Fadenmicellen wie Fadenmoleküle, existieren, die eine Länge von mehreren μ haben. Gerade bei einer solchen Gestalt der Teilchen treten in Lösung die „kolloiden" Eigenschaften besonders stark hervor.

Bei der Beurteilung der Kolloide wird man also nicht nur die Größe der Teilchen zu berücksichtigen haben[2], sondern vor allem ihre Gestalt. Haben die Teilchen annähernd kugelförmige Gestalt, so sind dieselben, wenn sie einen Durchmesser von $0,1\,\mu$ bis $1\,\mu\mu$ haben in günstigen Fällen ultramikroskopisch sichtbar und diffundieren und dialysieren nicht, resp. sehr langsam. Haben dagegen die Teilchen lange fadenförmige Gestalt, so sind sie ultramikroskopisch nicht sichtbar, auch wenn sie in der einen Dimension eine Länge von über $1\,\mu$ haben, denn ihre Sichtbarkeit wird durch den geringen Durchmesser der Moleküle verhindert. Wie sich solche fadenförmige Gebilde bei der Diffusion und bei der Dialyse verhalten, ist noch wenig bekannt. Es ist aber wahrscheinlich, daß auch fadenförmige Gebilde beträchtlicher Länge durch enge Poren diffundieren und dialysieren können, so daß auch dieses Unterscheidungsmerkmal der Kolloidteilchen von molekulardispers gelösten Teilchen unsicher ist.

Die Unterschiede der kugelförmigen und langgestreckten Teilchen beruhen weiter darauf, daß ihre Masse bei gleicher Länge eine ganz verschiedene ist. Die Molekulargewichte von kugelförmigen Teilchen nehmen, wie eine Berechnung von Wo. OSTWALD[3] zeigt, mit wachsendem Durchmesser sehr rasch zu. Dieser berechnete z. B. für ein kugelförmig gedachtes Teilchen vom Molekulargewicht 10^3 und der Dichte 1 einen Durchmesser von $1,85\,\mu\mu$, für ein Teilchen vom Molekulargewicht 10^5 und der gleichen Dichte einen Durchmesser von nur $6,8\,\mu\mu$. Da Kautschuk annähernd die Dichte 1 hat, so hätte ein Teilchen dieses Stoffes bei kugelförmiger Gestalt vom Durchmesser $6,8\,\mu\mu$ ein Molekulargewicht von 100000, mit anderen Worten: einen Polymerisationsgrad von 1500. Tatsächlich haben die fadenförmigen Kautschukmoleküle vom Molekulargewicht 100000 eine Länge von $680\,\mu\mu$, also eine hundertfach größere Ausdehnung als bei Kugelform. Kautschukmoleküle mit einer Länge von $6,8\,\mu\mu$ haben dagegen nur einen Polymerisationsgrad von 15, also ein Molekulargewicht von 1000, sind also relativ niedermolekular.

---

[1] OSTWALD, Wo.: Welt der vernachlässigten Dimensionen, 9. Aufl., S. 20.

[2] Vgl. H. STAUDINGER: Ber. Dtsch. Chem. Ges. **62**, 2906 (1929); ferner Wo. OSTWALD: Difforme Systeme. Kolloid-Ztschr. **55**, 257 (1931).

[3] OSTWALD, Wo.: Kolloid-Ztschr. **53**, 44 (1930).

Es ist aber nicht nur die Abgrenzung der Kolloide von den übrigen dispersen Systemen in der früheren Form nicht mehr durchzuführen, sondern es ist auch, worauf schon früher hingewiesen wurde, die frühere Einteilung der Kolloide nicht mehr haltbar[1]. Ihre Einteilung in lyophobe und lyophile Kolloide begründete[2] sich auf Unterschiede im Verhalten gegenüber dem Lösungsmittel. Man bezeichnete als lyophile Kolloide vielfach solche, die hochviscose Lösungen geben, denn man brachte die hohe Viscosität mit besonderen Solvatationserscheinungen in Zusammenhang. Die Lösungen von lyophoben Kolloiden sind dagegen niederviscos. Diese Einteilung wird hinfällig, nachdem man jetzt erkannt hat, daß die hohe Viscosität der Lösung auf die Fadenform der Teilchen zurückzuführen ist. Auch die Einteilung der Kolloide in Suspensoide und Emulsoide[3], die von manchen Forschern durchgeführt wird, ist in dieser Form nicht brauchbar, denn die Molekülkolloide, die man früher den Emulsoiden zugerechnet hat, sind keineswegs durch Dispersion einer flüssigen Phase in einem flüssigen Dispersionsmittel entstanden.

Teilt man die Kolloide nach ihrer charakteristischen Eigenschaft, nämlich nach der Viscosität ihrer Lösungen ein, so können zwei Gruppen unterschieden werden. In *die erste* gehören *Kolloide mit kugelförmigen Teilchen*. Verdünnte Lösungen derselben sind niederviscos. Die Viscosität ist weiter annähernd unabhängig vom Verteilungsgrad, also der Größe der Kolloidteilchen; die kolloiden Lösungen gehorchen dem EINSTEINschen Gesetz. Bei dieser Gruppe von Kolloiden kann mit zunehmender Verteilung die Viscosität steigen, da die Oberfläche der gelösten Teilchen mit zunehmendem Verteilungsgrad größer wird und so die Summe der Solvathüllen der gelösten Teilchen zunimmt. Darauf hat schon Wo. OSTWALD[4] aufmerksam gemacht. In diese Gruppe von Kolloiden gehören die Suspensoide und Emulsoide, die durch Verteilung irgendeines festen oder flüssigen Stoffes in einem flüssigen Dispersionsmittel entstehen.

Eine zweite *Gruppe* von *Kolloiden ist die mit langgestreckten Teilchen*. Verdünnte Lösungen solcher Kolloide sind schon hochviscos. Derartige Lösungen gehorchen nicht dem EINSTEINschen Gesetz. Die Viscosität ist also nicht unabhängig vom Verteilungsgrad, sondern es gilt hier allgemein die Beziehung, daß die Viscosität gleichkonzentrierter Lösungen proportional der Länge der Teilchen anwächst. Weiter nimmt die Viscosität nicht proportional der Konzentration zu, sondern sie steigt sehr viel stärker an, sobald die Grenzkonzentration der kolloiden Lösungen überschritten ist. Hierher gehören die Molekülkolloide und die meisten Micellkolloide.

Am zweckmäßigsten ist es, die Kolloide nach ihrer Darstellungsart und nach dem inneren Bau der Kolloidteilchen einzuteilen. So kann man Suspensoide, Emulsoide, Micellkolloide, Assoziationskolloide und Molekülkolloide unterscheiden.

Die *Molekülkolloide*, die in diesem Buch behandelt sind, sind Stoffe, bei denen die Kolloidteilchen in verdünnter Lösung Makromoleküle darstellen. Hier

---

[1] Vgl. H. STAUDINGER: Ber. Dtsch. chem. Ges. **59**, 3019 (1926); **62**, 2893 (1929) — Kolloid-Ztschr. **53**, 19 (1930).

[2] FREUNDLICH, H: Capillarchemie, 4. Aufl., **2**, 3 (1932).

[3] OSTWALD, WO.: Welt der vernachlässigten Dimensionen, 9. Aufl., S. 32, 33 (1927) — KRUYT, H. R.: Colloids. New York 1930.

[4] Vgl. WO. OSTWALD: Kolloid-Ztschr. **12**, 213 (1913) — Grundriß der Kolloidchemie, 7. Aufl., S. 217. Vgl. S. ODÉN: Ztschr. f. physik. Ch. **80**, 709 (1912).

erhält man die kolloide Lösung dadurch, daß man den hochmolekularen Stoff, der schon aus Makromolekülen aufgebaut ist, in normaler Weise auflöst. Es ist also hier keine besondere Dispersionsmethode zur Herstellung der kolloidalen Lösung notwendig. Die Makromoleküle der hochmolekularen Stoffe haben fast alle, soweit sie untersucht sind, Fadenform, und daraus resultieren die Eigenschaften der hochviscosen Lösungen. Es ist durchaus denkbar, daß auch organische Molekülkolloide mit kugelförmigen Molekülen existieren. Solche Molekülkolloide müßten dann trotz der Größe der Moleküle niederviscose Lösungen geben. In der Tat existieren Eiweißstoffe mit annähernd kugelförmigen Teilchen, deren Lösungen niederviscos sind[1], doch ist der Bau dieser Teilchen noch nicht untersucht, und es ist nicht bekannt, ob diese Teilchen wirklich Moleküle darstellen. Der Synthese von hochmolekularen Substanzen mit kugelförmigen Teilchen bieten sich große Schwierigkeiten.

Eine zweite Gruppe sind die *Micellkolloide*. Sie entstehen aus heteropolaren organischen Verbindungen mit hochmolekularem Anion oder Kation, und zwar bilden sie sich dadurch, daß die hochmolekularen organischen Ionen sich längs zusammenlagern. Dadurch ist die Wachstumsrichtung quer zur Längsrichtung der langen Moleküle stark begünstigt, und es kommt zur Ausbildung der langen Micellen, wie es Abb. 23 wiedergeben kann[2].

An der Oberfläche der so gebildeten Micellen stehen die Ionenladungen. Durch diese Micellbildung wird die Oberfläche des hydrophoben Anteils, also des organischen Restes, verringert, zugunsten des hydrophilen Anteils, der Ionen. Infolge dieser langgestreckten Gestalt

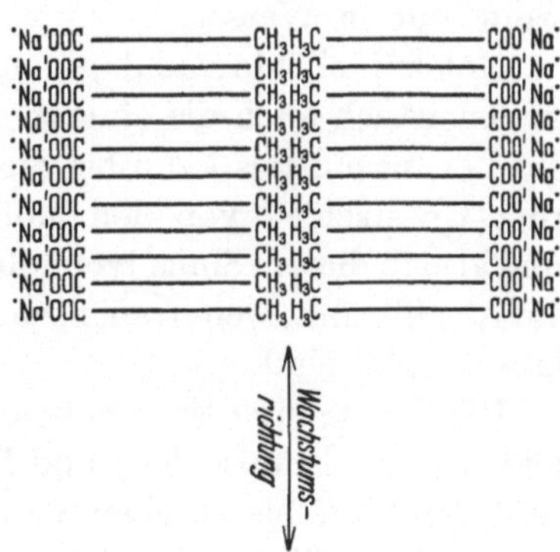

Abb. 23.   Aufbau einer Seifenmicelle.

der Teilchen zeigen sich, wie auseinandergesetzt, die weitgehenden Beziehungen in der Natur der kolloiden Lösungen der Micellkolloide und der Molekülkolloide. Die Micellkolloide unterscheiden sich aber trotz vieler Analogien mit den Molekülkolloiden sehr weitgehend von letzteren. Die Fadenmoleküle sind starre beständige Gebilde infolge der starken Hauptvalenzkräfte, die von Atom zu Atom in der Kette wirken. Die Fadenmicellen sind unbeständig, weil nur schwache zwischenmolekulare Kräfte ihren Aufbau bedingen. Diesen Unterschied zwischen Micellkolloiden und Molekülkolloiden begründet zu haben, ist ein wesentliches Resultat der vorliegenden Untersuchungen.

Teilchen kolloider Größe können in Lösung auch dadurch entstehen, daß kleinere Moleküle in konzentrierter Lösung assoziieren. Dabei bilden sich, nach Viscositätsuntersuchungen zu schließen, Teilchen von langgestreckter Gestalt, denn die Viscosität steigt außerordentlich stark an, wenn solche Assoziationen eintreten. Über die Größe und den speziellen Bau dieser *Assoziate* läßt sich aber heute noch nichts Näheres sagen. Ebensowenig läßt sich die Größe und die Form

---

[1] Darauf gründet sich eine neue Einteilung der Eiweißstoffe durch G. Boehm und R. Signer: Helv. chim. Acta **14**, 1370 (1931).

[2] Lawrence: A. S. C.: Kolloid-Ztschr. **50**, 12 (1930). — Thiessen, P. A., u. Spychalski: Ztschr. f. physik. Ch. (A) **156**, 436 (1931).

der Kolloidteilchen bestimmen, die durch Schwarmbildung aus Fadenionen entstehen oder durch koordinative Bindungen zwischen einzelnen Molekülen. Hier fehlen noch die experimentellen Grundlagen.

Eine ganz andere Gruppe von Kolloiden sind dagegen die *Suspensoide und Emulsoide*. Jeder Stoff kann, wie vor allem Wo. Ostwald in seinen verschiedenen Schriften betont hat, durch geeignete Dispergierungsmethoden in kolloide Verteilung gebracht werden, es können also daraus Teilchen hergestellt werden, die einen Durchmesser von 0,1 μ bis 1 $\mu\mu$ haben. Nach dem Vorschlag von Wo. Ostwald kann man zwei Gruppen von Solen unterscheiden: die Suspensionskolloide oder Suspensoide und die Emulsionskolloide oder Emulsoide, die Suspensoide mit einer festen dispersen Phase, die Emulsoide mit einer flüssigen, beide in einem flüssigen Dispersionsmittel. Bei niedermolekularen organischen Verbindungen ist die Herstellung einer solchen Suspension oder Emulsion nur dann möglich, wenn der betreffende Stoff in dem Dispersionsmittel völlig unlöslich ist. Also Zucker kann z. B. in Benzol kolloid verteilt werden[1], umgekehrt Kohlenwasserstoffe nur in Wasser.

Molekülkolloide sind dagegen, wie gesagt, gerade in den Lösungsmitteln löslich, in denen sich auch die einfach gebauten Grundkörper auflösen. Durch Wechsel des Lösungsmittels kann bei Suspensoiden eine normale Lösung erreicht werden, zum Unterschied von den Molekülkolloiden. Die Suspensoide und Emulsoide sind also in diesem Sinne lyophob und prinzipiell verschieden von Molekülkolloiden, die lyophil sind, weiter auch von den Micellkolloiden, die infolge der Ionen ebenfalls lyophil sind.

Die Herstellung einer kolloiden Lösung aus einem festen Stoff ist bei Suspensoiden (resp. Emulsoiden) und Molekülkolloiden ganz verschieden. Bei ersteren muß der Stoff bis zu einer bestimmten Verteilung dispergiert werden, während bei den Molekülkolloiden fertiggebildete Moleküle in Lösung gehen. Das Schema von Wo. Ostwald, wonach die groben Dispersionen über die Kolloide mit den molekularen Lösungen durch Übergänge verbunden sind, ist bei den Suspensionen derart begrenzt, daß wir zwar die Übergänge zwischen groben Suspensionen bis zu den kleinsten Kolloidteilchen kennen, daß aber der kontinuierliche Übergang zwischen einer kolloidalen Suspension und der molekularen Verteilung, z. B. bei dem in Benzol suspendierten Zucker, nicht herzustellen ist.

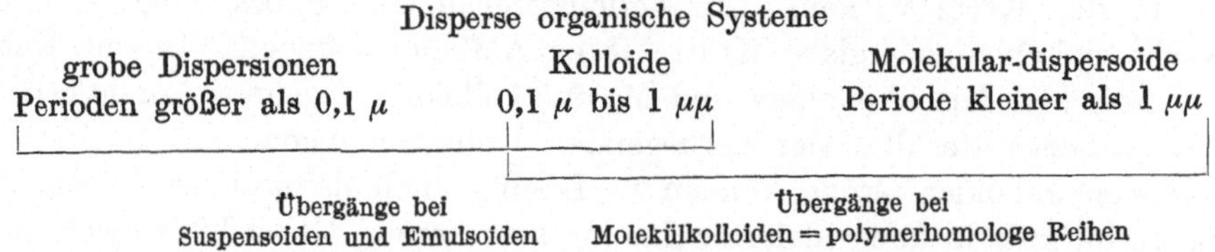

Disperse organische Systeme

grobe Dispersionen	Kolloide	Molekular-dispersoide
Perioden größer als 0,1 μ	0,1 μ bis 1 $\mu\mu$	Periode kleiner als 1 $\mu\mu$

Übergänge bei   Übergänge bei
Suspensoiden und Emulsoiden   Molekülkolloiden = polymerhomologe Reihen

Die Größe von Kolloidmolekülen in polymerhomologen Reihen kann dagegen nicht unbegrenzt wachsen, da zu große Moleküle schließlich unlöslich sind oder in Lösung zerbrechen[2]. Hier haben wir also in einer polymerhomologen Reihe nur die Übergänge zwischen den kleinsten Molekülen bis zu Kolloidmolekülen einer solchen Größe, daß die Moleküle noch in Lösung gehen können, resp. in

---

[1] Vgl. P. P. v. Weimarn: Kolloid-Ztschr. **36**, 118, 176 (1925).
[2] Vgl. Zweiter Teil, A. IV. 5a.

Lösung, ohne zu zerfallen, noch beständig sind. Der Übergang zu der grobdispersen Verteilung fehlt in diesem Fall. Der eine Teil des OSTWALDschen Schemas ist also nur für die Suspensoide, der andere nur für die Molekülkolloide anwendbar, ein Punkt, der bisher übersehen wurde.

Die Molekülkolloide, die Kolloide im GRAHAMschen Sinne und die Suspensoide und Emulsoide haben also nichts Gemeinsames. Es könnte darum zweckmäßig erscheinen, diese letzteren überhaupt nicht mehr als Kolloide zu bezeichnen, sondern als Dispersoide, und den Namen „Kolloide“ den Stoffen zu reservieren, für die GRAHAM ihn geschaffen hat, wenn nicht schließlich Übergänge zwischen den einzelnen Gruppen, vor allem bei anorganischen Kolloiden, vorhanden wären.

Bei anorganischen Kolloiden spielen, entsprechend dem ganz andersartigen Bau dieser Stoffe, die Molekülkolloide eine ganz untergeordnete Rolle. Die polymeren Kieselsäuren können als Molekülkolloide betrachtet werden. Der Bau dieser Kolloidteilchen ist aber hier schon weit komplizierter als der der homöopolaren organischen Kolloide, da hier koordinative Bindungen eine Rolle spielen: man kann Parallelen ziehen zwischen den Kolloidmolekülen der Polykieselsäuren und Polyacrylsäuren[1].

Die Bearbeitung der Molekülkolloide wird also wesentlich eine Aufgabe der organischen Chemie sein. Sie ist für die physiologische Chemie und Biologie von der größten Bedeutung, weil die wichtigsten Lebensprozesse Umsetzungen an makro-molekularen Verbindungen sind.

H. Bildung und chemisches Verhalten der hochpolymeren Stoffe.

I. Über den Bau der Ketten der Hochpolymeren.

In vorstehenden Ausführungen wurde angenommen, daß in den Fadenmolekülen die Grundmoleküle gleichartig angeordnet sind. Dies ist bei synthetischen Polymeren nicht immer der Fall. So hat z. B. G. STEIMMIG[2] nachgewiesen, daß der synthetische Kautschuk nicht völlig den gleichen Bau hat wie der natürliche Kautschuk. Im ersteren sind die Isoprenreste nicht mit derselben Regelmäßigkeit aneinander gereiht wie im letzteren, wie der Ozonabbau erkennen läßt.

$$-CH_2-CH_2-CH=\overset{\overset{\displaystyle CH_3}{|}}{C}-CH_2-CH_2-\overset{\overset{\displaystyle CH_3}{|}}{C}=CH-CH_2-CH_2-CH=\overset{\overset{\displaystyle CH_3}{|}}{C}-CH_2-CH_2-CH=\overset{\overset{\displaystyle CH_3}{|}}{C}-CH_2-CH_2-$$

Synthetischer Kautschuk

Allerdings dürfte dieser geringe Unterschied im Bau der Kette nicht allein dafür verantwortlich sein, daß der synthetische Kautschuk etwas andere Eigenschaften hat als der Naturkautschuk. Denn einmal haben die Fadenmoleküle bei dem synthetischen Kautschuk und beim Naturprodukt nicht die gleiche Länge; vor allem können aber bei der Synthese auch noch andersartige Reaktionen vor sich gehen, außer der oben skizzierten. Es tritt z. B. eine Verknüpfung der einzelnen Fadenmoleküle untereinander ein. So sind die synthetischen Kautschuke z. T. unlöslich und nur quellbar, da sie dreidimensionale Moleküle enthalten.

Auch beim Butadienkautschuk sind die Grundmoleküle nicht gleichmäßig in 1—4-Stellung zusammengetreten; denn beim oxydativen Abbau läßt sich

---

[1] Vgl. Zweiter Teil, D.   [2] STEIMMIG, G.: Ber. Dtsch. Chem. Ges. **47**, 350, 852 (1914).

Bernsteinsäure als Reaktionsprodukt nur in untergeordneter Menge gewinnen. Auch hier muß eine kompliziertere und unregelmäßigere Verknüpfung der einzelnen Grundmoleküle stattgefunden haben.

Ein weiteres Beispiel für die unregelmäßige Verknüpfung der Grundmoleküle im polymeren Molekül ist das Polydimethylketen, das weder nach Formel (I) noch nach Formel (II) konstituiert ist; in dem Fadenmolekül des Polymeren müssen vielmehr, nach den Spaltprodukten zu urteilen, beide Gruppierungen vertreten sein, so daß man das Polymere etwa nach Formel (III) formulieren muß[1]:

$$\cdots \overset{(CH_3)_2}{\underset{\|}{C}} - - \overset{O}{\underset{\|}{C}} - \left[\overset{(CH_3)_2}{\underset{\|}{C}} - - \overset{O}{\underset{\|}{C}} \right]_x - \overset{(CH_3)_2}{\underset{\|}{C}} - - \overset{O}{\underset{\|}{C}} \cdots \qquad (I)$$

$$\cdots \overset{(CH_3)_2}{\underset{\|}{\underset{\overset{\|}{C}}{C}}} - O - \left[\overset{(CH_3)_2}{\underset{\|}{\underset{\overset{\|}{C}}{C}}} - O \right]_x - \overset{(CH_3)_2}{\underset{\|}{\underset{\overset{\|}{C}}{C}}} - O \cdots \qquad (II)$$

$$\cdots \overset{(CH_3)_2}{\underset{\|}{\underset{\overset{\|}{C}}{C}}} - O - \overset{O}{\underset{\|}{C}} - - \overset{(CH_3)_2}{\underset{\|}{C}} - \overset{O}{\underset{\|}{C}} - - \overset{(CH_3)_2}{\underset{\|}{\underset{\overset{\|}{C}}{C}}} - \overset{O}{\underset{\|}{C}} - O - \overset{(CH_3)_2}{\underset{\|}{C}} - - \overset{O}{\underset{\|}{C}} \cdots \qquad (III)$$

Das δ-Polyoxymethylen, das beim Kochen des γ-Polyoxymethylens mit Wasser entsteht, ist ein weiteres Beispiel dafür, daß im Polymeren die einzelnen Grundmoleküle nicht immer regelmäßig angeordnet sind. Denn dieses Produkt enthält neben den $-CH_2-O-CH_2-O-$-Bindungen auch folgende Gruppierung der Formaldehydgruppe, die sich durch eine CANNIZAROsche Umlagerung aus der ersten Gruppierung gebildet hat[2].

$$\cdots O-CH_2-O-CH_2-O-CH_2 \cdots \rightarrow$$
$$\rightarrow \cdots O-\underset{\underset{OH}{|}}{CH}-CH_2-O-CH_2 \cdots$$

Bei anderen synthetischen Polymeren, wie beim Polystyrol und beim Polyvinylacetat, haben sich bisher solche Ungleichmäßigkeiten im Bau der Kette nicht nachweisen lassen; es wird aber auch schwer sein, andersartige Gruppierungen analytisch zu erfassen, wenn sie nicht sehr reichlich im Fadenmolekül vertreten sind. Bei den hochmolekularen Naturprodukten wie Kautschuk, Cellulose, Stärke, Lichenin[3] sind natürlich solche Unregelmäßigkeiten im Bau der Kette durchaus möglich; sie würden sich aber bei der Größe der Moleküle völlig der Beobachtung entziehen, falls sie nur selten im Molekül vertreten sind. Umgekehrt

---

[1] STAUDINGER, H.: Helv. chim. Acta **8**, 306 (1925).

[2] Vgl. H. STAUDINGER u. R. SIGNER: Liebigs Ann. **474**, 232 (1929). Alle anderen Polyoxymethylene enthalten dagegen außer den Endgruppen nur die normale Gruppierung im Fadenmolekül. Deshalb kann bei den Polyoxymethylenen mit Ausnahme des δ-Polyoxymethylens durch Bestimmung des Formaldehydgehaltes nach der Spaltung des polymeren Moleküls der Polymerisationsgrad ermittelt werden.

[3] P. KARRER erhielt aus dem Lichenin Cellobiose und betrachtet es deshalb als eine Art kolloidlöslicher Cellulose, vgl. Helv. chim. Acta **6**, 800 (1923). Diese Auffassung ist heute nicht mehr haltbar. Der Unterschied beider Polysaccharide muß auf einer verschiedenen Anordnung der Glykosebausteine in der Kette beruhen.

ist es gerade bei diesen polymeren Naturprodukten durchaus möglich, daß hier ganz regelmäßig ein Grundmolekül an das andere gereiht ist[1].

II. Endgruppen der Fadenmoleküle.

Bei einer großen Reihe von natürlichen und synthetischen Hochpolymeren, wie Kautschuk und Balata, Cellulose und Stärke, liegen Fadenmoleküle vor, deren Länge durch die vorstehenden Untersuchungen jetzt bekannt ist. Die Konstitutionsaufklärung dieser Stoffe im Sinne der organischen Chemie ist aber nicht beendet, solange nicht die Endgruppen dieser langen Moleküle nachgewiesen sind. Wenn zahlreiche ungesättigte Einzelmoleküle zu einem langen Fadenmolekül vereinigt werden, oder wenn zahlreiche Glykosemoleküle glykosidisch miteinander gebunden werden, dann müssen am Ende dieser Ketten ungesättigte Atome vorhanden sein (I), wenn nicht andere Gruppierungen die Enden der Kette abschließen (II und III), oder die beiden ungesättigten Endvalenzen sich gegenseitig unter Ringschluß absättigen (IV).

Als Formel z. B. des Polystyrols kommen so folgende vier Möglichkeiten in Betracht[2]:

$$-\overset{\overset{\textstyle C_6H_5}{|}}{CH}-CH_2-\left[\overset{\overset{\textstyle C_6H_5}{|}}{CH}-CH_2\right]_x-\overset{\overset{\textstyle C_6H_5}{|}}{CH}-CH_2- \qquad (I)$$

Freie Endvalenzen

$$R-\overset{\overset{\textstyle C_6H_5}{|}}{CH}-CH_2-\left[\overset{\overset{\textstyle C_6H_5}{|}}{CH}-CH_2\right]_x-\overset{\overset{\textstyle C_6H_5}{|}}{CH}-CH_2-R \qquad (II)$$

Absättigung der Endvalenzen durch andere Gruppen[3]

$$\overset{\overset{\textstyle C_6H_5}{|}}{CH_2}-CH_2-\left[\overset{\overset{\textstyle C_6H_5}{|}}{CH}-CH_2\right]_x-\overset{\overset{\textstyle C_6H_5}{|}}{C}=CH_2 \qquad (III)$$

Wanderung eines H-Atoms

$$\overset{\overset{\textstyle C_6H_5}{|}}{CH}-CH_2-\left[\overset{\overset{\textstyle C_6H_5}{|}}{CH}-CH_2\right]_x-\overset{\overset{\textstyle C_6H_5}{|}}{CH}-CH_2 \qquad (IV)$$

Ringschluß

Die chemische und physikalische Untersuchung — insbesondere Viscositätsmessungen — einer großen Zahl von Hochpolymeren ergab, daß Formel (I) und (IV), also Fadenmoleküle mit freien Endvalenzen und hochmolekulare Ringe, nicht zutreffen können. Alle untersuchten Polymeren besitzen Fadenmoleküle mit irgendwelchen Endgruppen. Solche Endgruppen sind bei einigen synthetischen polymeren Stoffen mit Sicherheit nachgewiesen. Die Endgruppen an den Ketten der hochmolekularen Naturprodukte sind dagegen nicht bekannt; die Erforschung ihres Baues ist aber von Bedeutung, auch wenn sie

---

[1] R. Pummerer, G. Ebermayer, K. Gerlach: Ber. Dtsch. Chem. Ges. **64**, 809 (1931), konnten durch Verbesserung des Ozonabbaues zeigen, daß ca. 90% der Isoprengruppen in den Fadenmolekülen des Kautschuks gleichmäßig gebunden sind.

[2] Vgl. H. Staudinger: Ber. Dtsch. Chem. Ges. **59**, 3035 (1926).

[3] Auch eine Absättigung durch Umlagerungen an der Endgruppe kommt in Betracht. Vgl. E. Bergmann: Liebigs Ann. **480**, 49 (1930) — Ber. Dtsch. Chem. Ges. **64**, 1493 (1931).

prozentual nur ein geringer Teil des Moleküls sind. Es läßt sich bei synthetischen Produkten zeigen, daß die Endgruppen das chemische Verhalten der langen Moleküle sehr wesentlich beeinflussen können, nämlich dann, wenn ein Abbau oder Aufbau der Fadenmoleküle vom Ende aus erfolgt.

Die Art der Endgruppen konnte bisher nur bei synthetischen Polymeren festgestellt werden und auch hier nur bei ganz besonders übersichtlichen Bildungsbedingungen des Fadenmoleküls; darum muß diese Frage der Endgruppen im Zusammenhang mit der Bildung der Polymeren besprochen werden.

III. Bildung der Polymeren.

1. Durch kondensierende Polymerisation.

Fadenmoleküle können dadurch entstehen, daß sich ein ungesättigtes Molekül unter Wasserstoffwanderung an ein anderes anlagert usw. Es entsteht das hochmolekulare Polymerisationsprodukt über eine Reihe von Zwischenprodukten, von denen jedes für sich existenzfähig ist und bei geeigneter Wahl der Polymerisationsbedingungen auch erhalten werden kann. Ein Beispiel für diesen Polymerisationsverlauf ist die Bildung von Polyoxymethylen-dihydraten, die durch Anlagerung von Formaldehyd an Methylenglykol entstehen. Je nach der Konzentration der Formaldehydlösungen und je nach der Temperatur entstehen bei dieser kondensierenden Polymerisation mehr oder weniger hochpolymere Stoffe der betreffenden polymerhomologen Reihe[1]. Die Endgruppen der Fadenmoleküle werden im Verlauf des Polymerisationsprozesses gebildet. Man kann dabei durch Zusatz von Methyl- oder Äthylalkohol auch Methoxyl- oder Äthoxylgruppen als Endgruppen des Fadens einfügen. Auf diese Weise entsteht das γ-Polyoxymethylen. Das Weiterwachsen des Fadens ist natürlich durch eine solche Endgruppe verhindert.

Auf ähnliche Weise bilden sich durch kondensierende Polymerisation aus Äthylenoxyd und Glykol oder Glykolchlorhydrin polymere Produkte, deren Endgruppen man durch die Art des Polymerisationsprozesses erkennt. Hierher gehören auch die von Carothers[2] untersuchten Produkte, z. B. die polymeren Glykolester der Oxalsäure, Bernsteinsäure usw. Auch hier kann man aus dem Verlauf des kondensierenden Polymerisationsprozesses auf die Art der Endgruppe schließen. Whitby und Katz[3] nahmen an, daß auch Polyindene und Polystyrole ganz analog durch kondensierende Polymerisation entstehen, dadurch, daß ein Molekül des ungesättigten Kohlenwasserstoffes unter Wasserstoffwanderung sich an ein anderes anlagere.

1. Inden:

$$
\begin{array}{ccccccccc}
C_6H_4\!-\!CH_2 & & C_6H_4\!-\!CH_2 & C_6H_4\!-\!CH_2 & & C_6H_4\!-\!CH_2 & \left[C_6H_4\!-\!CH_2\right] & C_6H_4\!-\!CH_2 \\
\mid\quad\ \mid & \rightarrow & \mid\qquad\ \mid & \mid\qquad\ \mid & \rightarrow & \mid\qquad\ \mid & \left[\ \mid\qquad\ \mid\ \right] & \mid\qquad\ \mid \\
CH\!=\!\!=\!CH & & CH_2\!-\!CH\!-\!C\!=\!\!=\!CH & & CH_2\!-\!CH\!-\!\left[CH\!-\!CH\right]_x\!-\!C\!=\!\!=\!CH
\end{array}
$$

2. Styrol:

$$
\begin{array}{ccccccccc}
C_6H_5 & & C_6H_5 & C_6H_5 & & C_6H_5 & \left[C_6H_5\right] & C_6H_5 \\
\mid & \rightarrow & \mid & \mid & \rightarrow & \mid & \left[\ \mid\ \right] & \mid \\
CH\!=\!CH_2 & & CH_2\!-\!CH_2\!-\!C\!=\!CH_2 & & CH_2\!-\!CH_2\!-\!\left[CH\!-\!CH_2\right]_x\!-\!C\!=\!CH_2
\end{array}
$$

---

[1] Vgl. H. Staudinger, R. Signer, H. Johner, O. Schweitzer u. W. Kern: Liebigs Ann. **474**, 238 (1929). Vgl. auch Zweiter Teil, B. III.

[2] Carothers, W. H.: Journ. Amer. Chem. Soc. **51**, 2548 (1929); **52**, 314, 711, 3292 (1930).

[3] Whitby, G. S., u. M. Katz: Journ. Amer. Chem. Soc. **50**, 1160 (1928). Vgl. auch W. Gallay: Kolloid-Ztschr. **57**, 2 (1931).

Ein derartiger Polymerisationsverlauf kann aber nicht zur Bildung sehr hochmolekularer Produkte führen, denn schon das Distyrol und Tristyrol, welche nach obiger Formel gebaut sind[1], lagern monomeres Styrol nicht mehr an.

Die kondensierenden Polymerisationsprozesse können überhaupt nicht zu sehr hochmolekularen Produkten führen, bei denen 1000 und mehr Einzelmoleküle in einer Kette gebunden sind; denn die Reaktionsfähigkeit eines polymeren Moleküls nimmt mit wachsender Moleküllänge rasch ab. Nur im günstigsten Fall, bei den Polyoxymethylenen, können sich nach diesem Reaktionsschema längere Fadenmoleküle ausbilden, infolge der enormen Reaktionsfähigkeit des monomeren Formaldehyds. Aber bereits beim Äthylenoxyd entstehen die höhermolekularen Polymerisationsprodukte nicht durch eine kondensierende Polymerisation, sondern durch Kettenpolymerisation[2].

2. Bildung von Fadenmolekülen mit bekannten Endgruppen durch Abbau von hochmolekularen Produkten.

Fadenmoleküle mit bekannten Endgruppen kann man in einer Reihe von Fällen dadurch herstellen, daß man synthetische Produkte oder hochmolekulare Naturprodukte abbaut. Die Art der Spaltung der langen Moleküle gibt dann Aufschluß über die Art der Endgruppen in den entstehenden kürzeren Fadenmolekülen. So werden z. B. aus hochmolekularem Polyoxymethylen durch Abbau mit einer unzureichenden Menge Essigsäureanhydrid oder mit Methylalkohol und Schwefelsäure die polymerhomologen Reihen der Polyoxymethylen-diacetate[3] oder Polyoxymethylen-dimethyläther[4] erhalten.

Durch acetylierenden Abbau von Cellulose erhält man die polymerhomologe Reihe der Polytriacetylcelloglucandiacetate, eine Reaktion, die der Spaltung der Polyoxymethylene mit Essigsäureanhydrid analog ist[5].

Durch oxydativen Abbau von eukolloiden Polystyrolen mit Kaliumpermanganat entstehen hemikolloide Produkte, die nach der Darstellungsart Carboxylgruppen an den Enden der Ketten tragen müssen, obwohl sich diese „Polystyrolcarbonsäuren" nicht in der gewöhnlichen Weise als Säuren identifizieren lassen[6].

Durch oxydativen Abbau des Kautschuks, z. B. mit Luftsauerstoff, werden vermutlich hemikolloide Polyprene entstehen mit sauerstoffhaltigen Endgruppen; aber auch diese ließen sich bisher nicht charakterisieren. Die Einwirkung von Sauerstoff auf Kautschuk verläuft kompliziert, da nicht nur ein Abbau eintritt, sondern auch Sauerstoff an die Kette angelagert werden kann[7].

3. Bildung von Hochpolymeren durch Kettenreaktion.

Durch die kondensierende Polymerisation können, wie gesagt, keine sehr hochmolekularen Produkte entstehen. Die Bildung der synthetischen Hoch

---

[1] Diese Kohlenwasserstoffe wurden von W. Heuer bei der pyrogenen Zersetzung des Polystyrols im Vakuum gewonnen und von A. Steinhofer ihre Konstitution aufgeklärt. Vgl. Zweiter Teil, A. II. 3.

[2] Vgl. Zweiter Teil, C. II. 2.

[3] Staudinger, H., u. M. Lüthy: Helv. chim. Acta 8, 41 (1925).

[4] Staudinger, H., u. H. Johner: Liebigs Ann. 474, 205 (1929).

[5] Vgl. H. Staudinger u. H. Freudenberger: Ber. Dtsch. Chem. Ges. 63, 2331 (1930). Vgl. weiter Vierter Teil, A. II.

[6] Vgl. Zweiter Teil, A. V. 4.　　　[7] Vgl. Dritter Teil, C. IV. 6a und b.

polymeren von eukolloidem Charakter, also von solchen Polymeren, deren Moleküle 1000 und mehr Einzelmoleküle in der Kette haben, erfolgt durch eine ganz andere Reaktion, die mit der Kettenreaktion bei Umsetzungen von Gasen verglichen werden kann. Wie z. B. bei Chlorknallgasreaktionen ein aktiviertes Molekül die Umsetzung von ca. 10^5 anderen Molekülen dadurch anregt[1], daß die „Anregung" von einem Molekül auf das andere übertragen wird, so kann auch hier ein aktiviertes Molekül die Polymerisation von zahlreichen anderen Molekülen veranlassen; nur besteht zwischen beiden Kettenreaktionen der Unterschied, daß bei der Chlorknallgasreaktion die einzelnen Moleküle getrennt bleiben, während bei der Polymerisation die Kettenreaktion zur Bildung eines Fadenmoleküls führt[2].

Ein angeregtes ungesättigtes Molekül kann weitere ungesättigte Moleküle anlagern; in manchen Fällen kommt es zur Bildung eines 4-, 6- oder 8-Ringes, wenn sich 2, 3 oder 4 ungesättigte Moleküle vereinigt haben. So entstehen z. B. bei der Polymerisation der Ketene in der Regel dimolekulare Polymerisationsprodukte[3].

$$2\,R_2C{=}C{=}O \rightarrow \begin{array}{c} R_2C{-}CO \\ | \quad\quad | \\ OC{-}CR_2 \end{array}$$

Bei der Polymerisation des Formaldehyds kann es unter bestimmten Bedingungen zur Bildung von tri- und tetramolekularen Produkten kommen. Bei Anwesenheit von Spuren von Schwefelsäure entsteht das Trioxymethylen[4], während das Tetraoxymethylen[5] bei der Spaltung von höhermolekularen Polyoxymethylendiacetaten erhalten wurde.

In anderen Fällen bleibt aber der Ringschluß aus; es lagern sich dann an die ungesättigten Endvalenzen des polymeren Produktes neue ungesättigte Moleküle an. So erfolgt die Molekülvergrößerung derart, daß das entstehende neue Molekül am Ende ungesättigte Valenzen hat und so zur Anlagerung weiterer Einzelmoleküle befähigt ist. Es wird gewissermaßen der Energiebetrag, den das ungesättigte Molekül bei seiner Aktivierung aufgenommen hat und der es zur Polymerisation befähigt, immer wieder auf das neu angelagerte Molekül übertragen. Da am Ende der wachsenden Moleküle freie Valenzen sind, so kann es durch diese Reaktion zum Unterschied von der kondensierenden Polymerisation zur Bildung außerordentlich hochpolymerer Produkte kommen. Die Zwischenprodukte bei diesem Polymerisationsverlauf sind infolge der freien Endvalenzen am Ende der Ketten nicht existenzfähig, wenn nicht diese Endvalenzen abgesättigt werden.

Es ist nun in fast allen Fällen die Frage ungelöst, wie die Kettenreaktion ihren Abschluß findet. Es ist somit unbekannt, wie die Endgruppen dieser langen Fadenmoleküle konstituiert sind.

---

[1] Kornfeld, G., u. H. Müller: Ztschr. f. physik. Ch. **117**, 242 (1925). — Cremer, E.: Ztschr. f. physik. Ch. **128**, 285 (1927).

[2] Die Polymerisation einer ungesättigten Verbindung führt also durch eine Kettenreaktion zur Bildung der langen Kohlenstoffkette. Man beachte, daß der Ausdruck „Kette" in beiden Fällen eine verschiedene Bedeutung hat.

[3] Vgl. H. Staudinger: Helv. chim. Acta **7**, 3 (1924).

[4] Pratesi: Gazz. chim. ital. **14**, 139 (1884). — F. Auerbach u. A. Barschall: Arbb. Kais. Gesundh.-Amt **27**, 183 (1907).

[5] Staudinger, H., u. M. Lüthy: Helv. chim. Acta **8**, 65 (1925).

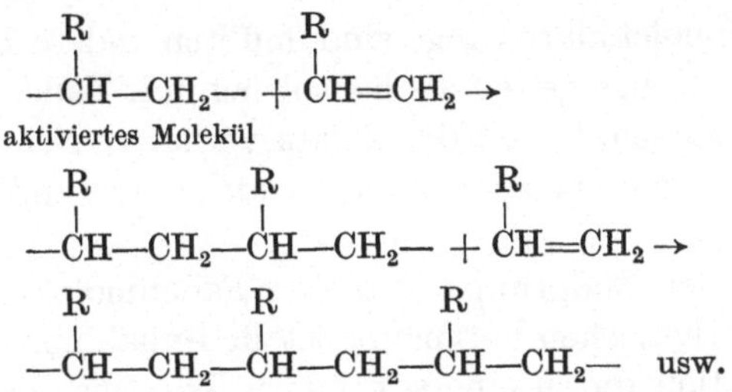

$$\overset{\displaystyle R}{\overset{|}{-CH}}-CH_2- + \overset{\displaystyle R}{\overset{|}{CH}}=CH_2 \rightarrow$$

aktiviertes Molekül

$$\overset{\displaystyle R}{\overset{|}{-CH}}-CH_2-\overset{\displaystyle R}{\overset{|}{CH}}-CH_2- + \overset{\displaystyle R}{\overset{|}{CH}}=CH_2 \rightarrow$$

$$\overset{\displaystyle R}{\overset{|}{-CH}}-CH_2-\overset{\displaystyle R}{\overset{|}{CH}}-CH_2-\overset{\displaystyle R}{\overset{|}{CH}}-CH_2- \quad \text{usw.}$$

Bei Beginn der Untersuchungen[1] wurde angenommen, daß der Polymerisationsprozeß so lange vor sich gehe, bis die ungesättigten endständigen Kettenglieder infolge der Größe des gebildeten polymeren Moleküls nicht mehr genügend reaktionsfähig seien, um neue monomere Moleküle anzulagern. Es sollten also die langen Fadenmoleküle Endgruppen mit dreiwertigen Kohlenstoffatomen besitzen[2]. Aber diese Hypothese[3], die anfangs eine Erklärung für die merkwürdigen Viscositätserscheinungen hochmolekularer Stoffe zu geben schien, ist nicht richtig[4]; denn in der polymerhomologen Reihe der Polystyrole existiert eine kontinuierliche Reihe von Verbindungen vom niedersten bis zum höchsten Molekulargewicht. Die niedermolekularen hemikolloiden Produkte besitzen keine dreiwertigen Kohlenstoffatome am Ende der relativ kurzen Ketten; daher ist ein solcher Bau auch für das eukolloide Polystyrol unwahrscheinlich.

Es wurde weiter die Annahme geprüft, ob nicht die Kettenreaktion dadurch unterbrochen würde, daß die Enden der Kette sich gegenseitig absättigen. Es würden dann in den polymeren Kohlenwasserstoffen, wie Polystyrol und Kautschuk, Gemische hochgliedriger Ringe verschiedener Gliederzahl vorliegen. Da es mittlerweile L. Ruzicka in seinen bekannten Arbeiten gelungen ist, sehr hochgliedrige Ringe herzustellen, und da weiter von J. R. Katz[5] durch röntgenographische Untersuchungen gezeigt werden konnte, daß im krystallisierten Zustand diese hochgliedrigen Ringe sich wie Doppelfäden verhalten, so schien es möglich, daß eine Reihe hochmolekularer Produkte aus Molekülen aufgebaut ist, die solche Doppelfäden sind. Die Bildung von Produkten verschiedenen Polymerisationsgrades schien dadurch verständlich, daß z. B. durch Katalysatoren[6] oder durch Erhitzen der Ringschluß rascher herbeigeführt werden könnte als bei der Polymerisation in der Kälte.

Die aufgefundenen Viscositätsgesetze zeigen aber, daß die polymeren Kohlenwasserstoffe nicht derartig gebaute Moleküle haben können; denn für Stoffe,

---

[1] Staudinger, H.: Ber. Dtsch. Chem. Ges. **53**, 1073 (1920).

[2] Scheibe, G., u. R. Pummerer: Ber. Dtsch. Chem. Ges. **60**, 2163 (1927), untersuchten die Absorptionsspektren des Kautschuks und der Guttapercha im Ultraviolett. Sie konnten dabei die für die Triphenylmethyle charakteristischen Absorptionsbanden nicht finden und glaubten dadurch die obigen Anschauungen widerlegen zu können. Aber die geringe Zahl von dreiwertigen Kohlenstoffatomen am Ende der langen Ketten vom Polymerisationsgrad 1000 lassen sich dadurch nicht nachweisen, denn auf 5000 Kohlenstoffatome des Moleküls kämen nur 2 dreiwertige Kohlenstoffatome. Die Endgruppenfrage läßt sich also auf diese Weise nicht entscheiden.

[3] Vgl. H. Staudinger: Ber. Dtsch. Chem. Ges. **53**, 1073 (1920); ferner Kautschuk **1925**, 5. Vgl. Dritter Teil, A. III.

[4] Staudinger, H., K. Frey, P. Garbsch u. S. Wehrli: Ber. Dtsch. Chem. Ges. **62**, 2912 (1929).

[5] Katz, J. R.: Ztschr. f. angew. Ch. **41**, 329 (1928).   [6] Helv. chim. Acta **12**, 934 (1929).

deren Moleküle hochmolekulare Ringe sind, müßten andere Beziehungen zwischen Viscosität und Kettenlänge gelten als bei solchen mit Fadenmolekülen. Die Polystyrole sowie der Kautschuk und die Balata verhalten sich aber in bezug auf die Viscosität ihrer Lösungen ebenso wie die Paraffine und andere Stoffe mit Fadenmolekülen.

Die Frage nach der Endgruppe in diesen Fadenmolekülen ist also noch ungeklärt. Bei den synthetischen Polymeren ist die Annahme am wahrscheinlichsten, daß die Kettenreaktion durch eine sekundäre Reaktion, bei der die Endgruppe entsteht, unterbrochen wird. Bei der Größe der eukolloiden Moleküle läßt sich aber die Endgruppe nicht feststellen, da sie einen viel zu kleinen Betrag des Gesamtmoleküls ausmacht. Nur in einem Fall ist die Endgruppe eines polymeren Moleküls, das durch Kettenreaktion entstanden ist, bekannt, nämlich bei der Polymerisation von reinem Äthylenoxyd; durch Kettenreaktion bilden sich hier hochmolekulare Polyäthylenoxyd-dihydrate. Die Hydroxylgruppen, die die Ketten des Polyäthylenoxyds abschließen, entstehen durch eine unbekannte sekundäre Reaktion.

4. Bildung der hochmolekularen Naturprodukte.

Die hochmolekularen Naturprodukte wie Cellulose, Kautschuk und Balata haben eukolloiden Charakter. In der Natur können die Fadenmoleküle nicht auf dieselbe Weise entstehen wie die synthetischen Hochpolymeren; denn damit eine ähnliche Kettenreaktion zur Bildung hochpolymerer Produkte führt, ist eine hohe Konzentration des Monomeren ohne Beisein von Fremdprodukten notwendig. Diese Bedingungen liegen in der Natur nicht vor. Es sind vielmehr immer Gemische von Stoffen, in denen die Reaktionen sich abspielen. Aussagen über letztere lassen sich im einzelnen noch nicht machen. Die hochpolymeren Naturstoffe entstehen wohl durch kondensierende Polymerisationsprozesse, die hier zum Unterschied von Laboratoriumsversuchen zu sehr hochmolekularen Produkten führen können. Es sei hier nur nochmals darauf hingewiesen, daß z. B. die Bildung der Celluloseketten im festen Zustand erfolgt, derart, daß ein Glykoserest in das Krystallgitter eingelagert wird und gleichzeitig seine Bindung durch Hauptvalenzen erfolgt; das Wachstum der Krystallite geht also mit dem Wachstum der Fadenmoleküle Hand in Hand.

IV. Bedeutung der Endgruppen.

Die Endgruppen der langen Fadenmoleküle machen nur einen geringen Anteil des Stoffes aus, können aber trotzdem für das chemische Verhalten desselben von großem Einfluß sein. So zeigt z. B. das γ-Polyoxymethylen, ein hochmolekularer Polyoxymethylen-dimethyläther[1], charakteristische Unterschiede vom α- und β-Polyoxymethylen, den Polyoxymethylen-dihydraten[2]. Die Wirkung der endständigen Gruppe macht sich bei allen Reaktionen der Polyoxymethylene bemerkbar, bei denen die Moleküle vom Ende her stufenweise abgebaut werden. α- und β-Polyoxymethylen werden durch Kochen mit Wasser, Natronlauge oder Ammoniak abgebaut; sie werden ferner durch ammoniakalische Silbernitratlösung oxydiert. Alle diese Reaktionen beginnen an den endständigen Hydroxylgruppen,

---

[1] Vgl. Zweiter Teil, B. II. 2.
[2] Eventuell enthält das β-Polyoxymethylen Schwefelsäure esterartig gebunden; vgl. dazu Liebigs Ann. **474**, 245 (1929).

und von dort aus schreiten sie dann weiter, indem ein Grundmolekül nach dem anderen abgebaut wird. Steht dagegen eine Methoxylgruppe am Ende der Kette, dann können die genannten Reagenzien nicht einwirken, da Ätherbindungen dadurch nicht gesprengt werden. So sind die hochmolekularen Polyoxymethylendimethyläther (das γ-Polyoxymethylen[1]) gegen kochendes Wasser, Natronlauge und Ammoniak beständig und werden durch ammoniakalische Silbernitratlösung nicht oxydiert. Die Polyoxymethylen-diacetate nehmen in der Beständigkeit eine Mittelstellung ein, da die Acetylgruppe leicht abgespalten werden kann. Unterschiede im Bau der Endgruppe rufen also ein bemerkenswert anderes chemisches Verhalten hervor. Gegenüber solchen Reagenzien, die die Ätherbindungen spalten können, z. B. Salzsäure, Schwefelsäure, konzentrierte Salpetersäure, zeigen natürlich sowohl α- und β- als auch γ-Polyoxymethylen das gleiche Verhalten, da durch dieselben die Ketten unabhängig von der Endgruppe an jeder Stelle angegriffen werden können.

Viele physikalische Eigenschaften der chemisch so verschiedenen Polyoxymethylene sind dabei gleich, weil die Länge der Moleküle im α-, β- und γ-Polyoxymethylen ungefähr dieselbe ist. Die Moleküllänge ist bestimmend für die physikalischen Eigenschaften, wie Aussehen und Löslichkeit, während die Endgruppen bei der Größe des Moleküls für diese Eigenschaften ohne bemerkbaren Einfluß sind. Ähnliche Verhältnisse trifft man bei hochmolekularen Paraffinen und Paraffinderivaten. Hochmolekulare Paraffine, hochmolekulare Fettsäuren[2] und Alkohole haben gleiches Aussehen und gleiches physikalisches Verhalten,

Tabelle 53. Vergleich[3] zwischen verschiedenen Polyoxymethylenderivaten und Paraffinderivaten.

Endgruppen	Kettenlänge bestimmt die physikalischen Eigenschaften	Endgruppen bestimmen die chemischen Eigenschaften	
Polyoxymethylen-dihydrate infolge der Hydroxylgruppen reaktionsfähig	$HO-$	$CH_2-O-CH_2-O-(CH_2-O)_x-CH_2-O$	$-H$	pulverig
Polyoxymethylen-dimethyläther als Äther reaktionsträg	CH_3O-	$CH_2-O-CH_2-O-(CH_2-O)_x-CH_2-O$	$-CH_3$	
Poly-me-thylene { Kohlenwasserstoff	CH_3-	$CH_2-CH_2-CH_2-(CH_2)_x-CH_2-CH_2-$	CH_3	paraffinartig
Alkohol	CH_3-	$CH_2-CH_2-CH_2-(CH_2)_x-CH_2-CH_2-$	OH	
Fettsäure	CH_3-	$CH_2-CH_2-CH_2-(CH_2)_x-CH_2-CH_2-$	$COOH$	

[1] Über die Konstitution des γ-Polyoxymethylens vgl. Zweiter Teil, B. II. 4c. Ferner Dissertation O. Schweitzer, Freiburg i. Br. 1930.

[2] Die hochmolekularen Fettsäuren haben denselben Schmelzpunkt wie Paraffine mit der doppelten Zahl von Kohlenstoffatomen im Molekül, da die Fettsäuren im Krystall nicht als normale, sondern als koordinative Moleküle vorliegen, vgl. A. S. C. Lawrence: Kolloid-Ztschr. 50, 12 (1930).

[3] Es kommt bei diesem Vergleich lediglich darauf an, auf die Bedeutung der Endgruppe bei gleichgebauten Ketten aufmerksam zu machen. Es ist selbstverständlich, daß im chemischen Verhalten die polymerhomologen Reihen der Paraffine, Polyoxymethylene, Polysaccharide, Polyprene bedeutende Unterschiede voneinander zeigen, und daß diese miteinander nicht verglichen werden sollen. Auf diese für den Chemiker selbstverständliche Tatsache brauchte nicht hingewiesen zu werden, wenn nicht diese Verhältnisse von K. H. Meyer und H. Mark in ihrem Buch „Aufbau der hochpolymeren organischen Naturstoffe", S. 70, völlig irrtümlich dargestellt worden wären.

da die Länge der Paraffinkohlenwasserstoffketten für die physikalischen Eigenschaften ausschlaggebend ist. Die chemischen Eigenschaften sind dagegen je nach der Endgruppe verschieden.

Einen sehr merkwürdigen Einfluß der unbekannten Endgruppen kann man bei den Polystyrolen feststellen. Während die hemikolloiden Polystyrolkohlenwasserstoffe von Thionylchlorid nicht angegriffen werden, werden die hemikolloiden Polystyrolcarbonsäuren[1] beim Kochen mit Thionylchlorid in unlösliche quellbare Massen übergeführt. Wahrscheinlich tritt eine Verknüpfung zwischen den COOH-Gruppen ein unter Bildung von dreidimensionalen Molekülen. Hier wird also durch die prozentual geringe Molekülendgruppe das Verhalten der Stoffe außerordentlich modifiziert.

Bei den meisten Naturstoffen sind die Endgruppen der Fadenmoleküle nicht bekannt. Für die chemischen Reaktionen, bei denen eine Spaltung der Moleküle an beliebiger Stelle eintritt, wird die Art der Endgruppe unwichtig sein. Es ist aber anzunehmen, daß die biologischen Aufbau- und Abbaureaktionen der hochmolekularen Substanzen, z. B. der Eiweißstoffe, an den Enden der Moleküle vor sich gehen, indem hier Grundmoleküle angefügt oder abgebaut werden. Ein solcher Auf- und Abbau der hochmolekularen Substanzen vom Ende her ist biologisch viel wahrscheinlicher als ein Auf- oder Abbau unter Zerfall der großen Moleküle in einzelne Bruchstücke. Deshalb ist auch anzunehmen, daß die Art der Endgruppen für die Reaktionen des Eiweißes und anderer hochmolekularer Verbindungen von fundamentaler Bedeutung ist. Die im Verhältnis zur Molekülgröße kleine Endgruppe kann das Verhalten des ganzen Moleküls entscheidend beeinflussen. So wird es verständlich, daß geringe Stoffmengen, z. B. Hormone, biologisch so auffallende und tiefgreifende Wirkungen ausüben können.

Das Verhalten der Polyoxymethylene gibt also ein Modell zum Verständnis der Einwirkungen kleiner Stoffmengen auf das Verhalten hochmolekularer Körper.

V. Existenzbereich der Makromoleküle.

Eine für das Verständnis der hochmolekularen Substanzen wichtige Eigenschaft der Makromoleküle ist ihre Empfindlichkeit im Vergleich zu derjenigen kleinerer Moleküle der gleichen Bauart, also derselben polymerhomologen Reihe[2]. Die Bindungen der Atome zu Ketten verschiedener Länge sind bei polymerhomologen Produkten gleichartig. Man sollte danach keinen Unterschied in der Beständigkeit der Verbindungen mit wachsender Moleküllänge erwarten. Tatsächlich ist dies aber nicht der Fall; so nimmt z. B. die Unbeständigkeit der Paraffine mit wachsender Moleküllänge zu. Die Kohlenstoffbindungen im Äthan und Propan werden erst bei viel höherer Temperatur gesprengt als die Kohlenstoffbindungen des hochmolekularen Dimyricyls, das relativ leicht verkrackt wird. Auch in den polymerhomologen Reihen der Polyoxymethylene[3], der Polystyrole[4], der Polyprene[5] und der Cellulosen[6] beobachtet man die gleiche Abnahme der Beständigkeit der Kette mit ihrer zunehmenden Länge. Eukolloide zeigen also gegen-

---

[1] Vgl. Zweiter Teil, A. V. 4.
[2] Ber. Dtsch. Chem. Ges. **59**, 3042 (1926); **62**, 2897 (1929).
[3] Vgl. Zweiter Teil, B. II. 4.
[4] Ber. Dtsch. Chem. Ges. **62**, 2912 (1929); vgl. Zweiter Teil, A. V.
[5] Liebigs Ann. **468**, 1 (1929).   [6] Ber. Dtsch. Chem. Ges. **63**, 3152 (1930).

über chemischen Reagenzien, wie Oxydationsmitteln, ferner beim Erwärmen eine viel geringere Beständigkeit als die Hemikolloide derselben polymerhomologen Reihe. Sie werden dabei zu kürzeren Molekülen verkrackt.

Diese Spaltungsreaktionen machen sich durch Viscositätsänderungen bemerkbar. Deshalb sind Viscositätsmessungen das einfachste Mittel, um Umsetzungen, die zur Spaltung von Makromolekülen führen, messend zu verfolgen.

Diese Veränderung der Beständigkeit der Moleküle bei gleichartiger Bauart mit zunehmender Länge kann man durch folgendes Beispiel illustrieren; lange dünne Stäbe vom gleichen Durchmesser, aber unterschiedlicher Länge haben eine ganz verschiedene Zerbrechlichkeit; die Dimensionen eines Kautschukmoleküls vom Polymerisationsgrad 1000 wären hiernach denjenigen eines Stabes, der 15 m lang und nur 1 cm dick ist, zu vergleichen. Ein Hemikolloidmolekül vom Polymerisationsgrad 100 wird dagegen durch einen Stab von nur 1,5 m Länge und 1 cm Durchmesser zu veranschaulichen sein. Die großen Unterschiede in der Stabilität der beiden Stäbe veranschaulichen die Unterschiede in der Beständigkeit der Eukolloidmoleküle und der Hemikolloidmoleküle. Die stabförmige Anordnung der Atome ist die stabilste Mittellage, die sich bei den Fadenmolekülen immer wieder zurückbildet, wenn Teile derselben infolge der freien Drehbarkeit der einfach gebundenen Kohlenstoffatome aus ihrer Ursprungslage abgelenkt sind. Je länger aber die Moleküle sind, um so leichter führen solche Schwingungen zu einem Zerreißen der Kette.

Solche Veränderungen an Makromolekülen treten nur auf, wenn sie gelöst sind, nicht aber in der festen Substanz. In dieser, z. B. in der Cellulosefaser, im festen Polystyrol und Kautschuk, sind die Moleküle nicht beweglich[1]. Sie sind durch ihre bündelartige Anordnung stabilisiert, und deshalb tritt die Empfindlichkeit der Moleküle von eukolloiden Substanzen im festen Zustand nicht in Erscheinung[2].

Da die Moleküle in Lösung mit wachsender Länge unbeständiger werden, so kann man die Frage aufwerfen, welches die größten Moleküle sind, die als Kolloidmoleküle noch in Lösung existieren können. In der Polystyrolreihe sind Produkte vom Durchschnittsmolekulargewicht 600000 hergestellt, die bei gewöhnlicher Temperatur in Lösung stabil sind. Die Existenzgrenze für Fadenmoleküle im gelösten Zustand wird in der Polystyrolreihe zwischen einem Durchschnittsmolekulargewicht von 600000 und einer Million liegen, d. h. Moleküle, die ein noch höheres Molekulargewicht haben, werden in Lösung nicht mehr existenzfähig sein, sondern in kleinere Bruchstücke zerfallen.

Diese Zunahme der Unbeständigkeit mit wachsender Molekülgröße gilt nur für Fadenmoleküle. Dreidimensionale Moleküle, wie sie evtl. in Eiweißstoffen vorliegen, können ganz andere Stabilitätsverhältnisse haben, und es können hier noch viel größere Moleküle existieren. Da aber die Existenz der Eiweißstoffe nur auf ein sehr geringes Temperaturgebiet beschränkt ist, so ist es wahrschein-

---

[1] Vgl. H. STAUDINGER: Ber. Dtsch. Chem. Ges. **62**, 2901 (1929).

[2] Im festen Zustand können die Fadenmoleküle hochmolekularer Stoffe an reaktionsfähigen Stellen Umsetzungen erleiden, ohne daß sie in Lösung gehen. Solche topochemischen Reaktionen nach V. KOHLSCHÜTTER (permutoide nach H. FREUNDLICH) sind bei der nativen Cellulose von Bedeutung und dort eingehend studiert. An dieser Stelle werden solche topochemischen Reaktionen nicht behandelt, da sich die vorliegenden Untersuchungen im wesentlichen mit der Konstitutionsaufklärung der Moleküle in Lösung beschäftigen.

lich, daß in ihnen ebenfalls sehr empfindliche Makromoleküle vorliegen, die schon bei geringer Temperatursteigerung verändert werden. Damit verschwindet auch die Möglichkeit des Lebens, das an die Umsetzungen dieser labilen großen Moleküle gebunden ist.

Wenn auch die Frage nach der Konstitution des Eiweißes noch nicht geklärt ist, wenn also auch noch nicht bekannt ist, ob die Teilchen in seinen kolloiden Lösungen normale oder koordinative Moleküle darstellen, so sind doch die Ergebnisse über das Molekulargewicht der Cellulose und des Kautschuks auch für die Eiweißforschung von Bedeutung. Denn es ist durch die Untersuchungen des Kautschuks und der Cellulose erwiesen, daß die Natur Moleküle bisher unbekannter Größe aufbaut und daß das Wesen der kolloiden Lösungen durch Größe und Form dieser Moleküle bedingt ist. Gleiches gilt auch für das Eiweiß. Es ist wahrscheinlich, daß auch dort normale Moleküle von einem Gewicht von 100000 und mehr existieren. In diesen sind also 10000 und mehr Atome durch normale Valenzen gebunden. Bei dieser Größe des Moleküls ist natürlich die Kombinationsfähigkeit einzelner kleiner Bausteine zu dem Makromolekül eine unendliche; es ist also eine unendliche Zahl verschiedener Moleküle und verschiedener Eiweißarten zu erwarten. Dabei ist es gerade für die Chemie des Eiweißes von großer Bedeutung, die Größe und Form seiner Moleküle zu kennen. Denn je größer die Moleküle sind, um so größer ist die Mannigfaltigkeit derselben; jedes von diesen großen Molekülen hat eine bestimmte feste Anordnung der Atome, die seine chemischen Reaktionen bedingen. Bei Änderungen im Bau derselben resultiert ein anderes chemisches Verhalten. So ist auch bei einer unendlichen Zahl von verschiedenen Eiweißmolekülen eine unendliche Zahl von verschiedenen Reaktionen zu erwarten. Diese Mannigfaltigkeit in Molekülarten und Reaktionen muß auch gefordert werden, wenn die biologischen Vorgänge verstanden werden sollen, da ein jeder solcher Vorgang mit einem chemischen Prozeß, also mit einer Umsetzung an großen Molekülen verknüpft ist. Deshalb ist es von Bedeutung, schon an den einfachsten Beispielen, wie den synthetischen Polymeren, den Polyoxymethylenen und den Polystyrolen, weiter an relativ einfach gebauten Naturstoffen, wie dem Kautschuk und der Cellulose, diese ungeheure Mannigfaltigkeit der hochmolekularen Stoffe und ihres chemischen und physikalischen Verhaltens zu studieren. Denn hierdurch gewinnt man allmählich Einblick in die Kompliziertheit des Aufbaues der höchstmolekularen Stoffe, der Eiweißverbindungen, und in die Gesetze ihrer lebenswichtigen Reaktionen.

Zweiter Teil.

Über synthetische hochmolekulare Stoffe.

A. Das Polystyrol, ein Modell des Kautschuks[1,2].

Bearbeitet von W. HEUER[3].

I. Einleitung.

Für die Konstitution des Kautschuks ist die Kenntnis des Aufbaues des Polystyrols von grundlegender Bedeutung. Beide Kohlenwasserstoffe weisen die gleichen charakteristischen Eigenschaften auf, wie Bildung kolloider, hochviscoser Lösungen, Elastizität in bestimmten Temperaturgrenzen usw. Da das Polystyrol synthetisch zugänglich ist und den Vorzug großer Beständigkeit besitzt, so war es sehr naheliegend, diese Verbindung als Modell des Kautschuks zu untersuchen, um mit Hilfe der daran gewonnenen Erfahrungen die Untersuchung des Kautschuks in Angriff zu nehmen. Denn die direkte Untersuchung des Kautschuks ist erschwert, da er in Lösung außerordentlich autoxydabel ist. Der natürliche Kautschuk ist weiter sehr schwer zu reinigen, und es ist die Frage aufgeworfen worden, ob nicht die hohe Viscosität der Kautschuklösung teilweise auf Verunreinigungen zurückzuführen sei. Im Polystyrol liegt dagegen ein reiner gesättigter Kohlenwasserstoff vor, dessen Lösungen sehr beständig sind. Die kolloide Natur muß also durch den Bau der Moleküle bedingt sein und kann nicht etwa von Verunreinigungen herrühren. Diese Modellmethode hat sich auch in diesem Fall[4] bewährt, und es ist gelungen, die Natur der kolloiden Lösungen der hochmolekularen Stoffe am Beispiel des Polystyrols aufzuklären.

---

[1] 63. Mitteilung über hochpolymere Verbindungen; 62. Mitteilung: Helv. chim. Acta **15**, 649 (1932).

[2] Frühere Publikationen: STAUDINGER, H.: Ber. Dtsch. Chem. Ges. **59**, 3019 (1926). — STAUDINGER, H., M. BRUNNER, K. FREY, P. GARBSCH, R. SIGNER u. S. WEHRLI: Polystyrol, ein Modell des Kautschuks. Ber. Dtsch. Chem. Ges. **62**, 241 (1929). — STAUDINGER, H., u. K. FREY: Viscositätsuntersuchungen an Polystyrollösungen. Ber. Dtsch. Chem. Ges. **62**, 2909 (1929). — STAUDINGER, H., K. FREY, P. GARBSCH u. S. WEHRLI: Über den Abbau des makromolekularen Polystyrols. Ber. Dtsch. Chem. Ges. **62**, 2912 (1929). — STAUDINGER, H., u. H. MACHEMER: Viscositätsmessungen an Polystyrollösungen. Ber. Dtsch. Chem. Ges. **62**, 2921 (1929). — STAUDINGER, H., u. W. HEUER: Über Assoziation und Solvatation; u.: Beziehungen zwischen Viscosität und Molekulargewicht bei Polystyrolen. Ber. Dtsch. Chem. Ges. **62**, 2933 (1929) u. **63**, 222 (1930). In der vorliegenden Arbeit wird die Konstitutionsaufklärung dieses kolloidlöslichen Produktes ausführlich behandelt.

[3] Vgl. Dissertation von W. HEUER, Freiburg i. Br. 1929.

[4] Diese Arbeit stellt gewissermaßen ein Gegenstück dar zu der über die Polyoxymethylene, die das Modell für die Konstitution der Cellulose abgab, vgl. Liebigs Ann. **474**, 145 (1929).

Besondere Bedeutung für die Konstitutionsaufklärung der hochmolekularen Produkte besitzen die *hemikolloiden* Polymerisationsprodukte. Wir bezeichnen im folgenden als hemikolloide Polystyrole solche Vertreter derselben, bei denen noch nach der kryoskopischen Methode das Molekulargewicht bestimmt werden kann, also Produkte bis zu einem Durchschnittsmolekulargewicht 10000. Bei höhermolekularen Produkten ist die kryoskopische Methode auch bei Anwendung empfindlicher Thermometer zu ungenau und gibt wenig zuverlässige Werte. Die Konstitutionsaufklärung der Hemikolloide, die noch niederviscose Lösungen geben, war also die erste Aufgabe, der man sich unterziehen mußte, wenn man den Bau der höhermolekularen Vertreter, deren Lösungen hochviscos sind, aufklären wollte. Es handelt sich darum, dieselbe Frage zu erforschen wie bei homologen Reihen, also zu untersuchen, wie die physikalischen Eigenschaften, z. B. die Viscosität der Lösungen mit steigender Kettenlänge, also steigendem Molekulargewicht, sich ändern. Diese hemikolloiden Polystyrole sind wie die höheren Polymeren Gemische von Polymerhomologen[1], die nicht zu trennen sind. Rein dargestellt wurden nur die Polystyrole bis zum Polymerisationsgrad 4; solche Polymere, bei denen die Trennung eines Gemisches nach den üblichen Methoden noch gelingt, werden als *niedermolekular* bezeichnet.

Die höchstmolekularen Produkte bezeichnen wir als *eukolloide* Polystyrole[2]. Bei diesen sind schon 1—2proz. Lösungen außerordentlich hochviscos, da der Wirkungsbereich der langen Fadenmoleküle, die diese Substanzen enthalten, so groß ist, daß selbst in dieser geringen Konzentration nicht mehr Sollösungen, sondern Gellösungen vorhanden sind[3]. Diese Fadenmoleküle der höchstmolekularen Produkte sind weiter unbeständig und verkracken leicht bei erhöhter Temperatur oder unter Sauerstoffeinfluß, was sich in irreversiblen Viscositätsänderungen bemerkbar macht. Endlich zeigen Lösungen dieser eukolloiden Produkte Abweichungen vom HAGEN-POISEUILLEschen Gesetz[4]. Alle diese Erscheinungen treten bei Polystyrolen von einem Polymerisationsgrad über 1500 auf, also einem Durchschnittsmolekulargewicht von ca. 150000. Die Produkte zwischen 10000 und 150000 sind *Zwischenglieder* zwischen hemikolloiden und eukolloiden Stoffen, die in einem ganz allmählichen Übergang diese beiden Gruppen verbinden.

II. Niedermolekulare und hemikolloide Polystyrole.

1. Darstellung derselben durch Polymerisation des Styrols.

Die Polymerisation des Styrols führt zu um so niederer molekularen Produkten, je rascher sie verläuft. Die relativ niedermolekularen hemikolloiden Produkte erhält man also durch Erhitzen von reinem Styrol über 250° oder durch Polymerisation bei Gegenwart von Katalysatoren.

Die Bildung von niedermolekularen Produkten ist weiter in verdünnter Lösung begünstigt. Die Polymerisation ist eine Kettenreaktion, die in verdünnter Lösung leichter abreißt als in konzentrierter.

---

[1] STAUDINGER, H.: Ber. Dtsch. Chem. Ges. **59**, 3019 (1926). Vgl. S. 7.

[2] Diesen Ausdruck „Eukolloide" gebrauchen wir in etwas anderem Sinne als Wo. OSTWALD in Kolloid-Ztschr. **32**, 2 (1923), nämlich nur als Bezeichnung für die höchstmolekulare Gruppe von Molekülkolloiden.

[3] Ber. Dtsch. Chem. Ges. **63**, 921 (1930). Vgl. S. 131.

[4] STAUDINGER, H., u. H. MACHEMER: Ber. Dtsch. Chem. Ges. **62**, 2921 (1929). Vgl. S. 92.

a) Polymerisation von reinem Styrol durch Erhitzen. Hemikolloide Polystyrole bilden sich beim Erhitzen von Styrol unter N_2 auf 260°, also bei sehr rascher Polymerisation. Ein so dargestelltes Produkt hatte einen η_{sp}/c-Wert von 3,36, also ein Durchschnittsmolekulargewicht von 18700 [1].

b) Polymerisiert man Styrol in Lösung durch Erhitzen, so entstehen weit niederer molekulare Produkte; in 10proz. Tetralinlösung bei 200° entstand ein Polystyrol vom η_{sp}/c-Wert 0,83, also dem Durchschnittsmolekulargewicht 4600 [2].

c) Polymerisation mit Katalysatoren. In der Kälte kann man diese rasche Polymerisation durch Zusatz von Katalysatoren erreichen. Es ist schon früher angegeben, daß man durch Zinntetrachlorid und andere anorganische Säurechloride, wie BCl_3 usw., Styrol in Lösung in der Kälte innerhalb weniger Minuten oder einiger Stunden je nach der Konzentration der Lösung in hemikolloide Produkte überführen kann. Diese hemikolloiden Produkte haben dieselben Eigenschaften wie die in der Hitze hergestellten, man gewinnt also den Eindruck, als ob die Kettenlänge eines polymeren Styrols wesentlich von der Geschwindigkeit, mit der die Polymerisation verläuft, abhängt [3, 4].

Die Länge der entstehenden Ketten ist sehr stark durch die Konzentration bedingt. In konzentrierter Benzol- oder Tetrachlorkohlenstofflösung erhält man höhermolekulare Produkte als in verdünnter. So hatte M. BRUNNER, der Styrol in 75proz. Benzollösung mit Zinntetrachlorid polymerisierte, hemikolloide Produkte vom Polymerisationsgrad 10—125 erhalten, während wir in 20proz. Benzollösung Polymere vom Polymerisationsgrad 20—50 erhielten. Trägt man Styrol in reines Zinntetrachlorid in der Kälte ein, so findet zwar die Polymerisation sehr rasch statt, aber infolge der hohen Konzentration erhält man trotzdem ein ziemlich hochpolymeres Produkt vom Durchschnittspolymerisationsgrad 70. Bei Zusatz von Zinntetrachlorid zu der Styrollösung tritt Dunkelfärbung ein. Wir nahmen früher an, daß dabei farbige Komplexverbindungen [5] des Polystyrols entstehen. Diese Färbungen unterbleiben aber beim Arbeiten unter Luft- und vor allem unter Lichtausschluß.

d) Polymerisation mit Floridaerde [6]. Außerordentlich leicht wird Styrol mittels aktivierter Floridaerde polymerisiert, und zwar zu relativ niedermolekularen

---

[1] In der früheren Arbeit, Ber. Dtsch. Chem. Ges. **63**, 233 (1930), ist das Molekulargewicht mit 13400 angegeben. Die K_m-Konstante beträgt aber nicht $2,5 \cdot 10^{-4}$, wie damals angenommen wurde, sondern $1,8 \cdot 10^{-4}$.

[2] Vgl. Ber. Dtsch. Chem. Ges. **62**, 2920 (1929).

[3] Die Polymerisation mit Katalysatoren von verschiedener Wirksamkeit müßte unter gleichen Bedingungen so zu Polymeren von verschiedener Kettenlänge führen. Bei einem schlecht wirkenden Katalysator wie Phosphoroxychlorid sollte ein höhermolekulares Produkt entstehen als bei einem sehr guten wie Zinntetrachlorid oder Borchlorid; diese Frage muß noch geprüft werden. Vgl. dazu H. STAUDINGER u. H. A. BRUSON, Liebigs Ann. **447**, 115 (1926).

[4] Vgl. Dissertation M. BRUNNER, Zürich E.T.H. 1926.

[5] Vgl. Helv. chim. Acta **12**, 950 (1929).

[6] Die Beobachtung, daß aktiviertes Floridin ungesättigte Verbindungen polymerisiert, wurde zuerst von L. GURWITSCH: Journ. russ. phys. chem. Ges. **47**, 823 (1915), gemacht. Dann haben S. W. LEBEDEW u. E. FILONENKO zahlreiche ungesättigte organische Verbindungen mit Floridin polymerisiert [Ber. Dtsch. Chem. Ges. **58**, 163 (1925)]. Sie geben dabei an, daß mono-substituierte Äthylenderivate durch Floridin nicht polymerisiert werden. Wie aus der Tabelle hervorgeht, haben sie die Polymerisation mit Floridaerde nicht untersucht.

Produkten. Dabei erhält man nach Versuchen von N. J. Toivonen sowohl in Lösung wie auch mit reinem Styrol Produkte vom Durchschnittspolymerisationsgrad 10 neben niedermolekularen Produkten vom Polymerisationsgrad 2—9. Die Polymerisation in reinem Zustand und in Lösung unterscheidet sich nur dadurch, daß sie in verdünnter Lösung unvollständiger verläuft, wie aus folgender Tabelle von N. J. Toivonen hervorgeht.

Tabelle 54. Polymerisation von Styrol mit Floridaerde (1 g) (N. J. Toivonen).

20 g Styrol +x g Benzol $x=$	Gehalt der Lösung an Styrol %	Gesamtmenge der Polymerisationsprodukte g	Gesamtausbeute %	Mit Methanol fällbarer Anteil (höhermolekular) g	Ausbeute an höhermolekularen Produkten %	Mit Methanol nicht fällbarer Anteil (niedermolekular) g	Ausbeute an niedermolekularen Produkten %
0	100	19,35	97	13,15	66	6,20	31
15	57	20,22	102	14,10	71	6,12	31
30	40	20,30	101	14,42	72	5,88	29
75	21	15,52	78	9,53	48	5,99	30
150	12	8,22	41	3,28	16	4,94	25
300	6	3,50	18	—	—	3,30	17

Es ist merkwürdig, daß bei Verwendung eines festen Katalysators die Konzentration der Lösung die Kettenlänge des polymeren Produktes nicht beeinflußt, während bei Verwendung gelöster Katalysatoren der Polymerisationsgrad von der Konzentration der Lösung abhängig ist.

e) Polymerisation durch Belichten. Da mit Katalysatoren sich hemikolloide Polystyrole bilden, bei der Polymerisation in der Kälte oder bei schwachem Erwärmen auf 60—100° dagegen sehr hochmolekulare Polystyrole, so nahmen wir anfangs an, daß der Katalysator, wie z. B. Zinntetrachlorid, sich an das Ende der Kette begibt, dort die ungesättigten Valenzen absättigt und so die Weiterpolymerisation verhindert. Da ohne Katalysator die Polymerisation in der Kälte sehr langsam verläuft, so hofften wir, die Bildung eines hochmolekularen eukolloiden Polystyrols durch Licht beschleunigen zu können. Polymerisiert man aber Styrol durch Belichten mit einer Heraeusschen Quarzlampe[1], so erhält man sowohl mit unverdünntem Styrol wie auch mit Styrol in Lösung neben einem unlöslichen Produkt[2] hemikolloide Substanzen vom Polymerisationsgrad 30—40[3]. Durch das Belichten wird also die Bildung langer Ketten trotz relativ langsamen Polymerisationsverlaufs verhindert, weil die Kettenreaktion durch sekundäre Reaktionen leicht unterbrochen wird.

f) Darstellung von hemikolloidem Polystyrol durch Abbau von eukolloidem Polystyrol[4]. Ein Abbau der langen Ketten tritt bei festem Polystyrol erst bei langem Erhitzen auf hohe Temperaturen über 300° ein. Die Ketten des hochmolekularen Polystyrols sind also sehr beständig. Relativ rasch erfolgt der Abbau zu hemikolloiden Produkten durch Erhitzen in Lösung, vor allem bei

---

[1] Vgl. H. Stobbe u. G. Posnjak: Liebigs Ann. **371**, 277 (1909).

[2] Dieses unlösliche Polystyrol enthält evtl. dreidimensionale Moleküle: durch das Belichten können zwischen einzelnen Fadenmolekülen Verbindungen eingetreten sein.

[3] Die Geschwindigkeit der Polymerisation variiert stark mit der Intensität des Lichtes.

[4] Staudinger, H., u. H. Machemer: Ber. Dtsch. Chem. Ges. **62**, 2929 (1929).

Gegenwart von Sauerstoff, also durch einen oxydativen Abbau der Ketten. In der Kälte gelingt dieser Abbau durch sehr langes Behandeln einer Benzollösung des Polystyrols mit Kaliumpermanganat. Hierbei entstehen hemikolloide Polystyrole und Zwischenglieder, die COOH-Gruppen am Ende der Kette tragen. Endlich kann ein Abbau der langen Ketten auch noch durch Brom herbeigeführt werden (vgl. Abschnitt V).

2. Fraktionierung von hemikolloiden Polystyrolen.

Die nach der einen oder anderen Methode hergestellten hemikolloiden Polystyrole sind Gemische Polymerhomologer, die man durch fraktionierendes Lösen oder fraktionierendes Fällen trennen kann. Die einzelnen Fraktionen stellen wieder keine einheitlichen Produkte dar. Da der Unterschied in den physikalischen Eigenschaften, vor allem in der Löslichkeit zwischen den einzelnen Gliedern der polymerhomologen Reihen außerordentlich gering ist, und zwar um so geringer, je größer die Kettenlänge ist, so gelingt es nicht, aus solchen Gemischen völlig einheitliche Substanzen zu isolieren. So konnte auch nach sehr häufigem (85 maligem) Fraktionieren aus einem Gemisch von hemikolloidem Polystyrol vom Durchschnittspolymerisationsgrad 30 kein einheitliches Produkt erhalten werden. Die Darstellung von einheitlichen hemikolloiden Polystyrolen ist also vorläufig nicht durchführbar. Die Zerlegung der Gemische von Polystyrolen in Fraktionen läßt sich am besten durch Behandeln mit Lösungsmitteln wie Methylalkohol, Butylalkohol und Aceton durchführen. Methylalkohol löst die niedersten Glieder vom Polymerisationsgrad 1—10, mit heißem Butylalkohol können Produkte vom Polymerisationsgrad 10—30 extrahiert werden. Die Stoffe vom Polymerisationsgrad 30—60 werden durch Behandeln mit Aceton und die höheren durch fraktioniertes Fällen mit Aceton oder Methanol in einzelne Fraktionen zerlegt. Über die Fraktionierung zweier Gemische von hemikolloidem Polystyrol, von denen eines mit Floridaerde, eines mit Zinntetrachlorid hergestellt ist, geben die beiden folgenden Tabellen Aufschluß.

Tabelle 55.

Fraktionierung von Hemipolystyrol (mit Floridaerde polymerisiert).

Fraktion	Ausbeute aus 34 g methanollösl. Ausgangsmaterial in g	Siedepunkt oder Sinterungspunkt	η_{sp}/c bei 20° * in Benzol	η_{sp}/c bei 20° * in Tetralin	Durchschnittsmolekulargewicht in Campher	
Dimeres . .	2,5	96—98°	—	—	189	In heißem Methanol löslich
Trimeres . .	3,1	0,09 mm Sdp. 165—167°	—	—	290	
Tetrameres .	6,7	0,06 mm Sdp. 190—210°	—	—	365	
Fl.-E. I ** . .	4,9	0,06 mm Sdp. 37—39°	0,31	0,36	438	
Fl.-E. II . .	1,6	51—52°	0,35	0,41	476	
Fl.-E. III . .	2,5	61—63°	0,38	0,44	516	
Fl.-E. IV . .	2,6	60—62°	0,39	0,45	568	
Fl.-E. V . .	8,8	48—49°	0,34	0,40	595	

Bei den Produkten vom Polymerisationsgrad 3—10, die in einer Ausbeute von ungefähr 30 % bei der Polymerisation mit Floridaerde erhalten werden, gelang

---

* Vgl. S. 59 u. 176.　　** Fl.-E. = Polymerisate mit Floridaerde.

Tabelle 56. **Fraktionierung von Hemipolystyrol (mit $SnCl_4$ polymerisiert).**

Fraktion	Ausbeute in Gramm	Sinterungspunkte in Grad C	η_{sp} einer 1 gd-mol. Lösung in Benzol 20°	η_{sp}/c in Benzol in verdünnter Lösung gemessen (η_{sp} unter 0,4) 20°	η_{sp}/c in Tetralin in verdünnter Lösung gemessen (η_{sp} unter 0,4) 20°	Durchschnittsmolekulargewicht in Benzol kryoskopisch	Durchschnittspolymerisationsgrad
Ausgangsmaterial	300	107—109	1,120	0,91	0,91	2950	29
1	45	88—89	0,674	0,62	0,67	1750	17
2	30	90—93	0,681	—	—	—	—
3	20	97—98	0,698	—	—	—	—
4	15	94—95	0,719	0,63	0,77	2350	23
5	15	95—96	0,744	—	—	—	—
6	10	94—96	0,773	—	—	—	—
7	10	92—93	0,777	0,71	0,79	2550	25
8	8	94—98	0,843	0,73	0,78	2650	26
9	7	97—99	0,880	—	—	—	—
10	7	103—104	1,004	0,78	0,83	3000	29
11	5	97—100	1,037	—	—	—	—
12	50	103—107	1,460	1,07	1,16	4600	44
13	30	106—109	1,573	1,14	1,08	5150	50
14	10	100—102	1,610	1,16	1,19	5300	51
15	20	103—107	2,295	1,60	1,59	4900	47

(Fraktionen 1—11: Fraktionierung mit n-Butanol; Fraktionen 12—15: Fraktionierung mit Aceton.)

es durch Fraktionierung im Hochvakuum die niedersten Glieder abzutrennen und rein darzustellen; so wurde ein Dimeres, Trimeres und Tetrameres erhalten. Aber es ist auch bei diesen Produkten nicht sicher, ob einheitliche Stoffe vorliegen oder Gemische von Strukturisomeren und Stereoisomeren[1].

Die mit Katalysatoren hergestellten Hemikolloide sind sehr schwer und nur durch häufiges Fraktionieren völlig zu reinigen. So enthalten die mit Zinntetrachlorid erhaltenen Produkte noch geringe Mengen von Zinnsäure, die sich nur schwer entfernen läßt. Die Lösung eines solchen Produktes zeigt unter dem Ultramikroskop eine Menge stark lichtbrechender Teilchen. Es sind aber nicht die Kolloidteilchen des Polystyrols sichtbar, sondern die beobachteten Teilchen sind anorganische Verunreinigungen (Zinnverbindungen). Durch häufiges Umfällen kann man Produkte erhalten, die annähernd optisch leere Lösungen geben.

3. Aufbau der Polystyrole[2].

In den Polystyrolen sind die einzelnen Grundmoleküle durch normale Kovalenzen zu mehr oder weniger langen Ketten gebunden. Die Aneinanderkettung der Moleküle kann dabei nach folgenden zwei Formeln geschehen:

---

[1] Wir vermuteten, daß im trimeren Produkte ein Triphenylcyclohexan vorliegt, da es ein gesättigter Kohlenwasserstoff ist. Wir bemühten uns aber vergeblich, dieses trimere Produkt durch Dehydrieren in Triphenylbenzol überzuführen und so seine Konstitution aufzuklären. Nach den letzten Versuchen von E. Bergmann über die Polymerisation des asymmetrischen Diphenyläthylens [Liebigs Ann. **480**, 49 (1930)] und des α-Methylstyrols [Ber. Dtsch. Chem. Ges. **64**, 1493 (1931)] ist es zweifelhaft, ob die Polymerisation des Styrols zu einfachen Cyclobutan- und Cyclohexanderivaten führt. Vgl. hierzu auch Inaug.-Diss. W. Heuer, Freiburg i. Br. 1929.

[2] Über den Aufbau von solchen hochpolymeren Produkten wurden früher die auffallendsten Ansichten geäußert. So hat z. B. L. Auer, Kolloid-Ztschr. **42**, 288 (1927), das Poly-

I. $?-CH-CH_2-(CH-CH_2)_x-CH-CH_2-?$
   with C_6H_5, C_6H_5, C_6H_5

II. $?-CH_2-CH-(CH-CH_2)_x-CH_2-CH-CH-CH_2-?$
   with C_6H_5 C_6H_5, C_6H_5 C_6H_5

Daß die Polystyrole entsprechend Formel I gebaut sind, zeigt die Untersuchung des Distyrols und Tristyrols, die man durch vorsichtigen Hitzeabbau des Polystyrols im Hochvakuum bei 350° erhalten kann. Diese Produkte haben nach Untersuchung von A. STEINHOFER[1] folgende Zusammensetzung:

$CH_2-CH_2-CH-CH_2-CH=CH_2$
C_6H_5, C_6H_5, C_6H_5
Tristyrol

$CH_2-CH_2-CH=CH_2$
C_6H_5, C_6H_5
Distyrol

4. Physikalische Eigenschaften der hemikolloiden Polystyrole.

Die niedermolekularen Produkte bis zum Polymerisationsgrad 4 sind flüssig. Die Produkte vom Polymerisationsgrad 4—10 sind halbfeste Massen, die bei schwachem Erwärmen zusammensintern und klebrig werden. Polystyrole vom Polymerisationsgrad 10—100 sind weiße pulverförmige Körper, die sich bei einer Temperatur über 100° verflüssigen. Die Schmelze liefert nach dem Abkühlen ein sprödes, pulverisierbares Glas. Alle Produkte zeigen keinen bestimmten Schmelzpunkt, sondern werden bei höherer Temperatur zuerst weich und verflüssigen sich allmählich.

Die festen Polystyrole sind nach Röntgenuntersuchungen amorph[2]. Trotzdem sind die Moleküle im festen Zustand nicht völlig unorientiert, sondern die langen Fadenmoleküle sind in den festen Produkten parallel gelagert; denn bei einer regellosen Lagerung der Fadenmoleküle müßte das spez. Gewicht der polymeren Produkte infolge der intermolekularen Zwischenräume gering sein. Tatsächlich ist aber das spez. Gewicht der Polystyrole höher als das des monomeren Styrols, und zwar nimmt das spez. Gewicht der polymeren Produkte mit steigendem Polymerisationsgrad zu. Von den 4fach Polymeren ab konnten Unterschiede im spez. Gewicht nicht mehr festgestellt werden.

Man macht also hier dieselben Beobachtungen wie bei allen polymeren Produkten, nämlich daß diese eine größere Dichte als die Monomeren haben. Dies ist darauf zurückzuführen, daß bei der Polymerisation infolge der chemischen Bindung der Grundmoleküle dieselben dichter gepackt werden und dadurch die Zahl der großen intermolekularen Zwischenräume abnimmt. Danach müßten sich auch hoch- und niedermolekulare Stoffe im spez. Gewicht unterscheiden, aber diese Unterschiede sind zwischen den hemikolloiden und eukolloiden Pro-

styrol als ein Isokolloid im Sinne von Wo. OSTWALD angesehen, das durch einen Verfestigungsvorgang aus dem monomeren Styrol entsteht. Er sagt dazu folgendes: „Die Styrolgallerte enthält sowohl als Dispersionsmittel wie als disperse Phase Styrol. Die Styrolmoleküle dieser beiden Phasen unterscheiden sich vielleicht in ihrem elektrischen Verhalten."

[1] Unveröffentlichte Versuche.

[2] Eine große Zahl von Aufnahmen verdanken wir der freundlichen Mithilfe von Herrn J. HENGSTENBERG und dem Entgegenkommen von Herrn Geheimrat MIE im Physikalischen Institut der Universität Freiburg i. Br.

dukten so gering, daß sie bei der groben Bestimmung des spez. Gewichtes nach der Schwebemethode nicht beobachtet werden können.

Tabelle 57. Dichten und Molekularrefraktionen einiger Polystyrole.

Substanz	Dichte 15°	Mol.-Refr. ber.	Mol.-Refr. gef.	
Monomeres Styrol .	0,911	35,08	36,14	Nach H. Biltz: Liebigs Ann. **296**, 275.
Dimeres	1,015	34,21	34,41	Ungesättigt.
Trimeres	1,051	33,34	33,64	Gesättigt.
Tetrameres	1,058	33,34	33,65	Gesättigt.
Mol.-Gew. 1750 . .	1,058	33,34	33,6	Gesättigt[1].
Mol.-Gew. 4600 . .	1,058	33,34	34,1	Gesättigt[1] (87,8 proz. Lösung in Benzol).

Bei einer Reihe von polymeren Produkten, so z. B. bei den Polyacrylsäureestern[2], beim Kautschuk[3], Hydrokautschuk[4], wurde die Molekularrefraktion des polymeren Produktes bestimmt, und der Vergleich der Molekularrefraktion eines Grundmoleküls mit der des ungesättigten monomeren Körpers ergab, daß bei der Polymerisation eine Doppelbindung verschwunden ist. Es ist dies ein weiterer Beweis, daß einzelne Grundmoleküle in den Polymeren durch Hauptvalenzen gebunden sind. Beim Polystyrol kommt man, wie Tab. 57 zeigt, zu dem gleichen Ergebnis, doch sind hier die Bestimmungen der Molekularrefraktion nicht so genau, weil teilweise nicht die reine Substanz untersucht werden konnte, sondern nur konzentrierte Benzollösungen.

Als wir die Arbeit begannen, war der Krystallbau der hochmolekularen Substanzen noch nicht bekannt. Wir nahmen anfangs an, daß Polystyrole nicht krystallisiert wären, da sie aus einem Gemisch von Polymerhomologen bestehen, entsprechend den Erfahrungen der organischen Chemie, daß Stoffgemische viel schlechter krystallisieren als reine Stoffe. Wir versuchten deshalb, durch sehr häufiges Fraktionieren aus den Gemischen von Polymerhomologen möglichst einheitliche Produkte herzustellen, in der Hoffnung, bei diesen eine Krystallisation zu erreichen. Aber dieses war nach Röntgenuntersuchungen niemals der Fall. Es wurde dann bei den Polyoxymethylenen[5], den Polyäthylenoxyden[6] der Krystallbau hochmolekularer Substanzen aufgeklärt und an diesen Beispielen gezeigt, daß auch Stoffe, die aus einem Gemisch von Polymerhomologen bestehen, krystallisiert erhalten werden können. Für die Krystallisationsfähigkeit von hochmolekularen organischen Verbindungen, die aus Fadenmolekülen aufgebaut sind, kommt es also nicht auf die einheitliche Länge der Fadenmoleküle an, sondern darauf, daß die einzelnen Fäden gleichen Bau haben. In diesem Fall

---

[1] Ungesättigte Endgruppen am Ende der Moleküle lassen sich durch die Refraktion nicht erkennen, doch ist diese Methode bei höhermolekularen Produkten nicht genau.

[2] Staudinger, H., u. E. Urech: Helv. chim. Acta **12**, 1107 (1929).

[3] Kautschuk **1925**, H. 1 u. 2.

[4] Staudinger, H., u. E. Geiger: Helv. chim. Acta **13**, 1340 (1930).

[5] Staudinger, H., H. Johner, R. Signer, G. Mie u. J. Hengstenberg: Ztschr. f. physik. Ch. **126**, 425 (1927).

[6] Staudinger, H., u. O. Schweitzer: Ber. Dtsch. Chem. Ges. **62**, 2400 (1929).

können die Fadenmoleküle wie ein Bündel langer, aber ungleich großer Holzstäbe zu einem Krystallit zusammengefaßt werden[1]. Dies ist bei den obigen Beispielen, ebenso bei Guttapercha der Fall[2]. Die Fadenmoleküle des Polystyrols sind dagegen unregelmäßig aufgebaut, da beim Aneinanderketten der einzelnen Grundmoleküle eine große Zahl von Diastereoisomeren auftreten können, wie folgende Formel andeutet. Solche unsymmetrischen Moleküle sind zur Krystallisation nicht befähigt[3].

$$\begin{array}{ccccccccc}
H & & C_6H_5 & & C_6H_5 & & H & & C_6H_5 \\
| & & | & & | & & | & & | \\
-C-CH_2- & C-CH_2- & C-CH_2- & C-CH_2- & C-CH_2- \\
| & & | & & | & & | & & | \\
C_6H_5 & & H & & H & & C_6H_5 & & H
\end{array}$$

5. Aufbau der Teilchen in hemikolloiden Polystyrollösungen.

Durch kryoskopische Molekulargewichtsbestimmung wurde die Teilchengröße der verschiedenen polymerhomologen Polystyrole ermittelt. Es ist zu entscheiden, ob die so ermittelte Teilchengröße das tatsächliche relative Gewicht der Moleküle darstellt oder ob es die Gewichte von solvatisierten Micellen sind, wie z. B. K. H. MEYER auf Grund seiner Micellartheorie annahm[4]. Letztere Auffassung ist unrichtig, denn es wurden von V. WIEDERSHEIM[5] verschiedene hemikolloide Polystyrole derart hydriert, daß sich die Teilchengröße nicht ändert. Die Teilchen stellen also Moleküle dar, die ohne Veränderung des Kohlenstoffgerüstes chemischen Reaktionen unterworfen werden können[6].

6. Beständigkeit der Hemikolloide bei höherer Temperatur.

Die hemikolloiden Polystyrole sind substituierte Paraffinkohlenwasserstoffe; ihre Moleküle werden daher auch beim längeren Erhitzen auf höhere Temperatur (150—200°) nicht verändert, vorausgesetzt, daß unter Luftabschluß gearbeitet wird. Bei Gegenwart von Luft findet ein oxydativer Abbau statt, der sich in Viscositätsänderungen bemerkbar macht (vgl. Tabelle 58). Dabei treten Rotfärbungen auf.

Tabelle 58. Erhitzen einiger Hemipolystyrole unter verschiedenen Bedingungen in 1,0 gd-mol. Benzollösung.

Versuchsdauer und Temperatur	η_{sp}-Werte bei 20° Durchschnittsmolekulargewicht		
	2500	3000	5000
Nicht erhitzt	0,74	1,08	1,58
24 Stunden bei 200° unter N_2	0,73	1,00	1,58
24 Stunden bei 250° unter N_2	0,76	—	1,36
24 Stunden bei 200° unter Luft	0,48	0,71[7]	1,01

Der oxydative Abbau tritt nur in Lösung ein; im festen Zustand sind die Polystyrole auch bei längerem Erhitzen an der Luft beständig. Es wurde schon

---

[1] Über den Krystallbau hochmolekularer organischer Verbindungen vgl. H. STAUDINGER u. R. SIGNER: Ztschr. f. Krystallogr. 70, 193 (1929).
[2] STAUDINGER, H.: Ber. 63, 928 (1930).
[3] Vgl. Helv. chim. Acta 12, 947 (1929).
[4] MEYER, K. H.: Ztschr. f. angew. Ch. 42, 76 (1929).
[5] Vgl. H. STAUDINGER, u. V. WIEDERSHEIM: Ber. Dtsch. Chem. Ges. 62, 2406 (1929).
[6] Vgl. dazu Dritter Teil, C. II. 3. u. III. 3.   [7] Unter O_2 erhitzt.

bei früheren Versuchen festgestellt, daß Fadenmoleküle in Lösung viel leichter abgebaut werden als in festem Zustand[1].

Tabelle 59. Erhitzen einiger Hemipolystyrole ohne Lösungsmittel auf verschiedene Temperaturen unter Luft. η_{sp}-Werte der erhitzten Produkte bei 20° in 1 gd-mol. Benzollösung.

Versuchsdauer und Temperatur	Durchschnittsmolekulargewicht		
	2000	3000	5000
Nicht erhitzt	0,72	1,12	1,61
48 Stunden bei 157°	0,71	1,16	1,62
48 Stunden bei 208°	0,71	1,14	1,62

Die Polystyrole unterscheiden sich durch diese Beständigkeit von den Polyprenen, die außerordentlich leicht oxydiert werden[2]. Für die Bearbeitung der Polystyrole ist diese Beständigkeit von großer Bedeutung; so konnten z. B. die Produkte durch Erhitzen im Hochvakuum auf 60—100° relativ leicht von absorbierten Lösungsmitteln befreit werden. Schon nach 2—3 Tagen sind kleine Mengen unter diesen Bedingungen gewichtskonstant. Empfindlichere Stoffe wie Polyprene müssen oft wochenlang im Hochvakuum bei Zimmertemperatur belassen werden, bis sie gewichtskonstant sind. Wir überzeugten uns noch durch besondere Versuche, daß sogar bei 48stündigem Erhitzen im Hochvakuum auf 200° die hemikolloiden wie die eukolloiden Polystyrole keinen Gewichtsverlust erleiden.

7. Molekulargewichtsbestimmungen auf kryoskopischem Wege.

Zur Molekulargewichtsbestimmung müssen möglichst einheitliche Fraktionen vorliegen, wenn man die erhaltenen Durchschnittsmolekulargewichte später zur Ermittlung von Viscositätsbeziehungen, also zur Bestimmung der K_m-Konstanten, gebrauchen will. Man vgl. hierzu den Abschnitt III über „Viscositätsmessungen an hemikolloiden Polystyrolen" auf S. 169.

Die Molekulargewichtsbestimmungen können bis zu einem Molekulargewicht von 10000 kryoskopisch mit einer Genauigkeit von ca. 10% bestimmt werden, wenn bei jeder einzelnen Einwage die Gefrierpunktserniedrigung 6—7mal bestimmt und das Mittel von 2—3 Versuchen genommen wird. Wir führten Molekulargewichtsbestimmungen der hemikolloiden Polystyrole vom Polymerisationsgrad 10—100 in Benzol, wie sie M. Brunner[3] ausgeführt hat, und einige in Dioxan aus und erhielten dabei in verschiedenen Lösungsmitteln und Konzentrationen[4] übereinstimmende Werte, ein weiterer Beweis, daß die Molekulargewichte und nicht die Micellgewichte bestimmt werden; denn die Micellgröße sollte sich von Lösungsmittel zu Lösungsmittel ändern.

Bei Molekulargewichtsbestimmungen in Campher nach der Rastschen Methode erhält man bei Hemikolloiden bis zum Molekulargewicht 2000 Werte, die mit den in Benzol ermittelten übereinstimmen. Bei Produkten mit einem Polymerisationsgrad über 25 sind dagegen die Molekulargewichte in Campher

---

[1] Vgl. H. Staudinger u. H. Machemer: Ber. Dtsch. Chem. Ges. **62**, 2929 (1929).

[2] Vgl. H. Staudinger u. E. O. Leupold: Ber. Dtsch. Chem. Ges. **63**, 730 (1930).

[3] Vgl. H. Staudinger u. M. Brunner: Ber. Dtsch. Chem. Ges. **62**, 241 (1929).

[4] Vgl. über die Assoziation organischer Verbindungen in Lösungen und die Bestimmung derselben nach der kryoskopischen Methode J. Meisenheimer: Liebigs Ann. **482**, 130 (1930).

Tabelle 60. Molekulargewichtsbestimmungen in Benzol (kryoskopisch).

Fraktion *	Substanz g	Benzol g	Δ	Mol.-Gew.	Mittleres Durchschnitts-molekular-gewicht	Durchschnitts-polymeri-sationsgrad
1	0,2364	26,37	0,025	1820	1740	17
	0,1892	26,37	0,022	1660		
4	0,2654	17,58	0,032	2400	2350	24
	0,5636	17,58	0,071	2290		
7	0,2450	17,58	0,026	2720	2560	26
	0,4800	17,58	0,058	2390		
8	0,2610	17,58	0,029	2600	2630	26
	0,5934	17,58	0,0645	2660		
10	0,2418	26,37	0,0155	3020	3000	30
	0,4542	26,37	0,0295	2980		
12	0,2588	26,37	0,0105	4770	4620	46
	0,4850	26,37	0,0210	4470		
13	0,2786	17,58	0,015	5370	5160	52
	0,2914	17,58	0,017	4950		
14	0,2548	26,37	0,0085	5800	5330	53
	0,5128	26,37	0,019	5220		
	0,3442	26,37	0,013	5120		
	0,2684	17,58	0,015	5190		
15	0,3220	26,37	0,0125	4980	4880	49
	0,5868	26,37	0,0245	4630		
	0,3818	17,58	0,022	5040		
Unfrakt. Gemisch	0,2470	26,37	0,0155	3080	2960	30
	0,4472	26,37	0,0305	2840		
Trimeres	0,1496	17,58	0,153	284	286	3
	0,3141	17,58	0,317	288		
		Dioxan g				
12	0,2782	20,66	0,013	4870	4780	46
	0,5176	20,66	0,025	4700		

sehr viel niedriger als in Benzol. Diese Differenzen sind verständlich, nachdem wir im vorigen Abschnitt nachgewiesen haben, daß beim höheren Erhitzen von Lösungen an der Luft ein Abbau der höhermolekularen Polystyrole erfolgt[1].

In einer weiteren Tabelle 62 sind die Molekulargewichte in Benzol, ferner die in Campher, die η_{sp}/c-Werte für die Polystyrole und endlich die K_m-Konstanten zusammengestellt.

Aus der Tabelle 62 ersieht man, daß sich derselbe Zusammenhang zwischen Viscosität und Molekulargewicht bei Polystyrolen ergibt wie bei den Paraffinen[2] und Fettsäureestern[3], also wohldefinierten Verbindungen mit bekannter Kettenlänge, wenn man die in Benzol erhaltenen Werte für das Molekulargewicht zugrunde

---

* Vgl. hierzu Tabelle 55 u. 56.

[1] Man müßte die Molekulargewichte der höhermolekularen Polystyrole in Campher unter Luftabschluß ausführen.

[2] STAUDINGER, H., u. R. NODZU: Ber. Dtsch. Chem. Ges. **63**, 721 (1930).

[3] STAUDINGER, H., u. E. OCHIAI: Ztschr. f. physik. Ch. **158**, 35 (1931).

Tabelle 61.

Molekulargewichtsbestimmungen in Campher (Mol.-Gew. des Monomeren 104,06).

Fraktion	Polymerisationsgrad	Substanz g	Campher g	Δ	Mol.-Gew.	
Dimeres	2	0,0112	0,1139	20,8	190	Polymerisation mit Floridaerde.
Trimeres	3	0,0236	0,2138	15,0	290	
Tetrameres.	4	0,0120	0,1026	12,8	370	
Fl.-E. I	4,5	0,0106	0,1180	8,2	440	
Fl.-E. II	5	0,0104	0,1562	5,6	475	
Fl.-E. III	5	0,0120	0,1208	7,7	520	
Fl.-E. IV	6	0,0118	0,1318	6,3	570	
Fl.-E. V	6	0,0118	0,1134	7,0	595	
Unfrakt. Gemisch . .	29	0,0100	0,1030	1,8	2160	Polymerisation mit SnCl₄
1	17	0,0104	0,1000	2,6	1600	
10	25	0,0100	0,1014	1,6	2470	
12	44	0,0103	0,1055	1,6	2420	
		0,0134	0,1118	2,0	2400	
14	51	0,0120	0,1462	2,5	1310	
		0,0118	0,1256	1,8	2090	
15	47	0,0198	0,2214	2,2	1630	
		0,0106	0,1180	1,8	2000	

legt, nicht aber die in Campher ermittelten. Dies ist eine weitere Bestätigung dafür, daß jene Molekulargewichte richtig sind, und daß die in Campher erhaltenen Werte durch einen Abbau der Moleküle in der Wärme[1] zu niedrig gefunden werden. Diese Feststellung war uns wichtig für die Beurteilung der Molekular-

Tabelle 62. Vergleich der Molekulargewichte in Benzol und Campher.

Fraktion	Durchschnittsmolekulargewicht in Benzol, kryoskopisch	Durchschnittsmolekulargewicht in Campher	$\dfrac{\eta_{sp}}{c}$ bei 20° in Benzol	$K_m = \dfrac{\eta_{sp}}{c \cdot M}$ ber. aus Mol.-Gew. in Benzol	$K_m = \dfrac{\eta_{sp}}{c \cdot M}$ ber. aus Mol.-Gew. in Campher	
Unfrakt. Gemisch	2950	2200	0,91	$3{,}1 \cdot 10^{-4}$	$4{,}1 \cdot 10^{-4}$	Zunehmend. Abbau
1	1750	1600	0,62	3,5 „	3,9 „	
10	3000	2500	0,78	2,6 „	3,1 „	
12	4600	2400	1,07	2,3 „	4,5 „	
14	5300	1600	1,16	2,2 .,	7,3 „	
15	4900	1700	1,60	3,3 „	9,4 „	

gewichtsbestimmungen des Kautschuks in Campher, die von R. Pummerer[2] und seinen Mitarbeitern ausgeführt sind und die Beachtung fanden, weil man glaubte, daß damit das Molekulargewicht des Grundkörpers des Kautschuks bestimmt sei. Aber beim Erhitzen des Kautschuks in Campher findet ebenso wie beim Polystyrol ein weitgehender Abbau[3] des Kautschuks statt.

---

[1] Wahrscheinlich handelt es sich um einen oxydativen Abbau (durch gelösten Luftsauerstoff).

[2] Pummerer, R., H. Nielsen u. W. Gündel: Ber. Dtsch. Chem. Ges. **60**, 2167 (1927).

[3] Staudinger, H., M. Asano, H. F. Bondy u. R. Signer: Ber. Dtsch. Chem. Ges. **61**, 2575 (1928); vgl. dazu R. Pummerer, A. Andrissen u. W. Gündel: Ber. Dtsch. Chem. Ges. **62**, 2628 (1929); H. Staudinger u. H. F. Bondy: Ber. Dtsch. Chem. Ges. **63**, 2900 (1930).

III. Viscositätsmessungen an hemikolloiden Polystyrolen.

1. Schwierigkeiten bei Stoffgemischen.

Am Anfang der Arbeiten erschien es fast unmöglich, daß sich bei den Viscositätsmessungen dieser Hemipolystyrole irgendwelche quantitativen Beziehungen zwischen Viscosität und Molekulargewicht ergeben könnten, und zwar aus folgender Überlegung heraus: bei einem Gemisch von Polymerhomologen beeinflussen kleine Moleküle das Durchschnittsmolekulargewicht außerordentlich stark und drücken dasselbe herunter, während sie die Viscosität relativ wenig beeinflussen[1]. Dagegen macht sich ein Gehalt an großen Molekülen bei den Bestimmungen des Durchschnittsmolekulargewichtes relativ wenig bemerkbar, wohl aber sehr stark bei Viscositätsmessungen. Wenn z. B. bei einem Polystyrol vom Durchschnittsmolekulargewicht 1000 nur 1% eines Polystyrols vom Molekulargewicht 100000 beigemengt ist, so ist diese Beimengung durch eine Molekulargewichtsbestimmung nicht nachweisbar. Der η_{sp}/c-Wert beträgt dagegen statt 0,3 0,6. Bei Gemischen verschiedener Zusammensetzung können also Produkte, die das gleiche Durchschnittsmolekulargewicht haben, Unterschiede in der Viscosität aufweisen und umgekehrt. Die K_m-Werte weichen dann selbstverständlich auch voneinander ab. In der folgenden Tabelle 63a sind einige Fraktionen zusammengestellt, die sich nur wenig im Durchschnittsmolekulargewicht, beträchtlich dagegen in der Viscosität unterscheiden. Wie bei schlecht fraktionierten Gemischen unrichtige Werte für die K_m-Konstante erhalten werden, zeigt Tabelle 63b; sie enthält die Fraktionierung eines Gemisches von Polystyrolsäuren, die durch oxydativen Abbau eines Eupolystyrols vom Molekulargewicht ca. 150000 mit $KMnO_4$ erhalten wurden. Diese Polystyrole tragen am Ende ihrer Ketten COOH-Gruppen. Die erste Fraktionierung dieses Gemisches wurde weniger sorgfältig durchgeführt als die zweite, so daß die hierbei erhaltenen Gemische von Polymerhomologen weniger einheitlich sind[2]. Die K_m-Konstanten bei der ersten unvollkommenen Fraktionierung sind daher weit höher als bei der zweiten, weil die hochmolekularen Anteile nicht genügend abgetrennt waren.

Tabelle 63a. Einige hemikolloide Polystyrole von gleichem Durchschnittsmolekulargewicht und verschiedener Viscosität (vgl. auch Tab. 74).

Substanz	Durchschnitts-molekular-gewicht in Benzol	Durchschnitts-polymerisations-grad	$\dfrac{\eta_{sp}}{c}$ in Benzol bei 20°	$K_m = \dfrac{\eta_{sp}}{c \cdot M}$
Unfrakt. Gemisch (BRUNNER) . .	2500	24	0,82	$3{,}3 \cdot 10^{-4}$
Fraktion 7 (HEUER)	2550	25	0,71	2,8 ,,
Unfrakt. Gemisch (HEUER) . . .	2950	29	0,91	3,1 ,,
Fraktion II (BRUNNER)	3000	29	0,66	2,2 ,,

[1] Darauf wurde schon früher aufmerksam gemacht, vgl. Helv. chim. Acta **12**, 942 (1929).

[2] Bei Zusatz von Aceton zu dem zu trennenden Gemisch entstehen zwei Schichten: die untere enthält die höhermolekularen, die obere die niedermolekularen Anteile. Die erste Fraktionierung wurde nach einfachem Absetzen der unteren Schicht durchgeführt, während bei der zweiten die obere Schicht durch längeres Zentrifugieren von suspendierten Tröpfchen der unteren sorgfältig befreit wurde. Außerdem wurde vor der zweiten Trennung das Gemisch mit n-Butanol einige Zeit auf dem Wasserbade erwärmt und so eine kleine Menge ganz niedermolekularer Anteile entfernt.

Tabelle 63b. Doppelte Fraktionierung eines Gemisches von Polystyrolsäuren.

	Substanz	Durchschnittsmolekulargewicht in Benzol, kryoskopisch	Durchschnittspolymerisationsgrad	$\dfrac{\eta_{sp}}{c}$ in Benzol bei 20°	$K_m = \dfrac{\eta_{sp}}{c \cdot M}$	Mol.-Gew. ber. aus der Viscosität nach $M = \dfrac{\eta_{sp}}{c \cdot 1,8} \cdot 10^4$
I. Fraktionierung, sehr uneinheitlich {	Säure I	5500	53	1,93	$3,5 \cdot 10^{-4}$	10700
	Säure II	8000	77	2,61	3,3 „	14500
II. Fraktionierung, einheitlich {	Säure Ia	7000	67	1,25	1,8 „	7000
	Säure IIa	12200	117	2,34	1,9 „	13000

Wenn man also bei den hemikolloiden Polystyrolen und ähnlichen Gemischen von Polymerhomologen Beziehungen zwischen Viscosität und Molekulargewicht ermitteln will, dann müssen die einzelnen Produkte durch häufiges fraktionierendes Lösen oder Fällen möglichst von niedermolekularen und höhermolekularen Anteilen befreit sein, so daß nur Moleküle von annähernd gleichem Polymerisationsgrad in dem Gemisch vorliegen.

2. Gültigkeit des HAGEN-POISEUILLESchen Gesetzes.

Hochmolekulare Polystyrole zeigen erhebliche Abweichungen vom HAGEN-POISEUILLESchen Gesetz: bei Messungen der Viscosität z. B. im UBBELOHDESchen Viscosimeter nimmt η_r mit zunehmendem mittleren Geschwindigkeitsgefälle der Lösung in der Capillare ab. Hemikolloide hingegen gehorchen annähernd dem HAGEN-POISEUILLESchen Gesetz; Abweichungen treten nur innerhalb der Meßfehler auf, wie aus folgender Tabelle 64 hervorgeht, welche Viscositätsbestimmungen einiger Hemipolystyrole im UBBELOHDESchen Viscosimeter enthält. Bei verschiedenen angewandten Drucken bleiben die η_{sp}-Werte konstant.

Tabelle 64. η_{sp} eines Hemipolystyrols im UBBELOHDESchen Viscosimeter in Abhängigkeit von Druck und Temperatur in Tetralin.

Mol.-Gew.	Grundmolarität	20° Druck in Zentimeter Wassersäule			60° Druck in Zentimeter Wassersäule		
		60	30	15	60	30	15
1750	0,1	0,07	0,07	0,09	0,07	0,06	0,09
	0,25	0,18	0,18	0,19	0,15	0,14	0,16
	0,5	0,39	0,39	0,41	0,32	0,32	0,33
3000	0,1	0,09	0,09	0,11	0,10	0,10	0,10
	0,25	0,23	0,24	0,25	0,20	0,19	0,22
	0,5	0,52	0,52	0,55	0,43	0,42	0,45
5300	0,1	0,14	0,14	0,15	0,12	0,11	0,13
	0,25	0,34	0,34	0,35	0,29	0,29	0,32

Ohne Bedenken lassen sich also Viscositätsmessungen hemikolloider Polystyrole, die im OSTWALDSchen Viscosimeter ausgeführt sind, miteinander vergleichen, wenn man im Gebiete der verdünnten Lösungen bleibt ($\eta_{sp(G)} = 0,4$).

3. Viscosität und Konzentration.

Die Beziehungen zwischen Molekulargewicht und Viscosität gelten nur im Gebiet verdünnter Lösungen. In konzentrierten Lösungen, die infolge ihrer hohen Viscosität scheinbar besonders interessant sind, sind die Zusammenhänge erheblich komplizierter. Unterhalb der Grenzviscosität 0,4* sind die η_{sp}/c-Werte

---

* Vgl. S. 134.

konstant. Dies ist bereits früher an einigen Fällen nachgewiesen worden[1]. Wir haben diese Konstanz der η_{sp}/c-Werte durch zahlreiche Messungen an verschiedenen Produkten nochmals nachgeprüft. Die folgende Abb. 24 zeigt den Verlauf der η_{sp}/c-Werte mit steigender Konzentration an 3 Substanzen (in Tetralin bei 20 und 60°). Die Tabellen 65, 66, 67 zeigen die Zahlenwerte an einer ganzen Reihe verschiedener Hemipolystyrole in Tetralinlösung bei 20 und 60°.

In den Tabellen 65 und 66 sind Messungen in verschiedenen Konzentrationen angeführt. Man erkennt darin die Konstanz der η_{sp}/c-Werte und der K_m- und K_c-Werte in den niedrigsten Konzentrationen, ferner die durch die Meßfehler bedingten Schwankungen, denen sie unterworfen sind. In Tabelle 67 sind Konzentrationsreihen einiger Hemipolystyrole von verschiedenem Durchschnittsmolekulargewicht zusammengestellt. Hier zeigt sich, wie das auch aus der Abb. 24 deutlich ersichtlich ist, daß der Anstieg der η_{sp}/c-Werte bei den Polymerhomologen von höherem Polymerisationsgrad in geringerer Konzentration erfolgt als bei denen niedrigen Polymerisationsgrades. Dieses Wachsen der η_{sp}/c-Werte mit ansteigender Konzentration hängt damit zusammen, daß die langen Fadenmoleküle infolge ihres großen Wirkungsbereiches sich gegenseitig stören. Dieser ist bei den Produkten mit längerer C-Kette erheblich größer als bei den kürzeren, da er mit dem Quadrat der

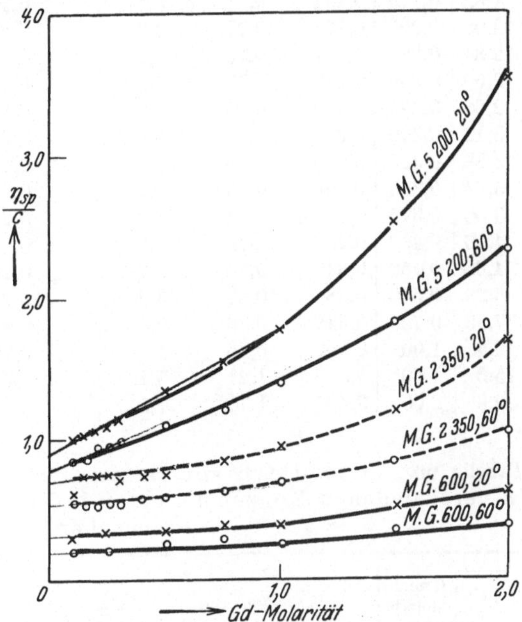

Abb. 24. η_{sp}/c in Abhängigkeit von der Konzentration bei einigen Hemipolystyrolen von verschiedenem Durchschnittsmolekulargewicht in Tetralin bei 20° und 60°.

Moleküllänge zunimmt. In Tabelle 68 sind die Wirkungsbereiche einiger Hemipolystyrole zusammengestellt. Als Durchmesser des Fadens wurden 15 Å angenommen. Der Vergleich der beiden letzten Spalten zeigt, daß die berechneten Grenzkonzentrationen in der Größenordnung ungefähr zusammenfallen mit den Konzentrationen, bei denen die η_{sp}/c-Werte beginnen, von den konstanten Werten abzuweichen.

4. Viscosität und Temperatur.

In einer früheren Arbeit[2] wurde angegeben, daß die Viscosität von hemikolloidem Polystyrol in verdünnter Lösung bei verschiedenen Temperaturen (20°, 40°, 60°) gleich sei. Damals wurden nur die η_r-Werte verglichen, außerdem wurden die Messungen im UBBELOHDEschen Viscosimeter ausgeführt, in dem die Meßgenauigkeit geringer ist als im OSTWALDschen Viscosimeter. Bei

[1] STAUDINGER, H., u. W. HEUER: Ber. Dtsch. Chem. Ges. **63**, 222 (1930).
[2] STAUDINGER, H., u. W. HEUER: Ber. Dtsch. Chem. Ges. **62**, 2933 (1929).

Tabelle 65. Viscositäten von Hemipolystyrol (Durchschnitts-Mol.-Gew. 2350) in verschiedenen Konzentrationen in Tetralin bei 20 und 60°. Messungen im OSTWALDschen Viscosimeter.

Gehalt %	Grundmolarität	20°				60°			
		η_{sp}	$\dfrac{\eta_{sp}}{c}=\eta_{sp}(10{,}4\%)$	$K_m=\dfrac{\eta_{sp}}{c\cdot M}$	$K_c=\dfrac{\lg\eta_r}{c}$	η_{sp}	$\dfrac{\eta_{sp}}{c}=\eta_{sp}(10{,}4\%)$	$K_m=\dfrac{\eta_{sp}}{c\cdot M}$	$K_c=\dfrac{\lg\eta_r}{c}$
1,04	0,100	0,087	0,87	$3{,}7\cdot10^{-4}$	0,36	0,057	0,57	$2{,}4\cdot10^{-4}$	0,24
1,30	0,125	0,105	0,84	3,6 ,,	0,35	0,071	0,57	2,4 ,,	0,24
1,56	0,150	0,115	0,77	3,3 ,,	0,32	0,081	0,54	2,3 ,,	0,23
1,82	0,175	0,141	0,81	3,4 ,,	0,33	0,095	0,54	2,3 ,,	0,22
2,08	0,200	0,153	0,77	3,3 ,,	0,31	0,104	0,52	2,2 ,,	0,21
2,34	0,225	0,171	0,76	3,2 ,,	0,31	0,128	0,57	2,4 ,,	0,23
2,60	0,250	0,187	0,75	3,2 ,,	0,30	0,137	0,55	2,3 ,,	0,22
2,86	0,275	0,205	0,75	3,2 ,,	0,29	0,147	0,53	2,3 ,,	0,22
3,12	0,300	0,213	0,71	3,0 ,,	0,28	0,161	0,54	2,3 ,,	0,22
3,38	0,325	0,238	0,73	3,1 ,,	0,29	0,185	0,57	2,4 ,,	0,23
3,64	0,350	0,256	0,73	3,1 ,,	0,28	0,194	0,55	2,3 ,,	0,22
3,90	0,375	0,284	0,76	3,2 ,,	0,29	0,218	0,58	2,5 ,,	0,23
4,16	0,400	0,299	0,75	3,2 ,,	0,28	0,232	0,58	2,5 ,,	0,23
4,68	0,450	0,340	0,76	3,2 ,,	0,28	0,261	0,58	2,5 ,,	0,22
5,20	0,500	0,386	0,77	3,3 ,,	0,28	0,294	0,59	2,5 ,,	0,22
7,80	0,750	0,642	0,86	3,6 ,,	0,29	0,474	0,63	2,7 ,,	0,22
10,4	1,00	0,949	0,95	4,0 ,,	0,29	0,706	0,71	3,0 ,,	0,23
15,6	1,50	1,816	1,21	5,1 ,,	0,30	1,251	0,83	3,6 ,,	0,23
20,8	2,00	3,407	1,70	7,2 ,,	0,32	2,137	1,07	4,5 ,,	0,25

Tabelle 66. Viscositäten von Hemipolystyrol (Durchschnitts-Mol.-Gew. 2560) in verschiedenen Konzentrationen in Tetralin bei 20 und 60°. Messungen im OSTWALDschen Viscosimeter.

Gehalt %	Grundmolarität	20°				60°			
		η_{sp}	$\dfrac{\eta_{sp}}{c}=\eta_{sp}(10{,}4\%)$	$K_m=\dfrac{\eta_{sp}}{c\cdot M}$	$K_c=\dfrac{\lg\eta_r}{c}$	η_{sp}	$\dfrac{\eta_{sp}}{c}=\eta_{sp}(10{,}4\%)$	$K_m=\dfrac{\eta_{sp}}{c\cdot M}$	$K_c=\dfrac{\lg\eta_r}{c}$
1,04	0,100	0,074	0,74	$2{,}9\cdot10^{-4}$	0,31	0,052	0,52	$2{,}0\cdot10^{-4}$	0,22
1,30	0,125	0,102	0,82	3,2 ,,	0,34	0,076	0,61	2,4 ,,	0,25
1,56	0,150	0,123	0,82	3,2 ,,	0,34	0,085	0,57	2,2 ,,	0,24
1,82	0,175	0,136	0,78	3,1 ,,	0,32	0,104	0,59	2,3 ,,	0,25
2,08	0,200	0,166	0,83	3,2 ,,	0,33	0,123	0,62	2,4 ,,	0,25
2,34	0,225	0,174	0,77	3,0 ,,	0,31	0,133	0,59	2,3 ,,	0,24
2,60	0,250	0,187	0,75	2,9 ,,	0,30	0,147	0,59	2,3 ,,	0,24
2,86	0,275	0,207	0,75	2,9 ,,	0,30	0,161	0,59	2,3 ,,	0,24
3,12	0,300	0,230	0,77	3,0 ,,	0,30	0,185	0,62	2,4 ,,	0,25
3,38	0,325	0,246	0,76	3,0 ,,	0,29	0,185	0,57	2,2 ,,	0,23
3,64	0,350	0,276	0,79	3,1 ,,	0,30	0,218	0,62	2,4 ,,	0,24
3,90	0,375	0,297	0,79	3,1 ,,	0,30	0,227	0,61	2,4 ,,	0,24
4,16	0,400	0,320	0,80	3,1 ,,	0,30	0,237	0,59	2,3 ,,	0,23
4,68	0,450	0,355	0,79	3,1 ,,	0,29	0,280	0,62	2,4 ,,	0,24
5,20	0,500	0,396	0,79	3,1 ,,	0,29	0,313	0,63	2,4 ,,	0,24
7,80	0,750	0,675	0,90	3,5 ,,	0,30	0,517	0,69	2,7 ,,	0,24
10,4	1,00	1,010	1,01	3,9 ,,	0,30	0,749	0,75	2,9 ,,	0,24
15,6	1,50	2,020	1,35	5,3 ,,	0,32	1,393	0,93	3,6 ,,	0,25
20,8	2,00	3,710	1,86	7,3 ,,	0,34	2,355	1,18	4,6 ,,	0,26
26,0	2,50	6,84	2,74	10,7 ,,	0,36	3,882	1,55	6,1 ,,	0,28
31,2	3,00	12,79	4,26	16,7 ,,	0,38	6,360	2,12	8,3 ,,	0,29

Tabelle 67. η_{sp} in Abhängigkeit von der Konzentration bei Hemipolystyrolen verschiedenen Durchschnittsmolekulargewichts bei 20 und 60° in Tetralin und die Abweichung in Prozent in höherer Konzentration von den Mitteln der konstanten Werte (OSTWALD-Viscosimeter).

Gehalt %	Grund-molarität	20°												60°											
		Durchschnittsmolekulargewichte												Durchschnittsmolekulargewichte											
		600		1750		2350		2560		3000		5200		600		1750		2350		2560		3000		5200	
		η_{sp}/c	Abw. %	η_{sp}/c	Abw. %	η_{sp}/c	Abw. %	η_{sp}/c	Abw. %	η_{sp}/c	Abw. %	η_{sp}/c	Abw. %	η_{sp}/c	Abw. %	η_{sp}/c	Abw. %	η_{sp}/c	Abw. %	η_{sp}/c	Abw. %	η_{sp}/c	Abw. %	η_{sp}/c	Abw. %
1,04	0,10	0,31	—	0,61	—	0,62	—	0,74	—	0,79	—	1,01	—	0,20	—	0,41	—	0,57	—	0,52	—	0,57	—	0,86	—
1,56	0,15	—	—	—	—	0,77	—	0,82	—	—	—	1,04	—	—	—	—	—	0,54	—	0,57	—	—	—	0,87	—
2,08	0,20	—	—	—	—	0,77	—	0,83	—	—	—	1,08	—	—	—	—	—	0,52	—	0,62	—	—	—	0,95	—
2,60	0,25	0,35	—	0,63	—	0,75	—	0,75	—	0,77	—	1,10	—	0,23	—	0,53	—	0,55	—	0,59	—	0,69	—	0,95	—
3,12	0,30	—	—	—	—	0,71	—	0,77	—	—	—	1,16	—	—	—	—	—	0,54	—	0,62	—	—	—	0,98	—
5,20	0,50	0,37	—	0,68	—	0,77	—	0,79	—	0,94	—	1,35	25	0,26	—	0,52	—	0,59	—	0,63	—	0,77	—	1,10	20
7,80	0,75	0,39	—	0,78	—	0,86	15	0,90	14	1,05	27	1,53	42	0,29	—	0,59	—	0,63	—	0,69	—	0,84	—	1,21	32
10,4	1,00	0,40	—	0,89	31	0,95	27	1,01	28	1,19	43	1,78	65	0,27	—	0,65	18	0,71	25	0,75	25	0,91	26	1,40	52
15,6	1,50	0,53	47	1,17	72	1,21	61	1,35	71	1,66	100	2,54	135	0,34	36	0,82	49	0,84	47	0,93	55	1,19	65	1,83	99
20,8	2,00	0,63	75	1,62	138	1,70	127	1,85	134	2,35	183	3,54	228	0,40	60	1,04	89	1,07	88	1,18	97	1,52	111	2,35	155
Mittel der konstanten Werte:		0,36	—	0,68	—	0,75	—	0,79	—	0,83	—	1,08	—	0,25	—	0,55	—	0,57	—	0,60	—	0,72	—	0,92	—

Tabelle 68. Berechnung des Wirkungsbereiches einiger Hemipolystyrole (Durchmesser des Fadens angenommen zu 15 Å) und Vergleich mit einigen gefundenen Werten (vgl. auch Tab. 67).

Durch-schnitts-molekular-gewicht	Durch-schnitts-polymerisa-tionsgrad a	Ketten-länge[1] in Å = $(a \cdot 2{,}5+7)$Å	Zahl der Moleküle in 1 ccm einer 0,1 gd-mol. Lösung	Wirkungsbereich eines Moleküls in Å³	Wirkungsbereich aller Moleküle in 1 ccm einer 0,1 gd-mol. Lösung	Wirkungs-bereich als % des Gesamt-volumens	Berechnete Grenzkonzentration in Grund-molarität	Gehalt in %	Ungefähr gefundene Grenzkonzentration in Grundmolarität	Gehalt in % (vgl. Tabelle 67)
600	6	22	$1{,}0 \cdot 10^{19}$	$5{,}7 \cdot 10^{3}$	$5{,}7 \cdot 10^{22}$	5,7	1,8	19	1,0—1,5	10—15
1750	17	49,5	$3{,}5 \cdot 10^{18}$	$2{,}9 \cdot 10^{4}$	$1{,}0 \cdot 10^{23}$	10	1,0	10	0,75—1,0	7,5—10
2350	23	64,5	$2{,}6 \cdot 10^{18}$	$4{,}9 \cdot 10^{4}$	$1{,}3 \cdot 10^{23}$	13	0,8	8	$\sim 0{,}75$	$\sim 7{,}5$
2560	25	69,5	$2{,}4 \cdot 10^{18}$	$5{,}7 \cdot 10^{4}$	$1{,}4 \cdot 10^{23}$	14	0,7	7	$\sim 0{,}75$	$\sim 7{,}5$
3000	29	79,5	$2{,}1 \cdot 10^{18}$	$7{,}4 \cdot 10^{4}$	$1{,}6 \cdot 10^{23}$	16	0,6	6	0,5—0,7	5—7
5200	50	132	$1{,}2 \cdot 10^{18}$	$2{,}1 \cdot 10^{5}$	$2{,}5 \cdot 10^{23}$	25	0,4	4	0,3—0,5	3—5

[1] a = Durchschnittspolymerisationsgrad; 2,5 Å = Länge eines Grundmoleküls, 7 Å = Länge der Endgruppen.

den jetzt ausgeführten genauen Messungen in letzterem Viscosimeter, das auf Grund der Ausführungen im vorigen Abschnitt unbedenklich bei Viscositätsmessungen von Hemikolloiden verwendet werden kann, zeigte es sich, daß die Hemikolloide doch eine gewisse Temperaturabhängigkeit aufweisen, wenn man die η_{sp}-Werte vergleicht[1]. In Tabelle 69 sind Messungen an einer Reihe von Hemipolystyrolen verschiedenen Durchschnittsmolekulargewichts bei 20° und 60°

Tabelle 69. Temperaturabhängigkeit verschiedener Hemipolystyrole in Tetralin zwischen 20 und 60° im Gebiet konstanter η_{sp}/c-Werte.

Fraktionen der Tab. 55 u. 56	Durchschnittsmolekulargewicht	Durchschnittspolymerisationsgrad	$\dfrac{\eta_{sp}}{c}$ bei 20°	$\dfrac{\eta_{sp}}{c}$ bei 60°	$\dfrac{\frac{\eta_{sp}}{c}\,60°}{\frac{\eta_{sp}}{c}\,20°}$
Fl.-E.[2] I	438	4	0,36	0,27	0,75
Fl.-E. II	476	4,5	0,41	0,30	0,73
Fl.-E. III	516	5	0,44	0,35	0,80
Fl.-E. IV	568	5,5	0,45	0,35	0,78
Fl.-E. V	595	5,5	0,40	0,30	0,75
1	1750	17	0,68	0,55	0,81
4	2350	23	0,75	0,57	0,76
7	2550	25	0,79	0,60	0,76
8	2650	26	0,78	0,66	0,85
Unfrakt. Gemisch	2950	29	0,91	0,80	0,88
10	3000	29	0,83	0,72	0,87
12	4600	44	1,16	1,02	0,88
15	4900	47	1,59	1,45	0,91
(höchste Fraktion)					
13	5150	50	1,08	0,92	0,85
14	5300	51	1,19	1,05	0,88

in Tetralin zusammengestellt und zum Vergleich die Quotienten aus den η_{sp}/c-Werten bei 60° und 20° gebildet. Bei Produkten niederer Molekülgröße liegt er etwa bei 0,75 und nimmt mit steigender Molekülgröße ab. Beim Molekulargewicht 5000 ist er ca. 0,85—0,90, um schließlich bei noch höheren Molekulargewichten auf 1 und darüber zu steigen. (Vgl. Abb. 51 auf S. 206.)

Um die Untersuchungen auch auf einen größeren Temperaturbereich zu erstrecken, wurden einige Messungen in Toluol bei —70° ausgeführt an 2 Poly-

Tabelle 70. Temperaturabhängigkeit einiger Polystyrole in Toluol.

Durchschnittsmolekulargewicht	Grundmolarität	η_{sp} bei			$\dfrac{\eta_{sp}(-70°)}{\eta_{sp}(+20°)}$	$\dfrac{\eta_{sp}(+60°)}{\eta_{sp}(+20°)}$
		—70°	+20°	+60°		
5200	0,5	1,10	0,58	0,44	1,90	0,76
	1,0	4,08	1,55	1,17	2,63	0,75
120000	0,025	0,55	0,51	0,46	1,08	0,90
	0,1	3,10	2,83	2,50	1,10	0,88

---

[1] Mit Temperaturabhängigkeit wird im folgenden immer der Unterschied der spezifischen Viscositäten bei verschiedenen Temperaturen — in der Regel der Unterschied zwischen 20° und 60° — bezeichnet.

[2] Fl.-E. = Polymerisate mit Floridaerde.

styrolen vom Molekulargewicht 5200 und 120000, die in Tabelle 70 angeführt sind. Man erkennt hier deutlich, daß die Temperaturabhängigkeit bei dem Molekulargewicht 5200 ziemlich beträchtlich ist, während sie beim Molekulargewicht 120000 nur noch gering ist[1]. Die Abb. 25 zeigt, daß die Änderung der Viscosität mit der Temperatur bei Produkten verschiedener Kettenlänge unterschiedlich verläuft. Die Kurven der Polystyrole vom Molekulargewicht 5200 und 120000 zeigen abfallenden Verlauf mit steigender Temperatur, während die Kurve des Eukolloids vom Molekulargewicht 440000 steigt.

Wegen dieser Temperaturabhängigkeit sind für sehr genaue Messungen an Produkten verschiedenen Molekulargewichts Viscositätsbestimmungen bei 20° nicht direkt vergleichbar, weil keine korrespondierenden Zustände vorliegen. Um hier genaue Zusammenhänge zu finden, müßte die gesetzmäßige Änderung der Viscosität mit der Temperatur in Abhängigkeit von der Molekülgröße bestimmt werden. Die Ungenauigkeiten, die dadurch hineinkommen, daß Messungen bei 20° verglichen werden, sind aber kleiner als die anderen Fehlerquellen und können daher vernachlässigt werden.

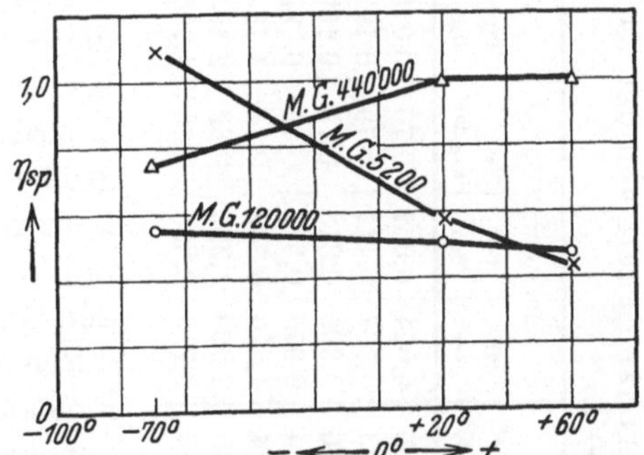

Abb. 25. Viscosität einiger Polystyrole n Abhängigkeit von der Temperatur.

Mol.-Gew.	5 200 in 0,5 gd-mol. Lösung in Toluol
120 000 in 0,025 gd-mol. Lösung in Toluol
440 000 in 0,01 gd-mol. Lösung in Toluol
(mittleres Geschwindigkeitsgefälle 1000).

Worauf diese Temperaturabhängigkeit zurückzuführen ist, läßt sich noch nicht bestimmt sagen. Sie steht mit der größeren Beweglichkeit der Moleküle bei höherer Temperatur in Zusammenhang. Die Abnahme der spezifischen Viscosität eines gelösten Stoffes bei Temperaturerhöhung ist wohl auf dieselben Ursachen zurückzuführen wie die Abnahme der absoluten Viscosität einer homöopolaren Flüssigkeit[2].

Bei den eukolloiden Polystyrolen ist die spezifische Viscosität bei 60° höher als bei 20°, wenn man auf gleiches Geschwindigkeitsgefälle bezieht. Hier tritt ein neuer Faktor hinzu, nämlich die anormalen Strömungsverhältnisse[3]; dieser macht sich auch schon bei Hemikolloiden bemerkbar, und zwar um so mehr, je höhermolekular sie sind. Es ist deshalb verständlich, daß auch schon die Hemikolloide mit steigendem Molekulargewicht eine geringere Temperaturabhängigkeit zeigen.

Untersucht man endlich die Temperaturabhängigkeit der Viscosität in verschieden konzentrierten Lösungen, so erkennt man, daß mit steigender Konzentration ihre Abhängigkeit von der Temperatur größer wird. In niederen Kon-

---

[1] Vgl. S. 205.

[2] Bei den Paraffinen ist die Temperaturabhängigkeit gering. Zur völligen Klärung dieser Frage sind noch weitere Untersuchungen nötig, vgl. H. STAUDINGER u. E. OCHIAI: Ztschr. physik. Ch. A 158, 35 (1931).

[3] Dieser neue Faktor besteht also darin, daß die höhermolekularen Polystyrole Abweichungen vom HAGEN-POISEUILLEschen Gesetz zeigen. Starke Abweichungen vom HAGEN-POISEUILLEschen Gesetz treten erst bei einer Länge der Teilchen von ca. 4000 Å auf.

Tabelle 71. Temperaturabhängigkeit einiger Hemipolystyrole in Abhängigkeit von der Konzentration in Tetralin zwischen 20 und 60°.

Grundmolarität	Gehalt %	Mol.-Gew. 600			Mol.-Gew. 1750			Mol.-Gew. 2350			Mol.-Gew. 2550			Mol.-Gew. 3000			Mol.-Gew. 5200		
	%	20° η_{sp}	60° η_{sp}	$\dfrac{\eta_{sp}\,60°}{\eta_{sp}\,20°}$	20° η_{sp}	60° η_{sp}	$\dfrac{\eta_{sp}\,60°}{\eta_{sp}\,20°}$	20° η_{sp}	60° η_{sp}	$\dfrac{\eta_{sp}\,60°}{\eta_{sp}\,20°}$	20° η_{sp}	60° η_{sp}	$\dfrac{\eta_{sp}\,60°}{\eta_{sp}\,20°}$	20° η_{sp}	60° η_{sp}	$\dfrac{\eta_{sp}\,60°}{\eta_{sp}\,20°}$	20° η_{sp}	60° η_{sp}	$\dfrac{\eta_{sp}\,60°}{\eta_{sp}\,20°}$
0,1	1,04	0,031	0,020	0,65	0,061	0,041	0,67	0,062	0,040	0,65	0,074	0,052	0,70	0,079	0,057	0,72	0,101	0,086	0,85
0,25	2,60	0,088	0,057	0,65	0,199	0,119	0,60	0,187	0,137	0,73	0,187	0,147	0,79	0,193	0,172	0,89	0,276	0,238	0,86
0,5	5,20	0,184	0,131	0,71	0,342	0,262	0,77	0,386	0,294	0,76	0,396	0,313	0,79	0,469	0,385	0,82	0,675	0,549	0,81
0,75	7,80	0,294	0,217	0,74	0,588	0,443	0,75	0,642	0,474	0,74	0,675	0,517	0,77	0,789	0,631	0,80	1,149	0,910	0,79
1,0	10,4	0,395	0,270	0,68	0,886	0,652	0,74	0,949	0,706	0,74	1,010	0,749	0,74	1,189	0,906	0,76	1,783	1,402	0,79
1,5	15,6	0,789	0,516	0,65	1,759	1,238	0,70	1,816	1,251	0,69	2,020	1,393	0,69	2,493	1,787	0,72	3,803	2,754	0,72
2,0	20,8	1,265	0,795	0,63	3,237	2,074	0,64	3,407	2,137	0,63	3,710	2,355	0,63	4,706	3,049	0,65	7,083	4,697	0,66

zentrationen sind die Temperaturkoeffizienten selbstverständlich innerhalb der Fehlergrenzen konstant, da die η_{sp}/c-Werte auch konstant sind (Tabelle 71).

Mit steigender Konzentration, wo die η_{sp}/c-Werte steigen, wird auch die Temperaturabhängigkeit größer. Das Anwachsen der η_{sp}/c-Werte bei höherer Konzentration ist aber weit größer als das Sinken des Quotienten der Temperaturabhängigkeit. Daraus kann man schließen, daß die hohe Viscosität in höheren Konzentrationen zur Hauptsache nicht auf der Bildung von Assoziationen beruht, sondern darauf, daß die Sollösung in eine Gellösung übergeht. Erst bei sehr hohen Konzentrationen treten starke Assoziationen ein, und erst dann beobachtet man größere Temperaturabhängigkeit. In solchen konzentrierten Lösungen zeigen die Polystyrole in ihrem Verhalten eine gewisse Ähnlichkeit mit den Seifen. Wie bei den Seifen Fadenmicellen durch Aneinanderlagerung relativ kurzer Fadenmoleküle entstehen, so kann man hier analog annehmen, daß durch Zusammenlagerung zahlreicher Fadenmoleküle sich langgestreckte fadenförmige Assoziate bilden, die die hohe Viscosität hervorrufen.

In verschiedenen Lösungsmitteln ist der Temperaturkoeffizient der Polystyrole in geringen Konzentrationen annähernd gleich (vgl. Tabelle 73a). Dagegen sind die Verhältnisse im Gebiet konzentrierter Lösungen, also der Gellösungen, noch unübersichtlich, da dann die Temperaturabhängigkeit von Lösungsmittel zu Lösungsmittel sehr verschieden ist. Einfache Gesetzmäßigkeiten wurden nur bei Sollösungen gefunden (Tabelle 72).

5. Viscosität und Lösungsmittel.

Es wurde die Viscosität eines Hemipolystyrols vom Durchschnittsmolekulargewicht 2800 in zahlreichen verschiedenen Lösungsmitteln gemessen. Dabei ergab sich das Resultat, daß in verdünnten Lösungen (0,1—0,25 gd-mol) die spezifischen Viscositäten innerhalb der Meßgenauigkeit in allen Lösungsmitteln annähernd gleich sind. Eine Zusammenstellung der Ergebnisse ist in Tabelle 73a gegeben. Als Mittelwert

Tabelle 72. η_{sp}-Werte eines unfraktionierten Hemipolystyrols in verschiedenen Konzentrationen und Lösungsmitteln bei 20, 40 und 60° (Messungen im UBBELOHDESchen Viscosimeter).

In 5 ccm Lösungsmittel	Einwage g	20°	40°	60°	$\dfrac{\eta_{sp}\,40°}{\eta_{sp}\,20°}$	$\dfrac{\eta_{sp}\,60°}{\eta_{sp}\,20°}$
Cyclohexanon	4,4524	493[1]	166	81	0,34	0,16
	2,3330	31	18	13	0,58	0,42
	2,0010	19	13	9	0,68	0,47
	0,5203	1,4	1,2	1,1	0,86	0,79
Tetralin	4,4524	316[1]	133	73	0,42	0,23
	2,3330	26	17	13	0,65	0,50
	2,0010	16	12	9	0,75	0,56
	0,5203	1,3	1,2	1,1	0,92	0,85
Pyridin	4,4524	138[1]	73	45	0,53	0,33
	2,3330	17	12	9	0,71	0,53
	2,0010	12	9	8	0,75	0,67
Toluol	4,4524	170[1]	92	61	0,54	0,36

Tabelle 73a. Viscositäten eines Hemipolystyrols vom Durchschnittsmolekulargewicht 2800 in verschiedenen Lösungsmitteln unterhalb der Grenzviscosität $\eta_{sp\,(G)} = 0,4$ (Messungen im OSTWALDschen Viscosimeter).

Lösungsmittel	Ausflußzeit des Lösungsmittels × Dichte bei 20°	$\dfrac{\eta_{sp}}{c}$ bei 20° gemessen in der Grundmolarität		$\dfrac{\eta_{sp}}{c}$ bei 60° gemessen in der Grundmolarität		$\dfrac{\eta_{sp}/c\,(\text{bei }60°)}{\eta_{sp}/c\,(\text{bei }20°)}$ in der Grundmolarität	
		0,1	0,25	0,1	0,25	0,1	0,25
Schwefelkohlenstoff	38,8	0,6	0,6	—	—	—	—
Essigester	42,2	0,6	0,6	0,4	0,4	0,65	0,65
Acetal	46,6	0,7	0,8	0,6	0,6	0,85	0,75
Chloroform	55,4	0,6	0,6	—	—	—	—
Toluol	55,4	0,6	0,7	0,5	0,6	0,85	0,85
Benzol	61,0	0,7	0,7	—	—	—	—
o-Xylol	61,3	0,6	0,7	0,6	0,6	1,00	0,85
Methylcyclohexan	71,0	0,7	0,7	0,6	0,6	0,85	0,85
Butylacetat	71,4	0,5	0,7	0,4	0,5	0,80	0,70
Styrol	72,2	0,7	0,7	0,5	0,6	0,70	0,85
Chlorbenzol	75,6	0,9	0,7	0,8	0,6	0,90	0,85
Pyridin	90,2	0,7	0,7	0,6	0,6	0,85	0,85
Cyclohexan	90,9	0,6	0,7	0,5	0,6	0,85	0,85
Tetrachlorkohlenstoff	91,0	0,7	0,8	0,7	0,7	1,00	0,90
Brombenzol	108,3	0,6	0,7	0,6	0,6	1,00	0,85
Dioxan	120,5	0,7	0,8	0,6	0,6	0,85	0,75
Tetrachloräthan	162,8	0,9	0,9	0,8	0,8	0,90	0,90
Äthylenbromid	166,2	0,6	0,7	0,6	0,6	1,00	0,85
Bromoform	187,3	0,8	0,8	0,7	0,7	0,90	0,90
Benzoesäureäthylester	203,3	0,8	0,8	0,5	0,7	0,65	0,90
Tetralin	208,8	0,7	0,8	0,6	0,6	0,85	0,75
Cyclohexanon	220,0	0,9	0,8	0,6	0,7	0,65	0,90
Malonsäurediäthylester . . .	225,0	0,7	0,7	0,6	0,6	0,85	0,85
Mittel	—	0,7	0,7	0,6	0,6	0,85	0,85

[1] Sind gemessen beim mittleren Geschwindigkeitsgefälle 40.

für η_{sp}/c ergibt sich 0,7 bei 20° und eine durchschnittliche Temperaturabhängigkeit zwischen 20° und 60° von ca. 15%.

Aus diesem Ergebnis ist zu folgern, daß die spezifische Viscosität unabhängig vom Lösungsmittel ist und allein durch die Länge der Moleküle bedingt wird. Diese einfachen Verhältnisse finden sich jedoch nur dann vor, wenn die Viscosität des gelösten Stoffes im Vergleich zur Viscosität des Lösungsmittels unendlich hoch ist. Bei niedermolekularen Stoffen mit Fadenmolekülen, z. B. beim Squalen, weist die spezifische Viscosität in verschiedenen Lösungsmitteln Unterschiede auf. Bei diesen Verbindungen ist die spezifische Viscosität des gelösten Stoffes im Verhältnis zur Viscosität des Lösungsmittels nicht unendlich groß[1].

Weiterhin wurden die spezifischen Viscositäten verschiedener Hemipolystyrole in 1 gd-molarer Lösung in einigen Lösungsmitteln im OSTWALDschen Viscosimeter gemessen. In dieser höheren Konzentration, die bereits im Gebiet der Gellösung liegt, zeigen sich schon Unterschiede zwischen den verschiedenen Solventien, die auf das Vorliegen von Assoziationen hindeuten[2]. In Aceton, dem am schlechtesten lösenden Lösungsmittel, sind die spezifischen Viscositäten am geringsten, dann folgen Essigester und schließlich Benzol und Tetrachlorkohlenstoff[3], wie die Tabelle 73b zeigt.

Tabelle 73b. η_{sp}-Werte einiger Hemipolystyrole in 1 gd-mol. Lösung in verschiedenen Lösungsmitteln bei 20° (Messungen im OSTWALDschen Viscosimeter).

Lösungsmittel	Durchschnittsmolekulargewichte			
	1750	3000	4600	5300
Aceton	0,562	0,780	Unlöslich	Unlöslich
Essigester	0,609	—	1,167	1,316
Benzol	0,674	1,037	1,460	1,610
Tetrachlorkohlenstoff	0,890	—	1,754	—

Ferner vergleiche man hierzu auch die Tabelle 72 (S. 177). Hier sind die Messungen in hohen Konzentrationen im UBBELOHDEschen Viscosimeter ausgeführt, so daß die spezifischen Gewichte der Lösungen vernachlässigt werden können. Bei diesen Viscositätsbestimmungen in hoher Konzentration sind die Unterschiede der η_{sp}-Werte in verschiedenen Lösungsmitteln besonders deutlich. Diese sind darauf zurückzuführen, daß die Tendenz zur Assoziation in den verschiedenen Lösungsmitteln eine wechselnde ist.

Zur Bestimmung des Molekulargewichts müssen also Viscositätsmessungen in solchen Konzentrationen ausgeführt werden, daß die spezifische Viscosität in verschiedenen Lösungsmitteln gleich ist. Dies ist unterhalb der Grenzviscosität der Fall.

---

[1] Ferner darf bei Viscositätsmessungen an letzteren Substanzen das spezifische Gewicht der Lösung infolge der hohen Konzentrationen, die hier im Gegensatz zu den Hemikolloiden angewendet werden müssen, nicht ohne weiteres vernachlässigt werden, während man dieses bei den verdünnten (1—2 proz.) Lösungen von Polystyrolen ohne weiteres unberücksichtigt lassen kann.

[2] Allerdings sind bei diesen Bestimmungen die spezifischen Gewichte der Lösungen nicht berücksichtigt; dies wäre bei diesen 10 proz. Lösungen erforderlich, um genaue Vergleiche ziehen zu können.

[3] Auch die Viscosität einer konzentrierten Kautschuklösung ist bei Anwendung verschiedener Lösungsmittel verschieden groß, vgl. F. KIRCHHOF: Kolloid-Ztschr. **15**, 33 (1914).

Die Viscositätsmessungen an den hemikolloiden Polystyrolen wurden früher fast alle in Benzol und Tetralin ausgeführt in der Annahme, daß bei der Lösung eines Kohlenwasserstoffes in einem Kohlenwasserstoff besonders einfache Verhältnisse vorliegen. Solange man aber ganz verdünnte Lösungen untersucht, sind derartige Einschränkungen nicht notwendig.

6. Die K_m-Konstante.

In einer früheren Arbeit[1] wurde bereits die K_m-Konstante der Polystyrole durch einige Viscositätsmessungen und Molekulargewichtsbestimmungen gefunden. Durch zahlreiche neue Messungen wurde ihre Größe genauer festgelegt. Die folgende Abb. 26 zeigt den Verlauf dieser K_m-Werte mit steigendem Durchschnittsmolekulargewicht in Benzol und Tetralin bei 20°. Man sieht, daß

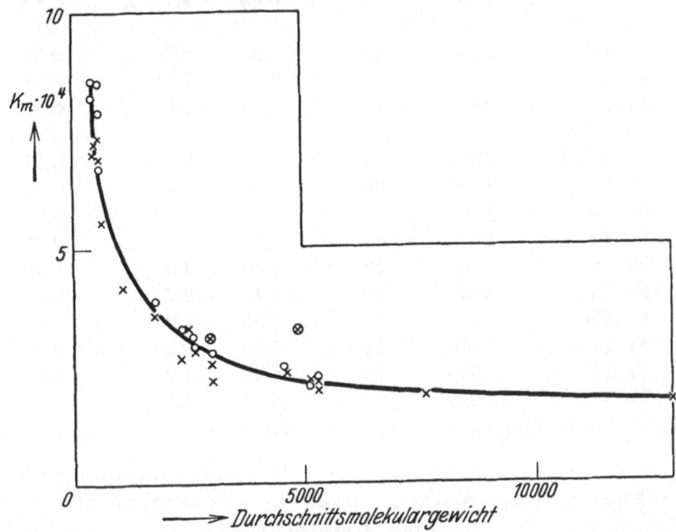

Abb. 26. K_m von Hemipolystyrolen in Abhängigkeit vom Durchschnittsmolekulargewicht. $t = 20°$. × Messungen in Benzol. ○ Messungen in Tetralin. Der beim Molekulargewicht 4900 liegende, stark herausfallende Punkt stammt von der höchsten Fraktion, die verhältnismäßig zu große Moleküle enthält.

etwa vom Molekulargewicht 5000 an die Kurve sich einem konstanten K_m-Wert nähert. Die genauen Zahlenwerte dieser Abb. 26 sind in den folgenden Tabellen 74, 75 und 76 zusammengestellt.

Das auffällige Abweichen der K_m-Konstante im Gebiet niederer Molekulargewichte hat zwei Ursachen. Zunächst ist allein durch den Polymerisationsgrad die Kettenlänge nicht genau gegeben, sondern die beiden endständigen Phenylreste verlängern die Kette entsprechend folgender Formel[2]:

$$\mathrm{HC} \underset{\underset{\mathrm{H}}{\mathrm{C}}}{\overset{\overset{\mathrm{H}}{\mathrm{C}}}{\diagup}} \hspace{-0.3em} \diagdown \hspace{-0.3em} \underset{\underset{\mathrm{H}}{\mathrm{C}}}{\overset{\overset{\mathrm{H}}{\mathrm{C}}}{\diagdown}} \hspace{-0.3em} \mathrm{C-CH_2-CH_2-} \left[\underset{\mathrm{C_6H_5}}{\mathrm{CH-CH_2}} \right]_x \mathrm{-C-C} \overset{\mathrm{CH_2}}{\diagup} \diagdown \mathrm{CH}$$

---

[1] STAUDINGER, H., u. W. HEUER: Ber. Dtsch. Chem. Ges. **63**, 222 (1930).

[2] Es wird einfachheitshalber angenommen, daß eine Doppelbindung am Ende steht, obgleich das nicht bewiesen ist. (Vgl. S. 65.)

Tabelle 74. K_m-Konstante. Viscositäten von Hemipolystyrolen in Benzol bei 20°. η_{sp}/c berechnet aus η_{sp}-Werten unter 0,4 (Messungen im OSTWALDschen Viscosimeter).

Beobachter: H=HEUER Br=BRUNNER [1]	Fraktion nach Tab. 55 u. 56	Durchschnittsmolekulargewicht	Durchschnittspolymerisationsgrad a	$\dfrac{\eta_{sp}}{c}$ in Benzol bei 20°	$K_m = \dfrac{\eta_{sp}}{c \cdot M}$	$\dfrac{\eta_{sp}}{c} - x$ $x = 0{,}2$	$y = \dfrac{\dfrac{\eta_{sp}}{c} - x}{a}$
H	Fl.-E. I	438	4	0,31	$7{,}0 \cdot 10^{-4}$	0,11	$2{,}8 \cdot 10^{-2}$
H	Fl.-E. II	476	4,5	0,35	7,3 „	0,15	3,3 „
H	Fl.-E. III	516	5	0,38	7,4 „	0,18	3,6 „
H	Fl.-E. IV	568	5,5	0,39	6,9 „	0,19	3,5 „
H	Fl. E. V	595	5,5	0,34	5,6 „	0,14	2,5 „
Br	Fr. I	1100	10,5	0,46	4,2 „	0,26	2,5 „
H	Fr. 1	1750	17	0,62	3,6 „	0,42	2,5 „
H	Fr. 4	2350	23	0,63	2,7 „	0,43	1,9 „
Br	Unfrakt. Gemisch	2500	24	0,82	3,3 „	0,62	2,6* „
H	Fr. 7	2550	25	0,71	2,8 „	0,51	2,0 „
H	Fr. 8	2650	26	0,73	2,8 „	0,53	2,0 „
H	Unfrakt. Gemisch	2950	29	0,91	3,1 „	0,71	2,5* „
Br	Fr. II	3000	29	0,66	2,2 „	0,46	1,6 „
H	Fr. 10	3000	29	0,78	2,6 „	0,58	2,0 „
H	Fr. 12	4600	44	1,07	2,4 „	0,87	2,0 „
H	Fr. 15	4900	47	1,60	3,3 „	1,40	3,0* „
H	Fr. 13	5150	50	1,14	2,2 „	0,94	1,9 „
Br	Fr. III	5300	51	1,05	2,0 „	0,85	1,7 „
H	Fr. 14	5300	51	1,16	2,2 „	0,96	1,9 „
Br	Fr. IV	7600	73	1,41	1,9 „	1,21	1,7 „
Br	Fr. V	13000	125	2,27	1,7 „	2,07	1,7 „

$x =$ Viscositätsbetrag für die Endgruppe; $y =$ Viscositätsbetrag einer Styrolgruppe in der Kette.

Tabelle 75. K_m-Konstante. Viscositäten von Hemipolystyrolen in Tetralin bei 20°. η_{sp}/c berechnet aus η_{sp}-Werten unter 0,4 (Messungen im OSTWALDschen Viscosimeter).

Fraktion nach Tab. 55 u. 56	Durchschnittsmolekulargewicht	Durchschnittspolymerisationsgrad a	$\dfrac{\eta_{sp}}{c}$ in Tetralin bei 20°	$K_m = \dfrac{\eta_{sp}}{c \cdot M}$	$\dfrac{\eta_{sp}}{c} - x$ $x = 0{,}35$	$y = \dfrac{\dfrac{\eta_{sp}}{c} - x}{a}$
Fl.-E. I	438	4	0,36	$8{,}2 \cdot 10^{-4}$	0,01	$0{,}25 \cdot 10^{-2}$
Fl.-E. II	476	4,5	0,41	8,6 „	0,06	1,3 „
Fl.-E. III	516	5	0,44	8,5 „	0,09	1,8 „
Fl.-E. IV	568	5,5	0,45	7,9 „	0,10	1,8 „
Fl.-E. V	595	5,5	0,40	6,7 „	0,05	0,9 „
Fr. 1	1750	17	0,67	3,9 „	0,32	1,9 „
Fr. 4	2350	23	0,77	3,3 „	0,42	1,8 „
Fr. 7	2550	25	0,79	3,1 „	0,44	1,8 „
Fr. 8	2650	26	0,78	2,9 „	0,43	1,7 „
Unfrakt. Gemisch	2950	29	0,91	3,1 „	0,56	1,9* „
Fr. 10	3000	29	0,83	2,8 „	0,48	1,7 „
Fr. 12	4600	44	1,16	2,5 „	0,81	1,8 „
Fr. 15	4900	47	1,59	3,3 „	1,24	2,6* „
Fr. 13	5150	50	1,08	2,1 „	0,73	1,5 „
Fr. 14	5300	51	1,19	2,3 „	0,84	1,6 „

[1] Vgl. Ber. Dtsch. Chem. Ges. **62**, 241 (1929).

* Uneinheitliche Gemische; deshalb sind die Werte abweichend.

Tabelle 76. K_m-Konstante. Viscositäten von Hemipolystyrolen in Tetralin bei 60°. η_{sp}/c berechnet aus η_{sp}-Werten unter 0,4 (Messungen im OSTWALDschen Viscosimeter).

Fraktion nach Tab. 55 u. 56	Durchschnittsmolekulargewicht	Durchschnittspolymerisationsgrad a	$\dfrac{\eta_{sp}}{c}$ in Tetralin bei 60°	$K_m = \dfrac{\eta_{sp}}{c \cdot M}$	$\dfrac{\eta_{sp}}{c} - x$ $x = 0,2$	$y = \dfrac{\dfrac{\eta_{sp}}{c} - x}{a}$
Fl.-E. I	438	4	0,27	$6,2 \cdot 10^{-4}$	0,07	$1,8 \cdot 10^{-2}$
Fl.-E. II	476	4,5	0,30	6,3 ,,	0,10	2,2 ,,
Fl.-E. III	516	5	0,35	6,8 ,,	0,15	3,0 ,,
Fl.-E. IV	568	5,5	0,35	6,1 ,,	0,15	2,7 ,,
Fl.-E. V	595	5,5	0,30	5,0 ,,	0,10	1,8 ,,
Fr. 1	1750	17	0,50	2,9 ,,	0,20	1,2 ,,
Fr. 4	2350	23	0,57	2,4 ,,	0,37	1,6 ,,
Fr. 7	2550	25	0,60	2,4 ,,	0,40	1,6 ,,
Fr. 8	2650	26	0,66	2,5 ,,	0,46	1,8 ,,
Unfrakt. Gemisch	2950	29	0,80	2,7 ,,	0,60	2,1[1] ,,
Fr. 10	3000	29	0,72	2,4 ,,	0,52	1,8 ,,
Fr. 12	4600	44	1,02	2,2 ,,	0,82	1,9 ,,
Fr. 15	4900	47	1,45	3,0 ,,	1,25	2,7[1] ,,
Fr. 13	5150	50	0,92	1,8 ,,	0,72	1,4 ,,
Fr 14	5300	51	1,05	2,0 ,,	0,85	1,7 ,,

Die endständigen Phenylgruppen gehören also zu der Kette und wirken kettenverlängernd, während die in der Seitenkette stehenden Phenylgruppen nur den Durchmesser erhöhen. Diese Phenylgruppen, die am Ende der Kette stehen, haben weiter einen viscositätserhöhenden Einfluß — ein Inkrement — während die in der Seitenkette stehenden die Viscosität nicht beeinflussen[2]. Die Viscosität eines Polystyrols setzt sich also aus zwei Beträgen zusammen, der Viscosität der Kette $a \cdot y$, wobei a der Polymerisationsgrad und y die Viscosität einer Styrolgruppe in der Kette ist, und der Viscosität der Endgruppen x:

$$\frac{\eta_{sp}}{c} = \eta_{sp\,(10,4\%)} = a \cdot y + x. \tag{30}$$

Zieht man den graphisch ermittelten Wert x von den gefundenen η_{sp}/c-Werten ab und dividiert durch den Polymerisationsgrad, so kommt man zu dem Wert y für das Grundmolekül, also dem Betrag der spez. Viscosität für 1 Styrolmolekül. Dieser Wert ist konstant, da der Einfluß der Endgruppen hier ausgeschaltet ist und ein Unterschied zwischen den niederen und höheren Gliedern nicht mehr bestehen kann (vgl. hierzu die Tabellen 74, 75 und 76, in denen diese Rechnungen durchgeführt sind). Der Durchschnittswert für y ist $1,8 \cdot 10^{-2}$; also ist

$$\frac{\eta_{sp}}{c} = \eta_{sp\,(10,4\%)} = 1,8 \cdot 10^{-2} \text{ (für 1 Grundmolekül} = 104).$$

Danach ist K_m für 1 Gd-mol $= \dfrac{1,8 \cdot 10^{-2}}{104} = 1,8 \cdot 10^{-4}$, denn die K_m-Konstante ist die spez. Viscosität für das Molekulargewicht 1. Diese K_m-Konstante wurde später zur Berechnung des Molekulargewichtes der Eukolloide benutzt, ebenso bei der Feststellung der Viscositätsgesetze[4].

---

[1] Uneinheitliche Gemische; deshalb sind die Werte abweichend.
[2] STAUDINGER, H.: Ber. Dtsch. Chem. Ges. **65**, 267 (1932).
[3] Vgl. S. 65. [4] STAUDINGER, H.: Ber. Dtsch. Chem. Ges. **65**, 269 (1932).

Aus dieser K_m-Konstante berechnet sich eine $K_{\text{äqu}}$-Konstante von $0,9 \cdot 10^{-4}$, da das Grundmolekül 2 Kettenatome enthält. Diese $K_{\text{äqu}}$-Konstante stimmt mit der bei anderen Kohlenwasserstoffen gefundenen überein.

Der Betrag x für die Endgruppen setzt sich aus zwei Größen zusammen: der Verlängerung der Kette durch die Phenylreste und deren Inkrement. Aus den Messungen an Paraffinen ist der Viscositätsbetrag für eine CH_2-Gruppe in 1,4proz. Benzollösung zu $1,2 \cdot 10^{-3}$ bestimmt worden[1]. Die Verlängerung der Kette muß man mit 7 CH_2-Gruppen einsetzen, also $7 \cdot 1,2 \cdot 10^{-3} = 0,0084$; das besondere Inkrement für eine Phenylgruppe ergibt sich nach Messungen von E. Ochiai an der Phenylessigsäure und nach unveröffentlichten Messungen von R. Bauer zu 0,008 für eine 1,4proz. Lösung. Der Gesamtbetrag von η_{sp} (1,4 %) der Endgruppen ist also 0,0244. Da beim Polystyrol 1 gd-mol. Lösungen 10,4proz. sind, so ergibt sich hier als Betrag für $x = \dfrac{0,0244 \cdot 104}{14} = 0,18$. Der aus Viscositätsmessungen an anderen Substanzen errechnete Betrag ist also annähernd gleich dem graphisch aus Messungen an Hemipolystyrolen in Benzol ermittelten Wert x, der dort zu 0,2 bestimmt wurde.

7. Die K_{cm}-Konstante.

S. Arrhenius[2] hat bei Salzgemischen gezeigt, daß die Beziehungen zwischen Viscosität und Konzentration folgendermaßen ausgedrückt werden können: $\eta_r = K^c$, wobei $\eta_r = \dfrac{\text{Viscosität der Lösung}}{\text{Viscosität des Lösungsmittels}}$, K eine Konstante und c die Konzentration ist. Berl und Büttler[3], sowie Duclaux und Wollman[4] haben diese Beziehung auch bei Nitrocellulosen bestätigt. Sie gilt auch bei den Polystyrolen. Die Tabellen 65, 66 und die folgende Tabelle 77 zeigen die Konstanz der $K_c = \dfrac{\log \eta_r}{c}$-Werte innerhalb eines größeren Konzentrationsintervalles.

Tabelle 77. $K_c = \dfrac{\log \eta_r}{c}$ in Abhängigkeit von der Konzentration bei Hemipolystyrolen verschiedenen Durchschnittsmolekulargewichts bei 20 und 60° in Tetralin (Messungen im Ostwaldschen Viscosimeter).

Gehalt %	Grund-molari-tät	20° Durchschnittsmolekulargewichte						60° Durchschnittsmolekulargewichte					
		600	1750	2350	2560	3000	5200	600	1750	2350	2560	3000	5200
1,04	0,10	0,13	0,26	0,26	0,31	0,33	0,42	0,09	0,21	0,24	0,22	0,24	0,36
1,56	0,15	—	—	0,32	0,34	—	0,42	—	—	0,23	0,24	—	0,36
2,08	0,20	—	—	0,31	0,33	—	0,42	—	—	0,21	0,25	—	0,38
2,60	0,25	0,15	0,26	0,30	0,30	0,31	0,42	0,10	0,20	0,22	0,24	0,28	0,37
3,12	0,30	—	—	0,28	0,30	—	0,43	—	—	0,22	0,25	—	0,38
4,16	0,40	—	—	0,28	0,30	—	—	—	—	0,23	0,23	—	—
5,20	0,50	0,15	0,26	0,28	0,29	0,33	0,45	0,11	0,20	0,22	0,24	0,28	0,38
7,80	0,75	0,15	0,27	0,29	0,30	0,34	0,44	0,11	0,21	0,22	0,24	0,28	0,37
10,4	1,00	0,14	0,28	0,29	0,30	0,34	0,44	0,10	0,21	0,23	0,24	0,28	0,38
15,6	1,50	0,17	0,29	0,30	0,32	0,36	0,45	0,12	0,23	0,23	0,25	0,30	0,38
20,8	2,00	0,18	0,31	0,32	0,34	0,38	0,45	0,13	0,24	0,25	0,26	0,30	0,38
Mittel:		0,15	0,27	0,30	0,31	0,34	0,43	0,11	0,21	0,23	0,24	0,28	0,37

[1] Staudinger, H., u. E. Ochiai: Ztschr. f. physik. Ch. (A) **158**, 35 (1931).
[2] Arrhenius, S.: Ztschr. physik. Ch. **1**, 285 (1887). Vgl. weiter C. B. **1917 II**, 791.
[3] E. Berl u. R. Büttler: Ztschr. f. Schieß- u. Sprengstoffwesen **5**, 82 (1910), C. B. **1910 I**, 2074.
[4] J. Duclaux u. E. Wollman: Bull. Soc. Chim. de France **27**, 414 (1920).

In den weiteren Tabellen 78, 79 und 80 sind die K_c-Werte für Polystyrole verschiedenen Durchschnittsmolekulargewichts in Benzol (20°) und Tetralin (20° und 60°) zusammengestellt, ferner die $K_{cm} = \dfrac{\text{Mol.-Gew.}}{K_c}$-Werte.

Tabelle 78. K_{cm}-Konstante. Viscositäten von Hemipolystyrolen in Benzol bei 20° (Messungen im OSTWALDschen Viscosimeter).

Beobachter: Br = BRUNNER[1] H = HEUER	Fraktion nach Tab. 55 u. 56	Durchschnitts-molekular-gewicht = M	$\dfrac{\eta_{sp}}{c}$ in Benzol bei 20°	$K_c = \dfrac{\log \eta_r}{c}$	$K_{cm} = \dfrac{M}{K_c}$
H	Fl.-E. I	438	0,31	0,12	$3,7 \cdot 10^{-3}$
H	Fl.-E. II	476	0,35	0,14	3,4 ,,
H	Fl.-E. III	516	0,38	0,15	3,4 ,,
H	Fl.-E. IV	568	0,39	0,16	3,6 ,,
H	Fl.-E. V	595	0,34	0,14	4,3 ,,
Br	Fr. I	1100	0,46	0,19	5,8 ,,
H	Fr. 1	1750	0,62	0,26	6,7 ,,
H	Fr. 4	2350	0,63	0,26	9,0 ,,
Br	Unfrakt. Gemisch	2500	0,82	0,35	7,1 ,,
H	Fr. 7	2550	0,71	0,29	9,1 ,,
H	Fr. 8	2650	0,73	0,29	9,1 ,,
H	Unfrakt. Gemisch	2950	0,91	0,37	8,0 ,,
Br	Fr. II	3000	0,66	0,28	10,7 ,,
H	Fr. 10	3000	0,78	0,31	9,7 ,,
H	Fr. 12	4600	1,07	0,43	10,7 ,,
H	Fr. 15	4900	1,60	0,61	8,0 ,,
H	Fr. 13	5150	1,14	0,45	11,4 ,,
Br	Fr. III	5300	1,05	0,44	12,1 ,,
H	Fr. 14	5300	1,16	0,46	11,5 ,,
Br	Fr. IV	7600	1,41	0,58	13,1 ,,
Br	Fr. V	13000	2,27	0,89	14,6 ,,

Tabelle 79. K_{cm}-Konstante. Viscositäten von Hemipolystyrolen in Tetralin bei 20° (Messungen im OSTWALDschen Viscosimeter).

Fraktion nach Tab. 55 u. 56	Durchschnitts-molekular-gewicht = M	$\dfrac{\eta_{sp}}{c}$ in Tetralin bei 20°	$K_c = \dfrac{\log \eta_r}{c}$	$K_{cm} = \dfrac{M}{K_c}$
Fl.-E. I	438	0,36	0,15	$2,9 \cdot 10^3$
Fl.-E. II	476	0,41	0,17	2,8 ,,
Fl.-E. III	516	0,44	0,17	3,0 ,,
Fl.-E. IV	568	0,45	0,19	3,0 ,,
Fl.-E. V	595	0,40	0,16	3,7 ,,
Fr. 1	1750	0,67	0,28	6,2 ,,
Fr. 4	2350	0,77	0,30	7,8 ,,
Fr. 7	2550	0,79	0,31	8,2 ,,
Fr. 8	2650	0,78	0,32	8,3 ,,
Unfrakt. Gemisch .	2950	0,91	0,37	8,0 ,,
Fr. 10	3000	0,83	0,34	8,8 ,,
Fr. 12	4600	1,16	0,46	10,0 ,,
Fr. 15	4900	1,59	0,61	8,0 ,,
Fr. 13	5150	1,08	0,43	12,0 ,,
Fr. 14	5300	1,19	0,47	11,3 ,,

[1] Vgl. Ber. Dtsch. Chem. Ges. **62**, 241 (1929).

Tabelle 80. K_{cm}-Konstante. Viscositäten von Hemipolystyrolen in Tetralin bei 60° (Messungen im OSTWALDschen Viscosimeter).

Fraktion nach Tab. 55 u. 56	Durchschnittsmolekulargewicht $= M$	$\dfrac{\eta_{sp}}{c}$ in Tetralin bei 60°	$K_c = \dfrac{\log \eta_r}{c}$	$K_{cm} = \dfrac{M}{K_c}$
Fl.-E. I	438	0,27	0,11	$4{,}0 \cdot 10^3$
Fl.-E. II	476	0,30	0,13	3,7 ,,
Fl.-E. III	516	0,35	0,14	3,7 ,,
Fl.-E. IV	568	0,35	0,14	4,1 ,,
Fl.-E. V	595	0,30	0,12	5,0 ,,
Fr. 1	1750	0,50	0,21	8,3 ,,
Fr. 4	2350	0,57	0,23	10,2 ,,
Fr. 7	2550	0,60	0,24	10,6 ,,
Fr. 8	2650	0,66	0,27	9,8 ,,
Unfrakt. Gemisch	2950	0,80	0,32	9,2 ,,
Fr. 10	3000	0,72	0,28	10,7 ,,
Fr. 12	4600	1,02	0,41	11,2 ,,
Fr. 15	4900	1,45	0,56	8,8 ,,
Fr. 13	5150	0,92	0,37	13,9 ,,
Fr. 14	5300	1,05	0,42	12,6 ,,

Die Abb. 27 der K_{cm}-Werte mit steigendem Molekulargewicht zeigt anfangs einen steigenden Kurvenverlauf. Mit größerer Kettenlänge nähert sich die Kurve einem Maximalwert, etwa $15 \cdot 10^3$. Da die K_{cm}-Konstante mit der K_m-Konstanten

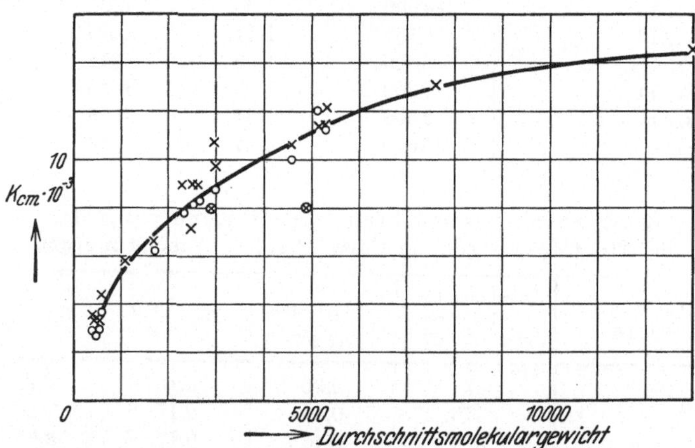

Abb. 27. K_{cm} von Hemipolystyrolen in Abhängigkeit vom Durchschnittsmolekulargewicht. $\times = K_{cm}$-Werte in Benzol bei 20°. $\circ = K_{cm}$-Werte in Tetralin bei 20°.

zusammenhängt, sind die Gründe für die Abweichungen der niederen Glieder der polymer-homologen Reihe dieselben, wie sie im vorigen Abschnitt 6 näher erläutert wurden.

Nach FREUNDLICH[1] läßt sich die K_{cm}-Konstante aus der K_m-Konstanten folgendermaßen berechnen:

$$K_{cm} = \frac{2{,}303}{K_m} = 13 \cdot 10^3.$$

[1] H. FREUNDLICH: Capillarchemie. 4. Aufl. 2, 541. Ferner vgl. K. HESS u. J. SAKURADA: Ber. Dtsch. Chem. Ges. 64, 1183 (1931).

Daß der gefundene Wert nicht genau mit dem berechneten übereinstimmt, liegt daran, daß bei der Berechnung der K_{cm}-Werte die Endgruppen nicht berücksichtigt sind. Für die Berechnung des Molekulargewichts der Eukolloide hat die K_{cm}-Konstante wenig Bedeutung; darum ist von einer genaueren Berechnung dieser Konstante abgesehen.

IV. Zwischenglieder und Eukolloide.

1. Eigenschaften und Darstellung.

Als Zwischenglieder werden bei den Polystyrolen die Vertreter der polymerhomologen Reihe vom Molekulargewicht 10000—150000 bezeichnet, die den Übergang von den Hemikolloiden zu den Eukolloiden bilden. Die folgende Tabelle 81 zeigt die Einteilung der Polystyrole und die zu den Molekulargewichten gehörenden Kettenlängen in Å. Zum Vergleich sind weiterhin noch die entsprechenden Werte für die Polyprene angegeben, da sie im folgenden häufig den Polystyrolen gegenübergestellt werden.

Tabelle 81. Vergleich der Kettenlängen von Polystyrolen und Polyprenen verschiedenen Molekulargewichts.

	Bezeichnung der Substanzen	Mol.-Gew.	Polym.-Grad a	Kettengliederzahl n	Kettenlänge in Å [1]
Polystyrole	Hemikolloide	1000	10	20	25
	Zwischenglieder	10000	100	200	250
		150000	1500	3000	3750
	Eukolloide	500000	5000	10000	12500
Polyprene	Hemikolloide	1000	15	60	75
	Zwischenglieder	10000	150	600	750
		50000	750	3000	3750
	Eukolloide	150000	2200	8800	11000

Das höchstmolekulare bisher erhaltene Polystyrol, das aus einem bei Zimmertemperatur unter N_2 im Laufe einiger Jahre polymerisierten Produkt herausfraktioniert wurde, hat das Molekulargewicht ca. 600000, was einer Kettenlänge von 15000 Å $= 1,5\,\mu$ entspricht; der Durchmesser des Fadens wird mit ca. 15 Å einzusetzen sein, so daß dieses Molekül etwa 1000mal so lang als breit ist. Der Übergang von Zwischengliedern zu Eukolloiden liegt bei einer Kettenlänge von etwa 3500—4000 Å. Bei höheren Kettenlängen treten die typisch eukolloiden Eigenschaften auf: 1. Abweichungen der Viscosität vom HAGEN-POISEUILLEschen Gesetz; 2. großer Wirkungsbereich der Moleküle in Lösung, so daß schon in sehr verdünntem Gebiet Gellösungen vorliegen, wie es die Tabelle 82 zeigt; 3. starke Quellbarkeit; 4. Elastizität der festen Substanz; während beim Kautschuk die Elastizität bei Zimmertemperatur sehr stark ist, tritt beim Polystyrol eine stärkere Elastizität erst beim Erwärmen auf 100° auf; 5. wachsende Empfindlichkeit gegen Temperaturerhöhung. (Vgl. hierzu den Hitzeabbau von Polystyrolen vom Molekulargewicht 120000 und 600000 in Tabelle 106 u. 107, s. S. 205.)

---

[1] Für 1 Kettenglied wurde die durchschnittliche Länge von 1,25 Å eingesetzt, für 1 Grundmolekül also 2,5 Å.

In der Tabelle 83 sind die physikalischen Eigenschaften einiger Polystyrole von den niedersten Gliedern der Reihe bis zum höchsten erhaltenen Produkt zusammengestellt.

Tabelle 82. Berechnung des Wirkungsbereiches einiger Polystyrole (Zwischenglieder und Eukolloide). (Durchmesser des Fadens angenommen zu 15 Å.)

Durchschn. Mol.-Gew. ber. nach $M = \dfrac{\eta_{sp}}{c \cdot 1,8} \cdot 10^4$	Durchschnitts-Polym.-Grad a	η_{sp}/c in Tetralin bei 20° Gf. = 500	Ketten-länge[1] in Å $(a \cdot 2,5 + 7)$	Zahl der Moleküle in 1 ccm einer 0,1 gd-mol. Lösung	Wirkungs-bereich eines Moleküls in Å³	Wirkungs-bereich aller Moleküle in 1 ccm einer 0,1 gd-mol. Lösung	Wirkungs-bereich als % des Gesamt-volumens	Grenzkonzentration in Grund-molarität	Gehalt %
5 200	50	1,1	132	$1,2 \cdot 10^{18}$	$2,1 \cdot 10^5$	$2,5 \cdot 10^{23}$	25	0,4	4,0
23 000	230	4	575	$2,6 \cdot 10^{17}$	$3,9 \cdot 10^6$	$1,0 \cdot 10^{24}$	100	0,1	1,0
120 000	1200	22	3000	$5,0 \cdot 10^{16}$	$1,1 \cdot 10^8$	$5,5 \cdot 10^{24}$	550	0,02	0,2
190 000	1900	35	4750	$3,2 \cdot 10^{16}$	$2,7 \cdot 10^8$	$8,6 \cdot 10^{24}$	860	0,01	0,1
280 000	2800	50	7000	$2,1 \cdot 10^{16}$	$5,8 \cdot 10^8$	$1,2 \cdot 10^{25}$	1200	0,008	0,08
440 000	4400	80	11000	$1,4 \cdot 10^{16}$	$1,4 \cdot 10^9$	$2,0 \cdot 10^{25}$	2000	0,005	0,05
600 000	6000	110	15000	$1,0 \cdot 10^{16}$	$2,7 \cdot 10^9$	$2,7 \cdot 10^{25}$	2700	0,004	0,04

Alle Produkte mit einem Molekulargewicht über 100000 fallen beim Umfällen faserig aus. Mit abnehmender Molekülgröße wird die Fällung immer feinkörniger und die niedersten Glieder lassen sich beliebig fein erhalten. Im Gegensatz zu den Hemikolloiden sind die Zwischenglieder und Eukolloide durch Polymeri-

Tabelle 83. Physikalische Eigenschaften einiger Polystyrole.

Substanz	Mol.-Gew.	Poly-meri-sations-grad	Aussehen nach dem Ausfällen	Sinterungs-punkt in Grad C	Löslich-keit in Äther	Quellung in Benzol	η_{sp}/c 20°	Grenz-konzen-tration gd-mol.
Dimeres	208	2	flüssig	flüssig	leicht löslich	nicht quellend, sondern sofort Lösung	0,17	—
Trimeres	312	3	flüssig	flüssig	leicht löslich		0,24	—
Hemikolloid mit SnCl$_4$ polymerisiert	3 000	30	weißes Pulver staubförmig	105—110	löslich		0,78	0,6
Bei 150° unter N$_2$ polymerisiert . .	23 000	230	weißes Pulver	120—130	teilw. löslich		4,2	0,1
Bei 100° unter N$_2$ polymerisiert . .	120 000	1200	weiß faserig	160—180	un-löslich	etwas quellend, dann erst Lösung	22	0,02
Bei Zimmertemp. unter Luft polymerisiert	200 000	2000	weiß faserig	nicht bestimmbar $> 180°$[2]	un-löslich	stark quellend	39 (Gf. = 500)	0,01
Höchste Fraktion unter N$_2$ bei Zimmertemp. polymerisiert	600 000	6000	weiß faserig	nicht bestimmbar $> 180°$[2]	un-löslich	sehr stark quellend	110 (Gf. = 500)	0,004

[1] Das Zusatzglied von 7 Å wurde selbstverständlich bei höheren Polymerisationsgraden nicht mehr berücksichtigt.

[2] Die Sinterung tritt sehr langsam ein; eine bestimmte Temperatur läßt sich nicht angeben.

sation mit Katalysatoren nicht darzustellen, sondern man erhält sie durch spontane Polymerisation bei Zimmertemperatur oder auch bei wenig erhöhter Temperatur[1]. Schon durch Spuren anwesenden Sauerstoffs wird nach den Versuchen von W. Frost die Molekülgröße der Polymerisate erheblich herabgesetzt. Die höchstmolekularen Produkte wurden demgemäß bei Polymerisation unter N_2 (1—2 Jahre) bei Zimmertemperatur unter Lichtausschluß erhalten. Durch Fraktionierung wurden hieraus die höchsten Anteile gewonnen, deren Molekulargewicht ca. 600000 nicht wesentlich zu überschreiten scheint. Interessant wäre es, bei 0° in Stickstoffatmosphäre Polymerisate herzustellen und daraus durch Fraktionierung die höchstmolekularen Bestandteile zu isolieren. Diese Substanzen müßten dann so lange Moleküle besitzen, daß sie in Lösung schon bei geringer Temperaturerhöhung unbeständig sind.

Alle eukolloiden Polystyrole sind nach Quellung unbegrenzt löslich in Benzol, Tetrachlorkohlenstoff, Tetralin, usw., unlöslich und nicht quellbar dagegen in Methanol, Aceton, Äther, Petroläther usw. Nur ein Styrol[2] lieferte bei der Polymerisation unter Luft oder N_2 bei 60° ein unlösliches Polymerisat. Diese eigenartige Substanz quillt in Benzol und Tetrachlorkohlenstoff sehr stark auf; nur ein kleiner Teil, der relativ niedermolekular ist, ist löslich. Während bei den normalen Polystyrolen sich die obersten Schichten der gequollenen Substanz ablösen und in Lösung gehen, bleiben bei diesem unlöslichen Produkt die Formen der ungequollenen Substanz beim Quellen völlig erhalten. Worin das andersartige Verhalten dieses einen Produktes seine Ursache hat, ist bisher ungeklärt. Möglicherweise können Spuren anwesender Fremdsubstanzen, die bei der Destillation nicht entfernt wurden, zur Bildung von dreidimensionalen Molekülen Anlaß gegeben und so die Unlöslichkeit der Substanz hervorgerufen haben.

Interessant sind noch die Eigenschaften von Filmen, die aus verschiedenen Polymerisaten hergestellt wurden. Sie wurden erhalten durch Eintrocknen von Lösungen, die gleiche Mengen Substanz enthielten, auf einer Quecksilberoberfläche, so daß die Filmdicke gleich war. Bei einer rein qualitativen Prüfung ergab sich, daß nicht etwa das höchstmolekulare fraktionierte Produkt vom Molekulargewicht 600000 die größte Festigkeit besaß, sondern daß die unfraktionierten Gemische die besseren mechanischen Eigenschaften zeigten. Scheinbar wirken die hier vorhandenen niedermolekularen Anteile wie Weichmachungsmittel; denn auch die elastischen Eigenschaften der unfraktionierten Produkte sind besser als diejenigen fraktionierter Substanzen, obschon auch diese noch Gemische darstellen.

2. Fraktionierung eines Eupolystyrols.

Als Ausgangsmaterial wurde ein bei Zimmertemperatur (nicht unter Ausschluß von Luft und Licht) erhaltenes Polymerisat vom Durchschnittsmolekulargewicht 190000 verwendet. Das Produkt ist schwach gelb gefärbt[3], äußerst hart und nur mit dem Meißel zu bearbeiten. Es wurde zerkleinert, in Benzol gelöst und durch Eintropfen dieser Lösung in reines Methanol unter starkem Rühren umgefällt und

---

[1] Staudinger, H., u. H. Machemer: Ber. Dtsch. Chem. Ges. **62**, 2921 (1929).

[2] Von der I.G. Farbenindustrie Aktiengesellschaft, Ludwigshafen, zu Versuchen in entgegenkommender Weise überlassen.

[3] Unter Ausschluß von Sauerstoff erhaltene Polymerisate sind immer farblos und stellen durchsichtige Gläser dar, solange sie nicht umgefällt sind.

so niedermolekulare Verunreinigungen entfernt. Die ausfallende Substanz war faserig und rein weiß. Nach eintägigem Trocknen im Vakuum von 12 mm bei 50° wurde sie wieder in Benzol gelöst und unter kräftigem Rühren mit Aceton versetzt. Zuerst tritt eine ganz schwache Trübung ein, die bald verschwindet. Jetzt wurde weiter Fällungsmittel hinzugesetzt, bis eine bleibende deutliche Trübung auftrat. Dann ließ man über Nacht den sich abscheidenden schleimigen Niederschlag absitzen. Die überstehende klare, schwach opalisierende Flüssigkeit wurde dann dekantiert und in Methanol vollends ausgefällt; sie ergab Fraktion I mit niederstem Molekulargewicht.

Der Rückstand wurde wieder mit Benzol versetzt und nochmals 2 mal mit Methanol fraktioniert gefällt, so daß im ganzen 4 Fraktionen erhalten wurden, die sich in der Viscosität ziemlich stark unterscheiden. Die folgende Tabelle 84

Tabelle 84. Fraktionierung eines Eupolystyrols (bei Zimmertemperatur an der Luft polymerisiert).

Fraktion	Ausbeute g	Ausbeute %	η_{sp}/c in Tetralin bei 20°	Grundmolarität	Durchschnittsmolekulargewicht ber. aus $M = \dfrac{\eta_{sp}}{c \cdot 1{,}8} \cdot 10^4$
Ausgangsmaterial	145 g (nicht gewichtskonstant)	—	35	0,01	190000
I	38	32	24	0,0025	130000
II	29	25	46	0,0025	250000
III	12	10	50	0,0025	280000
IV	39	33	80	0,0025	440000

gibt einen Überblick über die Ausbeuten und die in Tetralin bestimmten Viscositäten der einzelnen Fraktionen und des Ausgangsmaterials. Sie zeigt, daß in dem Ausgangsmaterial vom Durchschnittsmolekulargewicht 190000 Polymerhomologe vom Molekulargewicht ca. 130000 bis ca. 440000 enthalten sind[1]. Die Molekulargewichte sind dabei berechnet aus der bei den Hemikolloiden bestimmten K_m-Konstante $1{,}8 \cdot 10^{-4}$.

3. Abweichungen vom HAGEN-POISEUILLESchen Gesetz.

a) Allgemeines.

Alle Lösungen von Eupolystyrolen zeigen Abweichungen vom HAGEN-POISEUILLESchen Gesetz, d. h. bei Messungen im UBBELOHDESchen Viscosimeter sind die Produkte aus angewandtem Druck und Ausflußzeit nicht konstant, sondern werden mit steigendem Druck, also größerer Fließgeschwindigkeit, geringer. In den früheren Arbeiten wurden die relativen Viscositäten bei gleichem Druck verglichen. Durch H. KROEPELIN[2] wurde dann darauf hingewiesen, daß es wichtig

---

[1] Die anormalen Löslichkeitserscheinungen, die vor allem von Wo. OSTWALD bei hochmolekularen Stoffen beobachtet worden sind, vgl. „Bodenkörperregel", Kolloid-Ztschr. **43**, 249 (1927), haben ihren Grund darin, daß diese Stoffe nicht einheitlich sind, sondern Gemische von Polymerhomologen darstellen.

[2] KROEPELIN, H.: Ber. Dtsch. Chem. Ges. **62**, 3056 (1929).

ist, die relativen Viscositäten nicht bei gleichen Drucken, sondern bei gleichen mittleren Geschwindigkeitsgefällen zu vergleichen. Im folgenden werden entsprechend immer nur die spezifischen Viscositäten bei gleichem mittleren Geschwindigkeitsgefälle untereinander verglichen (*Abkürzung für mittleres Geschwindigkeitsgefälle = Gf.*). Wie schon durch die ersten Versuche[1] gezeigt wurde, nehmen die Abweichungen vom HAGEN-POISEUILLEschen Gesetz mit steigender Kettenlänge zu; dies Resultat wurde auch bei weiterhin von uns angestellten Versuchen bestätigt, wie die Abb. 28 zeigt. Dort ist die Änderung der spez. Viscositäten von Polystyrolen verschiedener Kettenlänge in gleicher

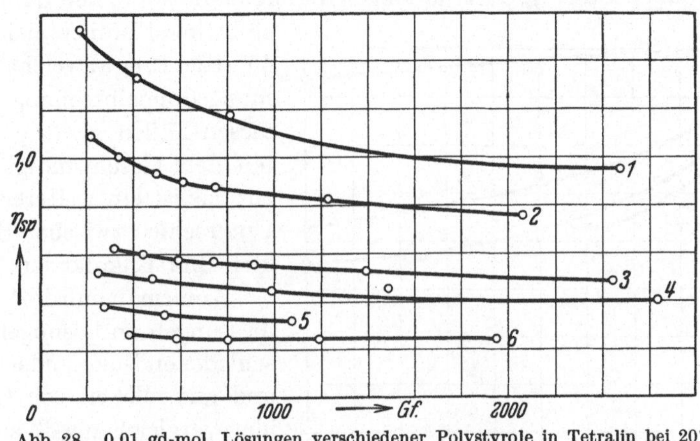

Abb. 28. 0,01 gd-mol. Lösungen verschiedener Polystyrole in Tetralin bei 20°.

Mol.-Gew.	Kettenlänge in Å		Mol.-Gew.	Kettenlänge in Å
1. 600000	15000	4.	250000	6250
2. 440000	11000	5.	190000	4750
3. 280000	7000	6.	120000	3000

Konzentration (0,01 gd-mol Lösung) bei wechselndem mittleren Geschwindigkeitsgefälle dargestellt.

Während die Zwischenglieder bis zum Molekulargewicht 150000 nur schwache Andeutungen von Abweichungen zeigen, steigern diese sich erheblich bis zu dem höchstmolekularen Polystyrol vom Molekulargewicht 600000. Mit steigender Konzentration werden die Abweichungen größer. Die Abb. 29 gibt ein Bild der Verhältnisse. Auf der Ordinate sind die Quotienten aus η_{sp} beim Gf. 2000 und η_{sp} beim Gf. 500 aufgetragen, auf der Abszisse die Konzentration in Grundmolaritäten. Man erkennt die äußerst schwachen Abweichungen vom HAGEN-POISEUILLEschen Gesetz beim Molekulargewicht 120000 und die immer stärker werdenden mit höherem Molekulargewicht, ferner die Zunahme der Abweichungen mit steigender Konzentration.

Die Erklärung für das verschiedene Verhalten von Hemikolloiden und Eukolloiden ergibt sich aus den Versuchen von R. SIGNER[2] über die Strömungsdoppelbrechung der Molekülkolloide. Die relativ kurzen Fadenmoleküle der Hemikolloide stellen sich beim Strömen der Lösung in der 45°-Richtung ein. Es ist deshalb für die spezifische Viscosität der Lösung einerlei, ob ein mehr oder weniger großer Teil der Moleküle orientiert ist. Der Durchschnittswert der Winkel

[1] STAUDINGER, H., u. H. MACHEMER: Ber. Dtsch. Chem. Ges. **62**, 2921 (1929).
[2] SIGNER, R.: Ztschr. f. physik. Ch. (A) **150**, 267 (1929).

aller nichtorientierten Moleküle, also derjenigen, die zu der Strömungsrichtung einen Winkel von 0—90° einnehmen, ist 45°. Deshalb nimmt hier auch die Doppelbrechung proportional mit dem Geschwindigkeitsgefälle zu. Anders ist es bei den Eukolloiden: bei diesen ist der Einstellwinkel der Moleküle größer als 45°. Der Durchschnitt der Winkel der nichtorientierten Fadenmoleküle entspricht also nicht dem Winkel der orientierten. Da nun die nichtorientierten Moleküle die Strömung stärker behindern als die orientierten, so nimmt mit zunehmendem Geschwindigkeitsgefälle — also mit zunehmender Orientierung der Teilchen — die Viscosität der Lösung ab. Diese Abweichungen vom HAGEN-POISEUILLEschen Gesetz sind dabei um so größer, je länger die Moleküle sind, weil dann der Ein-stellwinkel immer mehr von der 45°-Richtung abweicht[1]. Die Strömungsdoppelbrechung nimmt in diesen Fällen nicht proportional mit dem Geschwindigkeitsgefälle zu; das ist ein weiterer wichtiger Unterschied zwischen Hemikolloiden und Eukolloiden.

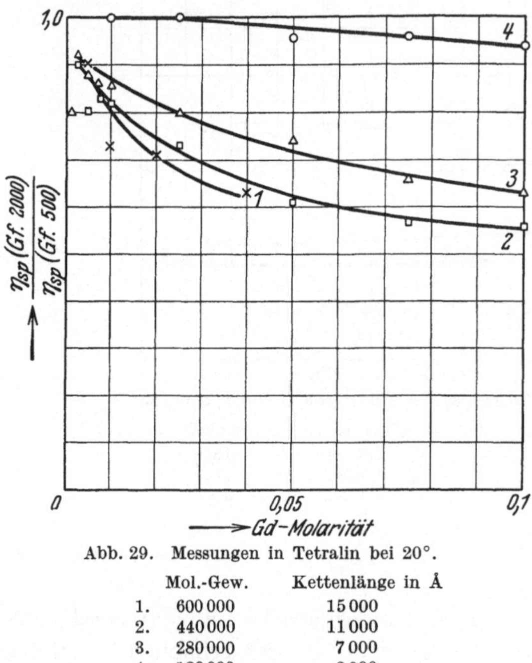

Abb. 29.   Messungen in Tetralin bei 20°.

	Mol.-Gew.	Kettenlänge in Å
1.	600 000	15 000
2.	440 000	11 000
3.	280 000	7 000
4.	120 000	3 000

Wenn man nun die Viscositäts-messungen an Lösungen von verschiedenen Eukolloiden unter sich und mit solchen von Hemikolloiden vergleichen will, so darf man nicht ein beliebiges Geschwindigkeitsgefälle herausgreifen und bei diesem die spezifischen Viscositäten resp. die η_{sp}/c-Werte der verschiedenen Verbindungen in Beziehung setzen. Denn die Fadenmoleküle sind je nach ihrer Länge verschieden orientiert. Man müßte vielmehr die Viscosität der Eukolloide bei einem völlig ungeordneten Zustand der Teilchen bestimmen, denn ein solcher würde am ehesten der Mittellage der Teilchen der Hemikolloide, also der 45°-Lage, entsprechen.

Da jedoch mit den üblichen Methoden der Viscositätsmessung sich ein Richt-effekt nicht vermeiden läßt, so muß man sich darauf beschränken, bei einer bestimmten möglichst geringen Fließgeschwindigkeit — im folgenden beim mittleren Geschwindigkeitsgefälle 500 — die Auswertung der dazugehörigen η_{sp}-Werte vorzunehmen. Es ist dabei anzunehmen, daß die auf diese Weise berechneten Werte für die Molekulargewichte der Eukolloide zu niedrig sind, jedoch in der Größenordnung den realen Werten näher kommen, als wenn man die η_{sp}-Werte bei hohem Geschwindigkeitsgefälle vergleicht. Ferner ist es für die Bestimmung des Molekulargewichts aus der Viscosität unbedingt erforderlich, daß man η_{sp}/c-Werte nur aus Viscositätsbestimmungen sehr verdünnter Lösungen berechnet, deren spez.

---

[1] Vgl. R. SIGNER: Ztschr. f. physik. Ch. (A) **150**, 257 (1930); ferner auch G. BOEHM u. R. SIGNER: Helv. chim. Acta **14**, 1370 (1931).

Viscosität den Wert 0,4 nicht überschreitet, da nur in solchen die Viscositätsgesetze ihre Gültigkeit besitzen. Bei den Eukolloiden liegt die Konzentrationsgrenze außerordentlich tief, und man darf bei den höchstmolekularen Produkten nur ca. 0,001—0,002 gd-molare Lösungen zu Viscositätsmessungen benutzen. Bei diesen sehr niederviscosen Lösungen sind die Abweichungen vom Hagen-Poiseuilleschen Gesetz nicht sehr groß und werden höchstens bei dem Polystyrol vom Molekulargewicht 600000 etwas beträchtlicher, wie die folgende Tabelle 85 zeigt. Der Fehler, der bei der Berechnung des Molekulargewichts durch diese Abweichungen hineinkommt, wird also nicht sehr hoch sein; die Molekulargewichte der Polystyrole sind der Größenordnung nach richtig[1].

Tabelle 85. Annähernd äquiviscose verdünnte Lösungen verschiedener Polystyrole in Tetralin bei 20° und die Abhängigkeit ihrer Viscosität vom mittleren Geschwindigkeitsgefälle.

Durchschnittsmolekulargewicht ber. aus $M = \dfrac{\eta_{sp}}{c \cdot 1{,}8} \cdot 10^4$	Grundmolarität	η_{sp} bei mittlerem Geschwindigkeitsgefälle			$\dfrac{\eta_{sp}\ (\text{Gf. }1000)}{\eta_{sp}\ (\text{Gf. }500)}$	$\dfrac{\eta_{sp}\ (\text{Gf. }2000)}{\eta_{sp}\ (\text{Gf. }500)}$
		500	1000	2000		
120000	0,01	0,22	0,22	0,22	1,00	1,00
190000	0,01	0,35	0,33	—	0,94	—
280000	0,005	0,25	0,24	0,22	0,96	0,88
440000	0,0025	0,20	0,18	0,18	0,90	0,90
600000	0,001	0,11	0,09	0,08	0,82	0,73

Die Viscositätsmessungen an Zwischengliedern und Eukolloiden wurden alle bei verschiedenen mittleren Geschwindigkeitsgefällen im Ubbelohdeschen Viscosimeter ausgeführt. Die Änderung der Viscosität mit wechselndem Gf. wurde jeweils in graphischen Darstellungen der η_{sp}-Werte gegen Gf. aufgezeichnet. Den entstehenden Kurven wurden dann die Werte der spez. Viscosität für ein bestimmtes mittleres Geschwindigkeitsgefälle entnommen. Die in den folgenden Tabellen mit einem + versehenen Werte liegen in der Verlängerung der durch die Meßpunkte gegebenen Kurven.

b) Abweichungen vom Hagen-Poiseuilleschen Gesetz bei Zwischengliedern.

Wie schon vorher betont wurde, zeigen die Zwischenglieder gar keine oder nur äußerst geringe Abweichungen vom Hagen-Poiseuilleschen Gesetz. Genauer untersucht wurden in Tetralinlösung zwei Substanzen, eine vom MolekularGewicht ca. 23000 und eine vom Molekulargewicht ca. 120000. Bei der ersten sind die Abweichungen äußerst gering, wie es die folgende Abb. 30 zeigt, in der nur die höchsten gemessenen Konzentrationen eingezeichnet sind. Die Zahlenwerte dazu sind in der Tabelle 86 für 20° und 60° zusammengestellt[2]. Das Poly-

---

[1] Dieser Einfluß der Abweichungen vom Hagen-Poiseuilleschen Gesetz auf die Berechnung des Molekulargewichts wird hier nochmals angeführt, weil man wegen der anormalen Viscositätsverhältnisse vielfach Bedenken hatte, die Molekulargewichte bestimmen zu können.

[2] Da keine Abweichungen vom Hagen - Poiseuilleschen Gesetz auftreten, sind die Gf. nicht angegeben.

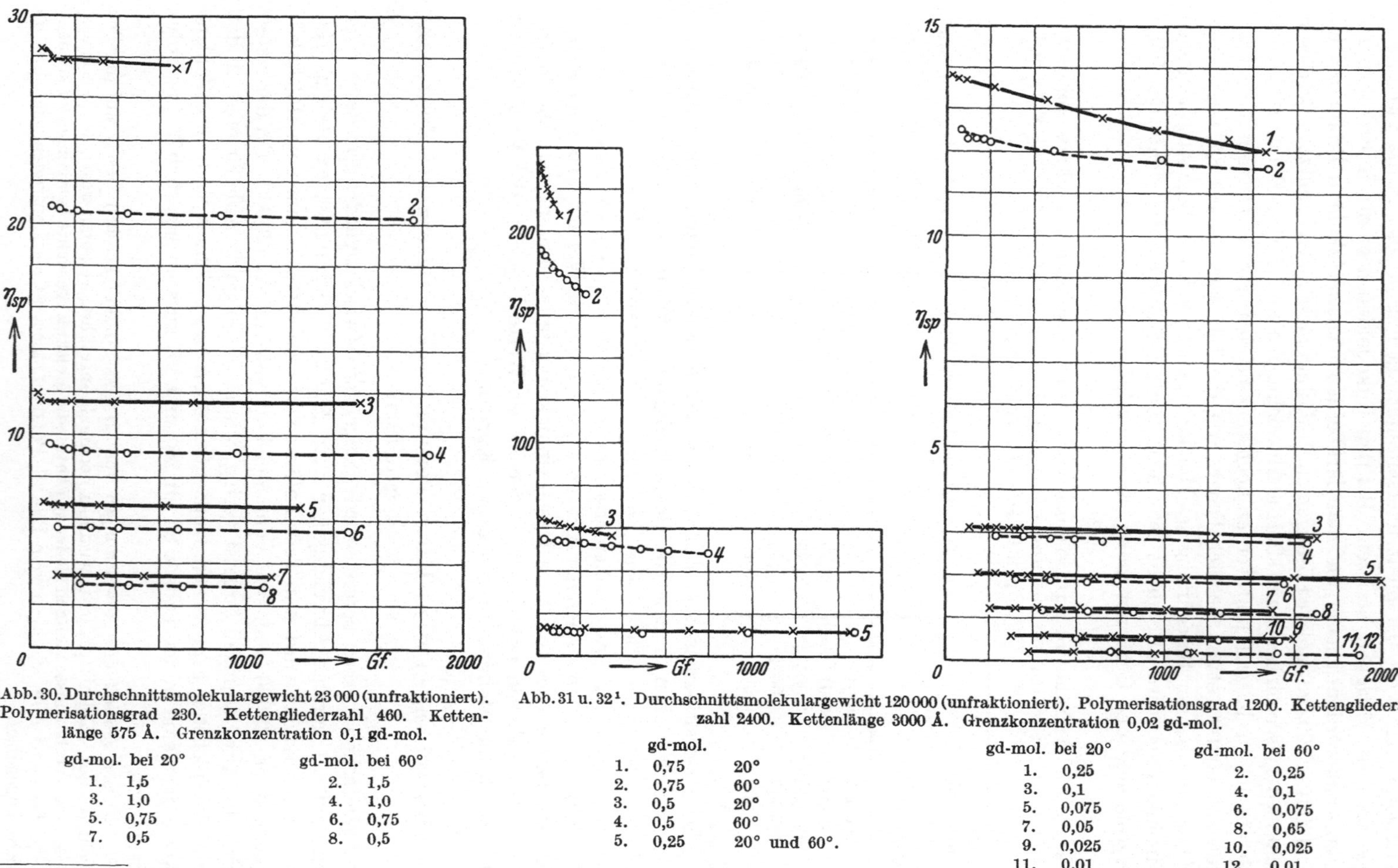

Abb. 30. Durchschnittsmolekulargewicht 23000 (unfraktioniert). Polymerisationsgrad 230. Kettengliederzahl 460. Kettenlänge 575 Å. Grenzkonzentration 0,1 gd-mol.

gd-mol. bei 20°		gd-mol. bei 60°	
1.	1,5	2.	1,5
3.	1,0	4.	1,0
5.	0,75	6.	0,75
7.	0,5	8.	0,5

Abb. 31 u. 32[1]. Durchschnittsmolekulargewicht 120000 (unfraktioniert). Polymerisationsgrad 1200. Kettengliederzahl 2400. Kettenlänge 3000 Å. Grenzkonzentration 0,02 gd-mol.

gd-mol.		
1.	0,75	20°
2.	0,75	60°
3.	0,5	20°
4.	0,5	60°
5.	0,25	20° und 60°.

gd-mol. bei 20°		gd-mol. bei 60°	
1.	0,25	2.	0,25
3.	0,1	4.	0,1
5.	0,075	6.	0,075
7.	0,05	8.	0,65
9.	0,025	10.	0,025
11.	0,01	12.	0,01

[1] Man beachte, daß der Maßstab für die η_{sp}-Werte wegen der verschiedenen Konzentrationen in den beiden Abbildungen ein anderer ist.

styrol vom Molekulargewicht 120000 zeigt auch nur geringe Abweichungen, wie aus den Abb. 31 und 32 und den dazugehörigen Zahlenwerten der Tabellen 87 und 88 hervorgeht.

Tabelle 86 (zu Abb. 30).

Polystyrol vom Mol.-Gew. ca. 23000 (unfraktioniert) in Tetralin bei 20 und 60°.

Grundmolarität	Gehalt %	20°		60°	
		η_{sp}	η_{sp}/c	η_{sp}	η_{sp}/c
0,05	0,5	0,21	4,2	0,18	3,6
0,1	1,0	0,43	4,3	0,39	3,9
0,25	2,6	1,28	5,1	1,15	4,6
0,5	5,2	3,37	6,7	2,94	5,9
0,75	7,8	6,71	8,9	5,57	7,4
1,0	10,4	11,6	11,6	9,3	9,3
1,5	15,6	27,9	18,6	20,6	13,7

Tabelle 87 (zu Abb. 31 u. 32).

Polystyrol vom Mol.-Gew. ca. 120000 (unfraktioniert) in Tetralin bei 20°.

Grundmolarität	Gehalt %	Gf. = 500		Gf. = 1000		Gf. = 2000	
		η_{sp}	η_{sp}/c	η_{sp}	η_{sp}/c	η_{sp}	η_{sp}/c
0,01	0,1	0,22	22	0,22	22	0,22+	22
0,025	0,25	0,56	22	0,56	22	0,56+	22
0,05	0,5	1,25	25	1,23	25	1,22+	24
0,075	0,75	2,00	27	1,97	26	1,93+	26
0,1	1,04	3,05	31	3,00	30	2,93+	29
0,25	2,60	13,1	52	12,5	50	11,6 +	46
0,5	5,2	54	108	—	—	—	—

Tabelle 88 (zu Abb. 31 u. 32).

Polystyrol vom Mol.-Gew. ca. 120000 (unfraktioniert) in Tetralin bei 60°.

Grundmolarität	Gehalt %	Gf. = 500		Gf. = 1000		Gf. = 2000	
		η_{sp}	η_{sp}/c	η_{sp}	η_{sp}/c	η_{sp}	η_{sp}/c
0,01	0,1	0,21	21	0,20	20	0,20+	20
0,025	0,25	0,53	21	0,50	20	0,50+	20
0,05	0,5	1,17	23	1,15	23	1,14+	23
0,075	0,75	1,87	25	1,85	25	1,84+	25
0,1	1,04	2,85	29	2,82	28	2,77+	28
0,25	2,60	12	48	11,8	47	11+	44
0,5	5,2	51	102	48+	96	—	—

c Abweichungen vom HAGEN-POISEUILLEschen Gesetz bei Eukolloiden.

Im folgenden sind die Ergebnisse von Viscositätsmessungen an einer Reihe von Eupolystyrolen in graphischen Darstellungen und in Tabellen zusammengestellt. Alle Lösungen zeigen starke Abweichungen vom HAGEN-POISEUILLEschen Gesetz, und zwar sind dieselben um so stärker, je höhermolekular die Stoffe sind und je höher die Konzentration ist.

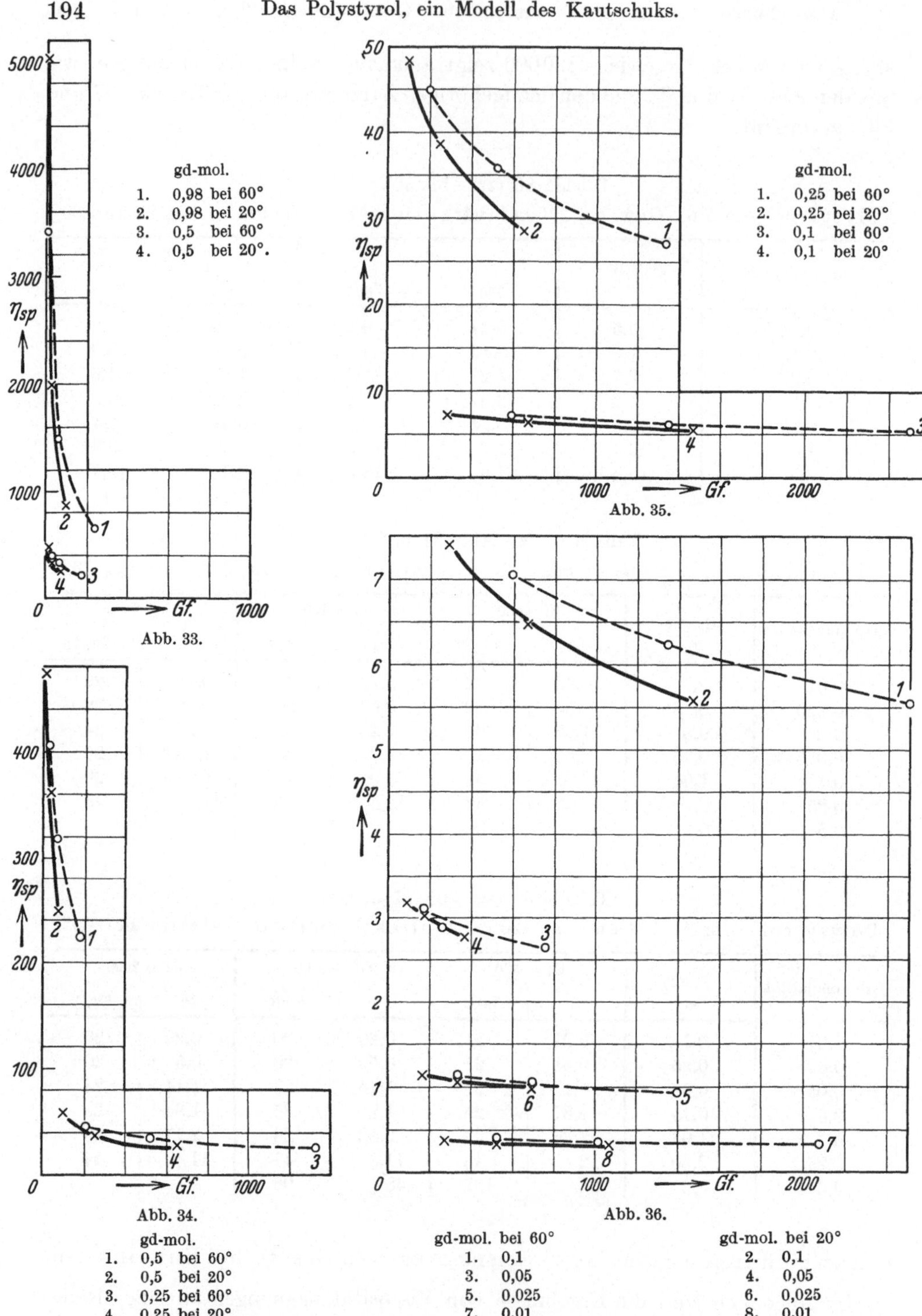

gd-mol.
1. 0,5 bei 60°
2. 0,5 bei 20°
3. 0,25 bei 60°
4. 0,25 bei 20°

gd-mol. bei 60°		gd-mol. bei 20°	
1.	0,1	2.	0,1
3.	0,05	4.	0,05
5.	0,025	6.	0,025
7.	0,01	8.	0,01

Abb. 33—36 [1]. Durchschnittsmolekulargewicht 190000 (unfraktioniert). Polymerisationsgrad 1900. Kettengliederzahl 3800. Kettenlänge 4750 Å. Grenzkonzentration 0,01 gd-mol.

[1] Man beachte, daß der Maßstab für die η_{sp}-Werte in den verschiedenen Abbildungen wechselt.

Tabelle 89 (zu Abb. 33 bis 36).

Eupolystyrol vom Mol.-Gew. ca. 190000 (unfraktioniert) in Tetralin bei 20°.

Grundmolarität	Gehalt %	Gf. = 500		Gf. = 1000	
		η_{sp}	η_{sp}/c	η_{sp}	η_{sp}/c
0,01	0,1	0,35	35	0,33	33
0,025	0,25	1,03	41	0,98+	39
0,05	0,5	2,65+	53	—	—
0,1	1,04	6,8	68	6,05	61
0,25	2,60	31,5	126	24,0+	96

Tabelle 90 (zu Abb. 33 bis 36).

Eupolystyrol vom Mol.-Gew. ca. 190000 (unfraktioniert) in Tetralin bei 60°.

Grundmolarität	Gehalt %	Gf. = 500		Gf. = 1000	
		η_{sp}	η_{sp}/c	η_{sp}	η_{sp}/c
0,01	0,1	0,39	39	0,34	34
0,025	0,25	1,08	43	1,01	40
0,05	0,5	2,8	56	2,55+	51
0,1	1,04	7,25	73	6,55	66
0,25	2,60	36	144	30	120

Tabelle 91 (zu Abb. 37 bis 40).

Eupolystyrol vom Mol.-Gew. ca. 280000 (fraktioniert) in Tetralin bei 20°.

Grundmolarität	Gehalt %	Gf. = 500		Gf. = 1000		Gf. = 2000	
		η_{sp}	η_{sp}/c	η_{sp}	η_{sp}/c	η_{sp}	η_{sp}/c
0,001	0,01	0,05	50	0,04	40	0,04	40
0,0025	0,025	0,12	48	0,12	48	0,11	44
0,005	0,05	0,25	50	0,24	48	0,22	44
0,0075	0,075	0,42	56	0,40	53	0,36	48
0,01	0,1	0,59	59	0,55	55	0,51	51
0,025	0,25	1,70	68	1,52	61	1,35	54
0,05	0,5	4,2	84	3,65	73	3,1	62
0,075	0,75	7,8	104	6,5	87	5,2	69
0,1	1,04	11,6	116	9,2	92	7,3	73
0,25	2,60	50+	200	—	—	—	—

Tabelle 92 (zu Abb. 37 bis 40).

Eupolystyrol vom Mol.-Gew. ca. 280000 (fraktioniert) in Tetralin bei 60°.

Grundmolarität	Gehalt %	Gf. = 500		Gf. = 1000		Gf. = 2000	
		η_{sp}	η_{sp}/c	η_{sp}	η_{sp}/c	η_{sp}	η_{sp}/c
0,001	0,01	—	—	0,04	40	0,03	30
0,0025	0,025	—	—	0,12	48	0,10	40
0,005	0,05	0,27	54	0,245	49	0,22	44
0,0075	0,075	0,45	60	0,395	53	0,38	51
0,01	0,1	0,64	64	0,56	56	0,53	53
0,025	0,25	1,80	72	1,62	65	1,50	60
0,05	0,5	4,6	92	4,1	82	3,6	72
0,075	0,75	8,5	113	7,4	99	6,2	83
0,1	1,04	13	130	11,5	115	9,5	95
0,25	2,60	69	276	—	—	—	—

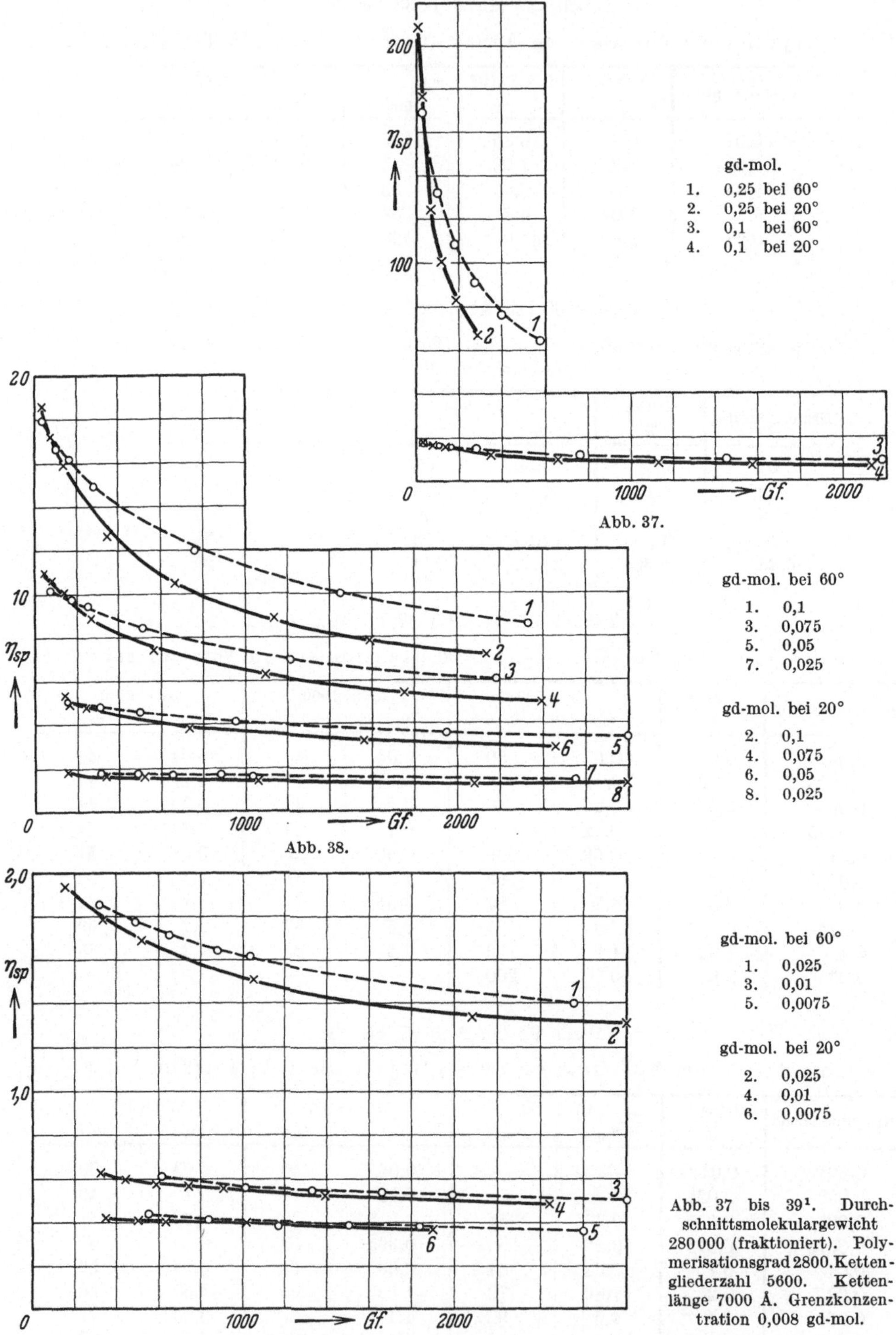

Abb. 37.

Abb. 38.

Abb. 39.

Abb. 37 bis 39[1]. Durchschnittsmolekulargewicht 280 000 (fraktioniert). Polymerisationsgrad 2800. Kettengliederzahl 5600. Kettenlänge 7000 Å. Grenzkonzentration 0,008 gd-mol.

[1] Man beachte, daß der Maßstab für die η_{sp}-Werte in den verschiedenen Abbildungen wechselt.

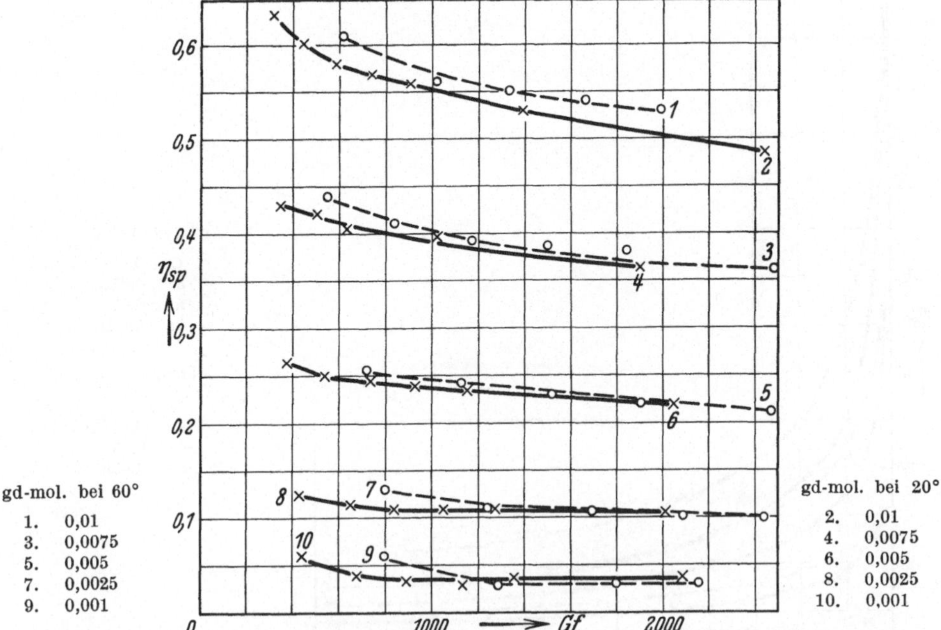

gd-mol. bei 60°

1.	0,01
3.	0,0075
5.	0,005
7.	0,0025
9.	0,001

gd-mol. bei 20°

2.	0,01
4.	0,0075
6.	0,005
8.	0,0025
10.	0,001

Abb. 40[1]. Durchschnittsmolekulargewicht 280000 (fraktioniert). Polymerisationsgrad 2800. Kettengliederzahl 5600. Kettenlänge 7000 Å. Grenzkonzentration 0,008 gd-mol.

Tabelle 93 (zu Abb. 41 bis 43).
Eupolystyrol vom Mol.-Gew. ca. 440000 (fraktioniert) in Tetralin bei 20°.

Grundmolarität	Gehalt %	Gf. = 500		Gf. = 1000		Gf. = 2000	
		η_{sp}	η_{sp}/c	η_{sp}	η_{sp}/c	η_{sp}	η_{sp}/c
0,001	0,01	0,08	80	0,06	60	0,05+	50
0,0025	0,025	0,20	80	0,18	72	0,18	72
0,005	0,05	0,44	88	0,37	74	0,35+	70
0,0075	0,075	0,68	91	0,60	80	0,57	76
0,01	0,1	0,94	94	0,85	85	0,77	77
0,025	0,25	2,75	110	2,3	92	2,0	80
0,05	0,5	6,9	138	5,0	100	4,2	84
0,075	0,75	11,5	153	8,8	117	6,5	87
0,1	1,04	16,5	165	11,5	115	9,2	92

Tabelle 94 (zu Abb. 41 bis 43).
Eupolystyrol vom Mol.-Gew. 440000 (fraktioniert) in Tetralin bei 60°.

Grundmolarität	Gehalt %	Gf. = 500		Gf. = 1000		Gf. = 2000	
		η_{sp}	η_{sp}/c	η_{sp}	η_{sp}/c	η_{sp}	η_{sp}/c
0,001	0,01	0,14+	140	0,075	75	0,06+	60
0,0025	0,025	0,27+	108	0,20	80	0,18	72
0,005	0,05	0,51+	102	0,42	84	0,37	74
0,0075	0,075	0,77	103	0,67	89	0,60	80
0,01	0,1	1,04	104	0,91	91	0,80	80
0,025	0,25	3,1	124	2,7	108	2,3	92
0,05	0,5	8,25	165	6,5	130	5,2	104
0,075	0,75	14,5	193	11,5	153	8,5	113
0,1	1,04	22	220	16	160	12	120

[1] Man beachte, daß der Maßstab für die η_{sp}-Werte in den verschiedenen Abbildungen wechselt.

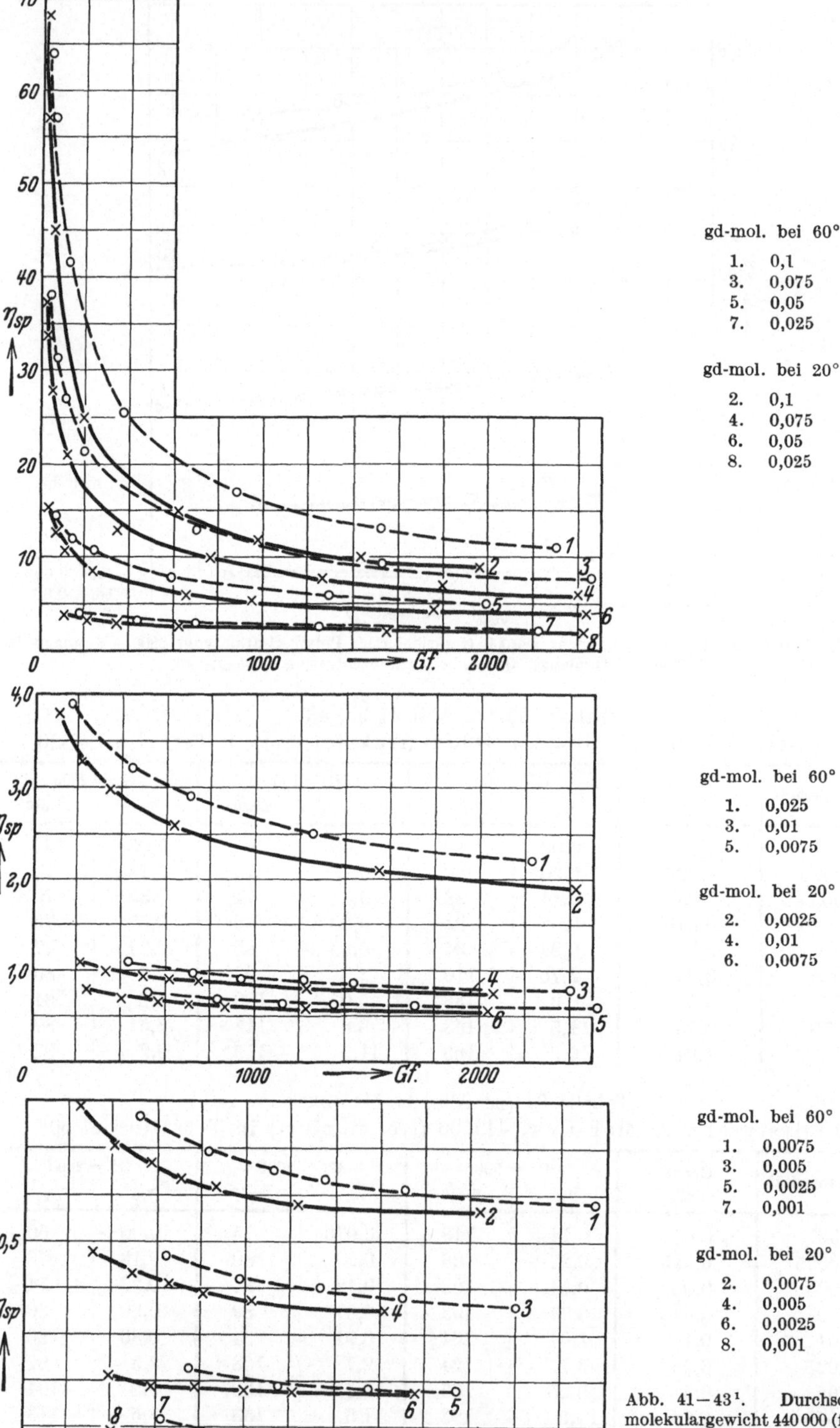

Abb. 41—43[1]. Durchschnittsmolekulargewicht 440 000 (fraktioniert). Polymerisationsgrad 4400. Kettengliederzahl 8800. Kettenlänge 11 000 Å. Grenzkonzentration 0,005 gd-mol.

[1] Man beachte, daß der Maßstab für die η_{sp}-Werte in den verschiedenen Abbildungen wechselt.

Tabelle 95 (zu Abb. 44 u. 45)[1].

Eupolystyrol vom Mol.-Gew. ca. 600000 (fraktioniert) in Tetralin bei 20°.

Grundmolarität	Gehalt %	Gf. = 500		Gf. = 1000		Gf. = 2000	
		η_{sp}	η_{sp}/c	η_{sp}	η_{sp}/c	η_{sp}	η_{sp}/c
0,001	0,01	0,11	110	0,09	90	0,08+	80
0,005	0,05	0,58	116	0,54	108	0,52	104
0,01[2]	0,1	1,30	130	1,1	110	0,95	95
0,02[2]	0,2	2,8	140	2,25	113	2,0	100
0,04[2]	0,4	6,0	150	4,75	119	3,75	94

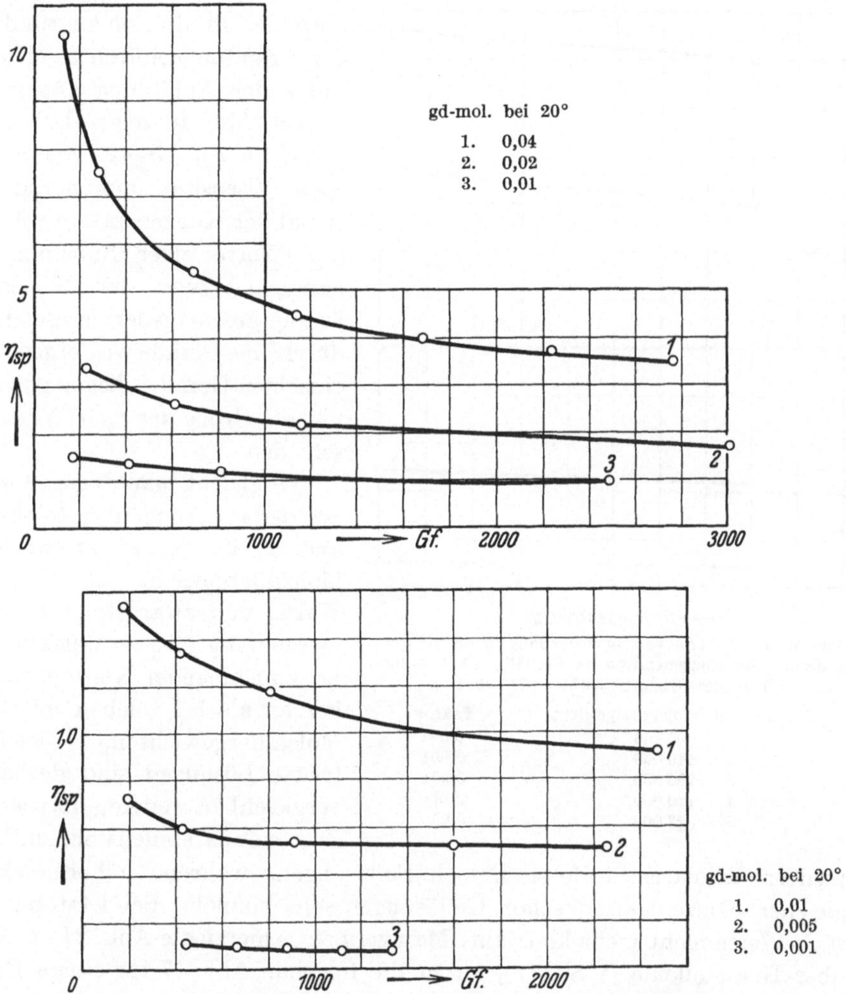

Abb. 44 u. 45[3]. Durchschnittsmolekulargewicht 600000 (fraktioniert). Polymerisationsgrad 6000. Kettengliederzahl 12000. Kettenlänge 15000 Å. Grenzkonzentration 0,004 gd-mol.

---

[1] Bei 60° konnten keine Messungen ausgeführt werden, da die Substanz bei dieser Temperatur bereits abgebaut wird.

[2] Diese Messungen wurden von H. GROSS ausgeführt.

[3] Man beachte, daß der Maßstab für die η_{sp}-Werte in den verschiedenen Abbildungen wechselt.

4. Viscosität und Konzentration.

a) η_{sp}/c-Werte und Konzentration.

Die Bestimmung des Molekulargewichts aus Viscositätsmessungen kann, wie bereits früher betont wurde, nur bei η_{sp}-Werten unterhalb der Grenzviscosität 0,4 vorgenommen werden, weil nur hier eine Konstanz der η_{sp}/c-Werte besteht. In der folgenden Abb. 46 sind für das Gebiet der niederviscosen Lösungen die η_{sp}/c-Werte verschiedener Polystyrole bei Konzentrationen aufgetragen, die sich im Verhältnis 1 : 5 ändern. Der Faktor, mit dem jeweils die Konzentration zu multiplizieren ist, um die bei den einzelnen Produkten zugrunde liegenden Grundmolaritäten zu erhalten, ist unter der Abbildung angegeben.

Die Abb. 46 zeigt, daß im Gebiet *unterhalb der Grenzviscosität 0,4* die spez. Viscosität annähernd proportional der Konzentration wächst. Die η_{sp}/c-Werte einer Substanz in Abhängigkeit von der Konzentration werden also in niederviscosen Lösungen durch eine Gerade wiedergegeben. Die einzelnen Geraden liegen parallel, und nur die Größe der η_{sp}/c-Werte ist verschieden.

Vergleicht man dagegen *gleichkonzentrierte* Lösungen miteinander, so ändert sich η_{sp}/c mit wechselndem Molekulargewicht in verschiedener Weise, und zwar steigt es bei Polymeren mit größerem Molekulargewicht bei zunehmender Konzentration stärker an als bei solchen mit kleineren Molekulargewichten. Gleichkonzentrierte Lösungen sind deshalb nicht vergleichbar, weil sie ganz verschiedene Zustände darstellen können. Lösungen

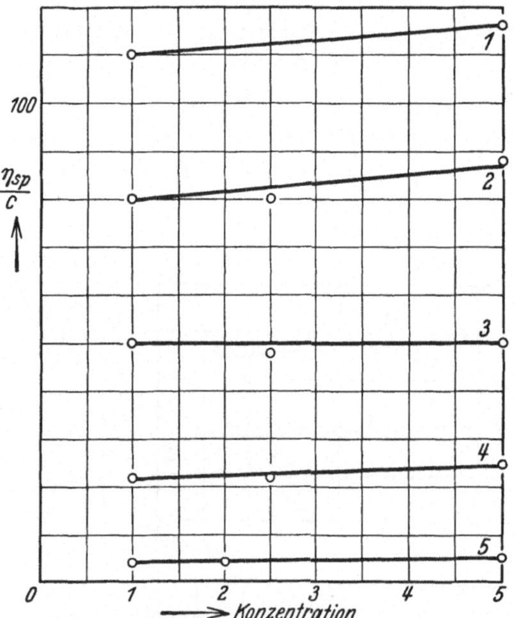

Abb. 46. η_{sp}/c-Werte verschiedener Polystyrole bei Veränderung der Konzentration im Verhältnis 1 : 5 unterhalb der Grenzviscosität. (Gf. 500.)

Durchschnittsmolekulargewicht		Faktor
1.	600 000	0,001
2.	440 000	0,001
3.	280 000	0,001
4.	120 000	0,01
5.	23 000	0,05

niedermolekularer Stoffe sind noch Sollösungen, während höhermolekulare in gleicher Konzentration schon Gellösungen sein können. Bei letzteren sind die η_{sp}/c-Werte nicht mehr konstant. Man vergleiche hierzu die Abb. 24 im Abschnitt über Hemikolloide (s. S. 171), ferner die folgende Abb. 47 für einige Eukolloide und ein Zwischenglied.

In merkwürdigem Gegensatz zum Verlauf der η_{sp}/c-Konzentrationskurven der Hemikolloide steht der Kurvenverlauf bei den Eukolloiden. Während bei den Hemikolloiden die Kurve mit steigender Konzentration konvex zur Abszisse liegt, verläuft sie hier konkav, und zwar ist dieser abweichende Kurvenverlauf um so ausgeprägter, je höher das mittlere Geschwindigkeitsgefälle ist, wie die folgende Abb. 48 an dem Beispiel eines Polystyrols vom Molekulargewicht 440 000 zeigt.

Der Verlauf der η_{sp}/c-Kurven der Eupolystyrole bei verschiedenen Konzentrationen ist also bei niederem Geschwindigkeitsgefälle dem der Hemikolloide viel ähnlicher als bei hohem. Daraus geht hervor, daß bei geringem Geschwindig-

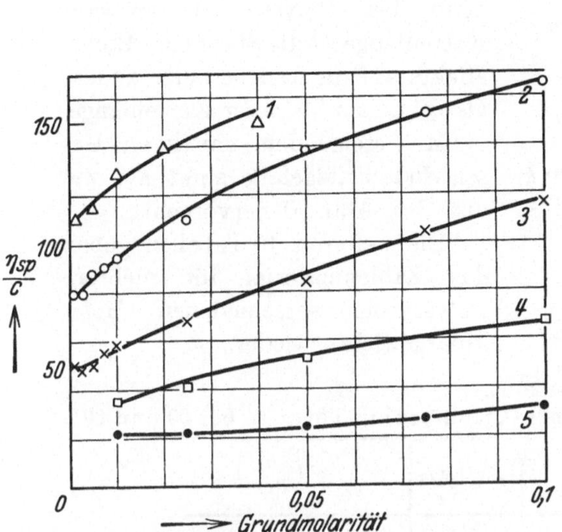

Abb. 47. η_{sp}/c einiger Polystyrole in Abhängigkeit von der Konzentration beim Gf. 500 (Messungen in Tetralin bei 20°).

Durchschnittsmolekulargewicht

1.	600 000	4.	190 000
2.	440 000	5.	120 000
3.	280 000		

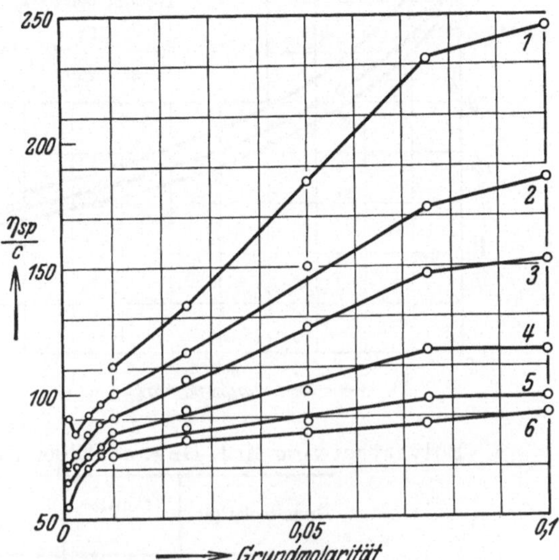

Abb. 48. η_{sp}/c-Werte eines Eupolystyrols vom Durchschnittsmolekulargewicht ca. 440 000 in Abhängigkeit von der Konzentration bei verschiedenem Gf. (Messungen bei 20° in Tetralin).

Gf.		Gf.	
1.	200	4.	1000
2.	400	5.	1400
3.	600	6.	1800

keitsgefälle der Zustand der Moleküle in einer Eupolystyrollösung dem der Hemikolloide ähnlicher ist als bei großem; man erhält also in solchen Lösungen vergleichbare Werte. Darauf ist schon oben hingewiesen worden (vgl. S. 190).

b) K_c-Werte und Konzentration.

Bei den Hemikolloiden ist $K_c = \dfrac{\log \eta_r}{c}$[1] konstant und nimmt in sehr

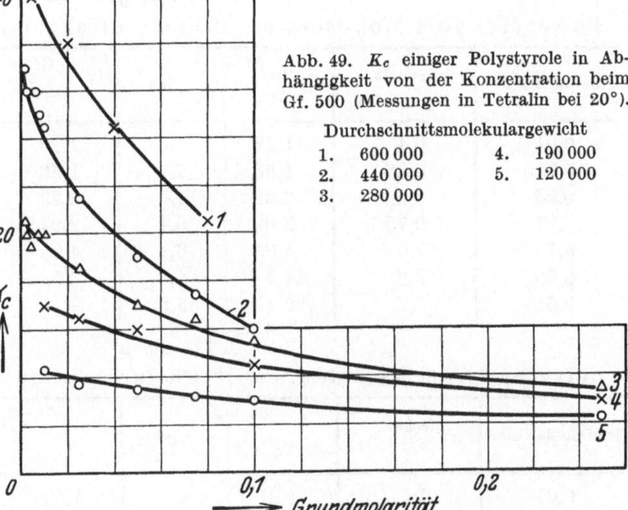

Abb. 49. K_c einiger Polystyrole in Abhängigkeit von der Konzentration beim Gf. 500 (Messungen in Tetralin bei 20°).

Durchschnittsmolekulargewicht

1.	600 000	4.	190 000
2.	440 000	5.	120 000
3.	280 000		

hohen Konzentrationen schwach zu. Bei den Eukolloiden nimmt K_c mit steigender Konzentration ab, und zwar um so mehr, je höher das Molekulargewicht der Substanz ist, wie Abb. 49 zeigt, wenn man bei gleichem Geschwindigkeitsgefälle

---

[1] Vgl. Abschnitt über Hemikolloide Tab. 65 u. 66 S. 172.

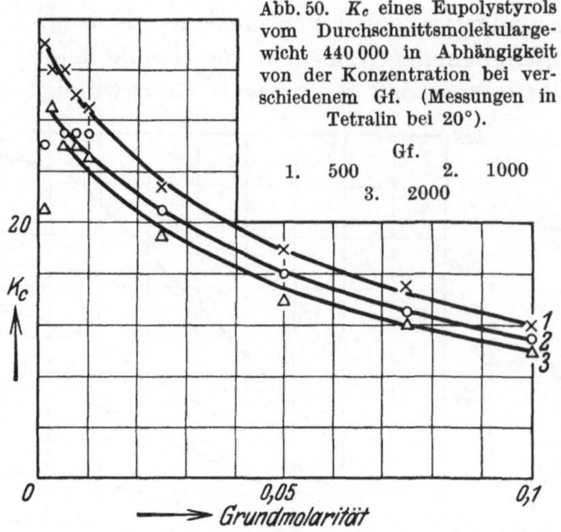

Abb. 50. K_c eines Eupolystyrols vom Durchschnittsmolekulargewicht 440 000 in Abhängigkeit von der Konzentration bei verschiedenem Gf. (Messungen in Tetralin bei 20°).

Gf.
1. 500 2. 1000
3. 2000

vergleicht. Man sieht daraus, daß gleiches Geschwindigkeitsgefälle bei verschiedenen Eupolystyrolen keinen vergleichbaren Zustand darstellt, denn bei Polystyrolen größerer Kettenlänge ist die Stärke des Richteffekts auf die Teilchen eine andere als bei denen kleinerer Kettenlänge.

Mit steigendem mittleren Geschwindigkeitsgefälle sinkt K_c, wie aus der Abb. 50 hervorgeht.

Die weiteren 10 Tabellen geben das Zahlenmaterial für mehrere Polystyrole verschiedenen Molekulargewichts wieder.

Tabelle 96.

Polystyrol vom Mol.-Gew. ca. 23000 (unfraktioniert) in Tetralin bei 20 und 60°.

Grundmolarität	Gehalt %	20° η_r	20° $K_c = \dfrac{\log \eta_r}{c}$	60° η_r	60° $K_c = \dfrac{\log \eta_r}{c}$
0,05	0,5	1,21	1,7	1,18	1,4
0,1	1,0	1,43	1,6	1,39	1,4
0,25	2,6	2,28	1,4	2,25	1,4
0,5	5,2	4,37	1,3	3,94	1,2
0,75	7,8	7,71	1,2	6,57	1,1
1,0	10,4	12,6	1,1	10,3	1,0
1,5	15,6	28,9	1,0	21,6	0,9

Tabelle 97.

Polystyrol vom Mol.-Gew. ca. 120000 (unfraktioniert) in Tetralin bei 20°.

Grundmolarität	Gehalt %	Gf. = 500 η_r	Gf. = 500 $K_c = \dfrac{\log \eta_r}{c}$	Gf. = 1000 η_r	Gf. = 1000 $K_c = \dfrac{\log \eta_r}{c}$	Gf. = 2000 η_r	Gf. = 2000 $K_c = \dfrac{\log \eta_r}{c}$
0,01	0,1	1,22	8,6	1,22	8,6	1,22+	8,6
0,025	0,25	1,56	7,7	1,56	7,7	1,56+	7,7
0,05	0,5	2,25	7,0	2,23	7,0	2,22+	6,9
0,075	0,75	3,00	6,4	2,97	6,3	2,93+	6,2
0,1	1,0	4,05	6,1	4,00	6,0	3,93+	5,9
0,25	2,6	14,1	4,6	13,5	4,5	12,6+	4,4
0,5	5,2	55	3,5	—	—	—	—

Tabelle 98.

Polystyrol vom Mol.-Gew. ca. 120000 (unfraktioniert) in Tetralin bei 60°.

Grundmolarität	Gehalt %	Gf. = 500 η_r	Gf. = 500 $K_c = \dfrac{\log \eta_r}{c}$	Gf. = 1000 η_r	Gf. = 1000 $K_c = \dfrac{\log \eta_r}{c}$	Gf. = 2000 η_r	Gf. = 2000 $K_c = \dfrac{\log \eta_r}{c}$
0,01	0,1	1,21	8,3	1,20	7,9	1,20+	7,9
0,025	0,25	1,53	7,4	1,50	7,0	1,50+	7,0
0,05	0,5	2,17	6,7	2,15	6,7	2,14+	6,6
0,075	0,75	2,87	6,1	2,85	6,1	2,84+	6,0
0,1	1,0	3,85	5,9	3,82	5,8	3,77+	5,8
0,25	2,6	13	4,5	12,8	4,4	12+	4,3
0,5	5,2	52	3,4	49+	3,4	—	—

Tabelle 99.

Eupolystyrol vom Mol.-Gew. ca. 190000 (unfraktioniert) in Tetralin bei 20°.

Grundmolarität	Gehalt %	Gf. = 500		Gf. = 1000	
		η_r	$K_c = \dfrac{\log \eta_r}{c}$	η_r	$K_c = \dfrac{\log \eta_r}{c}$
0,01	0,1	1,35	13	1,33	12
0,025	0,25	2,03	12	1,98+	12
0,05	0,5	3,65+	11	—	—
0,1	1,0	7,8	9	7,05	8
0,25	2,6	32,5	6	25,0+	6

Tabelle 100.

Eupolystyrol vom Mol.-Gew. ca. 190000 (unfraktioniert) in Tetralin bei 60°.

Grundmolarität	Gehalt %	Gf. = 500		Gf. = 1000	
		η_r	$K_c = \dfrac{\log \eta_r}{c}$	η_r	$K_c = \dfrac{\log \eta_r}{c}$
0,01	0,1	1,39	14	1,34	13
0,025	0,25	2,08	13	2,01	12
0,05	0,5	3,8	12	3,55+	11
0,1	1,0	8,25+	9	7,55	9
0,25	2,6	37	6	31	6

Tabelle 101.

Eupolystyrol vom Mol.-Gew. ca. 280000 (fraktioniert) in Tetralin bei 20°.

Grundmolarität	Gehalt %	Gf. = 500		Gf. = 1000		Gf. = 2000	
		η_r	$K_c = \log \eta_r/c$	η_r	$K_c = \log \eta_r/c$	η_r	$K_c = \log \eta_r/c$
0,001	0,01	1,05	21	1,04	17	1,04	17
0,0025	0,025	1,12	20	1,12	20	1,11	18
0,005	0,05	1,25	19	1,24	19	1,22	17
0,0075	0,075	1,42	20	1,40	19	1,36	18
0,01	0,1	1,59	20	1,55	19	1,51	18
0,025	0,25	2,70	17	2,52	16	2,35	15
0,05	0,5	5,2	14	4,65	13	4,1	12
0,075	0,75	8,8	13	7,5	12	6,2	11
0,1	1,0	12,6	11	10,2	10	8,3	9
0,25	2,6	51	7	—	—	—	—

Tabelle 102.

Eupolystyrol vom Mol.-Gew. ca. 280000 (fraktioniert) in Tetralin bei 60°.

Grundmolarität	Gehalt %	Gf. = 500		Gf. = 1000		Gf. = 2000	
		η_r	$K_c = \log \eta_r/c$	η_r	$K_c = \log \eta_r/c$	η_r	$K_c = \log \eta_r/c$
0,001	0,01	—	—	1,04	17	1,03	13
0,0025	0,025	—	—	1,12	20	1,10	16
0,005	0,05	1,27	21	1,245	19	1,22	17
0,0075	0,075	1,45	21	1,395	19	1,38	19
0,01	0,1	1,64	21	1,56	19	1,53	18
0,025	0,25	2,80	18	2,62	17	2,50	16
0,05	0,5	5,6	15	5,1	14	4,6	13
0,075	0,75	9,5	13	8,4	12	7,2	11
0,1	1,0	14	11	12,5	11	10,5	10
0,25	2,6	70	7	—	—	—	—

Tabelle 103.

Eupolystyrol vom Mol.-Gew. ca. 440000 (fraktioniert) in Tetralin bei 20°.

Grundmolarität	Gehalt %	Gf. = 500		Gf. = 1000		Gf. = 2000	
		η_r	$K_c = \dfrac{\log \eta_r}{c}$	η_r	$K_c = \dfrac{\log \eta_r}{c}$	η_r	$K_c = \dfrac{\log \eta_r}{c}$
0,001	0,01	1,08	34	1,06	26	1,05	21
0,0025	0,025	1,20	32	1,18	29	1,18	29
0,005	0,05	1,44	32	1,37	27	1,35	26
0,0075	0,075	1,68	30	1,60	27	1,57	26
0,01	0,1	1,94	29	1,85	27	1,77	25
0,025	0,25	3,75	23	3,3	21	3,0	19
0,05	0,5	7,9	18	6,0	16	5,2	14
0,075	0,75	12,5	15	9,8	13	7,5	12
0,1	1,0	17,5	12	12,5	11	10,2	10

Tabelle 104.

Eupolystyrol vom Mol.-Gew. ca. 440000 (fraktioniert) in Tetralin bei 60°.

Grundmolarität	Gehalt %	Gf. = 500		Gf. = 1000		Gf. = 2000	
		η_r	$K_c = \dfrac{\log \eta_r}{c}$	η_r	$K_c = \dfrac{\log \eta_r}{c}$	η_r	$K_c = \dfrac{\log \eta_r}{c}$
0,001	0,01	1,14+	57	1,075	32	1,06	26
0,0025	0,025	1,27+	42	1,20	32	1,18	29
0,005	0,05	1,51+	36	1,42	31	1,37	27
0,0075	0,075	1,77	33	1,67	30	1,60	27
0,01	0,1	2,04	31	1,91	28	1,80	26
0,025	0,25	4,1	25	3,7	23	3,3	21
0,05	0,5	9,25	19	7,5	18	6,2	16
0,075	0,75	15,5	16	12,5	15	9,5	13
0,1	1,0	23	14	17	12	13	11

Tabelle 105.

Eupolystyrol vom Mol.-Gew. ca. 600000 (fraktioniert) in Tetralin bei 20°.

Grundmolarität	Gehalt %	Gf. = 500		Gf. = 1000		Gf. = 2000	
		η_r	$K_c = \dfrac{\log \eta_r}{c}$	η_r	$K_c = \dfrac{\log \eta_r}{c}$	η_r	$K_c = \dfrac{\log \eta_r}{c}$
0,001	0,01	1,11	46	1,09	38	1,085	36
0,005	0,05	1,58	40	1,54	38	1,52	36
0,01[1]	0,1	2,30	36	2,10	32	1,95	29
0,02[1]	0,2	3,8	29	3,25	26	3,00	24
0,04[1]	0,4	7,0	21	5,75	19	4,75	17

5. Viscosität und Temperatur.

a) Temperaturempfindlichkeit[2] der Viscosität.

Im Abschnitt über Hemikolloide wurde ausgeführt, daß diese Substanzen bei Temperaturerhöhung bis auf 200° in Lösung unter Stickstoff beständig sind, daß aber bei Gegenwart von Sauerstoff die Moleküle leichter verkracken. Einige Versuche über die Beständigkeit wurden auch an Zwischengliedern und Eukolloiden unternommen[3]. Die Erhitzungsdauer beschränkte sich jedoch jeweils auf

---

[1] Die Messungen wurden von H. Gross ausgeführt.

[2] Irreversible Viscositätsänderungen unter Verkracken der Moleküle.

[3] Ausführliche Versuche über die Beständigkeit von Polystyrolen liegen von W. Frost vor, über die später ausführlich berichtet wird. Hier handelte es sich nur darum, die Beständigkeit der Produkte unter den gegebenen Meßbedingungen bei Gegenwart von Luft zu prüfen.

die Dauer einer Viscositätsmessung (ca. 20 Minuten); dabei wurde nicht unter Ausschluß von Luft gearbeitet. Die folgenden beiden Tabellen 106 und 107 geben eine Übersicht dieser Versuche. Es wurde zunächst die Viscosität der betreffenden Lösung bei 20° gemessen, dann bei erhöhter Temperatur und schließlich wieder nach Abkühlung auf 20°. Ein Abfall der Viscosität der letzten Messung gegenüber der ersten bei 20° ist ein Zeichen für eingetretene Verkrackung. Tabelle 106 enthält die Werte der spez. Viscositäten in Tetralin bei den verschiedenen Temperaturen, Tabelle 107 den Quotienten $\dfrac{\eta_{sp}\ \text{bei}\ t°}{\eta_{sp}\ \text{bei}\ 20°}$. Hier ist also der ursprüngliche 20°-Wert der spez. Viscosität $= 1$ gesetzt.

Das Zwischenglied vom Molekulargewicht 120000 ist bei 140° noch beständig und wird erst bei 180° merklich abgebaut; das Eupolystyrol vom Molekulargewicht 440000 ist bei 60° noch beständig, während beim Eupolystyrol vom Molekulargewicht 600000 bei dieser Temperatur bereits ein deutlicher Abbau eintritt. Es ist interessant, wie bei diesem längsten bisher dargestellten Fadenmolekül schon bei geringer Temperaturerhöhung ein Zerbrechen der Kette eintritt. Eine Aufgabe späterer Versuche wird es

Tabelle 106. Temperaturempfindlichkeit einiger Polystyrole. η_{sp}-Werte in Tetralin bei Gf. 1000.

Temperatur	Durchschnittsmolekulargewicht		
	120000 0,01 gd-mol. Lösung	440000 0,005 gd-mol. Lösung	600000 0,005 gd-mol. Lösung
20°	0,199	0,37	0,54
60°	0,190	0,42	0,56
20°[1]	0,199	0,37	0,53
100°	0,185	—	0,60
20°[1]	0,199	—	0,53
140°	0,168	—	0,45
20°[1]	0,199	—	0,37
180°	0,132	—	—
20°[1]	0,187	—	—

Tabelle 107. Temperaturempfindlichkeit einiger Polystyrole. $\dfrac{\eta_{sp}\ \text{bei}\ t°}{\eta_{sp}\ \text{bei}\ 20°}$-Werte in Tetralin bei Gf. 1000.

Temperatur	Durchschnittsmolekulargewicht		
	120000 0,01 gd-mol. Lösung	440000 0,005 gd-mol. Lösung	600000 0,005 gd-mol. Lösung
20°	1,00	1,00	1,00
60°	0,96	1,14	1,04
20°[1]	1,00	1,00	0,98
100°	0,93	—	1,11
20°[1]	1,00	—	0,98
140°	0,84	—	0,83
20°[1]	1,00	—	0,69
180°	0,66	—	—
20°[1]	0,94	—	—

sein, die Beständigkeit dieser Fadenmoleküle gegen Temperaturerhöhung auch bei absolutem Ausschluß von Sauerstoff zu prüfen. Aus den bisherigen Versuchen geht hervor, daß bis zum Molekulargewicht ca. 440000 beim Erhitzen auf 60° auch bei Gegenwart von Luft kein Abbau eintritt. Die Beständigkeit der Polystyrole ist im Vergleich zu der großen Empfindlichkeit der Polyprene sehr auffallend.

b) Temperaturabhängigkeit[2] der Viscosität.

Zu Beginn der Untersuchungen über die Temperaturabhängigkeit der Viscosität wurden Polystyrole vom Polymerisationsgrad 1000—1500 in Tetralin-

---

[1] Nach dem Erhitzen wieder auf diese Temperatur abgekühlt.
[2] Resersible Viscositätsänderungen bei höherer Temperatur.

lösung untersucht; gerade diese weisen sehr geringe Unterschiede in der spez. Viscosität zwischen 20 und 60° auf. Auch bei der Balata, deren Moleküle ungefähr die gleiche Kettenlänge wie obige Polystyrole besitzen, wurde von E. O. LEUPOLD[1] nur eine geringe Temperaturabhängigkeit festgestellt. Gerade diese beiden am Anfang genau untersuchten Beispiele veranlaßten zu der Annahme, daß die spezifische Viscosität der gelösten Stoffe sich bei Temperaturerhöhung nicht wesentlich ändert[2]. Bei der nun folgenden Untersuchung zahlreicher verschiedener Polystyrole stellte sich aber heraus, daß die Verhältnisse nicht so einfach liegen, wie anfangs angenommen, und daß die Größe der Temperaturabhängigkeit für die verschiedenen Glieder der polymerhomologen Reihe der Polystyrole nicht gleich ist. Während die Hemikolloide und Zwischenglieder bis zum Molekulargewicht 150000 bei höherer Temperatur eine geringere Viscosität haben, zeigen die Eukolloide bei Temperaturerhöhung eine höhere Vis-

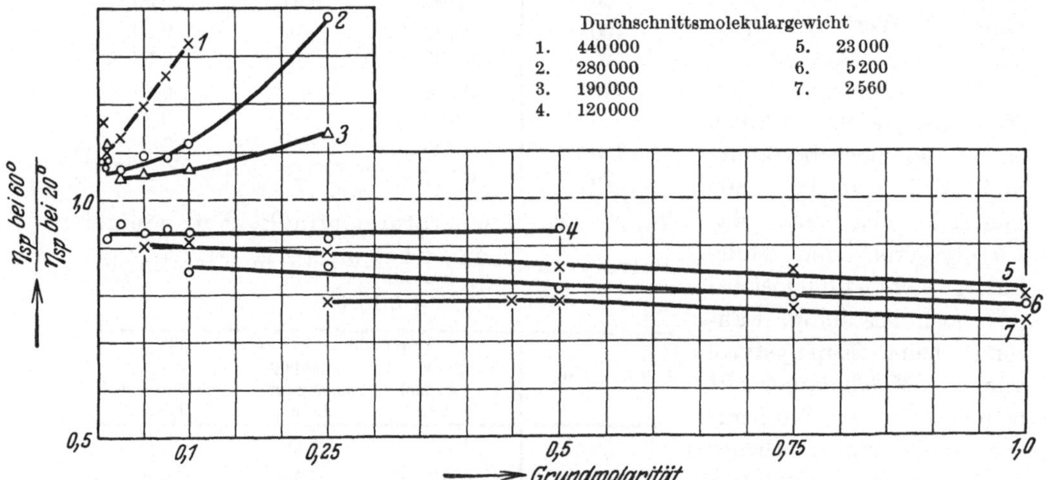

Abb. 51. Temperaturabhängigkeit der spez. Viscosität verschiedener Polystyrole in Tetralin zwischen 20° und 60° (η_{sp}-Werte der Eukolloide bei Gf. 500).

cosität, wenn man auf gleiche mittlere Geschwindigkeitsgefälle bezieht. Mit steigender Konzentration nimmt die Größe der Abweichung vom Bezugswert (η_{sp} bei 20°) zu. Die Abb. 51, ferner die Tabelle 108 geben ein Bild der Temperaturabhängigkeit von Polystyrolen verschiedenen Durchschnittsmolekulargewichts zwischen 20 und 60° in Tetralin. Auf der Abszisse sind die Konzentrationen in Grundmolaritäten aufgetragen und auf der Ordinate die Quotienten $\dfrac{\eta_{sp} \text{ bei } 60°}{\eta_{sp} \text{ bei } 20°}$. Man erkennt, daß die Hemikolloide und Zwischenglieder bis zum Molekulargewicht 120000[3] bei 60° eine niedrigere Viscosität besitzen als bei 20°, und zwar eine mit steigendem Molekulargewicht prozentual abnehmende Temperaturabhängigkeit, während die Eukolloide bei 60° auf gleiches Gf. bezogen eine höhere Viscosität haben. Der Umkehrpunkt liegt ungefähr bei einem

---

[1] Vgl. Dritter Teil, C. III. 2.

[2] Vgl. H. STAUDINGER u. W. HEUER: Ber. Dtsch. Chem. Ges. **62**, 2933 (1929).

[3] Eine Balata von derselben Kettenlänge wie dieses Polystyrol zeigte dieselbe Größe der Temperaturabhängigkeit in zahlreichen Konzentrationen. (Nach Messungen von E. O. LEUPOLD, vgl. Anm. 1.)

Molekulargewicht von 150000, was einer Kettenlänge von 3500—4000 Å entspricht, er fällt also mit dem Punkt zusammen, an dem auch die Abweichungen vom HAGEN-POISEUILLEschen Gesetz beginnen.

Für die Molekulargewichtsbestimmungen aus der Viscosität ist es zunächst wichtig festzustellen, daß im Gebiet der geringen Viscositäten (η_{sp} 0,1—0,4) bei allen Produkten (eine Ausnahme macht nur das hochmolekulare Polystyrol vom Molekulargewicht 440000) die Unterschiede der spez. Viscosität bei 20 und 60° 10—15% nicht überschreiten. Die bei den Berechnungen des Molekulargewichts entstehenden Fehler, die dadurch auftreten, daß die Zustände der verschiedenen Lösungen bei 20° nicht völlig vergleichbar sind, können also nicht sehr groß sein. Eine Aufgabe späterer Untersuchungen muß es sein, durch eingehende Messungen einen Korrektionsfaktor zu bestimmen, um auch diese Fehler zu kompensieren. Der Temperaturbereich der Messungen wurde noch erweitert durch einige Viscositätsbestimmungen bei —70° in Toluol (s. Abb. 52, ferner Tabelle 109). (Vgl. hierzu auch den Abschnitt über Hemikolloide, Tabelle 70, Abb. 25 S. 174.) Man erkennt, daß die Unterschiede in der spez. Viscosität bei solch großen Temperaturintervallen erheblich werden. Zum Vergleich sind noch die Werte der Tetralinlösung angegeben, die zeigen, daß die Temperaturabhängigkeit zwischen 20 und 60° in Toluol in dieser Konzentration nicht so groß ist wie in Tetralin. Die Umkehr der Temperaturabhängigkeit beim Übergang von Hemikolloiden zu Eukolloiden auch über einen größeren Temperaturbereich geht besonders gut aus der Abb. 25 (S. 174) hervor.

Tabelle 108. Temperaturabhängigkeit einiger Zwischenglieder und Eupolystyrole in Tetralin zwischen 20 und 60°.

Gehalt %	Grundmolarität	Mol.-Gew. = 23000			Mol.-Gew. = 120000			Mol.-Gew. = 190000 Gf. = 500			Mol.-Gew. = 280000 Gf. = 500			Mol.-Gew. = 440000 Gf. = 500		
		$\eta_{sp}\,20°$	$\eta_{sp}\,60°$	$\frac{\eta_{sp}\,60°}{\eta_{sp}\,20°}$	$\eta_{sp}\,20°$	$\eta_{sp}\,60°$	$\frac{\eta_{sp}\,60°}{\eta_{sp}\,20°}$	$\eta_{sp}\,20°$	$\eta_{sp}\,60°$	$\frac{\eta_{sp}\,60°}{\eta_{sp}\,20°}$	$\eta_{sp}\,20°$	$\eta_{sp}\,60°$	$\frac{\eta_{sp}\,60°}{\eta_{sp}\,20°}$	$\eta_{sp}\,20°$	$\eta_{sp}\,60°$	$\frac{\eta_{sp}\,60°}{\eta_{sp}\,20°}$
0,01	0,001	—	—	—	—	—	—	—	—	—	0,05	—	—	0,08	0,14	1,75
0,025	0,0025	—	—	—	—	—	—	—	—	—	0,12	—	—	0,20	0,27	1,35
0,05	0,005	—	—	—	—	—	—	—	—	—	0,25	0,27	1,08	0,44	0,51	1,16
0,075	0,0075	—	—	—	—	—	—	—	—	—	0,42	0,45	1,07	0,68	0,77	1,13
0,1	0,01	—	—	—	0,22	0,21	0,95	0,35	0,39	1,12	0,59	0,64	1,08	0,94	1,04	1,11
0,25	0,025	—	—	—	0,56	0,53	0,95	1,03	1,08	1,05	1,70	1,80	1,06	2,75	3,10	1,13
0,5	0,05	0,21	0,18	0,86	1,25	1,17	0,94	2,65	2,80	1,06	4,20	4,60	1,09	6,90	8,25	1,20
0,75	0,075	0,43	0,39	0,91	2,00	1,87	0,94	—	—	—	7,80	8,50	1,09	11,5	14,5	1,26
1,04	0,1	1,28	1,15	0,90	3,05	2,85	0,94	6,8	7,25	1,07	11,6	13,0	1,12	16,5	22	1,33
2,60	0,25	3,37	2,94	0,87	13,1	12	0,92	31,5	36	1,14	50	69	1,38	—	—	—
5,20	0,5	6,71	5,57	0,83	54,0	51	0,94	—	—	—	—	—	—	—	—	—
7,80	0,75	11,6	9,30	0,80	—	—	—	—	—	—	—	—	—	—	—	—
10,4	1,0	27,9	20,6	0,74	—	—	—	—	—	—	—	—	—	—	—	—

Warum sind die Lösungen von Eukolloiden bei 60° höherviscos als bei 20°, wenn man die Viscositäten bei gleichem mittleren Geschwindigkeitsgefälle vergleicht, und weshalb verhalten sie sich gerade umgekehrt wie Lösungen der Hemikolloide? Die Ursache ist darin zu suchen, daß der Zustand der verschiedenen Lösungen bei gleichem Geschwindigkeitsgefälle nicht korrespondierend ist. Beim Strömen tritt ein Richteffekt auf die Fadenmoleküle ein; je größer das Geschwindigkeitsgefälle, um so mehr Teilchen sind gerichtet. Diesem Richteffekt bei der Strömung wirkt die größere Wärmebewegung der Fadenmoleküle bei höherer Temperatur entgegen. Bei Hemikolloiden ist es nun einerlei, ob viele Teilchen gerichtet sind oder nicht, da der Einstellwinkel bei Strömung 45° beträgt. Die spez. Viscosität ist dort bei 60° infolge der größeren Beweglichkeit der Moleküle kleiner als bei 20°, gerade so wie die absolute Viscosität der Flüssigkeiten bei höherer Temperatur niedriger wird.

Bei eukolloiden Polystyrolen, bei deren Molekülen der Einstellwinkel größer als 45° ist, ist es nicht mehr einerlei, wie viele der gelösten Teilchen orientiert sind. Wenn also in der Lösung eines Eukolloids bei 60° infolge der Wärmebewegung weniger Teilchen gerichtet sind als bei 20°, so ist die wärmere Lösung höherviscos als die kältere, da mit zunehmender Richtung der Teilchen die Viscosität der Lösung abnimmt und um-

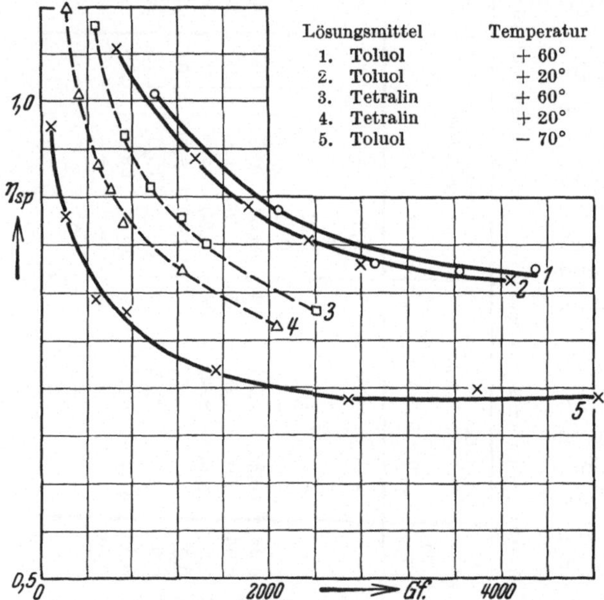

Abb. 52. Temperaturabhängigkeit der spez. Viscosität eines Eupolystrols vom Mol.-Gew. ca. 440 000 in Tetralin und Toluol bei verschiedenen Gf.

Tabelle 109. 0,01 gd-mol. Lösungen eines Eupolystyrols vom Mol.-Gew. ca. 440000 in Tetralin und Toluol bei verschiedenen Temperaturen und mittleren Geschwindigkeitsgefällen.

Lösungsmittel	$t°$	η_{sp} bei Gf.			$\eta_{sp}\, t°/\eta_{sp}\, 20°$ bei Gf.		
		500	1000	2000	500	1000	2000
Tetralin	+20°	0,94	0,84	0,77	1,00	1,00	1,00
	+60°	1,04	0,90	0,81	1,11	1,07	1,05
Toluol	+20°	—	0,99	0,88	1,00	1,00	1,00
	+60°	—	1,00	0,89	—	1,01	1,01
	−70°	0,80	0,75	0,71	—	0,76	0,81

gekehrt. Diese Erhöhung der Viscosität durch die mangelhafte Orientierung der Teilchen ist bei den Eukolloiden viel stärker als die Abnahme der Viscosität durch die größere Beweglichkeit der Teilchen. Deshalb ist die spez. Viscosität der Eukolloide bei 60° größer als bei 20° (bei gleichem Gf.). Die negative

Temperaturabhängigkeit der hemikolloiden Polystyrole und Zwischenglieder geht bei einem Molekulargewicht von 150000 in die positive der Eukolloide über, also bei Polystyrolen mit einer Kettenlänge von ca. 4000 Å. Bei Produkten mit einem Molekulargewicht von 50000—100000 stellen sich die Moleküle in Lösung schon nicht mehr in die 45°-Richtung ein, sondern der Einstellwinkel wächst[1]. Der Richteffekt wird aber hier noch überdeckt durch die negative Temperaturabhängigkeit der Viscosität. Bei einem Molekulargewicht von 150000 kompensieren sich beide Faktoren ungefähr. So gewinnt man den Eindruck, daß die Viscosität der Polystyrollösungen nicht temperaturabhängig sei, wenn man Polymerisate gerade dieser Größenordnung untersucht[2]. Um also bei Substanzen, die starke Abweichungen vom HAGEN-POISEUILLEschen Gesetz zeigen, Aussagen über ihre Temperaturabhängigkeit machen zu können, müßte man entweder die Viscosität bestimmen, ohne daß ein Richteffekt bei der Messung eintreten kann, oder, wenn man die üblichen Methoden anwendet, müßte man über die Größe des Richteffekts und dessen Einfluß auf die Viscosität irgendwelche Aussagen machen können. Es ist allerdings nicht wahrscheinlich, daß sich für die Konstitution der Hochpolymeren wichtige neue Tatsachen ergeben würden, wenn man derartige Messungen ausführen würde. Solche hätten nur Interesse, um das Verhalten kolloider Lösungen näher kennenzulernen. Für die Konstitution der Eukolloide ergibt sich aus diesen Messungen folgendes: da das Verhalten der Glieder der polymerhomologen Reihe der Polystyrole bis zu den Zwischengliedern, also einem Molekulargewicht von 150000 und einer Kettenlänge von 3500—4000 Å, in bezug auf ihre Temperaturabhängigkeit in demselben Lösungsmittel ein ziemlich einheitliches Bild ergibt, so ist anzunehmen, daß die Teilchen der Eukolloide genau so gebaut sind wie erstere.

Zum Schluß dieses Abschnittes sei nochmals betont, daß die relativ geringe Temperaturabhängigkeit der Polystyrole in niederen Konzentrationen ein Beweis dafür ist, daß hier keine Substanzen mit micellarem Bau wie bei den Seifen vorliegen können, sondern daß in diesen Lösungen Einzelmoleküle vorliegen müssen, die durch ihre langgestreckte Form und den dadurch bedingten großen Wirkungsbereich der Moleküle die Kolloidnatur der Lösungen hervorrufen. Nur in ganz konzentrierten Lösungen treten Assoziationen auf, deren Größe naturgemäß stark von der Art des Lösungsmittels abhängt. (Man vgl. hierzu die Ausführungen über Hemikolloide S. 177, Tabelle 72.)

6. Molekulargewicht der Zwischenglieder und Eukolloide.

Aus den in den vorigen Abschnitten geschilderten Versuchen geht hervor, daß die Zwischenglieder bis zu einem Molekulargewicht von ca. 150000 sich ganz ähnlich wie die Hemikolloide verhalten. Wenn man also mit diesen Stoffen bei 20° in verdünnter Lösung, deren spez. Viscosität zwischen 0,1 und 0,4 liegt, Viscositätsmessungen ausführt, so liegen Zustände vor, die sich mit denen der Hemikolloide vergleichen lassen. Man kann also auf Grund der bei Hemikolloiden

ermittelten K_m-Konstante nach der Formel $M = \dfrac{\eta_{sp}}{c \cdot K_m}$ $(K_m = 1,8 \cdot 10^{-4})$ richtige

---

[1] Vgl. R. SIGNER: Helv. chim. Acta **14**, 1375 (1931).

[2] In der ersten Untersuchung war dies der Fall, vgl. H. STAUDINGER u. W. HEUER: Ber. Dtsch. Chem. Ges. **62**, 2933 (1929).

Molekulargewichte erwarten. Solche Moleküle haben eine Fadenlänge bis zu 4000 Å.

Bei den noch höhermolekularen Polystyrolen, den Eukolloiden, hauptsächlich wenn ihre Moleküle eine Länge von $1\,\mu$ und darüber haben, können bei Anwendung der einfachen Formel erhebliche Differenzen vom tatsächlichen Molekulargewicht eintreten, denn hier sind die Abweichungen vom HAGEN-POISEUILLE-schen Gesetz auch bei sehr geringen Konzentrationen nicht ganz zu vernachlässigen. Die folgende Tabelle 110 zeigt die Schwankungen, die die berechneten Molekulargewichte im Meßgebiet (η_{sp} 0,1—0,4) aufweisen können, bei Änderung der Geschwindigkeitsgefälle von 500—2000. Man sieht die besonders bei den höchsten Produkten stark zunehmenden Abweichungen.

Tabelle 110. Berechnung des Durchschnittsmolekulargewichts verschiedener Eupolystyrole aus η_{sp}-Werten bei verschiedenem Geschwindigkeitsgefälle.

Substanz: Polystyrol	Grundmolarität	η_{sp} beim Gf.		$\dfrac{\eta_{\mathrm{sp}}}{c}$ beim Gf.		Mol.-Gew. ber. nach $M=\dfrac{\eta_{\mathrm{sp}}}{c\cdot 1,8}\cdot 10^4$ beim Gf.	
		500	2000	500	2000	500	2000
Unter Luft bei Zimmertemp. polymerisiert	0,01	0,35	0,33 (Gf. 1000)	35	33 (Gf. 1000)	190000	180000
(unfraktioniert)	0,025	1,03	0,98	41	39	230000	220000
Unter Luft bei Zimmertemp. polymerisiert	0,0025	0,12	0,11	48	44	270000	240000
(fraktioniert)	0,005	0,25	0,22	50	44	280000	240000
Unter Luft bei Zimmertemp. polymerisiert	0,0025	0,20	0,18	80	72	440000	400000
(fraktioniert)	0,005	0,44	0,35	88	70	490000	390000
Unter N_2 bei Zimmertemp. polymerisiert	0,001	0,11	0,08	110	80	610000	440000
(fraktioniert)	0,005	0,59	0,52	118	104	660000	580000

Wenn auch die absoluten Werte für die Molekulargewichte nicht genau bekannt sind, so ist doch eine genaue Anordnung der Polystyrole untereinander nach steigender Kettenlänge möglich, wenn man bei gleichem Geschwindigkeitsgefälle die spezifischen Viscositäten vergleicht. Wie schon in den vorigen Abschnitten ausführlich dargelegt wurde, kommen die auf möglichst kleine mittlere Geschwindigkeitsgefälle bezogenen Berechnungen sicher den wirklichen Werten am nächsten, die man auf diesem Wege nur unter Vermeidung des Richteffekts bestimmen könnte. Es ist wichtig, nochmals darauf hinzuweisen, daß die für diese Eupolystyrole errechneten Molekulargewichte eher zu klein als zu groß sind und daß tatsächlich Fadenmoleküle existenzfähig und sogar sehr beständig sind, deren Länge $1,5\,\mu$ überschreitet, während ihr Durchmesser ca. 15 Å beträgt. Ihre Länge reicht also bis in das mikroskopisch sichtbare Gebiet. Disperse Systeme mit kugeligen Teilchen von dieser Dimension sind mikroskopisch auflösbar und enthalten schon keine Kolloidteilchen mehr, sondern sind relativ grobe Suspensionen. Das abnorme Verhalten dieser Eukolloide ist eine Folge ihrer Fadenform, die sowohl die hohe Viscosität infolge ihres großen Wirkungsbereiches wie auch die Abweichungen vom HAGEN-POISEUILLEschen Gesetz hervorruft.

V. Chemisches Verhalten der Polystyrole.

1. Allgemeines.

Die Polystyrolketten sind als substituierte Paraffine gegen chemische Angriffe außerordentlich beständig. Man kann natürlich den Phenylkern substituieren, z. B. nitrieren, sulfurieren; doch wurden diese Reaktionen noch nicht eingehend studiert. Für das Beurteilen des chemischen Verhaltens der Hochpolymeren war es nun von Interesse, die Veränderungen in der Beständigkeit und Reaktionsfähigkeit kennenzulernen, die bei der Polystyrolkette mit zunehmender Länge eintreten. Wie schon öfter ausgeführt, kann man die Fadenmoleküle mit langen dünnen Stäben vergleichen und, wie diese mit zunehmender Länge immer zerbrechlicher werden, so ist es auch bei den Polystyrolketten der Fall. Bei erhöhter Temperatur werden sie infolge der durch die größere Molekularbewegung hervorgerufenen Schwingungen immer unbeständiger. Umgekehrt sind die großen Moleküle bei Substitutionsreaktionen viel weniger reaktionsfähig als entsprechend gebaute kleine. Äthylbenzol wird z. B. leicht nitriert oder sulfuriert, während ein Polystyrol gegen solche Angriffe auffallend beständig ist. Dies ist in der erheblich größeren Trägheit solch großer Moleküle begründet.

2. Mechanischer Abbau.

In einer früheren Arbeit[1] wurde festgestellt, daß Lösungen sowohl von Hemikolloiden wie auch von Eukolloiden durch intensive mechanische Behandlung auf der Schüttelmaschine keinen Abbau erleiden, selbst nicht bei Gegenwart von Sauerstoff. Dagegen ist es jetzt gelungen, Polystyrolmoleküle mit der größten bisher erhaltenen Kettenlänge von über $1,5\,\mu$ durch äußerst starke mechanische Beanspruchung in kleinere Bruchstücke zu zerbrechen. Eine solche intensive mechanische Beanspruchung kann man dadurch erzielen, daß man eine Lösung des Polystyrols häufig durch eine feine Düse preßt. Durch die turbulente Strömung dieses „Wasserfalles" werden diese langen Fadenmoleküle, deren Länge 1000 mal so groß ist wie ihr Durchmesser, so stark mechanisch beansprucht, daß sie zerbrechen. Nach 100 maligem Durchströmen einer 0,005-gd-molaren Tetralinlösung des Polystyrols vom Molekulargewicht 600 000 durch eine Platindüse war die spezifische Viscosität der Lösung von 0,67 auf 0,41 gefallen, was einem 39 proz. Abbau der Moleküle entspricht.

Im Hinblick auf gewisse technische Probleme, wie etwa die Mastizierung des Kautschuks, ist die mechanische Zertrümmerung von solchen Fadenmolekülen von Bedeutung[2].

3. Oxydativer Abbau von Polystyrolen.

a) Abbau durch Ozon.

Gegen Luftsauerstoff sind die Polystyrole außerordentlich beständig. Sehr stark abbauend wirkt dagegen Ozon, wie bereits in früheren Arbeiten festgestellt

---

[1] STAUDINGER, H., u. K. FREY: Ber. Dtsch. Chem. Ges. **62**, 2909 (1929).
[2] Vgl. H. STAUDINGER: Ber. Dtsch. Chem. Ges. **63**, 926 (1930).

wurde[1]. Beim Einleiten von Ozon in eine Lösung von Polystyrol in Tetrachlorkohlenstoff sinkt die Viscosität zunächst stark ab, wie es die folgende Tabelle 111 zeigt, bis schließlich bei längerer Einwirkung Gelatinierung eintritt, die wohl in der Bildung dreidimensionaler Moleküle mit Ozonbrücken ihre Ursache hat[2]. Auch bei der Autoxydation des Kautschuks kann derselbe unlöslich werden; er geht dann von der löslichen α-Form in die unlösliche β-Form über[3]; dies beruht darauf, daß die Fadenmoleküle unter sich durch Sauerstoffbrücken verbunden werden.

Tabelle 111. Ozonabbau eines Polystyrols vom Mol.-Gew. ca. 150000 (eingeleitet in eine 0,25 gd-mol. Lösung in CCl_4 in 1 Min. 0,2 l O_2 mit ca. 6 Vol.-% O_3).

Dauer des Einleitens in Minuten	η_{sp} bei 20°	Abbau %
0	25,0	—
5	16,0	36
10	10,4	58
15	8,5	66
20	6,9	72

der Versuch zeigt: 100 ccm einer 0,5 gd-mol. Lösung des Eupolystyrols wurden mit 1,73 g Benzopersäure versetzt, die aber erst nach 1 stündigem Schütteln in Lösung ging. Während dieser Zeit ist sicher schon ein Abbau eingetreten, der nach Schätzung ca. 50% beträgt, so daß bei der ersten Viscositätsmessung der Lösung bereits ein Abbau bis auf ein Molekulargewicht von ca. 200000 erfolgt war. Nach der ersten Messung wurden in bestimmten Zeitabständen weitere Viscositätsbestimmungen ausgeführt und auf diese Weise der Verlauf des Abbaus genau verfolgt. Das Ergebnis ist in der nebenstehenden Tabelle zusammengestellt. Die angegebenen Molekulargewichte sind Schätzungen[4], da die gemessenen spezifischen Viscositäten zu hoch sind, um aus ihnen genauere Berechnungen des Molekulargewichts erhalten zu können.

b) Abbau durch Benzopersäure.

Ziemlich stark abbauend auf ein Polystyrol z. B. vom Molekulargewicht 440000 wirkt Benzopersäure, wie folgen

Tabelle 112. Abbau eines Polystyrols vom Mol.-Gew. ca. 440000 mit Benzopersäure in 0,05 gd-mol. CCl_4-Lösung. $t = 20°$.

Zeit in Stunden	η_{sp} bei 20°	Abbau %	Geschätztes Mol.-Gew.
0	9,4	ca. 50	200000 *
$^1/_2$	8,85	53	200000
1	7,23	62	180000
$1^1/_2$	6,34	66	170000
$4^1/_2$	4,53	76	150000
5	4,50	76	150000
24	3,64	81	130000
48	3,05	84	120000
95	2,12	89	100000

c) Abbau durch Oxydationsmittel.

Es ist erstaunlich, wie widerstandsfähig das Polystyrol gegen chemische Angriffe ist, im Gegensatz zum Kautschuk, der außerordentlich leicht abgebaut

---

[1] STAUDINGER, H., K. FREY, P. GARBSCH u. S. WEHRLI: Ber. Dtsch. Chem. Ges. **62**, 2917 (1929).

[2] Vgl. H. STAUDINGER: Über die Bildung von unlöslichen hochmolekularen Ozoniden. Ber. Dtsch. Chem. Ges. **58**, 1088 (1925).

[3] STAUDINGER, H., u. H. F. BONDY: Liebigs Ann. **488**, 155 (1931).

[4] Bei dem vorliegenden großen Material, das durchgemessen wurde, konnte durch Vergleich mit anderen Messungen das Molekulargewicht auch aus vorliegenden Messungen in hohen Konzentrationen ungefähr geschätzt werden.

* Das Produkt ist vor der ersten Messung schon ca. zur Hälfte abgebaut.

und in niedermolekulare Bruchstücke verwandelt wird. Ein hemikolloides Polystyrol, das längere Zeit in der Hitze mit Kaliumpermanganat in saurer Lösung behandelt wurde, zeigte keine Änderung der Viscosität. Es ist also kein oxydativer Abbau der Ketten eingetreten; ob das Polystyrol allerdings an einem tertiären H-Atom oxydiert wird, was möglich ist, wurde nicht untersucht.

Auch ein Eupolystyrol vom Molekulargewicht 150000—160000 wird in Benzollösung durch Schütteln mit einer wässerigen Lösung von Chromsäure nicht abgebaut; dagegen wird dieselbe Substanz durch Kaliumpermanganat sowohl in alkalischer wie auch in saurer Lösung oxydiert. Schon nach einstündigem Schütteln mit saurer $KMnO_4$-Lösung war, nachdem die Substanz einmal umgefällt war, die Viscosität um ca. 20% gesunken; ebenso wird das hochmolekulare Polystyrol durch salpetrige Säure oxydativ abgebaut.

4. Hochmolekulare Säuren.

a) Darstellung von hochmolekularen Säuren durch Oxydation von Polystyrol mit Kaliumpermanganat.

Der oxydative Abbau von Polystyrol sollte so vor sich gehen, daß an den Enden der langen Ketten Carboxylgruppen entstehen. Da das Polystyrol als Toluolderivat aufgefaßt werden kann, so wird eine Abspaltung von Benzoësäure erfolgen unter Bildung einer Dicarbonsäure nach folgender Gleichung:

$$\text{CH}_2 \!-\! \text{CH}_2 \!-\! \left[\text{CH}\!-\!\text{CH}_2\right] \!-\! \text{C}\!=\!\text{CH}_2 \, ^{*}$$
$$\underset{\text{C}_6\text{H}_5}{|} \qquad \underset{\text{C}_6\text{H}_5}{|} \quad{}_x \quad \underset{\text{C}_6\text{H}_5}{|}$$

$$\downarrow \ \text{oxydiert mit } KMnO_4$$

$$\text{C}_6\text{H}_5 \cdot \text{COOH} + \text{HOOC}\!-\!\left[\text{CH}\!-\!\text{CH}_2\right]\!-\!\text{CH}\!-\!\text{COOH}$$
$$\underset{\text{C}_6\text{H}_5}{|} \quad{}_x \quad \underset{\text{C}_6\text{H}_5}{|}$$

Ferner ist es natürlich möglich, daß tertiäre H-Atome der Kette oxydiert werden, so daß diese noch Hydroxylgruppen enthalten kann.

Da man beim Abbau von hochmolekularem Polystyrol vom Molekulargewicht ca. 150000 je nach der Dauer der Einwirkung Abbauprodukte vom Molekulargewicht 30000—40000 erhält, so hofften wir durch Fraktionieren aus diesen Substanzgemischen eine polymerhomologe Reihe von Polystyroldicarbonsäuren herzustellen, deren höchste Glieder das Molekulargewicht 50000 haben würden und deren niederste noch kryoskopisch bestimmbare Molekulargewichte bis 10000 besitzen würden. In diesen Polydicarbonsäuren glaubten wir dann in der Anwesenheit der Carboxylgruppen ein einfaches Mittel zu haben, auf chemischem Wege die Kettenlänge zu bestimmen; um so zu prüfen, ob die Beziehungen zwischen Viscosität und Molekulargewicht, die man bei den hemikolloiden Kohlenwasserstoffen gefunden hat, auch bei Produkten bis zu einem Molekulargewicht von 50000 ihre Gültigkeit haben.

Zur Darstellung der Säuren wurde ein technisches Polystyrol[1] vom Durchschnittsmolekulargewicht 150000 ohne vorheriges Umfällen in Benzol gelöst und in einem großen Stutzen mit einer schwefelsauren Kaliumpermanganatlösung

---

* Es wird der Einfachheit halber angenommen, daß am Ende der Kette eine Doppelbindung vorhanden ist.

[1] Präparat der I.G. Farbenindustrie AG., Werk Uerdingen.

sehr kräftig durchgerührt. Diese Behandlung wurde jeweils längere Zeit (bis zu 6 Wochen ununterbrochen) durchgeführt. Nach Entfärbung wurden frisches Kaliumpermanganat und Schwefelsäure hinzugefügt und auch von Zeit zu Zeit das verdampfte Benzol ersetzt. Auf diese Weise wurden mehrere Oxydationen unter verschiedenen Bedingungen durchgeführt. Sehr schwierig gestaltete sich nachher bei der Aufarbeitung die quantitative Entfernung des Mangans. Nach völliger Reduktion des abgeschiedenen Braunsteins durch Einleiten von SO_2 wurde zunächst die Benzollösung abgetrennt, filtriert und mit Methanol zur Entfernung anwesender niedermolekularer organischer Substanzen gefällt. Dann wurden verschiedene Wege zur Entfernung des Mangans eingeschlagen. Ein öfter wiederholtes Ausfällen der benzolischen Lösung der Säuren mit Eisessig führte nicht zu einem aschefreien Produkt, erst durch mehrmaliges Fällen einer Lösung in technischem Dioxan mit 4—6proz. Schwefelsäure konnte ein von anorganischen Bestandteilen freies Produkt erhalten werden. Nach dieser Behandlung wurde die Substanz kurz im Vakuum von 12 mm Hg bei 60° getrocknet und nochmals aus benzolischer Lösung mit Methanol ausgefällt. Dann wurde nach den üblichen Methoden fraktioniert (vgl. hierzu S. 187). In folgender Tabelle 113 sind die Ergebnisse der Fraktionierung einiger Oxydationsprodukte angegeben, ferner die Ausbeuten in Prozenten der Gesamtausbeuten. Das Ausgangsmaterial hatte ein

Tabelle 113. Oxydation eines Polystyrols vom Mol.-Gew. 150000 mit $KMnO_4$ in schwefelsaurer Lösung.

Fraktion	1. In der Kälte 50 Std. oxydiert		2. In der Kälte 15 Tage oxydiert		3. Bei Siedehitze 14 Tage oxydiert		4. In der Kälte 26 Tage oxydiert		5. In der Kälte in stark saurer Lösung 16 Tage oxydiert	
	geschätztes Mol.-Gew.	Proz.der Gesamtausbeute	geschätztes Mol.-Gew.	Proz.der Gesamtausbeute	geschätztes Mol.-Gew.	Proz.der Gesamtausbeute	geschätztes Mol.-Gew.	Proz.der Gesamtausbeute	geschätztes Mol.-Gew.	Proz.der Gesamtausbeute
I	35000	11	40000	—	40000	95	7000	9	7900	1,5
II	70000	21	70000	—	75000	5	12000	6	9700	3,5
III	100000	16	80000	—	—	—	19000	28	11000	3,0
IV	150000	52	—	—	—	—	32000	57	39000	92

Molekulargewicht von etwa 150000. Die niederstmolekularen Produkte, die daraus durch oxydativen Abbau erhalten wurden, haben ein Molekulargewicht von 7000. Die Ausbeuten an diesen niedermolekularen Anteilen waren aber trotz der sehr langen Einwirkungsdauer des Kaliumpermanganats sehr gering. Diese enorme Beständigkeit des Kohlenwasserstoffs gegen $KMnO_4$ ist auffallend. Wie schon im Abschnitt über Hemikolloide (s. Tab. 63b, S. 170) ausführlich dargestellt wurde, ist es bei diesen durch Abbau langer Ketten erhaltenen Substanzgemischen sehr wichtig, äußerst sorgfältig zu fraktionieren, da sonst infolge der mangelnden Einheitlichkeit der Produkte die Übereinstimmung zwischen den viscosimetrisch und kryoskopisch ermittelten Durchschnittsmolekulargewichten nicht befriedigend sein kann.

b) Versuche zur Bestimmung der Carboxylgruppen.

Durch eine Elementaranalyse läßt sich naturgemäß bei dem hohen Molekulargewicht der Säuren die Molekülgröße nicht genau aus dem Sauerstoffgehalt ermitteln[1]. Um die Carboxylgruppen zu bestimmen, versuchten wir daher, wie es früher bei den Fettsäuren geschah, Salze herzustellen, um aus dem Metallgehalt nachher das Äquivalentgewicht festzustellen. Wir machten dabei die Erfahrung, daß diese hochmolekularen oxydierten Substanzen sich gar nicht wie Säuren verhalten. Beim Schütteln der benzolischen Lösung der Säuren mit wässerigen Lösungen von KOH, TlOH und anderen Basen entstehen keine Salze. Die Säuren sind zu hochmolekular, als daß sie wasserlösliche und kolloidlösliche Salze liefern könnten. Das Alkali wandert auch nicht in die Benzollösung, um mit der Säure benzollösliche Salze zu bilden. Weiterhin versuchten wir, die Salze durch Fällen mit Natriumäthylat herzustellen; dabei fallen bei genügendem Zusatz von Alkohol die Polystyrolsäuren aus, aber wenn sie genügend gereinigt sind, enthalten sie kein Metall.

Diese hochmolekularen sauerstoffhaltigen Verbindungen, die nach ihrer Darstellung am Ende der Ketten Carboxylgruppen tragen, verhalten sich also nicht wie Säuren. Dies wird verständlich, wenn man bedenkt, daß saurer Charakter nur dann auftreten kann, wenn das Anion im Verhältnis zum Kation nicht zu groß ist; dies ist aber hier der Fall. Daher kann auch eine Micellbildung nicht eintreten wie bei den Seifen, ebenfalls wegen der Größe des Anions. Bei den Seifen werden ja die hydrophoben Kohlenwasserstoffreste im Innern der Micelle vor dem Zutritt von Wasser geschützt, an der Oberfläche befinden sich nur die hydrophilen Ionen. Ein derartiger Micellaufbau ist wegen der Größe der organischen Reste bei diesen Polystyrolsäuren nicht möglich.

Weiterhin versuchten wir, die Säuren in Säurechloride zu überführen, um diese dann mit Phenylhydrazin oder Bromsubstitutionsprodukten desselben in Phenylhydrazide überzuführen. Läßt man zur Herstellung der Säurechloride Thionylchlorid 3 Stunden lang siedend auf eine solche Polystyrolsäure einwirken, so bildet sich neben sehr wenig löslichem Produkt eine in Benzol, Toluol, CCl_4, $CHCl_3$ und anderen organischen Lösungsmitteln nur quellende, aber gänzlich unlösliche Substanz. Die Säuregruppe, die prozentual einen sehr geringen Anteil der Substanz ausmacht, hat einen starken Einfluß auf das chemische Verhalten des Polystyrols, wie die Überführung der hochmolekularen Säure in ein unlösliches dreidimensionales Gebilde zeigt; denn Polystyrol selbst, das keine charakteristischen Endgruppen besitzt, reagiert nicht mit Thionylchlorid und geht damit nicht in unlösliche Produkte über. Man kann sich die Bildung der unlöslichen Produkte so vorstellen, daß Carboxyl- und evtl. Hydroxylgruppen verschiedener Ketten miteinander reagieren und so durch Sauerstoffbrücken eine Verbindung der Fadenmoleküle untereinander erfolgt, die zur Bildung dreidimensionaler Makromoleküle führt. Die Herstellung von Säurechloriden und von Derivaten[2] derselben ist bisher nicht gelungen, doch sind diese Versuche noch nicht zum Abschluß gekommen.

Von Wichtigkeit war weiterhin die Darstellung der Polystyrolsäuren zur Aufklärung der Konstitution der Hemikolloide. Bei den Molekülen der Hemikolloide

---

[1] Die Polystyrolcarbonsäuren wurden analysiert. Ihr Sauerstoffgehalt ist in der Regel etwas höher, als dem nach der kryoskopischen oder viscosimetrischen Methode bestimmten Durchschnittsmolekulargewicht entspricht, ein Zeichen, daß auch Sauerstoffatome in die Kette eingetreten sind.

[2] Es könnte z. B. durch Bestimmung des Stickstoffgehaltes von Säurephenylhydraziden die Molekülgröße auf chemischem Weg bestimmt werden.

nahmen wir früher an[1], daß in ihnen hochmolekulare Ringe vorliegen; in diesen durch oxydativen Abbau erhaltenen Produkten können aber auf Grund ihrer Entstehung keine Ringe vorliegen, sondern beim oxydativen Abbau müssen Fadenmoleküle entstehen. Wir untersuchten nun die Viscosität einer solchen Säure vom Molekulargewicht ca. 40000 in Tetralinlösung in verschiedenen Konzentrationen bei 20 und 60° und stellten fest, daß sie sich genau wie ein Kohlenwasserstoff von entsprechender Kettenlänge verhält. Besonders die Temperaturabhängigkeit der spezifischen Viscosität bewegt sich in denselben Grenzen (10—15%) wie beim Kohlenwasserstoff. Man hätte infolge der in das Molekül eingetretenen Carboxyl- und Hydroxylgruppen eine Veränderung gerade in der Temperaturabhängigkeit erwarten können, da koordinative Bindungen zwischen den Molekülen durch die Carboxylgruppen erfolgen könnten; doch muß man auch hier wieder berücksichtigen, daß die Zahl der eingetretenen Carboxylgruppen im Verhältnis zur Gesamtgröße des Moleküls nur sehr gering ist und deshalb nicht genügt, um solch einen Einfluß geltend zu machen. Die nebenstehende Tabelle 114 enthält eine Konzentrationsreihe für eine Säure vom Molekulargewicht ca. 40000.

Tabelle 114. Viscositäten einer Polystyrolsäure vom Mol.-Gew. ca. 40000 in Tetralin bei 20 und 60° im OSTWALDschen Viscosimeter.

Grundmolarität	η_{sp} bei 20°	η_{sp} bei 60°	$\dfrac{\eta_{sp}\,60°}{\eta_{sp}\,20°}$
0,01	0,070	0,065	0,93
0,025	0,190	0,185	0,97
0,05	0,394	0,370	0,94
0,075	0,640	0,587	0,92
0,1	0,905	0,825	0,91
0,25	2,995	2,725	0,91
0,5	10,1	8,66	0,86

c) Untersuchung von hemikolloiden Säuren.

Durch sehr intensiven Abbau mit Kaliumpermanganat gelingt es, Polystyrolsäuren zu erhalten, die zu den Hemikolloiden zählen, deren Molekulargewicht unter 10000 liegt und kryoskopisch noch bestimmbar ist. Die Hauptmenge der erhaltenen Oxydationsprodukte hatte ein weit über 10000 liegendes Molekulargewicht, die geringen darin enthaltenen Mengen hemikolloider Substanz wurden mit Aceton daraus extrahiert. Bereits im Abschnitt über Hemikolloide (s. Tab. 63b, S. 170) wurden zwei Beispiele von Polystyrolsäuren dafür angeführt, daß bei nicht genügender Fraktionierung die K_m-Konstante infolge der Uneinheitlichkeit der Substanz nicht stimmt. In der folgenden Tabelle 115 ist die Bestimmung der K_m-Konstante an Produkten aus zwei Oxydationsversuchen angeführt. Die Werte des Oxydationsversuchs 1 sind die nach der zweiten besonders sorgfältig durchgeführten Fraktionierung erhaltenen Zahlen, die bereits in Tabelle 63b (s. S. 170) angeführt sind. Die drei Fraktionen des Versuches 2 entstanden folgendermaßen: Das unfraktionierte Oxydationsprodukt wurde, nachdem es durch häufiges Umfällen mit 4—6proz. Schwefelsäure und darauf mit Methanol aschefrei erhalten war, 6mal mit derselben Menge Aceton siedend extrahiert. Nach dem Ausfällen mit Methanol vereinigt, wurden die ersten 4 Extrakte wiederholt mit siedendem n-Butanol ausgezogen. Diese Auszüge wurden wiederum vereinigt und ergaben nach abermaligem Umfällen Fraktion I, der Rückstand

---

[1] Ber. Dtsch. Chem. Ges. **62**, 9912 (1929).

dieser Extraktion Fraktion II und die letzten Acetonextrakte Fraktion III. Die Tabelle 115 zeigt, daß die ersten 4 Substanzen eine mit der bei den Hemikolloiden ermittelten K_m-Konstanten $(1,8 \cdot 10^{-4})$ übereinstimmende Konstante ergeben, während die letzte Substanz einen zu hohen Wert für K_m hat. Dies rührt daher, daß die letzten Acetonextrakte des Versuches 2 noch niedermolekulare Anteile enthalten, die bei den ersten 4 Acetonextrakten durch den Auszug mit n-Butanol entfernt wurden. Hierdurch wurde das kryoskopisch gefundene Molekulargewicht stark herabgesetzt und infolgedessen die Konstante zu hoch.

Aus der Übereinstimmung der K_m-Konstanten der Polystyrolsäuren mit derjenigen der hemikolloiden Polystyrolkohlenwasserstoffe ergibt sich, daß in den letzteren nicht hochmolekulare Ringe, sondern ebenfalls offene lange Ketten vorliegen. Wenn die Moleküle der Polystyrolkohlenwasserstoffe Ringstruktur hätten, dann müßten Lösungen der Polystyrolsäuren doppelt so viscos sein wie gleichkonzentrierte Lösungen der Kohlenwasserstoffe von gleichem Molekulargewicht. Denn die Ringmoleküle der letzteren wären nur halb so lang wie die Fadenmoleküle der Säuren, da die Ringe als Doppelfäden aufgefaßt werden müssen[1].

Tabelle 115. Bestimmung der K_m-Konstanten einiger hemikolloider Polystyrolsäuren in Benzol (bei Polystyrol $= 1,8 \cdot 10^{-4}$).

Oxydations-versuch	Fraktion	Durchschnitts-molekular-gewicht kryo-skopisch in Benzol	$\dfrac{\eta_{sp}}{c}$ in Benzol $t = 20°$	$K_m = \dfrac{\eta_{sp}}{c \cdot M}$
1	I	7000	1,25	$1,8 \cdot 10^{-4}$
1	II	12000	2,34	$1,9 \cdot 10^{-4}$
2	I	7400	1,23	$1,7 \cdot 10^{-4}$
2	II	10800	1,75	$1,6 \cdot 10^{-4}$
2	III	7000	1,95	$2,8 \cdot 10^{-4}$

Bei gleicher Viscosität von Säure und Kohlenwasserstoff müßten sich dann die Molekulargewichte wie 1 : 2 verhalten; die K_m-Konstante der Säure müßte also doppelt so hoch gefunden werden. Da sie sich jedoch nach diesen Versuchen als identisch mit der der Kohlenwasserstoffe erweist, müssen in den letzteren Substanzen offene Kohlenwasserstoffketten vorliegen.

5. Abbau von Polystyrolen durch Brom.

Wie schon in früheren Arbeiten[2] festgestellt wurde, werden Eupolystyrole und auch die Zwischenglieder durch Einwirkung von Brom abgebaut, während bei Hemikolloiden die Kettenlänge erhalten bleibt. Wir hofften nun, daß beim Abbau der langen Ketten durch Brom die Enden der Bruchstücke von diesem besetzt würden, wenn man streng unter Ausschluß von Licht arbeiten würde. Durch analytische Bestimmung des Broms sollten dann Schlüsse auf die Kettenlänge gezogen werden. Die Versuche führten aber nicht zu dem erwarteten Ziel. Es tritt nämlich auch bei Ausschluß von Licht neben Addition immer eine Substitution durch Brom ein, so daß der Bromgehalt der erhaltenen Abbauprodukte immer größer ist, als dem durch Viscositätsmessungen ermittelten Molekulargewicht entspricht.

---

[1] Bei dieser Schlußfolgerung ist allerdings die neue Erfahrung nicht berücksichtigt, daß Ringe in der Kette viscositätserhöhend wirken, vgl. S. 63.

[2] STAUDINGER, H., K. FREY, P. GARBSCH u. S. WEHRLI: Ber. Dtsch. Chem. Ges. **62**, 2912 (1929).

Die erste auffällige Beobachtung, die gemacht wurde, war, daß der Abbau im Licht viel rascher verläuft als im Dunkeln. Die Versuche wurden so ausgeführt, daß die Viscosität der mit Brom in Tetrachlorkohlenstoff versetzten

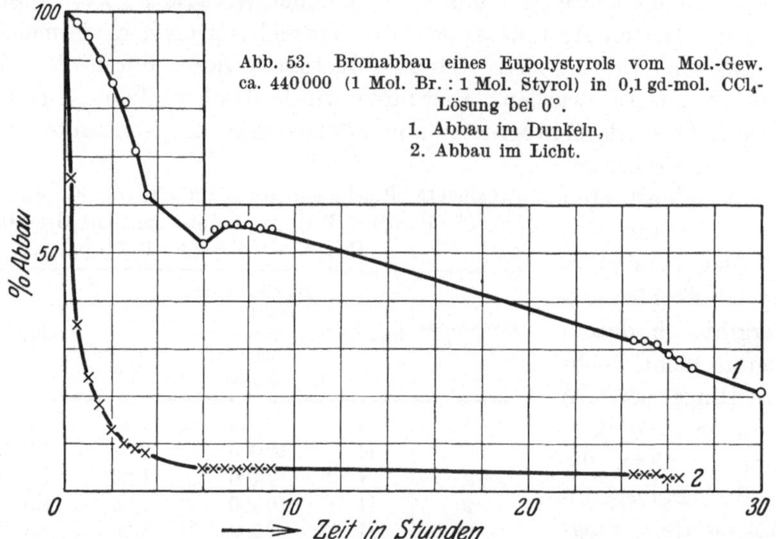

Abb. 53. Bromabbau eines Eupolystyrols vom Mol.-Gew. ca. 440000 (1 Mol. Br. : 1 Mol. Styrol) in 0,1 gd-mol. CCl₄-Lösung bei 0°.
1. Abbau im Dunkeln,
2. Abbau im Licht.

Polystyrollösung (im allgemeinen 1 Mol. Brom : 1 Grundmolekül Styrol) nach bestimmten Zeiten gemessen wurde, und zwar sowohl in einem farblosen OSTWALDschen Viscosimeter wie auch in einem mit rotem Lampenlack lackierten.

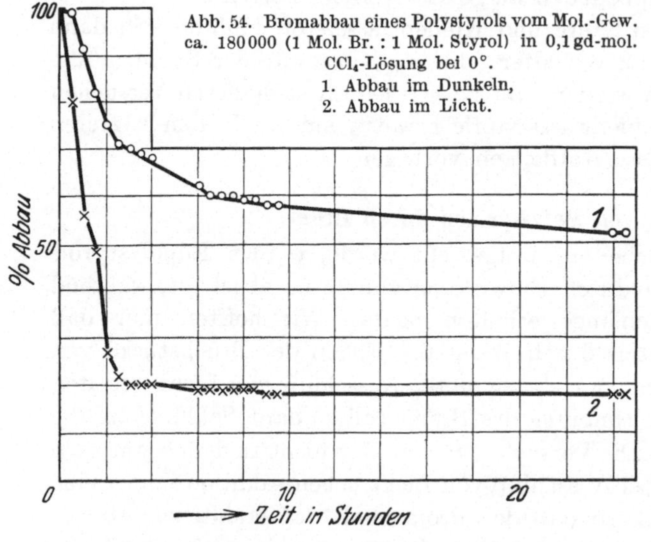

Abb. 54. Bromabbau eines Polystyrols vom Mol.-Gew. ca. 180000 (1 Mol. Br. : 1 Mol. Styrol) in 0,1 gd-mol. CCl₄-Lösung bei 0°.
1. Abbau im Dunkeln,
2. Abbau im Licht.

Alle diese Messungen wurden bei 0° ausgeführt. Am Tageslicht erfolgt ein erheblich schnellerer Abbau als im Dunkeln. Die folgenden Abb. 53, 54, 55 geben eine Übersicht dieser Versuche. Auf der Ordinate ist jeweils der Abbau in Prozent, berechnet auf die Anfangsviscosität, angegeben[1], auf der Abszisse die Zeiten der Einwirkung.

Man erkennt bei allen Produkten deutlich den erheblich stärkeren Abbau im Licht gegenüber den Dunkelversuchen. Dieser Abbau im Licht tritt sogar noch bei einem Polystyrol vom Molekulargewicht 23000 ein, während im Dunkeln hier die Kettenlänge erhalten bleibt. Mit zunehmender

---

[1] Da die Viscosität in diesen hohen Konzentrationen nicht proportional mit der Konzentration steigt, entsprechen die Kurven nicht genau der Abnahme der Molekülgrößen. Zur Orientierung sind jedoch die angegebenen Kurven ausreichend.

Molekülgröße wird der Abbau natürlich erheblich größer, wie ebenfalls aus den Abbildungen ersichtlich ist. Durch Zusatz von $HgCl_2$ wird der Abbau auch

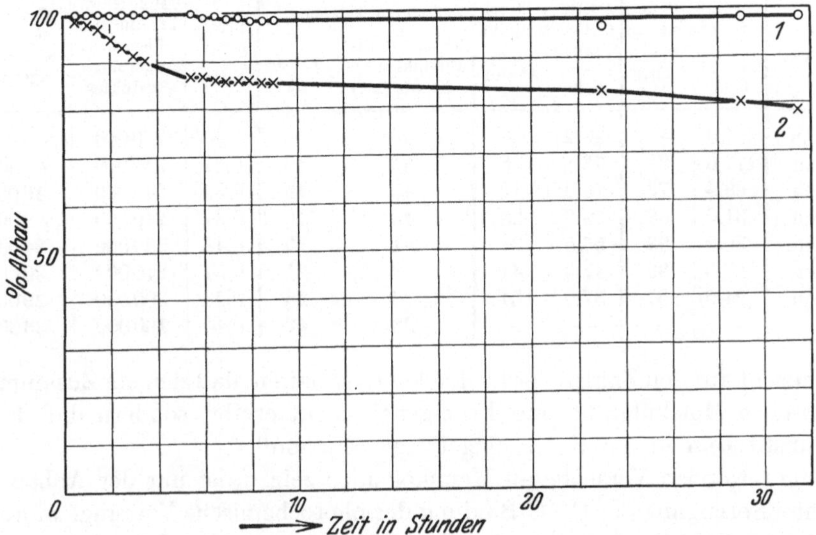

Abb. 55. Bromabbau eines Polystyrols vom Mol.-Gew. 23000 (1 Mol. Br. : 1 Mol. Styrol) in 0,5 gd-mol. CCl₄-Lösung bei 0°.   1. Abbau im Dunkeln, 2. Abbau im Licht.

im Dunkeln beschleunigt, wie die folgende Abb. 56 zeigt. Man vergleiche hierzu Abb. 54 für dieselbe Substanz ohne Zusatz von $HgCl_2$.

Um nun zu sehen, ob zwischen aufgenommenem Brom und der Kettenlänge der Abbauprodukte eine Beziehung besteht, derart daß auf ein Molekül Poly-styrol 2 Atome Brom an den Enden kommen, wurde eine mit Brom versetzte 0,1 gd-molare Polystyrollösung in Tetrachlorkohlenstoff (1 Mol : 1 Gd-Mol) im Dunkeln bei Zimmertemperatur belassen und von Zeit zu Zeit eine Probe der Lösung ausgefällt. Das überschüssige Brom wurde vor dem Ausfällen jeweils mit SO_2 entfernt, dann nach 3 maligem Umfällen aus Methanol die Viscosität

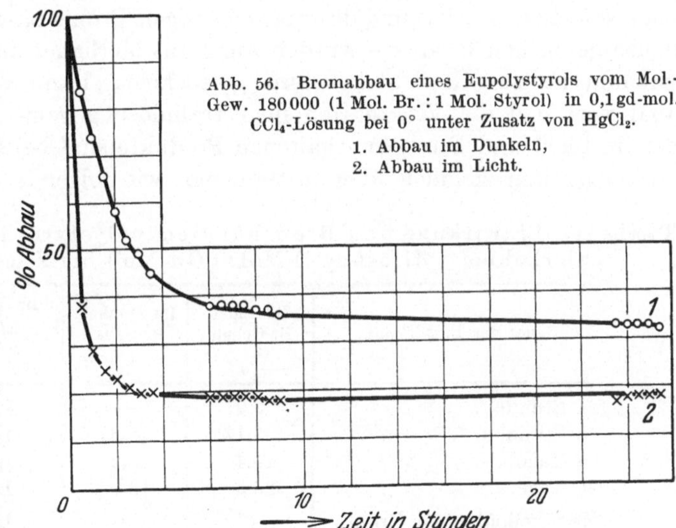

Abb. 56. Bromabbau eines Eupolystyrols vom Mol.-Gew. 180 000 (1 Mol. Br. : 1 Mol. Styrol) in 0,1 gd-mol. CCl₄-Lösung bei 0° unter Zusatz von $HgCl_2$.
1. Abbau im Dunkeln,
2. Abbau im Licht.

des bromierten Produktes gemessen und der Bromgehalt bestimmt. Selbstverständich waren die Substanzen vorher bis zur Gewichtskonstanz im Hochvakuum bei 60° getrocknet. In der folgenden Tabelle 116 sind die Ergebnisse dieser Versuche zusammengestellt.

Tabelle 116. Einwirkung von Brom auf ein Eupolystyrol vom Mol.-Gew. ca. 270000 in 0,1 gd-molarer CCl_4-Lösung (1 Mol : 1 Gd-Mol) bei Zimmertemperatur.

Dauer der Einwirkung	Ausflußzeit der CCl_4-Lösung am Licht $t = 20°$		Ausflußzeit der CCl_4-Lösung im Dunkeln $t = 20°$		η_{sp}/c in Tetralin des ausgefällten Produktes bei 20° (dunkel)	Abbau %	Brom-gehalt %	Mol.-Gew. ber. aus der Visc. des ausgefällten Produktes	Mol.-Gew. ber. aus dem Brom-gehalt
	Sek.	Abbau %	Sek.	Abbau %					
Ohne Brom	257,0[1]	—	80,2[1]	—	48	—	—	270000	—
5 Minuten	177,0	31	73,8	8	43	10	0,39	240000	41000
30 Minuten	68,4	73	70,6	12	43	10	0,35	240000	46000
8 Stunden	31,0	88	59,8	25	43	10	0,37	240000	43000
24 Stunden	30,2	88	55,5	31	41	15	0,48	230000	34000
48 Stunden	27,6	89	47,0	41	38	21	0,54	210000	30000
96 Stunden	24,0	97	37,0	54	36	25	0,56	200000	29000
7 Tage	—	—	—	—	28	42	0,49	160000	33000

Man ersieht aus den Zahlen der beiden letzten Spalten, daß sich ein Zusammenhang zwischen Molekülgröße und Bromgehalt nicht ergibt, sondern daß Brom durch Substitution in die Kette eingetreten sein muß.

Wie die folgenden Versuche an Hemikolloiden zeigen, ist nur der Abbau der Kette unter Sprengung der C—C-Bindung der photochemische Vorgang, während die Bromsubstitution eine von der Lichteinwirkung scheinbar unabhängige Reaktion ist. Zur Untersuchung dieser Umsetzung ließen wir in 2,0 gd-molarer Tetrachlorkohlenstofflösung Brom auf Hemipolystyrol (1 Mol : 1 Gd-Mol) einwirken, und zwar sowohl im Dunkeln wie auch im Tageslicht. Hierbei ändert sich die Viscosität der Lösung nicht; sie steigt eher etwas an, wohl infolge des in Lösung befindlichen Bromwasserstoffes, der sich in starkem Maße bildet. Nach verschiedenen Zeiten wurden den beiden Lösungen wieder Proben entnommen und nach sofortiger Entfernung des überschüssigen Broms ausgefällt. Die ausgeschiedenen gelblichen Produkte wurden 3 mal aus Methanol umgefällt und im Hochvakuum bis zur Gewichtskonstanz getrocknet. Dann wurden die Substanzen analysiert und die Viscositäten in Tetralinlösung gemessen. Die Bromgehalte der im Licht und Dunkeln erhaltenen Produkte sind bei den verschiedenen Einwirkungszeiten ziemlich übereinstimmend, wie folgende Tabelle 117 zeigt.

Tabelle 117. Einwirkung von Brom auf Hemipolystyrol in 2 gd-molarer Tetrachlorkohlenstofflösung (1 Mol : 1 Gd-Mol) bei Zimmertemperatur.

Dauer der Einwirkung	Im Licht Br-Gehalt %	Im Dunkeln Br-Gehalt %	Im Licht η_{sp}/c in Tetralin bei 20°	Im Dunkeln η_{sp}/c in Tetralin bei 20°
1 Stunde	2,97	—	1,5	1,5
6 Stunden	5,12	4,37	1,7	1,6
8 Tage	14,4	15,9	1,5	1,5
35 Tage	20,5	18,9	1,3	1,4
Hemikolloid ohne Brom .	—	—	1,4	1,4

Die beiden letzten Spalten enthalten die η_{sp}/c-Werte der bromierten Substanzen in Tetralin bei 20° (gemessen in 0,1 gd-molaren Lösungen). Sie sind

---

[1] Die verschiedenen Ausflußzeiten erklären sich durch die Verwendung verschiedener Viscosimeter.

alle annähernd gleich, ob sie viel, wenig oder gar kein Brom enthalten. Hierin haben wir ein gutes Beispiel dafür, daß die spezifische Viscosität nur eine Funktion der Kettenlänge ist, während es auf etwa gebildete Seitenketten der Moleküle nicht ankommt[1], wenn man gleichkonzentrierte Lösungen vergleicht.

Es ist außerordentlich merkwürdig, daß durch Licht die beiden Umsetzungen mit Brom — erstens die Sprengung der C—C-Bindung in der Kette und zweitens die Substitutionsreaktion — ganz verschieden beeinflußt werden; nur die erste Reaktion ist eine photochemische. Das kommt noch besser zum Ausdruck bei der Einwirkung von S_2Cl_2 auf ein hochmolekulares Polystyrol im Licht und im Dunkeln, wie es in Abb. 57 wiedergegeben ist.

Hier findet nur ein Abbau im Licht statt, während im Dunkeln die Substanz nicht abgebaut wird[2]. Es ist interessant, daß von

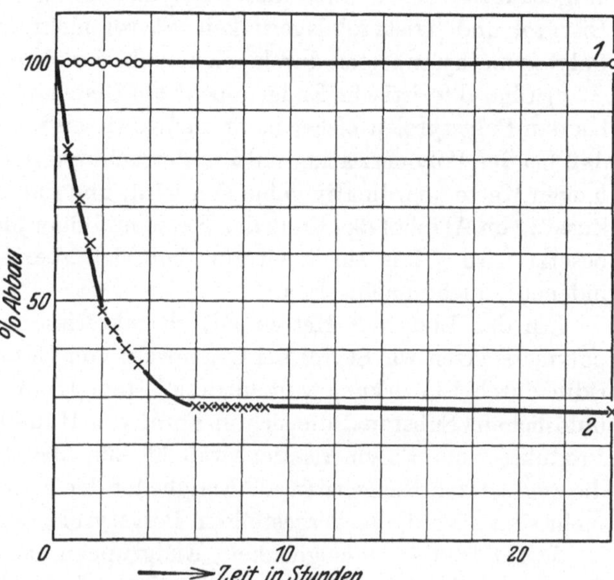

Abb. 57. Abbau eines Eupolystyrols vom Mol.-Gew. ca. 180000 mit S_2Cl_2 (1 Mol : 1 gd-Mol) in 0,1 gd-mol. CCl_4-Lösung bei 20°.
1. Abbau im Dunkeln, 2. Abbau im Licht.

E. O. Leupold auch bei Balata ganz ähnliche Beobachtungen gemacht wurden[3]. Auch der oxydative Abbau der Polyprenketten ist ein photochemischer Vorgang. Es scheint also danach allgemein der chemische Abbau langer C-Ketten ein photochemischer Vorgang zu sein.

6. Weitere Versuche zur Einführung von Endgruppen in die Polystyrole[4].

Die Konstitutionsaufklärung der Polystyrole ist mit dem Nachweis, daß zahlreiche Polystyrolmoleküle zu einer langen Kette verbunden sind, und mit der Bestimmung dieser Kettenlänge nicht erledigt. Es handelt sich weiter darum, die Endgruppen dieser Fadenmoleküle festzustellen. Erst dann kann die Konstitutionsaufklärung als beendet gelten.

a) Anfangs wurde die Vermutung ausgesprochen[5], daß die Eukolloide freie Valenzen am Ende der Kette besäßen. Die Reaktionsfähigkeit des dreiwertigen Kohlenstoffes in einer derartig langen Kette hätte ja außer-

---

[1] Staudinger, H.: Ber. Dtsch. Chem. Ges. **65**, 267 (1932). Vgl. auch S. 77.

[2] Da hier keine Substitution erfolgt, sondern nur ein Abbau, so ließe sich hier aus dem S- und Cl-Gehalt der Abbauprodukte eine Aussage über die Kettenlänge machen; solche Versuche sollen noch unternommen werden.

[3] Vgl. Dritter Teil, C. IV. 4.

[4] Über die Frage der Endgruppen vgl. Ber. Dtsch. Chem. Ges. **59**, 3019 (1926).

[5] Kautschuk **1925**, Nr 1 (Augustheft), S. 5.

ordentlich gering sein können. Diese Vermutung ließ sich experimentell nicht bestätigen[1,2].

b) Man könnte weiter annehmen, daß sich ein Styrolmolekül unter Wasserstoffwanderung an ein anderes anlagert, und daß so allmählich die langen Ketten aufgebaut würden[3]. Auch dieser Polymerisationsverlauf findet nicht statt, denn Distyrol und Tristyrol lagern kein Styrol mehr an[4]. Dagegen können längere Polyoxymethylenketten durch solche polymerisierende Kondensation entstehen[5].

c) Charakteristische Endgruppen[6] am Ende langer Ketten konnten, wie gesagt, bei den Polystyrolen bisher nicht nachgewiesen werden. Anfangs nahmen wir an, daß bei der Polymerisation mit Zinntetrachlorid dieses Säurechlorid am Ende der langen Kette koordinativ gebunden wird, und daß dann beim Aufarbeiten durch Zusatz von Alkohol das Ende der Kette mit einer Methoxyl- resp. Äthoxylgruppe besetzt wird. Eine solche Gruppe ließ sich aber hier, wie auch bei den Polyindenen[7], nicht nachweisen.

Um das Ende der Ketten mit charakteristischen Endgruppen zu besetzen, polymerisierten wir Styrol bei Gegenwart von Eisessig, Methylalkohol und Piperidin durch Einwirkung von ultraviolettem Licht. Wir erhielten so neben einer unlöslichen[8] Substanz, die sich in Form von Häutchen ausscheidet, hemikolloide Produkte vom Polymerisationsgrad 20—30, aber bei keinem derselben konnten die zugesetzten Reagenzien als Endglieder der Kette nachgewiesen werden. Vielmehr sind auch die so hergestellten Polystyrole reine Kohlenwasserstoffe[9].

d) Infolge der Unmöglichkeit, Endgruppen nachzuweisen, nahmen wir einige Zeit an, daß in den Polystyrolen wie auch in den Polyindenen vielgliedrige Ringe vorliegen. Wir dachten uns den Polymerisationsverlauf derart[10], daß ein angeregtes Molekül an beiden Enden neue Styrolmoleküle anlagert. Diese Polystyrolfäden, die von dem angeregten Molekül ausgehen, sollten sich infolge zwischenmolekularer Kräfte parallel lagern, und schließlich sollte es je nach den Reaktionsbedingungen schneller oder langsamer zu einem Ringschluß kommen. Diese hochmolekularen Ringe stellten dann gewissermaßen Doppelfäden dar. Gerade durch die Untersuchungen von L. Ruzicka und J. R. Katz[11] über den Bau der hochgliedrigen Ringe schien die Existenz solcher Doppelfäden durchaus

---

[1] Vgl. z. B. M. Bruni: Verhandlungen des Kautschuk-Kongresses in Paris 1931.

[2] Vgl. Ber. Dtsch. Chem. Ges. **62**, 2913 (1929).

[3] Whitby nimmt an, daß die Polymerisation in dieser Weise verläuft, vgl. Whitby u. Katz: Journ. Amer. Chem. Soc. **50**, 1160 (1928).

[4] Versuche von A. Steinhofer.

[5] Vgl. S. 148.

[6] Über Endgruppen in der Polyoxymethylenkette siehe H. Staudinger u. M. Lüthy: Helv. chim. Acta **8**, 41 (1924).

[7] Versuche von A. A. Ashdown, vgl. Helv. chim. Acta **12**, 942 (1929).

[8] Unter dem Einfluß des ultravioletten Lichtes ist hier eine Verkettung der Fadenmoleküle zu dreidimensionalen Makromolekülen erfolgt. Das Polystyrol ist durch Licht gewissermaßen „vulkanisiert" worden.

[9] Es sei bei dieser Gelegenheit bemerkt, daß die Zusammensetzung einer großen Zahl von Polystyrolen durch Elementaranalysen kontrolliert wurden. Sauerstoff oder Stickstoff hätten sich bei einem Polymerisationsgrad der Polystyrole von 30—50 analytisch noch leicht nachweisen lassen müssen. Vgl. Inaug.-Diss. W. Heuer, Freiburg i. Br. 1929.

[10] Helv. chim. Acta **12**, 944 (1929).

[11] Ztschr. f. angew. Ch. **41**, 336 (1928).

möglich. Aber diese Auffassung ist nach der heutigen Erfahrung nicht mehr haltbar, wie im Abschnitt V, 4 (s. S. 213) durch die Darstellung der Polystyroldicarbonsäuren und deren Verhalten bewiesen wurde. Diese haben dieselbe K_m-Konstante wie die reinen Kohlenwasserstoffe. Da aber in den Säuren offene Ketten vorliegen müssen, so müssen auch die Polystyrole offene Ketten besitzen. Bei den Polystyrolen ist also die Frage der Endgruppen bisher ungelöst. Es ist möglich, daß Doppelbindungen am Ende vorhanden sind. Es können aber auch bei den Hemikolloiden unter dem Einfluß von Katalysatoren am Ende der Kette Umlagerungen stattgefunden haben, wie sie E. Bergmann[1] beobachtet hat.

7. Über die Bildung der Polystyrole durch Kettenreaktion.

Über die Bildung der Polystyrole kann man sich also folgendes Bild machen: Ein Styrolmolekül wird aktiviert, wobei Licht, Sauerstoff oder Katalysatoren eine Rolle spielen. Ein solches aktiviertes Molekül lagert dann in einer Kettenreaktion zahlreiche weitere Styrolmoleküle an. Es ist ja bei Kettenreaktionen, z. B. Chlorknallgas, bekannt, daß durch ein aktiviertes Molekül Zehntausende von anderen aktiviert werden können. Daraus ist das Wachsen langer Ketten bei derartigen Polymerisationsprozessen verständlich. Diese Kettenreaktion kann dann durch sekundäre Einflüsse unterbrochen werden: z. B. kann am Ende der Kette sich ein H-Atom lösen und das Ende eines anderen Moleküls besetzen, so daß hier eine Absättigung erfolgt, während die erste Kette eine Doppelbindung als Endgruppe erhält:

$$\cdots \overset{\displaystyle C_6H_5}{\underset{\displaystyle |}{CH}}-CH_2-\left[\overset{\displaystyle C_6H_5}{\underset{\displaystyle |}{CH}}-CH_2\right]_x-\overset{\displaystyle C_6H_5}{\underset{\displaystyle |}{CH}}-CH_2\cdots \;+\; \cdots \overset{\displaystyle C_6H_5}{\underset{\displaystyle |}{CH}}-CH_2-\left[\overset{\displaystyle C_6H_5}{\underset{\displaystyle |}{CH}}-CH_2\right]_y-\overset{\displaystyle C_6H_5}{\underset{\displaystyle |}{CH}}-CH_2\cdots$$

$$\cdots \overset{\displaystyle C_6H_5}{\underset{\displaystyle |}{CH}}-CH_2-\left[\overset{\displaystyle C_6H_5}{\underset{\displaystyle |}{CH}}-CH_2\right]_x-\overset{\displaystyle C_6H_5}{\underset{\displaystyle |}{C}}=CH_2 \;+\; \overset{\displaystyle C_6H_5}{\underset{\displaystyle |}{CH_2}}-CH_2-\left[\overset{\displaystyle C_6H_5}{\underset{\displaystyle |}{CH}}-CH_2\right]_y-\overset{\displaystyle C_6H_5}{\underset{\displaystyle |}{CH}}-CH_2\cdots$$

Eventuell können auch aktivierte Styrolmoleküle den Kettenschluß herbeiführen, indem sie sich unter Abspaltung von Wasserstoff zersetzen. Bei Gegenwart von Katalysatoren oder bei hoher Temperatur ist natürlich eine Unterbrechung der Kette leichter möglich als ohne diese, daher bilden sich unter solchen Bedingungen nur Hemikolloide.

Die längsten Moleküle können sich nur ausbilden bei möglichst geringen Temperaturen und ohne Zusätze, so daß die Kettenreaktion möglichst ohne Störung verlaufen kann. Nur unter solchen Bedingungen können sich Moleküle dieser erstaunlichen Länge ausbilden, die die merkwürdigen kolloiden Eigenschaften der Lösungen bedingen. Die höchstmolekularen Polystyrole, die bisher hergestellt wurden, haben einen Polymerisationsgrad von 6000; ihre Fadenmoleküle besitzen eine Länge von $1{,}5\,\mu$. Viel höhermolekulare Produkte sind in Lösung nicht zu erhalten, da noch längere Fadenmoleküle schon bei Zimmertemperatur nicht mehr beständig sind. Sie sind nur noch im festen Zustand existenzfähig, sind also einaggregatig.

---

[1] Liebigs Ann. **480**, 49 (1930) — Ber. Dtsch. Chem. Ges. **64**, 1493 (1931).

Die Durchführung der vorliegenden Arbeit war uns nur dadurch möglich, daß die I.G. Farbenindustrie A.G., Werk Uerdingen, uns größere Mengen monomeres und polymeres Styrol zur Verfügung stellte. Dafür möchten wir der Direktion dieses Werkes und ebenso der Direktion der I.G. Farbenindustrie A.G., Werk Leverkusen, die beide diese Arbeiten in entgegenkommender Weise unterstützt haben, unseren verbindlichsten Dank aussprechen.

B. Das Polyoxymethylen, ein Modell der Cellulose[1].
Über Polyoxymethylen-dimethyläther, Polyoxymethylen-dihydrate und die Polymerisation von monomerem, flüssigem Formaldehyd.
Bearbeitet von W. KERN[2].

I. Einleitung.

„Die Untersuchungen der Polyoxymethylene wurden vor einigen Jahren aufgenommen im Anschluß an eine Reihe anderer Arbeiten über die Konstitution hochmolekularer, speziell hochpolymerer Verbindungen. Die Polyoxymethylene schienen deshalb besonders interessant, weil aus ihrer Untersuchung evtl. neue Gesichtspunkte über die Konstitution von anderen wichtigen hochpolymeren Stoffen, z. B. der Cellulose, resultieren konnten. In beiden Fällen haben wir Polymerisationsprodukte, die völlig unlöslich sind, so daß ihr Molekulargewicht nicht bestimmt werden kann, die aber doch auf Grund ihrer physikalischen und chemischen Eigenschaften als hochpolymer anzusehen sind, und es schien leichter, auf chemischem Wege in die Konstitution der Polyoxymethylene einzudringen als in die sicher viel kompliziertere Molekel der Cellulose."

Diese Worte bildeten die Einleitung zu der ersten Publikation über Polyoxymethylene im Jahre 1924[3]. Das damals eingeschlagene Verfahren hat sich bewährt. Es gelang, durch Abbau der hochmolekularen Polyoxymethylene mit Essigsäureanhydrid eine polymer-homologe Reihe von Polyoxymethylen-diacetaten und mit Methylalkohol und Schwefelsäure als Katalysator eine solche von Dimethyläthern herzustellen. *So wurde zum erstenmal nachgewiesen, daß bei einem hochpolymeren Stoff mindestens 100 Grundmoleküle zu einem langen Fadenmolekül verbunden sein können.*

Besonders wichtig war es weiter, daß der Krystallbau der Polyoxymethylene aufgeklärt werden konnte. Dadurch ließ sich zeigen, daß man bei Hochpolymeren aus der Größe der Elementarzelle keine Rückschlüsse auf ihre Molekülgröße ziehen darf, wie es bei niedermolekularen Verbindungen der Fall ist. Irrige Annahmen über den Bau der Cellulose wurden dadurch widerlegt; denn die Kleinheit des Elementarkörpers der krystallisierten Cellulose ist kein Argument mehr für ein niederes Molekulargewicht derselben. Schließlich wurde ein Polyoxymethylen mit Faserstruktur gewonnen, damit die erste synthetische organische Faser hergestellt und dadurch eine weitere Beziehung zum Bau der Cellulose gefunden[4].

---

[1] 64. Mitteilung über hochpolymere Verbindungen.
[2] Inaug.-Diss. W. KERN, Freiburg i. Br. 1930.
[3] Helv. chim. Acta **8**, 41 (1925).
[4] Ztschr. f. physik. Ch. **126**, 425 (1927).

Die auffallenden Unterschiede der verschiedenen Polyoxymethylene (α-β-γ-δ-Polyoxymethylene), die von AUERBACH und BARSCHALL[1] beschrieben sind, beruhen nicht auf morphologischen Verschiedenheiten, sondern auf Unterschieden im Molekülbau; eine kleine Endgruppe, die nur 1% des Gesamtmoleküls ausmachen kann, beeinflußt die Reaktion dieser Stoffe wesentlich.

Die Polyoxymethylene sind infolge ihres einfachen Baues die bestbekannten hochpolymeren Stoffe[2]. Viele Aussagen über den Bau der Cellulose und anderer hochpolymerer Körper können durch die Erfahrungen über den Bau der Polyoxymethylene gestützt werden.

Bei dieser grundlegenden Bedeutung der Polyoxymethylene wurden dieselben nochmals einer eingehenden Bearbeitung unterworfen. Es wurden die bisher im reinen Zustand unbekannten höhermolekularen Polyoxymethylen-dimethyläther vom Polymerisationsgrad 20—100 dargestellt und das Existenzgebiet dieser hochpolymeren Verbindungen geprüft. Es konnte weiter gezeigt werden, daß die Viscositätsgesetze auch für Lösungen der Polyoxymethylen-dimethyläther gültig sind, nachdem ein Lösungsmittel auch für diese höhermolekularen Produkte gefunden worden war. Es wurden weiter die polymer-homologe Reihe der Polyoxymethylen-dihydrate und die Alterungsprozesse untersucht.

Die bisher bekannten Polyoxymethylene sind hemikolloide Produkte und wie diese von pulvriger Beschaffenheit. Durch Polymerisation von flüssigem Formaldehyd wurde ein sehr hochmolekulares Polyoxymethylen, das *Eupolyoxymethylen*, erhalten, das als Glas oder Film gewonnen werden kann, also eine ähnliche Beschaffenheit hat wie andere eukolloide Stoffe.

Am Polyoxymethylen können also trotz des einfachen Baues eine Fülle neuer Erfahrungen gesammelt werden. Diese Mannigfaltigkeit ist darin begründet, daß das Produkt aus Makromolekülen aufgebaut ist. Dies muß beachtet werden, wenn man den komplizierten Bau der Naturkörper verstehen will.

1. Die Herstellung von polymer-einheitlichen Polyoxymethylenen.

Die höhermolekularen Polyoxymethylene, die durch Polymerisation von Formaldehyd oder durch Abbau von hochmolekularen Polyoxymethylenen erhalten werden, sind meist nicht polymer-einheitlich. So erhält man beim Abbau von Polyoxymethylen mit wenig Methylalkohol (und Schwefelsäure als Katalysa-

---

[1] AUERBACH u. BARSCHALL: Arb. Kais. Gesundh.-Amt **22**, 607 (1905); **27**, 183 (1907); **47**, 116 (1914).

[2] *Frühere Mitteilungen über Polyoxymethylene*: STAUDINGER, H., u. M. LÜTHY: Über die Konstitution der Polyoxymethylene. Helv. chim. Acta 8, 41 (1925) — Über Tri- und Tetraoxymethylen. Helv. chim. Acta **8**, 65 (1925). — STAUDINGER, H.: Über die Konstitution der Polyoxymethylene und anderer hochpolymerer Verbindungen. Helv. chim. Acta **8**, 67 (1925). — STAUDINGER, H., H. JOHNER, R. SIGNER, G. MIE u. I. HENGSTENBERG: Der polymere Formaldehyd, ein Modell der Cellulose. Ztschr. f. physik. Ch. **126**, 425 (1927); vgl. auch I. HENGSTENBERG: Ann. der Physik **84**, 245 (1927). — STAUDINGER, H., R. SIGNER, H. JOHNER, M. LÜTHY, W. KERN, D. RUSSIDIS, O. SCHWEITZER: Über die Konstitution der Polyoxymethylene, Liebigs Ann. **474**, 145 (1929). — KOHLSCHÜTTER, H. W.: Faserbildung mit Polyoxymethylen. Liebigs Ann. **482**, 75 (1930). — Polyoxymethylenniederschläge aus Lösung. Liebigs Ann. **484**, 155 (1930). — STAUDINGER, H., R. SIGNER u. O. SCHWEITZER: Über die Einwirkung von Basen auf Formaldehydlösungen. Ber. Dtsch. Chem. Ges. **64**, 398 (1931). — KOHLSCHÜTTER, H. W., u. L. SPRENGER: Über die Umwandlung krystallisierten Trioxymethylens zu Polyoxymethylen. Ztschr. physik. Ch. (B) **16**, 284 (1932).

tor) die Polyoxymethylen-dimethyläther[1] neben Methylätherhydraten und Dihydraten (unverändertes Ausgangsmaterial). Entsprechend erhält man bei der Herstellung der Polyoxymethylen-diacetate[2] als Nebenprodukt Acetathydrate und Dihydrate. Die erste Aufgabe besteht also darin, aus einem Gemisch von Stoffen mit verschiedenen Endgruppen ein Produkt herzustellen, das nur Moleküle mit gleichen Endgruppen, wohl aber verschiedener Kettenlänge enthält. Eine solche Trennung von Polyoxymethylenen, die sich in den Endgruppen unterscheiden, die also verschiedenen polymer-homologen Reihen angehören, ist durch ihre verschiedene Beständigkeit möglich. Diese zeigt sich gegen chemische Reagenzien (Säuren und Alkalien) und besonders beim Lösen in hochsiedenden Lösungsmitteln wie Formamid. Dadurch gelingt die Darstellung von reinen, polymereinheitlichen Polyoxymethylenen.

2. Die Trennung von polymer-einheitlichen Polyoxymethylenen in chemische Individuen bzw. in Fraktionen.

Polymer-einheitliche Polyoxymethylene sind ein Gemisch von Polymerhomologen, d. h. ein Gemisch von Molekülen gleicher Bauart, aber verschiedener Kettenlänge. Wir betrachten im folgenden die polymer-homologen Reihen der Polyoxymethylen-dihydrate (H), -dimethyläther (M), -diacetate (A) und -dibenzoate (B)[3]. Diese Reihen unterscheiden sich nur in den Endgruppen.

Es soll nun theoretisch die Trennungsmöglichkeit in chemische Individuen in jeder Reihe untersucht werden. Die Fraktionierung eines Gemisches von chemisch so außerordentlich ähnlichen Verbindungen beruht allein auf Gewichtsunterschieden der Moleküle. Sind die Gewichtsunterschiede benachbarter Glieder einer polymer-homologen Reihe nicht genügend groß, so ist eine Trennung unmöglich. Denn diese Trennung beruht darauf, daß man entweder Unterschiede in der Flüchtigkeit oder in der Löslichkeit benutzt; man trennt also ein Gemisch durch fraktionierte Destillation oder fraktionierendes Behandeln mit Lösungsmitteln. Betrachtet man in dieser Hinsicht die verschiedenen polymer-homologen Polyoxymethylene, die sich also nur in der Art der Endgruppe unterscheiden, so sind die Gewichtsunterschiede von Molekülen mit kleinen Endgruppen größer als die Gewichtsunterschiede von solchen mit großen Endgruppen. In der Abb. 58 ist für die vier betrachteten Polyoxymethylenreihen in Abhängigkeit vom Polymerisationsgrad das Gewicht *einer* Formaldehydgruppe im Verhältnis zum Gewicht des ganzen Moleküls aufgetragen, oder, was gleichbedeutend ist, der prozentische Gewichtsunterschied beim Übergang von einem Molekül zu

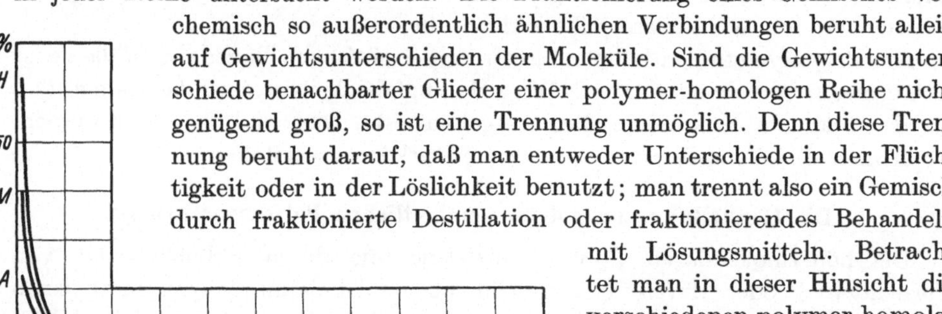

Abb. 58. Gewicht einer CH_2O-Gruppe im Verhältnis zum ganzen Molekül. (Trennung.)

---

[1] Liebigs Ann. **474**, 205 (1929).

[2] Helv. chim. Acta **8**, 41 (1925); Liebigs Ann. **474**, 172 (1929).

[3] Polyoxymethylen-dibenzoate sind bisher nicht dargestellt; sie sind aber der theoretischen Betrachtungen wegen mit aufgenommen worden, weil man gerade hier den Anteil der Endgruppen am Molekül besonders gut erkennen kann.

seinem Nachbar höheren Polymerisationsgrades. In Tabelle 118 sind einige entsprechende Zahlenwerte angegeben.

Es ergibt sich also, daß die Gewichtsunterschiede von benachbarten Polymeren bei den Polyoxymethylen-dihydraten am größten, bei den Polyoxymethylen-dibenzoaten aber am kleinsten sind. Die Dihydrate sind also am leichtesten zu trennen, es folgen die Dimethyläther, Diacetate und zuletzt die Dibenzoate. Aus der Tabelle 118 sieht man, daß für eine Trennung genügend große Gewichtsunterschiede nur bei den niederen Gliedern bestehen, und zwar bei den ersten 3 Reihen bis zu einem Polymerisationsgrad 20. Gemische von Polymeren höheren Polymerisationsgrades sind nicht mehr zu trennen. Es ist ganz ausgeschlossen, daß z. B. ein 60-oxymethylen-dimethyläther rein hergestellt werden kann[1]. Es sei aber darauf aufmerksam gemacht, daß für die Löslichkeit nicht nur das Gewicht, sondern auch der Bau der Moleküle sehr wesentlich ist[2]. So sind die niederen Polyoxymethylen-dimethyläther wegen ihres regelmäßigen Baues etwas schwerer löslich als die entsprechenden Diacetate.

Tabelle 118. Gewicht einer CH_2O-Gruppe im Verhältnis zum ganzen Molekül. (Trennung.)

Polymerisationsgrad	Dihydrate	Dimethyläther	Diacetate	Dibenzoate
1	62,5	39,5	22,7	11,7
2	38,5	28,3	18,5	10,5
3	27,7	22,0	15,6	9,5
4	21,7	18,1	13,5	8,7
5	17,9	15,3	11,9	8,0
7	13,2	11,7	9,6	6,9
10	9,4	8,7	7,5	5,7
11	8,6	8,0	6,9	5,4
15	6,4	6,1	5,4	4,4
16	6,0	5,7	5,1	4,2
20	4,8	4,6	4,3	3,6
21	4,5	4,4	4,1	3,5
30	3,3	3,2	3,0	2,7
31	3,2	3,1	2,9	2,6
50	2,0	1,9	1,9	1,7
51	2,0	1,9	1,9	1,7
70	1,4	1,4	1,4	1,3
71	1,4	1,4	1,4	1,3
100	1,0	1,0	1,0	0,9
101	1,0	1,0	1,0	0,9

Für Polyoxymethylene höheren Polymerisationsgrades als 20 sind die Gewichtsunterschiede in verschiedenen polymer-homologen Reihen fast gleich, so daß die Trennungsmöglichkeit in allen Reihen gleich gut bzw. gleich schlecht ist; gleichzeitig werden vom Polymerisationsgrad 20 an die Gewichtsunterschiede von benachbarten Polymer-homologen so klein, daß an eine Reindarstellung von Individuen (Moleküle einheitlicher Kettenlänge) nicht mehr gedacht werden kann. Die Fraktionierung führt zu Gemischen, die mehr oder weniger einheitlich sind und hemikolloiden Charakter haben. Jede Fraktion stellt sozusagen einen Ausschnitt aus der vollständigen Reihe der Polymerhomologen dar.

3. Der Konstitutionsbeweis durch Analyse und Molekulargewichtsbestimmung.

Im folgenden sollen die Möglichkeiten für einen einwandfreien Konstitutionsbeweis der nach den vorstehend besprochenen Methoden erhaltenen polymereinheitlichen Polyoxymethylene theoretisch betrachtet werden.

---

[1] E. Ott gibt an, daß das γ-Polyoxymethylen ein 60-oxymethylen-dimethyläther sei. Ztschr. physik. Ch. (B) **9**, 378 (1930).

[2] Staudinger, H., u. E. O. Leupold: 37. Mitt. über Isopren und Kautschuk. Helv. chim. Acta **15**, 221 (1932). Vgl. S. 35.

In früheren Arbeiten[1] wurde darauf hingewiesen, daß die Elementaranalyse der Polyoxymethylene keinen Aufschluß über die Konstitution dieser Stoffe geben kann. Es ist z. B. unmöglich, durch eine C, H-Bestimmung zwischen einem 15-oxymethylen-diacetat und einem 20-oxymethylen-diacetat zu unterscheiden, weil die Unterschiede in der Zusammensetzung sehr gering sind. Dagegen kann man durch analytische Bestimmung der Endgruppen die Zusammensetzung und das Molekulargewicht ermitteln. Diese Endgruppenbestimmung und damit die Bestimmung der Kettenlänge (Molekulargewicht) ist bei höheren Polymerisationsgraden um so genauer, je größer diese Endgruppe ist.

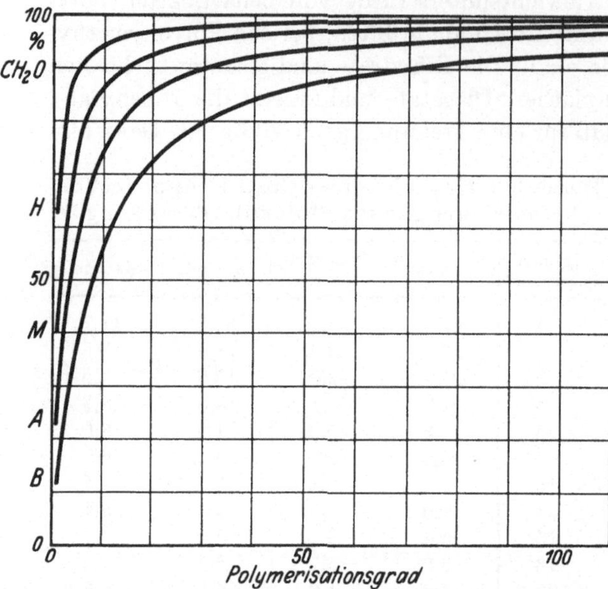

Abb. 59. Der Formaldehyd- und Endgruppengehalt in Prozent.

Zur Bestimmung des Molekulargewichts auf chemischem Wege, also zur Konstitutionsermittlung durch die quantitative Bestimmung des Formaldehydgehaltes und der Endgruppe, sind deshalb die Polyoxymethylen-dibenzoate (B) am besten geeignet; dann folgen die Diacetate (A), Dimethyläther (M) und Dihydrate (H). In der Abb. 59 ist der Formaldehydgehalt dieser Polyoxymethylene in Abhängigkeit vom Polymerisationsgrad aufgetragen; da sich der Formaldehydgehalt und der Gehalt an Endgruppen zu 100% ergänzen, kann aus der Abbildung auch der Prozentgehalt an Endgruppen abgelesen werden.

In der folgenden Abb. 60 sind die Elementaranalysen der verschiedenen Polyoxymethylenreihen in Abhängigkeit vom Polymerisationsgrad aufgetragen. Diese Kurven zeigen, daß eine

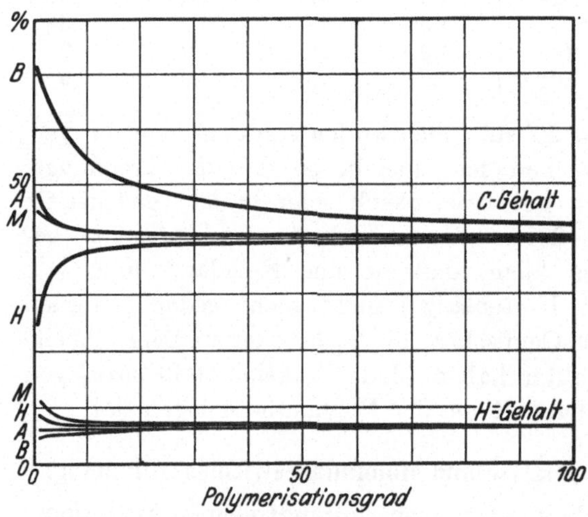

Abb. 60. Die Elementaranalyse.

Kohlenstoff-Wasserstoff-Bestimmung nur bei den allerniedersten Gliedern der untersuchten Reihen eine Unterscheidung der einzelnen Verbindungen ermög-

---

[1] 3., 4. und 5. Mitt. über hochpolymere Verbindungen. Helv. chim. Acta **8**, 41 (1925) — 18. Mitt. Liebigs Ann. **474**, 176 (1929).

licht. Auch hier verhält sich die Reihe der bisher nicht darstellbaren Polyoxymethylen-dibenzoate am günstigsten.

Tabelle 119 enthält in Zahlen eine Übersicht über die analytischen Verhältnisse der hier betrachteten vier polymer-homologen Polyoxymethylenreihen.

Tabelle 119. Formaldehydgehalt und Elementaranalyse.

Substanz	Polymerisationsgrad 10			Polymerisationsgrad 20			Polymerisationsgrad 50			Polymerisationsgrad 100		
	CH_2O %	C %	H %	CH_2O %	C %	H %	CH_2O %	C %	H %	CH_2O %	C %	H %
Dihydrate	94,3	37,7	6,92	97,1	38,8	6,80	98,8	39,5	6,72	99,5	39,8	6,69
Dimethyläther .	86,7	41,6	7,57	92,9	40,9	7,14	97,0	40,4	6,86	98,5	40,2	6,76
Diacetate	74,6	41,8	6,47	85,5	41,0	6,55	93,7	40,5	6,62	96,7	40,3	6,64
Dibenzoate . . .	57,0	54,7	5,70	72,6	49,4	6,05	86,9	44,5	6,37	92,9	42,4	6,51

Weiterhin dient zur Sicherung der Konstitution der Polyoxymethylene die Molekulargewichtsbestimmung, die kryoskopisch in Campher nach RAST ausgeführt werden kann. Unter der Annahme, daß das Verhältnis des eingewogenen Camphers zur Substanz 10 : 1 ist, kann man für jeden Polymerisationsgrad die zu erwartende Depression Δt errechnen (molare Depression des Camphers 40°). Diese Werte sind für die 4 Polyoxymethylenreihen in Abb. 61 in Abhängigkeit vom Polymerisationsgrad aufgetragen. Die Werte für die Polyoxymethylen-dihydrate (H) können wegen der Zersetzlichkeit dieser Moleküle nicht realisiert werden; die Werte für die Polyoxymethylen-dibenzoate (B) sind natürlich nur hypothetisch, weil diese Verbindungen bisher nicht bekannt sind.

Aus der Abbildung ersieht man, daß die kryoskopische Molekulargewichtsbestimmung in Campher nur bis zu einem Polymerisationsgrad von 20 eine Unterscheidung von benachbarten Polymeren gestattet. Beim Polymerisationsgrad 100 werden die Depressionen so klein, daß die Grenze der Leistungsfähigkeit der Methode erreicht ist.

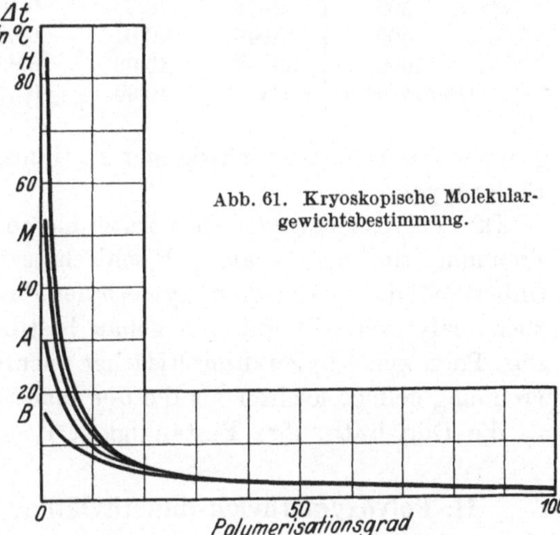

Abb. 61. Kryoskopische Molekulargewichtsbestimmung.

Die Endgruppenbestimmung erweist sich also besonders bei Polyoxymethylenen höheren Polymerisationsgrades als der einzig mögliche Weg zur Konstitutionsermittlung, auch dann, wenn kryoskopische Molekulargewichtsbestimmungen wegen der Kleinheit der gemessenen Effekte und der experimentellen Schwierigkeiten ungenau werden und die Elementaranalyse keinerlei Entscheidung mehr erlaubt. In der folgenden Tabelle 120 sind die analytischen Daten und die Molekulargewichte für die Reihe der Polyoxymethylen-dimethyläther angegeben.

Zusammenfassend läßt sich also sagen: Polyoxymethylene mit großen Endgruppen lassen sich leichter analytisch bestimmen als solche mit kleinen End-

Tabelle 120. Analytische Daten und Molekulargewichte der Polyoxymethylen-dimethyläther. $(CH_2O)_x \cdot CH_3OCH_3 = C_{x+2} H_{2x+6} O_{x+1}$.

Polymeri-sationsgrad	Molekular-gewicht	C %	H %	CH_2O %	CH_3OCH_3 %	$\Delta t°$ [1]
1	76	47,34	10,50	39,46	60,54	52,6
2	106	45,25	9,50	56,51	43,49	37,7
3	136	44,11	8,89	66,15	33,85	29,4
4	166	43,35	8,49	72,27	27,73	24,1
5	196	42,84	8,22	76,51	23,49	20,4
7	256	42,19	7,87	82,01	17,99	15,6
10	346	41,60	7,57	86,70	13,30	11,6
15	496	41,11	7,30	90,74	9,26	8,1
20	646	40,86	7,14	92,88	7,12	6,2
25	796	40,70	7,04	94,24	5,76	5,0
30	946	40,59	6,98	95,14	4,86	4,2
35	1096	40,51	6,94	95,81	4,19	3,6
40	1246	40,45	6,90	96,31	3,69	3,2
45	1396	40,40	6,88	96,70	3,30	2,9
50	1546	40,36	6,86	97,02	2,98	2,6
60	1846	40,31	6,83	97,52	2,48	2,2
70	2146	40,26	6,81	97,86	2,14	1,9
80	2446	40,22	6,79	98,11	1,89	1,6
90	2746	40,21	6,77	98,34	1,66	1,5
100	3046	40,19	6,76	98,50	1,50	1,3
200	6046	40,09	6,72	99,25	0,75	0,7
300	9046	40,06	6,70	99,48	0,52	0,4
500	15046	40,04	6,69	99,69	0,31	0,3
1000	30046	40,02	6,68	99,85	0,15	0,1
Grenzwert ∞	∞	40,00	6,67	100,00	0,00	0,0

gruppen; sie sind aber schwieriger zu trennen als Polyoxymethylene mit kleinen Endgruppen.

Die Polyoxymethylen-dihydrate bieten demnach gewisse Vorteile bei der Trennung, sind aber analytisch schlecht erfaßbar; dazu kommt noch ihre große Unbeständigkeit. Die Polyoxymethylen-diacetate sind schwerer trennbar, dafür aber analytisch sehr gut und genau bestimmbar; sie sind genügend beständig. Die Polyoxymethylen-dimethyläther nehmen eine Mittelstellung ein. Ihre Trennung gelingt leichter als die der Diacetate, und analytisch sind sie günstiger als die Dihydrate; ihre Beständigkeit ist außerordentlich groß.

II. Polyoxymethylen-dimethyläther und das γ-Polyoxymethylen.

Die Konstitution der niedermolekularen Polyoxymethylen-dimethyläther wurde von M. Lüthy[2] und H. Johner[3] aufgeklärt, und zwar wurde ihr Molekulargewicht und damit ihr Polymerisationsgrad durch kryoskopische Bestimmungen und nach der chemischen Methode durch „Endgruppenbestimmung" festgestellt und somit der Bau dieser Stoffe bewiesen. Lüthy und Johner schlossen aus dem geringen Methoxylgehalt des γ-Polyoxymethylens in Zu-

---

[1] $\Delta t°$ ist die Gefrierpunktsdepression von Campher, die eintritt, wenn man bei einer kryoskopischen Molekulargewichtsbestimmung in 10 Gewichtsteilen Campher 1 Gewichtsteil des betreffenden Dimethyläthers auflöst.

[2] Helv. chim. Acta **8**, 41 (1925).　　　　[3] Liebigs Ann. **474**, 205 (1929).

sammenhang mit dessen sonstigen Eigenschaften, daß dieses ein hochmolekularer Polyoxymethylen-dimethyläther von einem Durchschnittspolymerisationsgrad von mindestens 100 sei. Nun war es wichtig, die Reihe der Zwischenglieder herzustellen, das heißt die Reihe der Dimethyläther vom Polymerisationsgrad 20—100, nachdem die niedermolekularen Dimethyläther mit 1—20 Formaldehydgruppen in der Kette von H. JOHNER[1] schon hergestellt waren. Dies ist gelungen, und zwar konnte auch hier der Konstitutionsbeweis durch Bestimmung des kryoskopischen Molekulargewichts und auf chemischem Wege durch Bestimmung des Formaldehyd- und Methoxylgehaltes durchgeführt werden. Es liegt hier also einer der wenigen Fälle vor, wo die Kettenlänge der langen Fadenmoleküle auf chemischem Wege bestimmt werden konnte. Die Darstellung von Dimethyläthern noch höheren Polymerisationsgrades scheitert, wie später gezeigt wird, an der Unlöslichkeit der Produkte.

Die hergestellten hochmolekularen Polyoxymethylen-dimethyläther sind im Vergleich zu anderen synthetischen Hochpolymeren und vor allem im Vergleich zu den hochpolymeren Naturprodukten relativ niedermolekular. Der Polymerisationsgrad der höchstmolekularen Produkte beträgt 100 bis höchstens 150, während andere Polymere einen 10fach größeren Polymerisationsgrad besitzen. Die erhaltenen Dimethyläther haben also hemikolloiden Charakter und geben niederviscose Lösungen. Eukolloide Polyoxymethylen-dimethyläther sind nicht herstellbar.

1. Darstellung und Konstitutionsbeweis der Polyoxymethylen-dimethyläther vom Polymerisationsgrad 20—100.

Erhitzt man Polyoxymethylen-dihydrate mit Methylalkohol im Verhältnis 6 : 1 unter Zusatz von wenig Schwefelsäure[2], so entstehen neben den durch tiefsiedende Lösungsmittel extrahierbaren niedermolekularen Dimethyläthern auch höhermolekulare Polyoxymethylen-dimethyläther. Man erhält sie als Rückstand der Extraktion mit tiefsiedenden Lösungsmitteln. Die Analyse ergibt 96% Formaldehyd neben etwa 3% Dimethyläther: das entspricht einem Durchschnittspolymerisationsgrad 40. Das γ-Polyoxymethylen mit 98,5% Formaldehyd und 1,2% Dimethyläther enthält Polyoxymethylen-dimethyläther mit mindestens 100 Formaldehydgruppen in einer Kette. Diese beiden Produkte dienten als Ausgangsmaterial zur Herstellung der Polyoxymethylen-dimethyläther vom Polymerisationsgrad 20—100.

Hochmolekulare Polyoxymethylen-dimethyläther vom Polymerisationsgrad 40—100 wurden schon früher von R. SIGNER und H. JOHNER[3] untersucht. Doch waren diese Produkte noch nicht polymer-einheitlich, da sie nicht umkrystallisiert, sondern als Rückstand durch Kochen mit verdünnten Alkalien von Polyoxymethylen-dihydraten befreit wurden. Man glaubte früher dadurch eine vollständige Trennung erreicht zu haben; dies ist aber nicht der Fall.

Das nicht umkrystallisierte Ausgangsmaterial enthält, wie aus seiner Darstellung hervorgeht, neben den Polyoxymethylen-dimethyläthern noch -methyläther-hydrate und -dihydrate. Diese bilden wahrscheinlich keine diskreten Krystal-

---

[1] Liebigs Ann. **474**, 205 (1929).

[2] Liebigs Ann. **474**, 213 (1929).

[3] Liebigs Ann. **474**, 216 (1929).

lite, sondern makromolekulare Mischkrystallite[1]. In diesen können im Innern Dihydratmoleküle von Dimethyläthermolekülen eingeschlossen sein. Deshalb kann z. B. das Kochen mit verdünnten Alkalien, gegen welche die Polyoxymethylen-dimethyläther sehr beständig sind, keine polymer-einheitlichen Dimethyläther liefern. Denn die Einwirkung des Alkalis geschieht nur topochemisch, d. h. an der Oberfläche der Mischkrystallite. Dagegen können durch Umkrystallisation aus hochsiedenden Lösungsmitteln die Dimethyläther rein erhalten werden. Bei der hohen Umkrystallisationstemperatur werden die unbeständigen Polyoxymethylen-dihydrate zerstört, während die viel beständigeren Dimethyläther nicht zerfallen. Als Lösungsmittel wurden Dioxan, Pyridin, Anisol und vor allem Formamid verwendet.

Die erhaltenen Polyoxymethylen-dimethyläther sind rein weiße Pulver, die auch nach langem Stehen nicht nach Formaldehyd riechen. Ihre markanteste Eigenschaft ist ihre große Beständigkeit. Von verdünnten Alkalien und ammoniakalischer Silbernitratlösung werden sie selbst bei langem Kochen kaum angegriffen; dagegen spalten verdünnte Säuren bei 100° sie in wenigen Stunden in Formaldehyd und Methylalkohol; darauf gründet sich die quantitative Bestimmung des Formaldehyd- und Methyläthergehaltes. Die große Beständigkeit in Lösung ermöglichte die Isolierung und Reinigung der einzelnen Fraktionen, die Molekulargewichtsbestimmungen in Campher und die Viscositätsmessungen in Formamid bei 145°.

Die aus heißem Formamid umkrystallisierten Produkte sind polymer-einheitlich; es sind reine Polyoxymethylen-dimethyläther und keine Gemische von Dimethyläthern mit Dihydraten und Methylätherhydraten. Kennzeichen, daß polymer-einheitliche Verbindungen vorliegen, besitzt man im Schmelzpunkt und im Zersetzungspunkt. Die reinen Dimethyläther schmelzen klar und ohne Zersetzung; ihr Zersetzungspunkt liegt über 190°. Polyoxymethylen-dihydrate dagegen zersetzen sich, ohne zu schmelzen, bei ca. 140—170°. Gemische sintern also unter Zersetzung bei 140°—170°. Ein Beweis für die Einheitlichkeit wurde durch Bestimmung der Molekulargewichte in Campher erbracht. Polyoxymethylen-dihydrate und Polyoxymethylen-methylätherhydrate sind so un-

Tabelle 121. Die Polyoxymethylen-dimethyläther.

Durchschnitts-polymerisations-grad	CH$_2$O		CH$_3$OCH$_3$		Durchschnitts-molekulargewicht		Schmelzpunkte Grad
	gef. %	ber. %	gef. %	ber. %	kryoskopisch	chemisch	
6[2]	79,7	79,64	18,5	20,36	233	226	31—34
15[2]	90,5	90,74	—	9,26	—	496	109—111
23	92,7	93,70	5,5	6,30	650	736	140—143
33	94,8	95,50	4,1	4,50	1010	1036	152—156
50	97,1	97,02	2,9	2,98	1610	1546	161—163
80	98,0	98,11	1,9	1,89	2490	2446	165—170
90	98,2	98,34	1,8	1,66	2830	2746	170—180
100	98,4	98,50	1,5	1,50	—	3046	170—180
100	98,4	98,50	1,6	1,50	2950	3046	170—175

[1] STAUDINGER, H., R. SIGNER, M. LÜTHY u. H. JOHNER: Liebigs Ann. **474**, 163 (1929). — STAUDINGER, H., u. R. SIGNER: Hochpolymere Verbindungen. 17. Mitt. Zeitschr. f. Krystallogr. **70**, 193 (1929).
[2] Liebigs Ann. **474**, 215 (1929).

beständig, daß sie sich bei der Molekulargewichtsbestimmung zersetzen. Deshalb liefern unreine Dimethyläther bedeutend niedrigere Molekulargewichte, welche mit den aus der Endgruppenbestimmung berechneten nicht übereinstimmen, während reine Dimethyläther die richtigen Werte ergeben. Wie Tabelle 121 zeigt, stimmen bei diesen die auf chemischem Wege ermittelten Molekulargewichte mit den kryoskopisch in Campher erhaltenen gut überein.

2. Die Polyoxymethylen-diacetate[1] vom Polymerisationsgrad 20—50.

Durch Abbau von Polyoxymethylen-dihydraten mit Essigsäureanhydrid erhält man neben den niederen Polyoxymethylen-diacetaten bis zum Polymerisationsgrad 20 auch hemikolloide Diacetate von größerer Kettenlänge. Dieses Gemisch ist wegen der geringen Löslichkeitsunterschiede benachbarter Polymer-homologer nicht mehr in einzelne chemische Individuen trennbar. Diese Produkte wurden schon von R. SIGNER[2] untersucht. Doch waren seine unlöslichen Diacetate nicht polymer-einheitlich, und zwar aus analogen Gründen wie bei den hochmolekularen Dimethyläthern. Es waren Gemische von Diacetaten, Acetathydraten und Dihydraten, die einen Krystallit mit einem einheitlichen Makromolekülgitter bildeten. Dadurch erklärt sich der gleichmäßige Abbau beim Kochen mit Wasser, der die Polymer-einheitlichkeit des untersuchten Produktes vortäuschte. Dieser Abbau ist eine topochemische Reaktion; er erfolgt an der Oberfläche der Mischkrystallite. Dabei können die geringen Beständigkeitsunterschiede zwischen Polyoxymethylen-dihydraten und Polyoxymethylen-diacetaten, die zweifellos vorhanden sind, nicht zur Geltung kommen. Die größere Beständigkeit der Diacetate bewirkt nur, daß der Abbau der makromolekularen Mischkrystallite langsamer erfolgt als der Abbau reiner Dihydratkrystallite.

Reine Polyoxymethylen-diacetate kann man nur durch Umkrystallisation erhalten aus Lösungsmitteln, in denen die Diacetate erhalten bleiben, polymerfremde Bestandteile aber zerstört werden. SIGNER erhielt so ein reines Produkt vom Polymerisationsgrad 25 durch Umkrystallisation aus Xylol.

Die Umkrystallisation aus Formamid liefert ein Diacetat vom Durchschnittspolymerisationsgrad 35. Es riecht nicht mehr nach Formaldehyd, auch nicht nach vielen Monaten, und unterscheidet sich dadurch von dem unlöslichen, nicht umkrystallisierten Diacetat. Von verdünnten Alkalien wird es beim Kochen in kurzer Zeit abgebaut und unterscheidet sich so von den hochmolekularen Polyoxymethylen-dimethyläthern. Durch Bestimmung des Formaldehyd- und Essigsäureanhydridgehaltes, ferner des Molekulargewichts in Campher wurde seine Konstitution bewiesen.

Die Tabelle 122 zeigt eine Übersicht über die hochmolekularen Polyoxymethylen-diacetate.

Reine Polyoxymethylen-diacetate schmelzen, wie die entsprechenden Dimethyläther, klar und ohne Zersetzung; sie zersetzen sich erst über 190°, also weit über dem Schmelzpunkt. Entsprechende Polyoxymethylen-diacetate und -dimethyläther zeigen demnach in ihrem gesamten Verhalten weitgehende Analogie;

---

[1] Erste Arbeit über Polyoxymethylen-diacetate: STAUDINGER, H., u. M. LÜTHY, Helv. chim. Acta **8**, 41 (1925).

[2] Liebigs Ann. **474**, 198 (1929).

Tabelle 122. Die hochmolekularen Polyoxymethylen-diacetate.

Bezeichnung	Polymerisationsgrad	CH_2O gef. %	CH_2O ber. %	$(CH_3CO)_2O$ gef. %	$(CH_3CO)_2O$ ber. %	Molekulargewicht gef.	Molekulargewicht ber.	Schmelzpunkt	Zersetzungspunkt
17-oxym.-diacetat[1] .	17	83,1	83,3	16,9	16,7	590	610	98,5—99,5	—
22-oxym.-diacetat[1] .	22	85,9	86,6	13,1	13,4	—	760	116—118	—
Diacetat durch Hitzeabbau[1] . . .	25	87,7	88,1	11,7	11,9	—	850	135—145	190—200
Umkrystallis. aus Xylol[1]	25	87,6	88,1	10,0	11,9	—	850	138—150	190—200
Umkrystallis. aus Formamid . . .	35	91,0	91,3	9,1	8,7	1170	1150	150—157	190—220
Nichtumkryst. hochmolekulares Diacetat[1]	—	92,7	—	7,0	—	—	—	150—170 unter Zersetzung	150—170

man muß beim Vergleich nur berücksichtigen, daß die Diacetate unbeständiger sind als die Dimethyläther. Diese verschiedene Beständigkeit geht darauf zurück, daß die Diacetate Ester, die Dimethyläther aber Äther desselben Kettenmoleküls sind.

3. Viscositätsmessungen an Lösungen von Polyoxymethylen-dimethyläthern.

Es war besonders wichtig, an diesen Produkten, deren Konstitution nunmehr wie die der Paraffine feststeht und deren Bauprinzip auch in festem Zustande bekannt ist, viscosimetrische Untersuchungen vorzunehmen, um zu sehen, ob auch hier dieselben Gesetzmäßigkeiten, wie sie für andere Fadenmoleküle nachgewiesen sind, vorliegen. Denn die Polyoxymethylen-dimethyläthermoleküle müssen auch in Lösung langgestreckte Form haben, sonst wäre die leichte Krystallisation der Produkte nicht verständlich. Tatsächlich besteht der erwartete Zusammenhang zwischen Kettenlänge und spezifischer Viscosität.

Unangenehm war, daß die Messungen bei 145° in Formamid ausgeführt werden mußten[2]. Gemessen wurden 1 grundmolare (3 proz.) Lösungen im OSTWALDschen Viscosimeter[3].

Tabelle 123.

Polymerisationsgrad der Fraktionen	Molekulargewicht kryoskopisch	Molekulargewicht chemisch	Moleküllänge in Å [4]	η_{sp} (3%)	$K_m \cdot 10^4$
9	302	316	20,4	0,02	0,7
23	650	736	47,0	0,07	0,95
33	1010	1036	66,0	0,09	0,9
50	1610	1546	98,3	0,10	0,7
100	2950	3046	193,3	0,24	0,8
100	2950	3046	193,3	0,23	0,8

[1] STAUDINGER, H., u. R. SIGNER: Liebigs Ann. 474, 196 u. 198 (1929).
[2] Bei den Messungen trat ein geringer Abbau ein, der sich besonders bei dem höchstmolekularen Dimethyläther bemerkbar machte.
[3] Die Ausflußzeit von Formamid betrug 577 Sekunden.
[4] Die Länge der CH_2O-Gruppe beträgt 1,9 Å, die der Endgruppen wurde zu 3,3 Å angenommen.

Es ergab sich als K_m-Konstante im Mittel $0,8 \cdot 10^{-4}$. Die Messungen sind in Tabelle 123 zusammengestellt.

Die erhaltenen Ergebnisse zeigen, daß das für Fadenmoleküle gefundene Viscositätsgesetz auch für die Polyoxymethylen-dimethyläther gilt. Die erhaltene K_m-Konstante kann aber mit den bei anderen Stoffen bestimmten Konstanten nicht verglichen werden, da bei hoher Temperatur[1] und weiter in Formamid als Lösungsmittel gemessen wurde.

Um die K_m-Konstante der Polyoxymethylene mit denen anderer Polymerer vergleichen zu können, mußten Messungen bei niedrigerer Temperatur in einem Lösungsmittel gemacht werden, in dem auch andere Stoffe mit Fadenmolekülen gemessen worden sind. Deshalb wurden zwei niedermolekulare Dimethyläther in Chloroform in 3proz., also 1grundmolarer Lösung in einem OSTWALDschen Viscosimeter gemessen.

Tabelle 124.

	Molekulargewicht		η_{sp}/c				$K_m \cdot 10^4$			
	kryoskopisch	chemisch	25°	30°	40°	50°	25°	30°	40°	50°
9-oxymethylen-dimethyläther ..	342[2]	316	0,076	0,076	0,070	0,066	2,40	2,40	2,21	2,10
14-oxymethylen-dimethyläther ..	427[2]	466	0,113	0,110	0,110	0,110	2,42	2,36	2,36	2,36

Da das Grundmolekül der Polyoxymethylene 2 Kettenatome enthält, so ergibt sich für kettenäquivalente Lösungen die Konstante $K_{\text{äqu}}$ zu $1,2 \cdot 10^{-4}$. Diese Konstante stimmt mit der für andere Fadenmoleküle in Tetrachlorkohlenstoff gefundenen $K_{\text{äqu}}$ Konstante[3] gut überein. Das Ergebnis zeigt, daß die Viscosität eines Fadenmoleküls sich nicht ändert, wenn eine Methylengruppe in der Kette durch ein Sauerstoffatom ersetzt wird. Dies ist verständlich, da ja der Durchmesser eines Sauerstoffatoms ungefähr gleich dem eines Kohlenstoffatoms ist. Also Paraffine und Polyoxymethylen-dimethyläther, deren Moleküle gleiche Kettengliederzahl haben, rufen in gleichkonzentrierter Lösung die gleiche Viscosität hervor.

Die obigen Berechnungen sind allerdings nicht ganz genau, da ja die Polyoxymethylen-dimethyläther nicht reine Polymere des Formaldehyds sind, sondern Endgruppen haben. Die Ketten sind also etwas länger, als dem Polymerisationsgrad entspricht, und zwar hat der 9-oxymethylen-dimethyläther 21 und der 14-oxymethylen-dimethyläther 31 Kettenglieder. Bei der folgenden Berechnung wird dies berücksichtigt. Für eine 1,4proz. Lösung läßt sich die Viscosität bei Produkten, deren Moleküle Methylenketten sind, nach der folgenden Formel berechnen:

$$\eta_{sp}(1,4\%) = 1,6 \cdot 10^{-3} \cdot n. \tag{10}[4]$$

---

[1] Mit steigender Temperatur nimmt die spezifische Viscosität eines gelösten Stoffes ab, geradeso wie die absolute Viscosität einer Flüssigkeit sinkt.

[2] In Campher nach der Mikromethode von RAST bestimmt.

[3] STAUDINGER, H.: Hochpolymere Verbindungen. 60. Mitt. Ber. Dtsch. Chem. Ges. **65**, 267 (1932). — STAUDINGER, H., u. E. OCHIAI: Hochpolymere Verbindungen. 57. Mitt. Ztschr. f. physik. Ch. (A) **158**, 35 (1931). Vgl. S. 67.

[4] Vgl. S. 61.

Dabei ist n die Zahl der Kettenglieder, $1,6 \cdot 10^{-3}$ die Viscosität eines Kettengliedes in 1,4 proz. Chloroformlösung.

Berechnet man danach die Viscosität unter Einsetzung der tatsächlichen Kettenlänge und vergleicht sie mit der in 1,4 proz. Lösungen gefundenen, so ergeben sich ungefähr übereinstimmende Werte.

Tabelle 125.

	Ketten-gliederzahl	η_{sp} (3 %) gef.	η_{sp} (1,4 %) gef.	ber.
9-oxym.-dim. . .	21	0,076	0,035	0,034
14-oxym.-dim. . .	31	0,113	0,053	0,050

Berechnet man den Wirkungsbereich der Polyoxymethylen-dimethyläther-moleküle in Lösung, entsprechend wie es bei Kautschuk[1], Polystyrol[2] und den Celluloseacetaten[3] geschehen ist, so ergibt sich die folgende Tabelle:

Tabelle 126.

Polymeri-sations-grad	Moleku-lar-gewicht	Zahl der Moleküle in 1 cm³ einer 1 gd-mol. Lösung	Wi^4 eines Moleküls Å³	Wi^4 aller Moleküle in 1 cm³ Lösung Å³	Molekül-Länge Å	Wi^4 in Proz. der Gesamt-lösung	Grenzkonzentration Übergang in Gel-lösung Gd-Mol	%
10	346	$6,06 \cdot 10^{19}$	$7,85 \cdot 10^2$	$4,76 \cdot 10^{22}$	20	4,76	20	60
50	1546	$1,21 \cdot 10^{19}$	$1,96 \cdot 10^4$	$2,37 \cdot 10^{23}$	100	23,7	4	12
100	3046	$6,06 \cdot 10^{18}$	$7,85 \cdot 10^4$	$4,76 \cdot 10^{23}$	200	47,6	2	6
500	15046	$1,21 \cdot 10^{18}$	$1,96 \cdot 10^6$	$2,37 \cdot 10^{24}$	1000	237	0,4	1,2
1000	30046	$6,06 \cdot 10^{17}$	$7,85 \cdot 10^6$	$4,76 \cdot 10^{24}$	2000	476	0,2	0,6

Der Durchmesser eines Moleküls wurde zu 2,5 Å angenommen, die Länge einer CH_2O-Gruppe zu rund 2 Å. Die angegebenen Zahlen können nur der Größenordnung nach gewertet werden. Sie lassen aber erkennen, daß 3 proz. Lösungen der untersuchten Dimethyläther mit dem höchsten Polymerisationsgrad 100 noch Sollösungen darstellen und daß erst die unbekannten Dimethyläther mit ca. 1000 Formaldehyden in einer Kette in niederprozentiger Lösung Gellösungen ergeben würden. Solche hochmolekularen Dimethyläther konnten aber nicht dargestellt werden und sind auch, wie in einem späteren Abschnitt gezeigt wird, in den heute bekannten Lösungsmitteln für Polyoxymethylene gar nicht existenzfähig.

4. Die Beständigkeit der Polyoxymethylen-dimethyläther im gasförmigen, flüssigen, gelösten und festen Zustand.

Nachdem die polymer-homologe Reihe der Polyoxymethylen-dimethyläther vom Methylal bis zu einem Dimethyläther vom Polymerisationsgrad 100 dargestellt ist, ist es von besonderem Interesse, die Beständigkeit dieser Moleküle im gasförmigen, flüssigen, gelösten und festen Zustand zu untersuchen. Dabei treten große Unterschiede zwischen den niedrigst- und den höchstmolekularen

---

[1] Ber. Dtsch. Chem. Ges. **63**, 931 (1930). Vgl. S. 132.

[2] Kolloid-Ztschr. **51**, 86 (1930). Vgl. S. 132.

[3] Ber. Dtsch. Chem. Ges. **63**, 2341 (1930). Vgl. S. 133.   [4] Wi = Wirkungsbereich.

Produkten auf. Die niedermolekularen Dimethyläther sind auch im gasförmigen Zustande beständig; sie sind im Vakuum destillierbar. Von einem gewissen Polymerisationsgrad ab zerfallen die Moleküle bei der Destillation.

Moleküle eines höheren Polymerisationsgrades sind nur noch in Lösung beständig. Die Löslichkeit nimmt aber mit steigendem Molekulargewicht ab. Um trotzdem eine Lösung zu erreichen, ist Temperaturerhöhung notwendig. Schließlich muß so hoch erhitzt werden, daß Abbau erfolgt. Die höchstmolekularen Polyoxymethylene sind also nicht unzersetzt löslich; sie sind nur in festem Zustand existenzfähig.

Die Moleküle der niederstmolekularen Polyoxymethylen-dimethyläther, die im festen, flüssigen und gasförmigen Zustande existenzfähig sind, kann man als drei-aggregatige Moleküle bezeichnen. Stoffe mit Molekülen, die nicht mehr unzersetzt in den Gaszustand übergeführt, wohl aber geschmolzen oder gelöst werden können, sind dann zwei-aggregatig, und Moleküle, die nur im festen Zustand beständig sind, ein-aggregatig[1].

Die folgenden Untersuchungen zeigen, daß Polyoxymethylen-dimethyläther bis zum Polymerisationsgrad 15 drei-aggregatig, bis zum Polymerisationsgrad 100 zwei-aggregatig und darüber hinaus ein-aggregatig sind.

Die Bildung dieser ein-aggregatigen Stoffe kann natürlich nur im festen Zustand erfolgen. Sie entstehen derart, daß sich Formaldehydmoleküle am Ende der Polyoxymethylenketten, die in den Krystalliten eingebaut sind, anlagern. Gleichzeitig mit dem Einfügen eines Formaldehydmoleküls in den Krystallit tritt auch seine chemische Bindung mit der Polyoxymethylenkette ein. Also Krystallwachstum und Wachstum der Kettenmoleküle sind hier ein und dasselbe[2].

a) Die Zersetzung der Polyoxymethylen-dimethyläther bei höherer Temperatur.

Niedermolekulare Polyoxymethylen-dimethyläther lassen sich bei gewöhnlichem Druck und im Vakuum unzersetzt destillieren. So gelang H. JOHNER[3] die Darstellung der Dimethyläther bis zum Hexameren. In kleinen Mengen gelingt eine Destillation bis zum Deka-oxymethylen-dimethyläther; dieser Dimethyläther ist bei raschem Arbeiten ohne Zersetzung bei gewöhnlichem Druck und ca. 320 bis 340° destillierbar. Versucht man aber Dimethyläther höheren Polymerisationsgrades zu destillieren, so beobachtet man Zersetzung unter Formaldehydabspaltung. Die Temperatur, bei der die Zersetzung beginnt, ist vom Polymerisationsgrad abhängig. Die gefundenen Zersetzungspunkte sind in Abb. 62 eingezeichnet.

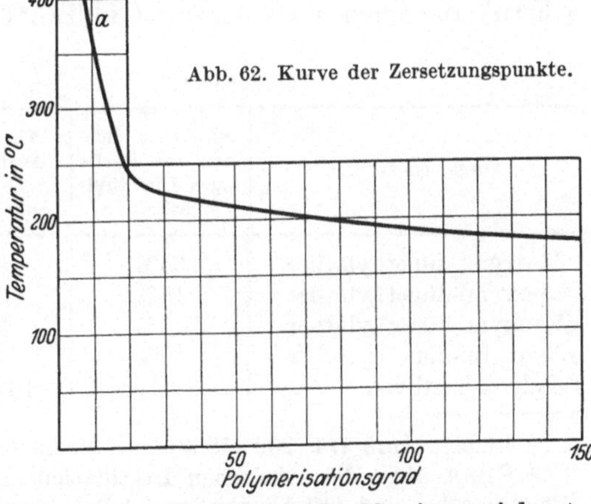

Abb. 62. Kurve der Zersetzungspunkte.

---

[1] Liebigs Ann. **474**, 168 (1929). Vgl. S. 50.   [2] Liebigs Ann. **474**, 169 (1929). Vgl. S. 118.
[3] Liebigs Ann. **474**, 205 (1929).

Mit steigendem Polymerisationsgrad verringert sich die Beständigkeit der Dimethyläther. Die Vorstellung, daß die Beständigkeit von Fadenmolekülen mit wachsender Kettenlänge abnimmt, findet dadurch ihre Bestätigung.

Die Zersetzung der Polyoxymethylen-dimethyläther höheren Polymerisationsgrades bei Überschreitung der Zersetzungstemperatur kann in 2 Richtungen verlaufen:

Bei rascher Destillation erhält man fast nur gasförmige Produkte ohne Rückstand. Bei langsamer Destillation bilden sich kohlige Produkte. Diese entstehen durch Zersetzung von Umlagerungsprodukten, die kohlehydratartige Bindungen der Formaldehydmoleküle aufweisen.

Beim Erhitzen kann nämlich an der Polyoxymethylenkette an einigen Stellen folgende Umgruppierung eintreten.

$$\cdots O\!-\!CH_2\!-\!O\!-\!CH_2\!-\!O\!-\!CH_2 \cdots$$
$$\downarrow$$
$$\cdots O\!-\!CH_2\!-\!CH\!-\!O\!-\!CH_2 \cdots$$
$$\underset{OH}{\vert}$$

Diese neue Gruppe in der Polyoxymethylenkette kann sich natürlich beim Erhitzen nicht in Formaldehyd zersetzen, sondern liefert kohlige Rückstände.

Eine solche Umlagerung findet beim Übergang von γ- in δ-Polyoxymethylen statt und wurde an diesem Beispiel von R. SIGNER[1] näher untersucht.

Im folgenden soll nur die Formaldehydabspaltung untersucht werden, also die Zersetzung der Polyoxymethylen-dimethyläther in gasförmige Produkte bei höherer Temperatur.

Beim α- und β-Polyoxymethylen erfolgt der Zerfall der Moleküle von der Oberfläche der Krystallite aus; er stellt eine topochemische Reaktion dar[2]. Als Zerfallsprodukt erhält man gasförmigen, monomeren Formaldehyd. Wenn man aber Polyoxymethylen-dimethyläther vom Polymerisationsgrad 15—50 im Hochvakuum destilliert, so erhält man neben gasförmigem Formaldehyd auch niedermolekulare Dimethyläther. Die Ausbeute an diesen niedermolekularen Dimethyläthern[3] aus höhermolekularen ist in Tabelle 127 angegeben. Die Bildung dieser flüchtigen Äther kann folgendermaßen zustande kommen.

Die Ketten der hochmolekularen Polyoxymethylen-dimethyläther zerbrechen bei der hohen Temperatur und spalten monomeren Formaldehyd ab. Zwei kleinere Bruch-

Tabelle 127.

Ausgangsmaterial	Erhaltene Ausbeute an flüchtigen Dimethyläthern	Theoretische Ausbeute an 15-oxym.-dimethyläther
23-oxym.-dimethyläther .	55%	67%
33-oxym.-dimethyläther .	15%	50%
50-oxym.-dimethyläther .	5%	30%
100-oxym.-dimethyläther .	0%	17%
γ-Polyoxymethylen . . .	Spuren	10—15%

[1] Liebigs Ann. **474**, 232 (1929). [2] Liebigs Ann. **474**, 166 (1929).

[3] Die Analyse der erhaltenen Destillationsprodukte ergab, daß dieselben keine reinen Dimethyläther sind. Offenbar haben sich Polyoxymethylenketten teilweise umgelagert, ähnlich wie beim Übergang von γ- in δ-Polyoxymethylen. Eine genaue Konstitutionsaufklärung durch Bestimmung des Formaldehyd- und Methyläthergehaltes war wegen der kleinen Mengen nicht möglich. Doch zeigt der Schmelzpunkt von 120—140°, daß Polyoxymethylen-dimethyläther vom Polymerisationsgrad 15—20 vorliegen.

stücke mit den unveränderten Methylätherendgruppen vereinigen sich zu einem neuen, kleineren Dimethyläthermolekül, das beständig ist und abdestilliert. Unter dieser Voraussetzung müßten die Ausbeuten, wie sie in der dritten Spalte der Tabelle 127 angegeben sind, erhalten werden; die Berechnung erfolgte unter der Annahme, daß aus allen Fraktionen ein Dimethyläther vom Durchschnitts-polymerisationsgrad 15 entsteht. Denn bei den oben beschriebenen Destillationen wurden Produkte dieser Kettenlänge beobachtet. Da die erhaltenen Ausbeuten weit geringer sind als die berechneten, ist diese Annahme nicht richtig.

Man könnte auch denken, daß ein Zerfall der Polyoxymethylenketten unter Wasserstoffwanderung im Sinne der folgenden Formel erfolgt, wobei sich neue Methylätherendgruppen bilden:

$$CH_3-O-CH_2-O \cdots CH_2-O-CH_2-O \cdots -CH_2-O-CH_3$$

$$\downarrow$$

$$CH_3-O-CH_2-O \cdots C\!\!\big\langle^{O}_{H} \; + \; CH_3-O \cdots -CH_2-O-CH_3$$

Doch dieser Zerfall ist nicht anzunehmen, da dann auch aus α- und β-Polyoxymethylen bei der Destillation in geringer Menge Dimethyläther entstehen sollten. Da dies nicht der Fall ist, so ist es unwahrscheinlich, daß die erhaltenen Dimethyläther als Zerfallsprodukte aus höhermolekularen Produkten entstehen. Die herausdestillierten Dimethyläther müssen schon im Ausgangs-material enthalten sein. Die Dimethyläther der verschiedenen Polymerisations-grade sind also Gemische von hoch- und niedermolekularen Produkten, und die Destillation zeigt, in welchem Umfange die untersuchten Fraktionen niedermole-kulare, unzersetzt flüchtige Dimethyläther enthalten. Dieser Gehalt an niederen Dimethyläthern nimmt mit steigendem Durchschnittsmolekulargewicht stark ab.

b) Die zwei-aggregatigen Polyoxymethylen-dimethyläther.

α) **Schmelze.** Die Polyoxymethylen-dimethyläther zeigen mit steigendem Polymerisationsgrad ein zuerst rasches, dann langsameres Ansteigen des Schmelz-punktes. Da andererseits die Produkte mit steigendem Polymerisationsgrad un-beständiger werden, so liegt bei hochmolekularen Di-methyläthern der Schmelz-punkt über dem Zer-setzungspunkt. Aus der Abb. 63 sieht man, daß Dimethyläther mit einem Polymerisationsgrad über 150 nicht mehr unzersetzt schmelzen. Solche Polyoxy-methylene sind also ein-aggregatige Stoffe.

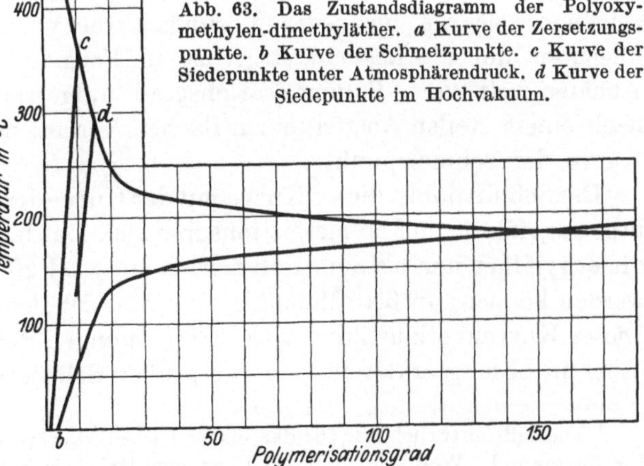

Abb. 63. Das Zustandsdiagramm der Polyoxy-methylen-dimethyläther. *a* Kurve der Zersetzungs-punkte. *b* Kurve der Schmelzpunkte. *c* Kurve der Siedepunkte unter Atmosphärendruck. *d* Kurve der Siedepunkte im Hochvakuum.

Die Abb. 63 wurde noch durch Einzeichnung der Kurven der Siedepunkte der verschiedenen nieder-molekularen Dimethyläther bei gewöhnlichem Druck und im Hochvakuum ergänzt. Bei den niedermolekularen Dimethyläthern liegt der Siedepunkt unterhalb des Zersetzungspunktes. Die Kurve der Siedepunkte bei gewöhnlichem Druck trifft die Kurve der Zersetzungspunkte bei einem Polymerisationsgrad 10, die Kurve der Siedepunkte im Hochvakuum bei einem Polymerisationsgrad 15. So ergibt sich aus dem Diagramm, warum Dimethyläther höherer Polymerisationsgrade nicht mehr destilliert werden können.

Der höchstmolekulare Polyoxymethylen-dimethyläther, der hergestellt wurde, hat einen Durchschnittspolymerisationsgrad von 100, enthält also Dimethyläther vom Polymerisationsgrad ca. 50—150. Es ist auffallend, daß das Schmelzintervall dieses Dimethyläthers so klein ist; es beträgt 5—10° C. Aus dem Verlauf der Kurve der Schmelzpunkte geht aber hervor, daß die Schmelzpunkte der das Gemisch der Fraktion bildenden Individuen nur wenig auseinander liegen. Dagegen schmelzen Gemische niedermolekularer Dimethyläther sehr unscharf, weil die Schmelzpunktsunterschiede dieser Dimethyläther groß sind.

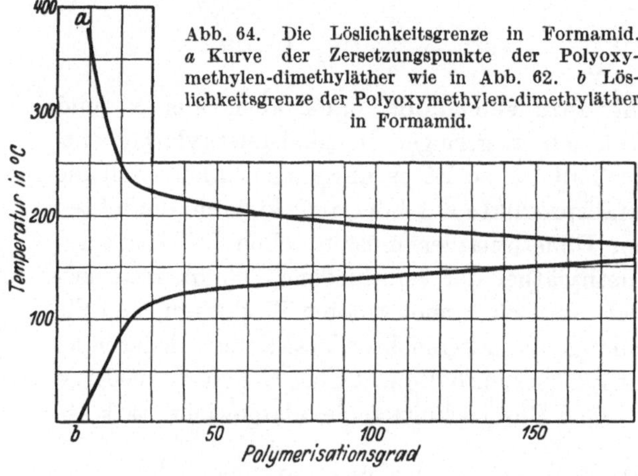

Abb. 64. Die Löslichkeitsgrenze in Formamid. *a* Kurve der Zersetzungspunkte der Polyoxymethylen-dimethyläther wie in Abb. 62. *b* Löslichkeitsgrenze der Polyoxymethylen-dimethyläther in Formamid.

β) **Lösung.** Außer den Existenzbedingungen der Polyoxymethylen-dimethyläther im flüssigen Zustand sollen hier auch die im gelösten Zustand untersucht werden.

Die hergestellten reinen Dimethyläther verschiedenen Polymerisationsgrades lösen sich in Formamid. Andere Lösungsmittel sind z. B. Campher, Cyclohexanol, Anisol. Die Temperatur, die zur Lösung notwendig ist, oder auch bei der aus der Lösung feste Dimethyläther sich wieder ausscheiden, ist vom Polymerisationsgrad dieses Dimethyläthers abhängig. Man kann diese Temperatur als „Löslichkeitsgrenze" bezeichnen; sie ist für jedes Lösungsmittel verschieden. Wir betrachten im folgenden nur die Löslichkeitsgrenze in Formamid. Die Löslichkeitsgrenze, in Abhängigkeit vom Polymerisationsgrad aufgetragen, liefert eine Kurve, die nach einem steilen Anstieg einen flachen Verlauf zeigt, ähnlich dem Verlauf der Kurve der Schmelzpunkte.

Der Schnittpunkt dieser Kurve mit der Kurve der Zersetzungspunkte in Abb. 64 liegt ungefähr beim Polymerisationsgrad 200. Das bedeutet, daß Polyoxymethylen-dimethyläther nur bis zum Polymerisationsgrad 200 in heißem Formamid gelöst werden können; größere Moleküle zersetzen sich, bevor Auflösung eintreten kann[1]. Dieser Kurvenverlauf kann viele Erscheinungen der Polyoxymethylen-dimethyläther in Lösung erklären, z. B. die großen Schwierigkeiten, die einer Fraktionie-

---

[1] Dies gilt natürlich nur für das bisher beste bekannte Lösungsmittel der Dimethyläther, für Formamid. Wenn ein anderes Lösungsmittel existieren sollte, in dem hochmolekulare Polyoxymethylene bei tieferer Temperatur gelöst werden können, so sollten in einem solchen Lösungsmittel Polyoxymethylen-dimethyläther von noch weit größerem Polymerisationsgrad gelöst werden.

rung der höchstmolekularen löslichen Dimethyläther entgegenstehen. Der Dimethyläther vom Durchschnittspolymerisationsgrad 100 stellt ein Gemisch von Dimethyläthern mit ca. 50—150 Formaldehydgruppen im Molekül dar. Die Löslichkeitsgrenzen des Polymeren vom Polymerisationsgrad 50 und des Polymeren vom Polymerisationsgrad 150 weisen nur einen Unterschied von ca. 20° auf. Dieser Unterschied ist zu gering, um eine Fraktionierung zu ermöglichen. Dagegen zeigt die Kurve, daß eine Fraktionierung der niedermolekularen Dimethyläther bis zu einem Polymerisationsgrad von ca. 50, wie sie (mit anderen Lösungsmitteln) durchgeführt wurde, leicht möglich ist.

Da die höchstmolekularen Polyoxymethylen-dimethyläther bei höherer Temperatur unbeständig werden, so entsteht durch längeres Kochen eines Dimethyläthers vom Polymerisationsgrad 100 mit Anisol oder Cyclohexanol ein Polyoxymethylen-dimethyläther eines etwas geringeren Polymerisationsgrades[1].

Tabelle 128.

Durch Abbau aus einem 100-oxym.-dimethyläther erhaltene Dimethyläther	Methode	Erhaltene Ausbeute %
90-oxym.-dimethyläther	Durch Kochen mit Anisol (154°) 15 Minuten	90
80-oxym.-dimethyläther	Durch Kochen mit Cyclohexanol (160°) 10 Minuten	70

Die so durch Abbau erhaltenen Produkte erwiesen sich als reine, polymereinheitliche Dimethyläther, die durch ihre Zusammensetzung und ihr Molekulargewicht identifiziert werden konnten.

c) Die ein-aggregatigen Polyoxymethylen-dimethyläther.

Im geschmolzenen Zustande sind Polyoxymethylen-dimethyläther bis zum Polymerisationsgrad 150 beständig. Im festen Zustande können aber Produkte von wesentlich höherem Polymerisationsgrad beständig sein. Man könnte denken, daß Fadenmoleküle durch einen ganzen Krystallit hindurchgehen, daß also Moleküle von sehr großer Länge auftreten. Die gewachsenen Polyoxymethylenkrystallite können eine Länge von ca. 0,1 mm erreichen; das würde heißen, daß ca. $5 \cdot 10^5$ Formaldehydgruppen, also 10^6 Kettenatome in einem Fadenmolekül angeordnet sind[2]. In entsprechender Weise könnte man auch für manche Silicate, z. B. für den Augit[3], ungeheuere Kettenmoleküle annehmen. Für die organische Chemie haben solche Aussagen wenig Bedeutung. Denn wir kennen bis heute keine Methode, um *im festen Zustande* Moleküle eines Polymerisationsgrades 10^3 von denen eines Polymerisationsgrades 10^6 unterscheiden zu können. Erst wenn man solche Unterschiede wird feststellen können, wird es einen Sinn haben, im

---

[1] Der Abbau der Dimethyläther geht in Lösung langsam vor sich. Dies zeigen besonders die Molekulargewichtsbestimmungen in Campher; nur bei der höchstmolekularen Fraktion mit dem Molekulargewicht 3000 wurde bei längerem Erhitzen ein allmähliches Absinken des Schmelzpunktes beobachtet. Ebenso konnte an demselben Produkt der Abbau in Lösung durch die Viscositätsmessung in Formamid bei 145° festgestellt werden; es wurde von einer Messung zur anderen ein geringer Viscositätsabfall beobachtet, der einen Abbau anzeigt.

[2] Es ist nicht wahrscheinlich, daß die β-Polyoxymethylenkrystalle aus solchen Riesenmolekülen aufgebaut sind, da sehr hochmolekulare Stoffe sehr zäh sind und sich nicht pulverisieren lassen, vgl. S. 119; vgl. weiter die Eigenschaften der Eupolyoxymethylene S. 260.

[3] Vgl. W. L. Bragg: The structure of Silicates. Leipzig: Akadem. Verlagsgesellschaft. 1930.

festen Zustand von Riesenmolekülen verschiedener Größe zu sprechen. Im gelösten Zustande dagegen treten Unterschiede zwischen den Stoffen mit verschieden großen Molekülen auf, besonders erhebliche in der Viscosität ihrer Lösungen; dann hat es Zweck, Aussagen über das Molekulargewicht zu machen und z. B. einen Stoff mit dem Molekulargewicht 10^4 von einem solchen mit dem Molekulargewicht 10^5 zu unterscheiden. Die Unmöglichkeit, Unterschiede zwischen Polyoxymethylenen vom Molekulargewicht 10^4, 10^5 oder 10^6 zu finden, liegt also darin, daß es nicht gelingt, derartige Stoffe in Lösung überzuführen. Wie vorsichtig man bei Aussagen über die Molekülgröße ein-aggregatiger Stoffe sein muß, soll gerade am Beispiel des γ-Polyoxymethylens gezeigt werden. Das γ-Polyoxymethylen ist in seinen chemischen Eigenschaften und seiner Zusammensetzung den Polyoxymethylen-dimethyläthern sehr ähnlich, besonders in seiner Beständigkeit. Es schmilzt nicht, sondern zersetzt sich bei $170-200°$, in Lösungsmitteln ist es nur unter starker Zersetzung löslich. Man kann daher vermuten, daß im γ-Polyoxymethylen sehr hochmolekulare Polyoxymethylendimethyläther vorliegen.

Dieses Polyoxymethylen entsteht beim Fällen von methylalkoholhaltiger Formaldehydlösung mit konzentrierter Schwefelsäure. Das gefällte Produkt ist keine einheitliche Substanz, sondern enthält β-Polyoxymethylen, das man aus methylalkoholfreier Formaldehydlösung durch Fällen mit konzentrierter Schwefelsäure erhalten kann.

Die Reinigung des γ-Polyoxymethylens wurde von AUERBACH und BARSCHALL mit Natriumsulfitlösung, von O. SCHWEITZER mit verdünnter Natronlauge vorgenommen. Für das so erhaltene Produkt wurde auf Grund von Analysen in früheren Arbeiten[1] ein Durchschnittspolymerisationsgrad von 150 angegeben. Diese Angabe ist nicht ohne weiteres aufrechtzuerhalten; denn man weiß bei diesem ein-aggregatigen Stoff nicht, ob er polymer-einheitlich ist. Im vorliegenden Fall des γ-Polyoxymethylens können in einem Krystallit 3 Arten von Polyoxymethylenketten, die sich in den Endgruppen unterscheiden, vorliegen: Polyoxymethylen-dimethyläther, -methylätherhydrate und -dihydrate.

Dabei ist sehr unwahrscheinlich, daß sich diese drei Polymeren in getrennten Krystalliten[2] ausbilden werden; denn die Krystallite des γ-Polyoxymethylens sind genau dieselben wie diejenigen des β-Polyoxymethylens[3]. Es wird vielmehr so sein, daß das Wachstum einer Polyoxymethylenkette durch Kondensationsreaktionen von Methylenglykol gleichzeitig mit dem Krystallwachstum vor sich geht. Der Abschluß der Kette kann nun dadurch erreicht werden, daß entweder die Kondensationsreaktion zum Stillstand kommt, oder aber Methylenglykolmonomethyläther — die Lösung enthält Methylalkohol — sich an der Kondensationsreaktion beteiligt, oder auch Methylalkohol die endständige Hydroxylgruppe veräthert. Das Ergebnis wird ein makromolekularer Mischkrystallit sein; d. h. die in ein Makromolekülgitter eingelagerten Polyoxymethylenketten besitzen verschiedene Endgruppen: entweder Hydroxyl- oder Methyläthergruppen.

---

[1] Liebigs Ann. **474**, 216 (1929).

[2] Es wird hier von Krystalliten und nicht von Krystallen gesprocher, da dieselben aus Makromolekülen und nicht aus einheitlich langen Molekülen aufgebaut sind. Vgl. H. STAUDINGER u. R. SIGNER: Ztschr. f. Krystallogr. **70**, 193 (1929). Vgl. S. 116.

[3] Vgl. auch KOHLSCHÜTTER, H. W.: Liebigs Ann. **484**, 155 (1930).

Ebenso wie der Aufbau des γ-Polyoxymethylens eine topochemische Reaktion darstellt, so auch sein Abbau mit verdünnten Alkalien. Reine Polyoxymethylen-dimethyläther sind gegen verdünnte Alkalien auch bei langem Kochen vollkommen beständig; Polyoxymethylen-dihydrate dagegen werden rasch zerstört. Der Angriff verdünnter Alkalien erfolgt also von den Endgruppen her. Eine Behandlung mit Alkalien könnte nur dann reine polymer-einheitliche Dimethyläther liefern, wenn Hydrate und Dimethyläther in Lösung vorliegen würden. Da aber die γ-Polyoxymethylenkrystalle makromolekulare Mischkrystallite sind, so wird der Abbau des γ-Polyoxymethylens topochemisch so lange fortschreiten, bis sich an seiner Oberfläche keine Hydroxylgruppen, sondern nur noch Methyläthergruppen befinden; dann ist das Teilchen gegen weitere Angriffe geschützt; denn in das Innere des Krystallits kann das Alkali nicht eindringen. In Abb. 65 ist schematisch ein makromolekularer Mischkrystallit des γ-Polyoxymethylens aufgezeichnet und sein Abbau durch Alkali angedeutet.

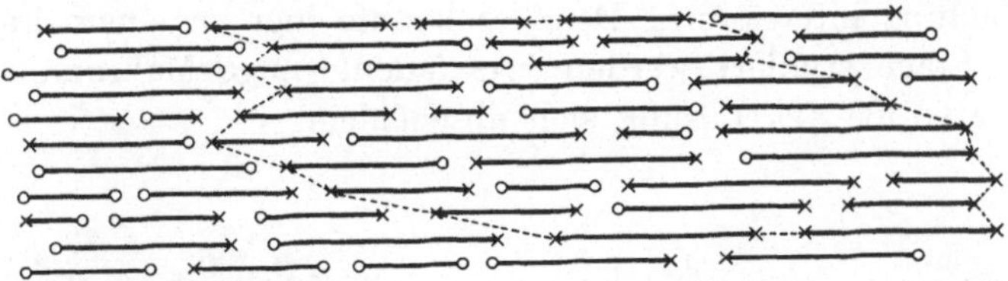

Abb. 65. Schema des Aufbaues von γ-Polyoxymethylen. ($\times$ = OCH$_3$, $\bigcirc$ = OH.)

Nimmt man, wie dies früher geschehen ist, an, daß das γ-Polyoxymethylen polymer-einheitlich ist, dann würde man aus der Methylätherbestimmung auf einen viel zu großen Durchschnittspolymerisationsgrad schließen.

Mit dem Bau des γ-Polyoxymethylens als makromolekularer Mischkrystallit lassen sich alle physikalischen und chemischen Eigenschaften desselben vereinbaren. Das γ-Polyoxymethylen zersetzt sich bei 170—200° ohne zu schmelzen, weil hochmolekulare Dihydrate und Methylätherhydrate sich ohne zu schmelzen zersetzen.

Auch die Erfahrungen, die man bei der Umkrystallisation des γ-Polyoxymethylens aus hochsiedenden Lösungsmitteln macht, lassen sich ohne Schwierigkeit erklären.

Bei höherer Temperatur können bestimmte Lösungsmittel in das gelockerte Makromolekülgitter eindringen. Die dadurch isolierten Makromoleküle lösen sich in normaler Weise auf. Nun macht sich der große Beständigkeitsunterschied zwischen Dimethyläthern, Methylätherhydraten und Dihydraten geltend. Die beiden letzteren werden rasch abgebaut. Ebenso werden sehr hochmolekulare Dimethyläther abgebaut; denn das Beständigkeitsdiagramm der Polyoxymethylen-dimethyläther zeigt, daß Dimethyläther mit mehr als ca. 150—200 Formaldehydgruppen im Molekül in Lösung nicht bestehen können. Dimethyläther mit dem Durchschnittspolymerisationsgrad 100 können isoliert werden. Die Ausbeute an diesem Dimethyläther beträgt bei der Umkrystallisation aus Formamid nur etwa 35%. Krystallisiert man dagegen reine, hochmolekulare, polymer-einheitliche Dimethyläther aus Formamid um, so werden sie nicht zersetzt; sie sind auch bei 150—160° in Lösung beständig und werden nur langsam abgebaut.

Bis zu welcher Kettenlänge Polyoxymethylen-dimethyläther im festen Zustand, also im γ-Polyoxymethylen, existieren, läßt sich nicht entscheiden. Es ist natürlich möglich, daß auch Dimethyläther eines höheren Polymerisationsgrades, wie sie durch Umkrystallisation isoliert werden konnten, im Makromolekülgitter des γ-Polyoxymethylens vorkommen, aber exakt beweisen läßt sich diese Annahme nicht.

Dieses Beispiel des γ-Polyoxymethylens zeigt, daß es bei einem ein-aggregatigen Stoff unmöglich ist, sichere Aussagen über die Molekülgröße zu machen. Es ist also auch eine Aussage über die Kettenlänge der Moleküle im β-Polyoxymethylen nicht möglich.

5. Die Krystallstruktur der Polyoxymethylen-dimethyläther.

Die Darstellung eines Polyoxymethylen-dimethyläthers vom Durchschnittspolymerisationsgrad 100 war besonders im Hinblick auf Krystallstruktur und Krystallausbildung interessant. Denn es konnte hier an einem krystallisierten Produkt die Frage studiert werden, wie fadenförmige Makromoleküle von so beträchtlicher Größe aus Lösung sich abscheiden.

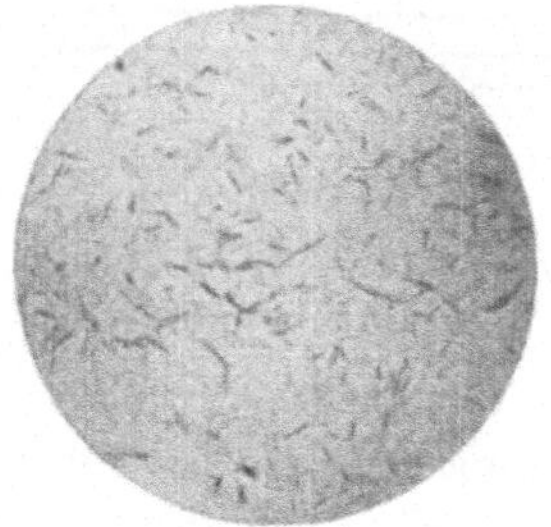
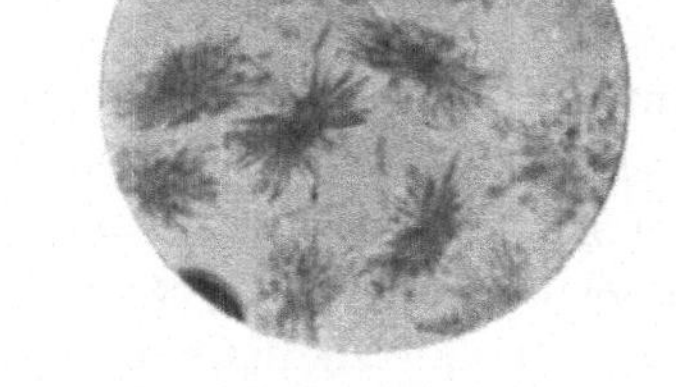

Abb. 66.   Abb. 67.

Abb. 66 u. 67. Hochmolekulare Polyoxymethylen-dimethyläther aus Formamid umkrystallisiert.

Aus den Viscositätsgesetzen und der Strömungsdoppelbrechung folgt, daß Fadenmoleküle in Lösung starr sind, und daß schon in Lösung eine gewisse Ordnung derselben, die in einer Orientierung besteht, erfolgen kann. Bei der Abscheidung aus Lösung lagern sich die Moleküle parallel; dabei braucht keine gittermäßige Anordnung zu erfolgen. Vielmehr wird sogar in den meisten Fällen die einzige Ordnung die Parallellagerung sein. Die Einordnung in ein Gitter wird von anderen Faktoren abhängen, nämlich vor allem von der *Gestalt der Moleküle.* Moleküle mit unregelmäßigem Bau, wie die des Polystyrols oder des Polyvinylacetats, werden sich zwar parallel anordnen, aber kein Krystallgitter bilden[1]. Der Molekülbau der Polyoxymethylene ist dagegen so regelmäßig, daß bei der Parallellagerung der Moleküle auch immer Gitterordnung der Atome erfolgt. Deshalb krystallisiert der Polyoxymethylen-dimethyläther mit 100 Formaldehydgruppen, d. h. 200 Atomen in einer Kette, ebenso wie niedermolekulare Dimethyläther.

----

[1] Vgl. über den Krystallbau hochmolekularer Verbindungen H. STAUDINGER u. R. SIGNER: Ztschr. Krystallogr. **70**, 193 (1929). Vgl. S. 109 ff.

Über die äußere Form der aus Lösung erhaltenen Krystallite läßt sich nur soviel voraussagen, daß wohlausgebildete hexagonale Tafeln und sechsseitige Prismen, wie sie bei der Entstehung von β-Polyoxymethylen aus konzentrierter Formaldehydlösung mit Schwefelsäure beobachtet werden, hier nicht zu erwarten sind. Die in Lösung befindlichen, fertigen Makromoleküle werden sich in anderer Art und Weise abscheiden.

Wenn man hochmolekulare Polyoxymethylen-dimethyläther vom Polymerisationsgrad 100 aus heißem Formamid umkrystallisiert, so erhält man eine Ausscheidung, die das Aussehen einer Gallerte hat; schon eine 3proz. Lösung wird

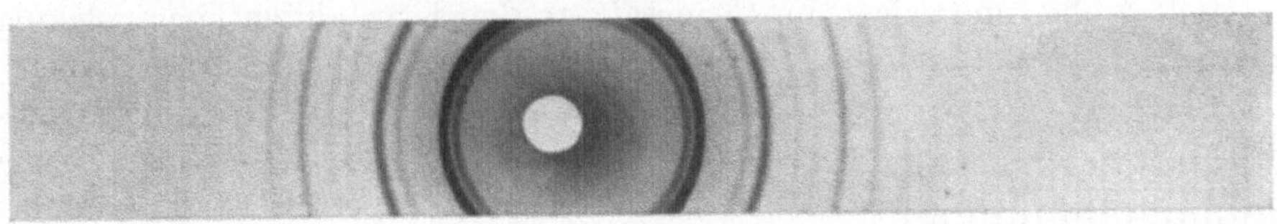

Abb. 68. DEBYE-SCHERRER-Aufnahme eines hochmolekularen umkrystallisierten Polyoxymethylen-dimethylathers.

beim Abkühlen so fest, daß sie nicht mehr fließt. Solche Gallerten erhält man auch mit allen anderen Lösungsmitteln, wie z. B. Anisol. Doch unterscheiden sich die Lösungsmittel insofern, als die Größe der ausgeschiedenen, mikroskopisch sichtbaren Teilchen verschieden ist. Aus Formamid erhält man bei raschem Abkühlen größere Krystallite als aus Cyclohexanol oder Anisol. Ihre Form ist länglich und spitz, spindelartig und unregelmäßig; man kann keine definierten Krystallflächen erkennen (Abb. 66). Bei langsamer Krystallisation aus Formamid erhält

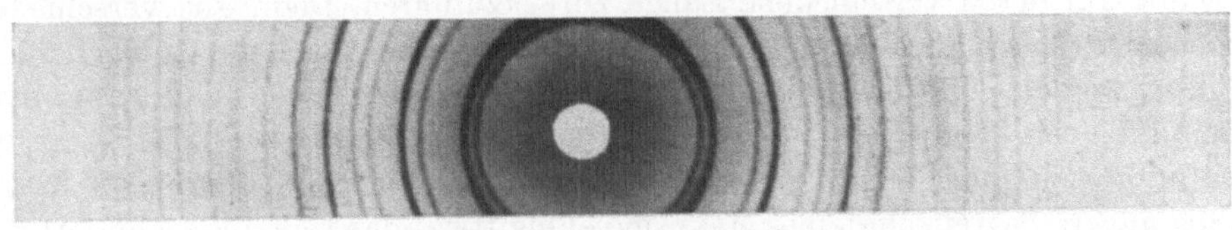

Abb. 69. DEBYE-SCHERRER-Aufnahme des γ-Polyoxymethylens.

hält man büschelige Gebilde (Abb. 67). Mit polarisiertem Licht zeigen die Krystallite einheitliche Auslöschung. Das Debye-Scherrer-Diagramm[1] (Abb. 68) ist mit dem Diagramm des γ-Polyoxymethylens (Abb. 69) identisch.

Die Lagerung der langen Moleküle in den Krystalliten muß senkrecht zu deren Längsrichtung angenommen werden. Das Hauptwachstum am Krystall erfolgt bekanntlich da, wo die Atompackung am dichtesten ist. Da der Abstand zweier Polyoxymethylenketten nach J. HENGSTENBERG[2] 4,6 Å, die Länge einer Formaldehydgruppe im Fadenmolekül aber 1,9 Å beträgt, so liegt die dichteste Packung der Atome nicht in der Fläche der Molekülendgruppen, sondern senkrecht dazu vor. Das Hauptwachstum der Krystallite wird also nicht in der Richtung der Fadenmoleküle, sondern senkrecht dazu erfolgen.

---

[1] Die Aufnahmen wurden im hiesigen Physikalischen Institut von E. SAUTER gemacht. Wir möchten ihm an dieser Stelle bestens danken.

[2] Ztschr. f. physik. Ch. **126**, 425 (1927).

Für die native Cellulose ist bewiesen, daß die Fadenmoleküle in Richtung der Faserachse liegen. Das Wachstum der Cellulosefaser ist aber ein ganz anderes und ist eher dem Wachstum eines β-Polyoxymethylenkrystalls[1] zu vergleichen; es lagert sich ein Glucosemolekül an das andere, wobei gleichzeitig die chemische Bindung und das Krystallwachstum eintritt[2].

Ganz entsprechende Beobachtungen hat schon A. S. C. LAWRENCE[3] bei den Salzen ungesättigter Fettsäuren gemacht; auch er nimmt an, daß das Hauptwachstum der Krystalle senkrecht zur Richtung der Fettsäuremoleküle erfolgt. Ebenso zeigen die freien Fettsäuren (Palmitinsäure, Stearinsäure) bei der Krystallisation aus Formamid nadelförmige Ausbildung der Krystalle. Nur sind diese Krystalle größer und zeigen im Gegensatz zu den Krystalliten hochmolekularer Polyoxymethylen-dimethyläther scharfe Begrenzungsflächen. Ebenso haben die Krystalle niedermolekularer Polyoxymethylen-dimethyläther aus Formamid besser ausgebildete Formen[4].

In Abb. 70 ist der Bau eines Krystallits aus hochmolekularen Dimethyläthern schematisch angedeutet.

Die Ausmessung der Krystallite zeigt, daß ihre Dicke (ca. $1-2\,\mu$) nicht der Länge eines Moleküls (200 Å) entspricht. Die Krystalldicke entspricht ungefähr 100 Makromoleküllängen, die Krystallänge ($10-15\,\mu$) ungefähr 10^4-10^5 nebeneinander gittermäßig angeordneten Makromolekülen.

Abb. 70. Schema des Aufbaues eines Krystallits von Polyoxymethylen-dimethyläthern aus Lösung.

Es bleibt uns noch auf die unregelmäßige Form der Krystallite der hochmolekularen Dimethyläther einzugehen. Diese Form ist wahrscheinlich neben der Größe der aufbauenden Moleküle auf deren verschiedene Länge zurückzuführen. Denn aus verschieden langen Makromolekülen kann kein Krystall mit scharfen Begrenzungsflächen gebildet werden. Die schlechte Ausbildung der Krystalloberfläche kann man daran erkennen, daß schon verdünnte Lösungen infolge starker Lösungsmitteladsorption gelatinös erstarren. Die aufgefundene Form ist also nichts weiter als die äußere Begrenzung eines Makromolekülgitters, das sich aus schon fertigen Makromolekülen aus Lösung bildet[5].

Nun ist aber die Fraktionierung des Gemisches der Polymer-homologen durchführbar. Das steht mit der Annahme eines Makromolekülgitters, in dem die kleinen Moleküle von den großen eingeschlossen würden, scheinbar in Widerspruch[6]. Es ist aber anzunehmen, daß ein Krystallit nur aus Molekülen *ungefähr*

---

[1] Hier liegt ein wohlausgebildeter Krystall vor; es läßt sich allerdings nicht entscheiden, ob derselbe aus einheitlich langen Molekülen aufgebaut ist. Vgl. Abb. 17, S. 119.

[2] Liebigs Ann. **474**, 267 (1929). Vgl. S. 118ff.

[3] Kolloid-Ztschr. **50**, 12 (1930). Unsere Beobachtungen wurden, bevor uns die Arbeiten von LAWRENCE vorlagen, gemacht und in entsprechender Weise gedeutet.

[4] Es ist interessant, daß die niedermolekularen Dimethyläther, die sonst in Blättchen krystallisieren, aus Formamid nadelförmig erhalten werden können, ähnlich wie die Fettsäuren, die aus anderen Lösungsmitteln ebenfalls in Blättchen erhalten werden.

[5] GERNGROSS spricht beim Eiweiß von „ausgefransten Gittern", Ztschr. f. physik. Ch. (B) **10**, 371 (1930). Dieses ist identisch mit dem Makromolekülgitter, vgl. STAUDINGER u. R. SIGNER: Ztschr. f. Krystallogr. **70**, 193 (1929).

[6] Liebigs Ann. **474**, 172 (1929).

gleicher Größe besteht. Jeder Krystallit enthält also einen Ausschnitt aus der ganzen Reihe polymer-homologer Moleküle des vorliegenden Gemisches. Diese Struktur ist durch die Bildung aus Lösung verständlich, besonders im Hinblick auf die Kurve der Löslichkeitsgrenzen (Abb. 64). Es werden aus der Lösung zuerst Krystallite der größten, also schwerstlöslichen Moleküle entstehen. Diese wachsen nicht weiter, es bilden sich neue Krystallite kleinerer Moleküle usw. Die Fraktionierung ist also durchaus möglich, solange die Löslichkeitsunterschiede genügend groß sind.

III. Die Polyoxymethylen-dihydrate[1].

(Gemeinsam bearbeitet mit R. SIGNER.)

Die polymer-homologe Reihe der Polyoxymethylen-dihydrate hat den Bautypus: $HO—(CH_2—O)_x—CH_2—OH$. Schon M. DELÉPINE[2] erkannte den Paraformaldehyd als ein Gemisch von Polymeren obiger Formel. Doch wurde diese Ansicht von AUERBACH und BARSCHALL[3] auf Grund ihrer ausgedehnten Untersuchungen an den festen Polymeren des Formaldehyds abgelehnt. Sie hielten den Paraformaldehyd für „ein amorphes Polymeres des Formaldehydes von unbekannter, aber mindestens dreifacher Molekulargröße und mit einem je nach den inneren und äußeren Umständen schwankenden Gehalt an adsorbiertem Wasser". Diese Anschauungen wurden durch umfangreiche Untersuchungen[4] über die Polyoxymethylene widerlegt. Die Herstellung der polymer-homologen Reihen der Polyoxymethylen-dimethyläther und der Polyoxymethylen-diacetate ergaben als notwendige Konsequenz auch die Existenz der polymer-homologen Reihe der Polyoxymethylen-dihydrate. Eine direkte Bestätigung mußte sich aus der Untersuchung der niederen Glieder dieser Reihe ergeben. Sie wurde schon von R. SIGNER[5] und O. SCHWEITZER[5] in Angriff genommen und in der vorliegenden Arbeit fortgesetzt.

Auch bei den Polyoxymethylen-dihydraten wurde untersucht, welche Moleküle im gasförmigen, im geschmolzenen und gelösten und im festen Zustand existenzfähig sind.

Schon die niedermolekularen Polyoxymethylen-dihydrate lassen sich nicht unzersetzt destillieren; die Produkte zerfallen. In Lösung sind dagegen Moleküle eines ziemlich großen Polymerisationsgrades beständig. Wie weit diese Beständigkeit geht, soll im folgenden dargelegt werden. Dabei muß auch nochmals auf die Existenz des Methylenglykols eingegangen werden.

---

[1] Die Nomenklatur ist nicht völlig korrekt. Diese Produkte haben die Zusammensetzung Formaldehyd $+ 1 H_2O$, sind also Hydrate. Wie aber von Polyoxymethylen-diacetaten und -dimethyläthern gesprochen wird, so wird auch hier die Bezeichnung Polyoxymethylen-dihydrate gewählt, um auszudrücken, daß zwei Hydroxylgruppen am Kettenende stehen. In einer früheren Arbeit [5. Mitt. über hochpolymere Verbindungen, Helv. chim. Acta 8, 67 (1925)] wurde „Polyoxymethylen-diole" erwogen, was aber auch nicht völlig richtig ist, weil ja 1 O der beiden Hydroxylgruppen einer Formaldehydgruppe zugehört.

[2] Bull. Soc. Chim. Paris (3), **17**, 856 (1897).

[3] Arbb. Kais. Gesundh.-Amt **27**, 183—236 (1906).

[4] STAUDINGER, H., u. Mitarbeiter: 18. Mitt. Liebigs Ann. **474**, 145 (1929).

[5] Liebigs Ann. **474**, 238 (1929).

1. Methylenglykol.

Das erste Glied dieser Reihe ist das Methylenglykol oder Formaldehydhydrat: $CH_2{<}^{OH}_{OH}$, das nach Arbeiten von Tollens[1], Auerbach und Barschall[2] in wässerigen Formaldehydlösungen vorliegt. Die Existenz des Methylenglykols in solchen Lösungen ist sehr wahrscheinlich. Durch die Untersuchung der fraktionierenden Destillation wässriger Formaldehydlösungen konnte A. Zimmerli[3] zeigen, daß nach Erreichen einer bestimmten Konzentration der Lösung ein Produkt von der ungefähren Zusammensetzung des Methylenglykols abdestilliert. So ist die Existenz dieses Körpers in Lösung und in Dampfform wahrscheinlich gemacht. Für seine Existenz in Lösung spricht auch, daß durch Extraktion aus ca. 30 proz. Formaldehydlösungen mit Äther im Apparat von Kutscher-Steudel ein Öl erhalten wird, dessen Formaldehydgehalt von 58% dem für das Methylenglykol geforderten Wert von 62,5% sehr nahe kommt. Aber alle weiteren Versuche, diese Verbindung in reiner Form zu isolieren, schlugen fehl, und es läßt sich nicht entscheiden, ob sie im reinen Zustand existenzfähig ist.

Das erhaltene Öl ist in Wasser und Aceton leicht, in Äther und Benzol nur beschränkt löslich. Durch Abkühlen erhält man keine gut krystallisierte Substanz, sondern nur schmierige Produkte, die keinen scharfen Schmelzpunkt zeigen. Da das Chloralhydrat gut krystallisiert, könnte man vermuten, daß das Formaldehydhydrat ebenfalls gut krystallisiert und so zu reinigen ist. Die Eigenschaften des Öles entsprechen aber denen des Äthylenglykols, das ähnliche Löslichkeitsverhältnisse zeigt, ölig ist und schwer krystallisiert.

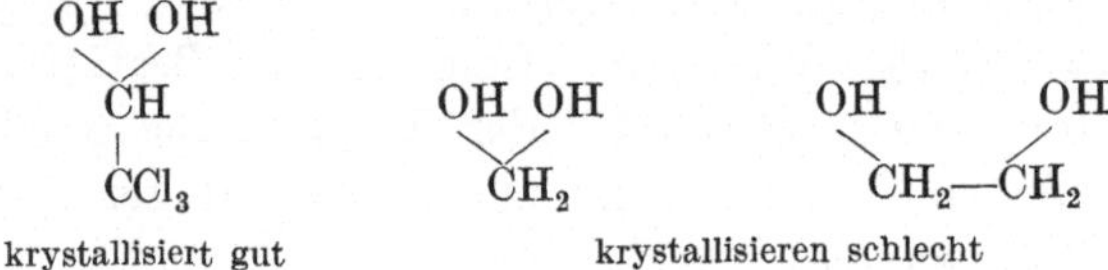

Recht auffallend ist die große Polymerisationsneigung des Öles, wobei es in Paraformaldehyd übergeht und fest wird. Diese Veränderung wurde schon früher von R. Signer beobachtet und als eine fortschreitende Polymerisation ähnlich der Polymerisation der monomeren Kieselsäure nach Willstätter gedeutet[4].

2. Lösliche, niedermolekulare Polyoxymethylen-dihydrate.

Dieselben Veränderungen wie das durch Extraktion mit Äther erhaltene Öl, das vermeintliche Methylenglykol, erleiden alle reinen, methylalkoholfreien Formaldehydlösungen, die mehr als 30 Gewichtsprozente Formaldehyd gelöst enthalten.

Beim Eindampfen von Formaldehydlösungen auf dem Wasserbad entweicht neben wenig Formaldehyd ein großer Teil des Wassers; man kann so Lösungen mit ca. 80% Formaldehyd erhalten. Sie erstarren beim Abkühlen zu schmierigen, wachsartigen Gallerten. Es bildet sich durch Kondensation ein Gemisch von

[1] Ber. Dtsch. Chem. Ges. **21**, 1566, 3503 (1888).

[2] Arbb. Kais. Gesundh.-Amt **22**, 584 (1905).

[3] Industrial and Engin. Chemistry **19**, 524 (1927).

[4] Willstätter, R., u. Mitarbeiter: Ber. Dtsch. Chem. Ges. **58**, 2462 (1925); **61**, 2280 (1928). Vgl. auch Liebigs Ann. **474**, 271 (1929).

niedermolekularen Polyoxymethylen-dihydraten. Um daraus einheitliche Dihydrate herzustellen, wurde aus Aceton umkrystallisiert. Während aber die Polyoxymethylen-diacetate und besonders die Dimethyläther eine sehr große Beständigkeit zeigen, sind die Dihydrate in Lösung sehr unbeständig und verändern sich auch im festen Zustande. Eine Isolierung und Reinigung ist daher sehr erschwert.

Die Fraktionierung aus Aceton ergibt eine Reihe von Produkten, die sich in ihrer Löslichkeit unterscheiden. Bis zum Polymerisationsgrad 6 sind die Dihydrate in kaltem Aceton löslich und können mit tiefsiedendem Petroläther gefällt werden, bis zum Polymerisationsgrad 12 sind sie in siedendem Aceton löslich und krystallisieren beim Abkühlen aus; die als Rückstand erhaltenen, in Aceton unlöslichen Dihydrate wurden nicht untersucht. Die folgende Tabelle gibt eine Übersicht über die erhaltenen niedermolekularen Polyoxymethylen-dihydrate.

Tabelle 129. Die Polyoxymethylen-dihydrate.

Polymerisations-grad	CH_2O ber. %	gef. %	Schmelz-punkt Grad	Löslichkeit in Aceton
2—3	76,9	79,3	82—85	Sehr leicht löslich in der Kälte.
4	83,3 87,0	86,5	95—105 Zers.	desgl.
6	90,9	90,9		Löslich in der Kälte.
7	92,1	92,0		Desgl.
8	93,0	92,9	115—120 Zers.	Leicht löslich in der Wärme.
9	93,8	93,2 93,9		Desgl.
11	94,8	93,8 94,9		Löslich beim Sieden.
12	95,2	94,8 95,0		Schwer löslich beim Sieden.
Paraform-aldehyd	95—98	95,8	140 Zers.	Fast unlöslich.

Durch häufige Umkrystallisation aus Aceton wurde ein Octo-oxymethylen-dihydrat erhalten, das besonders eingehend untersucht wurde. Sein Formaldehydgehalt von 93% änderte sich bei weiterer Umkrystallisation aus Aceton nicht mehr. Das Produkt ist deshalb ziemlich rein, kann aber nicht als vollständig einheitliches Octo-oxymethylen-dihydrat angesprochen werden. Es ist trotz seines hohen Formaldehydgehaltes leicht in heißem Aceton löslich und fällt fast quantitativ in der Kälte wieder aus; es kann ferner aus Chloroform, Dioxan, Pyridin und anderen Lösungsmitteln umkrystallisiert werden, bei sehr raschem Arbeiten im Reagensglase sogar aus Wasser. Von verdünnten Säuren und Alkalien wird es, auch in der Kälte, in kurzer Zeit zerstört.

Dieses relativ einheitliche Dihydrat krystallisiert in Nädelchen, die polarisiertes Licht einheitlich auslöschen. Das Produkt ist pulverig und deshalb leicht filtrierbar. Die gut ausgebildeten Krystalle haben eine regelmäßige Oberfläche und adsorbieren deshalb kein Lösungsmittel. Im Gegensatz dazu zeigen uneinheitliche Polyoxymethylen-dihydrate vom gleichen Formaldehydgehalt (Paraformaldehyd) keine mikroskopisch sichtbaren Krystalle. Auch riecht das frisch umkrystallisierte reine Produkt nur schwach nach Formaldehyd im Gegensatz zu dem nicht umkrystallisierten, stark riechenden Rohprodukt, das infolge eines geringen Ameisensäuregehaltes sich zersetzt.

Das Octo-oxymethylen-dihydrat schmilzt bei 115—120° und zersetzt sich dabei.

Es wurde auch versucht, die Konstitution der niedermolekularen Polyoxymethylen-dihydrate röntgenographisch festzustellen. Die Untersuchung ergab, daß die DEBYE-SCHERRER-Diagramme zwar alle Linien eines hochmolekularen Polyoxymethylens zeigen, aber nicht die der Moleküllänge entsprechenden inneren Interferenzringe aufweisen, wie sie von I. HENGSTENBERG[1] bei den Diacetaten aufgefunden und ausgemessen wurden. Das könnte daher kommen, daß die untersuchten Dihydrate noch nicht genügend einheitlich sind. Es ist aber auch möglich, daß die Reflexionsebenen, in denen die Endgruppen der Dihydrate, die OH-Gruppen, liegen, in ihrem Zonenverband keine besondere Stellung einnehmen. Die Molekülenden würden dann ziemlich nahe einander gegenüberstehen[2], so daß eine Kette von kurzen Fadenmolekülen wie ein langes Fadenmolekül, das den ganzen Krystall durchzieht, wirkt.

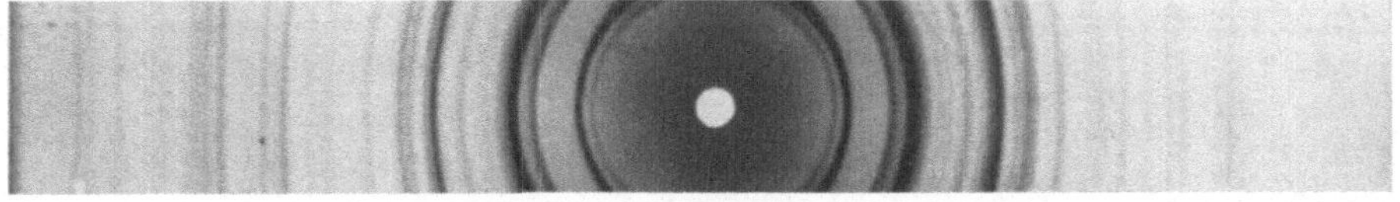

Abb. 71. DEBYE-SCHERRER-Aufnahme eines 11-oxymethylen-dihydrates.

Die Konstitution der krystallisierten Dihydrate kann nicht mit derselben Sicherheit wie die der Diacetate oder Dimethyläther bewiesen werden; denn die Molekulargewichtsbestimmung auf kryoskopischem Wege ist nicht durchführbar; der Polymerisationsgrad kann daher nur auf Grund der Bestimmung des Formaldehydgehaltes festgelegt werden.

Um zu beweisen, daß niedermolekulare Dihydrate bestimmten Polymerisationsgrades vorliegen, wollten wir sie in die bekannten Diacetate und Dimethyläther überführen. Aber diese chemischen Umwandlungen lassen sich nicht glatt durchführen; denn dazu sind die Dihydrate viel zu unbeständig. Die Acetylierung mit Essigsäureanhydrid und Pyridin in Dioxan als Verdünnungs- und Dispergierungsmittel führt beim Octo-oxymethylen-dihydrat in schlechter Ausbeute zu Diacetaten vom Polymerisationsgrad 6—12. Die Methylierung mit Diazomethan, die einen Vergleich mit den niedermolekularen Dimethyläthern erlaubt hätte, war überhaupt nicht durchführbar, da vollständige Zersetzung eintrat.

3. Die hochmolekularen Polyoxymethylen-dihydrate.

Der Paraformaldehyd und die durch konzentrierte Schwefelsäure aus reinen methylalkoholfreien Formaldehydlösungen ausgefällten Polyoxymethylene sind hochmolekulare Dihydrate. Diese Produkte sind in Aceton unlöslich. Nur der Paraformaldehyd enthält kleine Mengen niedermolekularer Anteile, die mit Aceton extrahiert werden können.

---

[1] Ztschr. f. physik. Ch. **126**, 435 (1927).
[2] Infolge koordinativer Bindung der beiden OH-Gruppen unter sich.

Die Beständigkeit dieser Produkte ist durch die Einordnung der Makromoleküle in ein Krystallgitter erklärbar. Sowie diese Gitterstruktur gelockert wird, tritt Zersetzung ein. Deshalb haben die Polyoxymethylen-dihydrate keinen Schmelzpunkt, da hier zum Unterschied von den Dimethyläthern der Zersetzungspunkt unter dem Schmelzpunkt liegt. Nur die niedersten Glieder der Reihe schmelzen, bevor sie sich zersetzen.

Bei sehr raschem Arbeiten kann man hochmolekulare Dihydrate auch umkrystallisieren. So löst sich Paraformaldehyd in der Hitze teilweise in Dioxan und fällt in der Kälte wieder aus. In Formamid kann auch α- und β-Polyoxymethylen gelöst werden, wird aber in wenigen Sekunden vollständig abgebaut. Durch rasches Abkühlen beim Arbeiten mit kleinen Mengen erhält man eine teilweise Wiederausscheidung (bis 40%). Ganz kurze Zeit können also auch hochmolekulare Dihydrate vom Polymerisationsgrad 50—100 in Lösung existieren. Die umkrystallisierten Produkte zeigen die Eigenschaften eines α-Polyoxymethylens. Sie enthalten wie dieses mehr als 99% Formaldehyd. Die speziellen Eigenschaften des β-Polyoxymethylens, die auf seinem geringen Schwefelsäuregehalt beruhen, wie z. B. seine „Sublimierbarkeit"[1], sind nach dem Umkrystallisieren mit dem Verlust des geringen Schwefelsäuregehaltes verschwunden. Es läßt sich nicht entscheiden, ob im β-Polyoxymethylen die Schwefelsäure, die in jedem β-Polyoxymethylen nachgewiesen werden kann, esterartig gebunden ist[2], oder ob sie nur eingeschlossen ist.

4. Die Alterung der Polyoxymethylen-dihydrate.

Die bemerkenswerteste Eigenschaft der niedermolekularen Polyoxymethylendihydrate ist ihre Veränderung, die sie beim Stehen erleiden; sie altern. Dieser Vorgang läßt sich sehr gut an Polyoxymethylengallerten verfolgen, die man

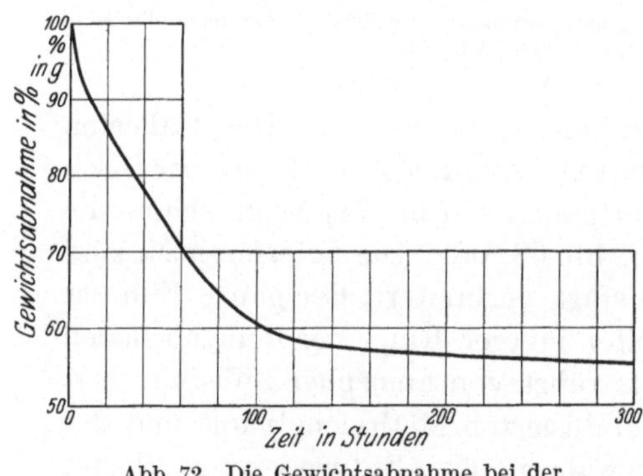

Abb. 72. Die Gewichtsabnahme bei der Entwässerung.

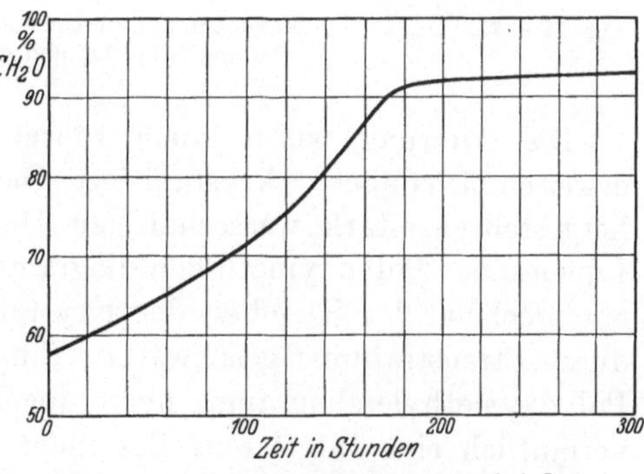

Abb. 73. Die Formaldehydzunahme bei der Entwässerung.

durch Eindampfen wässeriger Formaldehydlösungen erhält. Der Formaldehydgehalt der Gallerten beträgt 50—80%. Die Alterung wurde an der Veränderung bei der Entwässerung über Phosphorpentoxyd untersucht (Abb. 72 und 73).

---

[1] Wie schon früher erwähnt, läßt sich α- und β-Polyoxymethylen leicht beim Erhitzen im Reagensrohr unterscheiden. Das Formaldehydgas aus dem β-Produkt polymerisiert sich sofort wieder infolge des Schwefelsäuregehaltes. Man hat so den Eindruck, als ob dieser Stoff sublimiert.

[2] Liebigs Ann. **474**, 245 (1929).

Wird ein solches Produkt sofort nach seiner Herstellung über Phosphorpentoxyd gebracht, dann tritt unter Abgabe von Wasser und etwas Formaldehyd eine kontinuierliche Gewichtsabnahme ein (Abb. 72), der Formaldehydgehalt nimmt kontinuierlich zu (Abb. 73). Ebenso steigt der Schmelzpunkt allmählich an, und die Löslichkeit in Lösungsmitteln, wie z. B. in Aceton, nimmt ab.

Dieses Verhalten kann chemisch so erklärt werden, daß sich aus den niederen Gliedern der Polyoxymethylen-dihydrate durch Kondensation höhere Glieder bilden; dabei wird ursprünglich chemisch gebundenes Wasser frei, das von Phosphorpentoxyd aufgenommen wird. Der Übergang der niederen Glieder in höhere Polyoxymethylen-dihydrate bedeutet also für die Einzelmoleküle eine *sprunghafte* Änderung; für die Gesamtheit der Moleküle des polymer-homologen Gemisches resultiert aber eine *kontinuierliche* Veränderung aller Eigenschaften, da ein Gemisch von Polymer-homologen vorliegt.

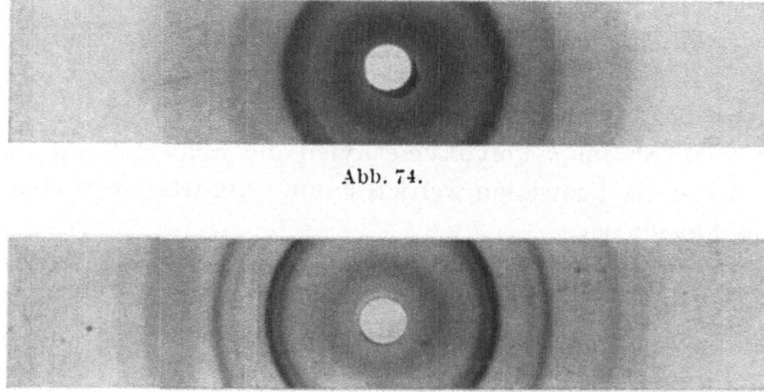

Abb. 74.

Abb. 75.

Abb. 74 u. 75. DEBYE SCHERRER-Aufnahmen einer Polyoxymethylen-dihydrat-gallerte sofort nach der Herstellung (Abb. 74) und nach zwei Tagen (Abb. 75).

Die Alterung wurde auch röntgenographisch untersucht. Die Gallerten erweisen sich dabei als krystallisiert. Die DEBYE-SCHERRER-Aufnahme einer frisch hergestellten, stark wasserhaltigen Dihydratgallerte (Abb. 74) zeigt schon die Linien eines Polyoxymethylen-diagramms (Abb. 68, 69). Die Interferenzen sind entsprechend der Kleinheit der Krystallite stark verbreitert, der ganze Film ist durch Streustrahlung geschwärzt. Ein breiter innerer Ring, der dem normalen Polyoxymethylendiagramm nicht angehört, rührt von amorpher Substanz her, vermutlich eine Interferenz des nicht krystallisierten Methylenglykols und der niedersten Glieder dieser Reihe. Beim Aufbewahren, ohne Entwässerung, erleidet das Produkt in kurzer Zeit eine Veränderung, die sich besonders röntgenographisch anzeigt. Eine DEBYE-SCHERRER-Aufnahme nach zwei Tagen zeigt ein vollständiges Polyoxymethylendiagramm mit scharfen, schmalen Linien; eine Schwärzung des ganzen Films ist nicht mehr vorhanden (Abb. 75). Polymerisation und Krystallisation erfolgen also in kurzer Zeit. Dabei macht das Produkt rein äußerlich einen amorphen Eindruck, da seine Krystallite sehr klein sind.

Besonderes Interesse verdient noch das Endprodukt der Entwässerung der Polyoxymethylen-dihydrat-gallerte über Phosphorpentoxyd. Der Formaldehydgehalt der Gallerte nimmt rasch zu, ihr Wassergehalt ab. Nach 10 Tagen hat sie einen Gehalt von ca. 93% Formaldehyd, und diese Zusammensetzung ändert sich auch nach monatelangem Stehen nicht mehr. Das Produkt zeigt jetzt alle Eigenschaften des Paraformaldehyds; es schmilzt nicht und zersetzt sich von 115—150° vollständig. In Aceton ist es fast nicht mehr löslich.

Man beobachtet also, daß beim Altern einer Gallerte durch Entwässern über Phosphorpentoxyd ein Produkt mit ca. 93—94% Formaldehyd entsteht, das in Aceton sehr schwer löslich ist, während man durch Umkrystallisation der frischen Gallerte aus Aceton Produkte desselben Formaldehydgehalts erhält, die in Aceton relativ leicht löslich sind. Es liegen also Produkte gleicher Zusammensetzung, aber verschiedener Löslichkeit vor. Die beiden Produkte sind in Tabelle 130 einander gegenübergestellt.

Tabelle 130.

	Formaldehyd-gehalt %	Löslichkeit in Aceton	Schmelzpunkt und Zersetzungspunkt	Aussehen
Octo-oxymethylen-dihydrat	93,0	In heißem Aceton leicht löslich	115—120° unter Zersetzung	Einheitliche Krystallnadeln
Entwässerungsprodukt über Phosphorpentoxyd	93,3	Unlöslich	Kein Schmelzp. Zersetzung von 115—150°	Mikroskopisch nicht sichtbare Krystallite

Eine Erklärung für das verschiedene Verhalten der beiden Produkte ergibt sich aus ihrem inneren Aufbau.

In dem aus Aceton umkrystallisierten Produkt liegt ein fast einheitliches Polyoxymethylen-dihydrat vor, bei dem die niederen Glieder in Lösung geblieben sind, die höheren Glieder aber als unlöslich abgetrennt wurden. Die Moleküle dieses Dihydrates haben ungefähr einheitliche Kettenlänge entsprechend folgendem Schema (Abb. 76).

Wenn dagegen eine Dihydrat-gallerte altert und zugleich entwässert wird, so entsteht zwar ein Produkt mit dem gleichen Formaldehydgehalt, dieses Produkt ist aber ein Gemisch von niederen und höheren Polyoxymethylendihydraten. Dabei ist die Kondensation zu größeren Molekülen besonders an

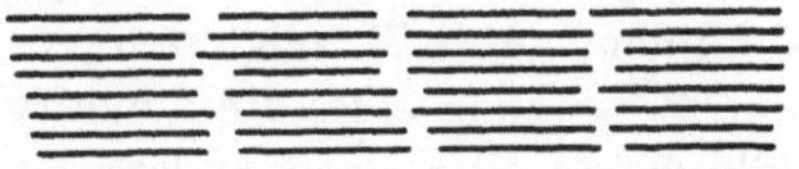

Abb. 76. Schematischer Aufbau des Osto-oxymethylen-dihydrates.   Abb. 77. Schematischer Aufbau einer entwässerten Polyoxymethylen-dihydrat-gallerte.

der Oberfläche der Krystallite eingetreten, und die längeren Moleküle schließen die kürzeren ein (Abb. 77). Dadurch wird das Produkt in heißem Aceton unlöslich.

Es liegt also hier eine Isomerie vor, die darauf beruht, daß Produkte gleicher Zusammensetzung Gemische von Polymerhomologen ganz verschiedenartiger Größe sind, die zwar gleiches Durchschnittsmolekulargewicht haben, aber sonst große Unterschiede im physikalischen Verhalten aufweisen. Ähnliche Erfahrungen kann man bei allen Hochpolymeren, die aus Gemischen von Polymerhomologen bestehen, machen.

Bei der Entwässerung einer Dihydrat-gallerte über Phosphorpentoxyd[1] (Abb. 78) treten deutliche Unterschiede zwischen einer frischen und einer gealterten Gallerte auf.

Die Kurve (*1*) weicht in ihrer Form von den übrigen ab. Sie gibt die Zersetzung eines Gemisches niedermolekularer Polyoxymethylen-dihydrate wieder.

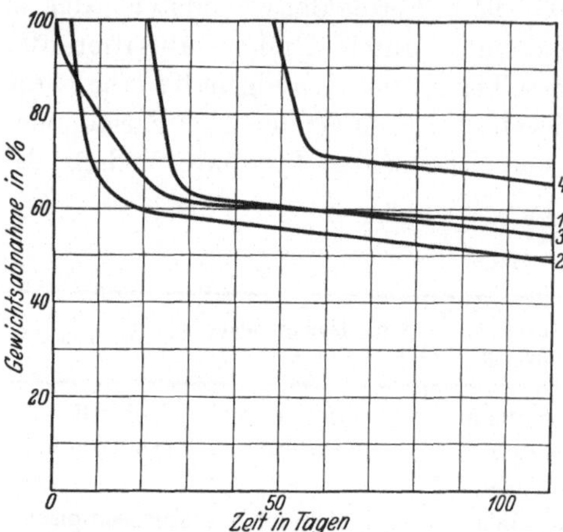

Abb. 78. Gewichtsabnahme bei der Entwässerung von Polyoxymethylen-dihydrat-gallerten verschiedenen Alters.

Die langsame Gewichtsabnahme hält Schritt mit einer langsam verlaufenden chemischen Reaktion, der Zersetzung der Dihydrate. Die Kurven (*2*), (*3*) und (*4*) geben dagegen die Entwässerung von gealterten Dihydraten wieder; die rasche Gewichtsabnahme entspricht der Abgabe von physikalisch eingeschlossenem Wasser. Im späteren Verlauf zeigen alle Kurven eine langsame Gewichtsabnahme an; dies entspricht einer langsamen chemischen Zersetzung unter Abgabe von Formaldehyd und Wasser.

Im Gegensatz zu der Alterung von Polyoxymethylen-dihydrat-gallerten, also eines Gemisches von polymer-homologen Polyoxymethylen-dihydraten, zeigen reine, einheitliche Dihydrate keine oder nur geringfügige Alterungserscheinungen. Es tritt bei genügendem Reinheitsgrad der Produkte — vor allem scheint die Abwesenheit von Spuren von Ameisensäure erforderlich zu sein — nur eine Zersetzung unter Abgabe von Formaldehyd und Wasser ein, ohne daß sich dieser Formaldehyd an die noch unveränderten Dihydratmoleküle anlagert. Deshalb können reine, einheitliche Polyoxymethylen-dihydrate über Phosphorpentoxyd ohne Rückstand völlig verdampfen. Abb. 79 zeigt den Verlauf der Zersetzung eines 7-oxymethylen-dihydrates, der ganz anders ist als der von nicht gereinigten und uneinheitlichen Dihydraten (vgl. Abb. 78).

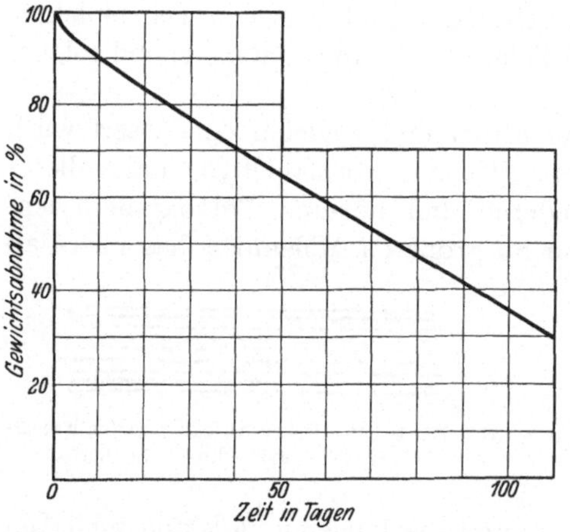

Abb. 79. Die Zersetzung eines 7-oxymethylen-dihydrates über Phosphorpentoxyd.

Das 7-oxymethylen-dihydrat mit einem Formaldehydgehalt von 92,0 % gibt über Phosphorpentoxyd in ca. 100 Tagen zwei Drittel an Gewicht ab. Danach beträgt bei fast unveränderten physikalischen Eigenschaften, insbesondere unveränderter Löslichkeit in Aceton, sein Formaldehydgehalt 92,4 %; das reine Produkt hat also nicht „gealtert".

---

[1] Derselbe Versuch wurde auch über Schwefelsäure als Entwässerungsmittel durchgeführt; der Verlauf der Entwässerung ist derselbe wie über Phosphorpentoxyd.

Ganz anders verhalten sich niedermolekulare Polyoxymethylen-dihydrate, die nicht ganz rein sind und Spuren von Ameisensäure enthalten, beim Stehen über Phosphorpentoxyd. Solche Produkte zeigen ausgesprochene Alterungserscheinungen: ihr Formaldehydgehalt steigt langsam an, ihre Löslichkeit in Aceton nimmt ab. Unter dem Einfluß von Spuren von Ameisensäure kondensiert sich der durch Zersetzung entstandene Formaldehyd zu höhermolekularen, in Aceton unlöslichen Produkten.

IV. Polyoxymethylene aus flüssigem, monomerem Formaldehyd: Eu-Polyoxymethylen.

1. Die Arten der Polymerisation[1].

Die Polymerisation des Formaldehyds kann auf verschiedene Weise erfolgen.

a) Die Polykondensation.

Man kann annehmen, daß Formaldehydhydratmoleküle unter Wasseraustritt reagieren und so das Dioxymethylen-dihydrat entsteht, das mit weiteren Molekülen Formaldehydhydrat unter fortschreitender Kondensation die höhermolekularen Dihydrate liefert. Hierbei entsteht also das polymere Produkt durch einen Vorgang, den man als Polykondensation bezeichnen kann.

$$HO—CH_2—O\boxed{H + HO}—CH_2—O\boxed{H + HO}—CH_2—O\boxed{H} + \cdots + \boxed{HO}—CH_2—OH$$

$$\downarrow$$

$$HO—CH_2——O——CH_2——O——CH_2——O——\cdots——CH_2—OH$$

Durch derartige „Polykondensationsprozesse" sind die von CAROTHERS[2] untersuchten Polymeren, z. B. die polymeren Ester von Dicarbonsäuren mit Glykol, die polymeren Säureanhydride, u. a. entstanden.

b) Die kondensierende Polymerisation.

Ein Molekül Formaldehydhydrat kann Formaldehyd anlagern; so entsteht ein Dioxymethylen-dihydrat. Die Bildung der höheren Polymeren erfolgt durch eine kondensierende Polymerisation, durch Wasserstoffwanderung, indem weitere Formaldehydmoleküle fortlaufend kondensierend reagieren.

$$HO—CH_2—OH + CH_2O + CH_2O + CH_2O + \cdots + CH_2O$$

$$\downarrow$$

$$HO—CH_2—O—CH_2—O—CH_2—O—CH_2—O—\cdots—CH_2—OH$$

Die Bildung der Polyoxymethylen-dihydrate beim Eindampfen von Formaldehydlösung erfolgt entweder durch Polykondensation oder kondensierende Polymerisation, ebenso ihre Bildung aus Formaldehydlösung mit Alkali[3] oder Schwefelsäure[4].

c) Die echte Polymerisation oder Kettenpolymerisation.

Hochpolymere Kohlenwasserstoffe entstehen nicht durch kondensierende Polymerisation. Also ein polymeres Styrol entsteht nicht dadurch, daß sich ein

---

[1] Vgl. S. 148ff.

[2] Journ. Amer. Chem. Soc. **51**, 2548 (1929) und spätere Arbeiten.

[3] MANNICH, C.: Ber. Dtsch. Chem. Ges. **52**, 160 (1919). Vgl. ferner Ber. Dtsch. Chem. Ges. **64**, 398 (1930).

[4] Vgl. diese Arbeit S. 242.

Styrolmolekül an ein anderes unter Wasserstoffwanderung anlagert. Denn Di- und Tristyrol sind zu wenig reaktionsfähig, als daß sie mit monomerem Styrol weiter reagieren würden. Hier erfolgt die Polymerisation derart, daß ein Styrol- molekül aktiviert wird und daß sich an dieses aktivierte Molekül andere anlagern, so lange bis schließlich die Kettenreaktion durch irgendeinen anderen chemischen Vorgang abbricht. Diese Polymerisationsart unterscheidet sich prinzipiell von der Polykondensation und der kondensierenden Polymerisation. Wir bezeichnen diese Reaktion als eine Kettenpolymerisation, gerade wie die Chlorknallgas- bildung eine Kettenreaktion ist[1]. Diese Kettenpolymerisationen sind die Poly- merisationsprozesse, die zu hochpolymeren Produkten führen können. Man wird eine solche Kettenpolymerisation etwa folgendermaßen formulieren können:

$$CH_2{=}O \;\rightarrow\; {-}CH_2{-}O{-}$$
$$\text{aktiviertes Molekül}$$
$$\cdots + CH_2O \;+\; CH_2O + CH_2O + {-}CH_2{-}O{-} + CH_2O + CH_2O \;+\; CH_2O + \cdots$$
$$\downarrow$$
$$\cdots + CH_2O + {-}CH_2{-}O{-}CH_2{-}O{-}CH_2{-}O{-}CH_2{-}O{-}CH_2{-}O{-} + CH_2O + \cdots$$

Die Kettenreaktion wird schließlich durch einen anderen chemischen Vorgang abgeschlossen; sonst würde das Fadenmolekül bis ins Unendliche wachsen. Durch diesen Abschluß der Reaktion kommt als Endgruppe eine Fremdgruppe in das Molekül[2].

Die durch Kettenpolymerisation entstehenden Produkte unterscheiden sich von den durch Kondensation erhaltenen charakteristisch in ihrer Molekülgröße; denn durch Polykondensation oder kondensierende Polymerisation können keine so großen Moleküle entstehen wie bei der Kettenpolymerisation, weil mit wachsen- der Größe des Moleküls die Reaktionsfähigkeit abnimmt, also die Kondensations- prozesse sich verlangsamen. So macht man allgemein die Erfahrung, daß Polymere, die durch Polykondensation oder kondensierende Polymerisation entstanden sind, soweit sie löslich sind[3], hemikolloiden Charakter haben. Dagegen entstehen durch Kettenpolymerisation bei genügend tiefer Temperatur Produkte, die außer- ordentlich hochmolekular sind und sich in der Molekülgröße von den durch Kondensation erhaltenen Polymeren größenordnungsmäßig unterscheiden; falls sie löslich sind, haben ihre Lösungen eukolloiden Charakter.

Bei den hochpolymeren Kohlenwasserstoffen, die durch Kettenpolymerisation erhalten wurden, ließen sich irgendwelche Fremdgruppen, wie z. B. Doppel- bindungen, am Ende der Kette nicht nachweisen. Es wurde deshalb in früheren Arbeiten angenommen, daß hochpolymere Ringe vorliegen[4]. Dabei wurde von der Ansicht ausgegangen, daß bei bestimmten Polymerisationsreaktionen sich

---

[1] Der Begriff „Kette" wird hier in zwei verschiedenen Weisen gebraucht: „Ketten- polymerisation" im Vergleich mit der Kettenreaktion des Chlorknallgases. Diese Polymeri- sation führt dabei zu Ketten- oder Fadenmolekülen. Es ist selbstverständlich die Ketten- bildung nicht mit der Kettenpolymerisation zu verwechseln.

[2] Hochpolymere Stoffe, die im polymeren Molekül nur die Gruppierung des Monomeren haben, sind nur möglich, wenn freie Valenzen am Ende der Kette vorhanden sind, oder wenn hochmolekulare Ringe vorliegen. Vgl. Ber. Dtsch. Chem. Ges. **59**, 3019 (1926).

[3] Natürlich können durch Kondensation unlösliche dreidimensionale Moleküle ent- stehen, über deren Molekülgröße keine Aussage möglich ist, z. B. die Bakelite.

[4] STAUDINGER, H.: Hochpolymere Verbindungen. 22. Mitt. Helv. chim. Acta **12**, 934 (1929).

4-, 6- oder 8-Ringe bilden und daß schließlich auch höhergliedrige Ringsysteme entstehen, wenn aus irgendwelchen unbekannten Gründen diese niedergliedrigen Ringe sich nicht gebildet haben. Auf Grund der RUZICKAschen Arbeiten[1] wäre zu erwarten, daß Ringe mit 10—16 Gliedern sich nur sehr schwer bilden, daß aber höhergliedrige Ringe sehr viel leichter entstehen können.

So konnte man auch bei der Polymerisation des Formaldehyds annehmen, daß entweder der 6-Ring, das Trioxymethylen[2], oder der 8-Ring, das Tetraoxymethylen[3], sich bilden, oder aber, wenn diese Ringbildung aus irgendeinem Grunde ausbleibt, höhergliedrige Ringe[4] entstehen, und zwar je nach den Bedingungen hemikolloide oder eukolloide Produkte.

Solche Produkte sollte man bei der Polymerisation von reinem, monomerem, flüssigem Formaldehyd erwarten; denn hier erfolgt die Polymerisation durch eine Kettenreaktion. In Wirklichkeit sind aber die Verhältnisse komplizierter.

2. Die Polymerisation des gasförmigen Formaldehyds.

M. TRAUTZ und E. UFER[5] beobachteten, daß sehr reiner, gasförmiger Formaldehyd nur geringes Polymerisationsbestreben zeigt. Kleine Mengen von Feuchtigkeit beeinflussen katalytisch die Reaktion. Wir können diese Angaben bestätigen. Reiner Formaldehyd ist in trockenem Zustande in Gasform ziemlich beständig. Dagegen bewirken Spuren von Wasser die Bildung von Polymeren. Außerdem begünstigen selbst die geringsten Spuren von Säuren oder Alkali die Polymerisation. Deshalb polymerisiert sich gasförmiger Formaldehyd aus β-Polyoxymethylen[6] besonders rasch, so daß man den Eindruck hat, als ob das Produkt beim Erhitzen sublimiert. Die Polymerisation von gasförmigem Formaldehyd, die durch Spuren von Wasser eingeleitet wird, ist wahrscheinlich eine kondensierende Polymerisation, die primär in einer Anlagerung von Formaldehyd an Methylenglykol besteht.

3. Die Polymerisation des reinen, flüssigen Formaldehyds.

a) Eu-Polyoxymethylen.

Wenn man reinen, flüssigen Formaldehyd polymerisiert, kann man je nach den Bedingungen bei tiefer Temperatur (—80°) glasartige, bei höherer Temperatur (—20°) feste, undurchsichtige Produkte erhalten. Diese Produkte sind hochmolekulare Polyoxymethylene, deren Molekulargewicht nicht bestimmbar ist. Man kann hier nicht entscheiden, ob 100 oder 1000 oder mehr Formaldehydmoleküle in einer Kette gebunden sind, weil diese Produkte in der Kälte unlöslich sind und sich in Formamid in der Hitze weitgehend zersetzen. Aus heißem Formamid erhält man einen kleinen Bruchteil der Substanz, die in Lösung geht, zurück; aber das so „umkrystallisierte" Produkt zeigt völlig veränderte Eigenschaften; es gleicht dem α-Polyoxymethylen. Es ist nicht wahrscheinlich, daß ein anderes Lösungsmittel gefunden wird, in dem diese Polyoxymethylene in der

---

[1] Helv. chim. Acta **13**, 1152 (1930).
[2] PRATESI: Gazz. chim. ital. **14**, 139 (1884). — AUERBACH u. BARSCHALL: Arbb. Kais. Gesundh.-Amt **27**, 221 (1907).
[3] STAUDINGER, H., u. M. LÜTHY: Helv. chim. Acta **8**, 65 (1925).
[4] Liebigs Ann. **474**, 258 (1929).   [5] Journ. f. prakt. Ch. **113**, 105 (1926).
[6] β-Polyoxymethylen enthält geringe Mengen Schwefelsäure. Vgl. Anm. 1, S. 251.

Kälte unzersetzt löslich sind. Wenn das der Fall wäre, müßten solche Lösungen hochviscos sein, sie müßten eukolloiden Charakter haben[1]. Eine Untersuchung der Viscosität derselben würde Aussagen über das Molekulargewicht dieser Produkte ermöglichen.

Da nach Abb. 64 (S. 240) ein 150-oxymethylen-dimethyläther gerade noch in kochendem Formamid unverändert löslich sein sollte, so kann man von diesen hochpolymeren Produkten nur sagen, daß sehr wenig Polymere vom Polymerisationsgrad 100 darin enthalten sind, und daß es in der Hauptsache aus Polymeren mit einem höheren Polymerisationsgrad als 150 besteht. Wir bezeichnen dieses Produkt, das ein sehr hochmolekulares Polyoxymethylen ist, als „*Eu-Polyoxymethylen*".

Diese Eu-Polyoxymethylene sahen wir anfangs nicht als Fadenmoleküle an, sondern als hochgliedrige Ringe, also Doppelketten mit gegenseitiger Absättigung der Endvalenzen. Wir teilten ihnen also denselben Bau zu wie den hochmolekularen Polystyrolen[2]. Dazu veranlaßte besonders das chemische Verhalten der Produkte, nämlich deren relativ große Beständigkeit gegen verdünnte Alkalien und ammoniakalische Silbernitratlösung. Polyoxymethylen-dihydrate werden von diesen Reagenzien sehr rasch angegriffen, Polyoxymethylen-dimethyläther dagegen nicht. Die Ringstruktur könnte die große Beständigkeit dieser Produkte erklären, da die Formaldehydgruppen ähnlich wie in den Dimethyläthern ätherartig gebunden sind.

$$CH_2\!-\!O\!-\!(CH_2\!-\!O)_x\!-\!CH_2\!-\!O$$
$$O\!-\!CH_2\!-\!(O\!-\!CH_2)_x\!-\!O\!-\!CH_2$$

Hochmolekularer Ring

Nachdem nun durch die Untersuchungen von W. Heuer[3] nachgewiesen ist, daß die Polystyrole aus Fadenmolekülen aufgebaut sind und keine hochgliedrigen Ringe darstellen, ist es wahrscheinlich, daß auch die hochmolekularen Polyoxymethylene so gebaut sind. Es liegen hier Fadenmoleküle von unbekannter, sehr großer Kettenlänge vor[4]. Da die Kettenpolymerisation des Styrols zu Fadenmolekülen mit bis zu 5000 Styrolgruppen in der Kette führt, so kann man annehmen, daß auch bei den eukolloiden Polyoxymethylenen so viele Grundmoleküle oder, wegen der Kleinheit der Formaldehydgruppe, noch sehr viel mehr das Makromolekül aufbauen. Bei der Kettenreaktion des Chlorknallgases aktiviert ja ein angeregtes Molekül 10^5 andere Moleküle, bevor die Reaktionskette abbricht.

Die relativ große Beständigkeit der Eu-Polyoxymethylene muß man also darauf zurückführen, daß bei der Länge der Ketten sehr wenig Endgruppen, also sehr wenig Angriffspunkte für chemische Reaktionen vorhanden sind. Da an der Polyoxymethylenkette die genannten Reagenzien nur am Molekülende angreifen können, nicht aber an den Acetalbindungen der Kette, so ist eine langsame Reaktion verständlich. Die geringe Reaktionsfähigkeit ist auch dadurch begünstigt, daß die Oberfläche der Produkte sehr klein ist, zum Unterschied von den anderen Polyoxymethylenen, die pulverig sind.

---

[1] Vgl. S. 236.   [2] Ber. Dtsch. Chem. Ges. **62**, 2912 (1929). Vgl. S. 147.
[3] Vgl. S. 216.   [4] Die Endgruppen sind deshalb hier nicht nachweisbar.

b) Versuche zur Herstellung von hemikolloiden Polyoxymethylenen.

Bei Beginn dieser Untersuchung war die Frage noch offen, ob die Moleküle der hochmolekularen Verbindungen Fadenmoleküle oder langgestreckte Ringmoleküle sind. Wir erhofften Aufklärung durch Herstellung von hemikolloiden Polyoxymethylenen mit Ringstruktur.

Die hemikolloiden Polystyrole erhält man durch Polymerisation mit Katalysatoren; dabei entstehen kleine Moleküle, weil der Katalysator die Kettenreaktion frühzeitig unterbricht. Hemikolloide Polyoxymethylene sollten ganz analog in indifferenter Lösung durch Einwirkung von Katalysatoren zu erhalten sein. In reiner, absolut trockener, ätherischer Lösung von Formaldehyd wurde die Polymerisation mit Trimethylamin als Katalysator eingeleitet; dabei wurden blättrige, blasige, teilweise pulverige Polymerisate erhalten. Wenn diese Polyoxymethylene als Hemikolloide vom Polymerisationsgrad 50—100 Ringstruktur hätten, dann müßten sie sich aus Formamid unverändert umkrystallisieren lassen. Denn hochpolymere Ringe vom Polymerisationsgrad 50—100 müßten eine ähnliche Beständigkeit wie die Polyoxymethylen-dimethyläther desselben Polymerisationsgrades besitzen, da in ihnen nur ätherartige Bindungen vorkommen; die reaktionsfähigen Hydroxylgruppen, die zur Zersetzung des α-Polyoxymethylens Anlaß geben, fehlen. Aber solche aus Formamid umkrystallisierbare, niedermolekulare Polyoxymethylene, die zu 100% aus Formaldehyd bestehen, wurden nicht erhalten. Beim Lösen in Formamid zersetzen sich die erhaltenen Produkte zum größten Teil, ein Zeichen, daß sie sehr hochmolekular sind und einen Polymerisationsgrad von weit über 100 haben. Die kleinen Mengen, die bei der Umkrystallisation erhalten werden, sind niedermolekulare Beimengungen oder Zersetzungsprodukte; ihr Formaldehydgehalt liegt bei 95—97%. Sie haben nicht den Charakter von Polyoxymethylen-dimethyläthern, sondern viel mehr den von Dihydraten[1].

Es zeigt sich also, daß die Vorstellungen über den Bau der polymeren Moleküle als hochgliedrige Ringe zu modifizieren sind. Es bilden sich bei der Kettenpolymerisation nicht etwa, wenn die Bildung eines 4-, 6- oder 8-Ringes ausbleibt, sehr hochgliedrige Ringe, sondern es entstehen infolge der Kettenreaktion lange Fadenmoleküle, ohne daß am Ende der Fadenmoleküle ein Ringschluß erfolgt. Der Abschluß der Kettenreaktion erfolgt durch irgend eine andere Reaktion, bei der eine Fremdgruppe am Molekülende gebildet wird.

Das Wachstumsprinzip eines Kettenmoleküls ist also anders, als es früher angenommen wurde. Früher nahm man an, daß die Polymerisation von einem Molekül ausgeht und die beiden wachsenden Molekülenden sich parallel lagern; dadurch sollte die Ringstruktur des Moleküls schon vorgebildet sein; man brauchte dann nur noch anzunehmen, daß die freien Endvalenzen der beiden parallel wachsenden Molekülhälften sich unter Ringschluß absättigten[2].

$$\left.\begin{array}{l} \diagup O\text{—}(CH_2\text{—}O)_x\text{—}CH_2\text{—}O\cdots \\ \dot{C}H_2 \\ \diagdown O\text{—}CH_2\text{—}(O\text{—}CH_2)_x\text{—}O\text{—}CH_2\cdots \end{array}\right\} \text{Ringschluß}$$

---

[1] Die Methylätherbestimmung ergibt einen kleinen Gehalt an Methylätherendgruppen, der wahrscheinlich durch Spaltung der langen Formaldehydketten bei der Umkrystallisation aus Formamid entstanden ist. Vgl. S. 239.

[2] Vgl. Helv. chim. Acta **12**, 944 (1929).

Diese Vorstellung von der Bildung und dem Bau eines hochpolymeren Stoffes ist nicht richtig. Wir wissen heute, daß Fadenmoleküle die langgestreckte Form bevorzugen[1]. So wird es verständlich, daß Ringschlüsse bei langen fadenförmigen Molekülen außerordentlich schwer vor sich gehen können.

Reine Polymere des Formaldehyds sind also nur das Tri- und das Tetraoxymethylen. Alle anderen Polyoxymethylene müssen irgendeine andersartige Gruppe am Ende der Fadenmoleküle besitzen. Wie diese Endgruppen bei den aus reinem flüssigem Formaldehyd erhaltenen Produkten ausgebildet sind, ist noch unklar. Bei der großen Tendenz des Formaldehyds, sich umzulagern, kann man annehmen, daß die Kettenreaktion durch eine andere Reaktion unterbrochen wird. Durch die Bildung der Endgruppe kann dann gleichzeitig der Beginn einer neuen Kette angeregt werden. Für die Bildung von Endgruppen kommt auch in Betracht, daß Ketten von einer gewissen Länge an zerbrechen und dabei Endgruppen gebildet werden. Auch können aktivierte Formaldehydmoleküle sich unter Wasserabspaltung[2] zersetzen. Es ist also eine sehr große Zahl von Reaktionen möglich, die zur Endgruppenbildung führen kann; von diesen Möglichkeiten sind hier nur einige angedeutet worden. Bei gewöhnlichen chemischen Umsetzungen werden solche Nebenreaktionen, die weniger als 0,5 % der Gesamtreaktion ausmachen, meist nicht beachtet. Bei der Kettenpolymerisation aber spielen solche Nebenreaktionen eine ausschlaggebende Rolle, weil sie in den Mechanismus der Kettenreaktion eingreifen und weil durch ihren Ablauf die Kettenlänge der entstehenden Produkte ausschlaggebend beeinflußt wird.

4. Physikalische Eigenschaften der Eu-Polyoxymethylene.

Die Polymerisation von reinem, flüssigem Formaldehyd führt bei $-80°$ (besonders in Sauerstoff) zu einem klaren, durchsichtigen, etwas spröden Glas, bei $-20°$ zu blasigen, undurchsichtigen Polymeren, die bei gewöhnlicher Temperatur biegsam und etwas elastisch sind. Weiter wurde ein Polyoxymethylen in Form eines biegsamen Filmes erhalten, der dem Aussehen nach einem Acetylcellulosefilm gleicht. Dieser Film entsteht bei der Destillation von monomerem Formaldehyd im gewöhnlichen Vakuum, wenn man die Vorlagen auf $-80°$ kühlt. Kühlt man aber mit flüssiger Luft, so erhält man keinen Film, sondern den festen monomeren Formaldehyd, der sich in diesem Zustande nicht verändert und keine Polymerisationsneigung zeigt.

Die Eu-Polyoxymethylene haben besonders auffallende physikalische Eigenschaften. Außer ihrer glasartigen Ausbildung sind vor allem die schwach elastischen Eigenschaften bei gewöhnlicher Temperatur und die plastisch-elastischen Eigenschaften bei höherer Temperatur bemerkenswert. Elastische Eigenschaften zeigen die filmartigen Polyoxymethylene und die noch zu besprechenden Fasern. Plastisch-elastisch werden alle bei tiefer Temperatur polymerisierten Formaldehyde beim Erhitzen auf $160-200°$. Die Produkte zeigen dabei keinen Schmelzpunkt. Sie sintern unter Formaldehydabspaltung und lassen sich kneten und formen. Diese Eigenschaft unterscheidet die aus flüssigem Formaldehyd erhaltenen Polyoxymethylene von allen anderen bisher bekannten; Paraformaldehyd und α-, β-, γ- oder δ-Polyoxymethylen zeigen keinerlei plastische oder elastische Eigenschaften.

---

[1] Vgl. S. 80.
[2] Diese Reaktion kann vorläufig nicht formuliert werden.

Die bei $-80°$ hergestellten Eu-Polyoxymethylene, z. B. die Gläser, sind im plastischen Zustande sehr zäh; dagegen sind die bei $-20°$ erhaltenen Polymeren ziemlich weich und so leicht dehnbar, daß man sie in lange Fäden (1 m Länge und mehr) ziehen kann, ein Vorgang, der an das Streckspinnen von viscosen Celluloselösungen oder geschmolzenem Glas oder Quarz erinnert. Die Polymerisate können in dem plastisch-elastischen Zustande zu Filmen gepreßt werden, die dieselben Eigenschaften wie die bei Vakuumdestillationen aus monomerem Formaldehyd erhaltenen Filme haben.

Die erhaltenen Fasern sind dehnbar-elastisch. Sie können bei genügender Feinheit reversibel bis zu 10% ihrer Länge gedehnt werden. Bei einem Belastungsversuch wurde an einem feinen Faden innerhalb dreier Tage eine — teilweise irreversible — Dehnung von über 20% der ursprünglichen Fadenlänge festgestellt.

Von physikalischen Konstanten wurde an einem glasklaren Polyoxymethylenblock das spez. Gewicht (Pyknometermethode) bei $20°$ zu 1,407[1] bestimmt[2]. Die Dichte des Glases ist kleiner als die des γ-Polyoxymethylens[3].

Eine sehr auffallende Eigenschaft der aus flüssigem Formaldehyd erhaltenen Polyoxymethylene ist, wie schon betont wurde, ihre Elastizität und Plastizität.

Die elastischen und plastischen Eigenschaften der hochmolekularen Stoffe wurden schon durch sehr verschiedene Annahmen zu erklären versucht. Man führte sie auf den chemischen Bau der Makromoleküle oder auf deren inneren Zusammenhalt zurück[4]. Häufig wurden zweiphasige Systeme zur Erklärung herangezogen.

Alle Stoffe, die elastische Eigenschaften zeigen, sind aus Makromolekülen aufgebaut. Diese Tatsache allein genügt aber nicht. Die Makromoleküle müssen sich in einem aufgelockerten Zustande befinden. Dieser besondere Zustand der Makromoleküle ist an Temperaturgrenzen gebunden, er ist eine Intervalleigenschaft[5]. Unterhalb der unteren Temperaturgrenze sind die Stoffe feste, starre Körper, ohne elastische Eigenschaften. Die obere Intervallgrenze ist entweder dadurch gekennzeichnet, daß der elastische Zustand in einen plastischen, zuletzt in einen viscosen Zustand übergeht, oder aber daß Zersetzung eintritt. Die Lage des Elastizitätsintervalles ist von Stoff zu Stoff verschieden. Beim Kautschuk liegt die untere Elastizitätsgrenze sehr tief, beim Polystyrol[6] erst bei $100°$, bei den hergestellten Polyoxymethylenen bei $160°$. Da bei $180-220°$ schon Zersetzung des „Polyoxymethylenkautschuks" eintritt, ist sein Elastizitäts-

---

[1] Die Abweichung vom spezifischen Gewicht der hochmolekularen Polyoxymethylene ist beträchtlich: Das spezifische Gewicht des γ-Polyoxymethylens wurde von W. STARCK nach der Schwebemethode zu 1,467 bestimmt.

[2] Der Brechungsindex des Polyoxymethylenglases wurde nach der BECKEschen Methode zu $n^{20°} = 1,51$ gefunden. Die daraus berechnete Molekularrefraktion beträgt ($M = 30$) 6,38. Für $CH_2 {=} O$ fordert die Theorie 6,79, für $-CH_2 {-} O-$ 6,24. Die Übereinstimmung ist nicht sehr gut, aber immerhin genügend, wenn man bedenkt, daß der Brechungsindex nur ungenau bestimmt werden konnte.

[3] Möglicherweise hängt dies damit zusammen, daß die Packung der Krystallite im γ-Polyoxymethylen infolge ihrer Größe dichter ist als die in einem Glas.

[4] MEYER, K. H., u. H. MARK: Ber. Dtsch. Chem. Ges. **61**, 1944 (1928). — FIKENTSCHER, H., u. H. MARK: Kautschuk **1930**, 2. — KIRCHHOF, F.: Kautschuk **1930**, 31.

[5] STAUDINGER, H.: Ber. Dtsch. Chem. Ges. **63**, 929 (1930). Vgl. S. 121.

[6] STAUDINGER, H., u. H. MACHEMER: Ber. Dtsch. Chem. Ges. **62**, 2922 (1929).

intervall nur sehr klein. Möglicherweise könnten auch andere makromolekulare Stoffe, wie z. B. Cellulose, elastische Eigenschaften zeigen, wenn nicht die untere Intervallgrenze höher als der Zersetzungspunkt liegen würde; die Versuche lassen sich deshalb nicht realisieren.

Die Auflockerung der Makromoleküle, die zur Erlangung elastischer Eigenschaften notwendig ist, kann auch durch Quellung erreicht werden. So zeigen in Benzol oder in monomerem Styrol gequollene Polystyrole elastische Eigenschaften.

Die Polymerisate des flüssigen Formaldehyds quellen nicht. Man erhält aber ziemlich stark elastische Polyoxymethylene, wenn die Polymerisation von monomerem Formaldehyd bei —80° nicht beendet ist; es liegt offenbar eine Quellung der polymeren Substanz im Monomeren vor. Das Produkt verliert aber durch die fortschreitende Polymerisation sehr rasch seine elastischen Eigenschaften und wird fest und hart. Ebenso erhält man bei der Polymerisation von monomerem Formaldehyd in monomerem Acetaldehyd hochelastische Produkte, die aber allmählich ihren Gehalt an Acetaldehyd abgeben und dabei hart und spröde werden. Auch mit Äther wurde ein solches elastisches Produkt erhalten.

Eine Beobachtung, die sowohl beim Polystyrol[1] wie auch beim Polyvinylacetat[2] gemacht wurde, findet sich in gleicher Weise bei den Polyoxymethylenen. Die niederstmolekularen Produkte sind nicht elastisch, wohl aber Produkte mittleren Polymerisationsgrades; dagegen sind die höchstmolekularen Produkte weniger elastisch, weil sie zu hart sind. So erwiesen sich die bei —80° erhaltenen Polyoxymethylene weniger elastisch als die bei —20° erhaltenen Produkte. Deshalb können auch aus den bei —80° erhaltenen Polymeren keine Fasern gezogen werden. Dagegen lassen sich die bei —20° erhaltenen Produkte leicht bei 160—200° in lange Fäden ziehen.

5. Die Krystallstruktur der Polyoxymethylengläser und -filme.

Äußerlich sehen die Produkte amorph aus; man kann Polyoxymethylengläser und -filme von solchen z. B. aus Polystyrol nicht unterscheiden. Die röntgenographische Untersuchung ergibt aber Unterschiede. Polystyrolfilme sind amorph; Polyoxymethylenfilme (Abb. 81) und -gläser (Abb. 80) sind krystallisiert. Die DEBYE-SCHERRER-Diagramme[3] zeigen dieselben Interferenzen, wie sie für die früher von J. HENGSTENBERG röntgenographisch untersuchten hochmolekularen Polyoxymethylene[4] gefunden und ausgemessen wurden. Der innere Aufbau ist also derselbe. Nur zeigen die Interferenzen eine starke Verbreiterung. Die Krystallite sind demnach nicht so gut ausgebildet wie beim α-, β- oder γ-Polyoxymethylen; sie sind wesentlich kleiner. Ob noch amorphe Substanz dazwischengelagert ist, läßt sich nicht entscheiden.

Die Tatsache, daß das Polyoxymethylenglas krystallisiert ist, läßt erkennen, daß die Krystallisationsfähigkeit der Polyoxymethylenkette eine sehr große ist.

---

[1] STAUDINGER, H., u. H. MACHEMER: Ber. Dtsch. Chem. Ges. **62**, 2921 (1929). Vgl. S. 187.

[2] STAUDINGER, H., u. A. SCHWALBACH: Liebigs Ann. **488**, 8 (1931).

[3] Die röntgenographische Untersuchung wurde von E. SAUTER im hiesigen Physikalischen Institut ausgeführt. Wir möchten ihm dafür bestens danken.

[4] STAUDINGER, H., H. JOHNER, R. SIGNER, G. MIE u. J. HENGSTENBERG: Der polymere Formaldehyd, ein Modell der Cellulose. Ztschr. f. physik. Ch. **126**, 435 (1927).

Es gibt also besonders regelmäßig gebaute Makromoleküle, die unter allen Umständen krystallisieren. Die Krystallstruktur des Polyoxymethylenglases zeigt, daß die entstehenden Makromoleküle sich parallel lagern und dabei eine gittermäßige Ordnung der Atome erfolgt. Wir dürfen deshalb annehmen, daß z. B. im Polystyrolglas, das dem Polyoxymethylenglas in Bildung und Eigenschaften entspricht, die Kettenmoleküle parallel angeordnet sind. Daß

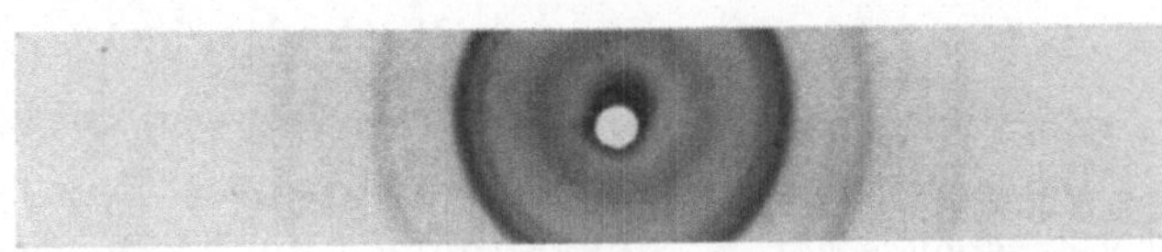

Abb. 80. DEBYE-SCHERRER-Aufnahme des Polyoxymethylenglases.

dabei keine Gitterordnung der Atome eintritt, liegt nur daran, daß der unregelmäßige Bau der Polystyrolkette dies nicht zuläßt.

Wird das Polyoxymethylenglas bis zu seinem Erweichungspunkt erhitzt und dann abgekühlt, so vergrößern sich dabei die Krystallite. Eine DEBYE-SCHERRER-Aufnahme zeigt jetzt scharfe Interferenzen. Deshalb zeigt auch die durch Ausziehen erhaltene Polyoxymethylenfaser ein Diagramm mit scharfen Linien

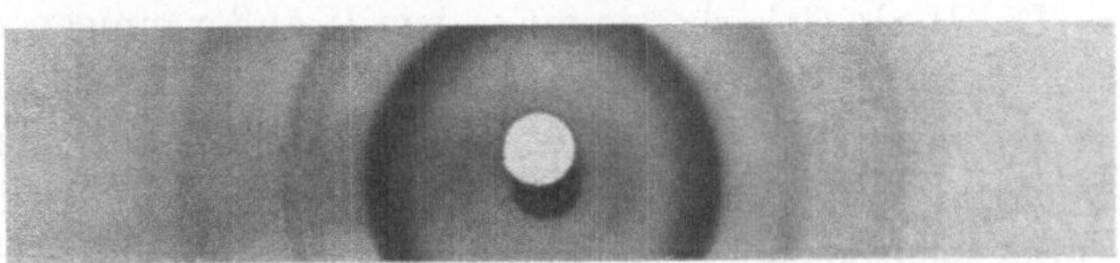

Abb. 81. DEBYE-SCHERRER-Aufnahme des Polyoxymethylenfilmes.

(Abb. 82). Zugleich treten gewisse Intensitätsmaxima der Linien auf, eine Andeutung von Faserstruktur; die Faser zeigt dasselbe Faserdiagramm[1] wie die von R. SIGNER[2] durch Sublimation von β-Polyoxymethylen erhaltenen Fasern. Versuche, durch Dehnen einer Faser ein noch besseres Diagramm zu erhalten, schlugen fehl. Während aber die aus gasförmigem Formaldehyd erhaltenen Polyoxymethylenfasern brüchig sind, besitzt die gezogene Faser ähnlich stabile und elastische Eigenschaften wie die natürliche Cellulosefaser[3].

Die DEBYE-SCHERRER-Diagramme aller aus flüssigem Formaldehyd erhaltenen Polyoxymethylene zeigen einen breiten verwaschenen Ring in der Nähe des Primärfleckes, der in den Aufnahmen anderer hochpolymerer

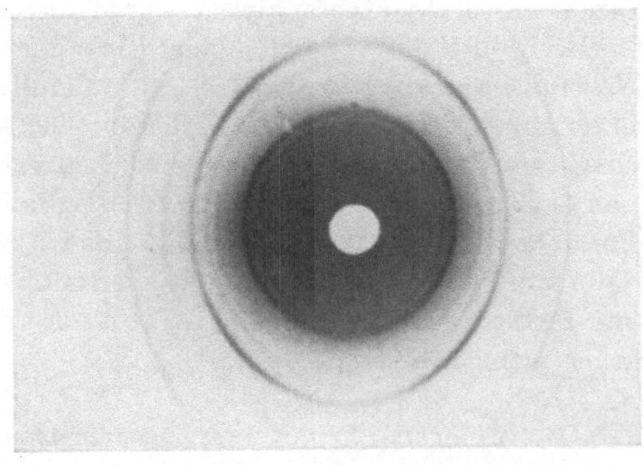

Abb. 82. Faserdiagramm einer Eu-Polyoxymethylenfaser.

Polyoxymethylene (z. B. γ-Polyoxymethylen; Abb. 69, S. 245) nicht zu finden ist. Diese Interferenz ist in Produkten, die einer Rekrystallisation bei höherer Temperatur ausgesetzt wurden, gar nicht mehr oder nur sehr schwach zu finden. Eine befriedigende Deutung dieses inneren Ringes kann bis jetzt noch nicht gegeben werden.

---

[1] Vgl. das Faserdiagramm in Ztschr. f. physik. Ch. **126**, 436 (1927).

[2] STAUDINGER, H., u. R. SIGNER: Ztschr. f. Krystallogr. **70**, 207 (1929).

[3] Die Zug- und Reißfestigkeit ist noch nicht bestimmt; es handelt sich hier nur um einen Vergleich.

V. Versuchsteil.

1. Die Polyoxymethylen-dimethyläther und das γ-Polyoxymethylen.

a) Methodisches.

α) Die Formaldehydbestimmung.

Die Formaldehydbestimmung wurde nach Romijn[1] unter Berücksichtigung der Ergebnisse von R. Signer[2] durchgeführt. Die Genauigkeit der Bestimmung beträgt $\pm 0,1\%$. In der Regel findet man die Werte etwas zu niedrig; ein kleiner Teil des Formaldehyds wird in der verdünnten Salzsäure zu Methylalkohol und Ameisensäure umgelagert und entgeht so der Bestimmung. Doch liegt der dadurch entstehende Fehler innerhalb der Fehlergrenze von 0,1%.

β) Die Methylätherbestimmung.

Die Methylätherbestimmung wurde außer einigen zweckmäßigen Änderungen nach der von H. Johner[3] ausgearbeiteten Methode durchgeführt: Die Substanz wurde mit $^n/_5$-Salzsäure in Einschlußröhren aus Jenaer Geräteglas bei 100° aufgeschlossen. Ein Teil diente zur Formaldehydbestimmung; ein anderer Teil wurde nach genauer Neutralisation der Säure mit Alkali in einem Kolben mit Rückflußkühler mit reinstem, mehrfach umkrystallisiertem sulfanilsaurem Natrium 8—10 Stunden lang gekocht. Der abdestillierte Methylalkohol wurde mit $^n/_5$-Kaliumpermanganatlösung titriert. Die Genauigkeit der Methylätherbestimmung beträgt etwa 0,2% der angewandten Substanz.

Der Blindwert dieser Bestimmung wurde an Polyoxymethylenen festgestellt, die keinen Methyläthergehalt haben können. Er beträgt 0,2%. Von allen ausgeführten Methylätheranalysen wurde dieser Blindwert abgezogen.

Bei vollständig gleichmäßiger Arbeitsmethode, besonders bei sorgfältigem Neutralisieren vor dem Kochen mit sulfanilsaurem Natrium — die Lösung darf unter keinen Umständen alkalisch sein, eher sehr schwach sauer — findet man nie einen den Betrag von 0,2% wesentlich übersteigenden Blindwert. Die Titration von evtl. mit überdestilliertem, durch sulfanilsaures Natrium nicht gebundenem Formaldehyd ist dann überflüssig. Führt man diese Bestimmung doch durch, dann ergibt die Umrechnung des erhaltenen überdestillierten Formaldehydes auf Prozent Methyläther eine Korrektur, die den Blindwert von 0,2% Methyläther nicht übersteigt.

γ) Schmelzpunkt und Zersetzungspunkt; die Löslichkeitsgrenze.

Unter Sinterungspunkt ist der Temperaturpunkt zu verstehen, bei dem die erste äußere Veränderung an der Substanz bemerkbar ist. Das Schmelzintervall wird angegeben vom Zusammensacken der Substanz bis zu ihrem klaren Schmelzen. Der Zersetzungspunkt ist der Temperaturpunkt, bei dem die ersten Anzeichen der Zersetzung, die Formaldehydabspaltung, Blasenbildung, bemerkbar sind.

---

[1] Ztschr. f. anal. Ch. **36**, 19 (1897); **39**, 60 (1900); **44**, 20 (1905).
[2] Helv. chim. Acta **13**, 43 (1930).
[3] Johner, H.: Inaug.-Diss. E.T.H. Zürich 1927 — Liebigs Ann. **474**, 225 (1929).

Molekulargewichte in Campher wurden nur von Substanzen bestimmt, deren Zersetzungspunkt über 190° liegt.

Zur Charakterisierung der Fraktionen wurde auch die Temperatur bestimmt, bei der die betreffende Substanz gerade noch in Formamid löslich ist. Die etwa 3proz. klare Lösung wurde erkalten gelassen, und es wurde beobachtet, bei welcher Temperatur die Ausscheidung beginnt.

b) Das Ausgangsmaterial und seine Reinigung.

α) Das Gemisch der Polyoxymethylen-dimethyläther vom Polymerisationsgrad 15—60.

Als Ausgangsmaterial diente der Rückstand der Darstellung der niedermolekularen Dimethyläther (Polymerisationsgrad 1—15)[1]. Dieser Rückstand ist in tiefsiedenden Lösungsmitteln unlöslich und enthält Dimethyläther mit 15 bis 60 Formaldehyden in der Kette. Zu seiner weiteren Reinigung wurde das weiße Pulver mit verdünnter Natronlauge gekocht. Vorversuche ergaben, daß Polyoxymethylen-dimethyläther gegen verdünnte Alkalien sehr beständig sind, während Polyoxymethylen-dihydrate (Paraformaldehyd, α- und β-Polyoxymethylen) rasch zerstört werden. Dieselbe Beständigkeit hat schon O. SCHWEITZER für das γ-Polyoxymethylen gefunden.

Beim Kochen des Rückstandes mit verdünntem Alkali wird dieses allmählich verbraucht und deshalb immer wieder in kleinen Mengen zugesetzt. Die Suspension färbt sich bald gelb und wird im Laufe von 10 Stunden tief dunkelbraun. Danach wurde heiß filtriert und mit kochendem Wasser sehr gut ausgewaschen. Im Filtrat schied sich beim Erkalten eine kleine Menge niederer Dimethyläther aus, die nicht weiter untersucht wurden. Das so gereinigte Ausgangsmaterial wurde im Vakuum über Phosphorpentoxyd getrocknet. Es roch danach nicht mehr nach Formaldehyd; erst nach einigen Monaten trat wieder schwacher Formaldehydgeruch auf. Schmelzp. 155—165° unter Zersetzung.

Analysen: 0,2000 g Subst.: 128,0 ccm $^n/_{10}$-Jod.

$\underline{CH_2O: 91,6.}$

1,0375 g Subst.: 40,40 ccm $^n/_5$-KMnO$_4$.

$\underline{CH_3OCH_3: 2,8.}$

Durchschnittspolymerisationsgrad aus der Formaldehydanalyse 40.

β) Das γ-Polyoxymethylen.

Das zu den Untersuchungen verwendete $\beta + \gamma$-Polyoxymethylen wurde nach bekannter Vorschrift hergestellt[2]. Dieses $\beta + \gamma$-Gemisch wurde mit verdünntem Alkali gekocht, bis die Flüssigkeit braun wurde; dann wurde rasch filtriert, kurz mit heißem Wasser ausgewaschen und mit frischer, verdünnter Natronlauge ca. 10 Stunden gekocht. Die Lösung wird dabei noch leicht gelb. Danach wird filtriert, sehr gut mit heißem Wasser ausgewaschen und im Vakuum über Phosphorpentoxyd getrocknet. Ausbeute ca. 30% des $\beta + \gamma$-Gemisches und 12% des zur Fällung angewendeten Formaldehyds. Das Produkt riecht schwach nach Formaldehyd.

---

[1] Liebigs Ann. **474**, 213—214 (1929).
[2] AUERBACH u. BARSCHALL: Arbb. Kais. Gesundh.-Amt **27**, 183 (1907).

Analysen: 0,5086; 0,5012 g Subst.: 334,2; 329,5 ccm $n/_{10}$-Jod.

CH_2O: 98,6; 98,7.

1,2957; 0,5012 g Subst.: 21,60; 8,85 ccm $n/_5$-$KMnO_4$.

CH_3OCH_3: 1,1; 1,2.

Wie das α- und β-Polyoxymethylen, so zeigt auch dieses Produkt keinen Schmelzpunkt. Sinterung bei 185° und Zersetzung. Von 190—200° verflüchtigt sich die Substanz restlos.

c) Die Polyoxymethylen-dimethyläther vom Polymerisationsgrad 20—100.

α) Die Fraktionierung der Polyoxymethylen-dimethyläther vom Polymerisationsgrad 15—60.

Reagensglasversuche ergaben, daß die folgenden Lösungsmittel beim Kochen in der angegebenen Reihenfolge wachsende Mengen des Gemisches der Polyoxymethylen-dimethyläther vom Polymerisationsgrad 15—60 lösen: Dioxan, Pyridin, Chlorbenzol, Brombenzol, Äthylenbromid[1], Essigsäureanhydrid. Vollständig lösen Anisol, Cyclohexanol, Cyclohexanon, Tetrachloräthan und Formamid[2]. In allen Fällen wurde beim Kochen nur ganz schwacher Formaldehydgeruch festgestellt. Beim Erkalten scheidet sich der gelöste Anteil gallertartig aus; schon 3proz., also ziemlich verdünnte Lösungen bilden beim Erkalten steife, nicht mehr fließende Gallerten, die erst beim kräftigen Umschütteln beweglich werden.

Für die Fraktionierung wurde Dioxan, Pyridin und Anisol verwendet. Das Ausgangsmaterial wurde dazu in Extraktionshülsen in weithalsigen Kolben in den Dampf des betreffenden Lösungsmittels gehängt. Dadurch wurde erreicht, daß die Extraktion beim Siedepunkt des Lösungsmittels stattfand; diese Anordnung war notwendig, weil die höheren Polyoxymethylen-dimethyläther nur im siedenden Lösungsmittel löslich sind. Leider zeigte sich erst später, daß diese Behandlung der Polyoxymethylen-dimethyläther nicht ohne Nachteil ist. Zwar ist die Zersetzung, d. h. die Abspaltung von monomerem Formaldehyd nur von sehr untergeordneter Bedeutung. Aber wie die späteren Analysen zeigten, treten bei den hohen Extraktionstemperaturen und der langen Dauer der Extraktion innermolekulare Umlagerungen ein, die den Umlagerungen von γ-Polyoxymethylen in δ-Polyoxymethylen[3] analog sind. Deshalb ergänzen sich in den aus Dioxan und Pyridin erhaltenen Fraktionen Formaldehyd- und Methyläthergehalt nicht zu 100%[4].

---

[1] Äthylenbromid zeigt zwar gutes Lösungsvermögen, reagiert aber mit den Polyoxymethylen-dimethyläthern; es entstehen beim Kochen Produkte, die halogenhaltig sind. Nach ihrer Reinigung mit verdünnten Alkalien haben diese dem δ-Polyoxymethylen ähnliche Eigenschaften. Aus diesem Grunde wurden zu den späteren Extraktionen und Umkrystallisationen nur halogenfreie Lösungsmittel verwendet.

[2] Der I.G. Farbenindustrie, Ludwigshafen, sind wir für die Überlassung einer größeren Menge Formamid zu großem Dank verpflichtet.

[3] Es handelt sich um eine Umlagerung der C—O—C-Kette in eine C—C—O-Kette. Vgl. Liebigs Ann. **474**, 232 (1929); ferner S. 238.

[4] Bei der Wiederholung der Fraktionierung müßte diese nicht durch Extraktion, sondern durch fraktionierende Umkrystallisation erreicht werden. Umkrystallisationen, die nur kurze Zeit in Anspruch nehmen, bewirken, wie die späteren Versuche mit γ-Polyoxymethylen zeigen, keinerlei Umlagerungen. Die Reinigung der aus Dioxan und Pyridin erhaltenen

Der Gang der Fraktionierung geht aus der folgenden Tabelle 131 hervor:

Tabelle 131.

Polymerisations- grad	Erhaltene Fraktionen	Ausbeute	Schmelzpunkte
15—60	Ausgangsmaterial		160—165° unter Zer- setzung
20—30	Aus Dioxan: Extraktion während 20 Stunden	9,8%	135—145°
25—35	Extraktion während 20 Stunden	1,7%	145—150°
30—40	Aus Pyridin: Extraktion während 20 Stunden	6,3%	152—156°
40—60	Rückstand nach der Extraktion mit Dioxan und Pyridin	80%	160—164° unter Zer- setzung

Alle erhaltenen Fraktionen sind weiße Pulver, die gegen verdünnte Natronlauge sehr beständig sind; ebenso werden sie von ammoniakalischer Silbernitratlösung auch bei langer Einwirkungszeit selbst beim Kochen nicht angegriffen.
Die Produkte riechen auch nach längerem Stehen über Phosphorpentoxyd nicht
nach Formaldehyd. Zur vollständigen Reinigung wurden die drei Fraktionen
mit verdünnter Natronlauge je 2 Stunden gekocht, gut ausgewaschen und
getrocknet; sodann wurden sie sorgfältig aus reinem Formamid umkrystallisiert,
gut mit heißem Wasser ausgewaschen und im Hochvakuum über Phosphorpentoxyd getrocknet und aufbewahrt.

Die Ausbeute bei der Umkrystallisation der Polyoxymethylen-dimethyläther
aus Formamid ist fast quantitativ. Die auftretenden Verluste sind durch das
Auswaschen mit heißem Wasser bedingt. Dimethyläther vom Polymerisationsgrad 12—15 kann man noch aus siedendem Wasser umkrystallisieren.

β) Analyse und Eigenschaften der Polyoxymethylen-dimethyläther vom
Polymerisationsgrad 15—60.

Es folgt eine kurze Zusammenstellung der analytischen Daten und der Eigenschaften der erhaltenen Polyoxymethylen-dimethyläther.

Polyoxymethylen-dimethyläther vom Polymerisationsgrad 20—30.

Aus dem Gemisch der Polyoxymethylen-dimethyläther durch erschöpfende
Extraktion mit Dioxan erhalten. Schmelzp.: 140—143°. Zersetzungsp.: 230°.
Löslichkeitsgrenze in Formamid: 105°.

Zusammensetzung: $(CH_2O)_{23} \cdot CH_3OCH_3 = C_{25}H_{52}O_{24}$.

0,2010; 0,2048 g Subst.: 124,2; 126,3 ccm $^n/_{10}$-Jod.

Ber. CH_2O 93,7. Gef. CH_2O 92,7; 92,7.

0,5037; 0,5011 g Subst.: 34,34; 36,77 ccm $^n/_5$-KMnO$_4$.

Ber. CH_3OCH_3 6,3. Gef. CH_3OCH_3 5,1; 5,5.

Ber. C 40,90; H 7,12. Gef. C 41,38; H 7,29.

Fraktionen durch Kochen mit verdünnter Natronlauge und Umkrystallisation aus Formamid
führte zu keinem besseren Ergebnis; die umgelagerten Moleküle lassen sich dadurch nicht
entfernen.

Durchschnittspolymerisationsgrad, berechnet aus der Formaldehyd- und Methylätherbestimmung: 23.

Daraus berechnetes Molekulargewicht: 736.

Molekulargewicht in Campher nach RAST: 0,385; 1,000 mg Subst.: 8,12; 9,93 mg Campher.

$\varDelta t$ 3,0; 6,2°. Molekulargewicht: Ber. 736. <u>Gef. 630; 650.</u>

Polyoxymethylen-dimethyläther vom Polymerisationsgrad 30—40.

Aus dem Gemisch der Polyoxymethylen-dimethyläther nach der Extraktion mit Dioxan durch erschöpfende Extraktion mit Pyridin erhalten.

Schmelzp.: 152—156°. Zersetzungsp.: 220°. Löslichkeitsgrenze in Formamid: 120°.

Zusammensetzung: $(CH_2O)_{33} \cdot CH_3OCH_3 = C_{35}H_{72}O_{34}$.

0,2015; 0,2013; 0,2083; 0,2000 g Subst.

127,3; 126,9; 131,5; 126,2 ccm $^n/_{10}$-Jod.

Ber. CH_2O 95,5. <u>Gef. CH_2O 94,8; 94,6; 94,8; 94,7.</u>

0,5000; 0,5084 g Subst.: 27,98; 27,96 ccm $^n/_5$-$KMnO_4$.

Ber. CH_3OCH_3 4,5. <u>Gef. CH_3OCH_3 4,1; 4,1.</u>

Ber. C 40,60; H 6,98. <u>Gef. C 41,30; H 7,33.</u>

Durchschnittspolymerisationsgrad, berechnet aus der Formaldehyd- und Methylätherbestimmung: 33.

Daraus berechnetes Molekulargewicht: 1036.

Molekulargewicht in Campher nach RAST: 0,59; 0,67 mg Subst.; 6,39; 6,32 mg Campher.

$\varDelta t$ 4,5; 4,2°. Molekulargewicht: Ber. 1036. <u>Gef. 820; 1010.</u>

Unreine Polyoxymethylen-dimethyläther vom Polymerisationsgrad 40—60.

Die Substanz ist nicht umkrystallisiert und ist deshalb auch nicht polymereinheitlich; sie enthält noch Polyoxymethylen-dihydrate. Die Polyoxymethylen-dimethyläther vom Polymerisationsgrad 15—40 sind durch die erschöpfende Extraktion mit Dioxan und Pyridin entfernt. Die Uneinheitlichkeit gibt sich schon durch Schmelzpunkt und Zersetzungspunkt zu erkennen.

Schmelzp.: 160—166° und sofortige Zersetzung. Diese Zersetzung kommt alsbald zum Stillstand. Die bleibende, klare Schmelze zersetzt sich erst wieder bei 200°. Bestimmt man jetzt noch einmal den Schmelzpunkt, so liegt er bei 160—163°. Der Schmelzpunkt ist derselbe wie der des nachfolgenden, aus Anisol umkrystallisierten Rückstandes.

Löslichkeitsgrenze in Formamid: 128°.

Zusammensetzung: $(CH_2O)_{55} \cdot CH_3OCH_3$ und $(CH_2O)_x \cdot H_2O$ als Verunreinigung.

0,2043; 0,2065 g Subst.: 132,4; 133,8 ccm $^n/_{10}$-Jod.

Ber. CH_2O 97,25. <u>Gef. CH_2O 97,25; 97,2.</u>

1,0392 g Subst.: 25,64 ccm $^n/_5$-$KMnO_4$.

Ber. CH_3OCH_3 2,75. <u>Gef. CH_3OCH_3 1,7.</u>

Durchschnittspolymerisationsgrad, berechnet aus der Formaldehydbestimmung: 55. Daraus berechnetes Molekulargewicht: 1696.

Durchschnittspolymerisationsgrad und Molekulargewicht sind hier unter der nicht zutreffenden Annahme, daß polymer-einheitliche Polyoxymethylendimethyläther vorliegen, nur zu Vergleichszwecken berechnet worden.

Molekulargewichtsbestimmung in Campher nach RAST:

1,145 mg Subst.: 7,545 mg Campher; Δt 11,3°.

Molekulargewicht: Ber. 1696. Gef. 540.

Diese Molekulargewichtsbestimmung zeigt, daß ein Teil der Substanz, wie das bei dem niederen Zersetzungspunkt von 166° nicht anders zu erwarten war, bei der Bestimmung abgebaut wurde; darum ist der gefundene Wert erheblich tiefer als der berechnete. Dies beweist im Zusammenhang mit der Molekulargewichtsbestimmung der nachfolgenden, aus Anisol umkrystallisierten Fraktion, daß dieser Rückstand der Extraktion mit Dioxan und Pyridin nicht polymereinheitlich ist.

Reine Polyoxymethylen-dimethyläther vom Polymerisationsgrad 40—60.

Aus dem Gemisch der Polyoxymethylen-dimethyläther nach der erschöpfenden Extraktion mit Dioxan und Pyridin durch Umkrystallisation des Rückstandes aus Anisol erhalten.

Schmelzp.: 161—163°. Zersetzungsp.: 210°. Löslichkeitsgrenze in Formamid: 128°.

Zusammensetzung: $(CH_2O)_{50} \cdot CH_3OCH_3 = C_{52}H_{106}O_{51}$.

0,2039; 0,2026; 0,2027; 0,5067 g Subst.

131,8; 131,0; 131,1; 328,3 ccm $^n/_{10}$-Jod.

Ber. CH_2O 97,02. Gef. CH_2O 97,0; 97,1; 97,1; 97,2.

0,5053; 0,5067 g Subst.: 19,9; 19,45 ccm $^n/_5$-$KMnO_4$.

Ber. CH_3OCH_3 2,98. Gef. CH_3OCH_3 2,9; 2,8.

Ber. C 40,36, H. 6,86. Gef. C 40,67, H 7,09.

Durchschnittspolymerisationsgrad, berechnet aus der Formaldehyd- und Methylätherbestimmung: 50.

Daraus berechnetes Molekulargewicht: 1546.

Molekulargewicht in Campher nach RAST: 1,285; 1,180 mg Subst.: 5,850; 4,310 mg Campher.

Δt 6,1; 6,8°. Molekulargewicht: Ber. 1546. Gef. 1440; 1610.

γ) Darstellung der Polyoxymethylen-dimethyläther vom Polymerisationsgrad 80—100.

Reagensglasversuche ergaben, daß eine ganze Reihe von hochsiedenden Lösungsmitteln in der Hitze γ-Polyoxymethylen auflöst. Dabei wird, wie man leicht am Geruch erkennen kann, ein Teil der Substanz zerstört. Beim Abkühlen erhält man aus der klaren Lösung eine dicke, schmierige Gallerte. Als geeignete Lösungsmittel erwiesen sich: Anisol, Cyclohexanol, Cyclohexanon, Butylenglykol, Glykolmonoäthylätheracetat und Formamid. Dagegen lösen nicht, sondern zersetzen: Äthylenbromid, Dekalin, Tetralin, Glykol. Ganz besonders geeignet sind als Lösungsmittel Formamid, Cyclohexanol und Anisol, die auch bei den folgenden Untersuchungen verwendet wurden. Das bei weitem beste Lösungsvermögen hat Formamid. Dieses hat außerdem den Vorteil bei der Isolierung der Produkte, daß es mit Wasser in jedem Verhältnis mischbar ist, wodurch die Filtration und Reinigung der umkrystallisierten Substanzen sehr erleichtert wird.

Polyoxymethylen-dimethyläther vom Polymerisationsgrad 100.
(Umkrystallisation von γ-Polyoxymethylen aus Formamid.)

8 g γ-Polyoxymethylen werden mit 200 g Formamid in einem weithalsigen Erlenmeyerkolben rasch unter öfterem Umschütteln erhitzt. Die Substanz beginnt dabei zu quellen und löst sich zwischen 150 und 160° unter Formaldehydabspaltung auf. Nachdem vollständige Lösung eingetreten ist, wird abgekühlt, wobei die vorher klare Lösung zu einem dicken Brei erstarrt. Unter Umschütteln werden 500 ccm Wasser zugegeben; dabei wird die schmierige Gallerte flockig und läßt sich leicht filtrieren. Mit sehr viel heißem Wasser wird gut ausgewaschen und zuletzt im Vakuum über Phosphorpentoxyd getrocknet. Die Ausbeute beträgt 3,5 g oder 40%.

Das Produkt sintert bei 168°, von 170—185° tritt unter leichter Zersetzung Schmelzen ein. Wie es sich später zeigte, war die Substanz noch nicht ganz rein, d. h. noch nicht polymer-einheitlich. Die Umkrystallisation war zu rasch durchgeführt worden, so daß nicht nur Polyoxymethylen-dimethyläther, sondern auch -methylätherhydrate bzw. -dihydrate mit umkrystallisiert wurden. Reine einheitliche Polyoxymethylen-dimethyläther erhält man erst, wenn man die Lösung in Formamid kurze Zeit (1—2 Minuten) bei einer Lösungstemperatur von 150 bis 160° stehen läßt.

Löslichkeitsgrenze in Formamid: 142°.

Zusammensetzung: $(CH_2O)_{100} \cdot CH_3OCH_3 = C_{102}H_{206}O_{101}$.

0,2111; 0,5031; 0,5064 g Subst.: 138,4; 329,7; 332,0 ccm $^n/_{10}$-Jod.

Ber. CH_2O 98,50. Gef. CH_2O 98,4; 98,35; 98,41.

0,5031; 0,5064 g Subst.: 10,64; 10,48 ccm $^n/_5$-$KMnO_4$.

Ber. CH_3OCH_3 1,5. Gef. CH_3OCH_3 1,5; 1,4.

Ber. C 40,17, H 6,80. Gef. C 40,15, H 6,93.

Durchschnittspolymerisationsgrad, berechnet aus der Formaldehyd- und Methylätherbestimmung: 100.

Daraus berechnetes Molekulargewicht: 3046.

Eine Molekulargewichtsbestimmung wurde nicht durchgeführt, weil der Zersetzungspunkt der Substanz zu tief liegt.

Tabelle 132.

γ-Polyoxymethylen in g	*Ausbeute* an umkryst. Subst.	
	in g	in %
8	3,5	40
20	7,0	35
25	8,5	35
30	11,0	35

Auf diese Weise wurden eine Reihe von Umkrystallisationen von γ-Polyoxymethylen aus Formamid vorgenommen. Die Ausbeute betrug in allen Fällen etwa 35—40% des Ausgangsmaterials.

Bei nochmaliger Umkrystallisation aus Formamid erhält man eine fast quantitative Ausbeute. Der 100-oxymethylen-dimethyläther ist also zum Unterschied vom γ-Polyoxymethylen unverändert umkrystallisierbar: 3 g schon einmal aus Formamid umkrystallisiertes γ-Polyoxymethylen wurden zum zweitenmal aus Formamid umkrystallisiert.

Die Ausbeute beträgt 2,7 g oder 90%. Das Produkt sintert bei 165° und schmilzt klar und ohne Zersetzung bei 170—175°. Zersetzungspunkt: 190°. Löslichkeitsgrenze in Formamid: 142°.

$Zusammensetzung$: $(CH_2O)_{100} \cdot CH_3OCH_3 = C_{102}H_{206}O_{101}$.

0,5063; 0,5037 g Subst.: 331,8; 330,2 ccm $^n/_{10}$-Jod.

Ber. CH_2O 98,50.   Gef. CH_2O 98,36; 98,38.

0,5063; 0,5037 g Subst.: 10,64; 11,40 ccm $^n/_5$-$KMnO_4$.

Ber. CH_3OCH_3 1,50.   Gef. CH_3OCH_3 1,45; 1,60.

Durchschnittspolymerisationsgrad, berechnet aus der Formaldehyd- und Methylätherbestimmung: 100.

Daraus berechnetes Molekulargewicht: 3046.

Molekulargewicht in Campher nach RAST: 1,115; 0,843 mg Subst.; 4,755; 14,960 mg Campher.

Δt 3,3°; 0,8°. Molekulargewicht: Ber. 3046.   Gef. 2950, 2820.

Die Fraktionierung des 100-oxymethylen-dimethyläthers[1].

Der polymer-einheitliche, aus Formamid umkrystallisierte 100-oxymethylen-dimethyläther ist in vielen Lösungsmitteln, in denen sich γ-Polyoxymethylen nur unter sehr starker Zersetzung löst, unverändert löslich; z. B.: Anisol, Essigsäureanhydrid, Äthylenbromid, Brombenzol. In einigen Lösungsmitteln tritt teilweise Lösung ein, z. B.: Dioxan, Pyridin, Chlorbenzol. Dagegen lösen Toluol, Xylol, Dekalin, Tetralin überhaupt nicht. Auf Grund der verschiedenen Löslichkeit ist eine Fraktionierung der Polyoxymethylen-dimethyläther vom Durchschnittspolymerisationsgrad 100 möglich.

Die Fraktionierung mit Pyridin ergab, daß etwa 10% der Substanz in siedendem Pyridin löslich sind und abgetrennt werden können. Der Schmelzpunkt der löslichen Fraktion liegt bei 155—165°, also ca. 10° tiefer als der Schmelzpunkt des Ausgangsmaterials. Der Rückstand der Fraktionierung war fast unverändertes Ausgangsmaterial.

Die Fraktionierung mit einem Lösungsmittelgemisch Anisol-Xylol ergab folgende Fraktionen:

Tabelle 133.

Substanz	Schmelzpunkt	Zersetzungspunkt
Ausgangsmaterial	170—175°	190°
Fraktion 1	154—160°	200°
Fraktion 2	160—165°	190°
Ungelöster Rückstand	165—170°	175°

Beim Kochen mit Lösungsmitteln tritt eine Zersetzung der längsten Moleküle des Gemisches ein; deshalb schmilzt der Rückstand der Fraktionierung tiefer als das Ausgangsmaterial und zersetzt sich früher als dieses.

---

[1] E. OTT folgert aus röntgenographischen Untersuchungen, daß das γ-Polyoxymethylen aus Molekülen einheitlicher Größe besteht, also kein Gemisch von Polymerhomologen sein könne. Dieser Befund ist unrichtig und wird durch die hier durchgeführte Fraktionierung des aus γ-Polyoxymethylen hergestellten 100-oxymethylen-dimethyläthers widerlegt. Vgl. E. OTT: Ztschr. f. physik. Ch. (B) **9**, 378 (1930). Ein 60-oxymethylen-dimethyläther ist leicht aus Formamid umzukrystallisieren; deshalb kann γ-Polyoxymethylen nicht damit identisch sein, wie E. OTT irrtümlich annimmt.

Polyoxymethylen-dimethyläther vom Polymerisationsgrad 90.

3 g des 100-oxymethylen-dimethyläthers wurden mit 150 ccm dest. trockenem Anisol zum Sieden erhitzt. Die klare Lösung wird 15 Minuten am Rückflußkühler gekocht. Das Produkt wird dann aufgearbeitet und aus Formamid noch einmal umkrystallisiert. Ausbeute 90%. Das Produkt sintert bei 165° und schmilzt klar und ohne Zersetzung bei 170—180°.

Zersetzungsp.: 190°. Löslichkeitsgrenze in Formamid: 140°.

Zusammensetzung: $(CH_2O)_{90} \cdot CH_3OCH_3 = C_{92}H_{186}O_{91}$.

0,5073; 0,5000 g Subst.: 331,8; 327,4 ccm $^n/_{10}$-Jod.

Ber. CH_2O 98,30.   Gef. CH_2O 98,17; 98,26.

0,5000 g Subst.: 12,91 ccm $^n/_5$-$KMnO_4$.

Ber. CH_3OCH_3 1,7.   Gef. CH_3OCH_3 1,8.

Ber. C 40,2, H 6,81.   Gef. C 41,1, H 6,87.

Durchschnittspolymerisationsgrad, berechnet aus der Formaldehyd- und Methylätherbestimmung: 90.

Daraus berechnetes Molekulargewicht: 2746.

Molekulargewicht in Campher nach RAST: 1,065; 1,030 mg Subst.; 6,190; 6,340 mg Campher.

$\varDelta t$ 2,7; 2,3°. Molekulargewicht: Ber. 2746.   Gef. 2550, 2830.

Polyoxymethylen-dimethyläther vom Polymerisationsgrad 80.

In derselben Weise wie mit Anisol wurde der 100-oxymethylen-dimethyläther auch mit Cyclohexanol behandelt. Die Ausbeute beträgt hier 70%. Das Produkt sintert bei 160° und schmilzt klar und ohne Zersetzung bei 165—170°.

Zersetzungspunkt: 190°.

Löslichkeitsgrenze in Formamid: 140°.

Zusammensetzung: $(CH_2O)_{80} \cdot CH_3OCH_3 = C_{82}H_{166}O_{81}$.

0,5004; 0,5037 g Subst.: 326,6; 328,8 ccm $^n/_{10}$-Jod.

Ber. CHO_2 98,1.   Gef. CH_2O 97,94; 97,96.

0,5004 g Subst.: 13,68 ccm $^n/_5$-$KMnO_4$.

Ber. CH_3OCH_3 1,9.   Gef. CH_3OCH_3 1,9.

Durchschnittspolymerisationsgrad, berechnet aus der Formaldehyd- und Methylätherbestimmung: 80.

Daraus berechnetes Molekulargewicht: 2446.

Molekulargewicht in Campher nach RAST: 0,810; 0,810 mg Subst.; 5,415; 4,340 mg Campher.

$\varDelta t$ 2,7; 3,0°. Molekulargewicht: Ber. 2446.   Gef. 2220; 2490.

d) Die Polyoxymethylen-diacetate vom Polymerisations-grad 20—50.

Die Beständigkeit der Polyoxymethylen-diacetate in heißem Formamid ist größer als die der Dihydrate und kleiner als die der Dimethyläther.

10 g mit Aceton erschöpfend extrahierte, höhere Polyoxymethylen-diacetate werden in 150 ccm Formamid durch Erhitzen rasch in Lösung gebracht, 2 Minuten die Lösungstemperatur beibehalten, dann sofort mit Wasser die Diacetate gefällt,

filtriert und gut mit mäßig heißem Wasser (50—70°) ausgewaschen. Das Produkt wurde im Vakuum über Phosphorpentoxyd getrocknet. Die Ausbeute betrug 2 g oder 20%.

Das Ausgangsmaterial, das zur Darstellung der höhermolekularen Polyoxy-methylen-diacetate verwendet wurde, schmolz bei 160—170° unter Zersetzung. Sein Formaldehydgehalt wurde von R. SIGNER zu 93% bestimmt, sein Essigsäure-anhydridgehalt zu 5,9%. Nach der Umkrystallisation aus Formamid hat das Produkt folgende Eigenschaften: Schmelzp.: 154—157°. Zersetzungsp.: 220°. (Einige Gasblasen schon bei 190°).

Zusammensetzung: $(CH_2O)_{35} \cdot (CH_3CO)_2O = C_{39}H_{76}O_{38}$.

0,3824; 0,3257 g Subst.: 232,3; 197,4 ccm $^n/_{10}$-Jod und 6,87; 5,72 ccm $^n/_{10}$-$Ba(OH)_2$.

Ber. CH_2O 91,3.   Gef. CH_2O 91,2; 91,0.

Ber. $(CH_3CO)_2O$ 8,7.   Gef. $(CH_3CO)_2O$ 9,2; 9,0.

Ber. C 40,62, H 6,60.   Gef. C 41,10, H 6,86.

Durchschnittspolymerisationsgrad berechnet aus der Formaldehyd- und Essigsäureanhydridanalyse: 35.

Daraus berechnetes Molekulargewicht: 1150.

Molekulargewicht in Campher nach RAST: 0,930; 0,690 mg Subst.; 7,745; 4,455 mg Campher.

Δt 3,3; 5,3°. Molekulargewicht: Ber. 1150.   Gef. 1450; 1170.

e) Die Zersetzung der Polyoxymethylen-dimethyläther bei höherer Temperatur.

Die Destillation der Polyoxymethylen-dimethyläther bis zum Polymerisationsgrad 10 ist bei gewöhnlichem Druck ohne Zersetzung möglich.

Die Destillationen wurden in konisch erweiterten Schmelzpunktsröhrchen ausgeführt; die Heizung erfolgte im Kupferblock. In Tabelle 134 sind die einzelnen Fraktionen und ihr Verhalten bei der Destillation angegeben. Vom Destillat wurde zur Charakterisierung nur der Schmelzpunkt bestimmt.

Tabelle 134.

Polymerisa-tionsgrad	Schmelzpunkt	Destillations-temperatur	Formaldehyd-abspaltung	Rückstand	Schmelzpunkt des Destillates
7	43—45°	260—320°	keine	sehr wenig; braun	43—47°
9	59—63°	280—340°	keine	wenig; braun	55—60°
12	81—83°	320—380°	keine	50%; braun	80—83°
13	89—91°	Nur Spuren eines Destillats	330°; schwache Zersetzung	tiefbraun	—
15	109—111°	Nur Spuren eines Destillats	360°; Formaldehyd-abspaltung	tiefbraun	(80—105°)

Die höhermolekularen Polyoxymethylen-dimethyläther vom Polymerisationsgrad 20—100 wurden im Hochvakuum bei höherer Temperatur zersetzt. Die Zersetzung und anschließende Hochvakuumdestillation (0,02 mm) wurde in kleinen Kölbchen mit angeschmolzenen Kugelvorlagen vorgenommen. Alle Fraktionen schmelzen klar und spalten beim höheren Erhitzen Formaldehyd ab. Nach einiger Zeit gehen bei 280—320° sehr schwer flüchtige Bestandteile über, die sich in den Kugelvorlagen kondensieren, zum Teil als rasch erstarrende Flüssigkeit, zum Teil als feiner Flugstaub. Als Rückstand bleiben etwa 10—20% des Ausgangsmaterials. Es sind verkohlte Massen, die durch Zersetzung der δ-Polyoxymethylengruppierung[1] entstanden sind. Die überdestillierten schwer flüchtigen Produkte, die rein weiß sind, erwiesen sich als — allerdings zum Teil umgelagerte — Polyoxymethylen-dimethyläther.

2. Die Polyoxymethylen-dihydrate.

a) **Herstellung von niedermolekularen Polyoxymethylendihydraten ungefähr einheitlichen Polymerisationsgrades.**

$$\alpha)\ \textit{Methylenglykol:}\ CH_2{<}^{OH}_{OH}.$$

Durch Extraktion einer reinen konzentrierten Formaldehydlösung mit Äther im Apparat nach KUTSCHER-STEUDEL wurde eine ölige Flüssigkeit erhalten, die nach der Analyse 57,7% Formaldehyd enthielt, also etwas weniger als dem für das Methylenglykol geforderten theoretischen Formaldehydgehalt von 62,5% entspricht. Aber alle Versuche, das Methylenglykol aus solchen Ätherlösungen durch Ausfrieren krystallisiert zu erhalten, scheiterten.

$\beta)$ *Spaltung von Paraformaldehyd mit Wasser.*

Versuche, auf analogem Wege, wie die Herstellung der niedermolekularen Polyoxymethylen-diacetate und Polyoxymethylen-dimethyläther gelang, auch die niedermolekularen Polyoxymethylen-dihydrate herzustellen, nämlich dadurch, daß man hochmolekulare Polyoxymethylen-dihydrate bei höherer Temperatur in Bombenröhren mit berechneten Mengen Wasser zur Reaktion brachte, schlugen fehl:

Die Versuche mit 1 Mol Wasser auf 1, 2, 3 und 4 Grundmoleküle Formaldehyd (Paraformaldehyd) ergaben stark sauer reagierende, hochkonzentrierte Formaldehydlösungen, die sich rasch unter Abscheidung von Paraformaldehyd veränderten, aber keine niedermolekularen, krystallisierten Dihydrate lieferten. Das letztere war auch bei der sauren Reaktion des Inhalts der Bombenröhren wenig wahrscheinlich, da Säuren die kondensierende Polymerisation katalysieren.

$\gamma)$ *Di- und Trioxymethylen-dihydrat.*

Eine durch Ätherextraktion aus einer konzentrierten Formaldehydlösung erhaltene Polyoxymethylen-dihydrat-gallerte wurde in trockenem Aceton in der Kälte gelöst und wenige Stunden über Chlorcalcium stehen gelassen, filtriert und mit der gleichen Menge trockenem Petroläther gefällt. Der flockige Niederschlag setzte sich gut ab und ließ sich leicht filtrieren. Durch Evakuieren wurde von anhaftendem Aceton befreit. Das so erhaltene trockene Pulver schmilzt bei 82—85° und löst sich leicht in kaltem Aceton. Analyse und Eigenschaften sprechen für ein Gemisch von hauptsächlich Di- und Trioxymethylen-dihydrat:

---

[1] Vgl. S. 238.

0,1343; 0,1679 g Subst.: 70,95; 87,9 ccm $n/_{10}$-Jod.

$(CH_2O)_2H_2O$ Ber. CH_2O 76,9. Gef. CH_2O 79,3; 78,6.

$(CH_2O)_3H_2O$ Ber. CH_2O 83,3.

Das Produkt löst sich noch einige Zeit in kaltem Aceton, verändert sich aber sehr rasch und wird dabei unlöslich. Es tritt Polymerisation zu unlöslichen, höhermolekularen Polyoxymethylen-dihydraten ein.

δ) *Tetraoxymethylen-dihydrat.*

Zur Darstellung eines möglichst niedermolekularen Dihydratgemisches wurde eine frisch hergestellte 30proz. Formaldehydlösung auf dem Wasserbad eingedampft, bis sich feste Substanz abzuscheiden begann. Die Lösung reagierte nur sehr schwach sauer, es hatte sich also nur wenig Ameisensäure gebildet. Die heiße Lösung wurde unter Rühren in methylalkoholfreies Aceton eingegossen, worin sie sich fast vollständig auflöste. Dann wurde sehr viel wasserfreies Natriumsulfat zugegeben und eine halbe Stunde stark geschüttelt. Nach der Filtration wurde mit niedrigsiedendem Petroläther ein schön flockiges Produkt gefällt; diese Fällung wurde noch einmal wiederholt. Das so erhaltene Produkt ist in kaltem Aceton leicht löslich. Es wurde im Vakuum über Phosphorpentoxyd aufbewahrt. Dabei verändert es sich im Laufe von 3 Monaten fast nicht. Seine Löslichkeit in Aceton bleibt erhalten. Analyse und Eigenschaften sprechen für ein niedermolekulares Dihydratgemisch vom Durchschnittspolymerisationsgrad 4.

0,1030 g Subst.: 59,40 ccm $n/_{10}$-Jod.

$(CH_2O)_4 \cdot H_2O$. Ber. CH_2O 86,96. Gef. CH_2O 86,55.

ε) *Hexa- und Hepta-oxymethylen-dihydrat.*

Durch Eindampfen einer reinen 30proz. Formaldehydlösung auf dem Wasserbad erhält man eine hochkonzentrierte Formaldehydlösung, die beim Abkühlen zwischen 60 und 80° zu einer schmierigen Gallerte erstarrt. Im Laufe von 2 bis 3 Wochen entsteht daraus eine feste, noch etwas schmierige, wachsähnliche Substanz. Die Analyse derselben ergibt:

0,4055; 0,2560 g Subst.: 215,8; 137,9 ccm $n/_{10}$-Jod.

$(CH_2O)_3 \cdot H_2O$. Ber. CH_2O 83,3. Gef. 79,9; 80,9.

Ein ähnliches Produkt entsteht aus dem aus Formaldehydlösungen extrahierten Öl[1] mit 58% Formaldehyd, wenn man es einige Zeit sich selbst überläßt.

Zur Herstellung von reinen Dihydraten aus diesen Gemischen wird ein solches Produkt mit wenig Aceton im Mörser zu einem dünnen Brei verrieben und unter Druck filtriert. Aus dem Filtrat fällt mit tiefsiedendem Petroläther eine flüssige Fraktion aus, die aus Wasser und den niedersten Dihydraten besteht und nicht weiter untersucht wurde.

---

[1] Es ist interessant, daß auch Formaldehydlösungen mit ca. 35% Formaldehyd (spez. Gew. 1,101) nicht sehr lange haltbar sind. Nach einiger Zeit scheiden sie einen Bodenkörper aus. Dieser ist zuerst schmierig und gallertartig und besteht aus niedermolekularen Polyoxymethylen-dihydraten. Allmählich wird der Bodenkörper körnig und fest. Es ist weitgehende Polymerisation eingetreten. Man erhält so ein dem Paraformaldehyd ähnliches Produkt. Die Analyse liefert: 0,1611; 0,1802 g Substanz: 102,8; 114,7 ccm $n/_{10}$-Jod. $(CH_2O)_{14} \cdot H_2O$. Ber. CH_2O 95,9. Gef. CH_2O 95,8; 95,5.

Der Filterrückstand kann mit Aceton in einen unlöslichen, einen in siedendem Aceton löslichen, einen in warmem Aceton löslichen und einen in kaltem Aceton löslichen Anteil zerlegt werden.

Das in kaltem Aceton lösliche Produkt wird mit tiefsiedendem Petroläther ausgefällt. Man erhält ein pulvriges, in kaltem Aceton leicht lösliches Dihydrat folgender Zusammensetzung:

0,2083 g Subst.: 126,2 ccm $n/_{10}$-Jod.

$(CH_2O)_6 H_2O$. Ber. CH_2O 90,91. Gef. CH_2O 90,95.

Nach nochmaligem Umfällen aus kaltem Aceton mit Petroläther:

0,2419; 0,2170 g Subst.: 148,3; 133,0 ccm $n/_{10}$-Jod.

$(CH_2O)_7 H_2O$. Ber. CH_2O 92,11. Gef. CH_2O 92,03; 91,99.

ζ) *Octo-oxymethylen-dihydrat.*

Ein 8-oxymethylen-dihydrat wurde durch mehrfache fraktionierte Umkrystallisation aus warmem Aceton isoliert (vgl. Abschnitt ε).

Nach der zweiten Umkrystallisation:

0,2008 g Subst.: 123,3 ccm $n/_{10}$-Jod.

$(CH_2O)_8 \cdot H_2O$. Ber. CH_2O 93,02. Gef. CH_2O 92,2.

Nach der dritten Umkrystallisation.

0,1627 g Subst.: 100,8 ccm $n/_{10}$-Jod.

$(CH_2O)_8 \cdot H_2O$. Ber. CH_2O 93,02. Gef. CH_2O 92,96.

Die Analyse spricht für ein Octo-oxymethylen-dihydrat. Doch liegt kein vollständig einheitliches, 8fach polymeres Dihydrat vor, sondern ein Gemisch desselben mit den nächsthöheren und -niederen derselben polymer-homologen Reihe.

Das aus heißem Aceton zum drittenmal umkrystallisierte Produkt mit 93% Formaldehyd löst sich spielend in heißem Aceton und fällt in der Kälte flockig aus. Die Ausscheidung ist sehr leicht filtrierbar im Gegensatz zum ungereinigten, nicht umkrystallisierten Ausgangsmaterial. Unter dem Mikroskop erkennt man feine, einheitlich aussehende Nädelchen. Der Schmelzpunkt liegt bei 115—120°, dann erst beginnt Zersetzung. Die Substanz ist trocken-pulvrig und nicht mehr schmierig; sie riecht frisch bereitet fast gar nicht nach Formaldehyd[1]. Sie wurde noch 6mal aus Aceton umkrystallisiert, dann 3mal aus Dioxan:

Nach der ersten Umkrystallisation aus Dioxan: Ausbeute: 70%.

0,1000 g Subst.: 62,3 ccm $n/_{10}$-Jod.

$(CH_2O)_8 \cdot H_2O$. Ber. CH_2O 93,0. Gef. CH_2O 93,5.

Nach der zweiten Umkrystallisation aus Dioxan:

Ausbeute: 80%.

0,1265 g Subst.: 78,6 ccm $n/_{10}$-Jod. Gef. CH_2O 93,2.

Nach der dritten Umkrystallisation aus Dioxan:

Ausbeute: 80%.

0,1108 g Subst.: 68,8 ccm $n/_{10}$-Jod. Gef. CH_2O 93,2.

Unvorsichtiges Umkrystallisieren, wie z. B. zu langes Erhitzen, ist für die niedermolekularen, löslichen Polyoxymethylen-dihydrate schädlich. Abgesehen von der Ausbeute leidet auch die Reinheit der Produkte darunter. Schon siedendes

---

[1] Das Produkt ist beständig, da es völlig frei von Ameisensäure ist.

Aceton bewirkt eine Zersetzung, wenn auch nur in geringem Maße. Die leichte Spaltbarkeit des Produktes zeigen auch die folgenden Versuche:

Läßt man Octo-oxymethylen-dihydrat mit viel Wasser stehen, so tritt in 4 Tagen vollständige Auflösung, also Spaltung in Formaldehyd resp. Methylenglykol ein, beim Schütteln sogar schon in 2 Tagen. Paraformaldehyd braucht unter denselben Umständen zur vollständigen Auflösung 2 Monate, α-Polyoxymethylen löst sich auch nach 4 Monaten noch nicht merklich auf.

η) *Nono-oxymethylen-dihydrat.*

Nach der dritten Umkrystallisation aus heißem Aceton ergab die Analyse:

0,1142 g Subst.: 71,4 ccm $n/_{10}$-Jod.

$(CH_2O)_9 \cdot H_2O$. Ber. CH_2O 93,75. Gef. CH_2O 93,9.

Nach der vierten Umkrystallisation:

0,1367; 0,1644 g Subst.: 85,2; 102,7 ccm $n/_{10}$-Jod.

$(CH_2O)_9 \cdot H_2O$. Ber. CH_2O 93,75. Gef. CH_2O 93,6; 93,8.

ϑ) *Undeka-oxymethylen-dihydrat.*

Das Produkt wurde aus siedendem Aceton umkrystallisiert.

Erste Umkrystallisation:

0,2100 g Subst.: 132,4 ccm $n/_{10}$-Jod.

$(CH_2O)_{11} \cdot H_2O$. Ber. CH_2O 94,80. Gef. CH_2O 94,64.

Zweite Umkrystallisation:

0,2159 g Subst.: 136,4 ccm $n/_{10}$-Jod.

$(CH_2O)_{11} \cdot H_2O$. Ber. CH_2O 94,80. Gef. CH_2O 94,85.

ι) *Duodeka-oxymethylen-dihydrat.*

Das Produkt wurde zweimal aus siedendem Aceton umkrystallisiert:

0,2046 g Subst.: 129,5 ccm $n/_{10}$-Jod.

$(CH_2O)_{12} \cdot H_2O$. Ber. CH_2O 95,24. Gef. CH_2O 94,97.

$\varkappa$) *Die Acetylierung des Octo-oxymethylen-dihydrates.*

Niedere Formaldehydhydrate können mit Essigsäureanhydrid und Pyridin in Verdünnungsmitteln wie Aceton oder Dioxan in Polyoxymethylen-diacetate übergeführt werden. Leider ist die Reaktion durch die Entstehung von gefärbten Nebenprodukten gestört; immerhin gelang es, Diacetate in einer Ausbeute von 50% zu erhalten.

100 ccm Dioxan wurden mit 1 g Octo-oxymethylen-dihydrat, 10 ccm Essigsäureanhydrid und 10 ccm Pyridin während 36 Stunden auf der Schüttelmaschine geschüttelt. Es trat vollständige Lösung unter leichter Gelbfärbung ein. Sodann wurde das Dioxan, Essigsäureanhydrid und Pyridin im Hochvakuum abdestilliert. Der Rückstand war meistens gelb bis gelbbraun gefärbt und krystallisierte teilweise. Er wurde mit tiefsiedendem Petroläther (40°) und Äther ausgezogen. Es konnten folgende Diacetate isoliert werden:

Tabelle 135.

	Schmelzpunkt	Polymerisationsgrad
Aus Petroläther in der Kälte . . . . 0,1 g	35—39°	8—9
Aus Äther mit Petroläther gefällt . . 0,2 g	45—52°	10
Aus Äther bei 20° . . . . 0,2 g	54—60°	10—11

Sicher sind auch noch Diacetate vom Schmelzp. 10—35° gebildet worden. Aber ihre Aufarbeitung ist bei den kleinen Mengen sehr schwierig; es ist wegen dieser experimentellen Schwierigkeiten noch nicht gelungen, das 7-oxymethylendiacetat rein zu erhalten[1].

b) Die Entwässerung der niedermolekularen Polyoxymethylendihydrate.

α) *Die Entwässerung von Polyoxymethylen-dihydrat-gallerten.*

Durch Extraktion einer konzentrierten Formaldehydlösung mit Äther wurde ein Öl erhalten, das bald gallertig erstarrte. Die Analyse des Öles ergab:

0,3738 g Subst.: 143,6 ccm $^n/_{10}$-Jod.

Für $(CH_2O)_1 \cdot H_2O$. Ber. CH_2O 62,5. Gef. 57,7.

Das Produkt ist in Äther und Benzol zum Teil löslich; in Alkohol und Aceton ist es sehr leicht löslich. Natriumsulfitlösung löst schon in der Kälte.

Die Alterung der Gallerte verfolgten wir dadurch, daß die Änderung der physikalischen und chemischen Eigenschaften bei der Entwässerung über Phosphorpentoxyd beobachtet wurde. Es wurde die Gewichtsabnahme, der Formaldehydgehalt, der Schmelzpunkt und die Löslichkeit in verschiedenen Lösungsmitteln festgestellt (vgl. Abb. 72 u. 73, S. 251). Die Löslichkeit nimmt beim Entwässern ab, und zwar in Äther und Benzol sehr rasch, in Alkohol und Aceton langsamer. Das Endprodukt ist in siedendem Aceton fast unlöslich. Die nebenstehende Tabelle zeigt die Analysen und die Schmelzpunkte.

Das Produkt ist während der ersten 3 Tage der Entwässerung schmierig und auch unter dem Mikroskop ohne erkennbare Struktur. Es hat das Aussehen eines amorph erstarrten Öles. Allmählich wird die Substanz fester und ist nach 5 Tagen so brüchig, daß sie pulverisiert werden kann. Das Endprodukt ist ein dem Paraformaldehyd auch in den chemischen Eigenschaften ähnliches, weißes Pulver, das stark nach Formaldehyd riecht.

Tabelle 136. Zunahme des Formaldehydgehaltes einer Dihydrat-gallerte bei der Entwässerung.

Zeit	CH_2O %	Zunahme pro Tag %	Schmelzpunkt
0 Stunden	— 57,7	—	53—57
5 „	58,5; 58,7	4,3	54—61
11,5 „	59,5; 59,4	3,3	55—63
23 „	60,4; 60,3	1,9	57—63
32 „	61,3; 61,3	2,4	60—66
47 „	63,2; 63,7	3,4	62—68
75 „	67,1; 67,3	3,3	73—83
124 „	76,3; 76,3	4,5	80—90
192 „	92,0; 92,3	5,6	95—105 z
12 Tage	— —	—	100—106 z
19 „	93,2; 93,4	0,1	98—115 z
54 „	93,2; 93,1	0,0	104—115 z
155 „	— 93,1	0,0	105—115 z

z = Zersetzung.

β) *Die Entwässerung einheitlicher Polyoxymethylendihydrate.*

Es wurde die Gewichtsabnahme beim Stehen über Phosphorpentoxyd verfolgt (Abb. 79, S. 254). Ein 7-oxymethylen-dihydrat (92,0 % CH_2O) zeigt nach 3 monatigem Stehen über Phosphorpentoxyd unveränderte Eigenschaften und fast denselben Formaldehydgehalt:

0,2004 g Subst.: 123,5 ccm $^n/_{10}$-Jod. Gef. CH_2O 92,44.

---

[1] Vgl. R. SIGNER: Inaug.-Diss. Zürich 1927.

Ein 8-oxymethylen-dihydrat (93,0% CH_2O), das vor der Entwässerung einige Zeit an der Luft gestanden hatte, ist nach 12 monatiger Entwässerung über Phosphorpentoxyd in siedendem Aceton schwer löslich geworden und zeigt einen höheren Formaldehydgehalt:

0,2041 g Subst.: 129,0 ccm $n/_{10}$-Jod. Gef. CH_2O 94,9.

Ein 11-oxymethylen-dihydrat (94,8% CH_2O) hat bei 3 monatigem Stehen über Phosphorpentoxyd eine kleine Veränderung erlitten; ein kleiner Teil der Substanz ist in siedendem Aceton unlöslich geworden. Die Analyse ergibt einen etwas höheren Formaldehydgehalt:

0,2029 g Subst.: 129,4 ccm $n/_{10}$-Jod. Gef. CH_2O 95,70.

Die Unterschiede im Verhalten beruhen auf dem verschiedenen Reinheitsgrad der Produkte, besonders auf der An- oder Abwesenheit von Spuren von Ameisensäure.

c) Die hochmolekularen Polyoxymethylen-dihydrate.

α) Der Paraformaldehyd.

Der Paraformaldehyd mit einem Formaldehydgehalt von 94—98% ist ein Polyoxymethylen-dihydrat vom Polymerisationsgrad 10—50. Aus demselben[1] läßt sich mit siedendem Aceton ein niedermolekulares Dihydrat vom Durchschnittspolymerisationsgrad 10 herauslösen. Das Produkt zeigt alle Eigenschaften eines noch nicht einheitlichen, niedermolekularen Polyoxymethylen-dihydrates; es schmilzt bei 115—118° unter Zersetzung, während der Paraformaldehyd erst bei 140—150° unter Zersetzung schmilzt. Die Analyse ergibt:

0,1242; 0,1161 g Subst.: 78,04; 73,06 ccm $n/_{10}$-Jod.

$(CH_2O)_{10} \cdot H_2O$. Ber. CH_2O 94,34; Gef. CH_2O 94,3; 94,4.

Analyse des Paraformaldehydes:

0,1955; 0,2261 g Subst.: 125,2; 144,1 ccm $n/_{10}$-Jod.

$(CH_2O)_{15} \cdot H_2O$. Ber. CH_2O 96,1; Gef. CH_2O 96,1; 95,7.

Paraformaldehyd ist in der Hitze in Dioxan und Formamid löslich; hierbei tritt aber ziemlich starke Zersetzung unter Formaldehydabspaltung ein. Doch wird in der Kälte ein Teil der gelösten Substanz wieder ausgeschieden.

β) Das α- und das β-Polyoxymethylen.

α- und β-Polyoxymethylen sind Polyoxymethylen-dihydrate von sehr hohem Polymerisationsgrad. Sie sind in Lösungsmitteln wie Dioxan und Pyridin völlig unlöslich. Das einzige Lösungsmittel für die beiden Polyoxymethylene ist Formamid. Doch tritt bei der hohen Lösungstemperatur von 150—160° sehr rasch vollkommene Zersetzung ein. Die Umkrystallisation gelingt nur bei raschem Arbeiten in kleinen Mengen im Reagensglase: 5 g eines β-Polyoxymethylens werden in 5 Portionen in einem weiten und hohen Reagensglas mit Formamid möglichst rasch in Lösung gebracht und sofort durch Abschrecken wieder ausgeschieden. Die dicke Gallerte wird mit der doppelten Menge Wasser geschüttelt, filtriert und gut mit kaltem Wasser ausgewaschen, sodann im Vakuum über Phosphorpentoxyd getrocknet. Die Ausbeute beträgt 2 g, also ca. 40%. Das Produkt hat die Eigenschaften des α-Polyoxymethylens. Es „sublimiert" nicht,

---

[1] Die Zusammensetzung der käuflichen Paraformaldehyde wechselt und ebenso auch die Menge des acetonlöslichen Anteils.

sondern zersetzt sich ohne starke Polymerisation der Dämpfe. Es riecht im Gegensatz zu umkrystallisiertem γ-Polyoxymethylen stark nach Formaldehyd. Das umkrystallisierte β-Polyoxymethylen sintert bei 170—175° und zersetzt sich sofort, das β-Polyoxymethylen selbst sublimiert ohne zu sintern zwischen 150 und 170°.

Zusammensetzung: $(CH_2O)_{75} \cdot H_2O$.

0,5000; 0,5055 g Subst.: 330,6; 334,2 ccm $n/_{10}$-Jod.

Ber. CH_2O 99,1. Gef. CH_2O 99,25; 99,21.

0,5000; 0,5055 g Subst.: 1,22; 0,91 ccm $n/_5$-KMnO$_4$.

Ber. CH_3OCH_3 0,0. Gef. CH_3OCH_3 0,19; 0,14.*

Der Formaldehydgehalt des β-Produktes betrug 98,8%.

3. Polyoxymethylene aus flüssigem, monomerem Formaldehyd: Eu-Polyoxymethylen.

a) Herstellung des reinen, monomeren Formaldehyds.

Zur Darstellung von reinem, monomerem Formaldehyd benutzt man zweckmäßig das sehr hochprozentige Polyoxymethylen, das mit wenig Alkali aus konzentrierten Formaldehydlösungen gefällt wird[1]. Denn die Spuren von Schwefelsäure, die in den damit gefällten Polyoxymethylenen enthalten sind, begünstigen die Polymerisation des entstehenden Formaldehydgases und die Entstehung von Trioxymethylen[2]. Außerdem wurde, um Autoxydation zu vermeiden, die Zersetzung des Polyoxymethylens unter Durchleiten von trockenem, reinem Stickstoff vorgenommen.

Die Spuren von Alkali, die in dem Ausgangsmaterial enthalten sind, bewirken eine geringe Kondensation zu zuckerähnlichen Produkten (δ-Polyoxymethylenbildung[3]), so daß beim vollständigen Zersetzen dieses Polyoxymethylens dunkle Rückstände entstehen. Deshalb wurden nur etwa zwei Drittel des Polyoxymethylens zersetzt, damit auch nicht spurweise Verkohlung eintritt; dadurch würde der monomere Formaldehyd durch flüchtige Zersetzungsprodukte verunreinigt[4].

Zur Herstellung von reinem, monomerem Formaldehyd haben schon M. TRAUTZ und E. UFER[5] eine besondere Apparatur beschrieben. Unsere Apparatur konnte entsprechend dem hohen Formaldehydgehalt des Ausgangsmaterials von 99% einfacher gestaltet werden. Die dem Formaldehydgas beigemengten Spuren von Wasser wurden dadurch beseitigt, daß denselben Gelegenheit zur Kondensation mit gasförmigem Formaldehyd gegeben wurde. Deshalb wurde das Formaldehydgas vor seiner Verflüssigung durch eine weite und lange Glasschlange geleitet. Der monomere Formaldehyd wurde sodann bei —80° verflüssigt und zweimal bei gewöhnlichem Druck destilliert. Das Einfüllen in Bombenröhren geschah ebenfalls durch Destillation aus einem Vorratsgefäß — und zwar wurde im Vakuum

---

* Der Blindwert der Methode von 0,2% ist in diesen Analysen noch nicht abgezogen.

[1] MANNICH, C.: Ber. Dtsch. Chem. Ges. **52**, 160 (1919).

[2] PRATESI: Gazz. chim. ital. **14**, 139 (1885). — STAUDINGER, H., u. Mitarbeiter: Liebigs Ann. **474**, 258 (1929). — KOHLSCHÜTTER, H. W.: Liebigs Ann. **482**, 75 (1930).

[3] Vgl. S. 238.

[4] Diese würden die Kettenreaktion beeinflussen und frühzeitig unterbrechen.

[5] Journ. f. prakt. Ch. **113**, 105 (1926).

destilliert, um bei möglichst tiefer Temperatur zu arbeiten. Alle Operationen erfolgten in einer Apparatur, bei der soweit als möglich die einzelnen Teile zusammengeschmolzen waren. Vor Beginn des Versuches wurde die ganze Apparatur sorgfältig im Hochvakuum getrocknet; dabei wurde in einer Atmosphäre von getrocknetem und von Sauerstoff befreitem Stickstoff gearbeitet; die Vorlagen wurden auf 100—200° erhitzt; die Bombenröhren wurden mehrmals ausgeglüht.

Der unreine, flüssige Formaldehyd ist eine trübe Flüssigkeit, die großes Polymerisationsbestreben zeigt. Die Polymerisation verläuft stark exotherm[1] und kann deshalb explosionsartig erfolgen, da die Verdampfungswärme klein ist[2]. Reiner, mehrmals destillierter Formaldehyd ist eine wasserhelle, leichtbewegliche Flüssigkeit, die verhältnismäßig geringe Polymerisationsneigung besitzt.

b) Die Polymerisation des flüssigen, monomeren Formaldehydes.

Monomerer flüssiger Formaldehyd polymerisiert bei längerem Stehen schon bei —80° ohne Katalysatoren; die Polymerisation wurde bei —80°, —20° und +100° durchgeführt. Die Polymerisationsgeschwindigkeit nimmt natürlich mit steigender Temperatur rasch zu.

Bei der Polymerisation bei tiefer Temperatur (—80°) wirkt Sauerstoff hemmend. Unter Stickstoff erhält man nach wenigen Stunden ein festes, weißes Produkt. Unter Sauerstoff dauert die vollständige Polymerisation manchmal mehrere Tage; die Flüssigkeit geht in eine klare Gallerte, schließlich in ein klares Glas über.

Eine ähnliche Beobachtung, daß Sauerstoff bei tiefer Temperatur polymerisationshemmend wirkt, hat A. SCHWALBACH[3] bei der Polymerisation von Vinylacetat im ultravioletten Licht gemacht.

Man muß wohl annehmen, daß der Sauerstoff die aktiven Stellen besetzt, an denen die Polymerisation beschleunigt wird, z. B. die Glaswände. So erklärt sich auch, daß in Stickstoff die Polymerisation besonders rasch an den Wandungen der Bombenröhren erfolgt, deren Alkali die Polymerisationsgeschwindigkeit fördert. Deshalb sind in Stickstoff polymerisierte Polyoxymethylene im Innern oft klar durchsichtig, außen aber weiß und undurchsichtig: die rasche Polymerisation an den Glaswänden führt zu undurchsichtigen Produkten. In Sauerstoff dagegen erfolgt die Polymerisation gleichmäßig schnell resp. langsam und liefert glasklare Polymerisate.

A. SCHWALBACH fand, daß Sauerstoff die Polymerisation von Vinylacetat bei 100° fördert und sogar so beschleunigen kann, daß explosionsartige Polymerisation eintritt.

Auch die Polymerisation des Formaldehyds unter Sauerstoff erfolgt bei 100° unter heftiger Detonation; die Polymerisation wird also in der Hitze durch Sauerstoff beschleunigt. Hier wie beim Vinylacetat wirkt also Sauerstoff bei höherer Temperatur polymerisationsfördernd, bei niederer Temperatur aber polymerisationshemmend.

---

[1] Die Polymerisationswärme des gasförmigen Formaldehyds beträgt 36,7 Cal. v. WARTENBERG, H.: Ztschr. f. angew. Ch. **37**, 457 (1924).

[2] Vgl. Ber. Dtsch. Chem. Ges. **62**, 2397 (1929); ferner S. 290.

[3] STAUDINGER, H., u. A. SCHWALBACH: Liebigs Ann. **488**, 8 (1931).

α) *Methodisches zur Untersuchung der Polymerisate.*

Die erhaltenen Produkte wurden daraufhin geprüft, ob ihr Verhalten dem eines Polyoxymethylen-dihydrates (α-Polyoxymethylens) oder eines -dimethyläthers (γ-Polyoxymethylens) entspricht. Dazu wurde untersucht: die Beständigkeit gegen verdünnte Alkalien und Säuren, ebenso ammoniakalische Silbernitratlösung in der Kälte und in der Hitze; die Auflösbarkeit und das Verhalten in heißem Formamid, die Ausscheidung daraus beim Abkühlen; der Sinterungspunkt, Schmelzpunkt und Zersetzungspunkt. Die Formaldehydanalyse wurde wie bei den Polyoxymethylen-dimethyläthern ausgeführt.

Speziellere Eigenschaften der neuen Polymeren sind deren Elastizität resp. Plastizität bei höherer Temperatur. Das „Fädenziehen" wurde folgendermaßen ausgeführt: Die Substanz wird im Reagensglas mit freier Flamme erhitzt. Beim Sinterungspunkt ist sie knetbar elastisch; nun wird sie mit einem Glasstab an den Boden des Reagensglases festgedrückt und der Glasstab, an dem das Produkt haftet, aus dem Reagensglase herausgezogen. Durch Pressen der Substanz bei der Sinterungstemperatur erhält man filmartige Massen.

β) *Die Polymerisation bei $-80°$ in Stickstoff.*

Bei $-80°$ ist der Formaldehyd zunächst flüssig; manchmal bilden sich einige Flocken polymerer Substanz. Nach kurzer Zeit wird die Flüssigkeit gallertig, und schon nach 1 Stunde erhält man eine dick fließende, meist noch klar durchsichtige Gallerte. Die Polymerisation schreitet nun rasch vorwärts. Das Produkt wird dabei undurchsichtig weiß. Nach 24 Stunden wird das Bombenrohr durch Zerschlagen geöffnet; es enthält keinen oder nur geringen Überdruck; der monomere Formaldehyd ist also verschwunden. Man erhält einen kompakten Block von Polyoxymethylen, der im Innern glasartig, außen dagegen undurchsichtig weiß ist. Das Produkt ist sehr hart und riecht schwach nach Formaldehyd. Von verdünnten Alkalien wird es beim Kochen nur sehr langsam angegriffen. Ammoniakalische Silbernitratlösung wirkt ebenfalls sehr langsam erst beim Kochen ein. Verdünnte Säuren lösen bei $100°$ nach einigen Stunden.

Bei $175°$ tritt Sinterung ein, aber kein eigentliches Schmelzen, bei $180-185°$ Zersetzung. Bei raschem Erhitzen im Reagensglas erfolgt vollständige Zersetzung ohne Rückstand. Der entstehende gasförmige Formaldehyd zeigt ein sehr geringes Polymerisationsbestreben. Beim Sinterungspunkt wird die Substanz knetbar elastisch. Sie ist dabei aber so zäh, daß man aus ihr keine Fäden ziehen kann. Durch Pressen an der Reagensglaswand erhält man durchsichtige elastische Filme. Bei langem, vorsichtigem Erhitzen im Reagensglas tritt neben der allmählichen Abspaltung von monomerem Formaldehyd noch eine andere Zersetzung ein; das Produkt wird gelb und ist nicht mehr ohne Rückstand flüchtig. Es ist neben der Entpolymerisation eine Umwandlung eingetreten, die der von γ- in δ-Polyoxymethylen entspricht.

In kochendem Formamid ist das Produkt sehr schwer löslich. Vor der eigentlichen Auflösung wird es weich und klebrig. Beim Abkühlen wird ein kleiner Teil der Substanz wieder ausgeschieden. Der weitaus größte Teil ist zerstört.

Nach der Analyse bestehen solche Produkte zu 100% aus Formaldehyd.

Substanz I: 0,5174; 0,2537 g Subst.: 344,8; 169,2 ccm $n/_{10}$-Jod.
Gef. CH_2O 100,0; 100,1.

0,5174 g Subst.: 0,80 ccm $n/_5$-$KMnO_4$.
Gef. CH_3OCH_3 0,12.
Substanz II: 0,5052; 0,2187 g Subst.: 336,7; 145,4 ccm $n/_{10}$-Jod.
Gef. CH_2O 100,0; 99,8.

0,5052 g Subst.: 1,27 ccm $n/_5$-$KMnO_4$.
Gef. CH_3OCH_3 0,19.

Der Blindwert der Methylätherbestimmung von 0,2% ist bei diesen Analysen noch nicht abgezogen. Die Produkte sind, wie man sieht, keine Dimethyläther.

Die Polymerisation von flüssigem, monomerem Formaldehyd im Hochvakuum bei $-80°$ führt zu demselben Produkt wie in Stickstoff.

γ) Die Polymerisation bei $-80°$ in Sauerstoff.

Die Polymerisation wurde in Sauerstoff unter denselben Bedingungen vorgenommen wie in Stickstoff. Sie verläuft in Sauerstoff wesentlich langsamer als in Stickstoff. In einem Fall bildete sich die Gallerte aus dem flüssigen monomeren Formaldehyd erst nach 3—4 Stunden. Die Röhren wurden 4 bis 5 Tage auf $-80°$ gekühlt. Danach haben sich in allen 3 Fällen vollkommen durchsichtige Polyoxymethylengläser gebildet. Bei der Polymerisation tritt starke Schrumpfung ein.

Die so erhaltenen Polyoxymethylengläser haben dieselben chemischen und physikalischen Eigenschaften wie die unter Stickstoff bei $-80°$ erhaltenen Produkte. Die Analysen dreier verschiedener Gläser ergaben:

Substanz I: 0,5035 g Subst.: 334,4 ccm $n/_{10}$-Jod.
Gef. CH_2O: 99,7.

Substanz II: 0,5026; 0,2542 g Subst.: 332,8; 168,3 ccm $n/_{10}$-Jod.
Gef. CH_2O: 99,4; 99,4.

Substanz III: 0,2142 g Subst.: 141,0 ccm $n/_{10}$-Jod.
Gef. CH_2O: 98,8.

δ) Ein Polyoxymethylenfilm.

Zersetzt man α-Polyoxymethylen im Vakuum von 12 mm sehr langsam und vorsichtig und leitet das entstehende Formaldehydgas in eine auf $-80°$ gekühlte Vorlage, so entsteht an der Glaswand der gekühlten Vorlage ein filmartiges Eu-polyoxymethylen. Dieses hat das Aussehen eines Celluloseacetatfilms, es ist glashell und durchsichtig, elastisch biegsam, aber hart; es kann in dünne Streifen geschnitten werden. Beim Aufbewahren wird dieser Film nicht verändert. Er riecht nicht nach Formaldehyd; erst nach langem Stehen im verschlossenen Glas ist schwacher Formaldehydgeruch wahrnehmbar. Der Erweichungspunkt liegt bei 175—180°; bei dieser Temperatur beginnt auch die Zersetzung. Das Produkt läßt sich kneten und in Fäden ziehen. Seine Eigenschaften sind dieselben wie diejenigen der Polyoxymethylengläser.

Substanz I: 0,1990; 0,2044 g Subst.: 131,4; 134,8 ccm $^n/_{10}$-Jod.
Gef. CH_2O 99,1; 98,95.

Substanz II: 0,2067 g Subst.: 137,2 ccm $^n/_{10}$-Jod.
Gef. CH_2O: 99,6.

Substanz III: 0,1866 g Subst.: 124,0 ccm $^n/_{10}$-Jod.
Gef. CH_2O: 99,7.

Bei Wiederholung der Versuche bleibt manchmal die Bildung des Polyoxymethylenfilms trotz scheinbar gleicher Bedingungen aus. Ein Grund dafür konnte nicht gefunden werden.

ε) *Die Polymerisation bei* −20°.

Bei den Destillationen des monomeren Formaldehyds, die zu seiner Reinigung vorgenommen wurden, tritt öfters Polymerisation ein. Solche unerwünschte Polymerisationen erschweren das Arbeiten mit flüssigem Formaldehyd ungemein. Die dabei auftretenden Polymerisationsprodukte haben ähnliche Eigenschaften, wie die bei −80° erhaltenen Eu-polyoxymethylene. Sie sind weiß, undurchsichtig, blasig und etwas biegsam. Bemerkenswert ist, daß der Erweichungspunkt in der Regel etwas tiefer liegt, etwa bei 165—170°, der Zersetzungspunkt etwas höher, bei 185—190°, als bei den bei tiefen Temperaturen hergestellten Produkten. Man kann aus den erhaltenen Polymerisaten oft Fäden von mehr als 1 m Länge ziehen, während dies bei den bei −80° hergestellten Produkten nicht gelingt.

Die Analyse eines in einer Vorlage entstandenen Produktes ergab:

0,5112; 0,2461 g Subst.: 337,9; 162,9 ccm $^n/_{10}$-Jod.
Gef. CH_2O: 99,2; 99,4.

0,5112 g Subst.: 1,90 ccm $^n/_5$-$KMnO_4$.
Gef. CH_3OCH_3 0,28[1].

Zu Polymerisationsprodukten mit denselben chemischen und physikalischen Eigenschaften, wie sie die in Vorlagen erhaltenen Polymerisate zeigen, gelangt man auch bei der Polymerisation von monomerem, flüssigem Formaldehyd in Stickstoff bei gewöhnlicher Temperatur. Die plastischen Eigenschaften dieser Produkte beim Erweichungspunkt sind beträchtlich. Es gelingt, Fäden von 1 m Länge zu ziehen.

0,5000; 0,2044 g Subst.: 330,3; 135,1 ccm $^n/_{10}$-Jod.
Gef. CH_2O: 99,2; 99,2.

ζ) *Die Polymerisation bei* +100°.

Die mit festem, monomerem Formaldehyd in Stickstoff gefüllten Bombenröhren wurden aus der flüssigen Luft sofort in die geheizte Wasserbadkanone gebracht. Die Röhren wurden dazu, um ein Springen zu verhindern, mit Asbestpapier umwickelt in die heißen eisernen Mäntel eingeführt. Die Polymerisation erfolgte sehr rasch und war nach 1 Stunde beendet. Das Polymerisat ist sehr spröde, teilweise pulverig, und läßt sich sehr leicht vollständig pulverisieren. Nur an der Wandung des Bombenrohres hat sich etwas filmartiges Polyoxy-

---

[1] Der Blindwert der Methode von 0,2% ist hier noch nicht abgezogen.

methylen gebildet, wahrscheinlich durch Polymerisation, bevor die Temperatur von 100° erreicht war. Das Pulver zeigt andere Eigenschaften wie die bei tiefer und gewöhnlicher Temperatur erhaltenen Polymerisate; es zeigt die Eigenschaften von α-Polyoxymethylen; bei 100° entstehen also weniger hochmolekulare Produkte wie bei tiefer Temperatur.

In verdünnten Alkalien tritt leicht Auflösung ein. Ammoniakalische Silbernitratlösung schwärzt schon in der Kälte und bildet in der Hitze einen Silberspiegel. Aus Formamid läßt sich die Substanz nicht umkrystallisieren. Bei 170° tritt Sinterung ein, dann starke Schrumpfung, kein Schmelzen, und sofort Zersetzung, die schon bei 178° sehr stürmisch wird. Das Produkt zeigt nicht einmal Andeutungen von plastischen oder elastischen Eigenschaften. Ein Fädenziehen ist unmöglich. Die Analyse eines der erhaltenen Pulver ergibt:

0,2135 g Subst.: 169,2 ccm $n/_{10}$-Jod.

Gef. CH_2O 97,9.

2 Bombenröhren, in die flüssiger, monomerer Formaldehyd in Sauerstoff eingefüllt worden war, wurden wie die mit Stickstoff gefüllten Röhren in die heiße Wasserbadkanone gebracht. Dabei erfolgte bei beiden Versuchen nach 10 Minuten heftige Explosion. Polymerisation war in beiden Fällen, wie aufgefundene Reste bewiesen, eingetreten. Das Polymerisat ist pulverig und zeigt keine plastischen oder elastischen Eigenschaften. Seine Eigenschaften stimmen mit denen der bei 100° in Stickstoff erhaltenen Produkte überein.

c) Die Polymerisation von reinem, monomerem Formaldehyd in verdünnter Lösung.

Als Verdünnungsmittel wurde Äther verwendet, der durch mehrfache Destillation in reinem Stickstoff unter scharfem Trocknen über Natrium oder Natrium-Kalium gereinigt wurde. Die dabei verwendete Apparatur erlaubte es, den absoluten Äther aus einem Vorratsgefäß im Vakuum in die Bombenröhren zu destillieren, in die dann sofort ohne Öffnen der Röhren der monomere Formaldehyd unter vollständigem Wasserausschluß destilliert werden konnte.

α) Die Polymerisation in verdünnter Lösung ohne Katalysator.

Die Polymerisation von flüssigem, monomerem Formaldehyd in absolutem Äther im Volumenverhältnis 1 : 1 verläuft bei −80° nur sehr langsam; es scheiden sich aus der klaren Lösung nur wenige Flocken aus. Deshalb wurde das Bombenrohr auf Zimmertemperatur erwärmt. Dabei trat sehr langsame Polymerisation zu einem Pulver ein, das aus der ätherischen Lösung ausfiel. Das Produkt zeigt chemisch und physikalisch dieselben Eigenschaften wie die ohne Verdünnungsmittel bei gewöhnlicher Temperatur erhaltenen Polymerisate. Der Sinterungspunkt liegt bei 175°; die Zersetzung beginnt bei 185°. Es tritt kein klares Schmelzen ein. Die plastisch-elastischen Eigenschaften sind nicht so gut wie bei den bei gewöhnlicher Temperatur erhaltenen Polymerisaten.

0,5011 g Subst.: 332,3 ccm $n/_{10}$-Jod.

Gef. CH_2O 99,5.

Die Polymerisation in absolutem Äther verläuft um so langsamer, je verdünnter die Lösung ist.

Polymerisiert man viel Formaldehyd mit wenig Äther (2 : 1), so erhält man ein sehr hartes, kompaktes Polymerisat, aus dem der Äther nur sehr langsam entweicht. Dabei wird das Produkt härter. Es ist gegen verdünnte Alkalien und ammoniakalische Silbernitratlösung ziemlich beständig.

Die Polymerisationsgeschwindigkeit von monomerem Formaldehyd in ätherischer Lösung wird durch Erwärmen wesentlich gesteigert. Bei 100° trat nach wenigen Minuten sehr heftige Explosion ein; auch bei 50° erfolgte nach etwa 1 Stunde Explosion der Röhre.

Es wurde noch die Polymerisation von monomerem Formaldehyd in reinstem, monomerem Acetaldehyd vorgenommen. Man erhält glasige, elastische Produkte, die unter allmählicher Abgabe von Acetaldehyd schrumpfen und dabei hart und spröde werden.

Alle diese Polymerisate sind Eu-polyoxymethylene.

β) Die Polymerisation in verdünnter Lösung mit Katalysatoren.

Ein Vorversuch ergab, daß monomerer Formaldehyd mit Bortrichlorid und mit Trimethylamin sehr rasch polymerisiert. Leitet man z. B. monomeren, gasförmigen Formaldehyd in absoluten Äther, der wenig Trimethylamin enthält, so tritt schon bei −80° sofortige Polymerisation ein. Es entsteht ein blasiges, voluminöses Polyoxymethylen mit 98,6 % Formaldehyd.

Bortrichlorid bewirkt teilweise Zersetzung des Formaldehyds; deshalb wurde bei den Hauptversuchen gut gereinigtes Trimethylamin[1] als Katalysator verwendet.

Die Apparatur war so eingerichtet, daß der monomere Formaldehyd, der absolute Äther und das Trimethylamin in beliebiger Reihenfolge unter vollkommenem Ausschluß von Wasser und Sauerstoff in das Bombenrohr destilliert werden konnten.

I. Monomerer Formaldehyd und absoluter Äther (Volumverhältnis 1 : 1) wurden mit viel Trimethylamin (ca. 10 %) eingeschmolzen. Die Polymerisation verläuft sehr rasch unter beträchtlicher Erwärmung; sie beginnt schon bei −80°.

0,2011 g Subst.: 132,1 ccm $^{n}/_{10}$-Jod. Gef. CH_2O: 98,55.

II. Monomerer Formaldehyd und absoluter Äther (Volumenverhältnis 1 : 2) wurden mit wenig Trimethylamin eingeschmolzen. Sehr rasche Polymerisation.

0,2050 g Subst.: 134,0 ccm $^{n}/_{10}$-Jod. Gef. CH_2O: 98,10.

III. Monomerer Formaldehyd und absoluter Äther (Volumenverhältnis 1 : 5) wurden mit wenig Trimethylamin eingeschmolzen. In wenigen Minuten ist die heftige Polymerisation, die von einem knatternden Geräusch begleitet war, beendet. Starke Erwärmung der Röhre.

0,2186 g Subst.: 144,3 ccm $^{n}/_{10}$-Jod. Gef. CH_2O: 99,0.

Die erhaltenen Polymerisate sind nach der Aufarbeitung frei von Stickstoff.

Die Produkte sind gegen verdünnte Alkalien nur teilweise beständig, gegen ammoniakalische Silbernitratlösung aber unbeständig. Aus Formamid läßt sich ein kleiner Teil umkrystallisieren, ebenso aus Anisol. Die Produkte enthalten aber keine in Lösungsmitteln wie Wasser, Chloroform, Dioxan oder Pyridin lös-

---

[1] Trimethylaminchlorhydrat wurde aus reinstem Chloroform umkrystallisiert. Das mit 30 proz. Kalilauge in Freiheit gesetzte Trimethylamin wurde im trockenen Stickstoffstrom über ausgeglühten Natronkalk geleitet und in einem Vorratsgefäß kondensiert.

lichen Anteile. Beim Erhitzen werden die Polymerisate kaum plastisch, vielmehr schmierig und zersetzen sich stark. Fädenziehen wie bei den Eu-polyoxymethylenen gelingt überhaupt nicht.

Die aus Formamid umkrystallisierten, pulverigen Produkte lösen sich in verdünnter, kalter Natronlauge nur sehr langsam und unterscheiden sich dadurch von den Polyoxymethylen-dihydraten (α-Polyoxymethylen). In siedender Natronlauge tritt bis auf Spuren leicht Lösung ein, während Polyoxymethylen-dimethyläther (γ-Polyoxymethylen) darin unlöslich sind. Ammoniakalische Silbernitratlösung wirkt in der Wärme stark oxydierend. Beim Erhitzen tritt Zersetzung ohne klares Schmelzen ein; dabei bleibt ein kleiner Rückstand. Die umkrystallisierten Produkte zeigen also nicht den Charakter von Polyoxymethylen-dimethyläthern.

Die Analyse solcher umkrystallisierten Produkte ergibt:

0,2054 g Subst.: 135,3 ccm $n/_{10}$-Jod. Gef. CH_2O: 98,9.

0,2049 g Subst.: 134,1 ccm $n/_{10}$-Jod. Gef. CH_2O: 98,3.

C. Das Polyäthylenoxyd, ein Modell der Stärke[1].

Bearbeitet von H. LOHMANN[2].

I. Übersicht der Ergebnisse.

In der ersten Arbeit über das polymere Äthylenoxyd von H. STAUDINGER und O. SCHWEITZER[3] wurde nachgewiesen, daß eine polymer-homologe Reihe von Polyäthylenoxyden dadurch herzustellen ist, daß man Äthylenoxyd unter wechselnden Bedingungen polymerisiert; in dieser verändern sich die physikalischen Eigenschaften der einzelnen Vertreter mit steigendem Molekulargewicht. Es wurde insbesondere gezeigt, daß zwischen dem kryoskopisch bestimmten Molekulargewicht und der spez. Viscosität gleichkonzentrierter Lösungen ein Zusammenhang besteht. Außerdem wurde die Krystallisationsfähigkeit der Polyäthylenoxyde untersucht und damit bewiesen, daß ein hochmolekularer Stoff aus Lösung krystallisieren kann, dadurch, daß sich die langen Fadenmoleküle parallel lagern.

In der vorliegenden Arbeit wurden durch geeignete Wahl der Versuchsbedingungen Polyäthylenoxyde vom Molekulargewicht 160—13000, die einem Polymerisationsgrad von 3—300 entsprechen, dargestellt. Das gewöhnliche Polyäthylenoxyd wurde dabei als Dihydrat von der Formel (I) erkannt[4].

I. $HO-CH_2-CH_2-O-[CH_2-CH_2-O]_x-CH_2-CH_2-OH$

II. $CH_3-CO \cdot O-CH_2-CH_2-O-[CH_2-CH_2-O]_x-CH_2-CH_2-O \cdot CO-CH_3$

Durch Acetylieren ließen sich diese hochpolymeren Alkohole in die Diacetate von der Formel (II) überführen. Die Übereinstimmung der kryoskopisch

---

[1] 65. Mitteilung über hochpolymere Verbindungen.

[2] LOHMANN, H.: Inaug.-Diss., Freiburg i. Br. 1931.

[3] Ber. Dtsch. Chem. Ges. **62**, 2395 (1929).

[4] Dieses Produkt wird im folgenden einfach als Polyäthylenoxyd bezeichnet, da bei höheren Polymerisationsgraden der Einfluß der Hydroxylgruppen gering ist und für viele Versuche nicht in Betracht kommt.

gefundenen Molekulargewichte mit den aus dem Acetylgehalt der Acetate errechneten bewies, daß hiermit tatsächlich das normale Molekulargewicht bestimmt worden ist und nicht etwa das koordinative oder das Micellgewicht. Weiterhin wurde gezeigt, daß die Beziehung zwischen Viscosität und Molekulargewicht von der Formel $\frac{\eta_{sp}}{c} = K_m \cdot M$ auch hier gültig ist. Die Größe der K_m-Konstante war zunächst mit den üblichen Vorstellungen über Fadenmoleküle nicht zu vereinbaren und führte zu einer besonderen Auffassung über die Gestalt der Polyäthylenoxydkette, durch die auch die sonstigen Eigenschaften dieser Substanz eine zwanglose Erklärung finden. Dabei ergaben sich Analogien zum Bau des Stärkemoleküls[1].

Versuche, außer den Dihydraten und ihren Diacetaten noch andere polymerhomologe Reihen, etwa mit stickstoffhaltigen Endgruppen, darzustellen, führten zu keinem einwandfreien Resultat.

Alle untersuchten Substanzen haben hemikolloide Eigenschaften. Ihre Molekulargewichte lassen sich kryoskopisch ermitteln. Ihre Lösungen gehorchen dem HAGEN-POISEUILLEschen Gesetz.

II. Polymerisation des Äthylenoxydes.

1. Allgemeines.

Die Polymerisation des Äthylenoxydes tritt nur ein, wenn sie durch entsprechende Katalysatoren angeregt wird. Als solche wurden schon in der vorigen Arbeit Ätzkali, Zinkchlorid und Zinnchlorid, Natrium und Kalium, Natriumoxyd, Trimethylamin und Triäthylphosphin beschrieben. Jetzt wurde, außer den Äthyl- und Methylaminen, noch Natriumamid als wirksamer Katalysator gefunden. Die Dauer der Polymerisation wird durch die Menge des Katalysators beeinflußt, doch hängt sie auch von unsicheren Faktoren ab, wie dem Verteilungsgrad des Katalysators usw., weswegen die Zeiten nicht immer zu reproduzieren sind. Im allgemeinen führen die verschiedenen Katalysatoren zu Substanzen von annähernd gleichem Durchschnittspolymerisationsgrad (ca. 50). Eine Ausnahme hiervon macht nur das Natriumamid, das Produkte vom Durchschnittspolymerisationsgrad ca. 300 liefert. Von der angewandten Katalysatormenge scheint die Durchschnittskettenlänge weitgehend unabhängig zu sein; Versuche mit Trimethylamin führten jedenfalls bei einfacher und doppelter Katalysatormenge zum gleichen Produkt. Anders ist es bei Kalilauge. Eine größere Menge davon liefert kleinere Moleküle des Polymerisats, was auch verständlich ist, da die Enden einer Kette durch Wasser abgesättigt werden und eine höhere Konzentration von Wasser den baldigen Abschluß einer Kette durch eine Hydroxylgruppe fördert.

2. Verlauf der Polymerisation.

Alle durch Katalysatoren entstehenden Polyäthylenoxyde sind Dihydrate, tragen also an den Enden der Ketten Hydroxylgruppen. Über ihre Entstehung könnte man sich zunächst folgende Vorstellung machen. Ein Äthylenoxydmolekül lagert ein Molekül Wasser an, das entstandene Glykol reagiert mit einem weiteren Äthylenoxyd, und so wächst die Kette langsam weiter. Der Versuch zeigt tatsächlich, daß Glykol, das einem solchen Reaktionsgemisch zugesetzt

---

[1] Vgl. S. 75.

wurde, nach dem Auspolymerisieren verschwunden ist, also zum Aufbau der großen Moleküle gedient hat. Dasselbe war der Fall mit Äthylenchlorhydrin. Liegt wirklich ein solcher Polymerisationsverlauf vor, so sollten, wenn man die Polymerisation in verschiedenen Stadien unterbricht, Produkte verschiedenen Durchschnittspolymerisationsgrades erhalten werden. Ein Versuch mit Trimethylamin als Katalysator zeigte jedoch, daß in den verschiedenen Stadien der Reaktion immer nur monomeres Äthylenoxyd neben zunehmenden Mengen eines Polymerisates vorhanden sind, dessen Durchschnittsmolekulargewicht genau so hoch war, wie das eines völlig zu Ende polymerisierten Produktes. Die Bildung einer Polyäthylenoxydkette verläuft demnach durch Kettenreaktion. Ein durch den Katalysator oder sonst irgendwie „angeregtes" Molekül lagert ein anderes an; die Kette wächst sehr rasch, und zwar so lange, bis eine Absättigung der Endvalenzen eintritt.

Für die Absättigung der Endvalenzen kann eine völlig befriedigende Erklärung noch nicht gegeben werden. Die Vorstellung, daß sich das Äthylenoxyd in Vinylalkohol umwandelt, von dem sich dann ein Molekül an ein anderes anlagert (Formel III), ist, wie gesagt, unwahrscheinlich. Es zeigte sich außerdem, daß eine Doppelbindung als Endgruppe der Polyäthylenoxydkette nicht vor-

$$\text{III.} \quad \begin{cases} CH_2{=}CHOH + CH_2{=}CHOH \rightarrow CH_2{=}CH{-}O{-}CH_2{-}CH_2OH \\ + CH_2{=}CHOH \rightarrow CH_2{=}CH{-}O{-}CH_2CH_2OCH_2CH_2OH \end{cases}$$

handen ist. Da weiter alle untersuchten Polymerisate sich als zweiwertige Alkohole erwiesen, die pro Molekül zwei Hydroxylgruppen tragen, so muß angenommen werden, daß die durch ein „angeregtes" Molekül hervorgerufene Kettenreaktion schließlich dadurch abgebrochen wird, daß an beide Enden Hydroxylgruppen treten. Diese Hydroxylgruppen traten auch auf, wenn die Polymerisation unter völligem Wasserausschluß vorgenommen wurde. Dieses Wasser kann daher nur aus dem Äthylenoxyd selbst stammen, und man muß annehmen, daß ein kleiner Teil des Äthylenoxydes in Wasser und evtl. Acetylen zerfällt.

$$\text{IV.}^1 \quad \begin{cases} {-}[CH_2{-}CH_2{-}O]_x{-}CH_2{-}CH_2{-}O{-} \\ \quad +({-}CH_2{-}CH_2{-}O{-}) \\ \qquad\qquad \downarrow \\ HO{-}[CH_2{-}CH_2{-}O]_x{-}CH_2{-}CH_2{-}OH \\ \quad + HC{\equiv}CH(\,?\,) \end{cases}$$

Das entstehende Acetylen konnte zwar als solches nicht nachgewiesen werden. Anzunehmen ist, daß es seinerseits ebenfalls polymerisiert, und die bei den Polymerisaten häufig auftretende Braunfärbung könnte auf solche Nebenreaktionen zurückzuführen sein. Die Länge einer Kette wäre demnach bedingt durch die Konzentration der „angeregten" Moleküle, die wiederum von der Art des Katalysators abhängig ist. So ist es verständlich, daß einige besonders langsam wirkende Katalysatoren Fadenmoleküle von größerer Länge geben.

Primäre und sekundäre Amine sollten nach diesen Vorstellungen ebenfalls die Enden solcher Ketten absättigen können; man käme dann zu Produkten, die pro Molekül ein Atom N tragen. Es wurden mit Mono- und Dimethylamin auch solche N-haltigen Polymerisate hergestellt, doch stimmte der N-Gehalt mit dem Molekulargewicht nicht überein, sondern war in allen Fällen ge-

---

[1] Schematische Formulierung.

ringer. Hieraus geht hervor, daß außer der Absättigung durch Amin auch noch ein Zerfall „angeregter Moleküle" stattfindet, der zu hydroxylhaltigen Verbindungen führt und sich scheinbar nicht ausschließen läßt. Anders ist es dagegen bei der Polymerisation in Gegenwart von β-Chloräthanol. Die hierbei auftretenden Polyäthylenoxyd-chlorhydrine haben tatsächlich den ihnen zukommenden Chlorgehalt[1].

Bei Anwesenheit einer größeren Menge Amin geht außer der durch die „angeregten Moleküle" hervorgerufenen Kettenreaktion noch eine kondensierende Polymerisation vor sich, die zu höhermolekularen Aminoalkoholen führt (Formel V):

$$\text{V.} \quad \begin{cases} CH_2\!-\!CH_2 + HN(CH_3)_2 \rightarrow HOCH_2CH_2N(CH_3)_2 + CH_2CH_2 \rightarrow \\ \qquad \diagdown O \diagup \qquad\qquad\qquad\qquad\qquad\qquad\qquad\qquad \diagdown O \diagup \\ \qquad\qquad HOCH_2CH_2OCH_2CH_2N(CH_3)_2 \end{cases}$$

Diese Reaktion geht aber langsam vor sich und macht sich nur, wenn Amin und Äthylenoxyd etwa im Verhältnis $1:5$ bzw. $1:10$ vorhanden sind, deutlich bemerkbar. Bei den so entstehenden Produkten stimmt das Molekulargewicht mit dem N-Gehalt überein. Eine solche kondensierende Polymerisation lag auch der Bildung der von LOURENÇO und WURTZ[2] dargestellten niederen Polyäthylenoxyd-dihydrate und -diacetate zugrunde. Bei diesen Versuchen wurde die Bildung niederer Polymerisate beobachtet, vom Polymerisationsgrad $5\!-\!6$, woraus ebenfalls folgt, daß diese kondensierende Polymerisation nur langsam verläuft und daher zu niederen Polymerisaten führt. Bei der Polymerisation mit Methylamin konnten in einem Falle zwei Schichten beobachtet werden, von denen die untere, flüssige die niederen Aminoalkohole, die obere, feste das Gemisch der Polyäthylenoxyddihydrate und der hochpolymeren Aminoalkohole, die durch Kettenreaktion entstanden sind, enthielt.

Bei der Polymerisation des Äthylenoxyds kann man also unterscheiden zwischen einer Kettenreaktion, die hervorgerufen wird durch „angeregte Moleküle"; dabei erfolgt die Absättigung der ungesättigten Endvalenzen in den meisten Fällen durch Wasser, das evtl. aus einem Zusammenstoß mit einem weiteren „angeregten Molekül" herrührt, oder seltener durch primäre und sekundäre Amine; ferner kann man eine kondensierende Polymerisation beobachten, die nur bei Anwesenheit größere Mengen Amin sich bemerkbar macht. Die Kettenreaktion entspräche der Bildung des Polystyrols, die kondensierende Polymerisation der der Polyoxymethylendihydrate in wässeriger Lösung[3].

3. Explosiver Verlauf der Polymerisation.

Es ist verständlich, daß die oben dargestellte Kettenreaktion bei sehr wirksamen Katalysatoren, d. h. solchen, die viele „angeregte Moleküle" erzeugen, einen außerordentlich heftigen Verlauf nehmen kann. Da die Reaktionsprodukte wegen des niedrigen Siedepunktes des Äthylenoxydes $(12,5°)$ in Bombenrohre eingeschmolzen wurden, kamen Explosionen derselben vor. Bei Berücksichtigung der thermischen Daten des Äthylenoxyds und seiner Polymeren werden diese

---

[1] Aus Aminen und Äthylenoxyd sollten in gleicher Weise hochmolekulare Aminoalkohole entstehen. Eventuell ist die Bildung von Polyäthylenoxyd-Chlorhydrine begünstigter als die von hochmolekularen Aminoalkoholen.

[2] LOURENÇO: Ann. Chim. phys. **67**, 274 (1863). — WURTZ: Ebenda **69**, 330 (1863).

[3] Vgl. S. 149, ferner S. 255.

Tatsachen verständlich. In der Tabelle 137 sind die Verbrennungswärmen des monomeren Äthylenoxydes[1] und die seiner Polymerisate[2] zusammengestellt.

Tabelle 137. Verbrennungswärmen.

| | | Verbrennungswärme in | |
		cal. pro g	cal. pro Mol bzw. Gd-mol.
Monomeres Äthylen-	flüssig	6870	302,5
oxyd	gasförmig	6989	307,7
Polyäthylenoxyde	2500	6335	278,9
vom	2800	6377	280,8
Molekulargewicht	5000	6355	279,8

Hieraus folgt eine Polymerisationswärme von ca. 22 Cal pro Mol, während die Verdampfungswärme nur 5—6 Cal pro Mol beträgt. Die bei einer raschen Polymerisation auftretenden Drucke können daher die Widerstandsfähigkeit des Glases überschreiten und Explosionen verursachen. Da bereits geringe Mengen von Katalysatoren diese Explosionen hervorrufen und sie schon bei geringer Temperaturerhöhung recht heftig werden, ist beim Arbeiten mit flüssigem Äthylenoxyd Vorsicht geboten.

III. Eigenschaften des Polyäthylenoxydes.

1. Die polymer-homologe Reihe der Polyäthylenoxyde.

Das durch Polymerisation mit Katalysatoren erhaltene Polyäthylenoxyd ist keine einheitliche Substanz, sondern ein Gemisch polymer-homologer Verbindungen, das sich in Fraktionen von verschiedenem Polymerisationsgrad trennen läßt[3]. Es wurden durch die Anwendung verschiedener Katalysatoren Polymerisate von verschiedenem Durchschnittsmolekulargewicht hergestellt, die in Fraktionen vom Durchschnittspolymerisationsgrad 3—300 zerlegt werden konnten. In dieser Reihe der Polyäthylenoxyde ändern sich mit dem Molekulargewicht sowohl die spez. Viscositäten der Lösungen wie auch die physikalischen Eigenschaften der festen Substanz, deren Veränderungen durch das Anwachsen der zwischenmolekularen Kräfte mit zunehmender Kettenlänge verursacht werden. In Tabelle 138a und 139 kommt dies zum Ausdruck.

Die Schmelzpunkte sind unscharf. Die Substanzen fangen schon vorher an zu sintern. Es rührt dies daher, daß auch in den Fraktionen keine einheitlichen Substanzen vorliegen, sondern nur Gemische Polymerhomologer. Trotzdem kann man hier von einem Schmelzpunkt reden, da die Substanzen krystallisiert sind. Ein deutliches Ansteigen des Schmelzpunktes tritt mit zunehmender Kettenlänge ein. Da die Ketten auch bei verschiedener Länge gleichen Bau haben, werden von einem bestimmten Polymerisationsgrad an die Unterschiede der physikalischen Eigenschaften benachbarter Glieder so gering, daß sie zu einer Trennung nicht mehr ausreichen. Eine Reindarstellung der einzelnen Glieder wird daher nur etwa bis zu einem Polymerisationsgrad 10 möglich sein[4].

---

[1] LANDOLT-BÖRNSTEIN: 5. Aufl. S. 1595.
[2] Diese Daten verdanken wir Herrn Prof. SCHLAEPFER, Zürich.
[3] STAUDINGER, H., u. O. SCHWEITZER: Ber. Dtsch. Chem. Ges. **62**, 2395 (1929).
[4] Vgl. S. 225.

Tabelle 138a. Kalilauge-Polymerisate.

Polymerisationsgrad	Hygroskopizität	Schmelzpunkt	Aussehen	Löslichkeit	η_{sp} in 1— gd-mol. Lösung in Benzol bei 20°
ca. 18 [1]	—	27—44°	—	—	0,26
17	hygro-skopisch	25—29°	halbfest	löslich in kaltem Äther	0,20
20		36—42°		löslich in wenig warmem Äther	0,23
27				löslich in viel warmem Äther	0,32
		40—48°			
39	nicht hygro-skopisch	48—52°	fest, wachs-artig [2]	unlöslich	0,40

Trimethylamin-Polymerisate.

ca. 49 [1]	—	44—55°	—	—	0,52
24	hygro-skopisch	33—38°	halbfest	löslich in kaltem Äther	0,26
35		43—47°		löslich in warmem Äther	0,28
51	nicht hygro-skopisch	47—53°	fest, wachs-artig [2]	unlöslich	0,47
56		49—55°		sinkende Löslich-	0,48
64		50—56°		keit in Äther--	0,55
81		50—57°		Benzol-Gemisch	0,65

Tabelle 138b.

Fraktion vom Polymerisationsgrad	Schmelzpunkt	Mischschmelzpunkte
37	35—40°	35—50°
70	42—54°	40—60°
290	55—70°	

Durch den gleichen Bau der Ketten erklärt sich auch die Tatsache, daß bei Mischschmelzpunkten zweier verschiedener Fraktionen keine Depressionen zu beobachten sind.

Die Mischschmelzpunkte liegen nach Tab. 138b zwischen den Werten der beiden Komponenten.

2. Löslichkeit der Polyäthylenoxyde.

Die auffallendste Eigenschaft der Polyäthylenoxyde ist ihre leichte Löslichkeit, von der die Tabelle 139 einen Überblick gibt.

Tabelle 139.

Polymerisationsgrad	10	30	100	300	2000 [3]
Wasser . . .	mischbar	mischbar	mischbar	mischbar	lösl.; Quellung
Formamid .	leicht löslich	leicht löslich	leicht löslich	leicht löslich	lösl.; Quellung
Dioxan . . .	leicht löslich	leicht löslich	leicht löslich	leicht löslich	schwer lösl.; Quellung
Äther. . . .	löslich	schwer lösl.	unlöslich	unlöslich	unlöslich
Chloroform .	löslich	löslich	löslich	schwer lösl.	unlöslich

Auch in Alkohol, Eisessig und Benzol sind die niederen Glieder leicht löslich. In letzterem Lösungsmittel machen sich allerdings bei den ganz niederen Gliedern

---

[1] Unfraktioniertes Gemisch.

[2] Die Substanzen sind im geschmolzenen Zustand wachsartig, beim Ausfällen aus ihren Lösungen erhält man sie pulverig.

[3] Das eukolloide Polyäthylenoxyd ist in dieser Arbeit noch nicht beschrieben.

(bis zum Polymerisationsgrad 10) die Hydroxylgruppen bemerkbar und sie sind daher in Benzol schwer löslich, während Glykol darin unlöslich ist. Ebenso ist ihre Hygroskopizität auf diesen Einfluß der Hydroxylgruppen zurückzuführen.

Die gute Löslichkeit der Polyäthylenoxyde ist im Vergleich mit anderen Kettenmolekülen sehr auffällig. Der Bau dieser Kette sollte analog dem der Polyoxymethylene und Paraffine sein.

VI.

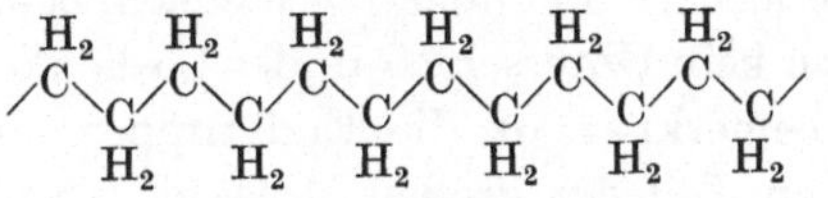

Paraffinkette

VII.

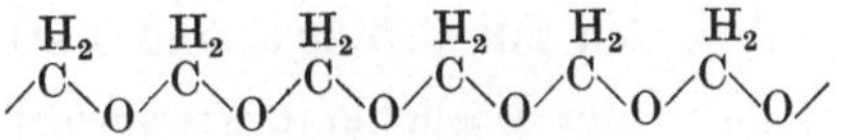

Polyoxymethylenkette

VIII.

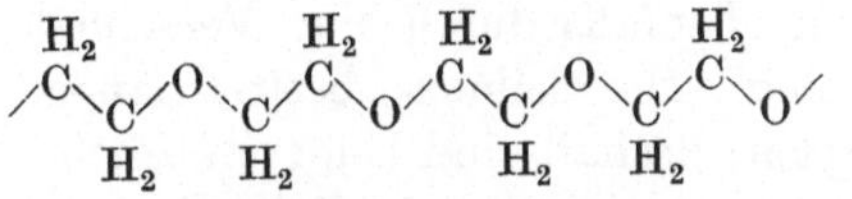

Polyäthylenoxydkette

Aus diesem analogen Bau des Krystallgitters sollten auch analoge Eigenschaften, wie ähnlicher Schmelzpunkt und ähnliche Löslichkeit, folgen. Das Polyäthylenoxyd müßte hiernach in seinen Eigenschaften zwischen den Paraffinen und Polyoxymethylenen stehen. Die folgende Tabelle 140 zeigt aber, daß es völlig aus dem erwarteten Rahmen herausfällt.

Tabelle 140.

Paraffine			Polyoxymethylen-dimethyläther				Polyäthylenoxyde			
Zahl der Kettenatome	Schmelzpunkt	Löslichkeit in $CHCl_3$	Polymerisationsgrad	Zahl der Kettenatome	Schmelzpunkt	Löslichkeit in $CHCl_3$	Polymerisationsgrad	Zahl der Kettenatome	Schmelzpunkt	Löslichkeit in $CHCl_3$
30	66°	löslich	14	31	100°	löslich	10	31	flüssig	leicht löslich
60	101°	schwer lösl.	29	61	150°	schwer lösl.	20	61	35—40	leicht löslich
90	110°	schwer lösl.	44	91	160°	sehr schwer löslich	30	91	40—45	leicht löslich

Man sieht daraus, daß, während gleichlange Paraffin- und Polyoxymethylenketten annähernd dieselben physikalischen Eigenschaften haben, dem Polyäthylenoxyd eine Ausnahmestellung zukommt. Aus den Viscositätsmessungen folgt außerdem, daß die Polyäthylenoxydkette nicht die Länge besitzt, die ihr nach obiger Formel VIII zukommen sollte, sondern viel kürzer ist, und zwar ungefähr die Länge einer Polyoxymethylenkette gleichen Polymerisationsgrades hat. Daher muß ein anderer Bau der Kette angenommen werden, als bei den Polyoxymethylenen. Folgende Vorstellung von dem Bau der Kette macht diese auffälligen Eigenschaften der Polyäthylenoxydkette verständlich (Formel IX):

IX.

Diese mäanderartige Form[1] der Kette ist viel sperriger und kürzer. Die gute Löslichkeit besonders in Dioxan sowie die niedrigen Schmelzpunkte finden dadurch eine befriedigende Erklärung.

Unterschiede in der Löslichkeit zwischen Polyäthylenoxyd-dihydraten und ihren Diacetaten sind nur bei den niederen Gliedern vorhanden. Die ersteren sind infolge der endständigen Hydroxylgruppen in Benzol schwer löslich, die Diacetate dagegen sind sämtlich in Benzol löslich. Bei höheren Gliedern, etwa vom Polymerisationsgrad 20 an, ist praktisch kein Unterschied in der Löslichkeit zwischen Dihydraten und Diacetaten mehr bemerkbar, da die Endgruppen, die diese Löslichkeit bedingen, einen zu kleinen Teil der großen Moleküle ausmachen.

3. Vergleich mit Cellulose und Stärke.

Dieselben Unterschiede in der Löslichkeit wie zwischen Polyoxymethylenen und Polyäthylenoxyden bestehen zwischen Cellulose und Stärke. Es ist anzunehmen, daß dieselben ebenfalls durch eine Verschiedenheit in der Form der Moleküle begründet sind. Die Cellulose besitzt langgestreckte Fadenmoleküle wie das Polyoxymethylen; deshalb sind beide unlöslich. Die Moleküle der Stärke sind dagegen mäanderförmig, wie die des Polyäthylenoxyds[2]. Damit hängt die leichtere Löslichkeit dieser Verbindungen zusammen.

4. Krystallbau der Polyäthylenoxyde.

Den Entscheid, ob im krystallisierten Polyäthylenoxyd Moleküle von der Formel VIII oder IX vorliegen, sollte die röntgenographische Untersuchung erbringen. Es ist jedoch noch nicht geglückt, Faserdiagramme aufzunehmen. Bis jetzt konnten nur DEBYE-SCHERRER-Diagramme aufgenommen werden, die nur

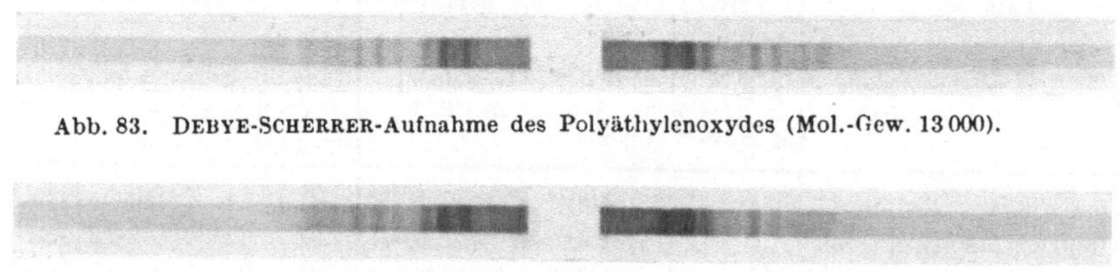

Abb. 83.   DEBYE-SCHERRER-Aufnahme des Polyäthylenoxydes (Mol.-Gew. 13 000).

Abb. 84.   DEBYE-SCHERRER-Aufnahme des Polyäthylenoxydes (Mol.-Gew. 3100).

allgemein Krystallisation anzeigen. Es wurden zwei DEBYE-SCHERRER-Aufnahmen von zwei Fraktionen mit dem Molekulargewicht 13 000 und 3100 gemacht. Beide sind vollständig identisch und zeigen, daß aus dem Röntgenbild ein Schluß auf die Kettenlänge nicht gezogen werden kann[3].

Bestätigt werden die Vorstellungen über den Bau der Polyäthylenoxydkette durch die Untersuchung des Polypropylenoxydes[4]. Bei diesem wäre eine Krystal-

---

[1] Über eine Mäanderform für eine Kohlenstoffkette vgl. A. MÜLLER u. G. SHEARER, J. chem. Soc. 1923, 3159; G. WITTIG: Stereochemie, 1930, S. 319.

[2] Vgl. S. 75.

[3] Die Aufnahmen verdanken wir Herrn Dr. SAUTER im hiesigen Physikalischen Institut.

[4] Das Propylenoxyd polymerisiert unter dem Einfluß von Zinntetrachlorid mit außerordentlicher Heftigkeit. Doch entstehen dabei meist niedermolekulare Polymerisate, die noch flüssig sind. Durch Fraktionieren konnte jedoch aus ihnen ein höhermolekulares Produkt erhalten werden, das halbfest ist.

lisation bei einem Bau der Kette, wie ihn Formel X wiedergibt, schwer verständlich wegen der unregelmäßigen Verteilung der Methylgruppen in der Kette[1]. In Formel XI sieht man jedoch, daß die Methylgruppen in den „Lücken" Platz haben; so sind die Moleküle regelmäßig und zur Krystallisation befähigt.

Tatsächlich zeigte sich, daß auch Polypropylenoxyd krystallisiert[2], wenn auch wesentlich schlechter als Polyäthylenoxyd.

Der unregelmäßige Bau der Moleküle verursacht den niedrigeren Schmelzpunkt und die leichtere Löslichkeit dieser Substanz. Zum Vergleich wurde das Molekulargewicht nach der Formel $\eta_{sp}(1{,}4\%) = 1{,}2 \cdot 10^{-3} \cdot n$ berechnet[3], wobei in der Berechnung von n entsprechend Formel XI pro Grundmolekül nur 2 Atome berücksichtigt worden sind. Man erhält, da $\eta_{sp}(1{,}4\%) = 0{,}36$ beträgt, $n = 300$ Kettenatome und ein entsprechendes Molekulargewicht von 8700.

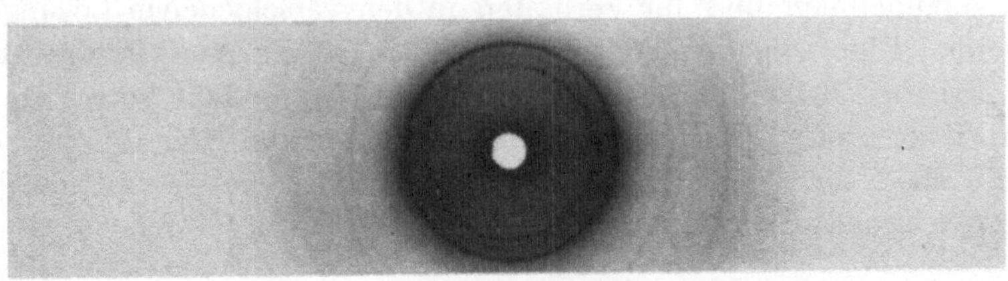

Abb. 85.   DEBYE-SCHERRER-Aufnahme des Polypropylenoxydes.

Das Produkt ist halbfest, schmilzt schon bei sehr schwachem Erwärmen und ist in Benzol leicht löslich, während ein Polyäthylenoxyd vom gleichen Polymerisationsgrad in Benzol schwer löslich ist und erst bei ca. 60° schmilzt.

5. Beständigkeit der Polyäthylenoxydkette.

Im Gegensatz zu der Polyoxymethylenkette ist die Polyäthylenoxydkette sehr beständig. Im ersten Falle haben wir es mit acetalartigen Bindungen der Grundmoleküle zu tun, die leicht gesprengt werden; deshalb geht die Entpolymerisation leicht vonstatten und ist schon bei 170° vollständig. Im anderen Falle liegt dagegen eine echte Ätherbindung vor, die viel beständiger ist. Der Zerfall der Ketten erfolgt erst bei Temperaturen von 300° und nimmt dann einen weit komplizierteren Verlauf. Es treten dabei Acetaldehyd, aber auch Acrolein und andere ungesättigte Verbindungen auf.

---

[1] Vgl. S. 114.
[2] Aufnahme von W. KERN.
[3] Vgl. S. 311.

Auch gegenüber chemischen Reagenzien äußert sich diese größere Beständigkeit der Polyäthylenoxydkette. Verdünnte Salzsäure wirkt bei 100° noch nicht ein, und zerstört die Kette erst bei 170°, wobei Acetaldehyd auftritt. Rauchende Jodwasserstoffsäure reduziert erst bei 250° zu Äthyljodid[1].

In Lösung sind auch die längsten Polyäthylenoxydmoleküle stabil. Tabelle 141 zeigt, daß die spez. Viscosität auch nach längerem und höherem Erhitzen in neutralen Lösungsmitteln praktisch völlig erhalten bleibt. Nur in Eisessig findet ein geringer Abbau statt. Die Polyoxymethylenkette dagegen wird unter den gleichen Bedingungen völlig zerstört.

Tabelle 141.

Lösungsmittel	Molekular-gewicht	Grund-molarität der Lösung	η_{sp} vorher	Behandlung	η_{sp} nachher	Temperatur-empfindlichkeit in Proz.
Dioxan	13000	1	2,87	14 tägiges Er-hitzen auf 60°	2,74	95
Eisessig	13000	1	4,38		3,48	80
Formamid . . .	13000	0,25	0,52	2—3 stündiges Erhitzen auf 145°	0,48	92
„	6400	0,5	0,44		0,40	91
„	2400	1	0,44		0,44	100
„	1200	1	0,29		0,28	97

Diese Beständigkeit, verbunden mit der großen Löslichkeit, gestattet es, mit den Polyäthylenoxyddihydraten bis zu dem Polymerisationsgrad 300 chemische Reaktionen vorzunehmen und ihr Verhalten in den verschiedenen Lösungsmitteln zu studieren. Eine solche chemische Reaktion ist die Acetylierung der Endgruppen. Hierbei bleibt die Kette völlig erhalten, während die Polyoxymethylenkette dabei zerbricht. Das eukolloide Polyäthylenoxyd vom Polymerisationsgrad 2000 ist dagegen nicht so beständig. Es wird unter den gleichen Bedingungen weitgehend abgebaut.

IV. Konstitutionsaufklärung der Polyäthylenoxyde.

1. Allgemeines.

Die Polyäthylenoxyddihydrate sind wegen ihrer Löslichkeit und Beständigkeit ein besonders günstiges Beispiel für die Konstitutionsaufklärung einer hochmolekularen Substanz. Die Molekulargewichte lassen sich hier bis zu einem solchen von 10000 nach der kryoskopischen Methode bestimmen. Außerdem läßt sich chemisch der Gehalt an Hydroxylgruppen und damit das Molekulargewicht festlegen. Da beide Methoden völlig übereinstimmende Werte liefern, ist erwiesen, daß die kryoskopisch gefundene Teilchengröße derjenigen des Moleküls entspricht. Da Hydroxylverbindungen leicht zur Bildung koordinativer Moleküle neigen, war dies nicht von vornherein sicher, denn die kryoskopische Methode hätte ebensogut statt des normalen das koordinative Molekulargewicht[2] liefern können. Die Konstitutionsaufklärung darf sich daher nicht mit einer dieser beiden Methoden begnügen. Nur ihre Kombination führt zu einem sicheren Ergebnis. Bei Polyäthylenoxyddihydraten zeigte es sich also, daß das in Lösung vorhandene Teilchen mit dem normalen Molekül identisch ist. Das Atomgerüst

---

[1] Roithner: Monatshefte f. Chemie **15**, 679 (1894).   [2] Vgl. S. 6.

der Kette bleibt bei chemischen Umsetzungen als Ganzes erhalten. Dieser Nachweis konnte bei Produkten bis zu einem Polymerisationsgrad 300 geführt werden. Es sind demnach Kettenmoleküle von 900 Kettenatomen noch durchaus beständige Gebilde.

Eine vollständige Konstitutionsaufklärung einer hochmolekularen Verbindung muß zunächst das Aufbauprinzip der Kette feststellen, d. h. die Art, wie die Grundmoleküle aneinander gebunden sind. Weiterhin muß die Zahl der Grundmoleküle in einem Makromolekül und schließlich seine Begrenzung, d. h. die Art der Endgruppen, festgestellt werden. Diesen drei Forderungen konnte durch Kombination der physikalischen und chemischen Methoden beim Polyäthylenoxyd nachgekommen werden.

2. Kryoskopische Molekulargewichtsbestimmung.

In der früheren Arbeit[1] über Polyäthylenoxyde wurden die kryoskopischen Molekulargewichtsbestimmungen in Benzol vorgenommen. In diesem Lösungsmittel besteht aber die Gefahr, daß koordinative Bindungen zwischen den einzelnen Molekülen eintreten. Eine solche Assoziation von Alkoholen ist bekannt und auch durch Viscositätsmessungen in Tetrachlorkohlenstoff nachgewiesen worden[2]. Es bildet sich dabei ein Gleichgewicht zwischen mono- und dimolekularem Alkohol aus. In Dioxan sind die Alkohole dagegen praktisch monomolekular gelöst[3]. Dies geht aus Viscositätsmessungen an Polyäthylenoxyden hervor, die zeigen, daß die Temperaturabhängigkeit der spez. Viscosität in Dioxan relativ gering ist[4], während sie in Benzol etwas größer ist. Hier treten also eventuell koordinative Bindungen zwischen den Molekülen ein, die ein etwas zu hohes Molekulargewicht vortäuschen. Ein Vergleich der Molekulargewichte der vorigen Arbeit[1], die in Benzol bestimmt wurden, mit den jetzigen in Dioxan erhaltenen zeigt, daß dies in der Tat der Fall ist[4].

Vorbedingung für die Ausführung der Molekulargewichtsbestimmungen ist es, in solchen Konzentrationen zu messen, in denen die Moleküle noch frei beweglich sind, also noch im Solgebiet. Das höchstmolekulare Polyäthylenoxyd, dessen Molekulargewicht bestimmt wurde, hatte einen Polymerisationsgrad von 290 und wurde in 2proz. Lösung gemessen. Die Grenzkonzentration liegt für diese Fraktion bei 2,5%, womit also diese Bedingung erfüllt ist[5].

Die beobachteten Depressionen betragen bei einem Molekulargewicht von 10000 und einer Konzentration von 2% 0,01°. Es wurden immer eine ganze Reihe von Schmelzpunktsablesungen gemacht, die in einigen Fällen bis zu 0,004—0,005° voneinander abwichen, was einem Fehler von ca. 50% entsprechen würde. Da die Ablesungen aber so lange wiederholt wurden, bis genügende Konstanz des Schmelzpunktes eintrat und da bei verschiedenen Versuchen stets dieselben Resultate erhalten wurden, ist der Fehler auch bei so hohen Molekulargewichten nicht größer als 10 bis höchstens 20%.

Von besonderer Wichtigkeit ist, wie erwähnt, die Beständigkeit der Polyäthylenoxydkettte, die es erlaubt, chemische Umsetzungen an diesem Stoff vorzunehmen. Dabei erhält man vor und nach der Reaktion das gleiche Molekular-

---

[1] Ber. Dtsch. Chem. Ges. **62**, 2395 (1929).   [2] Unveröffentlichte Versuche R. Bauer.
[3] Hierzu siehe auch Meisenheimer u. Dorner: Liebigs Ann. **282**, 152 (1930).
[4] Siehe unten S. 307, Tabelle 164.   [5] Siehe unten S. 302, Tabelle 148.

gewicht. Es zeigen z. B. die durch Acetylieren der Dihydrate entstandenen Diacetate, wie aus Tabelle 142 hervorgeht, dasselbe Molekulargewicht. In ihr sind auch die spez. Viscositäten beider Verbindungsreihen angegeben. Ihre Gleichheit beweist ebenfalls, daß keine grundlegende Veränderung bei der Acetylierung stattgefunden hat.

Tabelle 142.

Polymeri-sationsgrad	Kryoskopisches Molekulargewicht		η_{sp}/c in Benzol bei 20°	
	Dihydrate	Diacetate	Dihydrate	Diacetate
5	220	—	0,10	0,08
9	415	—	0,15	0,12
18	790	—	0,20	0,17
20	900	860	0,23	0,21
27	1170	—	0,33	0,25
37	1230	1550	0,29	0,29
39	1610	—	0,40	0,37
59	2200	3000	0,48	0,56
70	3040	—	0,54	0,48
140	5900	—	1,01	0,94
145	5900	5500	1,05	1,01
210	—	9200	1,8	—
290	12000	—	2,2	1,92

3. Bestimmung des Molekulargewichts aus dem Acetylgehalt und dem Gehalt an aktivem Wasserstoff.

Die aus den Dihydraten dargestellten Diacetate zeigen also kryoskopisch dasselbe Molekulargewicht wie die Dihydrate. Von entscheidender Bedeutung war nun festzustellen, ob die Acetylgehalte im richtigen Verhältnis zum Molekulargewicht stehen. Sie wurden nach der Methode von K. FREUDENBERG[1] bestimmt und sind mit den aus ihnen errechneten Molekulargewichten und den kryoskopischen Molekulargewichten in Tabelle 143 zusammengestellt. Die Molekulargewichte wurden errechnet unter der Annahme, daß zwei Acetylgruppen in ein Molekül eingetreten sind.

Eine Bestimmung des Molekulargewichtes der Dihydrate kann außer durch die Bestimmung des Acetylgehaltes ihrer Diacetate auch durch die des aktiven Wasserstoffes der Dihydrate nach ZEREWITINOFF[2] erfolgen.

Tabelle 143.

Polymeri-sationsgrad	Acetylgehalt %	Molekulargewicht	
		kryoskopisch	aus Acetylgehalt
5	26,7	220	236
9	17,6	415	405
18	9,5	790	820
20	8,4	900	940
27	6,5	1170	1240
37	4,6	1230	1890
39	4,4	1610	1750
59	2,8	2200	3000
70	2,6	3040	3200
140	1,3	5900	6500
145	1,25	5900	6800
210	0,92	9200	9300
290	0,62	12000	13800

Man erhält bei einem Dihydrat vom kryoskopischen Molekulargewicht 2200 einen Gehalt an Hydroxyl von 1,3%, der einem Molekulargewicht von 2600 ent-

[1] FREUDENBERG, K.: Liebigs Ann. **433**, 230 (1923).
[2] MEYER, H.: Analyse und Konstitutionsermittlung. 3. Aufl. S. 570. 1916.

spricht. Die Übereinstimmung ist ausreichend, wenn man die Fehlerquellen der Methode berücksichtigt und bedenkt, daß die geringe Menge aktiven Wasserstoffs in dem großen Molekül nur langsam quantitativ in Reaktion treten kann. Ein Blindversuch mit dem entsprechenden Diacetat lieferte unter gleichen Bedingungen nur eine geringe Menge Methan, die immer als Blindwert bei diesen Versuchen auftritt.

4. Stickstoffhaltige Polyäthylenoxyde.

Wie oben bereits erwähnt, wurde versucht, eine polymer-homologe Reihe stickstoffhaltiger Polyäthylenoxyde darzustellen, deren Stickstoffgehalt durch die Endgruppen der Moleküle hervorgerufen wird. Dieser Stickstoffgehalt sollte dem Molekulargewicht entsprechen. Es wurden zunächst die ohne besondere Vorsichtsmaßregeln dargestellten Polymerisate in Fraktionen von verschiedenem Durchschnittsmolekulargewicht getrennt und diese auf ihren N-Gehalt nach KJELDAHL untersucht. Trimethylaminpolymerisate werden durch Reinigung stickstofffrei. Es wurden daher Methyl- und Dimethylamin zur Darstellung solcher Produkte verwandt. In der nebenstehenden Tabelle 144 sind die gefundenen Stickstoffgehalte mit den errechneten zusammengestellt unter der Annahme, daß auf jedes Molekül ein Stickstoffatom am Ende der Kette kommt.

Tabelle 144.

Katalysator	Molekular-gewicht[1]	Stickstoffgehalt in Proz.	
		ber.	gef.
Methylamin .	1900	0,74	0,70
,,	1400	1,00	0,66
Dimethylamin	2800	0,5	0,6
,,	2100	0,67	0,3

Die Stickstoffgehalte stimmen nur schlecht mit dem Molekulargewicht[1] überein. Da bei der Polymerisation nicht unter peinlichem Wasserausschluß gearbeitet worden war, können die durch geringe Mengen Wasser entstandenen Dihydrate das Ergebnis gefälscht haben. Es wurden daher Polymerisationen unter sorgfältigem Ausschluß von Wasser vorgenommen. Die entstandenen Produkte wurden ebenfalls fraktioniert und auf ihren N-Gehalt untersucht (Tabelle 145).

Auch hier stimmen die Stickstoff-Gehalte ebenso schlecht. Man muß also annehmen, daß immer noch Gemische von Dihydraten und stickstoffhaltigen Ketten vorliegen, die sich nicht trennen lassen.

Anders ist es dagegen bei den niederen stickstoff-haltigen Polyäthylenoxyden, die

Tabelle 145.

Katalysator	Molekular-gewicht[1]	Stickstoffgehalt in Proz.	
		ber.	gef.
Methylamin .	2000	0,7	0,6
,,	1500	0,9	0,7
,,	1400	1,0	0,8
Dimethylamin	2000	0,7	0,7
,,	1500	0,9	0,4
,,	1300	1,1	0,6
,,	1200	1,2	0,6

mit einer größeren Menge Amin (5 : 1 bzw. 10 : 1) dargestellt sind. Ein solches noch flüssiges Polymerisat konnte durch fraktionierte Destillation in mehrere Fraktionen getrennt werden, deren N-Gehalte mit zunehmender Siedetemperatur abnehmen. In folgender Tabelle 146 sind z. B. die aus einem Dimethylaminpolymerisat erhaltenen Fraktionen dargestellt.

---

[1] Durch Viscositätsmessungen bestimmt.

Tabelle 146.

Siedepunkt bei		N %	Molekulargewicht aus N-Gehalt ber.	Polymerisationsgrad
Grad	mm Hg			
140—150	bei 760	9,1	160	3
100—110	„ 12	5,8	240	5
135—160	„ 12	4,3	330	7
110—130	„ 0,1	3,2	440	9
130—150	„ 0,1	2,5	560	12
150—190	„ 0,1	2,5	560	12

Hier hat also eine andere Art der Polymerisation, die kondensierende, stattgefunden, weswegen der N-Gehalt mit dem Molekulargewicht übereinstimmt.

5. Halogenhaltige Polyäthylenoxyde.

Aus Äthylenchlorhydrin und Äthylenoxyd (im Verhältnis 1 : 10 in Molen) wurde ein halogenhaltiges Polymerisat dargestellt, das zum größten Teil aus niedermolekularen, flüssigen Polyäthylenoxydchlorhydraten bestand. Da diese schon von WURTZ[1] aus Äthylenchlorhydrin und Glykol dargestellt worden waren, wurden sie nicht näher untersucht. Es gelang jedoch durch fraktionierendes Ausfällen mit Äther aus diesem Produkt zwei feste Fraktionen zu erhalten, deren Durchschnitts

Tabelle 147.

η_{sp}/c	Mol.-Gew. aus Viscosität	Chlorgehalt in Proz.	Mol.-Gew. aus Chlorgehalt
0,22	1000	3,26	1080
0,80	4400	0,94	3800

polymerisationsgrade 23 und 100 betrugen. Bei ihnen zeigte sich nun, daß das aus der Viscosität errechnete Molekulargewicht mit dem Chlorgehalt übereinstimmt. Diese hochmolekularen Chlorhydrine enthalten pro Molekül ein Atom Chlor als Endgruppe.

6. Schlußfolgerung.

Es geht aus vorstehendem hervor, daß alle drei Forderungen der Konstitutionsaufklärung einer hochmolekularen Substanz beim Polyäthylenoxyd erfüllt werden konnten. Das Polyäthylenoxyd stellt ein Fadenmolekül dar, dessen Länge genau festgestellt werden kann und dessen Enden durch Hydroxylgruppen abgesättigt sind. Die Ansicht von ROITHNER[2], daß im Polyäthylenoxyd hochmolekulare Ringe vorliegen, ist damit widerlegt. Die festen Polyäthylenoxyde sind vielmehr die höheren Glieder der schon von WURTZ[3] und LOURENÇO[4] dargestellten niedermolekularen Polyäthylenoxyd-dihydrate. Durch die Acetylierung werden die physikalischen Eigenschaften der Polyäthylenoxyde bei höheren Gliedern nicht merkbar verändert, da die Endgruppen im Vergleich zum Gesamtmolekül viel zu gering sind. Bei niederen Gliedern dagegen treten Unterschiede z. B. in der Löslichkeit auf. Weiter beträgt die absolute Viscosität des flüssigen 9-Äthylenoxyd-dihydrats im reinen Zustand 1,25 Poise, während sie beim 9-Äthylenoxyd-diacetat nur 0,51 Poise beträgt.

[1] WURTZ: Ann. de Chimie **69**, 331 (1863).
[2] ROITHNER: Monatshefte f. Chemie **15**, 679 (1894).
[3] WURTZ: Ann. de Chimie **69**, 331 (1863).
[4] LOURENÇO: Ann. de Chimie **67**, 275 (1863).

Bei den Polyoxymethylenen spielt die Endgruppe für die Abbaureaktionen[1] der Kette eine sehr wichtige Rolle. Dies ist wegen der viel größeren Beständigkeit der Polyäthylenoxydkette hier nicht der Fall.

Polyäthylenoxyde, die am Ende einer Kette N tragen, sind zwar bis zu einem Polymerisationsgrad von 12 polymereinheitlich dargestellt. Bei dem Versuch, höhere Glieder dieser Reihe darzustellen, kommt man jedoch immer zu Gemischen von hochpolymeren Aminen und Dihydraten, die nicht getrennt werden können. Die Darstellung hochpolymerer polymereinheitlicher Chlorhydrinen dagegen ist möglich.

V. Viscositätsuntersuchungen.

1. Allgemeines.

Auf Grund der in verdünnten Lösungen für Fadenmoleküle gültigen Viscositätsgesetze[2] ist es möglich, die Molekulargewichtskonstante jeder polymerhomologen Reihe zu berechnen. Da man ein Sauerstoffatom in der Polyäthylenoxydkette einer CH_2-Gruppe annähernd gleichsetzen kann, so sollte sich eine K_m-Konstante von $3 \cdot 0{,}85 \cdot 10^{-4} = 2{,}55 \cdot 10^{-4}$ ergeben[3], da die Zahl der Kettenglieder im Grundmolekül des Polyäthylenoxyds 3 ist. Wie unten gezeigt wird, fand man aber in allen Fällen eine Konstante, die im Mittel etwa $1{,}8-1{,}9 \cdot 10^{-4}$ betrug, also um ein Drittel zu klein war. Daraus wurde geschlossen, daß die Polyäthylenoxydkette pro Grundmolekül nicht um 3, sondern um 2 Atome wächst, und dies führte zu der oben diskutierten Formel IX (s. S. 293), die auch die übrigen Eigenschaften dieser Substanz verständlich macht.

$$\text{VIII.} \qquad \text{(Strukturformel, Breite 2,5 Å, Länge cc. 3,5 Å)}$$

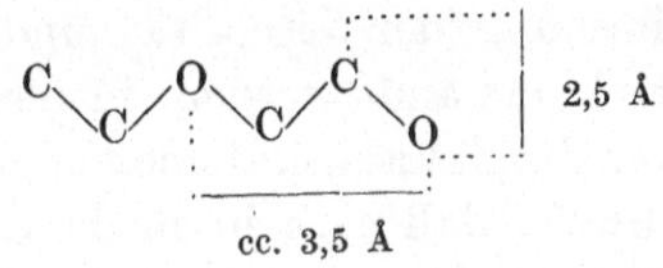

$$\text{IX.} \qquad \text{(Strukturformel, Breite 4 Å, Länge cc. 1,9 Å)}$$

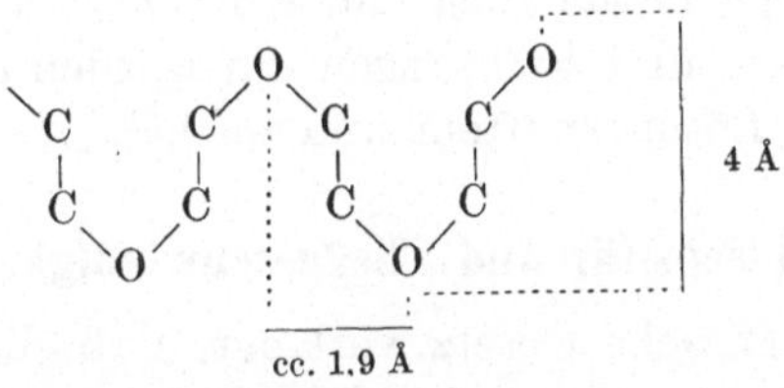

Die Ketten sind demnach viel kürzer, als man nach der Zahl der Kettenatome erwarten sollte, und gleichlang mit einer Polyoxymethylenkette vom gleichen Polymerisationsgrad. In der Tat wurden die K_m-Konstanten beider Substanzen in Chloroform und Formamid gleich groß gefunden. Die Dimensionen eines Grundmoleküls betragen nach Formel VIII: Länge 3,5 Å und Breite 2,5 Å; während sie nach Formel IX: Länge 1,9 Å[4] und Breite 4 Å betragen. Im zweiten Falle beansprucht die Kette in Lösung einen geringeren Wirkungsbereich und der Gelzustand tritt erst bei höherer Konzentration ein. Auch diese Tatsache steht mit dem experimentellen Befund in guter Übereinstimmung. In der folgenden

---

[1] Vgl. S. 152.   [2] STAUDINGER, H.: Ber. Dtsch. Chem. Ges. **65**, 267 (1932).
[3] $0{,}85 \cdot 10^{-4} = K_{\text{äqu}}$-Konstante für kettenäquivalente Lösungen. Vgl. S. 68.
[4] Diese Länge des Grundmoleküls wurde gleich der bei den Polyoxymethylenen gesetzt.

Tabelle 148 sind die Wirkungsbereiche für einzelne Moleküle, der Gesamtwirkungsbereich einer 1-grundmolaren (4,4 proz.) Lösung sowie die „Grenzkonzentrationen" in Gewichtsprozent und Grundmolarität angegeben.

Tabelle 148. Wirkungsbereich und Grenzkonzentration nach Formel VIII und IX.

Polymerisationsgrad	Molekulargewicht	Kettenlänge in Å nach Form.		Wirkungsbereich eines Moleküls in Å³ nach Formel		Zahl der Moleküle pro 1 cm³ in 4,4 proz. Lösung	Gesamtwirkungsbereich in 1 cm³ einer 1-grundmolaren (4,4 proz.) Lösung in cm³		Grenzkonzentration			
									in Gewichtsprozent		in Grundmolarität	
		VIII	IX	VIII	IX		VIII	IX	VIII	IX	VIII	IX
300	13 000	1050	570	$2{,}16 \cdot 10^6$	$1{,}02 \cdot 10^6$	$2 \cdot 10^{18}$	4,3	2	1,0	2,2	0,23	0,5
150	6 500	525	285	$0{,}54 \cdot 10^6$	$0{,}26 \cdot 10^6$	$4 \cdot 10^{18}$	2,2	1	2,0	4,4	0,49	1,0
100	4 400	350	190	$0{,}24 \cdot 10^6$	$0{,}11 \cdot 10^6$	$6 \cdot 10^{18}$	1,4	0,7	3,1	6,3	0,71	1,4
50	2 200	175	95	$0{,}6 \cdot 10^5$	$0{,}28 \cdot 10^5$	$12 \cdot 10^{18}$	0,7	0,34	6,3	12,7	1,4	2,9
10	440	35	19	$0{,}24 \cdot 10^4$	$0{,}11 \cdot 10^4$	$60 \cdot 10^{18}$	0,14	0,07	31	63	7,1	14

Die Grenzviskosität ist berechnet nach der Zick-Zackformel VIII zu 1,8, nach der Mäanderformel IX zu 1,17.

Für eine Beziehung zwischen Molekulargewicht und Viscosität in Lösung ist zunächst Voraussetzung, daß die Moleküle fadenförmige Gestalt haben. Außerdem müssen in Lösung normale Moleküle vorliegen und keine Micellen oder koordinative Moleküle. Da die Polyäthylenoxyd-dihydrate Alkohole darstellen, könnten sie zu koordinativer Molekülbildung befähigt sein. Denn Alkohole sind in manchen Lösungsmitteln, z. B. Tetrachlorkohlenstoff, koordinativ gebunden, wie durch Viscositätsmessungen nachgewiesen werden kann. In Dioxan sind sie dagegen monomolekular gelöst. Zur Bestimmung der Viscosität und der Molekulargewichte müssen natürlich Lösungsmittel verwandt werden, in denen sich keine koordinativen Moleküle bilden. Dies kann durch Viscositätsmessungen nachgewiesen werden.

Entscheidend ist der Nachweis, daß η_{sp}/c in niederviscoser Sollösung sowohl von der Fließgeschwindigkeit wie auch von Konzentration und Temperatur unabhängig ist. Nach diesen drei Richtungen hin wurden daher die Polyäthylenoxyde in verschiedenen Lösungsmitteln untersucht[1].

2. Viscosität und Fließgeschwindigkeit.

Das HAGEN-POISEUILLEsche Gesetz verlangt, daß die Fließgeschwindigkeit bei laminarer Strömung proportional dem Druck zunimmt, daß also das Produkt aus Ausflußzeit und Druck bei gleichem Volumen konstant ist. Dies ist in der Regel bei normalen Lösungen der Fall. Bei Kautschuk- und anderen eukolloiden Lösungen, in denen Fadenmoleküle von großer Länge vorliegen, treten makromolekulare Viscositätserscheinungen auf, d. h. bei größerer Fließgeschwindigkeit wird das Produkt aus Druck und Zeit kleiner, als erwartet werden sollte. Am Polystyrol[2] wurde zuerst nachgewiesen, daß diese Erscheinung auf einer Orientierung der Fadenmoleküle beruht, wodurch ein viscositätsvermindernder Einfluß resultiert. Dies tritt jedoch erst ein bei Moleküllängen von 3000 Å an. Die Polyäthylenoxyde vom Polymerisationsgrad 300 und einer Kettenlänge von 570 Å zeigen daher diese Erscheinung noch nicht. Dies ist ersichtlich aus folgender

---

[1] Vgl. S. 56 ff.

[2] STAUDINGER, H., u. H. MACHEMER: Ber. Dtsch. Chem. Ges. **62**, 2921 (1929). Vgl. S. 148.

Tabelle 149, in der die Druckabhängigkeit der spezifischen Viscosität der grundmolaren Lösungen zweier Produkte dargestellt ist. Eine Umrechnung auf Fließgeschwindigkeit ist unnötig, da ja keine Druckabhängigkeit vorliegt.

Tabelle 149. Benzollösungen von Polyäthylenoxyden bei verschiedenen Drucken im UBBELOHDEschen Viscosimeter.

Druck in cm Hg	Molekulargewicht 13000, Polymerisationsgrad 290		Molekulargewicht 3500, Polymerisationsgrad 81	
	Druck mal Zeit bei 20°	η_{sp}	Druck mal Zeit bei 20°	η_{sp}
20	1345	2,99	560	0,66
15	1353	3,02	557	0,65
10	1366	3,05	552	0,64
5	1359	3,03	551	0,64
0,8	—	2,95	—	—

Die Differenzen betragen im Maximum 2,5% und liegen noch innerhalb der Fehlergrenzen.

3. Viscosität und Konzentration.

a) Die Beziehung: $\eta_{sp}/c = $ konstant.

Bei ein und demselben Polyäthylenoxyd findet man Konstanz der η_{sp}/c-Werte, wenn man verschieden konzentrierte Lösungen mißt. Hier sind also normale Moleküle in verdünnter Lösung vorhanden, eine Tatsache, die mit den chemischen Befunden im Einklang steht. Tabelle 150 zeigt die Viscosität zweier flüssiger Polyäthylenoxyd-dihydrate in Dioxanlösung verschiedener Konzentration.

Tabelle 150.

Konzentration	in Proz.	4,2	8,5	12,6	16,8	25	33	49	64,6	79,8
	in Gd-mol.	1	2	3	4	6	8	12	16	20
η_{sp}/c bei 20°	Mol.- 238	0,10	0,12	0,13	0,16	0,17	0,22	0,32	0,54	0,81
	Gew. 414	0,15	0,16	0,18	0,18	0,22	0,27	0,44	0,70	1,43

Es ergibt sich dabei eine mit der Konzentration wachsende Zunahme von η_{sp}/c. Die Viscositätskonzentrationskurve, die von einer 4,4proz. bis 100proz. Konzentration aufgenommen wurde, zeigt den hierbei üblichen Verlauf, als deren Typ Wasser-Glykol[1] gelten kann und der auf eine Herabsetzung der Assoziation[2] der einen Komponente (des Polyäthylenoxydes) durch die andere (das Dioxan)

Tabelle 151. η_{sp}/c bei 20°; Mol.-Gew. 920.

Lösungsmittel				Dioxan	Wasser	Eisessig	Tetrabromäthan
Konz. in Gd-mol.	1	Konz. in Proz.	4,4	0,18	0,28	0,39	0,39
	2		8,8	0,22	0,30	0,41	0,43
	3		13,2	0,24	0,34	0,44	0,48
Zunahme von η_{sp}/c in Proz.[3]				133	122	113	123

[1] KREMANN, R.: Mechanische Eigenschaften flüssiger Stoffe. S. 302. 1928.
[2] Statt von Herabsetzung der Assoziation würde besser vom Zerfall koordinativer Moleküle gesprochen.
[3] Der η_{sp}/c-Wert der niedersten Konzentration wird dabei $= 100$ gesetzt.

Tabelle 152. η_{sp}/c bei 20°; Mol.-Gew. 2500.

Lösungsmittel		Eisessig	Tetrabromäthan
Konz.	0,5	0,80	0,72
in	1	0,79	0,75
Gd-mol.	2	0,86	0,92
Zunahme von η_{sp}/c in Proz.[1]		108	128

hinweist. Dasselbe ist auch in anderen Lösungsmitteln zu beobachten (Tabelle 151 u. 152).

In niederen Konzentrationen ist η_{sp}/c konstant (vgl. Tabelle 153—156).

Tabelle 153. η_{sp}/c bei 20°; Mol.-Gew. 6400 und 13000.

Molekulargewicht		6400			13000		
Lösungsmittel		Wasser	Eisessig	Tetrabrom-äthan	Wasser	Eisessig	Tetrabrom-äthan
Konz.	0,25	1,0	1,60	1,40	2,24	3,36	3,12
in	0,5	1,1	1,56	1,52	2,54	3,62	3,56
Gd-mol.	1	1,27	1,76	1,78	3,2	4,4	4,7
Zunahme von η_{sp}/c in Proz.[1]		127	110	127	143	131	151

Tabelle 154. η_{sp}/c in Benzol bei 20°.

Molekulargewicht		800	920	1200	1700	6400	13000
Konz.	0,25	0,20	0,24	0,32	0,40	1,0	2,04
in	0,5	0,20	0,22	0,34	0,40	1,0	2,3
Gd-mol.	1	0,19	0,22	0,31	0,39	1,19	2,95
Zunahme von η_{sp}/c in Proz.[1]		100	100	100	100	119	145

Bei Molekulargewichten bis zu 2000 ist die Konstanz von η_{sp}/c bis zu einer grundmolaren Lösung vorhanden. Polyäthylenoxyde vom Molekulargewicht 6000 geben bis zu einer 0,5 gd-mol. Lösung ebenfalls konstante η_{sp}/c-Werte.

Tabelle 155. η_{sp}/c in Dioxan bei 20°.

Molekulargewicht		2260	2500	2800
Konz.	0,25	0,40	0,44	0,44
in	0,5	0,40	0,44	0,46
Gd-mol.	1	0,43	0,48	0,54
Zunahme von η_{sp}/c in Proz.[1]		108	109	123

Das Abweichen der η_{sp}/c-Werte sollte erfolgen, wenn die Grenzkonzentration überschritten wird. Es tritt dann Behinderung der Moleküle in Lösung ein, was sich in einer Erhöhung der Viscosität bemerkbar macht. In der folgenden Tabelle 157 sind die Grenzkonzentrationen für die beiden oben

Tabelle 156. Polyäthylenoxydlösungen in verschiedener Konzentration.

Molekulargewicht		η_{sp}/c bei 20° in Dioxan		Zunahme von η_{sp}/c in Proz.	
		6400	13000	6400	13000
Konz. in Gd-mol.	0,125	0,96	1,9	100	100
	0,25	0,92	2,0	100	105
	0,5	0,92	2,3	100	121
	1,0	1,09	2,84	117	150
	1,5	1,31	3,59	141	189
	2,0	1,45	4,32	156	230

---

[1] Vgl. Fußnote 3 auf S. 303.

gemessenen Substanzen zusammengestellt, wobei sich zeigt, daß die Mäanderformel IX (vgl. S. 293 u. 301) auch hier die tatsächlichen Ver-

Tabelle 157.

| Molekular-gewicht | Grenzkonzentration in Grundmolarität[1] | | |
	ber. nach Formel IX	nach Formel VIII	gef.
6400	1,0	0,5	1,0
13000	0,5	0,25	0,5

hältnisse gut wiedergibt, während die Zickzackformel VIII ein Ansteigen der η_{sp}/c-Werte schon in geringeren Konzentrationen erwarten lassen sollte.

b) Die Beziehung $\log \eta_r/c =$ konstant.

Die EINSTEINsche Formel gibt das Verhalten von Polyäthylenoxyden im Solgebiet, in dem zugleich eine koordinative Bindung der Moleküle ausgeschlossen sein muß, befriedigend wieder. Im Gelgebiet gilt sie nicht mehr. Hier sollte die

Tabelle 158. $K_c \cdot 10^2$ in Dioxan bei 20°.

Konz.		4,2	8,5	12,6	16,8	25	33	49	64,6	79,8	100
	in Proz.	4,2	8,5	12,6	16,8	25	33	49	64,6	79,8	100
	in Gd-mol.	1	2	3	4	6	8	12	16	20	25,6
Mol.-	238	4,3	4,7	4,6	4,9	5,2	5,4	5,7	6,1	6,2	6,7
Gew.	414	6,0	6,1	6,4	5,9	6,1	6,3	6,7	6,8	7,4	7,8

ARRHENIUSsche Beziehung $\eta_r = 10^{K_c \cdot c}$ gültig sein[2], solange nicht Assoziation der Moleküle erfolgt. In Tabelle 158 sind zunächst wieder für die niederen flüssigen Polyäthylenoxyde vom Polymerisationsgrad 5 und 9 die berechneten Werte für $K_c = \log \eta_r/c$ zusammengestellt.

Die K_c-Konstante stimmt also für einen recht großen

Tabelle 159. K_c in Dioxan.

Molekulargewicht		2260	2500	2800
Konz.	0,25	0,25	0,17	0,18	0,18
in	0,5	0,16	0,17	0,18
Gd-mol.	1	0,16	0,17	0,19

Konzentrationsbereich. Die Abweichungen in höherer Konzentration sind auf Assoziationen zurückzuführen[3]. In Gebieten, wo η_{sp}/c konstant ist, ist natürlich auch die ARRHENIUSsche Beziehung noch gültig (Tabelle 159).

Dies ist selbstverständlich, da ja bei niederen Konzentrationen, wo die relative Viscosität sich 1 nähert, beide Formeln praktisch zusammenfallen. Tabelle 160 zeigt, daß auch in höheren Konzentrationen bei niedermolekularem Polyäthylenoxyd die ARRHENIUSsche Beziehung noch gilt.

Tabelle 160. K_c bei 20°; Mol.-Gew. 920.

Konz. in Gd-mol.	Dioxan	Wasser	Eisessig	Tetrabrom-äthan
1	0,07	0,11	0,14	0,14
2	0,08	0,11	0,13	0,13
3	0,08	0,10	0,12	0,13

---

[1] Siehe S. 302, Tabelle 148.

[2] KREMANN, R.: Mechanische Eigenschaften flüssiger Stoffe. S. 318. 1928; ARRHENIUS: Ztschr. physikal. Chem. **1**, 285 (1887); siehe auch BERL u. BÜTTLER: Ztschr. f. Schieß- u. Sprengstoffwesen **5**, 82 (1910).

[3] Vgl. S. 136.

Die höhermolekularen Polyäthylenoxyde zeigen jedoch eine Abnahme von K_c mit wachsender Kettenlänge und Konzentration (Tabelle 161).

Diese Erscheinung wurde auch bei eukolloidem Polystyrol beobachtet[1], während bei Hemikolloiden die K_c-Werte konstant sind.

Tabelle 161. K_c in Dioxan bei 20°.

Molekulargewicht		6400	13000
	0,125	0,39	0,75
Konz.	0,25	0,36	0,70
in	0,5	0,33	0,66
Gd-mol.	1,0	0,32	0,58
	1,5	0,32	0,53
	2,0	0,29	0,49

4. Viscosität und Temperatur.

Die spez. Viscosität der Polyäthylenoxyde nimmt in allen Lösungsmitteln mit steigender Temperatur ab. Es zeigt sich aber, daß diese Temperaturabhängigkeit in gut lösenden Lösungsmitteln, wie z. B. in Dioxan, unabhängig vom Polymerisationsgrad und von der Konzentration ist, so daß die Temperatur-Viscositätskurven aller Polymerisationsgrade dieselbe Steigung haben. Daraus folgt, daß eine gleiche Temperatur (z. B. 20°) eine „korrespondierende" Temperatur ist, bei der Messungen verschiedener Produkte untereinander verglichen werden können. In den beiden Tabellen 162 und 163 sind die η_{sp}-Werte bei 20° und 60° in Benzol und Dioxan zusammengestellt und zugleich aus ihnen die prozentuale Abnahme von η_{sp} (η_{sp} bei 20° = 100) ausgerechnet.

Tabelle 162. η_{sp} in Benzol.

Mol.-Gew.	Konz. in Gd-mol.	η_{sp} bei 20°	60°	Abnahme %
1500	1	0,28	0,20	71
2500	1	0,48	0,38	79
3500	1	0,65	0,52	80
3500	2	1,92	1,45	76

Tabelle 163. η_{sp} in Dioxan.

η_{sp}		20°	60°	20°	60°	20°	60°	Abnahme in Proz.		
Grundmolarität . . .		1,0		0,5		0,25		1,0	0,5	0,25
	2200	0,44	0,38	0,22	0,20	0,10	0,09	86	91	90
Mol.-	2500	0,48	0,43	0,22	0,21	0,10	0,10	90	95	100 [2]
Gew.	2800	0,54	0,43	0,23	0,20	0,11	0,10	80	87	91
	6400	1,09	0,97	0,46	0,42	0,20	0,18	89	91	90
	13000	2,84	2,45	1,13	1,00	0,50	0,46	86	89	92

Besonderes Interesse hat die Zunahme der relativen Viscosität in Benzol und Dioxan in Temperaturgebieten, die den Schmelzpunkten dieser Lösungsmittel nahe liegen, da dies für die Molekulargewichtsbestimmung von Wichtigkeit ist. Findet hier Bildung koordinativer Moleküle statt, so würden die kryoskopischen Molekulargewichte nicht den normalen Wert liefern, sondern zu hoch ausfallen. Die Bildung solcher koordinativen Moleküle macht sich in der Zunahme der spez. Viscosität bemerkbar. Es wurden daher Messungen bei 10° und 6° in diesen beiden Lösungsmitteln ausgeführt. Hierbei befindet man sich bei Dioxan schon im Zustand der unterkühlten Lösung (Tabelle 164).

[1] Vgl. S. 201.   [2] Evtl. Meßfehler.

Tabelle 164. 1 gd-mol. Lösungen bei verschiedenen Temperaturen.

| Mol.-Gew. | η_{sp} in Benzol bei | | | η_{sp} in Dioxan bei | | | Zunahme in Proz.[1] | |
	20°	10°	6°	20°	10°	6°	Benzol	Dioxan
1200	0,28	0,30	0,31	0,28	0,29	0,29	111	104
2400	0,55	0,59	0,60	0,54	0,56	0,56	109	104
3000	0,59	0,61	0,63	0,57	0,59	0,59	107	104

In Benzol tritt also eine etwas stärkere Zunahme von η_{sp} bei abnehmender Temperatur ein als in Dioxan. Auch beim Vergleich der Tabellen 162 und 163 fällt diese stärkere Temperaturabhängigkeit in Benzol gegenüber Dioxan auf[2].

Aus der Tatsache, daß die Temperaturabhängigkeit der verschiedenen Produkte in Dioxan von Polymerisationsgrad und Konzentration unabhängig ist, folgt, daß die Abnahme der Viscosität nicht auf einer Auflösung von koordinativen Molekülen in der Wärme beruht. Denn solche müßten in konzentrierter Lösung zahlreicher enthalten sein als in verdünnter. In sehr konzentrierten Lösungen treten Assoziationen auf; oberhalb der Grenzviscosität beobachtet man mit Zunahme der Konzentration und der Molekülgröße wachsende Temperaturabhängigkeit der spez. Viscosität[3].

Die in verdünnter Lösung beobachtete Temperaturabhängigkeit der Polyäthylenoxyde ist darauf zurückzuführen, daß infolge der größeren Beweglichkeit der Moleküle bei Temperaturerhöhung die spezifische Viscosität von gelösten Stoffen etwas sinkt, gerade so, wie die absolute Viscosität einer Flüssigkeit abnimmt. Es können auch koordinative Bindungen zwischen den gelösten Molekülen und dem Lösungsmittel bei erhöhter Temperatur aufgehoben werden. So ist die stärkere Temperaturabhängigkeit der Polyäthylenoxyde in Formamid, Wasser (Tabelle 165 und 166), vor allem in Eisessig (Tabelle 167) zu erklären. Mit Wasser

Tabelle 165. Viscosität in Formamid bei 20, 60 und 145°.

| Molekular-gewicht | Konz. in Gd-mol. | η_{sp} bei | | | Abnahme von η_{sp} in Proz. im Vergleich zu η_{sp} bei 20° | |
		20°	60°	145°	60°	145°
1200	1	0,29	0,22	0,15	76	52
2400	1	0,44	0,35	0,26	80	59
6400	0,5	0,44	0,36	0,27	82	61
13000	0,25	0,52	0,42	0,29	81	56

Tabelle 166. Viscosität in Wasser bei 20 und 60°.

| Molekulargewicht | 920 | | | 2500 | | 6400 | | | 13000 | | |
Konz. in Gd-mol.	1	2	3	1	2	0,25	0,5	1	0,25	0,5	1
η_{sp} bei 20°	0,28	0,61	1,01	0,49	2,39	0,25	0,55	1,27	0,56	1,27	3,19
η_{sp} bei 60°	0,23	0,49	0,80	0,40	1,9	0,19	0,42	0,97	0,40	0,91	2,29
Abnahme von η_{sp} in Proz.	82	80	79	82	79	76	76	76	71	72	72

[1] Beim Abkühlen von 20° auf 6° (η_{sp} bei 20° = 100).

[2] Von O. SCHWEITZER [vgl. Ber. Dtsch. Chem. Ges. **62**, 2395 (1929)] wurden die Molekulargewichte in Benzol bestimmt; sie sind etwas höher (bei gleichen η_{sp}/c-Werten) als die in Dioxan ermittelten. Möglicherweise liegen hier z. T. koordinative Moleküle vor.

[3] Vgl. auch die Versuche an Polystyrolen von H. STAUDINGER u. W. HEUER: Ber. Dtsch. Chem. Ges. **62**, 2933 (1929).

Tabelle 167. Viscosität in Eisessig bei 20 und 60°.

Molekulargewicht	920			2500			6400			13000		
Konz. in Gd-mol.	1	2	3	0,5	1	2	0,25	0,5	1	0,25	0,5	1
η_{sp} bei 20°	0,39	0,82	1,32	0,40	0,79	1,72	0,40	0,78	1,76	0,84	1,81	4,38
η_{sp} bei 60°	0,29	0,61	0,95	0,31	0,62	1,32	0,32	0,63	1,42	0,68	1,50	3,56
Abnahme von η_{sp} in Proz.	74	74	72	78	79	77	80	81	81	81	83	81

und Eisessig treten vielleicht lockere Anlagerungen in der Art von Oxonium-
verbindungen auf, wie man es ja auch für Methylcellulose[1] annehmen muß.
In Tetrabromäthan (Tabelle 168) können ähnliche Verhältnisse vorliegen. So
geben ja auch Chloroform, Bromoform usw. leicht Molekülverbindungen[2].

Tabelle 168. Viscosität in Tetrabromäthan bei 20 und 60°.

Molekulargewicht	920			2500			6400			13000		
Konz. in Gd-mol.	1	2	3	0,5	1	2	0,25	0,5	1	0,25	0,5	1
η_{sp} bei 20°	0,39	0,87	1,45	0,36	0,75	1,84	0,35	0,76	1,78	0,78	1,78	4,71
η_{sp} bei 60°	0,26	0,52	0,82	0,26	0,51	1,17	0,27	0,55	1,25	0,59	1,31	3,30
Abnahme von η_{sp} in Proz.	67	60	57	72	68	64	77	72	70	76	74	70

VI. Viscosität und Molekulargewicht.

1. Die Beziehung $\dfrac{\eta_{sp}}{c} = K_m \cdot M.$

Zunächst wurde die schon bei anderen polymer-homologen Reihen gefundene
Beziehung $\dfrac{\eta_{sp}}{c} = K_m \cdot M$ auf die Polyäthylenoxyde angewandt[3]. In der Tabelle 169 ist K_m aus den in Benzol bei 20° gemessenen η_{sp}/c-Werten berechnet.

Tabelle 169. K_m von Polyäthylenoxyd-dihydraten in Benzol.

Katalysator	Mol.-Gew.	Polymerisations- grad	η_{sp}/c	$K_m \cdot 10^4$
KOH	800	18	0,20	2,5
KOH	920	20	0,23	2,5
$N(CH_3)_3$	1090	24	0,26	2,4
KOH	1200	27	0,33	2,7
$SnCl_4$	1530	35	0,29	1,9
$N(CH_3)_3$	1540	35	0,28	1,8
KOH	1680	38	0,40	2,4
$N(CH_3)_3$	2260	51	0,47	2,1
$N(CH_3)_3$	2500	56	0,48	1,9
K	2700	61	0,48	1,8
$N(CH_3)_3$	2830	64	0,55	1,9
$SnCl_4$	3100	70	0,54	1,7
$N(CH_3)_3$	3590	81	0,65	1,8
$NaNH_2$	6000	136	1,05	1,8
K	6400	145	1,01	1,6
$NaNH_2$	9300	210	1,82	2,0
$NaNH_2$	13000	295	2,2	1,7

[1] STAUDINGER, H., u. O. SCHWEITZER: Ber. Dtsch. Chem. Ges. **63**, 2317 (1930). Vgl. S. 127.
[2] Siehe PFEIFFER: Organische Molekülverbindungen. S. 251. 1922.
[3] Vgl. S. 56.

K_m ist also bei höheren Polymerisationsgraden recht gut konstant, bei niederen treten dagegen Abweichungen auf. Um zu zeigen, daß auch in anderen Lösungsmitteln diese Gesetzmäßigkeiten herrschen, ist in der Tabelle 170 K_m aus den η_{sp}/c-Werten verschiedener anderer Lösungsmittel bei 20° zusammengestellt.

Tabelle 170.

Mol.-Gew.	Polymeri-sationsgrad	$K_m \cdot 10^4$ von Polyäthylenoxyd-dihydraten in folgenden Lösungsmitteln				
		Dioxan	Wasser	Eisessig	Formamid	Tetrabrom-äthan
920	20	2,2	3,4	4,2	—	4,2
1200	27	—	—	—	2,4	—
1540	35	—	2,3	—	—	—
2260	51	1,8	1,9	—	—	—
2500	56	1,8	2,0	3,2	1,8	2,9
2830	64	1,7	—	—	—	—
6400	145	1,5	1,7	2,5	1,5	2,2
13000	295	1,5	1,8	2,0	1,6	2,4

In Wasser, Dioxan und Formamid ist K_m genau wie in Benzol gut konstant. Größere Abweichungen treten dagegen in Eisessig und Tetrabromäthan auf, also dort, wo auch η_{sp}/c die größten Abweichungen zeigt. Man erhält aus diesen Werten für die höheren Polymerisationsgrade folgende Mittelwerte der K_m-Konstante (Tabelle 171).

Die niederen Glieder der Reihe zeigen die größten Abweichungen vom Mittelwert der K_m-Konstante. Bei ihnen machen sich die endständigen Hydroxylgruppen bemerkbar, während ihr Einfluß bei den höheren Gliedern gering ist. Das Ansteigen der K_m-Konstante mit abnehmendem Polymerisationsgrad ist zum Teil auf diesen Einfluß zurückzuführen. Um dies weiter zu verfolgen, wurden die Polyäthylenoxyd-dihydrate bis zum Polymerisationsgrad 1, dem Glykol, in Dioxan gemessen. Wie aus der folgenden Tabelle 172 zu ersehen ist, geht mit

Tabelle 171.

Lösungsmittel	$K_m \cdot 10^4$
Benzol	1,8
Dioxan	1,7
Wasser	1,9
Eisessig	2,6
Tetrabromäthan	2,5
Formamid	1,6

Tabelle 172. Polyäthylenoxyd-dihydrate.

Substanz	Mol.-Gew.	$\eta_{sp}/c = \eta_{sp}$ (4,4%)	$K_m \cdot 10^4$	Anteil der $(OH)_2$-Gruppen am Gesamt-molekül %
Glykol	62	0,08	13	55
2-Äthylenoxyd-dihydrat . .	106	0,09	8,5	32
3- „ . .	150	0,10	6,7	23
5- „ . .	238	0,10	4,2	14
9- „ . .	414	0,15	3,6	8,2
20- „ . .	920	0,20	2,2	3,7
51- „ . .	2260	0,41	1,8	1,5
56- „ . .	2500	0,46	1,8	1,4
64- „ . .	2830	0,48	1,7	1,2
145- „ . .	6400	0,93	1,5	0,5
295- „ . .	13000	1,9	1,5	0,3

steigendem Anteil der beiden Hydroxylgruppen ein starkes Ansteigen der K_m-Konstanten parallel.

Die Polyäthylenoxyd-diacetate sollten zum Unterschied von den Dihydraten dieses starke Ansteigen der K_m-Werte nicht zeigen, da die Viscosität der Acetylgruppe der der Äthylenoxydgruppe annähernd gleich ist. Es zeigt sich in der Tat, daß bei ihnen ein viel schwächeres Ansteigen von K_m mit sinkendem Polymerisationsgrad stattfindet. In Tabelle 173 sind die in Benzol gemessenen spez. Viscositäten der Berechnung von K_m zugrunde gelegt.

Tabelle 173. Polyäthylenoxyd-diacetate.

Substanz	Mol.-Gew.	η_{sp}/c	$K_m \cdot 10^4$
Glykol-diacetat	146	0,03	2,1
2-Äthylenoxyd-diacetat . .	190	0,05	2,6
3- ,, . .	234	0,07	3,0
4- ,, . .	278	0,08	2,9
5- ,, . .	322	0,08	2,5
9- ,, . .	498	0,12	2,4
18- ,, . .	800	0,17	2,1
20- ,, . .	920	0,21	2,3
27- ,, . .	1 200	0,25	2,1
35- ,, . .	1 530	0,29	1,9
38- ,, . .	1 680	0,37	2,2
70- ,, . .	3 100	0,48	1,6
145- ,, . .	6 400	0,94	1,5
295- ,, . .	13 000	1,92	1,5

Außer den Abweichungen der K_m-Konstante bei den niederen Polymerhomologen ist auch bei den höheren ein mehr oder weniger starkes Schwanken der Konstante zu beobachten. Dies rührt daher, daß die verschiedenen Fraktionen in ihrer Zusammensetzung nicht vollständig gleichartig sind, was einmal durch die Art der Darstellung, ferner durch die Herkunft aus verschiedenen Polymerisaten seine Erklärung findet. Wird z. B. eine Fraktion durch Äther ausgefällt, so werden die ausgefällten Moleküle stets auch kürzere Moleküle, die eigentlich noch in Lösung bleiben sollten, mit umschließen und zu Boden reißen. Da man nicht immer ein vollständig gleichmäßiges Ausfällen erreichen kann, werden diese Anteile selbst bei Fraktionen einer Herstellungsart nicht immer von gleicher Größe sein. Eine verschiedene Zusammensetzung einer Fraktion aus großen und kleinen

Tabelle 174.

Polymerisations-grad	Polyaethylenoxyde $K_m \cdot 10^4$ in		Polymerisations-grad	Polyoxymethylen-dimethyläther $K_m \cdot 10^4$ in	
	Tetrabrom-äthan bei 20°[1]	Formamid bei 145°		Chloroform bei 25°	Formamid bei 145°
—	—	—	9	2,4	0,7
—	—	—	14	2,4	—
27	—	1,25	23	—	0,95
55	2,9	1,1	33	—	0,9
145	2,2	0,9	50	—	0,7
295	2,4	0,9	100	—	0,8

[1] Die Lösungsmittel Tetrabromäthan und Chloroform verhalten sich bei Viscositätsmessungen ungefähr gleich.

Molekülen beeinflußt aber Viscosität und Durchschnittsmolekulargewicht in verschiedener Weise. Während bei letzterem nur die Zahl der Teilchen maßgebend ist, rufen wenige große Moleküle, die das Molekulargewicht praktisch nicht beeinflussen, eine große Viscositätserhöhung hervor[1].

Wie oben bemerkt, wurde die K_m-Konstante bei Polyäthylenoxyden gleich der der Polyoxymethylene gefunden. In der Tabelle 174 sind die Konstanten beider Reihen bei 20 und 145° dargestellt, woraus man ersieht, daß sie annähernd gleich groß sind.

2. Die Berechnung der K_m-Konstante.

Nach den Gesetzen, die für die Viscosität verdünnter Lösungen gelten[2], ist es möglich, die Konstante für Stoffe mit Fadenmolekülen auszurechnen. Wie oben erwähnt (S. 301), erhält man aber beim Polyäthylenoxyd statt einer Konstante von $2{,}5 \cdot 10^{-4}$ eine solche von $1{,}8 \cdot 10^{-4}$.

Eine Erklärung dieser merkwürdigen Eigenschaft durch eine modifizierte Vorstellung vom Bau der Polyäthylenoxydkette ist ebenfalls schon entwickelt worden. Es wird zur Erklärung der mäanderförmigen Polyäthylenoxydkette (Formel IX, S. 293) angenommen, daß die Sauerstoffatome eine gegenseitige Anziehung aufeinander ausüben und daß dadurch die Kette bestrebt ist, sich zu verkürzen. Ist diese Vorstellung richtig, so sollte bei niederen Polymerisationsgraden eine solche Anziehung noch nicht wirksam werden, sondern es sollte erst von einem gewissen Polymerisationsgrad an, wenn diese gegenseitige Anziehung der Sauerstoffatome stark genug ist, die Formel VIII in die Formel IX übergehen. Die Berechnung der spez. Viscosität erfolgt nach der Formel $\eta_{\mathrm{sp}}(1{,}4\%) = 1{,}2 \cdot 10^{-3} \cdot n$. Dabei ist $1{,}2 \cdot 10^{-3}$ der Viscositätsbetrag eines Kettenatoms in 1,4proz. Lösung und n die Zahl der Kettenatome. Da man die Sauerstoffkettenatome annähernd gleich einer CH_2-Gruppe setzen kann, so müßte man nach Formel VIII für n den dreifachen Polymerisationsgrad oder nach Formel IX den zweifachen Polymerisationsgrad einsetzen. In der folgenden Tabelle 175 sind die nach beiden Formeln errechneten spez. Viscositäten der Diacetate zugleich mit den gefundenen Viscositäten, die auf 1,4proz. Lösung umgerechnet wurden, zusammengestellt. Zu berücksichtigen ist noch, daß man zu der Zahl der Kettenatome diejenigen 5 Atome addieren muß, um die die Kette durch die beiden Acetylgruppen verlängert wird. Aus der Tabelle folgt, daß die normale Zickzackform der Polyäthylenoxydkette, wie sie Formel VIII wiedergibt, noch bis zum Polymerisationsgrad 9 zutrifft. Bei höheren Polymerisationsgraden geht die Kette dagegen in die Mäanderform der Formel IX über. Bis zum Polymerisationsgrad 9 stimmen die gefundenen spez. Viscositäten mit den aus Formel VIII berechneten überein, bei höheren Polymeren dagegen die nach Formel IX berechneten. Verständlich wird diese Tatsache beim Vergleich beider Formelbilder. Bei niederen Polymerisationsgraden herrscht die Zickzackform vor, und erst bei höheren, wenn eine gewisse Häufung der sich anziehenden Sauerstoffatome vorliegt, wird die Kette verkürzt, wie Formel IX zeigt (S. 312). Die Tatsache, daß die Übereinstimmung der berechneten spez. Viscositäten mit den gefundenen

---

[1] Vgl. dazu S. 169.
[2] Vgl. S. 67.

Tabelle 175. Berechnung der spezifischen Viscosität der Polyäthylenoxyd-diacetat-Lösungen.

Polymerisations-grad	Zahl der Kettenatome nach Formel VIII	nach Formel IX	η_{sp} (1,4 %) gef.	η_{sp} (1,4 %) berechnet nach Zickzack-formel VIII	Mäander-formel IX
1	8	7	0,009	0,0096	0,0074
2	11	9	0,016	0,013	0,011
3	14	11	0,021	0,017	0,013
4	17	13	0,025	0,020	0,016
5	20	15	0,025	0,024	0,018
9 [1]	32	23	0,038	0,038	0,028
18	59	41	0,054	0,071	0,049
20	65	45	0,067	0,078	0,054
27	86	59	0,080	0,10	0,071
35	110	75	0,092	0,13	0,090
38	119	81	0,12	0,14	0,10
70	215	145	0,15	0,26	0,17
145	440	295	0,30	0,53	0,35
295	890	595	0,61	1,07	0,71

nicht vollständig ist, liegt auch hier daran, daß die Produkte verschiedenen Ursprung haben und daher Gemische wechselnder Zusammensetzung darstellen.

VIII.

IX.

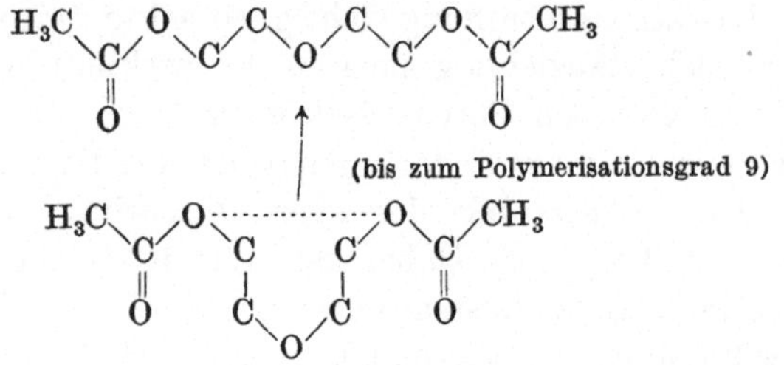

(bis zum Polymerisationsgrad 9)

VIII.

(bei höherem Polymerisationsgrad)

IX.

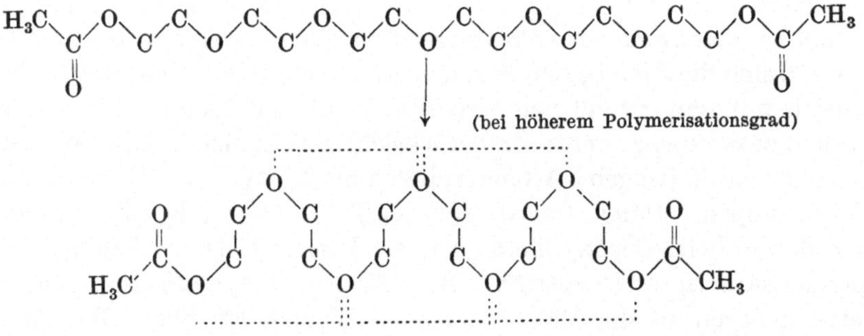

Komplizierter als bei den Diacetaten liegen die Verhältnisse bei den Dihydraten, da bei ihnen noch die starken koordinativen Kräfte der Hydroxylgruppen vorhanden sind. Glykol ist in Lösung viel höher viscos, als die Berechnung ergibt. Erst bei höheren Polymerisationsgraden treten die koordinativen Bindungen zurück und die Stoffe sind als normale Moleküle löslich. Es tritt dann Konstanz der K_m-Werte ein.

---

[1] Die Polyäthylenoxyde zwischen dem Polymerisationsgrad 5 und 9 lassen sich aus präparativen Gründen schwer rein darstellen; sie sind nicht fest, lassen sich auch nicht durch Destillation reinigen.

3. Die Beziehung $M = K_c \cdot K_{cm}$.

Eine andere Beziehung zwischen der Viscosität und dem Molekulargewicht hat sich auf Grund der ARRHENIUSschen Gleichung: $\log \eta_r = K_c \cdot c$ ergeben[1]. Man fand nämlich bei den Polystyrolen, daß die Konstante K_c, die „Viscositäts-konzentrationskonstante", in einem einfachen Zusammenhang mit dem Molekulargewicht steht. Diese empirisch gefundene Beziehung, die die Form $M = K_c \cdot K_{cm}$ hat, wobei K_{cm} eine neue Konstante, die „Molekulargewichts-konzentrationskonstante" ist, besitzt auch für die polymer-homologen Reihen der Polyprene (Kautschuk und Balata) und Polyprane (Hydrokautschuk und Hydrobalata) Gültigkeit[2].

In der Tabelle 176 ist $K_{cm} = \dfrac{M}{K_c}$ für die polymer-homologe Reihe der Polyäthylenoxyd-dihydrate ebenfalls ausgerechnet, wobei die in Benzol bei $20°$ gemessenen relativen Viscositäten zugrunde gelegt wurden.

Tabelle 176.

K_{cm}-Werte der Polyäthylenoxyd-dihydrate.

Polymerisations-grad	Mol.-Gew.	K_c	$K_{cm} \cdot 10^{-4}$
18	800	0,08	1,0
20	920	0,09	1,0
24	1090	0,10	1,1
27	1200	0,12	1,0
35	1530	0,11	1,4
35	1540	0,11	1,4
38	1680	0,15	1,1
51	2260	0,17	1,3
56	2500	0,17	1,5
61	2700	0,17	1,6
64	2830	0,19	1,5
70	3100	0,19	1,6
81	3590	0,22	1,6
136	6000	0,31	1,8
145	6400	0,39	1,7
210	9300	0,45	2,1
295	13000	0,69	1,9

Die Abweichungen bei den niederen Fraktionen beruhen, wie die Abweichungen der K_m-Konstanten, auf koordinativen Bindungen zwischen den normalen Molekülen dieser Substanzen. Da die hochpolymeren Polyäthylenoxyde ebenfalls der ARRHENIUSschen Beziehung nicht folgen, sind bei ihnen größere Abweichungen von der K_{cm}-Konstante zu verzeichnen. In anderen Lösungsmitteln liegen ganz entsprechende Verhältnisse vor (Tabelle 177).

Tabelle 177.

Mol.-Gew.	Polymerisations-grad	$K_{cm} \cdot 10^{-4}$ von Polyäthylenoxyd-dihydraten in folgenden Lösungsmitteln:				
		Dioxan	Wasser	Eisessig	Formamid	Tetrabromäthan
238	5	0,52	—	—	—	—
414	9	0,68	—	—	—	—
920	20	1,2	0,9	0,7	—	0,66
1200	27	—	—	—	1,1	—
2260	51	1,42	1,42	—	—	—
2500	56	1,47	1,47	0,86	1,85	0,93
2830	64	1,51	—	—	—	1,2
6400	145	1,64	1,64	1,1	2,1	1,2
13000	295	1,71	1,66	1,2	1,77	1,3

---

[1] STAUDINGER, H.: Kolloid-Ztschr. **51**, 71 (1930). Vgl. S. 59.
[2] STAUDINGER, H.: Ber. Dtsch. Chem. Ges. **63**, 921 (1930).

Der Mittelwert der Konstante beträgt also in Benzol $1,6 \cdot 10^4$. Berechnet man K_{cm} aus K_m, so ergibt sich $K_{cm} = \dfrac{2,3023}{K_m} = 1,3 \cdot 10^4{}^*$. Die K_{cm}-Konstante zeigt nicht so gute Konstanz wie die K_m-Konstante. Zur Berechnung von Molekulargewichten wurde daher immer die K_m-Konstante benutzt.

4. Die Beziehung zwischen Viscosität und Molekulargewicht bei reinen, flüssigen Polyäthylenoxyden.

Aus dem Vorhergehenden folgt, daß bei Polyäthylenoxyden im gelösten Zustand einfache Zusammenhänge zwischen der Viscosität und dem Molekulargewicht bestehen. Dies rührt daher, daß wir es hier mit freien Einzelmolekülen zu tun haben, die im wesentlichen durch ihre Länge und Konzentration die Viscosität der Lösung hervorrufen. Schwieriger und komplizierter werden die Verhältnisse, wenn der Zusammenhang zwischen Molekülgröße und Viscosität bei den flüssigen reinen Substanzen selbst untersucht werden soll. Die Gestalt der Moleküle, ihre chemischen Affinitäten und zwischenmolekularen Kräfte spielen für die Viscosität einer Flüssigkeit eine ausschlaggebende Rolle, und es ist nicht ohne weiteres möglich, diese Faktoren zu eliminieren.

Nach GARTENMEISTER[1] soll innerhalb einer homologen Reihe die Beziehung $\eta_{abs}/M^2 = $ konstant gelten. Für die Paraffine trifft diese Beziehung auch annähernd zu. Bei den flüssigen Polyäthylenoxyden dagegen steigt die Viscosität mit wachsender Kettenlänge langsamer, als erwartet werden sollte. Sie wird bei den niederen Gliedern zu hoch gefunden, was darauf zurückzuführen ist, daß der viscositätserhöhende Einfluß der Hydroxylgruppen bei den niederen Gliedern größer ist als bei den höheren. Deshalb gilt hier nicht die GARTENMEISTERsche Beziehung, sondern es besteht der Zusammenhang $\dfrac{\eta_{abs}}{M} = K$.

Tabelle 178.

Mol.-Gew.	Poly-merisationsgrad	η_{abs} bei 20°	$\dfrac{\eta_{abs}}{M^2} \cdot 10^5$	$\dfrac{\eta_{abs}}{M} \cdot 10^3$	Anteil der $(OH)_2$ am Gesamt-molekül %
180	4	0,49	1,51	2,7	19
236	5	0,66	1,18	2,8	14
310	6	0,83	0,86	2,7	11
414	9	1,25	0,73	3,0	8

Bei höheren Polymerisationsgraden, wo der Einfluß der Hydroxylgruppen zurücktritt, sollte dann die GARTENMEISTERsche Beziehung gelten, doch wurden solche Messungen noch nicht vorgenommen. Daß dieser Einfluß der Hydroxylgruppen vorhanden ist, sieht man an dem großen Viscositätsunterschied zwischen Polyäthylenoxyd-dihydraten und Polyäthylenoxyd-diacetaten. So ist z. B. die absolute Viscosität des 9-Äthylenoxyd-dihydrates bei 20° $= 1,25$ Poise, während die des 9-Äthylenoxyd-diacetates bei 20° $= 0,52$ Poise beträgt.

---

* HESS, K., u. J. SAKURADA: Ber. Dtsch. Chem. Ges. **64**, 1184 (1931). — FREUNDLICH: Capillarchemie **2**, 541. 4. Aufl.

[1] Ztschr. f. physik. Ch. **6**, 524—551 (1890).

VII. Versuchsteil.

1. Polymerisation des Äthylenoxydes[1].

a) Trocknung des Äthylenoxydes und Versuchsanordnung.

Das Äthylenoxyd läßt sich nur schwierig trocknen. Beim Überleiten über Phosphorpentoxyd oder Chlorcalcium tritt heftige Reaktion ein. Es wurde daher durch mehrere, mit frisch geglühtem Natronkalk beschickte Röhren geleitet[2] und dann direkt in Bombenrohre destilliert. Bei $-80°$ wurde dann der Katalysator zugesetzt, nach einiger Zeit zugeschmolzen und bei $15°$ sich selbst überlassen. Wegen der Explosionsgefahr wurden die zugeschmolzenen Bombenrohre in einem Schießofen untergebracht.

b) Verlauf der Polymerisation.

Den Beginn der Polymerisation beobachtet man daran, daß das Reaktionsgemisch beim Schütteln anfängt zu schäumen. Allmählich wird es dann immer viscoser, bis schließlich der Bombeninhalt zu einer manchmal weißen, meist aber mehr oder weniger braun gefärbten Masse erstarrt.

α) Polymerisation mit Äthylen-chlorhydrin.

25 ccm Äthylenoxyd wurden mit 4 g Äthylenchlorhydrin und einigen Tropfen Zinntetrachlorid eingeschmolzen. Es entstand eine hochviscose, trübe Masse, die auch nach längerem Stehen nur zum geringen Teil fest wurde. Es waren also in der Hauptmenge niedere Polymerisate entstanden. Bei der Destillation im Hochvakuum ging jedoch selbst bei einer Temperatur von über $100°$ nichts über. Das Äthylenchlorhydrin war also verschwunden. Das entstandene Produkt war nach dem Reinigen noch chlorhaltig, und es konnten aus ihm höhermolekulare Polyäthylenoxyd-chlor-hydrate isoliert werden. Ein analoges Ergebnis wurde mit Glykol erhalten.

β) Polymerisation mit verschiedenen Mengen von Katalysatoren.

Äthylenoxyd und Trimethylamin wurden in verschiedenen Mengenverhältnissen zur Polymerisation angesetzt (Tabelle 179).

Äthylenoxyd wurde mit Trimethylamin und Wasser in verschiedenen Mengenverhältnissen angesetzt (Tabelle 180).

Verschiedene Mengen von Aminen haben also auf

Tabelle 179.

Äthylenoxyd : Trimethylamin (in Molen)	Polymerisationsdauer	Durchschnittspolymerisationsgrad[3]
50 : 1	8 Tage	57
100 : 1	4,5 Monate	60
400 : 1	nach 2 Jahren noch flüssig	—

Tabelle 180.

Äthylenoxyd : Trimethylamin : Wasser in Mol.	Polymerisationsdauer	Polymerisationsgrad
10 : 1 : 1	3 Tage	52
20 : 1 : 1	4 Tage	57

---

[1] Von der I.G. Farbenindustrie Ludwigshafen wurde uns eine größere Menge Äthylenoxyd zur Verfügung gestellt, wofür auch an dieser Stelle der verbindlichste Dank ausgesprochen sei.

[2] ROITHNER: Monatshefte f. Chemie **15**, 679 (1894).

[3] Aus Viscositätsmessungen berechnet.

den Polymerisationsgrad keinen Einfluß. Anders ist es dagegen bei Polymerisation mit Metallen. Äthylenoxyd wurde mit metallischem Kalium im Verhältnis 50 : 1 und 100 : 1 angesetzt. Die Polymerisationsdauer betrug 3 bzw. 14 Tage, der Polymerisationsgrad in diesem Fall 34 bzw. 114.

γ) Unterbrechung in verschiedenen Stadien der Polymerisation.

Tabelle 181. Polymerisation mit Trimethylamin im Verhältnis 50 : 1.

Unterbrochen nach	Aussehen des Reaktionsgemisches	Verhältnis von Monomerem zu festem Polymerisat	η_{sp}/c des festen Polymerisats	Polymerisationsgrad des festen Polymerisats
18 Stunden	dünnflüssig	1 : 1	0,31	34
24 Stunden	dickflüssig	1 : 2	0,30	34
8 Tage, auspolymerisiert	fest	alles fest	0,35	40

δ) Polymerisation mit Mono- und Dimethylamin in verschiedenen Mengenverhältnissen.

Die folgenden Polymerisationen wurden unter völligem Wasserausschluß vorgenommen.

Tabelle 182.

Äthylenoxyd : Amin	Mit Monomethylamin		Mit Dimethylamin	
	Aussehen	Zusammensetzung	Aussehen	Zusammensetzung
5 : 1	zähflüssig, farblos	niederpolymere Aminoäthanole	zähflüssig, schwarzbraun	niederpolymere Aminoäthanole vom Polymerisationsgrad 3—12
10 : 1	zum Teil zähflüssig, zum Teil fest	niederpolymere Aminoäthanole + hochmolekulares Polyäthylenoxyd	explodiert	
20 : 1	fest, nur wenig zähflüssig		zähflüssig, schwarzbraun	
40 : 1	fest, gelblich	nur hochmolekulares Polyäthylenoxyd	fest, braun	nur hochmolekulares Polyäthylenoxyd
100 : 1	fest, weiß		fest, weiß	

c) Explosiver Verlauf der Polymerisation.

Ein explosiver Verlauf der Polymerisation wurde bei metallischem Kalium als Katalysator fast immer beobachtet. Um trotzdem mit Kalium Polymerisate zu bekommen, muß das Reaktionsgemisch entweder mit der gleichen Menge indifferenten Lösungsmittels, z. B. Toluol, versetzt werden, oder das Bombenrohr vor dem Zuschmelzen unter Chlorcalciumverschluß einige Stunden auf 0° gehalten werden, wobei die Hauptreaktion schnell vorübergeht. Natrium-Kalium-Legierung und gepulvertes Kalium verursachen ebenfalls Explosion. Mit Trimethylamin wurde bisher nur ein einziges Mal Explosion beobachtet. Dieser Versuch war aber bei etwas höherer Temperatur, ca. 30°, ausgeführt worden. Mischt man Trimethylamin dagegen Wasser bei, etwa im molaren Verhältnis, so verläuft die Polymerisation ebenfalls so heftig, daß Explosionen auftreten. Auch hier läßt man am besten das Reaktionsgemisch eine Zeitlang bei 0° unter Chlorcalciumverschluß stehen. Eine besonders heftige Explosion trat mit 30proz. Kalilauge bei 55—60° ein. Hierbei wurde sogar die offene, eiserne Schutzhülse der Länge nach aufgerissen. Bei niederen Temperaturen wurden mit Kalilauge keine Explosionen beobachtet. Explosionen mit Zinntetrachlorid sind ebenfalls hin und wieder aufgetreten.

d) Wirksamkeit verschiedener Katalysatoren.

Aus der folgenden Tabelle 183 ist die Wirksamkeit verschiedener Katalysatoren bei der Polymerisation des Äthylenoxyds zu ersehen. In der letzten Spalte sind die aus den bei 20° in Benzol gemessenen η_{sp}/c - Werten berechneten Durchschnittsmolekulargewichte der Polymerisate eingesetzt. Die K_m-Konstante berechnet sich hier zu $2 \cdot 10^{-4}$*.

Tabelle 183.

Katalysator 50 : 1	Polymerisations-dauer	Aussehen der Polymerisate	η_{sp}/c	Durchschnitts-molekulargewicht
Trimethylamin	8 Tage	leicht gelblich	0,52	2500
Dimethylamin	12 ,,	farblos	0,41	2000
Methylamin	16 ,,	gelblich	0,32	1500
Triäthylamin	50 ,,	gelblich	0,50	2500
Diäthylamin	45 ,,	gelblich	0,41	2000
Äthylamin	40 ,,	weiß	0,41	2000
Triäthanolamin	16 ,,	gelblich	0,28	1400
Piperidin	40 ,,	braun	0,47	2300
Natrium	10 ,,	braun	0,54	2500
Kalium	3 ,,	stark braun	0,30	1500
Kalium pulverisiert . . .	—	hellgelb	0,49	2500
Zinntetrachlorid	5—8 Tage	weiß	0,42	2000
Natriumamid	2½ Monate	gelblich	1,28	6500
Unter peinlichem Wasserausschluß wurden erhalten:				
Kalium 50 : 1	12 Tage	braun	0,57	2800
Kalium 100 : 1	14 ,,	braun	1,0	5000
Natriumamid 100 : 1 . .	2½ Monate	gelblich	2,0	10000

Metallisches Calcium polymerisiert auch in 2 Jahren nicht, ebenso Natriummethylat. 30proz. Kalilauge bei Zimmertemperatur im Verhältnis 1 : 10 polymerisiert in 5 Tagen (Durchschnittsmolekulargewicht 1000).

Bei 55—60° und Wasserzusatz (in Gestalt von 3proz. Kalilauge) im Verhältnis 4 : 1 erhält man nach ca. 10 Tagen die niederen flüssigen Polyäthylenoxyde vom Durchschnittspolymerisationsgrad 4.

2. Die Polyäthylenoxyd-dihydrate. Trennung und Untersuchung der Fraktionen.

a) Methodisches.

Zur Trennung in Fraktionen wurde entweder die fraktionierende Extraktion mit Äther oder die fraktionierende Ausfällung mit Äther angewandt. Letztere wurde schon in der früheren Arbeit[1] benutzt.

Eine sorgfältige Reinigung ist bei hochpolymeren Substanzen außerordentlich wichtig. Jede einzelne Fraktion wurde daher für sich umgefällt. Nach dem

---

* Die K_m-Konstante ist für unfraktionierte Gemische etwas höher als für die relativ einheitlichen Fraktionen.
[1] Ber. Dtsch. Chem. Ges. **62**, 2395 (1929).

Abnutschen und Nachwaschen mit Äther wurde dann zuerst im Exsiccator (mit Phosphorpentoxyd beschickt) vorgetrocknet und dann im Hochvakuum bis zur Gewichtskonstanz getrocknet. Nach 8 Tagen waren hierbei auch die hochmolekularen Fraktionen gewichtskonstant. Die vollständige Befreiung vom Lösungsmittel ist natürlich besonders für die Molekulargewichtsbestimmung sehr wesentlich.

Alle Fraktionen zeigen keine scharfen Schmelzpunkte. Sie fangen schon einige Grade unterhalb desselben an zu sintern. Der Anfang der Sinterung ist bedeutend weniger scharf als der Endpunkt.

b) Molekulargewichtsbestimmungen.

Die Molekulargewichte wurden kryoskopisch nach BECKMANN bestimmt. Als Lösungsmittel wurde Dioxan genommen, das besonders die hochmolekularen

Tabelle 184.
Reines Lösungsmittel: 20,66 g.

Unterkühlung	Schmelzpunkt	Badtemperatur Grad
2,25	2,523	6,7°
2,24	2,518	7,0°
2,32	2,518	7,0°
2,20	2,518	7,0°
2,26	2,518	7,0°
Einwage: 0,4118 g.		
2,30	2,509	7,0°
2,28	2,506	7,0°
2,26	2,508	7,0°
2,26	2,509	7,0°
2,28	2,509	7,0°
2,22	2,509	7,0°

Die Differenz beträgt $\Delta = 0,009°$, woraus ein Molekulargewicht von 11000 folgt.

Tabelle 185.
Reines Lösungsmittel: 20,66 g.

Unterkühlung	Schmelzpunkt	Badtemperatur Grad
2,30	2,518	7,0°
2,23	2,522	7,0°
2,23	2,522	7,0°
2,15	2,522	7,0°
2,17	2,522	7,0°
Einwage: 0,4208 g.		
2,27	2,514	7,0°
2,25	2,514	7,0°
2,33	2,514	7,0°

Depression $\Delta = 0,008°$,
Molekulargewicht 12800.

Tabelle 186.
Reines Lösungsmittel: 20,66 g.

Unterkühlung	Schmelzpunkt	Badtemperatur Grad
2,17	2,507	7,0°
2,20	2,511	7,0°
2,16	2,511	7,0°
2,29	2,509	7,0°
2,28	2,511	7,0°
2,32	2,511	7,0°
Einwage: 0,5169 g.		
2,38	2,501	7,0°
2,27	2,499	7,0°
2,32	2,500	7,0°
2,35	2,500	7,0°
2,37	2,500	7,0°

$\Delta = 0,011°$, Molekulargewicht 11400.

Polyäthylenoxyde bedeutend schneller löst als Benzol. Reines Dioxan[1] wurde einige Wochen über Natriumdraht stehen gelassen und dann einer zweimaligen Destillation mit der Widmer-Kolonne[2] unterworfen. Aufgefangen wurde von 100,5—101°. Der Schmelzpunkt des reinen Dioxans liegt bei 11°[3]. Die Badtemperatur wurde durch Zufließenlassen von Eiswasser konstant auf 6,9° bzw. 7,0° gehalten. Das Konstanthalten des Bades ist außerordentlich wichtig für das Gelingen der Messung. Ein genaues und schnelles Einstellen des

---

[1] Hierzu wurde uns von der I.G. Farbenindustrie Ludwigshafen ein völlig reines Dioxan zur Verfügung gestellt, wofür wir auch an dieser Stelle unsern verbindlichsten Dank aussprechen möchten.

[2] WIDMER, G.: Helv. chim. Acta 7, 59 (1924).

[3] HERZ, W., u. E. LORENTZ: Ztschr. f. physik. Ch. (A) 140, 406 (1929).

Beckmannthermometers wurde durch leichtes Klopfen auf den Tisch gefördert. Die Raumtemperatur muß bei den Messungen möglichst konstant sein. Bis zu einem konstanten Einstellen der Schmelzpunkte mußten stets eine ganze Reihe von Ablesungen gemacht werden. In Tabellen 184 bis 186 ist als Beispiel dieser Bestimmungen die des höchstmolekularen Polyäthylenoxyd-dihydrates vollständig wiedergegeben.

Die Molekulargewichtskonstante für Dioxan beträgt 5010[1].

c) Das feste Kalilaugepolymerisat.
Polymerisationsgrad ca. 20.

Das Produkt wurde mit 30proz. Kalilauge dargestellt, wobei Wasser und Äthylenoxyd sich im Verhältnis 1 : 10 befanden. 100 g des gelblichen Rohproduktes wurden getrocknet und im Soxhlet 15 Stunden mit Äther extrahiert. Aus dem Äther schied sich der größte Teil schon in der Wärme als Öl aus und erstarrte beim Erkalten. Er wurde abgenutscht, mit kaltem Äther nachgewaschen und getrocknet (Fraktion 2 : 60 g). Aus dem Rückstand erhielt man durch weitere fünftägige Extraktion 21 g (Fraktion 3). Zurück blieben nur 5 g (Fraktion 4), die durch Kochen der Benzollösung mit Tierkohle rein weiß erhalten wurden. Aus den Mutterlaugen + Waschflüssigkeit wurden durch Abkühlen auf −20° noch 4 g (Fraktion 1) gewonnen. Beim Abdampfen der Mutterlauge blieben noch einige Gramm flüssige Polyäthylenoxyde zurück, die aber nicht näher untersucht wurden. Die Fraktionen 1, 2 und 3 sind hygroskopisch, am stärksten Fraktion 1. Sie wurden alle im Hochvakuum bis zur Gewichtskonstanz getrocknet, was in einigen Tagen erreicht war, und dann ihre Schmelzpunkte, relative Viscositäten in Benzol in 1-grundmolarer Lösung bei 20° und das Molekulargewicht in Dioxan bestimmt. Außerdem wurden von jeder Fraktion Mikroanalysen gemacht.

Tabelle 187.

Fraktion	Löslichkeit in Äther	Schmelz-intervall Grad	η_r in Benzol bei 20° in 1-gd-mol. Lösung
Unfrakt. Substanz	—	27—44	1,26
1	in kaltem Äther löslich	25—29	1,20
2	in wenig warmem Äther löslich	36—42	1,23
3	in viel warmem Äther löslich	40—48	1,32
4	unlöslich	48—52	1,40

Tabelle 188. Molekulargewichtsbestimmung.

Fraktion	Einwage g	Dioxan g	Δ	Mol.-Gew.	Mittelwert	Polymeri-sationsgrad
Unfrakt. Substanz	0,4171	21,88	0,118	810	810	18
	0,3466		0,099	800		
1	0,1872	21,88	0,055	780	790	18
	0,2329		0,067	790		
2	0,2705	21,88	0,068	910	900	20
	0,3392		0,088	880		
3	0,2562	21,88	0,048	1220	1170	26
	0,2838		0,058	1120		
4	0,2461	21,88	0,036	1570	1610	36
	0,1946		0,027	1650		

[1] Vgl. Fußnote 3 auf voriger Seite.

Die Fraktionen sind frei von Alkali, sie hinterlassen beim Veraschen keinen wägbaren Rückstand.

Die physikalischen Konstanten sind in der Tabelle 187 zusammengestellt.

Mit Hilfe des aus den Molekulargewichten errechneten Polymerisationsgrades wurde der Gehalt an C und H berechnet nach der Formel $(C_2H_4O)_a \cdot H_2O$, wobei $a =$ Polymerisationsgrad ist.

Tabelle 189. Mikroanalysen.

Polymeri-sationsgrad	Gefunden in Proz.		Berechnet in Proz.	
	C	H	C	H
18	51,36	8,24	53,35	9,14
18	53,28	9,32	53,35	9,14
20	53,27	8,89	53,55	9,13
26	53,73	9,28	53,73	9,12
36	53,80	8,58	53,95	9,11

d) Zinntetrachloridpolymerisat.
Polymerisationsgrad 45.

Das Produkt wurde nach Darstellung zunächst durch längeres Erhitzen der wässerigen Lösung auf dem Wasserbad und Filtrieren der ausgeschiedenen Zinnsäure gereinigt. Das Wasser wurde dann abgedampft und das Produkt getrocknet. 80 g feuchtes Rohprodukt wurden in 400 ccm Benzol gelöst und in 1 l Äther einfließen lassen. Das ausgefallene Polyäthylenoxyd wurde abgenutscht und getrocknet: 25 g. Es wurde in 200 ccm Benzol gelöst und 200 ccm Äther zugetropft. Es fielen 13 g (Fraktion 2) aus. Die Mutterlauge wurde etwas eingedampft und dann in 1 l Äther einfließen lassen. Es fielen 6 g (Fraktion 1) aus. Fraktion 1 war noch etwas hygroskopisch, Fraktion 2 nicht mehr. Sie wurden im Hochvakuum getrocknet und waren zinn- und chlorfrei. Die Eigenschaften, Molekulargewichte und Analysen sind in den Tabellen 190 bis 192 zusammengestellt.

Tabelle 190. Physikalische Eigenschaften.

Fraktion	Löslichkeit in Äther	Schmelzpunkt Grad	η_r in Benzol in 1-gd-mol. Lösung
1	in viel warmem Äther löslich	35—40	1,29
2	unlöslich	42—54	1,54

Tabelle 191. Molekulargewichte.

Fraktion	Einwage g	Dioxan g	Δ	Mol.-Gew.	Mittelwert	Polymeri-sationsgrad
1	0,1974	20,66	0,037	1300	1230	28
	0,2190		0,046	1160		
2	0,2878	20,66	0,022	3170	3040	69
	0,2386		0,020	2900		

Tabelle 192. Mikroanalysen.

Polymeri-sationsgrad	Gefunden in Proz.		Berechnet in Proz.	
	C	H	C	H
28	53,84	9,27	53,80	9,12
69	54,33	9,24	54,30	9,11

e) Trimethylaminpolymerisat.

Polymerisationsgrad ca. 50.

2,5% Trimethylamin (1 Mol auf 50) polymerisieren Äthylenoxyd in 8 Tagen. Das Produkt ist gelblich und enthält trotz mehrmaligem Umfällen noch ca. 0,5% Stickstoff, wie nach KJELDAHL festgestellt wurde. Löst man jedoch in Alkohol statt in Benzol und fällt mit Äther aus, so verschwindet nach dreimaligem Wiederholen dieser Operation der Stickstoffgehalt. Das Produkt wurde durch fraktionierendes Ausfällen in 6 Fraktionen zerlegt. Ihre Eigenschaften, Molekulargewichte und Analysen sind in den Tabellen 193 bis 195 zusammengestellt.

Tabelle 193. Eigenschaften.

Fraktion	Löslichkeit in Äther	Schmelzpunkt Grad	η_r
Unfrakt. Substanz	—	44—55	1,52
1	löslich in kaltem Äther	33—38	1,26
2	löslich in warmem Äther	43—47	1,28
3		47—53	1,47
4	abnehmende Löslichkeit in	49—55	1,48
5	Benzol-Äther-Gemischen	50—56	1,55
6		50—57	1,65

Tabelle 194. Molekulargewichte.

Fraktion	Einwage g	Dioxan g	Δ	Molekulargewicht	Mittelwert	Polymerisationsgrad
Unfrakt. Substanz	0,2894	21,88	0,030	2210	2150	49
	0,2934		0,032	2100		
1	0,1245	21,88	0,028	1020	1090	24
	0,2062		0,041	1150		
2	0,3433	21,88	0,052	1510	1540	35
	0,3730		0,0545	1570		
3	0,1975	21,88	0,020	2260	2260	51
	0,2357		0,024	2250		
4	0,2897	21,88	0,0275	2410	2500	56
	0,2154		0,019	2600		
5	0,3864	21,88	0,0315	2810	2830	64
	0,3534		0,0285	2840		
6	0,3653	21,88	0,024	3490	3590	81
	0,1931		0,012	3690		

Tabelle 195. Mikroanalysen.

Polymerisationsgrad	Gefunden in Proz.		Berechnet in Proz.	
	C	H	C	H
49	53,7	9,3	54,09	9,11
24	53,43	9,07	53,62	9,13
35	54,07	9,12	53,92	9,12
51	54,39	9,20	54,11	9,11
56	54,36	9,13	54,16	9,11
64	53,53	9,13	54,21	9,11
81	54,11	9,08	54,26	9,11

Diese hochmolekularen Dihydrate zeigen merkwürdigerweise bei der Blindprobe der FREUDENBERGschen Acetylbestimmung einen Säuregehalt von 0,6%. Diacetate wurden daher nicht hergestellt.

f) Kaliumpolymerisate.

Es wurden zwei Kaliumpolymerisate untersucht, die durch verschiedene Mengen Katalysator erhalten worden sind. Das höchstmolekulare von ihnen wurde folgendermaßen gereinigt: Es wurde mit einem Überschuß Essigsäureanhydrid gekocht, die Hauptmenge Anhydrid abdestilliert, der Rückstand in Benzol gelöst und mit viel Äther gefällt. Das Ausfällen mit Äther wurde dann noch zweimal wiederholt. Das so erhaltene Diacetat wurde mit alkoholischer Kalilauge verseift, zur Trockne verdampft, im Vakuum auf dem Wasserbad einen Tag lang getrocknet und dann mit Benzol aufgenommen. Die benzolische Lösung wurde filtriert und mit Äther gefällt. Das Umfällen wurde noch zweimal wiederholt. Das so erhaltene Produkt hatte einen Schmelzpunkt von $55-65°$ und dieselbe relative Viscosität wie vor dem Umfällen.

Die Molekulargewichte beider Polymerisate sind in Tabelle 196, die Mikroanalysen des höchstmolekularen in Tabelle 197 dargestellt.

Tabelle 196. Molekulargewichte.

Polymerisat	Einwage g	Dioxan g	$\varDelta$	Mol.-Gew.	Mittelwert	Polymerisationsgrad
1	0,2211	20,66	0,026	2100	2200	50
	0,2144	20,66	0,024	2200		
2	0,2916	20,66	0,012	5900	5900	134
	0,2251	20,66	0,009	6100		
	0,3309	20,66	0,014	5700		

Tabelle 197. Mikroanalysen: Polymerisat 2 von Tabelle 196.

Substanz	Gefunden in Proz.		Berechnet in Proz.	
	C	H	C	H
Ungereinigt	54,36	8,78	54,63	9,10
Gereinigt	54,36	9,13		

g) Natriumamidpolymerisate.

Durch verschiedene Mengen Katalysator (1 und 0,5%) wurden drei Natriumamidpolymerisate dargestellt, von denen die beiden letzten sehr hochmolekular sind (Molekulargewicht 9000 bzw. 13000). Diese beiden Substanzen lösen sich in Dioxan, Wasser, Formamid und Tetrabromäthan in der Kälte, in Alkohol, Benzol, Toluol, Xylol, Tetralin, Hexahydrobenzol, Tetrachloräthan und Chloroform beim Erwärmen. Aus letzteren Lösungsmitteln fallen sie aber beim Abkühlen wieder aus. Unlöslich sind sie in Äther und Petroläther. In Wasser sind sie in jedem Verhältnis löslich. Ihre erstarrten Schmelzen sind viel härter als die aller vorigen Polymerisate, lassen sich aber noch gut pulverisieren. Sie enthalten keinen Stickstoff und hinterlassen keinen wägbaren Rückstand beim Veraschen. Die Molekulargewichtsbestimmungen der höchstmolekularen Substanz sind bereits oben ausführlich mitgeteilt (Tabellen 184 bis 186, S. 318). In Tabelle 198 folgen die Analysen der beiden höchstmolekularen Polymerisate.

Tabelle 198. Mikroanalysen.

Polymerisations-grad	Gefunden in Proz.		Berechnet in Proz.	
	C	H	C	H
210	54,15	9,34	54,43	9,10
295	54,16	8,73	54,55	9,10

3. Die Polyäthylenoxyd-diacetate.

a) Darstellung und Eigenschaften.

4,4 g des betreffenden Polyäthylenoxyd-dihydrates wurden mit 30,6 ccm Essigsäureanhydrid 4 Stunden am Rückflußkühler gekocht. Darauf wurde die Hauptmenge Anhydrid im Vakuum abdestilliert. Die niedermolekularen Diacetate (bis zum Molekulargewicht 1500) wurden in reinem Zustand durch Trocknen im Hochvakuum, die höheren durch wiederholtes Umfällen erhalten.

In ihrem Aussehen und ihrer Löslichkeit unterscheiden sich die Diacetate nicht merkbar von den Dihydraten. Ihre Schmelzpunkte liegen durchweg etwas niedriger als die der entsprechenden Hydroxylverbindungen. Auch die relativen Viscositäten in Benzol bei 20° in grundmolarer Lösung sind etwas geringer. In der folgenden Tabelle 199 sind diese Konstanten für beide Arten von Verbindungen zusammengestellt.

Tabelle 199.

Katalysator	Frak-tion	Mol.-Gew.	Aussehen der		Schmelzpunkte der		Relative Viscosität in 1 gd-mol. Lösung	
			Dihydrate	Diacetate	Dihydrate Grad	Diacetate Grad	Dihydrate	Diacetate
Konz. Kali-lauge	1	800	halbfest, farblos	halbfest, gelblich	25—29	—26	1,20	1,17
	2	920			36—42	—34	1,23	1,21
	3	1200			40—48	35—43	1,32	1,25
	4	1680	farblos, fest	farblos, fest	48—52	44—50	1,40	1,37
SnCl$_4$	1	1530	desgl.	desgl.	35—40	35—45	1,29	1,30
	2	3100	desgl.	desgl.	42—54	42—52	1,54	1,50
Kalium	1	2700	desgl.	desgl.	—	—	1,24[1]	1,28[1]
	2	6400	desgl.	desgl.	55—65	56—62	1,49[1]	1,48[1]
Natrium-amid	1	6000	desgl.	desgl.	55—60	—	2,05	2,01
	2	9300	desgl.	desgl.	55—60	53—60	2,82	—
	3	13000	desgl.	desgl.	55—70	53—69	2,13[1]	1,96[1]

b) Molekulargewichte der Acetylverbindungen.

Von einigen Diacetaten wurden auch kryoskopisch nach BECKMANN Molekulargewichte bestimmt, um zu sehen, ob bei der Acetylierung kein Abbau eingetreten ist (Tabelle 200). Dies ist in der Regel nicht der Fall. Die verhältnismäßig großen Differenzen zwischen den Molekulargewichten der Dihydrate und Diacetate bei einigen Polymerisaten rühren von der Art der Reinigung her. Die betreffenden Produkte wurden durch Umfällen gereinigt, und da sie gerade an der Grenze zwischen ätherlöslich und ätherunlöslich stehen, bleiben niedere Glieder

---

[1] Diese Viscositäten sind in 0,5 gd-mol. Lösung gemessen.

der Reihe in Lösung. Es folgt also eine Anreicherung der höhermolekularen Anteile. Dies prägt sich auch in der Viscosität und im Schmelzpunkt aus, die bei diesen Diacetaten höher als bei den Dihydraten gefunden werden.

Tabelle 200.

Substanz	Einwage g	Dioxan g	$\varDelta$	Mol.-Gew. des Diacetates	Mittelwert	Mol.-Gew. des Dihydrates
KOH-Polymerisat	0,1585	20,66	0,045	850		900
2	0,1490	20,66	0,042	860	} 860	
$SnCl_4$-Polymerisat	0,2271	20,66	0,035	1580		1230
1	0,2293	20,66	0,037	1510	} 1550	
Kalium-Polymerisat	0,2055	20,66	0,016	3100		2200
1	0,2140	20,66	0,018	2900	} 3000	
$NaNH_2$-Polymerisat	0,3191	20,66	0,014	5530		5900
1	0,2664	20,66	0,012	5380	} 5500	
$NaNH_2$-Polymerisat	0,2976	20,66	0,0075	9600		—
2	0,2908	20,66	0,008	8800	} 9200	

c) Bestimmung des Acetylgehaltes nach K. Freudenberg[1].

Die Acetylbestimmung nach Freudenberg besteht bekanntlich darin, daß die Substanz in absolut alkoholischer Lösung mit p-Toluolsulfosäure umgeestert wird, der entstehende Essigsäureäthylester abdestilliert, mit einer bestimmten Menge Lauge verseift und die überschüssige Lauge zurücktitriert wird. Umestern und Abdestillieren wird dabei 2—3 mal wiederholt. Bei der Anwendung der Methode auf Acetylcellulosen stellte sich heraus, daß je nach der Dauer des Umesterns ein schwankender Gehalt an Acetyl gefunden wurde[2]. Es ist daher vorher nachgeprüft worden, ob auch bei Polyäthylenoxyden derartiges eintritt.

α) Prüfung der Methode.

Ein Natriumamidpolymerisat (Molekulargewicht 5900) wurde nach der oben angegebenen Methode (s. S. 323) durch vierstündiges Kochen mit Essigsäureanhydrid acetyliert und das Diacetat isoliert. Ein Teil von ihm wurde als erstes Acetylprodukt zurückbehalten. Die Hauptmenge wurde durch neuerliches vierstündiges Kochen mit Anhydrid weiter acetyliert. Das entstandene zweite Acetylprodukt wurde wieder isoliert und mit ihm genau so verfahren. Dies wurde noch einmal wiederholt, so daß man außer dem Dihydrat drei Diacetate hatte. Von allen vier Substanzen wurden die Molekulargewichte und relativen Viscositäten in Benzol in grundmolarer Lösung bestimmt.

Tabelle 201.

Substanz	Einwage g	Dioxan g	$\varDelta$	Mol.-Gew.	Mittelwert	η_r in Benzol bei 20°
Dihydrat . .	0,3146	20,66	0,013	5860		2,05
	0,2671	20,66	0,011	5900	} 5900	
1. Diacetat .	0,3191	20,66	0,014	5530		2,01
	0,2774	20,66	0,013	5180	} 5400	
2. Diacetat .	0,2697	20,66	0,011	5940		2,01
	0,2723	20,66	0,012	5500	} 5600	
	0,2664	20,66	0,012	5380		
3. Diacetat .	0,2672	20,66	0,014	4630		1,97
	0,2855	20,66	0,016	4330	} 4500	

---

[1] Freudenberg, K.: Liebigs Ann. **433**, 230 (1923).   [2] Versuche von H. Scholz.

Hieraus geht zunächst hervor, daß sich das Molekulargewicht und die Viscosität auch bei weiterer Behandlung mit Essigsäureanhydrid nicht wesentlich verändern. Alle vier Substanzen wurden nun nach der FREUDENBERGschen Methode auf ihren Acetylgehalt geprüft. Es wurden bei der Umesterung diejenigen Zeiten eingehalten, die für N-Acetyl angegeben sind und die doppelt bis dreifach so lang sind wie bei normalen Acetylverbindungen. Außerdem wurde, nachdem eine Bestimmung beendet war, dieselbe Substanz 2 mal von neuem umgeestert und neue Lauge vorgelegt, um festzustellen, ob die Abspaltung von Acetyl weiter geht oder nicht. Zum Titrieren wurde 0,1 molare Lauge und Phenolphthalein als Indicator verwandt.

Man sieht hieraus, daß eine einmalige Acetylierung genügt, und daß die FREUDENBERGsche Bestimmungsmethode schon beim ersten Umestern den richtigen Acetylgehalt liefert.

Es wurden nach dieser Methode alle dargestellten Diacetate geprüft. Dabei wurden zunächst stets Blindproben mit den dazugehörenden Dihydraten ausgeführt. Als Beispiele dieser Bestimmungen seien im folgenden die Acetylbestimmungen von vier niedermolekularen Polyäthylenoxyd-diacetaten, deren Dihydrate durch Polymerisation mit Kalilauge erhalten waren (s. S. 319), und die des höchstmolekularen Polyäthylenoxyd-diacetates, das aus einem Natriumamidpolymerisat dargestellt worden ist, angeführt (Tabellen 203 bis 206).

Tabelle 202.

Substanz	Einwage g	Umestern	ccm NaOH (0,1- n)	Acetyl %
Dihydrat . .	0,8757	1. mal	0,30	0,15
		2. „	0,20	0,10
		3. „	0,07	0,03
1. Diacetat .	0,9792	1. mal	2,83	1,24
		2. „	0,20	0,09
		3. „	0,10	0,04
2. Diacetat .	0,5942	1. mal	1,80	1,30
		2. „	0,07	0,06
		3. „	0,07	0,06
		4. „	0,00	0,00
3. Diacetat .	1,1284	1. mal	3,37	1,29
		2. „	0,17	0,06
		3. „	0,17	0,06
		4. „	0,10	0,04

β) Kalilaugepolymerisate.

Tabelle 203. Blindproben: Polyäthylenoxyd-dihydrate.

Mol.-Gew.	Einwage g	ccm NaOH (Faktor=0,1971)
800	0,3064	0,17
920	0,9246	0,10
1200	0,3614	0,14
1680	0,4201	0,13

Die Differenzen liegen also noch innerhalb der Fehlergrenze.

Tabelle 204. Acetylbestimmung der Diacetate[1].

Mol.-Gew.	Einwage g	ccm NaOH (0,1971 -n)	Acetyl %
800	0,5221	5,83	9,5
	0,4982	5,50	9,4
920	0,5323	5,23	8,3
	0,6287	6,20	8,4
1200	0,5757	4,37	6,4
	0,7063	5,43	6,5
1680	0,3554	1,77	4,2
	0,3343	1,77	4,5

---

[1] Das Molekulargewicht des Polyäthylenoxyd-dihydrats berechnet sich aus dem Acetylgehalt folgendermaßen: $M = \dfrac{100 - x}{x} \cdot 86$; $x = \%$ Acetyl.

γ) Natriumamidpolymerisat: Mol.-Gew. 13000.

<table>
<tr><td colspan="3">Tabelle 205. Blindprobe:
Polyäthylenoxyd-dihydrate.</td></tr>
<tr><td>Einwage
g</td><td>ccm NaOH</td><td>Faktor
der NaOH</td></tr>
<tr><td>1</td><td>0,10</td><td>0,2421</td></tr>
<tr><td>0,85</td><td>0,04</td><td>0,2421</td></tr>
<tr><td>0,803</td><td>0,27</td><td>0,05</td></tr>
</table>

<table>
<tr><td colspan="4">Tabelle 206. Acetylbestimmung des
Diacetates.</td></tr>
<tr><td>Einwage
g</td><td>ccm NaOH</td><td>Faktor
der NaOH</td><td>Acetyl
%</td></tr>
<tr><td>1,1094</td><td>0,63</td><td>0,2421</td><td>0,59</td></tr>
<tr><td>1,3654</td><td>0,86</td><td>0,2421</td><td>0,66</td></tr>
<tr><td>0,9537</td><td>2,77</td><td>0,05</td><td>0,63</td></tr>
<tr><td>1,0336</td><td>2,94</td><td>0,05</td><td>0,61</td></tr>
</table>

In derselben Weise sind die in Tabelle 143 (s. S. 298) angegebenen Acetylgehalte erhalten worden.

d) Bestimmung des aktiven Wasserstoffs nach ZEREWITINOFF[1].

Zur Bestimmung des aktiven Wasserstoffs mit Methylmagnesiumjodid wurde ein Kaliumpolymerisat vom Molekulargewicht 2400 verwandt. Als Lösungsmittel wurde über Natrium sorgfältig getrocknetes Anisol benutzt. Die Substanzen wurden im Hochvakuum über Phosphorpentoxyd bis zur Gewichtskonstanz getrocknet.

Polyäthylenoxyd-diacetat.

Einwage: 0,5585 g; bei 15° und 753 mm Barometerstand wurden 2,6 ccm Methan entwickelt, reduziertes Volumen: $v_0 = 2,4$ ccm. Einwage: 0,4557 g, bei 19,3° und 752 mm; 1,9 ccm Methan, $v_0 = 1,8$ ccm.

Ein Blindversuch ohne Substanz lieferte bei 18,4° und 753 mm 2,9 ccm Methan, $v_0 = 2,7$ ccm.

Diese geringen Mengen Methan treten also stets auf und sind zu vernachlässigen.

Polyäthylenoxyd-dihydrat.

Einwage: 0,5652 g, bei 21° und 751 mm: 9,5 ccm Methan, $v_0 = 8,7$ ccm, dem entspricht ein Hydroxylgehalt von 1,2%.

Einwage: 0,6338 g, bei 19,9° und 753 mm Barometerstand: 12,5 ccm Methan, $v_0 = 11,6$ ccm, Hydroxylgehalt 1,4%.

Mittelwert ist also 1,3% OH. Daraus folgt bei Anwesenheit von zwei Hydroxylgruppen im Molekül ein Molekulargewicht von 2600, während kryoskopisch 2200 gefunden wurde.

4. Stickstoffhaltige Polyäthylenoxyde.

Mono- und Dimethylaminpolymerisate enthalten auch nach mehrmaligem Umfällen noch Stickstoff. Sie wurden durch fraktioniertes Ausfällen in zwei Fraktionen getrennt und jede Fraktion nach KJELDAHL auf N-Gehalt untersucht (Tabelle 207).

Die gefundenen N-Gehalte stimmen nicht mit den berechneten überein. Es wurden daher Polymerisationen von Äthylenoxyd unter peinlichem Ausschluß

---

[1] MEYER, H.: Analyse und Konstitutionsermittlung. S. 570. 3. Aufl. 1916.

Tabelle 207.

Katalysator	η_r in 1 gd-mol. Lösung	Mol.-Gew. aus Viscosität	Einwage g	ccm NaOH	Faktor der NaOH	Stickstoff in Proz. gefunden	berechnet
Methyl-amin	1,30	1500	1,5416	8,47	0,0859	0,66	0,9
			1,8065	9,90	0,0859	0,66	
	1,37	1900	2,0525	12,32	0,0859	0,72	0,7
			2,1448	12,50	0,0859	0,70	
Dimethyl-amin	1,40	2000	0,6430	0,74	0,2078	0,34	0,7
			0,7971	0,90	0,2078	0,33	
	1,53	2800	0,5258	1,13	0,2078	0,63	0,5
			0,6968	1,36	0,2078	0,57	

von Wasser mit sorgfältig getrockneten Aminen gemacht und die dabei entstandenen Produkte ebenfalls fraktioniert und auf deren N-Gehalt geprüft (Tabelle 208).

Tabelle 208.

Katalysator	Fraktion	η_r in 0,5 gd-mol. Lösung	Mol.-Gew. aus Viscosität	Einwage g	ccm NaOH (0,1-n)	Stickstoff in Proz. gefunden	berechnet
Methyl-amin	1	1,14	1400	1,7021	9,08	0,75	1,0
	2	1,15	1500	1,3078	6,93	0,74	0,9
	3	1,20	2000	1,5044	5,92	0,55	0,7
Dimethyl-amin	1	1,12	1200	1,1888	4,85	0,57	1,2
	2	1,13	1300	1,0787	5,07	0,66	1,1
				2,0307	8,67	0,60	
				1,3732	5,93	0,60	
	3	1,15	1500	1,1063	2,95	0,37	0,9
				1,2816	3,05	0,33	
	4	1,20	2000	1,1336	6,10	0,75	0,7
				3,0590	14,31	0,66	
				0,9644	4,60	0,67	

Die Molekulargewichte wurden aus den Viscositäten berechnet. Der theoretische Stickstoffgehalt stimmt also auch jetzt mit dem gefundenen nicht überein.

5. Die flüssigen Polyäthylenoxyde.

Die experimentelle Behandlung der flüssigen Polyäthylenoxyde ist im folgenden gesondert dargestellt, da die zu ihrer Bearbeitung dienenden Methoden denen bei niedermolekularen Stoffen entsprechen und diese Substanzen durch Destillation gereinigt werden können.

a) Die flüssigen Polyäthylenoxyd-dihydrate.

α) Darstellung und Fraktionierung.

Die flüssigen Polyäthylenoxyd-dihydrate entstehen in geringen Mengen bei der Bildung der festen Polyäthylenoxyde und können aus den ätherischen Mutterlaugen durch Fraktionierung gewonnen werden. Da diese Darstellungsmethode wenig ergiebig ist, wurden sie durch Polymerisation von Äthylenoxyd unter Wasserzusatz bei höherer Temperatur dargestellt.

4 Mol Äthylenoxyd und 1 Mol Wasser, denen 1 % KOH zugesetzt war, wurden im Bombenrohr 8 Tage im Schießofen auf 55—60° erhitzt. Danach war der Inhalt

der Rohre hochviscos geworden. Er wurde im Hochvakuum destilliert. Glykol hatte sich hierbei nicht gebildet. Bei der Destillation stieg der Siedepunkt von 120° kontinuierlich bis auf 260°. Zwischen 260 und 265° trat Zersetzung ein; es bildeten sich Nebel und starker Acroleingeruch. Es wurden 4 Fraktionen aufgefangen, von denen die ersten beiden farblos, die letzten etwas gelblich übergingen. Die Färbung verschwand durch wiederholte Destillation nicht vollständig. Bei 0,02—0,04 mm Druck erhielt man folgende Fraktionen:

1. Siedepunkt 120—140° . . . . 20 g
2.   „   140—180° . . . . 28 g
3.   „   180—220° . . . . 19 g
4.   „   220—260° . . . . 24 g

Es wurde im ganzen von 100 g Rohprodukt ausgegangen.

β) *Molekulargewichte und Analysen.*

Die Molekulargewichte der flüssigen Polyäthylenoxyde wurden wie die der festen in Dioxan bestimmt (Tabelle 209).

Tabelle 209.

Fraktion	Einwage g	Dioxan g	Δ	Mol.-Gew.	Mittelwert	Polymerisationsgrad
1	0,2338	21,88	0,298	180	180	4
	0,2319	21,88	0,297	179		
2	0,0985	21,88	0,106	210	220	5
	0,1806	21,88	0,190	230		
3	0,2006	21,88	0,153	300	310	6
	0,2342	21,88	0,170	315		
4	0,2462	21,88	0,135	420	415	9
	0,2173	21,88	0,120	415		

Tabelle 210. Mikroanalysen.

Polymeri-sationsgrad	Gefunden in Proz.		Berechnet in Proz.	
	C	H	C	H
4	48,34	9,05	49,45	9,29
5	49,38	9,23	50,4	9,25
6	52,36	9,34	51,05	9,21
9	52,57	9,20	52,2	9,18

γ) *Physikalische Eigenschaften.*

Die Dichten der 4 Fraktionen wurden mit dem Pyknometer von SPRENGEL-RIMBACH, mit eingeschmolzenem Thermometer, bestimmt. Sie sind mit den Molekularrefraktionen in der folgenden Tabelle 211 zusammengestellt.

Tabelle 211.

Polymerisations-grad	Dichte bei Temperatur (Grad)		Molekularrefraktion	
			gef.	ber.
4	1,1238	16,6	46,96	47,12
5	1,1243	19,4	58,055	58,002
6	1,1257	17,1	—	—
9	1,1259	18	102,04	101,52

δ) Viscosität der flüssigen Polyäthylenoxyde.

Es wurde die Ausflußzeit der 4 Fraktionen im OstwaLDschen Viscosimeter bei 20° bestimmt. Die absolute Viscosität von Dioxan bei 20° beträgt 0,01255 Poise[1]. Daraus und aus den spez. Gewichten wurde die absolute Viscosität berechnet, wobei die HAGENBACHsche Korrektur nicht angewandt wurde. Die dadurch entstandenen Fehler werden aber bei den 4 Fraktionen annähernd dieselben sein, so daß die Werte untereinander vergleichbar sind (Tabelle 212).

Tabelle 212.

Polymerisations-grad	Ausflußzeit Sekunden	Dichte	Grad	η_{abs} bei 20°
4	181,6	1,1238 bei	16,2	0,49
5	242,6	1,1243 „	19,4	0,66
6	302,6	1,1257 „	17,1	0,83
9	457,7	1,1259 „	18	1,25

ε) Krystallisationsfähigkeit der flüssigen Polyäthylenoxyde.

Durch Abkühlen auf —79° erstarren die Fraktionen 4 und 3 krystallin. Von Fraktion 2 krystallisiert ebenfalls der Hauptteil, während Fraktion 1 nur glasig erstarrt und auch durch Reiben und längeres Stehenlassen nicht zur Krystallisation zu bringen ist.

b) Diacetate der flüssigen Polyäthylenoxyde.

Von zwei niederen Polyäthylenoxyd-dihydraten wurden die Diacetate hergestellt nach derselben Methode, wie sie für die höheren Diacetate angewandt wurde. Die Siedepunkte der Diacetate betrugen bei 0,4 mm Druck: Diacetat der Fraktion 2 150—180°, der Fraktion 4 200—255°. Die Siedepunkte der betreffenden Dihydrate betrugen dagegen 140—180° bzw. 220 bis 260°.

Tabelle 213.

Fraktion	Einwage	ccm NaOH (0,2421 · n)	Acetyl %
2	0,8543	21,98	26,8
	0,7424	18,96	26,6
4	0,7834	13,26	17,6
	0,7050	11,88	17,5

Nach der FREUDENBERGschen Methode wurden die Acetylgehalte bestimmt (Tabelle 213).

Aus diesen Werten berechnen sich die Molekulargewichte der Hydroxylverbindungen zu 236 bzw. 405, während kryoskopisch bei diesen gefunden wurde 220 bzw. 415.

c) Die flüssigen Amino-polyäthylenoxyd-hydrate.

Es wurden die Dimethylamino-polyäthylenoxyd-hydrate dargestellt aus Äthylenoxyd und Dimethylamin im Verhältnis 5 : 1 und 10 : 1 (in Molen). Äthylenoxyd und Dimethylamin wurden unter Wasserausschluß und sorgfältiger Trocknung über frisch geglühtem Natronkalk in Bombenrohre destilliert, eingeschmolzen und bei Zimmertemperatur liegen gelassen. Die Reaktion verläuft sehr heftig, das Reaktionsgemisch ist tief dunkel gefärbt. Auch Explosionen wurden bei solchen

---

[1] HERZ, W., u. LORENTZ: Ztschr. f. physik. Ch. (A) **140**, 406 (1929).

Polymerisationen beobachtet. Bei der Destillation entwichen zunächst geringe Mengen Dimethylamin. Es wurde zuerst bei gewöhnlichem Druck, dann im Vakuum und schließlich im Hochvakuum destilliert. Aus 45 g Rohprodukt gingen zunächst bei 100—140° 1—2 g Dimethylamino-äthylalkohol (Siedep. 135°) über. Weiterhin wurden erhalten:

Fraktion 1: Siedepunkt 140—150° bei 760 mm . . . . 7 g
   ,, 2:   ,,   100—110° ,, 12 ,, ... 6,5 g
   ,, 3:   ,,   135—160° ,, 12 ,, ... 7,4 g
   ,, 4:   ,,   110—130° ,, 0,1,, ... 3,5 g
   ,, 5:   ,,   130—150° ,, 0,1,, ... 6,5 g
   ,, 6:   ,,   150—190° ,, 0,1,, ... 3,5 g

Tabelle 214.

Fraktion	Einwage g	ccm NaOH (0,1-n)	Stickstoff %
1	0,1971	12,75	9,1
2	0,1512	6,3	5,8
3	0,1890	5,73	4,2
4	0,2637	5,93	3,1
5	0,2017	3,57	2,5
6	0,2413	4,25	2,5

Die Substanzen stellen schwach gelbliche bis gelbliche Öle dar, die in Benzol und Äther löslich sind und an der Luft in stark gelb gefärbte unlösliche Autoxydationsprodukte übergehen. Ihre N-Gehalte, nach KJELDAHL bestimmt, ergaben folgende Resultate (Tabelle 214):

6. Viscositätsmessungen an Polyäthylenoxyden in Lösung.

Die folgenden Viscositätsmessungen an verdünnten Lösungen von Polyäthylenoxyden wurden entweder im OSTWALDschen Viscosimeter oder im Capillarviscosimeter von UBBELOHDE ausgeführt. Letzteres hatte folgende Dimensionen: Radius der Capillare 0,0144 cm, Länge derselben 14,1 cm, Inhalt der Kugel 0,81 ccm. Für die übrigen Messungen wurden verschiedene OSTWALDsche Viscosimeter benutzt, deren Capillarenweite dem Lösungsmittel entsprechend gewählt wurde.

a) Gültigkeit des HAGEN-POISEUILLEschen Gesetzes.

Die Viscosität des Polyäthylenoxyds vom Molekulargewicht 3500 wurde in grundmolarer Lösung in Benzol bei 20° im UBBELOHDEschen Viscosimeter gemessen. Viscosimeterkonstante 337.

Tabelle 215.

Druck cm Hg	Ausflußzeit Sekunden	Druck × Zeit	η_r
4,96	110,6	549	1,63
4,93	111,8	552	1,64
10,82	51,0	552	1,64
10,56	52,2	552	1,64
14,82	37,6	557	1,65
14,51	38,4	558	1,66
21,20	26,6	563	1,67
21,09	26,4	557	1,65

Untersucht wurde ferner ein Polyäthylenoxyd vom Molekulargewicht 13000 in grundmolarer Lösung in Benzol bei 20° im gleichen Viscosimeter.

Tabelle 216.

Druck cm Hg	Ausflußzeit Sekunden	Druck × Zeit	η_r
5,05	268,8	1357	4,03
6,15	221,2	1360	4,04
9,95	137,0	1364	4,05
11,25	121,2	1364	4,06
14,7	91,8	1350	4,01
16,1	84,2	1356	4,02
19,7	68,2	1344	3,98
21,85	61,6	1346	4,00

Die Schwankungen von η_r liegen innerhalb der Versuchsfehler. Sie betragen im Maximum 2%.

b) Viscosität in verschiedenen Konzentrationen.

Die flüssigen Polyäthylenoxyd-dihydrate.

Der Zusammenhang der Viscosität mit der Konzentration wurde an zwei flüssigen Polyäthylenoxyd-dihydraten (Polymerisationsgrad 5 und 9) bei 20° untersucht. Die Konzentration der Dioxanlösung wurde hierbei so gesteigert, daß 1, 2, 3 usw. gd-mol. Lösungen zur Untersuchung kamen. Die spez. Gewichte der Lösungen wurden roh durch Wiegen von 10 ccm Lösung bestimmt. Alle Lösungen wurden durch Abwiegen der genauen Menge Substanz in einem Meßkölbchen von 10 ccm Inhalt und Auffüllen bis zur Marke hergestellt. Die Messungen wurden im Ostwaldschen Viscosimeter ausgeführt. Das spez. Gewicht des Dioxans beträgt 1,0330 bei 20°[1] (Tabelle 217).

Tabelle 217.

Mol.-Gew.	Konzentration in Gd-Mol.	Konzentration in %	Spez. Gew.	$\eta_r=\dfrac{t_1 \cdot d_1}{t_0 \cdot d_0}$	Mol.-Gew.	Konzentration in Gd-Mol.	Konzentration in %	Spez. Gew.	$\eta_r=\dfrac{t_1 \cdot d_1}{t_0 \cdot d_0}$
238	1	4,3	1,036	1,10	414	1	4,2	1,039	1,15
	2	8,5	1,039	1,24		2	8,4	1,044	1,33
	3	12,7	1,040	1,39		3	12,6	1,048	1,56
	4	16,8	1,049	1,57		4	16,8	1,050	1,72
	6	25,0	1,058	2,05		6	25,0	1,057	2,32
	8	33,0	1,065	2,73		8	33,0	1,063	3,16
	12	48,9	1,079	4,88		12	49,0	1,077	6,31
	16	64,6	1,088	9,60		16	64,6	1,090	12,4
	20	79,8	1,104	17,2		20	79,8	1,103	29,7
	25,6	100	1,124	52,6		25,6	100	1,126	99,4

Die übrigen Viscositätsmessungen bei verschiedenen Konzentrationen, die im theoretischen Teil in den Tabellen 151 bis 156 angegeben sind, wurden ebenfalls in Ostwaldschen Viscosimetern ausgeführt.

---

[1] Herz, W., u. Lorentz: Ztschr. f. physik. Ch. (A) **140**, 406 (1929).

c) Viscosität bei verschiedenen Temperaturen.

DieViscositätsmessungen bei verschiedenen Temperaturen wurden im OSTWALD-schen Viscosimeter ausgeführt. In den Tabellen 218, 219 und 220 sind einige dieser Messungen wiedergegeben. Sie zeigen, daß die relativen Viscositäten in allen Lösungsmitteln nach dem Erwärmen auf 60° wieder völlig auf den Anfangs-wert zurückgehen.

Tabelle 218. Temperaturabhängigkeit in Eisessig und Tetrabromäthan.

Mol.-Gew.	Konzen-tration in Gd-Mol.	Relative Viscosität in Eisessig bei			Relative Viscosität in Tetrabrom-äthan bei		
		20°	60°	wieder abgekühlt auf 20°	20°	60°	wieder abge-kühlt auf 20°
920	1	1,39	1,29	1,39	1,39	1,26	1,39
	2	1,82	1,61	1,82	1,87	1,52	1,87
	3	2,32	1,95	2,32	2,45	1,82	2,45
2500	0,5	1,40	1,31	1,40	1,36	1,26	1,36
	1	1,79	1,62	1,79	1,75	1,51	1,75
	2	2,72	2,32	2,72	2,84	2,17	2,84
6400	0,25	1,40	1,32	1,40	1,35	1,27	1,35
	0,5	1,78	1,63	1,78	1,76	1,55	1,76
	1	2,76	2,42	2,76	2,78	2,25	2,78
13000	0,25	1,84	1,68	1,84	1,78	1,59	1,78
	0,5	2,81	2,50	2,81	2,78	2,31	2,78
	1	5,38	4,56	5,38	5,71	4,30	5,71

Tabelle 219. Temperaturabhängigkeit in Dioxan.

Mol.-Gew.	Konzentration in Gd-Mol.	Relative Viscosität bei		
		20°	60°	wieder abgekühlt auf 20°
920	1	1,18	1,16	1,18
	2	1,43	1,37	1,43
	3	1,73	1,60	1,73
6400	0,25	1,20	1,18	1,20
	0,5	1,46	1,42	1,45
	1	2,09	1,97	2,08
13000	0,25	1,50	1,46	1,49
	0,5	2,13	2,00	2,11
	1	3,84	3,45	3,76

Tabelle 220. Temperaturabhängigkeit in Wasser.

Mol.-Gew.	Konzentration in Gd-Mol.	Relative Viscosität bei		
		20°	60°	wieder ab-gekühlt auf 20°
920	1	1,28	1,23	1,28
	2	1,61	1,49	1,61
	3	2,01	1,80	2,01
6400	0,25	1,25	1,19	1,25
	0,5	1,55	1,42	1,55
	1	2,27	1,97	2,27
13000	0,25	1,56	1,40	1,56
	0,5	2,27	1,91	2,27
	1	4,19	3,29	4,18

D. Die Polyacrylsäure, ein Modell des Eiweißes[1,2].

Bearbeitet von E. Trommsdorff[3].

I. Einleitung.

1. Homöopolare, koordinative und heteropolare Molekülkolloide.

Die hochmolekularen Naturstoffe und die zu ihrer Konstitutionsaufklärung untersuchten Modelle sind nach ihrem Bau in drei Gruppen einzuteilen[4]. Die erste Gruppe der *homöopolaren Molekülkolloide* umfaßt die hochmolekularen Kohlenwasserstoffe wie Polystyrole und Polyprene, also Kautschuk, Guttapercha und Balata. Besitzen die Makromoleküle Gruppen mit Dipolcharakter, welche koordinative Bindungen eingehen, so haben wir Vertreter der *koordinativen Molekülkolloide* vor uns, zu denen Polyvinylalkohol, die Polysaccharide und unter gewissen Bedingungen die Polyacrylsäure, nämlich im undissoziierten Zustand, ferner das Eiweiß im unionisierten Zustand zählen. In der Gruppe der *heteropolaren Molekülkolloide* finden sich schließlich die Polyacrylsäure im ionisierten Zustand, die polyacrylsauren Salze, Kautschukphosphoniumsalze und das ionisierte Eiweiß.

Schon aus dieser kurzen Zusammenstellung erkennt man die Sonderstellung, die das Eiweiß und die Polyacrylsäure gemeinsam einnehmen. Je nachdem sich diese Körper im undissoziierten oder ionisierten Zustand befinden, sind sie Vertreter der koordinativen oder heteropolaren Molekülkolloide.

Am eingehendsten sind bisher die homöopolaren Molekülkolloide, vor allem das Polystyrol untersucht worden. In den Lösungen dieser Stoffe liegen die einfachsten und übersichtlichsten Verhältnisse vor, da vor allem in verdünnten Lösungen die Moleküle keine Kräfte aufeinander ausüben. Die koordinativen Molekülkolloide weisen in ihrem Bau durch die koordinativen Bindungsmöglichkeiten von einem Molekülfaden zum nächsten und zum Lösungsmittel eine erhebliche Kompliziertheit auf. Die Teilchen der heteropolaren Molekülkolloide sind durch die Dissoziationsfähigkeit und Schwarmbildung im Sinne der neuen Theorie der starken Elektrolyte verwickelt gebaut. Besonders schwer sind daher die Eiweißkörper zu überblicken, die gleichzeitig beiden Gruppen angehören. Nimmt man noch hinzu, daß die Eiweißkörper amphotere Elektrolyte sind, eine Ionisation also sowohl auf der sauren wie auf der basischen Seite des isoelektrischen Punktes eintritt, so wird es verständlich, weshalb in der Eiweißliteratur trotz der zahlreichen Einzelbeobachtungen eine einheitliche Deutung des Baues der Kolloidteilchen so ungeheuer erschwert ist. Für wenige hochmolekulare Naturkörper erschien deshalb die Arbeit am übersichtlichen Modellstoff so notwendig wie für die Eiweißkörper. Deshalb wurden Studien an der Polyacrylsäure und ihren Salzen als dem denkbar einfachsten Modell dieser Art aufgenommen.

---

[1] 66. Mitteilung über hochpolymere Verbindungen.

[2] Frühere Mitteilungen über Polyacrylsäure: STAUDINGER, H., u. E. URECH: Helv. chim. Acta **12**, 1107 (1929). — STAUDINGER, H., u. H. W. KOHLSCHÜTTER: Ber. Dtsch. Chem. Ges. **64**, 2091 (1931).

[3] TROMMSDORFF, E.: Inaug.-Diss. Freiburg i. Br. (1931).

[4] STAUDINGER, H.: Kolloid-Ztschr. **53**, 26 (1930). Vgl. S. 19.

Als Grundlage für diese Modellversuche hat Urech[1] den Nachweis geführt, daß die Bindung der Acrylsäuremoleküle zur polymeren Säure durch normale Kovalenzen erfolgt. Dann hat H. W. Kohlschütter[2] an der Polyacrylsäure sehr merkwürdige Viscositätseffekte beobachtet, z. B. einen enormen Viscositätsanstieg bei Zusatz geringer Mengen Natronlauge und einen starken Abfall der Viscosität bei Zusatz von mehr Natronlauge. Diese Beobachtungen erinnern lebhaft an die bekannte Abhängigkeit der Viscosität vom p_H beim Eiweiß. Es erschien also von großem Interesse, diese Beobachtungen auszudehnen und messend zu verfolgen, da man hoffen durfte, daraus Rückschlüsse auf den Bau der Eiweißkörper ziehen zu können.

Allerdings muß man sich stets vor Augen halten, daß die Polyacrylsäure nur für einen Teil der Eigenschaften, nämlich den sauren Charakter, der Eiweißkörper ein Modell sein kann. Aber gerade darin liegt bei der Kompliziertheit der Erscheinungen ein Vorteil, denn man muß zuerst die Eigenschaften eines ausgesprochen heteropolaren Molekülkolloids kennen, bevor man die eines amphoteren beurteilen kann.

2. Der Zustand der Molekülkolloide in Lösung.

Die Kolloidteilchen in den Lösungen hochmolekularer Stoffe glaubte man früher als Micellen ansprechen zu müssen. Diese Auffassung wurde zuerst bei den homöopolaren Molekülkolloiden widerlegt, da sich zeigen ließ, daß sowohl die chemischen wie auch die Viscositätsuntersuchungen eindeutig darauf hinweisen, daß die Kolloidteilchen in diesen Lösungen mit den Makromolekülen identisch sind. Die η_{sp}/c-Werte dieser Lösungen sind nahezu unabhängig von der Temperatur und der Konzentration, solange niederviscose Lösungen verglichen werden. Deshalb stellen die η_{sp}/c-Werte verschiedener Stoffe Größen dar, welche nur von der Länge der Moleküle abhängig sind.

Nicht so einfach liegen die Verhältnisse bei den Eiweißkörpern. Früher glaubte man ihre Eigenschaften durch die Annahme erklären zu können, daß ihre Kolloidteilchen solvatisierte Micellen darstellen. Denn es waren scheinbar eine Reihe Analogien vorhanden. In ähnlicher Weise, wie beispielsweise die Beständigkeit der Seifenmicelle vom p_H abhängig ist, beobachtet man auch die auffallende Viscositätsabhängigkeit der Eiweißkörper vom p_H. Trifft diese Auffassung über einen ähnlichen Bau der Seifen- und Eiweißmicelle zu, so würde hier im Gegensatz zu Lösungen von Kautschuk und Cellulose ein einfacher Zusammenhang zwischen Viscosität und Molekülgröße nicht zu erwarten sein, da die η_{sp}/c-Werte mit dem p_H sich ändern.

Es ist bisher nicht möglich, die Frage nach dem Bau der Eiweißkolloidteilchen in Lösungen zu beantworten. Welchen Dienst kann nun das Modell der Polyacrylsäure und ihrer Salze zur Beantwortung dieser Frage leisten?

Auf den ersten Blick scheinen auch hier die Verhältnisse so kompliziert zu sein, daß ein Zusammenhang zwischen Viscosität und Molekulargewicht nicht zu erkennen ist. Eine geringe Änderung des p_H genügt schon, um die Viscosität der Polyacrylsäure um ein Vielfaches zu ändern, ebensolche Wirkungen haben Neutralsalze. Dazu kommt, daß die Viscosität sehr weitgehend von der Fließ-

---

[1] Staudinger, H., u. E. Urech: Helv. chim. Acta **12**, 1107 (1929). — Urech, E.: These. E.P.F. Zürich 1927.

[2] Staudinger, H., u. H. W. Kohlschütter: Ber. Dtsch. Chem. Ges. **64**, 2091 (1931).

geschwindigkeit abhängig, also keine konstante Größe ist. Gerade im sehr verdünnten Gebiet werden im Gegensatz zu den Polystyrollösungen diese Abweichungen vom HAGEN-POISEUILLEschen Gesetz sehr groß. Sehr verwickelt ist auch die Änderung der Viscosität mit der Temperatur. Es erscheint schwierig, bei der Kompliziertheit der Erscheinungen überhaupt den Bau der Kolloidteilchen erkennen zu können. Aber beim genauen Studium zeigt es sich, daß auch hier das Viscosimeter als „Kolloidoskop" die scheinbar unentwirrbaren Komplikationen übersichtlich gestaltet.

3. Der Zustand der Polyacrylsäure in Lösung.

In den Lösungen homöopolarer Molekülkolloide liegen besonders einfache Verhältnisse vor, da bei verschiedenen Temperaturen und verschiedenen Konzentrationen stets ein und derselbe Stoff in isolierten Fadenmolekülen in der Lösung vorhanden ist; deshalb sind hier die η_{sp}/c-Werte in verdünnter Lösung annähernd konstant. Bei koordinativen Molekülkolloiden können die Fadenmoleküle in Lösung durch koordinative Bindungen unter sich und mit den Lösungsmittelmolekülen verbunden sein. Die η_{sp}/c-Werte ändern sich in diesem Fall je nach der Konzentration und der Temperatur der Lösung.

Bei der Polyacrylsäure liegen in der Lösung „verschiedene Stoffe" vor. Je nach dem p_H, nach der Konzentration, nach der Temperatur enthält sie ionisierte, nichtionisierte oder teilweise ionisierte Moleküle. Im undissoziierten Zustand ist die Säure ein koordinatives Molekülkolloid. Die Nichtionisation wird begünstigt durch wachsende Konzentration der Säure und sinkende Temperatur. In diesem Zustand liegt die Säure als Pseudosäure im Sinne von HANTZSCH vor. Von den Fettsäuren ist bekannt, daß ihre normalen Moleküle im undissoziierten Zustand zu dimeren koordinativen Molekülen vereinigt sind[1]. Derartige koordinative Bindungen sind auch an dem undissoziierten Molekül der Polyacrylsäure zu erwarten, nur sind die Bindungsmöglichkeiten wegen der großen Zahl der Carboxylgruppen wesentlich zahlreicher, es können viele Moleküle miteinander verkettet werden. In wässeriger Lösung werden die COOH-Gruppen der Säure nicht nur unter sich koordinative Bindungen eingehen, sondern vor allem auch mit den Molekülen des Wassers. Mit der Konzentration und der Temperatur der Lösung wird sich aber das Verhältnis der verschiedenen koordinativen Moleküle ändern.

Mit wachsender Verdünnung und steigender Temperatur ist weiter eine Dissoziationszunahme der Polyacrylsäure verbunden. Schließlich bewirkt Zusatz von Natronlauge die Bildung von ionisierten Molekülen.

Zwischen diesem undissoziierten und dissoziierten Zustand der Polyacrylsäure gibt es alle Übergänge.

Die Viscositätsuntersuchungen an Polyacrylsäure zeigen nun das gemeinsame Bild, daß bei ein und derselben Verbindung, also bei unveränderter Länge der Hauptvalenzkette, die Viscosität der Lösungen sich außerordentlich stark ändert, je nachdem die Moleküle in der ionisierten oder unionisierten Form vorliegen.

---

[1] MÜLLER, A u. G. SHEARER: Journ. Chem. Soc. London **123**, 3156ff. (1923). — BRIEGLEB, G.: Ztschr. f. physik. Ch. (B) **10**, 205 (1930). — TRAUTZ, M., u. W. MOSCHEL: Ztschr. f. anorg. u. allg. Ch. **155**, 13 (1 926). — STAUDINGER, H., u. EIJI OCHIAI: Ztschr. f. physik. Ch. (A) **158**, 35 (1931).

Beim Übergang in die ionisierte Form wächst die Viscosität sehr beträchtlich. Nach den geläufigen Anschauungen könnte man hierfür die Solvatation der Ionen verantwortlich machen. Diese spielt auch zweifellos eine Rolle; denn die Solvatschicht der Ionen ist beträchtlicher als die der homöopolaren Moleküle, welche monomolekular anzunehmen ist[1]. Je nach der Konzentration und der Temperatur werden die Ionen mehr oder weniger zahlreiche Wassermoleküle binden[2]. Diese Solvatation wirkt gewissermaßen molekülvergrößernd und damit viscositätserhöhend. Sie kann aber nicht die wesentlichste Rolle für die bedeutenden Viscositätserhöhungen beim Übergang vom unionisierten in den ionisierten Zustand spielen. Denn die Solvatation muß pro Grundmolekül, also pro Kation und Anion, ungefähr die gleiche sein. Sie muß also proportional mit der Moleküllänge anwachsen. Das Verhältnis der Viscosität des Salzes zu der der Säure müßte also unabhängig von der Länge der Moleküle ungefähr gleich sein, wenn die Viscositätserhöhung bei der Salzbildung wesentlich mit der Solvatation zusammenhinge. Tatsächlich wird bei hochmolekularen Produkten die Viscosität durch den Übergang von der Säure in das Salz weit stärker vergrößert als bei niedermolekularen Produkten. Es müssen also für diese Viscositätserhöhung Faktoren verantwortlich gemacht werden, die sich mit zunehmender Länge der Ketten stärker bemerkbar machen. Einen solchen Einfluß haben die interionischen Kräfte, die zwischen den hochmolekularen Ionen genau so wirksam sind wie zwischen niedermolekularen. Wie sich in einer Lösung von Natriumchlorid um jedes Natriumion negativ geladene Chlorionen und um jedes Chlorion positive Natriumionen infolge der elektrostatischen Anziehung bzw. Abstoßung sammeln und sich so eine gewisse Ionenverteilung als stationärer Zustand ausbildet, stellt sich ein analoger Effekt auch bei den dissoziierten Salzen der Polyacrylsäure ein. Ein Säureanion umgibt sich mit Natriumionen, und eine Gruppe von Natriumionen wird wiederum mit Carboxylionen des Säureanions in Wechselwirkung treten. Dadurch, daß die Säureanionen gestreckte polyvalente Kettenmoleküle darstellen, wird eine Art gegenseitiger Festlegung der Säureanionen durch Ionenladungen eintreten. Diese Festlegung macht sich mit wachsender Kettenlänge der Fadenionen immer stärker bemerkbar. Diese *besondere Art von Teilchenvergrößerung* bezeichnen wir im folgenden *als Schwarmbildung*.

Ein solch stationärer Zustand in der Lösung wird also einer gewissen Strukturierung entsprechen, und einer Störung des Gleichgewichts dieser Strukturierung etwa durch Strömung im Viscosimeter wird sich ein Widerstand entgegensetzen. Daher ist die Säure im dissoziierten Zustand durch eine besonders hohe Viscosität ausgezeichnet, und es treten hier besonders große Abweichungen vom HAGEN-POISEUILLEschen Gesetz ein.

Bei den homöopolaren Molekülkolloiden deutet ein Anwachsen der Viscosität der verdünnten Lösungen, also eine Zunahme der η_{sp}/c-Werte, auf eine Verlängerung der Kettenmoleküle. Eine solche Vergrößerung der Kettenmoleküle kann bei koordinativen Molekülen auch durch koordinative Bindungen zwischen den Fadenmolekülen erfolgen. So zeigen beispielsweise die aliphatischen Säuren die doppelten η_{sp}/c-Werte, als man nach ihrem normalen Molekulargewicht erwarten

---

[1] STAUDINGER, H., u. W. HEUER: Ber. Dtsch. Chem. Ges. **62**, 2933 (1929). Vgl. S. 126.

[2] Das Wasser enthält koordinative polymere Moleküle, die bei der Solvatation der Ionen gebunden werden können, vgl. S. 7.

sollte, weil koordinative Bindungen zwischen den Molekülen eingetreten sind[1]. Die Viscositätserhöhung bei der Polyacrylsäure stellt eine ganz andersartige Erscheinung dar. Sie ist hervorgerufen durch die Festlegung der Fadenmoleküle bzw. die Behinderung ihrer freien Beweglichkeit infolge der interionischen Kräfte. Eine eigentliche Molekülvergrößerung, wie sie z. B. durch die Bildung koordinativer aus normalen Molekülen zustande kommt, findet durch interionische Kräfte nicht statt. Dies zeigen auch die Versuche von BOEHM und SIGNER über Strömungsdoppelbrechung der Polyacrylsäure und die ihres Salzes[2].

Zusammenfassend läßt sich über die Art der Teilchen in Lösungen von Polyacrylsäure und ihrer Salze folgendes sagen: Bei der Säure können Einzelmoleküle in Lösung vorhanden sein, wenn die koordinativen Gruppen durch Wassermoleküle gebunden sind; es können weiter koordinative Moleküle aus mehreren Säuremolekülen vorliegen; endlich liegen Fadenionen vor, die solvatisiert sind und durch interionische Kräfte teilweise gegeneinander festgelegt sind. Beim polyacrylsauren Natrium sind in der Lösung hauptsächlich solche solvatisierten Fadenionen vorhanden, die durch interionische Kräfte aufeinander wirken. Durch Hydrolyse entstehen Säuregruppen, die wieder zu koordinativen Bindungen Anlaß geben können.

So sind die Viscositätserscheinungen bei Polyacrylsäure und ihren Salzen außerordentlich kompliziert. Einfache und übersichtliche Verhältnisse sind dagegen vorhanden, wenn man polyacrylsaure Salze im Überschuß von Lauge oder nach Zusatz von Salzen wie z. B. Kochsalz untersucht. Die Hydrolyse wird hier zurückgedrängt, die Festlegung der Fadenionen unter sich durch interionische Kräfte wird verhindert, da jedes Ion von einer großen Menge niedermolekularer Kationen und Anionen umgeben ist. Unter diesen Bedingungen können die Fadenionen keine Wirkungen aufeinander ausüben.

Es verhalten sich dann die Fadenionen des heteropolaren Molekülkolloids wie die Fadenmoleküle eines homöopolaren. Es ergeben sich bei der hemikolloiden Polyacrylsäure einfache Beziehungen zwischen Viscosität und Molekulargewicht, auf Grund deren man die Kettenlänge der eukolloiden Vertreter ermitteln kann.

Unter Hemikolloiden werden dabei hier, wie bei anderen hochmolekularen Stoffen, die Produkte verstanden, die so niedermolekular sind, daß man ihr Molekulargewicht durch kryoskopische Methoden oder durch Endgruppenbestimmung noch festlegen kann. Die hemikolloiden Polyacrylsäuren haben ein Molekulargewicht von rund 600—4000 (Polymerisationsgrad ca. 8—50). Sie geben relativ niederviscose Lösungen, die keine anormalen Viscositätserscheinungen zeigen.

Als eukolloide Produkte werden auch in dieser Reihe die Verbindungen bezeichnet, deren Lösungen dem HAGEN-POISEUILLEschen Gesetz nicht gehorchen[3]. Das Molekulargewicht der eukolloiden Polyacrylsäuren liegt zwischen 4000 und 15000 (Polymerisationsgrad 50—200). Diese Produkte sind also relativ niedermolekular im Vergleich zu den Polystyrolen, die einen Polymerisationsgrad von über 1500 besitzen müssen, damit „eukolloide Eigenschaften" auftreten. Der Grund hierfür ist folgender: die eukolloiden Eigenschaften werden beim poly-

---

[1] STAUDINGER, H., u. EIJI OCHIAI: Ztschr. f. physik. Ch. (A) **158**, 45 (1931). Vgl. S. 61.
[2] BOEHM, G., u. R. SIGNER: Helv. chim. Acta **14**, 1395 (1931).   [3] Vgl. S. 92.

acrylsauren Natrium durch die Schwarmbildung der Fadenionen hervorgerufen; in verdünnten Lösungen des homöopolaren Polystyrols hängen sie lediglich von der Länge der Moleküle ab.

4. Osmotischer Druck von polyacrylsauren Salzen.

Die polyacrylsauren Salze dialysieren nicht, auch nicht die niedermolekularen Kationen, weil sie durch die starken elektrischen Kräfte der hochmolekularen Anionen, die nicht dialysieren können, festgehalten werden. Deshalb besitzen diese Lösungen einen osmotischen Druck, wie er sonst nur bei Krystalloiden zu beobachten ist. *In den Lösungen von polyacrylsaurem Natrium wirken zwei Komponenten zusammen: die zahlreichen Natriumionen rufen den starken osmotischen Effekt hervor, die hochmolekularen Polyanionen verleihen der Lösung die charakteristischen Merkmale eines Kolloids. Wenn man die Lösung eines heteropolaren Molekülkolloids mit einem hochmolekularen Polyanion und zahlreichen niedermolekularen Kationen (und umgekehrt) durch eine permeable Membran abschließt, so verhält sie sich wie die Lösung eines niedermolekularen Stoffes in einer semipermeablen Membran.* Es entsteht innerhalb der Membran ein osmotischer Druck, da die niedermolekularen Ionen durch das hochmolekulare Ion innerhalb derselben festgehalten werden. Es muß also bei polyacrylsauren Salzen verschiedenen Molekulargewichtes der osmotische Druck annähernd der gleiche sein[1], da die Beträge für den osmotischen Druck der hochmolekularen Anionen zu vernachlässigen sind[2].

Die Lösungen von polyacrylsauren Salzen in einer permeablen Membran verhalten sich also wie solche von niedermolekularen Stoffen in einer semipermeablen. Bei Lösungen von hochmolekularen heteropolaren polyionischen Molekülkolloiden hat man also in einer Zelle gegenüber Wasser einen hohen osmotischen Druck, ohne daß die Zellwand semipermeabel ist. Lösungen von homöopolaren hochmolekularen Stoffen in Zellen mit permeablen Membranen haben hingegen entsprechend der geringen Zahl der homöopolaren großen Teilchen nur einen geringen osmotischen Druck.

II. Hemikolloide Polyacrylsäuren.

Die erste Aufgabe ist nach dem oben Gesagten die Herstellung der Hemikolloide, ihre Molekulargewichtsbestimmung und die Untersuchung der Viscositätserscheinungen.

Die Herstellung gelingt durch Polymerisation von Acrylsäure in Lösung unter Zusatz von Katalysatoren. Die Molekulargewichtsbestimmung, welche auf kryoskopischem Wege nicht durchführbar ist, gelingt durch Bestimmung der Molekülendgruppen. Die Viscositätsuntersuchungen zeigen, daß in stark alkalischer Lösung sich die Moleküle in vergleichbaren Zuständen befinden. Hieraus ergeben sich Zusammenhänge zwischen Viscosität und Molekulargewicht.

---

[1] Genaue Messungen müssen noch ausgeführt werden.

[2] Da die Säurestärke der hoch- und niedermolekularen Polyacrylsäuren etwas verschieden ist, so zeigen sich voraussichtlich geringe Unterschiede im osmotischen Druck, da die Salze verschieden hydrolysiert sind.

1. Darstellung der Hemikolloide.

Durch Polymerisation von reiner Acrylsäure werden je nach den Bedingungen sehr hochmolekulare Produkte erhalten. Auch in wässeriger Lösung entstehen bei der Polymerisation, die durch Spuren von Peroxyden eingeleitet sein muß, sehr hochmolekulare Polyacrylsäuren. Durch Zusatz großer Mengen von Peroxyden und in verdünnter wässeriger Lösung gelingt es jedoch, hemikolloide Produkte zu erhalten. Tabelle 221 zeigt, daß die Viscositäten der so erhaltenen polymeren Säuren stark mit der bei der Polymerisation angewendeten Acrylsäurekonzentration und mit der Menge des angewendeten Katalysators variieren. Je höher die auf eine bestimmte Menge Acrylsäure angewendete Menge Wasserstoffsuperoxyd ist, desto niedriger ist die Viscosität des Polymerisationsproduktes. Einmal wirkt Wasserstoffsuperoxyd als Katalysator beim Polymerisationsprozeß. Dann unterbricht es aber die Kettenreaktion, indem es — je nach seiner Konzentration — die Endvalenzen kürzerer oder längerer Ketten besetzt und dadurch die Molekülfäden am Weiterwachsen hindert.

Tabelle 221. Polymerisation von Acrylsäure in wässeriger Lösung in Gegenwart von Katalysatoren.

Konzentration der Acrylsäure	Katalysator	η_{sp} in 1 gd-mol. Lösung
1 mol.	1 Tropfen peroxydhaltiger Äther auf 0,5 g Säure	1,82
1 mol.	0,11 Mol. H_2O_2 auf 1 Mol. Säure	$\begin{cases}1,25\\1,35\end{cases}$
1 mol.	0,1 Mol. H_2O_2 auf 1 Mol. Säure	$\begin{cases}1,72\\1,50\end{cases}$
1 mol.	0,05 Mol. H_2O_2 auf 1 Mol. Säure	1,90[1]
1 mol.	0,05 Mol. H_2O_2 auf 1 Mol. Säure	2,71
1 mol.	0,03 Mol. H_2O_2 auf 1 Mol. Säure	3,23
1 mol.	0,02 Mol. H_2O_2 auf 1 Mol. Säure	$\begin{cases}4,38\\4,45\end{cases}$
2 mol.	0,1 Mol. H_2O_2 auf 1 Mol. Säure	3,13
2 mol.	0,02 Mol. H_2O_2 auf 1 Mol. Säure	7,96

Die Lösungen wurden im Einschlußrohr unter Stickstoff 11 Tage auf 100° erhitzt.

In einer früheren Arbeit wurde gezeigt, daß die Polymerisation von Acrylsäure eine Kettenreaktion darstellt[2]. Die Rolle des Wasserstoffsuperoxyds wird durch folgendes Formelbild wiedergegeben.

$$\begin{aligned}
&\text{HO—OH} + x\,\underset{\text{CH=CH}_2}{\overset{\text{COOH}}{|}} + \underset{\text{CH=CH}_2}{\overset{\text{COOH}}{|}} + \underset{\text{CH=CH}_2}{\overset{\text{COOH}}{|}}\ \text{HO—OH} + \underset{\text{CH=CH}_2}{\overset{\text{COOH}}{|}} + y\,\underset{\text{CH=CH}_2}{\overset{\text{COOH}}{|}} + \underset{\text{CH=CH}_2}{\overset{\text{COOH}}{|}}\ \text{HO—OH}\\[4pt]
&\rightarrow \text{HO—}\underset{}{\overset{\text{COOH}}{\underset{|}{CH}}}\text{—CH}_2\text{—}\left(\underset{\text{CH—CH}_2}{\overset{\text{COOH}}{|}}\right)_x\text{—}\overset{\text{COOH}}{\underset{|}{CH}}\text{—CH}_2\text{—OH} + \text{HO—}\overset{\text{COOH}}{\underset{|}{CH}}\text{—CH}_2\text{—}\left(\underset{\text{CH—CH}_2}{\overset{\text{COOH}}{|}}\right)_y\text{—}\overset{\text{COOH}}{\underset{|}{CH}}\text{—CH}_2\text{—OH}
\end{aligned}$$

2. Titration und Molekulargewicht der Hemikolloide.

Die Polyacrylsäure ist also eine Di-oxy-polycarbonsäure. Nimmt man an, daß die Polymerisation symmetrisch verläuft, so ergibt sich, daß an dem einen

---

[1] Die verwendete Acrylsäure enthielt Peroxyde.

[2] STAUDINGER, H., u. H. W. KOHLSCHÜTTER: Ber. Dtsch. Chem. Ges. **64**, 2093 (1931).

Ende der Polyacrylsäurekette die α-γ-Oxy-, am anderen Ende die β-δ-Oxysäure-gruppierung vorliegt. Im wasserfreien Zustand sind die Hydroxylgruppen laktonisiert.

$$\underset{\gamma\text{-Lacton}}{\left[\begin{matrix}O\text{---} & \text{---}C\text{=}O \\ | & | \\ COOH & | \\ | & | \\ CH\text{---}CH_2\text{---}CH\text{---}CH_2\text{---}\end{matrix}\right.} \left(\begin{matrix}COOH \\ | \\ CH\text{---}CH_2 \\ \end{matrix}\right)_x \underset{\delta\text{-Lacton}}{\left.\begin{matrix}O\text{=}C\text{---} & \text{---}O\text{---} \\ | & | \\ COOH & | \\ | & | \\ \text{---}CH\text{---}CH_2\text{---}CH\text{---}CH_2\end{matrix}\right]}$$

Analytisch läßt sich die lactonisierte hochmolekulare Oxysäure nicht von Polyacrylsäure unterscheiden, da die Bruttozusammensetzung der Polyacrylsäure $C_3H_4O_2$ von der einer lactonisierten polymeren Säure $(C_3H_4O_2)_x + H_2O_2 - 2\,H_2O = (C_3H_4O_2)_x - 2\,H$ nur durch das Fehlen zweier Wasserstoffatome in dem großen Molekül verschieden ist.

γ- und δ-Lactone weisen nun eine völlig verschiedene Beständigkeit auf. Während der γ-Lactonring beständig ist und selbst in alkalischer Lösung nur teilweise zur γ-Oxysäure gespalten werden kann, gehen δ-Lactone schon in neutraler Lösung leicht in die δ-Oxysäure über. Die Beständigkeit des γ-Lactonrings im Vergleich zum δ-Lactonring hat HAWORTH[1] benutzt, um durch Messung der Hydrolysegeschwindigkeit von Lactonen der verschiedenen Monocarbonsäuren aus Monosen und Biosen eine Unterscheidung von γ- und δ-Lactonen zu begründen. Sämtliche von ihm untersuchten γ-Lactone werden wesentlich langsamer hydrolysiert als die entsprechenden δ-Lactone. Ebenso konnte STOBBE[2] am Beispiel der γ-Äthyl-Methylaconsäure zeigen, daß γ-Oxysäuren auch in alkalischer Lösung nur teilweise als solche zu titrieren sind, weil der Ringschluß zum γ-Lacton schon beim Neutralisieren der alkalischen Lösung eintritt.

Bei der direkten Titration der Polyacrylsäure mit Natronlauge und Phenolphthalein als Indicator findet man keinen scharfen Umschlagspunkt des Indicators. Die vielen schwachen Carboxylgruppen der Säure bewirken eine Hydrolyse des Natriumsalzes. Nur in Gegenwart von Natriumchlorid oder Alkohol — der Zusatz darf bei der Titration erst in der Nähe des Neutralpunktes erfolgen, weil sonst die Säure koaguliert — läßt sich die Titration scharf durchführen.

Bei dieser Titration läßt sich nun das δ-Lacton wie eine Säure titrieren, der γ-Lactonring wird nicht aufgespalten. Erst wenn man in alkalischer Lösung erhitzt und dann in der Kälte mit Salzsäure schnell zurücktitriert, gelingt es, einen Teil des γ-Lactons zu titrieren. Doch schon beim Neutralisieren der alkalischen Lösung wird das γ-Lacton, entsprechend den oben angeführten Beobachtungen von STOBBE, teilweise wieder zurückgebildet. Man erfaßt also bei der Titration der Polyacrylsäure mit Natronlauge in Gegenwart von Natriumchlorid alle Carboxylgruppen des Moleküls bis auf eine Endgruppe, welche als γ-Lacton gebunden ist[3]. Bei den hochmolekularen Polyacrylsäuren macht das Fehlen dieser einen Carboxylgruppe in dem großen Molekül bei der Titration einen so geringen Prozentsatz der insgesamt vorhandenen Säuregruppen aus, daß dieser Fehlbetrag in der Größe der Versuchsfehler liegt, also nicht bemerkt werden kann. Während bei einem Polymerisationsgrad von 2 dieser Fehlbetrag 50% ausmachen

---

[1] HAWORTH, W. N., u. Mitarbeiter: Journ. Chem. Soc. London **1927**, 1237; **1928**, 611; Helv. chim. Acta **11**, 534 (1928).

[2] STOBBE, H.: Liebigs Ann. **321**, 122 (1902).

[3] Vorausgesetzt ist, daß die Polymerisation in der geschilderten Weise symmetrisch verläuft.

würde, beträgt er bei einem Polymerisationsgrad von 100 nur noch 1%. Da die Titration der Polyacrylsäure nicht sehr scharfe Werte liefert, so läßt sich durch Titration ein Polymerisationsgrad nur bis etwa 50 bestimmen.

In der folgenden Tabelle sind die Ergebnisse der Titrationen zusammengestellt, welche an den niedermolekularen Polyacrylsäuren, deren Herstellung in Tabelle 221 angegeben ist, ausgeführt wurden. Man erkennt, wie mit wachsender Viscosität der Lösungen der nicht titrierbare Anteil abnimmt. Die höherviscosen Lösungen enthalten größere Moleküle, der Anteil der Endgruppen — des γ-Lactons — an diesen großen Molekülen ist geringer. Aus diesen Titrationsergebnissen, die den γ-Lactongehalt der Säuren erkennen lassen, kann man, wie es in Tabelle 222

Tabelle 222. Titration der Hemikolloide.

η_{sp} der Säure in 1 gd-mol. Lösung	Von der Einwage titrierbar %	Nicht titrierbarer Teil %	Durchschnittspolymerisationsgrad	DurchschnittsmolekularGewicht
1,72	92,15	7,85	12—13	ca. 900
1,50	91,7	8,3		
2,71	94,1	5,9	17	1200
3,13	94,5	5,5	18	1300
4,45	96,2	3,8	26	1900
7,96	97,4—97,6	2,4—2,6	38—42	2900
10,3	98	2	50	3600

angegeben ist, den durchschnittlichen Polymerisationsgrad der Polyacrylsäure berechnen. Es war bisher nicht möglich, die so ermittelten Werte für die Molekulargewichte auf anderem Wege zu kontrollieren. Die osmotischen Methoden versagen bei der Polyacrylsäure, denn die Zahl der osmotisch wirksamen Teilchen wechselt mit dem Dissoziationsgrad. Dabei ist die Zahl der hochmolekularen Anionen im Verhältnis zu der der niedermolekularen Kationen gering. Weiter ist die Zusammensetzung der Teilchen in einer Lösung von Polyacrylsäure noch unbekannt. Man weiß nicht, wieweit normale Moleküle, wieweit koordinative Moleküle vorhanden sind. Es ist also nicht sichergestellt, ob die geschilderte Titrationsmethode richtige Werte für das Molekulargewicht der hemikolloiden Polyacrylsäuren liefert. Jedenfalls stellen die so ermittelten Werte eine untere Grenze dar. Denn es ist möglich, daß ein Teil der nicht titrierbaren Carboxylgruppen nicht als Endgruppen gebunden ist. In diesem Falle wären die wirklichen Molekulargewichte höher. Für die weiteren Berechnungen werden die durch Titration gefundenen Molekulargewichte zugrunde gelegt.

3. Viscositätsuntersuchungen an Hemikolloiden.

Es gilt nun zu ermitteln, in welchem Zusammenhang das Molekulargewicht der Hemikolloide und die spez. Viscosität ihrer Lösungen stehen. Dabei ergibt sich die große Schwierigkeit, daß die Viscosität der Polyacrylsäuren, vor allem der eukolloiden, ungeheuer stark vom p_H, der Fließgeschwindigkeit und der Anwesenheit anderer Elektrolyte abhängig ist. So erschien es zu Beginn der Untersuchungen aussichtslos, die Bedingungen zu finden, unter denen sich die spez. Viscositäten der verschiedenen Vertreter, ähnlich wie es bei den homöopolaren Molekülkolloiden möglich ist, vergleichen lassen. Eingehende Untersuchungen vor allem an den Eukolloiden, welche unten geschildert werden, führten dann zu dem Ergebnis, daß in Lösungen von Polyacrylsäure bei einem Überschuß von

Natronlauge in bezug auf die Viscosität ganz ähnliche Verhältnisse vorliegen, wie sie in verdünnten Lösungen homöopolarer Molekülkolloide vorhanden sind.

Aus der polymerhomologen Reihe der hemikolloiden Polyacrylsäuren wurden zwei Produkte auf ihr allgemeines Viscositätsverhalten hin genauer geprüft. Die durchschnittlichen Polymerisationsgrade dieser Säuren wurden durch die Lactontitration zu 8 und zu 50 ermittelt. Sie werden im folgenden mit „Säure P 8" und „Säure P 50", ihre Natriumsalze mit „Na-Salz P 8" und „Na-Salz P 50" bezeichnet. Es wurde festgestellt, ob die Lösungen dem HAGEN-POISEUILLEschen Gesetz gehorchen, unter welchen Bedingungen und in welchen Konzentrationen η_{sp}/c konstant ist. Es wurde gefunden, daß dieses in verdünnten Lösungen bei großem Alkaliüberschuß der Fall ist, und dort ergeben sich die gesuchten Zusammenhänge zwischen Viscosität und Molekulargewicht.

a) Gültigkeit des HAGEN-POISEUILLEschen Gesetzes.

Die Lösungen der Säure P 8 und ihres Natriumsalzes gehorchen dem HAGEN-POISEUILLEschen Gesetz vollkommen. Bei Säure P 50 und ihrem Natriumsalz

Tabelle 223.

Abhängigkeit der Viscosität der Hemikolloide vom Geschwindigkeitsgefälle
Messungen im UBBELOHDEschen und OSTWALDschen Viscosimeter.

Säure P 8. 0,5 gd-mol.[1]

20°	Gf.[2]	502	10200	16800		
	η_{sp}	0,615	0,61	0,62		
60°	Gf.	1030	20800			
	η_{sp}	0,64	0,64			

Na-Salz P 8. 0,09 gd-mol.[1]

20°	Gf.	430	4460	13400		
	η_{sp}	0,89	0,88	0,88		
60°	Gf.	963	10950			
	η_{sp}	0,77	0,76			

Säure P 50. 0,004 gd-mol.

20°	Gf.	538	1040	1600	3530	7080
	η_{sp}	0,137	0,138	0,140	0,137	0,137

Säure P 50. 1,64 gd-mol.

20°	Gf.	38	102	210	434
	η_{sp}	41,5	40,9	40,7	40,6

Na-Salz P 50. 0,18 gd-mol.

20°	Gf.	96	359	818	1400	1905	2540
	η_{sp}	10,4	10,4	10,3	10,3	10,2	10,0

Na-Salz P 50. 0,53 gd-mol.

20°	Gf.	41,2	110	274	562	1145
	η_{sp}	32,3	31,9	31,8	31,8	31,8

---

[1] Gd-mol. bei Säuren auf das Mol.-Gew. der Acrylsäure = 72 bezogen. Also 0,1 gd-mol. = 0,72%. Gd-mol. beim polyacrylsauren Natrium auf das Mol.-Gew. des acrylsauren Natrium = 94 bezogen. Also 0,1 gd-mol. = 0,94%.

[2] Gf. = Mittleres Geschwindigkeitsgefälle, berechnet nach KRÖPELIN[3] nach der Gleichung

$$\text{Gf.} = \frac{8\,v}{3\,\pi\,R^3\,t}.$$

[3] KRÖPELIN, H.: Ber. Dtsch. Chem. Ges. **62**, 3056 (1929).

finden sich schon ganz geringe Abweichungen von diesem Gesetz bei kleinen Fließgeschwindigkeiten (vgl. Tabelle 223).

b) Die Abhängigkeit der Viscosität der Säuren von der Konzentration.

Die Abhängigkeit der spez. Viscosität der Säuren P 8 und P 50 von der Konzentration ist in Abb. 86 wiedergegeben. Zum Vergleich ist die Konzentrationsviscositätskurve eines hemikolloiden Polystyrols[1] eingezeichnet; während die Kurve der Säure P 8 noch keine sehr wesentlichen Unterschiede gegen den Kurvenverlauf beim Polystyrol aufweist, gibt die Säure P 50 ein abweichendes Bild. Im stark verdünnten Gebiet fällt hier ein starker Anstieg der Kurve auf, es folgt dann ein Umbiegen zu einem etwas flacheren Verlauf und im konzentrierten Gebiet wieder ein steiler Anstieg. Die η_{sp}/c-Werte haben entsprechend mit steigender Konzentration zunächst fallende Tendenz, um nach Durchlaufen eines Minimums wieder anzusteigen (s. Abb. 87). Im ganz verdünnten Gebiet haben sie auffällig hohe Werte. Die Zusammenstellung der Messungen befindet sich in Tabelle 224.

Dies Verhalten der Säuren läßt folgendes erkennen: Im stark verdünnten Gebiet sind die Säuren weitgehend dissoziiert. Hier beobachtet man die höchsten η_{sp}/c-Werte, da einmal die interionischen Kräfte zur Festlegung der Fadenionen durch Schwarmbildung führen; andererseits kann auch deren Solvatation beträchtlich sein. Bei geringer Konzentrationszunahme nimmt die Dissoziation erheblich ab; damit werden die interionischen Kräfte und die Solvatation geringer, η_{sp}/c nimmt ab. Je mehr undissoziierte Säure sich aber bildet, desto mehr nähert sich der Charakter der Säure dem eines homöopolaren Molekülkolloids wie z. B. dem des Polystyrols. Allerdings können auch hier koordi-

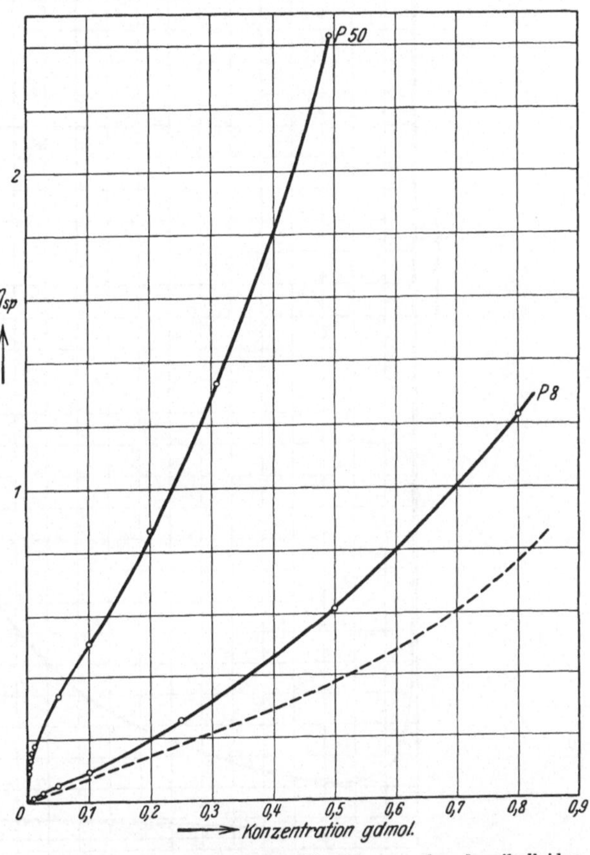

Abb. 86.   Viscositätskonzentrationskurven der hemikolloiden Säuren. (— — — Kurve für Polystyrol vom Durchschnittsmolekulargewicht 2350 nach W. HEUER.)

---

[1] Nach Messungen von W. HEUER, vgl. Tabelle 65, S. 172.

native Bindungen der Moleküle unter sich eintreten, wie dies bei der Essigsäure der Fall ist. Mit steigender Konzentration wird die Tendenz zur Bildung
solcher koordinativer Moleküle zunehmen. Der Anstieg der η_{sp}/c-Werte in
hohen Konzentrationen kann mit solchen Erscheinungen zusammenhängen,
ist aber auch darauf zurückzuführen, daß die Sollösung in eine Gellösung

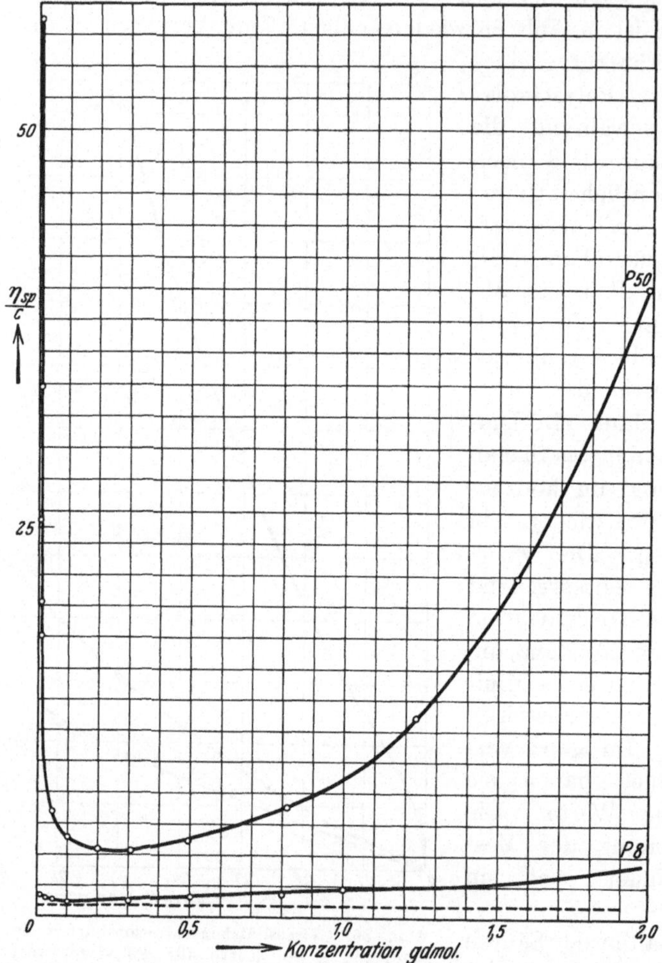

Abb. 87. η_{sp}/c-Konzentrationskurven für die hemikolloiden Säuren. (— — — Kurve für Polystyrol vom
Durchschnittsmolekulargewicht 2350 [1].)

übergeht. Wie die Bildung koordinativer Moleküle die Viscosität beeinflußt, ist
vorläufig nicht zu entscheiden, da man den Bau dieser koordinativen Teilchen
nicht kennt.

Der Verlauf der Viscositätskurven ist bei der Säure P 8 ähnlich wie beim
Polystyrol, bei der Säure P 50 ergibt sich ein ganz verschiedenes Bild. Diese
ungewöhnlichen Viscositätserscheinungen stehen also mit der Länge der Moleküle
in Zusammenhang, und zwar wirkt die Schwarmbildung mit zunehmender Länge
der Fadenionen stark viscositätserhöhend.

---

[1] Vgl. Abb. 24, S. 171.

Tabelle 224. Spezifische Viscositäten der hemikolloiden Polyacrylsäuren.
Messungen im OSTWALDschen Viscosimeter bei 20°.

| *Säure P 8.* | | | *Säure P 50.* | | |
Konzentration in Gd-mol.	η_{sp}	η_{sp}/c	Konzentration in Gd-mol.	η_{sp}	η_{sp}/c
0,01	0,013	1,3	0,0002	0,036	180
0,025	0,03	1,2	0,0005	0,073	146
0,05	0,051	1,02	0,001	0,092	92
0,1	0,096	0,96	0,002	0,114	57
0,25	0,265	1,06	0,004	0,136	34
0,5	0,618	1,24	0,006	0,153	25,5
0,8	1,23	1,54	0,008	0,162	20,3
1,0	1,75	1,75	0,01	0,180	18,0
2,0	7,01	3,5	0,05	0,34	6,8
			0,1	0,51	5,1
			0,2	0,865	4,32
			0,308	1,33	4,32
			0,494	2,43	4,92
			0,823	5,79	7,03
			1,23	15,9	12,9
			1,56	34,0	21,8
			1,973	78,9	40,0

c) Die Abhängigkeit der Viscosität der Natriumsalze von der Konzentration.

Die Viscosität der Natriumsalze übertrifft die der Säuren um ein Vielfaches. Besonders auffällig ist, daß die η_{sp}/c-Werte in verdünnter Lösung viel größer sind als in höherer Konzentration (vgl. Tabelle 225). Dies Verhalten ist dem der homöopolaren Molekülkolloide wiederum gerade entgegengesetzt (Abb. 88 und 89).

Tabelle 225.
Spezifische Viscositäten der hemikolloiden polyacrylsauren Natriumsalze.
Messungen bei 20° im OSTWALDschen Viscosimeter.

| *Na-Salz P 8.* | | | *Na-Salz P 50.* | | |
Konzentration in Gd-mol.[1]	η_{sp}	η_{sp}/c	Konzentration in Gd-mol.[1]	η_{sp}	η_{sp}/c
0,005	0,118	23,6	0,0005	0,189	378
0,01	0,20	20,0	0,001	0,338	338
0,05	0,596	11,9	0,002	0,65	325
0,1	0,968	9,68	0,004	1,05	263
0,2	1,58	7,9	0,007	1,555	222
			0,01	1,856	186
			0,03	3,65	122
			0,06	5,37	89,7
			0,1	7,46	74,6
			0,2	12,12	60,6
			0,3	16,75	55,9
			0,4	22,3	55,8
			0,5	27,35	54,8
			0,6125	34,1	55,7

[1] 0,1 gd-mol. Lösung des Salzes = 0,94%.

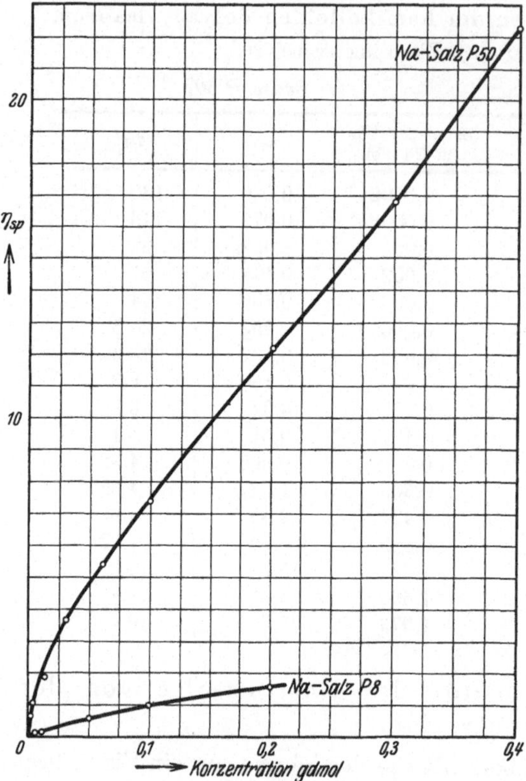

Abb. 88. Viscositätskonzentrationskurven der hemikolloiden Na-Salze.

Während beim Polystyrol die η_{sp}/c-Werte in verdünnten Lösungen konstant sind und erst in höheren Konzentrationen wachsen, beobachtet man beim polyacrylsauren Natrium gerade in verdünntem Gebiet ein sehr starkes Abfallen der η_{sp}/c-Werte und im konzentrierten Gebiet, wie aus den Kurven in Abb. 89 hervorgeht, ein Konstantwerden[1]. Dieser Kurvenverlauf ist, wie schon hier bemerkt werden soll, bei den Eukolloiden noch ausgeprägter. Im ganz verdünnten Gebiet, wo auch die Säuren dissoziiert sind, zeigen Natriumsalze und Säuren einen analogen Kurvenverlauf.

d) Vergleich der spez. Viscositäten von Natriumsalzen und Säuren.

Aufschlußreich ist ein Vergleich der spez. Viscositäten von Natriumsalzen und Säuren von verschiedenem Polymerisationsgrad. In Tabelle 226 sind die η_{sp}/c-Werte der Salze und Polyacrylsäuren in verschiedenen Konzentrationen bei 20 und 60° nebeneinandergestellt. Es ist weiter das Verhältnis der η_{sp}/c-Werte von Säure und Salz berechnet. Die spez. Viscositäten der Natriumsalze sind außerordentlich viel höher als die der Säuren. Diese Erscheinung ist einmal auf die erhöhte Solvatation der Ionen des Natriumsalzes gegenüber der Säure zurückzuführen. Zum andern ist die hohe Viscosität der Salze durch interionische Kräfte, die zwischen den Fadenionen des Natriumsalzes wirksam sind, bedingt. Der Unterschied zwischen der Viscosität von Säure und Salz ist bei den höhermolekularen Säuren erheblich größer als bei den niedrigen Gliedern der Reihe. Während die Viscosität der Säure P 50 nur 9% der Viscosität ihres Natriumsalzes beträgt, ist die Viscosität der

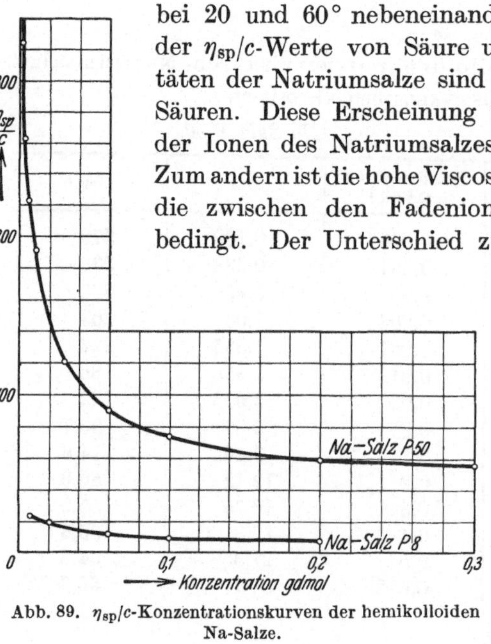

Abb. 89. η_{sp}/c-Konzentrationskurven der hemikolloiden Na-Salze.

---

[1] Von einer Erklärung soll hier vorläufig abgesehen werden. Es möge hier eine Beschreibung der Phänomene genügen, welche die Kompliziertheit der Viscositätserscheinungen bei den verschiedenen Stoffen zeigt.

Tabelle 226. **Vergleich der spezifischen Viscositäten von polyacrylsaurem Natrium und Polyacrylsäure.**

Durchschnitts-polymeri-sationsgrad	0,5 gd-mol.[1] 20° η_{sp}/c-Werte		$\dfrac{\eta_{sp}/c\text{-Säure}}{\eta_{sp}/c\text{-Salz}}$	0,5 gd-mol.[1] 60° η_{sp}/c-Werte		$\dfrac{\eta_{sp}/c\text{-Säure}}{\eta_{sp}/c\text{-Salz}}$
	Säure	Na-Salz		Säure	Na-Salz	
12—13 {	1,19	6,73	0,18	1,29	6,32	0,20
	1,28	6,94	0,18	1,34	6,84	0,20
15	1,42	8,78	0,16	1,54	8,25	0,19
17	1,87	11,7	0,16	2,06	11,0	0,19
17	1,96	11,8	0,17	2,16	11,1	0,19
18	2,39	16,0	0,15	2,78	15,2	0,18
26	2,81	19,9	0,14	3,22	18,7	0,17
38—42	4,37	41,4	0,11	5,26	38,4	0,14
50	4,92	54,8	0,09			
	0,1 gd-mol.[2] 20°			0,1 gd-mol.[2] 60°		
12—13 {	1,12	9,9	0,11	1,22	9,2	0,13
	1,07	10,24	0,10	1,23	9,35	0,13
15	1,28	13,2	0,10	1,49	12,2	0,12
17	1,65	18,2	0,09	1,93	16,3	0,12
17	1,69	18,4	0,09	1,97	16,7	0,12
18	2,22	23,8	0,09	2,56	22,2	0,12
26	2,83	30,3	0,09	3,28	27,99	0,12
38—42	4,17	63,0	0,07	5,05	57,8	0,09
50	5,1	74,6	0,07			

Säure P 12 18% der Viscosität ihres Salzes in 0,5 gd-mol. Lösung. Dieser Vergleich zeigt, daß bei den Natriumsalzen eine viscositätserhöhende Wirkung vorhanden ist, welche mit zunehmender Kettenlänge wächst. Dieser viscositätserhöhende Effekt kann nicht auf einer Solvatation der Ionen beruhen; dann müßte der Unterschied zwischen der Viscosität des Natriumsalzes und der Säure bei Molekülen verschiedener Kettenlänge gleich sein, da man annehmen muß, daß die Solvatation pro Grundmolekül in gleicher Konzentration die gleiche ist. Dagegen wird die Festlegung der Fadenionen durch interionische Kräfte mit der Kettenlänge stärker, da mit der Kettenlänge die Zahl der Angriffspunkte für die Festlegung wächst. Der viscositätserhöhende Einfluß der Schwarmbildung wird mit zunehmender Länge der Fadenionen immer beträchtlicher.

e) Der Einfluß der Temperatur auf die Viscosität.

Der Einfluß der Temperatur auf die Viscosität der Polyacrylsäure und ihrer Salze ist außerordentlich kompliziert. Man kann vor allem folgende Einflüsse der Temperaturerhöhung unterscheiden. Einmal wirkt Temperaturerhöhung dissoziationssteigernd. Das bedeutet nach dem oben Gesagten einen viscositätserhöhenden Faktor. Zweitens aber tritt mit steigender Temperatur eine Störung der Schwarmbildung ein, welche viscositätsvermindernd wirkt. Ebenso wirkt viscositätsvermindernd die Abnahme der Solvatation der Ionen[3]. Es wird ferner der Abstand zwischen den Molekülen größer; dieser Faktor wirkt wie bei den homöopolaren Molekülkolloiden viscositätserniedrigend mit steigender Tempe-

---

[1] 0,5 gd-mol. für die Säuren = 3,6%. 0,5 gd-mol. für die Salze = 4,7%.
[2] 0,1 gd-mol. für die Säuren = 0,72%. 0,1 gd-mol. für die Salze = 0,94%.
[3] Dadurch, daß die polymeren Moleküle des Wassers bei Temperaturerhöhung zerfallen.

Tabelle 227. Abhängigkeit der spezifischen Viscosität der Säuren von der Temperatur.

Konzentration in Gd-mol.	η_{sp} bei 20°	η_{sp} bei 60°	T.-A.[1]
Säure P 8.			
0,1	0,096	0,10	1,04
0,25	0,265	0,278	1,05
0,5	0,618	0,639	1,03
0,8	1,23	1,21	0,99
1,0	1,75	1,69	0,97
Säure P 50.			
0,02	0,29	0,315	1,09
0,9	7,7	8,1	1,05

Tabelle 228. Abhängigkeit der spezifischen Viscosität der Natriumsalze von der Temperatur.

Konzentration in Gd-mol.	η_{sp} bei 20°	η_{sp} bei 60°	T.-A.[1]
Na-Salz P 8.			
0,01	0,20	0,173	0,87
0,05	0,596	0,522	0,88
0,1	0,968	0,875	0,90
0,2	1,58	1,46	0,93
Na-Salz P 50.			
0,01	1,83	1,52	0,83
0,175	11,08	10,15	0,92

ratur. Schließlich wirkt Temperaturerhöhung auch auflösend auf die koordinativen Bindungen der Säure in höheren Konzentrationen. Wie dies die Viscosität beeinflußt, kann nicht beurteilt werden, da man den Bau der koordinativen Moleküle nicht kennt.

Die Säuren zeigen bei 60° höhere spezifische Viscosität als bei 20°. Hier überwiegt also ein viscositätssteigernder Einfluß der Temperaturerhöhung, wahrscheinlich vor allem die Dissoziationssteigerung. Die spez. Viscosität der stark dissoziierten hemikolloiden Natriumsalze nimmt dagegen mit steigender Temperatur ab. Es überwiegen hier also viscositätsvermindernde Einflüsse im Gegensatz zu den Verhältnissen bei den später beschriebenen eukolloiden Natriumsalzen, deren Viscosität mit steigender Temperatur zunimmt. Vgl. Tabelle 227 und 228.

f) Der Einfluß von Elektrolyten auf die Viscosität.

Bei Zusatz von geringen Mengen Natronlauge zur Säure tritt eine erhebliche Viscositätssteigerung ein. Bei dem Natriumgehalt, bei dem alle direkt titrierbaren, also alle freien Carboxylgruppen, mit Natrium besetzt sind[2], liegt das Maximum der Viscosität (Tabelle 229 und Abb. 90). Ein weiterer Zusatz von Natronlauge setzt die Viscosität wieder herab, den gleichen Einfluß hat Natriumchlorid auf die Viscosität des Salzes. Im Sinne der oben entwickelten Vorstellungen ist dieser Einfluß darauf zurückzuführen, daß die Festlegung der Anionen durch interionische Kräfte gelöst wird. Die Säureanionen umgeben sich mit den Ionen des Elektrolyten. Dadurch werden die Einzelmoleküle des Salzes in der Lösung als solche isoliert und von Elektrolytmolekülen umhüllt, eine Wechselwirkung zwischen den Fadenionen kann nicht mehr stattfinden. So wird die Schwarmbildung bei genügendem Elektrolytzusatz aufgehoben. Den gleichen

---

[1] T.-A. = Temperaturabhängigkeit ist der Quotient η_{sp} bei 60° : η_{sp} bei 20°. Temperaturabhängigkeiten, deren Wert größer als 1 ist, bedeuten also steigende Viscosität mit steigender Temperatur, was im folgenden auch mit „positiver Temperaturabhängigkeit" bezeichnet wird. T.-A.-Werte kleiner als 1 bedeuten geringere spezifische Viscosität mit steigender Temperatur, auch als „negative Temperaturabhängigkeit" bezeichnet.

[2] Sind alle titrierbaren Carboxylgruppen neutralisiert, so bezeichnen wir die Konzentration des Natriums in der Lösung als 100%.

viscositätsherabsetzenden Einfluß auf die Natriumsalze wie Natronlauge hat auch Natriumchlorid. Angaben hierüber finden sich bei den Eukolloiden.

Setzt man dagegen zu Polyacrylsäure geringe Mengen Natriumchlorid oder Salzsäure zu, so wird auch hier die Viscosität stark vermindert. In etwas höheren

Tabelle 229. Viscosität der Säure P 8
mit steigenden Mengen NaOH.
Säurekonzentration 0,05 gd-mol. Temp. 20°.

Na in Proz.	η_{sp}	Na in Proz.[1]	η_{sp}
0	0,05	100	0,633
50	0,509	102,5	0,596
90	0,618	105	0,588
95	0,624	110	0,532
97,5	0,627	150	0,395

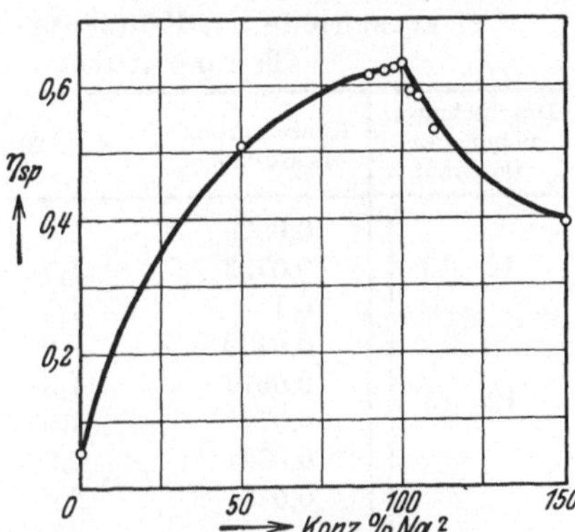

Abb. 90. Säure P 8 mit steigenden Mengen NaOH.

Konzentrationen, etwa in 0,5 molarer Kochsalzlösung, wird die Lösung trübe, es bildet sich eine Suspension. Nach einiger Zeit tritt Ausflockung ein. Größere Mengen Kochsalz wirken sofort koagulierend. Analoge Erscheinungen sind beim Eiweiß bekannt. Diese Phänomene sind wahrscheinlich damit zu erklären, daß Elektrolytzusatz die Ausbildung koordinativer Bindungen der Moleküle der freien Säure unter sich begünstigt. Es bilden sich dreidimensionale koordinative Moleküle, deren Größe so erheblich ist, daß sie nicht mehr gelöst werden können; infolgedessen tritt Ausflockung ein. Temperaturerhöhung wirkt sprengend auf die koordinativen Bindungen, die Suspension wird bei höherer Temperatur wieder aufgelöst. Dies macht sich durch eine stark positive Temperatur-

Tabelle 230. Viscosität der Säure P 8 0,25 gd-mol.
in NaCl-Lösungen.

NaCl Konz. mol.	η_{sp} bei 20°	η_{sp} bei 60°	T.-A.[3]
0,0	0,265	0,278	1,05
1,0	0,172	0,211	1,23
2,0	0,068	0,088	1,29

abhängigkeit der Viscosität bemerkbar (vgl. Tabelle 230). Bei den Natriumsalzen der Polyacrylsäuren kann ein analoger Effekt nicht auftreten, weil hier koordinative Bindungen zwischen den Ionen nicht möglich sind. Deshalb sind sie im Gegensatz zu den Säuren durch Elektrolytzusatz nicht koagulierbar.

g) Polyacrylsaures Natrium im Überschuß von Natronlauge.

Alle diese merkwürdigen, vom Verhalten homöopolarer Molekülkolloide abweichenden Eigenschaften der Polyacrylsäure und ihrer Salze verschwinden, wenn sich die Moleküle des polyacrylsauren Natrium im großen Überschuß von Natronlauge befinden. Hier verhalten sich die Fadenionen ähnlich wie Fadenmoleküle homöopolarer Molekülkolloide in Lösung. Die η_{sp}/c-Werte sind in niedrigen Konzentrationen konstant und steigen erst in höheren Konzentrationen. Die Abhängigkeit der Viscosität von der Temperatur geht zurück. Dies zeigen vor allem die Messungen bei Eukolloiden, bei denen das abnorme Verhalten der

---

[1,2] Siehe Fußnote 2 auf S. 348.   [3] Siehe Fußnote 1 auf S. 348.

Säuren und Salze noch viel ausgeprägter ist als bei den Hemikolloiden, während sie sich in 2n-Natronlauge normal verhalten. Diese Ergebnisse der Messungen an Eukolloiden wurden auch bei den Hemikolloiden bestätigt gefunden, wie Tabelle 231 zeigt.

In 2n-Natronlauge liegen also die Bedingungen vor, unter denen die η_{sp}/c-Werte verschiedener Produkte vergleichbar sind.

Die Lösungen von Natriumsalzen der Polyacrylsäuren in Natronlauge sind viel weniger viscos als neutrale Lösungen von polyacrylsauren Salzen, da die Schwarmbildung in alkalischer Lösung im Gegensatz zur neutralen verhindert wird. Dieser Rückgang der Viscosität ist wiederum um so stärker, je höher das Molekulargewicht der Säure ist (vgl. Tabelle 232).

Tabelle 231. η_{sp}/c-Werte der Na-Salze der hemikolloiden Polyacrylsäuren in 2n-Natronlauge bei verschiedenen Konzentrationen und Temperaturen.

Durchschnittspolymerisationsgrad	Konzentration in Gd-mol.	η_{sp}/c 20°	η_{sp}/c 60°
12—13	0,0539	1,6	1,6
	0,0733	1,7	1,6
	0,1	1,7	1,5
12—13	0,0439	1,9	2,0
	0,0613	1,9	1,9
	0,0798	1,9	1,9
	0,0894	2,0	1,9
15	0,076	2,0	2,0
	0,0838	2,0	2,0
17	0,0634	2,5	2,6
	0,0524	2,5	2,4
18	0,077	2,9	2,8
26	0,0443	3,4	3,4
	0,05	3,2	3,4
26	0,0425	3,3	3,3
	0,0511	3,4	3,4
38—42	0,0271	4,4	5,0
	0,0417	4,8	5,0
	0,0478	4,6	5,0

Dies zeigt nochmals, daß die hohen Viscositäten der Natriumsalze in neutraler Lösung teilweise durch Kräfte bedingt sind, die von der Länge der Ketten abhängig sind. Es sind dies interionische Kräfte, die zur Schwarmbildung führen. Vergleicht man die Viscositäten der Säuren in 0,1-gd-mol. Lösung aus Tabelle 226

Tabelle 232. η_{sp}/c-Werte von polyacrylsauren Natriumsalzen in neutraler Lösung und in 2n-Natronlauge.

Durchschnittspolymerisationsgrad	Na-Salz 0,1 gd-mol.			Na-Salz 0,1 gd-mol.		
	neutral b	in 2n-NaOH 20° a	a/b	neutral d	in 2n-NaOH 60° c	c/d
12—13	9,9	1,66	0,17	9,2	1,54	0,17
	10,24	1,92	0,19	9,35	1,94	0,21
15	13,2	2,03	0,15	12,2	2,03	0,17
17	18,2	2,50	0,14	16,3	2,57	0,16
17	18,4	2,50	0,14	16,7	2,53	0,15
18	23,8	2,86	0,12	22,2	2,77	0,12
26	30,3	3,30	0,11	27,9	3,37	0,12
38—42	63,0	4,60	0,07	57,8	5,02	0,09

mit denen der Salze in 2n-Natronlauge in gleicher Konzentration (Tabelle 232), so sind diese annähernd gleich. Daraus kann man nicht folgern, daß auch in den Lösungen der Säuren normale Moleküle vorliegen, denn diese Übereinstimmung ist eine zufällige, da die η_{sp}/c-Werte der Säuren nicht konstant sind, sondern in weiten Grenzen variieren (Tabelle 224). Dagegen sind die η_{sp}/c-Werte der Salze in 2n-NaOH in verdünnter Lösung konstant (Tabelle 231); daraus kann man hier auf das Vorliegen von Molekülen schließen.

4. Beziehungen zwischen Viscosität und Molekulargewicht bei Hemikolloiden.

Da die η_{sp}/c-Werte der Polyacrylsäure in 2n-Natronlauge unabhängig von Konzentration und Temperatur in verdünnten Lösungen konstant sind, so kann man versuchen, hier Beziehungen zwischen Molekulargewicht und den η_{sp}/c-Werten aufzufinden. Berechnet man, wie in Tabelle 233 angegeben, den K_m-Wert der verschiedenen hemikolloiden Produkte, so erhält man als Durchschnittswert der Messungen $K_m = 2 \cdot 10^{-3}$. Bei der Berechnung der Viscositätsmessungen wurde davon abgesehen, die Endgruppen in den Ketten besonders zu berücksichtigen, obwohl diese bei kürzeren Ketten

Tabelle 233. Berechnung der K_m-Konstanten für Polyacrylsäure in 2n-Natronlauge.

Durchschnitts-Polymerisations-grad	Durchschnitts-Mol.-Gew.	η_{sp}/c in 2n-NaOH	$K_m = \dfrac{\eta_{sp}/c}{M}$
12,7	915	1,66	$1,8 \cdot 10^{-3}$
12	865	1,92	2,2 „
17	1200	2,50	2,1 „
18	1300	2,86	2,2 „
26	1900	3,30	1,7 „
38—42	2700—3000	4,6	1,5—1,7 „

einen prozentual größeren Teil der Moleküle ausmachen als bei langen. Eine exakte Bestimmung erübrigt sich hier, da die Molekulargewichtsbestimmung durch die Lactontitration keine scharfen Werte liefert und deshalb diese Fehler nicht in Betracht kommen. Daß die Werte der K_m-Konstante sehr erheblich schwanken, ist zu verstehen, wenn man bedenkt, daß die vorliegenden Polyacrylsäuren unfraktionierte Gemische einer polymerhomologen Reihe sind[1].

Auffällig ist der hohe Wert der Konstante mit $2 \cdot 10^{-3}$. Dies entspricht einer $K_{äqu}$-Konstante von $10 \cdot 10^{-4}$*. Der Wert der $K_{äqu}$-Konstante für homöopolare Moleküle ist um eine Zehnerpotenz kleiner, nämlich zu $0,85 \cdot 10^{-4}$** gefunden worden. Würde man mit Hilfe dieser Konstanten das Molekulargewicht der Polyacrylsäure berechnen, so ergäbe sich ein 10 mal größeres Molekulargewicht, als es durch die Lactontitration gefunden wurde. Diese hohe K_m-Konstante bedeutet also, daß diese Stoffe mit relativ kurzen Fadenmolekülen schon sehr hochviscose Lösungen liefern, auch wenn die Schwarmbildung verhindert ist, wie es in diesen Lösungen bei Gegenwart von überschüssiger Natronlauge der Fall ist.

Würde man die η_{sp}/c-Werte, die für polyacrylsaures Natrium in neutraler Lösung gefunden wurden, der Berechnung des Molekulargewichtes zugrunde legen und für die Berechnung die für die homöopolaren Moleküle gefundene Beziehung $M = \eta_{sp}(\text{äqu})/0,85 \cdot 10^{-4}$** benutzen, so würden sich ungeheure Werte für das Molekulargewicht der Polyacrylsäure berechnen. Für einen η_{sp}/c-Wert von 60, wie er beispielsweise für das Natriumsalz vom Polymerisationsgrad 40 (Molekulargewicht 2900) gefunden wurde, ergäbe sich ein Molekulargewicht von 350 000 entsprechend einem Polymerisationsgrad von 5000. Hieraus geht hervor, daß man nicht ohne weiteres aus einer hohen Viscosität der Lösung auf ein hohes

---

[1] Die Fraktionierung der Gemische, die zur Erzielung einwandfreier Ergebnisse durchgeführt werden müßte, stößt bei diesen Produkten auf Schwierigkeiten.
* Das Grundmolekül der Polyacrylsäure enthält 2 Ketten-C-Atome.
** STAUDINGER, H.: Ber. Dtsch. Chem. Ges. **65**, 267 (1932). Vgl. S. 68.

Molekulargewicht schließen darf; man muß vielmehr bei der Beurteilung des Molekulargewichtes auf Grund von Viscositätsmessungen außerordentlich vorsichtig vorgehen und den Bau der Teilchen erst durch chemische Untersuchungen aufklären.

III. Viscositätsmessungen an niedermolekularen Polycarbonsäuren.

Die Viscositäten des polyacrylsauren Natriums in 2n-Natronlauge, also unter Bedingungen, unter denen die Moleküle isoliert sind, ergaben eine im Vergleich zu den homöopolaren Molekülkolloiden abnorm hohe K_m-Konstante. Da die Bestimmung des Polymerisationsgrades der Polyacrylsäuren durch Titration evtl. ungenaue Werte ergibt, war es wichtig, diese Konstante, die die Ermittlung des Molekulargewichts der Eukolloide ermöglichen sollte, noch auf andere Weise nachzuprüfen. Deshalb wurden Viscositätsmessungen an einfachen Polycarbonsäuren vorgenommen, um zu erfahren, ob man bei diesen Stoffen bekannter Konstitution die gleichen abnormen Viscositätserscheinungen beobachtet. Wichtig ist, daß man bei diesen Untersuchungen die Viscositäten der Polycarbonsäureester bekannter Konstitution mit der von Säuren, Natriumsalzen und Natriumsalzen in überschüssiger Natronlauge vergleichen kann. Die Viscositäten der Ester lassen sich nach der Formel[1] $\eta_{sp}(1,4\%) = x + ny*$ berechnen. Dieser berechnete Wert stimmt, wie Tabelle 234 zeigt, mit dem bei der Messung der Ester in Butylacetat gefundenen der Größenordnung nach überein. Unstimmigkeiten dürften darauf zurückzuführen sein, daß die Moleküle dieser Ester keine ausgesprochene Fadenform besitzen[2].

Tabelle 234. Ester von Polycarbonsäuren in Butylacetat.

	η_{sp} (1,4%) berechnet	η_{sp} (1,4%) gefunden 20°	60°
Bernsteinsäure-dimethylester	0,0128	0,0153	0,0109
Glutarsäure-diäthylester	0,0176	0,0146	0,0116
Adipinsäure-diäthylester	0,0192	0,019	0,014
Pentan-1,3,5-tricarbonsäure-triäthylester	0,0208	0,0235	0,020
Pentan-1,3,5-hexacarbonsäure-hexaäthylester	0,0208	0,0272	0,0215

Ganz andere Resultate ergaben die Viscositätsmessungen an Polycarbonsäuren und ihren Salzen. Die Viscosität der Säuren wurde unter der Annahme, daß einfache Moleküle vorliegen, nach derselben Formel wie bei den Estern $\eta_{sp}(1,4\%) = 1,6 \cdot 10^{-3} \cdot n$ (n = Zahl der Atome in der Kette) berechnet[3]. Tatsächlich ist die Viscosität der Säuren erheblich größer als der berechnete Wert

---

[1] STAUDINGER, H., u. EIJI OCHIAI: Ztschr. f. physik. Ch. (A) **158**, 43 (1931). Vgl. Formel (11) S. 61.

* n = Zahl der Kettenkohlenstoffatome,

y = Viscositätsbetrag eines C-Atoms resp. einer CH_2-Gruppe in 1,4proz. Lösung = $1,6 \cdot 10^{-3}$,

x = Viscositätsbetrag der O-Atome in 1,4proz. Lösung, für Butylacetat als Lösungsmittel nicht bekannt. Es wurde deshalb für jedes O-Atom in der Kette der Betrag für eine CH_2-Gruppe eingesetzt, so daß die Gleichung lautet: $\eta_{sp}(1,4\%) = 1,6 \cdot 10^{-3} \cdot n$ (n = Zahl der Atome in der Kette).

[2] Diese Abweichungen von den berechneten Werten sind von besonderem Interesse, da man aus ihnen evtl. auf die Gestalt der Moleküle schließen kann.

[3] $1,6 \cdot 10^{-3} = y$; ein besonderer Wert für die O-Atome wurde auch hier nicht angesetzt; es wurden vielmehr die O-Atome als Kettenatome gezählt.

(vgl. Tabelle 235). Es liegen also hier keine einfachen Fadenmoleküle vor, sondern es sind wie bei den Fettsäuren koordinative Bindungen zwischen den Molekülen eingetreten. Noch höher ist die Viscosität der Salze; im Überschuß von Natronlauge sinkt die Viscosität wieder. Sie ist aber immer noch größer als

Tabelle 235. Polycarbonsäuren und Salze in Wasser und 2n-Natronlauge.

| | η_{sp} (1,4%) berechnet | η_{sp} (1,4%) gefunden | | | | | |
| | | Säure | | Na-Salz | | in 2n-NaOH | |
		20°	60°	20°	60°	20°	60°
Bernsteinsäure .	0,0096	0,024	0,021	0,045	0,042	0,027	0,025
Glutarsäure . .	0,0112	0,028	0,025	0,076	0,068	0,039	0,034
Adipinsäure . .	0,0128					0,046	0,038
Pentan-1,3,5-tricarbonsäure	0,0144	0,031	0,027	0,084	0,079	0,045	0,038

die Viscosität der Säuren[1] (vgl. Tabelle 235). Man trifft hier also dieselben Verhältnisse wie bei der Polyacrylsäure; nur ist hier der Unterschied der Viscosität in neutraler und alkalischer Lösung nicht so beträchtlich wie bei den viel höhermolekularen Polyacrylsäuren (vgl. Tabelle 236).

Tabelle 236. Spezifische Viscositäten der Salze von Polycarbonsäuren in neutraler und alkalischer Lösung.

| | η_{sp} (1,4%) bei 20° | | a/b |
	neutral b	in 2n-NaOH a	
Polyacrylsaures Natrium P 40	12,3	0,9	0,07
Polyacrylsaures Natrium P 12	1,93	0,32	0,17
Na-Salz der Pentan-1,3,5-tricarbonsäure . . .	0,084	0,045	0,53
Glutarsaures Natrium	0,076	0,039	0,51

Das vorliegende Zahlenmaterial genügt nicht, um aus den Viscositätsmessungen an niedermolekularen Polycarbonsäuren die Größe der Konstante der Polyacrylsäure berechnen zu können. Die Messungen zeigen aber, daß die $K_{\text{äqu}}$-Konstante der Salze einen wesentlich höheren Wert haben muß als die von homöopolaren Verbindungen.

IV. Eukolloide Polyacrylsäuren.

1. Der Einfluß von Sauerstoff auf die Polymerisation von Acrylsäure.

Eukolloide Polyacrylsäuren entstehen bei der Polymerisation von reiner Acrylsäure, ebenfalls beim Erhitzen wässeriger Lösungen in Gegenwart von geringen Mengen von Katalysatoren.

Ganz reine Acrylsäure, die unter Anwendung von völlig peroxydfreiem Äther hergestellt ist, polymerisiert in sauerstoffreier wässeriger Lösung in Stickstoff- oder Kohlendioxydatmosphäre auch beim langen Erhitzen auf höhere Temperaturen nicht (vgl. Tabelle 237). Analoge Beobachtungen wurden von A. SCHWALBACH[2] gemacht, der unter völligem Luftausschluß reines Vinylacetat tagelang

---

[1] Die solvatisierten Na-Ionen wirken kettenverlängernd.
[2] STAUDINGER, H., u. A. SCHWALBACH: Liebigs Ann. **488**, 32 (1931).

auf 150° erhitzte, ohne daß Polymerisation eintrat. Reine unverdünnte Acrylsäure polymerisiert dagegen beim Erhitzen immer.

Tabelle 237. Polymerisationsversuche mit peroxydfreier Acrylsäure in wässeriger Lösung ohne Katalysator.

Acrylsäure Konz.	Temperatur	Dauer	Gasfüllung	t_2/t_1
15 mol.	100°	11 Tage	N_2	1,00
1 mol.	100°	11 „	CO_2	1,01
1 mol.	100°	11 „	N_2	1,01
1 mol.	150°	11 „	N_2	1,00
1 mol.	180—200°	11 „	N_2	1,00
1 mol.	180°	11 „	N_2	1,07

t_2 = Ausflußzeit der Lösung nach 11tägigem Erhitzen.
t_1 = Ausflußzeit der Lösung vor Beginn des Erhitzens.
BAYERsche Probe stets positiv.

2. Herstellung der Eukolloide.

Die durch Erhitzen unverdünnter Acrylsäure erhaltenen eukolloiden Polymerisationsprodukte sind glas- oder porzellanartige inhomogene Massen. Ihre
Eigenschaften sind von mancherlei Zufälligkeiten, wie der Polymerisationsgeschwindigkeit und dem Auftreten örtlicher Überhitzungen, abhängig und
schwer zu reproduzieren[1]. Außerdem sind diese Produkte nur teilweise und schwer
löslich; mit Wasser quellen sie in der Regel nur, ohne sich zu lösen.

Die für die nachfolgenden Viscositätsuntersuchungen verwendeten Säuren
wurden durch Polymerisation von peroxydhaltiger Acrylsäure — der Peroxydgehalt stammt aus dem bei der Herstellung verwendeten Äther — in wässeriger
Lösung erhalten. Da der Peroxydgehalt schwer abzumessen ist, war es wichtig,
daß für alle folgenden Polymerisationsversuche ein und dieselbe Acrylsäure verwendet wurde. Der Polymerisationsgrad der auf diese Weise herstellbaren Produkte ist von derKonzentration der verwendeten Lösung abhängig (Tabelle 238).

Tabelle 238. Polymerisation von peroxydhaltiger Acrylsäure in
wässeriger Lösung in Bombenröhren bei 100°.

Acrylsäure Konz.	Erhitzungs-dauer	η_{sp} (Gf. 1000) in 0,5 gd-mol. Lösung	Durchschnitts-polymerisations-grad	Durchschnitts-molekular-gewicht
1 mol.	11 Tage	8,7	90	6500
2 mol.	11 „	15,5	115	8300
4 mol.	11 „	20,7	140	10000

Je verdünnter die Lösungen sind, desto geringer ist das Molekulargewicht der
entstehenden Produkte. Diese Erscheinung ist auch bei anderen Polymerisationen in Lösung, beispielsweise der des Indens[2] beobachtet worden. Aus den
erhaltenen hochviscosen Lösungen wurde durch Verdampfen des Wassers im
Vakuum die polymere Säure gewonnen.

---

[1] STAUDINGER, H., u. H. W. KOHLSCHÜTTER: Ber. Dtsch. Chem. Ges. **64**, 2092 (1931).
[2] STAUDINGER, H., A. A. ASHDOWN, M. BRUNNER, H. A. BRUSON u. S. WEHRLI: Helv.
chim. Acta **12**, 934 (1929).

3. Eigenschaften der eukolloiden Polyacrylsäuren.

Diese eukolloiden Polyacrylsäuren halten ihr Lösungsmittel, das Wasser, sehr fest gebunden. Nur durch mehrere Monate langes Trocknen im Hochvakuum bei 60° gelingt es, sie einigermaßen wasserfrei zu erhalten. Sie sind harte, völlig klare, farblose Gläser und Filme. Es ist nicht möglich, sie zu pulverisieren.

Diese Säuren, die nach ihrem Polymerisationsgrad mit P 140, P 115 und P 90 bezeichnet werden, geben schon in geringer Konzentration hochviscose Lösungen, welche starke Abweichungen vom HAGEN-POISEUILLEschen Gesetz zeigen. Die wässerigen Lösungen dieser eukolloiden Polyacrylsäuren werden von Sauerstoff nicht angegriffen. Ihre Viscosität bleibt auch beim Schütteln mit Luft unverändert. Nur in Gegenwart von metallischem Kupfer tritt ein oxydativer Abbau der Moleküle ein. Die Natriumsalze dieser Säuren sind jedoch sehr sauerstoffempfindlich. Ihre Viscosität sinkt auf einen Bruchteil, wenn man sie mit Luft schüttelt (vgl. Tabelle 239).

Tabelle 239. Der Einfluß von Sauerstoff auf die Viscosität der Lösungen von Polyacrylsäure und polyacrylsaurem Natrium.

| | | Spezifische Viscositäten | | |
| | der ursprüng-lichen Lösung | 71 Stunden geschüttelt | | 4 Tage über Cu stehen gelassen |
		in Stickstoff	in Luft	
Säure P 140	4,06	4,15	4,13	2,56
Säure P 115	2,76	2,78	2,82	0,77
Na-Salz P 140	83,0	79,6	32,7	22,2
Na-Salz P 115	44,0	43,0	27,0	8,45

Wichtig ist, daß die Lösungen der Polyacrylsäure und ihrer Salze durch Schütteln keine Veränderung ihrer Viscosität erleiden, also nicht tixotrop sind. Diese Unempfindlichkeit gegen mechanische Einflüsse ist, wie beim Polystyrol[1], die wesentliche Voraussetzung für Viscositätsuntersuchungen, welche das Auffinden eines Zusammenhanges zwischen Viscosität und Molekulargewicht zum Ziel haben.

4. Viscositätsuntersuchungen an Eukolloiden.

a) Methodisches.

Viscositäten, welche stark mit der Fließgeschwindigkeit variieren, können bei gleichem mittleren Geschwindigkeitsgefälle miteinander verglichen werden[2]. Die direkte Messung bei gleichem Geschwindigkeitsgefälle läßt sich praktisch nur sehr unbequem erfüllen. Es ist aber leicht, aus der gemessenen Abhängigkeit der Viscosität von der Fließgeschwindigkeit die Viscositäten für gleiche Geschwindigkeitsgefälle zu ermitteln. Es geschieht dies, indem man die gemessenen Viscositäten in Abhängigkeit von dem Geschwindigkeitsgefälle graphisch aufträgt, die Punkte durch eine Kurve verbindet und dann für jedes beliebige Geschwindigkeitsgefälle zwischen den Meßpunkten auf der Kurve die dazugehörigen Viscositäten abliest. Die Berechnung des Geschwindigkeitsgefälles (Gf.) geschieht nach der von KRÖPELIN[3] angegebenen Gleichung:

$$\text{Gf.} = \frac{8v}{3\,\pi\,R^3\,t}$$

---

[1] STAUDINGER, H., u. K. FREY: Ber. Dtsch. Chem. Ges. **62**, 2909 (1929).

[2] Es ist allerdings noch zu untersuchen, ob unter diesen Bedingungen wirklich vergleichbare Zustände vorliegen. Vgl. S. 190.

[3] KRÖPELIN, H.: Ber. Dtsch. Chem. Ges. **62**, 3056 (1929).

($v =$ durch das Viscosimeter fließende Flüssigkeitsmenge, $R =$ Capillarenradius, $t =$ Ausflußzeit).

Die Messungen wurden in UBBELOHDESchen und kleinen OSTWALDSchen Viscosimetern mit verschiedenen Capillarenweiten ausgeführt. Die Bestimmung des Drucks für die Ubbelohdemessungen geschah mit Hilfe eines Quecksilbermanometers; für Drucke von weniger als 10 cm Quecksilber wurde ein Wassermanometer benutzt.

Die KRÖPELINSche Formel zur Berechnung des Geschwindigkeitsgefälles ist ohne weiteres nur für Ubbelohdemessungen anwendbar, da hier das Geschwindigkeitsgefälle während der ganzen Messung praktisch konstant bleibt. Im OSTWALDSchen Viscosimeter dagegen sinkt das Geschwindigkeitsgefälle mit dem geringer werdenden hydrostatischen Druck. Bei der Berechnung des Geschwindigkeitsgefälles nach der KRÖPELINSchen Formel erhält man einen Mittelwert, welcher aber für einen Vergleich von Ostwald- und Ubbelohdeviscositäten richtige Werte liefert. Die im OSTWALDSchen Viscosimeter gemessene Viscosität liegt auf der für die Ubbelohdeviscositäten ermittelten Kurve (vgl. Abb. 103).

Die Umrechnung auf gleiches Geschwindigkeitsgefälle ist notwendig, weil wegen der Größe der Abweichungen vom HAGEN-POISEUILLESchen Gesetz ein Vergleich der Viscositäten bei gleichem Druck ein falsches Bild gibt, was an folgendem Beispiel gezeigt sei.

In der Tabelle 240 sind die spez. Viscositäten einer Lösung von polyacrylsaurem Natrium bei gleichen Drucken und bei gleichen Geschwindigkeitsgefällen für 20 und 60° zusammengestellt[1].

Tabelle 240.

Spezifische Viscositäten bei gleichem Druck			Spezifische Viscositäten bei gleichem Gf.		
cm Hg	20°	60°	Gf.	20°	60°
15	42,9	38,2	250	36,0	39,5
30	31,3	29,0	500	28,2	34,1
60	21,2	20,2	1000	21,4	26,8

Man erkennt, daß die Temperaturabhängigkeit in Wirklichkeit, d. h. bei gleichem Geschwindigkeitsgefälle verglichen, stark positiv ist, beim Vergleich bei gleichen Drucken aber negativ erscheint.

Vergleichbare Werte stellen nur die spez. Viscositäten dar. Will man beispielsweise die Größe der Abweichungen vom HAGEN-POISEUILLESchen Gesetz bei verschiedenen Konzentrationen miteinander vergleichen, so erhält man, vor allem für niedrige Viscositäten, beim Vergleich relativer und spez. Viscositäten ein ganz verschiedenes Bild. Der unveränderliche Summand 1, der in der relativen Viscosität enthalten ist ($\eta_r = \eta_{sp} + 1$), verdeckt bei geringen Viscositäten große Abweichungen der η_{sp}-Werte. Tabelle 241 zeigt, daß die spez. Viscositäten

Tabelle 241. Änderung der Viscosität mit dem Gf.

Kon-zentration in Gd-mol.	Relative Viscositäten			Spezifische Viscositäten		
	bei Gf.		$\dfrac{\eta_r \text{ (Gf. 2000)}}{\eta_r \text{ (Gf. 7000)}}$	bei Gf.		$\dfrac{\eta_{sp} \text{ (Gf. 2000)}}{\eta_{sp} \text{ (Gf. 7000)}}$
	2000	7000		2000	7000	
0,0025	1,48	1,31	1,13	0,48	0,31	1,55
0,1	4,25	3,7	1,15	3,25	2,7	1,20

[1] Vgl. dazu die Ausführungen über die Temperaturabhängigkeit des Eupolystyrols S. 208.

der Polyacrylsäure in starker Verdünnung größere Abweichungen vom HAGEN-POISEUILLEschen Gesetz zeigen als in hohen Konzentrationen. Beim Vergleich der relativen Viscositäten treten diese Unterschiede nicht hervor.

b) Die Abweichungen der Viscosität der Eukolloide vom HAGEN-POISEUILLEschen Gesetz.

Zum Unterschied von den Hemikolloiden zeigen die eukolloiden Polyacrylsäuren mit steigendem Molekulargewicht größer werdende Abweichungen vom HAGEN-POISEUILLEschen Gesetz. Die Größe der Abweichungen ist bei Säure und Salz nicht gleich, obwohl sie gleiche Kettenlänge haben. Während die Natriumsalze in allen Konzentrationen sehr starke Abweichungen zeigen, sind bei den Säuren mit Ausnahme der sehr geringen Konzentrationen viel kleinere Abweichungen vorhanden. Nur in niedrigen Konzentrationen sind die Viscositäten der Säuren so stark vom Geschwindigkeitsgefälle abhängig wie die der Salze. Ein Beispiel gibt Tabelle 242[1]. Da in sehr verdünnter Lösung die Ionisation am größten ist, so zeigt dieser Zusammenhang, daß die Abweichungen vom HAGEN-POISEUILLEschen Gesetz von der Ionisation der Moleküle abhängig sind und durch interionische Kräfte — also durch die Schwarmbildung der Fadenionen — hervorgerufen werden. Das in allen Konzentrationen stark dissoziierte Natriumsalz zeigt stets sehr große Abweichungen. Die Säure zeigt Abweichungen dieser Größe nur in großer Verdünnung, wo auch sie weitgehend ionisiert ist. Mit steigender Konzentration gehen bei der Säure Dissoziation und damit die Abweichungen vom HAGEN-POISEUILLEschen Gesetz zurück.

Tabelle 242. Abhängigkeit der Viscosität der Säure P 140 und ihres Natriumsalzes vom Gf.

Konzentration in Gd-mol.	Spezifische Viscositäten bei Gf.		$\dfrac{\eta_{sp}\ (Gf.\ 500)}{\eta_{sp}\ (Gf.\ 1500)}$
	500	1500	
Säure P 140.			
0,0025	0,98	0,56	1,75
0,0535	2,4	2,14	1,12
0,5	21,8	19,8	1,10
0,612	41,6	34,7	1,20
Na-Salz P 140.			
0,0025	2,92	1,73	1,69
0,09	45,6	27,9	1,64

Die Abweichungen vom HAGEN-POISEUILLEschen Gesetz treten also immer im Gebiet besonders hoher η_{sp}/c-Werte auf. Bei homöopolaren Molekülkolloiden werden in verdünnten Lösungen nur dann hohe η_{sp}/c-Werte beobachtet, wenn die Moleküllänge groß ist. Bei heteropolaren Molekülkolloiden hat man bei ein und demselben Stoff wechselnde η_{sp}/c-Werte, je nachdem sich dieses Produkt im dissoziierten oder undissoziierten Zustand befindet. Die hohe Viscosität beruht hier auf der Schwarmbildung der Fadenionen infolge der interionischen Kräfte. Bei genügender Länge der Fadenionen (von ca. 150 Å an) tritt so gewissermaßen eine Strukturierung in der Lösung ein, da die interionische Kraft von einem Fadenion auf benachbarte und von diesen wieder auf weitere Fadenionen wirksam ist. Die so bewirkte Festlegung der Fadenionen wird durch die mechanische Bewegung zerstört. Zum Unterschied von den homöopolaren Molekülkolloiden treten hier schon bedeutende Abweichungen vom HAGEN-POISEUILLEschen Gesetz bei relativ geringer Kettenlänge ein. Bei jenen sind stärkere Abweichungen erst bei einer Kettenlänge von 3500 Å[2] vorhanden, während

---

[1] Vgl. auch Tabellen 262 bis 265.   [2] Vgl. S. 185 u. 188.

die Abweichungen bei der Polyacrylsäure von einer Kettenlänge von etwa 300 Å an schon sehr erheblich sein können. Es sind bei zehnfach kürzeren Ketten hier schon Abweichungen vorhanden, welche die der homöopolaren Molekülkolloide bei weitem übertreffen.

Die anormalen Viscositätserscheinungen, welche durch die Größe der Fadenmoleküle hervorgerufen werden, wurden als *makromolekulare Viscositätserscheinungen* bezeichnet. Die anormalen Viscositätserscheinungen, die hier durch interionische Kräfte zwischen den polywertigen Fadenionen bedingt sind, kann man als „*polyionische Viscositätserscheinungen*" bezeichnen oder auch als Viscositätsanomalien infolge Schwarmbildung.

c) Der Einfluß der Temperatur auf die Viscosität der Eukolloide.

Die Viscosität der eukolloiden Säuren ist wie die der hemikolloiden bei 60° höher als bei 20°; die Temperaturabhängigkeit ist hier noch erheblicher (vgl. Tabelle 243). Die Erklärung ist hier dieselbe wie bei den Hemikolloiden. Bei Temperaturerhöhung nimmt die Dissoziation und so die Wirkung der interionischen Kräfte zwischen den Fadenanionen zu.

Tabelle 243. Die Viscosität der eukolloiden Säuren bei 20 und 60°.

Konzentration 0,5 gd-mol.	Spezifische Viscosität bei Gf. 1000		T.-A.[1]
	20°	60°	
Säure P 140 . .	21,8	28,2	1,29
Säure P 115 . .	15,5	19,1	1,23
Säure P 90 . .	8,7	10,45	1,20

Tabelle 244. Die Viscosität der eukolloiden Natriumsalze bei 20 und 60°.

Konzentration 0,05 gd-mol.	Spezifische Viscosität bei Gf. 1500		T.-A.[1]
	20°	60°	
Na-Salz P 140 .	18,8	23,15	1,23
Na-Salz P 115 .	14,1	16,8	1,19
Na-Salz P 90 .	11,25	12,2	1,08

Die eukolloiden polyacrylsauren Natriumsalze sind ebenfalls positiv temperaturabhängig (vgl. Tabelle 244), allerdings nicht so stark wie die Säuren. Sie unterscheiden sich hierin von den Hemikolloiden, deren Salze negativ temperaturabhängig sind. Gleiche Beobachtungen wurden bei den Polystyrolen gemacht; auch dort zeigen die Eukolloide positive, die Hemikolloide negative Temperaturabhängigkeit[2].

d) Der Einfluß der Temperatur auf die Abweichungen vom Hagen-Poiseuilleschen Gesetz.

Charakteristisch für die Säuren ist, daß die Abweichungen vom Hagen-Poiseuilleschen Gesetz bei 60° ebenso groß oder größer sind als bei 20°, während bei den Natriumsalzen das Umgekehrte der Fall ist. Die Kurven in Abb. 91, welche die Viscosität in Abhängigkeit vom Geschwindigkeitsgefälle darstellen, zeigen dies deutlich. Im Gegensatz zu den Kurven der Säuren nähern sich die 20- und 60°-Kurven des Natriumsalzes einander, da das Natriumsalz bei 60° geringere Abweichungen vom Hagen-Poiseuilleschen Gesetz zeigt als bei 20°. Einen ganz ähnlichen Kurvenverlauf wie beim Natriumsalz findet man auch

---

[1] Vgl. Anm. von Tabelle 227.
[2] Vgl. die Ausführungen dazu S. 206.

beim Eupolystyrol. Bei 60° ist die Viscosität bei hohem Geschwindigkeitsgefälle größer als bei 20°. Bei 20° tritt infolge der geringeren Wärmebewegung leichter eine Ordnung der Fadenmoleküle ein, infolgedessen ist die Viscosität geringer als bei 60°. Dagegen verschwinden die Unterschiede bei sehr kleinem Geschwindigkeitsgefälle, wo die ordnende Kraft auf die Moleküle gering ist. Bei kleinem Geschwindigkeitsgefälle zeigen die Natriumsalze keine positive Temperaturabhängigkeit mehr. Bei den Säuren tritt bei 60° eine zunehmende Dissoziation auf. Deshalb sind sie auch bei kleinem Geschwindigkeitsgefälle bei 60° höherviscos als bei 20°; die 60- und 20°-Kurven nähern sich auch bei geringen Fließgeschwindigkeiten einander nicht.

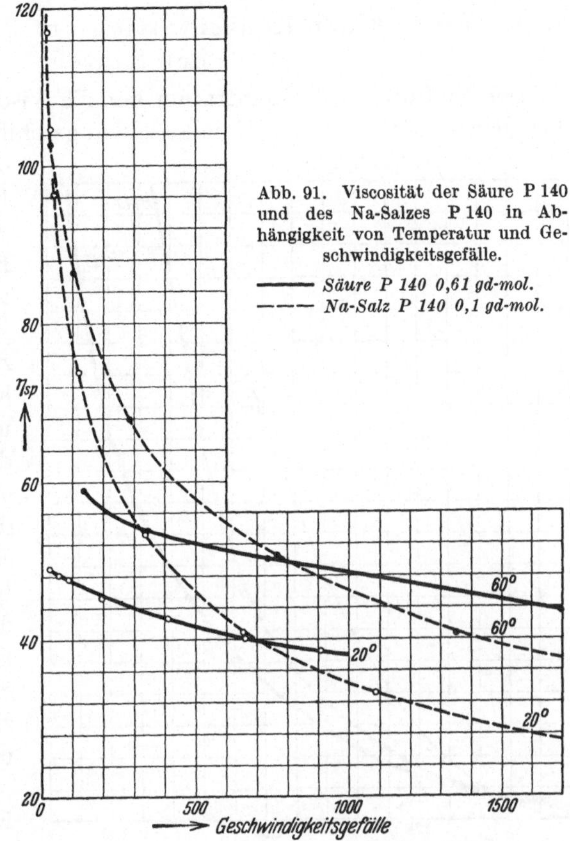

Abb. 91. Viscosität der Säure P 140 und des Na-Salzes P 140 in Abhängigkeit von Temperatur und Geschwindigkeitsgefälle.

——— *Säure P 140 0,61 gd-mol.*
– – – *Na-Salz P 140 0,1 gd-mol.*

Tabelle 245. Die Viscosität der Säuren in verschiedenen Konzentrationen. Messungen in OSTWALDschen Viscosimetern bei 20°.

Säure P 140.   *Säure P 115.*

Konzentration in Gd-mol.	η_{sp}	η_{sp}/c	Gf.	Konzentration in Gd-mol.	η_{sp}	η_{sp}/c	Gf.
0,001	0,64	640	448	0,001	0,41	410	518
0,003	0,96	320	375	0,003	0,79	263	410
0,006	1,31	218	318	0,006	0,975	162,5	372
0,01	1,48	148	297	0,01	1,22	122	332
0,02	1,77	88,5	266	0,015	1,34	89,4	314
0,03	2,06	68,7	240	0,02	1,495	74,8	295
0,04	2,25	56,3	226	0,025	1,63	65,2	280
0,06	2,53	42,2	208	0,03	1,72	57,4	270
0,093	3,04	32,7	267	0,04	1,85	46,2	258
0,2055	5,06	24,6	178	0,05	2,02	40,4	244
0,317	9,23	29,1	105	0,075	2,335	31,2	220
0,412	15,45	37,5	65,5	0,1	2,74	27,4	196
0,51	26,2	51,4	39,7	0,15	3,37	22,5	247
0,535	28,7	53,7	36,3	0,2	4,46	22,3	197
0,575	40,8	71,0	26,5	0,2406	5,38	22,4	169
0,61	53,0	87,0	20,0	0,335	8,26	24,6	116
0,74	104,7	141,5	9,97	0,514	19,1	37,2	53,7
0,818	160,5	196,2	6,67	0,73	44,4	60,9	23,7
				0,778	60,8	78,2	17,4
				0,818	75,8	92,7	14,0

e) Der Einfluß der Konzentration auf die Viscosität der eukolloiden Säuren.

Der Einfluß der Konzentration auf die Viscosität der Säuren ist qualitativ der gleiche, wie er bei den Hemikolloiden geschildert worden ist. Quantitativ ist das Bild jedoch von dem der Hemikolloide sehr verschieden, wie schon bei Betrachtung der Kurven in Abb. 92 und 93 hervorgeht.

Eine Änderung des Dissoziationsgrades der Säure bewirkt hier besonders große Viscositätsunterschiede, weil die Festlegung der Fadenionen in der Lösung durch interionische Kräfte wegen der Länge der Säureanionen besonders ausgeprägt ist. Deshalb beobachtet man im ganz verdünnten Gebiet ungewöhnlich hohe Viscositäten und entsprechende η_{sp}/c-Werte der dissoziierten Säure (vgl. Tabelle 245 und Abb. 94).

Es folgt dann ein flacherer Kurvenverlauf. Im konzentrierteren Gebiet steigt die Viscosität, wie bei homöopolaren Molekülkolloiden beim Übergang in die

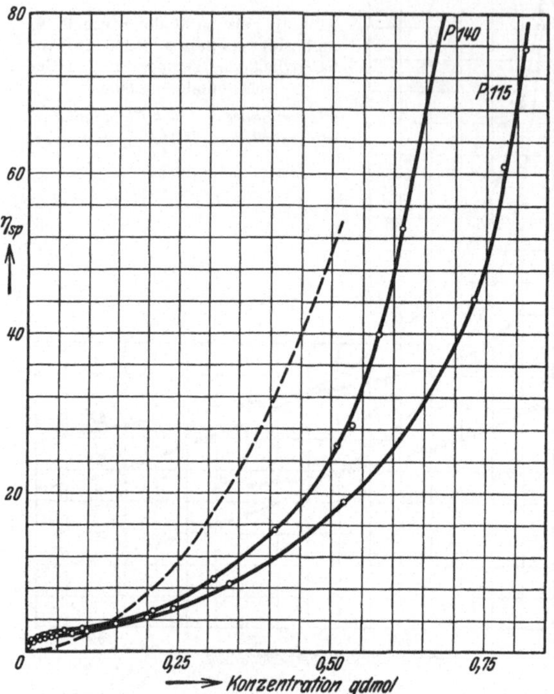

Abb. 92. Viscositätskonzentrationskurven der eukolloiden Säuren. (– – – Kurve für Polystyrol vom Durchschnittsmolekulargewicht 120000. Nach W. Heuer.)

Tabelle 246. Spezifische Viscositäten der Säure P 140 bei einem Geschwindigkeitsgefälle von 1000.

Konzentration in Gd-mol.	η_{sp}	η_{sp}/c
0,0025	0,72	288
0,0535	2,23	41,7
0,5	20,7	41,4
0,61	37,6	61,7

Gellösung, wieder an. Entsprechend wachsen auch die η_{sp}/c-Werte nach Durchlaufen eines Minimums. Den charakteristischen Verlauf der η_{sp}/c-Konzentrationskurve zeigt Abb. 94.

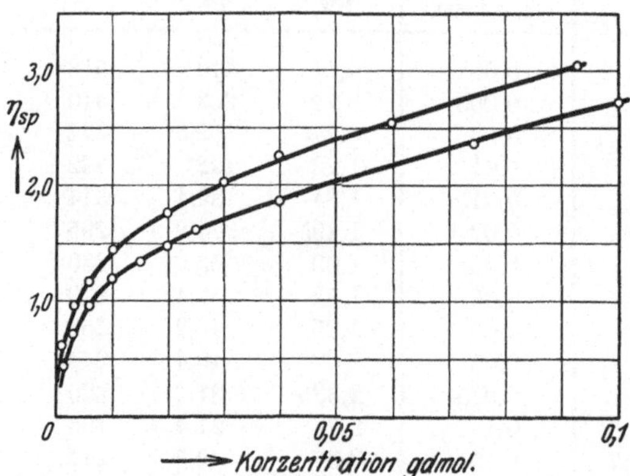

Abb. 93. Viscositätskonzentrationskurven der eukolloiden Säuren im stark verdünnten Gebiet. (Ausschnitt aus Abb. 92.)

Die Messung der Konzentrationsreihe wurde in Ostwaldschen Viscosimetern, also bei je nach der Konzentration wechselndem Geschwindigkeitsgefälle, ausgeführt. Ein exakter Vergleich ist nur bei Viscositäten möglich, die bei gleichem Geschwindigkeitsgefälle, also im UBBELOHDEschen Viscosimeter, gemessen sind. Wegen der wesentlich größeren Meßgenauigkeit wurde hier die Benutzung des OSTWALDschen Viscosimeters vorgezogen. Das so erhaltene Bild entspricht dem bei der Messung bei gleichem Geschwindigkeitsgefälle erhaltenen, wie Tabelle 246 zeigt.

f) Der Einfluß der Konzentration auf die Viscosität der eukolloiden Natriumsalze.

Die Viscositätskonzentrationskurven der eukolloiden Natriumsalze für gleiches Geschwindigkeitsgefälle sind in Abb. 95 wiedergegeben. Wegen der großen Abhängigkeit der Viscosität vom Geschwindigkeitsgefälle ist der Kurvenverlauf ein sehr steiler oder mehr flacher, je nachdem, bei welchem Geschwindigkeitsgefälle die Viscositäten gemessen wurden. Der η_{sp}-Wert beim Geschwindigkeitsgefälle

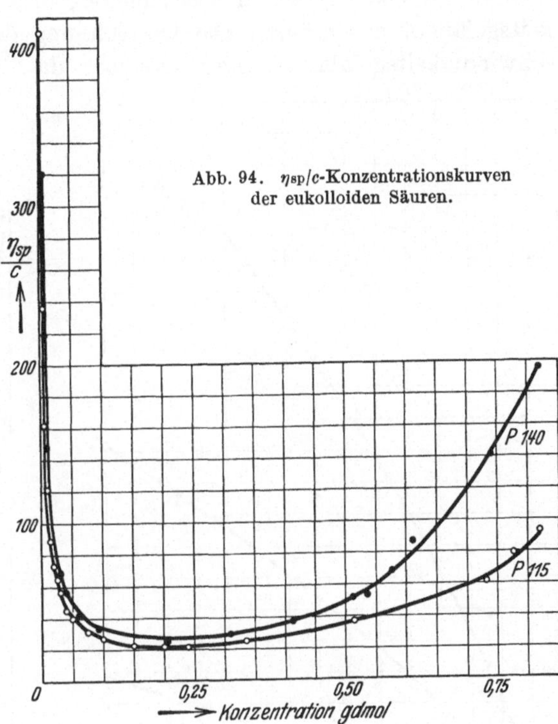

Abb. 94. η_{sp}/c-Konzentrationskurven der eukolloiden Säuren.

15000 beträgt bei dem Natriumsalz P 140 weniger als den dreizehnten Teil desjenigen beim Geschwindigkeitsgefälle 7,6 (s. Tabelle 247). Der Verlauf der Kurven

Tabelle 247.

Die Viscosität der eukolloiden Natriumsalze in verschiedenen Konzentrationen.

Gemessen bei 20°.

94% Na-Salz P 140

Konz. gd-mol.	Gf. 7,6		Gf. 1500		Gf. 15000	
	η_{sp}	η_{sp}/c	η_{sp}	η_{sp}/c	η_{sp}	η_{sp}/c
0,002	7,95	3970	2,12	1060	0,6	300
0,005	17,45	3490	4,64	929	0,14	280
0,008	26,1	3260	6,95	870	1,97	246
0,01	28,7	2870	7,62	762	2,16	216
0,02	50,4	2520	13,4	670	3,8	190
0,05	98,0	1960	26,0	520	7,39	148
0,075	131	1750	34,9	466	9,88	132
0,09	141	1570	37,6	429	10,63	118
0,1	159	1590	42,5	425	11,98	120

94% Na-Salz P 115

Konz. gd-mol.	Gf. 11,9		Gf. 1500	
	η_{sp}	η_{sp}/c	η_{sp}	η_{sp}/c
0,001	2,50	2500	0,74	740
0,0025	6,09	2440	1,81	724
0,005	10,9	2180	3,24	648
0,0075	14,6	1950	4,32	577
0,01	18,4	1840	5,45	545
0,025	34,6	1380	10,3	412
0,05	53,1	1061	15,8	316
0,075	70,8	945	21,0	280
0,1	84,4	844	25,1	251
0,107	89,5	830	26,6	248
0,1142	92,0	805	27,3	239

in Abb. 95 und der η_{sp}/c-Werte in Abb. 96 ist dem der Hemikolloide völlig analog, deshalb erübrigt sich hier ein nochmaliges Eingehen auf diese Erscheinung. Der

Vergleich mit dem Polystyrol in Abb. 96 zeigt wieder, wie völlig verschieden sich homöopolare und heteropolare Molekülkolloide verhalten.

Die Viscositätsmessungen der Natriumsalze in verschiedenen Konzentrationen wurden im Ostwaldschen Viscosimeter, also bei verschiedenen Geschwindigkeitsgefällen, ausgeführt. Die Umrechnung der Viscositäten auf gleiches Geschwindigkeitsgefälle ist hier möglich, da die Abweichungen vom Hagen-

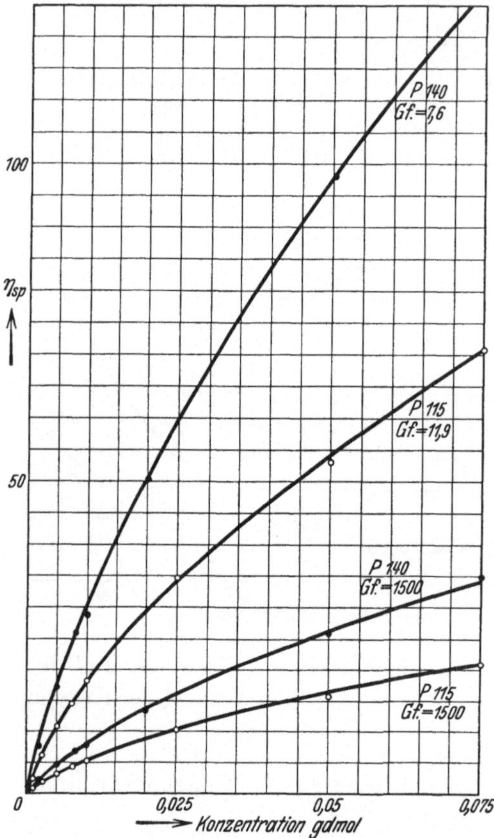

Abb. 95. Viscositätskonzentrationskurven der eukolloiden Na-Salze bei gleichen Geschwindigkeitsgefällen.

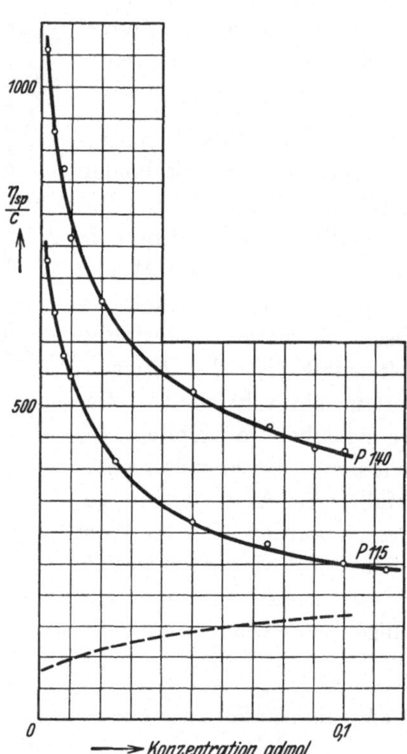

Abb. 96. η_{sp}/c-Konzentrationskurven der eukolloiden Na-Salze (Gf. = 1500). (— — — Kurve für Polystyrol (Gf. = 500) vom Durchschnittsmolekulargewicht 440000 nach W. Heuer.)

Poiseuilleschen Gesetz innerhalb der hier gemessenen Konzentrationen überall die gleiche Größe haben. Man braucht also nur die Abhängigkeit der Abweichungen vom Hagen-Poiseuilleschen Gesetz von der Fließgeschwindigkeit, die im Ostwaldschen Viscosimeter gemessene Viscosität und das Geschwindigkeitsgefälle, bei dem die Messung ausgeführt wurde, zu kennen, um die Viscosität für jedes beliebige Geschwindigkeitsgefälle berechnen zu können.

g) Der Einfluß von Natronlauge auf die Viscosität der eukolloiden Säuren.

Entsprechend der größeren Zahl von Carboxylgruppen im Molekül der Eukolloide enthalten diese mehr schwach saure Gruppen als die Hemikolloide. Daher macht sich bei den Natriumsalzen der eukolloiden Säuren eine Hydrolyse bemerkbar, und zwar ist diese um so stärker, je größer das Molekül der Polyacrylsäure ist. Dies erkennt man an der Lage des Viscositätsmaximums bei steigendem Zusatz von Natronlauge zur Säure. Das Maximum liegt hier nicht, wie bei der Säure vom Polymerisationsgrad 8, bei dem Natriumgehalt, der der Anzahl titrierbarer Carboxylgruppen entspricht. Bei den Säuren P 140 und P 115 liegt das Maximum etwa bei 93 % dieses Wertes. Dies zeigt Tabelle 248 und Abb. 97.

Tabelle 248.

Viscosität der eukolloiden Säuren mit steigenden Mengen Natronlauge.
Polyacrylsäuren 0,05 gd-mol. Messungen im OSTWALDschen Viscosimeter.

P 140		P 115		P 90 [1]	
Na^2 %	η_{sp}	Na^2 %	η_{sp}	Na^2 %	η_{sp}
0	1,96	0	1,61	0	1,36
10	11,7	25	24,3	30	12,7
47,4	52,5	50	38,4	60	18,42
56,8	57,5	75	43,7	90	20,4
66,4	60,3	85	45,5	98	20,6
75,8	65,0	90	46,2	100	20,2
85,4	67,6	92,5	46,3	101	18,2
90	70,0	95	45,45	105	16,2
93	70,9	97	42,0	120	11,7
94,8	70,6	100	38,1	150	7,4
96	70,0	110	26,6		
97,5	68,5	130	17,25		
100	60,5	150	13,54		
110	44,0				
150	21,23				

Interessant ist, daß der Anstieg der Viscosität um so steiler ist, je höher das Molekulargewicht der Säuren ist. Auch hier, wie bei den Hemikolloiden, nimmt der Unterschied der Viscosität von Säure und Salz mit steigendem Molekulargewicht zu. Nach Durchschreiten des Maximums fallen die Viscositäten mit steigendem Überschuß von Natronlauge stark ab. Genaue Vergleiche sind aber nicht möglich, weil die η_{sp}/c-Werte der Säure sich sehr stark ändern, und weil bei ein und derselben Konzentration die η_{sp}-Werte sehr weitgehend mit dem Geschwindigkeitsgefälle variieren.

Die hier wiedergegebenen Messungen sind im OSTWALDschen Viscosi-

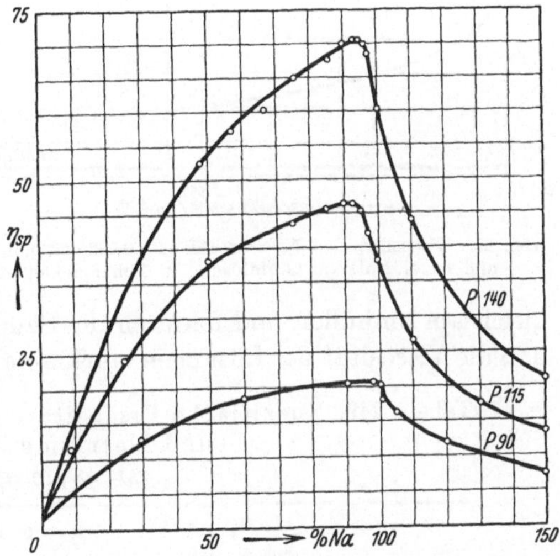

Abb. 97[2]. Die Viscosität der eukolloiden Säuren 0,05 gd-mol. mit steigenden Mengen Natronlauge unter Sauerstoffausschluß. Messungen im OSTWALDschen Viscosimeter.

---

[1] Um das Maximum genau zu bestimmen, müssen hier noch mehr Messungen ausgeführt werden.

[2] Siehe Fußnote 2 auf S. 348.

meter ausgeführt. Da die Geschwindigkeitsgefälle im Gebiete der höchsten Viscositäten am geringsten sind, ist der Verlauf der Kurven steiler, als er, bei gleich hohem Geschwindigkeitsgefälle gemessen, sein würde. Die Höhen der Maxima dieser Kurven sind also untereinander nicht vergleichbar, wohl aber ihre Lage in Abhängigkeit vom Natriumgehalt.

Bei der Säure P 115 wurde eine Meßreihe dieser Art im UBBELOHDE-schen Viscosimeter durchgeführt. Die für gleiche Geschwindigkeitsgefälle erhaltenen Kurven sind in Abb. 98 abgebildet. Bei diesen Messungen wurde aber nicht auf Sauerstoffausschluß geachtet. Infolgedessen liegt das Maximum der Viscosität bei geringerem Natriumgehalt, da in neutralen und alkalischen Lösungen von polyacrylsaurem Natrium ein Abbau der Moleküle durch Sauerstoff eintritt. Dies erklärt das abweichende Bild der Kurven.

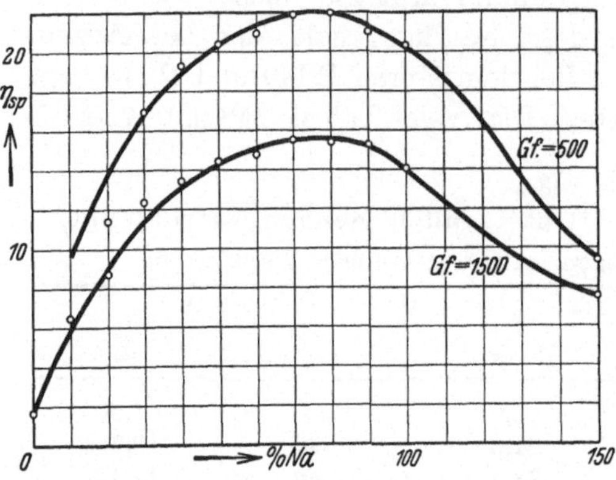

Abb. 98[1]. Säure P 115 mit steigenden Mengen Natronlauge bei gleichen Gf. in Gegenwart von Sauerstoff.

h) Der Einfluß der Elektrolyte auf die Viscosität der eukolloiden Salze.

Der starke Abfall der Viscosität der eukolloiden Natriumsalze durch einen Überschuß von Natronlauge wird auch durch Zusatz von Natriumchlorid hervorgerufen. Die Schwarmbildung zwischen den Fadenionen durch interionische Kräfte wird durch niedermolekulare Elektrolyte gelöst, indem diese sich zwischen die Fadenanionen lagern, sie gleichsam umhüllen und dadurch die Säureionen isolieren. Die Folge davon ist, daß die Viscosität der Lösungen stark abfällt und die Abweichungen vom HAGEN-

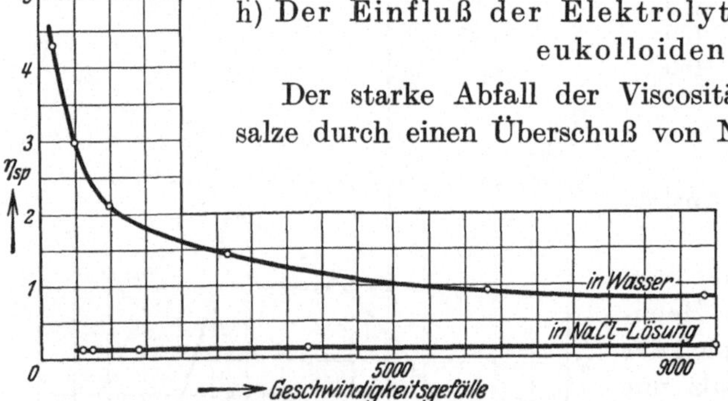

Abb. 99. Viscosität des Na-Salzes P 140 0,0025 gd-mol. in Wasser und 1 mol. Natriumchloridlösung in Abhängigkeit von Gf.

gleichsam umhüllen und dadurch die Säureionen isolieren. Die Folge davon ist, daß die Viscosität der Lösungen stark abfällt und die Abweichungen vom HAGEN-

Tabelle 249. Spezifische Viscositäten des Na-Salzes P 140 in Wasser und Natriumchloridlösung.

Na-Salz P 140 0,0025 gd-mol.

	Spezifische Viscositäten bei Gf.			
	500	1000	1500	7000
In Wasser	2,92 (332)	2,12 (241)	1,73 (197)	0,88 (100)
In 1 mol. NaCl . .	0,146	0,146	0,146	0,145

POISEUILLEschen Gesetz verschwinden. So zeigt die Lösung des Natriumsalzes P 140 sehr starke Abweichungen vom HAGEN-POISEUILLEschen Gesetz; in ein-

---

[1] Siehe Fußnote 2 auf S. 348.

molarer Natriumchloridlösung gehorcht sie ihm dagegen völlig, wie folgende Gegenüberstellung zeigt (Tabelle 249, Abb. 99).

Wie groß der Einfluß schon geringer Kochsalzmengen ist, zeigt nebenstehende Tabelle 250.

In niedrigen Kochsalzkonzentrationen sind noch geringe Abweichungen vom HAGEN-POISEUIL-LESCHEN Gesetz zu verzeichnen; der Einfluß der Temperatur wird hier ferner geringer als in wässeriger Lösung (Tabelle 251).

Tabelle 250. Viscositäten des Na-Salzes P 115 0,02 gd-mol. in NaCl-Lösungen.

Konz. mol. NaCl	η_{sp} bei 20°
0,0	17,1
0,01	5,48
0,02	3,57
0,05	2,14
0,1	1,45
0,2	0,99

Tabelle 251. Spezifische Viscositäten des Na-Salzes P 90 in Wasser und Natriumchloridlösung.

Na-Salz P 90 0,05 gd-mol.

	Spez. Viscositäten bei Gf.		
	1500	2000	2500
In Wasser: 20°	11,25 (100)	10,4 (93)	10,1 (90)
40°	12,3 (100)	11,6 (94)	10,9 (89)
	(1,09)	(1,12)	(1,08)
60°	12,2 (100)	11,7 (97)	11,25 (92)
	(1,09)	(1,13)	(1,11)
In 0,05 mol. NaCl-Lösung: 20°	6,2 (100)	6,0 (97)	5,8 (94)
40°	6,43 (100)	6,22 (97)	6,01 (94)
	(1,03)	(1,04)	(1,04)
60°		6,14	6,01
		(1,02)	(1,04)

Anmerkung. Die Zahlen in Klammern hinter den spezifischen Viscositäten geben die prozentualen Abweichungen vom HAGEN-POISEUILLESCHEN Gesetz an, bezogen auf die spezifischen Viscositäten beim Gf. 1500, welche gleich 100 gesetzt wurden.

Die Zahlen in Klammern unter den spezifischen Viscositäten bedeuten die Temperaturabhängigkeiten (T-A).

Tabelle 252. Viscositäten des Na-Salzes P 140 in NaCl-Lösungen bei 20 und 60°.

Na-Salz P 140 0,05 gd-mol.

Konz. mol. NaCl	η_{sp} bei 20°	η_{sp} bei 60°	T.-A.
0,0	80,8	—	ca. 1,25
1,0	1,97	2,28	1,16
1,5	1,51	1,8	1,19
2,0	1,47	1,69	1,08
2,5	1,43	1,51	1,06
2,98	1,36	1,34	0,99

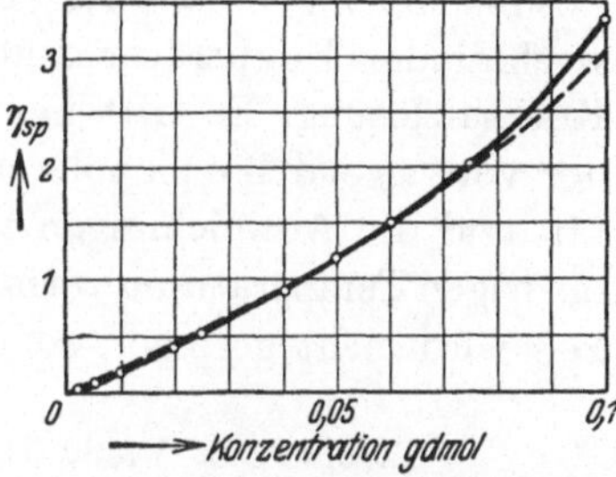

Abb. 100. Säure P 140 in 2 n-Natronlauge. (— — — Kurve für Polystyrol vom Durchschnittsmolekulargewicht 120000 nach W. HEUER, vgl. Abb. 47, S. 201.)

In höheren Natriumchloridkonzentrationen wird der Einfluß der Temperatur noch geringer. In etwa 3 mol. Kochsalzlösungen sind die spez. Viscositäten für 20 und 60° gleich groß (Tabelle 252).

Die Wirkung von Natronlauge auf das polyacrylsaure Natrium ist die gleiche wie die von Kochsalz. Die Abweichungen vom HAGEN-POISEUILLESCHEN Gesetz

Tabelle 253. Viscositäten des Na-Salzes P 140 in 2n-Natronlauge und Wasser.

| | Konz. P 140 gd-mol. | Spezifische Viscositäten bei Gf. | |
		1500	4000
In Wasser . .	0,1	27,9 (100)	17,5 (63)[1]
In 2n-NaOH {	0,01	3,01 (100)	2,77 (92)
	0,04	0,84 (100)	0,79 (94)

werden geringer, sind aber in 2n-Natronlauge noch bemerkbar, wie nebenstehende Tabelle 253 zeigt.

Die Viscositätskonzentrationskurve des Natriumsalzes in 2n-Natronlauge zeigt einen durchaus normalen Verlauf wie die von homöopolaren Molekülkolloiden (Abb. 100). Die η_{sp}/c-Werte haben mit steigender Konzentration steigende Tendenz und sind im stark verdünnten Gebiet konstant (Tabelle 254).

Tabelle 254. Viscosität des Na-Salzes P 140 in 2n-Natronlauge. (Vgl. Abb. 100.)

Konz. gd-mol.	η_{sp} bei 20°	η_{sp}/c	η_{sp} bei 60°	η_{sp}/c	T.-A.
0,0025	0,047	18,8	0,05	20	1,06
0,005	0,084	16,8	0,097	19,4	1,15
0,01	0,186	18,6	0,219	21,9	1,18
0,02	0,392	19,6	0,485	24,2	1,24
0,025	0,488	19,5	0,584	23,4	1,20
0,04	0,885	22,1	1,09	27,3	1,23
0,05	1,19	23,8	1,47	29,4	1,23
0,075	2,03	27,1	2,48	33,1	1,22
0,1	3,36	33,6	3,91	39,1	1,16

i) Der Einfluß von Natriumchlorid auf die Viscosität der Säuren.

Ganz andere Erscheinungen treten bei Zusatz von Natriumchlorid zu den Lösungen von Polyacrylsäure auf. Schon bei geringen Kochsalzkonzentrationen tritt eine Trübung der Lösung ein, die bei längerem Stehen und bei Natriumchloridkonzentrationen von 0,5 mol. an in eine Koagulation der Säure übergeht. Temperatursteigerung löst die Trübung auf, während die auf 0° abgekühlte Lösung milchig weiß wird. Entsprechend sind die Viscositätserscheinungen mit wechselnder Temperatur andere als bei den polyacrylsauren Natriumsalzen in Kochsalzlösung. Es tritt hier keine Isolierung, sondern eine Zusammenlagerung der vorwiegend homöopolaren Säuremoleküle ein. Dadurch werden die Viscosität und die Abweichungen vom HAGEN-POISEUILLEschen Gesetz vor allem bei niedrigen Temperaturen vermindert (vgl. Tabelle 255). Die Temperaturabhängigkeit wird nicht geringer, sondern weit größer mit steigender Kochsalzkonzentra-

Tabelle 255. Viscositäten der Säure P 140 in NaCl-Lösungen.

| | Temperatur | Spezifische Viscositäten bei Gf. | |
		1000	7000
Säure P 140 0,04 gd-mol. NaCl 0,2 mol. {	20°	0,28 (102)	0,275 (100)[1]
	60°	0,51 (105)	0,485 (100)
		(1,82)	(1,76)
Säure P 140 0,2 gd-mol. NaCl 0,25 mol. {	20°	2,23 (110)	2,03 (100)
	60°	4,11 (112)	3,68 (100)
		(1,84)	(1,81)

[1] Wegen der Bedeutung der eingeklammerten Zahlen vgl. Anm. zu Tabelle 251.

tion. Die Lösung geht mit steigendem Kochsalzgehalt in eine Suspension über (vgl. Tabelle 256).

Entsprechend dem komplizierten Bau der Teilchen der Polyacrylsäure in Gegenwart von Natriumchlorid laufen die η_{sp}/c-Werte bei steigender Konzentration durch ein Minimum ebenso wie die η_{sp}/c-Werte der Säure in Abwesenheit

Tabelle 256.
Säure P 140 in Natriumchloridlösungen.

Säure P 140 0,2 gd-mol.

NaCl Konz.	η_{sp} bei 20°	η_{sp} bei 60°	T.-A.
0,0 mol.	5,0	—	1,25—1,30
0,05	2,95	4,7	1,59
0,25	2,24	4,27	1,91
0,5	1,86	3,87	2,08
0,6	1,66	3,64	2,19
0,7	1,49	3,45	2,32

Tabelle 257. Viscosität der Säure
P 140 in 0,5 mol. NaCl-Lösung.

Konz. gd-mol.	η_{sp} bei 20°	η_{sp}/c
0,001	0,014	14
0,0035	0,029	8,3
0,005	0,34	6,8
0,007	0,042	6,0
0,01	0,05	5,0
0,025	0,12	4,8
0,05	0,22	4,4
0,1	0,585	5,9
0,198	1,8	9,1
0,318	5,86	18,4
0,41	12,88	31,4

von Natriumchlorid (Tabelle 257). Vgl. damit das Verhalten von polyacrylsauren Salzen in Tabelle 254.

Diese Messungen zeigen, daß in Lösungen von Polyacrylsäure in Gegenwart von Natriumchlorid sehr komplizierte Verhältnisse vorliegen, während polyacrylsaures Natrium unter den gleichen Bedingungen einfache Erscheinungen zeigt, weil hier in der Lösung isolierte Fadenionen vorhanden sind.

5. Berechnung des Molekulargewichts der Eukolloide.

Die Viscositätsmessungen an den Eukolloiden zeigen, daß in Lösungen von polyacrylsaurem Natrium in Gegenwart von Elektrolyten die Bedingungen gegeben sind, unter welchen die abnormen Viscositätserscheinungen verschwinden, welche bei den Lösungen der freien Polyacrylsäure und des neutralen Salzes beobachtet wurden. Bei Elektrolytzusatz sind die η_{sp}/c-Werte von polyacrylsauren Salzen in verdünnten Lösungen konstant und zeigen einen Verlauf, wie er bei den homöopolaren Molekülkolloiden beobachtet wird. In Abb. 100 ist neben die Kurve für die Viscosität von polyacrylsaurem Natrium in 2n-Natronlauge die Kurve für ein Polystyrol[1] vom Durchschnittsmolekulargewicht 120000 eingetragen. Die Kurven für das Polystyrol und polyacrylsaures Natrium in 2n-Natronlauge gleichen sich völlig. Man kann also diese Messungen infolge der Konstanz der η_{sp}/c-Werte benutzen, um aus der Viscosität das Molekulargewicht der Polyacrylsäure in derselben Weise zu errechnen, wie dies bei homöopolaren Molekülkolloiden geschieht. Durch Messungen an den Hemikolloiden wurde die K_m-Konstante zu $2 \cdot 10^{-3}$ ermittelt. Berechnet man mit Hilfe dieser Konstanten das Molekulargewicht der Eukolloide, so erhält man die Werte in Tabelle 258.

Die Fadenmoleküle resp. Fadenionen der eukolloiden Polyacrylsäuren sind relativ kurz im Vergleich zu den Fadenmolekülen der homöopolaren Molekülkolloide, die mehr als die 10fache Länge haben. In neutraler Lösung zeigen sie trotzdem ganz abnorm hohe Viscositäten und Abweichungen vom HAGEN-

---

[1] Nach W. HEUER.

Tabelle 258. Molekulargewicht der Eukolloide.

	η_{sp}/c Wert in 2 n-NaOH	Durchschnitts-molekular-gewicht	Durchschnitts-Polymerisations-grad	Kettenlänge
I.	ca. 20	ca. 10000	ca. 140	350 Å
II.	ca. 16,5	ca. 8300	ca. 115	290 Å

POISEUILLEschen Gesetz, welche auf die Wechselwirkungen zwischen den Fadenionen zurückzuführen sind. Aus den hohen Viscositäten, die hier beobachtet werden, darf also nicht auf ein hohes Molekulargewicht geschlossen werden. Diese ganze Meßreihe zeigt, wie vorsichtig man mit der Beurteilung des Molekulargewichts einer hochmolekularen Verbindung auf Grund von Viscositätsmessungen sein muß.

V. Molekulargewichtsbestimmungen an Cellulose in Kupferamminlösungen.

Aus den Viscositätsmessungen an polyacrylsaurem Natrium in Gegenwart von Elektrolyten geht hervor, weshalb es STAUDINGER und SCHWEITZER gelungen ist[1], das Molekulargewicht von Cellulose durch Viscositätsmessungen in SCHWEIZERS Reagens zu bestimmen. Diese Messungen werden in Gegenwart eines großen Überschusses an Kupferoxydammoniak ausgeführt. Dieser Überschuß hat die gleiche Wirkung wie der Überschuß von Elektrolyten auf eine Lösung von polyacrylsauren Salzen: auch die Fadenionen des Cellulosekomplexes werden durch den Überschuß von Kupferoxydammoniak voneinander getrennt; ihre Wirkung aufeinander ist dadurch aufgehoben, so daß deshalb in solchen Lösungen einfache Zusammenhänge zwischen Viscosität und Molekulargewicht bestehen.

VI. Parallelen zum Eiweiß.

Viele der der Polyacrylsäure eigentümlichen Viscositätserscheinungen finden eine Parallele in den bekannten Erscheinungen beim Eiweiß. Der viscositätssteigernde Einfluß der Natronlauge, der durch größere Mengen von Natronlauge bedingte Abfall der Viscosität, der Einfluß von Neutralsalzen, die leichte Koagulation von unionisiertem Eiweiß — dies alles sind Erscheinungen, die auch bei der Polyacrylsäure beobachtet werden und hier eine Deutung erfahren. Zum besseren Vergleich ist in Abb. 111 der Einfluß von Natronlauge auf die Viscosität von Serumalbuminlösung nach PAULI[2] dargestellt. Wie Eiweiß verhalten sich nach den Untersuchungen von HEDESTRAND[3] auch Aminosäuren (Abb. 102). Bei diesen Stoffen, also amphoteren Elektrolyten, erhält man sowohl mit Natronlauge wie mit Salzsäure eine Viscositätssteigerung. Ein Minimum der Viscosität ist am isoelektrischen Punkt vorhanden.

Die vorliegenden Messungen an der Polyacrylsäure zeigen, wie außerordentlich schwer es ist, bei einem heteropolaren Molekülkolloid Rückschlüsse auf das Molekulargewicht zu ziehen. Über den Bau und die Zusammensetzung der Teilchen in einer Polyacrylsäurelösung läßt sich heute noch wenig sagen, man weiß nicht, wieweit normale, wieweit koordinative Moleküle vorhanden sind. Noch

---

[1] STAUDINGER, H., u. O. SCHWEITZER: Ber. Dtsch. Chem. Ges. **63**, 3132 (1930).
[2] PAULI, W.: Biochem. Ztschr. **202**, 337 (1928).
[3] HEDESTRAND, G.: Ztschr. f. anorg. u. allg. Ch. **124**, 153 (1922).

viel weniger lassen sich Aussagen beim Eiweiß machen. Von den verschiedenen Forschern wird je nach Standpunkt die durch osmotische oder sonstige Methoden ermittelte Teilchengröße als Micell- oder Molekulargewicht bezeichnet. Nachdem man viele synthetische hochmolekulare Produkte als Molekülkolloide erkannt hat, werden neuerdings die Teilchengrößen oft als Molekulargewichte bezeichnet. Diese Übertragung ist irrtümlich; denn die Polyacrylsäure zeigt, wie komplizierte Verhältnisse vorliegen, so daß man nicht sagen kann, ob die nach den osmotischen oder sonstigen Methoden ermittelten Teilchengrößen der Eiweißstoffe die normalen Molekulargewichte oder evtl. koordinative Molekulargewichte sind. Die Untersuchungen von Boehm und Signer[1] zeigen weiter, daß die Teilchen des Eiweißes ganz verschiedene Form haben. Die langgestreckten Teilchen zeigen in Viscositätserscheinungen Beziehungen zu den Viscositätserscheinungen hochmolekularer Stoffe mit Fadenmolekülen. Daraus darf man aber nicht ohne weiteres auf einen analogen chemischen Bau, also auf das Vorliegen von Fadenmolekülen,

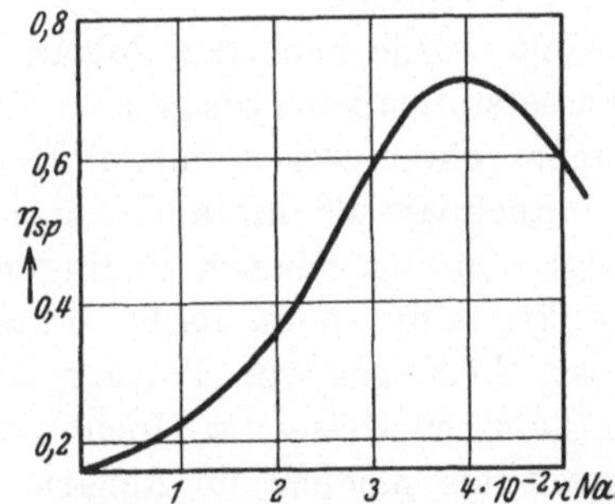

Abb. 101. Viscosität einer Serumalbuminlösung (1,57%) mit steigenden Mengen Natronlauge. (Nach Pauli, l. c.)

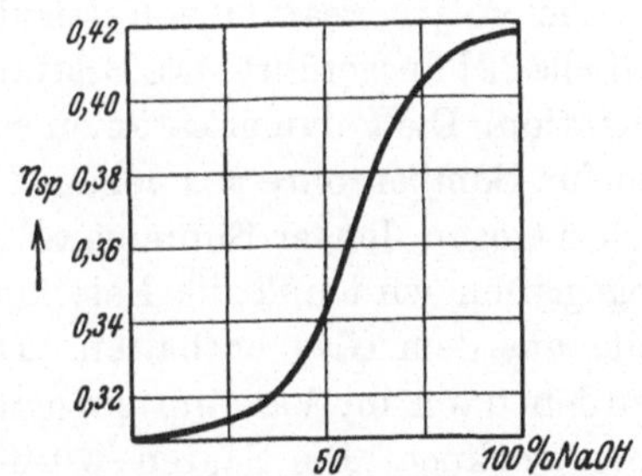

Abb. 102. Viscosität einer Alaninlösung (8,9%) mit steigenden Mengen Natronlauge. (Nach Hedestrand, l. c.)

schließen, sondern nur auf eine analoge fadenförmige Gestalt der Teilchen. Denn auch die Fadenmicellen der Seifen rufen in mancher Hinsicht ähnliche Viscositätserscheinungen hervor, wie die normalen Fadenmoleküle der hochmolekularen Stoffe[2].

VII. Versuchsteil.

1. Darstellung der Acrylsäure.

Die Darstellung der Acrylsäure wurde durch Salzsäureabspaltung aus β-Chlorpropionsäure mit Natronlauge nach der Vorschrift Moureaus[3] unternommen und nach den Angaben Urechs[4] durchgeführt. Trotz der genauen Einhaltung dieser Vorschrift gelang es zunächst nicht, die von Urech angegebene Ausbeute zu erreichen. Vielmehr polymerisierte im Destillationskolben die Acrylsäure in völlig unberechenbarer Weise auch in Gegenwart von Hydrochinon manchmal so heftig, daß häufig die Reaktion unter starker Wärmeentwicklung einen explosionsartigen Verlauf nahm[5]. Schließlich gelang es, den Katalysator, der die Polymeri-

[1] Boehm, G., u. R. Signer: Helv. chim. Acta 14, 1370 (1931).
[2] Vgl. S. 142.
[3] Moureau, Ch.: Ann. chem. et phys. (7) 2, 148 (1894).
[4] Urech, E.: These, E.P.F. Zürich. S. 25. 1927.
[5] Staudinger, H., u. H. W. Kohlschütter: Ber. Dtsch. Chem. Ges. 64, 2091 (1931).

sation verursacht, als Peroxyd aus dem Äther nachzuweisen. Es genügen nämlich die geringsten Spuren solcher Peroxyde, die durch gewöhnliche Destillation aus dem Äther nicht zu entfernen sind und die sich bald wieder nachbilden, um die Polymerisation einzuleiten. Reinigt man aber den Äther direkt vor seiner Benutzung von Peroxyden durch Ausschütteln mit sodaalkalischer Permanganatlösung oder besser durch Destillation über Natrium, so läßt sich die Destillation der Acrylsäure ohne jede Schwierigkeit und Störung und ohne daß Destillationsrückstände im Kolben zurückbleiben, durchführen. Dabei ist es fast ohne Einfluß, ob man bei 46—48°/13 mm oder 20°/0,1 mm destilliert. Ausbeute aus 108 g β-Chlorpropionsäure 58 g Acrylsäure. Der Schmelzpunkt der so gewonnenen Acrylsäure liegt bei 13°. Spuren von Peroxyden verändern ihn nicht merklich, sind aber für die Beständigkeit der Acrylsäure von großer Bedeutung.

2. Darstellung von Polyacrylsäure.

a) Darstellung der Hemikolloide.

Die Polymerisation von Acrylsäure in Lösung wurde nach den Angaben in Tabelle 221 ausgeführt. Die Bestimmung des Wasserstoffsuperoxyds geschah durch Titration. Die Polymerisationen wurden in Bombenröhren vorgenommen. Es sind hierfür Bombenrohre aus Jenaer Durobaxglas brauchbar; als unbrauchbar erwies sich dagegen Jenaer Supremaxglas, da es unter den angegebenen Bedingungen angegriffen wird und die Polymerisationsprodukte dann anorganische Bestandteile aus dem Glas enthalten. Die hochviscosen Lösungen von Polyacrylsäure wurden dann im Vakuum eingedampft, die erhaltenen Gläser im Hochvakuum vorgetrocknet. Die Säuren wurden dann soweit als möglich im Achatmörser pulverisiert. Mit steigendem Polymerisationsgrad sind sie immer schwerer zu pulverisieren; Säure P 40 ist nur noch äußerst schwer, Säure P 50 überhaupt nicht mehr pulverisierbar. Die Trocknung in kleinen Portionen im Hochvakuum bei 60° mit vorgelegtem, auf —70° gekühltem Kondensationsgefäß nahm 2 bis 3 Monate in Anspruch. Die Analysen und die Titrationen der hemikolloiden Polyacrylsäuren finden sich in Tabelle 260.

b) Darstellung der Eukolloide.

Die Darstellung der Eukolloide erfolgte nach den in Tabelle 238 gemachten Angaben. Die Gewinnung der polymeren Säuren geschah wie bei den Hemikolloiden. Die Trocknung ist noch viel schwieriger, da diese Substanzen nicht pulverisierbar sind. Sie nahm etwa $^1/_2$ Jahr in Anspruch und konnte nicht bei allen Substanzen zu Ende geführt werden. Auf eine auffallende Beobachtung sei im Anschluß an die Polymerisationsversuche noch hingewiesen. Reine Acrylsäure wurde im senkrecht stehenden Bombenrohr in abs. Stickstoff auf 100° erhitzt. Nach 10 Min. schieden sich weiße Flocken aus der Säure ab, nach 3 Tagen befand sich im unteren Teil des Rohres ein klares Glas. Am mittleren und oberen Teil hatte sich ein weißes, glitzerndes, äußerlich völlig krystallin aussehendes Produkt abgesetzt, offenbar ein Polymerisat, das aus Acrylsäuredampf entstanden war. Die Analysenwerte deuten auf reine Polyacrylsäure:

Gef. C 49,96%, H 5,58%. Ber. für $C_3H_4O_2$: C 50,00%; H 5,56%.

Das Produkt wurde näher untersucht, weil es möglich erschien, daß hier eine krystallisierte Substanz vorliegt, da ja auch Polyoxymethylene aus Formaldehydgas in Form von Fasern krystallisiert erhalten werden[1]. Das Produkt ist hart und spröde. Eine Röntgenaufnahme ergab aber, daß es völlig amorph ist. Unter dem Polarisationsmikroskop zeigt das Produkt starke Doppelbrechung, jedoch ohne geradlinige Grenzflächen und einheitliche Auslöschung. Es ist völlig unlöslich, bringt man aber einen Tropfen Wasser darauf, so verschwindet die Doppelbrechung augenblicklich, es kommt zu einer eigenartigen, ruckartigen Bewegung in den Teilchen, die bald nachläßt. Es ist eine schwache Quellung eingetreten, die Spannung in der Substanz ist beseitigt und damit die Ursache der Doppelbrechung. Es handelt sich bei diesem Produkt um eine besonders hochmolekulare Polyacrylsäure.

3. Titration der Polyacrylsäure.

a) Titration der Eukolloide.

Versucht man Polyacrylsäurelösungen mit Natronlauge unter Anwendung von Phenolphthalein als Indicator zu titrieren, so findet man keinen scharfen Umschlagspunkt von Farblos nach Rot. Die Lösung, die bei Zusatz von Natronlauge deutlich viscoser wird, zeigt einen so langsamen Übergang ihrer Farbe nach Rosa, daß es schwer ist, einen Endpunkt der Titration anzugeben. Jedenfalls liegt der Endpunkt wesentlich unter dem für ein neutrales Natriumsalz geforderten.

0,0838 g Säure verbr. 10,48 ccm NaOH 0,1 n.

Ber. 11,63 ccm NaOH. Gef. = 90,1 %.

Setzt man zu einer solchen auf rot titrierten Lösung festes NaCl oder eine NaCl-Lösung zu, so verschwindet die Rotfärbung, die Lösung wird niederviscos, und nun findet man bei der weiteren Titration mit NaOH einen ganz scharfen Umschlagspunkt nach Rot, der dem theoretisch geforderten entspricht.

0,0838 g Säure verbr. 11,62 ccm NaOH 0,1 n; ber. 11,63 ccm.

0,1486 g Säure verbr. 20,63 ccm NaOH 0,1 n; ber. 20,65 ccm.

Der Zusatz von NaCl darf erst zu Ende der Titration erfolgen, da die freie Säure durch NaCl koaguliert wird, während das Natriumsalz auch in Gegenwart von NaCl gelöst bleibt.

Wendet man an Stelle von Natriumchlorid einen Zusatz von Alkohol an, so wird die Lösung ebenfalls niederviscos, und man findet den gleichen Endpunkt der Titration.

10 ccm einer Polyacrylsäurelösung verbrauchen bei Zusatz von Natriumchlorid 7,48 ccm NaOH 0,1 mol. Die gleiche Menge derselben Lösung verbraucht bei Zusatz von Alkohol 7,48 ccm; 7,50 ccm; 7,48 ccm 0,1 n-NaOH.

Tabelle 259.

Der Einfluß von Natriumchlorid auf das p_H der Polyacrylsäure.

	p_H bei 20°	
	ohne NaCl	in Gegenwart von NaCl
Säure P 115 0,05 gd-mol.	3,34	2,36
Säure P 115 0,1 gd-mol.	3,06	2,29
Na-Salz P 115 0,05 gd-mol.	8,66	7,25
70 proz. Na-Salz P 115 0,05 gd-mol. . .	7,06	5,13

---

[1] Vgl. H. STAUDINGER u. R. SIGNER: Ztschr. f. physik. Ch. **126**, 425 (1927) — Ztschr. f. Krystallographie **70**, 208 (1929).

Potentiometrisch läßt sich der Einfluß des Natriumchloridzusatzes zur Lösung der Säure oder ihres Salzes deutlich zeigen. Die Messungen wurden mit dem LAUTENSCHLÄGERschen Potentiometer mit der Chinhydronelektrode ausgeführt. Die Messungen finden sich in Tabelle 259.

b) Titration der Hemikolloide.

Die Carboxylgruppen der Hemikolloide sind mit Natronlauge in Gegenwart von Kochsalz nur zum Teil titrierbar. In der zusammenfassenden Tabelle 260 sind die von der Einwage nicht titrierbaren Anteile angegeben. Die nichttitrierbaren Carboxylgruppen sind als γ-Lacton gebunden. Der Nachweis der Anwesenheit eines Lactons wurde durch folgende Versuche erbracht.

Zu den Versuchen wurde eine 0,5 gd-mol. Lösung der Säure P 8 verwendet. 2 ccm dieser Lösung binden bei direkter Titration in Gegenwart von Natriumchlorid 8,7 ccm 0,1 n-Natronlauge = 87%.

Tabelle 260. Analysen der Polyacrylsäuren.
Berechnet für $C_3H_4O_2$ 50,00% C, 5,56% H.

Säure Polymerisationsgrad	Analyse C %	H %	Wassergehalt %	Nicht[2] titrierb. Teil %
P 8	49,8	5,45	—	13
P 12—13	50,0	5,62	—	7,8—8,3
	49,82	5,44	—	
P 15	49,79	5,63	—	
P 17	49,77	5,59	—	5,9
P 17	49,68	5,57	ca. 0,5	
P 18	49,73	5,52	—	5,5
P 26	49,79	5,55	—	
	50,05	5,58	—	3,8
P 26	49,65	5,57	ca. 0,5	3,8
P 38—42	49,66	5,56	ca. 0,5	2,4—2,6
P 50[1]	47,95	6,17	ca. 4,1	2
P 115	49,62	5,96		
P 140	49,80	5,54		

In alkalischer Lösung sollte vorhandenes Lacton aufspaltbar sein. Es wurden also 2 ccm der Säure mit 30 ccm NaOH im Bombenrohr eingeschmolzen und 18 Stunden auf 100° erhitzt. Gleichzeitig wurde ein Leerversuch angesetzt. Nach dem Erhitzen wurde mit überschüssiger Salzsäure versetzt und mit Natronlauge zurücktitriert. In zwei Parallelversuchen wurden 8,69 bzw. 8,68 ccm NaOH 0,1 n als gebunden gefunden, d. h. daß 86,9 bzw. 86,8% der Carboxylgruppen reagiert hatten. Daß kein Lacton nachgewiesen werden konnte, ließ sich darauf zurückführen, daß die γ-Oxysäure in saurer Lösung so unbeständig ist, daß unter Wasserabspaltung Lactonringschluß sofort eintrat. Wenn man aber die alkalische Lösung direkt mit Salzsäure titriert, kann man erreichen, daß ein erheblicher Teil der Säure noch als γ-Oxysäure reagiert, bevor Ringschluß eintritt.

---

[1] Die Substanz konnte nicht bis zur Gewichtskonstanz getrocknet werden.
[2] Unter Berücksichtigung des Wassergehaltes.

1. 2 ccm der Säurelösung wurden mit 30 ccm 0,1 n-NaOH unter Durchleiten eines langsamen Stromes reinen Stickstoffs 10 Minuten auf dem Wasserbad erwärmt. Dann wurde möglichst schnell mit HCl zurücktitriert.

Gef. gebundenes NaOH = 9,37 ccm 0,1 n = 93,7%.

2. 4 ccm Säurelösung + 60 ccm 0,1 n-NaOH unter N_2-Durchleiten 10 Minuten auf 100° erhitzt.

Sofortige Titration: gebunden NaOH = 19,1 ccm 0,1 n = 95,5%. Nach 10 Minuten ist die Lösung wieder rot; titriert: gebunden NaOH = 18,05 ccm 0,1 n = 90,3%.

Nach 1 Stunde ist die Lösung wieder rot; titriert: gebunden NaOH = 17,55 ccm 0,1 n = 87,8%.

Es war also gelungen, in alkalischer Lösung das Lacton zum Teil zu der Oxysäure zu spalten, so daß 95,5% der Carboxylgruppen nachzuweisen waren. Nach 1 Stunde Erhitzen auf dem Wasserbad ist jedoch schon wieder fast alles Lacton zurückgebildet, es sind nur noch 87,8% NaOH gebunden, während bei der direkten Titration 87,0% NaOH gebunden waren.

Die Ergebnisse der Analysen und Titrationen der verschiedenen Polyacrylsäuren sind in Tabelle 260 zusammengefaßt.

4. Dialyse von polyacrylsaurem Natrium.

Da in Lösungen von polyacrylsaurem Natrium das niedermolekulare Kation durch das hochmolekulare Anion gebunden ist, kann es trotz seiner geringen Größe nicht durch Dialyse entfernt werden. Es stellt sich deshalb im Innern des Dialysators ein sehr hoher osmotischer Druck ein. *Es liegt hier das merkwürdige Phänomen vor, daß eine Lösung von polyacrylsaurem Natrium in einer permeablen Membran sich verhält wie die Lösung eines niedermolekularen Stoffes in einer semipermeablen Membran.*

Nach URECH[1] wird das polyacrylsaure Natrium nach der Dialyse unverändert wiedergewonnen. Diese Angabe konnte nicht völlig bestätigt werden, da eine geringe Hydrolyse des Natriumsalzes erfolgt und die so gebildete Natronlauge abwandert. So hatte ein polyacrylsaures Natrium nach dreiwöchiger Dialyse einen Natriumgehalt von 19,76% und 19,71% statt 24,6%[2]. Da polyacrylsaures Natrium sehr autoxydabel ist, müssen die Versuche unter Sauerstoffausschluß wiederholt werden.

5. Viscositätsuntersuchungen.

Viscositätsmessungen wurden im OSTWALDschen und UBBELOHDEschen Viscosimeter vorgenommen. Bei den Messungen im UBBELOHDEschen Viscosimeter wurden die Drucke von 60 cm Quecksilbersäule bis 20 cm Wassersäule variiert.

Daß die Berechnung des Geschwindigkeitsgefälles nach der KRÖPELINschen[3] Formel auch für Messungen im OSTWALDschen Viscosimeter brauchbar ist, zeigt Tabelle 261 und die dazugehörende Abb. 103. Der im OSTWALDschen Viscosimeter gemessene Wert liegt auf der aus Messungen im UBBELOHDEschen Viscosi-

---

[1] URECH, E.: These, E.P.F. Zürich. S. 33. 1927.

[2] Bei den früheren Versuchen wurde kürzere Zeit dialysiert.

[3] KRÖPELIN, H., Ber. Dtsch. chem. Ges. **62**, 3056 (1929).

meter ermittelten Kurve. Tabelle 261 gibt gleichzeitig ein Beispiel, wie die Viscositätsmessungen durchgeführt wurden.

Im Laufe der Messungen zeigte es sich, daß die Natriumsalze der Polyacrylsäure durch Sauerstoff abgebaut werden. Deshalb mußten die Messungen unter Stickstoff vorgenommen, das als Lösungsmittel benutzte Wasser unter Stickstoff destilliert werden. Die zu den Messungen benutzte Natronlauge war sauerstoff- und kohlensäurefrei[1]. Die gebrauchten Gefäße müssen peinlich sauber gehalten werden. Es genügt in manchen Fällen das Berühren der Lösungen mit den Fingern, um die Viscosität so zu beeinflussen, daß brauchbare Werte nicht zu erhalten sind. Es befand sich beispielsweise im UBBELOHDEschen Viscosimeter eine Lösung der Säure P 140 0,0025 gd-mol., die bei einem Druck von 60 cm Wassersäule einen η_{sp}-Wert von 0,51 hatte. Nun wurde die Viscosimeteröffnung mit einem Finger verschlossen und die Lösung durch Umschwenken des Viscosimeters an die Haut gebracht. Die Viscosität betrug nun 0,21, war also auf mehr als die Hälfte heruntergegangen[2].

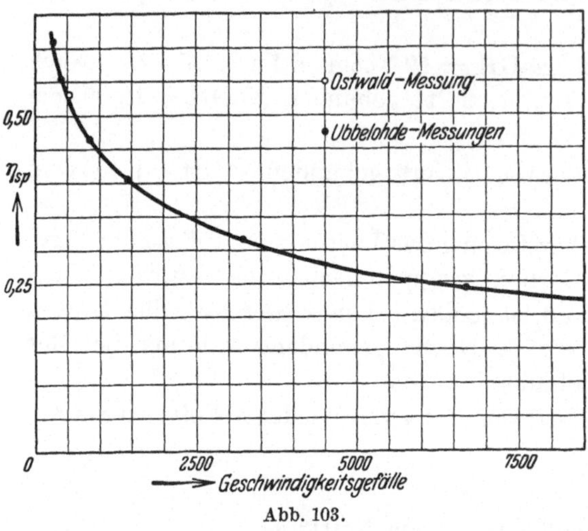

Abb. 103.

Tabelle 261. Abhängigkeit der Viscosität der Säure P 115 0,0025 gd-mol. vom Geschwindigkeitsgefälle bei 20°.

P cm Hg Säule	p cm H_2O Säule	t Sek.	$P \cdot t$	Gf.	η_r	η_{sp}	Viscosimeter
39,59	—	24,05	953	13800	1,184	0,184	
30,04	—	32,4	971	10250	1,209	0,209	
20,06	—	49,75	998	6670	1,241	0,241	
10,23	—	103,2	1057	3215	1,316	0,316	
(4,88)	66,15	231,6	1128	1432	1,406	0,406	UBBELOHDEsches Viscosimeter
(4,44)	60,05	257,6	1140	1287	1,420	0,420	
(2,945)	39,90	400,0	1176	830	1,465	0,465	
(1,475)	19,99	844,4	1245	394	1,551	0,551	
(1,05)	14,22	1231,6	1293	270	1,610	0,610	
		82,9		528	1,535	0,535	OSTWALDsches Viscosimeter

P = Mittel des Drucks der Quecksilbersäule zu Beginn und Ende der Messung.

p = Mittel des Drucks der Wassersäule zu Beginn und Ende der Messung.

t = Mittel der Ausflußzeiten (von oben nach unten und unten nach oben gemessen).

η_r = Ausflußzeit der Lösung dividiert durch Ausflußzeit des Wassers.

---

[1] Die Natronlauge wurde durch Zersetzen von Natriumamalgam mit Wasser unter völligem Luftausschluß hergestellt und unter reinem Stickstoff aufbewahrt.

[2] Die Viscosität nimmt ab, da sich Elektrolyte lösen; in dieser verdünnten Lösung haben Spuren von Elektrolyten einen großen Einfluß.

Tabelle 262.

| Lösung | Tempe-ratur | Spezifische Viscosität für ein Geschwindigkeitsgefälle von | | | |
		250	500	1000	1500
Säure P 140 0,0025 gd-mol.	20°	1,18 (211)	0,98 (175)	0,72 (128)	0,56 (100)
Säure P 140 0,0535 gd-mol.	20°	2,53 (118)	2,4 (112)	2,23 (104)	2,14 (100)
Säure P 140 0,5 gd-mol...	20°		21,8 (110)	20,7 (105)	19,8 (100)
	40°		25,0 (110) (1,15)	23,8 (104) (1,15)	22,8 (100) (1,15)
	60°		28,2 (108) (1,29)	27,0 (103) (1,30)	26,1 (100) (1,32)
Säure P 140 0,61 gd-mol. .	20°	44,4 (128)	41,6 (120)	37,6 (108)	34,7 (100)
	60°	55,8 (124) (1,30)	52,6 (117) (1,26)	48,8 (109) (1,30)	45,0 (100) (1,30)
Na-Salz P140 0,0025 gd-mol. 94% Na	20°	3,75 (217)	2,92 (169)	2,12 (122)	1,73 (100)
	60°		3,02 (143) (1,03)	2,52 (119) (1,19)	2,12 (100) (1,23)
Na-Salz P 140 0,05 gd-mol. 100% Na	20°	36,0 (192)	28,2 (150)	21,4 (114)	18,8 (100)
	40°	38,6 (184) (1,07)	32,0 (153) (1,14)	24,0 (114) (1,12)	21,0 (100) (1,12)
	60°	39,5 (171) (1,10)	34,1 (147) (1,21)	26,8 (116) (1,25)	23,15 (100) (1,23)
Na-Salz P 140 0,1 gd-mol. 94% Na	20°	58,4 (209)	45,6 (164)	34,4 (123)	27,9 (100)
	60°	69,9 (181) (1,20)	58,3 (151) (1,28)	45,8 (119) (1,33)	38,6 (100) (1,38)

Die Zahlen in Klammern hinter den spezifischen Viscositäten geben die prozentualen Abweichungen vom HAGEN-POISEUILLEschen Gesetz an, bezogen auf die spezifische Viscosität beim Gf. 1500, welche gleich 100 gesetzt wurde.

Die Zahlen in Klammern unter den spezifischen Viscositäten bedeuten die Temperatur-abhängigkeiten T.-A. $= \dfrac{\eta_{sp}\,60°}{\eta_{sp}\,20°}$ bzw. $\dfrac{\eta_{sp}\,40°}{\eta_{sp}\,20°}$.

Tabelle 263.

| Lösung | Tempe-ratur | Spezifische Viscositäten für ein Geschwindigkeitsgefälle von | | | |
		2000	4000	7000	10 000
Säure P 140 0,0025 gd-mol.	20°	0,48 (155)	0,37 (119)	0,31 (100)	0,27 (87)
	40°		0,44 (124) (1,19)	0,355 (100) (1,15)	0,33 (93) (1,22)
	60°		0,495 (118) (1,34)	0,42 (100) (1,35)	0,37 (88) (1,37)
Säure P 140 0,0535 gd-mol.	20°	2,06 (124)	1,84 (111)	1,66 (100)	1,48 (89)
Säure P 140 0,1 gd-mol. .	20°	3,25 (121)	2,93 (109)	2,695 (100)	
	40°	3,75 (128) (1,15)	3,26 (111) (1,11)	2,93 (100) (1,09)	
	60°	4,08 (123) (1,25)	3,60 (108) (1,23)	3,33 (100) (1,24)	
Na-Salz P 140 0,0025 gd-mol. 94% Na	20°	1,52 (173)	1,09 (124)	0,88 (100)	0,80 (91)
	60°	1,83 (174) (1,20)	1,32 (126) (1,21)	1,05 (100) (1,19)	0,93 (89) (1,16)
Na-Salz P 140 0,01 gd-mol. 100% Na	20°	3,6 (171)	2,7 (129)	2,1 (100)	
	40°	4,04 (161) (1,12)	3,08 (123) (1,14)	2,51 (100) (1,20)	
	60°	4,34 (161) (1,21)	3,4 (126) (1,26)	2,7 (100) (1,29)	

Tabelle 264.

Lösung	Temperatur	Spezifische Viscositäten für ein Geschwindigkeitsgefälle von			
		250	500	1000	1500
Säure P 115 0,0025 gd-mol.	20°	0,64 (158)	0,52 (128)	0,45 (111)	0,405 (100)
	60°			0,54 (107)	0,505 (100)
				(1,20)	(1,24)
Säure P 115 0,5 gd-mol.	20°		15,8 (104)	15,5 (102)	15,2 (100)
	40°		17,6 (105)	17,3 (103)	16,8 (100)
			(1,11)	(1,11)	(1,11)
	60°		19,6 (105)	19,1 (102)	18,7 (100)
			(1,24)	(1,23)	(1,23)
Na-Salz P 115 0,05 gd-mol. 100% Na	20°	23,9 (170)	20,4 (145)	16,1 (114)	14,1 (100)
	40°	24,1 (150)	21,7 (135)	18,2 (113)	16,1 (100)
		(1,01)	(1,06)	(1,13)	(1,14)
	60°		21,9 (131)	18,8 (112)	16,8 (100)
			(1,07)	(1,17)	(1,19)
Na-Salz P 115 0,1125 gd-mol. 94% Na	20°	50,0 (188)	40,5 (152)	32,1 (121)	26,6 (100)

Tabelle 265.

Lösung	Temperatur	Spezifische Viscositäten für ein Geschwindigkeitsgefälle von			
		2000	4000	7000	10000
Säure P 115 0,0025 gd-mol.	20°	0,37 (154)	0,30 (125)	0,24 (100)	0,21 (87)
	60°	0,475 (148)	0,375 (117)	0,32 (100)	0,295 (92)
Säure P 115 0,05 gd-mol.	20°	1,76 (124)	1,56 (110)	1,42 (100)	1,30 (92)
	40°		1,77 (110)	1,61 (100)	1,52 (96)
			(1,13)	(1,13)	(1,17)
	60°		1,94 (108)	1,80 (100)	1,68 (94)
			(1,24)	(1,27)	(1,29)
Säure P 115 0,1 gd-mol.	20°	3,03 (118)	2,82 (110)	2,56 (100)	
	40°	3,21 (117)	2,98 (109)	2,74 (100)	
		(1,06)	(1,06)	(1,07)	
	60°	3,59 (120)	3,18 (109)	2,92 (100)	
		(1,16)	(1,13)	(1,14)	
Na-Salz P 115 0,01 gd-mol. 100 Na%	20°	3,0 (167)	2,3 (128)	1,8 (100)	1,57 (87)
	40°	3,4 (165)	2,6 (126)	2,06 (100)	1,82 (89)
		(1,13)	(1,13)	(1,15)	(1,16)
	60°	3,5 (152)	2,77 (120)	2,31 (100)	1,98 (86)
		(1,17)	(1,20)	(1,28)	(1,26)

Tabelle 266.

Lösung	Temperatur	Spezifische Viscositäten für ein Gf. von		
		1000	1500	2500
Säure P 90 0,5 gd-mol.	20°	8,7 (101)	8,6 (100)	8,48 (99)
	40°	9,42 (100)	9,4 (100)	9,3 (99)
		(1,08)	(1,09)	(1,10)
	60°	10,45 (101)	10,32 (100)	10,15 (99)
		(1,20)	(1,20)	(1,20)
Na-Salz P 90 0,05 gd-mol. 100% Na	20°	12,55 (112)	11,25 (100)	10,1 (90)
	40°	13,3 (108)	12,3 (100)	10,9 (89)
		(1,06)	(1,09)	(1,08)
	60°	13,1 (107)	12,2 (100)	11,25 (92)
		(1,04)	(1,09)	(1,11)

Tabelle 267.

Lösung	Tempe-ratur	Spezifische Viscositäten für ein Geschwindigkeitsgefälle von			
		2500	4000	7000	10000
Säure P 90 0,5 gd-mol. . .	20°	1,81 (108)	1,76 (105)	1,68 (100)	1,61 (96)
	40°		1,83 (106) (1,04)	1,72 (100) (1,02)	1,68 (98) (1,05)
	60°		1,92 (104) (1,09)	1,85 (100) (1,10)	1,8 (97) (1,12)
Na-Salz P 90 0,05 gd-mol. 100% Na	20°	2,23 (146)	1,9 (124)	1,53 (100)	1,34 (88)
	40°	2,47 (143) (1,11)	2,12 (123) (1,12)	1,73 (100) (1,13)	1,54 (89) (1,15)
	60°		2,24 (121) (1,18)	1,86 (100) (1,22)	1,69 (91) (1,26)

Die Viscositätsänderungen der untersuchten Lösungen mit wechselnder Temperatur sind streng reversibel. Die Viscosität der bei 60° gemessenen Lösungen ist nach dem Abkühlen auf 20° wieder genau die gleiche wie vor dem Erhitzen, was stets geprüft wurde.

Eine Zusammenstellung der Viscositätsmessungen im UBBELOHDEschen Viscosimeter, die an den Eukolloiden ausgeführt worden sind, finden sich in den Tabellen 262 bis 267.

Dritter Teil.

Über hochmolekulare Naturprodukte I.
Kautschuk und Balata.

A. Zur Chemie des Kautschuks und der Guttapercha [1].

I. Einleitung.

Nachstehend soll ein kurzer Überblick über die Chemie des Kautschuks gegeben werden, wobei ältere Untersuchungen und Arbeiten anderer Autoren nicht vollständig berücksichtigt werden können. Es besteht vielmehr die Absicht, mit diesen Zeilen eine Zusammenfassung einer Reihe von Arbeiten zu geben, die in den letzten Jahren im Chemischen Laboratorium der Eidgenössischen Technischen Hochschule ausgeführt wurden und an denen sich die Herren Doktoren FRITSCHI, GEIGER, WIDMER, ASHDOWN, BRUSON, J. K. SENIOR, YAMASHITA [2], ferner die Dipl.-Ing.-Chemiker WEHRLI und HUBER beteiligt haben.

Bei der chemischen Untersuchung des Kautschuks lassen sich 2 Gruppen von Arbeiten unterscheiden:

Die ersten Untersuchungen, die sich mit dem Kautschuk beschäftigten, hatten als Aufgabe, die Zusammensetzung des Kautschuks zu ermitteln und die Bindungsart der Atome im Isoprenmolekül festzustellen. Diese Arbeiten konnten zu keinem Abschluß über die Konstitution des Kautschuks führen, da die Molekülgröße desselben nicht bekannt war und man nach den normalen Methoden zu deren Bestimmung keine Vorstellung darüber gewinnen konnte. So ist die Frage bis heute noch offen, wieviel Isoprenmoleküle sich vereinigt haben, ob z. B. eine lange Kette von gleichartig gebundenen Isoprenmolekülen oder Ringe vorhanden sind und ob der Kautschukkohlenwasserstoff überhaupt einheitlich ist oder ein Gemisch darstellt. So finden wir eine zweite Gruppe von Untersuchungen mit der Lösung dieser Aufgabe beschäftigt.

Eine definitive Aufklärung der Konstitution des Kautschuks, d. h. eine Vorstellung über die Molekülgröße gerade an diesem relativ einfachen Beispiel wäre von großer Bedeutung: den Kautschuktechniker wird vor allem die Frage nach der Kolloidnatur des Kautschuks interessieren, da diese bei der Verarbeitung des

---

[1] Abdruck aus Kautschuk **1925**, H. 1 u. 2 (11. Mitteilung über Isopren und Kautschuk). Diese Zusammenfassung aus dem Jahre 1925 sei hier nochmals abgedruckt, weil sie den Stand der damaligen Kenntnisse wiedergibt. In Fußnoten werden die durch die weitere Entwicklung des Gebietes notwendig gewordenen Korrekturen angebracht.

[2] In den bisher noch nicht veröffentlichten Arbeiten von YAMASHITA wurde der Hitzeabbau des Kautschuks und der Guttapercha studiert und durch Viscositätsmessungen verfolgt. Die Untersuchungen decken sich in vielen Punkten mit den später veröffentlichten, vgl. 14. Mitteilung über Isopren und Kautschuk, Liebigs Ann. **468**, 1 (1929).

Kautschuks die wesentliche Rolle spielt. Für die Technik ist es weniger wichtig, etwas über den Aufbau der Grundmoleküle zu wissen, als darüber eine Vorstellung zu gewinnen, durch welche neue Anordnung dieser Grundmoleküle zu dem kolloiden System die merkwürdigen technisch wichtigen Eigenschaften des Kautschuks resultieren. Auf Grund dieser Kenntnis kann dann ein Einblick z. B. in die Vorgänge des Alterns, die beim Mastizieren[1] sich abspielenden Veränderungen erhofft werden, weiter ergeben sich Einblicke in den Vulkanisationsprozeß. Bei all diesen Vorgängen werden die kolloiden Eigenschaften ganz wesentlich beeinflußt[2], ohne daß man Aufschluß über die dabei sich abspielenden chemischen Vorgänge erhält. Schließlich sind Guttapercha und Balata dem Kautschukkohlenwasserstoff nahe verwandt, das Grundmolekül, das Isopren, ist das gleiche und auch in gleicher Weise gebunden. Die kolloiden Eigenschaften und damit die Verwendungsmöglichkeiten der Produkte sind ganz verschiedene, ohne daß man bisher über die Ursache der Unterschiede Kenntnis besitzt. Im folgenden soll darum eine Vorstellung skizziert werden, die evtl. einen ersten Anfang zur Beurteilung dieser Verschiedenheiten in chemischer Hinsicht abgeben kann.

II. Chemische Untersuchungen über die Bindungsart der Atome im Kautschuk.

Der Kautschuk ist ein Kohlenwasserstoff von der Zusammensetzung C_5H_8, wie schon lange bekannt ist. Einen Einblick in die Konstitution gewannen z. B. BOUCHARDAT und WILLIAMS anfangs durch die pyrogene Zersetzung; dabei wurden Isopren, Dipenten und ein Gemisch von höhermolekularen Terpenen erhalten. Es wurde dann weiter z. B. von TILDEN schon im Jahre 1886 der Übergang von Isopren in kautschukähnliche Massen beobachtet, Arbeiten, die dann hauptsächlich von FRITZ HOFMANN und den Elberfelder Farbenfabriken, ferner von HARRIES weitergeführt wurden, als eine technische Synthese des Kautschuks aussichtsvoll erschien. Darnach wurde Kautschuk als ein Polymerisationsprodukt des Isoprens angesehen und von C. O. WEBER[3] als ein hochmolekulares Polypren bezeichnet. Isopren und Kautschuk stehen also im Verhältnis von

---

[1] Die Mastikation des Kautschuks wurde auf Grund der Versuche von YAMASHITA als ein chemischer Prozeß aufgefaßt, bei dem die größeren Moleküle zu kleineren abgebaut werden. C. HARRIES sagte über die Mastikation folgendes [vgl. Ber. Dtsch. Chem. Ges. **56**, 1050 (1923)]: „Von solchem plastizierten Kautschuk kann nach Viscositätsmessungen angenommen werden, daß er nicht mehr die ursprünglich disperse Phase oder das Aggregat darstellt, sondern desaggregiert ist. Wahrscheinlich stört die mechanische Plastizierung die gegenseitige Absorption zweier oder mehrerer disperser Phasen, die nach Wo. OSTWALD im gewöhnlichen Naturkautschuk vorliegen, oder hebt sie auf. Die mechanische Plastizierung führt hier also zu einem ähnlichen Endeffekt wie die peptisierende Wirkung einer organischen Säure." Der von mir vertretene Standpunkt geht aus folgendem Schweiz. Patent 119027 vom 23. XI. 1925 hervor: „Genaue Untersuchungen über den Kautschuk zeigten nun, daß bei der mechanischen Behandlung (Mastizierung) des Kautschuks in der Wärme nicht nur, wie früher angenommen, eine Deformierung und Zerreißung des Gefüges stattfindet, sondern es tritt auch eine Reaktion mit dem Luftsauerstoff ein, allerdings in äußerst geringem Maße; aber gerade diese Einwirkung von Sauerstoff bewirkt diese Viscositätsverminderung, die noch einfacher z. B. durch Einwirkung einer geringen Menge Ozon erreicht werden kann." — *Patentanspruch.* „Verfahren zur Mastizierung von Kautschuk, dadurch gekennzeichnet, daß dieselbe unter Ausschluß von Sauerstoff vorgenommen wird."

[2] Vgl. G. BERNSTEIN: Kolloid-Ztschr. **12**, 273 (1913). — KIRCHHOF, F.: Kolloid-Ztschr. **14**, 35 (1914).

[3] Vgl. C. O. WEBER: Ber. Dtsch. Chem. Ges. **33**, 784 (1900).

Monomerem zu Polymerem, also in ähnlichem Verhältnis wie Styrol zu Polystyrol, Acrylester zu Polyacrylester usw., nur verläuft hier die Entpolymerisation relativ wenig glatt. Dies hängt teils mit dem komplizierten Bau des Isoprens, hauptsächlich mit der Art der Verknüpfung der Isoprenmoleküle in dem hochmolekularen Kohlenwasserstoff zusammen.

$$C_5H_8 \quad \underset{\text{Wärme}}{\overset{\text{Kälte}}{\rightleftarrows}} \quad (C_5H_8)_x$$

$$C_6H_5 \cdot CH{=}CH_2 \underset{\text{Wärme}}{\overset{\text{Kälte}}{\rightleftarrows}} (C_6H_5CH{-}CH_2)_x$$

$$CH_2{=}O \quad \underset{\text{Wärme}}{\overset{\text{Kälte}}{\rightleftarrows}} \quad (CH_2{-}O)_x$$

Nachdem dann weiter die Konstitution des Isoprens von IPATIEW, KONDAKOFF und schließlich vor allem durch die Synthese von W. EULER[1] aufgeklärt war, war es nun wichtig, die Verknüpfung dieser Isoprenmoleküle kennenzulernen; dieses Resultat erreichten die bekannten Arbeiten von HARRIES[2]. Derselbe führte Kautschuk in ein Ozonid über, das durch Spaltung Lävulinsäure und den entsprechenden Aldehyd ergab. Auf Grund dieses Ergebnisses stellte HARRIES eine Cyclooktadienformel für den Kautschuk auf, die natürlich die kolloiden Eigenschaften nicht erklären konnte. Später wurde von ihm diese Formel zugunsten größerer Moleküle verlassen. Das wichtigste Ergebnis ist aber die Feststellung, daß die Isoprenreste regelmäßig in 1,4-Stellung verknüpft sind. Die Reaktion von konjugierten Systemen in 1,4-Stellung ist nach den THIELEschen Vorstellungen nicht auffallend und es konnte kürzlich nachgewiesen werden, daß auch andere Reagenzien, z. B. Brom und Bromwasserstoff, mit Isopren wie mit Butadien in 1,4-Stellung reagieren[3]. Die Bindungsart der einzelnen Atome und auch des Grundmoleküls untereinander ist also festgestellt. Da aber die Molekülgröße nicht bekannt ist, so weiß man nicht, ob ein Ringsystem vorliegt oder ob am Ende der langen Ketten freie Valenzen vorhanden sind, also dreiwertige Kohlenstoffatome, daher ist die Konstitutionsaufklärung nicht vollständig beendet.

$$
\begin{array}{c}
CH_3 \\
| \\
CH_2{-}C{=}CH{-}CH_2 \\
| \qquad\qquad | \\
CH_2{-}CH{=}C{-}CH_2 \\
| \\
CH_3
\end{array}
$$

alte HARRIESsche Kautschukformel

$$? \cdots CH_2{-}\overset{\overset{CH_3}{|}}{C}{=}CH{-}CH_2\left[{-}CH_2{-}\overset{\overset{CH_3}{|}}{C}{=}CH{-}CH_2{-}\right]_x CH_2{-}\overset{\overset{CH_3}{|}}{C}{=}CH{-}CH_2 \cdots ?$$

Kautschuk

$$CH_3{-}\overset{\overset{CH_3}{|}}{C}{=}CH{-}CH_3$$

Amylen

---

[1] Ber. Dtsch. Chem. Ges. **30**, 1989 (1897) — Journ. f. prakt. Ch. **57**, 131 (1898).

[2] Vgl. C. HARRIES: Untersuchungen über die natürlichen und künstlichen Kautschukarten. Berlin 1919.

[3] Vgl. H. STAUDINGER, W. KREIS u. W. SCHILT: Helv. chim. Acta **5**, 743 (1922), ferner H. STAUDINGER, O. MUNTWYLER u. O. KUPFER: Helv. chim. Acta **5**, 756 (1922).

Abgesehen von diesem Punkt kann aber der Kautschuk als ungesättigter Kohlenwasserstoff betrachtet werden, der also auf einen Isoprenrest eine Doppelbindung enthält. Er läßt sich mit ähnlich ungesättigten Kohlenwasserstoffen, z. B. dem Amylen, vergleichen und zeigt alle Reaktionen eines Äthylenderivates.

So lagert er, wie gesagt, nach HARRIESschen Beobachtungen Ozon an; das Reaktionsprodukt ist aber nicht das primäre Ozonid I, sondern ein Isozonid folgender Konstitution II[1].

$$\text{I.}\quad ?\cdots CH_2-\underset{\underset{O-O=O}{|}}{\overset{\overset{CH_3}{|}}{C}}-CH-CH_2-CH_2-\underset{\underset{O-O=O}{|}}{\overset{\overset{CH_3}{|}}{C}}-CH-CH_2\cdots ?$$

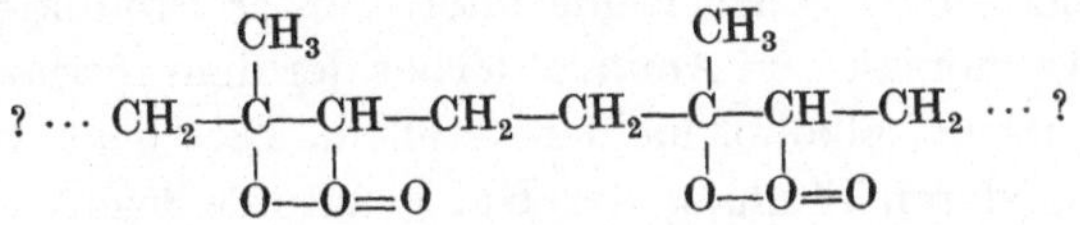

Molozonid

$$\text{II.}\quad ?\cdots CH_2-C\underset{O}{\overset{O-O}{<}}\!\!>CH-CH_2-CH_2-C\underset{O}{\overset{O-O}{<}}\!\!>CH-CH_2\cdots$$

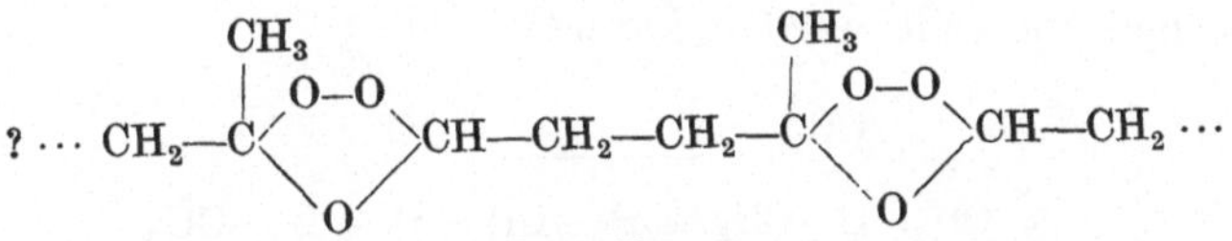

Isozonid

Wie bei allen Äthylenderivaten hat sich also das primäre Reaktionsprodukt, das Molozonid, durch Umlagerung verändert, und deshalb lassen sich auch aus der Molekülgröße des Ozonids nicht, wie HARRIES meinte, Rückschlüsse auf die Konstitution des Kautschuks ziehen[2].

Wie viele Äthylenderivate, so werden auch Kautschuk und Guttapercha autoxydiert. Die Einwirkung von Sauerstoff erfolgt natürlich viel langsamer als von Ozon, und es bilden sich hierbei im wesentlichen Monoxyde, die aber noch nicht näher untersucht sind.

Die Oxydation des Kautschuks erfolgt aber auch entgegen den HARRIESschen Ansichten[3] sehr leicht mit Kaliumpermanganat. Oxydiert man ihn damit in Tetrachlorkohlenstoff, so kann er in saurer Lösung fast vollständig zu Kohlensäure, Essigsäure und etwas Bernsteinsäure verbrannt werden[4]. Mit geringeren Mengen von Kaliumpermanganat läßt sich die Bildung von Lävulinsäure neben hochmolekularen Säuren nachweisen, z. B. konnte eine Lactonsäure erhalten werden, die aus 3 Isoprenresten entstanden ist.

In neutraler und alkalischer Lösung erfolgt die Oxydation sehr viel langsamer, in saurer dagegen rasch; dies hängt wohl damit zusammen, daß durch Säure die hochviscosen Lösungen des Kautschuks infolge von Abbau dünnviscos werden.

Kautschuk kann, wie neuerdings mehrfach gezeigt wurde, katalytisch reduziert werden[5]; man erhält so den Hydrokautschuk, einen gesättigten Paraffinkohlenwasserstoff der Zusammensetzung $(C_5H_{10})_x$. Die Reduktion geht aber nur unter besonderen Bedingungen vor sich, nämlich dann, wenn das Gefüge

---

[1] STAUDINGER: Ber. Dtsch. Chem. Ges. **58**, 1088 (1925).

[2] Durch die Einwirkung von Ozon wird der Kautschuk natürlich stark abgebaut.

[3] HARRIES, C.: Untersuchungen über die natürlichen und künstlichen Kautschukarten, S. 50. Berlin 1919.

[4] Unveröffentlichte Versuche von I. K. SENIOR.

[5] Vgl. 5. Mitteilung über Isopren und Kautschuk, Helv. chim. Acta **5**, 785 (1922).

der großen Kolloidmoleküle gelockert ist, und dies kann entweder durch starkes Verdünnen oder durch Erhitzen erreicht werden[1].

Schließlich addiert Kautschuk auf einen Isoprenrest Brom unter Bildung eines Dibromids, weiter salpetrige Säure unter Bildung von Nitrositen, endlich wird Halogenwasserstoff angelagert, und es entstehen so die Kautschukhydrohalogenide, die ebenfalls Kolloide sind. Das tertiär gebundene Halogenatom ist hier sehr labil, und es wird leicht Halogenwasserstoff abgespalten; ähnliche Erfahrungen macht man auch bei dem tertiären Amylbromid. Es lassen sich deshalb eine ganze Reihe interessanter Produkte, z. B. Umsetzungsprodukte mit Ammoniak und Aminen, ferner der dem tertiären Amylalkohol entsprechende Kautschukalkohol nicht herstellen. Dies liegt wohl auch daran, daß infolge der besonderen Stellung der Halogenatome leicht Cyclisierung eintritt; z. B. mit Wasser entsteht aus dem Kautschukhydrobromid ein Oxyd, dem evtl. folgende Formel zuerteilt werden kann[2]:

$$
\begin{array}{c}
\overset{\displaystyle CH_3 \underline{\hspace{4cm}} O}{} \\
\cdots CH_2{-}C{-}CH_2{-}CH_2{-}CH_2{-}C{-}CH_2{-}CH_2 \cdots \\
\underset{\displaystyle CH_3}{}
\end{array}
$$

Kautschukoxyd

$$\uparrow \; + \, H_2O$$

$$
\begin{array}{c}
CH_3 \qquad\qquad CH_3 \\
\cdots CH_2{-}C{-}CH_2{-}CH_2{-}CH_2{-}C{-}CH_2{-}CH_2 \cdots \\
Br \qquad\qquad\qquad Br
\end{array}
$$

Kautschukhydrobromid

$$\downarrow \; + \quad \text{Zn-Staub}$$

$$
\begin{array}{c}
CH_3 \underline{\hspace{4cm}} CH \\
\cdots CH_2{-}C{-}CH_2{-}CH_2{-}CH_2{-}C{-}CH_2{-}CH_2 \cdots
\end{array}
$$

oder

$$
\begin{array}{c}
CH_3 \underline{\hspace{4cm}} CH_2 \\
\cdots CH_2{-}C{-}CH_2{-}CH_2{-}CH{=}C{-}CH_2{-}CH_2 \cdots
\end{array}
$$

Monocyclokautschuk

Eine Cyclisierung findet weiter beim Behandeln mit Zinkstaub und Eisessig statt, man erhält so Monocyclokautschuk, dem obige Formel zuerteilt werden kann, denn das analog gebaute 2,6-Dimethyl-2,6-dibromheptan geht bei der analogen Behandlung in Cyclogeraniolen über[3].

---

[1] Diese ältere Auffassung bestand darin, daß sekundäre Kolloidteilchen, also Micellen, gelockert werden müßten, damit dann die primären Kolloidteilchen, die Moleküle, in Reaktion treten könnten. Dies ist nicht richtig. Beim Erhitzen wird der Kautschuk abgebaut, und seine Lösungen werden dadurch niederviscos. Beim Verdünnen geht dagegen die hochviscose Gellösung in eine Sollösung über. Wenn dabei der Sauerstoff aus dem Verdünnungsmittel nicht entfernt wird, so tritt ein oxydativer Abbau des Kautschuks ein, der mit einer irreversiblen Viscositätsverminderung verbunden ist, vgl. Dritter Teil, C. IV, 2a, S. 414.

[2] Vgl. Inaug.-Diss. W. WIDMER, E. T. H. Zürich 1925.

[3] STAUDINGER, H., u. W. WIDMER: Helv. chim. Acta **9**, 529 (1926).

$$CH_3-\underset{\underset{Br}{|}}{\overset{\overset{CH_3}{|}}{C}}-CH_2-CH_2-CH_2-\underset{\underset{Br}{|}}{\overset{\overset{CH_3}{|}}{C}}-CH_3$$

2,6-Dimethyl-2,6-dibromheptan

↓ + Zn-Staub

$$CH_3-\overset{\overset{CH_3}{|}}{C}-CH_2-CH_2-CH_2-\overset{\overset{CH}{\|}}{C}-CH_3$$

β-Cyclogeraniolen

oder

$$CH_3-\overset{\overset{CH_3}{|}}{C}-CH_2-CH_2-CH=\overset{\overset{CH_2}{|}}{C}-CH_3$$

α-Cyclogeraniolen

Diese Möglichkeit einer Cyclisierung des Kautschuks ist bisher wenig beachtet worden; sie erfolgt auch leicht beim Behandeln mit Säure und ist mit dem Übergang von aliphatischen Terpenen in mono- und bicyclische Terpene zu vergleichen.

Weiter gelingt die Umsetzung von Kautschukhydrobromid mit Zinkalkylen; man erhält so homologe Alkylhydrokautschuke, z. B. Methyl- und Äthyl-hydrokautschuke, die dieselben Eigenschaften haben wie der Hydrokautschuk, also hochmolekulare, gesättigte Paraffinkohlenwasserstoffe sind[1].

$$\cdots CH_2-\underset{\underset{Br}{|}}{\overset{\overset{CH_3}{|}}{C}}-CH_2-CH_2-CH_2-\underset{\underset{Br}{|}}{\overset{\overset{CH_3}{|}}{C}}-CH_2-CH_2 \cdots + Zn(C_2H_5)_2 \rightarrow$$

$$\cdots CH_2-\underset{\underset{C_2H_5}{|}}{\overset{\overset{CH_3}{|}}{C}}-CH_2-CH_2-CH_2-\underset{\underset{C_2H_5}{|}}{\overset{\overset{CH_3}{|}}{C}}-CH_2-CH_2 \cdots$$

Äthylhydrokautschuk

Endlich wird Schwefelchlorür an Kautschuk wie an andere ungesättigte Kohlenwasserstoffe angelagert, und zwar auf eine Doppelbindung ein halbes Molekül; auf die Bildung derartiger Anlagerungsprodukte ist die Vulkanisation in der Kälte zurückzuführen. Bei der Vulkanisation in der Wärme mit Schwefel können natürlich neben Anlagerungsreaktionen auch Cyclisierungsprozesse, Abbau- und Kondensationsreaktionen des Moleküls stattfinden. Auf diese für die Technik besonders wichtige Reaktion sei im folgenden nicht weiter eingegangen, da sie in chemischer Hinsicht wenig geklärt ist.

Nach dieser kurzen Zusammenstellung bietet die Chemie des Kautschuks im Grunde nichts Besonderes; er zeigt die Umsetzungen eines ungesättigten Kohlenwasserstoffes, und es ist merkwürdig, daß relativ wenig eingehende Untersuchungen in dieser Richtung vorgenommen worden sind. Dies hängt wohl damit zusammen, daß die Reaktionsprodukte, wie der Kautschuk selbst, amorphe Substanzen sind, deren kolloide Eigenschaften die Reindarstellung erschweren. Mancher Forscher mag davor zurückgeschreckt sein, Substanzen

---

[1] Vgl. H. Staudinger u. W. Widmer: Helv. chim. Acta 7, 842 (1924).

zu untersuchen, deren Einheitlichkeit und Reinheit nur schwer festzustellen sind. Die üblichen Methoden, die bei den Untersuchungen von festen, krystallisierten Substanzen angewandt werden, wie Prüfung durch Schmelzpunkt, Mischprobe und Untersuchung der Krystallgestalt, versagen hier. Die Prüfung auf Reinheit und Einheitlichkeit kann bei solch amorphen Substanzen nur durch die Feststellung erfolgen, daß die Zusammensetzung auch bei wiederholtem Umfällen und Reinigen nicht verändert wird; weiter kann die Bestimmung der Refraktion und der Verbrennungswärme zur Identifizierung herangezogen werden[1].

Bei Guttapercha und Balata werden dieselben Beobachtungen wie beim Kautschuk gemacht, es werden dieselben Reaktionsprodukte mit gleichen Eigenschaften gewonnen. Die Unterschiede zwischen diesen Kohlenwasserstoffen müssen also in der Kolloidnatur und nicht in der Bindungsart der einzelnen Grundmoleküle begründet sein[2].

III. Untersuchungen über die Kolloidnatur des Kautschuks.

Hier soll nicht eine Zusammenstellung über die große Zahl der kolloidchemischen Untersuchungen des Kautschuks und des Latex gegeben werden, sondern es sei nur ein Versuch gemacht, den Erscheinungen eine chemische Deutung zu geben; dazu ist es notwendig, zuerst einige Bemerkungen über die Natur der Kolloide voranzuschicken.

Bekanntlich werden die Kolloide in lyophile und lyophobe Kolloide eingeteilt. Speziell die Erfindung des Ultramikroskopes von SIEDENTOPF und ZSIGMONDY und weiter die röntgenspektrographischen Untersuchungen, die von P. SCHERRER angeregt wurden, zeigten, daß bei vielen Kolloiden nur ein besonderer Verteilungszustand der Materie vorliegt. Diese Kolloide können danach kurzweg als zertrümmerte Krystalle bezeichnet werden, bei denen die Zerteilung bis zu der bestimmten Größenordnung von $0,1\,\mu$ bis $0,1\,\mu\mu$ gediehen ist. Diese Auffassung läßt sich aber nur für die eine Gruppe der Kolloide, die *lyophoben*, anwenden, die zweckmäßig als *Suspensoide* bezeichnet werden[3].

Bei einer zweiten Gruppe von Kolloiden, bei den lyophilen, ist diese Vorstellung nicht anwendbar. Dort lassen sich 2 Gruppen von Substanzen unterscheiden.

Zu der einen gehören Seifen und viele Farbstoffe. Diese geben in Wasser kolloide Lösungen, in anderen Lösungsmitteln nicht; z. B. die Lösungen der Seifen in Alkohol sind molekular dispers, häufig auch die anderer Derivate der Fettsäuren. Darnach sind diese Kolloide dadurch gebildet, daß einzelne relativ niedermolekulare Grundmoleküle sich zu den Kolloidmolekülen assoziiert haben. Dies hängt damit zusammen, daß die Löslichkeit der hochmolekularen, fettsauren Salze resp. deren Ionen in Wasser sehr gering ist. Diese Kolloide, die sich durch Assoziation von niedermolekularen Grund-

---

[1] Besonders wichtig wurden Viscositätsuntersuchungen an hochmolekularen Stoffen, um dieselben zu identifizieren und Umsetzungen unter Veränderung der Kettenlänge an ihnen nachzuweisen.

[2] Nach den späteren Untersuchungen sind Guttapercha und Balata identisch und stereoisomer mit Kautschuk, vgl. S. 397.

[3] Vgl. S. 144.

körpern bilden, sollen als *Pseudokolloide*[1] bezeichnet werden. Anders verhalten sich eine Reihe wichtiger Naturkörper, wie z. B. Kautschuk und Guttapercha, die Polysaccharide, die Eiweißstoffe, ferner eine Reihe von synthetischen Produkten, wie z. B. das polymerisierte Styrol und die Polyacrylsäure. Hier sind nur kolloide Lösungen bekannt, und auch die Derivate dieser Produkte haben kolloide Eigenschaften. Niedermolekular disperse Produkte können nur durch Abbau erhalten werden, und wenn man aus diesen Abbauprodukten wieder die kolloiden Stoffe regenerieren will, so ist eine chemische Synthese, z. B. eine Polymerisation, notwendig. Man muß also annehmen, daß bei diesen Produkten sehr große Moleküle vorliegen; die Kolloidnatur ist hier durch die besondere Konstitution des Stoffes bedingt, wie es schon GRAHAM, der Begründer der Kolloidchemie, vermutete. Man kann also die Annahme machen, daß die primären Kolloidteilchen hier die Moleküle darstellen, und diese großen Moleküle sollen als *Makromoleküle* bezeichnet werden. Diese Gruppe von Kolloiden, bei denen nur bei Veränderung durch chemischen Abbau die Kolloidnatur verschwindet, sind die wahren Kolloide, die „*Eukolloide*"[2].

Man könnte natürlich annehmen, daß in all diesen Substanzen ebenfalls Assoziationsprodukte vorliegen, daß aber geeignete Lösungsmittel noch nicht gefunden sind, die eine normal disperse Lösung ermöglichen. Solche Vorstellungen werden neuerdings häufig vertreten, z. B. von KARRER und HESS bei den Polysacchariden, von ABDERHALDEN bei den Eiweißstoffen; HARRIES hatte dieselbe Ansicht auch bei dem Kautschuk; dies geht daraus hervor, daß er die Herstellung eines Hydrokautschuks für bedeutungsvoll hielt. Er war dabei der Meinung, dieser müsse sich unzersetzt im Vakuum destillieren lassen, da eine Assoziation des gesättigten Kohlenwasserstoffes zu Kolloidteilchen nicht mehr stattfinden könne. Dies ist aber nicht der Fall, der Hydrokautschuk ist ebenfalls ein kolloider, sehr hochmolekularer Kohlenwasserstoff und schon dadurch wird wenigstens beim Kautschuk die Annahme einer Assoziation widerlegt[3].

Um einen Entscheid zwischen den beiden Anschauungen zu geben, müssen natürlich die Begriffe Assoziation und Polymerisation definiert werden.

Unter *Assoziation* sind Kräfte zu verstehen, die mit den krystallbildenden Kräften in Parallele zu setzen sind, also z. B. die Kräfte, die zur Bildung der kolloiden Seifenteilchen in den Seifenlösungen führen. Solche Assoziationen können durch Veränderung des Lösungsmittels aufgehoben werden. Die Größe der Assoziation ist bei einem bestimmten Stoff nur von den Lösungsmitteln, der Temperatur und der Konzentration abhängig[4].

---

[1] Später wurde die Nomenklatur geändert und diese Stoffgruppe als Assoziationskolloide oder Micellkolloide bezeichnet, vgl. 26. Mitteilung über hochpolymere Verbindungen, Ber. Dtsch. Chem. Ges. **62**, 2904 (1929).

[2] Diese Gruppe von Kolloiden wurde von mir früher als die der wahren Kolloide im Sinne GRAHAMS bezeichnet. Wo. OSTWALD schlug für diese Gruppe den Namen „Eukolloide" vor, vgl. Kolloid-Ztschr. **32**, 3 (1923). In späteren Arbeiten wurde diese ganze Gruppe als Molekülkolloide bezeichnet und die Bezeichnung „Eukolloide" nur für diejenigen Verbindungen beibehalten, bei denen die kolloiden Eigenschaften besonders ausgeprägt sind, die also besonders hochmolekular sind, vgl. dazu H. STAUDINGER: Ber. Dtsch. Chem. Ges. **62**, 2894 (1929); vgl. Erster Teil, A. VIII, S. 19.

[3] Vgl. S. 26.

[4] Die Micellen haben deshalb eine wechselnde Größe wie z. B. bei den Seifen. Daher ändert sich η_{sp}/c mit der Konzentration und der Temperatur. Vgl. Erster Teil, E. III, S. 86. Es wurde damals noch nicht zwischen Micellbildung und Assoziation unterschieden, vgl. S. 13.

Bei einer *Polymerisation*[1] werden dagegen die Grundmoleküle chemisch gebunden; es ist auf diese Weise das Kolloidmolekül entstanden. Durch Änderung des Lösungsmittels kann deshalb hier keine molekular disperse Lösung erreicht werden. Es sind gerade diese Stoffe in solchen Lösungsmitteln kolloid dispers, in denen die einfachen Grundkörper sich molekular dispers auflösen, also z. B. löst sich Kautschuk in Kohlenwasserstoffen kolloid, gerade so wie Isopren in den gleichen Lösungsmitteln molekular dispers gelöst wird. In Alkohol ist er unlöslich, und bekanntlich ist ja auch die Lösungstendenz von Kohlenwasserstoffen in Alkohol nicht sehr groß[2]. Ein anderes Beispiel ist die polymere Acrylsäure, die infolge der Hydroxylgruppen, wie die monomere, in Wasser löslich ist und natürlich kolloide Lösungen bildet. Acrylsäureester ist dagegen in Wasser unlöslich und kann in einigen Lösungsmitteln, wie Anisol, kolloid gelöst werden. Auch bei Stärke- und Cellulosederivaten werden ja bekanntlich gleiche Erfahrungen gemacht. Niedermolekular disperse Lösungen erhält man bei allen diesen Stoffen erst durch chemische Veränderung, also nach einem Abbau. Dieser Vorgang ist nicht reversibel, und zum Unterschied von Seifenlösungen kann die Lösung von Kautschuk in ein und demselben Lösungsmittel ganz verschiedene Eigenschaften haben[3], je nach der Natur des Kautschuks, d. h. den chemischen Veränderungen, die mit ihm vorgenommen sind.

Über die Konstitution des kolloiden Kautschuks kann man sich danach folgende Vorstellung machen. Die Grundmoleküle, das Isopren, sind in 1,4-Stellung zu einer sehr langen Kette zusammengetreten, und zwar haben sich so viele Isoprenmoleküle aneinandergelagert, bis das Kolloidteilchen resultiert, also vielleicht 100 und mehr einzelne Moleküle[4].

Es ist nun bekannt, daß die Beständigkeit der Kohlenstoffketten mit der Länge abnimmt. Vergleicht man z. B. die verschiedenen Paraffinkohlenwasserstoffe, so sind die einfachen Kohlenwasserstoffe, Äthan und Propan, noch bei Temperaturen von 600—800° existenzfähig, während größere Kohlenstoffketten, wie sie im Paraffin vorliegen, bei denen 20—30 Kohlenstoffatome sich vereinigt haben, schon bei 400—500° gespalten werden. Verlängert man die Kohlenstoffkette noch weiter, so sollte endlich ein Moment eintreten, wo die Dissoziation langer Ketten schon bei gewöhnlicher Temperatur erfolgt; dies dürfte beim Kautschuk und bei den anderen Eukolloiden der Fall sein. Große Kolloidmoleküle

---

[1] Diese Definitionen sind grundlegend für alle weiteren Arbeiten auf dem Gebiet der hochpolymeren Verbindungen. Vgl. Erster Teil, A. V. 1, S. 10.

[2] Es wurde neuerdings versucht, Salze aus dem Kautschuk herzustellen, z. B. durch Behandeln der Kautschukbromide mit tertiären Phosphinen. Die so erhaltenen Produkte — hochmolekulare Phosphoniumsalze — sind in Wasser und Alkohol kolloidlöslich, dagegen in Kohlenwasserstoffen unlöslich. Die Löslichkeit des Kautschuks wird also durch die Einführung ionogener Gruppen vollständig verändert. Die Kautschukphosphoniumsalze haben dabei noch ein ähnliches Aussehen, wie Kautschuk; sie stellen einen wasserlöslichen Kautschuk dar, vgl. E. W. Reuss: Dissertation. E. T. H. Zürich 1926.

[3] Je nach dem Grad des Abbaues kann die Viscosität der Lösung sehr stark differieren.

[4] Die Schätzungen des Polymerisationsgrades des Kautschuks beruhten damals auf Vergleichen mit dem Polyoxymethylen, wo ein Polymerisationsgrad dieser Größenordnung nachgewiesen war. Diese Angabe, die später hauptsächlich durch die Arbeiten K. H. Meyers (S. 32) eine weite Verbreitung gefunden hat, ist aber unrichtig. Die Moleküle des Kautschuks erwiesen sich als viel größer: sie haben einen Polymerisationsgrad von ca. 1000.

zerfallen in kleinere, und wir haben dann ein Gleichgewicht zwischen diesen, ähnlich wie es zwischen Hexaphenyläthan und Triphenylmethyl besteht; dort findet ja auch eine Spaltung der Kohlenstoffkette bei gewöhnlicher Temperatur statt[1].

$$\left[-CH_2-\overset{\displaystyle CH_3}{\underset{|}{C}}=CH-CH_2\right]_x \left[CH_2-\overset{\displaystyle CH_3}{\underset{|}{C}}=CH-CH_2-\right]_x \underset{\substack{\text{Konzentrieren}\\ \text{Abkühlen}}}{\overset{\substack{\text{Erhitzen}\\ \text{Verdünnen}}}{\rightleftarrows}} 2\left[-CH_2-\overset{\displaystyle CH_3}{\underset{|}{C}}=CH-CH_2-\right]_x$$

$$[C_6H_5]_3C-C[C_6H_5]_3 \underset{\substack{\text{Konzentrieren}\\ \text{Abkühlen}}}{\overset{\substack{\text{Erhitzen}\\ \text{Verdünnen}}}{\rightleftarrows}} 2[C_6H_5]_3C-$$

Wie groß ein Molekül sein muß, damit diese Dissoziation eintritt, läßt sich heute noch nicht bestimmt sagen; man kann die Größe dieser dissoziierenden Moleküle, also der Kolloidteilchen, auf ein Molekulargewicht von 50—100000 schätzen. Mit dieser Zusammenlagerung und Dissoziation möchte ich die Erscheinung der abnormen Viscosität in Zusammenhang bringen. In konzentrierten Lösungen findet natürlich die Bildung größerer Moleküle statt, ähnlich wie auch in konzentrierten Lösungen die Hexaphenyläthanbildung begünstigt ist, während in verdünnten Lösungen die reaktionsfähigen Einzelmoleküle auftreten, entsprechend der Bildung des Triphenylmethyls. Darum nimmt auch, wie PUMMERER und BURKARD[2] beobachtet haben, die Viscosität des Kautschuks beim Verdünnen stark ab, und stark verdünnte Kautschuklösungen, die Einzelmoleküle enthalten, enthalten denselben in einer reaktionsfähigeren Form, so daß z. B. die Reduktion gelingt[3]. Dabei ist die Vorstellung zu vermeiden, die Moleküle hätten etwa eine einheitliche Größenordnung; die Dissoziation kann in verschiedener Weise erfolgen, aber bei einer bestimmten Temperatur sind Moleküle von einer bestimmten Größenordnung vorherrschend.

Die obige Auffassung über die Natur und den Grund der Viscosität des Kautschuks findet eine Bestätigung dadurch, daß durch Reagenzien die abnorme Viscosität aufgehoben werden kann, wie schon mehrfach beobachtet wurde. Weitere Untersuchungen ergaben, daß sehr geringe Mengen von Halogenwasserstoff, Ozon, Schwefelchlorür usw. die Viscosität von Kautschuklösungen stark herabsetzen. Man kann entsprechend der obigen Annahme sich vorstellen, daß diese Reagenzien die Endvalenzen der Kautschukmoleküle besetzen und daß dadurch kleinere Moleküle entstehen, die sich nicht mehr zusammenlagern können; dadurch gehen die charakteristischen viscosen Eigenschaften verloren.

---

[1] Die Vorstellung der Dissoziation von Kautschukmolekülen schien durch die Beobachtung gestützt, daß die Haftfestigkeit der Kohlenstoffbindungen in der Allylgruppierung eine besonders geringe ist. So wurde der Zerfall des Kautschuks mit der Entpolymerisation des Dicyclopentadiens verglichen, vgl. H. STAUDINGER u. A. RHEINER: Helv. chim. Acta 7, 23 (1924). Diese Vorstellung ist aber nach weiteren Untersuchungen hinfällig, vgl. Ber. Dtsch. Chem. Ges. 62, 2913 (1929). Es handelt sich hier nicht um Gleichgewichtszustände zwischen größeren und kleineren Molekülen, sondern eine einmal eingetretene Molekülverkleinerung ist irreversibel, vgl. Liebigs Ann. 468, 3 (1929). Allerdings bedingt die Allylgruppierung in der Kette des Kautschuks ihre besondere Labilität, vgl. S. 402.

[2] Ber. Dtsch. Chem. Ges. 55, 3458 (1929).

[3] Die konzentrierteren Kautschuklösungen sind Gellösungen, in denen die Viscosität mit zunehmender Konzentration infolge der gegenseitigen Behinderung der Fadenmoleküle beträchtlich ansteigt, vgl. S. 136.

Zum Studium dieser Erscheinung eignet sich das hochpolymerisierte Styrol, das ebenfalls wie Kautschuk hochviscose Lösungen gibt. Dort haben wir einen gesättigten Kohlenwasserstoff, so daß nur am Ende der langen Kette die Reagenzien einwirken können, aber keine Addition an Doppelbindungen erfolgen kann. Auch hier wird ein Herabsetzen der Viscosität durch alle Reagenzien beobachtet, die mit dem dreiwertigen Kohlenstoff Additionsreaktionen eingehen, z. B. also mit Halogen, und zwar wirkt Chlor viel rascher als Brom, während Jod, das sich sehr langsam addiert, fast ohne Wirkung ist. Die dünnviscosen Lösungen können durch Zusatz von Lauge nicht mehr in hochviscose verwandelt werden; die Abnahme der Viscosität beruht also nicht etwa auf Veränderungen von Ladungen der kolloiden Teilchen, sondern auf chemischem Eingriff[1].

IV. Hemikolloide.

Die Untersuchung des hochpolymerisierten Styrols ist geeignet, auch in anderer Hinsicht neue Gesichtspunkte für die Beurteilung der Kolloide zu liefern. Auffallend ist, daß nur ein in der Kälte polymerisiertes Styrol hochviscose Lösungen gibt, während ein in der Wärme polymerisiertes dünnviscose Lösungen liefert. Damit geht eine völlige Veränderung der physikalischen Eigenschaften Hand in Hand. Das in Lösung hochviscose Polystyrol ist sehr zäh, während das in Lösung dünnviscose leicht pulverisierbar ist. Ein solches in Lösung dünnviscoses Polystyrol kann auch durch Einwirkung von Zinntetrachlorid auf Styrol erhalten werden, und nach Molekulargewichtsbestimmungen sind diese Modifikationen relativ niedermolekular[2]. Genauere Untersuchungen bei dem polymerisierten Inden — dem Polyinden[3] — zeigten, daß zwischen Molekülgröße, Löslichkeit, Schmelzpunkt und Viscosität ein Zusammenhang besteht, und zwar sind relativ niedermolekulare Polyindene vom durchschnittlichen Molekulargewicht 1500—2000 leichter löslich, haben einen tieferen Schmelzpunkt und liefern dünner viscose Lösungen als höherpolymerisierte Produkte vom Molekulargewicht ca. 6000. Für diese im Vergleich zu Kautschuk relativ dünnviscosen Lösungen ist weiter charakteristisch, daß durch Reagenzien, z. B. durch Brom, die Viscosität nicht mehr beeinflußt wird. Diese Substanzen nehmen eine Mittelstellung zwischen den Eukolloiden und den niedermolekulardispersen Polymerisationsprodukten ein und sollen als *Hemikolloide* bezeichnet werden. Natürlich liegen keine einheitlichen Substanzen, sondern Gemische von verschiedenen Polymerisationsgraden vor, die bei der Ähnlichkeit der physikalischen Eigenschaften nur ganz unvollkommen zu trennen sind.

Solche Hemikolloide treten auch beim Abbau des Kautschuks auf, z. B. sind der Hydrokautschuk, der Cyclokautschuk, überhaupt alle Reaktionsprodukte

---

[1] Die Auffassung, daß die höchstmolekularen Stoffe am Ende ihrer langen Moleküle 3 wertige C-Atome besitzen, lag den ersten Versuchen zugrunde. Die weiteren Versuche ergaben die Unhaltbarkeit dieser Anschauungen, vgl. 28. Mitteilung über hochpolymere Stoffe, Ber. Dtsch. Chem. Ges. **62**, 2912 (1929). Bei der Einwirkung von Reagenzien werden die Fadenmoleküle abgebaut. Spektroskopische Untersuchungen zum Nachweis der 3 wertigen Kohlenstoffatome, wie sie G. Scheibe und R. Pummerer: Ber. Dtsch. Chem. Ges. **60**, 2163 (1927), vornahmen, können über diese Frage nicht entscheiden, da die Zahl solcher 3 wertigen C-Atome bei langen Molekülen so gering ist, daß sie sich dem spektroskopischen Nachweis entziehen.

[2] Vgl. Ber. Dtsch. Chem. Ges. **62**, 241 (1929).   [3] Vgl. Helv. chim. Acta **12**, 934 (1929).

des Kautschuks, die bei etwas höherer Temperatur erhalten werden, ebenso auch Kautschukozonide und Nitrosite solche Hemikolloide. Hier haben wir am Ende keine freien Valenzen, sondern bei diesen kleinen Molekülen sind entweder die Endvalenzen durch Ringschluß abgesättigt oder durch andere chemische Bindung.

Diese neuen Gesichtspunkte über die Konstitution der Kolloide erlauben eine Reihe von Vorgängen bei der Umwandlung des Kautschuks verständlich zu machen; einige dieser Reaktionen sollen im folgenden noch besprochen werden.

V. Cyclokautschuk.

Cyclokautschuke werden, wie oben gesagt, dadurch erhalten, daß man Kautschukhydrohalogenide mit Zinkstaub in höhersiedenden Lösungsmitteln behandelt; und zwar resultiert Monocyclokautschuk, wenn man von den reinen Hydrohalogeniden ausgeht, und ein Polycyclokautschuk noch unbekannter Konstitution, wenn man gleichzeitig bei dieser Reaktion noch Chlorwasserstoff durchleitet. Man kann so ein Drittel bis ein Viertel der Doppelbindungen des Kautschuks durch Cyclisierung entfernen.

Diese Cyclisierung ist bisher wenig beachtet worden. Sie findet wahrscheinlich auch beim Erhitzen mit Säuren statt, z. B. beim Behandeln mit Schwefelsäure, und entspricht, wie angeführt, völlig dem Übergang eines aliphatischen in ein cyclisches Terpen, der ja häufig beobachtet ist; da Kautschuk ein hochmolekulares, aliphatisches Terpen darstellt, muß bei der Cyclisierung ein hochmolekulares, cyclisches Terpen resultieren. Wie im nächsten Abschnitt gezeigt werden soll, kann auch die Cyclisierung beim Erhitzen erfolgen, entsprechend den beim Terpen gemachten Erfahrungen. Diese Umwandlungen werden natürlich beim Verarbeiten des Kautschuks eine große Rolle spielen und werden in Zukunft stärker als bisher, vermutlich auch zur Beurteilung der Vulkanisationsprozesse herbeigezogen werden.

Die nach dem oben beschriebenen Verfahren hergestellten Polycyclokautschuke haben ein guttaperchaähnliches Aussehen, und es ist die Frage, ob sie evtl. als Guttaperchaersatz verwandt werden können[1,2]. Sie zeigen ein um so geringeres Molekulargewicht, je höher die Temperatur ist, bei der sie hergestellt sind; gleichzeitig ändert sich auch Löslichkeit und Schmelzpunkt der erhaltenen Produkte. Also bei höherer Temperatur findet eine Spaltung des ursprünglichen größeren Kautschukmoleküls in kleinere statt, die sich dann infolge der Cyclisierung nicht mehr zusammenlagern können; damit sind auch die elastischen Eigenschaften des Kautschuks verlorengegangen[3].

Ob die Cyclisierungsprodukte alle identisch sind, läßt sich heute nicht sagen, es ist sogar nicht wahrscheinlich; z. B. unterscheidet sich der mit Schwefelsäure

---

[1] Die Bildung der Cyclokautschuke ist in den Patenten von SIEMENS und HALSKE schon beschrieben, vgl. DRP. 354344 und 358729. C. HARRIES, der diese Untersuchung wohl veranlaßt hat, meint aber, daß bei dieser Reaktion der Kautschuk reduziert sei, und beschreibt Chem. Zentralblatt **1921** III, 1358 das Produkt als Hydrokautschuk. Die Untersuchung von W. WIDMER: Helv. chim. Acta **9**, 529 (1926), ergab die obigen Resultate.

[2] Darüber ist in der Technik viel gearbeitet worden, vgl. die Zusammenstellung von F. KIRCHHOF: Kautschuk **1928**, 146.

[3] Über die elastischen Eigenschaften des Kautschuks vgl. STAUDINGER, H.: Ber. Dtsch. Chem. Ges. **63**, 929 (1930).

cyclisierte Kautschuk in seiner Löslichkeit sehr stark von dem obenbeschriebenen Präparat. Bei Einwirkung von Säuren, hauptsächlich von Trichloressigsäure, wird die Kautschuklösung dünnviscos; evtl. werden hier nur die Endvalenzen cyclisiert, so daß die dreiwertigen Kohlenstoffatome und damit die Viscosität verschwindet, doch bedarf dieser Punkt noch genauerer Untersuchung; es wird allerdings sehr schwierig sein aufzuklären, ob in einem großen Molekül solch geringfügige Änderungen eingetreten sind.

VI. Verhalten des Kautschuks beim Erhitzen[1].

Über das Verhalten des Kautschuks beim Erhitzen ist schon vielfach gearbeitet worden, da dabei gerade die Kautschukindustrie interessierende wesentliche Veränderungen dieses Stoffes vor sich gehen. Es ist wichtig, ob das Erhitzen an der Luft oder unter Sauerstoffausschluß stattfindet. Beim Erhitzen an der Luft wird Kautschuk infolge von Autoxydation sehr leicht verändert; man erhält klebrige, schmierige Produkte, die dünnviscose Lösungen geben und die sauerstoffhaltig sind. Wahrscheinlich beruht auch das Mastizieren darauf, daß geringe Mengen Sauerstoff mit dem Kautschuk in Reaktion treten und so die Endvalenzen abgesättigt werden, so daß danach der Kautschuk dünnviscose Lösungen gibt[2]. Erhitzt man dagegen unter Luftabschluß, so ist dieser Kohlenwasserstoff relativ beständig: gute Kautschuksorten schmelzen erst bei 150—200°. Bei langem und hohem Erhitzen, hauptsächlich in Lösungsmitteln, tritt Umlagerung, Cyclisierung des Kautschuks ein, und es konnte durch Erhitzen des Kautschuks in Äther auf 200° oder durch Erhitzen ohne Lösungsmittel auf 250—270° ein Kautschuk erhalten werden, der wesentlich dem obigen Cyclokautschuk gleicht, z. B. die gleichen Verbrennungswärmen hatte: 10500 Cal. statt 10700 für Kautschuk[3].

Nimmt man die pyrogene Zersetzung des Kautschuks unter normalen Bedingungen vor — destilliert man also Kautschuk bei Atmosphärendruck —, so erhält man nicht nur die Zersetzungsprodukte des Kautschuks, sondern auch die des Cyclokautschuks.

Die beiden Reaktionen lassen sich dadurch einigermaßen trennen, daß man Kautschuk auf 300° erhitzt; alsdann destillieren nur die Zersetzungsprodukte des Kautschuks über: Isopren und hauptsächlich Dipenten. Der Cyclokautschuk ist beständiger, wird erst bei höherer Temperatur (350°) gespalten und bleibt im Rückstand. Bei der pyrogenen Spaltung liefert er kein Dipenten.

VII. Hydrokautschuk.

Der Hydrokautschuk ist gleichzeitig von Pummerer und Burkard[4] durch Reduktion sehr verdünnter Kautschuklösungen in Methyl-Cyclohexan mit Platin und von Staudinger und Fritschi[5] mit Platin bei hoher Temperatur (270°)

---

[1] Staudinger, H., u. E. Geiger: Helv. chim. Acta **9**, 549 (1926).

[2] Vgl. Fußnote 1, S. 379.

[3] Nach Bestimmungen in der Eidgen. Prüfungsanstalt für Brennstoffe in Zürich von Prof. Dr. Schläpfer.

[4] Ber. Dtsch. Chem. Ges. **55**, 3458 (1922). In dieser ihrer ersten Arbeit hatten die Autoren keinen Hydrokautschuk in der Hand, vgl. dazu 6. Mitteilung über Isopren und Kautschuk, Ber. Dtsch. Chem. Ges. **57**, 1203 (1924).

[5] Helv. chim. Acta **5**, 785 (1922); **13**, 1324 (1930).

und hohem Wasserstoffdruck (100 Atm.) erhalten worden. Am besten wird er nach Untersuchungen von E. GEIGER bei Gegenwart von großen Mengen aktiven Nickels bei höherer Temperatur hergestellt[1].

Beide Hydrokautschuke sind im wesentlichen identisch[2]. Sie sind hochmolekulare Paraffinkohlenwasserstoffe, die die chemischen Eigenschaften, also die Beständigkeit eines Paraffins zeigen.

Die Reduktion des Kautschuks verläuft so, daß die kleineren Spaltprodukte, die durch Dissoziation entstehen, reduziert werden; darum muß entweder sehr stark verdünnt werden[3], um relativ kleine Spaltprodukte zu erhalten, oder dies kann auch durch Erhitzen auf hohe Temperatur erreicht werden. Die unter diesen Bedingungen hergestellten Hydrokautschuke zeigen ein Molekulargewicht von 2—5000, sie stellen also Hemikolloide dar, und entsprechend sind auch die Lösungen im Vergleich zu denen des Kautschuks dünnviscos. Einzelne Präparate unterscheiden sich dann noch sehr stark in Zähigkeit und Viscosität; so ist das in der Kälte nach PUMMERER und BURKARD hergestellte Produkt zäher[4] als ein in der Wärme hergestellter Hydrokautschuk; ein gewisser Abbau[5] hat also in der Hitze stattgefunden. Aber gerade daraus, daß man bei Reduktion des Kautschuks bei höherer Temperatur noch sehr hochmolekulare Reduktionsprodukte erhält, ist der Rückschluß zu ziehen, daß Kautschuk selbst noch viel höhermolekular ist, denn bei Temperaturen von 270° finden natürlich keine Kondensationsprozesse, sondern Zerfallsreaktionen statt.

Bei hoher Temperatur wird auch der Hydrokautschuk weiter zersetzt; er ist zwar viel beständiger als Kautschuk. Man erhält dabei ein Gemisch von niedermolekular dispersen Äthylenkohlenwasserstoffen C_5H_{10}; das Anfangsglied dieser Reihe ist das asymmetrische Methyläthyläthylen, das gewissermaßen den Grundkohlenwasserstoff des Hydrokautschuks darstellt, gerade so, wie Isopren der Grundkohlenwasserstoff des Kautschuks ist.

$$\cdots CH_2-CH_2-\overset{\displaystyle CH_3}{\overset{|}{CH}}-CH_2-CH_2-CH_2-\overset{\displaystyle CH_3}{\overset{|}{CH}}-CH_2-CH_2\cdots$$

$$\cdots CH_3 + CH_2{=}\overset{\displaystyle CH_3}{\overset{|}{C}}-CH_2-CH_3 + CH_2{=}\overset{\displaystyle CH_3}{\overset{|}{C}}-CH_2-CH_2\cdots$$

Als höchstmolekulare Verbindung bei der pyrogenen Zersetzung konnte ein Äthylenkohlenwasserstoff $(C_5H_{10})_8$ gewonnen werden, ein Beweis für den hochmolekularen Bau des Hydrokautschuks[6].

Bei der Darstellung des Hydrokautschuks bei höherer Temperatur ist allerdings noch die Möglichkeit gegeben, daß primär eine Cyclisierung eintritt. Reiner

---

[1] Helv. chim. Acta **13**, 1334 (1930).

[2] Je nach der Temperatur ist der Hydrokautschuk mehr oder weniger abgebaut, gibt also mehr oder weniger viscose Lösungen. Vgl. dazu 6. Mitteilung über Isopren und Kautschuk, Ber. Dtsch. Chem. Ges. **57**, 1203 (1924).

[3] Vgl. Fußnote 1, S. 382.

[4] Der in der Kälte gewonnene Hydrokautschuk ist höhermolekular als der bei 270° hergestellte.

[5] Der Abbau ist sehr bedeutend, denn der Kautschuk hat einen Polymerisationsgrad von ca. 1000, während die durch Reduktion bei 270° hergestellten Hydrokautschuke einen solchen von höchstens 100 haben. Vgl. 25. Mitteilung über Isopren und Kautschuk, Helv. chim. Acta **13**, 1324 (1930).

[6] Vgl. Ber. Dtsch. Chem. Ges. **57**, 1203 (1924); ferner Helv. chim. Acta **13**, 1355 (1930).

Hydrokautschuk wird also nur dann erhalten, wenn große Mengen von Katalysatoren angewandt werden, also wenn die Reduktionsgeschwindigkeit größer ist als die Cyclisierungsgeschwindigkeit. Unter diesen Bedingungen findet die Reduktion in einigen Minuten unter beträchtlicher Temperaturerhöhung statt.

Die Reinheit des Hydrokautschuks und übrigens auch die Identität der verschiedenen Hydrokautschuksorten wurde durch Bestimmung des Brechungsexponenten festgestellt. Bei einer Reihe von Präparaten ließ sich auch die Dichte bestimmen und die Molekularrefraktion berechnen, die mit der für den Paraffinkohlenwasserstoff $(C_5H_{10})_x$ berechneten völlig übereinstimmt. Kautschuk zeigt die für einen ungesättigten Kohlenwasserstoff $(C_5H_8)_x$ geforderten Werte.

Kautschuk nach GEIGER	$D_4^{16} = 0,920$	$n_D^{16} = 1,5222$	$M_D = 22,57$
Kautschuk nach[1]	$D_4^{20} = 0,9237$	$n_D^{20} = 1,5219$	$M_D = 22,46$
		Ber. $(C_5H_8)_x$	$M_D = 22,56$
Hydrokautschuk nach FRITSCHI mit Platin, etwas cyclisiert	—	$n_D^{16} = 1,4840$	—
Hydrokautschuk nach GEIGER mit Kobalt.	$D_4^{16} = 0,8585$	$n_D^{16} = 1,4768$	$M_D = 23,06$
Hydrokautschuk nach PUMMERER und BURKARD	—	$n_D^{16} = 1,4755$	—
Hydrocyclokautschuk, reduzierter Cyclokautschuk $C_{20}H_{34}$	$D_4^{16} = 0,986$	$n_D^{16} = 1,5264$	—
		Ber. $(C_5H_{10})_x$	$M_D = 23,01$

Die Methyl- und Äthylhydrokautschuke, die durch Behandeln von Kautschukhydrobromid mit Zinkalkyl erhalten werden, sind zäh und gleichen, wie zu erwarten war, in den physikalischen Eigenschaften dem in der Kälte hergestellten Hydrokautschuk, da hier ein geringerer Abbau stattgefunden hat[2].

Schließlich sei erwähnt, daß auch die synthetischen Kautschuke, sowohl der Nor-Kautschuk wie auch der Methylkautschuk, zu den entsprechenden Hydrokautschuksorten reduziert wurden; die erhaltenen Produkte haben ebenfalls Eigenschaften von hochmolekularen Paraffinkohlenwasserstoffen, und die Molekularrefraktion stimmt auch hier mit den geforderten Werten überein.

VIII. Guttapercha, Balata und synthetischer Kautschuk.

Von diesen Kohlenwasserstoffen wurden eine Reihe von Derivaten hergestellt, z. B. wurde Cycloguttapercha sowohl über das Hydrohalogenid, wie auch durch Erhitzen hergestellt. Die so gewonnenen Produkte lassen keinen Unterschied erkennen und sind mit Cyclokautschuk identisch. Ebenso sind Hydroguttapercha und Hydrobalata identisch mit einem Hydrokautschuk, der bei gleicher Temperatur hergestellt ist, auch synthetischer Kautschuk liefert ebenfalls ein identisches Reduktionsprodukt.

Hydrokautschuk . . .	$n_D^{16} = 1,4768$
Hydroguttapercha . .	$n_D^{16} = 1,4740$
Hydrobalata	$n_D^{16} = 1,4762$

Schließlich wurde eine Äthylhydroguttapercha über das Hydrobromid gewonnen, die gleiche Eigenschaften hat wie Äthylhydrokautschuk.

---

[1] MACALLUM, A. DOUGLAS, u. G. STAFFORD WHITBY: The transactions of the Royal Society of Canada **19 III**, 191 (1924).

[2] Vgl. H. STAUDINGER u. W. WIDMER: Helv. chim. Acta **7**, 842 (1924).

Bei allen diesen Derivaten sind eben die Kolloidmoleküle schon so weit abgebaut, daß Unterschiede nicht mehr auftreten. Die Unterschiede zwischen den einzelnen Produkten müssen also, wie schon oben gesagt, auf der Konstitution der Kolloidmoleküle beruhen. Beim Kautschuk ist ein größeres Molekül als bei der Guttapercha anzunehmen, da dort gleichkonzentrierte Lösungen weit hochviscoser sind[1].

Synthetischer Kautschuk unterscheidet sich endlich von dem natürlichen sehr weitgehend in Löslichkeit und Viscosität der Lösungen; es ist ja auch wahrscheinlich, daß die Natur ein anderes Produkt herstellen kann als das Laboratorium. Hauptsächlich die mit Katalysatoren aus Isopren hergestellten Kautschuksorten zeigen wesentliche Unterschiede. Dies dürfte darauf beruhen, daß nicht nur ein verschiedener Polymerisationsgrad bei beiden Produkten vorliegt, sondern es kann natürlich auch Cyclisierung bei der Bildung von synthetischem Kautschuk erfolgt sein[2]. Die Annahme großer normaler Moleküle gibt hier, wie überhaupt für alle diese eukolloiden Naturprodukte viel größere Möglichkeiten, um die feinen Unterschiede zu erklären.

B. Das Molekulargewicht des Kautschuks.

Bearbeitet von H. F. BONDY[3].

I. Über den Abbau des Kautschuks.

In der vorstehenden zusammenfassenden Arbeit aus dem Jahre 1925 ist durch chemische Umsetzungen der Nachweis für den hochmolekularen Bau des Kautschuks geführt worden; es fehlt aber die genaue Bestimmung seines Molekulargewichts. Weiter konnte weder die Natur seiner kolloiden Lösungen noch der auffallende Unterschied zwischen den Lösungen des Naturkautschuks und seiner hemikolloiden Abbauprodukte erklärt werden. Der natürliche Kautschuk geht unter starken Quellungserscheinungen in Lösung und liefert hochviscose Lösungen, die dem HAGEN-POISEUILLEschen Gesetz nicht gehorchen, während die Lösungen von hemikolloiden Abbauprodukten sich wie die niedermolekularer Verbindungen verhalten.

Die Konstitutionsaufklärung des Kautschuks wurde wie bei anderen hochmolekularen Produkten durch Herstellung einer polymerhomologen Reihe erreicht. Dabei war es besonders wichtig, die Eigenschaften des Kautschuks und seiner Abbauprodukte mit den polymerhomologen Polystyrolen vergleichen zu können.

---

[1] Es wurde anfangs angenommen, der Unterschied zwischen Kautschuk und Guttapercha (Balata) beruhe nur auf einem Unterschied in der Molekülgröße dieser Verbindungen. Da Kautschuk durch Abbau in die guttaperchaähnlichen Cyclokautschuke übergeführt werden konnte, die sich allerdings durch den Verlust der Doppelbindungen von der Guttapercha unterscheiden, so hofften wir, durch vorsichtigen Abbau des Kautschuks Guttapercha erhalten zu können. Zahlreiche Versuche von M. YAMASHITA zeigten, daß dies nicht möglich ist. Nach Untersuchungen von H. F. BONDY, vgl. Liebigs Ann. **468**, 1 (1929), existiert eine Kautschuk- und eine Guttaperchareihe. So bildete sich die Vorstellung, daß Kautschuk und Guttapercha stereoisomer sind, vgl. Kautschuk **1929**, 129.

[2] Beim synthetischen Kautschuk sind die Fadenmoleküle durch Cyclisierung untereinander verkettet. So sind dreidimensionale Moleküle entstanden und deshalb ist der synthetische Kautschuk unlöslich und nur quellbar.

[3] Vgl. H. STAUDINGER u. H. F. BONDY: Über den Abbau des Kautschuks und der Guttapercha. Liebigs Ann. **468**, 1 (1929).

Dadurch zeigte sich, daß die Unbeständigkeit der Kautschuklösungen auf der ungesättigten Natur seiner Moleküle beruht. Deshalb wird Kautschuk thermisch oder durch Einwirkung von geringen Mengen Sauerstoff leichter abgebaut als die beständigen Polystyrole.

Hemikolloide Abbauprodukte mit Molekülen verschiedener Größe wurden durch langes Kochen des Kautschuks resp. der Guttapercha in Lösungsmitteln wie Tetralin, Xylol, Toluol usw. hergestellt, und zwar, um Oxydation zu vermeiden, unter Durchleiten von Kohlendioxyd[1]. Das Kochen der Lösung wurde in jedem Fall so lange fortgesetzt, bis keine Abnahme der Viscosität mehr zu beobachten war. Dazu waren in der Regel 20—25 Tage notwendig. Der Abbau ist dabei bei höherer Temperatur, also in höhersiedenden Lösungsmitteln größer als in tiefersiedenden. Tabelle 268 gibt die Änderungen der Viscosität von Lösungen von Rohkautschuk resp. nach PUMMERER gereinigtem Kautschuk wieder, ferner von Guttapercha (Balata) beim Erhitzen auf verschiedene Temperaturen an. Der Quotient der spez. Viscositäten vor und nach dem Erhitzen ist charakteristisch für die Größe des Abbaues[2].

Tabelle 268. **Erhitzen von gereinigtem und ungereinigtem Kautschuk sowie von Guttapercha in verschiedenen Lösungsmitteln.**
1 proz. Lösungen in CO_2-Atmosphäre.

Lösungsmittel und Reaktionstemperatur	Substanz K = Kautschuk G = Guttapercha	Erhitzungsdauer Stunden	η_{sp} vor dem Erhitzen	η_{sp} nach dem Erhitzen	$\dfrac{\eta_{sp}\,(\text{nachher})}{\eta_{sp}\,(\text{vorher})}$
Tetralin 207°	Unger. K	348	98	0,21	0,002
	Ger. K	192	6,6	0,22	0,03
	Ger. G	504	1,9	0,26	0,14
Xylol 142°	Unger. K	348	100	2,1	0,02
	Ger. K	216	6,5	0,25	0,04
	Ger. G	300	1,8	0,18	0,10
Toluol 110°	Unger. K	288	99	14	0,14
	Ger. K	192	6,6	1,7	0,26
	Ger. G	144	1,8	1,8	1,00
Benzol 80°	Unger. K	144	99	21	0,21
	Ger. K	264	6,7	2,9	0,43
	Ger. G	144	1,8	1,8	1,00

Der Abbau ist danach am größten beim Rohkautschuk, der die längsten Moleküle vom Polymerisationsgrad ca. 2000 besitzt, weniger stark beim reinen Kautschuk (Polymerisationsgrad ca. 1000). Bei der relativ niedermolekularen Guttapercha vom Polymerisationsgrad ca. 500* tritt in Toluol und Benzol kein Abbau

---

[1] Es ist möglich, daß es sich bei diesen Versuchen trotzdem nicht nur um einen thermischen Abbau handelt, sondern daß teilweise auch ein oxydativer Abbau durch Luft erfolgt ist, denn es war damals noch nicht bekannt, daß schon die geringen Mengen von Sauerstoff, die in Lösungsmitteln gelöst sind, abbauend auf den Kautschuk einwirken, vgl. Dritter Teil, C. IV. 2, S. 414.

[2] Dabei ist allerdings außer acht gelassen, daß diese hochkonzentrierten Lösungen starke Abweichungen vom HAGEN-POISEUILLEschen Gesetz zeigen; für die Vergleichsversuche brauchen diese Differenzen aber nicht berücksichtigt zu werden.

* Die bei diesen Versuchen angewandte Guttapercha war schon abgebaut. Reine Balata, aus Latex hergestellt, hat den Polymerisationsgrad ca. 750, vgl. Dritter Teil, C. III. 1 u. 2, S. 408ff.

ein. Merkwürdig ist, daß Rohkautschuk in Xylol, Toluol und Benzol nicht bis zur gleichen Stufe abgebaut wird wie der reine Kautschuk, denn man könnte annehmen, daß durch thermischen Abbau verschieden langer Moleküle solche der gleichen Größenordnung entstehen. Beim Kochen in Tetralinlösung, also bei höherer Temperatur, ist dies auch der Fall. Der Grund für das andersartige Verhalten bei tieferer Temperatur ist darin zu suchen, daß der Rohkautschuk Antikatalysatoren enthält, die ihn vor dem Abbau schützen und die ihm beim Reinigungsprozeß entzogen werden[1]. In kochender Tetralinlösung werden im Gegensatz zu tiefersiedenden Lösungsmitteln diese Antikatalysatoren zerstört, und darum verschwinden hier die Unterschiede zwischen rohem und reinem Kautschuk. Auffallend ist weiter, daß der Abbau in Xylol wenig von dem in Tetralin abweicht, während zwischen der Größe des Abbaues in Xylol- und Toluollösung ein sehr beträchtlicher Unterschied besteht. Man hätte nach letzerem erwarten sollen, daß in kochendem Tetralin die Polyprenkette sehr viel stärker als in Xylol abgebaut wird. Daß dies nicht der Fall ist, liegt daran, daß bei der hohen Temperatur bereits eine geringe Cyclisierung des Kautschuks eintritt[2]. Dadurch wird die Kette beständiger als die ungesättigte Polyprenkette. Cyclisierte Polyprene werden ebenso wie Hydrokautschuke weniger leicht gespalten als uncyclisierte Polyprene vom gleichen Durchschnittsmolekulargewicht. Der Grad der Cyclisierung kann durch Titration verfolgt werden; dabei ergibt sich, daß beim Kochen in Tetralinlösung nur ein geringer Teil der Doppelbindungen der Polyprenkette cyclisiert wird. Erst bei höherer Temperatur über 300° geht der Kautschuk unter Verlust fast aller Doppelbindungen in Polycyclokautschuk über[3].

Durch diese Abbauversuche wurde gezeigt, daß der Unterschied zwischen Kautschuk, Balata und Guttapercha[4] nicht darauf zurückzuführen ist, daß die Stoffe verschiedene Kettenlänge haben; denn dann müßte Kautschuk durch Abbau in Guttapercha und Balata übergeführt werden können. Dies ist aber nicht der Fall; die Kautschukabbauprodukte verschiedener Größe sehen alle noch kautschukähnlich aus, nur ändern sich mit abnehmender Kettenlänge die physikalischen Eigenschaften, wie Löslichkeit und Elastizität. Der elastische Kautschuk geht beim Abbau in weniger elastische, klebrige Produkte über. Die Abbauprodukte lösen sich ohne die starken Quellungserscheinungen, und die Viscosität gleichkonzentrierter Lösungen derselben ist niedriger als solcher von Kautschuk. Ihrerseits geben die Abbauprodukte der Balata und der Guttapercha das gleiche Röntgendiagramm wie das Ausgangsprodukt, sind also feste krystallisierte Stoffe; die hochmolekulare Balata hat dabei faseriges Aussehen; je mehr

---

[1] Über diese Antioxydantien im rohen Kautschuk liegen zahlreiche Untersuchungen vor, vgl. PEACHEY: Journ. Soc. Chem. Ind. **31**, 1103 (1913) — Chem. Zentralblatt **1913 I**, 926. — STEVENS: Journ. Soc. Chem. Ind. **35**, 874 (1916) Chem. Zentralblatt **1917 I**, 288. — BEADLE u. STEVENS: Gummi-Ztschr. **27**, 1907 (1913). — PEACHEY u. LEON: Journ. Soc. chem. Ind. **37**, 55 (1918) — Chem. Zentralblatt **1919 I**, 938. — DUFRAISSE, CHARLES, u. NICOLAS DRISCH: Rev. gén. de Caoutschouc 8, Nr 71, 9—24 Mai—Juni (1931) — Chem. Zentralblatt **1931 II**, 3279. — BRUSON, H. A. und Mitarbeiter: Ind. Eng. Chem. **19**, 1187 (1927).

[2] Vgl. die Formel Dritter Teil, A. II, S. 382.

[3] Vgl. H. STAUDINGER u. E. GEIGER: Verhalten des Kautschuks beim Erhitzen. Helv. chim. Acta **9**, 549 (1926).

[4] Die Identität von Guttapercha und Balata zeigen u. a. die Röntgendiagramme beider Kohlenwasserstoffe, vgl. E. A. HAUSER u. v. SUSICH: Kautschuk **1931**, 120.

sie abgebaut wird, um so mehr entstehen pulverige Körper. Die Viscosität der Lösungen sinkt auch hier mit der Abnahme des Molekulargewichts. So erkennt man, daß zwei Reihen von Polyprenen existieren, die nicht ineinander überzuführen sind. Der Unterschied dieser beiden Reihen beruht auf einer Stereoisomerie: Kautschuk einerseits und Guttapercha und Balata andererseits sind cis-trans-Modifikationen; dies geht daraus hervor, daß beim Verschwinden der Doppelbindungen auch der Unterschied zwischen Kautschuk-, Guttapercha- und Balataderivaten verschwindet. Cyclokautschuk und Cyclobalata sind identisch, ebenso Hydrokautschuk und Hydrobalata[1].

II. Hemikolloide Polyprene[2].

Die durch Abbau von Kautschuk und Guttapercha in höhersiedenden Lösungsmitteln entstandenen Verkrackungsprodukte wurden durch Einfließenlassen in Methylalkohol ausgefällt. Durch Umfällen wurden sie gereinigt. Es sind hemikolloide Polyprene vom Molekulargewicht 2000—10000. Nach dem Trocknen auf Gewichtskonstanz[3] im Hochvakuum wurde ihr Molekulargewicht nach der kryoskopischen Methode und weiter die Viscosität verdünnter Lösungen bestimmt. So wurde dann die K_m-Konstante ermittelt, und zwar im Durchschnitt zu $3{,}0 \cdot 10^{-4}$. Die Übereinstimmung der Konstante bei den verschiedenen Produkten ist nicht sehr gut. Dies ist auf die Schwierigkeiten zurückzuführen, die die Bearbeitung der hemikolloiden Abbauprodukte der Polyprene bietet. Weiter sind die Produkte nicht völlig polymereinheitlich, da die in Tetralin erhaltenen Abbauprodukte in geringem Maße cyclisiert sind. Aus Viscositätsmessungen an einheitlichen Paraffinen berechnet sich die K_m-Konstante für die Polyprene zu $3{,}4 \cdot 10^{-4}$ als Produkt aus der Konstante für kettenäquivalente Lösungen $= 0{,}85 \cdot 10^{-4}$ und der Zahl der Kettenglieder im Grundmolekül der Polyprene $= 4$. Im folgenden wurde für die weiteren Berechnungen als Konstante der Polyprene $3{,}0 \cdot 10^{-4}$ angenommen.

Tabelle 269. K_m-Konstante der hemikolloiden Polyprene.

Substanz	Mol.-Gew. kryoskopisch in Benzol	η_{sp} einer 0,25 gd-mol. Lösung in Benzol	η_{sp}/c	$K_m = \dfrac{\eta_{sp}}{c \cdot M}$
Kautschuk, in Tetralin abgebaut .	3400	0,263	1,05	$3{,}1 \cdot 10^{-4}$
Kautschuk, in Xylol abgebaut . . .	4250	0,285	1,14	2,7 ,,
Guttapercha, in Tetralin abgebaut .	6400	0,507	2,03	3,2 ,,
Guttapercha, in Xylol abgebaut . .	2700	0,200	0,80	3,0 ,,

Es war anfangs auffallend, daß sich für die hemikolloiden Abbauprodukte des Kautschuks die gleiche K_m-Konstante ergab wie für die Guttapercha. Man hätte bei der Verschiedenheit der räumlichen Anordnung der Atome in der Kette Unterschiede in der Viscosität ihrer Lösungen erwarten können. Diese räumliche

---

[1] Vgl. über die mögliche Diastereoisomerie der Polyprane H. STAUDINGER: Helv. chim. Acta **13**, 1327 (1930).

[2] STAUDINGER, H., u. H. F. BONDY: Ber. Dtsch. Chem. Ges. **63**, 734 (1930).

[3] Bei den klebrigen Abbauprodukten des Kautschuks muß sehr lange im Vakuum getrocknet werden. Natürlich ist bei allen Arbeiten auf Luftausschluß zu achten.

Anordnung der Atome, die für andere Eigenschaften, z. B. für die Krystallisation, von Bedeutung ist, ist also für die Viscosität der Lösung ohne Einfluß. Moleküle gleicher Länge, die stereoisomer sind, haben in Lösung die gleiche Viscosität, wie auch Viscositätsuntersuchungen an Ölsäure und Elaidinsäure, Erucasäure und Brassidinsäure ergaben[1]. Es liegen eben in diesen Stereoisomeren langgestreckte Moleküle vor, wie folgende Formel wiedergibt[2]:

$$\ldots \overset{H_3C}{\underset{CH_2}{}}\!\!>\!\!C\!=\!C\!<\!\!\overset{H}{\underset{CH_2}{}}\!-\!\left[\overset{H_3C}{\underset{CH_2}{}}\!\!>\!\!C\!=\!C\!<\!\!\overset{H}{\underset{CH_2}{}}\right]_x\!-\!CH_2\!\!>\!\!\overset{H_3C}{}C\!=\!C\!<\!\!\overset{H}{\underset{CH_2}{}}\ldots$$

cis-Form: Balata und Guttapercha, $x = 750$

$$\ldots \overset{H_3C}{\underset{CH_2}{}}\!\!>\!\!C\!=\!C\!<\!\!\overset{CH_2}{\underset{H}{}}\!-\!\left[\overset{CH_2}{\underset{H_3C}{}}\!\!>\!\!C\!=\!C\!<\!\!\overset{H}{\underset{CH_2}{}}\right]_x\!-\!CH_2\!\!>\!\!\overset{H_3C}{}C\!=\!C\!<\!\!\overset{CH_2}{\underset{H}{}}\ldots$$

trans-Form: Kautschuk, $x = 1500$

Es wurde auch analog eine polymerhomologe Reihe von hemikolloiden Hydropolyprenen dadurch gewonnen, daß Kautschuk und Guttapercha bei verschiedenen Temperaturen hydriert wurden[3]. Molekulargewichtsbestimmungen und Viscositätsmessungen an diesen Produkten ergeben eine K_m-Konstante von $3 \cdot 10^{-4}$*, also von derselben Größe wie in der Polyprenreihe[4].

Tabelle 270. Viscosität von Hydropolyprenen in Tetralinlösung.

	Mol.-Gew. kryoskopisch	Polymerisationsgrad	η_{sp}/c	$K_m \cdot 10^4$
Hydrobalata	5360	76	1,64	3,0
Hydrokautschuk III	4550	65	1,2	2,6
Hydrokautschuk II	2700	39	0,92	3,4
Hydrokautschuk I	1600	23	0,48	3,0

So kommt man zu dem interessanten Ergebnis, daß für die Viscosität von Lösungen homöopolarer Molekülkolloide die Länge der Fadenmoleküle die größte Rolle spielt. Unterschiede im Bau der Moleküle, also z. B. Äthylenbindungen in der Kette, die für das chemische Verhalten wesentlich sind, machen sich in der Viscosität der Lösung nicht bemerkbar. Nach früheren Vorstellungen über den Bau der Kolloide hätte man erwarten sollen, daß die ungesättigten Polyprene

---

[1] STAUDINGER, H., u. E. OCHIAI: Ztschr. f. physik. Ch. (A) **158**, 49 (1931).

[2] Über Spiralmodelle für das Kautschukmolekül vgl. F. KIRCHHOF: Kolloid-Ztschr. **30**, 183 (1922). — MEYER, K. H., u. H. MARK: Ber. Dtsch. chem. Ges. **61**, 1944 (1928). — FIKENTSCHER H., u. H. MARK: Kautschuk 1930, S. 2.

[3] STAUDINGER, H., E. GEIGER, E. HUBER, W. SCHAAL u. A. SCHWALBACH: Helv. chim. Acta **13**, 1324, 1334 (1930).

* STAUDINGER, H., u. R. NODZU: Helv. chim. Acta **13**, 1350 (1930).

[4] Die K_m-Konstante der Polyprane sollte etwas kleiner sein als die der Polyprene, da eine Polyprankette mit gleicher Zahl von Kettengliedern etwas länger als eine Polyprenkette ist. Denn der Abstand zwischen zwei doppelt gebundenen Kohlenstoffatomen ist etwas geringer als zwischen zwei einfach gebundenen. Tatsächlich ist auch eine Lösung des Squalens etwas weniger viscos als eine gleichkonzentrierte des Hydrosqualens. Die obigen Messungen sind aber nicht genügend genau, um diese geringen Unterschiede erkennen zu lassen. Denn die Differenz zwischen der K_m-Konstante der Polyprane und der der Polyprene dürfte nur etwa 6% betragen.

stärker zu einer Micellbildung neigen[1] als gesättigte Polyprane oder daß die
ungesättigten Fadenmoleküle stärker solvatisiert sind als entsprechende gesättigte[2]. Danach hätte man vermuten sollen, daß Stoffe von gleichem Durchschnittsmolekulargewicht in der Polypren- und Polypranreihe verschiedenviscose
Lösungen geben. Da dies nicht der Fall ist, so zeigt sich, daß diese Vorstellungen
über einen micellaren Bau resp. über eine starke Solvatation der homöopolaren
Kolloidmoleküle unrichtig sind. Diese Fadenmoleküle sind molekulardispers gelöst und ihre Solvatschicht wechselt nicht mit ihrer Beschaffenheit; sie ist vielmehr monomolekular und hat bei allen homöopolaren Kolloidmolekülen ungefähr
denselben Durchmesser[3].

III. Viscositätsuntersuchungen an Kautschuk[4].

1. Vergleich von eukolloiden und hemikolloiden Kautschuken.

Bei Beginn der Untersuchung fiel der große Unterschied in den kolloiden
Eigenschaften zwischen den Lösungen des eukolloiden Kautschuks und den der
hemikolloiden Abbauprodukte auf. 1—2proz. Lösungen des Kautschuks sind
außerordentlich hochviscos, besitzen eine spez. Viscosität von 50—200 und
gehorchen nicht dem HAGEN-POISEUILLEschen Gesetz, während 1—2proz.
Lösungen von hemikolloiden Abbauprodukten eine spez. Viscosität von 0,2—0,7
aufweisen und sich normal verhalten. Diese großen Unterschiede in der Viscosität
gleichkonzentrierter Lösungen waren so lange auffallend, als nicht bekannt war,
daß gleichkonzentrierte Lösungen nicht verglichen werden dürfen. Die hochviscose
Kautschuklösung stellt eine Gellösung dar, in der der Wert η_{sp}/c nicht mehr konstant ist: infolge der gegenseitigen Störungen der Moleküle wächst die Viscosität hier
außerordentlich stark mit zunehmender Konzentration. Die 1—2proz. Lösungen
der Hemikolloide sind dagegen Sollösungen, in denen die Moleküle frei beweglich
sind. Die Grenzviscosität der Polyprene ist sehr gering und beträgt etwa 0,71;
es dürfen also, wenn man den kolloiden Zustand einer eukolloiden Kautschuklösung mit demjenigen einer hemikolloiden vergleichen will, nur solche Lösungen
verglichen werden, deren spez. Viscosität unter dieser Grenzviscosität 0,71 liegt.

Um den Bau des eukolloiden Kautschuks aufzuklären, hauptsächlich um Klarheit über die merkwürdigen Viscositätsänderungen, die eine Kautschuklösung
beim Stehen erleidet, zu erhalten, war eine Kenntnis des Verhaltens der Lösungen
des eukolloiden Polystyrols von großer Bedeutung; denn solche Lösungen zeigen
dieselben Viscositätserscheinungen wie eine Kautschuklösung, z. B. anormale
Strömungsverhältnisse; nur sind die Polystyrollösungen zum Unterschied von
einer Kautschuklösung haltbar, da der gesättigte Kohlenwasserstoff nicht
durch Lufteinwirkung abgebaut wird. Auf Grund dieser Erfahrungen beim
Polystyrol[5] konnte die Natur der kolloiden Kautschuklösung aufgeklärt und
schließlich sein Molekulargewicht festgestellt werden. Eine Reihe von Unter-

---

[1] Vgl. R. PUMMERER: Ber. Dtsch. Chem. Ges. **60**, 2174 (1927): „Die Aufhebung der
Doppelbindungen verringert die Viscosität, da die Assoziation eine konstitutive Eigenschaft ist."

[2] Nach H. FIKENTSCHER u. H. MARK: Kolloid-Ztschr. **49**, 135 (1929), sind die Solva-
tationseigenschaften des Kautschuks und des Hydrokautschuks verschieden.

[3] STAUDINGER, H., u. W. HEUER: Ber. Dtsch. Chem. Ges. **62**, 2933 (1929).

[4] STAUDINGER, H., u. H. F. BONDY: Liebigs Ann. **488**, 127 (1931).

[5] Vgl. Zweiter Teil, A.

suchungen wurde dabei nicht am Kautschuk selbst, sondern an der Balata durchgeführt, da diese leichter zu reinigen ist[1].

2. Verhalten von Kautschuklösungen gegen Sauerstoff.

Die starke Einwirkung des Sauerstoffs auf Kautschuk ersieht man daraus, daß schon beim Lösen des Kautschuks bei Gegenwart von geringen Mengen Luft die Viscosität der Lösung stark sinkt, während bei der Wiederholung des Versuches unter völligem Ausschluß von Sauerstoff, also in Stickstoffatmosphäre eine sehr hochviscose Lösung erhalten wird, deren Viscosität sich beim Stehen oder beim Schütteln kaum ändert. Da durch die Einwirkung von Sauerstoff die langen Kautschukmoleküle in kürzere oxydativ abgebaut werden, so löst sich der Kautschuk bei Gegenwart von Luft viel schneller als in reiner Stickstoffatmosphäre; dabei sind auch die Quellungserscheinungen nicht so stark wie beim Lösen unter reiner Stickstoffatmosphäre; denn kleine Moleküle lösen sich viel schneller als große Moleküle. Dieser Abbau des Kautschuks durch Luftsauerstoff ist in der Literatur häufig beschrieben worden; allerdings konnte man früher die Änderungen im Molekulargewicht des Kautschuks nicht verfolgen, da keine einfache Methode zur Bestimmung desselben zur Verfügung stand. Auf Grund von Viscositätsmessungen an verdünnten Lösungen des Kautschuks kann heute dagegen sein Molekulargewicht leicht bestimmt werden. Folgende Tabelle zeigt die starken Viscositätsänderungen, die eine Kautschuklösung an der Luft oder in Sauerstoff erleidet. Dagegen treten in Stickstoffatmosphäre diese Viscositätsänderungen nicht resp. nur in geringfügigem Maße ein[2].

Tabelle 271. Spezifische Viscosität einer 0,2 gd-mol. Kautschuklösung in Tetralin im UBBELOHDEschen Viscosimeter bei 60 cm Hg-Druck. Durchschnittsmolekulargewicht des Kautschuks 140000, Polymerisationsgrad 2000. T = 20°.

	N_2	Luft	O_2
Viscosität nach dem Lösen	11,84	5,50	2,99
Nach 400stündigem Schütteln im Licht . . .	10,73	3,86	1,09
Auf 60° erhitzt:			
20 Stunden	10,58	3,42	1,67
100 Stunden	10,20	2,99	0,76
400 Stunden	9,10	2,81	0,72

Tabelle 272. Molekulargewicht des hochmolekularen Kautschuks und seiner Abbauprodukte[3].

Art des Kautschuks	Grundmolarität der Lösung	η_{sp} in Tetralin bei 20°	η_{sp}/c	Mol.-Gew. $= \dfrac{\eta_{sp}}{c \cdot K_m}$ $K_m = 3 \cdot 10^{-4}$	Polymerisationsgrad
Ursprünglicher Kautschuk . . .	0,02	0,85	42,5	140000	2000
400 Stunden auf 60° in N_2 erhitzt	0,02	0,59	29,5	98000	1400
Ebenso in O_2	0,04	0,14	3,5	11700	170

[1] Vgl. Dritter Teil, C. III. 1, S. 408.

[2] Dieser geringe Abbau in Stickstoffatmosphäre ist möglicherweise darauf zurückzuführen, daß beim Abwägen der Kautschuk mit Luft in Berührung gekommen ist.

[3] Das Molekulargewicht des hochmolekularen Kautschuks ist aus einer Viscositätsbestimmung berechnet worden, deren η_{sp}-Wert mit 0,85 etwas über der Grenzviscosität 0,71 lag; das Molekulargewicht des Kautschuks ist infolgedessen etwas zu hoch.

Um die Größe des Abbaues zu bestimmen, wurde Kautschuk aus den einzelnen Proben isoliert und das Molekulargewicht auf Grund von Viscositätsmessungen in niederviscosen Lösungen ermittelt (Tabelle 272).

3. Abweichungen vom HAGEN-POISEUILLEschen Gesetz.

Wie zum erstenmal von F. KIRCHHOF festgestellt worden ist[1] und wie in der Folgezeit häufig bestätigt wurde, gehorchen Kautschuklösungen nicht dem HAGEN-POISEUILLEschen Gesetz. Es schien deshalb nicht möglich zu sein, aus Viscositätsmessungen auf das Molekulargewicht des eukolloiden Kautschuks zu schließen, da die Viscosität je nach dem Geschwindigkeitsgefälle sich stark ändert. Diese Abweichungen vom HAGEN-POISEUILLEschen Gesetz brachte man früher mit einer Strukturierung der Kautschuklösungen in Zusammenhang.

Bei den Polystyrolen wurde nun nachgewiesen[2], daß die Abweichungen vom HAGEN-POISEUILLEschen Gesetz um so stärker auftreten, je höhermolekular das gelöste Polystyrol ist. Die Gründe für diese anormalen Strömungsverhältnisse sind beim Polystyrol genau auseinandergesetzt und es ist dort gezeigt worden, daß sie lediglich mit der Länge der Moleküle in Zusammenhang stehen, nicht aber mit einer besonderen Strukturierung der Flüssigkeit. Diese makromolekularen Viscositätserscheinungen treten in der polymerhomologen Reihe der Polyprene genau wie in der Reihe der Polystyrole um so stärker auf, je höhermolekular die Produkte sind, wie Tabelle 273 zeigt.

Tabelle 273. Viscosität von 0,2 gd-mol. Lösungen von Kautschuk in Tetralin im UBBELOHDEschen Viscosimeter bei verschiedenem Geschwindigkeitsgefälle. $t = 20°$.

Durchschnittsmolekulargewicht	Durchschnittspolymerisationsgrad	Kettenlänge Å	η_{sp} bei Gf. 200	η_{sp} bei Gf. 1500	$\dfrac{\eta_{sp}\,(\text{Gf. }1500)}{\eta_{sp}\,(\text{Gf. }200)}$
140000	2000	9300	15,6	11,5	0,74
110000	1620	7300	14,0	10,5	0,75
105000	1550	7000	13,7	10,1	0,74
100000	1470	6600	12,9	9,7	0,75
100000	1470	6600	12,4	9,2	0,74
80000	1180	5300	11,4	8,6	0,75
70000	1030	4600	9,6	7,7	0,80
60000	880	4000	8,3	6,7	0,81
50000	740	3300	5,5	4,7	0,85
40000	590	2700	4,0	3,8	0,95
40000	590	2700	3,6	3,5	0,97
25000	370	1660	2,0	1,9	0,95
11000	162	730	0,79	0,78	0,99
10000	147	660	0,68	0,67	0,99

Die anormalen Viscositätserscheinungen sind wie bei den Polystyrolen im Gebiet der Gellösung besonders stark; im Gebiet der Sollösung sind sie bis zu einem Polymerisationsgrad von ungefähr 1000 so gering, daß sie auf die Bestimmung des Molekulargewichts aus Viscositätsmessungen keinen wesentlichen Einfluß haben[3].

---

[1] KIRCHHOF, F.: Kolloid-Ztschr. **15**, 31 (1914).

[2] STAUDINGER, H., u. H. MACHEMER: Ber. Dtsch. Chem. Ges. **62**, 2926 (1929); vgl. weiter S. 189, Abb. 28 u. 29.

[3] Vgl. die gleichen Erfahrungen beim Polystyrol, S. 209ff.

Tabelle 274. Kautschuklösungen verschiedener Konzentration im UBBELOHDE-schen Viscosimeter bei verschiedenem Geschwindigkeitsgefälle. $t = 20°$.

	Grundmolarität	Gehalt %	η_{sp} bei Gf. 200	η_{sp} bei Gf. 3000	$\dfrac{\eta_{sp}\,(\mathrm{Gf.}\ 3000)}{\eta_{sp}\,(\mathrm{Gf.}\ 200)}$
Fraktion A Mol.-Gew. 40000	0,02	0,176	0,27	0,26	0,96
	0,05	0,34	0,59	0,56	0,95
	0,1	0,68	1,56	1,46	0,94
	0,2	1,76	3,64	3,30	0,90
Fraktion B Mol.-Gew. 60000	0,02	0,176	0,34	0,32	0,94
	0,05	0,34	1,09	0,96	0,88
	0,1	0,68	2,90	2,25	0,78
	0,2	1,76	8,26	6,40	0,77
Fraktion C Mol.-Gew. 80000	0,02	0,176	0,49	0,44	0,90
	0,05	0,34	1,48	1,11	0,75
	0,1	0,68	3,83	2,71	0,71
	0,2	1,76	11,40	7,96	0,70

IV. Molekulargewicht des eukolloiden Kautschuks[1].

Um das Molekulargewicht des eukolloiden Kautschuks berechnen zu können, müssen die η_{sp}/c-Werte seiner Lösungen unterhalb der Grenzviscosität konstant sein und sich auch bei Temperaturerhöhung nicht ändern[2]. Diese Konstanz der η_{sp}/c-Werte beweist, daß die Kolloidteilchen Makromoleküle sind und keinen veränderlichen micellaren Bau haben. Bei der Empfindlichkeit der Kautschuk-lösungen gegen äußere Einflüsse ist es allerdings schwierig, eine völlige Konstanz der η_{sp}/c-Werte zu erreichen; darum sind die Molekulargewichte, die sich aus diesen η_{sp}/c-Werten mittels der K_m-Konstante errechnen lassen, nicht ganz genau; aber die Größe des Molekulargewichts läßt sich annähernd bestimmen, hauptsächlich lassen sich auf Grund von Viscositätsmessungen die verschiedenen Kautschuksorten nach der Größe ihrer Moleküle unterscheiden. Die größten Moleküle hat demnach der Rohkautschuk; beim Reinigen nach PUMMERER tritt schon ein Abbau des Kautschuks ein. Dieser gereinigte Kautschuk besteht aus einem Gemisch von Polymerhomologen. Der von PUMMERER[3] als „Solkautschuk" bezeichnete ätherlösliche Teil des Kautschuks ist nichts anderes als der stärker

Tabelle 275. Durchschnittsmolekulargewichte verschiedener Kautschuke.

Substanz	Grund-molarität	η_{sp}	η_{sp}/c	Durch-schnitts-molekular-gewicht	Durch-schnitts-polymeri-sationsgrad
Hevea- (Crêpe-) Kautschuk (nicht gereinigt)	0,0125	0,68	54,4	180000	2600
Kautschuk, schwer lösliche Fraktion (Gel-Kautschuk)	0,02	0,85	42,5	140000	2000
Kautschuk, leicht lösliche Fraktion (Sol-Kautschuk)	0,01	0,157	15,7	50000	750
Mastizierter Kautschuk	0,025	0,19	7,6	25000	370
Bei 60° mit Luft oxydierter Kautschuk .	0,04	0,14	3,5	11700	170

---

[1] STAUDINGER, H., u. H. F. BONDY: Liebigs Ann. **488**, 127 (1931). — STAUDINGER, H.: Ber. Dtsch. Chem. Ges. **63**, 921 (1930).
[2] Vgl. die Untersuchungen an Balatalösungen, Dritter Teil, C.
[3] PUMMERER, R.: Ber. Dtsch. Chem. Ges. **61**, 1584 (1928).

abgebaute Teil des Kautschuks, während der in Äther unlösliche, dagegen in Benzol lösliche „Gelkautschuk" die höhermolekularen Fraktionen des reinen Kautschuks enthält. Mastizierter Kautschuk ist endlich ein besonders stark abgebauter Kautschuk[1]. Dabei werden die Kautschukmoleküle beim Mastizieren unter Lufteinwirkung oxydativ gespalten; auch ist es möglich, daß bei dieser Behandlung die langen Fadenmoleküle des eukolloiden Kautschuks mechanisch zerrissen werden. Tabelle 275 zeigt die Molekulargewichte der verschiedenen Kautschuksorten und fraktionierter Produkte.

V. Chemische Umsetzungen des Kautschuks.

Die Umsetzungen des Kautschuks unter Absättigung der Doppelbindungen sind in der Regel mit einem starken Abbau verbunden; denn seine langen Fadenmoleküle sind außerordentlich unbeständig; die „Zerbrechlichkeit" der Kohlenstoffkette ist infolge der Doppelbindungen, vor allem aber infolge deren eigentümlicher Lagerung stark erhöht. In der Kohlenstoffkette des Kautschuks sind die Doppelbindungen in einer Diallylgruppierung vorhanden; es ist durch zahlreiche Untersuchungen bekannt, daß die Haftfestigkeit eines Substituenten an der Allylgruppe sehr gering ist[2]. So besitzt die Kautschukkette ganz besonders labile Kohlenstoffbindungen[3]. Die leichte Sprengung der Kohlenstoffkette kann mit der Spaltung des Dicyclopentadiens zu Cyclopentadien verglichen werden. Auch dort ist die Allylgruppierung an der besonderen Labilität der Kohlenstoffbindung schuld, ebenso wie auch an der Labilität anderer Ringsysteme, z. B. des Dipentens und seiner leichten Aufspaltung zu Isopren[4]. Durch Hydrierung werden die Kohlenstoffbindungen beständig. Geradeso, wie das hydrierte Dicyclopentadien stabil ist, so verliert auch die Kautschukkette durch die Hydrierung ihre besondere Unbeständigkeit[5]. Die Hydrokautschuke zeigen dasselbe Verhalten wie die Polystyrole.

(I)
$$CH_2=CH-CH_2-R$$
$\uparrow$ labile Stelle

(II)
$$\cdots CH_2-\overset{\overset{\textstyle CH_3}{|}}{C}=CH-CH_2-CH_2-\overset{\overset{\textstyle CH_3}{|}}{C}=CH-CH_2 \cdots$$
$\uparrow$ labile Stelle
Kautschuk unbeständig

(III)
$$\cdots CH_2-\overset{\overset{\textstyle CH_3}{|}}{CH}-CH_2-CH_2-CH_2-\overset{\overset{\textstyle CH_3}{|}}{CH}-CH_2-CH_2 \cdots$$
$\uparrow$ Bindung beständig
Hydrokautschuk beständig

Fast alle Reaktionen des Kautschuks finden deshalb so statt, daß zuerst eine Spaltung der Kette in kürzere Bruchstücke erfolgt, und daß dann die Doppel-

---

[1] Vgl. Fußnote 1 auf S. 379.

[2] CLAISEN, L.: Liebigs Ann. **401**, 21 (1913). — v. BRAUN, J.: Liebigs Ann. **436**, 299 (1924).

[3] Auf die Bedeutung dieser Allylgruppierung habe ich häufig aufmerksam gemacht: Vgl. H. STAUDINGER u. A. RHEINER: Helv. chim. Acta **7**, 23 (1924). — STAUDINGER, H.: Ber. Dtsch. Chem. Ges. **57**, 1205 (1924). — STAUDINGER, H., u. H. F. BONDY: Liebigs Ann. **468**, 5 (1929). — STAUDINGER, H.: Kolloid-Ztschr. **54**, 138 (1931).

[4] Vgl. H. STAUDINGER u. H. W. KLEVER, Ber. Dtsch. chem. Ges. **44**, 2214 (1911).

[5] Über die Konstitution des Dicyclopentadien vgl. K. ALDER u. G. STEIN: Liebigs Ann. **485**, 211 (1931).

bindungen abgesättigt werden. Diese Spaltungen zu Abbauprodukten machen sich durch beträchtliche Viscositätsverminderungen bemerkbar; es ist vielfach beschrieben worden, daß die Viscosität einer Kautschuklösung durch Zusätze wie Chloressigsäure, Salzsäure, Brom, Schwefelchlorür beträchtlich sinkt[1]. So sind fast sämtliche Derivate des Kautschuks nicht Umsetzungsprodukte des hochmolekularen Kautschuks, sondern solche von hemikolloiden Abbauprodukten des Kautschuks[2]. Die Kettenlänge dieser Kautschukderivate ist viel kürzer als die des Kautschuks selbst, und deshalb ist die Viscosität ihrer Lösungen geringer. Sowohl bei der Heiß- wie bei der Kaltvulkanisation tritt primär ein sehr starker Abbau ein[3], und dann erst erfolgt der Vulkanisationsprozeß. Es ist daher für die Herstellung von Vulkanisaten einerlei, ob ein mehr oder weniger stark abgebauter Kautschuk auf technische Produkte verarbeitet wird. Natürlich darf der Abbau des Kautschuks bestimmte Dimensionen dabei nicht unterschreiten.

Der Abbau des Kautschuks bei chemischen Umsetzungen kann sehr beträchtlich sein; z. B. tritt bei der Einwirkung von salpetriger Säure und Nitrobenzol eine so weitgehende Spaltung ein, daß Derivate mit kleinem Molekulargewicht resultieren. Dies hat früher PUMMERER und GÜNDEL[4] zu der Auffassung geführt, Isokautschuknitron sei ein Derivat eines achtfach polymeren Isoprens, und es sei hiermit das Molekulargewicht des Stammkohlenwasserstoffes des Kautschuks ermittelt, ein Resultat, das, wie gesagt, anders zu deuten ist[5].

Die Spaltung der Kautschukkette tritt vor allem beim Erwärmen ein; beim Lösen von Kautschuk in geschmolzenem Campher erfolgt ein weitgehendes Verkracken der Kautschukketten. Molekulargewichtsbestimmungen des Kautschuks sind deshalb in Campher nicht durchführbar. Die von R. PUMMERER[6] aus solchen Messungen ermittelten Werte sind die Gewichte weitgehend abgebauter Polyprene[7].

Die chemischen Umsetzungen des Kautschuks werden weiter dadurch kompliziert, daß infolge der Lage der Doppelbindungen und der Methylgruppen leicht Cyclisierungen stattfinden, die dem Übergang von aliphatischen Terpenen in cyclische Terpene entsprechen[8]. Diese Reaktion erfolgt z. B. beim Erhitzen[9], ferner beim Einwirken von Reagenzien wie Zink und Chlorwasserstoff, ferner Schwefelsäure[10] auf Kautschuk. Bei dieser Cyclisierung tritt immer ein Abbau der Kautschukkohlenwasserstoffe ein. Die Cyclokautschuke haben also hemikolloiden Charakter und geben niederviscose Lösungen[11].

Eine letzte Reaktionsmöglichkeit des Kautschuks besteht darin, daß die einzelnen Fadenmoleküle zu dreidimensionalen Molekülen verkettet werden. Diese

---

[1] BERNSTEIN, G.: Kolloid-Ztschr. **12**, 273 (1913). — KIRCHHOF, F.: Kolloid-Ztschr. **14**, 35 (1914).

[2] STAUDINGER, H., u. H. JOSEPH: Ber. Dtsch. Chem. Ges. **63**, 2888 (1930).

[3] Vgl. D. SPENCE: Kolloid-Ztschr. **10**, 299 (1912). — AXELROD, S.: Gummi-Ztg. **19**, 1053 (1905). — BERNSTEIN, G.: Kolloid-Ztschr. **12**, 193, 273 (1913).

[4] Ber. Dtsch. Chem. Ges. **61**, 1591 (1928).

[5] STAUDINGER, H., u. H. JOSEPH: Ber. Dtsch. Chem. Ges. **63**, 2888 (1930).

[6] PUMMERER, R., u. Mitarbeiter: Ber. Dtsch. Chem. Ges. **60**, 2169 (1927).

[7] STAUDINGER, H., u. H. F. BONDY: Ber. Dtsch. Chem. Ges. **63**, 2900 (1930).

[8] STAUDINGER, H., u. W. WIDMER: Helv. chim. Acta **9**, 529 (1926).

[9] STAUDINGER, H., u. E. GEIGER: Helv. chim. Acta **9**, 549 (1926).

[10] KIRCHHOF, F.: Kautschuk **1926**, 1.

[11] STAUDINGER, H., u. H. F. BONDY: Liebigs Ann. **468**, 1 (1929).

sind nicht mehr löslich. Ist die Verkettung nur an wenigen Stellen erfolgt, so quellen diese Produkte sehr stark, wie es bei schwach vulkanisiertem Kautschuk[1] der Fall ist. Bei starker Verkettung[2], z. B. bei Hartgummi, kann das Lösungsmittel nicht mehr in den Stoff eindringen: die Quellungsfähigkeit hört auf. Auf einer Bildung von dreidimensionalen Molekülen beruht auch der Übergang von α-Kautschuk in β-Kautschuk[3], also vom löslichen Kautschuk in eine unlösliche Modifikation. Die einzelnen Fadenmoleküle werden durch Sauerstoffatome verkettet und so dreidimensionale Moleküle gebildet. Dieser unlösliche Kautschuk kann wieder in löslichen verwandelt werden. Der Vorgang ist aber nur scheinbar reversibel[4]. Der aus dem unlöslichen erhaltene lösliche Kautschuk ist nicht mehr der ursprüngliche, sondern stellt ein Abbauprodukt dar. Durch Einwirkung von Luftsauerstoff oder von Reagenzien, wie Chloressigsäure, oder durch Erhitzen werden die dreidimensionalen Moleküle zerlegt; der unlösliche Kautschuk wird zu hemikolloiden, löslichen Polyprenen abgebaut, die kurze Fadenmoleküle enthalten.

Infolge seiner Doppelbindungen zeigt also der Kautschuk auffallende Veränderungsmöglichkeiten, die dem gesättigten Hydrokautschuk und dem Polystyrol fehlen. Gerade diese mannigfaltigen Umwandlungen trugen dazu bei, den Kolloidteilchen des Kautschuks einen micellaren Bau zuzuschreiben, da diese Beobachtungen scheinbar auf Änderungen labiler Micellen zurückgeführt werden konnten.

C. Die Konstitution der Balata[5].

Bearbeitet von E. O. Leupold[6].

I. Einleitung.

Für die Konstitutionsaufklärung eines hochmolekularen Naturstoffes im Sinne der klassischen organischen Chemie ist eine der wichtigsten Voraussetzungen das Vorhandensein bzw. die Herstellung einer polymerhomologen Reihe, die durch Abbau unter wechselnden Bedingungen erhalten wird. Bei den hemikolloiden Gliedern einer solchen Reihe ist das Molekulargewicht kryoskopisch zu bestimmen, wobei untersucht werden muß, ob die Teilchen in einer Lösung des betreffenden Produktes mit den Molekülen identisch sind. Bei diesen niederen Gliedern läßt sich dann auf Grund von Viscositätsmessungen die K_m-Konstante ermitteln und damit Beziehungen zwischen Viscosität und Molekulargewicht festlegen. Überträgt man diese Beziehungen auf die hochmolekularen Endglieder der polymerhomologen Reihe, so läßt sich deren Molekulargewicht durch Viscositätsmessungen feststellen. Aber auch hier ist der eindeutige chemische Nachweis erforderlich, daß die Primärteilchen solcher Lösungen mit den Molekülen identisch sind.

---

[1] Staudinger, H., u. J. Fritschi: Helv. chim. Acta **5**, 793 (1922).

[2] Meyer, K. H., u. H. Mark: Ber. Dtsch. Chem. Ges. **61**, 1948 (1928).

[3] Staudinger, H., u. H. F. Bondy: Liebigs Ann. **488**, 153 (1931).

[4] Nach P. Bary u. E. A. Hauser (vgl. Kautschuk **1928**, 97) ist der Übergang von α- in β-Kautschuk reversibel; die Autoren übersehen, daß sich die Viscosität der Lösungen bei der Umwandlung ändert.

[5] 38. Mitteilung über Isopren und Kautschuk.

[6] Leupold, E. O.: Inaug.-Diss. Freiburg i. Br. (1930).

Bei der Balata konnten die entsprechenden Versuche restlos durchgeführt werden, sie ist somit einer der wenigen hochmolekularen Naturstoffe, deren Molekülgröße aufgeklärt ist. Ihr Molekulargewicht wurde zu rund 50000 ermittelt; dies entspricht einem Polymerisationsgrad von ca. 750 Isoprenresten. Ein Fadenmolekül der Balata enthält also ca. 3000 C-Atome in der Kette; seine Länge beträgt demnach 3400 Å. Über die Art der Endgruppen dieser langen Moleküle läßt sich noch nichts aussagen; das ist verständlich, wenn man bedenkt, daß die Endgruppen nur einen Bruchteil eines Prozentes[1] des Gesamtmoleküls ausmachen und sich daher dem Nachweis leicht entziehen.

II. Die hemikolloide Balata.

1. Herstellung und Eigenschaften.

Für die Bestimmung der Molekulargewichtskonstante K_m sind bisher nur vier Polyprenabbauprodukte des Kautschuks bzw. der Guttapercha mit den Molekulargewichten 2700—6400 untersucht worden[2]. Um das dabei erhaltene Ergebnis nachzuprüfen, wurde die Balata in siedendem Xylol abgebaut und so ein Produkt gewonnen, dessen Molekulargewicht zu 7500 nach der Gefrierpunktsmethode in Benzol bestimmt wurde. Die kryoskopische Bestimmung kann allerdings nur dann richtige Werte ergeben, wenn die Konzentration der benzolischen Lösung unterhalb der Grenze zwischen Sol- und Gellösung liegt. Die Grenze läßt sich durch Berechnung des Wirkungsbereiches der Moleküle der abgebauten Balata feststellen. Ein Molekulargewicht von 7500 entspricht einem Polymerisationsgrad von etwa 110. Da jeder Isoprenrest bei einem Durchmesser von ca. 3 Å ca. 4,5 Å lang ist, kommt dem Fadenmolekül der hemikolloiden Balata eine Länge von ca. 500 Å zu. Der Wirkungsbereich eines Moleküls berechnet sich dann zu $6 \cdot 10^5$ Å³. In 1 ccm einer 0,3 gd-mol. Lösung befinden sich $1,6 \cdot 10^{18}$ Moleküle, deren Gesamtwirkungsbereich ein Volumen von $0,96 \cdot 10^{24}$ Å³ (1 ccm = $1 \cdot 10^{24}$ Å³) beansprucht. Das besagt mit anderen Worten: in einer 0,3 gd-mol., also 2 proz. Lösung der hemikolloiden Balata wird der zur Verfügung stehende Raum von dem Wirkungsbereich der Moleküle noch nicht ausgefüllt, man befindet sich aber schon nahe an dem Grenzkonzentrationsgebiet zwischen Sol- und Gellösung.

Bei den kryoskopischen Molekulargewichtsbestimmungen durfte daher die Konzentration der Lösungen 2 % nicht übersteigen; es wurden höchstens 1 proz. Lösungen

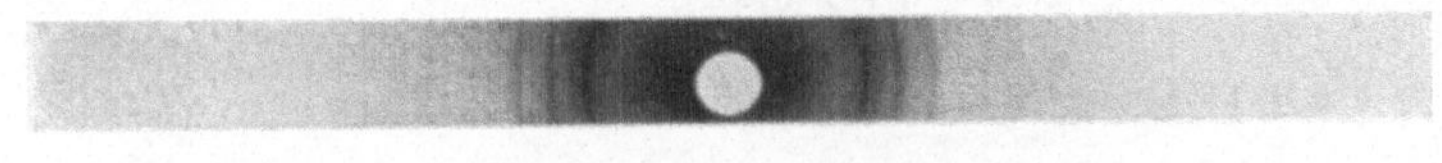

Abb. 104[3]. Diagramm der hemikolloiden Balata.

für die Messungen verwendet, damit die Voraussetzungen für richtige Bestimmung der Werte — wie bei niedermolekularen Substanzen — sicher erfüllt waren.

Die abgebaute Balata wurde in Form eines weißen Pulvers erhalten, dessen Analysenwerte nicht ganz mit dem Kohlenwasserstoff C_5H_8 übereinstimmen.

---

[1] Wenn das Gewicht der Endgruppen 100 ist, so beträgt ihr Anteil an dem Balatamolekül von 50000 nur 0,2 %.

[2] STAUDINGER, H., u. H. F. BONDY: Ber. Dtsch. Chem. Ges. **63**, 734 (1930).

[3] Die röntgenographischen Untersuchungen wurden von E. SAUTER im hiesigen Physikalischen Institut ausgeführt.

Wahrscheinlich hat neben dem thermischen Verkrackungsprozeß ein geringer oxydativer Abbau stattgefunden, da der im Lösungsmittel gelöste Sauerstoff nicht entfernt worden ist. Wie das DEBYE-SCHERRER-Diagramm (Abb. 104) zeigt, ist der Krystallbau der hochmolekularen Balata auch im Abbauprodukt erhalten geblieben[1]. Das ist ein wichtiges Ergebnis. Es können sich also auch die relativ kurzen Spaltstücke genau so wie die langen Balatamoleküle gittermäßig an-

Abb. 105.   Hemikolloide Balata. 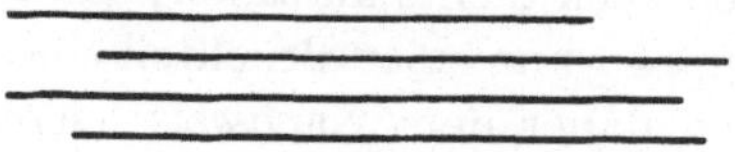   Abb. 106.   Eukolloide Balata.

ordnen (vgl. Abb. 105 und 106). Die geringen Mengen Sauerstoff, die in die Moleküle eingedrungen sind, üben dabei keinen Einfluß auf die Krystallisationsfähigkeit derselben aus; die Form der Moleküle ist grundsätzlich erhalten geblieben.

2. Viscositätsmessungen.

Abweichungen vom HAGEN-POISEUILLEschen Gesetz sind bei der hemikolloiden Balata nicht festzustellen, wie in einem späteren Kapitel im Zusammenhang mit Messungen an Lösungen der nicht abgebauten Balata gezeigt werden wird. Daher ergeben Messungen im UBBELOHDEschen Viscosimeter bei verschiedenen Drucken und im OSTWALDschen Viscosimeter die gleichen Resultate.

Beziehungen zwischen Viscosität und Molekulargewicht können sich nur ergeben, wenn die η_{sp}/c-Werte in einem größeren Meßbereich konstant sind. Tabelle 276 zeigt, daß dies in verdünnten Lösungen der Fall ist. In konzentrierten

Tabelle 276. Beziehungen zwischen Viscosität und Konzentration bei der hemikolloiden Balata.
(Tetralinlösungen, gemessen im OSTWALDschen Viscosimeter bei 20°.)

Gehalt %	Grundmolarität	η_r	$\log \eta_r/c = K_c$ *	η_{sp}	η_{sp}/c	Abweichung vom konstanten η_{sp}/c in Proz.
0,425	0,0625	1,157	1,01	0,157	2,5	—
0,85	0,125	1,315	0,95	0,315	2,5	—
1,7	0,25	1,698	0,92	0,698	2,8	12
3,4	0,5	2,73	0,87	1,73	3,5	40
6,8	1,0	5,84	0,77	4,84	4,8	92
13,6	2,0	21,35	0,66	20,35	10,2	300

Lösungen sind die η_{sp}/c-Werte nicht mehr konstant, sie wachsen sehr stark an, und zwar findet dieser Anstieg oberhalb der Grenzkonzentration bei einem Prozentgehalt von ca. 1,7% statt, also oberhalb der Grenzviscosität, die für Polyprene 0,71 beträgt.

---

[1] Vgl. H. STAUDINGER: Ber. Dtsch. Chem. Ges. **63**, 927 (1930).

* Die Beziehung $\dfrac{\log \eta_r}{c} = K_c$ gibt für konzentrierte Lösungen die Zusammenhänge zwischen Viscosität und Molekulargewicht wieder. Vgl. ARRHENIUS: Ztschr. f. physik. Ch. **1**, 285 (1887) — Biochem. Journ. **11**, 112 (1917) — Chem. Zentralblatt **1917 II**, 790. — Ferner BERL u. BÜTTLER: Zeitschr. f. d. ges. Schieß- u. Sprengstoffwesen **5**, 82 (1910).

Die Viscositätsmessungen bei verschiedenen Temperaturen (Tabelle 277 und 278) zeigen, daß bei 20 und 60° die spez. Viscosität in verdünnten Lösungen ungefähr

Tabelle 277. **Spezifische Viscositäten verschieden konzentrierter Lösungen des Hemikolloids in Tetralin.**
(Gemessen im UBBELOHDESchen Viscosimeter bei 30 cm Hg Überdruck.)

Konzentration	20°	40°	60°	Wieder auf 20° abgekühlt[1]
0,136 g gelöst in 4 ccm Tetralin ca. 0,5 gd-molar	1,06	1,01	1,00	1,04
0,816 g gelöst in 4 ccm Tetralin ca. 3 gd-molar	15,5	13,1	11,5	15,1

Tabelle 278. **Temperaturabhängigkeit verschieden grundmolarer Lösungen des Hemikolloids in Tetralin.**
(Gemessen im UBBELOHDESchen Viscosimeter[2].)

Gehalt %	Grundmolarität	η_{sp} bei 20°	η_{sp} bei 60°	Abweichung η_{sp} bei 60° von η_{sp} bei 20° in Proz.	η_{sp}/c bei 20°	η_{sp}/c bei 60°
0,425	0,0625	0,15	0,14	6,7	2,4	2,2
0,85	0,125	0,31	0,28	9,7	2,5	2,2
1,7	0,25	0,69	0,60	13	2,8	2,4
3,4	0,5	1,66	1,43	14	3,3	2,9
6,8	1,0	4,61	3,76	18	4,6	3,8
13,6	2,0	19,45	13,71	30	9,7	6,9

gleich ist[3]. Erst in höheren Konzentrationen ist die Temperaturabhängigkeit[4] größer. Für diese Viscositätsänderungen sind Assoziationen verantwortlich[5].

Es ergeben sich folgende Werte: der konstante η_{sp}/c-Wert für die hemikolloide Balata ist 2,5. Daraus berechnet sich die K_m-Konstante zu $K_m = 2,5/7500 = 3,3 \cdot 10^{-4}$. Bei den früheren Untersuchungen war $K_m = 3,0 \cdot 10^{-4}$ gefunden worden[6]. Diese Übereinstimmung ist genügend, da es sich hier nicht um einheitliche Substanzen, sondern um Gemische Polymerhomologer handelt.

---

[1] Beim Wiederabkühlen auf 20° sollte die spezifische Viscosität den ursprünglichen Wert erreichen. Das ist bei den beiden Lösungen in Tabelle 277 nicht ganz der Fall und kommt daher, daß das Lösungsmittel nicht völlig von Luftsauerstoff befreit wurde, so daß während der Messung ein geringer oxydativer Abbau erfolgte.

[2] Da die niederviscosen Lösungen bei kleineren Drucken gemessen werden mußten, sind in Tabelle 278 die spezifischen Viscositäten eingesetzt worden, die bei der etwa gleichen Ausflußzeit also bei gleichem Geschwindigkeitsgefälle ermittelt wurden.

[3] Die spezifische Viscosität vieler gelöster Stoffe, z. B. der Hemipolystyrole, ist bei 60° etwas geringer als bei 20°, und zwar um ca. 20%. Die Temperaturabhängigkeit wechselt mit der Moleküllänge und weiter evtl. mit der Stoffart. Bei Paraffinen und Polyprenen ist sie nicht so bedeutend wie bei Polystyrolen. Auch die absolute Viscosität der Stoffe ändert sich beim Erwärmen in verschiedener Weise. Genauere Angaben über die Temperaturabhängigkeit der Lösungen lassen sich noch nicht machen. Die stark temperaturabhängigen Assoziationen unterscheiden sich aber beträchtlich von den wenig temperaturabhängigen molekulardispersen Lösungen. Vgl. S. 59 u. 138.

[4] Unter Temperaturabhängigkeit wird die Änderung der spezifischen Viscosität beim Erwärmen von 20 auf 60° verstanden.

[5] Vgl. Tabelle 52, S. 138.

[6] STAUDINGER, H., u. H. F. BONDY: Ber. Dtsch. Chem. Ges. **63**, 734 (1930).

Aus Messungen am Squalen berechnet sich K_m zu ca. $3{,}1 \cdot 10^{-4}$. Die $K_{\text{äqu}}$-Konstante wurde zu $0{,}85 \cdot 10^{-4}$ bestimmt[1], und daraus errechnet sich für die Polyprene eine K_m-Konstante von $4 \cdot 0{,}85 \cdot 10^{-4} = 3{,}4 \cdot 10^{-4}$. Da die Stellen nach dem Komma noch unsicher sind, wird für die folgenden Messungen $K_m = 3 \cdot 10^{-4}$ angenommen.

Diese Zusammenhänge zwischen Viscosität und Molekulargewicht können aber nur dann bestehen, wenn die Teilchen einer solchen Lösung tatsächlich Fadenmoleküle und nicht etwa Micellen oder stark solvatisierte Moleküle darstellen, wodurch ein zu hohes Molekulargewicht vorgetäuscht würde.

3. Reduktion.

Gelingt es, an den Molekülen der Balata chemische Reaktionen vorzunehmen unter Erhaltung ihrer Fadenlänge, dann muß die spez. Viscosität einer gleichkonzentrierten Lösung des Reaktionsproduktes mit der der ursprünglichen hemikolloiden Balata identisch sein, denn Substanzen gleicher Kettenlänge müssen in gleichkonzentrierten Lösungen gleiche η_{sp}-Werte ergeben[2].

Aus diesen Erwägungen heraus wurde die katalytische Reduktion der hemikolloiden Balata durchgeführt, da bei dieser Umsetzung am ehesten erwartet werden kann, daß kein Abbau an den empfindlichen Fadenmolekülen erfolgt. Eine unter allen Vorsichtsmaßregeln (Luftsauerstoffausschluß) gewonnene hemikolloide Hydrobalata zeigt in gleichkonzentrierter (1,4 proz.) Lösung annähernd die gleiche spez. Viscosität wie das Ausgangsmaterial (Tabelle 279).

Tabelle 279. Spezifische Viscositäten der Tetralinlösungen.
(Gemessen im OSTWALDschen Viscosimeter bei 20°.)

Substanz	Gehalt %	Grundmolarität	η_{sp} gefunden	η_{sp} für eine 1,4 proz. Lösung berechnet
Hemikolloide Balata	0,85	0,125	0,315	0,52
Hemikolloide Hydrobalata	0,68	0,097	0,217	0,45

Damit ist also gezeigt, daß die hemikolloide Balata hydriert werden kann, ohne daß sich die Teilchengröße dabei wesentlich ändert. Die Reduktion erbringt so den Beweis, daß in verdünnten Lösungen die Moleküle selbst die beobachteten Viscositätserscheinungen hervorrufen. Mit der kryoskopischen Molekulargewichtsbestimmung ist also tatsächlich das Gewicht der Moleküle und nicht etwa das Gewicht irgendwelcher Micellen bestimmt worden, denn die Größe von Micellen hätte sich bei einem so tiefgehenden Eingriff wie der Reduktion weitgehend ändern müssen. Damit ist die Konstitution der hemikolloiden Balata aufgeklärt[3].

III. Die eukolloide Balata.

1. Herstellung und Eigenschaften.

Diese Methode der Konstitutionsaufklärung wird nun auf die eukolloide Balata übertragen.

---

[1] Vgl. H. STAUDINGER: Ber. Dtsch. Chem. Ges. **65**, 269 (1932). Vgl. S. 68.
[2] Vgl. H. STAUDINGER: Ber. Dtsch. Chem. Ges. **65**, 270 (1932). Vgl. S. 69.
[3] Vgl. S. 47.

Als Ausgangsmaterial stand ein Balatalatex zur Verfügung, den die Norddeutschen Seekabelwerke in liebenswürdiger Weise beschafft haben[1]. Die reine, feste Balata wurde daraus durch mehrmaliges Umfällen mit Aceton und Methanol isoliert. Stickstoff, aus Verunreinigungen durch Eiweißstoffe stammend, konnte

Abb. 107. Diagramm der eukolloiden Balata.

in dem gereinigten Produkt nicht nachgewiesen werden[2], die Analysenwerte stimmen mit dem Kohlenwasserstoff C_5H_8 überein. Schließlich ergeben DEBYE-SCHERRER-Diagramme, daß die Balata krystallisiert ist[3] (vgl. Abb. 107).

2. Viscositätsmessungen.

Die Molekulargewichtsbestimmung der Balata bot früher Schwierigkeiten. Die kryoskopische Methode versagt hierbei, da die Depressionen zu gering sind. Osmotische Bestimmungen wurden von CASPARI[4] am Kautschuk und an der Balata durchgeführt; aber bei diesen Versuchen wurde die große Sauerstoffempfindlichkeit dieser Substanzen wenig berücksichtigt; deshalb sind die Resultate nicht sicher. Bei der Methode, aus Viscositätsmessungen von verdünnten Lösungen das Molekulargewicht der Balata zu bestimmen, können dagegen solche störenden Einflüsse leicht ausgeschlossen werden. Dabei zeichnet sie sich durch große Einfachheit aus.

Nun ist die Balata eine besonders günstige Substanz für diese Untersuchungen, da sie sich gerade unter den Anfangsgliedern der eukolloiden Stoffe befindet. Viscositätsmessungen ergeben, daß ihre verdünnten Lösungen nur geringe Abweichungen vom HAGEN-POISEUILLEschen Gesetz zeigen, deren ausführliche Diskussion einem späteren Kapitel vorbehalten bleibt; diese anormalen Viscositätserscheinungen verursachen hier wegen ihrer Geringfügigkeit keine erheblichen Fehler bei der Berechnung des Molekulargewichts.

Die Temperaturabhängigkeit der spez. Viscosität ist bei genügend verdünnten Lösungen wie beim Hemikolloid, so auch bei der eukolloiden Balata nur unbedeutend (Tabelle 280). Die spez. Viscosität einer 0,025 gd-mol. bzw. 0,17 proz. Balatalösung ändert sich beim Erwärmen auf 60° nicht[5], die einer 0,5 gd-mol. bzw. 0,34 proz. nur unerheblich. Damit ist der Nachweis erbracht, daß in diesen ganz verdünnten, höchstens $^1/_2$ proz. Lösungen weder temperaturabhängige

---

[1] An dieser Stelle möchten wir der Direktion der Norddeutschen Seekabelwerke AG., Nordenham, für die freundliche Überlassung dieses wertvollen Materials unseren verbindlichsten Dank aussprechen.

[2] STAUDINGER, H., u. H. F. BONDY: Ber. Dtsch. Chem. Ges. **63**, 2903 (1930).

[3] Die Fähigkeit der Balata bzw. der Guttapercha, zu krystallisieren, ist wiederholt festgestellt worden. Vgl. G. L. CLARK: Ind. and Engin. Chem. **18**, (1926). — HAUSER, E. A., u. Mitarbeiter: Kautschuk **4**, 228 (1927). — KIRCHHOF, F.: Kautschuk **5**, 175 (1929).

[4] CASPARI, W. A.: Journ. Chem. Soc. London **105**, 2139 (1914). Vgl. WO. OSTWALD: Kolloid-Ztschr. **49**, 60 (1929).

[5] Die Moleküle dieser eukolloiden Balata (Polymerisationsgrad 750) haben dieselbe Länge wie die Moleküle eines Polystyrols vom Polymerisationsgrad 1200. Dieses Polystyrol zeigt nur geringe Temperaturabhängigkeit, vgl. Tabelle 108, S. 207.

Tabelle 280. Temperaturabhängigkeit verschieden konzentrierter Balatalösungen in Tetralin.

(Gemessen im UBBELOHDEschen Viscosimeter bei 30 cm Hg Überdruck.)

Gehalt %	Grundmolarität	η_{sp} bei 20°	η_{sp} bei 40°	η_{sp} bei 60°	Wieder auf 20° abgekühlt	Abweichung η_{sp} bei 60° von η_{sp} bei 20° in Proz.	η_{sp}/c bei 20°	η_{sp}/c bei 60°
0,17	0,025	0,33	0,33	0,33	0,33	0	13,2	13,2
0,34	0,05	0,75	0,73	0,71	0,75	5,4	15,0	14,2
0,68	0,1	1,78	1,74	1,62	1,76	9,0	17,8	16,2
1,36	0,2	5,75	—	5,16	5,74	10	28,8	25,8
2,04	0,3	10,08	9,50	8,85	10,07	12	33,6	29,5
3,4	0,5	52,7	—	42,6	52,6	19	105	85

Assoziationen noch stark solvatisierte Micellen vorliegen[1]. Eine *irreversible*
Änderung der Viscosität mit der Temperatur ist auch bei den konzentrierteren
Lösungen nicht festzustellen, sofern nur auf vollkommenen Ausschluß von Luft-
sauerstoff beim Bereiten und Messen der Lösungen geachtet wurde.

Die η_{sp}/c-Werte sind bei der eukolloiden Balata in genügend verdünnter
Lösung konstant. In konzentrierter Lösung steigen sie an, und zwar auch wieder,
nachdem die Grenzkonzentration überschritten ist (Tabelle 281). Diese Grenzkonzentration liegt bei einer Grundmolarität von 0,05 bzw. einem Prozentgehalt
von 0,34%: die Grenzviscosität ist 0,71.

Tabelle 281. Beziehungen zwischen Viscosität und Konzentration bei der eukolloiden Balata.

(Tetralinlösungen, gemessen im UBBELOHDEschen Viscosimeter bei 20°[2].)

Gehalt %	Grundmolarität	η_r	$\log \eta_r/c$ *	η_{sp}	η_{sp}/c	Abweichung vom konst. η_{sp}/c in Proz.
0,17	0,025	1,36	5,34	0,36	14,4	—
0,34	0,05	1,75	4,86	0,75	15,0	4
0,68	0,1	2,78	4,44	1,78	17,8	24
1,36	0,2	6,53	4,07	5,53	27,6	92
2,04	0,3	10,81	3,45	9,81	32,7	127
3,4	0,5	52,4	3,44	51,4	102,8	600

Der konstante η_{sp}/c-Wert beträgt rund 15; daraus berechnet sich das Molekulargewicht der eukolloiden Balata zu $M = \dfrac{15}{3 \cdot 10^{-4}} = 50000$. Die Balatamoleküle gleichen ihrer Form nach sehr langgestreckten Stäben von der Länge
ca. 3500 Å und einem Durchmesser von ca. 3 Å. Um sich ein Bild von diesen
Größenverhältnissen zu machen, könnte man sie mit einem Holzstab vergleichen,
der bei einer Länge von 3,5 m nur 3 mm dick ist. Durch die Doppelbindungen,
hauptsächlich auch durch die Allylgruppierung derselben[3], besitzt ein solches
Molekül noch viele schwache Stellen, so daß aus diesem Bild die große Empfindlichkeit solcher Moleküle verständlich wird.

---

[1] Vgl. S. 89, Abb. 2 u. 3.

[2] Alle in dieser Tabelle angeführten Lösungen wurden im UBBELOHDEschen Viscosimeter bei 10, 30 und 60 cm Hg Überdruck gemessen. In die Tabelle sind nur die Viscositätswerte eingesetzt worden, die bei ungefähr gleichen Ausflußzeiten ermittelt wurden.

* Die K_c-Konstante hat einen starken Gang, vgl. S. 59.   [3] Vgl. S. 402.

Berechnet man mittels des gefundenen Molekulargewichts den Wirkungsbereich eines Balatamoleküls, so ergibt sich, wenn mit L die Länge und d der Durchmesser bezeichnet wird: $(L/2)^2 \cdot \pi \cdot d = (3500/2)^2 \cdot \pi \cdot 3 = 2{,}88 \cdot 10^7$ Å^3. Da einem Molekulargewicht von 50000 der Polymerisationsgrad 750 entspricht, so befinden sich in 1 ccm einer 0,05 gd-mol. Lösung $\dfrac{3{,}03 \cdot 10^{19}}{750}$ Moleküle. Diese haben einen Gesamtwirkungsbereich von $1{,}16 \cdot 10^{24}$ Å^3 (1 ccm $= 10^{24}$ Å^3); dies besagt, daß in einer 0,05 gd-mol. Lösung die Balatamoleküle ihre Eigenbewegung nicht mehr ungehindert ausführen können, mithin also bereits eine Gellösung vorliegt. Die Grenze zwischen Sol- und Gellösung liegt bei der Konzentration 0,05 gd-mol. bzw. 0,34%. Das gleiche Resultat wurde bei der Diskussion der Temperaturabhängigkeit und der Abhängigkeit der Viscosität von der Konzentration rein experimentell gefunden.

3. Reduktion.

Wenn man die Ergebnisse der bisherigen Untersuchungen zusammenfassend betrachtet, so lassen sich alle beobachteten Erscheinungen widerspruchslos durch die Annahme isolierter, nicht solvatisierter Moleküle in den verdünnten Lösungen der eukolloiden Balata erklären. Diese Annahme wird noch besonders wahrscheinlich gemacht durch die Gleichartigkeit der Viscositätserscheinungen bei Lösungen der eukolloiden Balata und des Hemikolloids, für welch letzteres das Vorhandensein von Molekülen in Lösung durch die Reduktion bewiesen wurde. Für die eukolloide Balata wird dieses Schlußglied in der Kette hres Konstitutionsbeweises im folgenden erbracht.

Chemische Umsetzungen, also beispielsweise die Hydrierung der 750 Doppelbindungen, werden, wenn die Länge der Kette nicht verändert werden soll, wegen der Labilität dieser Gebilde auf besondere Schwierigkeiten stoßen.

Als Reduktionsmethode kam daher nur die katalytische Hydrierung bei möglichst tiefen Temperaturen in Frage, und zwar wurde die Balata, wie im experimentellen Teil näher ausgeführt ist, im festen und gequollenen Zustande und weiterhin in Lösung mit Nickel als Katalysator hydriert. Wesentlich ist dabei, daß der Temperaturabbau der Balata (Verkrackungsprozeß[1]) durch einen großen Überschuß von Katalysator zugunsten der Hydrierungsreaktion zurückgedrängt wird.

Die Hydrobalata ist im Gegensatz zu der eukolloiden Balata amorph (vgl. Abb. 107 und 108); eine krystallisierte Hydrobalata konnte bisher auch bei vorsichtiger Reduktion nicht gewonnen werden[2].

Abb. 108. Diagramm einer Hydrobalata vom Mol.-Gew. 33000

Die hochmolekulare Hydrobalata ist zum Unterschiede von Kautschuk und Balata nur noch schwach elastisch bei einer geringen Reißfestigkeit. Das faserige Aussehen der eukolloiden Balata ist nach der Reduktion völlig verschwunden.

---

[1] Vgl. den thermischen Abbau der Balata, Dritter Teil, C. IV. 3, S. 417.

[2] Es wurde eine ganze Reihe weiterer Aufnahmen gemacht in der Hoffnung, ein krystallisiertes Produkt zu finden; alle bisher erhaltenen Hydrobalata sind jedoch amorph, S. 114.

Mit einer Hydrobalata vom Polymerisationsgrad 470 (Polymerisationsgrad der Balata = 750) wurde eine größere Reihe von Viscositätsmessungen ausgeführt, die zeigen, daß sich die Hydrobalata vollständig analog wie die Balata verhält: die η_{sp}/c-Werte sind in verdünnter Lösung annähernd konstant, und auch beim Erwärmen auf 60° ändert sich die spez. Viscosität nicht merklich (Tabelle 282).

Tabelle 282. Temperaturabhängigkeit und Beziehungen zwischen Viscosität und Konzentration bei der Hydrobalata (Polymerisationsgrad 470).
(Gemessen im OSTWALDschen Viscosimeter.)

Gehalt %	Grundmolarität	η_{sp} bei 20°	η_{sp} bei 60°	Abweichung η_{sp} bei 60° von η_{sp} bei 20° in Proz.	η_{sp}/c bei 20°	Abweichung vom konstanten η_{sp}/c in Proz.
0,044	0,00625	0,062	0,062	0	9,9	—
0,088	0,0125	0,127	0,125	1,5	10,2	3
0,175	0,025	0,269	0,267	0,8	10,8	9
0,35	0,05	0,610	0,609	0,2	12,2	23
0,7	0,1	1,558	1,500	3,7	15,6	58
1,4	0,2	4,964	4,486	9,7	24,8	150

Aus dem η_{sp}/c-Wert von ungefähr 10 berechnet sich ein Molekulargewicht von 33000, wenn man hier die gleiche K_m-Konstante wie bei den Polyprenen annimmt[1]; der Polymerisationsgrad ist also 470. Der Wirkungsbereich eines Moleküls dieser Hydrobalata beträgt bei einer Länge von 2350 Å (der hydrierte Isoprenrest ist ca. 5 Å lang) und dem Durchmesser 3 Å $= 1,3 \cdot 10^7$ Å³. In 1 ccm einer 0,1 gd-mol. bzw. 0,70proz. Lösung befinden sich $\dfrac{6,06 \cdot 10^{19}}{470}$ Moleküle, deren Gesamtwirkungsbereich ein Volumen von $1,68 \cdot 10^{24}$ Å³ beansprucht. Die Grenzkonzentration liegt also bei einer ca. 0,06 gd-mol. bzw. 0,41proz. Lösung. Tatsächlich findet der Übergang von Sol- in Gellösung, wie Tabelle 282 zeigt, bei dieser Konzentration statt, also wenn die Grenzviscosität von 0,71 überschritten ist.

Wenn man den Anstieg der Viscosität von Balata- und Hydrobalatalösungen in Abhängigkeit von der Konzentration vergleicht (Abb. 109), ergibt sich ein vollständig gleichartiger Kurvenverlauf. Die Kolloidteilchen verhalten sich gleichartig, durch Wegnahme der Doppelbindungen ist also im Viscositätsverhalten keine grundlegende Änderung erfolgt.

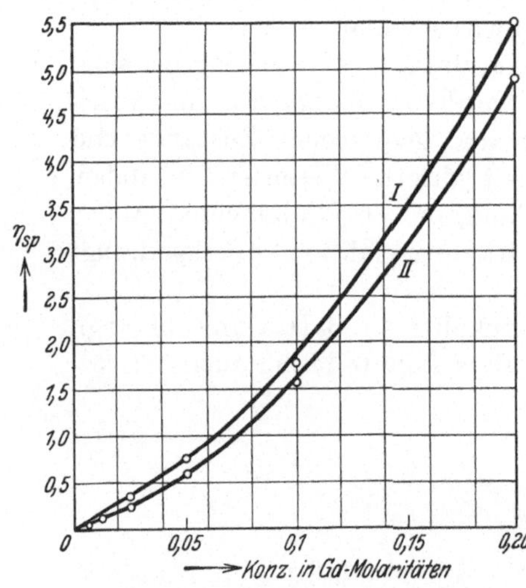

Abb. 109.
(Kurve I = Balata; Kurve II = Hydrobalata.)

Schließlich gelang es noch, den Beweis zu erbringen, daß sich Balata vom Polymerisationsgrad 750 auch unter völliger Erhaltung der Moleküllänge reduzieren läßt, wenn man peinlich jeden Sauerstoff, insbesondere den im Lösungsmittel gelösten, ausschließt. Diese Hydrobalata zeigt in verdünnter, gleichkonzentrierter Lösung fast dieselbe spez. Viscosität

---

[1] Vgl. H. STAUDINGER ü. R. NODZU: Helv. chim. Acta **13**, 1350 (1930).

und damit das gleiche Molekulargewicht und die gleiche Kettenlänge wie die eukolloide Balata[1].

Tabelle 283. 0,05 grundmolare Lösungen in Tetralin.

(Gemessen im OSTWALDschen Viscosimeter bei 20°.)

Substanz	η_{sp}	η_{sp}/c	Mol.-Gew.	Polymerisationsgrad
Eukolloide Balata	0,75	15,0	50000	750
Hydrobalata.	0,767	15,3	50000	750

Die Kolloidteilchen in verdünnten Balatalösungen sind also mit den Molekülen identisch, denn es sind mit den Teilchen chemische Reaktionen vorgenommen worden, ohne daß sich das Kohlenstoffgerüst geändert hat. Sämtliche C-Atome in diesen Teilchen müssen deshalb durch Hauptvalenzen gebunden sein; denn bei einem micellaren Aufbau der Kolloidteilchen hätte nach der Reduktion die Micelle zerfallen müssen. Die Lösung der Hydrobalata hätte dann eine andere spez. Viscosität aufweisen müssen als die der Balata. So ist die Existenz dieser merkwürdig gestalteten Fadenmoleküle bewiesen.

IV. Über die Natur der kolloiden Balata- und Kautschuklösung.

1. Allgemeines.

Über den Bau des Kautschuks und der Balata sowie über die Natur ihrer Lösungen sind früher die verschiedensten Ansichten geäußert worden. Man nahm allgemein einen micellaren Bau der Kolloidteilchen an; denn so schien sich die große Veränderlichkeit der kolloiden Lösungen am besten zu erklären. Wie sich die Viscosität einer Seifenlösung durch Zusätze stark beeinflussen läßt, so ist das auch bei der Kautschuk- und Balatalösung der Fall. Eine Kautschuk- und Balatalösung altert, die Viscosität ändert sich beim Stehen, in den meisten Fällen wird sie geringer, manchmal tritt auch Viscositätserhöhung ein. Ähnliche Erscheinungen wurden bei Micellkolloiden, z. B. bei Seifen- und Farbstofflösungen, beobachtet.

Nachdem nun im vorigen Abschnitt nachgewiesen ist, daß in einer Balatalösung Moleküle vorhanden sind, so muß Gleiches auch für den Kautschuk angenommen werden, was in einer anderen Arbeit bewiesen wurde[2]. Es erhebt sich nun die Frage, wie diese „Alterungserscheinungen" zu erklären sind. Die kolloiden Polystyrollösungen zeigen sie nicht; so müssen sie mit der ungesättigten Natur der Polyprene im Zusammenhang stehen.

Der Kautschuk und die Balata sind außerordentlich empfindliche Substanzen, wie weiter unten dargelegt werden wird. Geringste Mengen von Sauerstoff, ferner Licht und Wärme verändern ihre Eigenschaften weitgehend, und zwar sowohl im festen wie auch im gelösten Zustande. Die Wechselwirkung dieser Einflüsse ruft die merkwürdigsten Phänomene hervor; so kann man je nach den Bedingungen Viscositätsanstieg und -abfall der Lösung beobachten.

---

[1] Die Viscosität ist etwas größer als die der Balata. Infolge des Wegfalls der Doppelbindungen sollte die Kette der Hydrobalata etwas länger als die der Balata sein, und deshalb muß die Hyrobalata eine um ca. 6% höhere Viscosität aufweisen als Balata vom gleichen Polymerisationsgrad. Hydrosqualenlösungen sind in der Tat höherviscos als Squalenlösungen.

[2] Vgl. H. STAUDINGER u. H. F. BONDY: Liebigs Ann. **488**, 127 (1931). Vgl. auch S. 393.

2. Erforschung der störenden Einflüsse.

a) Viscositätsmessungen in lufthaltigem Tetralin unter CO_2-Atmosphäre.

Wenn man bei 20, 40 und 60° die spez. Viscosität von Balata in Tetralin feststellt, so sollte in Analogie zu den Untersuchungen am Polystyrol die spez. Viscosität wenigstens in verdünnten Lösungen bei 40 und 60° nicht wesentlich niedriger als bei 20° sein. Wenn in diesen Balatalösungen stark solvatisierte Micellen vorliegen würden, wie es bei einer Seifenlösung der Fall ist, dann müßte die spez. Viscosität bei höheren Temperaturen wesentlich geringer sein als bei tieferen; auch sollte nach dem Abkühlen auf die ursprüngliche Temperatur der Anfangswert sich wieder einstellen. In hochkonzentrierten Polystyrollösungen, in denen Assoziationen vorliegen, sind solche Effekte zu beobachten.

Zur Klärung dieser Frage bei der Balata wurde die Viscosität von verschieden grundmolaren Lösungen in Tetralin bei 20, 40, 60° und nach dem Abkühlen auf 20° untersucht (Tabelle 284); die Lösungen wurden dabei zwar unter Luft-

Tabelle 284. **Spezifische Viscositäten verschieden grundmolarer Lösungen von Balata in Tetralin.**
(Gemessen im Ubbelohde-Viscosimeter bei 30 cm Hg Überdruck.)

Gehalt %	Grund-molarität	20°	40°	60°	Wieder auf 20° abge-kühlt	Abbau %
0,34	0,05	0,75	0,70	0,66	0,66	12
0,68	0,1	1,64	1,53	1,46	1,38	16
1,7	0,25	7,97	7,37	4,50	4,83	39
2,72	0,4	23,7	21,1	19,6	17,9	25

ausschluß bereitet, aber ohne vorher das Lösungsmittel von gelöstem Sauerstoff zu befreien. Danach sind durch das Erhitzen auf 60° die Kolloidteilchen irreversibel verändert worden. Nachdem bewiesen ist, daß die Kolloidteilchen Moleküle sind, kommt für eine solche Änderung nur eine Molekülverkleinerung in Betracht. Solche Verkleinerungen können entweder durch thermische Spaltung, also durch eine Verkrackung der langen Fadenmoleküle stattfinden, oder infolge eines oxydativen Abbaus durch Luftsauerstoff. Die Lösungen wurden zwar unter CO_2-Atmosphäre hergestellt, aber es genügen bereits so geringe Mengen Luftsauerstoff, wie in organischen Lösungsmitteln gelöst sind, um die beobachteten Effekte hervorzurufen. Folgende Rechnung möge diese Verhältnisse näher beleuchten.

Für die Balata wurde ein Durchschnittsmolekulargewicht von 50000 festgestellt, das Makromolekül enthält also 750 Grundmoleküle gebunden. Unter der Annahme, daß ein Sauerstoffmolekül ein solches Molekül spaltet, ein Vorgang, der folgendermaßen formuliert werden kann:

$$(C_5H_8)_{375}\text{---}(C_5H_8)_{375} + O_2 = 2\,(C_5H_8)_{375}O\,*$$

Balatamolekül   Oxydationsprodukt

sollte die spez. Viscosität einer verdünnten Balatalösung durch diesen Autoxydationsvorgang auf die Hälfte herabgesetzt werden.

---

* Vgl. H. STAUDINGER u. E. O. LEUPOLD: Ber. Dtsch. Chem. Ges. **63**, 734 (1930).

Berechnet man diese Menge Sauerstoff für 1 ccm einer 0,1 gd-mol. Lösung, so ergibt sich, daß bereits 0,003 ccm Sauerstoff oder 0,015 ccm Luft genügen, um diese Viscositätsänderung hervorzurufen. Sauerstoffmengen dieser Größenordnung sind in organischen Lösungsmitteln gelöst; wahrscheinlich werden diese als homöopolare Verbindungen den homöopolaren Sauerstoff in größerer Menge aufnehmen als das heteropolare Wasser. In der Literatur finden sich bestimmte Angaben: nach Messungen von F. FISCHER und G. PFLEIDERER[1] löst 1 ccm Tetralin 0,093 ccm Sauerstoff bei 20°, also mehr als das 30 fache der oben berechneten Menge.

b) Viscositätsmessungen in CO_2-haltigem Tetralin unter CO_2-Atmosphäre.

Deshalb wurde versucht, das Lösungsmittel dadurch luftfrei zu machen, daß nach dem Erwärmen im Vakuum CO_2 durchgesaugt wurde. Um weiter zu entscheiden, ob beim Erwärmen ein thermischer oder ein oxydativer Abbau eintritt, wurden 0,2 gd-mol. (also 1,36 %) Balatalösungen in Tetralin unter CO_2-Atmosphäre und unter Luft den verschiedensten Bedingungen ausgesetzt (Tabelle 285).

Tabelle 285. Spezifische Viscositäten 0,2 grundmolarer bzw. 1,36 proz. Balatalösungen in Tetralin.

(Gemessen im UBBELOHDEschen Viscosimeter bei 30 cm Hg Überdruck.)

Nr.	Versuchsbedingungen	Tetralin CO_2-haltig gemessen bei			Tetralin lufthaltig gemessen bei		
		20°	60°	abgekühlt auf 20°	20°	60°	abgekühlt auf 20°
I	Gemessen sofort nach dem Lösen . .	5,64	5,00	5,52	5,06	4,52	4,90
II	Nach 20 stündigem Erhitzen auf 60° .	4,01	3,60	4,00	2,81	2,54	2,67
III	Nach 100 stündigem Erhitzen auf 60° .	4,82	4,29	4,80	2,65	2,41	2,57
IV	Nach 400 stündigem Erhitzen auf 60° .	3,20	2,89	3,20	2,44	2,22	2,36
V	Nach 400 stündigem Schütteln bei Zimmertemperatur	3,95	3,53	3,95	3,36	2,95	3,18
VI	Nach 400 stündigem Stehen am Licht bei Zimmertemperatur	3,81	3,39	3,80	3,30	3,01	3,17
VII	Nach 400 stündigem Stehen im Dunkeln bei Zimmertemperatur	4,32	3,79	4,28	3,43	3,05	3,30

Bei Gegenwart von Luft tritt schon beim Lösen ein gewisser Abbau ein (Tabelle 285, Nr. I), der beim Erwärmen (II—IV), Schütteln (V) oder beim Stehen (VI—VII) noch sehr viel stärker wird. Merkwürdigerweise sind aber auch die CO_2-haltigen Lösungen etwas abgebaut worden. Zur Erklärung dieses abnormen Verhaltens kommen drei Möglichkeiten in Betracht:

1. Die Makromoleküle erleiden schon beim Erhitzen auf 60° einen thermischen Abbau. Es ist aber dann nicht einzusehen, weshalb die spez. Viscosität der Lösungen, die bei Zimmertemperatur aufbewahrt wurden (V—VII), ebenfalls geringer wird.

2. Das Lösungsmittel konnte noch Spuren von gelöstem Sauerstoff enthalten, mit anderen Worten, die hier angewandte Reinigungsmethode war ungenügend.

3. Als letzte Möglichkeit kommt in Betracht, daß die Kohlensäure selbst am Abbau beteiligt ist. Das erscheint auf den ersten Blick unwahrscheinlich; wenn

---

[1] Ztschr. f. anorg. u. allg. Ch. **124**, 61 (1922).

man aber bedenkt, daß schon geringe Spuren von Säuren, z. B. von Halogenwasserstoff, Trichloressigsäure, die Viscosität von Kautschuk- und Balatalösungen erniedrigen, da die Moleküle durch die Säuren gespalten werden, dann ist es nicht ausgeschlossen, daß auch Kohlensäure in geringem Maße einen spaltenden Einfluß auf die Balatamoleküle ausübt[1].

Zur Klärung letzterer Frage wurden 0,2 gd-mol. Balatalösungen in *völlig* luftfreiem Tetralin, das mit trockenem und feuchtem CO_2 gesättigt war, angesetzt und wieder verschiedenen Versuchsbedingungen unterworfen (Tabelle 286). Die

Tabelle 286. Spezifische Viscositäten 0,2 grundmolarer bzw. 1,36proz. Balatalösungen.

(Gemessen im OSTWALDschen Viscosimeter bei 20°.)

Nr.	Versuchsbedingungen	CO_2-haltiges Tetralin	
		trocken	feucht
I	Gemessen sofort nach dem Lösen	5,45	5,47
II	Nach 100stündigem Erhitzen auf 60° . . .	5,32	5,13
III	Nach 400stündigem Stehen bei Zimmertemperatur	5,43	5,30

Resultate zeigen, daß bei den ersten Messungen in CO_2-haltigem Tetralin (Tabelle 285) das Lösungsmittel noch Spuren von Luftsauerstoff enthalten hat, denn der Abbau ist hier geringer als dort. Immerhin tritt auch unter reiner CO_2-Atmosphäre ein geringfügiger Abbau selbst beim Stehen bei Zimmertemperatur ein. Wenn Kohlensäure spaltend auf Balata einwirkt, dann sollte in Gegenwart von Feuchtigkeit ein stärkerer Abbau als in völlig trockener CO_2-Atmosphäre stattfinden. Das ist auch tatsächlich der Fall (Tabelle 286).

Um den evtl. Einfluß auch von Kohlensäure auf Balata- und Kautschuklösungen auszuschalten, wurden die weiteren Versuche unter sorgfältig gereinigter Stickstoffatmosphäre ausgeführt.

c) Viscositätsmessungen in luftfreiem Tetralin unter reiner Stickstoffatmosphäre.

Um zu entscheiden, ob neben dem oxydativen noch ein thermischer Abbau der Balata eintritt, wurden gleichartige Versuche wie in Tabelle 285 in reinem Stickstoff durchgeführt, und zwar wurde das Lösungsmittel im N_2-Strom destilliert, um es völlig vom Luftsauerstoff zu befreien. Eine analoge Versuchsreihe wurde unter Sauerstoffatmosphäre vorgenommen, um die Größe des oxydativen Abbaus kennenzulernen. Bei den Versuchen unter Luftausschluß wurden alle Operationen, vom Lösen der Substanz bis zur Messung selbst, in reiner Stickstoffatmosphäre durchgeführt. Derartige Lösungen können zum Unterschied von den sauerstoffhaltigen Lösungen kurze Zeit auf 60° erwärmt werden, ohne daß sich die Viscosität ändert (Tabelle 287, I); auch bei langem Stehen im Licht, im Dunkeln oder beim Schütteln (VI, VII, VIII) tritt ebenfalls bei völligem Luftausschluß keine Veränderung ein; dagegen erfolgt beim Erhitzen auf 60° ein sehr geringer Abbau, der mit der Erhitzungsdauer zunimmt (II, III, IV, V). Da Sauerstoff nicht zugegen ist, muß es sich hier um einen thermischen

---

[1] Vgl. H. STAUDINGER u. H. JOSEPH: Ber. Dtsch. Chem. Ges. **63**, 2888 (1930).

Tabelle 287. Spezifische Viscositäten 0,2 grundmolarer bzw. 1,36 proz. Balatalösungen in Tetralin.

(Gemessen im UBBELOHDEschen Viscosimeter bei 30 cm Hg Überdruck.)

Nr.	Versuchsbedingungen	Tetralin luftfrei gemessen bei			Tetralin O_2-haltig gemessen bei		
		20°	60°	abgekühlt auf 20°	20°	60°	abgekühlt auf 20°
I	Gemessen sofort nach dem Lösen . .	5,75	5,16	5,74	4,36	3,79	4,06
II	Nach 20 stündigem Erhitzen auf 60° .	5,60	4,98	5,59	0,92	0,83	0,89
III	Nach 100 stündigem Erhitzen auf 60°.	5,45	4,91	5,45	1,30	1,19	1,26
IV	Nach 400 stündigem Erhitzen auf 60°.	5,38	4,74	5,37	1,01	0,91	0,97
V	Nach 1 jährigem Erhitzen auf 60° . .	5,36	—	—	—	—	—
VI	Nach 400 stündigem Schütteln bei Zimmertemperatur	5,77	5,13	5,78	2,78	2,46	2,64
VII	Nach 400 stündigem Stehen am Licht bei Zimmertemperatur	5,69	5,09	5,67	1,31	1,21	1,27
VIII	Nach 400 stündigem Stehen im Dunkeln Zimmertemperatur	5,74	5,13	5,74	1,58	1,40	1,50

Abbau handeln. Derselbe verläuft jedoch so langsam (V), daß er sich nicht bemerkbar macht, wenn man die Temperaturabhängigkeit von Balatalösungen bei Viscositätsmessungen feststellt (I). Die in Tabelle 284, S. 414 beobachteten irreversiblen Viscositätsänderungen sind danach nicht auf einen thermischen, sondern auf einen oxydativen Abbau durch den im Lösungsmittel gelösten Sauerstoff zurückzuführen.

Aus den Tabellen 284, 285 und 287 geht hervor, welchen großen Einfluß Sauerstoff auf die Viscosität von Balatalösungen ausübt. Das gleiche gilt in noch erhöhtem Maße für Lösungen von Kautschuk, dessen Moleküle noch weit empfindlicher sind als die der Balata. *Alle früheren Viscositätsmessungen an Kautschuk-, Guttapercha- und Balatalösungen, die nicht unter vollständigem Luftausschluß und unter Verwendung von völlig luftfreiem Lösungsmittel ausgeführt sind, sind zur Deutung der kolloiden Eigenschaften solcher Lösungen deshalb nur bedingt brauchbar.*

3. Der thermische Abbau der Balata.

Um den thermischen Abbau der Balata weiter zu studieren, wurde eine ca. 0,2 gd-mol. bzw. 1,36 proz. Balatalösung in Tetralin längere Zeit auf verschiedene Temperaturen erhitzt, natürlich in N_2-haltigem Lösungsmittel unter peinlichem Luftausschluß. Es tritt dabei ein starker Abbau ein, der mit steigender Temperatur wächst (Tabelle 288 IIa, IIIa, IVa). In einer weiteren Versuchsreihe wurde

Tabelle 288. Abbauversuche an Balata.

(Gemessen im OSTWALDschen Viscosimeter bei 20° in 0,2 gd-mol. Tetralinlösung.)

Nr.	Versuchsbedingungen	η_{sp}	Veränderung von η_{sp} in Proz.
I	Gemessen sofort nach dem Lösen	5,73	—
II	Nach 150 stündigem Erhitzen auf 100° a) Lösung . . .	4,84	−16
	b) feste Balata	10,72	+87
III	Nach 150 stündigem Erhitzen auf 150° a) Lösung . . .	3,08	−46
	b) feste Balata .	Unlöslich	
IV	Nach 150 stündigem Erhitzen auf 200° a) Lösung . . .	2,13	−63
	b) feste Balata .	Unlöslich	

das Verhalten der festen Balata bei gleichen Versuchsbedingungen studiert. Die erhitzten Proben werden dann ebenfalls zu 0,2 gd-mol. Lösungen gelöst. Dabei ist bei der auf 100° erhitzten Probe eine Zunahme der Viscosität zu verzeichnen (IIb), während die beiden anderen, höher erhitzten Proben unlöslich sind (IIIb, IVb). Dies sind auf den ersten Blick wenig verständliche, wenn auch sehr interessante Resultate. Deshalb wurden weitere Versuche in dieser Richtung unternommen. Es wurden Balatalösungen in Tetralin (Konzentration 0,4 gd-mol. = 2,72 proz.) und feste Balata 50 Stunden lang auf verschiedene Temperaturen erhitzt, und zwar sowohl unter Luft wie auch unter Luftausschluß (Tabelle 289). Die

Tabelle 289. Abbauversuche an Balata.

(Gemessen im OSTWALDschen Viscosimeter bei 20° in 0,4 gd-mol. Tetralinlösung.)

Nr.	50 Stunden erhitzt auf	erhitzt unter	Substanz	η_{sp}	Veränderung von η_{sp} in Proz.
I	Gemessen sofort nach dem Lösen			28,7	—
II	a) 100°	N_2	Lösung	28,1	2
	b)	Luft	Lösung	11,2	61
	c)	N_2	Balata fest	Unlöslich	
	d)	Luft	Balata fest[1]	Unlöslich	
III	a) 150°	N_2	Lösung	25,3	12
	b)	Luft	Lösung	6,87	76
	c)	N_2	Balata fest	Unlöslich	
	d)	Luft	Balata fest[1]	Unlöslich	
IV	a) 200°	N_2	Lösung	23,0	20
	b)	Luft	Lösung	6,09	79
	c)	N_2	Balata fest	Unlöslich	
	d)	Luft	Balata fest[1]	Unlöslich	

in festem Zustand erhitzte Balata ist dabei in allen Fällen unlöslich geworden. Zwar quellen diese Substanzen, aber nicht zu einer einheitlichen Gallerte, sondern im Lösungsmittel schwimmen kompaktere Stücke herum. Nach dem Abfiltrieren beträgt die spez. Viscosität dieser Lösungen zwischen 1 und 6, also ist neben der unlöslichen Balata immer noch lösliche vorhanden.

Wie sind diese Resultate zu erklären? Die Viscositätsänderungen der erhitzten Lösungen geben alle ein einheitliches Bild: je nach Erhitzungsdauer und Temperaturhöhe findet ein mehr oder minder starker Abbau statt (Tabelle 288 IIa, IIIa, IVa und Tabelle 289 IIa, IIIa, IVa). Dieser Abbau wird noch durch die Anwesenheit von Sauerstoff erheblich verstärkt (Tabelle 289 IIb, IIIb, IVb). Das steht durchaus im Einklang mit den Versuchen des vorigen Abschnittes und findet seine Erklärung in der Labilität der in Lösung isolierten einzelnen, langen Balatamoleküle, die durch die Wärmezufuhr und ganz besonders noch bei Anwesenheit von Sauerstoff zu kürzeren Bruchstücken verkrackt werden.

Der Übergang einer löslichen in die unlösliche Balata beim Erhitzen im festen Zustande muß dagegen mit einer Verknüpfung der einzelnen Fadenmoleküle zu dreidimensionalen Makromolekülen verbunden sein. Diese Verknüpfung

---

[1] Die unter Luft in festem Zustande erhitzten Balataproben haben sich gelb bis braun gefärbt.

kann durch O_2-Brücken erfolgen, wie es in einer anderen, gleichzeitigen Arbeit beim Kautschuk auch gezeigt wird[1]. Sie kann aber auch so erfolgen, daß zwischen den einzelnen Fadenmolekülen Bindungen durch C-Atome auftreten. Es ist ja früher nachgewiesen worden, daß der Kautschuk, ein aliphatisches Polyterpen, in einen Cyclokautschuk, ein Cycloterpen, übergeht. Hier findet die Cyclisierung *innerhalb* eines Moleküls statt. Im festen Zustande, wo die Fadenmoleküle sehr nahe beieinander liegen, können aber ähnliche Prozesse *zwischen* den Molekülen stattfinden. Dann bilden sich aus den eindimensionalen dreidimensionale Makromoleküle. Bei noch höherer Temperatur, beim Erhitzen auf 200°, wird dann diese „dreidimensionale" Balata stark verkrackt, und es resultiert schließlich eine hemikolloide Cyclobalata[2]. Die Bildung dieser hemikolloiden Cyclobalata aus den Fadenmolekülen der eukolloiden Balata verläuft über die Zwischenstufe der dreidimensionalen Balata.

Beim kurzen Erhitzen von fester Balata auf 100°, deren Lösung eine höhere Viscosität zeigte (Tabelle 288 IIb), wurde ein Produkt erhalten, das größere bzw. längere Moleküle enthielt. Es ist denkbar, daß beim Übergang der Balata in dreidimensionale Moleküle zuerst längere Gebilde ent-

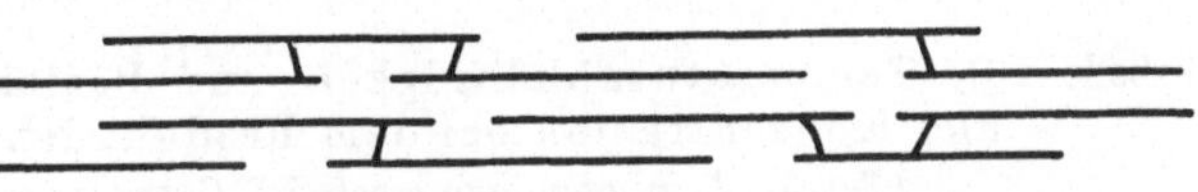

Abb. 110. Schema der Verknüpfung von Balatamolekülen.

stehen (vgl. Abb. 110), die sich durch Viscositätserhöhung bemerkbar machen. Erst bei langem Erhitzen tritt dann die weitere Verknüpfung zu dreidimensionalen, unlöslichen Molekülen ein.

Beim Erhitzen der Balata unter Luftausschluß können also zwei getrennte Vorgänge eintreten: einmal ein Verkracken der Moleküle; dies findet in Lösung statt, in der einzelne isolierte Moleküle vorliegen; im festen Zustand dagegen erfolgt eine Verknüpfung der Moleküle, da hier der Verkrackungsprozeß infolge der geringen Beweglichkeit zurücktritt.

Wenn diese Anschauung richtig ist, so sollte in gequollenem Zustand noch eine Verknüpfung der Fadenmoleküle erfolgen, und zwar um so leichter, je weniger Lösungsmittel vorhanden ist. Daß dies tatsächlich der Fall ist, zeigen die Versuche der Tabelle 290. Balata in festem Zustande und 2 Proben in Tetralin aufgequollen (Verhältnis Substanz : Lösungsmittel bei der ersten Probe wie 1 : 1, bei der zweiten Probe wie 1 : 5) wurden 1 Monat lang unter Luftausschluß auf 100° erhitzt. Bei dieser Temperatur sind alle Proben vollkommen durchsichtig und farblos. Bei Zimmertemperatur werden sie weiß und undurchsichtig. Die beiden gequollenen Substanzen krystallisieren dabei aus. Die Krystallite zeigen unter dem Polarisationsmikroskop Doppelbrechung.

Die beiden gequollenen Proben wurden nach dem Lösen in luftfreiem Benzol umgefällt; nach sechswöchigem Konstanttrocknen am Hochvakuum wurde von allen 3 Substanzen die spez. Viscosität ihrer 0,2 gd-mol. Lösungen in Tetralin bestimmt. Alle 3 Proben lösen sich nach längerem Schütteln vollständig (Tabelle 290).

---

[1] Vgl. Dritter Teil, D. III, S. 443.
[2] Vgl. Helv. chim. Acta **9**, 549 (1926), ferner Inaug.-Diss. von E. GEIGER, Zürich E. T. H. 1926.

Tabelle 290. Erhitzungsversuche an Balata.
(Gemessen im OSTWALDschen Viscosimeter bei 20° in 0,2 gd-mol. Tetralinlösung.)

Nr	Substanz	η_{sp}	Abweichung von Nr I in Proz.
I	Nicht erhitzte, reine Balata	5,73	—
II	Balata fest, 1 Monat auf 100° erhitzt	6,62	+16
III	Balata:Tetralin = 1:1, 1 Monat auf 100° erhitzt	11,50	+101
IV	Balata:Tetralin = 1:5, 1 Monat auf 100° erhitzt	7,30	+27

Bei Versuch Nr. III ist mit wenig Quellungsmittel eine stärkere Verknüpfung eingetreten als bei IV, wo mehr zugegen war. Die in festem Zustand erhitzte Balata hat sich relativ wenig verändert[1].

Mit der Balata von Versuch III wurden Viscositätsmessungen in verschiedenen Konzentrationen ausgeführt; dabei verhält sich dieses Produkt genau so wie die ursprüngliche Balata. Nur der η_{sp}/c-Wert ist etwas höher, er beträgt ungefähr 18 statt 15 bei Balata (Tabelle 291).

Tabelle 291. Temperaturabhängigkeit und Beziehungen zwischen Viscosität und Konzentration bei dem Produkt Nr. III aus Tabelle 290.
(Tetralinlösungen, gemessen im OSTWALDschen Viscosimeter.)

Gehalt %	Grundmolarität	η_{sp} bei 20°	η_{sp} bei 60°*	Abweichung η_{sp} bei 60° von η_{sp} bei 20° in Proz.	η_{sp}/c bei 20°	Abweichung vom konstanten η_{sp}/c in Proz.
0,068	0,01	0,180	0,179	0,6	18,0	—
0,136	0,02	0,367	0,359	2	18,3	2
0,272	0,04	0,867	0,820	5	21,7	21
1,36	0,2	11,50	9,03	21	57,5	220

Daraus berechnet sich ein Molekulargewicht von 60000[2]. Dieser Wert gibt natürlich nicht das eigentliche Molekulargewicht wieder, sondern er entspricht nur der Längsausdehnung der gelösten Moleküle in *einer* Dimension, die bei einem Polymerisationsgrad von ca. 880 mit 4000 Å anzunehmen ist. So sind also auf Grund von chemischen Veränderungen aus der Balata Moleküle eines höheren Molekulargewichts entstanden. Beim Kautschuk konnten diese Erscheinungen in einer gleichzeitigen Arbeit[3] noch eingehender studiert werden, die Ergebnisse stimmen mit den hier erhaltenen Resultaten überein.

4. Der oxydative Abbau der Balata und des Kautschuks im Licht und im Dunkeln.

Der Einfluß des Lichts auf Substanzen wie Kautschuk ist schon mehrfach beobachtet worden[4]. Im Rahmen dieser Arbeit interessierte uns besonders, inwieweit Licht den oxydativen Abbau von Balata- und Kautschukmolekülen in Lösung begünstigt.

---

[1] Es ist noch nicht geklärt, weshalb die feste Balata beim Erhitzen einmal in ein unlösliches und ein anderes Mal in ein zwar lösliches Produkt übergeht, das aber viel viscosere Lösungen als vorher liefert. Wahrscheinlich spielen dabei die Erhitzungsdauer, aber evtl. auch geringe Mengen von peroxydartig gebundenem Sauerstoff eine gewisse Rolle.

* Beim Abkühlen auf 20° stellt sich der ursprüngliche Wert wieder ein.

[2] $M = \dfrac{18}{3 \cdot 10^{-4}} = 60000.$ [3] Vgl. Dritter Teil, D. III, S. 443.

[4] FOL, I. G.: Kolloid-Ztschr. **12**, 144 (1913). — VAN ROSSEM: Kolloidchem. Beihefte **10**, 101 (1918).

Zu diesem Zwecke wurde unter sorgfältigem Licht- und Luftausschluß eine 0,2-gd-mol. Balatalösung in Tetralin hergestellt. Diese Lösung wurde in zwei OSTWALDsche Viscosimeter gleicher Dimension verteilt, von denen das eine mit Glühlampentauchlack einen roten Anstrich erhielt. Beide Viscosimeter befanden sich in einem Thermostaten von 20°, während durch die Lösungen dauernd ein langsamer Luftstrom perlte. Von Zeit zu Zeit wurde die spez. Viscosität bestimmt.

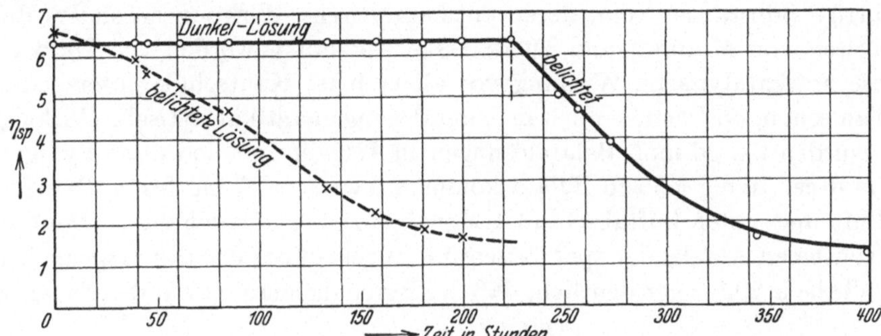

Abb. 111. Viscositätsabfall von Balatalösungen im Licht und im Dunkeln.

In dem vor Licht geschützten Viscosimeter ändert sich dieselbe nicht, dagegen nimmt sie im hellen Viscosimeter stark ab. Also ist eine Balatalösung nur in Gegenwart von Licht gegen Sauerstoff empfindlich (vgl. Abb. 111). Nach 200 Stunden wurde der Schutzanstrich entfernt, und nun wird die jetzt belichtete Balata ebenfalls abgebaut.

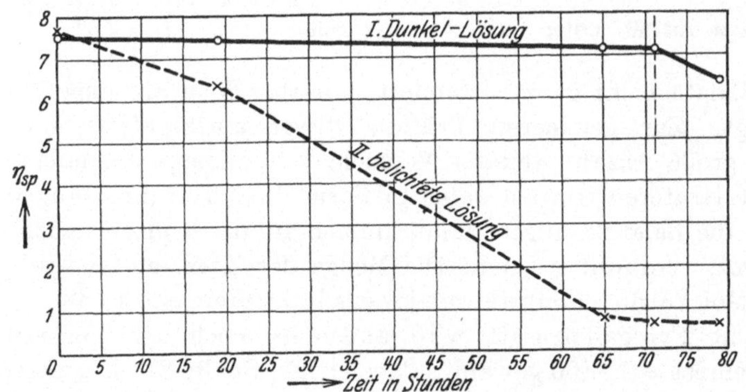

Abb. 112. Viscositätsabfall von Kautschuklösungen im Licht und im Dunkeln.

Der gleiche Versuch wurde mit einer 0,1 gd-mol. Kautschuklösung (Durchschnittsmolekulargewicht 110000) ausgeführt. Die verdunkelte Lösung zeigt keinen Viscositätsabfall, wohl aber die belichtete[1] (Abb. 112).

Wichtig ist vor allem die Feststellung, daß sowohl Kautschuk wie Balata in Lösung bei vollkommenem Lichtausschluß ihre große Sauerstoffempfindlichkeit

---

[1] Bei der viel größeren Empfindlichkeit des Kautschuks genügte ein roter Lackanstrich als Lichtschutz nicht mehr, wie entsprechende Versuche ergaben (vgl. Dritter Teil, C. VI. 6b, S. 438). Das Dunkelviscosimeter wurde deshalb bis auf die beiden Meßmarken mit einem schwarzen Emaillelackanstrich versehen.

verlieren. W. Heuer hat gleiche Beobachtungen beim Abbau von Polystyrollösungen mit Brom gemacht, der auch durch Licht sehr begünstigt ist[1]. Es ist interessant, daß die Spaltungsreaktionen langer Ketten photochemische Reaktionen sind.

5. Einfluß von Antikatalysatoren auf den oxydativen Abbau der Balata.

Die große Beständigkeit von Rohkautschuk gegen Luftsauerstoff ist auf das Vorhandensein von Antikatalysatoren zurückgeführt worden. Das können phenolartige Substanzen sein, deren antikatalytische Wirkung besonders durch die Arbeiten von Moureu und Dufraisse[2] bekannt geworden ist; Dufraisse hat diese antikatalytische Wirkung vor allem beim Kautschuk untersucht.

Um zu sehen, ob Phenole auch in Balatalösungen antikatalytische Wirkungen haben, wurden 0,2 gd-mol. Balatalösungen in Tetralin mit und ohne Pyrogallolzusatz (auf ca. 70 mg gelöste Balata kommen jeweils ca. 7 mg festes Pyrogallol) unter Luft und unter Luftabschluß 1 Monat lang bei 60° gehalten. Die Größe des prozentualen Abfalls der spez. Viscositäten gegenüber der der ursprünglichen Lösung (Tabelle 292) zeigt deutlich, daß der Pyrogallolzusatz zwar den Sauerstoff-

Tabelle 292. Abbauversuche an 0,2 grundmolaren Balatalösungen in Tetralin.
(Gemessen im Ostwaldschen Viscosimeter bei 20°.)

Art der Lösung	η_{sp}	Abbau %
Gemessen sofort nach dem Lösen	6,21	—
1 Monat erhitzt auf 60° unter Luftausschluß mit Pyrogallol .	6,21	0
1 Monat erhitzt auf 60° unter Luft mit Pyrogallol 1. Versuch	4,84	22
1 Monat erhitzt auf 60° unter Luft mit Pyrogallol 2. Versuch	4,77	23
1 Monat erhitzt auf 60° unter Luft ohne Pyrogallol	2,84	54

abbau der Balata nicht ganz verhindert, ihn aber doch auf ungefähr die Hälfte zurückdrängt. Zur genaueren Prüfung dieser antikatalytischen Wirkungen wurde eine große Anzahl weiterer Versuche mit anderen Phenolen ausgeführt. Die Antikatalysatoren wurden dabei in Form ihrer Tetralinlösungen zugesetzt, derart, daß die Balatalösungen damit immer auf die Konzentration 0,2 gd-mol. bzw. 1,36 proz. verdünnt wurden. Die Menge der Zusatzstoffe wird so gewählt, daß auf ein Molekül dieser Substanzen jeweils 10 Isoprenreste kommen. Bei einigen Lösungen mit Pyrogallolzusatz wird außerdem noch das Verhältnis Zusatzstoff : Isoprenrest = 1 : 100 gewählt (Tabelle 293, Spalte 3). Der prozentuale Abbau (Spalte 5) ist jeweils auf die spez. Viscosität derjenigen Balatalösung bezogen, die den gleichen Versuchsbedingungen unter Luft*ausschluß ohne* Antikatalysator ausgesetzt worden war. Alle anderen Lösungen befanden sich unter Luftatmosphäre.

Bei Zimmertemperatur verhindern die mehrwertigen Phenole (Tabelle 293) den Abbau der Balata in Lösung vollständig. Phenol hat dagegen nur eine relativ schwache Wirkung. Bei 60° macht sich ein geringer Unterschied zwischen den einzelnen Phenolen bemerkbar, doch können aus diesen wenigen Messungen keine

---

[1] Vgl. Zweiter Teil, A. V. 5, S. 217.
[2] Dufraisse, Ch.: Rev. gén. Caoutchuc 8, Nr 71 (1931) — Chem. Zentralblatt **1931 II,** 3278.

Tabelle 293. Abbauversuche an 0,2 grundmolaren Balatalösungen in Tetralin mit Antikatalysatoren unter Luftatmosphäre.
(Gemessen im OSTWALDschen Viscosimeter bei 20°.)

Versuchsbedingungen	Antikatalysator	Verhältnis von Antikat. zu Isoprenrest	η_{sp}	Abbau %
400 Stunden erhitzt auf 60° unter Luftausschluß ohne Antikatalysator	—	—	6,38	—
400 Stunden erhitzt auf 60° unter Luftatmosphäre	Pyrogallol	1 : 100	5,36	16
	Pyrogallol	1 : 10	4,60	28
	Brenzcatechin	1 : 10	5,99	6
	Resorcin	1 : 10	5,02	21
	Hydrochinon	1 : 10	6,52	0
	Phenol	1 : 10	3,08	52
	Ohne Antikatalysator	—	3,12	51
400 Stunden geschüttelt bei Zimmertemperatur und Luftausschluß ohne Antikatalysator		—	6,29	—
400 Stunden geschüttelt bei Zimmertemperatur unter Luftatmosphäre	Pyrogallol	1 : 100	6,32	0
	Pyrogallol	1 : 10	6,35	0
	Brenzcatechin	1 : 10	6,32	0
	Resorcin	1 : 10	6,47	0
	Hydrochinon	1 : 10	6,57	0
	Phenol	1 : 10	4,57	27
	Ohne Antikatalysator	—	3,92	38

endgültigen Schlußfolgerungen gezogen werden. MOUREU beobachtet, daß die dreiwertigen Phenole am besten und von zweiwertigen Resorcin am schlechtesten wirkt[1].

6. Versuche über die Bestimmung des Molekulargewichts der Balata auf chemischem Wege.

a) Theoretische Voraussetzungen.

Bei der Erforschung des Einflusses von Sauerstoff auf Balatalösungen wurde bereits darauf hingewiesen, daß geringe Mengen Sauerstoff nur deshalb die Viscosität in dem beobachteten Ausmaße herabsetzen können, weil die langen Fadenmoleküle der Balata vermutlich in der Mitte aufgespalten werden. Wie dieser Abbau zu formulieren ist, darüber läßt sich nichts aussagen. Möglicherweise wird die Kohlenstoffdoppelbindung gesprengt, ähnlich wie es bei einfachen Äthylenverbindungen beobachtet wurde[2]. Ferner könnte die Sprengung auch an einer, der Doppelbindung in β-Stellung benachbarten, einfachen C—C-Bindung erfolgen, die ja, wie die Analogie mit den Allylderivaten zeigt[3], besonders labil ist.

Es wird sehr schwierig sein, einen solchen Oxydationsvorgang aufzuklären, denn wenn 50000 g Balata (1 Mol) durch 32 g Sauerstoff gespalten werden, so ist der Anteil der neuen Gruppen, die in das Molekül eintreten, prozentual so ge-

---

[1] Die relativ geringe Wirkung des Pyrogallols beruht möglicherweise auf seiner Schwerlöslichkeit in Tetralin.

[2] Vgl. H. STAUDINGER: Ber. Dtsch. Chem. Ges. **58**, 1075 (1925).

[3] Vgl. H. STAUDINGER u. A. RHEINER: Helv. chim. Acta **7**, 25 (1924).

ring, daß sie sich dem analytischen Nachweis vollständig entziehen (sie machen nur 0,064% aus).

Wenn man annimmt, daß ein Fadenmolekül der Balata durch ein Molekül Sauerstoff ungefähr in der Mitte aufgespalten wird, so könnte man durch Viscositätsmessungen indirekt das Molekulargewicht bestimmen; denn im Gebiete der Sollösungen ist ja die spez. Viscosität dem Molekulargewicht bzw. der Moleküllänge proportional. Vorausgesetzt muß dabei werden, daß primär die Spaltung und erst sekundär die Anlagerung des spaltenden Stoffes eintritt, ferner dürfen keine Nebenreaktionen auftreten.

b) Versuche mit Sauerstoff.

Für die Versuche zur Spaltung der Balata durch berechnete Mengen Sauerstoff wurde eine 0,1 gd-mol. bzw. 0,68proz. Balatalösung in Tetralin mit so viel Sauerstoff versetzt, daß auf 1 Mol Balata (50000 g) 1 Mol bzw. 7 Mole Sauerstoff kamen. Dadurch sollte die spez. Viscosität auf die Hälfte bzw. den achten Teil der ursprünglichen herabgesetzt werden. Die Lösungen wurden verschieden lange bei 60° geschüttelt; zwei Kontrollösungen ohne Sauerstoffzusatz wurden den gleichen Bedingungen unterworfen (Tabelle 294).

Tabelle 294. Abbauversuche an 0,1 grundmolaren Balatalösungen in Tetralin. (Gemessen im OSTWALDschen Viscosimeter bei 20°.)

Nr.	Versuchsbedingungen				Sauerstoffzusatz	η_{sp} gefunden	η_{sp} berechnet
Ia	Nach 80stündigem Schütteln bei 60°				Ohne O_2 (Kontrollsg.)	1,882	1,882
IIa	„ 80 „	„	„	60°	+ 1 Mol O_2	1,858	0,941
IIIa	„ 80 „	„	„	60°	+ 7 Mol O_2	1,792	0,235
Ib	„ 100 „	„	„	60°	Ohne O_2 (Kontrollsg.)	1,885	1,885
IIb	„ 100 „	„	„	60°	+ 1 Mol O_2	1,850	0,942
IIIb	„ 100 „	„	„	60°	+ 7 Mol O_2	1,815	0,236

Diese Versuche ergaben nicht das erwartete Resultat; denn die spez. Viscosität sinkt lange nicht in dem Maße, als sich auf Grund des Sauerstoffzusatzes berechnet. Wahrscheinlich laufen beide Reaktionen, die Spaltungs- und die Anlagerungsreaktion, nebeneinander her. Der Versuch kann aber nur dann die erwarteten Resultate ergeben, wenn die Spaltungsreaktion im Vergleich zu der Anlagerungsreaktion praktisch unendlich viel schneller verläuft.

Um darüber einige Klarheit zu erlangen, wurde die früher mit einem großen Überschuß von Sauerstoff bei 60° oxydierte Balata (aus Tabelle 287, Versuchsreihe IV) ausgefällt und analysiert. Aus der Analyse kann man berechnen, daß auf 16 Mole Isopren 1 Mol Sauerstoff kommt, mit anderen Worten: von 50000 g Balata wurden etwa 45—47 Mole Sauerstoff aufgenommen. Dabei hätte die spez. Viscosität dieser Lösung (0,2 gd-mol.) einen Wert unter 0,04 erreichen müssen, tatsächlich ist die spez. Viscosität nur auf den Wert $\eta_{sp} = 1,01$ gesunken, was einem Molekulargewicht von ungefähr 15000 entspricht. Nach der aufgenommenen O_2-Menge hätte aber ein Abbau bis zum Molekulargewicht ca. 500 erfolgen müssen. Damit sind die Voraussetzungen für die Bestimmung des Molekulargewichts der Balata durch Abbau mittels berechneter Mengen Sauerstoff hinfällig geworden; denn derselbe tritt nicht nur an die Enden der Spaltprodukte, sondern lagert sich auch an andere Stellen der Moleküle an.

c) Versuche mit Trichloressigsäure.

Durch die Versuche von Spence[1] ist bekannt, daß die Trichloressigsäure die Viscosität von Kautschuklösungen stark erniedrigt. Sie wirkt also ebenso wie Sauerstoff, Halogenwasserstoffsäuren usw. Wir hofften nun, eine chemische Molekulargewichtsbestimmung durch Trichloressigsäure zu erreichen, in der Annahme, daß diese zuerst spaltend auf die empfindlichen Stellen der Balatamoleküle einwirkt und sich dann anlagert:

$$\cdots -\overset{\overset{\textstyle CH_3}{|}}{C}=CH-CH_2\underset{\underset{\textstyle H\,|\,OCO-CCl_3}{\vdots}}{\vdots}CH_2-\overset{\overset{\textstyle CH_3}{|}}{C}=CH-\cdots$$

Man hätte dabei noch den weiteren Vorteil gehabt, durch Bestimmung des Chlorgehaltes Rückschlüsse auf das Molekulargewicht des Reaktionsproduktes ziehen zu können.

Aber auch hier erfolgt die Spaltung nicht in dem erwarteten Sinne (Tabelle 295), so daß auf diesem Wege Molekulargewichtsbestimmungen der Balata nicht durchzuführen waren.

Tabelle 295. Abbauversuche an ca. 0,2 grundmolaren Balatalösungen in Tetralin.
(Gemessen im Ubbelohdeschen Viscosimeter bei 30 cm Hg Überdruck und 20°.)

Versuchsbedingungen	Trichloressigsäurezusatz	η_{sp} gefunden	η_{sp} berechnet
Gemessen sofort nach dem Lösen . . .	Ohne CCl$_3$COOH (Ursprungslösung)	4,96	4,96
Nach 20 stündigem Stehen bei 60° . .	+ 1 Mol CCl$_3$COOH	4,56	2,48
„ 100 „ „ „ 60°. . .	+ 1 Mol CCl$_3$COOH	4,17	2,48
„ ca. 1 jährigem „ „ 60° . .	+ 1 Mol CCl$_3$COOH	4,13	2,48
„ „ „ „ „ 60° . .	+ 1 Mol CCl$_3$COOH	4,11	2,48

7. Assoziationen[2].

Wie erwähnt, hat man früher in Lösungen von Kautschuk und Balata Micellen angenommen und darauf die hohe Viscosität der Lösungen zurückgeführt. Es ist aber nachgewiesen worden, daß in verdünnten Lösungen Makromoleküle vorliegen. Diese können in konzentrierter Lösung wie die Moleküle niedermolekularer Stoffe assoziieren. Nur tritt natürlich bei langen Molekülen die Assoziation viel leichter ein als bei kurzen. Die Assoziation ist durch zwischenmolekulare Kräfte bedingt, die erst dann wirksam werden, wenn sich die Moleküle in ihrer Eigenbewegung gegenseitig behindern, wenn also der zur Verfügung stehende Raum von ihrem Wirkungsbereich übertroffen wird. Das Vorhandensein der Assoziationen wird an der Temperaturabhängigkeit der Viscosität erkannt. Die zwischenmolekularen Kräfte, die die Assoziation der Makromoleküle bedingen, sind sehr klein; deshalb werden sie durch die ungehinderte Eigenbewegung der Moleküle im Gebiet der Sollösungen bereits unwirksam gemacht; im Gebiet der Gellösungen genügen schon Temperaturerhöhungen von 20—40°, um einen deutlichen (reversiblen) Zerfall der Assoziate herbeizuführen. Die Länge der Moleküle ist dabei für die Größe dieser Kräfte von

---

[1] Spence, D., u. G. D. Kratz: Kolloid-Ztschr. 14, 262 (1914).   [2] Vgl. S. 136.

Bedeutung: je länger das Molekül, um so größer werden die zwischenmolekularen Kräfte, die Tendenz der Moleküle, sich zusammenzulagern, wächst mit ihrer Größe, und als Folge davon wird die Löslichkeit geringer. Einflüsse, die diese Assoziationskräfte verkleinern, also z. B. Temperaturerhöhungen, bedingen dann eine „bessere Löslichkeit" der hochmolekularen Stoffe.

Es wurde in den vorhergehenden Kapiteln gezeigt, daß in Sollösungen der eukolloiden wie auch der hemikolloiden Balata die Assoziationskräfte durch die ungehinderte Eigenbewegung der Moleküle unwirksam gemacht werden (vgl. Tabellen 277, 278 und 280). Sobald aber diese Konzentrationsgrenze überschritten wird — beim Eukolloid bei einem Prozentgehalt von 0,34%, beim Hemikolloid bei 1,7% —, machen sich die Assoziationskräfte geltend. Dann ist die spez. Viscosität bei 60° wesentlich geringer als bei 20°, weil Assoziationen durch die Erwärmung gelöst werden.

8. Viscositätsmessungen bei verschiedenen Fließgeschwindigkeiten.

In den Arbeiten über die Polystyrole[1] ist bereits gezeigt worden, daß die Abweichungen vom HAGEN-POISEUILLEschen Gesetz, die eukolloide Polystyrollösungen aufweisen, nicht durch eine besondere Strukturierung bedingt sind, sondern lediglich durch die langgestreckte Form der Makromoleküle. Je größer diese Moleküle werden, um so erheblicher werden auch die Abweichungen vom HAGEN-POISEUILLEschen Gesetz. Das konnte auch für die Balata bewiesen werden. In der Tabelle 296 sind eine Reihe von 0,2 gd-mol. Lösungen von Balata angeführt, die verschieden stark abgebaut sind, die also verschieden großes Molekulargewicht besitzen, und zwar in kontinuierlichem Übergang von dem eukolloiden bis zum hemikolloiden Produkt[2]. Die spez. Viscositäten dieser Lösungen wurden bei 10, 30 und 60 cm Hg Überdruck im UBBELOHDE-Viscosimeter bestimmt. In Tabelle 296 sind die spez. Viscositäten bei 10 und 60 cm Hg Überdruck angeführt und die daraus berechneten prozentualen Abweichungen. Nach der von H. KRÖPELIN[3] angegebenen Formel wurden die Geschwindigkeitsgefälle berechnet und die spez. Viscosität einiger Produkte bei gleichen mittleren Geschwindigkeitsgefällen verglichen. Wenn man die prozentualen Änderungen bei verschiedenen Geschwindigkeitsgefällen mit den prozentualen Abweichungen der η_{sp}-Werte bei verschiedenen Drucken vergleicht (Tabelle 296), so stimmen diese ungefähr miteinander überein. Deshalb konnte darauf verzichtet werden, für alle Produkte diese Umrechnung durchzuführen.

Es wurden sämtliche Messungen angeführt, um einen Einblick in die Meßgenauigkeit zu geben, die bei diesen empfindlichen Lösungen nicht sehr groß ist; darauf beruhen einige Schwankungen in Tabelle 296. Immerhin ist aber aus den angegebenen Resultaten deutlich zu ersehen, daß mit abnehmendem Molekulargewicht die Abweichungen vom HAGEN-POISEUILLEschen Gesetz kleiner werden. Damit sind die beim Polystyrol gemachten Erfahrungen auch bei der Balata

---

[1] STAUDINGER, H., u. H. MACHEMER: Ber. Dtsch. Chem. Ges. **62**, 2924 (1929). Vgl. ferner S. 92 u. 188.

[2] Die in der Tabelle 296 angeführten Lösungen stammen aus den Versuchsreihen über den Einfluß von Kohlensäure und Sauerstoff auf Balata (vgl. Tabellen 285 und 287, in die die spez. Viscositäten, ermittelt bei 30 cm Druck, eingetragen sind).

[3] KRÖPELIN, H.: Ber. Dtsch. Chem. Ges. **62**, 3056 (1929).

Tabelle 296. Abweichungen vom HAGEN-POISEUILLEschen Gesetz bei 0,2 grundmolaren Lösungen von Balata verschiedenen Molekulargewichts in Tetralin.

Nr.	Versuchsreihe			Geschätztes Mol.-Gew.	η_{sp} bei den Hg-Drucken		Abweichung η_{sp} bei 10 von η_{sp} bei 60 cm %	Abwchg. η_{sp} b. mittl. Geschwindigkeitsgef. 500 v. η_{sp} bei Gf. 3000 %
					10 cm	60 cm		
1	Aus Tabelle 287, I		luftfrei		5,98	5,53	—7,5	—8,4
2	,,	,, 287, VI	,,		5,96	5,57	—6,5	
3	,,	,, 287, VIII	,,		5,94	5,53	—6,9	
4	,,	,, 287, VII	,,	50 000 bis 45 000	5,90	5,48	—7,1	
5	,,	,, 285, I	CO_2 haltig		5,87	5,47	—6,8	
6	,,	,, 287, II	luftfrei		5,79	5,39	—6,9	
7	,,	,, 287, III	,,		5,60	5,33	—4,8	
8	,,	,, 287, IV	,,		5,54	5,22	—5,8	
9	,,	,, 285, I	lufthaltig		5,22	4,93	—5,6	—6,0
10	,,	,, 285, III	CO_2 haltig		4,93	4,66	—5,5	
11	,,	,, 287, I	O_2 haltig		4,46	4,27	—4,3	—4,5
12	,,	,, 285, VII	CO_2 haltig		4,44	4,23	—4,7	
13	,,	,, 285, II	,,	45 000 bis 35 000	4,12	3,97	—3,6	
14	,,	,, 285, V	,,		4,06	3,86	—4,9	
15	,,	,, 285, VI	,,		3,89	3,70	—4,9	
16	,,	,, 285, VII	lufthaltig		3,52	3,37	—4,3	
17	,,	,, 285, V	,,		3,44	3,28	—4,7	—4,4
18	,,	,, 285, VI	,,		3,38	3,24	—4,1	
19	,,	,, 285, IV	CO_2 haltig		3,29	3,16	—4,0	
20	,,	,, 285, II	lufthaltig	35 000 bis 25 000	2,88	2,77	—3,8	
21	,,	,, 287, VI	O_2 haltig		2,80	2,80	0	
22	,,	,, 285, III	lufthaltig		2,72	2,62	—3,7	
23	,,	,, 285, IV	,,		2,50	2,43	—2,8	
24	,,	,, 287, VIII	O_2 haltig	25 000 bis 15 000	1,65	1,62	—1,8	
25	,,	,, 287, III	,,		1,33	1,34	+0,7	—2,2
26	,,	,, 287, IV	,,	15 000 bis 7500	1,02	1,02	0	
27	,,	,, 287, II	,,		0,94	0,93	—1,1	—1,1
28	Hemikolloide Balata			7500	0,53	0,54	+1,9	

bestätigt: Lösungen, die kurze Moleküle enthalten, gehorchen diesem Gesetz, dagegen werden die Abweichungen mit wachsender Kettenlänge größer, so daß man schon daraus in erster Annäherung Rückschlüsse auf das Molekulargewicht ziehen kann. Beim Polystyrol werden diese Abweichungen bei einem Produkt vom Polymerisationsgrad 1500 an, also bei einer Zahl von 3000 Kettenkohlenstoffatomen, erheblich. Das gleiche gilt für die Balata; nur das höchstmolekulare Produkt, das einen Polymerisationsgrad von 750 und ebenfalls 3000 Kettenkohlenstoffatome besitzt, zeigt beträchtliche anormale Viscositätserscheinungen.

Es wurde ferner beim Polystyrol festgestellt, daß die Abweichungen vom HAGEN-POISEUILLEschen Gesetz mit steigender Konzentration zunehmen[1]. Wie Tabelle 297 zeigt, ist das auch bei Lösungen der eukolloiden Balata der Fall.

Aus diesen Untersuchungen ergibt sich, daß die Abweichungen vom HAGEN-POISEUILLEschen Gesetz bei Balatalösungen ebenso wie bei den Polystyrollösungen durch die langgestreckte Form der Makromoleküle bedingt sind. Bei höhermolekularen Produkten, z. B. bei den höchstmolekularen Polystyrolen, treten sie noch

---

[1] STAUDINGER, H., u. H. MACHEMER: Ber. Dtsch. Chem. Ges. **62**, 2921 (1929), ferner S. 92 u. 188ff.

Tabelle 297. Abweichungen vom HAGEN-POISEUILLEschen Gesetz bei Lösungen
der eukolloiden Balata.

Grundmolarität	η_{sp} bei dem mittleren Geschwindigkeitsgefälle 500	η_{sp} bei dem mittleren Geschwindigkeitsgefälle 3000	Abweichungen η_{sp} bei Gf. 500 von η_{sp} bei Gf. 3000 %
0,025	0,36	0,35	2,8
0,05	0,79	0,76	3,8
0,1	1,86	1,78	4,3
0,2	5,94	5,44	8,4

viel deutlicher zutage. Diese Erscheinung, die für die hochmolekularen Stoffe
charakteristisch ist, muß scharf unterschieden werden von ähnlichen Beobachtungen an heteropolaren Molekülkolloiden[1], bei denen eine Schwarmbildung die
Ursache der anormalen Viscositätserscheinungen ist. Die Anomalien bei den
homöopolaren Eukolloiden wurden deshalb als „makromolekulare Viscositätserscheinungen" bezeichnet[2].

9. Die Beständigkeit der Hydrobalata.

Wir haben im Verlaufe dieser Arbeit immer wieder darauf hingewiesen, daß
das irreversible Absinken der Viscotiät von Balatalösungen *nur durch chemische
Vorgänge,* und zwar durch den Einfluß von Sauerstoff oder durch Verkracken
der Moleküle bei erhöhter Temperatur zu erklären ist. Kolloidchemische Betrachtungen, die diese Erscheinung mit einer Auflockerung des Aggregationszustandes
oder Verkleinerung des Micellverbandes verständlich machen wollen, entbehren
der experimentellen Grundlagen. Den Beweis für die Richtigkeit unserer Ansichten
konnten wir durch den Vergleich der Beständigkeit der eukolloiden Hydrobalata
gegenüber der eukolloiden Balata erbringen.

Die Hydrobalatalösung wird zum Unterschied von Balatalösung durch Sauerstoff nicht abgebaut[3], ihre Viscosität ändert sich nicht. Ferner erleidet sie auch
keinen thermischen Abbau, und ebenso treten weder „Alterungserscheinungen"

Tabelle 298. Spezifische Viscositäten von Lösungen der Hydrobalata (bei 190°
mit Ni reduziert) und der eukolloiden Balata in Tetralin.
(Gemessen im OSTWALDschen Viscosimeter bei 20°.)

Versuchsbedingungen	Substanz	Konzentr. gd-mol.	η_{sp}	Abbau %
Gemessen sofort nach dem Lösen (Ursprungslösungen)	Balata	0,2	5,75	—
	Hydrobalata {	0,2	3,23	—
		0,1	1,193	—
Nach 20 stündigem Erhitzen auf 60° unter Luftausschluß	Balata	0,2	5,60	2,6
	Hydrobalata {	0,2	3,21	0,6
		0,1	1,190	0,3
Nach 20 stündigem Erhitzen auf 60° unter Luft	Balata	0,2	2,81	51,1
	Hydrobalata {	0,2	a) 3,23	0,0
			b) 3,21	0,6
		0,1	a) 1,187	0,5
			b) 1,188	0,4

---

[1] Vgl. S. 95, ferner Zweiter Teil, D. IV. 4b, S. 357.
[2] STAUDINGER, H., u. H. MACHEMER: Ber. Dtsch. Chem. Ges. **62**, 2924 (1929).
[3] Über weitere Versuche des Abbaues der Balata durch Sauerstoff vgl. S. 414ff.

noch Viscositätserhöhungen, noch Umwandlungen in unlösliche Produkte auf. Mit dem Verschwinden der Doppelbindungen sind auch alle derartigen anormalen Viscositätserscheinungen verschwunden.

Es wurden 0,2- und 0,1 gd-mol. Lösungen in Tetralin des bei 190° mit Nickel reduzierten Produktes einmal bei Luftausschluß und ferner unter Luft 20 Stunden lang auf 60° erhitzt, ohne daß sich die spez. Viscositäten geändert hätten (Tabelle 298).

Eine Balatalösung in Brombenzol wurde nach einjährigem Stehen im geschlossenen Gefäß vollständig zu niedermolekularen Produkten abgebaut (Tabelle 299). Dagegen hat sich die Viscosität einer Hydrobalatalösung in Brombenzol

Tabelle 299. Spezifische Viscositäten 0,5 grundmolarer Lösungen in Brombenzol.

(Gemessen im UBBELOHDEschen Viscosimeter bei 10 cm Druck.)

Gelöste Substanz	Gemessen	η_{sp}	Abbau %
Balata	Sofort nach dem Lösen	37,4	—
	Nach 1 jährigem Stehen	1,1	97
Hydrobalata	Sofort nach dem Lösen	46,8	—
	Nach 1 jährigem Stehen	42,0	10

im gleichen Zeitraum nur unwesentlich verändert[1]. Es schien anfangs sehr merkwürdig, daß die Balatalösung geringer viscos war als die der Hydrobalata, die durch vorsichtige Reduktion aus der Balata gewonnen worden ist. Die Balata ist bei der Reduktion nicht abgebaut worden, wohl aber beim Lösen in Brombenzol. Die geringe Menge Luftsauerstoff im Brombenzol hat einen Abbau der Balata während des Lösungsvorganges hervorgerufen, während die Hydrobalata gegen Sauerstoff beständig ist und nicht abgebaut wurde (Tabelle 299).

Ähnliche Versuche konnten beliebig auch bei den anderen Hydroprodukten ausgeführt werden: sowohl in fester wie in gelöster Form blieben diese Produkte monatelang dem Einfluß der Luft ausgesetzt, trotzdem ergaben sich immer wieder die gleichen Viscositätswerte.

Aus der Beständigkeit der Hydrobalata im Gegensatz zu der außerordentlichen Labilität des eukolloiden Balatamoleküls geht eindeutig hervor, daß *die Empfindlichkeit der reinen Balata auf der Empfindlichkeit ihrer Moleküle und nicht auf dem Zerfall von Micellen oder sonstiger komplexer Kolloidteilchen beruht.*

V. Versuche mit Latex.

Es konnte in den vorhergehenden Kapiteln dieser Arbeit bewiesen werden, daß die Balata in organischen Lösungsmitteln in Form von Makromolekülen in Lösung geht. Im Balatalatex, ebenso wie im Kautschuklatex, ist dagegen eine Emulsion vorhanden, deren Teilchen aus Tröpfchen[2] bestehen, in denen eine große Zahl von Makromolekülen enthalten ist; durch ein Schutzkolloid, die Eiweißstoffe, ist diese Emulsion beständig.

---

[1] Der geringe Abbau beim langen Stehen ist eventuell dadurch hervorgerufen, daß in der Hydrobalata noch einige nicht reduzierte Doppelbindungen enthalten sind. Diese werden beim langen Stehen autoxydiert.

[2] HAUSER, E. A.: Latex, Dresden und Leipzig (1927).

Von V. HENRI[1] wurde die Zahl dieser Tröpfchen durch Auszählen unter dem Mikroskop bestimmt. Er fand bei einem Kautschuklatex, der etwa 68 g feste Substanz im Liter enthielt, $5 \cdot 10^7$ dieser Teilchen in 1 cmm. Da dem Kautschuk ungefähr der Polymerisationsgrad 1000 zukommt[2], verteilen sich auf diese $5 \cdot 10^7$ Kautschuktröpfchen $6 \cdot 10^{14}$ Makromoleküle. Ein derartiges Teilchen setzt sich demnach aus etwa 10^7 Kautschukmolekülen zusammen. Im Prinzip das gleiche ist natürlich auch von der Balatamilch zu sagen.

Der Latex, die Emulsion, ist nun weit weniger viscos als die Lösung der Makromoleküle, obgleich die Teilchen der ersteren 10^7 mal größer sind als die der Lösung. Diese Unterschiede kommen durch den Vergleich der spez. Viscositäten von gleichkonzentrierten Latexlösungen mit denen von Balatalösungen in Benzol zum Ausdruck (Tabelle 300).

Tabelle 300[3].

Grund-molarität	Balatalatex			Balata in Benzol[4]		
	η_{sp}	η_{sp}/c	Abwchg. vom konst. η_{sp}/c in Proz.	η_{sp}	η_{sp}/c	Abwchg. vom konst. η_{sp}/c in Proz.
0,0625	—	—	—	0,96	15	—
0,125	0,07	0,56	—	2,76	22	47
0,25	0,16	0,64	14	9,1	36	140
0,5	0,35	0,70	25	59,5	119	690
1,0	1,02	1,02	82	855	855	5600

In 0,125 gd-mol. Konzentration ist die Lösung der Balata in Benzol bereits 40 mal viscoser als die Balataemulsion gleicher Konzentration, deren Viscosität kaum größer als die des Suspensionsmittels ist. Am eindrucksvollsten werden diese Unterschiede durch die prozentualen Abweichungen der η_{sp}/c-Werte vom konstanten η_{sp}/c-Wert demonstriert; durch diesen Vergleich wird es klar, daß diese beiden Arten von kolloiden Lösungen prinzipiell voneinander verschieden sind[5]. Früher hat man sie als lyophil (Balata in Benzol) und lyophob (Latex) unterschieden; man hat also die hohe Viscosität einer Benzollösung von Kautschuk und Balata mit einer besonderen Solvatation der Kolloidteilchen in Zusammenhang gebracht. Die vorstehenden Untersuchungen zeigen aber, daß in der kolloiden Lösung weder Micellen noch solvatisierte Moleküle vorliegen. Die Ursache dieses Unterschiedes ist in der *Form* der Kolloidteilchen zu suchen: für die kugelförmigen Teilchen des Latex, deren Wirkungsbereich annähernd gleich dem Eigenvolumen ist, steigen die η_{sp}/c-Werte mit wachsender Konzentration in nur relativ geringem Maße an. Dagegen ist bereits in einer 0,05 gd-mol. Balatalösung in Benzol der Wirkungsbereich der Fadenmoleküle so groß wie der von der ganzen Lösung eingenommene Raum, obwohl dem Eigenvolumen der Moleküle nur ein geringer Bruchteil davon zukommt. Infolgedessen findet in höherer Konzentration, im Gebiet der Gellösungen ein außerordentlich starkes Ansteigen der spez.

<hr>

[1] HENRI, V.: Caoutschouc et Guttapercha **5**, Nr 27, 15 (1906).

[2] STAUDINGER, H., u. H. F. BONDY: Ber. Dtsch. Chem. Ges. **63**, 734 (1930).

[3] Kautschuklatex zeigt dasselbe Verhalten wie Balatalatex. Eine 6,8 proz. Latexemulsion hat die spezifische Viscosität 0,24. Vgl. Liebigs Ann. **488**, 151 (1931).

[4] Diese Messungen von Balata in Benzol wurden ausgeführt, bevor die hohe Empfindlichkeit der Balata gegen Luftsauerstoff bekannt war. Der im Lösungsmittel gelöste Sauerstoff ist deshalb nicht entfernt worden, so daß die in obiger Tabelle angegebenen Werte wahrscheinlich noch zu niedrig sind.

[5] Vgl. H. STAUDINGER: Ber. Dtsch. Chem. Ges. **62**, 2907 (1929). Vgl. S. 142.

Viscosität statt. Schließlich zeigen Latexlösungen keine Abweichungen vom HAGEN-POISEUILLEschen Gesetz, unterscheiden sich also auch darin von den molekülkolloiden Balatalösungen.

Früher wurden von manchen Kolloidforschern Latex ebenso wie die kolloiden Lösungen von Kautschuk und Balata als Emulsionen bezeichnet und angenommen, daß in *beiden* das Kolloidteilchen als flüssiges Tröpfchen („Tröpfchenkolloide" nach Wo. OSTWALD[1]) suspendiert ist. Diese Auffassung gibt aber keine Erklärung für das verschiedene Verhalten beider kolloiden Lösungen. Die Unterschiede von Latex und Kautschuk- bzw. Balatalösungen lassen sich heute verstehen, nachdem der Bau der Kolloidteilchen aufgeklärt ist.

VI. Versuchsteil.

1. Darstellung und Eigenschaften der Balata.

Der Latex, aus dem die Balata hergestellt wurde, wurde speziell für diese Untersuchungen an wild wachsenden Balatabäumen gezapft[2]. Er stellt eine weiße, dicke Flüssigkeit dar von schwach säuerlichem Geruch. Es sind ihm keine Konservierungsmittel zugesetzt worden; er wird lediglich unter Stickstoffatmosphäre aufbewahrt.

Die Darstellung der reinen Balata ging nach einer Methode vor sich, die H. F. BONDY im hiesigen Laboratorium ausgearbeitet hat[3]. Es sei dabei betont, daß sämtliche Operationen bei möglichst vollständigem Ausschluß von Luftsauerstoff in CO_2-Atmosphäre ausgeführt wurden. — Da die Balata unter anderem auch für katalytische Reduktionsversuche verwendet wurde, durften für ihre Herstellung zur Vermeidung von Katalysatorgiften nur *reine* Lösungsmittel benutzt werden, die, um Luft zu entfernen, zuletzt unter CO_2 destilliert wurden.

Man erhält so aus 100 g Latex ca. 19 g reine Balata, die nach dem Vortrocknen im Vakuumexsiccator im Hochvakuum gewichtskonstant getrocknet werden muß. Für ca. 2 g dieser Substanz nimmt die Trocknung folgenden Verlauf:

I. Wägung	39,4358 g	Nach 14 Tagen . . .	39,2788 g
Nach 2 Tagen . . .	39,2902 g	„ 19 „ . . .	39,2787 g
„ 4 „ . . .	39,2823 g	„ 23 „ . . .	39,2786 g
„ 6 „ . . .	39,2798 g	„ 27 „ . . .	39,2787 g
„ 10 „	39,2792 g	„ 31 „ . . .	39,2787 g

Die Balata bewahrt man unter sorgfältigem Luftausschluß unter CO_2-Atmosphäre auf, da sie sehr autoxydabel ist. Wie mehrere im hiesigen Physikalischen Institut aufgenommene DEBYE-SCHERRER-Diagramme ergeben haben, ist die Balata krystallisiert[4] (vgl. Abb. 107, S. 409). Sie ist ein reines Produkt von der Zusammensetzung $(C_5H_8)_x$ und gibt folgende Analysenwerte[5]:

Ber. %C: 88,16. %H: 11,84.

Gef. %C: 88,43; 88,31. %H: 11,61; 11,72.

---

[1] Die Welt der vernachlässigten Dimensionen. 10. Aufl. S. 33. 1927.

[2] Denselben erhielten wir durch das liebenswürdige Entgegenkommen der Norddeutschen Seekabelwerke, Nordenham.

[3] STAUDINGER, H., u. H. F. BONDY: Ber. Dtsch. Chem. Ges. **63**, 728 (1930).

[4] Diese Untersuchungen sind schon vor einigen Jahren ausgeführt; vgl. die mittlerweile erfolgten Publikationen von H. HOPFF u. G. v. SUSICH, Kautschuk **6**, 234 (1930); E. A. HAUSER u. G. v. SUSICH, Kautschuk **7**, 120 (1931).

[5] Die Mikroanalysen wurden von der Fa. Schöller, Berlin, ausgeführt.

2. Viscositätsmessungen.

a) Im Ubbelohdeschen Viscosimeter.

Diese Messungen wurden in einem von Ubbelohde[1] angegebenen Capillarviscosimeter ausgeführt. Als Thermostaten wurden 3-Liter-Bechergläser benutzt, in denen Wasser mittels eines Thermoregulators unter kräftigem Rühren auf der erforderlichen Temperatur gehalten wurde. Es traten dabei höchstens Temperaturschwankungen von $^1/_{10}°$ auf. Um die Lösungen frei von Verunreinigungen in das Viscosimeter zu bringen, wurden sie durch kleine Drucknutschen aus Glas direkt hineinfiltriert. Zu Beginn und am Ende jeder Messung liest man den Druck am Manometer ab und setzt das Mittel aus beiden Ablesungen in die Rechnung ein. Die Messungen werden bei den Drucken 10, 30 und 60 cm Quecksilberüberdruck und bei den Temperaturen 20, 40, 60° und nach dem Abkühlen wieder bei 20° durchgeführt.

Sämtliche Viscositätsmessungen bei verschiedenen Drucken wurden in einem Ubbelohde-Viscosimeter ausgeführt mit folgenden Abmessungen:

Länge der Capillare . . . . 11,3 cm
Halbmesser der Capillare . . . . . . 0,016 cm
Durchflußmenge . . . . 0,768 ccm

b) Im Ostwaldschen Viscosimeter.

Für Messungen an Lösungen, die dem Hagen-Poiseuilleschen Gesetz gehorchen oder für Vergleichsmessungen wurde ein Viscosimeter nach Ostwald benutzt, bei dem die Durchflußmenge 1 ccm betrug. Es muß darauf geachtet werden, daß immer die gleiche Menge Flüssigkeit (3 ccm) in das Viscosimeter filtriert wird. Bei der Ausrechnung der relativen Viscositäten wurden die spez. Gewichte der Lösungen außer acht gelassen, da die Unterschiede zwischen dem spez. Gewicht der Lösung und des Lösungsmittels so gering sind, daß sie noch im Bereich der Meßfehler liegen.

Im experimentellen Teil werden als Ergebnisse der Messungen die relativen Viscositäten (η_r), da sie sich unmittelbar aus den Meßdaten berechnen lassen, bei Sammeltabellen dagegen die spez. Viscositäten (η_{sp}) angegeben.

3. Viscositätsmessungen in CO_2-haltigem Tetralin.

Um das Lösungsmittel für die Viscositätsversuche luftfrei zu erhalten, wurde bei den ersten Versuchen das gereinigte Tetralin am Vakuum der Wasserstrahlpumpe 2—3 Stunden lang auf etwa 60° erhitzt und unter Durchleiten von CO_2 erkalten gelassen. 1,3600 g Balata wurde in ein Rundkölbchen eingewogen (das Einwiegen geschieht im verdunkelten Raum, aber unter Luft; bei schnellem Arbeiten wird die Balata dabei nicht verändert). Man pipettiert nun mit einer mit CO_2 gefüllten Pipette 100 ccm von dem Tetralin in das Kölbchen. Auf diese Weise wird eine etwa 0,2 gd-mol. Balatalösung erhalten[2]. In einen Teil der

---

[1] Vgl. L. Ubbelohde: Handbuch der Chemie und Technologie der Öle **1**, 340 (1908); ferner F. Kirchhof: Ztschr. Kolloidchemie **15**, 31 (1914).

[2] Die Lösung ist nur annähernd 0,2 grundmolar; eigentlich sollte 1,3600 g Balata in so viel Lösungsmittel gelöst werden, daß das Volumen nachher 100 ccm beträgt. Abgesehen davon, daß der dabei gemachte Fehler ganz unerheblich ist, werden aber in diesem Falle nur Lösungen genau gleicher Konzentration miteinander verglichen. Bei Messungen von Konzentrationsreihen wird natürlich in Meßkölbchen aufgefüllt.

Lösung wird Luft eingeleitet, während ein anderer unter CO_2 weiter untersucht wird. Von beiden wird nunmehr die Viscosität gemessen (Tabelle 301

Tabelle 301. 0,2 grundmolare Balatalösung in CO_2-haltigem Tetralin (Ursprungslösung). ($p \cdot t$-Werte für CO_2-haltiges Tetralin: bei $20° = 633$; bei $60° = 325$.)
(Gemessen im UBBELOHDEschen Viscosimeter.)

Temperatur	p in cm	t in Sek.	$p \cdot t = k$	k Mittelwert	η_r
	59,50	68,7	4090	} 4100	6,47
	59,40	69,2	4110		
20°	30,00	140,2	4200	} 4205	6,64
	30,00	140,4	4210		
	10,20	426,4	4350	} 4345	6,87
	10,40	416,6	4340		
	60,30	31,3	1890	} 1895	5,84
	60,20	31,6	1900		
60°	30,60	63,6	1950	} 1950	6,00
	30,50	64,0	1950		
	10,05	199,4	2004	} 2007	6,17
	10,10	199,0	2010		
	61,95	65,2	4040	} 4035	6,38
	61,80	65,2	4030		
20°	30,60	136,0	4130	} 4130	6,52
	30,60	136,0	4130		
	10,75	397,0	4270	} 4275	6,75
	10,55	405,3	4280		

Tabelle 302. 0,2 grundmolare Balatalösung in lufthaltigem Tetralin (Ursprungslösung). ($p \cdot t$-Werte für lufthaltiges Tetralin: bei $20° = 640$; bei $60° = 323$.)
(Gemessen im UBBELOHDEschen Viscosimeter.)

Temperatur	p in cm	t in Sek.	$p \cdot t = k$	k Mittelwert	η_r
	63,25	60,0	3800	} 3800	5,93
	63,05	60,2	3800		
20°	30,50	127,2	3875	} 3870	6,05
	30,50	126,8	3865		
	10,50	379,3	3980	} 3980	6,22
	10,50	379,0	3980		
	61,60	28,4	1750	} 1750	5,42
	61,55	28,4	1750		
60°	30,65	58,2	1782	} 1782	5,52
	30,65	58,2	1782		
	10,55	174,0	1840	} 1835	5,68
	10,50	174,2	1830		
	63,75	58,0	3700	} 3695	5,77
	63,65	58,0	3690		
20°	30,55	124,0	3785	} 3780	5,90
	30,55	123,6	3775		
	11,00	352,2	3870	} 3865	6,04
	10,95	352,1	3860		

und 302). Weitere Teile der Lösungen wurden zu den übrigen Versuchen verwandt, die in Tabelle 303 angegeben sind. Diese enthält das experimentelle Material zu Tabelle 296 des theoretischen Teils.

Tabelle 303. Spezifische Viscositäten 0,2 grundmolarer Balatalösungen in Tetralin
(enthält die Meßdaten für die Berechnungen der Tabelle 296).
(Gemessen im UBBELOHDEschen Viscosimeter.)

Versuchsbedingungen	Temp.	Druck $p = 10$ cm		Druck $p = 30$ cm		Druck $p = 60$ cm	
		CO_2	Luft	CO_2	Luft	CO_2	Luft
Ursprungslösung	20°	5,87	5,22	5,64	5,06	5,47	4,93
	60°	5,17	4,68	5,00	4,52	4,84	4,42
	20°	5,74	5,04	5,52	4,90	5,38	4,77
Erhitzungsversuch 20 Stunden auf 60°	20°	4,12	2,88	4,01	2,81	3,97	2,77
	60°	3,69	2,65	3,60	2,54	3,53	2,49
	20°	4,11	2,76	4,00	2,67	3,96	2,64
Erhitzungsversuch 100 Stunden auf 60°	20°	4,93	2,72	4,82	2,65	4,66	2,62
	60°	4,41	2,47	4,29	2,41	4,18	2,37
	20°	4,93	2,67	4,80	2,57	4,68	2,54
Erhitzungsversuch 400 Stunden auf 60°	20°	3,29	2,50	3,20	2,44	3,16	2,43
	60°	2,97	2,27	2,89	2,22	2,84	2,20
	20°	3,30	2,43	3,20	2,36	3,16	2,34
Schüttelversuch 400 Stunden (bei Zimmertemp.)	20°	4,06	3,44	3,95	3,36	3,86	3,28
	60°	3,63	3,03	3,53	2,95	3,44	2,93
	20°	4,06	3,24	3,95	3,18	3,86	3,14
Lichtversuch 400 Stunden (bei Zimmertemp.)	20°	3,89	3,38	3,81	3,30	3,70	3,24
	60°	3,45	3,05	3,39	3,01	3,30	2,91
	20°	3,89	3,26	3,80	3,17	3,70	3,14
Dunkelversuch 400 Stunden (bei Zimmertemp.)	20°	4,44	3,52	4,32	3,43	4,23	3,37
	60°	3,90	3,14	3,79	3,05	3,74	3,03
	20°	4,40	3,40	4,28	3,30	4,19	3,25

4. Viscositätsmessungen in luftfreiem Tetralin unter reiner Stickstoffatmosphäre.

Um ein völlig luftfreies Lösungsmittel zu erhalten, wird das Tetralin unter
gereinigtem Stickstoff[1] destilliert. Die Destillationsapparatur ist so beschaffen,
daß das Tetralin direkt aus der Vorlage in eine unter Stickstoff stehende Bürette
gedrückt werden kann. Die Balata wird wieder in einem Rundkölbchen eingewogen. Man evakuiert dann mehrmals und läßt immer wieder Stickstoff
einströmen, um die Luft auch in den Poren der Substanz durch Stickstoff
zu ersetzen. Das Kölbchen ist mit einem doppelt durchbohrten Stopfen verschlossen, so daß ständig ein schwacher Stickstoffstrom durchgeleitet werden
kann. Schließlich kann durch ein in der zweiten Bohrung befindliches recht-
winklig gebogenes Glasrohr die Balatalösung in ein mit Stickstoff gefülltes
Bombenrohr gedrückt werden. Dann läßt man wieder Stickstoff durchströmen, friert die Lösung mit Kohlensäureschnee ein, und nach mehrmaligem
Durchspülen mit Stickstoff am Hochvakuum wird das Bombenrohr zugeschmolzen.

*Nur bei peinlicher Beachtung solcher Vorsichtsmaßregeln zum Ausschluß von
Luft werden einwandfreie Resultate erhalten.*

Parallelversuche wurden unter Sauerstoffatmosphäre ausgeführt. Die Tabelle 304 zeigt, daß bei völligem Ausschluß von Luft kein Abbau eintritt, während

---

[1] Der Stickstoff wird durch mehrmaliges Waschen mit Chromosalz- und alkalischer
Pyrogallollösung gereinigt und über Phosphorpentoxyd getrocknet. Für alle Versuche unter
Stickstoffatmosphäre wird ausschließlich das so gereinigte Gas benutzt.

Tabelle 304. 0,2grundmolare Balatalösung in N_2-haltigem Tetralin (Ursprungs-lösung) ($p \cdot t$-Werte für N_2-haltiges Tetralin bei $20° = 641$; bei $60° = 330$.)
(Gemessen im UBBELOHDEschen Viscosimeter.)

Temp.	p in cm	t in Sek.	$p \cdot t = k$	k Mittelwert	η_r
20°	60,80	68,9	4190	4190	6,53
	60,70	69,0	4190		
	30,50	141,7	4320	4320	6,74
	30,50	141,7	4320		
	10,62	420,6	4460	4457,5	6,98
	10,10	441,2	4455		
60°	63,65	31,4	2000	1991	6,04
	63,55	31,2	1982		
	30,90	65,8	2035	2031	6,15
	30,90	65,6	2027		
	10,20	213,6	2075	2069,5	6,27
	10,30	205,1	2064		
20°	61,30	68,4	4190	4192,5	6,53
	61,05	68,6	4195		
	30,10	143,2	4310	4316	6,74
	30,15	143,4	4322		
	9,8	454,2	4450	4452,5	6,95
	10,4	428,8	4455		

Tabelle 305. 0,2 grundmolare Balatalösung in O_2-haltigem Tetralin (Ursprungs-lösung). ($p \cdot t$-Werte für O_2-haltiges Tetralin bei $20° = 656$; bei $60° = 330$.)
(Gemessen im UBBELOHDEschen Viscosimeter.)

Temp.	p in cm	t in Sek.	$p \cdot t = k$	k Mittelwert	η_r
20°	63,60	54,4	3460	3460	5,27
	63,50	54,5	3460		
	30,75	114,6	3522	3520	5,36
	30,75	114,4	3518		
	10,75	333,0	3585	3585	5,46
	10,30	348,1	3585		
60°	63,20	25,4	1605	1604	4,80
	63,10	25,4	1603		
	30,95	51,8	1602	1598,5	4,79
	30,90	51,6	1595		
	10,80	150,0	1620	1620	4,85
	10,40	155,8	1620		
20°	62,45	52,30	3265	3257,5	4,96
	62,30	52,10	3250		
	30,20	110,2	3330	3322,5	5,06
	29,95	110,3	3315		
	10,75	314,7	3383	3383	5,15
	10,50	322,2	3383		

dieser bei Gegenwart von Sauerstoff recht bedeutend ist, wie Tabelle 305 zeigt. Die übrigen Resultate sind in der Tabelle 306 zusammengefaßt, die das experimentelle Material für die Berechnungen in der Tabelle 296 enthält.

Die 400 Stunden auf 60° in Sauerstoffatmosphäre erhitzte Balatalösung (Tabelle 306) wurde nach der Messung in der üblichen Weise mit Methanol ausgefällt, das ausgefällte Produkt mehrmals mit reinem Aceton gewaschen und am Hochvakuum bis zur Gewichtskonstanz getrocknet.

Tabelle 306.   Spezifische Viscositäten 0,2 grundmolarer Balatalösungen in Tetralin (enthält die Meßdaten für die Berechnungen der Tabelle 296). (Gemessen im UBBELOHDEschen Viscosimeter.)

Versuchsbedingungen	Temp.	Druck $p = 10$ cm		Druck $p = 30$ cm		Druck $p = 60$ cm	
		N_2	O_2	N_2	O_2	N_2	O_2
Ursprungslösung	20°	5,98	4,46	5,75	4,36	5,53	4,27
	60°	5,27	3,85	5,16	3,79	5,04	3,80
	20°	5,95	4,15	5,74	4,06	5,53	3,96
Erhitzungsversuch 20 Stunden auf 60°	20°	5,79	0,94	5,60	0,92	5,39	0,93
	60°	5,13	0,83	4,98	0,83	4,91	0,83
	20°	5,77	0,91	5,59	0,89	5,39	0,89
Erhitzungsversuch 100 Stunden auf 60°	20°	5,60	1,33	5,45	1,30	5,33	1,34
	60°	5,01	1,20	4,91	1,19	4,82	1,23
	20°	5,60	1,30	5,45	1,26	5,33	1,30
Erhitzungsversuch 400 Stunden auf 60°	20°	5,54	1,02	5,38	1,01	5,22	1,02
	60°	4,85	0,92	4,74	0,91	4,70	0,92
	20°	5,53	0,99	5,37	0,97	5,21	1,01
Erhitzungsversuch 1 Jahr auf 60°	20°	5,41	—	5,36	—	5,22	—
Schüttelversuch 400 Stunden (bei Zimmertemp.)	20°	5,96	2,80	5,77	2,78	5,57	2,80
	60°	5,27	2,46	5,13	2,46	5,00	2,47
	20°	5,95	2,65	5,78	2,64	5,56	2,64
Lichtversuch 400 Stunden (bei Zimmertemp.)	20°	5,90	1,34	5,69	1,31	5,48	1,35
	60°	5,21	1,19	5,09	1,21	4,97	1,21
	20°	5,90	1,28	5,67	1,27	5,47	1,29
Dunkelversuch 400 Stunden (bei Zimmertemp.)	20°	5,94	1,65	5,74	1,58	5,53	1,62
	60°	5,29	1,36	5,13	1,40	5,05	1,43
	20°	5,93	1,54	5,74	1,50	5,53	1,55

Dieses Produkt wurde analysiert, um festzustellen, wieviel Sauerstoff ungefähr bei der Oxydation aufgenommen wurde.

Verbrennung:

Ber.: 88,16% C; 11,84 %H.

Gef.: 86,24% C; 10,77% H.

Es wurden etwa von 16 Molen Isopren 1 Mol Sauerstoff aufgenommen.

Dieses oxydierte Produkt wurde wieder zu einer gleichkonzentrierten Lösung wie vorher (0,2 gd-mol.) in Tetralin gelöst und die spez. Viscosität gemessen. Man findet bei 20° und 10 cm Hg Überdruck $\eta_{sp} = 1,02$, also den genau gleichen Wert wie in Tabelle 306.

Die Lösungen für Konzentrationsreihen werden in Meßkölbchen unter Durchleiten von Stickstoff durch Verdünnen von konzentrierten Lösungen hergestellt. In den Tabellen 307 bis 312 sind die bei der Viscositätsmessung im UBBELOHDE-Viscosimeter bei verschiedenen Hg-Drucken und Temperaturen erhaltenen spez. Viscositäten von Lösungen der eukolloiden Balata in Tetralin niedergelegt. Sie enthalten gleichzeitig das experimentelle Material für die Berechnungen der Tabelle 297 im theoretischen Teil.

Tabelle 307.
0,5 grundmolare Balatalösung.

Temperatur	$p=10$ cm	$p=30$ cm	$p=60$ cm
20°	55,3	52,7	51,4
40°	—	—	—
60°	44,0	42,6	41,4
20°	—	52,6	—

Tabelle 308.
0,3 grundmolare Balatalösung.

Temperatur	$p=10$ cm	$p=30$ cm	$p=60$ cm
20°	10,40	10,08	9,81
40°	9,82	9,50	9,25
60°	9,10	8,85	8,66
20°	10,42	10,07	9,83

Tabelle 309.
0,2 grundmolare Balatalösung.

Temperatur	$p=10$ cm	$p=30$ cm	$p=60$ cm
20°	5,95	5,75	5,53
40°	—	—	—
60°	5,28	5,16	5,04
20°	5,95	5,74	5,53

Tabelle 310.
0,1 grundmolare Balatalösung.

Temperatur	$p=10$ cm	$p=30$ cm	$p=60$ cm
20°	1,86	1,78	1,72
40°	1,82	1,74	1,67
60°	1,72	1,62	—[1]
20°	—	1,76	—

Tabelle 311.
0,05 grundmolare Balatalösung.

Temperatur	$p=10$ cm	$p=30$ cm	$p=60$ cm
20°	0,78	0,75	0,70
40°	0,77	0,73	0,69
60°	0,75	0,71	—[1]
20°	—	0,75	—

Tabelle 312.
0,025 grundmolare Balatalösung.

Temperatur	$p=10$ cm	$p=30$ cm	$p=60$ cm
20°	0,36	0,33	—[1]
40°	0,36	0,33	—[1]
60°	0,36	0,33	—[1]
20°	—	0,33	—

5. Versuche über die Bestimmung des Molekulargewichts der Balata auf chemischem Wege.

a) Versuche mit Sauerstoff.

Um Balata vom Molekulargewicht 50000 mit molaren Mengen Sauerstoff in Reaktion zu bringen, wurden je 10 ccm einer 0,1 gd-mol. Tetralinlösung in Bombenrohre bei sorgfältigem Ausschluß von Luftsauerstoff abgefüllt, die durch ein seitliches Ansatzrohr mit einer Mikrogasbürette verbunden werden. Aus dieser Bürette wurde die berechnete Menge Sauerstoff in Form der fünffachen Menge Luft (0,15 ccm) in das mit der Balatalösung beschickte Bombenrohr mittels Quecksilber übergeführt. Bei einem zweiten Versuch wurden 7 Mole Sauerstoff auf 1 Mol Balata zugegeben, entsprechend 1,05 ccm Luft auf 10 ccm der 0,1 gd-mol. Lösung. Die Bombenrohre wurden 80 und 100 Stunden lang in einem Thermostaten bei 60° geschüttelt und dann die Viscosität der Lösungen gemessen.

b) Versuche mit Trichloressigsäure.

Unter Stickstoffatmosphäre wurde eine Lösung von Trichloressigsäure in Tetralin hergestellt, die in 1 ccm 0,871 mg der Säure enthielt. Setzt man davon 1 ccm zu 20 ccm einer 0,2 gd-mol. Balatalösung in Tetralin, so kommt auf 1 Mol Balata (50000 g) 1 Mol Trichloressigsäure.

Es wurden 4 Parallelversuche angesetzt, die verschieden lange bei 60° standen, dann die Viscosität bestimmt und mit der der reinen Balatalösung verglichen.

---

[1] Hier treten bereits Turbulenzerscheinungen auf.

6. Versuche über den Einfluß des Lichts auf die Oxydation von Balata- und Kautschuklösungen.

a) Balata in Tetralin.

Es wurde eine 0,2 gd-mol. Balatalösung unter Luftausschluß im Dunkelraum bei rotem Licht hergestellt und in ein mit rotem Glühlampenlack angestrichenes OSTWALD-Viscosimeter eingeführt. Dann wurde ein langsamer Luft-

Tabelle 313. Spezifische Viscositäten einer 0,2 grundmolaren Balatalösung in Tetralin.

(Gemessen im OSTWALDschen Viscosimeter bei 20°.)

Versuchsdauer	Im Dunkeln	Im Licht
Sofort nach dem Lösen .	6,36	6,57
Nach 16 Stunden	6,35	6,40
„ 22 „	6,34	6,17
„ 39 „	6,32	5,96
„ 45 „	6,32	5,60
„ 61 „	6,31	5,29
„ 85 „	6,32	4,66
„ 133 „	6,32	2,87
„ 157 „	6,34	2,25
„ 181 „	6,31	1,89
„ 200 „	6,33	1,67
Weiter im Licht		
„ 224 „	6,35	—
„ 248 „	5,05	—
„ 256 „	4,71	—
„ 273 „	3,94	—
„ 345 „	1,66	—
„ 400 „	1,29	—

strom dauernd durch die Lösung geleitet und nach verschiedenen Zeiten die Viscositätsänderungen bestimmt. In einem Parallelversuch wird die Lösung unter sonst gleichen Bedingungen dem Einfluß des Lichts ausgesetzt. Nach 200 Stunden wurde der Lichtschutzanstrich des roten Viscosimeters entfernt und unter sonst gleichen Bedingungen weitergemessen (Tabelle 313).

b) Kautschuk in Tetralin.

Wenn man denselben Versuch mit einer ca. 0,1 gd-mol. Lösung von nach PUMMERER gereinigtem Kautschuk (vom Molekulargewicht 70000 bzw. Polymerisationsgrad 1000) ausführt, so tritt beim Durchleiten von Luft im roten Viscosimeter nur ein geringfügiger Abbau ein, während die Viscosität der belichteten Lösung dabei sehr stark absinkt (Tabelle 314).

Ein viel stärkerer Abbau fand aber beim Durch-

Tabelle 314. Spezifische Viscositäten einer 0,1 grundmolaren Kautschuklösung in Tetralin.
(Gemessen im OSTWALDschen Viscosimeter bei 20°.)

Versuchsdauer	Im Dunkeln	Im Licht
Sofort nach dem Lösen. .	7,77	7,83
Nach 24 Stunden	7,74	7,09
„ 70 „	7,59	3,18
„ 94 „	7,45	1,96
„ 118 „	7,31	1,25
„ 140 „	7,28	0,80

leiten von Sauerstoff durch die ca. 0,1 gd-mol. Lösung eines hochmolekularen fraktionierten Kautschuks (Molekulargewicht 120000 bzw. Polymerisationsgrad 1750) auch im roten Viscosimeter statt (Tabelle 315). Der Lichtschutzanstrich war also hier nicht ausreichend[1]. Wird aber ein Viscosimeter, das aus braunem Glas hergestellt ist, noch mit einem schwarzen Emaillelackanstrich versehen, derart, daß nur die Kugel mit den beiden Meßmarken davon frei bleibt, dann wird auch eine darin befindliche Lösung des hochmolekularen fraktionierten Kautschuks (Molekulargewicht 110000 bzw. Polymerisationsgrad 1600) beim Durchleiten von Sauerstoff nicht abgebaut (Tabelle 316).

Tabelle 315. Spezifische Viscositäten einer 0,1 grundmolaren Kautschuklösung in Tetralin.
(Gemessen im OSTWALDschen Viscosimeter bei 20°.)

Versuchsdauer	Im Dunkeln	Im Licht
Sofort nach dem Lösen. .	10,13	10,43
Nach 17 Stunden	7,32	7,14
„ 25 „	5,42	2,45
„ 41 „	3,35	2,00
„ 49 „	2,60	0,98
„ 68 „	1,80	0,68
„ 120 „	1,00	0,42

Tabelle 316. Spezifische Viscositäten einer 0,1 grundmolaren Kautschuklösung in Tetralin.
(Gemessen im OSTWALDschen Viscosimeter bei 20°.)

Versuchsdauer	Im Dunkeln	Im Licht
Sofort nach dem Lösen. .	7,50	7,61
Nach 19 Stunden	7,44	6,32
„ 65 „	7,19	0,87
„ 71 „	7,15	0,63
„ 79 „	6,47 [2]	0,62

7. Darstellung, Eigenschaften und Molekulargewichtsbestimmung der hemikolloiden Balata.

Eine 1 proz. Lösung von Balata in gereinigtem Xylol wurde in einem Rundkolben mit eingeschliffenem Rührer, Rückflußkühler und Gaseinleitungsrohr unter dauerndem Rühren und Durchleiten von CO_2 zum Sieden erhitzt. Von Zeit zu Zeit wurde aus der siedenden Flüssigkeit eine Probe für eine Viscositäts-

Tabelle 317. Relative Viscositäten einer 1 proz. Balatalösung in Xylol.
(Gemessen im OSTWALDschen Viscosimeter bei 20°.)

Dauer des Erhitzens	t_A in Sek.	η_r
Xylol (Siedepunkt 142°) .	39,6	I
Sofort nach dem Lösen. .	$t_1 = 170,0$	$\eta_{r_1} = 4,29$
Nach 24 Stunden	118,0	2,98
„ 48 „	69,8	1,76
„ 72 „	65,3	1,65
„ 96 „	63,1	1,59
„ 144 „	60,8	1,54
„ 192 „	55,6	1,40
„ 240 „	54,4	1,37
„ 312 „	51,5	1,30
„ 384 „	47,2	1,19
„ 456 „	$t_2 = 47,0$	$\eta_{r_2} = 1,19$

$$\frac{\eta_{r_1}}{\eta_{r_2}} = \frac{t_1}{t_2} = 3,61*$$

[1] Während dieses Versuches herrschte im Gegensatz zu den früheren helles, sonniges Wetter.

[2] Der letzte Viscositätsabfall ist dadurch zu erklären, daß mittlerweile der Lackanstrich brüchig geworden ist.

* Früher wurde bei gereinigter Guttapercha für $t_1/t_2 = 2,39$ gefunden; das lag daran, daß damals eine bereits abgebaute Guttapercha benutzt wurde, was daraus hervorgeht, daß ihre 1 proz. Lösung eine relative Viscosität von nur $\eta_{r_1} = 2,82$ aufwies, während die gleichkonzentrierte Balatalösung $\eta_{r_1} = 4,29$ besitzt. Vgl. H. STAUDINGER u. H. F. BONDY: Liebigs Ann. **468**, 42 (1929).

messung entnommen. Der Versuch wurde so lange fortgesetzt, bis die Viscosität konstant blieb, also kein Abbau mehr stattfand (Tabelle 317).

Zur Aufarbeitung des abgebauten Produktes wird ein großer Teil ($^3/_4$) des Xylols im Vakuum der Wasserstrahlpumpe abgedampft und die eingeengte Lösung mit Methanol ausgefällt. Die als gelbliches Pulver ausgefallene hemikolloide Balata wird nochmals umgefällt und das nun erhaltene weiße Pulver bis zur Gewichtskonstanz am Hochvakuum getrocknet.

Tabelle 318.

(Gewicht des Benzols = 19,24 g.)

Einwage	Depression	Mol.-Gew.	Mittelwert
0,1146 g	0,004	7600	
0,1896 g	0,007	7180	7500
0,1514 g	0,005	8020	
0,2018 g	0,008	6690	

Nach der Analyse hat neben dem thermischen Abbau auch ein oxydativer durch den im Xylol gelösten Luftsauerstoff stattgefunden:

Verbrennung:

Ber.: 88,16% C; 11,84% H.

Gef.: 86,61% C; 11.96% H.

Nach nochmaligem Umfällen: Gef.: 86,20% C; 11,47% H.

Die Molekulargewichtsbestimmung nach der Gefrierpunktsmethode gab wenig übereinstimmende Werte; wahrscheinlich hängt das mit der Sauerstoffempfindlichkeit dieses Produktes zusammen (Tabelle 318).

8. Reduktion der Balata.

a) Reduktionen in trockenem und gequollenem Zustand.

3 g Balata wurden im Glaseinsatz eines FIERZschen Drehautoklaven[1] in möglichst wenig Methylcyclohexan gelöst und danach mit 8 g Nickelkatalysator[2] versetzt. Für die Reaktionen im trockenen Zustand wird das Lösungsmittel bei etwa 30° im Vakuum vollständig abgedampft; für die Reduktionen im gequollenen Zustand beläßt man es im Gefäß. Den Autoklaven füllt man nach mehrmaligem Evakuieren mit Wasserstoff auf 60 Atm. auf und hält ihn 3—4 Stunden lang auf der gewünschten Temperatur.

Beim Aufarbeiten der Reaktionsprodukte braucht nicht mehr unter Luftausschluß gearbeitet zu werden. Sie werden in Benzol gelöst und vom Katalysator abfiltriert. Das Filtrat ist durch kolloides Nickel dunkel gefärbt und wird zu dessen Entfernung mit etwas Magnesiumoxyd geschüttelt. Nach dem

Tabelle 319.

Versuchsbedingungen	Analyse: Ber.: 85,63% C 14,37% H	Mol.-Gew. aus der Viscosität
1. Trocken bei 270°	Gef.: 85,59% C; 13,14% H	34000
2. „ „ 270°	„ 85,80% C; 14,35% H	9000
3. „ „ 190°	„ 85,36% C; 14,39% H	26000
4. Gequollen „ 270°	„ 85,49% C; 14,16% H	15000

[1] Vgl. H. E. FIERZ-DAVID: Farbenchemie, Abb. 37, Berlin, 1922.

[2] Dieser Ni-Katalysator wurde in freundlicher Weise von Herrn Prof. W. HÜCKEL zur Verfügung gestellt, dem wir auch an dieser Stelle bestens danken möchten.

Zentrifugieren wird mit Methanol ausgefällt und die gleiche Operation nochmals wiederholt. Das Trocknen bis zur Gewichtskonstanz am Hochvakuum nimmt etwa 4—6 Wochen in Anspruch.

Die Tabelle 319 enthält die Charakteristik der unter den angegebenen Reaktionsbedingungen erhaltenen Produkte.

b) Reduktionen in Lösung.

Die folgenden Reduktionen wurden in einem großen, heizbaren Drehautoklaven[1] durchgeführt. Es wurde jeweils 1,5 g Balata in ca. 200 ccm Methylcyclohexan gelöst. Bei einem Versuch mit Platinoxyd[2] als Katalysator wurde die Balata nicht hydriert: das Reaktionsprodukt wurde nur stark abgebaut, während die Analysenwerte mit den für reine Balata berechneten übereinstimmen (vgl. Tabelle 320, Nr. 2).

Bei weiteren Versuchen wurde wieder Ni-Katalysator nach HÜCKEL angewandt. Während bei den übrigen Versuchen das Lösungsmittel noch Luftsauerstoff enthalten hatte, der die Balata vor der Hydrierungsreaktion abbaute, wurde bei der letzten Reduktion (Tabelle 320, Nr. 6) das Lösungsmittel vorher unter Stickstoff destilliert und die Lösung selbst unter völligem Sauerstoffausschluß hergestellt.

Die Reduktionen gingen bei einem Druck von 80 Atm. Wasserstoff vor sich, und bei ziemlich raschem Drehen wird die jeweilige Versuchstemperatur 20 Stunden lang konstant gehalten. Die Reaktionsprodukte werden in analoger Weise durch Schütteln mit Magnesiumoxyd und zweimaliges Umfällen aufgearbeitet. Mit Tetranitromethan weisen alle Produkte, die mit Nickel hydriert wurden, keine Gelbfärbung auf, die Doppelbindungen sind also reduziert worden. Die sonstige Charakteristik der Substanzen ist in Tabelle 320 enthalten. Nr. 1 stellt die Reduktion der hemikolloiden Balata dar.

Tabelle 320. Reduktionen der Balata in Lösung (Methylcyclohexan).

Nr.	Versuchstemperatur	Art und Menge des Katalysators		Analyse: Ber.: 85,63 % C; 14,37 % H		Mol.-Gew. aus der Viscosität
1	130°	Ni	10 g	Gef.: 84,38 % C;	13,10 % H	7300
2	110°	PtO$_2$	1 g	„ 88,00 % C;	11,89 % H	—
3	130°	Ni	10 g	„ 85,36 % C;	14,42 % H	30000
4	130°	Ni	10 g	„ 85,72 % C;	14,16 % H	32000
5	130°	Ni	10 g	„ 85,67 % C;	14,18 % H	33000
6	100°	Ni	10 g	„ 85,45 % C;	14,15 % H	50000

9. Gehaltsbestimmung des Latex.

Der Latex wird auf sein doppeltes Volumen mit Wasser verdünnt und unter Druck filtriert[3]. Zur Gehaltsbestimmung wurde eine abgewogene Menge des Filtrates mit Aceton ausgefällt. Die Fällung wird mit Aceton und Methanol gut durchgeknetet und am Hochvakuum getrocknet. Aus drei Versuchen wurde ermittelt, daß in 1 g des filtrierten Latex 0,195 g Balata emulgiert sind.

---

[1] Firma: Andreas Hofer, Mülheim (Ruhr).

[2] ADAMS, R., u. SHRINER: Journ. Amer. Chem. Soc. **45**, 2171 (1923).

[3] Dieser so präparierte Latex ist für die Viscositätsmessungen verwendet worden. Die verschiedenen Konzentrationen wurden durch Verdünnen hergestellt.

Die Notgemeinschaft deutscher Wissenschaft hat diese Versuche in entgegenkommender Weise dadurch unterstützt, daß sie einen großen Autoklaven und eine Reihe weiterer Apparaturen zur Verfügung stellte. Dafür sei auch an dieser Stelle unser verbindlichster Dank ausgesprochen.

D. Die Umwandlung von löslichem in unlöslichen Kautschuk[1].

Bearbeitet von E. O. Leupold.

I. Einleitung.

Es ist schon lange bekannt, daß Kautschuk in zwei Formen existiert: in einer löslichen und einer unlöslichen. Der unlösliche Kautschuk quillt mit Lösungsmitteln stark auf. P. Bary und E. A. Hauser bezeichnen die beiden Sorten als α- und β-Kautschuk[2] und nahmen an, daß der Übergang von der einen in die andere Modifikation reversibel sei.

In einer früheren Arbeit[3] wurde die Vermutung ausgesprochen, daß dieser Übergang auf einer chemischen Veränderung des Kautschuks unter dem Einfluß von Sauerstoff beruht, und zwar werden die ungesättigten Fadenmoleküle des löslichen Kautschuks durch Sauerstoffbrücken zu dreidimensionalen Makromolekülen des unlöslichen Kautschuks verknüpft. Dafür sprach, daß das Polystyrol keine solchen Veränderungen aufweist: die gesättigte Kohlenstoffkette ist nicht autoxydabel.

II. Fraktionierung des Kautschuks.

Um für diese Auffassung den exakten Beweis zu erbringen, wurden die Veränderungen einer Reihe von Kautschukfraktionen unter Luft und bei Luftausschluß studiert. Die Fraktionierung von nach Pummerer[4] gereinigtem Kautschuk ging in der früher[5] angegebenen Apparatur unter völligem Luftausschluß vor sich, wobei noch die Apparatur mit einem roten Lackanstrich versehen würde, nachdem sich herausgestellt hatte[6], daß Kautschuk im Dunkeln nicht oxydiert wird. Denn bei der Größe und den vielen Schliffen der Apparatur war das Eindringen von Spuren von Luftsauerstoff zu befürchten. Es wurden so vier Fraktionen hergestellt, während ein Rückstand (β-Kautschuk) von vielleicht 20% der angewandten Kautschukmenge ungelöst blieb, der auch nach

Tabelle 321. Fraktionierung des Kautschuks.

Fraktion	Extraktionsmittel	Extraktionsdauer	$\dfrac{\eta_{sp}}{c}$	$M = \dfrac{\eta_{sp}}{c \cdot K_m}$ $(K_m = 3 \cdot 10^{-4})$	Polymerisationsgrad
I	Äther	24 Stunden	23,6	79000	1150
II	,,	96 ,,	28,3	94000	1400
III	,,	288 ,,	33,1	110000	1600
IV	Benzol	192 ,,	36,9	120000	1750

[1] 39. Mitteilung über Isopren und Kautschuk.   [2] Kautschuk **1928**, 97.
[3] Staudinger, H., u. H. F. Bondy: Liebigs Ann. **488**, 153 (1931).
[4] Ber. Dtsch. Chem. Ges. **61**, 1583 (1928).
[5] Liebigs Ann. **488**, 173 (1931).   [6] Vgl. Dritter Teil, C. VI. 6, S. 438.

einjährigem Stehen in der verschlossenen Apparatur noch nicht gelöst ist. Interessant ist, daß sich die einzelnen Fraktionen in der Molekülgröße nicht sehr stark unterscheiden (Tabelle 321) im Gegensatz zu früheren Versuchen[1]. Ähnliches wurde auch bei der Balata beobachtet[2]. Ein eukolloides Polystyrol dagegen enthält neben sehr hochmolekularen auch niedermolekulare Anteile[3]. Es ist also durchaus möglich, daß die Kautschukmoleküle ursprünglich alle eine einheitliche Größe besitzen, und daß die gefundenen Unterschiede auf einen Abbau während der Aufarbeitung zurückzuführen sind.

III. Überführung von löslichem in unlöslichen Kautschuk.

Es wurden folgende Versuchsreihen angesetzt:

Versuchsreihe *DN*: Die 4 Fraktionen wurden in vorher tarierte Bombenrohre im Dunkeln und unter Stickstoff verteilt, denn beim Abfüllen an der Luft könnten möglicherweise Sauerstoffmoleküle an der Oberfläche des Kautschuks peroxydartig gebunden werden. Deshalb wurden alle Operationen bei rotem Licht in einem luftdichten Kasten vorgenommen, der mit Stickstoff gefüllt werden konnte.

Tabelle 322. Spezifische Viscositäten 0,1 grundmolarer Tetralinlösungen.

Fraktion	Versuchsreihe	1. Nach 6 Wochen	2. Nach 12 Wochen	3. Nach 20 Wochen
I	a) DN	4,22	3,84	3,80
	b) HN	3,85	4,53	4,28
	c) NE	3,65	3,70	2,40
	d) DL	2,17	1,59	1,04
	e) HL	2,36	1,74	1,09
II	a) DN	(4,76)[4]	5,55	5,30
	b) HN	5,36	6,90	7,07
	c) NE	5,19	5,42	4,97
	d) DL	2,56	2,40	1,96
	e) HL	3,67	2,74	1,93
III	a) DN	(5,35)[4]	6,31	6,07
	b) HN	6,67	7,16	7,53
	c) NE	6,04	6,23	4,06
	d) DL	1,62[5]	Unlöslich	Unlöslich
	e) HL	1,66[5]	Unlöslich	Unlöslich
IV	a) DN	8,62	9,40	8,98
	b) HN	8,84	12,52[6]	11,25[6]
	c) NE	8,64	9,39	5,99
	d) DL	2,41[5]	Unlöslich	Unlöslich
	e) HL	1,86[5]	Unlöslich	Unlöslich

[1] Vgl. Fußnote 5 auf voriger Seite.

[2] STAUDINGER, H., u. H. F. BONDY: Ber. Dtsch. Chem. Ges. **63**, 724 (1930).

[3] Vgl. Tabelle 84, S. 188.

[4] Bei diesen beiden Proben ist durch Mißgeschick der Luftsauerstoff beim Herstellen der Lösungen nicht vollständig ausgeschlossen worden. Eine einwandfreie Wiederholung dieser Versuche hätte monatelange Arbeit erfordert.

[5] Diese Proben sind nicht vollständig gelöst, sie enthalten in dünnviscoser Lösung wenige kleine unlösliche Teilchen.

[6] Es tritt bei diesen Proben trotz wochenlangen Schüttelns keine vollständige Lösung ein: in hochviscoser Lösung befinden sich kleine unlösliche Teilchen, und zwar hat der Anteil an unlöslichem Kautschuk mit der Versuchsdauer zugenommen.

Die Manipulationen im Kasten wurden mittels Gummihandschuhen ausgeführt, die in die Seitenwände luftdicht eingelassen worden waren. Die mit den einzelnen Fraktionen beschickten Bombenrohre wurden im Kasten verschlossen, dann gewogen und schließlich unter Stickstoffatmosphäre zugeschmolzen. Die eine Hälfte wurde im Dunkeln aufbewahrt.

Versuchsreihe HN: Die andere Hälfte der Bombenrohre bleibt im Hellen stehen.

Versuchsreihe NE: Andere Teile der 4 Fraktionen wurden im Exsiccator unter Stickstoff aufbewahrt und von Zeit zu Zeit mit Luft in Berührung gebracht: sie wurden in 6 Wochen 3 mal $^1/_2$ Stunde, in 12 Wochen 7 mal $^1/_2$ Stunde und in 20 Wochen 120 Stunden der Luft ausgesetzt.

Versuchsreihe DL: Die Fraktionen bleiben im Dunkeln unter Luft stehen.

Versuchsreihe HL: Die Fraktionen werden im Hellen unter Luft aufbewahrt.

Nach 6, 12 und 20 Wochen werden aus den so behandelten Fraktionen 0,1 gd-mol. Lösungen in Tetralin hergestellt und deren spez. Viscosität bestimmt (Tabelle 322).

Bei Gegenwart von Luft tritt zuerst ein starker Abbau ein, und schließlich werden diese Produkte unlöslich; der α-Kautschuk ist in die β-Modifikation übergegangen (vgl. Tabelle 322: I d, e; II d, e; III d, e; IV d, e). Diese löst sich auch nach monatelangem Schütteln nicht mehr. Der β-Kautschuk quillt im Lösungsmittel nur stark auf unter Erhaltung der Form seiner Schnittflächen. Die geringe Menge Kautschuk, die davon noch in Lösung geht, ist sehr nieder-molekular. Das Molekulargewicht für 2 Substanzen wurde aus den η_{sp}/c-Werten der filtrierten Lösungen bestimmt, deren Konzentration durch Ermittlung des Rückstandes nach dem Abdampfen des Tetralins im Hochvakuum festgestellt wurde (Tabelle 323).

Tabelle 323.

Substanz (aus Tab. 322)	Grundmolarität	η_{sp}	$\dfrac{\eta_{sp}}{c}$	$M = \dfrac{\eta_{sp}}{c \cdot K_m}$ $(K_m = 3 \cdot 10^{-4})$
IV d) DL 3	0,05	0,11	2,2	7300
IV e) HL 3	0,037	0,03	0,8	2300

Interessant ist auch, daß sich beim Stehen im Licht unter Stickstoff unlösliche Anteile bilden (Tabelle 322: IV b 2 u. 3). Hier findet keine Molekülverkleinerung, sondern eine Vergrößerung statt. Das deutet darauf hin, daß durch das Licht eine Verknüpfung der Fadenmoleküle zu längeren Gebilden stattgefunden hat, wie es auch bei der Balata durch Erhitzen festgestellt wurde[1].

Der Übergang von α- in β-Kautschuk ist danach nicht so einfach, wie es in einer früheren Arbeit angenommen wurde[2]. Es können zwei grundsätzlich ver-schiedene unlösliche Produkte entstehen. Der Bildung des β-Kautschuks unter Sauerstoffeinwirkung geht ein Abbau des Kautschuks voraus. Erst die kürzeren Moleküle werden dann durch Sauerstoffbrücken zu dreidimensionalen Makro-molekülen verknüpft. Ganz verschieden davon ist die Bildung des unlöslichen β-Kautschuks unter Stickstoff am Licht. Hier werden die einzelnen langen Fadenmoleküle des α-Kautschuks unter C—C-Bindung zu dreidimensionalen unlöslichen Makromolekülen vereinigt. Die Vorstufe zu diesem Kautschuk ist

---

[1] Vgl. Dritter Teil, C. IV. 3, S. 417.   [2] Liebigs Ann. **488**, 153 (1931).

ein sehr hochmolekulares, aber noch lösliches Produkt, bei dem eine noch nicht so weitgehende Verknüpfung eingetreten ist[1]. Die beiden β-Kautschuke kann man als β-Sauerstoffkautschuk und β-Cyclokautschuk unterscheiden.

Im festen Zustand ist die Sauerstoffempfindlichkeit des gereinigten Kautschuks nicht so groß wie in Lösung[2], das geht aus den Versuchen I c; II c; III c; IV c der Tabelle 322 hervor. Dort ist insgesamt 120 Stunden der Kautschuk der Lufteinwirkung ausgesetzt worden, ohne daß ein starker Abbau erfolgt.

Wird Kautschuk unter Licht- und Luftausschluß aufbewahrt, so treten keine Veränderungen seiner Eigenschaften ein, er „altert" nicht (vgl. Tabelle 322: I a; II a; III a; IV a[3]).

Damit ist bewiesen, daß der Übergang von löslichem in unlöslichen Kautschuk kein kolloider Vorgang ist, sondern auf chemischen Umsetzungen der Makromoleküle beruht.

---

[1] Vgl. Fußnote 1 auf voriger Seite.

[2] Vgl. H. STAUDINGER u. E. O. LEUPOLD: Ber. Dtsch. Chem. Ges. **63**, 732 (1930).

[3] Die Schwankungen in den Viscositätswerten erklären sich aus den großen experimentellen Schwierigkeiten bei diesen Versuchen.

Vierter Teil

Über hochmolekulare Naturprodukte II. Cellulose.

A. Die Konstitution der Acetylcellulose[1,2].

Bearbeitet von H. FREUDENBERGER.

I. Ältere Anschauungen und Arbeiten über Cellulose.

Im letzten Jahrzehnt sind entgegen der früher üblichen Auffassung von der hochmolekularen Struktur der Cellulose eine Reihe andersartiger Ansichten über deren Aufbau geäußert worden. Unter Anlehnung an die Vorstellungen, die die Komplexchemie entwickelt hatte, glaubten einige Forscher (BERGMANN[3], KARRER[4], HESS[5]), die besonderen Eigenschaften der Cellulose und ihrer Derivate durch einen Komplex koordinativ zusammengehaltener niedermolekularer Bausteine am besten erklären zu können. Andere, wie K. H. MEYER[6], sahen den Grund für die eigenartige Natur der Cellulose und ihrer Lösungen in einem micellaren Aufbau der Kolloidteilchen aus längeren Hauptvalenzketten. Trotz mancher Argumente, die die Vertreter dieser neuen Theorien für ihre Anschauungen erbrachten, hielten aber andere Bearbeiter des Celluloseproblems an den alten einfachen Vorstellungen fest.

In früherer Zeit wurde bekanntlich die Cellulose wie andere Polysaccharide für hochmolekular angesehen, und zwar nahm man an, daß zahlreiche Glykose-[7] resp. Cellobiosemoleküle[8] glykosidartig zu Ketten miteinander verknüpft seien. So fordert K. FREUDENBERG[9] „für die Konstitution der natürlichen Cellulose bis hinauf zu sehr großen Aggregaten die strenge Linienführung der Valenzlehre". Diese Auffassung war auf Grund von Analogieschlüssen wahrscheinlich, nachdem bei zahlreichen hochpolymeren Substanzen ein derartiges Bindungsprinzip nachgewiesen war. Aber es lagen für die Cellulosen noch keine zwingenden Beweise

[1] 67. Mitteilung über hochpolymere Verbindungen.

[2] Erste Mitteilung über Acetylcellulose: STAUDINGER, H., u. H. FREUDENBERGER: Ber. Dtsch. Chem. Ges. **63**, 2331 (1930).

[3] BERGMANN, M., u. E. KNEHE: Liebigs Ann. **445**, 1 (1925). Vgl. dazu M. BERGMANN u. H. MACHEMER: Ber. Dtsch. Chem. Ges. **63**, 316 (1930).

[4] KARRER, P.: Polymere Kohlenhydrate. Leipzig 1925.

[5] HESS, K.: Chemie der Cellulose. Leipzig 1928.

[6] MEYER, K. H.: Ztschr. angew. Chem. **41**, 935 (1928); Ber. Dtsch. Chem. Ges. **61**, 593 (1928).

[7] Vgl. R. WILLSTÄTTER u. L. ZECHMEISTER: Ber. Dtsch. Chem. Ges. **46**, 2401 (1913), die die quantitative Überführung von Cellulose in Glykose ausführten. Vgl. ferner Bemerkungen von R. WILLSTÄTTER u. L. ZECHMEISTER: Ber. Dtsch. Chem. Ges. **62**, 722 (1929).

[8] Vgl. K. FREUDENBERG: Ber. Dtsch. Chem. Ges. **54**, 767 (1921), welcher nachwies, daß Cellulose zu mehr als 60% aus Cellobiose aufgebaut ist.

[9] Zitat aus einer Arbeit von K. FREUDENBERG u. E. BRAUN: Liebigs Ann. **460**, 295 (1928).

vor. Unbekannt war früher zunächst einmal die genaue Konstitution der Cellobiose resp. des Cellobioseanhydrids, welches das Grundmolekül der Kette bildet. Diese ist durch W. N. Haworths Arbeiten[1] bekanntgeworden. Weiter fehlten eine einwandfreie Bestimmung des Molekulargewichts, also des Polymerisationsgrades und die Kenntnis der Besetzung der Endvalenzen des Cellulosemoleküls.

Die Ermittlung des Molekulargewichts war wegen des Zusammenhangs zwischen Molekülgröße und wichtigen physikalischen Eigenschaften von größter Bedeutung. Bekanntlich ergibt sich bei Polymeren von bekannter Konstitution, daß wichtige, speziell auch die Technik interessierende Eigenschaften, wie Festigkeit, Beständigkeit, Löslichkeit, Quellungsfähigkeit und besonders auch die Beschaffenheit der Lösungen ganz wesentlich von der Moleküllänge, d. h. vom Polymerisationsgrad abhängen[2].

Es hat selbstverständlich nicht an Versuchen gefehlt, die Molekulargröße der Cellulose bzw. ihrer Derivate auf verschiedenste Weise zu bestimmen, doch stellen in den meisten Fällen die theoretischen oder experimentellen Voraussetzungen ein einwandfreies Ergebnis in Frage. Die zu Hilfe genommenen Methoden waren recht verschieden. So fanden z. B. G. Bumcke und R. Wolffenstein[3] durch ebullioskopische Bestimmung für Nitrate von mit Wasserstoffsuperoxyd abgebauter Cellulose den Polymerisationsgrad 6 und folgerten daraus für die native Cellulose den Polymerisationsgrad 12. H. Nastukoff[4] extrapolierte aus ebullioskopischen Messungen an Triacetylcellulose in Nitrobenzol für die Cellulose eine Molekulargröße von 40 Glykosegruppen. Einen ähnlichen Wert fand bedeutend später E. Heuser[5], der bei Methyläthern von verschieden vorbehandelten Cellulosepräparaten Zusammenhänge zwischen ihrem kryoskopisch in Wasser bestimmten Molekulargewicht und ihrer Erweichungstemperatur feststellte und auf Grund dieses Zusammenhangs aus der Erweichungstemperatur der Trimethylcellulose auf ein Molekulargewicht der Methylcellulosen von 6000—8000 schloß. Auch durch die Diffusionsmethode[6] suchte man einen Aufschluß über die Größe dispergierter Nitrocelluloseteilchen zu erhalten, doch beruhten die Berechnungen auf der irrigen Annahme, daß die Nitrocelluloseteilchen Kugelgestalt besäßen. Osmotische Molekulargewichtsbestimmungen an Nitrocellulosefraktionen in Acetonlösung führten J. Duclaux und E. Wollman[7] zu Werten von 21000—70000, was einem Polymerisationsgrad von 70—230 entspricht. Gleiche Untersuchungen führten in neuerer Zeit E. H. Büchner und P. J. P. Samwel[8] am technischen Cellit (Acetylcellulose) durch und gelangten zu Molekulargewichten, die größenordnungsmäßig mit den im Laufe der vor-

---

[1] Vgl. dazu die zusammenfassenden Arbeiten von W. N. Haworth: Helv. chim. Acta **11**, 534 (1928) — Ber. Dtsch. Chem. Ges. (A) **65**, 43 (1932).

[2] Die best untersuchten Beispiele hierfür sind das Polystyrol und das Polyvinylacetat. Vgl. Zweiter Teil, A.; ferner Liebigs Ann. **488**, 8 (1931).

[3] Ber. Dtsch. Chem. Ges. **32**, 2493 (1899).   [4] Ber. Dtsch. Chem. Ges. **33**, 2237 (1900).

[5] Heuser, E.: Ztschr. f. Elektrochem. **31**, 498 (1925); **32**, 47 (1926). — Heuser, E., u. N. Hiemer: Cellulosechemie **6**, 101, 125, 153 (1925).

[6] Vgl. dazu R. O. Herzog u. D. Krüger: Journ. Physical Chem. **30**, 466 (1926), Chem. Zentralblatt **1926**, II, 387. — Yamaga, N.: Journ. Cellulose Inst. Tokyo **2**, 37 (1926), Chem. Zentralblatt **1927**, I, 1135.

[7] Bull. Soc. Chim. de France (4) **27**, 414 (1920).

[8] Büchner, E. H., u. P. J. P. Samwel: Proc. Acad. Amsterdam **33**, 749 (1930), Chem. Zentralblatt **1931** I, 432.

liegenden Arbeit an technischen Triacetylcellulosen auf viscosimetrischem Wege gefundenen Werten übereinstimmen. Einen Zusammenhang zwischen Molekulargewicht und Viscosität können die Autoren allerdings nicht bestätigen. Aus röntgenographischen Befunden bei der Bestimmung der Krystallitgröße der Cellulose wurden ebenfalls Schlüsse auf die Länge des Cellulosemoleküls gezogen. So kamen K. H. MEYER und H. MARK[1] zu der Ansicht, daß die Länge des Cellulosekrystallits die Höchstgrenze für die Länge des Cellulosemoleküls sei, und nehmen 30—50 Glykosereste in einer Kette an.

Schließlich wurde auch die quantitative Bestimmung der Endgruppen zur Ermittlung des Molekulargewichts der Cellulose und ihrer Derivate mit in den Kreis der Untersuchungen einbezogen. So erhielt H. SKRAUP[2] bei der Behandlung von Cellulose mit Essigsäureanhydrid und Salzsäuregas ein chlorhaltiges Produkt. In der Annahme, daß in Analogie zum Verhalten der Saccharose bei gleicher Behandlung keine Spaltung, sondern nur Chlorsubstitution am Ende der Kette einträte, errechnete er aus dem Chlorgehalt seines Präparates für die Cellulose ein Molekül mit 34 Glykoseresten. Aus dem den theoretischen Acetylgehalt eines Triacetats übersteigenden Acetylgehalt von acetylierten abgebauten Cellulosepräparaten suchte man ebenfalls Aufschluß über die Molekulargröße dieser Substanzen zu gewinnen[3]. Auch aus dem durch eine endständige Aldehydgruppe erklärten Reduktionsvermögen von Cellulosematerialien (Kupfer- und Jodzahl) hat man schon oft Rückschlüsse auf das Molekulargewicht gezogen. Demzufolge hatte man bei der nativen Cellulose einen Polymerisationsgrad von ca. 50 Glykoseeinheiten errechnet. K. FREUDENBERG und Mitarbeiter[4] vermuten aber, daß die Kupferzahl der nativen Cellulose durch niedermolekulare reduzierende Bestandteile verfälscht ist und schreiben der nativen Cellulose einen weit höheren Polymerisationsgrad zu. Auf die von M. BERGMANN und H. MACHEMER[5] beschriebene jodometrische Endgruppenbestimmung bei verseiften niedermolekularen Celluloseacetaten, die bereits zum Ausbau einer viscosimetrischen Methode zur Molekulargewichtsbestimmung für Celluloseacetate[6] benutzt wurde, wird im Laufe dieser Mitteilung noch näher eingegangen werden.

Schließlich seien auch noch die zahlreichen Viscositätsmessungen erwähnt, aus denen man schon früher einen Aufschluß über die Konstitution der Cellulose und ihrer Abkömmlinge zu gewinnen hoffte.

Wie aus diesem kurzen Überblick[7] hervorgeht, hatte man bislang noch keinen Anhaltspunkt für bestimmte Aussagen über das Molekulargewicht der Cellulose,

---

[1] Ber. Dtsch. Chem. Ges. **61**, 593 (1928). — MARK, H., u. K. H. MEYER: Ztschr. f. physik. Ch. (B) **2**, 128 (1929). Auf Grund neuerer Bestimmungen der Krystallitgröße nehmen die Autoren 60—100 Glykosereste in der Kette der Cellulose an. — Vgl. auch R. O. HERZOG: Ber. Dtsch. Chem. Ges. **58**, 1257 (1926). Journ. Physical Chem. **30**, 457 (1926); Chem. Zentralblatt **1926**, II, 387.

[2] Monatshefte f. Chemie **26**, 1415 (1905).

[3] SCHLIEMANN, W.: Liebigs Ann. **378**, 379 (1911). — FREUDENBERG, K.: Ber. Dtsch. Chem. Ges. **62**, 383, 1554 [Fußnote 1] (1929).

[4] FREUDENBERG, K., W. KUHN, W. DÜRR, F. BOLZ u. G. STEINBRUNN: Ber. Dtsch. Chem. Ges. **63**, 1527 (1930).

[5] BERGMANN, M., u. H. MACHEMER: Ber. Dtsch. Chem. Ges. **63**, 316 (1930).

[6] STAUDINGER, H., u. H. FREUDENBERGER: Ber. Dtsch. Chem. Ges. **63**, 2331 (1930).

[7] Die Zusammenstellung macht keinen Anspruch auf Vollständigkeit; sie soll nur zeigen, welche Wege man zur Lösung des Problems eingeschlagen hat.

und man wußte nicht, ob sie einen Polymerisationsgrad von 50 oder 100 oder vielleicht auch 1000 besitze. Außerdem fehlte eine genügende Erklärung der auffallenden Eigenschaften ihrer Lösungen und der ihrer Derivate. Diese Fragen waren, wie in den folgenden Arbeiten gezeigt wird, einer Lösung zugänglich. Es schien dabei zweckmäßig, vor Inangriffnahme des Celluloseproblems die Konstitution der Celluloseacetate und die Natur ihrer Lösungen aufzuklären, da diese Stoffe homöopolaren Bau besitzen. Deshalb fallen bei ihnen eine Reihe von Komplikationen durch die Hydroxylgruppen, die in Lösung zu Assoziationen Anlaß geben können, weg.

II. Micellarer oder makromolekularer Aufbau der Acetylcellulose.

Bei der Einwirkung von Essigsäureanhydrid in Gegenwart von Eisessig und Chlorzink als Katalysatoren erhält man aus Cellulose (gereinigte Baumwolle) Triacetylcellulosen, die durch dreifache Veresterung der Glykosebaugruppen und gleichzeitige acetolytische Spaltung der glykosidischen Kette entstanden sind. Gemäß dieser Bildung trägt jedes Molekül an seinen beiden Enden je eine zusätzliche Acetylgruppe:

$$CH_3CO—[C_6H_7O_4(OCOCH_3)_3]_x—OCOCH_3 .$$

Diese Reaktion steht in Analogie zur acetolytischen Spaltung des Polyoxymethylens, bei der eine polymerhomologe Reihe von Poly-oxymethylen-diacetaten entsteht[1]. Es handelt sich also, um die auf S. 474 vorgeschlagene Nomenklatur zu gebrauchen, bei diesen acetolytischen Abbauprodukten der Cellulose um Poly-triacetyl-celloglucan-diacetate. Je nach der Reaktionstemperatur und der Einwirkungsdauer des Acetylierungsgemisches geben diese Acetate mehr oder weniger viscose Lösungen. Nach der früher von H. OST vertretenen Anschauung[2], daß die Abnahme der Viscosität ein Kriterium für die Molekülverkleinerung sei, wäre dies ein Zeichen, daß mehr oder weniger abgebaute Moleküle vorliegen. Einen ganz anderen Standpunkt in bezug auf diese Erscheinungen und deren Zusammenhang mit der Konstitution der Cellulose und ihrer Derivate nehmen bekanntlich P. KARRER[3], K. HESS[4] und früher M. BERGMANN[5] ein. Nach der Auffassung dieser Autoren enthalten Lösungen von Celluloseacetaten Micellen von wechselnder Größe; es würden dann die Unterschiede in der Viscosität der Lösungen auf dem Unterschied in der

---

[1] STAUDINGER, H., u. M. LÜTHY: Helv. chim. Acta **8**, 41 (1925). — STAUDINGER, H., u. R. SIGNER: Liebigs Ann. **474**, 198 (1929).

[2] Es ist interessant, die OSTschen Vorstellungen einmal durch seine eigenen Worte wiederzugeben [Liebigs Ann. **398**, 319 (1913)]: „Dennoch zweifle ich nicht, daß die Hydrocellulosen die ersten hydrolytischen Abbauprodukte der Cellulose sind. Aus den viel geringeren Viscositäten der Lösungen der Hydrocellulosen in Kupferoxyd-ammoniak und der Lösungen ihrer Salpetersäure- und Essigsäure-ester gegenüber den entsprechenden Lösungen der Cellulose muß man auf kleinere Moleküle der Hydrocellulosen schließen ... Aber die dünnen Lösungen der Hydrocellulosen und ihrer Ester sind schwerlich kolloidale, sondern echte Lösungen, und deshalb werden die Moleküle der Hydrocellulosen kleiner sein als die kolloidal gelösten Cellulosemoleküle. Das beste Argument für eine Molekülverkleinerung bei den Hydrocellulosen liefert bisher ihr Kupferreduktionsvermögen ...“

[3] KARRER, P.: Polymere Kohlenhydrate, Leipzig 1925.

[4] HESS, K.: Chemie der Cellulose, Leipzig 1928.

[5] BERGMANN, M., u. E. KNEHE: Liebigs Ann. **445**, 1 (1925). Vgl. dazu BERGMANN, M., u. H. MACHEMER: Ber. Dtsch. Chem. Ges. **63**, 316 (1930).

Micellgröße [1] beruhen. Eine wesentliche Rolle bei der micellaren Aufteilung spielt das Lösungsmittel. Nach K. Hess [2] soll Eisessig imstande sein, in großer Verdünnung alle Celluloseacetate nicht micellar, sondern molekular zu dispergieren. In dem durch kryoskopische Messungen als Glykosanacetat identifizierten Einzelteilchen glaubte er einmal den Baustein der Celluloseacetatmicelle gefunden zu haben.

Wären die Molekulargewichtsbestimmungen von K. Hess und ihre theoretischen Folgerungen zutreffend, so müßten beim Lösen von verschiedenen Celluloseacetaten in Eisessig gleiche, durch nichts mehr unterscheidbare monomolekulare Lösungen entstehen, aus denen beim Ausfällen unter gleichen Bedingungen gleiche Produkte gewonnen werden müßten. So dürften z. B. die starken Viscositätsunterschiede, die die Lösungen solcher Präparate vor dem Lösen in Eisessig zeigten, nach der Wiederisolierung nicht mehr feststellbar sein. Dies ist aber nicht der Fall [3]. Danach handelt es sich bei den verschiedenen Cellulosetriacetaten um Stoffe, die sich in der Molekülgröße unterscheiden, und die Unterschiede beruhen nicht auf einem verschiedenen Aggregationszustand ein und desselben kleinen Moleküls. Daß die Hessschen Molekulargewichtsbestimmungen für seine Auffassung nicht beweisend sein können, zeigen außerdem die Untersuchungen von K. Freudenberg und Mitarbeitern [4].

In neuester Zeit macht K. Hess [5] für die Unterschiede der Acetylcellulosen und besonders für die nach seiner Auffassung noch unklaren Viscositätserscheinungen [6] bei ihren Lösungen eine Hautsubstanz verantwortlich, die je nach Art und Dauer der Vorbehandlung der Substanzen mehr oder weniger zerstört sein soll. Der Beseitigungsgrad dieser Hautsubstanz sollte dann für die Eigenschaften der Präparate bestimmend sein.

Nach K. H. Meyer [7] würde der Unterschied auf der Größe der Micellen wie auch auf der Länge der Hauptvalenzketten, die diese Micelle aufbauen, beruhen.

Auf Grund von Erfahrungen an synthetischen hochpolymeren Stoffen waren die Ansichten von K. Hess, P. Karrer und K. H. Meyer über den Aufbau der Celluloseacetate von vornherein unwahrscheinlich. Denn es war zu vermuten, daß die Celluloseacetate einen ähnlichen Bau besitzen wie die Polyvinylacetate [8], mit denen sie manche Eigenschaften gemeinsam haben. Für die Polyvinylacetate konnte aber eine hochmolekulare Kettenstruktur nachgewiesen werden, sodann konnte auch durch Viscositätsmessungen gezeigt werden, daß die in

---

[1] P. Karrer, Helv. chim. Acta **12**, 1148 (1929), sagt z. B.: „In Wirklichkeit ist für die Viscosität weniger die Größe der chemischen Molekel als vielmehr diejenige des Kolloidteilchens maßgebend."

[2] Hess, K., W. Weltzien u. E. Messmer: Liebigs Ann. **435**, 1 (1924). — Hess, K., u. G. Schultze: Liebigs Ann. **448**, 99 (1926); **455**, 81 (1927).

[3] Versuche von W. Starck; vgl. Staudinger, H., K. Frey, R. Signer, W. Starck u. G. Widmer: Ber. Dtsch. Chem. Ges. **63**, 2308 (1930).

[4] Freudenberg, K., E. Bruch u. H. Rau: Ber. Dtsch. Chem. Ges. **62**, 3078 (1929). — Freudenberg, K., u. E. Bruch: Ber. Dtsch. Chem. Ges. **63**, 535 (1930). Vgl. auch Meyer, K. H., u. H. Hopff, Ber. Dtsch. Chem. Ges. **63**, 790 (1930).

[5] Hess, K., C. Trogus, L. Akim u. J. Sakurada: Ber. Dtsch. Chem. Ges. **64**, 427 (1931).

[6] Die Unklarheiten rühren meist daher, daß die Viscositätsmessungen mit Gellösungen vorgenommen wurden.

[7] Meyer, K. H.: Ztschr. f. angew. Ch. **41**, 935 (1928) — Naturwissenschaften **1929**, 255.

[8] Staudinger, H., K. Frey u. W. Starck: Ber. Dtsch. Chem. Ges. **60**, 1782 (1927). — Staudinger, H., u. A. Schwalbach: Liebigs Ann. **488**, 8 (1931).

Lösung befindlichen Kolloidteilchen mit den Molekülen identisch sind und keine Micellen darstellen; außerdem ergab sich auch bei ihnen, daß die Viscosität gleichkonzentrierter Lösungen mit der Kettenlänge der gelösten Moleküle zunimmt, und daß auch für sie die bei den Kohlenwasserstoffen gefundene Beziehung:

$$\frac{\eta_{sp}}{c} = K_m \cdot M$$ Gültigkeit besitzt[1].

Der gleiche Zusammenhang wurde auch bei abgebauten Triacetylcellulosen gefunden, also in der polymerhomologen Reihe der Poly-triacetyl-celloglucan-diacetate[2]. Dabei wurde das Molekulargewicht bei relativ niedermolekularen Vertretern dieser Reihe mittels der BERGMANN-MACHEMERschen Methode[3], also durch Titration mit unterjodiger Säure nach der Verseifung ermittelt. In einer neueren Arbeit bezweifeln K. HESS[4] und J. SAKURADA diese Resultate und führen vor allem an, daß die BERGMANN-MACHEMERsche Methode zur Bestimmung des Molekulargewichts[5] nicht geeignet sei. Diese Ansichten von K. HESS über den Bau der Cellulose sind an anderer Stelle behandelt[6]. Im folgenden ist weiteres Versuchsmaterial veröffentlicht, das unsere Anschauung bestätigt. Danach sind unsere früheren Angaben im Gegensatz zu den Ansichten von K. HESS zutreffend.

Wenn man früher die Cellulose als hochmolekular bezeichnete, so geschah das lediglich auf Grund von Analogieschlüssen, die aber unsicher blieben, solange nicht der Beweis erbracht war, daß die Cellulose sich auch makromolekulardispers löst. Dies geschah auf folgende Art. Von den hemikolloiden Poly-triacetyl-celloglucan-diacetaten (Triacetylcellulosen) wurde die Teilchengröße in Dioxan bestimmt; weiter wurde deren Kettenlänge nach der etwas modifizierten BERGMANN-MACHEMERschen Methode[7] durch Titration mit Jod festgestellt; dabei ergab sich, daß die auf kryoskopischem Weg ermittelte Teilchengröße mit der auf chemischem Wege durch Bestimmung der Endgruppen ermittelten übereinstimmt. Dadurch war erwiesen, daß die in Lösung befindlichen Teilchen weder koordinative Moleküle noch Micellen, sondern normale Moleküle sind. Durch diesen Befund ist der Aufbau der hemikolloiden Poly-triacetyl-celloglucan-diacetate geklärt. Viscositätsmessungen an diesen Verbindungen führten ferner zu einer K_m-Konstante, die in bester Übereinstimmung mit der auf anderem Wege errechneten steht. Damit hat sich diese Methode zur Bestimmung des Molekulargewichts hemikolloider Triacetylcellulosen als richtig erwiesen; sie kann auch zur Bestimmung hochmolekularer Produkte verwandt werden, wenn nachgewiesen ist, daß auch bei diesen in Lösungen die normalen Moleküle vorliegen.

III. Die hemikolloiden Poly-triacetyl-celloglucan-diacetate.

1. Fraktionierung eines Gemisches von hemikolloiden Poly-triacetyl-celloglucan-diacetaten.

Durch 13 stündige Acetylierung bei 80° erhält man aus Baumwolle nach den Angaben von H. OST ein relativ niedermolekulares Poly-triacetyl-celloglucan-

---

[1] STAUDINGER, H., u. W. HEUER: Ber. Dtsch. Chem. Ges. **63**, 222 (1930). — STAUDINGER, H.: Kolloid-Ztschr. **51**, 71 (1930). Vgl. S. 56.

[2] Betreffend Nomenklatur vgl. Ber. Dtsch. Chem. Ges. **63**, 2316 (1930) und S. 474.

[3] Vgl. Ber. Dtsch. Chem. Ges. **63**, 316 (1930).   [4] Vgl. Ber. Dtsch. Chem. Ges. **64**, 1183 (1931).

[5] HESS, K., K. DZIENGEL u. H. MAAS: Ber. Dtsch. Chem. Ges. **63**, 1922 (1930).

[6] STAUDINGER, H.: Ber. Dtsch. Chem. Ges. **64**, 1688 (1931).

[7] BERGMANN, M., u. H. MACHEMER: Ber. Dtsch. Chem. Ges. **63**, 316 (1930).

Tabelle 324. Überblick über die Fraktionierung eines Gemisches hemikolloider Poly-triacetyl-celloglucan-diacetate.

Acetyliergemisch:
160 g Watte
320 g $ZnCl_2$
640 ccm Eisessig
640 ccm Essigsäure-
anhydrid
80°—13 Stunden

1. Fällung mit H_2O (1:1)
— 1. Anteil Essigester unlöslich
 — Fällung mit Äther → I
 — Dioxan löslich → Äther + Petroläther → II
— 2. Anteil Essigester löslich
 — Äther → III
 — Äther + Petroläther → IV
 — Äther + Petroläther → VI

2. Fällung mit H_2O (1:3) → Essigester löslich
 — Äther → V
 — Äther + Petroläther → VII
 — Äther + Petroläther → VIII

3. Fällung mit H_2O im Überschuß . . . . wenig

Fraktion	Ausbeute g	Löslichkeit in Äthanol	Polymerisationsgrad
I	47,5	unlöslich	10
II	10,8	,,	8
III	48,0	,,	8
IV	16,5	heiß größtenteils löslich, kalt schwer löslich	6
VI	3,2	heiß löslich kalt schwer löslich	5
V	13,1	,,	4,5
VII	21,8	,,	4
VIII	15,3	,,	3,5
	wenig		

diacetat. Dieses Gemisch von Polymerhomologen vom Durchschnittspolymerisationsgrad 8 wurde durch fraktionierende Fällung mit Wasser und weiter durch Behandeln mit Lösungsmitteln, wie Essigester und Äther, in 8 Fraktionen zerlegt. Die niederste hatte den Durchschnittspolymerisationsgrad 3,5, die höchste 10. Diese Einzelfraktionen sind natürlich noch nicht einheitlich, sondern stellen wieder Gemische von Polymerhomologen dar. Zur Reindarstellung der einzelnen Produkte müßte wohl sehr lange fraktioniert und krystallisiert werden[1]. Der Gang der Fraktionierung ist aus Tabelle 324 ersichtlich.

2. Kryoskopische Molekulargewichtsbestimmungen an hemikolloiden Poly-triacetyl-celloglucan-diacetaten.

Es wurden schon häufig Molekulargewichtsbestimmungen von Triacetyl-cellulose in Eisessig[2] und Phenol vorgenommen. Dabei ergaben sich keine übereinstimmenden Werte, und es ist mehrfach die Ansicht geäußert worden, daß Molekulargewichtsbestimmungen nach der kryoskopischen Methode bei hochmolekularen Substanzen nicht zulässig sind[3]. Bei einer ganzen Reihe von hemikolloiden Kohlenwasserstoffen, also von polymeren Produkten vom Molekulargewicht 1000 bis 10000, läßt sich aber das Durchschnittsmolekulargewicht nach der kryoskopischen Methode ermitteln; z. B. bei den Polystyrolen[4], Polyindenen[5], abgebauten Produkten des Kautschuks[6] und der Balata[7]. Wir fanden auch, daß das Molekulargewicht von hemikolloiden Poly-triacetyl-celloglucan-diacetaten in Dioxan nach der kryoskopischen Methode bestimmt werden kann; denn wie die folgende Tabelle zeigt, erhält man in verschiedenen Konzentrationen dieselben Molekulargewichte, ein Zeichen, daß keine störenden Assoziationen eintreten[8].

Tabelle 325.

Kryoskopische Molekulargewichtsbestimmungen in Dioxan an hemikolloiden Poly-triacetyl-celloglucan-diacetaten in verschiedener Konzentration.

Substanz	Einwage in g pro 20,66 g Dioxan	Grundmolarität bezogen auf Glucan-triacetat	Δ	Mol.-Gew.	Polymerisationsgrad
II	0,3698	0,0642	0,036	2460	8,5
	0,7024	0,1221	0,069	2440	8,5
IV	0,3534	0,0614	0,046	1840	6,5
	0,6984	0,1212	0,094	1780	6,5
VII	0,4064	0,0708	0,075	1300	4,5
	0,7972	0,1395	0,148	1290	4,5
VIII	0,3990	0,0693	0,082	1160	4,0
	0,7452	0,1294	0,158	1130	3,9

---

[1] Vgl. die mühsame Trennung eines Gemisches von niedermolekularen Poly-celloglucan-dihydraten, die L. ZECHMEISTER und G. TOTH durchgeführt haben, Ber. Dtsch. Chem. Ges. **64**, 854 (1931).

[2] Vgl. vor allem die Arbeiten von K. HESS: Chemie der Cellulose, S. 405. Vgl. auch M. BERGMANN, E. KNEHE u. E. v. LIPPMANN: Liebigs Ann. **458**, 93 (1927).

[3] Vgl. R. PUMMERER: Ber. Dtsch. Chem. Ges. **62**, 2635 (1929). — MEYER, K. H., u. H. MARK: Ber. Dtsch. Chem. Ges. **61**, 1946 (1928).

[4] Ber. Dtsch. Chem. Ges. **62**, 241 (1929).   [5] Helv. chim. Acta **12**, 934 (1929).

[6] Liebigs Ann. **468**, 1 (1929).   [7] Dritter Teil, C. II. 1.

[8] Über die Bestimmung von Assoziationen in Lösungen vgl. J. MEISENHEIMER u. O. DORNER: Liebigs Ann. **482**, 130 (1930).

Die Molekulargewichtsbestimmungen ergeben hier richtige Werte, weil die verdünnten Lösungen Sollösungen darstellen[1].

Es wurde das Durchschnittsmolekulargewicht von den 8 Fraktionen bestimmt und weiter deren Viscosität in m-Kresollösung. Auf Grund dieser Messungen wurden die Konstante K_m und K_{cm} berechnet. Man erhält übereinstimmende Werte. Die K_m-Konstante wurde etwas geringer gefunden als die früher angegebene. Jetzt erhielten wir einen Durchschnittswert von $11{,}6 \cdot 10^{-4}$, während früher als Durchschnittswert $16 \cdot 10^{-4}$ angegeben wurde, allerdings mit dem ausdrücklichen Bemerken, daß wir vorsichtshalber die höchsten Werte für die Konstante K_m angeben, da sich dann bei der Berechnung des Molekulargewichts der hochmolekularen Triacetylcellulosen die geringsten Werte ergeben[2]. Bei diesen Untersuchungen, sowohl bei den Molekulargewichtsbestimmungen wie bei den Viscositätsbestimmungen, muß man in Betracht ziehen, daß es sich bei diesen abgebauten Triacetylcellulosen auch nach dem Fraktionieren nicht um einheitliche Substanzen, sondern um Gemische von Polymerhomologen handelt. Es ist schon früher darauf hingewiesen worden, daß eine Beimengung von niedermolekularen Substanzen bei einer hochmolekularen Fraktion das Molekular-

Tabelle 326. Molekulargewichtsbestimmungen, K_m- und K_{cm}-Konstanten von Fraktionen eines hemikolloiden Poly-triacetyl-celloglucan-diacetats.

Fraktion	Einwage in g pro 20 ccm Dioxan	Grundmolarität bezogen auf Glucan-triacetat	$\varDelta$	Mol.-Gew. kryoskopisch aus Dioxan	Mol.-Gew., Mittel	Durchschnittspolymerisationsgrad	$\dfrac{\eta_{sp}}{c}$	$K_m = \dfrac{\eta_{sp}}{c \cdot M}$	K_c	$K_{cm} = \dfrac{M}{K_c}$
I	0,3496	0,0607	0,028	2990	2890	10	3,71	$12{,}8 \cdot 10^{-4}$	1,49	$19{,}1 \cdot 10^1$
	0,3996	0,0694	0,034	2820						
	0,4050	0,0703	0,034	2850						
II	0,3698	0,0642	0,036	2460	2490	8	2,74	11,0 „	1,15	21,8 „
	0,7024	0,1221	0,069	2440						
	0,4090	0,0710	0,038	2580						
III	0,3854	0,0669	0,038	2430	2390	8	2,91	12,2 „	1,19	20,1 „
	0,4214	0,0732	0,042	2400						
	0,4120	0,0715	0,042	2340						
IV	0,3534	0,0614	0,046	1840	1810	6	2,00	11,0 „	0,83	21,8 „
	0,6984	0,1212	0,094	1780						
V	0,7650	0,1328	0,115	1590	1520	5	1,79	11,8 „	0,761	20,2 „
	0,3788	0,0658	0,061	1490						
	0,3924	0,0681	0,064	1470						
VI	0,3994	0,0694	0,065	1470	1420	4—5	1,46	10,3 „	0,63	22,7 „
	0,7346	0,1275	0,128	1375						
VII	0,4064	0,0708	0,075	1300	1290	4	1,57	12,2 „	0,664	19,4 „
	0,7972	0,1383	0,148	1290						
	0,3888	0,0675	0,072	1290						
VIII	0,3990	0,0693	0,082	1165	1150	3—4	1,34	11,7 „	0,573	19,8 „
	0,7452	0,1294	0,158	1130						
Mittelwerte								$11{,}6 \cdot 10^{-4}$		$20{,}6 \cdot 10^2$

[1] Vgl. Erster Teil, C. II.

[2] Wir wollten bei der Angabe des Molekulargewichts der Triacetylcellulosen möglichst vorsichtig verfahren und die unterste Grenze des Molekulargewichts derselben bestimmen.

gewicht derselben stark erniedrigt, daß dagegen die Viscosität der Lösung eines derartigen Gemisches relativ wenig beeinflußt wird[1]. Beziehungen zwischen Viscosität und Molekulargewicht können sich also bei Gemischen von Polymerhomologen nur dann ergeben, wenn diese Gemische nach einem einheitlichen Verfahren dargestellt und aufgearbeitet sind, und weiter, wenn sorgfältig fraktioniert wird; denn nur dann sind die Anteile an höher- und niedermolekularen Vertretern einer polymerhomologen Reihe in den einzelnen Gemischen ziemlich gleichartig.

3. Titrimetrische Molekulargewichtsbestimmungen an hemikolloiden Poly-triacetyl-celloglucan-diacetaten.

a) Titration von Glykose und Glykosepentaacetat.

Der Haupteinwand von K. HESS und I. SAKURADA gegen unsere Resultate besteht darin, daß die BERGMANN-MACHEMERsche Methode bei Acetylcellulosen je nach den Titrationsbedingungen verschiedene Werte liefert. Um die Brauchbarkeit der Methode kennenzulernen, titrierten wir Glykose und Glykosepentaacetat unter verschiedenen Bedingungen mit unterjodiger Säure. Bekanntlich haben R. WILLSTÄTTER und G. SCHUDEL[2] gezeigt, daß man die Methode der Formaldehydbestimmung durch Titration mit unterjodiger Säure nach ROMIJN[3] auch zur Feststellung des Glykosegehaltes von Lösungen verwenden kann. M. BERGMANN und H. MACHEMER[4] haben dann diese Methode auf Glykosepentaacetat und abgebaute Triacetylcellulosen ausgedehnt; und zwar werden die Acetate verseift und dann die frei ge-

Tabelle 327. Glykosetitration nach WILLSTÄTTER und SCHUDEL mit sukzessivem Jodzusatz: a) kürzere, b) längere Oxydationszeit.

Zugesetzte ccm $n/_{10}$-Jodlösung zu 10 ccm $n/_{10}$-Glukoselösung[5]	Zugesetzte ccm $n/_{10}$-Natronlauge[5]	Oxydationszeit in Minutenabständen des Jodzusatzes	Jodverbrauch in Proz., bezogen auf Normaltitration
40	60	a) 20 b) 120	100,0 101,7
40 10	60 15	a) 20 20 b) 60 60	101,0 101,5 102,6
40 10 10	60 15 15	a) 20 20 20 b) 60 30 30	102,0 103,2 104,0
40 10 10 10	60 15 15 15	a) 20 20 20 20 b) 60 30 30 30	103,0 104,6 104,7

---

[1] Helv. chim. Acta **12**, 942 (1929).   [2] Ber. Dtsch. Chem. Ges. **51**, 780 (1918).

[3] Vgl. dazu R. SIGNER: Helv. chim. Acta **13**, 43 (1930).

[4] Ber. Dtsch. Chem. Ges. **63**, 316 (1930).

[5] Der Jodzusatz wurde von Versuch zu Versuch erhöht. In Spalte 1 sind die verschiedenen Mengen der Jodzusätze angegeben; in Spalte 2 die Mengen der Natronlauge, die ebenfalls entsprechend vergrößert werden mußten. In Spalte 3 endlich ist die Einwirkungsdauer des unterjodigsauren Natrons auf Glykose angegeben; diese wurde ebenfalls variiert.

machten Aldehydgruppen mit unterjodiger Säure titriert. Wir prüften, ob auch ein Überschuß von unterjodiger Säure keine fehlerhaften Werte ergibt, denn bei der Titration der abgebauten Triacetylcellulosen wird unterjodige Säure in viel größerem Überschuß angewandt als bei der Titration der Glykose selbst. Wir oxydierten deshalb Glykoselösungen mit wechselnden Mengen von Jodlösung verschiedene Zeiten, mit dem Resultat, daß auch nach wiederholter Zugabe von Jodlösung und langer Oxydationsdauer der Jodverbrauch nicht wesentlich steigt, daß also die Konzentration der Oxydationslösungen keine große Rolle spielt.

Dagegen fanden wir, daß eine Glykoselösung, die mit 1 n-Natronlauge längere Zeit behandelt war, bei der Titration anfangs zu geringen Jodverbrauch zeigt, und nach erneutem Behandeln mit unterjodiger Säure zum Unterschied von nicht mit Natronlauge behandelter Glykose weiter oxydiert wird. Der Jodverbrauch kann hier 150—160% des berechneten Wertes betragen. Die Glykose wird also durch das Behandeln mit Alkali in eine Substanz umgewandelt, die mehr Jod verbraucht als die Glykose selbst. Daraus ergibt sich, daß beim Verseifen des Glykosepentaacetates mit Vorsicht verfahren werden muß, ebenso natürlich beim Verseifen der Poly-triacetyl-celloglucan-diacetate. Nebenstehende Tabelle zeigt, daß man beim Verseifen des Glykosepentaacetats mit Natronlauge den Glykose-

Tabelle 328. Glykosepentaacetat nach a) 1- und b) ¹/₂stündiger Verseifung mit 15 ccm 1n-Natronlauge bei 27°. Oxydiert mit verschiedenen Jodmengen nach Verdünnen auf das 10fache. 0,4000 g Acetat.

n/₁₀-Jodlösung ccm	Oxydationszeit in Minutenabständen	Gefundene Menge Acetat	Gefundene Menge als Proz. der Einwage
40	20	a) 0,3670	92,0
		b) 0,3797	94,9
40	20	a) 0,4000	100
10	20	b) 0,3970	99,3
40	20		
10	20	a) 0,3885	97,1
10	20	b) 0,4013	100,3
40	20		
10	20	a) 0,4050	101,2
10	20	b) 0,4048	101,2
10	20		

gehalt durch Titration richtig ermitteln kann, wenn man kurze Zeit in der Kälte verseift. Verseift man dagegen länger und bei höherer Temperatur, vor allem mit stärkerer Natronlauge, so werden mit Jod oxydierbare Stoffe gebildet[1]. Unter diesen Bedingungen wird das Molekulargewicht der Triacetylcellulosen zu klein gefunden[2].

b) Titration von hemikolloiden Poly-triacetyl-celloglucan-diacetaten.

Zur Molekulargewichtsbestimmung nach der Bergmann-Machemerschen Methode führten wir mit den 8 Fraktionen zweierlei Titrationen durch. Wir verseiften bei 27° einmal 3 Stunden und bei der zweiten Versuchsreihe 1 Stunde. Um die Verseifung zu erleichtern, wurde in beiden Fällen mit Glaskugeln auf der Schüttelmaschine geschüttelt. Bei der zweiten Versuchsreihe wurden die ab-

---

[1] Auch wenn man unter Luftausschluß arbeitet und so Autoxydation vermeidet.
[2] Diese fehlerhaften Bestimmungen werden nicht weiter angeführt.

gebauten Triacetylcellulosen 16 Stunden mit 10 ccm Wasser unter Schütteln mit Glaskugeln vorgequollen, um so eine sehr weitgehende Verteilung vor dem Zusatz von Natronlauge zu erreichen. Beide Methoden geben trotz der Unterschiede in der Verseifungsdauer ungefähr die gleichen Durchschnittsmolekulargewichte für die einzelnen Fraktionen. Tabelle 329 zeigt, daß die nach der kryoskopischen Methode in Dioxan ermittelten Molekulargewichte ungefähr die gleichen sind wie die durch Bestimmung der Aldehydgruppen, also durch Bestimmung der Endgruppen der Fadenmoleküle festgestellten· entsprechenden Kettenlängen. Danach ist die BERGMANN-MACHEMERsche Methode auch zur Ermittlung des Molekulargewichtes von höhermolekularen Polysaccharidacetaten brauchbar. Als Mittelwert der Konstante K_m aus den verschiedenen Reihen nehmen wir den Wert $11 \cdot 10^{-4}$ an.

Tabelle 329. Titrimetrische Molekulargewichtsbestimmungen an Fraktionen eines hemikolloiden Poly-triacetyl-celloglucan-diacetats unter verschiedenen Bedingungen.

Fraktion	Kryoskopische Bestimmung		1. Titrimetrische Bestimmung Verseif.: 25 ccm 1 n-NaOH 27°—3 Stunden Oxyd.: nach Verdünnen auf das 10 fache 20,00 ccm $^n/_{10}$-Jodlösung 27° — 2 Stunden			2. Titrimetrische Bestimmung Verseif.: nach Vorquellen mit H_2O 25 ccm 1 n-NaOH 27° — 1 Stunde Oxyd.: nach Verdünnen auf das 10 fache 40,00+10,00 ccm $^n/_{10}$-Jodlösung 30+30 Minuten		
	Mol.-Gew. Mittel	K_m	Jodzahl	Mol.-Gew.	K_m	Jodzahl	Mol.-Gew.	K_m
I	2890	$12{,}8 \cdot 10^{-4}$	4,94	4050	$9{,}2 \cdot 10^{-4}$	5,01	4000	$9{,}3 \cdot 10^{-4}$
II	2490	11,0 · „	7,74	2580	10,6 · „	7,08	2820	9,7 · „
III	2390	12,2 · „	7,42	2690	11,8 · „	7,08	2820	10,3 · „
IV	1810	11,0 · „	9,27	2160	9,3 · „	9,41	2120	9,4 · „
V	1520	11,8 · „	10,16	1970	9,1 · „	11,58	1730	10,4 · „
VI	1420	10,3 · „	—	—	— „	14,60	1370	10,7 · „
VII	1290	12,2 · „	12,97	1540	10,2 · „	14,06	1420	11,0 · „
VIII	1150	11,7 · „	16,39	1220	11,0 · „	20,03	1000	13,4 · „
Mittelwerte		$11{,}6 \cdot 10^{-4}$			$10{,}0 \cdot 10^{-4}$			$10{,}5 \cdot 10^{-4}$

4. Viscositätsmessungen an hemikolloiden Poly-triacetyl-celloglucan-diacetaten.

Die Viscositätsmessungen wurden in Lösungen von m-Kresol ausgeführt und nicht in solchen von Dioxan[1], wie die Molekulargewichtsbestimmungen. Denn die höhermolekularen Poly-triacetyl-celloglucan-diacetate sind in Dioxan nicht mehr löslich, wohl aber in m-Kresol. Die Viscositätsmessungen wurden bei 20° im OSTWALDschen Viscosimeter ausgeführt. Messungen im UBBELOHDE-schen Viscosimeter unter verschiedenen Drucken sind bei diesen hemikolloiden Produkten unnötig, weil hier keine Abweichungen vom HAGEN-POISEUILLEschen Gesetz auftreten. Auf die Temperaturkonstanz bei den Messungen in m-Kresol-lösungen ist besonders zu achten, da die Viscosität dieses Lösungsmittels sich ganz besonders stark mit steigender Temperatur ändert. Um die Beziehungen zwischen Viscosität und Molekulargewicht festzustellen, muß in verdünnter Lösung ge-arbeitet werden. In konzentrierter Lösung ist zwar die Viscosität besonders groß

---

[1] η_{sp}/c eines niedermolekularen Acetats in m-Kresol $= 2{,}08$, in Dioxan ebenfalls 2,08. η_{sp}/c eines höhermolekularen Acetats in m-Kresol $= 3{,}70$, in Dioxan $= 3{,}40$.

und die Unterschiede zwischen den einzelnen Fraktionen sind besonders stark, aber die Beziehungen zwischen Molekulargewicht und Viscosität konzentrierter Lösungen sind nicht so einfach wie in verdünnten Lösungen. Es ist auch von vornherein wahrscheinlich, daß gerade in verdünnter Lösung besonders einfache Verhältnisse vorliegen, da die Moleküle hier frei beweglich sind. In konzentrierterer Lösung tritt dagegen eine gegenseitige Störung der längeren Moleküle ein, weiter bilden sich Assoziationen, wodurch unübersichtliche Lösungszustände bedingt sind.

Die Grenzviscosität[1] für die Reihe der Poly-triacetyl-celloglucan-diacetate ist $\eta_{sp(G)} = 2{,}50$. Es ist bei vergleichenden Viscositätsmessungen erforderlich, mit der spez. Viscosität der Lösungen unter diesem Wert zu bleiben, da nur in diesem Gebiet die Konstanz der η_{sp}/c-Werte erwartet werden kann. Selbstverständlich wird man eine störungsfreie Molekularbewegung und damit eine völlige Konstanz der η_{sp}/c-Werte nur im Gebiet der idealen Verdünnung vorfinden. Deshalb hat man für die Viscositätsmessungen eine Konzentration zu wählen, die einerseits diesem Gebiet möglichst nahekommt, andererseits aber wegen der Fehlerhaftigkeit der Messungen für die spezifische Viscosität keine Werte kleiner als 0,1 ergibt.

In ganz verdünnter Lösung, also bei einer spez. Viscosität von 0,1 bis höchstens 1,0, nimmt dieselbe proportional der Konzentration zu. Die Abweichungen der η_{sp}/c-Werte niederviscoser Lösungen in Tabelle 330 beruhen wesentlich auf Versuchsfehlern.

In einem größeren Konzentrationsgebiet kann die Beziehung zwischen Viscosität und Molekulargewicht durch die ARRHENIUSsche Formel[2] wiedergegeben werden:

$$K_c = \frac{\log \eta_r}{c}. \tag{9}[3]$$

Aus den η_{sp}/c-Werten wurde die K_m-Konstante bestimmt und dazu das in Dioxan ermittelte Molekulargewicht benutzt. Ebenso wurde aus dem Mittel der K_c-Werte die K_{cm}-Konstante[4] festgestellt. Das Mittel aus zwei Versuchsreihen ergibt für die K_m-Konstante $11{,}6 \cdot 10^{-4}$, für die K_{cm}-Konstante $20{,}6 \cdot 10^2$. Nach der Berechnung von H. FREUNDLICH[5], ferner von K. HESS und I. SAKURADA[6] ist die K_m-Konstante

$$K_m = \frac{2{,}303}{K_{cm}} = \frac{2{,}303}{20{,}6 \cdot 10^2} = 11{,}4 \cdot 10^4.$$

Die gefundene Konstante stimmt also mit der berechneten überein.

---

[1] Siehe Erster Teil, G. V.

[2] ARRHENIUS, S.: Ztschr. f. physik. Ch. **1**, 285 (1887) — Biochem. Journ. **11**, 112 (1917) — Chem. Zentralblatt **1917 II**, 1790. — Vgl. dazu E. BERL u. R. BÜTTLER: Ztschr. f. d. ges. Schieß- u. Sprengstoffwesen **5**, 82 (1910), ebenso DUCLAUX u. WOLLMAN: Bull. Soc. Chim. de France (4) **27**, 414 (1920), ferner E. BERL u. H. SCHUPP: Cellulosechemie **10**, 41 (1929).

[3] Vgl. S. 59.

[4] Vgl. H. STAUDINGER: Ber. Dtsch. Chem. Ges. **63**, 921 (1920) — Kolloid-Ztschr. **51**, 71 (1930). STAUDINGER, H., u. H. FREUDENBERGER: Ber. Dtsch. chem. Ges. **63**, 2337 (1930). Die K_{cm}-Konstante hat aber für die weiteren Berechnungen keinen Wert und wird hier nur der Vollständigkeit halber angeführt.

[5] Capillarchemie 4. Aufl., **2**, 541. Leipzig 1932.

[6] Ber. Dtsch. Chem. Ges. **64**, 1183 (1931).

Tabelle 330. Viscositätsmessungen an Fraktionen eines hemikolloiden Poly-triacetyl-celloglucan-diacetates.

Fraktion Polymerisationsgrad ca. Messung Nr.	I 10 1	 2	II 8 1	 2	III 8 1	 2	IV 6 1	 2	V 5 1	 2	VI 4—5 1	 2	VII 4 1	 2	VIII 3—4 1	 2
η_r bei Gd-Mol. 0,025	1,089	1,096	1,069	1,066	1,072	1,071	1,048	1,052	1,047	1,042	—	1,034	1,038	1,039	1,034	1,033
0,05	1,174	1,198	1,142	1,135	1,143	1,153	1,096	1,103	1,092	1,088	—	1,078	1,083	1,077	1,069	1,066
0,075	1,286	—	1,219	—	1,224	—	1,144	—	1,139	—	—	—	1,122	—	1,108	—
0,1	1,393	1,436	1,290	1,304	1,296	1,320	1,206	1,226	1,191	1,195	—	1,161	1,168	1,165	1,144	1,150
η_{sp}/c bei Gd-Mol. 0,025	3,56	3,84	2,76	2,64	2,88	2,84	1,92	2,08	1,88	1,68	—	1,36	1,52	1,56	1,36	1,32
0,05	3,48	3,96	2,84	2,70	2,86	3,06	1,92	2,06	1,84	1,76	—	1,55	1,66	1,54	1,36	1,32
η_{sp}/c, Mittel	3,52	3,91	2,80	2,67	2,87	2,95	1,92	2,07	1,86	1,72	—	1,46	1,59	1,55	1,36	1,32
η_{sp}/c, gemeinsames Mittel	3,71		2,74		2,91		2,00		1,79		1,46		1,57		1,34	
Molekulargewicht, Mittel kryoskopisch	2890		2490		2390		1810		1520		1420		1290		1150	
$K_m = \dfrac{\eta_{sp}}{c \cdot M}$	12,17	13,52	11,24	10,72	12,01	12,34	10,60	11,43	12,22	11,31		10,27	12,31	12,01	11,82	11,47	$\Big\}\cdot 10^{-4}$
Mittel	12,8		11,0		12,2		11,0		11,8		10,3		12,2		11,7	
$K_c = \dfrac{\log \eta_r}{c}$ bei Gd-Mol. 0,025	1,481	1,592	1,199	1,11	1,21	1,19	0,814	0,882	0,797	0,715	—	0,581	0,647	0,665	0,581	0,564
0,05	1,394	1,570	1,154	1,10	1,18	1,24	0,796	0,852	0,764	0,733	—	0,648	0,693	0,645	0,580	0,555
0,075	1,456	—	1,146	—	1,17	—	0,779	—	0,754	—	—	—	0,666	—	0,594	—
0,1	1,439	1,571	1,106	1,15	1.13	1,21	0,814	0,860	0,759	0,773	—	0,649	0,674	0,663	0,584	0,607
K_c, Mittel	1,443	1,578	1,151	1,12	1,17	1,21	0,800	0,865	0,768	0,741		0,626	0,670	0,658	0,585	0,575
K_c, gemeinsames Mittel	1,51		1,14		1,19		0,832		0,754		0,626		0,664		0,580	
$K_{cm} = \dfrac{M}{K_c}$	20,03	18,32	21,63	22,22	20,42	19,75	22,63	20,92	19,80	20,53		22,7	1925	19,61	19,67	20,02	$\Big\}\cdot 10^{2}$
K_{cm}-Mittel	19,1		21,8		20,1		21,8		20,2		22,7		19,4		19,8	

Gesamtmittel: $K_{cm} = 20{,}6 \cdot 10^2$
$K_m = 11{,}6 \cdot 10^{-4}$.

5. Über das „Biosanacetat" von K. Hess und H. Friese[1].

Mit dem „Biosanacetat" von K. Hess und H. Friese, dem die Autoren Bedeutung für die Konstitutionsaufklärung der Cellulose zuschreiben, wurden die gleichen Untersuchungen wie an den abgebauten Poly-triacetyl-celloglucan-diacetaten vorgenommen. Dieses Biosanacetat, das unter günstigen Bedingungen makrokrystallin erhalten werden kann[2] und das in Eisessig die Molekülgröße eines Octacetyl-bioseanhydrids zeigt, liefert ein Röntgendiagramm, das mit dem der hochmolekularen Acetylcellulosen übereinstimmt. Deshalb sah Hess dieses Biosanacetat als eine Art Muttersubstanz der Acetylcellulosen an. Das durch Verseifung aus ihm gewonnene „Biosan", das in der übernächsten Arbeit behandelt wird, sollte den Grundbaustein der Cellulose darstellen. Diese Hypothese war aber wenig wahrscheinlich; es war vielmehr zu vermuten, daß auch das Biosanacetat ein Gemisch von abgebauten Poly-triacetyl-celloglucan-diacetaten ist.

Bereits früher hatte K. Freudenberg[3] die Zuverlässigkeit der kryoskopischen Molekulargewichtsbestimmung in Eisessig in Zweifel gezogen; außerdem hatte er aus dem den theoretischen Wert um 1% übersteigenden Acetylgehalt des Biosanacetats und aus dem Kupferreduktionsvermögen des zugehörigen Polysaccharids bei diesem Körper auf eine 10—16 gliedrige Glykosekette geschlossen. Das gleiche Ergebnis hatten die jodometrischen Versuche von M. Bergmann und H. Machemer[4]. Die Viscositätsuntersuchungen an Lösungen des Biosanacetats liefern nun weiteres Beweismaterial, welches diese Ergebnisse stützt.

Tabelle 331. Viscosität von „Biosanacetat" in m-Kresol bei 20°.

c	η_{sp}	η_{sp}/c
0,010	0,040	4,00
0,025	0,104	4,16
0,050	0,215	4,30
0,075	0,326	4,35

Aus der Viscosität der m-Kresollösungen bei 20°, und zwar aus dem aus den Konzentrationen 0,01, 0,025, 0,05 und 0,075 gd-mol. ermittelten η_{sp}/c-Wert von 4,20, errechnet sich für das Präparat ein Molekulargewicht von 3800.

Die titrimetrische Bestimmung, die nach der in Tabelle 329, zweite Serie, bezeichneten Weise nach Vorquellung in Wasser vorgenommen wurde, lieferte die Jodzahlen 5,27 und 5,15, aus denen Molekulargewichte von 3800 und 3880 berechnet werden.

Tabelle 332.

Einwage	Lösungsmittel g	Depression	Mol.-Gew.
0,4016	20,66	0,029°	3320
0,4018	20,66	0,029°	3320

Die kryoskopische Bestimmung in Dioxan, die mit einem 2 Monate lang im Hochvakuum getrockneten Präparat ausgeführt wurde, lieferte folgende Werte (Tabelle 332).

Berechnet man nun aus den Molekulargewichten, die einmal durch kryoskopische Messungen, sodann durch Endgruppenbestimmung gefunden wurden,

---

[1] Liebigs Ann. **450**, 40 (1926); ein ähnliches Produkt ist von M. Bergmann u. E. Knehe: Liebigs Ann. **445**, 1 (1925) beschrieben.

[2] Vgl. dazu K. Freudenberg u. W. Dirscherl: Ztschr. f. physiol. Ch. **202**, 196 (1931).

[3] Freudenberg, K.: Ber. Dtsch. Chem. Ges. **62**, 383, 1554 (1929). — Freudenberg, K., E. Bruch u. H. Rau: Ber. Dtsch. Chem. Ges. **62**, 3078 (1929). — Freudenberg, K., u. E. Bruch: Ber. Dtsch. Chem. Ges. **63**, 535 (1930).

[4] Ber. Dtsch. Chem. Ges. **63**, 316 (1930).

die K_m-Konstanten, so gelangt man zu folgenden Werten, die mit denen der fraktionierten Acetate übereinstimmen (Tabelle 333).

Tabelle 333. Kryoskopische und titrimetrische K_m-Konstante des „Biosanacetates".

Art der Molekulargewichts-bestimmung	Mol.-Gew., Mittel	η_{sp}/c bei 20°	K_m
Kryoskopisch	3320	4,20	$12{,}6 \cdot 10^{-4}$
Titrimetrisch	3840	4,20	10,9 „

Aus der genügend genauen Übereinstimmung der aus den kryoskopischen und titrimetrischen Molekulargewichten berechneten K_m-Konstanten erkennt man, daß die in Dioxan dispergierten Teilchen mit dem Molekül identisch sind und daß außerdem deren Molekülgröße richtig bestimmt ist. Letzteres bestätigt vor allem die Übereinstimmung der K_m-Konstanten mit den bei den fraktionierten abgebauten Celluloseacetaten gefundenen K_m-Werten. So fügt sich das „Biosanacetat" zwanglos in die Reihe der hemikolloiden Glieder der Poly-triacetyl-celloglucan-diacetate ein. Dabei ist auf Grund seiner Bildungsbedingungen und der durchgeführten Fraktionierungen[1] anzunehmen, daß in ihm ein Gemisch von ziemlich gleichgliedrigen Polymerhomologen vorliegt.

IV. Die höhermolekularen Poly-triacetyl-celloglucan-diacetate.

1. Herstellung höhermolekularer Poly-triacetyl-celloglucan-diacetate.

Wie in der früheren Arbeit[2], so wurde auch hier nach dem von H. Ost[3] und K. Hess[4] beschriebenen $ZnCl_2$-Verfahren gearbeitet, wobei die Abstufung in der Molekülgröße der Präparate durch Variation der Acetylierungsdauer und Acetylierungstemperatur erreicht wurde. Eine Reihe Ansätze von 20 g gereinigter Baumwolle in einer Lösung von 40 g $ZnCl_2$ in 80 ccm Eisessig wurden nach gutem Durchkneten mit 80 ccm Essigsäureanhydrid auf 60 und 80° erwärmt. Bei 60° tritt nach 4 Stunden fast homogene Lösung ein; es wurde der erste Ansatz abgekühlt, mit 200 ccm Eisessig verdünnt und daraus das Acetat durch Ausfällen mit Wasser und gründliches Auswaschen isoliert. Bei den übrigen Versuchen wurde nach den aus Tabelle 334 ersichtlichen Zeiten je ein Ansatz in der bekannten Weise aufgearbeitet. Eine Reihe etwas niederer molekularer Acetate wurde bei 80° dargestellt.

Zur vorläufigen Orientierung über den Fortschritt des acetolytischen Abbaues wurden die relativen Viscositäten der verdünnten Acetyliergemische vor der Aufarbeitung im Ostwaldschen Viscosimeter gemessen. Die daraus errechenbaren $\log \eta_r/c$-Werte geben empirisch einen ungefähren Hinweis auf die Molekülgröße der Acetate. Zur genauen Voraussage sind diese Werte selbstverständlich wegen der hohen Konzentration (0,32 gd-mol. = 9,3%) nicht zu verwerten. Aus der Tabelle 334 und noch besser aus Abb. 113, in der die Moleküllängen der isolierten

---

[1] Bergmann, M., u. H. Machemer: Ber. Dtsch. Chem. Ges. **63**, 316 (1930). — Rocha, H.-J.: Kolloidchem. Beihefte **30**, 230 (1930). — Dziengel, K., C. Trogus u. K. Hess: Liebigs Ann. **491**, 52 (1931).

[2] Staudinger, H., u. H. Freudenberger: Ber. Dtsch. Chem. Ges. **63**, 2331 (1930).

[3] Ztschr. f. angew. Ch. **32**, 68 (1919).   [4] Chemie der Cellulose, S. 412. Leipzig 1928.

Tabelle 334. Abbau der Cellulose bei fortschreitender Acetylierung.

Acetylierungsbedingungen. ZnCl₂-Verfahren	η_r des mit Eisessig verdünnten Acetyliergemisches. Grundmolarität ca. 0,32	η_{sp}/c des isolierten Acetats aus niederst gemessener Konzentration	Mol.-Gew. aus $M = \dfrac{\eta_{sp}}{c \cdot K_m}$ $K_m = 11 \cdot 10^{-4}$	Polymerisationsgrad
60° 4 Stunden	1550	39,0	35400	123
60° 6 „	530	35,2	32000	111
60° 9 „	270	27,5	25000	87
60° 12 „	71	15,0	13600	47
60° 17 „	29	13,0	11800	41
60° 22 „	20	8,7	7900	27
60° 27 „	9,3	7,0	6400	22
60° 37 „	5,1	4,8	4370	15
60° 47 „	4,0	3,8	3450	12
60° 95 „	2,6	2,04	1850	6
80° 5 „	6,4	5,8	5280	18
80° 8 „	4,1	3,8	3460	12
80° 11 „	2,9	2,8	2550	9
80° 14 „	2,4	2,08	1890	7

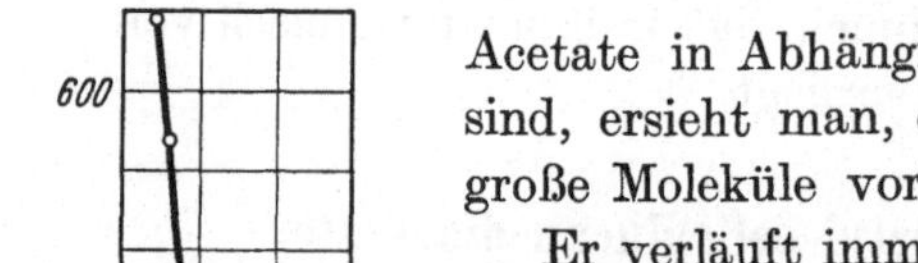

Abb. 113. Abhängigkeit der Moleküllänge von der Acetylierungsdauer bei 60°.

Acetate in Abhängigkeit von der Acetylierungszeit aufgetragen sind, ersieht man, daß am Anfang der Reaktion, solange noch große Moleküle vorliegen, der Abbau außerordentlich stark ist.

Er verläuft immer langsamer, je kleiner die Moleküle werden. Dieser Reaktionsverlauf rührt daher, daß die längsten Moleküle am empfindlichsten sind und sehr leicht gespalten werden. Die Beständigkeit der Moleküle wird um so größer, je kürzer sie sind[1]. Die kurvenmäßige Darstellung zeigt besonders deutlich den Zusammenhang zwischen der durchschnittlichen Länge der Fadenmoleküle und der Acetylierungsdauer (vgl. Abb. 113).

Gleiche Erfahrungen wurden beim Abbau aller hochmolekularen Substanzen, die aus Fadenmolekülen aufgebaut sind, gemacht, z. B. beim Abbau des Kautschuks beim Erhitzen. Auch dort verläuft am Anfang der Reaktion der Abbau am raschesten[2].

2. Beziehungen zwischen Viscosität und Molekulargewicht bei höhermolekularen Poly-triacetyl-celloglucan-diacetaten.

Bei den polymerhomologen Triacetylcellulosen, die bei verschiedener Acetylierungsdauer erhalten werden, wurde nach der BERGMANN-MACHEMERschen Methode das Durchschnittsmolekulargewicht festgestellt. Da diese Produkte unlöslich sind, besteht natürlich die Gefahr, daß sie bei kurzer Einwirkung von Natron-

---

[1] STAUDINGER, H., u. H. F. BONDY: Liebigs Ann. **468**, 1 (1929).

[2] Vgl. dazu die Erfahrungen an Polystyrolen und Polyprenen: STAUDINGER, H., u. H. MACHEMER: Ber. Dtsch. Chem. Ges. **62**, 2921 (1929); ferner H. STAUDINGER u. E. O. LEUPOLD: Ber. Dtsch. Chem. Ges. **63**, 730 (1930); ferner H. STAUDINGER u. H. F. BONDY: Ber. Dtsch. Chem. Ges. **63**, 734 (1930).

lauge nicht vollständig verseift werden. Man darf aber andererseits nicht zu lange verseifen und zu starke Natronlauge einwirken lassen, weil sonst Veränderungen im Glykoserest unter Bildung von leicht mit Jod oxydierbaren Gruppen eintreten können, wie das beim Glykosepentaacetat nachgewiesen wurde.

Um zu prüfen, ob die Verseifung eine vollständige war, machten wir folgende Versuche: es wurden 0,600 g Triacetylcellulose mit 25 ccm $n/_{10}$-Natronlauge bei Gegenwart von Glaskugeln auf der Schüttelmaschine bei ca. 18° geschüttelt und so verseift, in der ersten Versuchsreihe 3 Stunden, in der zweiten 6 Stunden. Dann wurden nach dem Verdünnen mit Wasser auf das 10fache Volumen 10 ccm $n/_{10}$-Jodlösung zugesetzt und nach zweistündigem Stehen bei Zimmertemperatur wurde zurücktitriert. So erhielten wir die Werte der Kolonne 1 und 2 in Tabelle 335. Danach wurden für die Triacetylcellulosen in der Größenordnung dieselben Molekulargewichte erhalten, einerlei ob sie kürzere oder längere Zeit verseift werden, ein Zeichen, daß die Verseifung eine vollständige ist, trotzdem nicht völlige Lösung in diesen Fällen eintritt. Bei einem dritten Versuch ließen wir die Triacetylcellulosen durch zwölfstündiges Schütteln mit Wasser bei Gegenwart von Glaskugeln vorquellen und brachten sie so in einen sehr guten Verteilungszustand. Dann verseiften wir die Acetate wieder durch einstündige Einwirkung von Natronlauge bei Zimmertemperatur. Nach dem Verdünnen wurden zuerst 20 ccm, nach halbstündigem Stehen nochmals 10 ccm $n/_{10}$-Jodlösung zugesetzt; das nach halbstündigem Stehen noch unverbrauchte Jod titrierten wir zurück. Auch die Werte von Kolonne 3 stimmen mit den Werten von Kolonne 1 und 2 ungefähr überein. Verseift man dagegen bei höherer Temperatur, bei 27°, so werden kleinere Molekulargewichte als bei dem Verseifen bei Zimmertemperatur erhalten. Mit anderen Worten: der Jodverbrauch ist bei höheren Temperaturen ein zu großer. Deshalb ist die Konstante unter dieser Versuchsbedingung größer als bei den Versuchen 1, 2 und 3. In der früheren Arbeit gaben wir die Konstante $16 \cdot 10^{-4}$ an; wir hatten auch damals bei höherer Temperatur, ca. 27—30°, verseift; deshalb war der Jodverbrauch größer, das Molekulargewicht entsprechend kleiner und die K_m-Konstante höher[1].

Eine ungefähre Übereinstimmung der K_m-Werte ist nur bei Acetylcellulosen vom Molekulargewicht 2000 bis höchstens 15000 vorhanden. Bei höhermolekularen Produkten schwanken die nach der BERGMANN-MACHEMERschen Methode bestimmten Molekulargewichte außerordentlich stark, ohne daß wir die Ursache aufklären konnten. Wir haben eine große Reihe Versuche gemacht, um günstigere Resultate bei völligem Ausschluß von Luftsauerstoff oder unter anderen Versuchsbedingungen zu erhalten, ohne bis jetzt die Bedingungen zu finden, unter denen die Molekulargewichte der höhermolekularen Triacetylcellulosen nach der BERGMANN - MACHEMERschen Methode einwandfrei hätten bestimmt werden können. Die Fehler der BERGMANN - MACHEMERschen Methode rühren nach unseren Erfahrungen daher, daß beim Verseifen in der Wärme leicht oxydierbare

---

[1] In der früheren Arbeit Ber. Dtsch. Chem. Ges. **63**, 2336 (1930) ist in Anm. 28 aus Versehen angegeben worden, daß bei weiteren Versuchen höhere K_m-Konstanten gefunden wurden. Diese Bemerkung gilt nicht für die K_m-, sondern für die K_{cm}-Konstante. Die K_m-Konstante wurde, wie obige Versuche zeigen, bei weiteren Versuchen kleiner gefunden. Wir gaben damals die höchsten Werte für die K_m-Konstante an, weil sich so für die Molekulargewichte der höhermolekularen Triacetylcellulosen die niedrigsten Werte errechnen.

Tabelle 335. Titration von höhermolekularen Poly-triacetyl-celloglucan-diacetaten unter verschiedenen Bedingungen.

Acetylierungsbedingungen. ZnCl$_2$-Verfahren	η_{sp}/c-Werte aus niederstgemessener Konzentration	1. Titration: 0,6000 g Substanz. Verseifung: 25 ccm 1 n-NaOH Raumtemperatur 3 Stunden. Oxydation: nach Verdünnen auf das 10 fache (umgefüllt) 10 ccm n/$_{10}$-Jodlösung Raumtemperatur 2 Stunden			2. Titration: 0,6000 g Substanz. Verseifung: 25 ccm 1 n-NaOH Raumtemperatur 6 Stunden. Oxydation: nach Verdünnen auf das 10 fache (umgefüllt) 10 ccm n/$_{10}$-Jodlösung Raumtemperatur 2 Stunden			3. Titration: 0,6000 g Substanz. Verseifung: nach Vorquellen in H$_2$O 25 ccm 1 n-NaOH. 25° 1 Stunde. Oxydation: nach Verdünnen auf das 10 fache (nicht umgefüllt) 20+10 ccm n/$_{10}$-Jodlösung 30+30 Minuten, 25°			4. Titration: 0,6000 g Substanz. Verseifung: 25 ccm 1 n-NaOH 27° 3 Stunden. Oxydation: nach Verdünnen auf das 10 fache (nicht umgefüllt) 10 ccm n/$_{10}$-Jodlösung 2 Stunden, 27°		
		Jodzahl	Mol.-Gew.	K_m	Jodzahl	Mol.-Gew.	K_m	Jodzahl	Mol.-Gew.	K_m	Jodzahl	Mol.-Gew.	K_m
60° 4 Std.	39,0	0,86	23300	16,7 · 10^{-4}	1,02	19700	19,8 · 10^{-4}	1,59	12600	31,0 · 10^{-4}	1,52	13200	29,5 · 10^{-4}
60° 6 „	35,2	0,78	25600	13,7 „	1,42	14100	25,0 „	1,37	14600	24,1 „	1,41	14200	24,8 „
60° 9 „	27,5	0,86	23300	11,8 „	1,18	16900	16,2 „	1,34	14900	18,5 „	1,61	12400	22,2 „
60° 12 „	15,0	1,10	18200	8,3 „	1,58	12600	11,9 „	1,45	13700	10,9 „	2,05	9700	15,5 „
60° 17 „	13,0	1,83	10900	12,0 „	1,99	10000	13,0 „	1,92	10400	12,5 „	2,75	7300	17,8 „
60° 22 „	8,70	2,39	8400	10,4 „	2,23	9000	9,7 „	2,35	8500	10,2 „	3,48	5700	15,3 „
60° 27 „	7,00	2,64	7600	9,2 „	2,72	7400	9,6 „	2,94	6800	10,3 „	3,98	5000	14,0 „
60° 37 „	4,80	3,68	5400	8,8 „	4,99	4000	12,0 „	4,83	4100	11,6 „	6,06	3300	14,5 „
60° 47 „	3,80	5,47	3700	10,4 „	5,79	3400	11,0 „	6,38	3100	12,1 „	7,18	2800	13,6 „
60° 95 „	2,04	8,23	2400	8,5 „	9,29	2150	9,5 „	9,13	2200	9,3 „	11,26	1800	11,5 „
80° 5 „	5,80	2,96	6800	8,6 „	3,52	5700	10,1 „	4,14	4800	12,0 „	4,21	4800	12,1 „
80° 8 „	3,80	4,66	4300	8,8 „	4,25	4700	8,1 „	6,56	3000	12,5 „	6,44	3110	12,2 „
80° 11 „	2,80	6,52	3100	9,1 „	7,58	2600	10,5 „	8,00	2500	11,2 „	8,70	2300	12,2 „
80° 14 „	2,08	7,97	2500	8,4 „	9,20	2200	9,6 „	9,25	2200	9,6 „	10,38	1900	10,9 „
Mittel				9,3 · 10^{-4}			10,5 · 10^{-4}			11,1 · 10^{-4}			13,6 · 10^{-4}

Gruppen gebildet werden, und zwar sind die höhermolekularen Produkte empfindlicher als die niedermolekularen Produkte. Deshalb werden dort zu niedere Molekulargewichte gefunden. Darauf sind die Unstimmigkeiten bei der Molekulargewichtsbestimmung hochmolekularer Produkte zurückzuführen. Daß bei Hochmolekularen die Empfindlichkeit der Moleküle mit zunehmender Kettenlänge wächst, ist aus zahlreichen Beispielen bekannt[1]. Im vorliegenden Fall ist anzunehmen, daß neben dem oxydativen Angriff der Endgruppe noch eine oxydative Spaltung der Kette eintritt.

Von diesen Triacetylcellulosen wurden Viscositätsmessungen in verschieden konzentrierten m-Kresollösungen ausgeführt. Berechnet man bei den verschiedenen Reihen die K_m-Konstante, so schwankt sie etwas; der Durchschnittswert der drei ersten Reihen, in denen bei tiefer Temperatur verseift wurde, beträgt $10{,}3 \cdot 10^{-4}$. Zum Bestimmen des Mittelwertes der Konstante wurden nur die K_m-Werte der Triacetylcellulosen bis zum Molekulargewicht 10000 benutzt. Die K_m-Werte der höhermolekularen Produkte sind nicht übereinstimmend und viel zu groß, da die Molekulargewichte derselben, wie gesagt, zu klein gefunden sind.

Man könnte auch denken, daß die geringe Übereinstimmung der K_m-Werte bei den höhermolekularen Triacetylcellulosen daher rührt, daß der Zusammenhang $\eta_{sp}/c = K_m \cdot M$ nur für relativ niedermolekulare Produkte gültig ist, dagegen bei hochmolekularen nicht mehr besteht. Dies ist nicht wahrscheinlich; denn diese Beziehung gilt für ausgesprochen fadenförmige Moleküle; so ist zu erwarten, daß sich die bei niederen Gliedern gefundenen Beziehungen zwischen Viscosität und Kettenlänge auch zur Molekulargewichtsbestimmung der höheren benutzen lassen. Das Verhalten der höhermolekularen Triacetylcellulosen in Lösung ist, wie im folgenden gezeigt wird, ein völlig gleichartiges wie das der niedermolekularen; auch daraus ist zu schließen, daß für sämtliche Glieder der polymerhomologen Reihe sich gleiche Beziehungen zwischen Viscosität und Molekulargewicht ergeben.

In neuester Zeit ist durch Untersuchungen von R. O. HERZOG und A. DERIPASKO[2] auch für hochmolekulare Acetylcellulosen gezeigt worden, daß Beziehungen zwischen Molekulargewicht und spez. Viscosität gleichkonzentrierter Methylglykollösungen bestehen. Dabei wurde das Molekulargewicht auf osmotischem Weg bestimmt. Aus der nachstehenden Zusammenstellung einiger Werte aus der HERZOGschen Arbeit und den daraus berechneten K_m-Konstanten geht hervor, daß auch in diesem Fall die quantitativen Beziehungen die gleichen sind, wie wir sie festgestellt haben.

Tabelle 336. Osmotische Molekulargewichte von hochmolekularen Acetylcellulosen nach R. O. HERZOG und A. DERIPASKO und daraus berechnete K_m-Konstanten.

Substanz[3]	η_{sp} der Acetate in Methylglykol 20°	η_{sp}/c $c=0{,}0087$ gd-mol.	M aus osmotischen Messungen	K_m
$A_{III} M$ . . .	0,61	70,1	74000	$9{,}5 \cdot 10^{-4}$
M_{II}	0,50	57,4	55300	10,4 „
C_{II}	0,21	24,1	22650	10,6 „

---

[1] Vgl. S. 154.

[2] HERZOG, R. O., u. A. DERIPASKO: Cellulosechemie **13**, 25 (1932).

[3] Bezeichnung der Substanzen nach R. O. HERZOG: l. c.

V. Die K_m- und $K_{\text{äqu}}$-Konstante von Poly-triacetyl-celloglucan-diacetaten.

1. Zusammenstellung der K_m-Konstanten.

Die folgende Zusammenstellung (Tabelle 337) der bei nieder- und höhermolekularen Acetaten experimentell bestimmten K_m-Werte zeigt, daß die K_m-Konstante, die sich bei niedermolekularen Produkten ergeben hat, auch bei höhermolekularen bis zu einem Polymerisationsgrad von ca. 250 übereinstimmend gefunden wird. Das Mittel der K_m-Konstanten der verschiedenen Bestimmungen

Tabelle 337. Zusammenstellung der K_m-Konstanten.

Poly-triacetyl-cello-glucan-diacetate	Mol.-Gew.	Polymeri-sationsgrad	Molekulargewichts-bestimmungsmethode	K_m	K_m Mittel
Niedermolekular fraktioniert	1000 bis 3000	3—10	Kryoskopisch	$11,6 \cdot 10^{-4}$	$11,6 \cdot 10^{-4}$
			Jodometrisch	10,0 „ 10,5 „	$10,3 \cdot 10^{-4}$
Höhermolekular unfraktioniert	3000 bis 15000	10—50	Jodometrisch	9,3 „ 10,5 „ 11,1 „ (13,6 „)	$10,3 \cdot 10^{-4}$
Hochmolekular	23000 bis 74000	80—250	Osmotisch	10,2 „	$10,2 \cdot 10^{-4}$

Mittel sämtlicher Versuche: $K_m = 10,6 \cdot 10^{-4}$.

beträgt $10,6 \cdot 10^{-4}$, also abgerundet $11 \cdot 10^{-4}$. Da in einem Grundmolekül der Triacetylcellulose 5 Kettenatome enthalten sind, so ergibt sich eine $K_{\text{äqu}}$-Konstante von $\dfrac{11 \cdot 10^{-4}}{5} = 2,2 \cdot 10^{-4}$. Diese ist wesentlich höher als die $K_{\text{äqu}}$-Konstante, die sich allgemein bei Fadenmolekülen ergeben hat und für Benzollösungen $0,85 \cdot 10^{-4}$ beträgt. Der Unterschied der spez. Viscositäten in verschiedenen Lösungsmitteln ist nur unerheblich, so daß sich daraus die große Differenz zwischen der $K_{\text{äqu}}$-Konstante von Celluloseacetaten in m-Kresol und der $K_{\text{äqu}}$-Konstante von anderen Stoffen mit Fadenmolekülen nicht erklären läßt. Die folgenden Versuche und Berechnungen zeigen aber, daß die Konstante der Celluloseacetate richtig ermittelt wurde; der Unterschied beruht darauf, daß Ringe in der Kette enthalten sind. Solche haben einen viscositätserhöhenden Einfluß.

2. Berechnung der K_m-Konstante für Poly-triacetyl-celloglucan-diacetate aus Viscositäten niedermolekularer Glykosederivate.

Es ist bekannt, daß man die Viscosität eines Esters nach folgender Formel berechnen kann[1]:

$$\eta_{\text{sp}(1,4\%)} = n \cdot y + x, \tag{11}{}^{[2]}$$

wobei n die Zahl der Kettenkohlenstoffatome und y den Viscositätsbetrag eines solchen Kohlenstoffatoms bedeutet, der für CCl_4-Lösungen $1,6 \cdot 10^{-3}$ und für Benzollösungen $1,2 \cdot 10^{-3}$ beträgt; x ist der Viscositätsbetrag für die O-Atome der Estergruppierung. Wenn man nun Tetraacetyl-glykosederivate darstellt, deren Halbacetal mit Fettsäuren verschiedener Länge verestert ist, dann ist der

---

[1] STAUDINGER, H., u. E. OCHIAI: Ztschr. f. physik. Ch. (A) **158**, 35 (1931).
[2] Vgl. S. 61.

Tetraacetyl-glykoserest in einem Fadenmolekül eingebaut, dessen spez. Viscosität sich zusammensetzt aus der Summe der Viscositätsbeträge der einzelnen Ketten-C-Atome $n \cdot y$, aus dem Betrag der Estergruppierung x und dem Viscositätsbetrag z des 2, 3, 6-Triacetyl-glykoserestes, also der Baugruppe, die sich in den Poly-triacetyl-celloglucan-diacetaten wiederholt.

$$
\begin{array}{ccccc}
 & & \overset{\displaystyle AcO\ \ OAc}{\underset{\displaystyle CH_2OAc}{\overset{\displaystyle |\quad\ |}{\underset{\displaystyle |}{\overset{\displaystyle CH\ CH}{\underset{\displaystyle CH\ O}{}}}}} & & \\
\underset{2\,y}{H_3C-\overset{\overset{\textstyle O}{\|}}{C}-O-HC} & & \underset{z}{\Big\langle\ \ \Big\rangle CH} & \underset{x}{-O-} & \underset{(n-2)\,y}{\overset{\overset{\textstyle O}{\|}}{C}-CH_2-CH_2 \cdots CH_3}
\end{array}
$$

also

$$\eta_{\mathrm{sp}\,(1,4\%)} = n \cdot y + x + z. \tag{13}$$

Es wurden Pentaacetyl-glykose, Monostearyl-tetraacetyl-glykose[1] und Monolauryl-tetraacetyl-glykose[2] untersucht. Zur Berechnung der Zahl der C-Atome in der Kette muß man, wie aus der Formel ersichtlich ist, zur Anzahl der C-Atome der am C-Atom 1 des Pyranringes veresterten Säure noch die 2 C-Atome der paraständigen Acetylgruppe zuzählen, da diese in die Länge des Moleküls mit eingehen. Auf diese Weise ergibt sich beim Einsetzen der bei anderen Verbindungen ermittelten Werte für x und y für die η_{sp}-Werte einer 1,4proz. Lösung folgende Zusammensetzung:

$$
\begin{aligned}
\text{Für das Stearat:} \quad & \eta_{\mathrm{sp}\,(1,4\%)} = 20 \cdot 1,2 \cdot 10^{-3} + 0,003 + z \\
\text{\quad\ „\quad\ „\quad Laurinat:} \quad & \eta_{\mathrm{sp}\,(1,4\%)} = 14 \cdot 1,2 \quad\ „ \qquad\ + 0,003 + z \\
\text{\quad\ „\quad\ „\quad Acetat:} \quad & \eta_{\mathrm{sp}\,(1,4\%)} = \ \ 4 \cdot 1,2 \quad\ „ \qquad\ + 0,003 + z
\end{aligned}
$$

---

[1] Zur Darstellung siehe K. Hess u. E. Messmer: Ber. Dtsch. Chem. Ges. **54**, 499 (1921). Es ist dazu zu bemerken, daß das Ausschütteln der ätherischen Lösung des Reaktionsproduktes mit $^n/_{10}$-NaOH zur Entfernung etwa vorhandener Fettsäure von einer weitgehenden Verseifung des Stearates begleitet ist. Daher wurde das Stearat aus dem Reaktionsprodukt ohne Behandlung mit verdünnter NaOH durch Auskrystallisieren aus Petroläther angereichert, dann aus Methanol und schließlich aus Äther-Petroläther umkrystallisiert: farblose, filzige Nadeln, Schmelzp. 76,5—77,5°.

$$
\begin{array}{llll}
C_{32}H_{54}O_{11}: & \text{ber.} & C\ 62,51 & H\ 8,86 \\
 & \text{gef.} & C\ 62,61 & H\ 8,92 \\
 & & C\ 62,62 & H\ 8,82
\end{array}
$$

[2] Die Darstellung des Laurinats erfolgte wie die des Stearats aus Acetobromglykose und Silberlaurinat. Letzteres wurde erhalten aus dem aus Na-Methylat und Laurinsäure dargestellten Na-Laurinat in Methanol und der äquivalenten, in wenig Wasser gelösten Menge Silbernitrat. Nach Auswaschen mit heißem Methanol und später mit heißem Wasser wurde es getrocknet.

Monolauryl-tetraacetyl-glykose: 4,6 g Silberlaurinat wurden mit 6,55 g Acetobromglykose in 75 ccm Toluol eine halbe Stunde auf dem Dampfbad und anschließend noch kurze Zeit zum Sieden erhitzt. Die filtrierte Toluollösung wurde bei 60° im Vakuum völlig eingeengt. Der nach Erkalten zu einem Krystallkuchen erstarrte Rückstand wurde in Äther aufgenommen und mit $^n/_{10}$-NaOH ausgeschüttelt. Im Gegensatz zum Stearat bleibt hierbei das Laurinat unangegriffen. Nach Trocknen der mit Wasser ausgewaschenen ätherischen Lösung mit $CaCl_2$ wurde im Vakuum eingedampft und der Rückstand zweimal aus Petroläther-Äther (5:1) umkrystallisiert: farblose, filzige Nadeln, Schmelzp. 59°.

$$
\begin{array}{llll}
C_{26}H_{42}O_{11}: & \text{ber.} & C\ 58,86 & H\ 7,92 \\
 & \text{gef.} & C\ 59,09 & H\ 8,06
\end{array}
$$

Unter Verwendung der viscosimetrisch ermittelten Werte für $\eta_{sp\,(1,4\%)}$ des Acetates, Laurinates und Stearates errechnen sich nachstehende Werte für den Viscositätsbeitrag z eines Triacetyl-glykoserestes in 1,4proz. m-Kresollösung:

	gef. $\eta_{sp\,(1,4\%)}$	$z = \eta_{sp\,(1,4\%)} - (n \cdot 1,2 \cdot 10^{-3}) - 0,003$
Stearat	0,0405	0,0135
Laurinat	0,0335	0,0137
Acetat	0,0262	0,0184

Daß der aus der Acetatmessung berechnete Wert für z von den beiden anderen abweicht, liegt wohl an der wenig ausgebildeten Fadenform des Acetatmoleküls.

Aus Viscositätsmessungen am Cellobiose-octacetat läßt sich der Wert für z auf ganz analoge Weise berechnen, wobei man in Betracht ziehen muß, daß 2 endständige Acetylgruppen und 2 Glykosegruppen in der Kettenlängsrichtung stehen:

$$\eta_{sp\,(1,4\%)} = 4 \cdot 1,2 \cdot 10^{-3} + 0,003 + 2\,z.$$

$\eta_{sp]{(1,4\%)}}$ gef. z ber.

0,0418   0,0170

Auch hier dürfte der etwas zu hohe Wert wie beim Glykoseacetat in der noch wenig ausgebildeten Kettenform des Moleküls zu suchen sein.

Die so an einheitlichen Stoffen wohlbekannter Konstitution ermittelte spez. Viscosität einer Triacetylglykosegruppe (z) stimmt mit der durch Viscositätsmessungen an Triacetylcellulosen gefundenen innerhalb der Fehlergrenzen überein. Bei Triacetylcellulosen ist

$$z = \eta_{sp\,(1,4\%)} = 0,0154.$$

Dieser Wert läßt sich aus der experimentell ermittelten K_m-Konstante der Triacetylcellulosen ($11 \cdot 10^{-4}$) folgendermaßen ermitteln. Die K_m-Konstante ist die spez. Viscosität einer grundmolaren Lösung für das Molekulargewicht 1; also ist die spez. Viscosität für ein Poly-triacetyl-celloglucan-diacetat vom Molekulargewicht 1 in einer 28,8proz. Lösung gleich $11 \cdot 10^{-4}$; demnach muß sie in einer 1,4proz. Lösung für das Grundmolekül 288:

$$\eta_{sp\,(1,4\%)} = \frac{11 \cdot 10^{-4} \cdot 288 \cdot 1,4}{28,8} = 0,0154$$

betragen.

Man könnte denken, daß die Bestimmung des Wertes von z aus den K_m-Konstanten hemikolloider Poly-triacetyl-celloglucan-diacetate insofern fehlerhaft ist, als man dort die Kettenverlängerung durch die beiden endständigen Acetylgruppen, wie sie z. B. bei der Octacetyl-cellobiose in die Rechnung mit aufgenommen wurde, nicht berücksichtigt hat. Aber die Viscosität der Acetylgruppen ist im Vergleich zu einer langen Reihe von Glykoseresten so gering, daß sie weiter nicht in Betracht gezogen zu werden braucht.

3. Berechnung der K_m-Konstante aus anderen Viscositätsuntersuchungen [1].

Der hohe Wert der K_m-Konstante bei Celluloseacetaten beruht darauf, daß die Fadenmoleküle Ringe enthalten, die erfahrungsgemäß einen stark viscositätserhöhenden Einfluß besitzen. So wurde von R. BAUER [2] für den Cyclohexylrest

---

in 1,4 proz. Lösung ein Inkrement von $9 \cdot 10^{-3}$ ermittelt. Setzt man dasselbe Inkrement für den Pyranrest bei der Berechnung der Viscosität eines Grundmoleküls der Acetylcellulose ein, so ergibt sich folgender Betrag:

$$\eta_{sp(1,4\%)} = n \cdot 1{,}2 \cdot 10^{-3} + 0{,}009.$$

Dabei ist $n = 5 =$ der Zahl der Atome des Grundmoleküls in Längsrichtung der Acetylcellulosekette. Es ergibt sich also $\eta_{sp(1,4\%)} = 0{,}0150$, was in bester Übereinstimmung mit den gefundenen Werten steht.

Man kann also heute das Molekulargewicht von Triacetylcellulose aus Viscositätsmessungen berechnen, ohne daß man durch Untersuchung der polymerhomologen Reihe die K_m-Konstante ermittelt. Es läßt sich die Größe dieser K_m-Konstante aus allgemeinen Viscositätsbeziehungen ermitteln, also aus Viscositätsmessungen an Paraffinen und Cyclohexanderivaten.

Es zeigt sich so, daß die seitenständigen Acetylgruppen keinen Anteil an der Viscosität der Acetylcellulose haben, daß also allein die in Richtung der Cellulosekette angeordneten Glieder die Viscosität additiv zusammensetzen, vorausgesetzt, daß man die Viscosität gleichprozentiger Lösungen vergleicht.

Infolge des Ringinkrementes sind Acetylcelluloselösungen relativ höherviscos als Lösungen von Stoffen mit gleich langen Fadenmolekülen. In der folgenden Tabelle 338 sind die spez. Viscositäten 1,4 proz. Lösungen für Acetyl-

Tabelle 338.

	Zahl der Kettenglieder	Polymerisationsgrad	Mol.-Gew.	Kettenlänge Å	η_{sp}/c	$\eta_{sp\,(1,4\%)}$
Acetylcellulose .	1000	200	57 600	1040	63,4	3,1
Polystyrol . .	1000	500	52 000	1250	9,4	1,3
Kautschuk . . .	1000	250	17 000	1125	5,1	1,1

cellulose, Polystyrol und Polyprene von gleicher Kettenlänge (1000 Kettenglieder) angegeben; es geht daraus hervor, daß eine Kautschukkette ca. dreimal länger sein muß als eine Acetylcellulosekette, um dieselbe spez. Viscosität hervorzurufen.

VI. Molekulargewicht der hochmolekularen Triacetylcellulosen.

Die Konstitution der Triacetylcellulosen ist bis zu einem Polymerisationsgrad von 50 (Molgewicht = 15000) aufgeklärt. Hauptsächlich nachdem es gelungen ist, die experimentell gefundenen Ergebnisse auf verschiedenem Weg zu berechnen, ist die Frage nach der Molekülgröße der abgebauten Acetylcellulosen als gelöst zu betrachten. Es fragt sich nun, ob man die gesetzmäßige Beziehung zwischen Viscosität und Molekulargewicht auch dazu benutzen kann, das Molekulargewicht der hochmolekularen Triacetylcellulosen zu bestimmen. Man muß zu diesem Zweck untersuchen, ob in den Lösungen der hochmolekularen Triacetylcellulosen ebenfalls normale Moleküle enthalten sind; dazu muß man das Verhalten der Kolloidteilchen in der Lösung der hochmolekularen Stoffe studieren und sehen, ob es ebenso ist, wie dasjenige der hemikolloiden Glieder. Dieses kann nur durch Viscositätsuntersuchungen unter verschiedenen Bedingungen festgestellt werden.

1. Abweichungen vom Hagen-Poiseuilleschen Gesetz.

Lösungen von hochmolekularen Acetylcellulosen zeigen in höherer Konzentration Abweichungen vom Hagen-Poiseuilleschen Gesetz, wie z. B. die Untersuchungen von K. Hess und Mitarbeitern[1] zeigen.

Diese Autoren machen dafür eine aus den natürlichen Fasern stammende Fremdhaut verantwortlich. Merkwürdigerweise machen sie auf die analogen Verhältnisse bei anderen Molekülkolloiden, z. B. beim Polystyrol[2] und Kautschuk[3], nicht aufmerksam, so naheliegend dieser Vergleich ist. Bei diesen Produkten ist bewiesen, daß die anormalen Viscositätserscheinungen mit der Länge der Moleküle und ihrer Konzentration zusammenhängen. Diese Abweichungen sind um so größer, je länger die Moleküle sind; in konzentrierter Lösung sind sie beträchtlicher als in verdünnter; in sehr verdünnten Lösungen, bei η_{sp}-Werten von 0,1—0,5, treten die Viscositätsanomalien bei Produkten bis zu einer Kettenlänge von ca. 5000 Å nicht wesentlich zutage.

Wir überzeugten uns durch einige Messungen an hochmolekularen Triacetylcellulosen, wie groß diese Abweichungen werden können und wie weit sie bei

Tabelle 339. Abweichung vom Hagen-Poiseuilleschen Gesetz zweier 0,025 gdmolarer m-Kresollösungen hochmolekularer Celluloseacetate.

Triacetat	Meß-temperatur	Abhängigkeit von η_{sp} vom Druck		Abhängigkeit von η_{sp} vom Geschwindigkeitsgefälle		
		η_{sp}	Druck in mm Hg	η_{sp}	Geschwindigkeitsgefälle	Rückgang von η_{sp} in Proz. des Wertes bei Gf. = 200
Dargestellt nach Ost: gew. Temp. 4 Monate	20°	3,10 3,07 2,83 2,68	110 187 403 584	3,11 3,01 2,88 2,70	200 600 1000 1400	100 97 93 87
Mol.-Gew. 74000 Polym.-Grad 260	60°	2,14 2,14 2,15 2,12	15 28 59 106	2,15 2,14 2,14 2,13	200 600 1000 1400	100 100 100 100
Dargestellt mit H_2SO_4: 30° 3 Stunden	20°	1,46 1,43 1,41 1,38	51 105 211 392	1,47 1,43 1,40 1,38	200 600 1000 1400	100 97 95 94
Mol.-Gew. 40000 Polym.-Grad 140	60°	1,08 1,08 1,08 1,08	8,7 15 28 56	1,08 1,08 1,08 1,08	200 600 1000 1400	100 100 100 100

[1] Hess, K., C. Trogus, L. Akim u. J. Sakurada: Ber. Dtsch. Chem. Ges. **64**, 421, 1174 (1931). Hess glaubt, daß mit zunehmender Reinigung die Abweichungen vom Hagen-Poiseuilleschen Gesetz verschwinden, und macht für das Auftreten einer „elastischen Komponente der scheinbaren Viscosität", mit anderen Worten für die Druckabhängigkeit, die bei der Reinigung und Acetylierung erhalten gebliebenen „membranisierten Teilchen" namentlich von Nichtcellulosestoffen verantwortlich.

[2] Staudinger, H., u. H. Machemer: Ber. Dtsch. Chem. Ges. **62**, 2921 (1929). Ferner auch H. Staudinger u. W. Heuer: Zweiter Teil, A. IV. 3.

[3] Staudinger, H., u. H. F. Bondy: Liebigs Ann. **488**, 127 (1931).

Rückschlüssen von der Viscosität auf das Molekulargewicht mit in Rechnung gezogen werden müssen.

In der vorstehenden Tabelle 339 ist für 0,025 gd-mol. = 0,72 proz. Lösungen zweier Acetylcellulosen die spez. Viscosität bei 20 und 60° in Abhängigkeit von verschiedenen Drucken und einigen graphisch ermittelten Geschwindigkeitsgefällen wiedergegeben.

Daraus ist zu ersehen, daß die η_{sp}-Werte bei Steigerung des Geschwindigkeitsgefälles auf das siebenfache selbst bei der relativ hohen spez. Viscosität von 3 auf nur 87% absinken; für niederviscose Lösungen von η_{sp} 0,1—0,5 sind die Abweichungen vom HAGEN-POISEUILLEschen Gesetz noch unbedeutender. Dies läßt den Schluß zu, daß die Viscositätsmessungen hoch- und niedermolekularer Acetylcellulosen miteinander verglichen werden dürfen.

Das annähernd normale Verhalten der Acetylcelluloselösungen ist verständlich, denn starke Abweichungen vom HAGEN-POISEUILLEschen Gesetz treten bei Kohlenwasserstoffen erst ein, wenn die Zahl der Kettenglieder ca. 3000 und mehr ist. Die höchstmolekulare Acetylcellulose vom Polymerisationsgrad 300 besitzt nur 1500 Kettenatome; es müßten also erst bei der doppelten Kettenlänge die Abweichungen in starkem Maße auftreten[1].

2. Viscosität bei verschiedenen Temperaturen.

Den Bau der Kolloidteilchen kann man durch Untersuchung der Viscosität bei verschiedenen Temperaturen ermitteln. Bei micellarem Bau wird die Größe der Kolloidteilchen durch Temperaturerhöhung verändert; dies hat eine starke Abnahme der spez. Viscosität zur Folge. Für die hemikolloiden Glieder der Triacetylcellulosen wurde bewiesen, daß in den gelösten Teilchen normale Moleküle vorliegen. Es könnte nun sein, daß die Teilchen der gelösten Eukolloide micellaren Bau besitzen und keine einfachen Moleküle darstellen. In diesem Falle aber müßten sie sich bei Viscositätsmessungen bei verschiedenen Temperaturen ganz anders verhalten als die der Hemikolloide. Dies trifft nicht zu, wie folgende Versuche zeigen. Es wurde die Änderung der η_{sp}-Werte verschieden konzentrierter Lösungen einiger Glieder der polymerhomologen Reihe der Poly-triacetyl-celloglucandiacetate beim Erwärmen auf 60° verfolgt. Dabei wurden die Konzentrationen so gewählt, daß bei allen untersuchten Verbindungen fünf etwa gleiche spez. Viscositätswerte in Höhe von ca. 0,1, 0,2, 0,8, 3 und 10 miteinander verglichen werden konnten. Aus der beifolgenden Tabelle 340 ist ersichtlich, daß die spez. Viscosität bei 60° kleiner ist als bei 20° und daß die prozentuale Abweichung[2] der verschiedenen η_{sp}-Werte bei allen Substanzen in niederviscosen Lösungen gleich ist. In hochviscosen Lösungen ist die Temperaturabhängigkeit größer; dies ist evtl. dadurch bedingt, daß in diesen konzentrierten Lösungen Assoziationen vorliegen.

Die Kolloidteilchen aller Acetylcellulosen weisen in bezug auf ihre Temperaturabhängigkeit ein gleiches Verhalten auf. Daraus ergibt sich, daß der Lösungs-

---

[1] Eine 1,4 proz. Lösung eines Kautschuks mit der Kettengliederzahl 3000 besitzt dieselbe spezifische Viscosität wie eine 1,4 proz. Lösung einer Acetylcellulose mit 1000 Kettengliedern (Polymerisationsgrad 200). Möglicherweise ist für die Abweichungen nicht die Länge der Moleküle, sondern die Höhe der η_{sp}-Werte maßgebend.

[2] Die spezifische Viscosität von gelösten Stoffen nimmt bei Temperaturerhöhung in gleicher Weise ab wie die absolute Viscosität von Flüssigkeiten.

Tabelle 340. Temperaturabhängigkeit verschieden konzentrierter m-Kresollösungen von hoch- und niedermolekularen Poly-triacetyl-celloglucan-diacetaten.

Mol.-Gew.	Polymerisationsgrad	Grundmolarität der m-Kresollösung	η_{sp}			η_{sp}/c			Temperaturabhängigkeit von η_{sp} in Proz. bezogen auf den 20°-Wert		
			20°	60°	20°	20°	60°	20°	20°	60°	20°
74000	257	0,05	10,81	6,40	10,76	216	128	215	100	59,2	99,4
		0,025	3,140	2,138	3,142	125,6	85,5	125,7	100	68,1	100,1
		0,009	0,791	0,586	0,781	87,9	65,1	86,8	100	74,1	98,8
		0,003	0,221	0,173	0,218	73,7	57,7	72,7	100	78,3	98,6
		0,0015	0,104	0,081	0,103	69,3	54,0	68,7	100	77,9	99,1
48000	165	0,08	12,26	7,21	12,13	153,3	90,1	151,7	100	58,8	98,9
		0,04	3,532	2,382	3,512	88,3	59,5	87,8	100	67,4	99,4
		0,015	0,898	0,660	0,882	59,8	44,0	58,8	100	73,5	98,3
		0,005	0,256	0,194	0,249	51,2	38,8	49,8	100	75,8	97,3
		0,0025	0,112	0,085	0,111	44,8	34,0	44,4	100	75,9	99,1
13600	47	0,2	10,61	6,44	10,48	53,1	32,2	52,4	100	60,6	98,7
		0,1	3,145	2,196	3,130	31,45	21,96	31,30	100	69,8	99,5
		0,04	0,885	0,656	0,870	22,13	16,40	21,74	100	74,1	98,3
		0,015	0,288	0,218	0,283	19,20	14,53	18,86	100	75,7	98,2
		0,0075	0,131	0,103	0,121	17,47	13,73	16,14	100	78,6	92,5
6400	22	0,4	9,44	5,46	9,33	23,6	13,6	23,3	100	57,8	98,8
		0,2	2,617	1,818	2,610	13,09	9,09	13,05	100	69,6	99,8
		0,09	0,847	0,641	0,841	9,41	7,12	9,35	100	75,6	99,3
		0,03	0,246	0,193	0,232	8,20	6,43	7,73	100	78,4	94,3
		0,015	0,117	0,096	0,119	7,80	6,39	7,94	100	82,1	101,6
1810	6	—	—	—	—	—	—	—	—	—	—
		0,7	4,230	2,452	4,205	6,04	3,50	6,00	100	58,0	99,4
		0,3	0,876	0,626	0,870	2,92	2,09	2,90	100	71,5	99,2
		0,1	0,220	0,163	0,204	2,20	1,63	2,04	100	74,0	92,7
		0,05	0,094	0,075	0,0815	1,88	1,50	1,63	100	79,8	86,7

zustand der hochmolekularen Glieder der Triacetylcellulosen der gleiche ist wie der der hemikolloiden. Damit ist bewiesen, daß ihre Kolloidteilchen den gleichen Bau besitzen und daß alle Acetylcellulosen in verdünnten Lösungen molekular dispergiert sind.

3. Molekulargewichtsbestimmungen der hochmolekularen Acetylcellulosen.

Da bei allen Celluloseacetaten in Lösung Moleküle vorliegen, die sich gleichartig verhalten, ist es möglich, die bei den niederen Gliedern gültige Beziehung zur Ermittlung des Molekulargewichts der hochmolekularen Acetate zu verwenden. Die Viscositätsmessungen müssen dabei in solchen Konzentrationen ausgeführt werden, daß die η_{sp}/c-Werte konstant sind. Dies ist bei $\eta_{sp} = 0{,}05 - 0{,}4$ der Fall. Tabelle 341 gibt eine Zusammenstellung der Herkunft bzw. Darstellungsweise einer Reihe von Acetylcellulosen, ihrer η_{sp}/c-Werte, ihres Molekulargewichtes (ber. mit $K_m = 11 \cdot 10^{-4}$), Polymerisationsgrades und ihrer Kettenlänge in Å.

So kennt man jetzt eine polymerhomologe Reihe von Poly-triacetyl-celloglucan-diacetaten vom ersten Glied bis zu dem vom Polymerisationsgrad 260*.

---

* In der übernächsten Arbeit ist eine Acetylcellulose vom Polymerisationsgrad ca. 360 beschrieben.

Tabelle 341. Hochmolekulare Triacetylcellulosen.

Triacetat. Darstellung oder Herkunft	η_{sp}/c aus niederst gemessener Konzentration	Mol.-Gew. = $\dfrac{\eta_{sp}}{c \cdot K_m}$ $K_m = 11 \cdot 10^{-4}$	Polymerisationsgrad	Kettenlänge des Moleküls Å
Nach Ost: Gew. Temp. 4 Monate	81,4	74000	260	1350
Faseracetat[1] von Boehringer, Mannheim-Waldhof	69,2	63000	220	1140
Nach Ost: 30° 7 Tage	62,2	57000	200	1040
Nach Ost: 30° 10 Tage	52,6	48000	165	860
Technisches Produkt der I. G. Farbenindustrie, Elberfeld	47,0	43000	150	780
Technisches Produkt der Rhodiaseta, Freiburg i. Br.	44,5	40000	140	730
Nach Ost: 60° 4 Stunden	39,0	35000	120	620
Nach Ost: 60° 6 Stunden	35,2	32000	110	570
Nach Ost: 60° 9 Stunden	27,5	25000	87	450

Man kann in dieser Reihe verfolgen, wie die physikalischen Eigenschaften der Acetylcellulosen, die für die Technik, die Acetatseide- und Filmindustrie von so großer Bedeutung sind, mit dem Polymerisationsgrad in Beziehung stehen, wie z. B. die Festigkeit der Filme, die Quellungsfähigkeit der Acetate und die Viscosität der Lösungen von der Molekülgröße abhängen. Dabei ergeben sich ganz ähnliche Zusammenhänge wie bei den Polystyrolen[2]. Die höchstmolekularen Produkte sind sehr zäh und geben feste Filme. Sie quellen sehr stark, und ihre Lösungen sind hochviscos, sie zeigen also typisch kolloides Verhalten. Es sind Eukolloide. Die Filme der niedermolekularen Produkte sind dagegen brüchig und spröde wie die der niederpolymeren Polystyrole. Die niedermolekularen Acetate lösen sich leicht, ohne zu quellen, und geben niederviscose Lösungen, verhalten sich also wie Hemikolloide.

Zusammenfassend kommen wir also zu dem Ergebnis, daß die primären Kolloidteilchen in Acetylcelluloselösungen Makromoleküle sind[3]. Dadurch erklärt sich die Natur dieser kolloiden Lösungen anders als früher, wo man diese Kolloidteilchen als micellar gebaut ansah. Damals führte man die hohe Viscosität der Lösungen auf das Vorliegen von solvatisierten Micellen zurück. Dies hat für

---

[1] Die Erhaltung der Faserstruktur ist nicht, wie man früher annahm, der Grund für die außerordentlich hohe Viscosität und das hohe Molekulargewicht des Präparates. Daß faserige Acetate von sehr geringer Viscosität und niedrigem Molekulargewicht dargestellt werden können, zeigt folgender Versuch: Nach der von K. Hess (Chemie der Cellulose, S. 411. Leipzig 1928) beschriebenen Methode der Acetylierung in Benzol wurde ein Faseracetat durch 8stündige Reaktion bei 75° gewonnen. Das brüchige, aber noch deutlich faserige Präparat besitzt in 0,01 gd-mol. Lösung einen η_{sp}-Wert von 0,105; aus dem η_{sp}/c-Wert von 10,5 errechnet sich ein Molekulargewicht von 9550.

[2] Vgl. Zweiter Teil, A. IV. 1.

[3] Daß die Kolloidteilchen der Acetylcellulosen Makromoleküle sind, geht auch aus der Arbeit von E. Elöd u. A. Schrodt [Ztschr. f. angew. Ch. **44**, 933 (1931)] hervor, die Triacetylcellulosen zu Diacetaten verseiften und dabei feststellten, daß die Viscosität gleichkonzentrierter Lösungen sich durch die Verseifung nicht ändert. Nach dem Viscositätsgesetz kann man schließen, daß die Länge der Moleküle beim Verseifen erhalten geblieben ist. Bei micellarem Bau müßten natürlich starke Veränderungen in der Micellgröße eintreten, wenn ein Teil der Acetylgruppen in Hydroxylgruppen umgewandelt wird. Vgl. auch D. Krüger: Melliands Textilber. **10**, 966 (1929) — Chem. Zentralbl. **1930 I**, 1463.

Seifenlösungen, also Lösungen von Assoziationskolloiden, Gültigkeit, nicht aber
für die Lösungen der Molekülkolloide. In diesen ist die Viscosität durch die Länge
und Fadengestalt der Moleküle bestimmt. Die Moleküle der Celluloseacetate
bauen sich nach den Prinzipien der chemischen Valenzlehre auf und können bis zu
260 Glykosegruppen in einer Kette enthalten. Daraus läßt sich der Schluß ziehen,
daß die Moleküle der Cellulose nach den gleichen Richtlinien aufgebaut sind,
daß aber diese Cellulosemoleküle einen erheblich höheren Polymerisationsgrad
besitzen, da gezeigt werden konnte, daß gerade zu Beginn der Acetylierung ein
enormer Abbau stattfindet.

VII. Zur Nomenklatur.

Beim Abbau von Cellulose, Stärke, Lichenin usw. und deren Derivaten erhält
man Reihen von polymerhomologen Produkten, die folgendermaßen benannt
werden können:

Diese Produkte werden als Derivate von polymeren Glucanen, Mannanen[1],
Lävanen[2] aufgefaßt. Die Enden der Ketten können durch Hydroxylgruppen,
Methoxylgruppen, Acetylgruppen, Chloratome ersetzt sein, ähnlich, wie es bei den
Polyoxymethylen-[3] und Polyäthylenoxydketten[4] der Fall ist.

Es gibt also polymerhomologe Reihen von Poly-glucan-dihydraten, Poly-
glucan-diacetaten usw.

$$HO \cdot (C_6H_{10}O_5)_x \cdot H$$ Poly-glucan-dihydrat
$$CH_3 \cdot CO \cdot O \cdot (C_6H_{10}O_5)_x \cdot CO \cdot CH_3$$ Poly-glucan-diacetat
$$CH_3O \cdot (C_6H_{10}O_5)_x \cdot CH_3$$ Poly-glucan-dimethyläther
$$HO \cdot (CH_2O)_x \cdot H$$ Poly-oxymethylen-dihydrat
$$CH_3 \cdot CO \cdot O \cdot (CH_2O)_x \cdot CO \cdot CH_3$$ Poly-oxymethylen-diacetat
$$CH_3O \cdot (CH_2O)_x \cdot CH_3$$ Poly-oxymethylen-dimethyläther

Die Stellung der freien Hydroxylgruppen kann man mit Ziffern bezeichnen.
So sind z. B. abgebaute Hydratcellulosen Poly-(2, 3, 6-glucan)-dihydrate. Dabei
werden die Abbauprodukte der Cellulose als Poly-celloglucan-derivate bezeichnet,
die der Stärke als Poly-amyloglucan-derivate, die des Lichenins als Poly-licheno-
glucan-derivate usw. Die abgebauten Celluloseacetate sind also nach dieser
Nomenklatur Poly-triacetyl-celloglucan-diacetate. Wenn man also ein bestimmtes
Produkt charakterisieren will, so hat man nur den Durchschnittspolymerisationsgrad[5] anzugeben, und man wird die abgebauten Hydrocellulosen resp. Cellu-
losedextrine z. B. als 10- oder 50- oder 100-Celloglucan-dihydrate charakterisieren.

Der Notgemeinschaft der Deutschen Wissenschaft sprechen wir für die
Unterstützung dieser Arbeit unseren verbindlichsten Dank aus.

---

[1] Vgl. P. KARRER: Polymere Kohlenhydrate, S. 263. Leipzig 1925.
[2] Vgl. H. H. SCHLUBACH u. H. ELSNER: Ber. Dtsch. Chem. Ges. **62**, 1495 (1929).
[3] Vgl. H. STAUDINGER: Helv. chim. Acta **8**, 68 (1925).
[4] Vgl. H. STAUDINGER u. O. SCHWEITZER: Ber. Dtsch. Chem. Ges. **62**, 2395 (1929).
[5] Beim Abbau der Cellulose erhält man Gemische von hochpolymeren Spaltprodukten.

B. Viscositätsuntersuchungen an Lösungen von Cellulose in Schweizers Reagens[1].

Bearbeitet von O. Schweitzer.

I. Die Lösungen von Poly-celloglucan-dihydraten in Schweizers Reagens.

Zur Kennzeichnung der Eigenschaften von Cellulosen werden häufig Viscositätsmessungen ihrer Lösungen in Kupfer-tetrammin-hydroxyd (Schweizers Reagens) herangezogen[2]. Schon früher hat H. Ost[3] in seinen Arbeiten den Standpunkt vertreten, daß man an der Viscosität einer solchen Lösung den Abbau einer Cellulose erkennen könne; denn er fand, daß nach Behandeln der Cellulose mit Reagenzien, die glykosidische Bindungen zerstören, abgebaute Cellulosen entstehen, die in Schweizers Reagens niederviscose Lösungen liefern. Zu grundsätzlich gleichen Ergebnissen führten die Untersuchungen von W. H. Gibson[4], denen eine genauere Meßtechnik zugrunde liegt. Quantitative Beziehungen zwischen Viscosität und Molekulargewicht wurden von H. Ost nicht ermittelt. Es war auch damals nicht möglich, weil Vorstellungen über den Bau dieser Kolloidteilchen noch nicht entwickelt waren; man wußte nicht, daß die primären Kolloidteilchen in verdünnter Lösung die Moleküle selbst sind.

Diese früheren Auffassungen über die Konstitution der Cellulose traten später stark in den Hintergrund, als unter dem Einfluß der Kolloidchemie für den Bau der Kolloidteilchen der gelösten Cellulose ganz andere Anschauungen aufkamen. So vertraten bekanntlich P. Karrer[5], K. Hess[6] und viele andere Forscher die Auffassung, das Molekül der Cellulose sei klein; die Kolloidteilchen in einer Celluloselösung seien durch Aggregation oder Assoziation vieler kleiner Moleküle entstanden, sie besäßen demnach einen *micellaren Bau*, wie ihn z. B. die Seifenmicelle[7] hat. Unterschiede in der Viscosität von Celluloselösungen in Schweizers Reagens führten sie entsprechend auf Unterschiede im micellaren Bau der Kolloidteilchen zurück. Rückschlüsse auf die Molekülgröße sind aus

---

[1] Auszug aus der 48. Mitteilung über hochpolymere Verbindungen [Ber. Dtsch. Chem. Ges. **63**, 3132 (1930)].

[2] Joyner, R. A.: Journ. Chem. Soc. London **121**, 1511, 2395 (1922). — Farrow, F. D., u. S. M. Neale: Chem. Zentralblatt **1924 II**, 776. — Small, J. O.: Ind. and Engin. Chem. **17**, 515 (1925) — Chem. Zentralblatt **1925 II**, 786. — Hahn, F. C., u. H. Bradshaw: Ind. and Engin. Chem. **18**, 1259 (1926) — Chem. Zentralblatt **1927 I**, 2027. — Genung, C. R.: Ind. and Engin. Chem. **19**, 476 (1927) — Chem. Zentralblatt **1928 I**, 2145. — Clibbens, D. A., u. A. Geake: Chem. Zentralblatt **1928 II**, 203. — Carver, E. K., H. Bradshaw, E. C. Bingham u. C. S. Venable: Ind. and Engin. Chem., Analyt. Edit. **1**, 49 (1929) — Chem. Zentralblatt **1929 I**, 3054. — Baur, E.: Chem. Zentralblatt **1931 I**, 711. — Parsons, J. L.: Cellulosechemie **11**, 260 (1930) — Chem. Zentralblatt **1931 II**, 1951. — Laisney, L., u. H. Reclus: Chem. Zentralblatt **1931 I**, 2955; **1931 II**, 3688. — Tankard, Y., u. J. Graham: Cellulosechemie **12**, 27 (1931). — Olsen, F.: Cellulosechemie **12**, 179 (1931). — Werner, K.: Cellulosechemie **12**, 320 (1931). — Fikentscher, H.: Cellulosechemie **13**, 58, 71 (1932).

[3] Ost, H.: Ztschr. f. angew. Ch. **24**, 1892 (1911).

[4] Gibson, W. H.: Journ. Chem. Soc. London **117**, 479 (1920).

[5] Karrer, P.: Polymere Kohlenhydrate. Leipzig 1925.

[6] Hess, K.: Chemie der Cellulose, S. 310. Leipzig 1928.

[7] Über die Entwicklung dieser Anschauungen vgl. S. 26.

Viscositätsmessungen, wenn man diese Auffassungen zugrunde legt, nicht zu erhalten[1].

In veränderter Form — unter Annahme längerer Hauptvalenzketten — wurde dann von K. H. MEYER und H. MARK[2] diese Micellauffassung weiter ausgebaut. Es wird von diesen Forschern angenommen, daß die Krystallite der Cellulose als Micellen in unveränderter Größe in Lösung gehen. Dabei sollte eine solche Micelle aus Bündeln von ca. 50 Hauptvalenzketten bestehen, deren jede ca. 30—50 Glykoseeinheiten enthielte.

Auf Grund von Viscositätsuntersuchungen kann man entscheiden, ob die Celluloseteilchen in SCHWEIZERS Reagens einen micellaren Aufbau haben, und ob auf Unterschiede in der Micellgröße die Viscositätsunterschiede zurückzuführen sind, oder ob auch hier, wie bei anderen Molekülkolloiden, Moleküle gelöst sind, die je nach ihrer Länge Unterschiede in der Viscosität der Lösungen hervorrufen.

Bei homöopolaren Molekülkolloiden sind die primären Kolloidteilchen mit den Molekülen identisch, weil die spez. Viscosität, also die Viscositätserhöhung, die in der Lösung durch die gelösten Teilchen hervorgerufen wird, in verdünnter Lösung in einem größeren Temperaturgebiet fast gleich bleibt[3]. Bei einem micellaren Aufbau der Kolloidteilchen ändert sich dagegen die spez. Viscosität.

Bei Lösungen von Cellulose und Poly-celloglucan-dihydraten in SCHWEIZERS Reagens liegen kompliziertere Verhältnisse vor, als bei den homöopolaren Molekülkolloiden; denn während bei diesen die Moleküle in Lösung durch eine monomolekulare Schicht des Lösungsmittels solvatisiert sind[4], tritt hier bei der Lösung von Cellulose eine komplexe Bindung des Kupfers und dann Solvatation dieses Komplexes ein. Der Lösungsvorgang verläuft weiter derart, daß die Makro-

---

[1] I. SAKURADA: Ber. Dtsch. Chem. Ges. **63**, 2027, Anm. 1 (1930), führt eine Reihe von Arbeiten an, in denen von *Beziehungen zwischen Viscosität* und *Molekulargewicht* gesprochen worden ist, ebenso weisen H. FIKENTSCHER u. H. MARK: Kolloid-Ztschr. **49**, 136 (1929), darauf hin, daß der Zusammenhang zwischen Viscosität und Molekulargewicht schon lange bekannt ist. Die Autoren übersehen dabei, daß in den früheren Arbeiten, die sich mit Untersuchungen der polymeren Kohlenhydrate, wie Stärke, Nitrocellulose, beschäftigten, keine Klarheit zu gewinnen war, weil das Molekulargewicht dieser Produkte sich nicht eindeutig festellen ließ, und vor allem, weil die Frage nach dem Bau dieser Substanzen nicht geklärt war. H. MARK hat früher bei den Kolloidteilchen der Polysaccharide einen micellaren Aufbau angenommen und vertrat auch später die Anschauung [vgl. Kolloid-Ztschr. **53**, 41 (1930)]: „ . . . daß in den Lösungen der hochpolymeren Substanzen große Teilchen vorliegen, die in starker Wechselwirkung mit dem Lösungsmittel stehen, zum Teil durch Kräfte, zum Teil durch geometrische Behinderung. Wohlbegründete Zahlenangaben über bestimmte Systeme sind heute noch nicht möglich." Unter solchen Voraussetzungen lassen sich Beziehungen zwischen Molekulargewicht und Viscosität nicht ableiten. Erst bei synthetischen Produkten, vgl. H. STAUDINGER: Ber. Dtsch. Chem. Ges. **59**, 3019 (1926), ferner bei Paraffinen, H. STAUDINGER u. R. NODZU: Ber. Dtsch. Chem. Ges. **63**, 721 (1930), und Verbindungen mit bekanntem Molekulargewicht konnte zum erstenmal einwandfrei dieser Zusammenhang nachgewiesen werden, so daß für diese Annahmen eine sichere Grundlage gegeben ist; vgl. H. STAUDINGER: Ber. Dtsch. Chem. Ges. **62**, 2907, Abs. 5 (1929).

[2] MEYER, K. H., u. H. MARK: Ber. Dtsch. Chem. Ges. **61**, 593 (1928). — MEYER, K. H.: Ztschr. f. angew. Ch. **41**, 935 (1928). — MARK, H.: Naturwissenschaften **16**, 892 (1928). Vgl. S. 32.

[3] Vgl. S. 85.

[4] STAUDINGER, H., u. W. HEUER: Ber. Dtsch. Chem. Ges. **62**, 2933 (1929). Vgl. S. 126.

moleküle der Cellulose und nicht Micellen einzeln herausgelöst werden[1], wobei eine Kupferkomplexverbindung[2] entsteht, in der auf jedes Grundmolekül $C_6H_{10}O_5$ ein Atom Kupfer kommt. Daß die Bindung von Kupfer an Cellulose in diesem Verhältnis erfolgt, haben die Untersuchungen von K. Hess und Mitarbeitern einwandfrei festgestellt. Diese Kupferkomplexverbindung der Cellulose liefert nach den Untersuchungen von W. Traube[3] und weiteren Untersuchungen von K. Hess[4] ein komplexes Anion. *Die Lösung von Cellulose in* Schweizers *Reagens ist also die eines heteropolaren Molekülkolloids*[5] mit einem hochmolekularen polywertigen Anion. Die Lösung ist also mit einer solchen von hochmolekularem polyacrylsaurem Natrium[6] zu vergleichen, die ebenfalls ein hochmolekulares vielwertiges Anion besitzt:

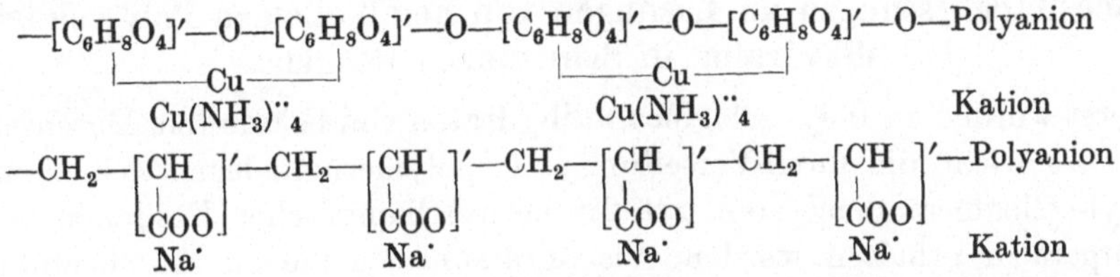

$$-[C_6H_8O_4]'-O-[C_6H_8O_4]'-O-[C_6H_8O_4]'-O-[C_6H_8O_4]'-O-\text{Polyanion}$$

$$\underset{Cu(NH_3)\overset{\cdot\cdot}{}_4}{\underline{\hspace{2em}Cu\hspace{2em}}} \qquad \underset{Cu(NH_3)\overset{\cdot\cdot}{}_4}{\underline{\hspace{2em}Cu\hspace{2em}}} \qquad \text{Kation}$$

$$-CH_2-\begin{bmatrix}CH\\|\\COO\end{bmatrix}'-CH_2-\begin{bmatrix}CH\\|\\COO\end{bmatrix}'-CH_2-\begin{bmatrix}CH\\|\\COO\end{bmatrix}'-CH_2-\begin{bmatrix}CH\\|\\COO\end{bmatrix}'-\text{Polyanion}$$

$$\overset{\cdot}{Na} \qquad\quad \overset{\cdot}{Na} \qquad\quad \overset{\cdot}{Na} \qquad\quad \overset{\cdot}{Na} \quad \text{Kation}$$

Bei solchen heteropolaren Molekülkolloiden treten infolge der Schwarmbildung zwischen den Fadenionen anormale Viscositätserscheinungen ein, die mit dem p_H der Lösungen außerordentlich stark wechseln, wie am Beispiel der Polyacrylsäure und des polyacrylsauren Natriums gezeigt worden ist[7]. Es schien deshalb anfangs nicht möglich, quantitative Beziehungen zwischen Viscosität und Molekulargewicht in Lösungen von Poly-celloglucan-dihydraten in Schweizers Reagens zu ermitteln, denn die Viscosität der Lösung hängt nicht nur von der Länge der Moleküle, sondern auch von einer mit letzterer wechselnden Schwarmbildung[8] zwischen den Molekülen ab.

Tatsächlich liegen aber die Verhältnisse auf Grund unserer Messungen viel einfacher, wenn man einen Überschuß von Schweizers Reagens verwendet, denn dadurch wird die Schwarmbildung zwischen den Fadenionen unterbunden[9]; die Lösungen des heteropolaren Molekülkolloids verhalten sich unter diesen Bedingungen wie die eines homöopolaren, es ergeben sich also dieselben einfachen Zusammenhänge zwischen Viscosität und Kettenlänge wie bei Celluloseacetaten, wenn man die Viscosität von Lösungen der Cellulosen in einem großen Überschuß von Schweizers Reagens vergleicht. Die Herstellung der Lösungen, sowie alle

[1] Staudinger, H., u. Mitarbeiter: Liebigs Ann. **474**, 263 (1929). — Stamm, A. J.: Journ. Amer. Chem. Soc. **52**, 3047 (1930).

[2] Über die Konstitution solcher Kupfer-Komplexsalze vgl. vor allem K. Hess: Chemie der Cellulose, S. 289, ferner H. Dohse: Ztschr. f. physik. Ch. (A) **149**, 279 (1930) — McGillavry, D.: Rec. Trav. chim. Pays-Bas **48**, 18 (1929).

[3] Traube, W.: Ber. Dtsch. Chem. Ges. **54**, 3220 (1921); **55**, 1899 (1922); **56**, 268 (1923).

[4] Hess, K., u. Mitarbeiter: Liebigs Ann. **435**, 7 (1924) — Ber. Dtsch. Chem. Ges. **54**, 834 (1921); **56**, 587 (1923).

[5] Staudinger, H.: Ber. Dtsch. Chem. Ges. **62**, 2893 (1929).

[6] Staudinger, H., u. E. Urech: Helv. chim. Acta **12**, 1107 (1929). — Staudinger, H., u. E. Trommsdorff: Zweiter Teil, D. V.

[7] Vgl. Zweiter Teil, D. II. 3f u. IV. 4h.

[8] Vgl. Erster Teil, A. V. 5.

[9] Vgl. Zweiter Teil, D. II. 3g u. D. IV. 4h.

Messungen werden dabei unter völligem Ausschluß von Luft in einer Atmosphäre von peinlichst gereinigtem Stickstoff ausgeführt; denn die Lösungen von Cellulose in SCHWEIZER Reagens sind außerordentlich luftempfindlich, wie von E. BERL und A. G. INNES und von vielen anderen Forschern[1] festgestellt wurde. Durch Luftsauerstoff werden die Cellulosemoleküle abgebaut, was sich durch eine Viscositätsverminderung bemerkbar macht. Die Messungen wurden in einem OSTWALDSCHEN resp. einem Viscosimeter nach UBBELOHDE vorgenommen, das entsprechend umgebaut war, um das Arbeiten unter Stickstoffatmosphäre zu ermöglichen. Die Konzentration der Celluloselösungen wurde dabei so gewählt, daß die für sie gültige Grenzviscosität von 1,70 nicht überschritten wurde.

II. Viscositätsmessungen an Lösungen von hemikolloiden Poly-celloglucan-dihydraten in SCHWEIZERS Reagens.

Zuerst wurden an Poly-celloglucan-dihydraten von bekanntem Durchschnittsmolekulargewicht, die durch Verseifung einer polymerhomologen Reihe von Poly-triacetyl-celloglucan-diacetaten mit 2n-methylalkoholischer Kalilauge bei Zimmertemperatur erhalten wurden, Viscositätsuntersuchungen durchgeführt, um bei diesen hemikolloiden Produkten die Beziehungen zwischen Viscosität und Molekulargewicht zu ermitteln. Auf Grund derselben sollte aus Viscositätsuntersuchungen an Celluloselösungen sich das Molekulargewicht der Cellulose bestimmen lassen. Wir überzeugten uns, daß die Viscosität einer Lösung eines 58-Celloglucan-dihydrates in SCHWEIZERS Reagens auch bei längerem Stehen sich nicht ändert, und daß bei diesen hemikolloiden Produkten reproduzierbare Viscositätsmessungen vorgenommen werden können. Dieser Nachweis ist wichtig, da Lösungen von Cellulose in SCHWEIZERS Reagens nicht beständig sind und deren Viscosität auch bei völligem Ausschluß der Luft ständig abnimmt.

Tabelle 342. Prüfung der Beständigkeit der Lösung eines 58-Celloglucan-dihydrates. Einwage: 0,2439 g Cu(OH)$_2$, 0,2025 g Substanz in 25 ccm konz. NH$_3$. Konzentration 0,05 gd-mol.; Temperatur 20°.

Zeit	η_{sp}
1. Tag	0,29
2. Tag	0,27
4. Tag	0,25
5. Tag	0,26*

Die Lösungen des 58-Celloglucan-dihydrates in SCHWEIZERS Reagens *gehorchen dem* HAGEN-POISEUILLE*schen Gesetz* zum Unterschied von gleichkonzentrierten hochviscosen Lösungen der Cellulose. Man ist also bei diesen Messungen von der Capillarenweite des Viscosimeters und somit von dem Strömungsgefälle unabhängig. Die Lösungen der hemikolloiden Cellulose verhalten sich hier wie

Tabelle 343. Prüfung der Druckabhängigkeit der Lösung eines 58-Celloglucan-dihydrates in SCHWEIZERS Reagens.
Konzentration 0,05 gd-mol.; Temperatur 20°.

Druck in cm H$_2$O	10 cm	20 cm	30 cm	40 cm	50 cm
η_{sp}	0,272	0,270	0,267	0,264	0,285

---

[1] BERL, E., u. A. G. INNES: Ztschr. f. angew. Ch. **23**, '987 (1910). — JOYNER, R. A.: Journ. Chem. Soc. London **121**, 2395 (1922) — Chem. Zentralblatt **1923 III**, 744. — HESS, K., E. MESSMER u. N. LJUBITSCH: Liebigs Ann. **444**, 316 (1925).

* Diese Abnahme ist unwesentlich und kann vernachlässigt werden.

die der hemikolloiden Kohlenwasserstoffe, deren Lösungen ebenfalls dem HAGEN-POISEUILLEschen Gesetz gehorchen[1].

Wir prüften weiter die *spez. Viscosität* einer sehr verdünnten Lösung des 58-Celloglucan-dihydrates bei *verschiedenen Temperaturen.* Allerdings konnten diese dabei wegen der Flüchtigkeit des Ammoniaks nicht stark variiert werden[2]. Die spez. Viscosität ändert sich wie bei den homöopolaren Molekülkolloiden nicht wesentlich, ein Zeichen, daß sich die Lösung wie die eines homöopolaren Molekülkolloids verhält.

Aus dieser Unveränderlichkeit der η_{sp}-Werte bei verschiedenen Temperaturen kann man den wichtigen Schluß ziehen, daß diese Poly-celloglucan-dihydrate molekulardispers gelöst sind.

Es kann also durch die gleiche Untersuchungsmethode, die bei den Polystyrolen[3] und weiter bei den Celluloseacetaten[4] angewandt wurde, auch hier der Nachweis für eine molekulare Lösung geführt werden, und es werden so die Auffassungen über einen micellaren Bau der Kolloidteilchen widerlegt.

Tabelle 344. Prüfung der Viscosität eines 58-Celloglucan-dihydrates in SCHWEIZERS Reagens bei verschiedenen Temperaturen. Konzentration 0,05 gd-mol.

Temperatur	η_{sp}
20°	0,315
0,2°	0,307
20°	0,311
0,2°	0,307
20° nach 15 Stunden	0,312

Endlich wurden bei einer größeren Reihe von Poly-celloglucan-dihydraten die η_{sp}/c-Werte in *verschiedenen Konzentrationen* bestimmt. Sie sind in niederviscosen Lösungen unterhalb der Grenzviscosität $\eta_{sp(G)} = 1{,}70$ annähernd konstant.

Tabelle 345. η_{sp}/c einer polymer-homologen Reihe von Poly-celloglucan-dihydraten bei verschiedenen Konzentrationen, bei 20°.

Mol.-Gew.[5]	Polymeri-sationsgrad	η_{sp}				η_{sp}/c			
		0,05 gd-mol.[6]	0,05 gd-mol.[7]	0,025 gd-mol.	0,01 gd-mol.	0.05 gd-mol.[6]	0,05 gd mol.[7]	0,025 gd-mol.	0,01 gd-mol.
13 400	83	1,32	—	0,72	0,21	26,4	—	28,8	21
12 000	74	0,96	—	0,59	0,19	19,2	—	23,6	19
11 500	71	0,79	—	0,47	0,16	15,8	—	18,8	16
10 500	65	0,55	0,60	0,26	0,11	11,0	12,0	10,4	11
8 200	51	0,42	0,46	0,20	—	8,4	9,2	8,0	—
7 000	43	0,32	0,35	0,16	—	6,4	7,0	6,4	—
6 700	41	0,27	0,29	0,14	—	5,4	5,8	5,6	—
4 700	29	0,21	0,19	0,12	—	4,2	3,8	4,8	—
3 200	20	0,16	0,14	0,08	—	3,2	2,8	3,2	—

[1] STAUDINGER, H., u. W. HEUER: Ber. Dtsch. Chem. Ges. **62**, 2933 (1929).

[2] Analoge Messungen sollen in komplexen Cupri-äthylendiamin-Lösungen in einem größeren Temperaturbereich ausgeführt werden. Über die Lösungen von Cellulose in Cupri-äthylendiamin-Lösungen vgl. W. TRAUBE: Ber. Dtsch. Chem. Ges. **55**, 1899 (1922), ferner Ber. Dtsch. Chem. Ges. **63**, 2083 (1930).

[3] Vgl. S. 169ff.

[4] STAUDINGER, H., u. O. SCHWEITZER: Ber. Dtsch. Chem. Ges. **63**, 2325 (1930). — STAUDINGER, H., u. H. FREUDENBERGER: Ber. Dtsch. Chem. Ges. **63**, 2331 (1930); vgl. ferner die voranstehende Arbeit.

[5] Diese Molekulargewichte wurden mit der neuen K_m-Konstante $10 \cdot 10^{-4}$ errechnet, vgl. Vierter Teil, C. II. u. III.

[6] Weites Viscosimeter, Capillaren-Durchmesser 0,434 mm; Capillaren-Länge 69 mm.

[7] Enges Viscosimeter, Capillaren-Durchmesser 0,246 mm; Capillaren-Länge 90 mm. Volumen der Flüssigkeit bei beiden: 0,5 ccm.

III. Viscositätsmessungen an Celluloselösungen in Schweizers Reagens.

a) Beständigkeit.

Will man auf Grund von Viscositätsmessungen an Lösungen von nicht abgebauter Cellulose in Schweizers Reagens deren Molekulargewicht bestimmen, so muß vor allem der Ausdruck η_{sp}/c in ganz verdünnter Lösung konstant sein, also nicht je nach den Versuchsbedingungen variieren. Dabei ergeben sich unerwartete Schwierigkeiten, denn die Viscosität einer Lösung von gereinigter Rohbaumwolle[1] in Schweizers Reagens nimmt beim Stehen ab, zum Unterschied von derjenigen von Lösungen der hemikolloiden Poly-celloglucan-dihydrate; sie wird auch nach vierwöchigem Stehen nicht konstant, nachdem die spez. Viscosität sehr stark abgenommen hat, wie Tabelle 346 zeigt.

Tabelle 346. Prüfung der Beständigkeit einer Lösung von gereinigter Baumwolle in Schweizers Reagens. Konzentration 0,025 gd-mol. Temperatur 20°.

Zeit	η_{sp}	Zeit	η_{sp}
1. Tag	42,0	10. Tag	19,8
2. Tag	30,8	11. Tag	19,0
3. Tag	27,5	13. Tag	17,4
4. Tag	24,9	14. Tag	15,8
6. Tag	22,8	21. Tag	9,2
7. Tag	20,8	35. Tag	7,3

Da wir solche Viscositätsänderungen der Lösung auf Änderungen in der Molekülgröße zurückführen, so muß also die Cellulose in Schweizers Reagens schon beim Stehen sehr stark abgebaut werden. Ein oxydativer Abbau der Cellulose durch Luftsauerstoff ist dabei ausgeschlossen; denn die Herstellung der Lösung, das Einfüllen derselben in das Viscosimeter und die Messungen selbst wurden in peinlichst gereinigter Stickstoffatmosphäre und bei gleicher Temperatur von 20° ausgeführt. Die Viscositätsänderungen beruhen deshalb darauf, daß die empfindlichen Makromoleküle der Cellulose schon durch das Kupfer-tetrammin-hydroxyd in Schweizers Reagens oxydativ abgebaut werden. Nach längerem Stehen einer solchen Lösung scheidet sich auch aus derselben ein geringer Niederschlag von Kupferoxydul ab. Danach wird die ursprüngliche Cellulose durch Schweizers Reagens viel leichter oxydiert als die abgebauten Poly-celloglucan-dihydrate[2]; dies hängt damit zusammen, daß die langen Moleküle der Cellulose weit empfindlicher sind als die kurzen der hemikolloiden Cellulosen. Allgemein macht man bei Stoffen, die aus Fadenmolekülen aufgebaut sind, die Erfahrung, daß *mit zunehmender Länge der Moleküle trotz gleicher Bauart ihre Empfindlichkeit bedeutend zunimmt*. Wie weitere Versuche zeigten, ist dieser Abbau eine photochemische Reaktion[3].

Wenn man also Lösungen von Cellulose in Schweizers Reagens in verschiedenen Konzentrationen und unter verschiedenen Bedingungen vergleichen

---

[1] Die Reinigung der Rohbaumwolle wurde nach Vorschrift von C. G. Schwalbe, vgl. K. Hess: Chemie der Cellulose, S. 228, Leipzig 1928, vorgenommen.

[2] Die Festigkeit und Zähigkeit der hochpolymeren Substanzen nimmt mit zunehmendem Polymerisationsgrad zu, wie in der Reihe der Polystyrole, der Polyprene und Poly-triacetylcelloglucan-diacetate festgestellt wurde. Wenn das gleiche für die Cellulose gilt, so könnte der oxydative Abbau, der beim Stehen von Cellulose in Schweizers Reagens stattfindet, die Festigkeit der *Kupferseide* ungünstig beeinflussen. Darüber sind noch Versuche zu machen. Für die jetzigen Kupferseiden kommen die Beobachtungen insofern nicht in Betracht, als die heutigen Produkte schon aus stark abgebauten Cellulosen bestehen, da man wohl nie unter völligem Luftausschluß gearbeitet hat.

[3] Vgl. S. 221; ferner Vierter Teil, C. VII.

will, dann müssen die Viscositätsmessungen nach gleich langem Stehen der Lösungen bei gleicher Temperatur ausgeführt werden. Daß man unter diesen Bedingungen reproduzierbare Werte erhalten kann, zeigen folgende Versuche der Tabelle 347. Dort wurden Proben der gleichen Cellulose in 0,005 gd-mol. Lösungen in SCHWEIZERS Reagens gemessen, und zwar wurden sie zum Auflösen in jedem Falle 20 Stunden bei 20° stehengelassen[1].

Tabelle 347. Viscosität von gereinigter Baumwolle in SCHWEIZERS Reagens in 0,005 gd-mol. Lösung bei 20°.

Versuch	1	2	3	4	5	6	7
η_{sp}	0,58	0,53	0,53	0,56	0,56	0,57	0,53

Auch in dieser ganz verdünnten Lösung tritt beim längeren Stehen ein Abbau ein.

	η_{sp} nach 24 Stdn.:	nach weiteren 15 Stdn.:	nach weiteren 21 Stdn.:
1. Versuch	0,56	0,38	0,18
	η_{sp} nach 24 Stdn.:	nach 46 Stdn.:	
2. Versuch	0,57	0,18	—

b) Viscositätsmessungen bei verschiedenen Temperaturen.

Mißt man die spez. Viscosität einer Lösung von Cellulose in SCHWEIZERS Reagens bei verschiedenen Temperaturen, so ändert sich dieselbe nicht wesentlich, wenn die Messungen rasch ausgeführt werden (Tabelle 348). Infolge des oxydativen Abbaus durch das Kupfertetrammin-hydroxyd ist allerdings die spez. Viscosität nach dem Abkühlen der Lösung nicht mehr genau die gleiche wie vor dem Erwärmen. Daraus, daß η_{sp}/c bei verschiedenen Temperaturen ungefähr die gleiche Größe hat, kann man schließen, daß die Kolloidteilchen

Tabelle 348[2]. η_{sp} von gereinigter Baumwolle in SCHWEIZERS Reagens bei verschiedener Konzentration und Temperatur.

Temperatur	0,01 gd-mol.	0,005 gd-mol.	0,0033 gd-mol.
0,2°	0,93	0,50	0,32
10°	0,91	0,44	0,31
20°	0,94	0,42	0,32
30°	0,92	0,40	0,29
0,2°	0,85	0,27	0,25

in einem größeren Temperaturgebiet innerhalb kurzer Zeit keine Veränderungen erleiden. Danach sind die primären Kolloidteilchen in verdünnter Lösung Makromoleküle; bei einem micellaren Bau der Teilchen müßte sich die Viscosität mit steigender Temperatur beträchtlich ändern[3].

c) Abweichungen vom HAGEN-POISEUILLEschen Gesetz.

Konzentriertere Lösungen von Cellulose in SCHWEIZERS Reagens zeigen starke Abweichungen vom HAGEN-POISEUILLEschen *Gesetz*. Darauf hat J. SAKURADA[4]

---

[1] Beim Arbeiten unter Lichtausschluß ist es nicht notwendig, gleich lange stehen zu lassen, da unter diesen Bedingungen kein Abbau eintritt.

[2] Die Werte, die in dieser Tabelle angegeben sind, sind nicht direkt mit den andern zu vergleichen, da die Baumwolle in der SCHWEIZER-Lösung länger gestanden hatte als bei den andern Versuchen. Die spezifische Viscosität ist deshalb etwas geringer.

[3] Vgl. S. 89.

[4] SAKURADA, J.: Ber. Dtsch. Chem. Ges. **63**, 2027 (1930).

aufmerksam gemacht. Er schließt daraus, daß man die Eigenschaften von Celluloselösungen nur mit größter Vorsicht im Zusammenhang mit Konstitutionsfragen der Cellulose beurteilen sollte.

Bei hochmolekularen Polystyrolen ist nachgewiesen worden[1], daß diese Abweichungen nur im Gebiet der Gellösung erheblich sind, daß dagegen Sollösungen sich fast normal verhalten. Gleiches gilt auch für die Celluloselösungen. Die starken Abweichungen treten nur im Gebiet der Gellösung auf. In Sollösung sind sie dagegen gering, und deshalb können dort Messungen verschiedener Produkte ohne große Fehler untereinander verglichen werden. Da die Cellulosemoleküle, wie in der folgenden Arbeit gezeigt wird, außerordentlich groß sind, so ist deren Wirkungsbereich ein sehr erheblicher. Deshalb wird die Grenzkonzentration einer Celluloselösung in SCHWEIZERS Reagens, also die Konzentration, bei der eine Sollösung in eine Gellösung übergeht, schon in sehr verdünnter Lösung erreicht, nämlich bei einer Lösung, die unter 0,015 gd-mol. ist. Messungen mit Celluloselösungen müssen deshalb in großer Verdünnung ausgeführt werden, unterhalb der Grenzviscosität $\eta_{sp(G)} = 1,70$. Tabelle 349 zeigt, daß dann die Viscosität vom Druck nahezu unabhängig ist.

Tabelle 349. Bestimmung der Druckabhängigkeit der Viscosität verdünnter Lösungen von gereinigter Baumwolle in SCHWEIZERS Reagens.

Druck in cm Wasser	η_{sp} bei 0 cm	η_{sp} bei 30 cm	η_{sp} bei 50 cm
0,005 gd-mol.	0,53	0,53	0,53
0,01 gd-mol.	1,52	1,49	1,40

d) η_{sp}/c bei verschiedenen Konzentrationen.

Um aus Viscositätsmessungen Rückschlüsse auf das Molekulargewicht ziehen zu können, ist es schließlich notwendig zu zeigen, daß in ganz verdünnten Lösungen die spez. Viscosität proportional mit der Konzentration wächst, daß also η_{sp}/c unabhängig von der zufällig gewählten Konzentration ist, vorausgesetzt natürlich, daß man die Messungen im Gebiet der Sollösungen unternimmt. Man muß hierzu bei Lösungen der nativen Cellulose in einem ganz anderen Konzentrationsgebiet messen als bei solchen der hemikolloiden Abbauprodukte. Dort wurde der η_{sp}-Wert in 0,05- und 0,025 gd-mol. Lösung bestimmt. Bei Celluloselösungen müssen dagegen die Viscositätsmessungen in 0,01, 0,005 und 0,0033 gd-mol. Lösung ausgeführt werden. Die Übereinstimmung der η_{sp}/c-Werte in verschiedenen Konzentrationen ist dann eine befriedigende, wenn man die Empfindlichkeit dieser Lösungen berücksichtigt.

Tabelle 350. η_{sp}/c von gereinigter Baumwolle in SCHWEIZERS Reagens bei verschiedener Konzentration und Temperatur.

Temperatur	0,01 gd-mol.	0,005 gd-mol.	0,0033 gd-mol.
0,2°	93	100	96
10°	91	88	93
20°	94	84	96
30°	92	80	87

Der Wert η_{sp}/c ist also eine von den jeweilig gewählten Versuchsbedingungen, nämlich von der Konzentration, der Temperatur und den Strömungsverhältnissen,

---

[1] Vgl. Zweiter Teil, A. IV. 3, S. 188.

weitgehend unabhängige Größe, solange man im Gebiet ganz verdünnter Lösungen, im Gebiet der Sollösungen, arbeitet. Damit ist die Grundlage für die Berechnung des Molekulargewichts der Cellulose auf Grund von Viscositätsmessungen gegeben.

C. Das Molekulargewicht der Cellulose[1,2].

Bearbeitet von H. Scholz.

I. Zusammenhang zwischen Poly-triacetyl-celloglucan-diacetaten und Poly-celloglucan-dihydraten.

Bei der Konstitutionsaufklärung der Cellulose kommt gegenwärtig der Bestimmung ihres Molekulargewichtes besondere Wichtigkeit zu. Wie bei allen Hochpolymeren hängen die charakteristischen Eigenschaften dieses hochmolekularen Naturstoffes mit der Molekülgröße zusammen und ändern sich mit wechselnder Länge der diese Verbindung aufbauenden Fadenmoleküle. Die Bestimmung des Molekulargewichtes der Cellulose ist nicht nur für die Wissenschaft, sondern auch für die Technik bedeutungsvoll.

Von H. Staudinger und O. Schweitzer[3] liegen zahlreiche Versuche zur Feststellung der Molekülgröße vor, welche nach der bei Bearbeitung hochpolymerer Verbindungen üblichen Methode ermittelt wurde. Durch Verseifung einer Reihe von Poly-triacetyl-celloglucan-diacetaten von verschiedenem Durchschnittsmolekulargewicht wurde eine polymerhomologe Reihe von Poly-celloglucan-dihydraten dargestellt. Das Molekulargewicht der niederen, hemikolloiden Glieder dieser Reihe wurde nach der Methode von M. Bergmann und H. Machemer[4] in der Weise bestimmt, daß der Anteil der Endgruppe des Fadenmoleküls, nämlich die endständige Aldehydgruppe, durch Oxydation mit Jod ermittelt wurde. Da ferner bei diesen Hemikolloiden derselbe Zusammenhang zwischen der Viscosität ihrer Lösungen in überschüssigem Schweizers Reagens und dem Molekulargewicht besteht, wie bei den homöopolaren Molekülkolloiden, so konnte ihr Molekulargewicht auch aus Viscositätsmessungen bestimmt werden.

Für die Konstitutionsaufklärung der Cellulose wäre es von großer Bedeutung gewesen, wenn man die verschiedenen Poly-triacetyl-celloglucan-diacetate in

---

[1] 68. Mitteilung über hochpolymere Verbindungen.

[2] *Anm. bei der Korrektur.* Das eben erschienene Buch von H. Mark, Physik und Chemie der Cellulose, Verlag von Julius Springer 1932, ist leider unvollständig, da der Autor folgende Arbeiten nicht kennt resp. nicht berücksichtigt: Über die Konstitution der Cellulose, von H. Staudinger, K. Frey, R. Signer: Liebigs Ann. **474**, 259 (1929); Über Cellulose, von H. Staudinger, K. Frey, R. Signer, W. Starck, G. Widmer: Ber. Dtsch. Chem. Ges. **63**, 2308 (1930); Viscositätsmessungen an Polysacchariden und Polysaccharidderivaten, von S. Staudinger u. O. Schweitzer: Ber. Dtsch. Chem. Ges. **63**, 2317 (1930); Molekulargewichtsbestimmungen an Acetylcellulosen, von H. Staudinger u. H. Freudenberger: Ber. Dtsch. Chem. Ges. **63**, 2331 (1930); Über die Molekülgröße der Cellulose, von H. Staudinger u. O. Schweitzer: Ber. Dtsch. Chem. Ges. **63**, 3132 (1930). Gerade in diesen Arbeiten wird der Beweis geführt, daß die Cellulose und Celluloseacetate — entgegen den früheren Anschauungen von K. H. Meyer u. H. Mark — sich molekular und nicht micellar lösen, und es wird weiter das Molekulargewicht dieser Produkte bestimmt. Über die verschiedenen Auffassungen von H. Mark auf diesem Gebiet vgl. S. 22, 33, 53, Anm. 7, 107, 125 dieses Buches.

[3] Ber. Dtsch. Chem. Ges. **63**, 3132 (1930); ferner vorstehende Arbeit.

[4] Ber. Dtsch. Chem. Ges. **63**, 316, 2304 (1930).

Poly-celloglucan-dihydrate von gleichem Durchschnittspolymerisationsgrad hätte überführen können.

Bei den von H. STAUDINGER und O. SCHWEITZER ausgeführten Versuchen erwies es sich aber stets, daß der Polymerisationsgrad der Poly-celloglucan-dihydrate in allen Fällen wesentlich höher lag als der der entsprechenden Poly-triacetyl-celloglucan-diacetate. Zur Erklärung nahm man an, daß bei der Darstellung der abgebauten Cellulosen aus den Triacetyl-cellulosen nach dem Verseifungsprozeß leicht lösliche Anteile der vorliegenden Gemische beim Auswaschen mit Wasser verlorengingen.

An Hand eines größeren Versuchsmaterials sollte nun der Zusammenhang zwischen Poly-triacetyl-celloglucan-diacetaten und den zugehörigen Poly-celloglucan-dihydraten nochmals studiert werden.

II. Überführung von Poly-triacetyl-celloglucan-diacetaten in Poly-celloglucan-dihydrate.

Als Ausgangsmaterial dienten für diese Versuche Poly-triacetyl-celloglucandiacetate von verschiedenem Polymerisationsgrad und verschiedener Herkunft. Zur Darstellung dieser Stoffe acetylierten wir nach H. OST[1] Cellulose mit Essigsäureanhydrid bei Gegenwart von geschmolzenem Zinkchlorid bei 30 und 60° und nach dem von K. HESS und H. FRIESE[2] für die Bereitung des „Hexaacetylbiosans" angegebenen Verfahren mit Essigsäureanhydrid und konzentrierter Schwefelsäure bei 30°. Durch Änderung der Einwirkungsdauer des Acetylierungsgemisches und Änderung der Temperatur erfahren die Kettenmoleküle der Cellulose einen mehr oder weniger starken Abbau. Auf diese Weise erhielten wir Triacetyl-cellulosen von verschiedenem Durchschnittsmolekulargewicht, also polymerhomologe Poly-triacetyl-celloglucan-diacetate, mit denen sich H. FREUDENBERGER[3] beschäftigt hatte. Ferner standen uns drei aus einem Fraktionierungsversuch[4] gewonnene Produkte zur Verfügung.

Zur Gewinnung der Poly-celloglucan-dihydrate verseiften wir diese Triacetyl-cellulosen teils in trockener, fein gepulverter Form, teils in feuchtem, gequollenem Zustand, mit einem 10proz. Überschuß an 2n-methylalkoholischer Kali- bzw. Natronlauge unter Stickstoff. Die Verseifungsprodukte wurden teils mit Wasser, teils mit Methylalkohol bis zur neutralen Reaktion gewaschen.

Die Molekulargewichte der Poly-triacetyl-celloglucan-diacetate bestimmten wir durch Messung der spez. Viscosität ihrer Lösungen in m-Kresol bei 20°, wobei die Konzentration so gewählt wurde, daß verdünnte Sollösungen vorlagen, deren spez. Viscosität sich zwischen den Werten 0,08 und 0,25 bewegt, also weit unter der Grenzviscosität liegt, die hier 2,50 beträgt. Aus den daraus sich ergebenden η_{sp}/c-Werten wurde mit der Konstante $K_m = 11 \cdot 10^{-4}$* das Molekulargewicht berechnet.

Wir ermittelten dann weiter die spez. Viscosität der gewonnenen Poly-celloglucan-dihydrate in SCHWEIZERS Reagens im Gebiet der verdünnten Sollösungen. Die Grenzviscosität der SCHWEIZER-Lösungen, der der Wert 1,70 zukommt,

---

[1] Ztschr. f. angew. Ch. **32**, 68 (1919).　　[2] Liebigs Ann. **450**, 40 (1926).

[3] Ber. Dtsch. Chem. Ges. **63**, 2331 (1930); siehe auch S. 446.

[4] Vgl. die Arbeit von H. STAUDINGER u. H. FREUDENBERGER: S. 451.

* Vgl. S. 134.

wurde auch hier wieder weit unterschritten. Die früher[1] angegebenen Meßbedingungen wurden eingehalten, insbesondere erfolgten die Herstellung der Lösungen und alle Messungen unter völligem Ausschluß von Luft in einer Atmosphäre von peinlichst gereinigtem Stickstoff. Obgleich solche Lösungen von Cellulose in SCHWEIZERS Reagens heteropolare Kolloidmoleküle enthalten, bei denen Schwarmbildungen auftreten können, liegen unter diesen Meßbedingungen übersichtliche Verhältnisse vor. Voraussetzung dafür ist, daß man gleichkonzentrierte Lösungen von SCHWEIZERS Reagens und dieses in großem Überschuß anwendet[2], ferner, daß man auf gleiche Lösungsdauer und -temperatur bei den einzelnen Messungen achtet (22 Stunden im Thermostaten bei 20°). Besonders wichtig ist es, wie weitere Versuche ergaben, unter Lichtausschluß[3] zu arbeiten.

Geht man nun von der Annahme aus, daß bei der Verseifung der Acetate die Kohlenstoffkette nicht gespalten wird und daß weiterhin auch kein sonstiger Abbau erfolgt, z. B. durch Autoxydation (um letztere Möglichkeit zu vermeiden, wurde die Verseifung unter Stickstoff ausgeführt), so läßt sich der Polymerisationsgrad und damit auch das Molekulargewicht der Poly-celloglucan-dihydrate aus dem der entsprechenden Acetate berechnen: $M_C = \dfrac{M_{Ac}}{288} \cdot 162$, wobei $M_C =$ Durchschnittsmolekulargewicht der Cellulosehydrate und $M_{Ac} =$ Durchschnittsmolekulargewicht der Acetate ist. Wenn nun, wie vorausgesetzt, keine Änderung der Kettenlänge beim Verseifen der Acetate eintritt, dann muß zwischen den Poly-celloglucan-dihydraten verschiedener Kettenlänge und den gemessenen η_{sp}/c-Werten ihrer Lösungen in SCHWEIZERS Reagens derselbe gesetzmäßige Zusammenhang bestehen wie bei allen hochpolymeren Verbindungen, die aus Fadenmolekülen aufgebaut sind; es muß sich also nach $\dfrac{\eta_{sp}}{c \cdot M_C} = K_m$, wobei $M_C = \dfrac{M_{Ac}}{288} \cdot 162$ ist, eine K_m-Konstante errechnen lassen.

Tabelle 351. Zusammenhang zwischen den mit Essigsäureanhydrid und Zinkchlorid bei 30 und 60° dargestellten Poly-triacetyl-celloglucan-diacetaten und den daraus gewonnenen Poly-celloglucan-dihydraten (hergestellt durch Verseifen der feuchten Acetate mit methylalkoholischer Kalilauge und gereinigt durch Auswaschen mit Wasser).

η_{sp}/c der Acetate in m-Kresol bei 20°	Mol.-Gew. der Acetate aus $M_{Ac} = \dfrac{\eta_{sp}}{c \cdot K_m}$ $K_m = 11 \cdot 10^{-4}$	Polymerisationsgrad der Acetate	Mol.-Gew. der Hydrate aus $M_C = \dfrac{M_{Ac}}{288} \cdot 162$	η_{sp}/c der Hydrate in SCHWEIZERS Reagens bei 20°	$K_m \cdot 10^4$ der Hydrate aus $\dfrac{\eta_{sp}}{c \cdot M_C}$
113,6	103 300	359	58 100	44,8	7,7
75,6	68 700	239	38 700	32,8	8,5
56,3	51 200	178	28 800	24,8	8,6
53,3	48 500	168	27 300	23,4	8,6
40,2	36 500	127	20 600	19,2	9,3
33,2	30 200	105	17 000	15,8	9,3
24,0	21 800	76	12 300	12,9	10,5
17,1	15 600	54	8 700	9,9	11,4
12,1	11 000	38	6 200	7,1	11,5
4,7	4 300	15	2 400	2,8	11,7
					Mittelwert: 9,7

[1] Ber. Dtsch. Chem. Ges. **63**, 3136 (1930). Vgl. S. 447.
[2] Vgl. S. 349, 364ff., 368.   [3] Vgl. S. 494.

Wie die Tabellen 351 bis 355 zeigen, ergaben mehrere Versuchsreihen auf diese Weise K_m-Werte, die als konstant anzusehen sind. Sie unterliegen wohl kleinen Schwankungen, was aber nicht auffallend ist, wenn man in Betracht zieht, daß die viscosimetrisch gemessenen Stoffe keine reinen chemischen Verbindungen, sondern Gemische Polymerhomologer darstellen.

Tabelle 352. Zusammenhang zwischen den mit Essigsäureanhydrid und Zinkchlorid bei 60° dargestellten Poly-triacetyl-celloglucan-diacetaten und den daraus gewonnenen Poly-celloglucan-dihydraten (hergestellt durch Verseifen der trockenen Acetate mit methylalkoholischer Natronlauge und gereinigt durch Auswaschen mit Methylalkohol).

η_{sp}/c der Acetate in m-Kresol bei 20°	Mol.-Gew. der Acetate aus $M_{Ac}=\dfrac{\eta_{sp}}{c\cdot K_m}$ $K_m=11\cdot10^{-4}$	Polymerisationsgrad der Acetate	Mol.-Gew. der Hydrate aus $M_C=\dfrac{M_{Ac}}{288}\cdot162$	η_{sp}/c der Hydrate in SCHWEIZERS Reagens bei 20°	$K_m\cdot10^4$ der Hydrate aus $\eta_{sp}/c\cdot M_C$
53,3	48500	168	27300	21,6	7,9
33,2	30200	105	17000	15,6	9,2
17,1	15600	54	8700	9,1	10,5
12,1	11000	38	6200	6,8	11,0
4,7	4300	15	2400	2,5	10,4
					Mittelwert: 9,8

Tabelle 353. Zusammenhang zwischen den mit Essigsäureanhydrid und Zinkchlorid bei 60° dargestellten Poly-triacetyl-celloglucan-diacetaten und den daraus gewonnenen Poly-celloglucan-dihydraten (hergestellt durch Verseifen der trockenen Acetate mit methylalkoholischer Natronlauge und gereinigt durch Auswaschen mit Methylalkohol).

η_{sp}/c der Acetate in m-Kresol bei 20°	Mol.-Gew. der Acetate aus $M_{Ac}=\dfrac{\eta_{sp}}{c\cdot K_m}$ $K_m=11\cdot10^{-4}$	Polymerisationsgrad der Acetate	Mol.-Gew. der Hydrate aus $M_C=\dfrac{M_{Ac}}{288}\cdot162$	η_{sp}/c der Hydrate in SCHWEIZERS Reagens bei 20°	$K_m\cdot10^4$ der Hydrate aus $\eta_{sp}/c\cdot M_C$
41,6	37800	131	21300	20,5	9,6
33,2	30200	105	17000	15,8	9,3
27,6	25100	87	14100	13,2	9,4
15,0	13600	47	7700	10,0	13,0
13,0	11800	41	6600	7,4	11,2
9,0	8200	28	4600	5,6	12,2
7,5	6800	24	3800	4,7	12,4
4,8	4400	15	2460	3,1	12,6
3,5	3200	11	1790	2,6	14,5
2,2	2000	7	1130	1,6	14,2
					Mittelwert: 11,8

Das Poly-triacetyl-celloglucan-diacetat vom Molekulargewicht 3800* wurde nach der von K. HESS und H. FRIESE[1] zur Darstellung des „Biosan-acetats" angegebenen Methode (Einwirkung des Acetylierungsgemisches während 2,5 Tagen) gewonnen. Man sieht, daß sich das Acetat genau in die polymerhomologe Reihe der mit Essigsäureanhydrid und konz. Schwefelsäure hergestellten Triacetyl-cellulosen, ebenso das durch Verseifung erhaltene Hydrat („Biosan") in die

---

* Vgl. Tabelle 354.
[1] Liebigs Ann. **450**, 40 (1926).

Tabelle 354. Zusammenhang zwischen den mit Essigsäureanhydrid und konzentrierter Schwefelsäure bei 30° dargestellten Poly-triacetyl-celloglucan-diacetaten und den daraus gewonnenen Poly-celloglucan-dihydraten (hergestellt durch Verseifen der trockenen Acetate mit methylalkoholischer Natronlauge und gereinigt durch Auswaschen mit Methylalkohol).

η_{sp}/c der Acetate in m-Kresol bei 20°	Mol.-Gew. der Acetate aus $M_{Ac} = \dfrac{\eta_{sp}}{c \cdot K_m}$ $K_m = 11 \cdot 10^{-4}$	Polymerisationsgrad der Acetate	Mol.-Gew. der Hydrate aus $M_C = \dfrac{M_{Ac}}{288} \cdot 162$	η_{sp}/c der Hydrate in SCHWEIZERS Reagens bei 20°	$K_m \cdot 10^4$ der Hydrate aus $\eta_{sp}/c \cdot M_C$
43,8	39800	138	22400	19,0	8,5
29,1	26500	92	14900	13,5	9,1
9,2	8400	29	4700	5,0	10,6
4,5	4100	14	2300	2,5	10,9
4,2	3800	13	2150	1,8	8,4[1]
4,2	3800	13	2150	2,1	9,8[2]
3,4	3100	11	1740	1,8	10,3
2,3	2090	7	1180	1,2	10,2
1,9	1730	6	970	1,0	10,3
1,7	1550	5	870	0,9	10,3
					Mittelwert: 9,8

Tabelle 355. Zusammenhang zwischen den durch Fraktionierung erhaltenen Poly-triacetyl-celloglucan-diacetaten und den daraus gewonnenen Poly-celloglucan-dihydraten (hergestellt durch Verseifen der trockenen Acetate mit methylalkoholischer Natronlauge und gereinigt durch Auswaschen mit Methylalkohol).

η_{sp}/c der Acetate in m-Kresol bei 20°	Mol.-Gew. der Acetate aus $M_{Ac} = \dfrac{\eta_{sp}}{c \cdot K_m}$ $K_m = 11 \cdot 10^{-4}$	Polymerisationsgrad der Acetate	Mol.-Gew. der Hydrate aus $M_C = \dfrac{M_{Ac}}{288} \cdot 162$	η_{sp}/c der Hydrate in SCHWEIZERS Reagens bei 20°	$K_m \cdot 10^4$ der Hydrate aus $\eta_{sp}/c \cdot M_C$
3,1	2820	10	1590	1,7	10,7
2,1	1910	7	1070	1,1	10,3
1,7	1550	5	870	0,8	9,2
					Mittelwert: 10,1

Reihe der Poly-celloglucan-dihydrate einfügen[3]. Nach obigen Viscositätsmessungen beträgt der Durchschnittspolymerisationsgrad 13.

Das Mittel aller gefundenen K_m-Werte ergibt sich demnach für die Poly-celloglucan-dihydrate in SCHWEIZERS Reagens zu $10,2 \cdot 10^{-4}$, hat also annähernd die gleiche Größe wie die K_m-Konstante der Poly-triacetyl-celloglucan-diacetate in m-Kresol, die $11 \cdot 10^{-4}$ beträgt[4]. Da die Grundmoleküle gleiche Länge haben, so ist diese Übereinstimmung nach den Viscositätsgesetzen nicht auffallend. Man könnte höchstens erwarten, daß die heteropolaren Molekülkolloide in anderer Weise solvatisiert sind wie die homöopolaren, und daß dadurch Unterschiede auftreten. Die Übereinstimmung zeigt, daß bei diesen heteropolaren Molekülkolloiden die Solvatationserscheinungen für die Viscosität keine besondere Rolle spielen[5].

---

[1] „Biosan" nach K. HESS und H. FRIESE.

[2] „Biosan", dem durch mehrmaliges Auskochen mit Wasser eine braune niedermolekulare Substanz entzogen wurde.

[3] Vgl. S. 460.

[4] Vgl. Vierter Teil, A. V.

[5] Andere Verhältnisse liegen bei dem polyacrylsauren Natrium vor, vgl. S. 351.

Der Befund der Konstanz der K_m-Werte der abgebauten Cellulosen in SCHWEIZERS Reagens ist für die Konstitutionsaufklärung der Cellulose von wesentlicher Bedeutung. Die Triacetyl-cellulosen lassen sich danach ohne Änderung des Polymerisationsgrades[1] (Kettenlänge) in die Hydrate überführen[2], bei denen ebenfalls die für hochpolymere Verbindungen gültige Beziehung zwischen Kettenlänge (Molekulargewicht) und spez. Viscosität erfüllt ist. Damit ist bewiesen, daß in SCHWEIZERS Reagens die Poly-celloglucan-dihydrate molekular gelöst und nicht als Micellen vorliegen. Zu dem gleichen Ergebnis kamen bereits H. STAUDINGER und O. SCHWEITZER[3] auf Grund von Viscositätsmessungen an Poly-celloglucan-dihydraten in SCHWEIZERS Reagens bei verschiedenen Temperaturen und Konzentrationen. Die gewonnenen Resultate zeigen auch, daß die gesetzmäßigen Beziehungen zur Ermittlung des Molekulargewichts langer Fadenmoleküle auch für die in SCHWEIZERS Reagens gelösten Poly-celloglucandihydrate Gültigkeit besitzen.

III. Berechnung der K_m-Konstante der Cellulose.

H. STAUDINGER und O. SCHWEITZER bestimmten die Molekulargewichte der hemikolloiden Poly-celloglucan-dihydrate nach der Methode von M. BERGMANN und H. MACHEMER. Unter Benützung dieser Werte und der für die SCHWEIZER-Lösungen ermittelten η_{sp}/c-Werte wurde aus der Beziehung $\eta_{\mathrm{sp}}/c = K_m \cdot M$ für K_m der Wert $6 \cdot 10^{-4}$ errechnet, der also etwa halb so groß ist wie der neuerdings gefundene Wert. Daß dieser früher bestimmte zu niedrig ist, läßt sich schon auf Grund von allgemeinen Viscositätsbeziehungen aussagen. Denn die K_m-Konstante eines Fadenmoleküls, das wie bei der Cellulose fortlaufend aus Glykoseresten aufgebaut ist, muß mindestens den Wert $10{,}7 \cdot 10^{-4}$ haben, wie aus folgender Berechnung hervorgeht:

Der Glykoserest enthält 5 Kettenglieder. In einer 1,4proz. Lösung beträgt demnach der Viscositätsbetrag für diese Kette $5 \cdot 1{,}2 \cdot 10^{-3}$, wobei $1{,}2 \cdot 10^{-3}$ der Viscositätsbetrag für ein Kettenglied in 1,4proz. Lösung ist. Das Inkrement für den Cyclohexylrest wurde von R. BAUER zu $9 \cdot 10^{-3}$ ermittelt, den gleichen Betrag kann man für den Sechsring der Glykose annehmen. Danach ergibt sich der gesamte Viscositätsbetrag für den Glykoserest in einer 1,4proz. Lösung zu

$$\eta_{\mathrm{sp}(1,4\%)} = 5 \cdot 1{,}2 \cdot 10^{-3} + 9 \cdot 10^{-3} = 0{,}015.$$

Da eine grundmolare Celluloselösung 16,2proz. ist, berechnet sich für diese höhere Konzentration die spez. Viscosität einer Glykosegruppe zu

$$\eta_{\mathrm{sp}(16,2\%)} = \frac{0{,}015 \cdot 16{,}2}{1{,}4} = 0{,}174.$$

Die spez. Viscosität in grundmolarer Lösung für das Molekulargewicht 1 ist die

---

[1] Nach E. ELÖD u. A. SCHRODT: Ztschr. f. angew. Ch. **44**, 933 (1931) ändert sich die Viscosität gleichkonzentrierter Lösungen ebenfalls nicht, wenn man Triacetylcellulosen zu Diacetylcellulosen verseift. Damit ist bewiesen, daß auch bei der partiellen Verseifung der Polymerisationsgrad sich nicht ändert. Vgl. ferner D. KRÜGER: Mell. Textilber. **10**, 966 (1929); Chem. Zbl. **1930 I**, 1463.

[2] Vgl. dagegen die Ergebnisse von K. WERNER: Ztschr. f. angew. Ch. **44**, 489 (1931) — Cellulosechemie **12**, 320 (1931).

[3] Ber. Dtsch. Chem. Ges. **63**, 3132 (1930); ferner vorstehende Arbeit.

K_m-Konstante. Zu ihrer Berechnung muß man also durch das Molekulargewicht des Grundmoleküls der Cellulose (162) dividieren:

$$K_m = \frac{\eta_{sp\,(16,2\,\%)}}{162} = \frac{0,174}{162} = 10,7 \cdot 10^{-4}.$$

Dieser berechnete Wert stimmt recht gut mit dem durch unsere Versuche ermittelten ($K_m = 10,2 \cdot 10^{-4}$) überein. Diese Berechnung zeigt, daß der früher

Tabelle 356. Vergleich der spezifischen Viscositäten von 1,4proz. Lösungen der Poly-triacetyl-celloglucan-diacetate in m-Kresol mit denen von 1,4proz. Lösungen der Poly-celloglucan-dihydrate in SCHWEIZERS Reagens.

Polymeri-sations-grad	Länge des Faden-moleküls in Å	Konzentration der Acetate in m-Kresol in Gd-Mol.	Konzentration der Acetate in m-Kresol in %	Gefundene spez. Viscosität η_{sp} der Acetate in m-Kresol-lösung bei 20°	Konzentration der Hydrate in SCHWEIZERS Reagens in Gd-Mol.	Konzentration der Hydrate in SCHWEIZERS Reagens in %	Gefundene spez. Viscosität η_{sp} der Hydrate in SCHWEIZER-Lösung bei 20°	η_{sp} der Acetate berechnet für 1,4proz. m-Kresol-lösung	η_{sp} der Hydrate berechnet für 1,4proz. SCHWEI-ZER-Lösung
359	1867	0,0025	0,072	0,284	0,005	0,081	0,224	5,5	3,9
239	1243	0,0025	0,072	0,189	0,005	0,081	0,164	3,7	2,8
178	926	0,004	0,115	0,225	0,005	0,081	0,124	2,7	2,1
168	874	0,004	0,115	0,213	0,005	0,081	0,117	2,6	2,0
168	874	0,004	0,115	0,213	0,005	0,081	0,108	2,6	1,9
138	718	0,004	0,115	0,175	0,005	0,081	0,095	2,1	1,6
131	682	0,005	0,144	0,208	0,01	0,162	0,205	2,0	1,8
127	660	0,005	0,144	0,201	0,005	0,081	0,096	2,0	1,7
105	546	0,005	0,144	0,166	0,01	0,162	0,158	1,6	1,4
105	546	0,005	0,144	0,166	0,005	0,081	0,078	1,6	1,3
105	546	0,005	0,144	0,166	0,015	0,243	0,237	1,6	1,4
92	479	0,0066	0,192	0,194	0,01	0,162	0,135	1,4	1,2
87	453	0,005	0,144	0,138	0,01	0,162	0,132	1,3	1,1
76	395	0,008	0,230	0,192	0,01	0,162	0,129	1,2	1,1
54	281	0,01	0,288	0,171	0,015	0,243	0,148	0,83	0,85
54	281	0,01	0,288	0,171	0,015	0,243	0,137	0,83	0,79
47	245	0,01	0,288	0,150	0,025	0,405	0,249	0,73	0,86
41	213	0,01	0,288	0,130	0,03	0,486	0,221	0,63	0,64
38	198	0,015	0,432	0,182	0,025	0,405	0,178	0,59	0,62
38	198	0,015	0,432	0,182	0,025	0,405	0,169	0,59	0,58
29	151	0,02	0,576	0,183	0,05	0,810	0,249	0,45	0,43
28	146	0,01	0,288	0,087	0,035	0,567	0,197	0,42	0,49
24	125	0,025	0,720	0,181	0,05	0,810	0,234	0,35	0,40
15	78	0,04	1,152	0,189	0,05	0,810	0,141	0,23	0,24
15	78	0,04	1,152	0,189	0,05	0,810	0,125	0,23	0,22
15	78	0,025	0,720	0,120	0,05	0,810	0,157	0,23	0,27
14	73	0,025	0,720	0,112	0,05	0,810	0,125	0,22	0,22
13	68	0,05	1,44	0,215	0,05	0,810	0,090	0,21	0,16
13	68	0,05	1,44	0,215	0,05	0,810	0,107	0,21	0,19
11	57	0,05	1,44	0,183	0,05	0,810	0,130	0,18	0,22
11	57	0,05	1,44	0,170	0,1	1,62	0,200	0,17	0,17
10	52	0,05	1,44	0,153	0,1	1,62	0,167	0,15	0,14
7	36	0,05	1,44	0,116	0,1	1,62	0,121	0,11	0,11
7	36	0,05	1,44	0,122	0,1	1,62	0,166	0,12	0,14
7	36	0,05	1,44	0,103	0,1	1,62	0,109	0,10	0,09
6	31	0,1	2,88	0,193	0,1	1,62	0,102	0,09	0,09
5	26	0,1	2,88	0,165	0,1	1,62	0,094	0,08	0,08
5	26	0,1	2,88	0,165	0,1	1,62	0,075	0,08	0,06

gefundene Wert $6 \cdot 10^{-4}$ zu niedrig ist. Die K_m-Konstante der Cellulose in SCHWEIZERS Reagens kann nämlich nicht kleiner sein als der berechnete Wert $10,7 \cdot 10^{-4}$. Die Annahme, daß sie größer als dieser Betrag ist, wäre berechtigt; denn die Cellulosemoleküle hätten in SCHWEIZERS Reagens stark solvatisiert sein können. Dieser Umstand würde dann eine weit höhere Viscosität als die eben berechnete zur Folge haben. Die ausgeführte Berechnung hat natürlich nur für Lösungen homöopolarer Molekülkolloide in indifferenten Lösungsmitteln Gültigkeit. Man muß im Hinblick auf die gute Übereinstimmung also annehmen, daß sich die fadenförmigen vielwertigen Anionen in SCHWEIZERS Reagens infolge des großen Elektrolytüberschusses wie homöopolare Makromoleküle verhalten[1].

Da die K_m-Konstante der Poly-celloglucan-dihydrate etwa so groß ist wie die der Poly-triacetyl-celloglucan-diacetate, so müssen gleichkonzentrierte Lösungen beider Stoffe die gleiche spez. Viscosität aufweisen, wenn Fadenmoleküle gleicher Länge vorliegen.

Wenn man also Triacetyl-cellulosen zu den entsprechenden Cellulose-hydraten verseift, so wird sich die spez. Viscosität einer 1,4 proz. Lösung nicht ändern, falls durch das Verseifen keine Änderung der Kettenlänge eingetreten ist. Die Tabelle 356, in der sämtliche von uns ausgeführten Messungen zusammengestellt sind, zeigt einen Vergleich der spez. Viscositäten gleichprozentiger, und zwar 1,4 proz. Lösungen.

In der Tat stimmen die spez. Viscositäten der Triacetyl-cellulosen in m-Kresol mit denen der entsprechenden Poly-celloglucan-dihydrate in SCHWEIZERS Reagens ungefähr überein. Nur bei den höchstmolekularen Produkten ist die spez. Viscosität der Hydrate etwas geringer als die der Acetate, ein Zeichen, daß beim Verseifen der empfindlichsten Produkte ein geringer Abbau eingetreten ist[2]. Diese Übereinstimmung der spez. Viscositäten gleichkonzentrierter Lösungen von Acetaten und der daraus hergestellten Hydrate zeigt, *daß die Kettenlänge der Acetate beim Verseifen keine Veränderung erfährt. Daher sind die Teilchen in einer Celluloseacetatlösung wie die der Cellulose in* SCHWEIZERS *Reagens keine Micellen,* wie dies von K. H. MEYER und H. MARK[3] angenommen wurde, sondern *die Kolloidteilchen in diesen Lösungen sind die Moleküle selbst.*

IV. Brauchbarkeit der BERGMANN-MACHEMERschen Methode zur Bestimmung der Molekulargewichte von Poly-celloglucan-dihydraten.

Die von H. STAUDINGER und O. SCHWEITZER ermittelte K_m-Konstante $6 \cdot 10^{-4}$, die zu niedrig ist, ergab sich unter Zugrundelegung der nach dem Verfahren von M. BERGMANN und H. MACHEMER bestimmten Molekulargewichte. Diese Methode versagt offenbar bei den freien Poly-celloglucan-dihydraten, während sie bei den Poly-triacetyl-celloglucan-diacetaten nach den Untersuchungen von H. STAUDINGER und H. FREUDENBERGER[4] brauchbar ist. Bedenken gegen die Anwendbarkeit der Methode haben bereits K. HESS und Mitarbeiter[5] geltend gemacht. Die Kritik dieser Autoren ist also nur in bezug auf die freien Hydrate

---

[1] Vgl. S. 349, 364 ff., 368.

[2] Um den Abbau zu vermeiden, verseiften wir auch bei völligem Sauerstoffausschluß unter Verwendung von luftfreien Lösungsmitteln, ohne bisher bessere Resultate zu erhalten.

[3] Ber. Dtsch. Chem. Ges. **61**, 593 (1928). Vgl. S. 34.   [4] Vgl. S. 455 u. 462.

[5] HESS, K., K. DZIENGEL u. H. MAASS: Ber. Dtsch. Chem. Ges. **63**, 1922 (1930).

berechtigt, nicht aber hinsichtlich der Acetate. Die Gründe für das Versagen des Verfahrens können wir nicht angeben[1]. Wir haben die Bestimmungen nach der von H. FREUDENBERGER[2] für die Acetate verbesserten BERGMANN-MACHEMERschen Methode wiederholt, aber keine wesentlich günstigeren Ergebnisse erzielt. Wie aus Tabelle 357 hervorgeht, finden wir ebenfalls zu hohe Molekulargewichte; berechnet man nämlich daraus unter Benützung der entsprechenden η_{sp}/c-Werte die K_m-Konstanten, so ergibt deren Mittel $8{,}8 \cdot 10^{-4}$, also auch einen zu niedrigen Wert; die K_m-Werte schwanken dabei sehr stark, ein Zeichen, daß die Molekulargewichtsbestimmungen der Poly-celloglucan-dihydrate nach der BERGMANN-MACHEMERschen Methode sehr ungenau sind.

---

[1] Man hat versucht, die verschiedenen Cellulosen durch Bestimmung der Kupferzahl zu unterscheiden, denn abgebaute Cellulosen haben eine höhere Kupferzahl wie nicht abgebaute, vgl. G. SCHWALBE: Chemie der Cellulose, S. 625, ferner Ber. Dtsch. Chem. Ges. **40**, 1347 (1907); Ztschr. f. angew. Chem. **23**, 924 (1910).

[2] Vgl. S. 455 u. 462.

Tabelle 357. K_m-Werte für die Poly-celloglucandihydrate, berechnet aus den nach dem BERGMANN-MACHEMERschen Verfahren bestimmten Molekulargewichten und den in SCHWEIZERS Reagens gemessenen η_{sp}/c-Werten.

η_{sp}/c der Hydrate in SCHWEIZERS Reagens bei 20°	Jodzahl J.Z.	Mol.-Gew. $= \dfrac{20\,000}{\text{J.Z.}}$	$K_m \cdot 10^4$ der Hydrate aus $\dfrac{\eta_{sp}}{c \cdot \left(\frac{20\,000}{\text{J.Z.}}\right)}$
24,8	0,55	36 400	6,8
23,4	0,67	29 900	7,8
21,6	0,88	22 700	9,5
20,5	1,98	10 100	20,3
19,2	0,69	29 000	6,6
19,0	1,03	19 400	9,8
15,8	0,85	23 600	6,7
15,8	1,75	11 500	13,8
15,6	1,14	17 500	4,1
13,5	1,27	15 800	8,6
13,2	1,98	10 100	13,1
12,9	0,77	26 100	4,9
10,0	2,18	9 200	10,9
9,9	1,26	15 900	6,2
9,1	1,70	11 700	7,7
7,4	3,37	5 900	12,5
7,1	1,40	14 300	5,0
6,8	2,09	9 600	7,1
5,6	3,06	6 500	8,6
5,0	2,62	7 600	6,6
4,7	4,07	4 900	9,6
3,1	5,24	3 800	8,2
2,8	5,54	3 600	7,8
2,6	6,65	3 000	8,7
2,5	5,84	3 400	7,4
2,5	5,20	3 800	6,6
2,1	7,74	2 600	8,1
1,8	19,52	1 030	17,6
1,8	7,50	2 700	6,8
1,7	6,55	3 050	5,6
1,6	9,37	2 150	7,5
1,2	11,87	1 690	7,1
1,1	13,83	1 450	7,6
1,0	15,72	1 270	7,9
0,9	20,88	960	9,4
0,8	20,97	950	8,4
			Mittelwert: 8,8

angew. Chem. **23**, 924 (1910). Man könnte versuchen, aus dieser Kupferzahl das Molekulargewicht der verschiedenen Cellulosen zu errechnen, aber auch bei diesem Verfahren erhält man, wie bei der Verwendung der Jodzahl, viel zu geringe Werte für das Molekulargewicht der hochmolekularen Produkte; denn es wird durch das Kupferoxyd nicht nur die endständige Aldehydgruppe oxydiert, sondern es treten auch Oxydationen in der Kette ein, vor allem, wenn man Licht nicht ausschließt, vgl. S. 494. Die ausgeschiedenen Kupfermengen sind deshalb größer, als man nach dem Molekulargewicht der Cellulosen erwarten sollte. Vgl. dazu K. FREUDENBERG u. Mitarbeiter: Ber. Dtsch. Chem. Ges. **63**, 1527 (1930).

V. Viscositätsmessungen an Poly-celloglucan-dihydraten in anderen Lösungsmitteln.

Die niedermolekularen Abbauprodukte der Cellulose bis zum Molekulargewicht 2300 lösen sich bei 20° in hochkonzentrierter Calciumrhodanidlösung[1], bis zum Molekulargewicht 1600 auch in 1 n-Natronlauge. Es schien von Interesse zu sein, festzustellen, ob auch in diesen Lösungen einfache Beziehungen zwischen spez. Viscosität und Molekulargewicht obwalteten. Dies ist in der Tat der Fall, wie aus Tabelle 358 ersichtlich ist.

Tabelle 358. Viscositätsmessungen an Lösungen niedermolekularer Poly-celloglucan-dihydrate in Calciumrhodanidlösung und 1 n-Natronlauge.

η_{sp}/c der Acetate in m-Kresol bei 20°	Mol.-Gew. der Acetate aus $M_{Ac} = \dfrac{\eta_{sp}}{c \cdot K_m}$ $K_m = 11 \cdot 10^{-4}$	Polymerisationsgrad der Acetate	Mol.-Gew. der Hydrate aus $M_C = \dfrac{M_{Ac}}{288} \cdot 162$	η_{sp}/c der Hydrate in Calciumrhodanidlösung bei 20°	$K_m \cdot 10^4$ der Hydrate in Calciumrhodanidlösung aus $\eta_{sp}/c \cdot M_C$	η_{sp}/c der Hydrate in 1 n-Natronlauge bei 20°	$K_m \cdot 10^4$ der Hydrate in 1 n-Natronlauge aus $\eta_{sp}/c \cdot M_C$
1,7	1550	5	870	1,4	16,1	1,0	11,5
1,7	1550	5	870	1,1	12,6	0,8	9,2
1,9	1730	6	970	1,5	15,5	1,1	11,3
2,1	1910	7	1070	1,6	15,0	1,1	10,3
2,2	2000	7	1130	2,3	20,3	1,6	14,3
2,3	2090	7	1180	1,8	15,3	1,3	11,0
3,1	2820	10	1590	2,6	16,4	1,8	11,3
3,4	3100	11	1740	3,0	17,2	Unlöslich	—
3,5	3180	11	1790	3,8	21,0	,,	—
4,2	3800	13	2150	3,5	16,3	,,	—
4,2	3800	13	2150	3,3	15,4	,,	—
4,5	4100	14	2300	4,4	19,1	,,	—
					Mittelwert: 16,7		Mittelwert: 11,3

Für die Calciumrhodanidlösungen ergibt sich also K_m zu $16{,}7 \cdot 10^{-4}$, für die Lösungen in 1 n-Natronlauge zu $11{,}3 \cdot 10^{-4}$. Die K_m-Konstanten sind hier also etwas größer als der K_m-Wert für die Poly-celloglucan-dihydrate in SCHWEIZERS Reagens, wohl deshalb, weil eine stärkere Solvatation eintritt[2].

Nach den Ergebnissen, die durch Viscositätsuntersuchungen bei der Polyacrylsäure erhalten wurden, sollte man erwarten, daß die K_m-Konstante noch weit größer ist; denn E. TROMMSDORFF[3] ermittelte für die K_m-Konstante des polyacrylsauren Natriums den Wert $20 \cdot 10^{-4}$, der also etwa um eine Zehnerpotenz höher liegt als die der homöopolaren Molekülkolloide. Der hohe Wert der Konstante ist durch die starke Solvatation des heteropolaren Molekülkolloides bedingt. Man sollte nun erwarten, daß auch die abgebauten Cellulosen in Calciumrhodanidlösung und in Natronlauge eine viel höhere K_m-Konstante haben, als die homöopolaren Molekülkolloide, da hier ebenfalls starke Solvatation eintreten sollte. So sind auch die Lösungen von polyacrylsauren Salzen sehr viel viscoser als die der polyacrylsauren Ester und die der freien Polyacrylsäure[4].

---

[1] v. WEIMARN, P. P.: Kolloid-Ztschr. **11**, 41 (1912); **29**, 197 (1921).

[2] Dadurch wird das Volumen der gelösten Phase vergrößert.   [3] Vgl. S. 351.

[4] Die Viscosität der polyacrylsauren Salze ist weit höher als die der Säuren und Ester; dies liegt einmal an der Solvatation und dann an der Schwarmbildung durch interionische Kräfte. Durch einen Überschuß von Natronlauge wird die Schwarmbildung zwischen den

Um die Viscositätsänderungen in alkalischer und in Calciumrhodanidlösung zu prüfen, wurden die spez. Viscositäten von Glykose und Cellobiose in Calciumrhodanidlösung und in 1 n-Natronlauge mit denen in wässeriger Lösung verglichen.

Tabelle 359. Vergleich der Viscositäten von Glykose und Cellobiose in Calciumrhodanidlösung und 1n-Natronlauge mit denen in Wasser.

Substanz	η_{sp}	η_{sp}/c	η_{sp}	η_{sp}/c	η_{sp}	η_{sp}/c
	in Calciumrhodanidlösung bei 20°		in 1 n-Natronlauge bei 20°		in Wasser bei 20°	
Glykose	0,140	0,7	0,094	0,5	0,040	0,4
Cellobiose	0,150	0,8	0,093	0,5	0,084	0,4

Aus der Tabelle geht hervor, daß die η_{sp}/c-Werte beider Verbindungen in Wasser und in 1 n-Natronlauge ungefähr gleich sind und daß wie bei den Polycelloglucan-dihydraten die Viscosität in Calciumrhodanidlösung etwas höher ist. Das Verhältnis der η_{sp}/c-Werte in diesen Lösungsmitteln ist ungefähr das gleiche wie das Verhältnis der K_m-Konstanten, ein Zeichen, daß die Solvatation pro Grundmolekül in den verschiedenen Lösungsmitteln ungefähr gleich ist.

Tabelle 360.

Lösungsmittel	K_m-Konstanten der Poly-celloglucan-dihydrate	Mittel der η_{sp}/c-Werte von Glykose und Cellobiose	Verhältnis der	
			K_m-Werte	η_{sp}/c-Werte
SCHWEIZERS Reagens resp. Wasser	10,2	0,4	100	100
NaOH	11,3	0,5	111	125
Ca(SCN)$_2$	16,7	0,75	164	188

Eine starke Solvatation tritt hier zum Unterschied von den polyacrylsauren Salzen also nicht ein, was dadurch bedingt ist, daß die Zucker im Gegensatz zur Polyacrylsäure fast neutrale Verbindungen sind, denn nur weitgehend ionisierte heteropolare Verbindungen sind sehr stark solvatisiert. Deshalb liegen auch die K_m-Konstanten der Poly-celloglucan-dihydrate in der Größenordnung der für homöopolare Verbindungen berechneten Werte.

VI. Molekulargewichtsbestimmungen von nativen und technischen Cellulosen.

Von H. STAUDINGER und O. SCHWEITZER wurden die Molekulargewichte von nativen und einer Reihe von technischen Cellulosen durch Viscositätsmessungen ermittelt, wobei für die Berechnung der alte K_m-Wert $6 \cdot 10^{-4}$ benützt wurde. Mit der neuen K_m-Konstante $10 \cdot 10^{-4}$ ergeben sich die in Tabelle 361 aufgeführten Molekulargewichte.

Das Molekulargewicht der verschiedenen Cellulosen schwankt sehr stark; je nach der Reinigungsmethode findet ein mehr oder weniger tiefgreifender Abbau des Cellulosemoleküls statt. So sind die Kupferseiden sehr erheblich abgebaut, etwas weniger der Sulfitzellstoff. Ein geringer Abbau tritt schon bei der Mercerisation ein. Das höchste Molekulargewicht hat die unter vorsichtigen Bedingungen

Fadenmolekülen verhindert; es sinkt so die Viscosität der polyacrylsauren Salze. Aber auch im Überschuß von Natronlauge sind die Lösungen von Salzen höher viscos als solche von den entsprechenden Estern. Diese hohe Viscosität wird durch die Solvatation der heteropolaren Molekülkolloide bedingt.

Tabelle 361. Molekulargewichte verschiedener Cellulosepräparate.

Substanz	η_{sp}/c der Cellulose in SCHWEIZERS Reagens bei 20°	Mol.-Gew. $M = \dfrac{\eta_{sp}}{c \cdot K_m}$ $K_m = 10 \cdot 10^{-4}$	Polymeri- sationsgrad	Länge des Faden- moleküls Å
Unter Stickstoff gereinigte Rohbaum- wolle	121,4	120000	750	3900
Gereinigte Baumwolle	112	112000	690	3680
Mercerisierte Baumwolle, $1^1/_2$ Stunden 0°, 12proz. Lauge	82	82000	510	2650
Mercerisierte Baumwolle, $^1/_2$ Stunde 0°, 12proz. Lauge	78	78000	480	2500
Sulfit-Cellulose Wuppermann. . . .	51	51000	310	1610
Sulfit-Cellulose Neustadt	38	38000	230	1200
Bemberg-Cellulose aus Spinnlösung .	29	29000	180	940
Bemberg-Seide ED 120/100, Zerreiß- festigkeit trocken 407	22	22000	140	730
Bemberg-Seide V 120/24, Zerreiß- festigkeit trocken 141	20	20000	120	620

gereinigte Baumwolle. Hier sind etwa 750 Grundmoleküle in einer langen Kette ge-
bunden. In dieser SCHWEIZER-Lösung sind also Cellulosemoleküle gelöst, die eine
ähnliche Größe haben wie die gelösten Kautschukmoleküle[1]. Die *Cellulosemole-*
küle sind mit Fäden zu vergleichen, die einen *Durchmesser* von 7,5 Å und eine
Länge von ca. 3900 Å besitzen. Diese Moleküle besitzen in Lösung in einer
Schwingungsmittellage dieselbe Gestalt wie im krystallisierten Zustand; sie sind
also fadenförmig.

VII. Prüfung der Methode zur Molekulargewichtsbestimmung von Cellulose.

Nachdem die für die Molekulargewichtsbestimmung der Cellulose wichtige
K_m-Konstante sichergestellt war, galt es noch zu prüfen, wieweit man von den
Meßbedingungen unabhängig ist, wenn man mittels dieser Konstante das Mole-
kulargewicht hochmolekularer Cellulosen ermitteln will.

Wie schon länger bekannt, sind die Celluloselösungen in SCHWEIZERS Reagens
außerordentlich empfindlich gegen Sauerstoff[2], so daß es notwendig ist, die Lösungen unter peinlichst gereinigtem Stickstoff herzustellen und unter völligem Ausschluß von Luft die Viscosität zu messen. Daß der Abbau langer Fadenmoleküle auch photochemisch begünstigt wird, ist bei der Untersuchung der Balata, des
Kautschuks[3] und des Polystyrols[4] festgestellt worden. Es ist deshalb wichtig, die
Cellulose unter Lichtabschluß zu lösen und in gleicher Weise die Messungen vorzunehmen. Zu diesem Zweck wurden Kölbchen und Viscosimeter mit rotem
Tauchlack überzogen.

---

[1] Vgl. Ber. Dtsch. Chem. Ges. **63**, 921 (1930).

[2] BERL, E., u. A. G. INNES: Ztschr. f. angew. Ch. **23**, 987 (1910). — GIBSON, W. H.:
Journ. Chem. Soc. London **117**, 479 (1920). — JOYNER, R. A.: Journ. Chem. Soc. London
121, 2395 (1922). — HESS, K., E. MESSMER u. N. LJUBITSCH: Liebigs Ann. **444**, 316 (1925).
— Über die Empfindlichkeit der SCHWEIZER-Lösungen gegen Luft und Licht vgl. auch
S. 478, Anm. 1.

[3] Vgl. S. 438.   [4] Vgl. S. 217.

Unter diesen Bedingungen[1] ist man bei konstanter Lösungstemperatur hinsichtlich der Lösungsdauer unabhängig von den Meßbedingungen, wie folgende Versuchsergebnisse mit gereinigter Rohbaumwolle vom Polymerisationsgrad 750 und mit gebleichter Baumwolle vom Polymerisationsgrad 320 zeigen.

Tabelle 362. Molekulargewichte von gereinigter Baumwolle und gebleichter Baumwolle bei verschiedener Lösungsdauer.

Substanz	Lösungsdauer in Stunden Temperatur 20°	η_{sp}/c der Cellulose in SCHWEIZERS Reagens bei 20°	Mol.-Gew. aus $M = \dfrac{\eta_{sp}}{c \cdot K_m}$ $K_m = 10 \cdot 10^{-4}$	Polymerisationsgrad
	4	114,0	114000	704
	8	116,4	116400	718
	12	126,0	126000	778
	16	128,2	128200	791
Mit 2proz.	22	121,4	121400	750
Natronlauge	48	111,6	111600	689
unter Stickstoff	72	118,0	118000	728
gereinigte	96	125,2	125200	772
Rohbaumwolle	120	122,4	122400	755
	216	128,8	128800	795
	360	124,0	124000	765
	1000	119,2	119200	736
Gebleichte	4	51,2	51200	316
Baumwolle	22	54,4	54400	336
	45	52,8	52800	326

Wenn zur Messung niederviscose Lösungen verwendet werden, ist es also gleichgültig, ob man sie unter Stickstoff und bei Lichtausschluß kürzere oder längere Zeit bei gleicher Temperatur (20°) stehen läßt. Unter diesen Vorsichtsmaßregeln zeigen die SCHWEIZER-Lösungen große Beständigkeit. Die langen Cellulosemoleküle unterliegen darin keinem Abbau, der sich sofort an einem Absinken der Viscosität bemerkbar machen würde. Sie sind also auch in Lösung stabile Gebilde, falls äußere Einflüsse (Licht, Luftsauerstoff) ferngehalten werden.

VIII. Chemische Umsetzungen an Makromolekülen der Cellulose[2].

Bei den hochpolymeren Verbindungen wurde allgemein die Erfahrung gemacht, daß die Makromoleküle mit zunehmender Kettenlänge immer unbeständiger werden. Die „Verkrackung" der Makromoleküle erfolgt nur leicht in Lösung, im festen Zustand dagegen viel schwerer.

Gleiches wurde auch bei der Cellulose beobachtet. In der festen Substanz, also in der Cellulosefaser, sind die langen Fadenmoleküle durch Einlagerung in das Krystallgitter stabilisiert. Sind die Makromoleküle dagegen gelöst, so werden sie schon beim Erhitzen der Lösungen sehr leicht verkrackt. Sie werden weiter

---

[1] Ohne Lichtschutz bei ca. 20° aufbewahrt, zeigte die Lösung unter Stickstoff nach 41 Tagen $\eta_{sp}/c = 56,8$ (Mol.-Gew. $= 56800$, Polym.-Grad $= 351$), unter Luft nach der gleichen Zeit $\eta_{sp}/c = 52,4$ (Mol.-Gew. $= 52400$, Polym.-Grad $= 324$); es ist also Abbau vor allem durch Einwirkung von Licht eingetreten.

[2] Aus der Arbeit von H. STAUDINGER u. O. SCHWEITZER: Ber. Dtsch. Chem. Ges. **63**, 3152 (1930).

durch Oxydationsmittel abgebaut. Der Unterschied in der Beständigkeit der eukolloiden und der hemikolloiden Cellulose zeigt sich dabei im Verhalten ihrer Lösungen in SCHWEIZERS Reagens gegen Kupfer-tetrammin-hydroxyd und Luft-sauerstoff unter Lichteinwirkung, wobei nur die erstere stark oxydiert wird. Diese Oxydationen von Cellulosen treten hauptsächlich in alkalischer Lösung auf. Es ist bekannt, daß organische hydroxylhaltige Substanzen in alkalischer Lösung oxydabler sind als in saurer.

Die Technik hat sich dieses Abbaues schon öfters bedient, um Cellulosen in SCHWEIZERS Reagens schnell in Lösung zu bringen; sie werden viel rascher gelöst, wenn man Luft einpreßt oder wenn man die Mercerisierung bei Gegenwart von Luft vornimmt. Dabei muß ein starker Abbau der Cellulose mit in Kauf genom-men werden. Durch die leichte Löslichkeit dieser abgebauten niedermolekularen Cellulosen gegenüber den hochmolekularen kann viel rascher gearbeitet werden, aber allerdings auf Kosten der Festigkeit der Faser, welche voraussichtlich mit wachsender Moleküllänge der Cellulose zunimmt.

Von I. SAKURADA[1] wurde die Löslichkeit einer großen Reihe von Cellulosen in SCHWEIZERS Reagens untersucht. Seine Resultate lassen sich mit den neuen Ergebnissen sehr leicht deuten[2]. Es handelt sich bei diesen verschiedenen Cellulosen um Produkte von ganz verschiedenem Polymerisationsgrad. Beim Reinigen der Cellulose mit Chlordioxyd nach dem Verfahren von E. SCHMIDT[3], ferner beim Bleichen, hauptsächlich aber bei Herstellung der Kupferseide und der Viscose, tritt ein starker Abbau des Cellulosemoleküls ein. Je kleiner diese Mole-küle sind, um so geringer sind die zwischenmolekularen Kräfte zwischen den Ketten und um so leichter gehen sie in Lösung.

In saurer Lösung werden die Celluloseketten noch leichter als in alkalischer Lösung gespalten, da die glykosidischen Bindungen gegen Säuren bekanntlich sehr empfindlich sind[4].

Bei vielen Veresterungen der Cellulose werden deshalb abgebaute Produkte gewonnen, da gleichzeitig eine Spaltung der Kette durch die Säure eintritt. Merkwürdigerweise macht die Nitrierung eine Ausnahme; denn dabei tritt keine Spaltung der Cellulosekette ein[5].

IX. Konstitution und Molekulargewicht der nativen Cellulose[6].

Daß die native Cellulose aus außerordentlich großen Molekülen aufgebaut ist, konnten bereits H. STAUDINGER und H. FREUDENBERGER[7] mit großer Sicherheit schließen; denn das höchstmolekulare Spaltstück beim acetolytischen Abbau der Cellulose hatte einen Polymerisationsgrad von 150. Bei Beginn des aceto-

---

[1] I. SAKURADA: Ber. Dtsch. Chem. Ges. **63**, 2027 (1930).

[2] Über die Annahme einer der Cellulose eigenen „Fremdhautsubstanz" vgl. K. HESS u. Mitarbeiter: Ber. Dtsch. Chem. Ges. **64**, 408, 1174 (1931). Vgl. dazu H. STAUDINGER: Ber. Dtsch. Chem. Ges. **64**, 1688 (1931).

[3] SCHMIDT, E.: Ber. Dtsch. Chem. Ges. **57**, 1834 (1924).

[4] Um die Cellulose ohne Schädigung von der „Fremdhautsubstanz" zu befreien, dürfte also die Anwendung von Säuren, wie es K. HESS [Ber. **64**, 408 (1931)] angibt, recht un-geeignet sein.

[5] Vgl. S. 506.

[6] Vgl. H. STAUDINGER u. O. SCHWEITZER: Ber. Dtsch. Chem. Ges. **63**, 3132 (1930).

[7] Ber. Dtsch. Chem. Ges. **63**, 2331 (1930). Vgl. S. 446.

lytischen Abbaus ist dabei die Spaltung der Cellulosemoleküle eine besonders intensive, da längere Moleküle viel leichter verkrackt werden als kürzere. Deshalb konnte schon aus diesen früheren Versuchen der Schluß auf ein sehr hohes Molekulargewicht der Cellulose gezogen werden. Dieser findet durch die viscosimetrischen Messungen von Celluloselösungen in Schweizers *Reagens* eine Bestätigung.

Das Molekulargewicht der Cellulose ist also weit größer, als es von E. Heuser[1] auf Grund von Molekulargewichtsbestimmungen von Methylcellulosen und von K. H. Meyer und H. Mark[2] auf Grund von Bestimmungen der Krystallitgröße abgeschätzt wurde. Diese Autoren nehmen einen Polymerisationsgrad von 100—150 an. Cellulosen mit einem Durchschnittsmolekulargewicht von 16000—24000 haben aber ganz andere Eigenschaften; es sind die abgebauten Cellulosen (Hydratcellulosen), die hemikolloiden Charakter haben[3].

Aus den Arbeiten von K. H. Meyer und H. Mark ergibt sich, daß *röntgenographische Methoden* gerade in der *wichtigsten Frage der Konstitutionsaufklärung* der Cellulose, nämlich der der Feststellung des Durchschnittsmolekulargewichts, *keinen Entscheid*[4] bringen. Sie versagen also im entscheidendsten Punkt; denn die Frage nach dem Molekulargewicht ist weitaus die wichtigste, da die merkwürdigen physikalischen Eigenschaften der Hochpolymeren, z. B. ihre Festigkeit, die auffallende Viscosität ihrer kolloiden Lösungen usw. gerade von der Molekülgröße abhängen.

Röntgenographische Untersuchungen können nur in die Krystallstruktur eindringen. Sie vermitteln ein Bild über die Lagerung der langen Kettenmoleküle im Krystall[5]. Sie sind weiter geeignet, die topochemischen Veränderungen am Cellulosekrystall aufzuklären[6], also chemische Reaktionen an der Cellulose unter Erhaltung der Faserstruktur.

Unterschiede in der Moleküllänge kann man dagegen durch röntgenographische Untersuchungen nicht auffinden, wenn die Fadenmoleküle sehr lang sind. Fadenmoleküle gleicher Bauart, aber ungleicher Länge können gleichartig krystallisieren. Daß die Lücken in dem Gitter, die durch die Molekülenden hervorgerufen werden, je nach der Länge der Moleküle verschiedenartig verteilt sind, entzieht sich der röntgenographischen Untersuchung. Um ein Bild zu gebrauchen, so können gleichartig geformte lange Stäbe gleichartig gebündelt werden, und es ist dabei einerlei, ob diese Stäbe länger oder kürzer sind.

Die Cellulose ist wie der Kautschuk aus Makromolekülen aufgebaut. Es ist interessant, daß die beiden ganz verschieden konstituierten Naturprodukte ein ähnliches makromolekulares Aufbauprinzip haben. Wenn man durch vorliegende Untersuchungen die Größenordnung der gelösten Cellulosemoleküle kennt, so ist

---

[1] Ztschr. f. Elektrochem. **31**, 498 (1925). — Heuser, E., u. N. Hiemer: Cellulosechemie **6**, 101, 125, 153 (1925).

[2] Ber. Dtsch. Chem. Ges. **61**, 593 (1928) — Ztschr. f. physik. Ch. (B) **2**, 128 (1929).

[3] A. J. Stamm nimmt auf Grund von Versuchen der Sedimentierung in der Svedberg-Zentrifuge ein Molekulargewicht von 50000 an, vgl. Journ. Amer. Chem. Soc. **52**, 3047 (1930).

[4] Hierauf wurde auch bei der Untersuchung der Polyoxymethylene hingewiesen, vgl. Ztschr. f. physik. Ch. **126**, 425 (1927).

[5] Staudinger, H., u. R. Signer: Über den Krystallbau hochpolymerer Verbindungen. Ztschr. f. Krystallogr. **70**, 193 (1929).

[6] Daß für hochpolymere Substanzen topochemische Reaktionen charakteristisch sind, darauf wurde schon früher aufmerksam gemacht, vgl. H. Staudinger: Ber. Dtsch. Chem. Ges. **59**, 3028 (1926).

damit allerdings noch nicht die Größe des Cellulosemoleküls in den natürlichen Cellulosen bekannt, z. B. diejenige der Cellulosemoleküle im Baumwollfaden, denn es ist bei der Empfindlichkeit der Makromoleküle nicht ausgeschlossen, daß schon beim Quellen und Lösen in Schweizers Reagens ein Abbau der Cellulose eintritt. Es ist nur eine Mindestmolekülgröße der Cellulose festgestellt.

Die Cellulose ist möglicherweise ein einaggregatiger Stoff, dessen Makromoleküle nur im festen Zustand, eingelagert im Krystallgitter, existenzfähig sind[1].

Bei synthetischen Hochpolymeren haben die Makromoleküle nicht eine einheitliche Länge, sondern es handelt sich hier immer um Gemische[2] Polymerhomologer. Es ist nicht möglich, im Laboratorium die Bedingungen der Synthese so zu gestalten, daß Moleküle ein und derselben Größe entstehen. Es ist aber nicht ausgeschlossen, daß *die natürliche Cellulose einer bestimmten Pflanze sich aus Makromolekülen ein- und derselben Größe zusammensetzt*, denn es könnte die Eigenschaft pflanzlicher Zellen sein, Moleküle einer ganz bestimmten Länge zu bauen. Bei der Größe des Cellulosemoleküls sind so die mannigfaltigsten Cellulosearten möglich. Wir halten es für durchaus denkbar, daß irgendeine bestimmte Zelle, wie sie z. B. in der Baumwolle vorliegt, eine charakteristische Cellulose besitzt, die sich aus Molekülen einheitlicher Länge aufbaut, daß aber die Molekülgröße dieser Cellulose sich von derjenigen anderer Cellulosen unterscheidet. Darüber einen Entscheid zu treffen, ist außerordentlich schwer, solange es nicht gelingt, Cellulose unverändert in Lösung zu bringen oder die Molekülgröße der Cellulose in festem Zustand zu bestimmen. Röntgenometrische Methoden sind, wie oben gesagt, dazu nicht geeignet. Auch die meisten Umsetzungen der Cellulose, z. B. die Acetylierung, können nach den obigen Darlegungen keine Aufklärung bringen, da hierbei immer ein Abbau eintritt. Die Abbauprodukte bestehen in jedem Fall aus einem Gemisch von polymerhomologen Spaltstücken.

So bleibt das Problem der endgültigen Konstitution der nativen Cellulose vorläufig noch ungelöst. Durch die vermehrte Kenntnis des Baus der hochmolekularen Produkte ist aber die Lösung der Frage nach dem Aufbau der nativen Cellulose jetzt möglich geworden und wird in der nächsten Arbeit weiter diskutiert.

Die Durchführung dieser Arbeit wurde durch ein Stipendium der Justus Liebig-Gesellschaft ermöglicht, wofür wir auch an dieser Stelle unseren verbindlichsten Dank aussprechen möchten.

D. Die Konstitution der Nitrocellulose[3].

Bearbeitet von H. Haas.

I. Frühere Arbeiten und Anschauungen über Nitrocellulose.

Die Nitrocellulose beansprucht als leicht zugängliches und erstes der technisch wichtigen Derivate der Cellulose seit langem ein großes Interesse. Vor allem ist es die Kolloidchemie, die sich von jeher sehr stark mit ihr beschäftigt. Die Lösungen der Nitrocellulose wurden als eine Art Schulbeispiel einer kolloidalen

---

[1] Staudinger, H. u. Mitarbeiter: Liebigs Ann. **474**, 166 (1929). Vgl. S. 50.
[2] Staudinger, H.: Ber. Dtsch. Chem. Ges. **59**, 3021 (1926). Vgl. S. 7.
[3] 69. Mitteilung über hochpolymere Verbindungen.

Lösung oft untersucht. Man versuchte durch osmotische[1], Diffusions-[2] und Viscositätsmessungen[3] Aufklärung über den Aufbau und die Größe der in diesen Lösungen vorhandenen Teilchen zu gewinnen, ohne daß dies bis jetzt gelang. Im Anschluß an die vorhergehenden drei Arbeiten, die gezeigt haben, wie es mit Hilfe von Viscositätsmessungen möglich war, den Aufbau und die Molekülgröße von Cellulose und Acetylcellulose zu bestimmen, war es interessant, zu untersuchen, ob bei der Nitrocellulose dieselbe Methode zum Ziele führe. Dies war um so wichtiger, als manche Anhaltspunkte dafür vorhanden waren, daß die Nitrocellulose sich grundsätzlich anders verhält als die Acetylcellulose. So haben die Lösungen der nach der gewöhnlichen Darstellungsart erhaltenen Nitrocellulosen eine außerordentlich viel höhere Viscosität als gleichkonzentrierte Lösungen selbst sehr hochmolekularer Acetylcellulosen und Cellulosen und zeigen starke Abweichungen vom HAGEN-POISEUILLEschen Gesetz.

Tabelle 363 gibt eine Zusammenstellung von Viscositäten grundmolarer und gleichkonzentrierter Lösungen von Cellulose in SCHWEIZERS Reagens, Acetyl-

Tabelle 363. Vergleich der Viscositäten von Cellulose in SCHWEIZERS Reagens, Acetylcellulose in m-Kresol und Nitrocellulose in Butylacetat.

Substanz	Polymeri-sationsgrad	c gd-mol.	η_{sp}/c	$\eta_{sp\,(1,4^0/_0)}$*
Baumwolle in SCHWEIZERS Reagens . . .	750	0,0025	121,4	10,5
Acetylcellulose in m-Kresol	360	0,0025	113,6	5,5
Nitrocellulose aus ungebleichter Baumwolle in Butylacetat	2600	0,0002	1000	49[4]
Nitrocellulose aus gereinigter Rohbaumwolle in Butylacetat	1500	0,0003	600	28[4]

[1] DUCLAUX: C. r. d. l'Acad. des sciences **140**, 1544 (1905). — DUCLAUX u. WOLLMAN: C. r. d. l'Acad. des sciences **152**, 1580 (1911). — OSTWALD, WO.: Kolloid-Ztschr. **49**, 61 (1929). — FIKENTSCHER, H., u. H. MARK: Kolloid-Ztschr. **49**, 135 (1929). — Siehe auch K. H. MEYER u. H. MARK: Der Aufbau der hochpolymeren organischen Naturstoffe, S. 179ff. Leipzig 1930.

[2] HERZOG, R. O.: Ber. Dtsch. Chem. Ges. **58**, 1257 (1925). — HERZOG, R. O., u. D. KRÜGER: Naturwissenschaften **13**, 1040 (1925) — Kolloid-Ztschr. **39**, 250 (1926) — Journ. Physical Chem. **30**, 457 (1926); **33**, 179 (1929) — Chem. Zentralblatt **1926 II**, 387; **1929 I**, 1792). — YAMAGA, N.: Journ. Cell. Inst. Tokyo **2**, 37 (1926); ref. Chem. Zentralblatt **1927 I**, 1135. — HESS: Chemie der Cellulose, S. 378.

[3] DUCLAUX u. WOLLMAN: Bull. Soc. Chim. de France (IV) **27**, 414 (1920) versuchen in dieser Arbeit aus Viscositätsmessungen vermittels der Formel $\eta = \eta_0 \cdot 10^{kc}$ einen Zusammenhang zwischen Viscosität und Mindestmolekulargewicht zu finden. — BERL, E., u. Mitarbeiter: Ztschr. f. d. ges. Schieß- u. Sprengstoffwesen **2**, 381 (1907); **4**, 81 (1909); **5**, 82 (1910) — Chem. Zentralblatt **1908 I**, 1381; **1909 I**, 1275; **1910 I**, 2074 — Ztschr. f. angew. Ch. **1928**, 130 — Ztschr. f. physik. Ch. (A) **148**, 471 (1930); **152**, 150, 284 (1931) — Kolloidchem. Beihefte **34**, 12 (1932). — FIKENTSCHER, H., u. H. MARK: Kolloid-Ztschr. **49**, 135 (1929). — FIKENTSCHER, H.: Cellulosechemie **13**, 58, 71 (1932). — BAKER, F.: Journ. Chem. Soc. London **103**, 2, 1653 (1913). — MASSON, J., u. R. McCALL: Journ. Chem. Soc. London **1920**, 819. — PIEST, C.: Ztschr. f. angew. Ch. **1911**, 968. — McBAIN, J. W.: Journ. Physical Chem. **30**, 239, 312 (1926). — KUMICHEL, W.: Kolloidchem. Beihefte **26**, 161 (1928).

* Es sei ausdrücklich darauf hingewiesen, daß es sich hier um eine Umrechnung der in verdünnteren Lösungen gemessenen Viscositäten auf solche einer 1,4 proz. Lösung handelt. Messen darf man in 1,4 proz. Lösung nur hemikolloide Substanzen. Bei den höhermolekularen hat man dabei die Grenzviscosität bereits überschritten.

[4] Gemessen bei einem Geschwindigkeitsgefälle von ca. 1000.

cellulose in m-Kresol und Nitrocellulose in Butylacetat, aus der die großen Unterschiede in der Viscosität der Nitrocellulosen im Vergleich zur Cellulose und Acetylcellulose deutlich hervorgehen. Diese außerordentlich hohe Viscosität der Nitrocellulosen hat in der Kolloidchemie allgemein zu der Auffassung eines micellaren Aufbaus der Nitrocellulose geführt, wobei man die Abweichungen vom HAGEN-POISEUILLEschen Gesetz mit Strukturviscosität in Zusammenhang brachte.

So schreibt z. B. J. W. McBAIN[1]: "The writer is however convinced that the most important micelles are those in which electrical charge plays but an insignificant role. These are the neutral micelles or neutral colloids exemplified by undissociated soap and sols of nitrocellulose, and which according to LAING and McBAIN [Journ. Chem. Soc. London 117, 1507 (1920)] are the particles from which the gel structure of soap solutions are made up. . . . The conception here put forward is that the nitro cotton fibres are made up of micelles which are linked together at various points by bonds of residual affinity or chemical valency, these bonds vary greatly in nature and strength. . . . This conception shows clearly how apparent viscosity of various solutions of nitro cotton is to be explained. It is due to the presence of loose ramifying aggregates of micelles. The best solvents are those in which dismemberment proceeds furthest through solvation of the various points of affinity."

II. Versuch der Herstellung einer polymerhomologen Reihe von Nitrocellulosen durch Variation der Nitrierbedingungen.

Bei der Acetylcellulose kann man leicht durch Variation der Acetylierungsdauer und -temperatur zu einer polymerhomologen Reihe von Acetylcellulosen gelangen. Man erhält dabei Produkte vom Polymerisationsgrad 360 bis herab zu dem Glykosepentaacetat. Darum wurde zuerst versucht, auch bei der Nitrocellulose auf diese Weise eine polymerhomologe Reihe von abgebauten Nitrocellulosen herzustellen. Dabei zeigte sich, daß durch Verlängerung der Nitrierdauer die außerordentlich hohe Viscosität der so erhaltenen Nitrocellulose nur wenig herabgesetzt werden kann (s. Tabelle 364). Auch die Erhöhung der Nitriertemperatur ist nur von geringem Einfluß.

Tabelle 364.
Spezifische Viscositäten in 0,01 gd-mol.[2] Butylacetatlösung von Nitrocellulosen, die unter verschiedenen Nitrierbedingungen hergestellt wurden.

Konzentration der verwendeten Nitriersäure	Nitriertemperatur	Dauer der Nitrierung in Stunden	η_{sp}
Auf je 10 g Watte:		5	14,2
100 ccm gelbe rauchende Salpetersäure 98%	0°	24	13,0
(D 1,51)		80	12,9
und		5	10,8
200 ccm konz. Schwefelsäure	20°	24	9,5
		80	7,6

[1] McBAIN, J. W.: Journ. Physical Chem. 30, 245 (1926). Vgl. dazu die Micellartheorie von K. H. MEYER: Ztschr. f. angew. Ch. 41, 935 (1928).

[2] Das Grundmolekulargewicht der Nitrocellulose ist 297. Eine grundmolare Lösung ist demnach 29,7 proz.

So unterscheidet sich die Darstellung der Nitrocellulose sehr stark von der der Acetylcellulose. Durch die Einwirkung von Salpetersäure/Schwefelsäure wird die Cellulose demnach kaum abgebaut, während die Einwirkung von Essigsäureanhydrid/Schwefelsäure einen starken Abbau hervorruft. Für diesen auffallenden Umstand ist eine zureichende Erklärung nicht zu finden. Er beruht nicht etwa darauf, daß die Cellulose beim Nitrieren nicht in Lösung geht, während sie bei der Acetylierung gelöst wird. Denn man kann die Cellulose auch in der Faser acetylieren und erhält trotzdem ein relativ niedrigviscoses Acetylierungsprodukt[1]. Man kann annehmen, daß ein stärkerer Abbau dadurch verhindert wird, daß die konzentrierte Salpetersäure hier in Gegenwart der konzentrierten Schwefelsäure nicht dissoziiert, sondern als Pseudosäure im Sinne HANTZSCHS vorliegt und in dieser homöopolaren Form die glykosidischen Bindungen in der Cellulose nicht angreifen kann. Es wurde deshalb versucht, durch Anwendung verdünnterer Säuren einen stärkeren Abbau zu erreichen und so hemikolloide Nitrocellulosen herzustellen. Wie Tabelle 365 zeigt, läßt sich so tatsächlich ein stärkerer Abbau erreichen.

Tabelle 365. Spezifische Viscositäten in 0,01 gd-mol. Butylacetatlösung von Nitrocellulosen, die mit verdünnterer Nitriersäure hergestellt wurden.

Konzentration der verwendeten Nitriersäure	Nitriertemperatur	Dauer der Nitrierung in Stunden	η_{sp}
Auf je 10 g Watte:		5	6,2
150 ccm konz. Salpetersäure 65,3 %	0°	24	6,2
(D 1,40)		80	6,2
und		5	5,3
200 ccm konz. Schwefelsäure	20°	24	5,3
		80	4,1

Das am stärksten abgebaute Produkt ist aber immer noch sehr hochviscos. Für das höchstviscose Produkt aus Tabelle 364 ergibt sich aus Messungen in verdünnter Lösung ein η_{sp}/c-Wert von ca. 350, für das niedrigstviscose Produkt aus Tabelle 365 ein solcher von ca. 250. Auch dieses am stärksten abgebaute Produkt ist also immer noch sehr viel höher viscos als die höchstmolekulare Acetylcellulose, die einen η_{sp}/c-Wert von 113,6 aufweist (s. Tabelle 363, S. 499). Diese sehr viel höhere Viscosität der Lösungen der Nitrocellulose könnte das Zeichen eines besonderen Baus der Kolloidteilchen sein, oder man muß annehmen, daß die native Cellulose beim Nitrieren, wie gesagt, nicht wesentlich abgebaut wird und daß in Nitrocelluloselösungen außerordentlich lange Fadenmoleküle vorliegen.

Bei dem großen technischen Interesse, das die Nitrocellulose schon seit langem beansprucht, ist es natürlich, daß bereits in einer großen Reihe von Arbeiten der Einfluß der verschiedenen Herstellungsarten auf die Qualität des Endprodukts untersucht wurde, wobei oft die Viscosität als Kriterium der Qualität benutzt wurde. Daß die Verlängerung der Einwirkungszeit der Nitriersäure besonders bei hoher Temperatur die Viscosität der Lösungen vermindert, zeigt z. B. G. LUNGE[2], ferner auch G. LEYSIEFFER[3] und KATSUMOTO ATSUKI und MASANORI ISHIWARA[4]. Daß bei

[1] Siehe Fußnote 1 auf S. 473.   [2] LUNGE, G.: Ztschr. f. angew. Ch. **1906**, 2051.
[3] LEYSIEFFER, G.: Kolloidchem. Beihefte **10**, 145 (1918).
[4] ATSUKI, KATSUMOTO, u. MASANORI ISHIWARA: Proc. Imp. Acad. Tokyo **4**, 386 — Chem. Zentralblatt **1928 II**, 2234.

höherer Nitriertemperatur Nitrocellulosen entstehen, die weniger viscose Lösungen geben, geht hervor aus den Arbeiten von G. Lunge[1], G. Leysieffer[2] und C. Piest[3]. Dieselben Autoren, ebenso D. Krüger[4], zeigen auch, daß eine Erhöhung des Wassergehalts der Nitriersäuren eine Verminderung der Viscosität des Reaktionsproduktes hervorruft. Die Verminderung, die sich auf diese Weise erreichen läßt, ist aber nur beschränkt, womit die obigen Beobachtungen übereinstimmen. Will man niedrigviscose Nitrocellulose erhalten, so muß man von bereits abgebauter Cellulose ausgehen, d. h. von Produkten wie Hydrat- oder Oxycellulose, bei denen durch Einwirkung von Säuren bzw. durch Autoxydation die langen Moleküle der nativen Cellulose abgebaut sind, oder von gebleichter Baumwolle, bei der der Bleichprozeß diese Wirkung hervorgerufen hat. Das geht aus einer umfangreichen Patentliteratur und aus zahlreichen anderen Arbeiten hervor[5]. So zeigen z. B. O. Guttmann[6], H. Schwarz[7], C. Piest[3], F. Baker[8] und E. Berl[9], daß Nitrocellulosen aus gebleichter oder mercerisierter Baumwolle niedrigerviscos sind als solche aus unveränderter Baumwolle. In den Arbeiten von E. Berl und R. Klaye[10] sowie von C. Piest[11] wird festgestellt, daß Hydro- und Oxycellulose niedrigerviscose Nitrocellulose geben als unveränderte Cellulose. Berl spricht dabei aus, daß bei Herstellung der Hydro- bzw. Oxycellulose das Molekül der Cellulose verkleinert werde. G. Leysieffer[12] und E. Berl und E. Berkenfeld[13] finden, daß Nitrat aus Baumwolle höherviscos ist als solches aus Holzzellstoff. Nach D. Krüger[14] kann man den Grad der „Vorreife" der zur Herstellung von Viscose benutzten Cellulose durch Viscositätsmessung der aus den verschiedenen Proben hergestellten Nitrate bestimmen. Die Viscosität dieser Nitrate nimmt mit zunehmender Reife der Ausgangscellulose ab und gibt ein qualitatives Maß für den Fortschritt des Reifeprozesses.

Hieraus sieht man, daß bei den Nitrocellulosen ein Zusammenhang zwischen der Viscosität ihrer Lösungen und ihrem Molekulargewicht bestehen muß. Um diesen Zusammenhang aufzufinden, muß man sich die Erfahrungen zunutze machen, die in den vorangehenden drei Arbeiten und in den früheren Arbeiten über die Cellulose niedergelegt sind, in denen der Aufbau der Cellulose aus Makromolekülen nachgewiesen wurde.

---

[1] Siehe Fußnote 2 auf S. 501.   [2] Siehe Fußnote 3 auf S. 501.

[3] Piest, C.: Ztschr. f. das ges. Schieß- u. Sprengstoffwesen 5, 409 (1910) — Chem. Zentralblatt 1910 II, 1889.

[4] Krüger, D.: Cellulosechemie 8, 1 (1927).

[5] Außer den folgenden z. B. auch: W. H. Gibson, u. R. McCall: Journ. Soc. Chem. Ind. 39, 172 (1920) — Chem. Zentralblatt 1921 I, 661. — Olsen, F., u. H. A. Aaronson: Ind. Eng. Chem. 21, 1178 (1929) — Chem. Zentralblatt 1930 I, 2201.

[6] Guttmann, O.: Ztschr. f. angew. Ch. 1909, 1717.

[7] Schwarz, H.: Kolloid-Ztschr. 12, 32 (1913).

[8] Baker, F.: Journ. Chem. Soc. London 103, 2, 1653 (1913).

[9] Berl, E.: Ztschr. f. das ges. Schieß- u. Sprengstoffwesen 4, 81 — Chem. Zentralblatt 1909 I, 1275.

[10] Berl, E., u. R. Klaye: Ztschr. f. das ges. Schieß- u. Sprengstoffwesen 2, 381 (1907) — Chem. Zentralblatt 1908 I, 1381.

[11] Piest, C.: Ztschr. f. angew. Ch. 1913, 25.

[12] Leysieffer, G.: Kolloidchem. Beihefte 10, 145 (1918).

[13] Berl, E., u. E. Berkenfeld: Ztschr. f. angew. Ch. 1928, 130.

[14] Krüger, D.: Cellulosechemie 8, 1 (1927).

III. Herstellung einer polymerhomologen Reihe von Nitrocellulosen durch Nitrierung einer Reihe abgebauter Cellulosen.

Da beim Nitrieren nativer Cellulose sich Produkte sehr hoher Viscosität bilden, beim Nitrieren abgebauter Cellulosen aber niedrigviscose Produkte entstehen, konnte man annehmen, daß der Polymerisationsgrad der verschiedenen Cellulosen beim Nitrieren sich nicht ändert.

In den polymerhomologen Poly-celloglucan-dihydraten, die von H. Scholz[1] aus Acetaten hergestellt und deren Molekulargewichte durch Viscositätsmessungen bestimmt worden waren, stand ein geeignetes Ausgangsmaterial zur Verfügung, um zu prüfen, ob bei der Nitrierung die Molekülgröße erhalten bleibt. Diese Produkte vom Polymerisationsgrad 5—359 wurden nitriert. Die Nitrierung erfolgte mit den in Tabelle 364, S. 500 angegebenen Säuren und im gleichen Verhältnis Säure : Cellulose, wie dort angegeben, bei 0° während 24 Stunden in Flaschen mit eingeschliffenem Stopfen. Gleichkonzentrierte Lösungen der so entstandenen Produkte in Butylacetat zeigen starke Unterschiede ihrer Viscosität. Es ist also eine polymerhomologe Reihe von Nitrocellulosen entstanden. Diese Unterschiede in der Viscosität beruhen nicht etwa auf einem Unterschied im Stickstoffgehalt. Das zeigen die Werte in Tabelle 366.

Übrigens braucht ein Unterschied im Stickstoffgehalt die Viscosität nicht zu beeinflussen, wie aus den Arbeiten von G. Lunge[2], G. Leysieffer[3], E. Berl und R. Klaye[4] und W. H. Gibson und R. McCall[5] hervorgeht[6]. Der Grad der Nitrierung hängt bei den hier untersuchten Nitraten aus abgebauten Cellulosen von der makroskopischen Teilchengröße ab. Wenn man die Cellulosen nicht sehr fein pulvert, lösen sich die daraus hergestellten Nitrocellulosen nicht vollständig in Butylacetat. Das war bei einigen Nitrocellulosen der Fall, die einen Stickstoffgehalt von 11,8% hatten. Nach Aussieben der gröberen Partikel lösten sich die feineren vollständig. Bei den gröberen war der Kern nicht mitnitriert worden. Daraufhin wurden alle Cellulosen vor der Nitrierung sorgfältig gepulvert.

Tabelle 366. Stickstoffgehalte der nitrierten Poly-celloglucan-dihydrate.

Polymerisationsgrad	Stickstoffgehalt %	Polymerisationsgrad	Stickstoffgehalt %
359	12,4	178	12,8
168	12,7	127	12,7
105	12,7	76	12,8
38	12,1	24	12,4
11	12,8	5	12,4

---

[1] Vgl. S. 485—487.

[2] Lunge, G.: Ztschr. f. angew. Ch. **1906**, 2051.

[3] Leysieffer, G.: Kolloidchem. Beihefte **10**, 145 (1918).

[4] Berl, E., u. R. Klaye: Ztschr. f. d. ges. Schieß- u. Sprengstoffwesen **2**, 381 u. 403 (1907).

[5] Gibson, W. H., u. R. McCall: Journ. Soc. Chem. Ind. **39**, 172 (1920).

[6] Dies ist verständlich, denn nach den Viscositätsgesetzen für Fadenmoleküle hängt die Viscosität gleichkonzentrierter Lösungen wesentlich nur von der Kettenlänge ab, nicht aber von den Seitenketten. Aus diesem Grunde ist es auch für diese Untersuchung ohne Belang, daß die verwendeten Nitrocellulosen nicht den theoretischen Stickstoffgehalt eines Trinitrats, nämlich 14,14%, haben, sondern nur einen Gehalt von durchschnittlich 12,6%, wie er technischen Nitrocellulosen entspricht.

IV. Viscositätsmessungen an einer polymerhomologen Reihe von Nitraten abgebauter Cellulosen.

Die so erhaltenen Nitrocellulosen sind Hemikolloide und Zwischenprodukte zwischen Hemikolloiden und Eukolloiden. Ihre Lösungen gehorchen dem HAGEN-POISEUILLESchen Gesetz, wie aus Tabelle 367 hervorgeht.

Tabelle 367. Spezifische Viscositäten des Nitrats vom Polymerisationsgrad 178 im UBBELOHDESchen Viscosimeter in Butylacetat bei 20°.

Konzentration der Lösung	Geschwindigkeitsgefälle	η_{sp}
	3780	9,7
	2810	9,9
0,05 gd-molar	1550	10,2
	794	10,2
	188	10,1
	80	10,3

Die Druckabhängigkeit ist auch in höherviscoser Lösung nur gering. Da in niederviscoser Lösung die anormalen Viscositätserscheinungen weniger stark hervortreten als in hochviscoser, so sind diese Abweichungen bei den geringen Viscositäten, die gemessen wurden, zu vernachlässigen. Tabelle 368 zeigt sämtliche Messungen, die an diesen Produkten ausgeführt wurden.

Die spez. Viscositäten wurden jeweils für verschiedene Konzentrationen gemessen. Die Spalte 8 der Tabelle 368 zeigt, daß die η_{sp}/c-Werte für verschiedene Konzentrationen stets annähernd konstant sind. Man muß sich nur mit den Messungen weit unterhalb der Grenzviscosität halten, die sich für die Nitrocellulose unter der Annahme eines Fadenmoleküls von 10 Å Durchmesser und 5,2 Å Länge pro Grundmolekül zu 3,05 berechnet. Die Werte der Tabelle 368 zeigen, daß die η_{sp}/c-Werte für spez. Viscositäten zwischen 0,08 und 0,3 konstant sind. Die Nitrocellulosen verhalten sich also ganz gleich wie die Acetylcellulosen. Die Konstanz der η_{sp}/c-Werte für verschiedene Konzentrationen spricht für das Vorliegen von Molekülen und nicht von Micellen. Weiter wurde die Viscosität der Produkte bei verschiedenen Temperaturen gemessen. Wie die Spalten 6, 9 und 11 der Tabelle 368 zeigen, ist die Viscosität der Nitrocellulosen bei 60° um etwa 20—30% geringer als bei 20°.

Daß dies nicht durch einen Hitzeabbau der Nitrocellulosen bedingt ist, zeigt der Umstand, daß nach dem Abkühlen auf die ursprüngliche Temperatur die Viscosität der Lösungen wieder die gleiche ist wie am Anfang, von geringen Schwankungen abgesehen, wie aus den Zahlen der Spalten 7, 10 und 12 der Tabelle 368 hervorgeht[1]. Erst bei längerem Erwärmen der Lösungen auf 60° tritt ein Abbau ein. So war bei dem Produkt vom Polymerisationsgrad 178 nach 142stündigem Erhitzen auf 60° die Viscosität auf 90% gesunken. Diese Abnahme der Viscosität bei steigender Temperatur ist von derselben Größenordnung wie bei den Acetylcellulosen und den hemikolloiden Polystyrolen und ist bedingt durch eine Vergrößerung des Abstandes zwischen den Molekülen bei höherer Temperatur.

---

[1] Der Abbau der Nitrocelluloselösungen, den O. SCHWEITZER fand [siehe H. STAUDINGER u. O. SCHWEITZER: Ber. Dtsch. Chem. Ges. **63**, 2329 (1930)], war vielleicht bedingt durch einen geringen Säuregehalt der Lösungen, da die Nitrocellulosen nicht lange genug ausgewaschen waren. Sämtliche in dieser Arbeit beschriebenen Produkte wurden bis zur Säurefreiheit mit Wasser gewaschen. Die Bemerkung von E. BERL [siehe Ztschr. f. physik. Ch. (A) **152**, 292 (1931)], daß dieser Abbau vielleicht durch ungenügende Trocknung hervorgerufen sei, trifft nicht zu. Sämtliche Produkte, auch alle in dieser Arbeit beschriebenen, wurden am Hochvakuum bis zur Gewichtskonstanz getrocknet. Diese Trocknung nahm meistens mehrere Wochen in Anspruch.

Sie beruht also auf denselben Ursachen wie die Abnahme der absoluten Viscosität bei Temperatursteigerung.

Tabelle 368.

Viscositätsmessungen an Nitraten abgebauter Cellulosen in Butylacetat.

1	2	3	4	5	6	7	8	9	10	11	12	13
Polymerisationsgrad der Cellulosen a	Durchschnittsmolekulargewicht $(a \cdot 297)$	Konzentration der Lösung c %	gd-mol.	η_{sp} 20°	60°	20°	η_{sp}/c 20°	60°	20°	Temp.-Abhängigkeit in Proz. $(\eta_{sp}\,20° = 100)$ 60° *	Temp.-Empfindlichkeit in Proz. $(\eta_{sp}\,20° = 100)$ 20° **	$K_m \cdot 10^4$
359	106620	0,045	0,0015	0,191	0,133	0,187	127	89	125	70	98	11,9
		0,024	0,0008	0,089	0,069	0,085	111	86	106	78	96	10,4
239	70980	0,065	0,0022	0,203	0,152	0,201	92	69	91	75	100	13,0
		0,065	0,0022	0,205	0,147	0,205	93	67	93	72	100	13,1
178	52870	0,15	0,005	0,368	0,277	0,368	74	55	74	75	100	14,0
		0,045	0,0015	0,105	0,078	0,105	70	52	70	74	100	13,3
168	49900	0,15	0,005	0,383	0,286	0,377	77	57	75	75	98	15,4
		0,089	0,003	0,196	0,151	0,196	65	50	65	77	100	13,0
		0,074	0,0025	0,168	0,124	0,168	67	50	67	74	100	13,4
		0,045	0,0015	0,096	0,075	0,096	64	50	64	78	100	12,8
		0,030	0,001	0,060	0,047	0,060	60	47	60	78	100	12,0
127	37720	0,15	0,005	0,267	0,206	0,271	53	41	54	77	101	14,1
		0,15	0,005	0,250	0,185	0,250	50	37	50	74	100	13,3
		0,074	0,0025	0,112	0,084	0,112	45	35	45	75	100	11,9
		0,074	0,0025	0,111	0,080	0,116	44	32	46	72	104	11,7
105	31185	0,15	0,005	0,235	0,180	0,235	47	36	47	77	100	15,1
		0,15	0,005	0,225	0,174	0,225	45	35	45	77	100	14,4
		0,074	0,0025	0,099	0,083		40	33		84		12,8
76	22570	0,15	0,005	0,166	0,133		33	27		80		14,6
		0,089	0,003	0,092	0,074	0,088	31	25	29	80	96	13,7
38	11285	0,89	0,03	0,578	0,459	0,578	19	15	19	79	100	16,8
		0,3	0,01	0,173	0,141	0,168	17	14	17	81	97	15,0
		0,15	0,005	0,076	0,061	0,078	15	12	16	80	103	13,3
24	7130	0,65	0,022	0,250	0,204	0,254	11	9	12	82	102	15,4
		0,36	0,012	0,134	0,099	0,132	11	8	11	74	98	15,4
11	3265	1,3	0,045	0,166	0,135	0,166	3,7	3,0	3,7	81	100	11,3
		0,74	0,025	0,093	0,073	0,096	3,7	2,9	3,8	78	103	11,3
5	1485	2,7	0,09	0,155	0,134	0,155	1,72	1,50	1,72	86	100	11,6
		1,34	0,045	0,079	0,058	0,077	1,76	1,29	1,71	73	97	11,9
2 Cellobiosenitrat	594	3,7	0,125	0,093	0,067	0,093	0,74	0,54	0,74	72	100	12,5
		2,2	0,075	0,058	0,040	0,058	0,77	0,53	0,77	69	100	13,0

$$K_m = 13{,}3 \cdot 10^{-4} \text{ im Mittel.}$$

* In dieser Kolonne wird die Abweichung der Viscosität der Lösung bei 60° von der Ausgangsviscosität bei 20° in Proz. angegeben, also die Temperaturabhängigkeit der Nitrocellulose.

** In dieser Kolonne wird die Abweichung der Viscosität der Lösung nach dem Abkühlen auf 20° von der Ausgangsviscosität bei 20° in Proz. angegeben, also die Temperaturempfindlichkeit der Nitrocellulose.

V. Die K_m-Konstante der Nitrocellulosen.

Wenn man annimmt, daß bei der Überführung der abgebauten Cellulosen in die Salpetersäureester kein Abbau der Fadenmoleküle eintritt, dann müssen Nitrocellulosen entstehen, deren Molekulargewicht sich berechnet aus dem Polymerisationsgrad der Cellulosen mal dem Grundmolekulargewicht der Nitrocellulose 297. Wenn diese Voraussetzung — daß bei der vorgenommenen Reaktion nur eine Nitrierung, aber keine sonstige Veränderung des Moleküls stattfindet — richtig ist, dann muß sich aus den so berechneten Molekulargewichten und den η_{sp}/c-Werten nach der Formel $\eta_{sp}/c = K_m \cdot M$ eine K_m-Konstante berechnen lassen. Wie aus Spalte 13 der Tabelle 368 hervorgeht, zeigen die so errechneten Werte für die K_m-Konstante eine hinreichende Übereinstimmung. Die Schwankungen im Werte dieser Konstanten rühren wie stets in diesen Fällen daher, daß keine einheitlichen Stoffe vorliegen, sondern Gemische von Polymerhomologen. Die Größe dieser Konstante läßt sich ebenso wie die der Acetylcellulose berechnen (s. S. 468) und hat denselben Wert wie diese. Die gemessene Konstante weicht mit einem Mittelwert von $13 \cdot 10^{-4}$ etwas von der der Acetate mit $11 \cdot 10^{-4}$ und der der Cellulose mit $10 \cdot 10^{-4}$ ab. Möglicherweise ist diese Abweichung auf Fehler bei der Bestimmung der Konstante zurückzuführen, die sich aus dem Umstand ergeben können, daß man nicht mit reinen Substanzen, sondern mit Gemischen von Polymerhomologen arbeitet[1]. Es ist aber auch nicht ausgeschlossen, daß die Nitrocellulose Lösungsmittelmoleküle koordinativ bindet, so daß man tatsächlich ein größeres Molekül mißt, als in Rechnung gestellt ist. Doch kann darüber auf Grund der bisherigen Messungen nichts ausgesagt werden. Hier sollen nur die einfachen Beziehungen zwischen Viscosität und Molekulargewicht dargelegt werden.

Nach den Viscositätsgesetzen zeigen Fadenmoleküle gleicher Kettenlänge in gleichkonzentrierter Lösung dieselbe spez. Viscosität. Wenn sich die untersuchten

Tabelle 369. Vergleich der spezifischen Viscositäten 1,4proz. Lösungen von Acetylcellulosen, Cellulosen und Nitrocellulosen.

Polymerisationsgrad	Länge des Fadenmoleküls in Å	$\eta_{sp\,(1,4\,\%)}$ der Acetate in m-Kresol	$\eta_{sp\,(1,4\,\%)}$ der Hydrate in SCHWEIZER-Lösung	$\eta_{sp\,(1,4\,\%)}$ der Nitrate in Butylacetat
359	1867	5,5	3,9	5,5
239	1243	3,7	2,8	4,4
178	926	2,7	2,1	3,4
168	874	2,6	2,0	3,1
127	660	2,0	1,7	2,2
105	546	1,6	1,4	2,0
76	395	1,2	1,1	1,5
38	198	0,59	0,62	0,8
24	125	0,35	0,40	0,53
11	57	0,17	0,17	0,18
5	26	0,08	0,08	0,08

Nitrocellulosen in einer stöchiometrischen Umsetzung aus den Cellulosen gebildet haben, dann muß die Kettenlänge erhalten geblieben sein. In gleichkonzentrierter Lösung müssen also die Nitrate die gleiche Viscosität haben wie die Cellulosen, aus

---

[1] Vgl. S. 64.

denen sie hergestellt sind. In Tabelle 369 sind die spez. Viscositäten 1,4proz. Lösungen von Poly-triacetyl-celloglucan-diacetaten, von den Poly-celloglucan-dihydraten, die aus diesen Acetaten erhalten sind, und von den Nitraten, die aus diesen Hydraten hergestellt wurden, zusammengestellt[1]. Man ersieht aus den Zahlen der Tabelle 369, daß diese Bedingung erfüllt ist. Die Viscositäten der Nitrocellulosen stimmen mit denen der Cellulosen, aus denen sie gewonnen sind, und mit denen der Acetate, aus denen diese Cellulosen hergestellt sind, annähernd überein. Damit ist erwiesen, daß bei der Überführung dieser Produkte ineinander ihre Kettenlänge erhalten bleibt[2]. Die Teilchen in Lösung sind demnach normale Moleküle und keine Micellen.

VI. Verwendung der Nitrocellulose zur Bestimmung des Molekulargewichts der nativen Cellulose.

Im festen krystallisierten Zustand kann man, wie dargelegt wurde[3], nach den heutigen Methoden das Molekulargewicht der Hochmolekularen nicht bestimmen. Es ist vielmehr notwendig, sie in Lösung zu bringen und dann aus der Analyse des Baus und der Größe der Kolloidteilchen das normale Molekulargewicht zu bestimmen. Wenn man die Cellulose als Acetylcellulose in lösliche Form bringt, so ist damit nach den früheren Messungen ein starker Abbau verbunden (s. S. 462). Aus dem Molekulargewicht der Acetylcellulose kann man nur schließen, daß die native Cellulose ein sehr viel höheres Molekulargewicht haben muß. Eine viel mildere Art, Cellulose in Lösung zu bringen, ist die Auflösung der Cellulose in SCHWEIZER-Lösung, wobei sich lösliche Cu-Komplexe der Cellulose bilden. Es wurde aber schon früher darauf hingewiesen (s. S. 496), daß es fraglich ist, ob so das Molekulargewicht der nativen Cellulose bestimmt werden kann, da in dieser Lösung die Makromoleküle der nativen Cellulose durch den oxydativen Einfluß des Kupferoxyds bereits abgebaut sein können. Nachdem sich durch vorstehende Untersuchung ergeben hat, daß die Kettenlänge der abgebauten Cellulosen beim Nitrieren erhalten bleibt, ist ein Weg zur Bestimmung des Molekulargewichts der nativen Cellulose gegeben. Es scheint, daß auch die Moleküle der nativen Cellulose beim Nitrieren nicht abgebaut werden und nach dem Nitrieren unverändert in Lösung gehen[4]. Es wurden deshalb eine Reihe Baumwollen nitriert unter denselben Bedingungen wie die in Abschnitt III behandelten abgebauten Cellulosen[5]. Dabei erhält man Nitrocellulosen, die außerordentlich hochviscos sind und starke Abweichungen vom HAGEN-POISEUILLEschen Gesetz zeigen. Dies sind die eukolloiden Nitrocellulosen, während die in Abschnitt III und IV beschriebenen Produkte Hemikolloide und Zwischenprodukte zwischen Hemikolloiden und Eukolloiden sind. Es war nun bei diesen eukolloiden Produkten ebenso wie bei den Nitraten aus abgebauter Cellulose durch Viscositätsmessungen der Bau der Teilchen aufzuklären.

---

[1] Siehe Anmerkung * S. 499.

[2] Bei Überführung der nativen Cellulose in Acetylcellulose bleibt die Kettenlänge nicht erhalten, da mit dieser Reaktion ein Abbau verbunden ist, vgl. S. 462.

[3] Vgl. S. 20.

[4] R. O. HERZOG gab an, daß die Krystallite der festen Cellulose gleiche Größe haben, wie die Micellen in Nitrocelluloselösungen, vgl. Ber. Dtsch. Chem. Ges. 58, 1256 (1925) — Ztschr. f. angew. Ch. 39, 301 (1926). Vgl. dazu S. 31 u. 32.

[5] Doch wurden diese Substanzen natürlich nicht gepulvert, sondern in Faserform nitriert.

VII. Viscositätsmessungen an eukolloiden Nitrocellulosen.

1. Viscositätsmessungen bei verschiedenen Geschwindigkeitsgefällen.

Tabelle 370 zeigt die Messungen an Nitrocellulosen aus ungebleichter und aus gebleichter Baumwolle sowie an einem Nitrat, das durch Wiedernitrieren einer verseiften Nitrocellulose entstanden ist (auf dieses Produkt wird später noch näher eingegangen). Man sieht aus der Tabelle, daß das Nitrat aus ungebleichter Baumwolle auch in sehr verdünnter Lösung außerordentlich starke Abweichungen

Tabelle 370. Spezifische Viscositäten nitrierter Baumwollen in Butylacetatlösung gemessen bei 20° im UBBELOHDEschen Viscosimeter.

Ausgangsmaterial	Konzentration der Lösung gd-mol.	Geschwindigkeitsgefälle	η_{sp}	η_{sp}/c	Durchschnittsmolekulargewicht[1]	Durchschnittspolymerisationsgrad	Kettenlänge in μ
Ungebleichte Baumwolle	0,0002	13500	0,11	550	420000	1400	0,75
		7100	0,14	700	540000	1800	0,95
		1790	0,21	1050	800000	2700	1,4
		1250	0,21	1050	800000	2700	1,4
		940	0,21	1050	800000	2700	1,4
		399	0,27	1350	1000000	3500	1,8
Gereinigte Rohbaumwolle	0,0003	14000	0,10	333	250000	860	0,45
		6900	0,12	400	300000	1040	0,55
		1940	0,15	500	380000	1300	0,7
		970	0,16	533	410000	1400	0,7
		540	0,16	533	410000	1400	0,7
Gebleichte Baumwolle (Verbandwatte)	0,001	12080	0,29	290	220000	750	0,4
		2830	0,36	360	280000	930	0,5
		1675	0,37	370	280000	950	0,5
		1130	0,37	370	280000	950	0,5
		575	0,38	380	290000	990	0,5
Verseifte Nitrocellulose	0,0015	13540	0,16	107	82000	280	0,14
		6830	0,17	113	87000	290	0,15
		3220	0,17	113	87000	290	0,15
		1200	0,18	120	92000	310	0,16
		640	0,17	113	87000	290	0,15
		167	0,17	113	87000	290	0,15

vom HAGEN-POISEUILLEschen Gesetz zeigt. Diese Abweichungen werden mit abnehmendem Molekulargewicht immer geringer. Das Produkt aus verseifter Nitrocellulose zeigt keine Abweichungen mehr. Bei diesem Produkt läßt sich infolgedessen das Molekulargewicht vermittels der bei den Messungen an Nitraten aus abgebauter Cellulose gewonnenen K_m-Konstanten eindeutig berechnen, während bei den anderen Produkten sich sehr verschiedene Molekulargewichte errechnen, je nachdem, bei welchem Geschwindigkeitsgefälle man η_{sp}/c mißt. Doch kann man auch bei diesen Nitraten das Molekulargewicht der Größenordnung nach bestimmen.

Diese starken Abweichungen vom HAGEN-POISEUILLEschen Gesetz rühren daher, daß, wie R. SIGNER nachgewiesen hat[2], sich die langen Moleküle beim

---

[1] Berechnet nach $M = \dfrac{\eta_{sp}/c}{K_m}$, $K_m = 13 \cdot 10^{-4}$.

[2] SIGNER, R.: Ztschr. f. physik. Ch. (A) **150**, 257 (1930). Vgl. S. 92.

Strömen nicht in die 45°-Richtung einstellen, sondern daß der Einstellwinkel größer ist und bei den allerlängsten Molekülen 90° beträgt. Daher ist es bei diesen Produkten nicht mehr gleichgültig, bei welchem Geschwindigkeitsgefälle man mißt. Die Nitrocellulose zeigt also dieselben „makromolekularen Viscositätserscheinungen" wie die höchstmolekularen Polystyrole. Bei diesen hat W. HEUER[1] nachgewiesen, daß die Viscosität beim unorientierten Zustand der Moleküle, d. h. bei den geringsten Geschwindigkeitsgefällen, am ehesten mit der Viscosität der Hemikolloide zu vergleichen ist. Wenn man also die bei den niederen Gliedern gefundene K_m-Konstante bei diesen höchsten zur Bestimmung des Molekulargewichts verwenden will, so muß man die η_{sp}/c-Werte bei möglichst geringem Geschwindigkeitsgefälle zugrunde legen. Danach errechnet sich für die Nitrocellulose aus ungebleichter Baumwolle ein Molekulargewicht von ca. 1 000 000, was einem Polymerisationsgrad von ca. 3500 und einer Kettenlänge von ca. 1,8 μ entspricht. K. H. MEYER und H. MARK[2] machen bereits darauf aufmerksam, daß sich für die Nitrocellulose Kettenlängen von mehreren μ errechnen müßten, und schreiben dann: „Dies ist mit der röntgenographischen Bestimmung sowie mit den sonstigen physikalischen Eigenschaften nicht leicht in Einklang zu bringen." Dazu ist zu bemerken, daß aus der röntgenographischen Bestimmung keine Schlüsse über die Kettenlänge abgeleitet werden können. Mit den sonstigen physikalischen Eigenschaften dieser Nitrocellulose steht aber diese Kettenlänge durchaus nicht in Widerspruch.

2. Viscositätsmessungen in verschiedenen Konzentrationen.

In Tabelle 371 sind sämtliche an Lösungen von Fasernitraten ausgeführten Viscositätsmessungen zusammengestellt. Die Produkte wurden wieder in verschiedener Konzentration gemessen. Man sieht aus Spalte 8 der Tabelle 371, daß die η_{sp}/c-Werte bei verschiedenen Konzentrationen stets annähernd konstant sind. Es ist zu berücksichtigen, daß hier in außerordentlich verdünnten Lösungen gemessen wurde, die Versuchsfehler unvermeidlich machen. Die Konstanz der η_{sp}/c-Werte bei verschiedenen Konzentrationen spricht ebenso wie bei den Nitraten aus abgebauten Cellulosen für den Aufbau der eukolloiden Nitrocellulosen aus Molekülen und nicht aus Micellen.

McBAIN vergleicht, wie erwähnt[3], die Nitrocellulosen mit den Seifen. Wie früher dargelegt, bestehen aber wesentliche Unterschiede zwischen Molekülkolloiden und Seifen, die sich im verschiedenen Viscositätsverhalten ausdrücken[4]. Die Micellen der Seifen haben in verschiedener Konzentration und bei verschiedenen Temperaturen außerordentlich verschiedene Teilchengrößen, also verschiedene η_{sp}/c-Werte. Die eukolloiden Nitrocellulosen können demnach ebensowenig wie die niedrigermolekularen micellar gelöst sein. Dies ergibt sich auch aus den Viscositätsmessungen bei verschiedenen Temperaturen.

3. Viscositätsmessungen bei verschiedenen Temperaturen.

Aus den Spalten 6, 9 und 11 der Tabelle 371 geht hervor, daß die Viscosität der Lösungen eukolloider Nitrocellulosen bei 60° um etwa 20—30% geringer ist

---

[1] Vgl. S. 190.

[2] MEYER, K. H., u. H. MARK: Der Aufbau der hochpolymeren organischen Naturstoffe, S. 178. Leipzig 1930.

[3] Vgl. S. 500.   [4] Vgl. S. 82 u. 89, Abb. 2 u. 3.

Tabelle 371. Viscositätsmessungen an eukolloiden Nitrocellulosen in Butylacetatlösung.

Spalte	1	2	3	4	5	6	7	8	9	10	11	12	13	14
	Ausgangsmaterial	Stickstoffgehalt	Konzentration der Lösung		η_{sp}			η_{sp}/c			Temp.-Abhängigkeit in Proz. ($\eta_{sp}\,20°=100$)	Temp.-Empfindlichkeit in Proz. ($\eta_{sp}\,20°=100$)	Durchschnittsmolekulargewicht [1]	Durchschnittspolymerisationsgrad
		%	% c	gd-mol.	20°	60°	20°	20°	60°	20°	60°	20° *		
a	Ungebleichte Baumwolle	12,8	0,006	0,0002	0,210	0,156	0,210	1050	780	1050	74	100	800000	2600
			0,003	0,0001	0,098	0,072	0,098	980	720	980	73	100		
b	Rohbaumwolle mit 2proz. Natronlauge unter Luftausschluß gereinigt	12,9	0,009	0,0003	0,180	0,133	0,175	600	443	583	74	97	400000	1500
			0,006	0,0002	0,109	0,087	0,114	545	435	570	80	105		
c	Gereinigte Baumwolle mit 12proz. NaOH ½ Stunde bei +10° mercerisiert	13,0	0,015	0,0005	0,268	0,184	0,265	536	368	530	69	99	400000	1400
d	Baumwolle 1½ Stunden bei 0° unter N_2 mercerisiert	12,9	0,009	0,0003	0,144	0,105	0,144	480	350	480	73	100	400000	1200
e	Baumwolle 1½ Stunden bei 0° unter O_2 mercerisiert	12,7	0,018	0,0006	0,274	0,200	0,274	457	333	457	73	100	300000	1100
			0,009	0,0003	0,122			407						
f	Gereinigte Rohbaumwolle mit 12proz. NaOH ½ Stunde bei 0° mercerisiert	13,0	0,015	0,0005	0,228	0,154	0,228	456	308	456	68	100	300000	1100
			0,009	0,0003	0,130	0,097	0,128	433	323	427	75	98		
g	Gebleichte Baumwolle (Verbandwatte)	12,6	0,024	0,0008	0,217	0,172	0,217	271	215	271	79	100	200000	700
			0,015	0,0005	0,148	0,105	0,148	296	210	296	71	100		
h	Verseifte Nitrocellulose	12,7	0,03	0,001	0,153	0,106	0,153	153	106	153	69	100	120000	400
i	Verseifte Nitrocellulose	12,5	0,03	0,001	0,152	0,110	0,150	152	110	150	72	99	120000	400
k	Verseifte Nitrocellulose	12,6	0,06	0,002	0,253	0,193	0,256	126	97	128	76	101	90000	300
			0,045	0,0015	0,175			117						
			0,03	0,001	0,120	0,087	0,120	120	87	120	73	100		

[1] Berechnet nach $M = \dfrac{\eta_{sp}/c}{K_m}$, $K_m = 13 \cdot 10^{-4}$.

* Abweichung der Viscosität der Lösung nach dem Abkühlen auf 20°, bezogen auf die Ausgangsviscosität in Prozent. Vgl. Anm. S. 505.

als bei 20°. Die Viscosität nimmt hier also um genau denselben Betrag ab wie bei den niedrigermolekularen Nitrocellulosen, die in Tabelle 368 aufgeführt sind. Für die eukolloiden Nitrocellulosen haben diese Messungen, die im OSTWALDschen Viscosimeter ausgeführt wurden, nur einen Vergleichswert. Da die Lösungen dieser Substanzen druckabhängig sind, ist es nicht gleichgültig, bei welchem Geschwindigkeitsgefälle man sie mißt. Bei 60° ist aber das Geschwindigkeitsgefälle im OSTWALDschen Viscosimeter größer als bei 20°. Da jedoch stets äquiviscose Lösungen, d. h. Lösungen von ungefähr derselben Ausflußzeit, gemessen wurden, wozu stets das gleiche Viscosimeter benutzt wurde, so ist der Unterschied in den Geschwindigkeitsgefällen stets ungefähr derselbe. Untereinander sind diese Messungen also vergleichbar. Man sieht, daß alle Glieder der Reihe in demselben Maß temperaturabhängig sind. Bei dem Vorliegen von Micellen in Lösung dürfte die Viscosität bei 60° nur einen Bruchteil derjenigen bei 20° betragen. Vergleicht man die Viscosität bei verschiedenen Temperaturen beim gleichen Geschwindigkeitsgefälle durch Messung im UBBELOHDEschen Viscosimeter, so zeigt sich, daß sie bei den höchstmolekularen Gliedern der Reihe bei 60° ungefähr dieselbe ist wie bei 20° (siehe Tabelle 372)[1].

Tabelle 372. Spezifische Viscositäten nitrierter Baumwollen in Butylacetat bei verschiedenen Geschwindigkeitsgefällen und Temperaturen im UBBELOHDEschen Viscosimeter gemessen.

Ausgangsmaterial	c gd-mol.	20° Geschwindigkeitsgefälle	η_{sp}	60° Geschwindigkeitsgefälle	η_{sp}
Ungebleichte Baumwolle	0,0002	13 500	0,11	13 800	0,12
		7 100	0,14	6 700	0,14
		1 790	0,21	1 920	0,16
		940	0,21	910	0,17
		399	0,27	380	0,25
Gereinigte Rohbaumwolle	0,0003	14 000	0,10	13 400	0,11
		6 900	0,12	6 900	0,10
		1 940	0,15	1 910	0,10
		970	0,16	840	0,11
		540	0,16		

Nach der Abkühlung auf 20° stellt sich die ursprüngliche Viscosität wieder ein (s. Spalte 12 der Tabelle 371). Der Viscositätsrückgang bei 60° ist also auch hier nicht auf einen Abbau zurückzuführen, sondern auf die verringerte Reibung der Teilchen bei höherer Temperatur. Aus dem Viscositätsverhalten ergibt sich also die merkwürdige Tatsache, daß auch diese außerordentlich langen Moleküle in Lösung beständig sind, und durch kurzes Erwärmen auf 60° nicht abgebaut werden. Bei längerem Erwärmen auf 60° findet allerdings hier ebenso wie bei den hemikolloiden Nitraten ein Abbau statt; derselbe ist bei den eukolloiden etwas stärker als bei den hemikolloiden Nitraten, wie zu erwarten ist, da die Empfindlichkeit der Fadenmoleküle in Lösung mit steigender Kettenlänge wächst. Das Nitrat aus gebleichter Baumwolle zeigte nach 142stündigem Erhitzen auf 60° eine

---

[1] Bei den eukolloiden Polystyrolen ist die Viscosität bei 60° höher als bei 20°; vgl. Zweiter Teil, A. IV. 5b, S. 205.

Viscosität, die 83% der ursprünglichen betrug, während bei dem Produkt vom Polymerisationsgrad 178 die Viscosität in der gleichen Zeit nur auf 90% gesunken war (s. S. 504).

Aus den Viscositätsmessungen an Eukolloiden ergibt sich also, daß sie ebenso wie die Nitrate abgebauter Cellulosen aus Molekülen und nicht aus Micellen aufgebaut sind. Tabelle 368 und 371 ergeben zusammen das Bild einer lückenlosen polymerhomologen Reihe von Nitrocellulosen vom Polymerisationsgrad 2 bis zum Polymerisationsgrad von ca. 3500. In dieser Reihe zeigen die höchsten Glieder — wenn man von den durch die Länge ihrer Moleküle bedingten „makromolekularen Viscositätserscheinungen" absieht — in äquiviscoser Lösung dasselbe Viscositätsverhalten wie die niedersten. Allerdings muß man sich stets unterhalb der Grenzviscosität (3,05) halten. Um das zu erreichen, darf man bei den höchstmolekularen Gliedern nur ganz außerordentlich verdünnte Lösungen messen. In früheren Arbeiten wurden stets viel zu konzentrierte Lösungen (also Gellösungen) von Nitrocellulose gemessen[1], in denen viel kompliziertere Verhältnisse vorliegen als in den Sollösungen.

VIII. Molekulargewichte der eukolloiden Nitrocellulosen.

In Tabelle 371 ist für die verschiedenen Produkte das Molekulargewicht aus den η_{sp}/c-Werten berechnet mit Hilfe der bei den niedrigermolekularen Nitrocellulosen gefundenen K_m-Konstante von $13 \cdot 10^{-4}$. Da die höheren Glieder der Reihe Abweichungen vom HAGEN-POISEUILLEschen Gesetz zeigen, geben diese Zahlen nicht das tatsächliche Molekulargewicht, sondern nur eine untere Grenze. Da aber alle Messungen im gleichen Viscosimeter und bei annähernd der gleichen Ausflußzeit, d. h. also bei dem gleichen Geschwindigkeitsgefälle, gemacht wurden, so sind sie untereinander vergleichbar. Die Messungen zeigen demnach, daß schon beim Reinigen der Rohbaumwolle unter Luftausschluß ein Abbau eintritt, ebenso beim Mercerisieren. Am stärksten ist er beim Bleichen der Baumwolle.

Das sehr viel höhere Molekulargewicht der ungebleichten Baumwolle kann nicht durch Verunreinigungen vorgetäuscht sein. Denn die höhere Viscosität müßte dann durch Stoffe hervorgerufen sein, die in Form von Fadenmolekülen molekular gelöst sind, wie aus dem Viscositätsverhalten hervorgeht[2].

IX. Vergleich von Celluloselösungen in SCHWEIZERS Reagens mit Nitrocelluloselösungen in Butylacetat.

Nach der Viscosität der Nitrocellulosen zu urteilen, sollte die Cellulose einen viel höheren Polymerisationsgrad haben, als sich aus ihren Lösungen in SCHWEIZERS Reagens errechnet. In Tabelle 373 sind die Polymerisationsgrade der Cellulosen, wie sie sich aus Viscositätsmessungen in SCHWEIZER-Lösung errechnen (für die Produkte a—f nach Messungen von H. SCHOLZ), den Polymerisationsgraden der daraus hergestellten Nitrocellulosen gegenübergestellt.

---

[1] Siehe die S. 499, Anm. 3 zitierten Arbeiten.

[2] Es können demnach keine Micellen oder koordinative Moleküle vorliegen, denn diese zeigen ein ganz anderes Viscositätsverhalten.

Tabelle 373. Vergleich der nach Viscositätsmessungen in SCHWEIZER-Lösungen bestimmten Polymerisationsgrade verschiedener Cellulosen mit den Polymerisationsgraden der daraus hergestellten Nitrocellulosen.

Spalte der Tabelle 371	Substanz	Polymerisationsgrad der Cellulosen	Polymerisationsgrad[1] der Nitrocellulosen
a	Ungebleichte Baumwolle	1200	2600
b	Gereinigte Rohbaumwolle	690	1500
c	Mercerisierte Baumwolle	420	1400
d	Mercerisierte Baumwolle	700	1200
e	Mercerisierte Baumwolle	730	1100
f	Mercerisierte Baumwolle	670	1100
g	Gebleichte Baumwolle	300	700
h	Verseifte Nitrocellulose	125	400
i	Verseifte Nitrocellulose	140	400
k	Verseifte Nitrocellulose	85	300

Dabei ergibt sich das merkwürdige Resultat, daß die Nitrocellulosen immer einen wesentlich höheren Polymerisationsgrad haben als die Ursprungscellulosen. Nun weiß man zwar, daß die Celluloselösungen in SCHWEIZERS Reagens sehr empfindlich sind, andererseits erhält man, wie aus der vorangehenden Arbeit von H. SCHOLZ hervorgeht[2], unter Einhaltung gewisser Vorsichtsmaßregeln, vor allem unter Lichtausschluß, stets reproduzierbare Viscositätswerte. So liegt hier noch eine ungelöste Frage in der Cellulosechemie vor. Um sie zu klären, wurden einige Fasernitrate nach einer Vorschrift von RASSOW und DÖRR[3] mit alkoholischem Ammonsulfid verseift. Es zeigt sich, daß dabei ein starker Abbau eintritt. Aber auch nach dem Wiedernitrieren zeigen die so erhaltenen Nitrate einen höheren Polymerisationsgrad als die verseiften Produkte, die nitriert wurden. Tabelle 374 zeigt diese Versuche.

Tabelle 374. Vergleich der aus Viscositätsmessungen errechneten Polymerisationsgrade einer Baumwolle bei wiederholtem Nitrieren und Denitrieren.

Substanz	η_{sp}/c	Mol.-Gew.	Polymerisationsgrad
Gebleichte Baumwolle	50	50000	300
Nitriert	270[4]	200000[4]	700[4]
Denitriert . . . . {	20	20000	125
	22	22000	140
	14	14000	85
Wiedernitriert . . . . {	153	120000	400
	152	120000	400
	120	90000	300

[1] Diese Polymerisationsgrade sind, wie früher auseinandergesetzt, bei den höheren Gliedern der Reihe nur die unteren Grenzwerte.

[2] Vgl. Vierter Teil, C. II., VI., VII.

[3] RASSOW, B., u. E. DÖRR: Journ. f. prakt. Ch. **108**, 169 (1924).

[4] Diese Spalte gibt die Mittelwerte von drei verschiedenen Substanzen. Es sind dies Produkte, die in Tabelle 364 und 365 aufgeführt sind. Da sie unter verschiedenen Bedingungen hergestellt wurden, haben sie nicht ganz dieselben Polymerisationsgrade.

Da der Zusammenhang der Viscosität von Lösungen von Cellulosen und daraus hergestellten Nitrocellulosen schon öfter untersucht wurde, lag es nahe zu prüfen, ob in solchen älteren Arbeiten ein gleicher Zusammenhang gefunden worden war. In den Arbeiten von J. REITSTÖTTER[1], R. ROBERTSON[2], J. O. SMALL[3] und W. WILL[4] wurden die Messungen mit Lösungen, wie sie technisch verwendet werden, also mit verhältnismäßig konzentrierten, vorgenommen. Auf diese läßt sich die Formel $\eta_{sp}/c = K_m \cdot M$ nicht anwenden. Dazu kommt, daß meistens die Angaben fehlen, die das Errechnen der spez. Viscosität erlaubten. Auch werden die verschiedensten Methoden zur Messung verwendet, die sich nicht immer miteinander vergleichen lassen. Ferner wurde in den wenigsten Fällen die Messung der SCHWEIZER-Lösungen unter Luftabschluß ausgeführt. Es wurden also fast immer abgebaute Cellulosen mit nichtabgebauten Nitrocellulosen verglichen. So resultierten für die Cellulose immer außerordentlich viel geringere Viscositätswerte als für die Nitrocellulose. Tabelle 375 zeigt einige Messungen von J. REITSTÖTTER, die einen Vergleich von gleichkonzentrierten Lösungen von Cellulose in SCHWEIZERs Reagens mit den entsprechenden Nitrocelluloselösungen bringen.

Tabelle 375. Messungen von J. REITSTÖTTER [Kolloid-Ztschr. **41**, 362 (1927)].

	Cellulose in SCHWEIZER-Lösung 1 proz. (0,062 gd-mol.) η_{sp}	Nitrocellulose in Äther-Alkohol 1 proz. (0,034 gd-mol.) η_{sp}
Zellstoff I	1,62	31
„ VI	5,98	99
Baumwolle	3,00	82

Diese immer wieder gemachte Erfahrung, daß die Nitrocellulosen anscheinend sehr viel höhere Viscosität zeigen als die Ausgangscellulosen, und die auffallenden Unterschiede zwischen Acetyl- und Nitrocellulosen haben sicher zu der Verbreitung der Auffassung eines komplizierten Aufbaus der Hochpolymeren viel beigetragen.

In dieser Untersuchung wurde aber gezeigt, daß der *Unterschied zwischen Acetyl- und Nitrocellulose nur darin besteht, daß es bei der Nitrocellulose leicht möglich ist, sehr hochmolekulare Produkte zu erhalten, da die Cellulose bei der Nitrierung nicht abgebaut wird, während bei der Acetylcellulose nur relativ niedermolekulare Produkte zugänglich sind, da ihre Herstellung mit einem Abbau der Cellulose verbunden ist.* Es konnte ferner gezeigt werden, daß die Cellulosen, die man aus Acetylcellulosen durch Verseifung darstellt, sich nitrieren lassen, ohne daß sie dabei abgebaut werden. Der Polymerisationsgrad der Acetylcellulosen und der daraus hergestellten Cellulosen stimmt mit dem Polymerisationsgrad der aus diesen verseiften Acetylcellulosen hergestellten Nitrocellulosen überein. Damit ist der Aufbau dieser Stoffe aus normalen Molekülen nachgewiesen. Das Molekulargewicht der Nitrocellulosen läßt sich aus ihren Lösungen in Butylacetat berechnen nach der Formel $\eta_{sp}/c = K_m \cdot M$. Die K_m-Konstante wurde zu $13 \cdot 10^{-4}$ bestimmt. Bestimmt man aber nach dieser Formel das Molekulargewicht von Nitrocellulosen, die im Gegensatz zu obigen Produkten vor der Messung noch nicht in Lösung waren, d. h. also das Molekulargewicht der

---

[1] REITSTÖTTER, J.: Kolloid-Ztschr. **41**, 362 (1927).
[2] ROBERTSON, R.: Kolloid-Ztschr. **28**, 222 (1921).
[3] SMALL, J. O.: Ind. and Engin. Chem. **17**, 515 (1925).
[4] WILL, W.: Ztschr. f. angew. Ch. **32**, 133 (1919).

Fasernitrate, so ergibt sich für sie ein weit höherer Polymerisationsgrad, als er sich für die Ausgangscellulose aus ihrer Viscosität in SCHWEIZER-Lösung errechnet. Warum diese Nitrate aus nativer Cellulose ein höheres Molekulargewicht haben, als die native Cellulose nach dem Lösen in SCHWEIZERS Reagens, warum also hier nicht die Kettenlänge der Cellulosen mit der ihrer Nitrate übereinstimmt, wie das bei den Produkten der Fall ist, die vor dem Nitrieren schon einmal gelöst waren, ist noch eine offene Frage. Es besteht die Möglichkeit, daß im weiteren Verlauf dieser Untersuchung sich hier ein Weg eröffnet, in den Bau der nativen Cellulose einzudringen. Wenn man heute von einem hohen Molekulargewicht der Cellulose spricht, so ist damit das Molekulargewicht der in SCHWEIZERS Reagens gelösten Cellulose oder das Molekulargewicht der Nitrocellulosen gemeint. Das Molekulargewicht der nativen Cellulose ist noch unbekannt, aber die Mindestgröße dieses Molekulargewichtes läßt sich heute angeben.

Zusammenstellung der bisherigen Veröffentlichungen.

a) Arbeiten über hochpolymere Verbindungen[1].

(*1*) STAUDINGER, H.: Über Polymerisation. Ber. Dtsch. Chem. Ges. **53**, 1073 (1920). — (*2*) STAUDINGER, H., u. A. RHEINER: Über die Konstitution des Dicyclopentadiens. Helv. chim. Acta **7**, 23 (1924). — (*3*) STAUDINGER, H., u. M. LÜTHY: Über die Konstitution der Polyoxymethylene. Helv. chim. Acta **8**, 41 (1925). — (*4*) STAUDINGER, H., u. M. LÜTHY: Über Tri- und Tetra-Oxymethylen. Helv. chim. Acta **8**, 65 (1925). — (*5*) STAUDINGER, H.: Über die Konstitution der Polyoxymethylene und anderer hochpolymerer Verbindungen. Helv. chim. Acta **8**, 67 (1925). — (*6*) STAUDINGER, H.: Über Additions- und Polymerisationsreaktionen des Dimethylketens. Helv. chim. Acta **8**, 306 (1925). — (*7*) STAUDINGER, H., u. H. A. BRUSON: Über das Dicyclopentadien und weitere polymere Cyclopentadiene. Liebigs Ann. **447**, 97 (1926). — (*8*) STAUDINGER, H., u. H. A. BRUSON: Über die Polymerisation des Cyclopentadiens. Liebigs Ann. **447**, 110 (1926). — (*9*) STAUDINGER, H., K. FREY u. W. STARK: Über Polyvinylacetat und Polyvinylalkohol. Ber. Dtsch. Chem. Ges. **60**, 1782 (1927). — (*10*) STAUDINGER, H., H. JOHNER, R. SIGNER, G. MIE u. J. HENGSTENBERG: Der polymere Formaldehyd, ein Modell der Cellulose. Ztschr. f. physik. Ch. **126**, 425 (1927). — (*11*) STAUDINGER, H., u. R. SIGNER: Bemerkungen zu der Arbeit von E. Ott: Röntgenometrische Untersuchungen an hochpolymeren organischen Substanzen. Helv. chim. Acta **11**, 1047 (1928). — (*12*) STAUDINGER, H.: Die Chemie der hochmolekularen organischen Stoffe im Sinne der Kékuléschen Strukturlehre. Ztschr. f. angew. Ch. **42**, 37 u. 67 (1929). — (*13*) STAUDINGER, H.: Über die Konstitution der Hochpolymeren. Ber. Dtsch. Chem. Ges. **61**, 2427 (1928). — (*14*) STAUDINGER, H., M. BRUNNER, K. FREY, P. GARBSCH, R. SIGNER u. S. WEHRLI: Über das Polystyrol, ein Modell des Kautschuks. Ber. Dtsch. Chem. Ges. **62**, 241 (1929). — (*15*) STAUDINGER, H., E. GEIGER u. E. HUBER: Über die Reduktion des Polystyrols. Ber. Dtsch. Chem. Ges. **62**, 263 (1929). — (*16*) STAUDINGER, H., u. F. BREUSCH: Über die Polymerisation des α-Methylstyrols. Ber. Dtsch. Chem. Ges. **62**, 442 (1929). — (*17*) STAUDINGER, H., u. R. SIGNER: Über den Krystallbau hochmolekularer Verbindungen. Ztschr. f. Krystallogr. **70**, 193 (1929). — (*18*) STAUDINGER, H., R. SIGNER, H. JOHNER, M. LÜTHY, W. KERN, D. RUSSIDIS u. O. SCHWEITZER: Über die Konstitution der Polyoxymethylene. Liebigs Ann. **474**, 145 (1929). — (*19*) KONRAD, E., O. BÄCHLE u. R. SIGNER: Über polymere Kieselsäure-ester. Liebigs Ann. **474**, 276 (1929). — (*20*) STAUDINGER, H., u. O. SCHWEITZER: Über die Poly-äthylenoxyde. Ber. Dtsch. Chem. Ges. **62**, 2395 (1929). — (*21*) STAUDINGER, H., u. V. WIEDERSHEIM: Über die Reduktion des Polystyrols. Ber. Dtsch. Chem. Ges. **62**, 2406 (1929). — (*22*) STAUDINGER, H., A. A. ASHDOWN, M. BRUNNER, H. A. BRUSON u. S. WEHRLI: Über die Konstitution des Polyindens. Helv. chim. Acta **12**, 934 (1929). — (*23*) STAUDINGER, H., H. JOHNER u. V. WIEDERSHEIM: Verhalten der Polyindene beim Erhitzen. Helv. chim. Acta **12**, 958 (1929). — (*24*) STAUDINGER, H., H. JOHNER, G. SCHIEMANN u. V. WIEDERSHEIM: Über die Hydro-Polyindene. Helv. chim. Acta **12**, 962 (1929). — (*25*) STAUDINGER, H., u. M. BRUNNER: Über das Poly-anethol. Helv. chim. Acta **12**, 972 (1929). — (*26*) STAUDINGER, H.: Über die organischen Kolloide. Ber. Dtsch. Chem. Ges. **62**, 2893 (1929). — (*27*) STAUDINGER, H., u. K. FREY: Viscositätsuntersuchungen an Polystyrollösungen (I). Ber. Dtsch. Chem. Ges. **62**, 2909 (1929). — (*28*) STAUDINGER, H.,

---

[1] Die in Klammern gesetzten Zahlen bedeuten die Numerierung der einzelnen „Mitteilungen".

K. Frey, P. Garbsch u. S. Wehrli: Über den Abbau des makromolekularen Polystyrols. Ber. Dtsch. Chem. Ges. **62**, 2912 (1929). — (*29*) Staudinger, H., u. H. Machemer: Viscositätsuntersuchungen an Polystyrollösungen (II). Ber. Dtsch. Chem. Ges. **62**, 2921 (1929). — (*30*) Staudinger, H., u. W. Heuer: Über die Assoziation und Solvatation von Polystyrolen. Ber. Dtsch. Chem. Ges. **62**, 2933 (1929). — (*31*) Staudinger, H., u. E. Urech: Über die Polyacrylsäure und Polyacrylsäure-ester. Helv. chim. Acta **12**, 1107 (1929). — (*32*) Staudinger, H.: Der Bau der hochmolekularen organischen Stoffe im Sinne der Kékuléschen Strukturlehre. Helv. chim. Acta **12**, 1183 (1929). — (*33*) Staudinger, H., u. W. Heuer: Beziehungen zwischen Viscosität und Molekulargewicht bei Polystyrolen. Ber. Dtsch. Chem. Ges. **63**, 222 (1930). — (*34*) Signer, R.: Über eine Abänderung der Molekulargewichtsbestimmungsmethode nach Barger. Liebigs Ann. **478**, 246 (1930). — (*35*) Staudinger, H., u. A. A. Ashdown: Über Poly-α-phenylbutadien. Ber. Dtsch. Chem. Ges. **63**, 717 (1930). — (*36*) Staudinger, H., u. R. Nodzu: Viscositätsuntersuchungen an Paraffinlösungen. Ber. Dtsch. Chem. Ges. **63**, 721 (1930). — (*37*) Staudinger, H.: Viscositätsuntersuchungen an Molekülkolloiden. Kolloid-Ztschr. **51**, 71 (1930). — (*38*) Staudinger, H., u. Th. Fleitmann: Über Poly-allylchlorid. Liebigs Ann. **480**, 92 (1930). — (*39*) Staudinger, H., K. Frey, R. Signer, W. Stark u. G. Widmer: Über Cellulose. Ber. Dtsch. Chem. Ges. **63**, 2308 (1930). — (*40*) Staudinger, H., u. O. Schweitzer: Viscositätsmessungen an Polysacchariden und Polysaccharidderivaten. Ber. Dtsch. Chem. Ges. **63**, 2317 (1930). — (*41*) Staudinger, H., u. H. Freudenberger: Molekulargewichtsbestimmungen an Acetyl-Cellulosen. Ber. Dtsch. Chem. Ges. **63**, 2331 (1930). — (*42*) Kohlschütter, Hans Wolfgang: Zur Morphologie hochmolekularer Stoffe I. Faserbildung mit Polyoxymethylen. Liebigs Ann. **482**, 75—104 (1930). — (*43*) Signer, R.: Über die Strömungsdoppelbrechung der Molekülkolloide. Ztschr. f. physik. Ch. (A) **150**, 257 (1930). — (*44*) Staudinger, H., M. Brunner u. W. Feisst: Über das Polyvinylbromid. Helv. chim. Acta **13**, 805 (1930). — (*45*) Staudinger, H., u. W. Feisst: Über das asymmetrische Polydichloräthylen. Helv. chim. Acta **13**, 832 (1930). — (*46*) Staudinger, H.: Organische Chemie und Kolloidchemie. Kolloid-Ztschr. **53**, 19 (1930). — (*47*) Kohlschütter, Hans Wolfgang: Zur Morphologie hochmolekularer Stoffe II. Polyoxymethylenniederschläge aus Lösung. Liebigs Ann. **484**, 155 (1930). — (*48*) Staudinger, H., u. O. Schweitzer: Über die Molekülgröße der Cellulose. Ber. Dtsch. Chem. Ges. **63**, 3132 (1930). — (*49*) Staudinger, H., R. Signer u. O. Schweitzer: Über die Einwirkung von Basen auf Formaldehyd-Lösungen. Ber. Dtsch. Chem. Ges. **64**, 398 (1931). — (*50*) Staudinger, H.: Über die Konstitutionsaufklärung hochmolekularer Verbindungen. Ztschr. f. physik. Ch. (A) **153**, 391 (1931). — (*51*) Staudinger, H., u. L. Lautenschläger: Über Polymerisation und Autoxydation. Liebigs Ann. **488**, 1 (1931). — (*52*) Staudinger, H., u. A. Schwalbach: Über die Polyvinylacetate und Polyvinylalkohole. Liebigs Ann. **488**, 8 (1931). — (*53*) Signer, R., u. H. Gross: Über polymere Kieselsäureester und Kieselsäuren. Liebigs Ann. **488**, 56 (1931). — (*54*) Staudinger, H.: Zur Konstitution hochmolekularer Verbindungen, speziell der Cellulose. Ber. Dtsch. Chem. Ges. **64**, 1688 (1931). — (*55*) Staudinger, H., u. H. W. Kohlschütter: Über Poly-acrylsäure. Ber. Dtsch. Chem. Ges. **64**, 2091 (1931). — (*56*) Staudinger, H.: Über die Wandlungen der Micellartheorie von K. H. Meyer. Ber. Dtsch. Chem. Ges. **64**, 2721 (1931). — (*57*) Staudinger, H., u. Eiji Ochiai: Viscositätsmessungen an Lösungen von Fadenmolekülen. Ztschr. f. physik. Ch. (A) **158**, 35 (1931). — (*58*) Boehm, G., u. R. Signer: Über die Strömungsdoppelbrechung von Eiweißlösungen. Helv. chim. Acta **14**, 1370 (1931). — (*59*) Staudinger, H.: Viscositätsgesetze bei hochpolymeren Verbindungen. Helv. chim. Acta **15**, 213 (1932). — (*60*) Staudinger, H.: Über Beziehungen zwischen der Kettenlänge von Fadenmolekülen und der spezifischen Viscosität ihrer Lösungen. Ber. Dtsch. Chem. Ges. **65**, 267 (1932). — (*61*) Kohlschütter, H. W., u. L. Sprenger: Über die Umwandlung krystallisierten Trioxymethylens zu hochmolekularem Polyoxymethylen. Ztschr. f. physik. Ch. (B) **16**, 284 (1932). — (*62*) Signer, R., u. J. Weiler: Über das Raman-Spektrum hochpolymerer Stoffe. Helv. chim. Acta **15**, 649 (1932). — (*63*) Staudinger, H., u. W. Heuer: Das Polystyrol, ein Modell des Kautschuks. Im Buch S. 157. — (*64*) Staudinger, H., u. W. Kern: Das Polyoxymethylen, ein Modell der Cellulose. Im Buch S. 224. — (*65*) Staudinger, H., u. H. Lohmann: Das Polyäthylenoxyd, ein Modell der Stärke. Im Buch S. 287. — (*66*) Staudinger, H., u. E. Trommsdorff: Die Polyacrylsäure, ein Modell des Eiweißes. Im Buch S. 333. — (*67*) Staudinger, H., u. H. Freudenberger:

Die Konstitution der Acetylcellulose. Im Buch S. 446. — (*68*) STAUDINGER, H., u. H. SCHOLZ: Das Molekulargewicht der Cellulose. Im Buch S. 483. — (*69*) STAUDINGER, H., u. H. HAAS: Die Konstitution der Nitrocellulose. Im Buch S. 498.

Ferner gehören hierher einige Arbeiten über die Autoxydation organischer Verbindungen Die Autoxydationsprodukte sind zum Teil hochpolymere Heteropolymerisate.

STAUDINGER, H.: Über Autoxydation des asymmetrischen Diphenyläthylens. Ber. Dtsch. Chem. Ges. **58**, 1075 (1925). — STAUDINGER, H., K. DYCKERHOFF, H. W. KLEVER u. L. RUZICKA: Über Autoxydation der Ketene. Ber. Dtsch. Chem. Ges. **58**, 1079 (1925). — STAUDINGER, H.: Über die Konstitution der Ozonide. Ber. Dtsch. Chem. Ges. **58**, 1088 (1925).

b) Arbeiten über Isopren und Kautschuk.

(*1*) STAUDINGER, H., u. H. W. KLEVER: Über die Darstellung von Isopren aus Terpenkohlenwasserstoffen. Ber. Dtsch. Chem. Ges. **44**, 2212 (1911). — (*2*) STAUDINGER, H., R. ENDLE u. J. HEROLD: Über die pyrogene Zersetzung von Butadien-Kohlenwasserstoffen. Ber. Dtsch. Chem. Ges. **46**, 2466 (1913). — (*3*) STAUDINGER, H., W. KREIS u. W. SCHILT: Über die Addition von Halogenwasserstoff an Isopren. Helv. chim. Acta **5**, 743 (1922). — (*4*) STAUDINGER, H., O. MUNTWYLER u. O. KUPFER: Über das Isopren-Dibromid. Helv. chim. Acta **5**, 756 (1922). — (*5*) STAUDINGER, H., u. J. FRITSCHI: Über die Hydrierung des Kautschuks und über seine Konstitution. Helv. chim. Acta **5**, 785 (1922). — (*6*) STAUDINGER, H.: Über die Konstitution des Kautschuks. Ber. Dtsch. Chem. Ges. **57**, 1203 (1924). — (*7*) STAUDINGER, H., u. W. WIDMER: Über Homologe des Hydrokautschuks. Helv. chim. Acta **7**, 842 (1924). — (*8*) STAUDINGER, H.: Über die Konstitution des Kautschuks und einen neuen Kautschuk. Ztschr. f. angew. Ch. **38**, 226 (1925). — (*9*) STAUDINGER, H., u. W. WIDMER: Über die Bildung von Cyclokautschuk aus Kautschukhydrohalogeniden. Helv. chim. Acta **9**, 529 (1926). — (*10*) STAUDINGER, H., u. E. GEIGER: Verhalten des Kautschuks beim Erhitzen. Helv. chim. Acta **9**, 549 (1926). — (*11*) STAUDINGER, H.: Zur Chemie des Kautschuks und der Guttapercha. Kautschukztschr. **1925**, 5. — (*12*) STAUDINGER, H. Über die Chemie des Kautschuks. Kautschukztschr. **1927**, 63. — (*13*) STAUDINGER, H., M. ASANO, H. F. BONDY u. R. SIGNER: Über die Konstitution des Kautschuks. Ber. Dtsch. Chem. Ges. **61**, 2575 (1928). — (*14*) STAUDINGER, H., u. H. F. BONDY: Über den Abbau von Kautschuk und Guttapercha. Liebigs Ann. **468**, 1 (1929). — (*15*) STAUDINGER, H.: Über die Konstitution des Kautschuks. Kautschukztschr. **1929**, H. 5/6. — (*16*) STAUDINGER, H., u. H. F. BONDY: Über die Konstitution des Kautschuks. Ber. Dtsch. Chem. Ges. **62**, 2411 (1929). — (*17*) STAUDINGER, H., u. H. F. BONDY: Über die Fraktionierung der Balata. Ber. Dtsch. Chem. Ges. **63**, 724 (1930). — (*18*) STAUDINGER, H., u. E. O. LEUPOLD: Viscositätsuntersuchungen an Balata. Ber. Dtsch. Chem. Ges. **63**, 730 (1930). — (*19*) STAUDINGER, H. u. H. F. BONDY: Über die Molekülgröße des Kautschuks und der Balata. Ber. Dtsch. Chem. Ges. **63**, 734 (1930). — (*20*) STAUDINGER, H.: Über die Kolloidnatur von Kautschuk, Guttapercha und Balata. Ber. Dtsch. Chem. Ges. **63**, 921 (1930). — (*21*) STAUDINGER, H.: Über die Molekülgröße des Kautschuks und die Natur seiner kolloiden Lösungen. Kautschukztschr. **1930**, 153. — (*22*) STAUDINGER, H., u. H. JOSEPH: Über das Isokautschuk-nitron. Ber. Dtsch. Chem. Ges. **63**, 2888 (1930). — (*23*) STAUDINGER, H., u. H. F. BONDY: Über kryoskopische Messungen an Kautschuklösungen. Ber. Dtsch. Chem. Ges. **63**, 2900 (1930). — (*24*) STAUDINGER, H., u. JAMES R. SENIOR: Über die Reduktion des Kautschuks mit Jodwasserstoffsäure. Helv. chim. Acta **13**, 1321 (1930). — (*25*) STAUDINGER, H.: Über die polymerhomologen Hydrokautschuke. Helv. chim. Acta **13**, 1324 (1930). — (*26*) STAUDINGER, H., E. GEIGER, E. HUBER, W. SCHAAL u. A. SCHWALBACH: Über hemikolloide Hydro-Kautschuke. Helv. chim. Acta **13**, 1334 (1930). — (*27*) STAUDINGER, H., u. R. NODZU: Über Beziehungen zwischen Viscosität und Molekulargewicht bei Hydro-Kautschuken. Helv. chim. Acta **13**, 1350 (1930). — (*28*) STAUDINGER, H., u. W. SCHAAL: Über die Fraktionierung und Verkrackung von Hydro-Kautschuk. Helv. chim. Acta **13**, 1355 (1930). — (*29*) STAUDINGER, H., u. W. FEISST: Über hochmolekulare Hydro-Kautschuke. Helv. chim. acta **13**, 1361 (1930). — (*30*) STAUDINGER, H., M. BRUNNER u. E. GEIGER: Über Hydro-methyl-Kautschuk. Helv. chim. Acta **13**, 1368 (1930). — (*31*) STAUDINGER, H., u. M. BRUNNER: Über die Polymerisation des Isobutylens. Helv. chim. Acta **13**, 1375 (1930). — (*32*) STAUDINGER, H.: Zur Konstitution des Kautschuks. Kolloid-Ztschr. **54**, 129 (1931). — (*33*) STAUDINGER, H.: Über Endgruppen im Kautschuk. Ber. Dtsch. Chem. Ges. **64**, 1407 (1931). — (*34*) STAU-

DINGER, H., u. H. F. BONDY: Moleküle oder Micellen in einer Kautschuklösung. Liebigs Ann. **488**, 127 (1931). — (*35*) STAUDINGER, H., u. H. F. BONDY: Über löslichen und unlöslichen Kautschuk und über die Fraktionierung des Kautschuks. Liebigs Ann. **488**, 153 (1931). — (*36*) STAUDINGER, H.: Über die Konstitution des Kautschuks. Ztschr. f. angew. Ch. **45**, 276 (1932). — (*37*) STAUDINGER, H., u. E. O. LEUPOLD: Über homologe Polyprane. Helv. chim. Acta **15**, 221 (1932). — (*38*) STAUDINGER, H., u. E. O. LEUPOLD: Die Konstitution der Balata. Im Buch S. 404. — (*39*) STAUDINGER, H., u. E. O. LEUPOLD: Die Umwandlung von löslichem in unlöslichen Kautschuk. Im Buch S. 442.

c) Zusammenfassende Arbeiten.

1. STAUDINGER, H.: Die Chemie der hochmolekularen organischen Stoffe im Sinne der Kékuléschen Strukturlehre. Ber. Dtsch. Chem. Ges. **59**, 3019 (1926). — 2. STAUDINGER, H.: Die Struktur der hochmolekularen Verbindungen. IV. Internationaler Solvay-Kongreß. Brüssel 1931. — 3. STAUDINGER, H.: Die Chemie der hochmolekularen organischen Verbindungen. Bull. Soc. Chim. de France **49**, 1267 (1931). — 4. STAUDINGER, H.: Die Konstitution der hochmolekularen organischen Stoffe. Bericht zum IX. Internationalen Chemiker-Kongreß, Madrid 1932 (im Erscheinen).

Sachverzeichnis.

Bearbeitet von W. Kern und H. Freudenberger.

In dem Sachverzeichnis sind Autorennamen nur soweit berücksichtigt, als sie aus *sachlichen Gründen* herangezogen werden mußten. Das Sachverzeichnis enthält also nicht die Namen aller Autoren, die in dem vorliegenden Buch genannt sind.

Abkürzungen im Sachverzeichnis.

Best. = Bestimmung. H.-P. Gesetz = Hagen-Poiseuilles ches Gesetz. Mol.-Gew. = Molekulargewicht. spez. = spezifisch. Visc. = Viscosität.

Druck der Spamerschen Buchdruckerei in Leipzig.